Siegfried Hunklinger, Christian Enss
Festkörperphysik
De Gruyter Studium

Weitere empfehlenswerte Titel

Solid State Physics
Siegfried Hunklinger, Christian Enss, 2022
ISBN 978-3-11-066645-8, e-ISBN (PDF) 978-3-11-066650-2

Classical Mechanics
Hiqmet Kamberaj, 2021
ISBN 978-3-11-075581-7, e-ISBN (PDF) 978-3-11-075582-4

Strömungslehre
Heinz Schade, Ewald Kunz, Frank Kameier,
Christian Oliver Paschereit, 2022
ISBN 978-3-11-064144-8, e-ISBN (PDF) 978-3-11-064145-5

Quantenmechanik
Eine Einführung in die Welt der Wellen und Wahrscheinlichkeiten
Holger Göbel, 2022
ISBN 978-3-11-065935-1, e-ISBN (PDF) 978-3-11-052665-3

Experimentalphysik
Band 6: Statistik, Festkörper, Materialien
Wolfgang Pfeiler, 2021
ISBN 978-3-11-067565-8, e-ISBN (PDF) 978-3-11-067573-3

Quantum Mechanics
An Introduction to the Physical Background and Mathematical Structure
Gregory L. Naber, 2021
ISBN 978-3-11-075161-1, e-ISBN (PDF) 978-3-11-075194-9

Siegfried Hunklinger, Christian Enss

Festkörperphysik

6. Auflage

DE GRUYTER
OLDENBOURG

Mathematics Subject Classification 2020
Primary: 74N05, 82D30; Secondary: 37K60, 74E15, 80A17, 82D37, 82D55

Autoren
Prof. Dr. Siegfried Hunklinger
s.hunklinger@physik.uni-heidelberg.de

Prof. Dr. Christian Enss
christian.enss@kip.uni-heidelberg.de

Kirchhoff-Institut für Physik
Universität Heidelberg
Im Neuenheimer Feld 227
D-69120 Heidelberg
Germany

ISBN 978-3-11-102708-1
e-ISBN (PDF) 978-3-11-102722-7
e-ISBN (EPUB) 978-3-11-102740-1

Library of Congress Control Number: 2023945983

Bibliografische Information der Deutschen Nationalbibliothek
Die Deutsche Nationalbibliothek verzeichnet diese Publikation in der Deutschen Nationalbibliografie; detaillierte bibliografische Daten sind im Internet über http://dnb.dnb.de abrufbar.

Umschlagabbildung: Getty Images/Andrey Prokhorov
Druck und Bindung: CPI books GmbH, Leck

www.degruyter.com

Inhaltverzeichnis

Vorworte

Vorwort zur ersten Auflage

In den Regalen der Buchhandlungen kann man eine große Auswahl von hervorragenden Lehrbüchern zur Festkörperphysik finden, darunter die im gleichen Verlag erschienenen „klassischen“ Lehrbücher von Ch. Kittel, *Einführung in die Festkörperphysik*, N.W. Ashcroft/N.D. Mermin, *Festkörperphysik* und J.R. Christman, *Festkörperphysik*. Es stellt sich daher die Frage, warum ein weiteres Buch mit dieser Thematik geschrieben wurde.

Die Basis des vorliegenden Buchs war ein Skriptum, das begleitend zu meiner Vorlesung an der Universität Heidelberg herausgegeben und über mehr als 20 Jahre von Studenten zur Prüfungsvorbereitung benutzt wurde. Doch dies allein war nicht der Grund, warum ich mich entschloss, dieses Skriptum in ein Buch umzuarbeiten. Jedes Lehrbuch zur Festkörperphysik hat eigene Schwerpunkte und bestimmte Blickwinkel, die es von anderen unterscheidet. Im Falle des vorliegenden Buches ist eine Besonderheit, dass ungeordnete Festkörper nicht nur als nebensächlicher Anhang behandelt werden, sondern dass der Versuch unternommen wurde, diese konsequent in die Behandlung des Stoffes einzubeziehen, soweit dies möglich erschien. Ungeordnete Festkörper spielen in unserer Umwelt eine wichtige Rolle. Viele ihrer Eigenschaften sind noch unverstanden und die Konzepte zu ihrer Beschreibung sind weit weniger ausgereift, als es bei den Kristallen der Fall ist. Ein weiterer Aspekt, der mir wichtig erschien, ist die Präsentation von echten Daten anstelle von glatten Prinzipskizzen. Messdaten spiegeln zu einem gewissen Grad die Schwierigkeiten wider, denen ein Experimentalphysiker gegenübersteht. Ich habe daher im vorliegenden Buch versucht, bei möglichst vielen Abbildungen Orginaldaten zu benutzen.

Die Festkörperphysik ist so umfangreich, dass es nicht einmal annähernd möglich ist, sie in einem Lehrbuch umfassend zu behandeln. Ich habe die erforderliche Stoffauswahl so getroffen, dass möglichst alle wichtigen Teilgebiete angesprochen werden, wenn auch die Auswahl bis zu einem gewissen Grad subjektiv ist. Vor allem sollten die grundlegenden Gesetzmäßigkeiten und die für die Festkörperphysik typische Betrachtungsweise zum Ausdruck kommen. Eine schwierige Frage ist, in welchem Umfang man auf Experimentiertechniken oder technische Anwendungen eingehen sollte. Hier habe ich mich auf ein Minimum beschränkt.

Das Lehrbuch wendet sich an Studenten nach dem Grundstudium, die sich eingehend mit der Festkörperphysik beschäftigen. Im Wesentlichen wird eine vierstündige Vorlesung abgehandelt, wobei allerdings der eine oder andere Aspekt als „Zugabe“ anzusehen ist. Vorausgesetzt werden grundlegende Kenntnisse in der Atomphysik und Quantenmechanik sowie in der Thermodynamik und Statistischen Physik.

In diesem Buch werden, mit zwei Ausnahmen, durchgehend SI-Einheiten benutzt. Diese Ausnahmen bestehen in der Verwendung von Ångström und Elektronenvolt.

https://doi.org/10.1515/9783111027227-203

Die Aufgaben, die sich an die einzelnen Kapitel anschließen, dienen nicht der theoretischen Erweiterung des Stoffes. Sie sind so angelegt, dass sie jeder Student bei Kenntnis des dargebotenen Stoffes ohne Schwierigkeiten lösen kann. Lösungswege und Endergebnisse der Aufgaben sind über die Homepage des Verlags (www.oldenbourg-wissenschaftsverlag.de) unter dem Buchtitel abrufbar.

Für die Anregungen und Diskussionen im Laufe der Jahre möchte ich mich bei den Mitarbeitern und Kollegen recht herzlich bedanken. Besonders erwähnen möchte ich in diesem Zusammenhang die Herren Prof. Dr. C. Enss, Prof. G. Weiss (Karlsruhe), Dr. M. von Schickfus und meine Kollegin Frau Prof. Dr. A. Pucci. Für die kritische Durchsicht des Manuskripts danke ich Frau A. Halfar. Ein besonderer Dank gilt Herrn PD. Dr. G. Fahsold für seine kritischen Bemerkungen und vielen Vorschläge sowie Herrn Dr. R. Weis für die Unterstützung auf „allen Gebieten".

Korrekturen und Hinweise nehme ich sehr gerne entgegen. Sie können an meine E-Mail-Adresse S.Hunklinger@physik.uni-heidelberg.de geschickt werden.

Heidelberg, im August 2007 S. Hunklinger

Vorwort zur dritten Auflage

Die erste Auflage dieses Lehrbuches hat eine überraschend große Resonanz gefunden. Während an der zweiten Auflage nur kleine Korrekturen vorgenommen wurden, habe ich in dieser Auflage einige interessante aktuelle Themen eingearbeitet. So bin ich an einigen Stellen auf die überraschenden Eigenschaften von Graphen und Nanoröhren eingegangen. Ebenfalls angesprochen wurde der Riesen-Magnetowiderstand, der nicht nur vom physikalischen Standpunkt betrachtet von Interesse ist sondern auch große technische Bedeutung besitzt. Neben einigen Bemerkungen zur Luttinger-Flüssigkeit berichte ich noch kurz über eine technische Anwendung von Oberflächenplasmonen auf dem Gebiet der Sensorik. Weiterhin wurden einige neue Aufgaben eingeführt. Hinweise auf den Lösungsweg und die Endergebnisse der Aufgaben sind wie bisher über die Homepage des Verlags (www.oldenbourg-wissenschaftsverlag.de) unter dem Buchtitel abrufbar.

Besonders danken möchte ich jenen Lesern, die mich auf Fehler hingewiesen und Anregungen gegeben haben. Korrekturen und Hinweise nehme ich natürlich sehr gerne unter meiner E-Mail-Adresse S.Hunklinger@physik.uni-heidelberg.de entgegen. Ebenso gilt mein Dank Herrn Dr. R. Weis für seine stetige Unterstützung.

Heidelberg, im März 2011 S. Hunklinger

Vorwort zur vierten Auflage

Auch in dieser Auflage habe ich kleine Änderungen und Ergänzungen vorgenommen. So wurde der Abschnitt über unkonventionelle Supraleiter ergänzt und die Behandlung des Debye-Waller-Faktors zusammengefasst. Hinzugekommen sind eine Reihe von Tabellen, wobei mir die Auswahl der Daten oft schwer gefallen ist, da in der Literatur oft unterschiedliche Materialparameter „angeboten“ werden. Ist kein Literaturvermerk angegeben, dann stammen die wiedergegebenen Daten aus verschiedenen Quellen. Eingefügt habe ich auch die Lebensdaten der angesprochenen Wissenschaftler, soweit ich sie ausfindig machen konnte. Der Index wurde wesentlich erweitert und neue Übungsaufgaben wurden hinzugefügt. Hinweise auf den Lösungsweg und die Ergebnisse sind über die Homepage des Verlags (www.oldenbourg.de) unter dem Buchtitel abrufbar.

Auch dieses Mal möchte ich jenen Lesern danken, die mich auf Fehler hingewiesen und Verbesserungsvorschläge gemacht haben. Korrekturen und Hinweise nehme ich weiterhin gerne unter meiner Email-Adresse S.Hunklinger@physik.uni-heidelberg.de entgegen. Herrn Dr. Robert Weis möchte wieder recht herzlich für seine Unterstützung danken.

Heidelberg, im November 2013 S. Hunklinger

Vorwort zur fünften Auflage

Die vorliegende Auflage lehnt sich eng an die vorhergehende an. Neben inhaltlichen Änderungen und Ergänzungen habe ich in einigen Themengebieten die Anzahl der Tabellen erhöht und zahlreiche Tabellen übersichtlicher gestaltet. Darüber hinaus wurden zusätzliche Übungsaufgaben eingefügt. Hinweise auf den Lösungsweg und die Ergebnisse sind wie bisher über die Homepage des Verlags (www.degruyter.com) unter dem Buchtitel abrufbar.

Auch dieses Mal sind von verschiedener Seite Verbesserungsvorschläge eingegangen, die ich unter der Email-Adresse S.Hunklinger@physik.uni-heidelberg.de natürlich gerne entgegen genommen habe.

Wie immer danke ich Herrn Dr. Robert Weis recht herzlich für seine Unterstützung.

Heidelberg, im September 2017 S. Hunklinger

Vorwort zur sechsten Auflage

Die vorliegende Auflage erscheint in neuem Layout und beinhaltet Erweiterungen und Korrekturen der im Juni 2022 erschienen englische Ausgabe. Außerdem wurden zusätzliche inhaltliche Änderungen und Ergänzungen eingearbeitet und die Gestaltung der Abbildungen und Tabellen überarbeitet. Darüber hinaus wurden zu allen Kapiteln zusätzliche Übungsaufgaben hinzugefügt. Hinweise zum Lösungsweg und zu den Ergebnissen sind wie bisher über die Homepage des Verlags (www.degruyter.com) unter dem Buchtitel abrufbar.

Auch dieses Mal sind von verschiedener Seite Verbesserungsvorschläge eingegangen. Dafür möchten wir uns bei den Lesern bedanken. Kommentare und Hinweise auf Fehler nehmen wir natürlich weiterhin immer gerne unter den Email-Adressen S.Hunklinger@physik.uni-heidelberg.de und christian.enss@kip.uni-heidelberg.de entgegen. Wir bedanken uns bei Dr. Robert Weis für seine Unterstützung.

Heidelberg, im August 2023 S. Hunklinger, C. Enss

1 Vorbemerkungen

Die Festkörper beschäftigt sich mit dem Aufbau und den Eigenschaften fester Materialien. In einfachster Näherung sind Festkörper eine Ansammlung von Ionenrümpfen und Elektronen zwischen denen elektrostatische Kräfte wirken. Im Gegensatz zur Kosmologie, Astrophysik oder Hochenergiephysik, bei denen nicht alle wirksamen physikalischen Wechselwirkungen vollständig bekannt sind, kennen wir die relevanten fundamentalen Gesetzmäßigkeiten, die in der Festkörperphysik von Bedeutung sind, sehr gut. Im Prinzip lassen sich alle Festkörpereigenschaften aus der Schrödinger-Gleichung herleiten. Dennoch ist die Festkörperphysik in keiner Weise ein abgeschlossenes wissenschaftliches Gebäude. Es wird auch in der Zukunft immer wieder unerwartete Entdeckungen und überraschende Einsichten in diesem sehr lebendigen Teilgebiet der Physik geben.

Festkörper, wie sie uns im täglichen Leben umgeben, besitzen typischerweise ein Volumen von mindestens einigen Kubikzentimetern und bestehen somit größenordnungsmäßig aus 10^{23} oder mehr Atomen. Diese große Zahl lässt befürchten, dass eine quantitative Beschreibung der Eigenschaften kaum durchführbar ist. Dies gilt umso mehr, wenn man bedenkt, wie weit die Palette der Festkörperphänomene gefächert ist. So erwartet man eine Erklärung für die Tatsache, dass gewisse Materialien elektrisch leiten, andere dagegen isolieren, dass es durchsichtige und undurchsichtige, harte und weiche, duktile und spröde Festkörper gibt, oder, dass manche Festkörper stark auf magnetische Felder ansprechen, andere dagegen kaum. Es zeigt sich aber, dass es in vielen Fällen gerade die große Zahl von Atomen ist, welche die Entwicklung von Modellvorstellungen für eine quantitative Beschreibung erlaubt. Dabei lassen sich natürlich nicht alle Eigenschaften mit einem einzigen Ansatz behandeln, denn die verschiedenen Klassen von Festkörpern, wie Isolatoren, Halbleiter, Metalle oder Supraleiter, unterliegen unterschiedlichen makroskopischen Gesetzen und reagieren unterschiedlich auf äußere Felder.

Sind erst einmal die zugrunde liegenden Prinzipien bekannt, kann man einen weiteren, technisch wichtigen Schritt tun: Man kann neue Werkstoffe oder Bauelemente mit Eigenschaften entwickeln, die für bestimmte Anwendungen maßgeschneidert sind. In vielen Fällen bilden optimierte Werkstoffe und deren gezielte Veränderung die Basis für neue Technologien. Eindrucksvolle Beispiele hierfür sind die Informations- und Kommunikationstechnik, deren Entwicklung auf umfassenden Erkenntnissen der Festkörperphysik beruht. Ein Beispiel für die praktische Anwendung der Supraleitung sind die Spulen, die bei der Kernspintomographie zur Erzeugung hoher Magnetfelder eingesetzt werden oder in zukünftigen Fusionsreaktoren Anwendung finden sollen. Äußerst kleine Magnetfelder lassen sich mit Magnetometern nachweisen, die auf dem Josephson-Effekt beruhen und unter anderem in der medizinischen Diagnostik und bei Bodenerkundungen in der Geologie Einsatz finden. Wohlbekannt sind Halbleiterlaser,

https://doi.org/10.1515/9783111027227-001

die in jedem Wohnzimmer ihre Dienste leisten, oder Halbleiterdetektoren, die bei den großen Experimenten der Hochenergiephysik Einsatz finden.

Welche fundamentalen Konzepte werden in der Festkörperphysik verwendet? Wie in den meisten Gebieten der Physik nimmt die Schrödinger-Gleichung eine zentrale Stellung ein. Wir werden auch immer wieder dem Pauli-Prinzip begegnen, dessen Existenz viele Festkörpereigenschaften entscheidend beeinflusst. Daneben spielen die Maxwell-Gleichungen sowie die Konzepte der Thermodynamik und der Statistischen Mechanik eine ganz wichtige Rolle. Wie bereits erwähnt, ist die Coulomb-Wechselwirkung zwischen den Ionenrümpfen und den Elektronen die dominierende Kraft im Festkörper. Die magnetische Wechselwirkung zwischen den Bausteinen ist dagegen in unmagnetischen Materialien praktisch ohne Bedeutung. In den meisten Fällen werden wir die Eigenschaften von Festkörpern betrachten, die sich im thermodynamischen Gleichgewicht befinden oder deren Gleichgewicht durch äußere Felder nur leicht verändert ist.

Während sich in Flüssigkeiten oder Gasen die Position der Atome zeitlich ändert, bleibt ihre räumliche Anordnung in Festkörpern weitgehend gleich. Auf Grund ihres unterschiedlichen atomaren Aufbaus können Festkörper grob in zwei Gruppen unterteilt werden: Eine streng periodische Aneinanderreihung der atomaren Bausteine ist typisch für **ideale Kristalle**, eine völlig ungeordnete Anordnung der Atome charakterisiert dagegen **ideale amorphe Festkörper**. Die Struktur realer Festkörper liegt zwischen diesen beiden Grenzfällen: Kristalle weisen Fehler in ihrem atomaren Aufbau auf, amorphe Festkörper besitzen lokale Ordnung. Die meisten der grundlegenden Konzepte der Festkörperphysik setzen den periodischen Aufbau der Kristalle voraus und sind daher streng genommen nur auf diese Substanzklasse anwendbar. Sie werden im Mittelpunkt unserer Betrachtungen stehen. In den letzten Jahren ist aber das Interesse an den Eigenschaften und Eigenheiten komplexer Strukturen und unregelmäßig aufgebauter Festkörper stark gewachsen. In diesem Zusammenhang wurden verstärkt theoretische Konzepte für die Beschreibung dieser Materialien entwickelt. Wir schließen daher, wenn auch in geringerem Umfang, amorphe Festkörper in unsere Betrachtungen mit ein.

In Festkörpern befinden sich die Atome im Allgemeinen in einem lokalen Minimum der potenziellen Energie und nehmen deshalb einen wohldefinierten Platz ein. Wird ein Atom ausgelenkt, so schwingen nach kurzer Zeit auch alle anderen Atome, da sie untereinander gekoppelt sind. Umgekehrt kann die Bewegung der Atome in harmonische Schwingungen zerlegt werden, an denen die Atome des gesamten Festkörpers beteiligt sind. Ein interessanter Aspekt ist dabei, dass die Schwingungsenergie und damit auch die Amplitude dieser Normalschwingungen gequantelt ist. In Anlehnung an die Photonen, den Energiequanten der elektromagnetischen Strahlung, bezeichnet man die Energiequanten der elastischen Schwingung als *Phononen*. Die atomaren Schwingungen haben einen erheblichen Einfluss auf die elastischen, thermischen, elektrischen und optischen Eigenschaften der Festkörper und sind daher ein wesentlicher Bestandteil der Festkörpertheorie, deren Entwicklung eng mit den Arbeiten von *Max Born* verknüpft ist.

Elektronen sind dem Pauli-Prinzip unterworfen und können daher ohne Berücksichtigung des Spins jeden Zustand nur einfach besetzen. Für Mehrelektronensysteme bedeutet dies, dass Elektronen zunächst die energetisch tiefsten Zustände einnehmen, dass sie aber mit zunehmender Elektronenzahl in Zuständen höherer Energie untergebracht werden müssen. Im Festkörper kann man grob zwischen *Rumpfelektronen* in Zuständen mit geringer Energie und *Valenzelektronen* in Zuständen mit höherer Energie unterscheiden. Rumpfelektronen sind relativ fest gebunden und werden durch Nachbaratome oder äußere Felder nur wenig beeinflusst. Sieht man von den magnetischen Eigenschaften ab, so werden die charakteristischen Festkörpereigenschaften in erster Linie von den Valenzelektronen geprägt. Sie stammen von den s- und p-Zuständen der beteiligten Atome, wirken an der interatomaren Bindung mit und reagieren empfindlich auf äußere Felder.

Natürlich gibt es weder perfekte Kristalle noch perfekte amorphe Festkörper. Jeder Kristall weist Baufehler auf, die sich in einer lokalen Abweichung von der restlichen Struktur manifestieren. Defekte üben einen starken Einfluss auf die Eigenschaften realer Festkörper aus. So verändern sie die mechanischen und thermischen Eigenschaften, erhöhen den elektrischen Widerstand von Metallen und beeinträchtigen die optische Transparenz der Werkstoffe. Beispiele für derartige Störstellen sind in Kristallen fehlende Atome oder Fremdatome, die bei der Herstellung eingebaut wurden, oder auch größere Defekte, die meist bereits bei der Probenherstellung entstehen. Bei amorphen Festkörpern ist die Definition von Defekten auf Grund ihres irregulären Aufbaus wesentlich schwieriger. Defekte, die typisch für amorphe Materialien mit kovalenter atomarer Bindung sind und in dieser Form nicht in Kristallen auftreten, sind unabgesättigte chemische Bindungen. Ein weiterer wichtiger Punkt ist, dass in ungeordneten Strukturen lokale Umlagerungen von Atomen möglich sind, die in den geordneten Kristallen nicht auftreten können. Unabgesättigte Bindungen und strukturelle Anpassungen beeinflussen viele Eigenschaften amorpher Festkörper ganz entscheidend.

2 Bindung im Festkörper

Wie wir sehen werden, beruht die Vielfalt der Festkörpereigenschaften auf dem Zusammenwirken unterschiedlicher Faktoren. Natürlich spielen die atomaren Eigenschaften eine wichtige Rolle, doch sind die Anordnung der Atome und die Bindung zwischen ihnen mindestens genauso wichtig. Um zu einem tieferen Verständnis der Eigenheiten von Festkörpern zu gelangen, erweist sich die Beschäftigung mit dem Aufbau und den Bindungsmechanismen als unumgänglich. Wir werden deshalb erst die Bindung zwischen den atomaren Bausteinen näher in Augenschein nehmen und uns anschließend mit dem Aufbau der Festkörper und den Methoden der Strukturbestimmung auseinandersetzen.

2.1 Bindungstypen

Sowohl in kristallinen als auch in amorphen Festkörpern treten fünf Grundtypen der Bindung auf, die sich in erster Linie durch die räumliche Verteilung der an der Bindung beteiligten Elektronen unterscheiden. Allerdings findet man diese Grundtypen im Allgemeinen nicht in reiner, sondern in gemischter Form vor.

Eine Sonderstellung nimmt die **Wasserstoffbrückenbindung** ein, die vor allem in wasserstoffhaltigen Substanzen anzutreffen ist. Auf diesen Bindungstyp gehen wir am Ende dieses Kapitels ein. Von erheblicher Bedeutung für die Festkörpereigenschaften ist, ob sich die Valenzelektronen der atomaren Bausteine in abgeschlossenen Schalen aufhalten oder nicht. Ersteres ist bei Festkörpern der Fall, die aus Molekülen oder Edelgasatomen bestehen. Dort herrscht zwischen den Atomen oder Molekülen als bindende Kraft nur die relativ schwache **Van-der-Waals-Kraft**. Bei Molekülkristallen unterscheidet man, je nachdem ob man an den Kräften innerhalb oder zwischen den Molekülen interessiert ist, zwischen *intramolekularer* und *intermolekularer* Wechselwirkung. Ebenfalls abgeschlossene Schalen besitzen die **Ionenkristalle**, bei denen ein Elektronentransfer zwischen den Bindungspartnern stattgefunden hat. Die entgegengesetzt geladenen Ionen werden durch die relativ starken Coulomb-Kräfte zusammengehalten.

Der Energiegewinn beim Abschluss von gemeinsamen Elektronenschalen ist die treibende Kraft bei der Ausbildung der **kovalenten Bindung**. Bei diesem Bindungstyp sind zwei Valenzelektronen *zwischen* den beteiligten Atomen lokalisiert. In vielen Isolatoren oder Halbleitern sind die atomaren Bausteine durch diesen Mechanismus aneinandergebunden. Natürlich spielt die kovalente Bindung als intramolekulare Kraft eine zentrale Rolle in der Molekülchemie, doch würde die Behandlung dieses Aspekts weit über den in diesem Buch gesteckten Rahmen hinausgehen. Auf völlig andere Art und Weise kommt die **metallische Bindung** zustande, bei welcher die Valenzelektronen im Festkörper weitgehend gleichmäßig verteilt sind. Die starke „Verschmierung“

https://doi.org/10.1515/9783111027227-002

der Elektronen ermöglicht nicht nur Ladungstransport und damit die elektrische Leitfähigkeit, sondern bewirkt auch Bindungskräfte zwischen den Atomrümpfen.

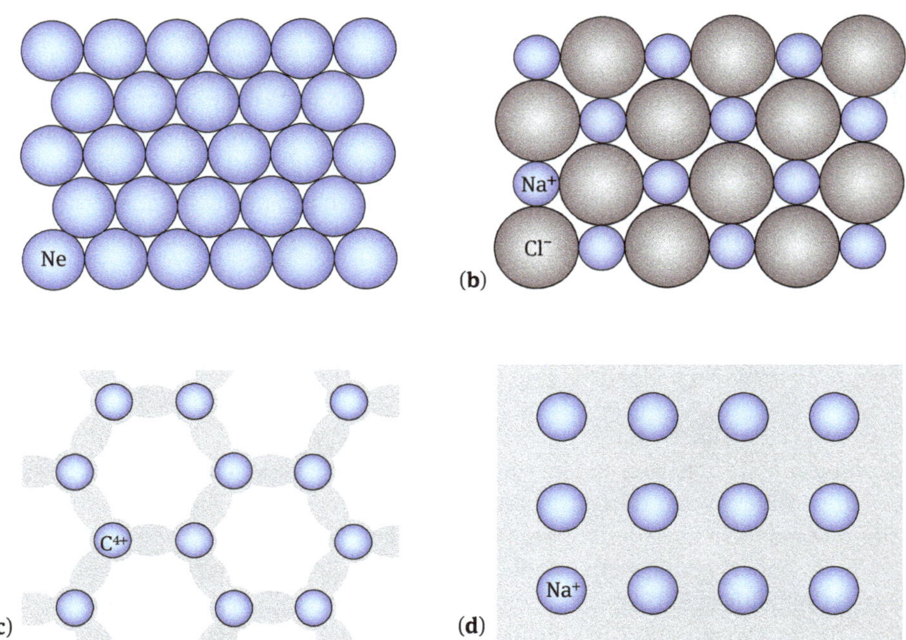

Abb. 2.1: Schematische Darstellung der Verteilung der bindend wirkenden Elektronen bei den unterschiedlichen Bindungstypen. Die hellgrauen Bereiche symbolisieren die bevorzugten Aufenthaltsorte der bindenden Elektronen. Als Vertreter für die jeweiligen Bindungsarten wurden **(a)** Neon, **(b)** Natriumchlorid, **(c)** Graphit und **(d)** Natrium gewählt. Die Reihe führt von der Van-der-Waals- und Ionenbindung über die kovalente zur metallischen Bindung.

In Bild 2.1 ist die Elektronenverteilung der verschiedenen Bindungstypen grob angedeutet. Beginnend mit der Van-der-Waals-Bindung im festen Neon geht die Reihe über den Ionenkristall NaCl, dem kovalent gebundene Kohlenstoff und endet beim metallischen Natrium mit völlig delokalisierten Valenzelektronen. Da Neon nur geschlossene Elektronenschalen aufweist, sind in diesem Bild keine bindenden Elektronen eingezeichnet. Beim Transfer eines Elektrons von den Natrium- zu den Chloratomen entstehen Ionen mit abgeschlossenen Schalen. Die Bindung beruht in diesem Fall auf der elektrostatischen Wechselwirkung zwischen den Ionen. Beim Graphit, der aus Kohlenstoffatomen aufgebaut ist, erfolgt die Bindung mit den drei Nachbaratomen, die in einer Ebene liegen, jeweils über ein gemeinsames Elektronenpaar, dessen Aufenthaltswahrscheinlichkeit zwischen den Atomrümpfen besonders groß ist. Wie wir in Abschnitt 2.4 sehen werden, geht bei Graphit das vierte Elektron der L-Schale keine lokale Bindung ein. Die Wellenfunktion dieses Elektrons steht senkrecht auf der Zeichenebene. Beim Natrium

„schwimmen" die Atomrümpfe mit den abgeschlossenen Elektronenschalen in einem „Elektronensee".

In der Regel liegt nicht ein bestimmter Bindungstyp in reiner Form vor, sondern es treten gemischte Formen auf. Betrachten wir beispielsweise die Verbindungen der Elemente der 4. Periode des Periodensystems, so finden wir einen allmählichen Übergang von der rein ionischen Bindung zur rein kovalenten, wenn wir vom KBr über die Verbindungen CaSe und GaAs zum vierwertigen Germanium gehen. Weiterhin besteht auch die Möglichkeit, dass in einer Substanz die gleichen Atome unterschiedliche Bindungen eingehen. Bei der Diskussion der einzelnen Bindungsarten werden wir uns jedoch auf die einfachsten Fälle beschränken, d.h., wir werden nur Systeme näher betrachten, bei denen ein Bindungsmechanismus dominiert.

2.1.1 Bindungsenergie

Zwischen den Atomen und Molekülen der Festkörper wirken elektrostatische Kräfte. Ein Maß für die Stärke der Wechselwirkung und die Zahl der wechselwirkenden Atome ist die **Bindungsenergie** oder **Gitterenergie**. Sie ist über die Arbeit definiert, die bei der Zerlegung des Festkörpers in seine Bestandteile, Atome oder Ionen, aufgewendet werden muss. Dabei wird vorausgesetzt, dass sich sowohl der Festkörper als auch die resultierenden atomaren Bausteine vor bzw. nach der Zerlegung im Grundzustand befinden. Bemerkenswert ist, dass die Nullpunktsenergie in die Energiebilanz der Festkörper eingeht und die Bindungsenergie merklich reduzieren kann.

Tab. 2.1: Bindungsenergie und Schmelztemperatur der Elemente der zweiten Periode des Periodensystems. Die Angaben beim Kohlenstoff beziehen sich auf Diamant. (Die Daten wurden unterschiedlichen Quellen entnommen.)

	Li	Be	B	C	N	O	F	Ne
Bindungsenergie (eV/Atom)	1,64	3,32	5,81	7,37	4,91	2,60	0,84	0,020
Bindungsenergie (kJ/mol)	158	320	561	711	474	251	81,0	1,92
Schmelztemperatur (K)	453	1560	2348	4765	63,2	54,4	53,5	24,6

In Tabelle 2.1 sind die Bindungsenergien pro Atom für die Elemente der zweiten Periode des Periodensystems aufgeführt. Geht man die Gruppe von links beginnend nach rechts durch, so nimmt der metallische Charakter der Bindung ab und der kovalente zu. Da die kovalente Bindung im Allgemeinen stärker als die metallische ist, wächst die Bindungsenergie zunächst an. Während die Bindung im Lithium ausschließlich metallischer Natur ist, trägt beim Bor die kovalente Wechselwirkung bereits merklich zur Bindung bei. Die Kohlenstoffatome des Diamanten in der vierten Hauptgruppe des Periodensystems sind ausschließlich durch kovalente Kräfte gebunden. Die restlichen

Elemente von Stickstoff bis Fluor sind in ihrer festen Form Molekülkristalle. Die relativ hohe Bindungsenergie dieser Materialien beruht fast ausschließlich auf der Energie, die bei der Bildung der Moleküle frei wird. *Zwischen* den Molekülen wirkt die schwache Van-der-Waals-Wechselwirkung, die vergleichsweise wenig zur Bindungsenergie beiträgt. Es ist deshalb nicht verwunderlich, dass Stickstoff oder Sauerstoff trotz der vergleichsweise hohen Bindungsenergie bereits bei relativ niedrigen Temperaturen schmelzen. Da beim festen Edelgas Neon nur noch Van-der-Waals-Kräfte zum Tragen kommen, ist dort die Bindungsenergie äußerst gering.

Kristalle und amorphe Festkörper derselben chemischen Zusammensetzung weisen leicht unterschiedliche Bindungsenergien auf. Dies ist verständlich, da nicht nur die unmittelbar benachbarten, sondern auch weiter entfernte Atome zur Bindung beitragen. Das Fehlen der Fernordnung im Falle von amorphen Substanzen bewirkt eine Verminderung der Massendichte und eine Reduktion der Bindungsenergie. Wie groß die Reduktion ist, hängt von der Reichweite der Bindungskräfte, aber auch von der Ausprägung der lokalen Ordnung ab.

Abstoßende Kräfte. Nähern sich zwei neutrale Atome, so unterliegen sie Kräften, die bei relativ großen Abständen attraktiv, bei kleinen aber repulsiv sind. In Bild 2.2 ist der typische Verlauf des Wechselwirkungspotenzials dargestellt. Der tatsächliche Verlauf hängt von der Art der Bindung ab. Hier ist das **Lennard-Jones-Potenzial**[1] φ skizziert, das zwischen neutralen Atomen oder Molekülen mit abgeschlossener Elektronenschale wirkt. Wir werden auf diesen speziellen Potenzialverlauf noch ausführlich eingehen.

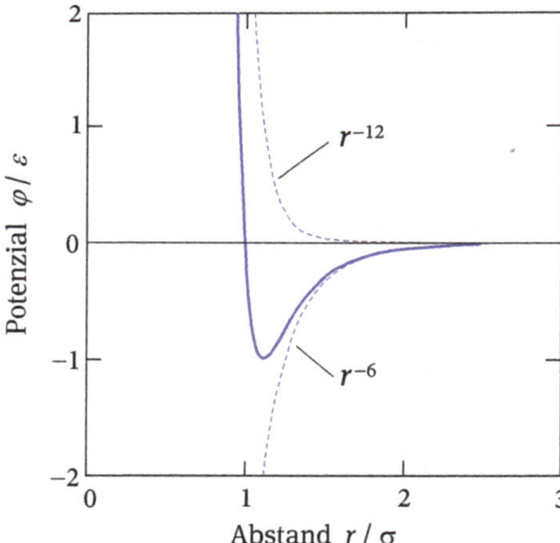

Abb. 2.2: Lennard-Jones-Potenzial. Der anziehende Teil des Potenzials ist proportional zu r^{-6}, der abstoßende proportional zu r^{-12}. Die Parameter ε und σ bestimmen die Muldentiefe und den Nulldurchgang des Potenzials.

1 John Edward Lennard-Jones, *1894 Leigh, †1954 Stokes-on-Trent

Für unsere Diskussion ist hier nur von Bedeutung, dass bei starker Annäherung die Anziehung in eine Abstoßung übergeht, wodurch ein Durchdringen der Atome verhindert wird. Man könnte glauben, dass hierfür die klassische Coulomb-Abstoßung der Elektronenwolken verantwortlich ist. Wie jedoch eine einfache Rechnung zeigt, führt dieser Effekt zu einer relativ schwachen Abstoßung, die nur schwach vom Abstand abhängt. Wäre er für die Abstoßung verantwortlich, so verhielten sich die Atome wie relativ weiche Kugeln. Tatsächlich ist die Wirksamkeit des *Pauli-Prinzips*[2] ausschlaggebend, da sich bei kleinen Abständen die Wellenfunktionen der Atome überlappen. In diesem Fall müssen wir die wechselwirkenden Atome als Einheit sehen, in der die Elektronen die verfügbaren gemeinsamen Zustände einnehmen. Ein Überlapp der Wellenfunktionen von Elektronen in abgeschlossenen Schalen erzwingt daher den Übergang von einem Teil der Elektronen in unbesetzte Zustände höherer Energie. Dadurch erhöht sich die Energie des Gesamtsystems, was sich in einer stark vom Abstand abhängenden, abstoßenden Kraft äußert. Das Pauli-Prinzip bewirkt also, dass sich die Atome fast wie harte Kugeln verhalten.

Zur empirischen Beschreibung der Abstoßung werden unterschiedliche analytische Ausdrücke benutzt. Häufig wird, wie in Bild 2.2, das abstoßende Potenzial $\varphi(r)$ mit

$$\varphi(r) = \frac{\mathcal{A}}{r^{12}} \tag{2.1}$$

beschrieben, wobei $\mathcal{A}$ eine positive Konstante ist und die Steilheit des Potenzialabfalls durch den Exponenten festgelegt wird. Da es meist nicht auf den exakten Kurvenverlauf ankommt, ist eine Darstellung des Potenzials mit einer einfachen, hinreichend steil verlaufenden Funktion ausreichend. Einen tieferen Grund für die Wahl des Exponenten zwölf gibt es nicht. Oft wird auch ein exponentieller Verlauf der Form

$$\varphi(r) = \mathcal{A}' \mathrm{e}^{-r/\varrho} \tag{2.2}$$

für das abstoßende Potenzial angesetzt. $\mathcal{A}'$ ist wiederum eine positive Konstante. Die Reichweite des Potenzials wird durch ϱ bestimmt.

2.2 Van-der-Waals-Bindung

Wir beginnen die Diskussion der Bindungskräfte mit den am einfachsten aufgebauten Kristallen, nämlich den Edelgaskristallen. Edelgasatome mit ihren abgeschlossenen Elektronenschalen gehen normalerweise keine chemische Bindung mit Nachbarn ein. Sie weisen auch im Festkörper in sehr guter Näherung Kugelgestalt auf und bilden Kristalle mit hoher Symmetrie.[3] Die anziehenden Kräfte zwischen den Atomen beruhen

2 Wolfgang Pauli, *1900 Wien, †1958 Zürich, Nobelpreis 1945

3 Tatsächlich treten kondensierte reine Edelgase nur in kristalliner Form auf. Bestimmte feste Edelgasmischungen lassen sich aber auch in amorpher Form herstellen.

ausschließlich auf den schwachen Van-der-Waals-Kräften. Ähnliches gilt auch für die intermolekularen Kräfte vieler Molekülkristalle. Obwohl dort die Annahme kugelförmiger Gitterbausteine oft nur näherungsweise zutrifft, lassen sich viele Erkenntnisse, die an Edelgaskristallen gewonnen wurden, direkt auf Molekülkristalle übertragen.

Van-der-Waals-Kräfte. Van-der-Waals-Kräfte[4] wirken zwischen allen Atomen. Sie beruhen auf der elektrischen *Dipol-Dipol-Wechselwirkung*, deren Auftreten zwischen Edelgasatomen zunächst überrascht, da kugelsymmetrische Atome kein (permanentes) Dipolmoment aufweisen. Es ist jedoch zu bedenken, dass Atome keine starren Gebilde sind, sondern dass ihre Ladungsverteilung Schwankungen unterworfen ist. Eine Verschiebung der Elektronenwolke relativ zum Kern ruft ein Dipolmoment p_1 hervor, das eine Ladungsverschiebung im Nachbaratom induziert. Dabei ist das induzierte Dipolmoment so gerichtet, dass die Kraft anziehend wirkt. Qualitativ gesehen verursacht ein Dipol p_1, wenn wir die Richtungsabhängigkeit vernachlässigen, im Abstand r ein elektrisches Feld $\mathcal{E}_1 \propto p_1/r^3$. Dieses Feld induziert im Nachbaratom ein Dipolmoment $p_2 \propto \mathcal{E}_1 \propto p_1/r^3$. Somit ist das Wechselwirkungspotenzial durch $\varphi \propto p_1 p_2/r^3 \propto 1/r^6$ gegeben, so dass wir für das Van-der-Waals-Potenzial

$$\varphi(r) = -\frac{\mathcal{B}}{r^6} \tag{2.3}$$

schreiben können. $\mathcal{B}$ ist eine positive, für die beteiligten Atome charakteristische Konstante. Mit Hilfe einfacher, quantenmechanischer Störungsrechnung lässt sich zeigen, dass die geschilderte Wechselwirkung immer zu einer Energieabsenkung, also zu einer anziehenden Kraft führt, deren Größe durch die Polarisierbarkeit der beiden beteiligten Atome bestimmt wird. Das Minuszeichen in (2.3) trägt dieser Tatsache Rechnung.

2.2.1 Lennard-Jones-Potenzial

Addiert man zum abstoßenden Potenzial (2.1) das anziehend wirkende Van-der-Waals-Potenzial, so erhält man das bereits erwähnte **Lennard-Jones-Potenzial**

$$\varphi(r) = \frac{\mathcal{A}}{r^{12}} - \frac{\mathcal{B}}{r^6} \equiv 4\varepsilon\left[\left(\frac{\sigma}{r}\right)^{12} - \left(\frac{\sigma}{r}\right)^6\right], \tag{2.4}$$

dessen Verlauf in Bild 2.2 zu sehen ist. Der Parameter ε gibt die Tiefe der Potenzialmulde an, σ bestimmt den Nulldurchgang des Potenzials. Das Potenzialminimum tritt beim Abstand $r_0 = 2^{1/6}\sigma = 1{,}122\,5\,\sigma$ auf.

In der Tabelle 2.2 sind Materialparameter von Edelgasatomen und Edelgaskristallen aufgeführt, auf die wir noch eingehen. Die beiden ersten Zeilen enthalten die Werte der

4 Johannes Diderik van der Waals, *1837 Leiden, †1923 Amsterdam, Nobelpreis 1910

Parameter ε und σ. Diese Größen lassen sich beispielsweise aus der Winkelabhängigkeit der Streuintensität von Edelgasen bei Atomstrahlexperimenten gewinnen. Eine andere Möglichkeit besteht in der Messung von thermodynamischen Zustandsgrößen, aus denen sich die gewünschten Parameter unter Zuhilfenahme einer leicht modifizierten Van-der-Waals-Gleichung gewinnen lassen. Man kann die Parameter aber auch über die Kristalleigenschaften bestimmen. Hierzu benutzt man unter anderem den in der dritten Zeile der Tabelle aufgeführten Gleichgewichtsabstand R_0 der Atome, der nicht identisch mit dem Abstand r_0 des Potenzialminimums ist, die Sublimationswärme und die Kompressibilität. Die Parametersätze, die man mit den verschiedenen Verfahren gewinnt, unterscheiden sich nur geringfügig.

2.2.2 Bindungsenergie von Edelgaskristallen

Wir berechnen nun die Bindungsenergie der Edelgaskristalle. Der Einfachheit halber berücksichtigen wir nur die potenzielle Energie, obwohl die Nullpunktsenergie eine merkliche Reduktion der Bindungsenergie bewirken kann. Da die Nullpunktsenergie mit abnehmender Masse ansteigt, verursacht sie bei den leichten Edelgaskristallen erhebliche Korrekturen, die wir am Ende dieses Abschnitts abschätzen. Helium, das leichteste Edelgas, bleibt aufgrund seiner hohen Nullpunktsenergie und der schwachen Bindungskräfte zwischen den Atomen auch am absoluten Nullpunkt noch flüssig. Verfestigung erreicht man bei Helium erst unter Anwendung eines äußeren Drucks, der 2,5 MPa übersteigt.

Um die Bindungsenergie U_B von N Atomen zu berechnen, betrachten wir zunächst die Bindungsenergie φ_m eines einzelnen Atoms m, das mit allen anderen Atomen n des Kristalls wechselwirkt. Wir summieren diese Beiträge auf und schreiben $\varphi_m = \sum_{n \neq m} \varphi_{mn}$, wobei φ_{mn} für die Wechselwirkungsenergie des Atompaares m, n steht, die durch das Lennard-Jones-Potenzial (2.4) gegeben ist. Die Summation über alle

Tab. 2.2: Materialparameter von Edelgaskristallen. Die Größen werden im Text erläutert. (Die Daten wurden verschiedenen Quellen entnommen.)

	Ne	Ar	Kr	Xe
ε (meV)	3,10	10,4	14,1	20,0
σ (Å)	2,74	3,40	3,65	3,98
R_0 (Å)	3,16	3,76	3,99	4,34
R_0/σ	1,15	1,11	1,09	1,09
U_B/N (meV)	−26	−89	−127	−174
U_0/N (meV)	8	9	7	6
$(U_B + U_0)/N$ (meV)	−18	−80	−120	−168
U_B^{exp}/N (meV)	−20	−81	−116	−166

Atome m führt zum Ergebnis

$$U_B = \frac{1}{2}\sum_m \varphi_m = \frac{N}{2}\varphi_m = 2N\varepsilon \sum_{n\neq m}\left[\left(\frac{\sigma}{r_{mn}}\right)^{12} - \left(\frac{\sigma}{r_{mn}}\right)^{6}\right] . \tag{2.5}$$

Der Faktor 1/2 tritt auf, da bei paarweiser Wechselwirkung der Beitrag jedes Atoms nur einmal gezählt werden darf. Nun drücken wir den Atomabstand r_{mn} in Einheiten von R, dem Abstand zwischen zwei direkt benachbarten Atomen aus und schreiben $r_{mn} = p_{mn}R$. Der Wert von p_{mn} hängt von der Struktur des betrachteten Kristalls ab. Bei Edelgaskristallen, die eine kubisch flächenzentrierte Struktur (vgl. Bild 2.1 und Abschnitt 3.3) aufweisen, ergeben sich die Werte $p_{mn} = 1,\ \sqrt{2},\ 2\ \ldots$ für die nächsten, übernächsten, drittnächsten Nachbarn usw. Des Weiteren müssen wir noch die Zahl der Atome in den jeweiligen Abständen berücksichtigen. Bei Edelgaskristallen gibt es 12 nächste Nachbarn, 6 übernächste und so fort. Damit lässt sich (2.5) in die Form

$$U_B = 2N\varepsilon\left[\left(\frac{\sigma}{R}\right)^{12}\underbrace{\left(\frac{12}{1^{12}} + \frac{6}{(\sqrt{2})^{12}} + \ldots\right)}_{\approx 12{,}1319} - \left(\frac{\sigma}{R}\right)^{6}\underbrace{\left(\frac{12}{1^{6}} + \frac{6}{(\sqrt{2})^{6}} + \ldots\right)}_{\approx 14{,}4539}\right] \tag{2.6}$$

bringen. Für die Summe dieser sehr rasch konvergierenden Reihen erhält man die Werte 12,1319 bzw. 14,4539.

Mit Hilfe dieses Ausdrucks kann man das Verhältnis zwischen Reichweite des abstoßenden Potenzials und dem Gleichgewichtsabstand der Atome bestimmen. Wir nutzen die Tatsache, dass die Bindungsenergie beim Gleichgewichtsabstand R_0 ein Minimum besitzt. Aus den Bedingungen $[\mathrm{d}U_B/\mathrm{d}R]_{R_0} = 0$ und $[\mathrm{d}^2U_B/\mathrm{d}R^2]_{R_0} > 0$ folgt

$$R_0 = 1{,}090\,2\,\sigma . \tag{2.7}$$

Diese Beziehung sollte, von Helium abgesehen, für alle Edelgase gelten, da alle Edelgaskristalle bei Normaldruck die gleiche Kristallstruktur aufweisen.

In Kristallen ist der Gleichgewichtsabstand der Atome etwas kleiner als der Abstand, der sich aus dem Minimum des Lennard-Jones-Potenzials (2.4) für Paarwechselwirkung ergibt. Dort hatten wir den Zusammenhang $r_0 = 1{,}122\,5\,\sigma$ gefunden. Die experimentell bestimmten Werte für die Kristalle sind in der 4. Zeile der Tabelle 2.2 aufgeführt. Während man bei den leichten Edelgasen kleine Abweichungen findet, ist die Übereinstimmung bei den schweren Edelgasen perfekt.

Setzt man (2.7) in (2.6) ein, so findet man für die Bindungsenergie

$$U_B(R_0) = -8{,}61\,N\varepsilon . \tag{2.8}$$

Die in der Tabelle 2.2 angegebenen Werte für die Bindungsenergie U_B wurden mit den Werten für ε aus der zweiten Zeile berechnet. Sie sind höher als die experimentellen Werte in der letzten Zeile. Die Ursache hierfür und für die Abweichungen des Verhältnisses R_0/σ vom idealen Wert liegt in der Vernachlässigung der quantenmechanischen Nullpunktsbewegung der Atome. Diese tritt im Festkörper auf, weil sich die Atome in einem Käfig befinden, der durch die Nachbarn begrenzt wird. Wir wollen hier nur kurz die Abhängigkeit der Nullpunktsenergie U_0, deren Wert in der sechsten Zeile der Tabelle für die verschiedenen Edelgase aufgelistet ist, von den Potenzialparametern betrachten. Auf die Absolutwerte gehen wir erst in Kapitel 6 ein, da eine exakte Berechnung die Kenntnis der atomaren Schwingungsspektren voraussetzt.

Wir gehen vom Lennard-Jones-Potenzial aus und nähern das Potenzialminimum durch eine Parabel. Die Schwingungsfrequenz der Atome mit der Masse M lässt sich leicht berechnen. Hieraus folgt unmittelbar die Nullpunktsenergie. Setzt man die entsprechenden Größen in die daraus resultierende Beziehung $U_0 \propto (\varepsilon/\sigma^2 M)^{1/2}$ ein, so findet man gute qualitative Übereinstimmung mit den Werten in der Tabelle. Quantitative Abweichungen sind nicht überraschend, da wir hier wechselwirkende Atompaare betrachtet und die Dreidimensionalität der Nullpunktsbewegung außer Acht gelassen haben. Wir wollen an dieser Stelle die Abschätzung nicht verfeinern, da, wie bereits erwähnt, im Abschnitt 6.4 eine quantitative Berechnung der Nullpunktsenergie durchgeführt wird. Ein Vergleich der theoretischen Werte aus der siebten Zeile der Tabelle mit den experimentellen Bindungsenergien der letzten Zeile zeigt die gute Übereinstimmung zwischen den theoretischen und den experimentellen Resultaten.

Aufgrund der Nullpunktsbewegung ist der Atomabstand selbst am absoluten Nullpunkt nicht exakt durch das Minimum der potenziellen Energie gegeben. Da das Wechselwirkungspotenzial nicht exakt parabelförmig ist, wächst der Gleichgewichtsabstand mit der Nullpunktsenergie und somit mit abnehmender Atommasse an. Eine direkte Folge ist das Auftreten eines Isotopeneffekts beim Abstand nächster Nachbarn. So findet man die Werte $R_0 = 3{,}156\,8$ Å bei ^{20}Ne, und $R_0 = 3{,}150\,8$ Å bei ^{22}Ne.

2.3 Ionenbindung

2.3.1 Bestimmung der Bindungsenergie

Zwischen gewissen Atomen, wie z.B. zwischen Kalium- und Chloratomen, tritt ein Elektronentransfer auf, der zur Ausbildung von Ionen führt und so zur **ionischen** oder **heteropolaren Bindung** Anlass gibt. Die starke Coulomb-Wechselwirkung zwischen den Ionen ist richtungsunabhängig und erlaubt wie die Van-der-Waals-Bindung eine enge Packung der beteiligten Ionen. Als Vertreter der Ionenkristalle greifen wir Natriumchlorid heraus, bei dem die Ionen gerade *eine* (positive oder negative) Elementarladung tragen. In Bild 2.3 ist die aus Experimenten der Röntgenbeugung (vgl. Abschnitt 4.4) hergeleitete Elektronendichteverteilung wiedergegeben, aus der hervorgeht, dass die Ladungsverteilung in den Ionen tatsächlich die erwartete Kugelsymmetrie besitzt. Nur am Rande der Cl^--Ionen findet man bei sehr kleinen Elektronendichten Abweichungen von der kugelförmigen Gestalt. Bei der Bewertung der experimentellen Daten ist zu beachten, dass die Konturlinien einer logarithmischen Skala folgen.

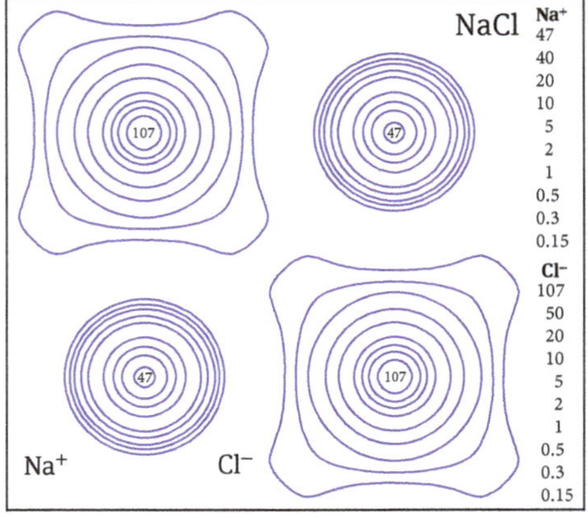

Abb. 2.3: Konturlinien der Elektronendichteverteilung in NaCl. Die Zahlenangaben am rechten Bildrand geben die Elektronendichte pro Å^3 der einzelnen Konturlinien wieder. Die Ladungsverteilung in den Ionen ist erwartungsgemäß nahezu kugelsymmetrisch. Die Abweichung bei den Cl^--Ionen tritt erst bei sehr kleinen Elektronendichten auf. (Nach G. Schoknecht, Z. Naturforschung **12**, 983 (1957).)

Betrachtet man die Ionen als geladene Kugeln, so findet man für die Bindungsenergie eines isolierten Ionenpaars $\varphi = -e^2/4\pi\varepsilon_0 R_0 = -8{,}2 \cdot 10^{-19}\,\mathrm{J} = -5{,}1\,\mathrm{eV}$, wenn man den von den NaCl-Kristallen bekannten Wert $R_0 = 2{,}8$ Å einsetzt. Da die Ionen im Kristall aber mit allen Nachbarionen wechselwirken, erwarten wir im Festkörper eine etwas stärkere Bindung, doch sollte die Größenordnung richtig getroffen sein. Der hohe Wert der erwarteten Bindungsenergie macht sofort verständlich, warum bei Ionenkristallen die schwachen Van-der-Waals-Kräfte und die Nullpunktsenergie von untergeordneter Bedeutung sind.

Die Bindungsenergie der Ionenkristalle lässt sich nicht unmittelbar messen. Entsprechend der Definition ist sie die Energie, die aufgewendet werden muss, um den Festkörper in seine Bestandteile zu zerlegen. Im Falle des Kochsalzes bedeutet dies, dass man ein verdünntes Gas aus Na^+- und Cl^--Ionen herstellen müsste, was natürlich nicht möglich ist. Um dennoch die Bindungsenergie zu ermitteln, kann man **Kreisprozesse** ersinnen, bei denen der NaCl-Kristall gedanklich in seine Bestandteile zerlegt und dann wieder zusammengebaut wird, wobei alle in dieser Reihe auftretenden Energien mit Ausnahme der Bindungsenergie bekannt sind.

Wir wollen die erforderlichen Schritte anhand des *Born-Haber-Kreisprozesses* [5,6] kurz erläutern. Man startet mit einem NaCl-Kristall und wendet die unbekannte Bindungsenergie U_B auf, um das geforderte verdünnte Gas aus Na^+- und Cl^--Ionen zu erzeugen. Im nächsten Schritt werden die Ionen durch Aufnahme bzw. durch Abgabe eines Elektrons neutralisiert. Beim Einfangen eines Elektrons durch das Natriumion wird die Ionisationsenergie frei, die aus der optischen Spektroskopie bekannt ist. Bei der Umwandlung des Chlorions in ein neutrales Chloratom muss Energie aufgewendet werden. Dies ist die Elektronenaffinität, die ebenfalls spektroskopisch bestimmt werden kann. Der folgende Schritt besteht in der Kondensation der Natriumatome

5 Max Born, *1882 Breslau (heute Wroclaw), †1970 Göttingen, Nobelpreis 1954
6 Fritz Haber, *1886 Breslau (heute Wroclaw), †1934 Basel, Nobelpreis 1918

zum festen Natrium und in der Bildung von Cl_2-Molekülen. Die Sublimationsenergie des Natriums kann thermochemisch bestimmt werden. Beim Übergang 2 Cl → Cl_2 wird die Dissoziationsenergie des Cl_2-Moleküls frei, die ebenfalls thermochemisch oder spektroskopisch gemessen werden kann. Im letzten Schritt lässt man die beiden Materialien miteinander reagieren und registriert die Bildungswärme. Es entsteht ein NaCl-Kristall und der Kreis des Gedankenexperiments schließt sich. Addiert man die Beiträge unter Berücksichtigung der Vorzeichen, so findet man $U_B/N = -8{,}18$ eV pro Ionenpaar.[7] Das ist erwartungsgemäß etwas mehr als unsere Abschätzung von −5,1 eV für die Bindungsenergie eines einzelnen Ionenpaares.

2.3.2 Madelung-Energie

Bei der Berechnung der Bindungsenergie der Ionenkristalle kann ähnlich wie bei den Edelgaskristallen verfahren werden. Für das abstoßende Potenzial benutzen wir hier (2.1), obwohl bei Ionen der exponentielle Verlauf (2.2) die experimentellen Gegebenheiten etwas besser wiedergibt. Weiter berücksichtigen wir, dass die Coulomb-Wechselwirkung je nach Ladung der wechselwirkenden Partner unterschiedliche Vorzeichen hat. Für die Bindungsenergie pro Ionenpaar erhalten wir auf diese Weise

$$\varphi_m = \sum_{n \neq m} \left[\frac{\mathcal{A}}{r_{mn}^{12}} \pm \frac{e^2}{4\pi\varepsilon_0 r_{mn}} \right] \approx z\frac{\mathcal{A}}{R^{12}} - \sum_{n \neq m} \frac{\pm e^2}{4\pi\varepsilon_0 p_{mn} R} = z\frac{\mathcal{A}}{R^{12}} - \alpha\frac{e^2}{4\pi\varepsilon_0 R} \,. \tag{2.9}$$

Die zweite Ausdruck folgt unter der Annahme, dass wegen der kurzen Reichweite der Abstoßung und der großen Reichweite der Coulomb-Wechselwirkung, nur die z nächsten Ionen im Abstand R im Term, der Abstoßung berücksichtigt werden müssen. Weiterhin drücken wir, wie schon bei den Edelgaskristallen, den Abstand zwischen den Ionen in Einheiten des Abstands der direkt benachbarten Ionen aus und schreiben daher wieder $r_{mn} = p_{mn}R$. Im dritten Ausdruck haben wir die dimensionslose **Madelung-Konstante** α eingeführt.[8] Sie ist durch die Beziehung

$$\alpha \equiv \sum_{n \neq m} \frac{\pm 1}{p_{mn}} \tag{2.10}$$

definiert und spiegelt die Summation über die Coulomb-Terme wider.

Im einfachen Fall einer linearen Kette, die aus abwechselnd positiven und negativen Ionen besteht, lässt sich die Madelung-Konstante leicht ermitteln:

$$\alpha = 2\left(1 - \frac{1}{2} + \frac{1}{3} - + \ldots\right) = 2\ln 2 \approx 1{,}386 \,. \tag{2.11}$$

---

7 Die entsprechenden Zahlenwerte sind: Ionisierungsenergie 5,14 eV, Elektronenaffinität 3,61 eV, Sublimationsenergie 1,13 eV, Dissoziationsenergie 1,23 eV und Bildungswärme 2,26 eV.

8 Erwin Madelung, *1881 Bonn, †1972 Frankfurt am Main

Der Faktor 2 berücksichtigt, dass benachbarte Ionen auf beiden Seiten zur Bindungsenergie beitragen.

Ein ernsthaftes Problem tritt bei dreidimensionalen Gittern auf: Das Coulomb-Potenzial fällt zwar mit r^{-1} ab, doch steigt die Zahl der zu berücksichtigenden Ionen quadratisch mit dem Abstand an. Man erhält für α ganz unterschiedliche Werte, je nachdem an welcher Stelle man die Summation abbricht. Der physikalische Grund hierfür ist, dass an der Oberfläche von Ionenkristallen Ladungen auftreten, deren Verteilung von der Kristallform abhängt. Mit der Oberflächenladung ist eine elektrische Polarisation verknüpft, die eine mit der Bindungsenergie vergleichbare Feldenergie bewirkt. Auf diesen Aspekt werden wir in Kapitel 13 noch ausführlich eingehen.

Das Problem, das bei der Berechnung der Bindungsenergie auftritt, lässt sich auf folgende Weise lösen: Man zerlegt den Kristall gedanklich in sogenannte *Evjen-Zellen*, die keine resultierende Ladung tragen, aber die Symmetrie des Kristalls besitzen. Dies ist nur möglich, wenn Ionen „zerschnitten" werden, wodurch an der Oberfläche, an den Kanten und Ecken der Zelle Bruchteile der Elektronenladung auftreten wie sie in Bild 2.4 für die Zelle eines NaCl-Kristall angegeben sind. Der Kristall wird dann durch Aneinanderreihung der Evjen-Zellen aufgebaut. Die elektrostatische Wechselwirkung zwischen den neutralen Zellen ist eine rasch abfallende Multipolwechselwirkung, so dass die Summe relativ rasch konvergiert. Denselben Effekt erzielt man, wenn man die ursprüngliche Evjen-Zelle systematisch vergrößert. Wählt man für NaCl die in Bild 2.4 gezeigte Zelle, so fällt die elektrostatische Wechselwirkungsenergie bereits mit der inversen fünften Potenz des Abstandes ab. Führt man die Rechnung durch, so erhält man Zahlenwerte, die sich von Kristallstruktur zu Kristallstruktur nur wenig unterscheiden. So findet man für die in Kapitel 3 beschriebenen Strukturen die Werte

$$\alpha_{\mathrm{NaCl}} = 1{,}747\,56\,, \qquad \alpha_{\mathrm{CsCl}} = 1{,}762\,67 \qquad \text{and} \qquad \alpha_{\mathrm{ZnS}} = 1{,}638\,06\,. \tag{2.12}$$

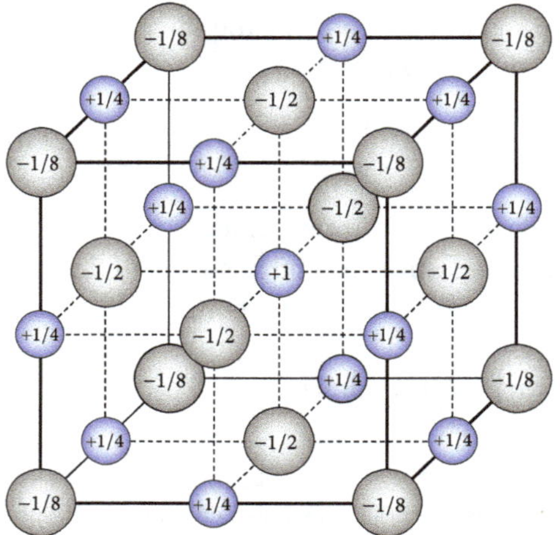

Abb. 2.4: Evjen-Zelle von NaCl. Das Na^+-Ion im Zentrum ist von sechs Cl^--Ionen umgeben. Da sie auf Würfelflächen sitzen, wird jeweils nur ihre halbe Ladung berücksichtigt. Die Ladung der zwölf positiven Ionen auf den Würfelkanten wird geviertelt, und die Ladung der acht negativen Ionen auf den Würfelecken wird durch acht dividiert. (Nach H. M. Evjen, Phys. Rev. **39**, 675 (1932).)

Um die Bindungsenergie des gesamten Festkörpers zu berechnen, multiplizieren wir den letzten Ausdruck von (2.9) mit der Anzahl N der Moleküle, also hier mit der Anzahl der Ionenpaare, und erhalten das Zwischenergebnis

$$U_\mathrm{B} = N\varphi_m = N\left(\frac{z\mathcal{A}}{R^{12}} - \frac{\alpha e^2}{4\pi\varepsilon_0 R}\right) . \tag{2.13}$$

Berücksichtigen wir, wie bei den Edelgaskristallen, dass im Gleichgewicht die erste Ableitung der potenziellen Energie nach dem Abstand verschwindet, so können wir den Parameter $z\mathcal{A}$ eliminieren und finden

$$U_\mathrm{B} = -\frac{N\alpha e^2}{4\pi\varepsilon_0 R_0}\left(1 - \frac{1}{12}\right) . \tag{2.14}$$

Der erste Term repräsentiert die von der elektrostatischen Wechselwirkung verursachte *Madelung-Energie*, der zweite die Abstoßung durch die nächsten Nachbarn. Dieses Ergebnis zeigt, dass die Abstoßung etwa 10% der Madelung-Energie kompensiert. Damit errechnet sich für die Bindungsenergie von Natriumchlorid der Wert $U_\mathrm{B}/N = -8{,}25\,\mathrm{eV}$ pro Ionenpaar. Die Übereinstimmung mit dem experimentellen Wert $U_\mathrm{B}^\mathrm{exp}/N = -8{,}15\,\mathrm{eV}$ ist befriedigend.

Offensichtlich wird der abstoßende Teil zur Bindungsenergie durch die Reichweite des abstoßenden Potenzials bestimmt. Man könnte daher glauben, dass es vernünftiger wäre, zunächst den Exponenten in (2.1), den wir hier mit n bezeichnen, offen zu lassen und diesen dann durch Anpassung von (2.14) zu bestimmen. Es zeigt sich aber, dass diese Bestimmung des Exponenten mit großen Fehlern behaftet ist.

Bessere Ergebnisse liefert die Bestimmung des Exponenten mit Hilfe einer weiteren Messgröße. Hierzu kann man z.B. die Kompressibilität κ bzw. den Kompressionsmodul $B = 1/\kappa$ heranziehen, die mit der Bindungsenergie über deren zweite Ableitung nach dem Volumen verbunden sind. Mit $B = V(\partial^2 U/\partial V^2)$ finden wir

$$B = \frac{\alpha e^2(n-1)}{72\pi\varepsilon_0 R_0^4} \tag{2.15}$$

und somit

$$n = 1 + \frac{72\pi\varepsilon_0 R_0^4 B}{\alpha e^2} . \tag{2.16}$$

Setzt man die Daten der Ionenkristalle in diese Gleichung ein, so findet man Werte von n, die ein wenig kleiner als zehn sind und somit auf einen etwas flacheren Verlauf des abstoßenden Potenzials hindeuten. Wie bereits erwähnt, verbessert sich die Übereinstimmung, wenn man von einem exponentiellen Verlauf des Potenzials ausgeht.

In Tabelle 2.3 sind für eine Reihe von Alkalihalogenid-Kristallen der Kompressionsmodul B und der Abstand R_0 der unmittelbar benachbarten Ionen angegeben. Wie sich leicht nachprüfen lässt, weisen die Exponenten des abstoßenden Potenzials, wie bereits erwähnt, Werte auf, die deutlich unter dem Wert zwölf liegen.

Tab. 2.3: Kompressionsmodul B und Ionenabstand R_0 einiger Alkalihalogenid-Kristalle. (Die Daten wurden unterschiedlichen Quellen entnommen.)

	LiF	LiCl	NaCl	NaBr	KCl	KI	CsCl	CsBr	CsI
B (GPa)	62,0	29,8	24,4	19,9	17,4	11,9	22,3	16,7	12,7
R_0 (Å)	2,01	2,56	2,80	2,99	3,15	3,53	3,57	3,72	3,96

Wir wollen noch NaCl und die Edelgaskristalle bezüglich der Stärke des abstoßenden Anteils des Wechselwirkungspotenzials vergleichen. Zunächst würde man erwarten, dass die abstoßungsbedingte Reduktion der Bindungsenergie vergleichbar ist. Setzt man aber die entsprechenden Parameter ein, so stellt man überraschenderweise fest, dass sich bei Kochsalz die Abstoßung wesentlich stärker auswirkt als beispielsweise beim festen Krypton. Die Erklärung ist recht einfach: Bei den Edelgaskristallen ist der Atomabstand viel größer als bei NaCl, so dass sich dort die rasch abfallende Abstoßung weniger stark bemerkbar macht.

2.4 Kovalente Bindung

In vielen Festkörpern liegt **kovalente Bindung** vor, bei der die Elektronen nicht kugelförmig um den Kern verteilt, sondern verstärkt *zwischen* den Atomen lokalisiert sind. Diese Bindung tritt nicht nur in Festkörpern, sondern auch in Molekülen auf. Wir wollen die Eigenheiten der kovalenten Bindung hier nur kurz diskutieren und verweisen zum weiteren Studium auf die einschlägige Literatur der Atom- und Molekülphysik.

2.4.1 H_2^+-Molekülion

Besonders übersichtlich sind die Bindungsverhältnisse beim *H_2^+-Molekülion*, das aus zwei Protonen und *einem* bindenden Elektron besteht. Wir betrachten zunächst dieses relativ einfache System und gehen dann kurz auf die Bindung im Wasserstoffmolekül und auf die kovalente Bindung in verschiedenen Festkörpern ein.

Ausgangspunkt der quantenmechanischen Behandlung ist der Hamilton-Operator [9]

$$H = -\frac{\hbar^2}{2m}\Delta - \frac{e^2}{4\pi\varepsilon_0 r_\mathrm{a}} - \frac{e^2}{4\pi\varepsilon_0 r_\mathrm{b}} + \frac{e^2}{4\pi\varepsilon_0 R_\mathrm{AB}} \,. \tag{2.17}$$

Die Bezeichnungen der geometrischen Größen können Bild 2.5 entnommen werden. Der erste Term spiegelt die kinetische Energie des Elektrons wider, die beiden folgenden die Anziehung zwischen dem Elektron und den Protonen, der letzte Term die

9 William Rowan Hamilton, *1805 Dublin, †1865 Dunsink

Abstoßung zwischen den Protonen A und B, die nur vom Abstand R_{AB} und nicht von der Wellenfunktion des Elektrons abhängt, so dass dieser Term bei der Diskussion der attraktiven Wechselwirkung keine Rolle spielt. Wir lassen ihn daher zunächst weg und fügen ihn am Ende unserer Betrachtung wieder hinzu.

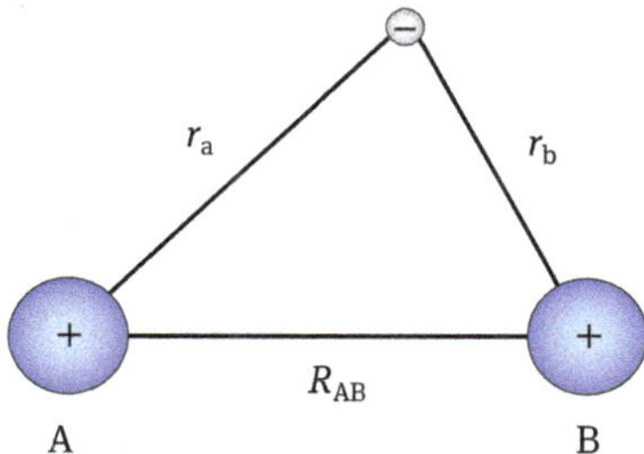

Abb. 2.5: Bezeichnung der geometrischen Größen, die bei der Behandlung des H_2^+-Molekülions auftreten.

Trotz der Einfachheit des Hamilton-Operators lässt sich die Schrödinger-Gleichung[10] nur näherungsweise lösen. Sind die beiden Protonen weit voneinander entfernt, so hält sich das Elektron entweder beim Proton A oder beim Proton B auf und die zugehörigen Wellenfunktionen φ_a und φ_b sind identisch mit der des Wasserstoffatoms im Grundzustand. Bei relativ kleinen Abständen können wir die Wellenfunktion ψ des Molekülions in erster Näherung als Überlagerung der beiden Wellenfunktionen darstellen. Diese Vorgehensweise bezeichnet man als *LCAO*-Methode (**L**inear **C**ombination of **A**tomic **O**rbitals) . Wir setzen als Lösung die *Linearkombination*

$$\psi = c_1\,\varphi_\mathrm{a} + c_2\,\varphi_\mathrm{b} \tag{2.18}$$

an. Die reellen Konstanten c_1 und c_2 müssen wir noch bestimmen. Bei bekannter Wellenfunktion lässt sich der Erwartungswert E der Energie mit Hilfe der stationären Schrödinger-Gleichung $H\psi = E\psi$ berechnen, denn es gilt

$$E = \frac{\int \psi^* H\,\psi \mathrm{d}V}{\int \psi^* \psi\,\mathrm{d}V} = \frac{c_1^2 H_\mathrm{aa} + c_2^2 H_\mathrm{bb} + 2c_1c_2H_\mathrm{ab}}{c_1^2 + c_2^2 + 2c_1c_2S}\,, \tag{2.19}$$

wobei die folgenden Abkürzungen $H_\mathrm{aa} = \int \varphi_\mathrm{a}^* H\varphi_\mathrm{a}\,\mathrm{d}V$, $H_\mathrm{ab} = \int \varphi_\mathrm{a}^* H\varphi_\mathrm{b}\,\mathrm{d}V = \int \varphi_\mathrm{b}^* H\varphi_\mathrm{a}\,\mathrm{d}V$, $H_\mathrm{bb} = \int \varphi_\mathrm{b}^* H\varphi_\mathrm{b}\,\mathrm{d}V$ und $S = \int \varphi_\mathrm{b}^* \varphi_\mathrm{a}\,\mathrm{d}V$ benutzt wurden. Weiterhin haben wir $H_\mathrm{ba} = H_\mathrm{ab}$ gesetzt, da das Problem symmetrisch bezüglich der Indizes a und b ist. Die Größe S bezeichnet man als *Überlappungsintegral*.

Bei großen Kernabständen verschwinden H_ab und S aufgrund des fehlenden Überlapps von φ_a und φ_b und das Problem reduziert sich auf das des isolierten Wasserstoffatoms. Dann ist $H_\mathrm{aa} = H_\mathrm{bb} = E_0 = -13{,}60\,\mathrm{eV}$ gerade durch die Grundzustandsenergie E_0 des Wasserstoffatoms gegeben. Bei kleineren Kernabständen wird das elek-

10 Erwin Rudolf Josef Alexander Schrödinger, *1887 Wien-Erdberg, †1961 Wien, Nobelpreis 1933

trische Feld am Ort des Protons A durch die Anwesenheit des Protons B modifiziert. Dies führt zu einer leichten Absenkung von H_{aa} bzw. von H_{bb}.

Die entscheidende Größe bei der Bindung ist die Energie H_{ab}, deren Auftreten ausschließlich quantenmechanischen Ursprungs ist. Eine kurze Rechnung führt zu dem Ergebnis

$$H_{ab} = \int \varphi_a^* H \varphi_b \, dV = E_0 S + \int \varphi_a^*(r_a) \left(-\frac{e^2}{4\pi\varepsilon_0 r_a} \right) \varphi_b(r_b) \, dV \, . \tag{2.20}$$

In diesem Ausdruck tritt statt der üblichen Elektronenladungsdichte $-e|\varphi_a|^2$ die sogenannte *Austauschdichte* $-e\varphi_a^*\varphi_b$ auf. Das entsprechende Integral bezeichnet man als *Austauschintegral* und die damit verbundene Energie als **Austauschenergie**. Sie ist negativ, wirkt also anziehend und beruht darauf, dass sich das Elektron teils im Zustand φ_a und teils im Zustand φ_b befindet.

Nun muss noch der Wert der Konstanten c_1 und c_2 bestimmt werden. Hier hilft die Tatsache, dass die exakte Wellenfunktion immer zu kleineren Energieeigenwerten als die Näherungslösung führt. Wir kommen daher den wirklich vorliegenden Verhältnissen besonders nahe, wenn wir den Minimalwert von E bezüglich der Konstanten c_1 und c_2 aufsuchen, d.h., wenn wir $\partial E/\partial c_1 = 0$ und $\partial E/\partial c_2 = 0$ als Bestimmungsgleichungen benutzen. Durch Ableiten von (2.19) finden wir

$$\begin{aligned} c_1 (H_{aa} - E) + c_2 (H_{ab} - ES) &= 0 \, , \\ c_1 (H_{ab} - ES) + c_2 (H_{bb} - E) &= 0 \, . \end{aligned} \tag{2.21}$$

Diese Gleichungen haben nicht-triviale Lösungen, wenn die Koeffizientendeterminante verschwindet, d.h. für

$$(H_{aa} - E)(H_{bb} - E) - (H_{ab} - ES)^2 = 0 \, . \tag{2.22}$$

Da sich die beiden Protonen nicht unterscheiden, setzen wir $H_{aa} = H_{bb}$ und lösen nach der Energie E auf. Nun addieren wir noch die abstoßende Wechselwirkung der beiden Protonen und erhalten damit das Ergebnis

$$E_\pm = \frac{H_{aa} \pm H_{ab}}{1 \pm S} + \frac{e^2}{4\pi\varepsilon_0 R_{AB}} \, . \tag{2.23}$$

Der räumliche Überlapp der Wellenfunktionen φ_a und φ_b und die daraus resultierende negative Austauschenergie H_{ab} heben, wie in Bild 2.6 angedeutet, die Entartung der Energieniveaus auf. Die beiden neuen Zustände mit den Energien E_+ (negative Vorzeichen) und E_- werden als ***bindende*** bzw. ***antibindende*** Zustände bezeichnet. Bei kleinen Abständen R_{AB} steigt die Coulomb-Energie $e^2/4\pi\varepsilon_0 R_{AB}$ rasch an und verhindert so eine weitere Annäherung der beiden Protonen.

Mit Hilfe der Gleichungen (2.21) lassen sich die Konstanten c_1 und c_2 für die beiden Energieeigenwerte bestimmen. Für den bindenden Zustand mit der Energie E_+

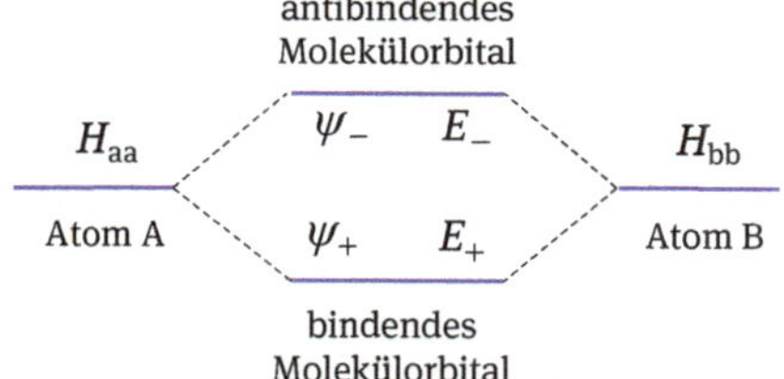

Abb. 2.6: **Aufspaltung der entarteten Energieniveaus in einen bindenden und einen antibindenden Zustand.**

findet man $c_1 = c_2$, und für den antibindenden Zustand mit der Energie E_- die Beziehung $c_1 = -c_2$. Wir können daher für die so gefundene *symmetrische*, bindend wirkende Wellenfunktion und für die *antisymmetrische*, antibindend wirkende Wellenfunktion

$$\psi_+ = c\,(\varphi_a + \varphi_b) \qquad \text{und} \qquad \psi_- = c\,(\varphi_a - \varphi_b) \tag{2.24}$$

schreiben. Die Konstante c dient der Normierung der Wellenfunktionen ψ_+ bzw. ψ_-. Der schematische Verlauf dieser Funktionen ist in den Bildern 2.7 und 2.8 dargestellt. Für die Bindung ist entscheidend, dass sich die Amplituden φ_a und φ_b der Wellenfunktionen und nicht deren Beträge addieren. Dadurch ist beim gebundenen Zustand die Aufenthaltswahrscheinlichkeit des Elektrons zwischen den beiden Protonen wesentlich größer, als man aufgrund einer klassischen Rechnung erwarten würde. Energetisch gesehen profitiert das Elektron von der Coulomb-Anziehung beider Protonen.

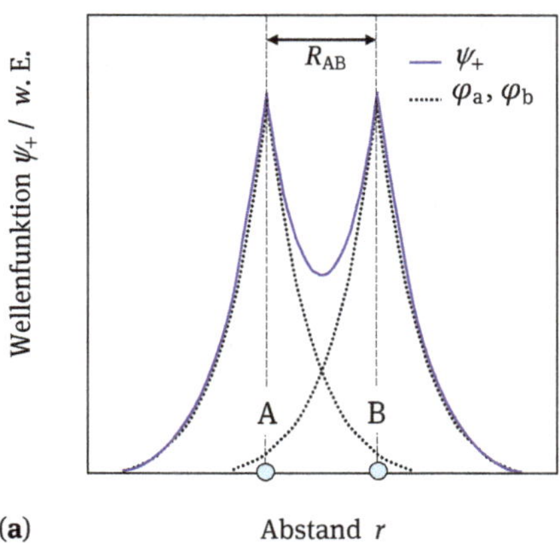

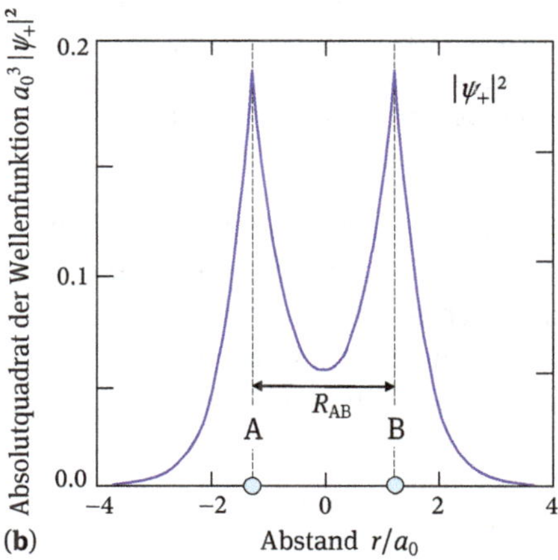

Abb. 2.7: Schnitt durch die Wellenfunktion des H_2^+-Molekülions längs der Verbindungslinie der beiden Kerne im *symmetrischen* Zustand. **a)** Schematische Darstellung der Wellenfunktion ψ_+. Die dünnen gepunkteten Linien zeigen zum Vergleich die Grundzustandswellenfunktionen φ_a und φ_b von isolierten Wasserstoffatomen, die so skaliert sind, dass sie ψ_+ im Maximum entsprechen. **b)** Absolutquadrat $|\psi_+|^2$ der symmetrischen Wellenfunktion des H_2^+-Molekülions. Hier bezeichnet a_0 den Bohr'schen Radius[11]. Der Abstand der Kerne entspricht der realen Situation $R_{AB} \simeq 2.45\,a_0$.

11 Niels Henrik David Bohr, *1885 Kopenhagen, †1981 Kopenhagen, Nobelpreis 1922

Im antibindenden Zustand ist die Elektronendichte zwischen den Protonen stark reduziert. In der Mitte ist sie sogar null! Dies kommt auf der rechten Seite der beiden Bilder deutlich zum Ausdruck, in denen jeweils der Verlauf des Absolutquadrats $|\psi_+|^2$ bzw. $|\psi_-|^2$ der dazugehörenden Wellenfunktionen im H_2^+-Molekülion dargestellt ist.

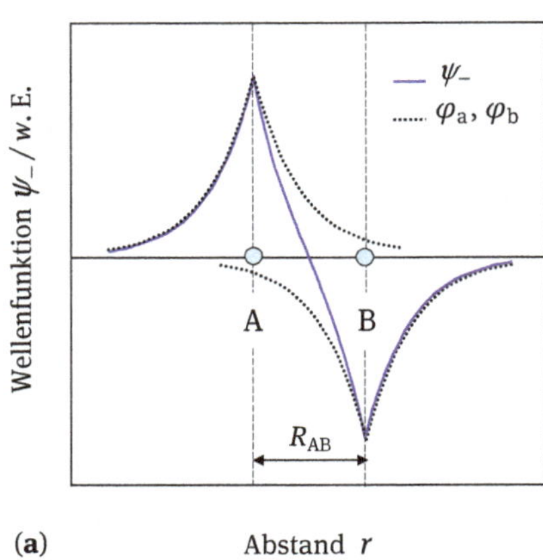

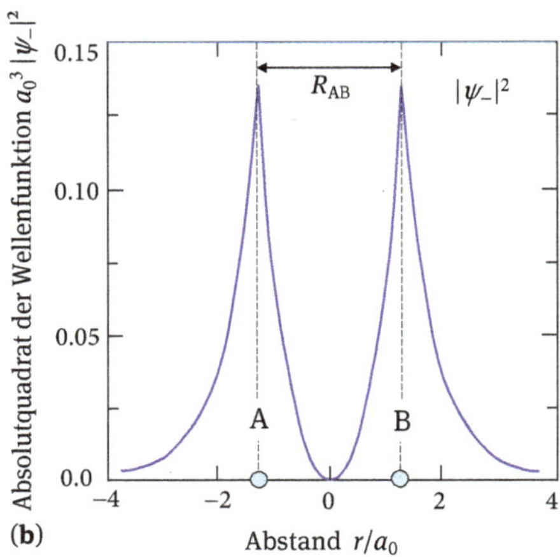

Abb. 2.8: Schnitt durch die Wellenfunktion des H_2^+-Molekülions längs der Verbindungslinie der beiden Kerne im *antisymmetrischen* Zustand. **a)** Schematische Darstellung der Wellenfunktion ψ_-. Die dünnen gepunkteten Linien zeigen zum Vergleich die Grundzustandswellenfunktionen φ_a und $-\varphi_b$ von isolierten Wasserstoffatomen, die so skaliert sind, dass sie ψ_- im Maximum bzw. Minimum entsprechen. **b)** Absolutquadrat $|\psi_-|^2$ der antisymmetrischen Wellenfunktion des H_2^+-Molekülions. Der Abstand der Kerne entspricht der realen Situation $R_{AB} \simeq 2.45\,a_0$.

Setzt man die entsprechenden Zahlenwerte in die Lösung der LCAO-Näherung ein, so findet man für die Bindungsenergie 1,77 eV bei einem Protonenabstand von 0,13 nm. Der experimentelle Wert der Bindungsenergie ist 2,79 eV. In Anbetracht der überaus starken Vereinfachungen, die wir bei der Berechnung der Bindungsenergie vorgenommen haben, ist die Übereinstimmung durchaus zufriedenstellend.

2.4.2 Wasserstoffmolekül

Wir wollen noch kurz auf die Frage eingehen, welche Veränderungen die Anwesenheit des zweiten Elektrons im *Wasserstoffmolekül* hervorruft. Betrachten wir zunächst den entsprechenden Hamilton-Operator. Neben den Beiträgen, die wir von Gleichung (2.17) für das H_2^+-Molekülion kennen, müssen wir noch weitere Terme berücksichtigen, nämlich die kinetische Energie des zweiten Elektrons, dessen Wechselwirkung mit den beiden Protonen und die Abstoßung zwischen den beiden Elektronen. Als Erstes sei bemerkt, dass die beiden Elektronen durch eine *Zweiteilchen-Wellenfunktion* $\Psi(\mathbf{r}_1, \mathbf{r}_2)$

beschrieben werden. Die symmetrische Wellenfunktion beispielsweise hat dann die Form $\Psi_+(\mathbf{r}_1, \mathbf{r}_2) \propto [\varphi_a(\mathbf{r}_1) + \varphi_b(\mathbf{r}_1)][\varphi_a(\mathbf{r}_2) + \varphi_b(\mathbf{r}_2)]$. Dieses Produkt enthält auch Terme, die den Zustand beschreiben, bei dem sich beide Elektronen in der Nähe von einem der beiden Kerne aufhalten. Die hohe Coulomb-Abstoßung zwischen den beiden Elektronen macht diesen Zustand weniger wahrscheinlich. Die mathematische Behandlung des Problems vereinfacht sich wesentlich, wenn man diese Terme bei der Berechnung der Grundzustandsenergie erst gar nicht berücksichtigt. Einfacher zu behandeln ist daher der von *W. Heitler*[12] und *F. London*[13] vorgeschlagene Ansatz

$$\Psi_\pm(\mathbf{r}_1, \mathbf{r}_2) \propto [\varphi_a(\mathbf{r}_1)\varphi_b(\mathbf{r}_2) \pm \varphi_b(\mathbf{r}_1)\varphi_a(\mathbf{r}_2)] \tag{2.25}$$

in dem die für den Grundzustand weniger wichtigen Terme vernachlässigt werden. Die Wellenfunktionen Ψ_+ mit dem positiven und Ψ_- mit dem negativen Vorzeichen besitzen gerade bzw. ungerade Parität bezüglich des Austauschs der Ortskoordinaten der Elektronen.

Gemäß dem Pauli-Prinzip muss die Gesamtwellenfunktion eines Systems aus mehreren Fermionen antisymmetrisch sein. Befinden sich die beiden an der Bindung beteiligten Elektronen beispielsweise in einem Zustand, der durch die antisymmetrische Ortswellenfunktion $\Psi_-(\mathbf{r}_1, \mathbf{r}_2)$ beschrieben wird, so muss die Spinfunktion gerade sein. Dies ist der Fall, wenn der Gesamtspin den Wert eins annimmt. Da bezüglich eines äußeren Feldes drei mögliche Einstellrichtungen existieren, spricht man hier vom *Triplett-Zustand*. Ist $\Psi_+(\mathbf{r}_1, \mathbf{r}_2)$ die beschreibende Ortswellenfunktion, dann muss die Spinfunktion ungerade sein. Dies ist der Fall, wenn die beiden Spins entgegen gerichtet sind. Der Gesamtspin ist nun null, das Wasserstoffmolekül befindet sich im *Singulett-Zustand*. Mit dem Ansatz (2.25) und dem vollständigen Hamilton-Operator lässt sich der Erwartungswert der Energie berechnen. Das Ergebnis unterscheidet sich qualitativ nicht wesentlich von dem beim Wasserstoffmolekülion erzielten.

Die hier geschilderte, sehr einfache Heitler-London-Näherung liefert als Bindungsenergie 3,2 eV und einen Protonenabstand von 0,8 Å. Mit vollständigem Hamilton-Operator und verbesserten Rechenmethoden erzielt man gute Übereinstimmung mit den experimentellen Werten 4,74 eV für die Bindungsenergie bzw. 0,74 Å für den Kernabstand.

Neben der Stärke der kovalenten Bindung ist ihre ausgeprägte Richtungsabhängigkeit ein charakteristisches Merkmal. Da für die beteiligten Atome die Gestalt ihrer Wellenfunktion vorgegeben ist, ist deren maximaler Überlapp, der zur größtmöglichen Bindungsenergie führt, außer bei *s*-Orbitalen, nur in bestimmten Richtungen möglich. Wie wir in Abschnitt 4.4 sehen werden, lässt sich experimentell die Verteilung der Ladungsdichte mit Hilfe der Röntgenbeugung bestimmen, indem man die „Atom-Strukturfaktoren" der am Festkörper beteiligten Atome sehr genau ausmisst.

---

12 Walter Heinrich Heitler, *1904 Karlsruhe, †1981 Zürich

13 Fritz Wolfgang London, *1900 Breslau (heute Wroclaw), †1959 Durham

Als Beispiel ist in Bild 2.9 die Dichte der Valenzelektronen von Germanium dargestellt. Offensichtlich sind die Germaniumatome nicht linear angeordnet, sondern aufgrund der Richtungsabhängigkeit der kovalenten Bindung gewinkelt. Deutlich zu sehen sind die für die kovalente Bindung typischen Maxima der Ladungsdichte *zwischen* den Atomrümpfen.

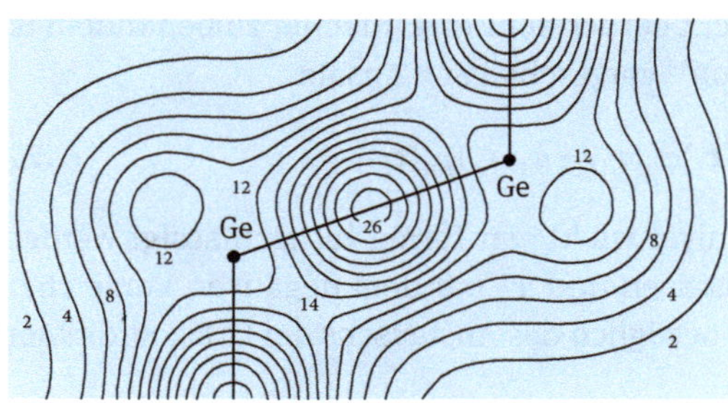

Abb. 2.9: Dichteverteilung der Valenzelektronen in Germanium. Die Zahlen an den Linien konstanter Dichte geben die Elektronenkonzentration in Elementarladungen pro primitiver Elementarzelle (siehe Abschnitt 3.3) an. Die Lage der Atomrümpfe ist durch Punkte angedeutet. (Nach M.L. Cohen, Science **179**, 1189 (1973).)

2.4.3 Typen kovalenter Bindung

Die kovalente **tetraedrische Bindung** ist ein für die Festkörperphysik besonders wichtiger Bindungstyp. Sie tritt unter anderem bei den Elementen der 4. Hauptgruppe auf, wie z.B. beim Kohlenstoff, Silizium oder Germanium. Wir diskutieren diese spezielle Bindung am Beispiel des Diamanten, doch lassen sich die Argumente auf die schwereren Elemente übertragen, denn zur Bindung tragen nur die außen liegenden Valenzelektronen bei, die inneren Schalen spielen keine Rolle.

Freie Kohlenstoffatome besitzen die Elektronenkonfiguration $1s^2\,2s^2\,2p^2$. Die Ausbildung von sogenannten sp^3-Hybridorbitalen können wir in zwei Schritte zerlegen: Zunächst erfolgt ein Übergang von der Konfiguration $2s^2\,2p^2$ zur Konfiguration $2s\,2p_x\,2p_y\,2p_z$, die allerdings energetisch ungünstiger ist, da die p-Zustände eine höhere Energie als die s-Zustände besitzen. Der zweite Schritt besteht in der Ausbildung von geeigneten Linearkombinationen, die einen optimalen Überlapp der Wellenfunktionen mit den benachbarten Atomen ermöglichen. Die hohe frei werdende Bindungsenergie überkompensiert den anfänglichen Energieverlust. So weist Diamant, in dem die Kohlenstoffatome in dieser Weise gebunden sind, trotz der geringen Zahl von vier Bindungspartnern die hohe Bindungsenergie von 7,36 eV/Atom auf, bei Silizium sind es noch 4,64 eV/Atom, bei Germanium 3,87 eV/Atom.

Durch die lineare Überlagerung der vier unterschiedlichen Orbitale lassen sich vier gleichwertige Wellenfunktionen konstruieren, die vom Zentrum eines Tetraeders aus gesehen in Richtung der vier Ecken weisen. Diese vier neuen Wellenfunktionen Ψ_i haben die Form

$$\Psi_i = \frac{1}{2}\left(\psi_s \pm \psi_{p_x} \pm \psi_{p_y} \pm \psi_{p_z}\right) . \tag{2.26}$$

Hierbei sind die Vorzeichenkombinationen (+ + +), (+ − −), (− + −) und (− − +) möglich. Wählt man nur positive Vorzeichen, so entsteht aus den „keulenförmigen" p-Wellenfunktionen eine Wellenfunktion, die in Richtung der Raumdiagonalen eines Würfels orientiert ist.[14] Wie in den Bildern 2.10a und 2.10b gezeigt, bläht die zusätzliche Überlagerung mit der s-Wellenfunktion die Keule in einer Richtung auf und lässt sie auf der anderen Seite schrumpfen, da dort die p-Wellenfunktion das entgegengesetzte Vorzeichen besitzt. Entsprechendes gilt für die drei anderen Hybridorbitale. Man erhält dann die in Bild 2.10c veranschaulichte tetraederförmige Ausbildung der sp^3-Hybridorbitale.

Es lohnt sich das Element Kohlenstoff etwas näher zu betrachten, da dieses eine ausgeprägte *Allotropie* aufweist.[15] So bezeichnet man die Fähigkeit von Elementen im gleichen Aggregatzustand in verschiedenen Strukturformen aufzutreten. Statt der tetraedrischen sp^3-Orbitale des Diamanten kann Kohlenstoff auch flächenhafte sp^2-Hybridorbitale ausbilden, die auf der Überlagerung einer $2s$- und zweier $2p$-Wellenfunktionen basieren. Dadurch entstehen drei keulenförmige Orbitale, die einen 120°-Stern bilden. Das vierte, das $2p_z$-Orbital, steht senkrecht auf diesem Stern, ragt also aus der Ebene heraus.

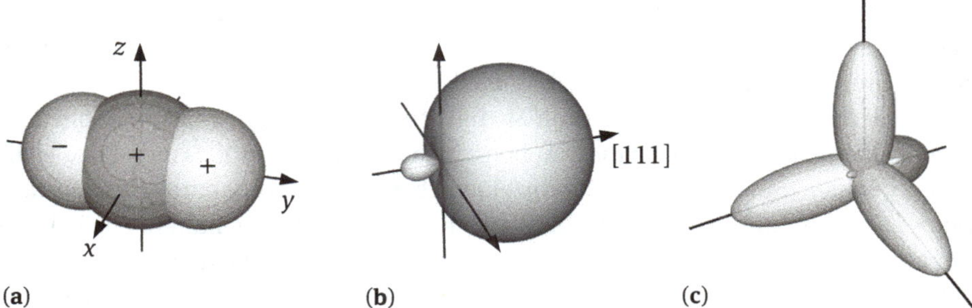

Abb. 2.10: Veranschaulichung der Ausbildung der sp^3-Hybridorbitale. **a)** Das s-Orbital befindet sich in der Mitte, die beiden „Keulen" des p_y-Orbitals sind links und rechts davon zu sehen. **b)** Hybridorbital in [111]-Richtung. **c)** Orbitale des tetraederförmigen sp^3-Hybrids. Zum besseren Erkennen der geometrischen Verhältnisse sind die Keulen schlanker gezeichnet, als sie tatsächlich sind.

Ein interessantes Beispiel ist *Graphen*, das in den letzten Jahren aufgrund seiner ungewöhnlichen Eigenschaften großes Aufsehen erregt hat. Es besteht aus nur einer Lage Kohlenstoffatome, die über sp^2-Hybridorbitale miteinander verbunden sind. In Bild 2.11 ist die bienenwabenförmige Struktur von Graphen in anschaulicher Form

14 Die beiden „Keulen" der Wellenfunktion weisen in Richtung $\mathbf{r} = \hat{\mathbf{x}} + \hat{\mathbf{y}} + \hat{\mathbf{z}}$ bzw. in Richtung $-\mathbf{r}$, wobei $\hat{\mathbf{x}}$, $\hat{\mathbf{y}}$ und $\hat{\mathbf{z}}$ für die Einheitsvektoren des kartesischen Koordinatensystems stehen.

15 Mit der „Allotropie" verwandt ist der Begriff „Polymorphie", der sich auf Verbindungen bezieht.

dargestellt. Es besitzt viele Eigenschaften, die sich von denen „klassischer" Festkörper unterscheiden.

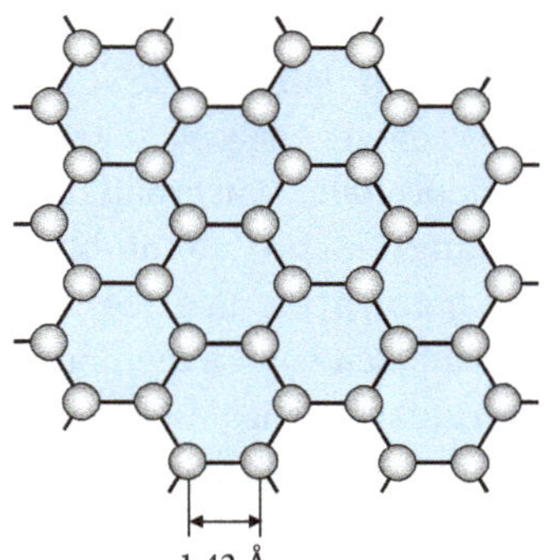

Abb. 2.11: Blick auf eine Graphenschicht. Sie besteht aus *einer* Lage Kohlenstoffatome, die über sp^2-Hybridorbitale miteinander verbunden sind. Der Abstand zwischen benachbarten Atomen beträgt 1,42 Å.

Mit Graphen eng verwandt sind die sogenannten *Kohlenstoff-Nanoröhren*. Sie bestehen aus einer oder mehreren Graphenschichten, die zu Röhrchen gerollt sind. Diese extrem dünnwandigen Gebilde können Längen bis in den Zentimeterbereich aufweisen. Auf den atomaren Aufbau und die ungewöhnlichen Eigenschaften von Graphen und die Nanoröhren gehen wir in den Kapiteln 3 und 7 noch wiederholt ein.

Graphit ist eine weitere Kohlenstoff-Modifikation, die ebenfalls eng mit Graphen zusammenhängt. In Graphit sind die Graphenschichten, wie in Bild 2.12a zu sehen, leicht versetzt übereinander gestapelt. Die einzelnen Ebenen, die sogenannten *Basalebenen*, werden in erster Linie durch Van-der-Waals-Kräfte zusammengehalten. Zusätzliche Bindungskräfte treten durch die π-Elektronen auf, die delokalisiert sind und so eine hohe elektrische Leitfähigkeit bewirken. Dem Bild können wir weiter entnehmen, dass es zwei unterschiedliche Atomlagen gibt. Während die eine Hälfte einen Nachbarn in der darunterliegenden Basalebene besitzt, fehlt so ein Nachbar bei der anderen Hälfte.

Die unterschiedlichen Atomabstände spiegeln die unterschiedlichen Bindungsstärken wider: Innerhalb der Schicht beträgt der Atomabstand 1,42 Å, der Abstand zwischen den Ebenen aber 3,35 Å. Während die Bindungsenergie innerhalb der Ebenen mit 4,3 eV sehr groß ist, ist sie zwischen den Ebenen mit 0,07 eV relativ klein.

Die unterschiedliche Bindungsstärke bewirkt eine äußerst starke Anisotropie der Materialeigenschaften. Eine direkte Konsequenz ist die leichte Spaltbarkeit von Graphit entlang der Basalebenen. Leicht einzusehen ist auch die Tatsache, dass die elektrische und thermische Leitfähigkeit längs der Basalebenen sehr groß, senkrecht zu den Ebenen aber relativ klein sind. Die elastischen und magnetischen Eigenschaft sowie die Härte von Graphit hängen ebenfalls stark von der Richtung ab.

Ein anderes schönes Beispiel für die sp^2-Hybridbindung stellt das Molekül C_{60} dar, das erst 1985 entdeckt wurde und als *Buckminster-Fulleren* bezeichnet wird. Wie Bild 2.12b zeigt, besteht dieses Molekül aus 12 Fünfecken und 20 Sechsecken, enthält

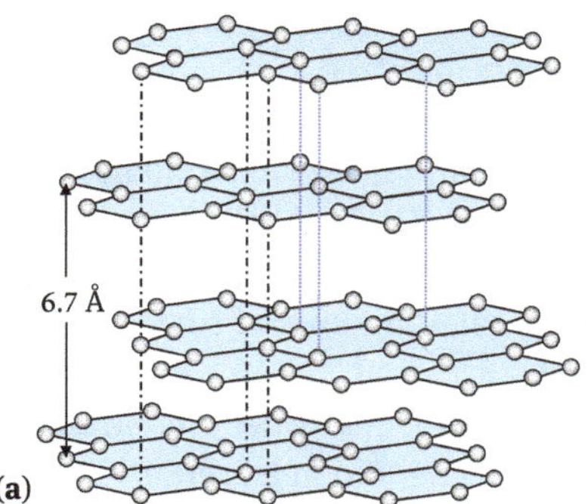

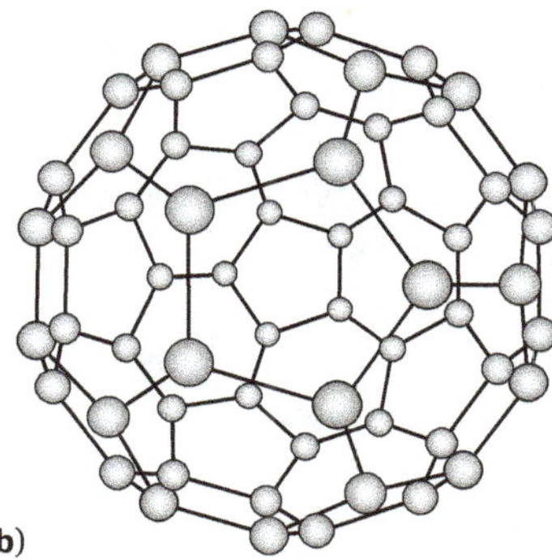

Abb. 2.12: **a)** Struktur von Graphit. Die benachbarten Ebenen sind gegeneinander verschoben. Die Atome längs der strich-punktierten Linien besitzen einen Nachbarn in den benachbarten Ebenen. Bewegt man sich jedoch längs der gepunkteten Linien, so trifft man erst in der übernächsten Ebene auf ein Atom. **b)** Struktur des Fulleren-Moleküls C_{60}.

also 32 Ringe und hat die Form eines Fußballs mit einem Durchmesser von 7,1 Å. Ähnlich wie beim Graphit sind die π-Elektronen delokalisiert und ragen aus der Kugeloberfläche heraus. C_{60}-Moleküle können selbst wieder Bindungen eingehen und dreidimensionale Kristalle bilden. Bei Zimmertemperatur besitzen C_{60}-Kristalle kubische Struktur, wobei der Abstand von Fußball zu Fußball 10 Å beträgt. Kurze Zeit nach der Entdeckung von C_{60} wurden noch weitere Moleküle gefunden, die ähnlich aufgebaut sind. Neben C_{60} sind C_{70}, C_{76}, … C_{90} die bekanntesten Vertreter dieser Gruppe.

Kovalente Bindungen findet man auch bei den Elementen der 5. und 6. Gruppe des Periodensystems, doch bilden sich in diesen Fällen Schicht- bzw. Kettenstrukturen aus. Natürlich treten auch Bindungen zwischen unterschiedlichen Elementen auf. Bekannte Beispiele sind die kubischen Kristalle Bornitrid und Galliumarsenid, die wie Diamant aufgebaut sind, wobei jedes Atom von vier Atomen der anderen Sorte umgeben ist. Jedes Bor- bzw. Galliumatom trägt drei, jedes Stickstoff- bzw. Arsenatom fünf Elektronen zur Bindung bei. Wegen der unterschiedlichen Elektronegativität der beteiligten Elemente ist die Bindung zwischen den Atomen nicht rein kovalent, sondern besitzt auch einen ionischen Anteil.

2.5 Metallische Bindung

Metalle zeichnen sich dadurch aus, dass ihre Valenzelektronen weitgehend delokalisiert, also fast gleichmäßig über den Kristall verschmiert sind. Da sich diese Elektronen nahezu frei zwischen den Atomrümpfen bewegen können, spricht man von einem **Elektronengas**. Die resultierende Bindung ist ungerichtet und ermöglicht eine optimale Ausnutzung des Raums. Eine quantitative Behandlung der Bindungsenergie von Metallen ist wesentlich aufwändiger als bei den anderen Bindungsarten. Die Schwierigkeit besteht vor allem darin, dass es mehrere Beiträge von vergleichbarer Größe zur Bindungsenergie gibt, die unterschiedliches Vorzeichen besitzen.

Am übersichtlichsten sind die Verhältnisse bei den Alkalimetallen, welche der einfachen Strukturvorstellung von lokalisierten Atomrümpfen und einer homogenen Elektronenverteilung sehr nahe kommen. Dieses Modell wird in der englischsprachigen Literatur häufig als *Jellium* bezeichnet. Die Verschmierung der Ladungen führt zu einer starken Reduktion der kinetischen Energie der Valenzelektronen und somit zu einer Absenkung der Gesamtenergie.

Wir gehen kurz auf einige Probleme ein, die bei der Berechnung der Bindungsenergie von Metallen auftreten. Eine quantitative Behandlung der Bindungsverhältnisse ist selbst im einfachsten Fall, nämlich bei den Alkalimetallen, sehr aufwändig und geht über den Rahmen dieses Buches hinaus. Wir betrachten zunächst ein sehr einfaches Modell, bei dem die Atomrümpfe als Punkte angesehen werden, deren Ladung durch einen kugelförmigen „Elektronennebel" kompensiert wird. Den Radius dieser Kugel, den man meist als *Wigner-Seitz-Radius* r_s bezeichnet,[16,17] legen wir so fest, dass sich darin gerade ein Valenzelektron aufhält. Ist N die Zahl der Elektronen und V das Probenvolumen, so ist r_s durch $V/N = 4\pi r_s^3/3$ und die Ladungsdichte durch $\varrho_\ell = -3e/4\pi r_s^3$ gegeben. Mit dieser Ladungsverteilung findet man für die elektrostatische Energie pro Alkaliatom E_{Coul}/N den Zusammenhang

$$\frac{E_{\text{Coul}}}{N} = -\frac{e^2}{4\pi\varepsilon_0}\frac{9}{10\,r_s}\,. \tag{2.27}$$

Hinzu kommt die kinetische Energie der Elektronen, die, wie erwähnt, kleiner ist als in isolierten Atomen, da in Metallen jedem Bindungselektron ein wesentlich größeres Volumen zur Verfügung steht. Das Vorzeichen dieses Beitrags ist jedoch positiv und bewirkt somit eine Abstoßung. Wir benutzen hier im Vorgriff den einfachen Ausdruck für das freie Elektronengas, den wir in Abschnitt 8.2 herleiten, und schreiben

$$\frac{E_{\text{kin}}}{N} = \frac{3}{5}\frac{\hbar^2}{2m_e}\left(\frac{9\pi}{4}\right)^{2/3}\frac{1}{r_s^2}\,, \tag{2.28}$$

wobei m_e für die Elektronenmasse steht. Neben diesen anschaulich verständlichen Beiträgen treten weitere Terme auf, die eine Konsequenz der Elektron-Elektron-Wechselwirkung sind. Der wichtigste Beitrag beruht auf der Austauschwechselwirkung, die wir in anderer Form von der kovalenten Bindung her kennen und die auf dem Überlapp der Wellenfunktionen der delokalisierten Elektronen beruht. Wir geben hier den entsprechenden Ausdruck an, ohne auf die Herleitung einzugehen:

$$\frac{E_{\text{Aus}}}{N} = -\frac{3e^2}{16\pi^2\varepsilon_0}\left(\frac{9\pi}{4}\right)^{1/3}\frac{1}{r_s}\,. \tag{2.29}$$

16 Eugene Paul Wigner, *1902 Budapest, †1995 Princeton, Nobelpreis 1963

17 Frederick Seitz, *1911 San Francisco, †2008 New York City

Auch die Spinausrichtung trägt zur Bindungsenergie bei, weil sie eine korrelierte Elektronenbewegung begünstigt. Da der entsprechende Term bei Alkalimetallen relativ klein ist, vernachlässigen wir ihn und gehen nicht weiter auf ihn ein.

Drückt man r_s in Einheiten des Bohrschen Radius $a_0 = 0{,}529$ Å aus und setzt die Zahlenwerte der auftretenden Konstanten ein, so findet man für die Gesamtenergie

$$\frac{E_B}{N} = \left[-\frac{24{,}35}{(r_s/a_0)} + \frac{30{,}1}{(r_s/a_0)^2} - \frac{12{,}5}{(r_s/a_0)} \right] \text{eV/Atom}\,. \tag{2.30}$$

Offensichtlich hängt in dieser groben Näherung die Bindungsenergie nur von r_s ab. Benutzen wir wieder die Tatsache, dass im Gleichgewicht die erste Ableitung der Energie nach dem Abstand verschwinden muss, so finden wir für einwertige Metalle den Ausdruck

$$r_s \approx 1{,}6\, a_0\,. \tag{2.31}$$

Dieses Ergebnis widerspricht leider den tatsächlichen Gegebenheiten: Die Alkalimetalle besitzen unterschiedliche Wigner-Seitz-Radien, denn die Werte von r_s/a_0 liegen zwischen drei und sechs.

Offensichtlich haben wir das Problem zu stark vereinfacht. Ein wichtiger Aspekt ist nämlich, dass sich die Leitungselektronen auf Grund der Wirksamkeit des Pauli-Prinzips kaum in den relativ ausgedehnten Atomrümpfen aufhalten, die wir in unserer Betrachtung als punktförmig angenommen haben. Um dieser Tatsache Rechnung zu tragen, benutzen wir hier ein relativ einfaches Verfahren: Wir beschreiben die Wirkung der Atomrümpfe auf die Valenzelektronen mit Hilfe eines **Pseudopotenzials.** Ein sehr einfaches derartiges Potenzial, mit dem sich die prinzipielle Vorgehensweise verdeutlichen lässt, ist in Bild 2.13 gezeigt: Bis zu einem kritischen Radius R_c, der in etwa dem Ionenradius entspricht, ist das Potenzial nicht attraktiv. Bei R_c fällt es sprungartig ab und steigt dann für $r > R_c$ gemäß $\phi(r) = -e/4\pi\varepsilon_0 r$ an. Eine einfache Integration ergibt, dass dadurch der Beitrag der Coulomb-Anziehung (2.27) um den

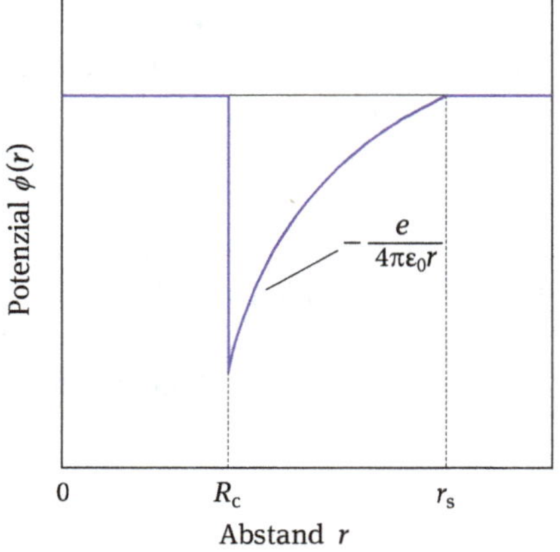

Abb. 2.13: Pseudopotenzial mit leerem Atomrumpf und kritischem Radius R_c. Näherungsweise kann der kritische Radius R_c dem Ionenradius gleichgesetzt werden.

Betrag $E_{\text{pseu}} = 3Ne^2R_c^2/4\pi\varepsilon_0 r_s^3$ reduziert wird. Daraus folgt:

$$\frac{E_B}{N} = \left[-\frac{24{,}35}{(r_s/a_0)} + \frac{30{,}1}{(r_s/a_0)^2} - \frac{12{,}5}{(r_s/a_0)} + 41\frac{(R_c/a_0)^2}{(r_s/a_0)^3}\right] \text{eV/Atom}\,. \tag{2.32}$$

Nutzen wir wieder die Tatsache, dass im Gleichgewicht die erste Ableitung der Bindungsenergie nach dem Abstand verschwinden muss, so können wir den Wert von r_s/a_0 leicht berechnen, der in unserer einfachen Betrachtung nun vom kritischen Radius R_c abhängt. Mit diesem sehr stark vereinfachenden Ansatz finden wir für r_s/a_0 den Ausdruck

$$\frac{r_s}{a_0} \approx 0{,}82 + 1{,}82\,\frac{R_c}{a_0} + \ldots\,. \tag{2.33}$$

Setzen wir beispielsweise den Ionenradius von Natrium mit 0,97 Å gleich dem kritischen Radius, so ergibt sich der Wert $r_s/a_0 \approx 4{,}15$ in guter Übereinstimmung mit dem experimentellen Wert $r_s/a_0 = 3{,}99$. Ähnlich gut ist auch die Übereinstimmung bei den anderen Alkalimetallen.

Bei bekanntem Ionenradius lässt sich mit Gleichung (2.32) die Bindungsenergie berechnen. Es zeigt sich aber, dass die hier benutzte einfache Näherung für zuverlässige Voraussagen zu grob ist. Während man bei den leichten Alkalimetallen Lithium und Natrium qualitative Übereinstimmung findet, sollte nach unserer einfachen Betrachtung bei den schwereren Metallen keine stabile metallische Bindung zustande kommen. Wir wollen jedoch hier die einfachen Überlegungen nicht weiter verfeinern und die relativ aufwändigen Rechnungen zur Bestimmung der Bindungsenergie nicht nachvollziehen.

Zur metallischen Bindung können *s*- und *p*-Elektronen beitragen. In den Alkalimetallen sind neben den Rumpfelektronen nur *s*-Elektronen vorhanden. Dort ermöglicht das Modell des freien Elektronengases (vgl. Abschnitt 8.1) eine gute Beschreibung des elektronischen Verhaltens. Rein metallische Bindung ist dadurch gekennzeichnet, dass der Abstand zum nächsten Nachbarn viel größer als der Ionendurchmesser ist. In *Übergangsmetallen* treten neben den delokalisierten *s*-Elektronen auch stark lokalisierte *d*-Elektronen auf, die zusätzliche kovalente Bindungen eingehen, den Abstand der Ionen bestimmen und einen wesentlichen Beitrag zur Bindungsenergie liefern, aber kaum zur Leitfähigkeit beitragen. Ionenradius und Ionenabstand werden bei diesen Metallen weitgehend von den *d*-Elektronen festgelegt.

In Tabelle 2.4 sind hierzu einige Beispiele aufgeführt. Dort ist der Ionenradius gemeinsam mit dem Gitterabstand von Alkali- und Übergangsmetallen aufgelistet. In der darunter liegenden Zeile sind die Bindungsenergien aufgeführt, die bei den Übergangsmetallen aufgrund des kovalenten Bindungsanteils und der höheren Koordinationszahl wesentlich größer sind.

Tab. 2.4: Ionenradius, Abstand der nächsten Nachbarn und Bindungsenergie einiger Alkali- und Übergangsmetalle. (Nach Ch. Kittel, *Einführung in die Festkörperphysik*, Oldenbourg, 2013.)

	Li	Na	K	Cs	Fe	Co	Ni	Rh
Ionenradius (Å)	0,68	0,97	1,33	1,67	1,27	1,25	1,25	1,35
Abstand nächster Nachbarn (Å)	3,02	3,66	4,52	5,24	2,48	2,50	2,49	2,69
Bindungsenergie (eV/Atom)	1,63	1,11	0,93	0,80	4,28	4,39	4,44	5,75

2.6 Wasserstoffbrückenbindung

Wasserstoffatome gehen oft eine Bindung ein, die nicht den bisher beschriebenen Bindungstypen zugeordnet werden kann. Diese sogenannte **Wasserstoffbrückenbindung** weist einige Eigenheiten auf, die z.B. für die besonderen Eigenschaften von Wasser und Eis oder die Stabilität der Doppelhelix der DNA wesentlich sind. Auf den ersten Blick erwartet man große Ähnlichkeiten zwischen Alkalimetallen und Wasserstoff, da beide ein Elektron in einer nicht abgeschlossenen Schale besitzen. Wasserstoff sollte demnach ebenso zur Bildung von Ionenkristallen fähig sein. Zur vollständigen Trennung von Elektron und Kern ist jedoch ein hoher Energieaufwand erforderlich, denn die Ionisierungsenergie von Wasserstoffatomen ist mit 13,6 eV im Vergleich zu 5,1 eV beim Natrium sehr groß. Ionenkristalle mit isolierten H^+-Ionen treten wegen dieser hohen Ionisierungsenergie und der sehr kleinen Abmessung der Protonen nicht auf.

Da Wasserstoffatome nur ein Elektron besitzen, können sie im Gegensatz zu den anderen Atomen nur mit *einem* Nachbarn eine echte *kovalente Bindung* eingehen, wie wir dies von vielen organischen Molekülen her kennen. Von einer Wasserstoffbrücke spricht man, wenn das Wasserstoffatom eine Bindung zwischen *zwei* Atomen bewirkt, wobei dies nur dann möglich ist, wenn das Wasserstoffatom kovalent an ein stark elektronegatives Atom gebunden ist. Das Bindungselektron geht dann weitgehend, aber nicht vollständig, auf den Bindungspartner über und das fast nackte Proton sitzt auf dem negativ geladenen Ion. Das positive Proton wirkt anziehend auf andere negativ geladene Ionen. Wegen des geringen Protondurchmessers von nur 1 fm ist dies aus räumlichen Gründen nur mit *einem* weiteren Partner möglich, so dass eine Brücke zwischen zwei elektronegativen Atomen, z.B. zwischen N, O oder F auftritt. In den meisten Fällen ist die Bindung asymmetrisch, also vom Typ A-H – B, wobei das Proton H einen größeren Abstand vom Atom B als vom Atom A aufweist. Die Bindungsenergie beträgt im Fall von Wasser 0,2 eV/Bindung. Dies bedeutet, dass sich derartige Bindungen bereits bei Zimmertemperatur öffnen und wieder schließen, eine Eigenschaft, die für die Funktion von Biomolekülen von entscheidender Bedeutung ist. Mit 1,6 eV/Bindung ist in Flusssäure, also in HF, die Bindungsenergie wesentlich größer.

Bild 2.14a zeigt schematisch die Wasserstoffbrücke zwischen zwei Wassermolekülen. Wie oben angesprochen, existieren für das Proton zwischen den Sauerstoffatomen prinzipiell zwei Gleichgewichtslagen. Abhängig vom Ladungszustand des benachbarten Sauerstoffatoms, der wiederum von der Orientierung der benachbarten Wassermoleküle abhängt, wird vom Proton die eine oder andere Lage bevorzugt. Der Übergang zwischen den beiden Lagen erfolgt meist durch thermisch aktivierte Prozesse (vgl. Abschnitt 5.1), doch können in anderen Systemen mit Wasserstoffbrücken auch Tunnelprozesse auftreten. Die Struktur von Eis ist in Bild 2.14b zu sehen. Die Protonen verknüpfen jeweils zwei Sauerstoffatome, doch ist die Ordnung auch in Eiskristallen nicht perfekt, da aufgrund der relativ geringen Bindungsenergie immer wieder Bindungen thermisch aufgebrochen werden. Die Dichteanomalie von Wasser bei 4°C ist eine Konsequenz der Dynamik der Wasserstoffbrückenbindung.

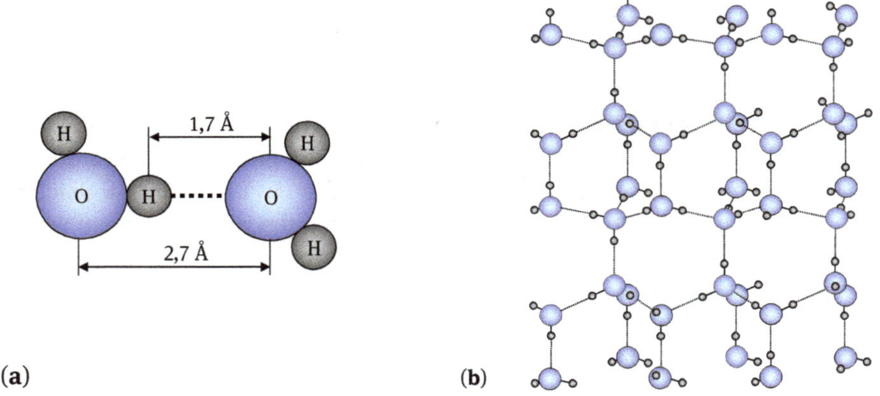

Abb. 2.14: Wasserstoffbrückenbindung. **a)** Schematische Darstellung der Wasserstoffbrücke zwischen zwei H_2O-Molekülen. Der Abstand zwischen zwei Sauerstoffatomen beträgt etwa 2,7 Å, die Länge der punktierten Brücke etwa 1,7 Å. **b)** Orientierung der Wassermoleküle in Eis. Die Wassermoleküle sind selbst in sehr gut ausgebildeten Kristallen nicht einheitlich orientiert. (Nach L. Pauling, *Die Natur der chemischen Bindung*, Verlag Chemie, 1976.)

Nicht nur in Wasser, auch in vielen anderen anorganischen Verbindungen wie NH_3, HF oder H_2S, spielen Wasserstoffbrücken eine wichtige Rolle. Die sehr hohe Löslichkeit einiger Sauerstoff-, Stickstoff- und Fluor-Verbindungen in Wasser hängt mit der Bildung von Wasserstoffbrücken zusammen. Ähnliches gilt auch für Lösungen von Ammoniak (NH_3) oder Methanol (H_3COH) in Wasser. Von fundamentaler Bedeutung sind Wasserstoffbrücken für die Funktion vieler biologisch relevanter Moleküle.

2.7 Aufgaben

Vorbemerkung: *Wenn die für die Lösung erforderlichen Daten nicht in der Aufgabenstellung enthalten sind, so sind sie in einer der Tabellen dieses Buchs zu finden.*

1. Bindungstypen. Im Festkörper kann man zwischen verschiedenen Bindungstypen unterscheiden, die jedoch nur selten in reiner Form auftreten. Welche Bindungstypen dominieren in der festen Phase der folgenden Materialien: Argon, Magnesium, Graphit, Diamant, kristalliner Quarz, Quarzglas, Polyethylen, GaAs, KBr und NH_3?

2. Festes Helium. Zeigen Sie, dass sich Helium unter Normaldruck auch am absoluten Nullpunkt nicht verfestigt. Schätzen Sie hierzu Bindungs- und Nullpunktsenergie eines hypothetischen Heliumkristalls ab und vergleichen Sie das Ergebnis mit anderen Edelgaskristallen. Für eine qualitative Betrachtung ist die exakte Kristallstruktur ohne Belang. Wie kann man Helium trotzdem verfestigt?
Materialparameter von Helium: $\varepsilon = 0{,}86\,\text{eV}$, $\sigma = 2{,}56\,\text{Å}$.

3. Gleichgewichtsabstand. Die Wechselwirkungsenergie zwischen zwei Atomen lässt sich durch folgende Gleichung ausdrücken:

$$U(r) = \frac{A}{r^n} - \frac{B}{r^m} \qquad \text{mit } m < n\,.$$

(a) Bestimmen Sie den Gleichgewichtsabstand r_0 in Abhängigkeit von den Parametern A, B, m und n.
(b) Diskutieren Sie den Verlauf der Kraft $F(r) = -\mathrm{d}U/\mathrm{d}r$ im Bereich $0 < r < \infty$. In welchem Abstand $r > r_0$ ist die Kraft maximal?

4. Van-der-Waals-Kraft zwischen Kryptonatomen. Wir untersuchen die Van-der-Waals-Wechselwirkung zwischen zwei Kryptonatomen etwas genauer.
(a) Berechnen Sie den Gleichgewichtsabstand zwischen den beiden Atomen.
(b) Welche Energieabsenkung bewirken die attraktiven Kräfte?
(c) Wie groß ist die Energieerhöhung durch den Überlapp der Wellenfunktionen?
(d) Wie groß ist die Bindungsenergie im Gleichgewicht?
(e) Tritt das für das Gleichgewicht errechnete Verhältnis zwischen dem anziehenden und dem abstoßenden Teil des Lennard-Jones-Potenzials in allen Fällen auf?

5. Edelgasfilm. Auf einer unstrukturierten Unterlage befindet sich eine Monolage dicht gepackter Edelgasatome.
(a) Skizzieren Sie Anordnung der dicht gepackten Atome.
(b) Bestimmen Sie die Bindungsenergie als Funkion des Abstands der Atome.
(c) Wie groß ist der Abstand im Gleichgewicht?
(d) Wie groß ist der Abstand bei Xenonatomen?
(e) Vergleichen Sie den errechneten Wert mit dem der dreidimensionalen Kristalle.

6. Bindungsenergie. Die Bindungsenergie von Ionenkristallen kann mit Hilfe des Born-Haber-Kreisprozesses ermittelt werden. Berechnen Sie mit diesem Verfahren die Bindungsenergie eines $1\,\mathrm{cm}^3$ großen KBr-Kristalls (Dichte $\varrho = 2{,}75\,\mathrm{g/cm}^3$). Die folgenden Größen beziehen sich jeweils auf ein Atom bzw. auf ein Molekül: Ionisierungsenergie von Kalium ($K \to K^+$) : 4,34 eV, Sublimationsenergie von Kalium: 0,90 eV, Elektronenaffinität von Brom ($Br \to Br^-$) : 3,37 eV, Dissoziationsenergie von Br_2: 1,97 eV. Reaktionswärme bei der Bildung von KBr aus metallischem Kalium und gasförmigem Brom: 4,05 eV.

7. Zweidimensionales Ionengitter. Berechnen Sie die Madelung-Konstante eines zweidimensionalen quadratischen Ionengitters in dem Sie die betrachtete Zelle systematisch vergrößern. Wie groß muss diese Zelle mindestens sein, damit die Abweichung vom Wert einer unendlich großen Probe ($\alpha = 1{,}61554$) weniger als 10^{-3} abweicht?

8. Ionenkristalle. Die Bindungsenergie von Ionenkristallen beruht auf der elektrostatischen Wechselwirkung zwischen den Ionen.

(a) Ermitteln Sie den Gleichgewichtsabstand R_0 der Ionen für einen Kristall mit der Bindungsenergie $U_B = -695\,\mathrm{kJ/mol}$ und der Madelung-Konstanten $\alpha = 1{,}748$.

(b) Berechnen und diskutieren Sie den Parameter zA.

(c) Die Reichweite des abstoßenden Potenzials lässt sich mit Hilfe einer zweiten Messgröße, beispielsweise aus der Messung des Kompressionsmoduls $B = V\partial^2 U/\partial V^2$, genauer bestimmen. Berechnen Sie den Exponenten des abstoßenden Potenzials, wenn der Kompressionsmodul den Wert $B = 1{,}75 \cdot 10^{10}\,\mathrm{N/m}^2$ besitzt.

(d) Ist der Gleichgewichtsabstand im vorliegenden Fall größer oder kleiner als vom Lennard-Jones-Potenzial vorhergesagt?

(e) Um welchen Alkalihalogenidkristall könnte es sich handeln?

9. Evjen-Zellen Methode. Berechnen Sie die Madelung-Konstante von Kaliumbromidkristallen (Gitterkonstante a) näherungsweise mit Hilfe der Evjen-Zellen Methode indem Sie Evjen-Würfel mit $2a$-Kantenlänge anwenden.
Hinweis: Koordinatenursprung mit Bezugsatom in der Mitte des Würfels.

10. Bindungsenergie von Lithium. Schätzen Sie die Bindungsenergie von Lithium ab. Beachten Sie, dass beim Vergleich mit dem experimentellen Wert $-1{,}63\,\mathrm{eV/Atom}$ die Ionisationsenergie $E_{2s} = 5{,}39\,\mathrm{eV}$ berücksichtigt werden muss. Wie ist die relativ gute Übereinstimmung mit dem experimentellen Ergebnis zu bewerten?

3 Struktur der Festkörper

Nachdem wir die verschiedenen Bindungstypen kennen gelernt haben, wenden wir uns in diesem Kapitel der räumlichen Anordnung der Atome und Moleküle zu. Dabei ist die Unterscheidung zwischen Kristallen und amorphen Festkörpern ein wichtiger Gesichtspunkt. Während sich Kristalle durch ihren regelmäßigen atomaren Aufbau auszeichnen, ist die Struktur amorpher Materialien irregulär. Ehe wir jedoch die Struktur der beiden unterschiedlichen Festkörperklassen näher untersuchen, kommen wir noch kurz auf ihre Herstellung zu sprechen, denn sie bestimmt, ob Atome wohldefinierte Kristalle oder ungeordnete amorphe Festkörper bilden. In diesem Zusammenhang gehen wir auch auf die Besonderheiten bei der Herstellung von Legierungen ein. Eng verknüpft mit der Frage nach der Struktur ist die nach der Art der Ordnung bzw. Unordnung. Auch diesen Punkt werden wir kurz ansprechen.

3.1 Herstellung kristalliner und amorpher Festkörper

Sieht man von organischen Materialien ab, so sind die meisten Festkörper durch Abkühlen ihrer Schmelze entstanden. Ein typisches, wohl bekanntes Beispiel hierfür ist das Erstarren von Wasser zu Eis. Hier beschäftigen wir uns zunächst mit der Frage, unter welchen Umständen aus der Schmelze geordnete *Kristalle* entstehen und wann sich ungeordnete *amorphe Festkörper* bilden.

3.1.1 Zucht von Einkristallen

Generell können wir festhalten, dass beim Abkühlen einer Schmelze in der Regel **polykristalline Festkörper** entstehen, wenn keine besonderen Vorkehrungen getroffen werden. Sie bestehen aus kleinen Kristalliten, die über weitgehend ungeordnete Grenzflächen miteinander verbunden sind. Unter gewissen Voraussetzungen erhält man **Einkristalle**, die eine durchgehend reguläre Atomanordnung und entsprechend im gesamten Volumen die gleichen richtungsabhängigen physikalischen Eigenschaften aufweisen. Einkristalle sind also anisotrop, während polykristalline Materialien isotrope physikalische Eigenschaften besitzen, wenn die Kristallite regellos orientiert sind. Ihre makroskopischen Eigenschaften spiegeln dann den Mittelwert der anisotropen Kristalleigenschaften wider.

Einkristalle sind für die Festkörperphysik und für die Materialwissenschaften von großer Bedeutung, da sich an ihnen die „reinen“ Kristalleigenschaften studieren lassen. Sie spielen aber auch in technischen Anwendungen eine große Rolle. So werden für die Halbleitertechnik sehr große, außerordentlich perfekte Einkristalle aus Silizium in großer Stückzahl produziert. Große Silizium-Einkristalle haben auch in der Solartechnik

https://doi.org/10.1515/9783111027227-003

ein weites Anwendungsfeld. Piezoelektrische Einkristalle spielen bei der Herstellung von präzisen Uhren und in der Nachrichtentechnik eine wichtige Rolle.

Die „Zucht“ von größeren Einkristallen ist meist aufwändig und erfordert viel Erfahrung. Ein wesentlicher Gesichtspunkt ist die Reinheit der Ausgangssubstanzen. Um diese zu gewährleisten, wird häufig das *Zonenreinigungsverfahren* angewandt. Dabei legt man das Ausgangsmaterial in Form eines langen (polykristallinen) Stabs in einen länglichen Schmelztiegel und zieht diesen durch einen Ofen, der so gestaltet ist, dass nur ein schmaler Bereich („Zone“) des Stabs aufgeschmolzen wird. So wird an der Vorderseite der Schmelzzone ständig neues Material flüssig und erstarrt auf der Rückseite. Bei diesem Reinigungsverfahren macht man sich zunutze, dass der Einbau von Verunreinigungen in den Kristall energetisch meist ungünstig ist. Die Konzentration an Verunreinigungen ist daher in der Schmelze höher als im neu erstarrten Kristall. Auf diese Weise werden die Verunreinigungen in der Schmelzzone mitgenommen und zum Ende des Stabes bzw. des Tiegels transportiert.

Die Qualität der Kristalle wird vor allem durch die Zuchtbedingungen bestimmt. Um Einkristalle zu ziehen, darf die Kristallisation natürlich nicht an verschiedenen Stellen der Schmelze einsetzen, denn dies würde zu einer polykristallinen Probe führen. In vielen Fällen wird daher im Gefäß eine definierte Temperaturverteilung eingestellt und bereits ein Kristallkeim vorgegeben, d.h., es wird ein geeignet orientierter kleiner Kristall als Keim in die Wachstumszone eingebracht, der dann durch Anlagerung von Atomen bzw. Molekülen wächst. Um weitgehend perfekte Kristalle zu erhalten, sollten in der Wachstumszone nur kleine Temperaturdifferenzen auftreten, der Wachstumsprozess daher möglichst nahe am thermischen Gleichgewicht ablaufen.

Es gibt viele Verfahren der Einkristallherstellung, doch am häufigsten werden sie aus Lösungen oder Schmelzen gezogen. Welches Verfahren zur Herstellung bestimmter Kristalle am geeignetsten ist, hängt von den speziellen Anforderungen wie Größe oder Reinheit und vor allem von den Kristalleigenschaften selbst ab. Bei der Zucht aus der Lösung lässt man entweder das Lösungsmittel bei konstanter Temperatur langsam verdampfen oder erniedrigt allmählich die Temperatur, wobei die Lösung in Sättigung gehalten wird. Sehr wichtig ist aus großtechnischer Sicht das Ziehen aus der Schmelze, auf das wir unten etwas ausführlicher eingehen. In den letzten Jahren haben epitaktische Verfahren stark an Bedeutung gewonnen. Dort scheidet man auf einkristallinen Unterlagen aus der Gasphase oder aus der Lösung einkristalline Schichten wohl definierter Dicke ab. Voraussetzung hierfür ist eine weitgehende Übereinstimmung der Atomabstände von Substrat und aufgebrachter Schicht. Über die vielen unterschiedlichen Zuchtverfahren existiert eine reichhaltige Literatur.

Wie oben erwähnt, wollen wir nun kurz auf das Ziehen von Einkristallen aus der Schmelze eingehen. Von großer technischer Bedeutung ist das *Czochralski-Kyropoulos-*

Verfahren,[1,2] mit dessen Hilfe sehr große, hochreine und defektarme Silizium- und Germaniumkristalle hergestellt werden. Hierbei wird ein Keimkristall an einem Halter langsam aus dem geschmolzenen Material hochgezogen (siehe Bild 3.1a). Hält man die Temperatur des Keims etwas unter, die der Schmelze etwas über dem Schmelzpunkt, so lagern sich am Keim Atome an. Um Temperatur- und Druckgradienten weitgehend zu vermeiden, lässt man den Halter mit dem wachsenden Einkristall gleichzeitig langsam um eine Achse rotieren. Typische Ziehgeschwindigkeiten sind dabei einige Millimeter pro Stunde.

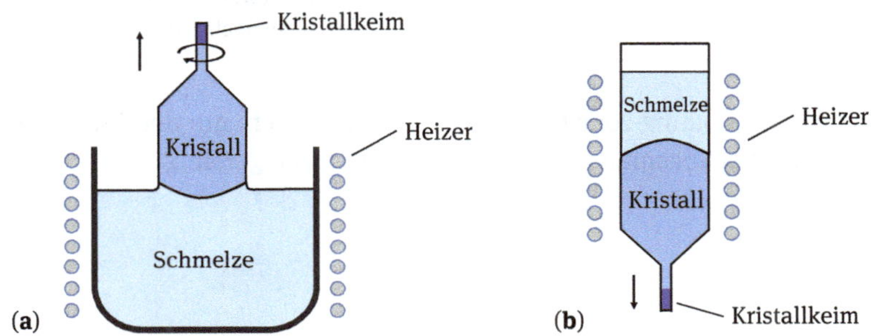

Abb. 3.1: Herstellungsmethoden für Einkristalle. **a)** Czochralski-Kyropoulos-Verfahren und **b)** Bridgman-Stockbarger-Verfahren.

Beim *Bridgman-Stockbarger-Verfahren*[3,4] befindet sich das Grundmaterial in einem Behälter mit konischem Ende (siehe Bild 3.1b). Im ersten Schritt wird das Ausgangsmaterial im oberen Teil des Ofens geschmolzen. Anschließend wird der Tiegel in den unteren Teil des Ofens abgesenkt, in dem die Temperatur einige Kelvin unter der Schmelztemperatur liegt. Dabei bildet sich an der Spitze des Konus meist ein einzelner Keim, von dem aus dann ein Einkristall in den Tiegel wächst.

Bei beiden Verfahren besteht die Gefahr, dass die Schmelze durch den Tiegel, der meist aus hochschmelzenden, inerten Materialien wie Graphit oder Platin besteht, verunreinigt wird. Interessanterweise kann man das Prinzip des Zonenreinigungsverfahrens nutzen, um Kristalle *tiegelfrei* zu ziehen. Die entsprechende Anordnung ist in Bild 3.2 schematisch dargestellt. Am unteren Ende des polykristallinen Stabs befindet sich der Kristallkeim. Die schmale geschmolzene Zone, die sich zwischen den beiden festen Enden der Probe befindet, wird durch die Oberflächenspannung der Schmelze gehalten. Langsam lässt man nun die Schmelzzone längs des Stabes nach oben wandern, wodurch der Einkristall von unten her hoch wächst. Bei diesem tiegel-

1 Jan Czochralski, *1885 Exin (heute Kcynia, Polen), †1953 Kcynia
2 Spyro Kyropoulos, *1887 Makedonien, †1967 Alamogordo (USA)
3 Percy Williams Bridgman, *1882 Cambridge (USA), †1961 Randolph (USA), Nobelpreis 1946
4 Donald C. Stockbarger, *1896 Walkerton (USA), †1952 Belmont (USA)

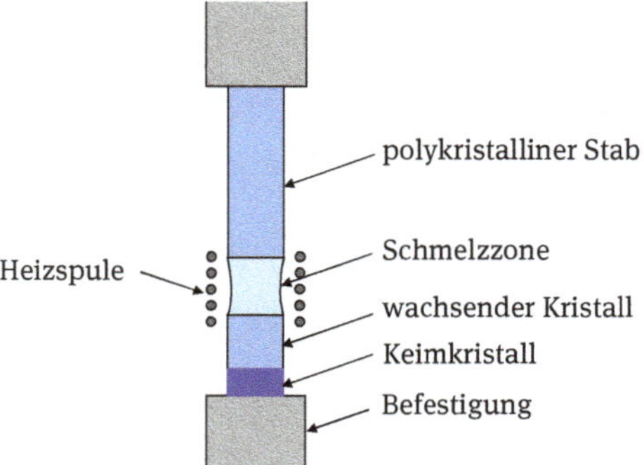

Abb. 3.2: Schematische Darstellung der Kristallzucht im tiegelfreien Zonenschmelzverfahren. Der Einkristall wächst vom Kristallkeim ausgehend von unten nach oben.

freien Zonenschmelzen („floating-zone technique") wird also nicht nur der Einkristall gezogen, sondern das Ausgangsmaterial gleichzeitig auch noch gereinigt.

3.1.2 Herstellung von Legierungen

In der folgenden Diskussion wollen wir uns nicht weiter mit der Zucht von Einkristallen beschäftigen, sondern uns die interessante Frage stellen, welche Besonderheiten auftreten, wenn man eine Schmelze abkühlt, die aus einer Mischung besteht. Das Endprodukt wird im Allgemeinen ein *Mischkristall* sein, beziehungsweise eine **Legierung**, wenn es sich um Metallschmelzen handelt. Allerdings gibt es im üblichen Sprachgebrauch keine klare Abgrenzung zwischen den beiden Begriffen.

Die meisten technisch genutzten metallischen Werkstoffe gehören zur Klasse der Legierungen. Meist bestehen sie aus mehreren *Phasen*, in denen eine Vielzahl von Elementen vorkommt. Dabei versteht man unter Phasen Bereiche, die auf einer Skala groß gegen die atomare Dimension gleiche Zusammensetzung und Struktur haben. Dem **Phasendiagramm** lässt sich entnehmen, welche Gleichgewichtszustände einer Mischung als Funktion der Temperatur und der relativen Konzentration sowohl im flüssigen als auch im festen Zustand auftreten. Zwei einfache Diagramme (Bild 3.4 und Bild 3.5) werden im Folgenden noch vorgestellt und diskutiert. In den meisten Fällen sind derartige Diagramme relativ komplex. Besonders einfache Verhältnisse findet man bei Systemen, deren Bestandteile beliebig mischbar sind, wie beispielsweise bei Au-Ag, Au-Pd, Ni-Mn, Cu-Pt oder Cu-Ni. Diese Elemente besitzen den gleichen Kristallaufbau und unterscheiden sich in ihren atomaren Abmessungen nur geringfügig. Jedoch ist diese unbegrenzte Löslichkeit eher eine Ausnahme. So lösen sich maximal nur 0,2 % Silber in Aluminium, obwohl für diese beiden Elemente die gleichen Argumente gelten sollten.

Wir wollen vor allem der Frage nachgehen, woran es liegt, dass zwei Substanzen *homogene* oder *heterogene* Mischungen bilden können, und wie die auftretenden unterschiedlichen Phasen zusammengesetzt sind. Grundsätzlich gilt, dass sich zwei

Materialien ineinander auflösen und eine homogene Mischung bilden, wenn diese die kleinste freie Enthalpie aufweist, die den Komponenten zugänglich ist. Heterogene Mischung tritt dagegen auf, wenn die freie Enthalpie der beiden nebeneinander auftretenden Phasen niedriger ist als die der homogenen Mischung. In diesem Fall bildet sich eine **Mischungslücke** aus, auf die wir noch näher eingehen.

Die entscheidende Größe in der folgenden thermodynamischen Betrachtung ist die freie Enthalpie $G = U - TS + pV$, wobei U für die innere Energie, S für die Entropie, p für den Druck und V für das Volumen steht. In der folgenden Diskussion spielen Änderungen der Größe pV jedoch keine wichtige Rolle. Zur Vereinfachung vernachlässigen wir daher diesen Beitrag und betrachten anstelle der freien Enthalpie die freie Energie $F = U - TS$.

Wir beginnen unsere Diskussion mit einer einfachen thermodynamischen Überlegung, bei der wir räumliche und zeitliche Fluktuationen der Systeme außer Acht lassen, und wenden die Ergebnisse dann auf einige einfache Beispiele an. Um die Überlegungen möglichst einfach zu gestalten, beschäftigen wir uns ausschließlich mit binären Legierungen aus Metallen, die in fester Form die gleiche Kristallstruktur aufweisen.

Im Folgenden betrachten wir eine Mischung aus N_A Atomen der Substanz A und N_B Atomen der Substanz B. Die Gesamtzahl der Atome ist dann $N = N_\text{A} + N_\text{B}$. Die Zusammensetzung des Systems drücken wir mit Hilfe des Bruchteils der B-Atome aus: $x = N_\text{B}/N$ und $(1-x) = N_\text{A}/N$. Wir nehmen vereinfachend an, dass die Wechselwirkung nur paarweise erfolgt, wobei wir mit u_AA, u_BB und u_AB die potenzielle Energie der jeweiligen Bindung bezeichnen. Diese Bindungsenergien sind bezogen auf die Energie getrennter Atome, negativ. Sind die Atome willkürlich auf den Kristallplätzen verteilt, so ist die mittlere Energie u_A pro Bindung eines A-Atoms bzw. u_B pro Bindung eines B-Atoms durch

$$u_\text{A} = (1-x)u_\text{AA} + x\,u_\text{AB} \qquad \text{und} \qquad u_\text{B} = (1-x)u_\text{AB} + x\,u_\text{BB} \tag{3.1}$$

gegeben. Hat jedes Atom z nächste Nachbarn, so ist die mittlere Energie u pro Atom

$$u = \frac{z}{2}\,[(1-x)u_\text{A} + x\,u_\text{B}] = \frac{z}{2}\,\left[(1-x)^2 u_\text{AA} + 2x(1-x)u_\text{AB} + x^2 u_\text{BB}\right]\,. \tag{3.2}$$

Der Faktor 1/2 berücksichtigt, dass an jeder Bindung zwei Atome beteiligt sind. Das Ergebnis lässt sich in der Form

$$u(x) = \frac{z}{2}\,[(1-x)u_\text{AA} + x\,u_\text{BB}] + u_\text{M} \tag{3.3}$$

darstellen, wobei sich die **Mischungsenergie** u_M durch

$$u_\text{M} = z\,x(1-x)\left[u_\text{AB} - \frac{1}{2}(u_\text{AA} + u_\text{BB})\right] = z\,x(1-x)\tilde{u}_\text{M} \tag{3.4}$$

ausdrücken lässt.

In diesem sehr einfachen Modell hängt die Mischungsenergie quadratisch von der Konzentration x ab. Ist die gemischte Bindung stärker als die zwischen den getrennten Bestandteilen, dann ist $\tilde{u}_M < 0$ und somit die freie Energie der Mischung immer kleiner als die der ungemischten Systeme. In diesem Fall sind die Komponenten des Systems in jedem Verhältnis mischbar. Für $\tilde{u}_M > 0$ sind die Verhältnisse jedoch wesentlich komplizierter.

Weiter müssen wir noch die **Mischungsentropie** S berücksichtigen, die sich aus der Zahl der möglichen Anordnungen der Atome A und B ergibt:

$$S = k_B \ln \frac{N!}{N_A! N_B!} = k_B \ln \frac{N!}{[N(1-x)]!(Nx)!} . \tag{3.5}$$

Benutzen wir die *Stirling-Formel*,[5] $\ln X! \approx X(\ln X - 1)$, die für große Werte von X gültig ist, so finden wir

$$S = -Nk_B[(1-x)\ln(1-x) + x \ln x] . \tag{3.6}$$

Für die freie Energie $F(x)$ der Mischung ergibt sich somit der Ausdruck

$$\begin{aligned} F(x) &= Nu(x) - TS(x) \\ &= N\left\{\frac{z}{2}\left[(1-x)u_{AA} + x\,u_{BB}\right] + u_M + k_BT\left[(1-x)\ln(1-x) + x\ln x\right]\right\} . \end{aligned} \tag{3.7}$$

Die Eigenschaften der Mischung hängen nun ganz entscheidend vom Verhältnis der Mischungsenergie zur thermischen Energie ab. Ist die thermische Energie groß genug, so mischen sich die Systeme immer. Überwiegt die (positive) Mischungsenergie, so tritt die oben erwähnte Mischungslücke auf. Der entscheidende Parameter ist $p = z\tilde{u}_M/k_BT$. Ist $p < 2$, so besitzt die freie Energie (3.7) ein Minimum. Ist $p > 2$, so tritt ein Maximum auf, das zwischen zwei Minima liegt. Dieses Verhalten ist in Bild 3.3 für den Fall $\tilde{u}_M > 0$ dargestellt, wobei angenommen wurde, dass die Bindung zwischen den A-Atomen etwas stärker als die zwischen den B-Atomen ist. Im Konzentrationsbereich zwischen den beiden Minima ist das System instabil und zerfällt in zwei Phasen, die wir mit α und β bezeichnen.

Betrachten wir zunächst die freie Energie F einer Mischung, die aus den beiden Phasen α und β besteht, so können wir für sie

$$F(x) = N_\alpha f(x_\alpha) + N_\beta f(x_\beta) \tag{3.8}$$

schreiben, wobei N_α und N_β für die Zahl der Atome und $f(x_\alpha)$ und $f(x_\beta)$ für die mittlere freie Energie pro Atom in den Phasen α bzw. β steht. Mit $Nx = x_\alpha N_\alpha + x_\beta N_\beta$ und $N_\alpha + N_\beta = N$ lässt sich die Gleichung wie folgt umformen:

$$F(x) = N\left[\frac{x_\beta - x}{x_\beta - x_\alpha} f(x_\alpha) + \frac{x - x_\alpha}{x_\beta - x_\alpha} f(x_\beta)\right] . \tag{3.9}$$

5 James Stirling, *1692 Stirlingshire, †1770 Edinburgh

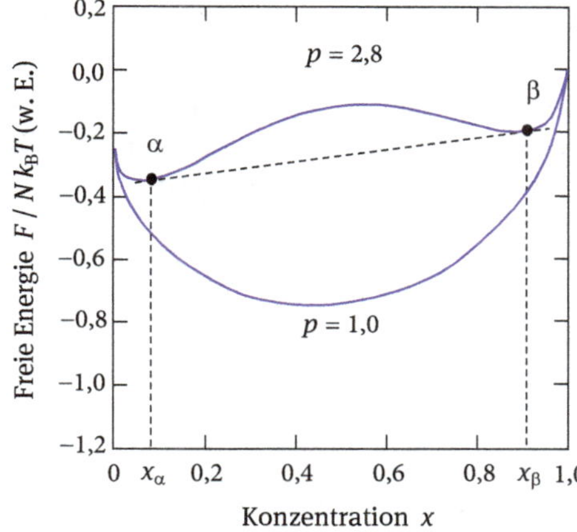

Abb. 3.3: Freie Energie einer binären Mischung berechnet mit Gleichung (3.7) für die Parameter $p = 1{,}0$ und $p = 2{,}8$. Für $p > 2$ tritt ein Maximum auf. Die Mischung ist in einem bestimmten Konzentrationsbereich, in der sogenannten Mischungslücke, instabil. Für $p < 2$ hat die freie Energie nur *ein* Minimum.

Die freie Energie der Mischung variiert linear mit der Konzentration der B-Atome und wird daher in der Fx-Ebene durch eine Gerade repräsentiert.

Die Stabilität des Systems wird durch das **chemische Potenzial** $\mu = (\partial F / \partial N)_{T,V}$ bestimmt, das die Änderung der freien Energie mit der Teilchenzahl widerspiegelt. Zerfällt das System in die Phasen α und β, so muss im Gleichgewicht das chemische Potenzial der beiden Phasen

$$\mu_\alpha = \frac{\partial F_\alpha}{\partial N_B} = \frac{1}{N}\frac{\partial F_\alpha}{\partial x_B} \quad \text{and} \quad \mu_\beta = \frac{\partial F_\beta}{\partial N_B} = \frac{1}{N}\frac{\partial F_\beta}{\partial x_B} \tag{3.10}$$

gleich groß sein. Dies bedeutet, dass die Kurve $F(x)$ bei den Konzentrationen x_α und x_β die gleiche Steigung aufweisen muss. Dies gilt zunächst für beliebige Punktepaare, doch die niedrigste Energie erhält man, wenn, wie in Bild 3.3 dargestellt, eine gemeinsame Tangente an die Kurve gelegt wird.

Jede Mischung, deren Zusammensetzung in dem Bereich zwischen den beiden Konzentrationen x_α und x_β- liegt, zerfällt in zwei Phasen mit gerade diesen Zusammensetzungen. Es tritt also die oben erwähnte Mischungslücke auf.

Nun wollen wir das Verhalten von binären Mischungen an zwei einfachen Systemen exemplarisch erläutern. Zunächst betrachten wir die Verfestigung einer aus zwei Komponenten bestehenden homogenen Flüssigkeit, nämlich von Kupfer und Nickel, die weder in der Schmelze noch im festen Zustand eine Mischungslücke aufweisen. Im unteren Teil von Bild 3.4 ist das Phasendiagramm des Cu-Ni-Systems dargestellt. Abhängig von der Temperatur und der Zusammensetzung kann das System als homogene Flüssigkeit (ℓ für liquidus), als homogener Festkörper (s für solidus) oder als Zweikomponentensystem (s+ℓ) vorliegen. Die Existenzbereiche sind durch die *Liquidus-* und *Soliduslinien* voneinander getrennt. Im oberen Teil des Bildes ist die Konzentrationsabhängigkeit der freien Energie der beiden Phasen für eine feste Temperatur schematisch dargestellt. Die gemeinsame Tangente berührt die Kurven bei den Konzentrationen x_ℓ und x_s. Im Gleichgewicht liegt für $x < x_\ell$ eine homogene Flüssigkeit vor. Im Bereich $x_\ell < x < x_s$ besteht das System aus zwei Phasen, einer festen mit der Zusammensetzung x_s und einer flüssigen mit der Zusammensetzung x_ℓ. Für $x > x_s$ ist das Gleichgewicht des Systems ein homogener Festkörper. Da dessen freie Energie schneller mit der Temperatur abnimmt als die der Flüssigkeit,[6] verschieben sich die Werte von x_ℓ und x_s mit der Temperatur, wie in Bild 3.4 unten zu sehen ist.

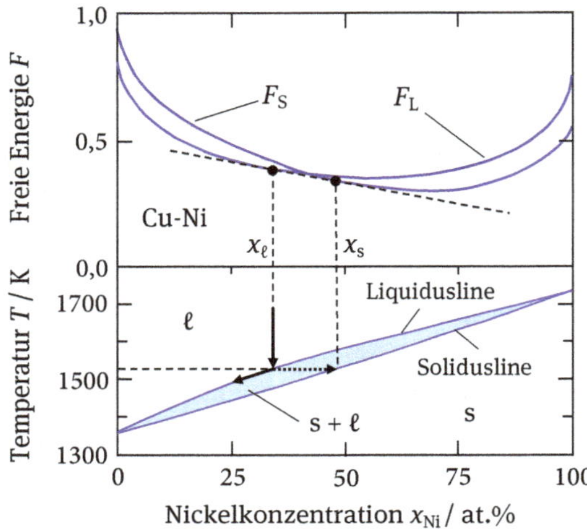

Abb. 3.4: Gleichgewicht zwischen flüssiger und fester Phase einer binären Mischung. Oberer Teil: Schematische Darstellung der freien Energie von Flüssigkeit und Festkörper. Unterer Teil: Phasendiagramm des Systems Kupfer-Nickel. (Nach F. Goodwin et al., *Springer Handbook of Condensed Matter and Material Data*, W. Martienssens, H. Warlimont, eds., Springer, 2005.)

Diesem Bild entnehmen wir weiter, dass binäre Schmelzen nicht bei einer festen Temperatur erstarren. Wird die Temperatur der Schmelze abgesenkt (Pfeil nach unten), setzt beim Erreichen der Liquiduslinie Verfestigung ein (punktierter Pfeil). Die ausfallende Phase hat eine Zusammensetzung, die der Konzentration x_s entspricht, und ist damit nickelreicher als die Schmelze. Dadurch reichert sich Kupfer in der flüssigen Phase an und senkt die Verfestigungstemperatur. Wird die Temperatur weiter erniedrigt, bewegt sich die Zusammensetzung der Schmelze entlang der Liquiduslinie, bis der Schmelzpunkt von Kupfer erreicht ist. Da auch der Verlauf der Soliduslinie von der Temperatur abhängt, verändert sich auch die Zusammensetzung der ausfallenden Cu-Ni-Legierung stetig. Dies bedeutet, dass sich die entstehende feste Phase nicht im Gleichgewicht befindet. Da bei Temperaturen knapp unter dem Schmelzpunkt von Kupfer die atomare Diffusion noch relativ rasch erfolgt, kann durch Tempern eine Homogenisierung der Probe erreicht werden.

Als zweites, etwas komplizierteres Beispiel betrachten wir das Verhalten von Zinn-Blei-Legierungen, die man früher häufig als Weichlot verwendete. Das entsprechende Phasendiagramm ist in Bild 3.5 zu sehen. Kühlt man eine Schmelze, sagen wir mit der

6 Die Ursache hierfür ist das unterschiedliche Schwingungsspektrum von Flüssigkeit und Festkörper, das bewirkt, dass sich die Temperaturabhängigkeit der inneren Energie der beiden Phasen unterscheidet.

Zusammensetzung 40 at.% Sn / 60 at.% Pb, von hohen Temperaturen kommend ab, so bleibt sie homogen bis bei etwa 543 K die Phasentrennlinie erreicht wird. Nun wird die bleireiche α-Phase ausgeschieden, die maximal 29 at.% Zinn enthält.[7] Dadurch reichert sich Zinn in der Schmelze an. Beim weiteren Abkühlen läuft das System die Phasentrennlinie entlang, bis bei 456 K und einem Gehalt von 73,9 at.% Zinn (26,1 at.% Blei) in der Schmelze der **eutektische Punkt** erreicht ist. Wird die Temperatur weiter erniedrigt, so verfestigt sich die Schmelze. Es entsteht eine Mischung aus den beiden Phasen α und β, deren Zusammensetzung sich mit abnehmender Temperatur weiter ändern sollte, doch bewirkt die langsame Diffusion der Atome im Festkörper, dass sie, außer bei extrem langsamer Abkühlung, praktisch gleich bleibt.

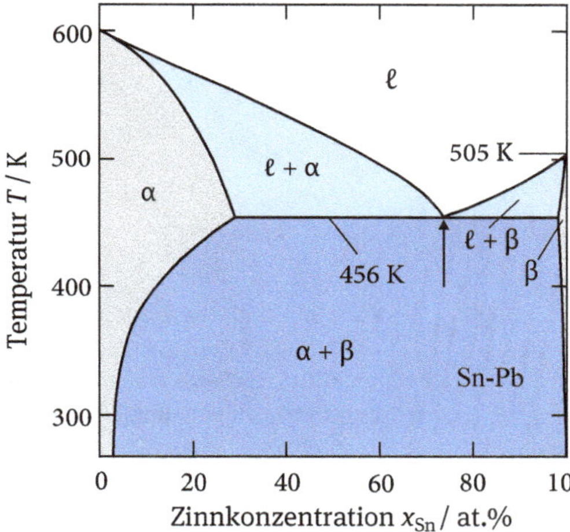

Abb. 3.5: Phasendiagramm des Systems Sn-Pb. Der eutektische Punkt ist durch einen Pfeil hervorgehoben. (Nach F. Goodwin et al., *Springer Handbook of Condensed Matter and Material Data*, W. Martienssens, H. Warlimont, eds., Springer, 2005.)

Es gibt viele binäre Systeme, in denen die flüssige Phase bis zu Temperaturen erhalten bleibt, die weit tiefer liegen als der niedrigste Schmelzpunkt der Bestandteile. Diese Situation trifft man häufig bei Materialien an, die eine Mischungslücke in der festen, aber nicht in der flüssigen Phase aufweisen. Mischungen mit zwei Liquiduslinien bezeichnet man als **Eutektika**, die oben bereits erwähnte tiefste Temperatur, bei der Erstarrung eintritt, als *eutektische Temperatur* und die dazugehörige Zusammensetzung als *eutektische Zusammensetzung*. Bei der Zinn-Blei-Legierung liegen die Schmelzpunkte von Zinn und Blei bei 600 K bzw. 505 K, der eutektische Punkt aber bei 456 K.

Das früher benutzte Zinnweichlot hat eine Zusammensetzung, die der eutektischen sehr nahe kommt. In Bild 3.6 ist eine optische Aufnahme einer eutektischen

7 In der Metallurgie werden die Phasen mit griechischen Buchstaben bezeichnet. Die Bedeutung der Buchstaben hängt vom betrachteten System ab.

Sn-Pb-Schmelze nach dem Erstarren zu sehen. Deutlich zu erkennen sind, aufgrund ihrer unterschiedlichen Helligkeit, die Lamellen bestehend aus der α- bzw. β-Phase, wobei es sich im vorliegenden Fall im Wesentlichen um Zinn bzw. Blei handelt.

Eutektika sind nicht nur vom wissenschaftlichen Standpunkt betrachtet von großem Interesse, sondern auch für die praktische Anwendung. Bemerkenswert ist das System Au-Si. Gold schmilzt bei 1336 K, Silizium bei 2177 K, die eutektische Legierung mit 69 % Au und 31% Si aber bereits bei 643 K. Diese Eigenschaft ist in der Halbleitertechnologie von großer Bedeutung, denn sie erlaubt das Anschweißen von Golddrähten an Siliziumbauelemente bei relativ niedrigen Temperaturen.

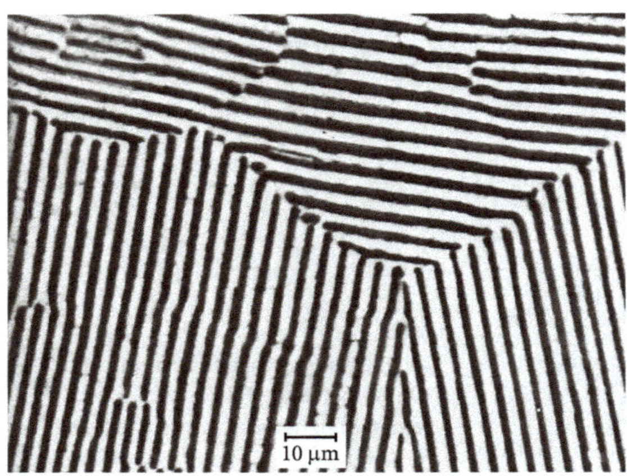

Abb. 3.6: Optische Aufnahme eines erstarrten Sn-Pb-Eutektikums. (Nach Ch. Kittel, *Einführung in die Festkörperphysik*, Oldenbourg, 2013.)

3.1.3 Glasherstellung

Der Begriff *amorpher Festkörper* ist nicht exakt definiert. Er sagt im Wesentlichen aus, dass sich die Atome nicht wie in Kristallen auf regelmäßig angeordneten Plätzen befinden. Dem Namen ist jedoch nicht zu entnehmen, wie groß der Grad der Unordnung tatsächlich ist. Neben den Gläsern zählen zu dieser Stoffklasse viele Dünnschichtsysteme, die durch Aufdampfen erzeugt wurden, Kunststoffe oder auch organische Festkörper. Wir greifen aus der Vielzahl der amorphen Materialien die *Gläser* heraus, da sie typische Vertreter dieser Substanzklasse sind. Der wesentliche Unterschied in der Herstellung von Kristallen und Gläsern besteht darin, dass bei der Kristallzucht schnelle zeitliche und räumliche Temperaturänderungen vermieden werden, wohingegen bei der Glasherstellung die Schmelze relativ rasch abgekühlt wird, um den Kristallisationsprozess zu vermeiden.

Wie in Bild 3.7 skizziert, treten beim Schmelzen und Erstarren charakteristische Volumenänderungen auf, die bei Gläsern und Kristallen unterschiedlich verlaufen. Kühlt man eine Schmelze, die aus einer Komponente besteht, so langsam ab, dass die

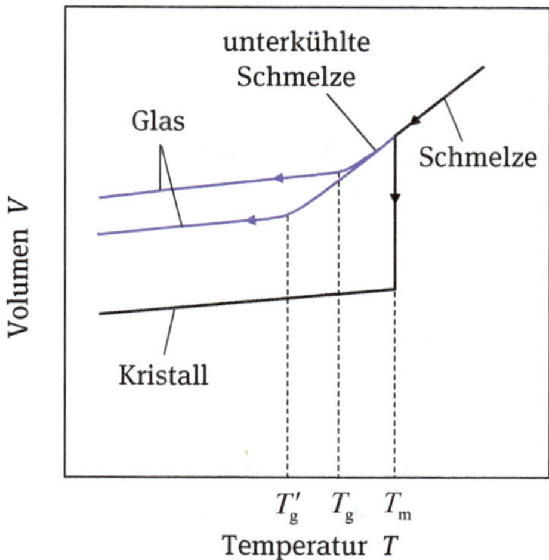

Abb. 3.7: Volumenänderung beim Erstarren bzw. bei der Kristallisation einer Schmelze. Kristallisation tritt bei der wohl definierten Erstarrungstemperatur T_m ein. Der Glasübergang findet, abhängig von der Kühlrate, bei T_g oder T_g' statt. Es ist zu beachten, dass die Volumenänderungen nicht maßstäblich gezeichnet sind.

Ausbildung geordneter Strukturen mit atomarer Fernordnung möglich ist, so tritt bei der Erstarrungstemperatur T_m Kristallisation ein. Dies ist ein Phasenübergang 1. Ordnung, der von einer diskontinuierlichen Volumenänderung begleitet ist. In Abschnitt 5.4 werden wir kurz auf das Phänomen der Phasenübergänge eingehen.

Kühlt man dagegen eine Glasschmelze rasch ab, so kann die Kristallisationstemperatur T_m unterschritten werden, ohne dass Verfestigung eintritt. Erst wesentlich unterhalb T_m erstarrt die Schmelze zu einem Glas. Anschaulich kann man sich vorstellen, dass in einer Schmelze ständig atomare Umlagerungen erfolgen, die mit abnehmender Temperatur immer langsamer ablaufen. Da das Aufbrechen von atomaren Bindungen in der Schmelze und die geordnete Anlagerung der Atome an der Kristalloberfläche aber Voraussetzungen für Kristallwachstum sind, wird dieses in der unterkühlten Schmelze unterdrückt. Im V-T-Diagramm macht sich die Glasbildung als Knick in der Zustandskurve bei der **Glasübergangstemperatur** T_g bemerkbar. Wesentlich unterhalb dieser Temperatur ist die Anordnung der Atome innerhalb experimentell zugänglicher Zeitskalen eingefroren. Da sich die Struktur der Gläser kaum von der ihrer Schmelzen unterscheidet, bezeichnet man sie oft auch als *eingefrorene Flüssigkeiten*. Wie der Skizze zu entnehmen ist, weisen Gläser ein größeres Volumen und somit eine geringere Dichte auf als die entsprechenden Kristalle.

Die Glasübergangstemperatur T_g liegt typischerweise bei etwa 2/3 der Erstarrungstemperatur des entsprechenden Kristalls, d.h., $T_g \approx 2\,T_m/3$. Für Quarzglas, das aus reinem SiO_2 besteht, liegt T_g bei 1350 K, der Schmelzpunkt von kristallinem SiO_2 bei 1990 K. Abhängig von der Zusammensetzung weisen optische Gläser oder Fenstergläser T_g-Werte um 900 K auf. Bei der wässrigen Lithiumchloridlösung $LiCl{\cdot}7\,H_2O$ liegt T_g mit 137 K weit unterhalb des Eispunkts. Die Kühlraten, die für die Glasherstellung erforderlich sind, sind kleiner als 10^{-6} K/s bei guten Glasbildnern wie SiO_2, $LiCl{\cdot}7\,H_2O$ oder bei Vielkomponentengläsern, d.h. bei Substanzen, die leicht in den

Glaszustand gebracht werden können. Bei den meisten einfach zusammengesetzten metallischen Gläsern, wie zum Beispiel bei CuZr, müssen die Kühlraten dagegen über 10^6 K/s liegen, um Kristallisation zu vermeiden, da diese schlechte Glasbildner sind. Wie in Bild 3.7 angedeutet, kann T_g (innerhalb enger Grenzen) durch Variation der Kühlrate beeinflusst werden. Kleinere Kühlraten führen zu einer Reduktion von T_g und einer etwas höheren Glasdichte. Dadurch werden die Struktur und folglich auch die physikalischen Eigenschaften etwas verändert. Tempert man eine Glasprobe, d.h. hält man die Probe längere Zeit bei einer Temperatur, die nur knapp unterhalb von T_g liegt, so bilden sich in der Probe in vielen Fällen kleine kristalline Bereiche aus.

Aus der kurzen Schilderung der Vorgänge beim Glasübergang und aus der Tatsache, dass Glasübergangstemperatur und Glasstruktur von der Kühlrate abhängen, muss man schließen, dass sich Gläser bei Zimmertemperatur nicht im thermodynamischen Gleichgewicht, sondern in einem metastabilen Zustand befinden. Bemerkenswert ist, dass amorphe Festkörper aufgrund ihrer strukturellen Unordnung auch am absoluten Nullpunkt eine hohe Restentropie aufweisen.

Die Vorgänge, die sich am Glasübergang abspielen, sind noch nicht voll verstanden. Ihre theoretische Beschreibung ist bis heute lückenhaft. Daher wird auf diesem Gebiet intensiv geforscht. Grundsätzlich lassen sich zwei extreme Vorstellungen vom Wesen des Glasübergangs unterscheiden: Entweder behandelt man den Glasübergang wie einen Phasenübergang im thermodynamischen Sinn oder man sieht darin nur einen kinetischen Übergang, also einen Vorgang, bei dem die molekularen Bewegungen beim raschen Abkühlen eingefroren werden. Nach dem gegenwärtigen Kenntnisstand handelt es sich wohl um eine Mischung aus beiden, so dass neuartige Konzepte und darauf zugeschnittene Experimente erforderlich sind.

3.2 Ordnung und Unordnung

Anhand einiger einfacher Anordnungen von Atomen wollen wir die Begriffe **Ordnung** und **Unordnung** erläutern, da sie uns immer wieder begegnen werden. Insbesondere wollen wir auch auf den strukturellen Unterschied zwischen kristallinen und amorphen Festkörpern eingehen. Hierzu werfen wir einen Blick auf die Bilder 3.8 – 3.12, in denen einige tatsächlich vorkommende Strukturen skizziert sind. Der Einfachheit halber beschränken wir uns auf eine zweidimensionale Darstellung; dabei können wir uns vorstellen, dass es sich jeweils um einen geeigneten Schnitt durch eine dreidimensionale Struktur handelt. So können wir die Bilder 3.8, 3.9a und 3.10a als Schnitte durch wohl geordnete Kristalle auffassen, während die restlichen Bilder Strukturen wiedergeben, in denen unterschiedliche Arten von Unordnung herrschen.

Packt man harte Kugeln möglichst dicht, so findet man in der Ebene eine Anordnung, wie in Bild 3.8a gezeigt. Ein derartiger Aufbau ist typisch für Kristalle mit hochsymmetrischen Struktureinheiten und ungerichteten Bindungskräften. Deswegen findet man derartig einfache Strukturen bei Edelgaskristallen und vielen Metallen.

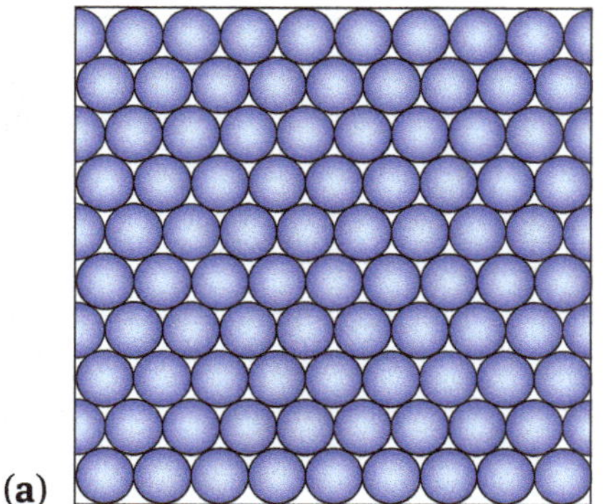

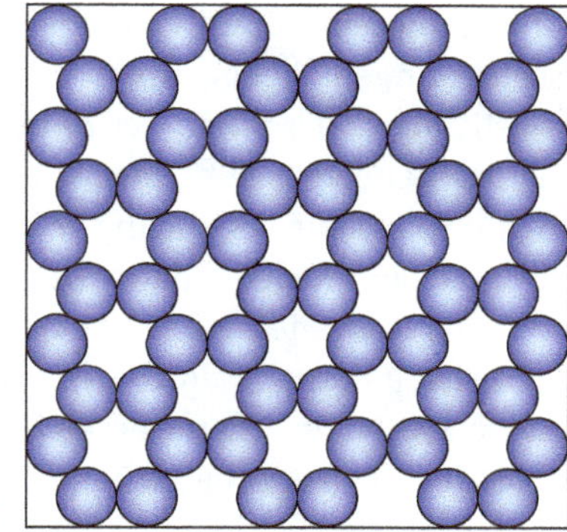

Abb. 3.8: Einfache Kristallstrukturen. **a)** Aus identischen Atomen aufgebauter Kristall hoher Symmetrie. **b)** Anordnung von Arsenatomen in Arsenkristallen.

Oft erzwingt aber die chemische Bindung eine andere Anordnung. So besteht graues Arsen aus regelmäßigen Sechserringen wie sie in Bild 3.8b gezeigt sind. In realen Arsenkristallen sind derartige Strukturen schichtweise übereinander gestapelt.

In Bild 3.9a sind ähnliche Ringstrukturen zu sehen, doch enthalten die Ringe nun zwei verschiedene Atomsorten A und B, die zwei- bzw. dreiwertig sind. Auch hier kann man sich vorstellen, dass dadurch Kristalle der chemischen Zusammensetzung A_2B_3 entstehen, wenn die dargestellten Schichten übereinandergestapelt werden. Wir wollen noch eine andere Möglichkeit erörtern: Das Bild kann auch als ein Schnitt durch einen Kristall der chemischen Zusammensetzung AB_2 aufgefasst werden, in dem die klein gezeichneten vierwertigen A-Atome über zweiwertige B-Atome miteinander verbunden

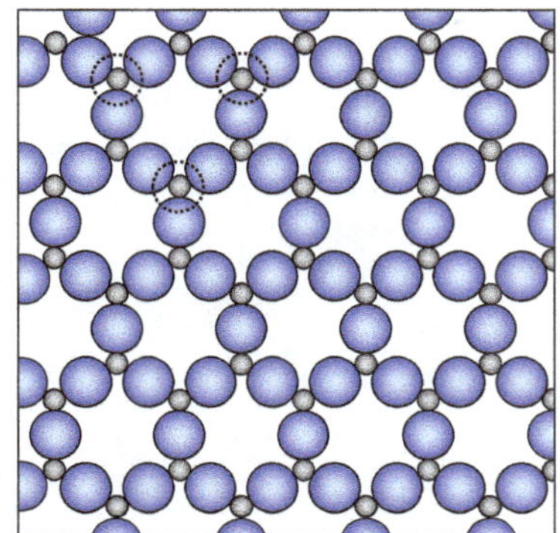

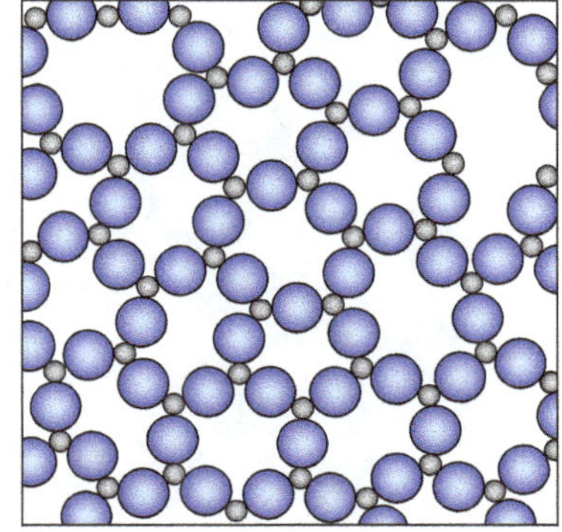

Abb. 3.9: Kristall und Glas gleicher chemischer Zusammensetzung. **a)** A_2B_3-Kristall. Die kleinen und großen Kreise repräsentieren Atome unterschiedlicher Wertigkeit. Oben links sind drei oberhalb der Zeichenebene liegende B-Atome eines hypothetischen AB_2-Kristalls gestrichelt eingezeichnet. **b)** A_2B_3-Glas. Die Bindungswinkel zwischen den Atomen unterliegen kleinen Variationen. Dadurch entstehen irregulär geformte Ringe, so dass die Fernordnung unterdrückt ist.

sind. In diesem Fall wären relativ starre AB_4-Tetraeder die Bausteine, die in gewellten Sechserringen angeordnet sind. Von den vier B-Atomen jedes Tetraeders läge eines jeweils über oder unten der Zeichenebene und wäre zusammen mit den Atomen in der Zeichenebene selbst Bestandteil eines Sechserringes. Dadurch ergäbe sich eine dreidimensionale Vernetzung der Struktur. In Bild 3.9a sind in einem Ring die über der Zeichenebene liegenden drei B-Atome gestrichelt eingezeichnet.

Quarzkristalle weisen eine Struktur auf, die mit der hier geschilderten eine große Ähnlichkeit besitzt, wenn die in der Natur auftretende Struktur auch etwas komplizierter ist. Wir wollen dieses einfache Bild aber nutzen, um den Übergang vom Kristall zum Glas zu veranschaulichen.

Hierzu wenden wir uns der amorphen Struktur in Bild 3.9b zu, die aus den gleichen Bestandteilen aufgebaut ist wie die soeben diskutierte kristalline Struktur. Zweiwertige Atome sind jeweils mit zwei benachbarten dreiwertigen Atomen verbunden, so dass auch hier aufgrund der chemischen Gegebenheiten **Nahordnung** besteht. Dennoch treten anstelle der regelmäßigen, gleich aufgebauten Ringe nun irregulär geformte Ringe mit unterschiedlicher Zahl von Atomen auf. Der Grund hierfür sind die kleinen Abweichungen der Bindungswinkel von den wohl definierten Winkeln in Kristallen. Diese Abweichungen führen zur strukturellen Unordnung und zum Verlust der Ordnung über große Abstände, zerstören also die **Fernordnung**. Das Fehlen dieser Ordnung ist charakteristisch für amorphe Festkörper. Im Falle von SiO_2 entspräche der Wechsel vom linken zum rechten Bild dem Übergang vom (hypothetischen) Quarzkristall zum Quarzglas, die beide aus den gleichen Struktureinheiten aufgebaut sind.

Im weiteren Verlauf werden wir zur Kennzeichnung der amorphen Modifikation der chemischen Formel ein „a" voranstellen. So steht beispielsweise a-SiO_2 dann für Quarzglas und a-Si für amorphes Silizium. Zwei Kristalle mit der Zusammensetzung AB sind in Bild 3.10 gezeigt. Während im linken Bild die beiden Atomsorten regelmäßig

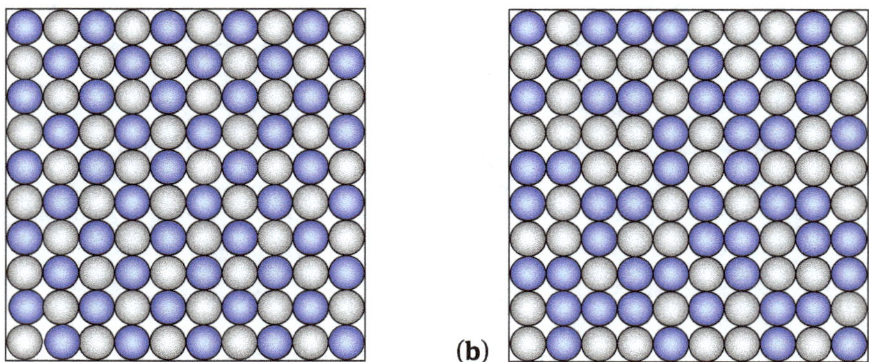

Abb. 3.10: Struktur einer Legierung AB. **a)** Regelmäßig aufgebauter Kristall AB. **b)** Kristall mit substitutioneller Unordnung, bei dem beide Atomsorten regellos auf den verfügbaren Plätzen verteilt sind.

angeordnet sind, weist die Struktur in Bild 3.10b bei gleicher Stöchiometrie, d.h. bei gleicher nomineller Zusammensetzung, substitutionelle Unordnung auf, denn die Atome A und B sind statistisch auf den vorhandenen Plätzen verteilt. Wie wir in Abschnitt 5.4 sehen werden, gibt es Festkörper, die in beiden Modifikationen auftreten, und zwischen denen reversible Übergänge stattfinden. Ein Beispiel hierfür ist die Legierung CuZn, die unter der Bezeichnung β-Messing bekannt ist. In dieser Legierung findet bei der kritischen Temperatur $T_c = 735\,\mathrm{K}$ ein *Ordnungs-Unordnungs-Übergang* zwischen den beiden strukturell unterschiedlichen Phasen statt.

In den beiden Bildern 3.11a und 3.11b sind die Bausteine selbst nicht vollkommen symmetrisch. Der Begriff Unordnung bezieht sich hier auf die Orientierung der Bausteine, deren räumliche Anordnung aber völlig regelmäßig ist. In Bild 3.11a trägt eine Atomsorte ein magnetisches Moment, dessen Orientierung durch Pfeile angedeutet ist. In unserem zweidimensionalen Beispiel kann das magnetische Moment in vier verschiedene Richtungen weisen. Diese Art der magnetischen Unordnung findet man beispielsweise in paramagnetischen Salzen, wenn kein äußeres Magnetfeld anliegt. Natürlich handelt es sich hier nur um eine Momentaufnahme, da die Orientierung der einzelnen magnetischen Momente aufgrund der thermischen Bewegung ständigen Änderungen unterworfen ist. In derartigen Systemen tritt beim Abkühlen unter eine kritische Temperatur oft eine Ausrichtung der Momente auf. Dies bedeutet, dass ein Phasenübergang von einer paramagnetischen in eine ferromagnetische (oder antiferromagnetische) Phase stattfindet.

In Bild 3.11b ist ein Kristall dargestellt, der zur Hälfte aus elliptischen Molekülen bzw. Ionen besteht, deren Längsachse statistisch in die Richtung einer der beiden Diagonalen zeigt. Ein Beispiel hierfür ist der Ionenkristall CsCN, der aus kugelförmigen Cäsium- und ellipsoidförmigen Cyanidionen aufgebaut ist. Oberhalb einer kritischen Temperatur sind die CN-Ionen regellos in Richtung der Raumdiagonalen eines Wür-

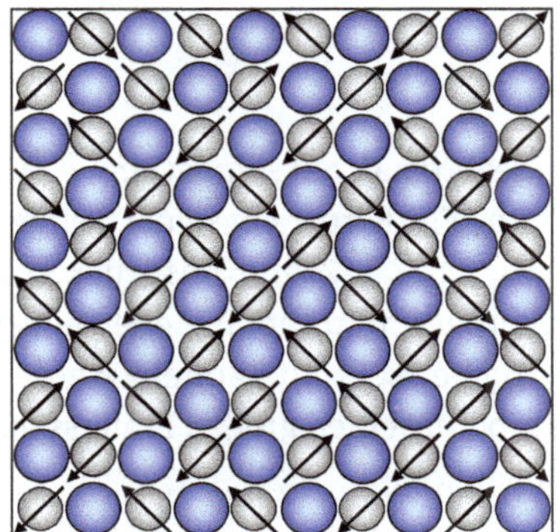

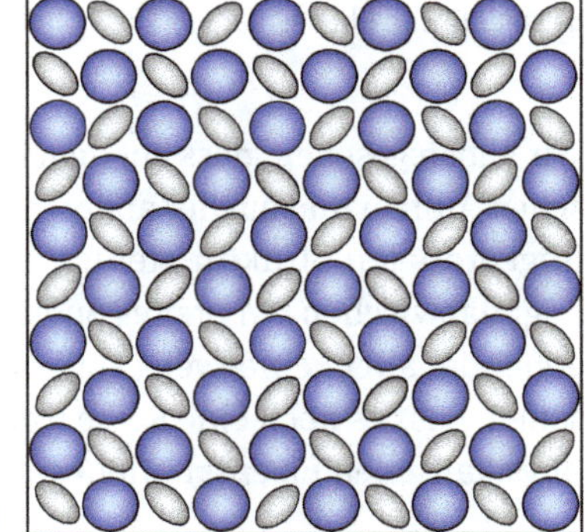

Abb. 3.11: Kristalle mit Orientierungs-Unordnung. **a)** Magnetische Momente, durch kleine Pfeile angedeutet, sind statistisch orientiert. **b)** Ellipsoidförmige Moleküle besetzen die vorhandenen Gleichgewichtslagen ohne bevorzugte Orientierung.

fels orientiert und führen Drehsprünge zwischen den Gleichgewichtslagen aus. Bei der kritischen Temperatur $T_c = 196\,K$ findet ein Phasenübergang statt, der zu einer Änderung der Kristallstruktur führt. Unterhalb von T_c sind alle CN-Ionen in Richtung einer bestimmten Raumdiagonalen ausgerichtet.

Am Ende dieses Abschnitts sind noch zwei schematische Bilder von *Flüssigkristallen* mit stabförmigen Molekülen gezeigt. Im ersten Fall (Bild 3.12a) handelt es sich um einen Flüssigkristall in der *nematischen* Phase. In diesen Materialien sind die Moleküle unregelmäßig im Raum verteilt aber orientiert angeordnet. In Bild 3.12b befindet sich der Flüssigkristall in der *smektischen* Phase. Die Moleküle sind wie im vorhergehenden Fall ausgerichtet, doch sind sie nun zusätzlich in einzelnen Ebenen untergebracht. Der entscheidende Unterschied zu einem normalen Kristall besteht darin, dass die Moleküle in den einzelnen Ebenen voneinander unabhängig angeordnet sind. Die meisten modernen Fernseher besitzen einen Flüssigkristallbildschirm (abgekürzt LCD, vom Englischen **L**iquid **C**rystal **D**isplay).

(a) 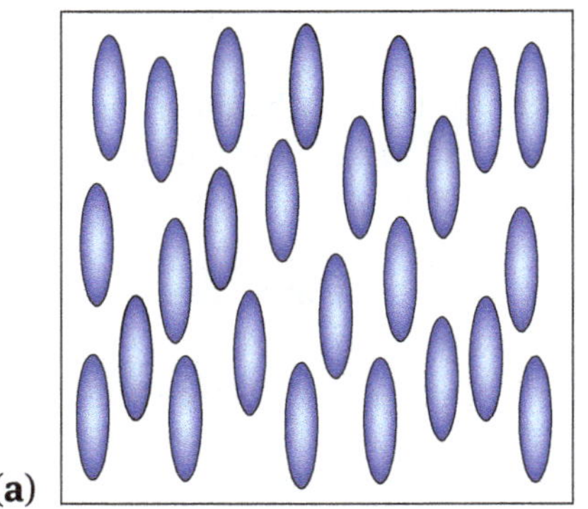

(b) 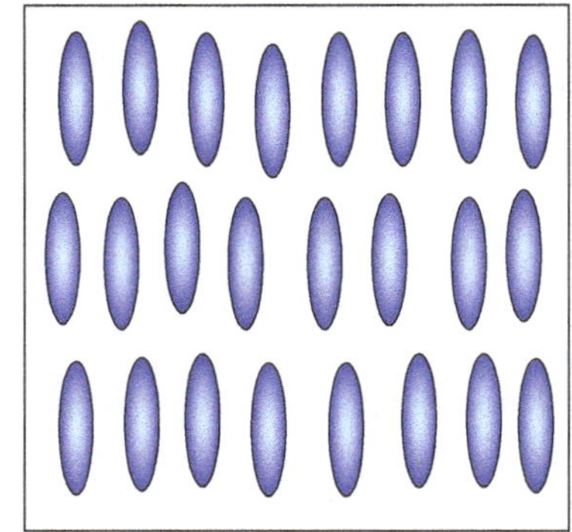

Abb. 3.12: Flüssigkristalle mit orientiert angeordneten stabförmigen Molekülen. **a)** Nematische Phase, **b)** smektische Phase.

Wir haben gesehen, dass auf der einen Seite der Idealkristall mit seinem streng periodischen Aufbau und auf der anderen Seite der amorphe Festkörper mit seiner weitgehend ungeordneten Struktur steht. Wie in den Bildern 3.8 – 3.12 zum Ausdruck kommt, liegt dazwischen ein breites Spektrum von Festkörperstrukturen, in denen eine weitgehende, aber keineswegs vollkommene Ordnung herrscht. In Kapitel 4 werden wir sehen, dass es noch eine Reihe weiterer Defekte gibt, die einen großen Einfluss auf die physikalischen Eigenschaften von Festkörpern ausüben.

3.3 Struktur der Kristalle

Wir werden zunächst auf die Struktur von Kristallen und im anschließenden Abschnitt auf die von amorphen Festkörpern eingehen. Die experimentellen Aspekte der Strukturbestimmung werden Gegenstand der Diskussion in Kapitel 4 sein.

3.3.1 Translationsgitter und Kristallsysteme

Gut ausgebildete Kristalle zeichnen sich durch ihre regelmäßige Form aus. Daher liegt die Vermutung nahe, dass deren Bausteine regelmäßig angeordnet sind. Dieser Gedanke kommt bereits 1801 in einer Abhandlung zum Ausdruck, in der auch Bild 3.13 zu finden ist. Es zeigt, wie sich die regelmäßigen Formen eines Kristalls durch kontinuierliches Hinzufügen von identischen Bausteinen entwickeln können. 1912 äußerte *M. von Laue*[8] die Vermutung, dass die regelmäßige Struktur der Kristalle möglicherweise mit Röntgenstrahlen gezeigt werden könnte. Der experimentelle Nachweis erfolgte dann tatsächlich durch die Arbeiten von *W. Friedrich*[9] und *P. Knipping*[10].

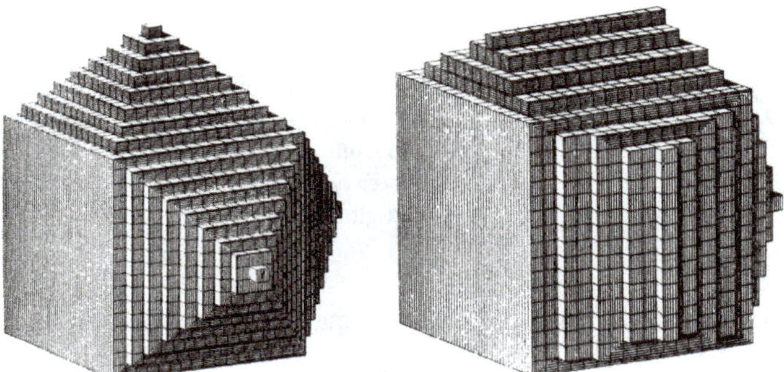

Abb. 3.13: Darstellung aus dem Jahr 1801 zum Aufbau von Kristallen aus identischen Bausteinen. (Nach R.-J. Haüy,[11] Traité de minéralogie, Paris, 1801.)

Ein **idealer Kristall** besteht aus identischen, gleich orientierten Atomgruppen, die in einer dreidimensionalen, unendlich ausgedehnten, streng periodischen Anordnung aneinandergereiht sind. Die periodisch wiederkehrenden Struktureinheiten bezeichnet man als **Basis**. Wie viele Atome die Basis bilden, hängt von der betrachteten Substanz

8 Max von Laue, *1879 Pfaffendorf (Koblenz), †1960 Berlin, Nobelpreis 1914

9 Walter Friedrich, *1883 Salbke (Magdeburg), †1968 Berlin

10 Paul Knipping, *1883 Neuwied, †1935 Darmstadt

11 René-Just Haüy, *1743 Saint-Just-en-Chaussée, †1822 Paris

ab. In vielen Metallen besteht sie aus nur einem einzigen Atom. Die Basis kann aber auch aus 100 Atomen oder wie im Falle von komplexen Proteinkristallen gar aus mehr als 10^4 Atomen zusammengesetzt sein. Ordnen wir jeder derartigen Struktureinheit einen Punkt im Raum zu, so reduzieren wir die Kristallstruktur auf ein **Punktgitter**, mit dessen Hilfe wir den Kristallaufbau in einfacher Weise mathematisch beschreiben können. Diese Vorgehensweise ist in Bild 3.14 für ein zweidimensionales Gitter veranschaulicht. Wie in diesem Bild angedeutet, ist die Wahl der Basis nicht eindeutig. Natürlich kommt es auch nicht darauf an, welcher Ort innerhalb der Basis als Gitterpunkt festgelegt wird, denn damit ist nur eine Verschiebung des Punktgitters als Ganzes verbunden.

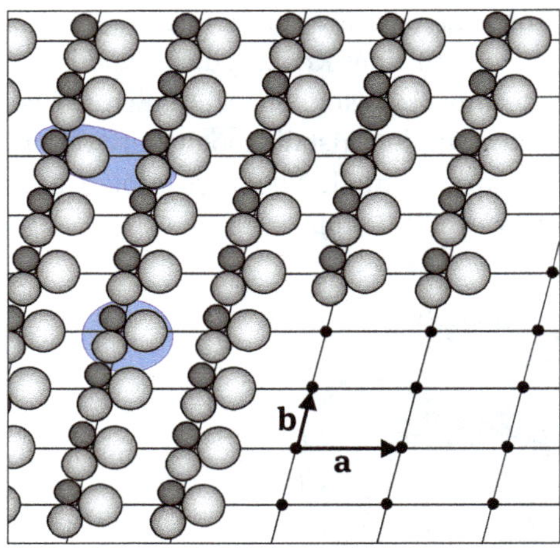

Abb. 3.14: Kristallstruktur und Punktgitter. Die Anordnung der Atome der Basis (zwei Möglichkeiten sind besonders hervorgehoben) und die Wahl des Ursprungs der Basis bezüglich des Punktgitters ist ohne Bedeutung. Die Vektoren a und b legen ein schiefwinkliges Koordinatensystem fest, das zur Beschreibung des Punktgitters geeignet ist.

Die Symmetrie von Kristallen lässt sich mit Hilfe von Symmetrie-Operationen beschreiben, die das Punktgitter bzw. die Kristallstruktur in sich selbst überführen. Dabei unterscheidet man zwischen der *Translationssymmetrie* und den *Punktsymmetrien*. Während bei Translationsoperationen die Kristallstruktur als Ganzes verschoben wird, wird bei Punktsymmetrieoperationen mindestens ein Punkt im Raum festgehalten.

Zunächst lassen wir den Einfluss der Basis außer Acht und betrachten die Punktgitter, die den Kristallen zugrunde liegen, d.h., wir gehen von einer punktförmigen Basis aus. Die auffälligste und wichtigste Symmetrie die wir noch oft ausnutzen werden, ist die **Translationssymmetrie.** Wir greifen einen beliebigen Punkt im Kristall heraus und betrachten dessen Umgebung, die wir symbolisch mit $\mathcal{U}$ bezeichnen. Ein Blick auf den zweidimensionalen Kristall des Bildes 3.14 verdeutlicht, dass sich diese Umgebung in regelmäßigen Abständen wiederholt. Wir drücken diesen Sachverhalt durch

$$\mathcal{U}(\mathbf{r}) = \mathcal{U}(\mathbf{r} + \mathbf{R}) \tag{3.11}$$

aus, wobei **r** für einen beliebigen Ortsvektor steht. Die Translation, die von einem Ort zu einem äquivalenten führt, wird durch den **Translations**- oder **Gittervektor R** beschrieben. Für ihn gilt

$$\mathbf{R} = n_1\mathbf{a} + n_2\mathbf{b} + n_3\mathbf{c}\,. \tag{3.12}$$

Die Vektoren **a**, **b** und **c** definieren ein schiefwinkeliges Koordinatensystem, das der Symmetrie des Punktgitters angepasst ist. Für diese Vektoren findet man in der Literatur verschiedene Bezeichnungen, z.B. **fundamentale Translationsvektoren** oder **Basisvektoren**. Wir benutzen den in der Mathematik gebräuchlichen Ausdruck „Basisvektoren". Um Verwechslungen zu vermeiden, soll hier besonders betont werden, dass die Basisvektoren *nicht* die Lage der Basisatome festlegen, sondern nur der Beschreibung des Punktgitters dienen. Die Komponenten von **R** müssen ganzzahlige Vielfache der Basisvektoren sein, n_1, n_2 und n_3 sind also immer ganze Zahlen. Die Längen a, b und c der Basisvektoren bezeichnet man als **Gitterkonstanten**.

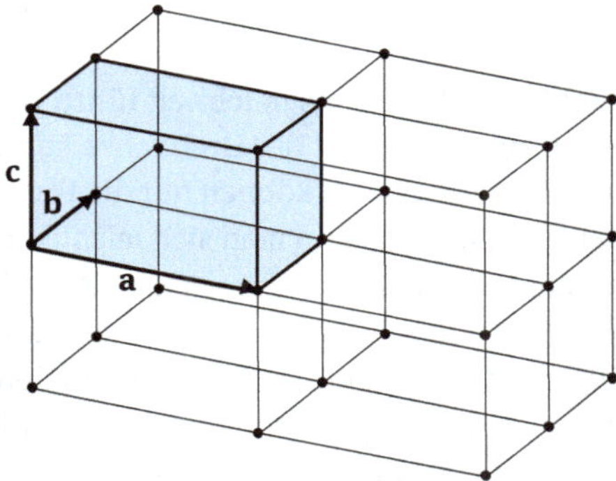

Abb. 3.15: Elementarzellen eines dreidimensionalen Raumgitters. Die Vektoren a, b und c definieren die Elementarzelle. Eine Zelle ist durch hellblaue Färbung und dickere Kanten hervorgehoben.

Das Parallelepiped, das von den drei Basisvektoren aufgespannt wird, bezeichnet man als **Elementarzelle** oder als **Einheitszelle**. Wie Bild 3.15 zeigt, lässt sich der Raum durch Aneinanderreihen derartiger Zellen lückenlos und ohne Überschneidungen füllen. Allerdings ist die Wahl der Basisvektoren nicht eindeutig. In Bild 3.16 ist dies für ein zweidimensionales Gitter veranschaulicht. Die eingezeichneten Basisvektoren definieren Elementarzellen unterschiedlicher Gestalt und unterschiedlicher Größe. Man unterscheidet **primitive** und **nicht-primitive Elementarzellen**. Primitive Elementarzellen sind die kleinstmöglichen Zellen und enthalten nur *einen* Gitterpunkt, den man meist als Ursprung der Elementarzelle wählt. Sie zeichnen sich dadurch aus, dass mit den zugrunde liegenden Basisvektoren über die Beziehung (3.11) *alle* äquivalenten Raumpunkte erreicht werden können. Nicht-primitive Elementarzellen enthalten mehrere Gitterpunkte. Ihre Basisvektoren erlauben nicht, von einem Ortsvektor **r** ausgehend, mit der Beziehung (3.11) alle Orte mit gleicher Umgebung aufzusuchen.

Nun wenden wir uns den **Punktsymmetrie-Operationen** zu, bei denen zwischen Drehung um eine Achse, Spiegelung und Inversion unterschieden wird. Bei der Durchführung dieser Operationen wird jeweils mindestens ein Punkt des Raums festgehalten. Wir greifen zunächst die **Drehung** um eine Achse heraus. Selbstverständlich ist, dass

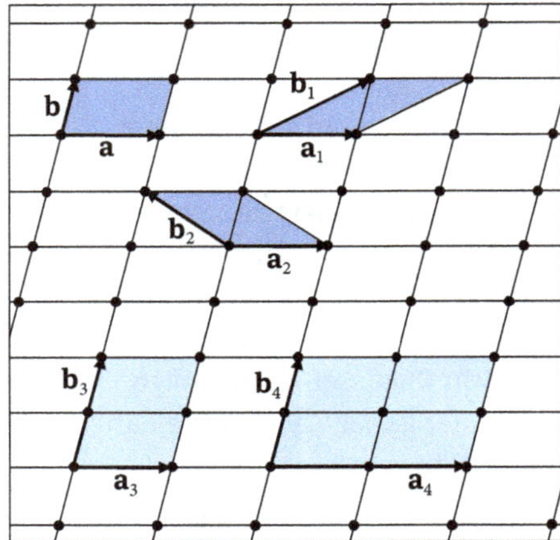

Abb. 3.16: Zweidimensionales Punktgitter mit verschiedenen Elementarzellen. Zu den dunklen Zellen gehört jeweils nur ein Gitterpunkt; sie sind daher *primitiv*. Es ist zu beachten, dass drei der vier Ecken der Elementarzellen und damit auch die dazugehörenden Gitterpunkte den benachbarten Zellen zugeschlagen werden. Die beiden helleren, *nicht-primitiven* Zellen enthalten zwei bzw. vier Gitterpunkte.

die Drehung eines Punktgitters um den Winkel 2π zur Deckungsgleichheit führt. Abhängig vom betrachteten Punktgitter und der geeigneten Wahl der Drehachse kann diese auch schon bei Drehungen um $2\pi/n$ erreicht werden. Dabei können nur die Werte $n = 1, 2, 3, 4$ und 6 auftreten. Für den zweidimensionalen Fall kann man sich leicht klar machen, dass nur reguläre Drei-, Vier- und Sechsecke eine flächendeckende Anordnung ohne Überschneidung erlauben. In Bild 3.17 ist gezeigt, dass dies für reguläre Fünf-, Sieben- oder Achtecke nicht gilt. Die gleichen Argumente treffen auch auf den dreidimensionalen Raum zu, der mit den entsprechenden regulären Polyedern zu füllen ist. Die **Zähligkeit** n einer Drehachse gibt an, wie oft während einer Drehung des Gitters um 2π Deckungsgleichheit auftritt. In der *internationalen Bezeichnung*, auf die wir noch näher eingehen, drückt man dies einfach durch die Zahlen 1, 2, 3, 4 bzw. 6 aus. Konkrete Beispiele werden wir noch bei der Diskussion der Symmetrie der Basis bzw. der Kristallstruktur kennen lernen.

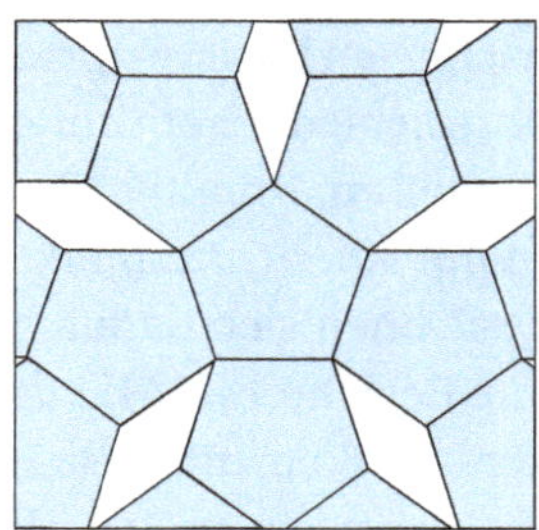

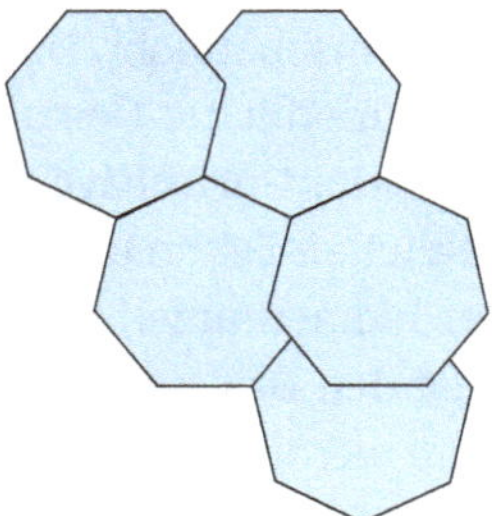

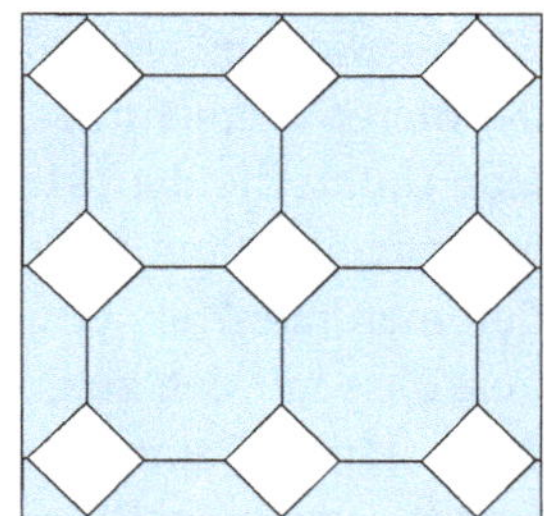

Abb. 3.17: Reguläre Fünf-, Sieben- oder Achtecke lassen sich nicht flächendeckend ohne Überschneidung bzw. Löcher anordnen. Dies bedeutet, dass Symmetrieachsen mit dieser Zähligkeit nicht existieren.

Eine weitere Punktsymmetrieoperation ist die **Spiegelung** an einer Ebene, bei der nicht nur eine Achse, sondern eine ganze Ebene festgehalten wird. Diese enthält dann entweder die Drehachse oder steht auf ihr senkrecht. Ihre Existenz wird durch das Symbol m angedeutet. Die **Inversion** (auch Paritätstransformation genannt) bewirkt eine Überführung des Vektors $\mathbf{r}$ in den Vektor $-\mathbf{r}$. Diese Operation drückt man durch $x, y, z \to \overline{x}, \overline{y}, \overline{z}$ oder durch das Symbol $\overline{1}$ aus. Punktgitter besitzen grundsätzlich Inversionssymmetrie, doch kann diese bei realen Kristallen durch die fehlende Symmetrie der Basis verloren gehen.

Hinzukommen noch zwei zusammengesetzte Symmetrieoperationen: Mit der Drehung eng verwandt ist die **Drehinversion**. Sie setzt sich aus einer Drehung um $2\pi/n$ mit anschließender Inversion zusammen. Zu ihrer Darstellung werden die Symbole $\overline{1}$, $\overline{2}$, $\overline{3}$, $\overline{4}$ oder $\overline{6}$ benutzt. An dieser Stelle soll noch erwähnt werden, dass die Punktsymmetrie $\overline{2}$ der Spiegelung an einer Ebene entspricht. Bei der **Drehspiegelung** schließt sich der Drehung eine Spiegelung an einer Ebene senkrecht zur Drehachse an. Die entsprechende Notation ist $\frac{2}{m}$, $\frac{3}{m}$, ...

Die Punktgitter und die damit verknüpften Kristallstrukturen lassen sich mit Hilfe der Punktsymmetrie-Operationen klassifizieren. Damit ein Punktgitter einem bestimmten **Kristallsystem** zugeordnet werden kann, muss es einer *minimalen Symmetrieanforderung* genügen. Auf diese Weise werden *sieben* Kristallsysteme unterschieden, die in der Tabelle 3.1 aufgelistet sind. In der Spalte mit der Zähligkeit besagen die Angaben in Klammern, dass bei orthorhombischen Kristallen zwei zwei-zählige und bei den kubischen vier drei-zählige Drehachsen vorausgesetzt werden. Die hier vorgenommene Einteilung mit Hilfe der Drehachsen ist jedoch in dieser Form noch zu eng, denn an die Stelle der einfachen Drehung kann auch die Drehinversion treten. Diese Erweiterung der Definition spielt vor allem dann eine wichtige Rolle, wenn die betrachteten Kristalle keine einfache Basis besitzen. So wird beispielsweise ein Kristall mit einer $\overline{6}$-Achse als hexagonal klassifiziert, obwohl nur eine drei-zählige Drehachse vorliegt. Bemerkenswert ist die Voraussetzung für die Einordnung eines Kristalls in das kubische System,

Tab. 3.1: Die sieben Kristallsysteme und ihre Basisvektoren. Die Angabe der Zähligkeit bezieht sich auf ihre Dreh- bzw. Drehinversionsachsen (siehe Text). Die Winkel α, β und γ werden von den Achsen $\mathbf{b}$ und $\mathbf{c}$, $\mathbf{a}$ und $\mathbf{c}$ sowie $\mathbf{a}$ und $\mathbf{b}$ eingeschlossen.

Kristallsystem	Gitterkonstanten	Winkel	Zähligkeit
triklin	$a \neq b \neq c$	$\alpha \neq \beta \neq \gamma$	1
monoklin	$a \neq b \neq c$	$\alpha = \gamma = 90°, \beta \neq 90°$	2
orthorhombisch	$a \neq b \neq c$	$\alpha = \beta = \gamma = 90°$	2 (zwei)
tetragonal	$a = b \neq c$	$\alpha = \beta = \gamma = 90°$	4
hexagonal	$a = b \neq c$	$\alpha = \beta = 90°, \gamma = 120°$	6
trigonal (rhomboedrisch)	$a = b = c$	$\alpha = \beta = \gamma < 120° \neq 90°$	3
kubisch	$a = b = c$	$\alpha = \beta = \gamma = 90°$	3 (vier)

denn hier wird die Existenz von vier drei-zähligen Drehachsen gefordert. Diese Achsen sind identisch mit den Raumdiagonalen des Würfels.

Eine Kristallstruktur *kann* auch noch *weitere* Punktsymmetrieelemente aufweisen, doch sind diese dann für die Einordnung in ein Kristallsystem nicht maßgeblich. Bei der Angabe des Kristallsystems wird immer dasjenige mit der höchsten Zahl von Symmetrieelementen gewählt. In der Reihe kubisch → tetragonal → orthorhombisch → monoklin → triklin besitzt jedes vorhergehende Kristallsystem auch die Symmetrieelemente des folgenden. Entsprechendes gilt für die „Seitenzweige“ hexagonal → orthorhombisch, trigonal → hexagonal → monoklin, und kubisch → trigonal.

Viele Elemente und einfache Verbindungen haben kubische oder hexagonale Struktur. Dies ist intuitiv verständlich, da einzelne Atome oder einfache Moleküle oft näherungsweise kugelförmig sind und sich zu hochsymmetrischen Gebilden zusammenlagern können. Ist die Basis jedoch aus weniger symmetrischen Molekülen aufgebaut, dann besitzt die Kristallstruktur meist eine geringere Symmetrie. Eine wichtige Rolle spielt dabei oft die Temperatur. Aufgrund der thermischen Drehbewegungen der Moleküle bei hohen Temperaturen sind die Details ihrer Gestalt meist weniger wichtig. Als Faustregel gilt, dass die Hochtemperaturphasen der Festkörper oft eine höhere Symmetrie aufweisen als die Tieftemperaturphasen.

In vielen Fällen bringen primitive Elementarzellen die Symmetrie der Punktgitter nicht voll zum Ausdruck. Ein Beispiel hierfür stellt das in Bild 3.18 gezeigte zweidimensionale zentrierte Rechteckgitter dar. Von einer primitiven Elementarzelle mit den Basisvektoren $\mathbf{a}'$ und $\mathbf{b}'$ ausgehend, ließe sich auf ein schiefwinkliges Punktgitter schließen. Lässt man aber eine Elementarzelle mit zwei Gitterpunkten zu, so kann eine Zelle mit höherer Symmetrie definiert werden: Der Winkel zwischen den neuen Basisvektoren $\mathbf{a}$ und $\mathbf{b}$ beträgt dann 90°, zusätzlich treten noch Spiegelebenen auf.

Um die Symmetriebeziehungen voll auszuschöpfen, benutzt man daher oft nichtprimitive Elementarzellen, deren Gestalt so gewählt wird, dass sie die höchstmögliche Anzahl von Punktsymmetrieelementen enthalten. Dies führt bei dreidimensionalen

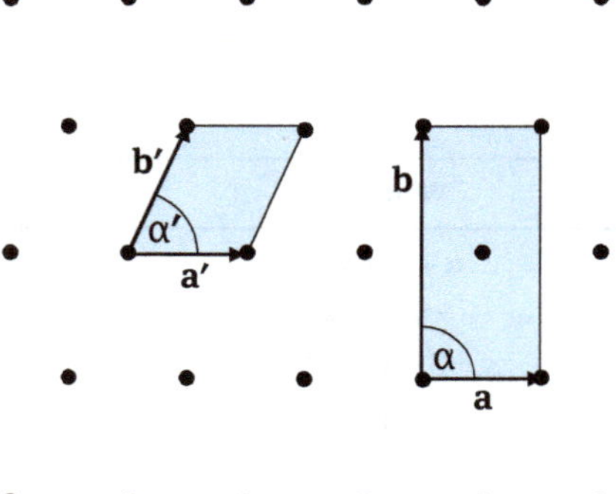

Abb. 3.18: Zentriertes Rechteckgitter. Die rechteckige, nicht-primitive Elementarzelle enthält zwei Gitterpunkte. Die primitive Elementarzelle spiegelt nicht die volle Symmetrie des Punktgitters wider.

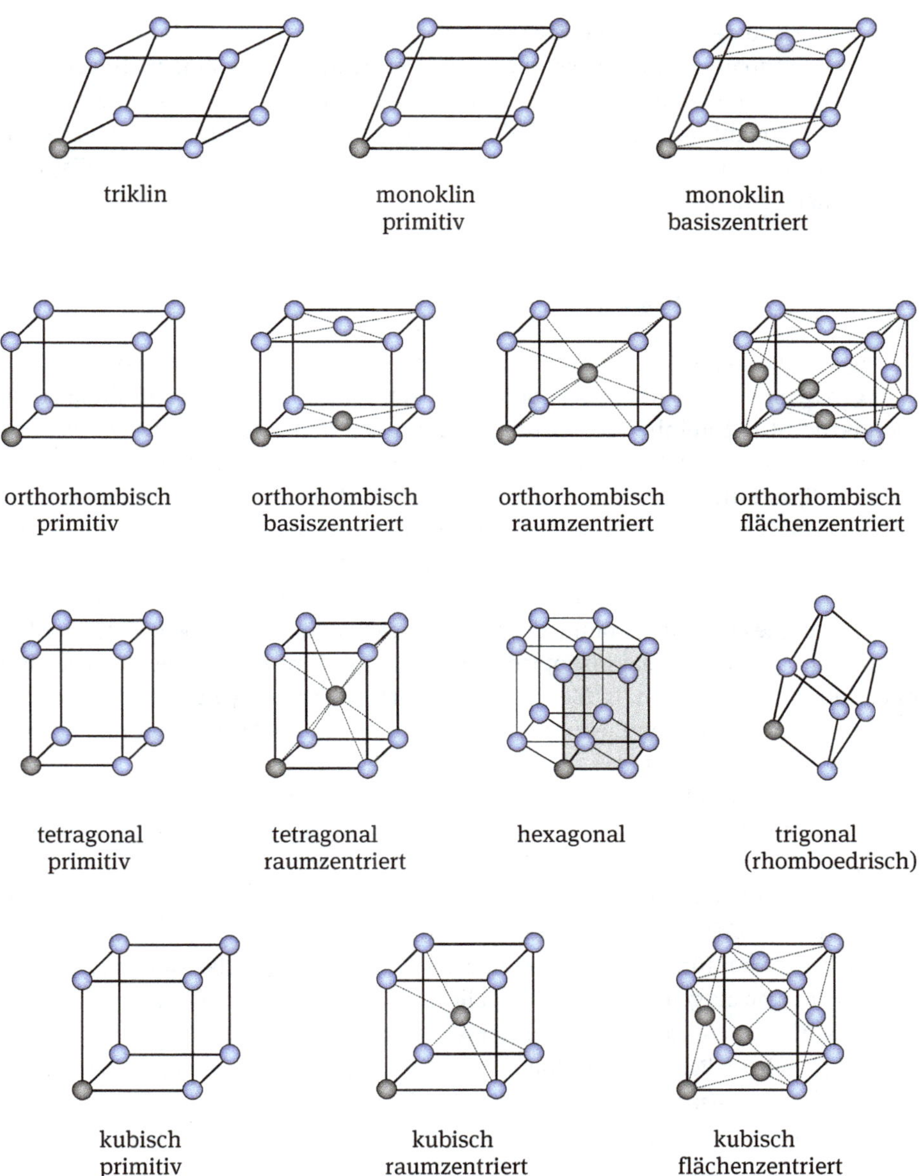

Abb. 3.19: Bravais-Gitter. Die Gitterpunkte, die zu den jeweiligen Elementarzellen gehören, sind durch dunkle Kugeln dargestellt. Gitterpunkte, die bereits den benachbarten Elementarzellen zugerechnet werden, sind durch helle Kugeln symbolisiert. Die Elementarzelle des hexagonalen Bravais-Gitters ist primitiv und umfasst nur das grau hervorgehobene reguläre Prisma.

Punktgittern zu den 14 **Bravais-Gittern**,[12] die in Bild 3.19 dargestellt sind. Wie man dem Bild entnehmen kann, weist die Hälfte der Bravais-Gitter eine nicht-primitive Elementarzelle auf. Beim triklinen, trigonalen und hexagonalen Kristallsystem ist die primitive Elementarzelle identisch mit dem entsprechenden Bravais-Gitter. In allen anderen Fällen existieren jeweils mehrere Bravais-Gitter, die demselben Kristallsystem zugeordnet werden.

3.3.2 Cluster und Quasikristalle

Wie wir im vorhergehenden Abschnitt gesehen haben, ist das Auftreten der fünf-zähligen Symmetrie nicht mit der Forderung nach vollständiger Raumerfüllung durch identische Struktureinheiten verträglich. Dennoch kann man in der Natur auch Festkörper mit dieser Symmetrie beobachten. So treten bei Atomhaufen, den sogenannten **Clustern**, fünf-zählige Symmetrien auf. Bei Edelgasen findet man bevorzugt ikosaederförmige Cluster,[13] bestehend aus zwölf Atomen an der Oberfläche und einem Atom im Zentrum, da diese Atomkonfiguration mit ihrer fünf-zähligen Symmetrie zu einer besonders hohen Bindungsenergie führt. Auch bei größeren Clustern, die bis zu 1000 Atome enthalten, konnte die fünf-zählige Symmetrie nachgewiesen werden. Periodisch aufgebaute makroskopische Kristalle mit fünf-zähliger Symmetrie sind damit aber nicht möglich. In Metallclustern wird die Bindung weitgehend von den freien, nicht lokalisierten Elektronen vermittelt. Bei dieser Art der Bindung erweist sich eine sphärische Gestalt der Cluster als vorteilhaft.

1984 wurde von *Shechtman*[14] überraschend eine Al-Mn-Legierung entdeckt, die das älteste und fundamentalste Theorem der Kristallographie über die Zähligkeit der erlaubten Drehachsen scheinbar außer Kraft setzte. Später wurden noch weitere Legierungen gefunden, die bei rascher Kühlung ihrer Schmelzen zu **Quasikristallen** erstarren. Bild 3.20 zeigt einen Quasikristall, der eindeutig die „verbotene" Gestalt besitzt. Trotz ihrer fünf-zähligen Symmetrie erwiesen sich Quasikristalle in Strukturuntersuchungen als geordnet. Quasikristalle können, wie wir gesehen haben, nicht wie normale Kristalle aus identischen Struktureinheiten aufgebaut sein. Fünf-zählige Symmetrie bei vollständiger Raumerfüllung ist jedoch möglich, wenn man zwei Sorten von Rhomboedern so zusammenfügt, dass dodekaederförmige Struktureinheiten entstehen. Dodekaedrische Quasikristalle besitzen von allen bekannten Kristallgittern die höchste Symmetrie: Sie weisen sechs fünf-zählige, zehn drei-zählige und 15 zwei-zählige Drehachsen auf. Obwohl solche Punktgitter eine definierte Drehsymmetrie besitzen, fehlt ihrem Gitter trotz ihrer ausgeprägten Orientierungsordnung die für gewöhnliche Kristalle typische Translationsinvarianz.

---

12 Auguste Bravais, *1811 Annonay, †1863 Le Chesnay

13 Ein Ikosaeder besteht aus 20 leicht deformierten Tetraedern, deren Spitze jeweils im Zentrum liegt.

14 Daniel Shechtman, *1941 Tel Aviv, Nobelpreis 2011

Abb. 3.20: Dodekaedrischer Quasikristall der Zusammensetzung Ho-Mg-Zn. Der einige Millimeter große Quasikristall zeigt deutlich die Gestalt eines Dodekaeders. (Nach I.R. Fisher et al., Phil. Mag. B 77, 1601 (1998).)

In einem Quasikristall sind jedoch die Atome nicht wirklich periodisch sondern nur „quasiperiodisch" angeordnet. Damit ist gemeint, dass Quasikristalle eine lokal regelmäßige Struktur besitzen, über große Abstände aber aperiodisch aufgebaut sind. Dies bedeutet, dass jede Zelle von einer anderen Anordnung von „Elementarzellen" umgeben ist. Dieser Sachverhalt lässt sich sehr schön in zwei Dimensionen veranschaulichen. In Bild 3.21 ist ein sogenanntes **Penrose-Muster,**[15,17] auch „Penrose-Tiling" genannt, dargestellt, das sich aus zwei verschiedenen Rhomben mit gleicher Kantenlänge und den Winkeln 36° bzw. 72° zusammensetzt. Damit lässt sich eine Ebene lückenlos füllen. Durch hellblaue Tönung ist angedeutet, dass das Muster regelmäßige

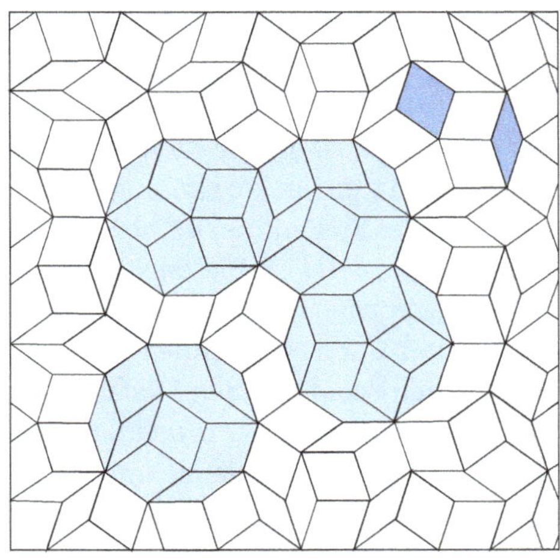

Abb. 3.21: Penrose-Muster. Die beiden zugrunde liegenden Rhomben sind durch blaue Färbung hervorgehoben. Weiter sind vier reguläre Zehnecke hellblau gekennzeichnet. Man beachte, dass alle Zehnecke, die sich zum Teil auch überschneiden, gleich orientiert sind.

15 Dieses Muster wurde 1974 zum ersten Mal von den Mathematikern *R. Penrose* und davon unabhängig von *R. Ammann*[16] beschrieben.

16 Robert Ammann, *1946 Boston, †1994 Billerica

17 Roger Penrose, *1931 Colchester

Zehnecke gleicher Orientierung enthält. Jedes regelmäßige Zehneck besteht aus fünf kleinen und fünf großen Rhomben. Bei genauerer Betrachtung lassen sich mehr oder weniger gerade Bänder aus aneinandergereihten Rauten erkennen, die gegeneinander um 72° geneigt sind, doch wollen wir auf diese Art von Translationssymmetrie nicht näher eingehen. Weiterhin lässt sich zeigen, dass die Zahl der kleinen dividiert durch die Zahl der großen Rauten durch die irrationale Zahl $(1 + \sqrt{5})/2$ gegeben ist. Daraus folgt zwingend, dass es unmöglich ist, das Penrose-Muster mit einer einzigen Elementarzelle beliebiger Größe zu beschreiben.

Quasikristalle sind ein aktuelles und interessantes Gebiet der Festkörperphysik. Seit ihrer Entdeckung wurden verschiedene Materialsysteme gefunden, aus denen sich mit moderaten Kühlraten „Kristalle" in Millimetergröße ziehen lassen. Dazu gehören Al-Li-Cu, Al-Cu-Fe oder Zn-Mg-SE, wobei SE für Seltene Erden steht. Daneben gibt es auch einige Quasikristalle, die aus nur zwei Elementen zusammengesetzt sind. Zu dieser Kategorie zählen $Cd_{5,7}Yb$, $Cd_{5,7}Ca$ und $Ta_{1,6}Te$, die eine ikosaedrische bzw. dodekaedrische Struktur aufweisen.

Aufgrund der fehlenden Translationssymmetrie ist die elektrische Leitfähigkeit von Quasikristallen sehr niedrig (vgl. Kapitel 9) und nimmt mit abnehmender Temperatur ab. Ebenso ist die Wärmeleitfähigkeit von Quasikristallen deutlich geringer als bei vergleichbaren kristallinen Materialien. Quasikristalle sind vergleichsweise hart und spröde, sind äußerst beständig gegen Korrosion und besitzen geringe Reibungs- und Benetzungskoeffizienten. Der Zusammenhang zwischen den makroskopischen Eigenschaften und ihrem ungewöhnlichen Aufbau ist jedoch erst zum Teil verstanden.

3.3.3 Notation und Einfluss der Basis

Bei unserer bisherigen Diskussion haben wir den Einfluss der Basis auf die Kristallstruktur außer Acht gelassen. Solange die Basis nur aus einem kugelförmigen Atom besteht, beeinflusst sie die Symmetrieeigenschaften des Kristalls nicht. Die Situation ändert sich jedoch grundlegend, wenn die Basis komplizierter ist. Diesen Sachverhalt konnte man bereits Bild 3.14 entnehmen, in dem ein unsymmetrisches Molekül als Basis gewählt wurde. Im Gegensatz zum Punktgitter ist das gezeichnete Gitter *mit* Basis, also der Kristall, nicht mehr inversionssymmetrisch. Um einen Kristall einem bestimmten Kristallsystem zuordnen zu können, müssen Punktgitter *und* Basis den Mindestanforderungen an die Symmetrieelemente genügen. Die damit verbundene Problematik ist nochmals in Bild 3.22 verdeutlicht, in dem drei kubische Elementarzellen mit hypothetischen Basen dargestellt sind. Ein zusätzliches Atom im Zentrum des Würfels oder ein Molekül mit genügend hoher Symmetrie an den Würfelecken sind mit der Definition des kubischen Kristallsystems verträglich, die vier drei-zähligen Achsen voraussetzt. Damit nicht vereinbar ist die zweiatomige Basis auf der rechten Seite, denn mit dieser Basis verliert die Elementarzelle die geforderten drei-zähligen Drehachsen längs der Raumdiagonalen.

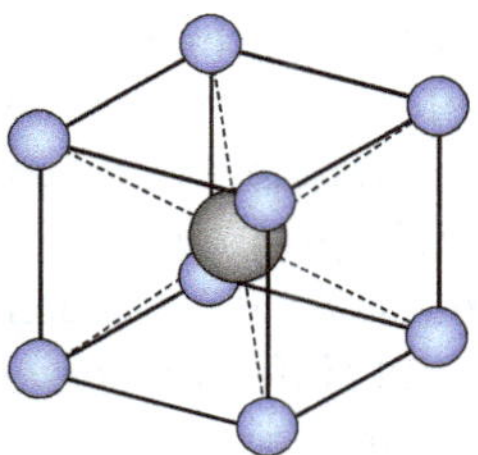
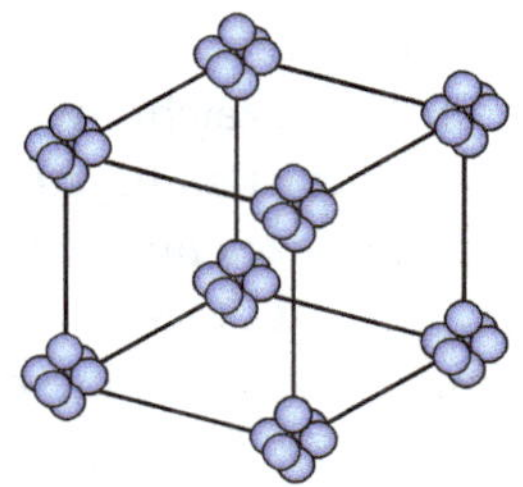
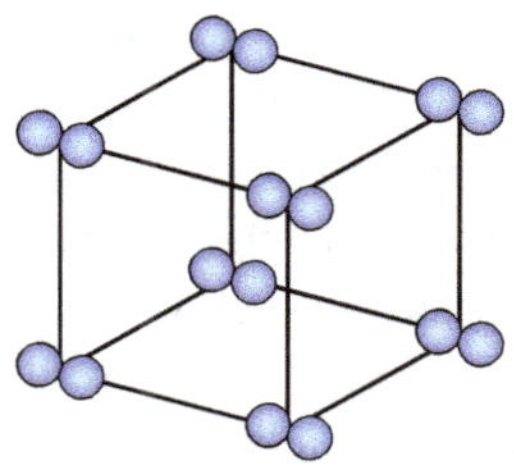

Abb. 3.22: Kubische Elementarzellen mit unterschiedlichen Basen. Die beiden Anordnungen der Basisatome auf der linken Seite sind mit der kubischen Symmetrie verträglich. Die rechte Anordnung erlaubt keine Einordnung in das kubische Kristallsystem.

Die Diskussion, welchen Einfluss die Gestalt der Basis hat, führt uns zurück zu den Symmetrieoperationen. Suchen wir in Bild 3.22 nach den Symmetrieelementen des linken Würfels, so finden wir neben den vier drei-zähligen auch drei vier-zählige Drehachsen und Spiegelebenen, die bei der Definition des kubischen Kristallsystems nicht vorausgesetzt werden. Natürlich gibt es noch weitere Atomanordnungen mit anderen Symmetrieelementen, die ebenfalls vier drei-zählige Drehachsen aufweisen und somit als Basis bei kubischen Kristallen auftreten können. Bei einer systematischen Suche findet man fünf unterschiedliche Anordnungen, so dass man das kubische Kristallsystem in fünf **Kristallklassen** unterteilen kann. Zur Veranschaulichung kann man sich ein geometrisches Objekt suchen, das genau die erforderlichen Symmetrieelemente aufweist. In Bild 3.23 sind die fünf möglichen Klassen durch Würfeln mit hellen und dunklen Flächen bildhaft dargestellt. Alle fünf gezeigten Objekte erfüllen die in Tabelle 3.1 aufgeführten Voraussetzungen für die Einordnung in das kubische Kristallsystem. Auf die Verknüpfung derartiger Darstellungen mit dem realen Aufbau der

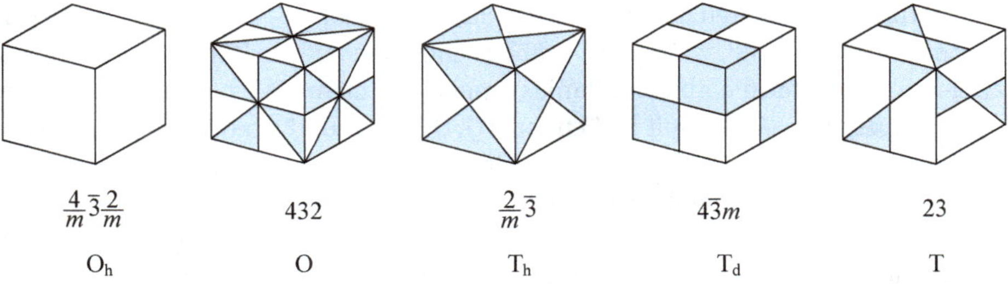

Abb. 3.23: Geometrische Objekte mit der Symmetrie der entsprechenden kubischen Punktgruppe. In der ersten Zeile der Bildunterschrift sind die Bezeichnungen in der internationalen,[18] in der zweiten in der Schoenflies-Notation angegeben.

18 Es gibt auch eine verkürzte Schreibweise: Anstelle von $\frac{4}{m}\,\bar{3}\,\frac{2}{m}$ bzw. $\frac{2}{m}\,\bar{3}$ findet man dann die Abkürzungen $m\bar{3}m$ und $m\bar{3}$.

Basis gehen wir anhand von zwei konkreten Beispielen weiter unten näher ein. Ebenso wird dort die Bedeutung der aufgeführten Bezeichnungen erläutert. Entsprechende Überlegungen gelten für die übrigen sechs Kristallsysteme. Die mit dem jeweiligen System verträglichen Symmetrieelemente bezeichnet man als **Punktgruppen**.

Insgesamt existieren 32 Punktgruppen bzw. Kristallklassen, die sich auf die sieben Kristallsysteme verteilen. Ihre Symmetrieelemente lassen sich mit Hilfe der *stereografischen Projektion* bildhaft darstellen. Sie findet vor allem in der Kristallografie Anwendung, doch wollen wir auf diese Art der Darstellung hier nicht näher eingehen, da sie für die hier angesprochenen Fragestellungen nicht erforderlich ist.

Zur Bezeichnung der Punktgruppen werden leider zwei verschiedene Notationen verwendet. Bei der **Internationalen Bezeichnung** (nach *C. Hermann*[19] und *C.V. Mauguin*[20]), der wir uns bisher bedient haben, ohne darauf konkret hinzuweisen, werden Drehachsen bzw. Drehinversionsachsen und Spiegelungen zur Kennzeichnung benutzt. Diese Art der Darstellung findet vor allem in der Kristallografie Anwendung, während das **System von Schoenflies** (benannt nach *A.M. Schoenflies*[21]) meist in der Gruppentheorie und in der Spektroskopie gebraucht wird. Leider gibt es keine „eins zu eins“ Zuordnung der unterschiedlichen Bezeichnungen, da einige Symmetrieoperationen unterschiedlich behandelt werden.

Anstelle der Drehinversion tritt bei Schoenflies die *Drehspiegelung*, bei der sich nach der Drehung eine Spiegelung an einer Ebene senkrecht zur Drehachse anschließt. Darüber hinaus erfolgt bei Schoenflies die Kennzeichnung mit Hilfe eines Hauptsymbols, das die Zähligkeit der (vertikalen) Drehachsen beinhaltet. Mit C_n bezeichnet man eine n-zählige vertikale Drehachse, mit S_n eine n-zählige Drehspiegelachse und mit D_n eine n-zählige vertikale Drehachse, kombiniert mit einer senkrecht darauf stehenden zwei-zähligen Drehachse. Hierbei steht „C“ für cyklisch, „S“ für Spiegel und „D“ für Dieder. Für Spiegelebenen werden die Zusatzsymbole „v“, „h“ und „d“ eingeführt, je nachdem ob noch n vertikale (d.h. parallel zur Drehachse verlaufende) Spiegelebenen, eine horizontale (also senkrecht zur Drehachse stehende) Spiegelebene oder Spiegelebenen vorhanden sind, welche die n-zählige enthalten und die Winkel zwischen den zwei-zähligen Achsen halbieren. Punktgruppen, die mehr als eine Symmetrieachse mit $n > 2$ besitzen, werden mit T („Tetraeder“), O („Oktaeder“) und I („Ikosaeder“) abgekürzt. Wie die zugrunde liegenden regulären Polyeder besitzen diese Punktgruppen eine große Zahl von Symmetrieelementen.

Wir gehen hier auf die einzelnen Punktgruppen und ihre Bezeichnung nicht näher ein, sondern wollen die Vorgehensweise anhand von zwei Beispielen nur andeuten. Betrachten wir zunächst das in Bild 3.24 dargestellte Wassermolekül. Offensichtlich besitzt es eine zwei-zählige Drehachse und zwei Spiegelebenen parallel zur Drehachse.

---

19 Carl Hermann, *1898 Lehe (Bremerhaven), †1961 Marburg

20 Charles-Victor Mauguin, *1878 Provins, †1958 Villejuif

21 Arthur Moritz Schoenflies, *1853 Landsberg an der Warthe), †1928 Frankfurt am Main

Die Bezeichnung in der internationalen Notation ist daher *2mm*. In der Schoenflies-Notation wird die Punktgruppe C_{2v} genannt. Hierbei steht C_2 für die Drehachse, der Index „v" gibt an, dass zusätzlich noch vertikale Spiegelebenen vorhanden sind. Wie oben bereits erwähnt, kann man sich ein geeignetes geometrisches Objekt vorstellen, das die Symmetrieelemente der betrachteten Punktgruppe widerspiegelt. Eine mögliche Realisierung ist im vorliegenden Fall ein Quader mit hellen und dunklen Flächen, wie er rechts in Bild 3.24 zu sehen ist.

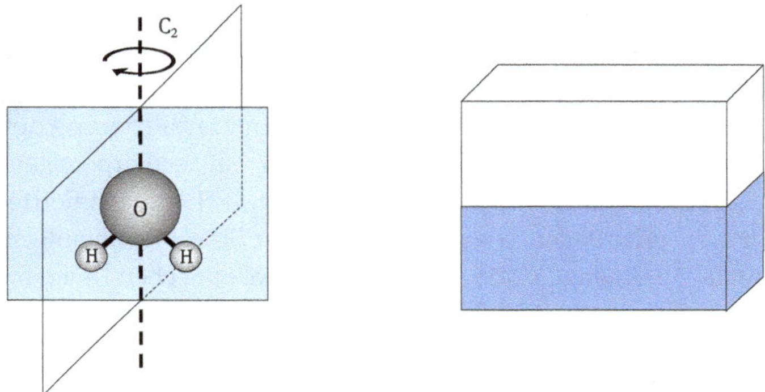

Abb. 3.24: Beispiel für die Punktgruppe *2mm* bzw. C_{2v}. Wassermolekül und Quader weisen die Symmetrieelemente dieser Punktgruppe auf.

Im zweiten Beispiel gehen wir auf die Punktgruppe des Moleküls PF_3Cl_2 ein, das in Bild 3.25 zu sehen ist. Wie man leicht feststellen kann, besitzt das Molekül (und natürlich auch das entsprechende geometrische Analogon) eine sechs-zählige Drehinversionsachse und senkrecht hierzu eine zwei-zählige Drehachse. Weiterhin findet

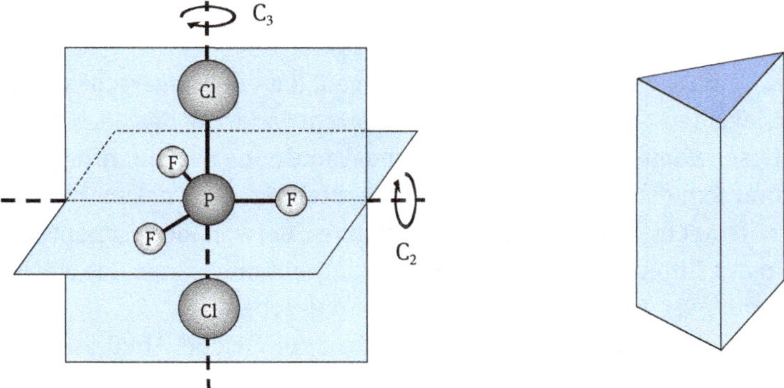

Abb. 3.25: Beispiel für die Punktgruppe $\bar{6}2m$ bzw. D_{3h}. Die dreikantige Säule spiegelt die Symmetrieelemente des Phosphor-Dichlorid-Trifluorid-Moleküls wider.

man noch eine vertikale Spiegelebene. Die entsprechende internationale Bezeichnung ist daher $\overline{6}2m$. In der Schreibweise von Schoenflies heißt die Punktgruppe D_{3h}. Dabei ist die zwei-zählige Drehachse bereits in der Abkürzung D_n enthalten.

Neben den bereits angesprochenen Symmetrieoperationen lassen sich noch weitere finden, wenn man Translations- und Punktsymmetrieoperationen miteinander kombiniert. Zu diesen gemischten Symmetrieelementen zählen *Schraubenachsen* und *Gleitspiegelebenen*, deren Bedeutung sich bereits aus der Bezeichnung ablesen lässt. Berücksichtigt man diese zusätzlichen Symmetrieoperationen, so lassen sich die Punktgruppen weiter aufspalten und es können insgesamt 230 kristallografische **Raumgruppen** gebildet werden. Wir wollen diese keineswegs triviale Thematik nicht weiter verfolgen, da sie für die kommenden Betrachtungen ohne Bedeutung ist.

Symmetrieoperationen dienen nicht nur der systematischen Klassifizierung der Kristalle, sie sind auch von großem Nutzen bei der Beschreibung von Festkörpereigenschaften, deren mathematische Behandlung sie erheblich vereinfachen. Symmetriebeziehungen sind von überragender Bedeutung in der Theorie der Gitterschwingungen und der Elektronenzustände. Sie legen u. a. die Auswahlregeln bei optischen Übergängen fest und spielen eine entscheidende Rolle bei der Frage nach der Ankopplung von Defekten an ihre Umgebung.

3.3.4 Einfache Kristallgitter

In diesem Abschnitt beschäftigen wir uns mit kubischen und hexagonalen Kristallen, da sie einfach zu beschreiben sind und in der Natur sehr häufig angetroffen werden. Wir werden dabei wiederholt auf die Zahl der **nächsten Nachbarn** zu sprechen kommen, die man häufig auch als *Koordinationszahl* bezeichnet. In einfach aufgebauten Ionenkristallen ist es die Zahl der Ionen, die ein herausgegriffenes Ion unmittelbar umgibt bzw. die Anzahl der an ein Zentralatom direkt gebundenen Atome im Falle einer komplexeren Struktur.

Kubische Kristalle. Dem Bild 3.19 können wir entnehmen, dass drei unterschiedliche kubische Punktgitter existieren: das primitive, das raumzentrierte und das flächenzentrierte Gitter. Sie unterscheiden sich durch die Zahl und Anordnung der Gitterpunkte in der Elementarzelle und somit auch durch ihre **Packungsdichte** (auch *Packungsverhältnis* genannt). So bezeichnet man den Bruchteil des Raumes, der von identischen, sich berührenden Kugeln auf Gitterpunkten ausgefüllt wird. Die Kantenlänge der würfelförmigen Elementarzellen ist durch die Gitterkonstante a gegeben.

Die Elementarzelle des **kubisch primitiven** Gitters (englische Abkürzung **sc** für „simple cubic") ist in Bild 3.26a nochmals dargestellt. Das Bezugsatom am Koordinatenursprung $(0, 0, 0)$ ist von sechs *nächsten Nachbarn* im Abstand a und zwölf *übernächsten Nachbarn* im Abstand $a\sqrt{2}$ umgeben. In dieser Konfiguration beträgt die oben erwähnte Packungsdichte 0,52, d.h., nur etwa die Hälfte des Raumes

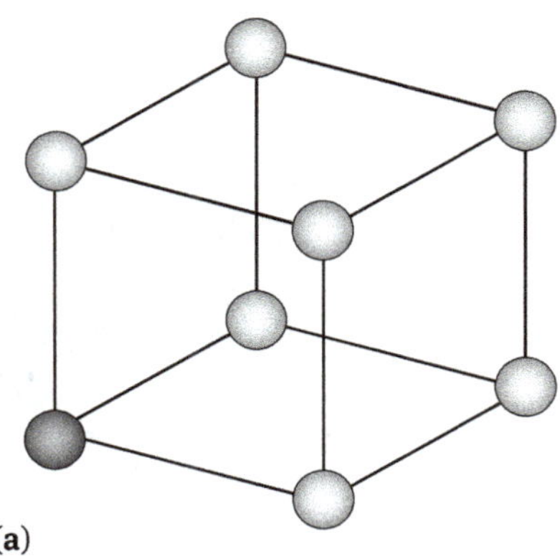

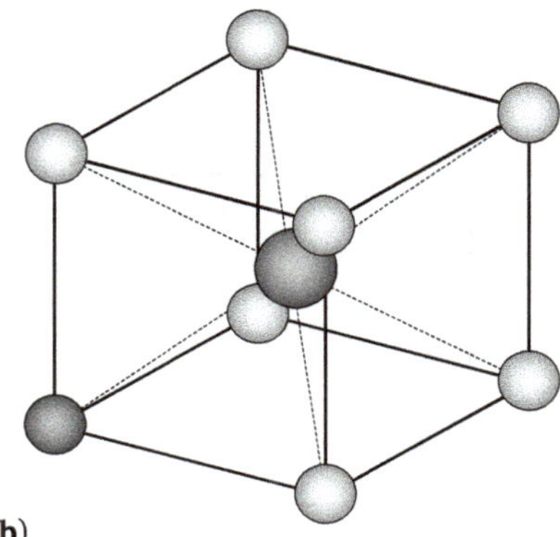

Abb. 3.26: Kubisch primitives Gitter. **a)** Gitter mit (dunkelgefärbter) einatomiger Basis. Die heller dargestellten Atome gehören bereits zu den benachbarten Elementarzellen. **b)** Cäsiumchloridstruktur. Die Elementarzelle enthält die beiden dunklen Atome bzw. Ionen auf den Plätzen $(0,0,0)$ und $(\frac{1}{2},\frac{1}{2},\frac{1}{2})$. Die hellen Atome sind auch hier bereits Bestandteile der benachbarten Elementarzellen.

ist in dieser Anordnung von harten Kugeln ausgefüllt. Kubisch primitive Kristallgitter mit einatomiger Basis kommen in der Natur nur in ganz wenigen Fällen, z.B. beim α-Polonium oder bei einigen Metallen unter hohem Druck, vor. Man findet diese Struktur jedoch häufig bei Kristallen mit mehratomiger Basis.

Ein bekanntes Beispiel für ein kubisch primitives Gitter mit *zweiatomiger* Basis ist die **Cäsiumchloridstruktur**, die in Bild 3.26b dargestellt ist. Die beiden Atome oder Ionen der Basis nehmen die Plätze $(0,0,0)$ und $(\frac{1}{2},\frac{1}{2},\frac{1}{2})$ in der Elementarzelle ein, wodurch es zu einer wesentlich höheren Raumerfüllung kommt als es bei einatomiger Basis möglich ist. Wie man dem Bild entnehmen kann, ist die Koordinationszahl in diesem Fall acht. Diese Struktur findet man unter anderem bei einfach aufgebauten Ionenkristallen, wenn die beteiligten Ionen vergleichbare Radien aufweisen. Dies gilt natürlich auch für Cäsiumchlorid mit den Radien $r_{\mathrm{Cs}^+} = 1{,}69$ Å und $r_{\mathrm{Cl}^-} = 1{,}81$ Å.

Ein weiteres Beispiel für einen Kristall mit einem kubisch primitiven Gitter ist das Mineral *Perowskit* mit der chemischen Formel $CaTiO_3$. In der Elementarzelle sitzen das Titanion am Ursprung, das Kalziumion im Zentrum des Würfels und die drei Sauerstoffionen auf den Plätzen $(\frac{1}{2},0,0)$, $(0,\frac{1}{2},0)$ und $(0,0,\frac{1}{2})$. Mineralien, die Perowskitstruktur besitzen, treten sehr häufig auf und sind ein wesentlicher Bestandteil der Erdrinde. Im Zusammenhang mit der Diskussion der Eigenschaften der Ferroelektrika werden wir in Abschnitt 13.3 auf die Perowskite $BaTiO_3$ und $SrTiO_3$ zu sprechen kommen.

Kubisch raumzentrierte Gitter treten in der Natur sehr häufig auf. So besitzen die Alkalimetalle, Ba, Cr, Eu, Fe, Mo, Nb, Ta, V und W und viele Verbindungen bzw. Legierungen diese Struktur, für die oft die englische Abkürzung **bcc** („body centered cubic“) benutzt wird. Wie dem Bild 3.27a zu entnehmen ist, enthält die Zelle zwei Gitterpunkte mit den Koordinaten $(0,0,0)$ und $(\frac{1}{2},\frac{1}{2},\frac{1}{2})$. Bei einatomiger Basis sind die

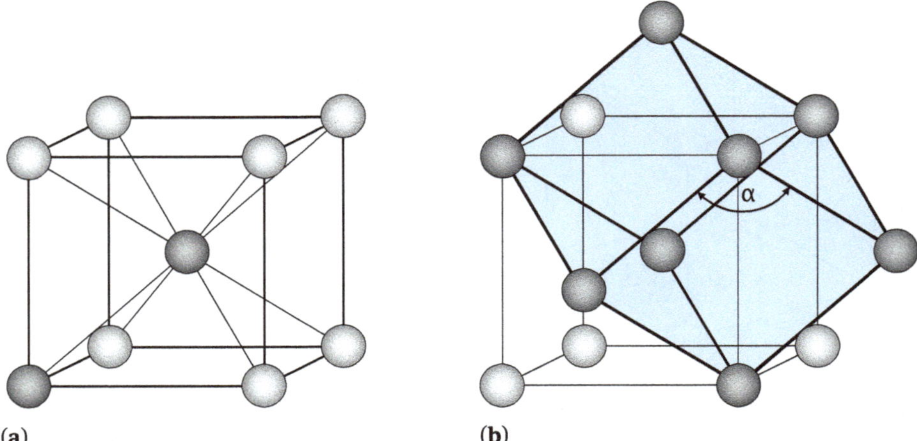

Abb. 3.27: Kubisch raumzentriertes Gitter. **a)** Konventionelle Elementarzelle mit den beiden dunkler gezeichneten Gitterpunkten. **b)** Die primitive Elementarzelle (dunkle Atome) ist blau hervorgehoben, die nicht-primitive kubische Zelle ist dünn gezeichnet. Der Winkel α zwischen den Achsen der primitiven Zelle beträgt $109^\circ\,28'$.

acht nächsten Nachbarn im Abstand $a\sqrt{3}/2$ und die sechs übernächsten im Abstand a zu finden. Mit 0,68 ist die Packungsdichte wesentlich höher als bei dem oben erwähnten primitiven Gitter.

Natürlich kann man anstelle der kubischen Elementarzelle mit den beiden Gitterpunkten auch eine primitive Elementarzelle wählen, die gemäß der Definition nur einen Gitterpunkt enthält. Statt des Würfels repräsentiert dann ein Rhomboeder mit geringerer Symmetrie, der Kantenlänge $a' = a\sqrt{3}/2$ und dem Winkel $\alpha = 109^\circ\,28'$ das Gitter. In Bild 3.27b ist sowohl die primitive als auch eine nicht-primitive Elementarzelle gezeichnet.

Das **kubisch flächenzentrierte Gitter** ist das dritte kubische Gitter und wird englisch mit **fcc** („face centered cubic“) abgekürzt. Edelgaskristalle, Ac, Al, Ag, Au, Ca, Cu, Ni, Pb, Pd, Rd, Sr, Th, Yb und viele Legierungen bzw. Verbindungen besitzen ein kubisch flächenzentriertes Gitter. Die kubische Elementarzelle (vgl. Bild 3.28a) enthält vier Gitterpunkte mit den Koordinaten $(0,0,0)$, $(\frac{1}{2},0,\frac{1}{2})$, $(\frac{1}{2},\frac{1}{2},0)$ und $(0,\frac{1}{2},\frac{1}{2})$. Die zwölf nächsten Nachbarn befinden sich im Abstand $a/\sqrt{2}$, die sechs übernächsten im Abstand a vom Aufatom. Zwölf ist die größtmögliche Anzahl von nächsten Nachbarn, die mit gleich großen, harten Kugeln realisiert werden kann. Kubisch flächenzentrierte Gitter weisen deshalb die dichteste Packung von Kugeln mit der Packungsdichte 0,74 auf. In Bild 3.28b sind die kubische und die primitive Elementarzelle dieses Gittertyps dargestellt. Wie beim kubisch raumzentrierten Gitter ist auch hier die primitive Elementarzelle rhomboedrisch. Sie weist die Kantenlänge $a' = a/\sqrt{2}$ auf, der Winkel an den spitzen Ecken der Rauten beträgt 60°.

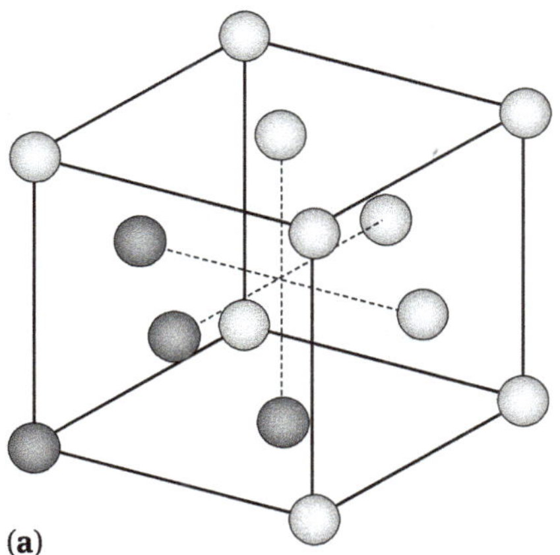

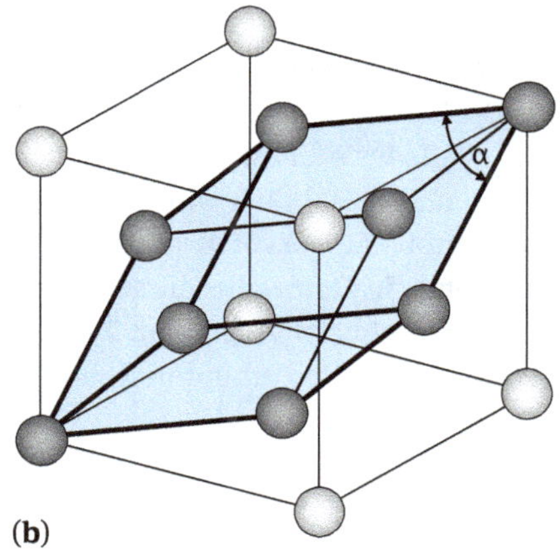

Abb. 3.28: Kubisch flächenzentriertes Gitter. **a)** Konventionelle Elementarzelle mit den vier dunkler gezeichneten Gitterpunkten. **b)** Die primitive Elementarzelle (dunkle Atome) ist blau hervorgehoben, die nicht-primitive kubische Zelle dünn gezeichnet. Zwischen den Achsen der primitiven Zelle tritt der Winkel $\alpha = 60^\circ$ auf.

Ein bekanntes Beispiel für eine kubisch flächenzentrierte Struktur mit einer *zweiatomigen* Basis ist die **Natriumchloridstruktur** (vgl. Bild 3.29), in der viele Alkalihalogenide kristallisieren. Die beiden unterschiedlichen Ionen auf den Plätzen $(0, 0, 0)$ und $(\frac{1}{2}, \frac{1}{2}, \frac{1}{2})$ bilden die Basis. Man kann daher von zwei Untergittern sprechen, die um die halbe Raumdiagonale des Würfels gegeneinander verschoben sind. Diese Struktur mit der Koordinationszahl sechs tritt bevorzugt dann auf, wenn sich die Radien der beteiligten Ionen stark unterscheiden. Dies ist bei Kochsalz mit $r_{\mathrm{Na}^+} = 0{,}99$ Å und $r_{\mathrm{Cl}^-} = 1{,}81$ Å der Fall.

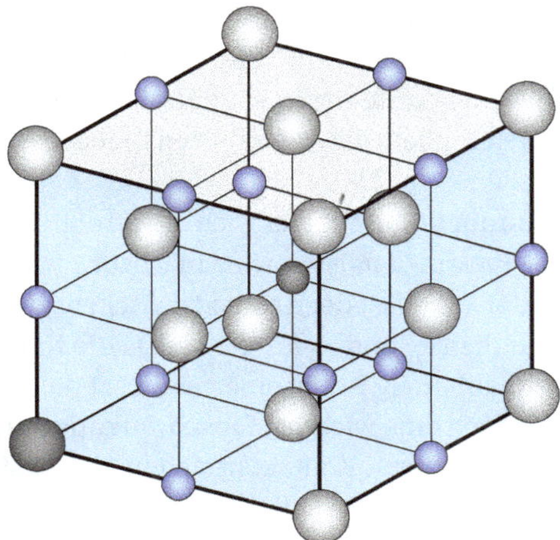

Abb. 3.29: Natriumchloridstruktur. Die beiden dunklen Ionen auf den Plätzen $(0, 0, 0)$ und $(\frac{1}{2}, \frac{1}{2}, \frac{1}{2})$ bilden die Basis.

Weitere wichtige Beispiele für kubisch flächenzentrierte Gitter sind die von *Zinkblende* und *Diamant*, die in Bild 3.30 dargestellt sind. Bei Zinkblende (ZnS) besteht die Basis aus einem Zink- und einem Schwefelatom mit den Koordinaten $(0, 0, 0)$ und $(\frac{1}{4}, \frac{1}{4}, \frac{1}{4})$. Jedes Atom sitzt im Zentrum eines regulären Tetraeders, das von Atomen der anderen Sorte gebildet wird. Die Koordinationszahl ist nur vier, die Packungsdichte, gleich große Atome vorausgesetzt, nur 0,34. Dennoch tritt diese Kristallstruktur häufig auf, wenn die Atome über die gerichteten kovalenten sp^3-Bindungen (vgl. Abschnitt 2.4) mit vier Nachbarn verbunden sind. Als weitere Beispiele für die Zinkblendestruktur erwähnen wir die Verbindungshalbleiter GaAs, GaP, CdS, InP und InSb.

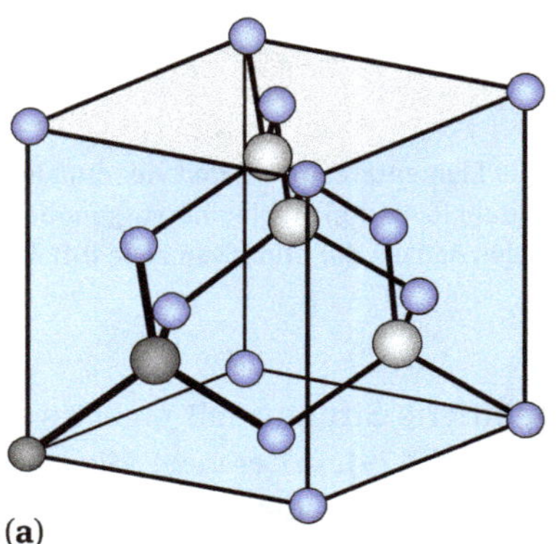

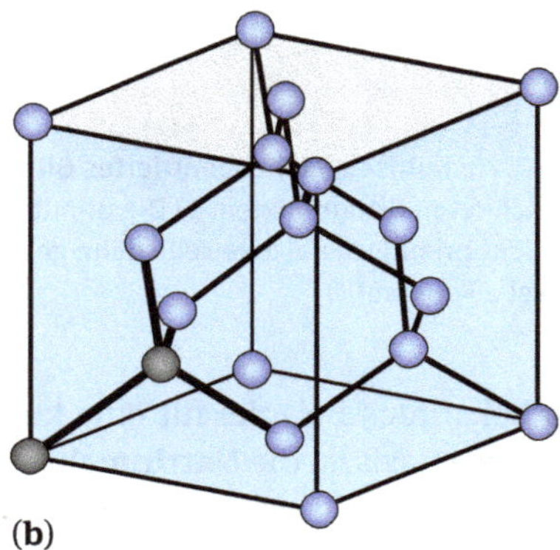

Abb. 3.30: Zinkblende- und Diamantstruktur. Die Atome der Basis sind in beiden Fällen durch dunkle Tönung hervorgehoben. **a)** Zinkblende. **b)** Diamant. Obwohl beim Diamantgitter nur gleichartige Atome auftreten, ist die Basis ebenfalls zweiatomig.

Viele Elemente wie Kohlenstoff in Form von Diamant, Silizium, Germanium oder graues Zinn weisen ebenfalls diese Struktur auf. Obwohl alle Plätze von gleichartigen Atomen besetzt werden, enthält die primitive Elementarzelle dieser Kristalle zwei Atome. Die Diamantstruktur ist ein gutes Beispiel dafür, dass bei der Definition des kubischen Kristallsystems nicht die vier-zähligen sondern die drei-zähligen Drehachsen die entscheidenden Punktsymmetrien darstellen.

An dieser Stelle erhebt sich die Frage: Warum unterscheiden sich die Strukturen von NaCl, CsCl und ZnS? Um diese Frage zu beantworten müssen wir zunächst kurz auf den Begriff „*Ionenradius*" eingehen: In Ionenkristallen ist der Abstand zwischen zwei benachbarten Ionen durch die Summe der Radien r_A und r_B festgelegt. Da die Kraft zwischen den betrachteten Ionen richtungsunabhängig ist, ist eine möglichst dichte Packung der Ionen zu erwarten. Dabei tritt jedoch eine wichtige Einschränkung auf: Zwischen den Ionen mit entgegengesetzter Ladung muss Kontakt bestehen, da sonst die Bindungsenergie stark reduziert ist. Dieses Problem tritt auf, wenn das Verhältnis r_A/r_B zu groß wird.

Für die Natriumchloridstruktur ist das kritische Verhältnis von r_A/r_B in Bild 3.31 veranschaulicht. Es ist die Anordnung der Ionen in den Flächen gezeigt, die parallel zu den in Bild 3.29 dargestellten Würfeloberflächen verlaufen. Wie man dem Bild entnehmen kann, berühren sich in dieser Netzebene alle Nachbarn gerade noch, wenn das Verhältnis r_A/r_B durch

$$\frac{r_A}{r_B} = \frac{1}{\sqrt{2}-1} = 2{,}414 \tag{3.13}$$

gegeben ist.

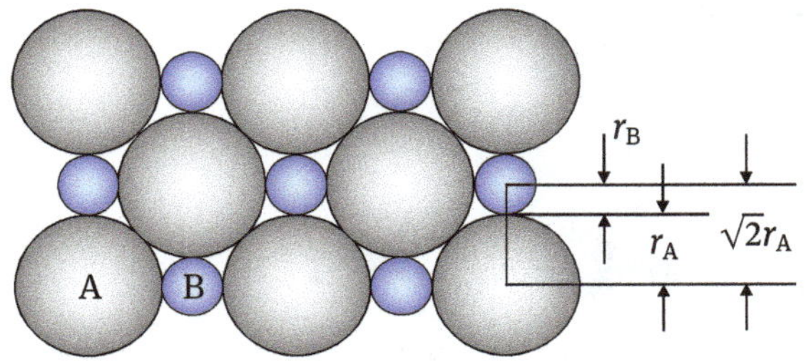

Abb. 3.31: Zur Berechnung des kritischen Verhältnisses der Ionenradien in Ionenkristallen. Beim dargestellten Radienverhältnis erfolgt der Übergang zwischen Natriumchlorid- und Zinkblendestruktur.

Wird dieser Wert überschritten, dann können sich die entgegengesetzt geladenen Ionen nicht mehr berühren. Kristalle mit größeren Werten von r_A/r_B weisen daher die weniger dicht gepackte Zinkblendestruktur auf. Ist dagegen

$$\frac{r_A}{r_B} < \frac{1}{\sqrt{3}-1} = 1{,}366\,, \tag{3.14}$$

so ist die Cäsiumchloridstruktur bevorzugt. Einschränkend soll jedoch bemerkt werden, dass es sich dabei nur um grobe Anhaltspunkte handelt.

Hexagonal dichteste Kugelpackung. Neben dem eben diskutierten kubisch flächenzentrierten Gitter existiert noch eine weitere Anordnung von harten Kugeln, die ebenfalls zur höchstmöglichen Packungsdichte von 0,74 führt. In Bild 3.32 sind die beiden Konstruktionsprinzipien erläutert. Legt man die Kugeln in einer Ebene möglichst dicht aneinander, so erhält man die erste Lage A mit einer hexagonalen Anordnung. Die Kugeln der darüberliegenden Lage B werden in die vorhandenen Mulden gelegt, wobei nur jede zweite eine Kugel aufnehmen kann. Für die dritte Lage bestehen nun zwei mögliche Anordnungen. Wie in Bild 3.32 angedeutet, können wir bei deren Aufbau die Mulden α *oder* β benutzen, die jedoch bezüglich der Lage A nicht äquivalent sind. Wählen wir die Mulden α, dann ist die Lage C gegenüber den Lagen A und B verschoben. Fahren wir mit dieser Stapelfolge ABC**ABC**ABC ... fort, so entsteht das bereits diskutierte kubisch flächenzentrierte Gitter. Die Ebenen stellen einen Schnitt durch den kubischen Kristall dar, der z.B. durch die Gitterpunkte $(1,0,0)$, $(0,1,0)$ und $(0,0,1)$ festgelegt wird. Wie wir im nächsten Kapitel erfahren werden, ist (111) die Bezeichnung für diese Ebenen.

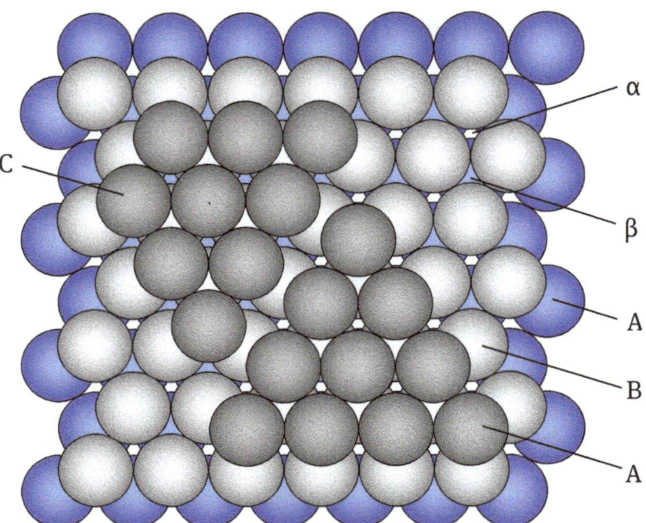

Abb. 3.32: Dichteste Kugelpackung. Die unterste Lage A ist schwarz, die mittlere Lage B hellgrau gezeichnet. Bei den Mulden α tritt ein kleiner Kanal auf, unter den Mulden β dagegen liegen die Mittelpunkte der Kugeln der Lage A. Die Atome der dritten Lage (dunkelgrau) liegen links in den Mulden α, rechts in den Mulden β. Die Stapelfolge ABC (links) führt zur kubischen, die Folge ABAB... (rechts) zur hexagonalen Struktur.

Wählen wir beim Aufbau der dritten Lage dagegen die Mulden β über den Kugeln der Lage A, dann ist diese mit der Lage A identisch. Die Stapelfolge AB**AB**AB ... führt zur **hexagonal dichtesten Kugelpackung (hcp** für „hexagonal close packed"). Folgende Elemente kristallisieren in der hexagonalen Struktur: Be, Cd, Dy, Er, Gd, Hf, Ho, La, Lu, Mg, Nd, Os, Pm, Pr, Re, Ru, Sc, Tb, Tc, Tm, Ti, Y, Zn und Zr. Abstand und Anzahl der nächsten und übernächsten Nachbarn sind so groß wie beim kubisch flächenzentrier-

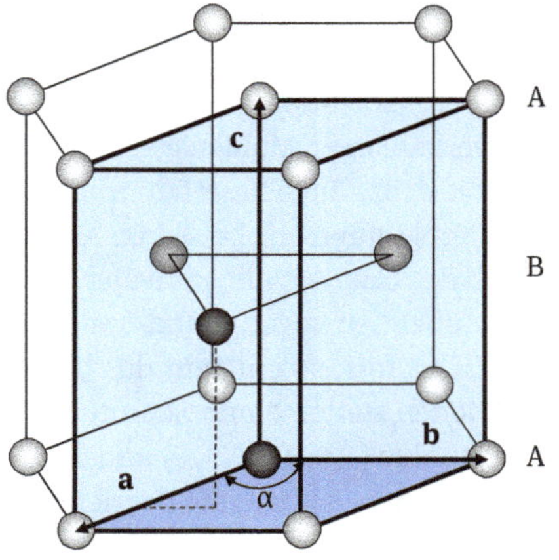

Abb. 3.33: Hexagonal dichtesten Kugelpackung. Die blau getönte Elementarzelle enthält zwei Gitterpunkte (schwarz gezeichnet). Die Symmetrie der Struktur kommt erst durch das Zusammenfügen von drei Elementarzellen deutlich zum Ausdruck. Die mit A, B und A bezeichneten Lagen entsprechen den Lagen in Bild 3.32, die dort ebenso bezeichnet wurden.

ten Gitter. Deshalb weichen die Bindungsenergien der beiden Strukturen auch kaum voneinander ab.

Um das Bild der hexagonal dichtesten Kugelpackung zu vervollständigen ist in Bild 3.33 die Struktur der Kristalle mit hexagonal dichtester Kugelpackung dargestellt. Das dick gezeichnete, blau gefärbte Prisma (Elementarzelle) weist den Winkel $\alpha = 120^\circ$ und die Achsen $a = b$, $c = a\,\sqrt{8/3} \approx 1{,}633\,a$ auf. In realen Kristallen weicht das Verhältnis c/a meist etwas von diesem idealen Wert ab. Die Atome bzw. Moleküle der Basis nehmen die Plätze $(0, 0, 0)$ und $(\frac{2}{3}, \frac{1}{3}, \frac{1}{2})$ ein. Die $\overline{6}$-zählige Symmetrie wird erst durch die gemeinsame Darstellung von drei primitiven Zellen deutlich sichtbar.

3.3.5 Wigner-Seitz-Zelle

Die bisher betrachteten Elementarzellen hatten die Form von Parallelepipeden, deren Kanten durch die Basisvektoren festgelegt wurden. Diese Wahl erweist sich bei der Darstellung der Gitterperiodizität oder bei der noch zu diskutierenden räumlichen Fourier-Zerlegung der Kristallstruktur in Abschnitt 4.3 als vorteilhaft. Möchte man aber beispielsweise die Verteilung der Elektronen in der Elementarzelle beschreiben, so ist der Rechenaufwand wesentlich geringer, wenn der Gitterpunkt mit dem Zentrum der Elementarzelle zusammenfällt. Eine Elementarzelle, die diese Forderung erfüllt, ist die **Wigner-Seitz-Zelle**. Sie schließt den Raum ein, der dem ausgewählten Gitterpunkt näher ist als jedem anderen Gitterpunkt.

Das Konstruktionsprinzip ist in Bild 3.34a für den zweidimensionalen Fall angedeutet. Der herausgegriffene Gitterpunkt wird zunächst mit den benachbarten verbunden. Anschließend werden Mittelsenkrechten auf diesen Verbindungslinien errichtet. Wie man leicht erkennen kann, besitzt die so konstruierte Zelle nicht nur die Symmetrie des Gitters, sie erlaubt auch eine lückenlose Bedeckung der Fläche. In zwei Dimensionen

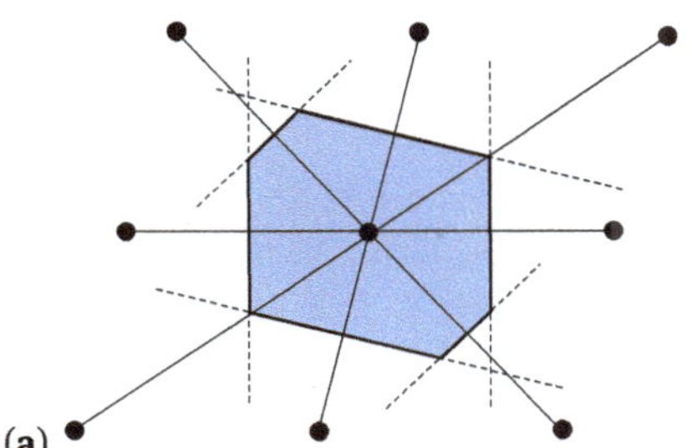

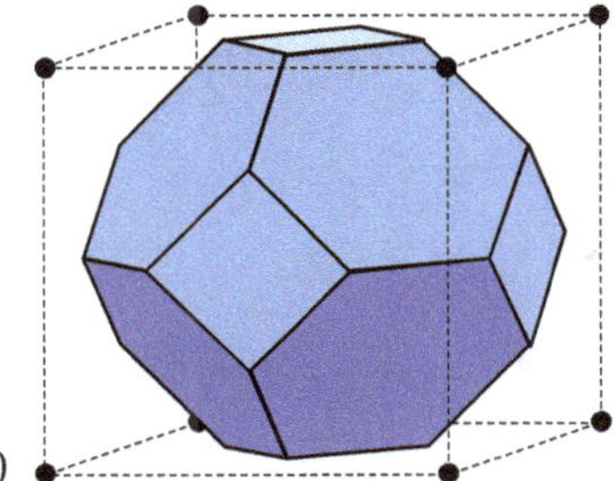

Abb. 3.34: Wigner-Seitz-Zelle. **a)** Darstellung des Konstruktionsprinzips anhand eines ebenen schiefwinkligen Gitters. Zwischen den verbundenen Gitterpunkten werden jeweils Mittelsenkrechte errichtet. **b)** Wigner-Seitz-Zelle des kubisch raumzentrierten Gitters. Die üblicherweise benutzte nicht-primitive Elementarzelle ist gestrichelt gezeichnet, der Gitterpunkt im Zentrum der Zelle wurde weggelassen.

ist die Wigner-Seitz-Zelle immer ein Sechseck, es sei denn, das Gitter ist rechtwinklig. Bei dreidimensionalen Gittern errichtet man in der Mitte der Strecke, die den Aufpunkt mit einem benachbarten Gitterpunkt verbindet, eine Ebene, die senkrecht auf der Verbindungslinie steht. Die Wigner-Seitz-Zelle ist dann das Polyeder mit dem kleinsten Volumen, das den Gitterpunkt einschließt. Die so konstruierte Elementarzelle ist primitiv und besitzt die volle Gittersymmetrie. Um ein dreidimensionales Beispiel zu geben, ist in Bild 3.34b die Wigner-Seitz-Zelle des kubisch raumzentrierten Gitters gezeichnet. Die Sechsecke sind gemeinsame Flächen mit den Zellen, die den nächsten, die Quadrate, die den übernächsten Nachbarn als Ursprung haben.

3.3.6 Nanoröhren

Ehe wir auf die Festkörperoberfläche zu sprechen kommen, wollen wir uns noch kurz mit der Struktur von *Kohlenstoff-Nanoröhren* beschäftigen. Großflächige Graphenschichten, die wir kurz in Abschnitt 2.4 beschrieben haben, sind mechanisch nicht stabil. Außerdem treten an den Schichträndern ungesättigte Bindungen auf. Dagegen sind gekrümmte, geschlossene Strukturen wie die der Fullerene oder Nanoröhren mechanisch und chemisch weniger anfällig. Wie im vorigen Kapitel erwähnt, sind Nanoröhren schlauchförmig geformte Festkörper. Der Durchmesser der Röhrchen liegt im Bereich 1 – 50 nm, die Länge kann sogar einen Zentimeter überschreiten. Die Röhren sind an den Enden durch eine halbkugelförmige Anordnung von Kohlenstoffatomen abgeschlossen, doch wollen wir auf dieses Detail hier nicht weiter eingehen.

Formt man aus einer Graphen-Schicht eine kleine Röhre, so können die „Honigwaben“ des Graphens bezüglich der Röhrenachsen unterschiedlich angeordnet sein. Erstaunlicherweise hat die Orientierung der Waben einen gravierenden Einfluss auf ihre elektrischen Eigenschaften. Wir sehen uns zunächst anhand von Bild 3.35 die

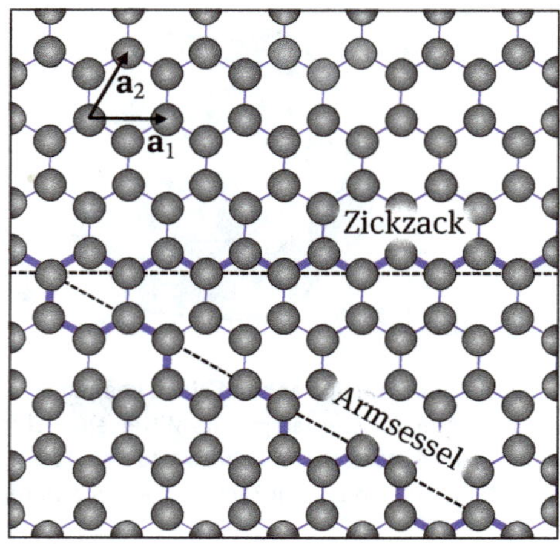

Abb. 3.35: Hexagonales Graphen-Gitter. Neben den Basisvektoren sind die beiden ausgezeichneten Richtungen hervorgehoben, die zur Armsessel- bzw. Zickzack-Struktur führen.

Struktur von zwei Röhrentypen an, die sich durch ihre besonders hohe Symmetrie auszeichnen.

Rollt man eine Graphen-Schicht so, dass die Röhrenachse in diesem Bild senkrecht steht, das untere Ende des Röhrchens also waagrecht verläuft, so besitzt das so geformte Röhrchen die „Zickzack-Struktur“. Eine anschauliche Darstellung eines derartigen Röhrchens ist in Bild 3.36a zu finden. Die zweite Struktur mit hoher Symmetrie ist die sogenannte „Armsessel-Struktur“. Achse und Kante dieses Röhrentyps sind gegenüber der Zickzack-Struktur um 30° gekippt. Die resultierende Röhre ist in Bild 3.36b veranschaulicht. Im ersten Fall verläuft die Achse der Röhre parallel zu einer Seite der sechseckigen Waben, im zweiten dagegen senkrecht dazu. Wie bereits erwähnt, besitzen die beiden Röhrentypen ganz unterschiedliche elektrische Eigenschaften: Röhrchen mit Armsessel-Struktur sind metallisch leitend, die mit Zickzack-Struktur haben dagegen im Allgemeinen halbleitende Eigenschaften.

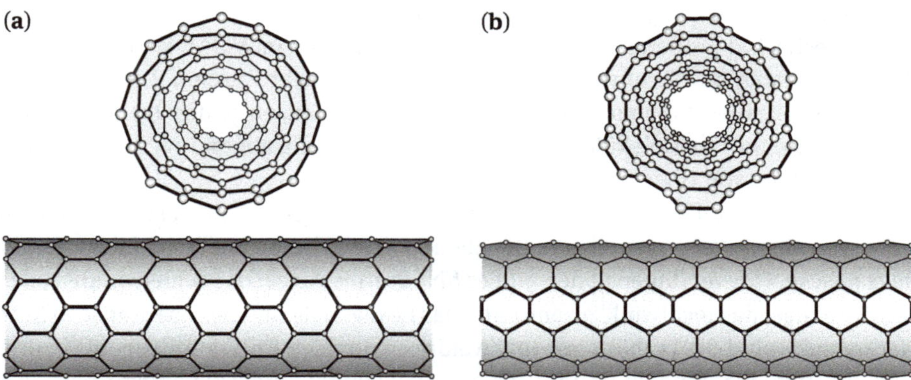

Abb. 3.36: Querschnitt (oben) und Seitenansicht (unten) von Kohlenstoff-Nanoröhren mit **a)** Zickzack- bzw. **b)** Armsessel-Struktur.

Tatsächlich sind die beiden geschilderten Strukturen Spezialfälle. Meist besteht zwischen der Zylinderachse und den Sechseckkanten kein ausgezeichneter Winkel. Dann laufen die Sechsecke spiralförmig um die Röhrenachse und bilden eine *chirale* Struktur. Derartig aufgebaute Röhrchen besitzen halbleitende oder auch metallische Eigenschaften. Auf die Ursache für das unterschiedliche Verhalten gehen wir in Abschnitt 8.5 ein.

3.3.7 Festkörperoberflächen

An dieser Stelle wollen wir kurz auf den Aufbau von kristallinen Oberflächen eingehen, ehe wir uns mit der Struktur ungeordneter Festkörper auseinandersetzen. Als Oberfläche bezeichnet man die äußersten, etwa drei Atomlagen, die sich in ihren physikalischen Eigenschaften oft deutlich vom massiven Festkörper unterscheiden. Im Idealfall ist die Oberfläche vollkommen sauber, doch unter den üblichen experimentellen Bedingungen sind auf ihr meist Fremdatome abgelagert, die unter Umständen dünne Schichten bilden oder gar in die Oberfläche eingebaut werden.

Selbst wenn die Oberfläche frei von Verunreinigungen ist, ist im Allgemeinen der Abstand *zwischen* den ersten Atomschichten verändert. Insbesondere ist der Abstand der obersten Schicht oft deutlich reduziert, da die anziehenden Kräfte ins Innere des Festkörpers gerichtet sind. Einschränkend muss jedoch bemerkt werden, dass es in manchen Fällen auch zu einer Vergrößerung des Netzebenenabstands kommt. Diese strukturellen Veränderungen an der Oberfläche, die bei Metallen besonders stark ausgeprägt sind, bezeichnet man als **Oberflächenrelaxation**.

Fast immer tritt bei Nichtmetallen und manchmal auch bei Metallen noch ein weiterer Effekt auf, nämlich die **Oberflächenrekonstruktion**. Notgedrungen existieren an der Oberfläche ungesättigte kovalente oder ionische Bindungen, deren Energie durch *Überstrukturen* abgesenkt werden kann. Hierbei ordnen sich die Atome in Reihen mit abwechselnd größeren und kleineren Abständen als im Volumen an, da durch die Annäherung an Nachbaratome Bindungen ermöglicht werden, die sonst nicht geschlossen werden könnten. Häufig werden offene Bindungen an der Oberfläche auch durch Verdrehen der Moleküle oder der Bindungsrichtung abgesättigt, ohne dass es zur Ausbildung von Überstrukturen kommt.

Bei der Beschreibung der Struktur von Oberflächen ist es üblich, statt von einem Gitter von einem *Netz* zu sprechen. Die Elementarzelle bezeichnet man meist als *Einheitsmasche*. In zwei Dimensionen gibt es *fünf Bravais-Netze*: das schiefwinklige, das rechtwinklige, das rechtwinklig zentrierte, das hexagonale und das quadratische Netz. Naturgemäß sind die Verhältnisse im Zweidimensionalen übersichtlicher als in drei Dimensionen: Während im Dreidimensionalen 32 Punkt- und 230 Raumgruppen auftreten, gibt es im Zweidimensionalen nur 10 Punkt- und 17 Raumgruppen.

Das Netz des ungestörten Kristalls, das parallel zur Oberfläche liegt, wird bei der Festlegung der Oberflächenstruktur als Vergleichsnetz herangezogen. Wir wollen die gebräuchlichen Bezeichnungen von Oberflächennetzen anhand von Bild 3.37 kurz erläutern.[22] In diesem Bild sind die etwas größeren Atome des darunterliegenden massiven Festkörpers, dem *Substrat*, von kleineren, regelmäßig angeordneten Fremdatomen bedeckt. Neben dem Vergleichsnetz, dessen Basisvektoren wir mit $\mathbf{a}_1$ und $\mathbf{a}_2$ bezeichnen, sind noch zwei Oberflächennetze mit deren Basisvektoren $\mathbf{c}_1$ und $\mathbf{c}_2$ bzw. $\mathbf{c}_1'$ und $\mathbf{c}_2'$ eingezeichnet.

22 Ähnlich wie bei massiven Proben gibt es auch hier zwei nebeneinander benutzte Notationen, nämlich die Matrizennotation nach *P.L. Park*[23] und *H.H. Madden* (1968) und die Kurznotation nach *E.A. Wood* (1964), die wir hier benutzen.

23 Robert Lee Park, *1931 Kansas City

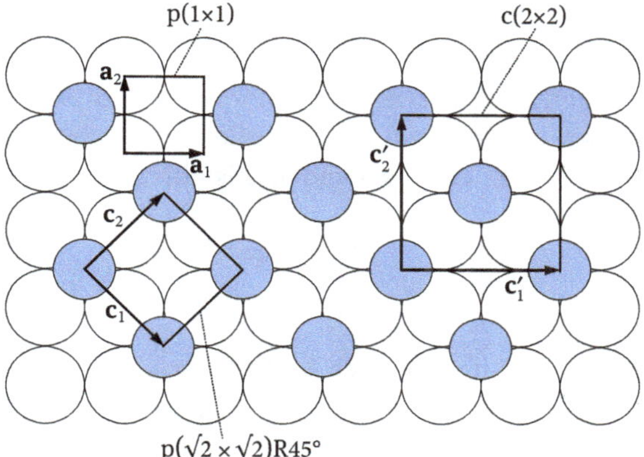

Abb. 3.37: Zur Bezeichnung von Oberflächennetzen. Die hellen Kreise stellen die oberste Atomschicht des Substrats dar, auf der die blau gezeichneten Fremdatome angeordnet sind. Die Masche $p(1 \times 1)$ ist gleichzeitig die Masche des Vergleichsnetzes. Die Masche $(\sqrt{2} \times \sqrt{2})\,R45^\circ$ ist um 45° gekippt, $c(2 \times 2)$ ist eine zentrierte Masche.

Die Bezeichnung der Maschen hat die Form

$$\left(\frac{c_1}{a_1} \times \frac{c_2}{a_2}\right) R\alpha \,. \tag{3.15}$$

$R\alpha$ gibt die Drehung des neuen Netzes bezüglich des Vergleichsnetzes an. Dieser Ausdruck wird weggelassen, wenn die beiden Netze nicht gegeneinander gekippt sind. Vor die Klammer setzt man noch „p“ für primitiv oder „c“ für zentriert.

Handelt es sich um Fremdatome auf der Oberfläche, so sind zur Charakterisierung noch weitere Angaben erforderlich. Man gibt die chemische Formel des Substrats und die Bezeichnung der Substratoberfläche an, am Ende steht noch das chemische Symbol der Fremdatome. Die Abkürzung Si(111)($\sqrt{3}$ x $\sqrt{3}$)R30°-Ag besagt beispielsweise, dass bei der Adsorption von Silberatomen auf einer (111)-Fläche von Silizium das Netz der Oberflächenatome um 30° gegen das Netz des Substrates gekippt und die Netzkonstante um den Faktor $\sqrt{3}$ vergrößert ist. Auf die Bezeichnung (111) für die Siliziumoberfläche gehen wir ausführlich in Abschnitt 4.3 ein.

3.4 Struktur amorpher Festkörper

In einem idealen Kristall ist die Lage aller Atome exakt vorgegeben, da nur eine einzige, wohl definierte Konfiguration existiert. Die Koordinaten aller Atome können angegeben werden, wenn Größe und Inhalt einer Elementarzelle und die Gitterstruktur bekannt sind. In amorphen Festkörpern dagegen ist die Lage der einzelnen Atome wegen der fehlenden Periodizität nicht so einfach festzulegen. Für eine eindeutige Angabe der Atompositionen müsste daher eine geeignete Liste erstellt werden. Da dies nicht möglich ist, kann die Struktur nur mit statistischen Methoden in einer wesentlich weniger detaillierten Form als in Kristallen beschrieben werden.

Eine einfache, aber wichtige Information enthält die *Teilchenzahldichte* $n(\mathbf{r})$, die angibt, wie viele Teilchenmittelpunkte am Ort $\mathbf{r}$ im Volumenelement $\mathrm{d}V$ vorhanden sind. Bereits die Angabe des Mittelwerts $n_0 = \langle n(\mathbf{r})\rangle = N/V$, wobei N für die Anzahl der Atome und V für das Probenvolumen steht, erlaubt erste Rückschlüsse auf die strukturellen Gegebenheiten. Verglichen mit Kristallen sind amorphe Festkörper weniger dicht gepackt: Mittlere Teilchenzahldichten und mittlere Massendichten sind typischerweise um 1 – 10 % kleiner als in den entsprechenden Kristallen.

3.4.1 Paarverteilungsfunktion

Information über die lokale Anordnung der Atome lässt sich der **Paarverteilungsfunktion** oder **Paarkorrelationsfunktion** entnehmen. Bei der Definition wird zwar nicht zwischen Kristall und amorphem Festkörper unterschieden, doch spielt sie nur für das Verständnis der Struktur der zuletzt genannten eine zentrale Rolle. Sie kann mit Beugungsexperimenten (vgl. Abschnitt 4.5) bestimmt oder mit Hilfe von Simulationsrechnungen bei Kenntnis der Wechselwirkungspotenziale der Atome ermittelt werden.

Nehmen wir der Einfachheit halber an, dass der betrachtete Festkörper nur aus *einer* Atomsorte aufgebaut ist, dann spiegelt die Paarkorrelationsfunktion die Wahrscheinlichkeit wider, dass sich am Ort $\mathbf{r}_2$ ein Atom befindet, wenn am Ort $\mathbf{r}_1$ bereits ein Atom vorhanden ist. Formal kann die Paarverteilungsfunktion $g(\mathbf{r}_1, \mathbf{r}_2)$ über den Erwartungswert der Teilchenzahldichten $n(\mathbf{r}_1)$ definiert werden:

$$g(\mathbf{r}_1, \mathbf{r}_2) = \frac{1}{n_0^2} \langle n(\mathbf{r}_1)\, n(\mathbf{r}_2)\rangle \,. \tag{3.16}$$

Die Paarverteilungsfunktion wird mit Hilfe der mittleren Teilchenzahldichte n_0 für große Abstände auf den Wert eins normiert. Weiter ist zu bemerken, dass sich definitionsgemäß am Ort $\mathbf{r}_1$ bereits ein Teilchen befindet. Die Wahrscheinlichkeit, an diesem Ort ein weiteres Teilchen anzutreffen, muss daher verschwinden, da zwei Atome sich nicht gleichzeitig an der gleichen Stelle aufhalten können.

Wenn auch die Umgebung jedes einzelnen Atoms in amorphen Festkörpern unterschiedlich aussieht, so sind sie vom makroskopischen Standpunkt aus gesehen doch im Allgemeinen homogen und isotrop. Daher wird die Paarverteilungsfunktion nur vom Abstand $\mathbf{r} = (\mathbf{r}_2 - \mathbf{r}_1)$ zwischen den beiden betrachteten Orten abhängen. Sie spiegelt deshalb die Teilchenzahldichte wider, die man im Mittel im Abstand $r = |\mathbf{r}|$ von einem gewählten Bezugsatom antrifft, d.h.,

$$g(r) = \frac{n(r)}{n_0} \,. \tag{3.17}$$

Um uns mit diesem Konzept vertraut zu machen, werfen wir zunächst einen Blick auf die Paarverteilungsfunktion eines eindimensionalen Systems. Wir verteilen N identische, harte Kugeln mit dem Durchmesser d über eine Strecke L rein zufällig. Der Verlauf der Verteilungsfunktion hängt entscheidend vom Parameter $\ell = (L - Nd)/N$ ab, der den mittleren Zwischenraum zwischen den Kugeln angibt. Wir greifen willkürlich eine

Kugel heraus und stellen fest, in welchem Abstand sich die Mittelpunkte der anderen Kugeln befinden. Mitteln wir über viele Messungen – wobei wir unterschiedliche Kugeln herausgreifen – so erhalten wir nach Normierung mit der mittleren Teilchenzahldichte n_0 die Paarverteilungsfunktion, die in Bild 3.38 für verschiedene Fälle dargestellt ist.

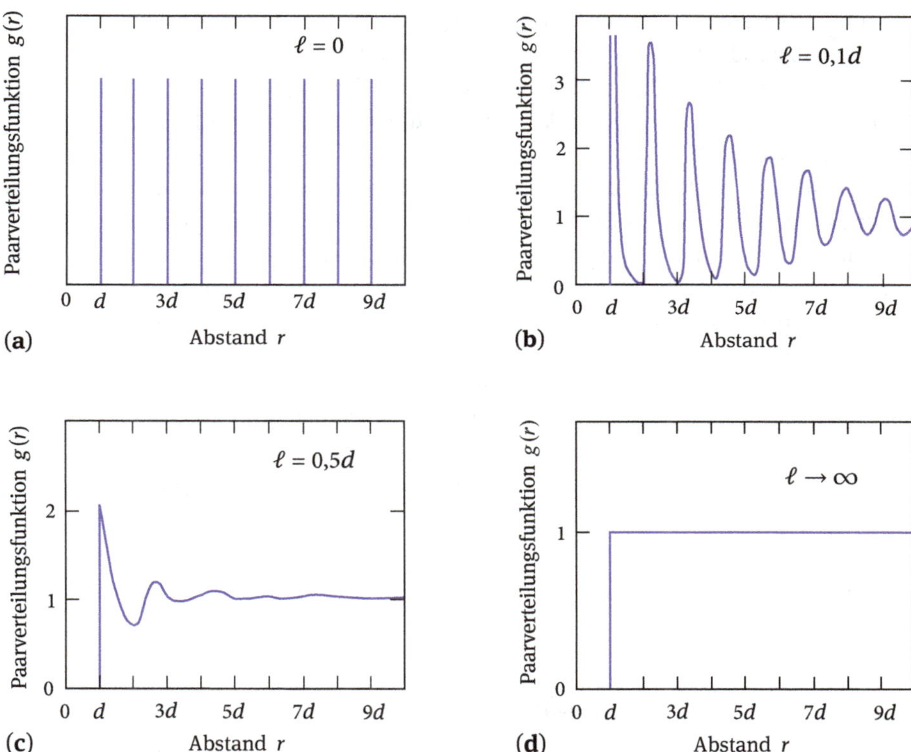

Abb. 3.38: Paarverteilungsfunktion eines linearen Systems mit statistisch verteilten harten Kugeln. **a)** „Eindimensionaler Kristall" ($\ell = 0$), **b)** „Flüssigkeit" mit $\ell = d/10$, **c)** „Flüssigkeit" mit $\ell = d/2$, **d)** „Verdünntes Gas" ($\ell \to \infty$).

Für die Grenzfälle $\ell \to 0$ und $\ell \to \infty$ lässt sich die Paarverteilungsfunktion unmittelbar angeben. Im ersten Fall tritt überhaupt kein Zwischenraum zwischen den Kugeln auf. Sie liegen dicht gepackt nebeneinander wie in einem „eindimensionalen Kristall". Die Paarkorrelationsfunktion muss periodisch sein und nimmt an den Stellen $x = md$ mit $m = 1, 2\ldots$ die Form einer Deltafunktion an. Im zweiten Fall ist der mittlere Abstand zwischen den Kugeln groß im Verhältnis zu deren Durchmesser. Man könnte daher von einem verdünnten, „eindimensionalen Gas" sprechen. In diesem Fall ist die Wahrscheinlichkeit, in einem beliebigen Streckenelement dr einen Kugelmittelpunkt zu finden, relativ klein und unabhängig vom Abstand r zur herausgegriffenen Kugel. Da die Paarverteilungsfunktion normiert ist, ist sie in diesem Fall für alle Abstände gleich eins. Diesen Wert findet man natürlich nur für $r \geq d$, da sich harte Kugeln nur bis auf diesen minimalen Abstand nähern können. Der allgemeinere Fall einer „Flüssigkeit" oder aber – bei starrer Anordnung der Kugeln – der eines „amorphen eindimensionalen Festkörpers" liegt zwischen den beiden Grenzfällen. Abhängig vom Wert des Parameters ℓ treten mehr oder weniger ausgeprägte Maxima auf, die sich mit zunehmendem Abstand vom Bezugsatom aufgrund der Mittelung über viele Konfigurationen verwischen (vgl. Bild 3.38b und Bild 3.38c). In der Flüssigkeit bzw. in der amorphen Struktur deutet sich eine *lokale Ordnung* an, die umso ausgeprägter ist, je enger die Kugeln gepackt sind.

In Bild 3.39 ist der Zusammenhang zwischen Struktur und Teilchenzahldichte für ein zweidimensionales System schematisch gezeigt. Die Skizze macht deutlich, dass das erste Maximum durch die nächsten Nachbarn hervorgerufen wird und daher bei $r \approx d$ anzutreffen ist. Eine gründlichere Analyse zeigt erwartungsgemäß, dass die Fläche unter dem Maximum durch die Zahl der nächsten Nachbarn bestimmt wird. Die folgende *Koordinationsschale*, d.h., die übernächsten Nachbarn verursachen das zweite Maximum usw. Mit zunehmendem Abstand werden aufgrund der fehlenden Fernordnung die Maxima und Minima der Teilchenzahldichte bzw. der Paarkorrelationfunktion immer stärker ausgeschmiert. Bei sehr großen Abständen wird schließlich der Wert n_0 bzw. $g(r) = 1$ erreicht. Die gleiche Argumentation gilt auch bei dreidimensionalen Proben.

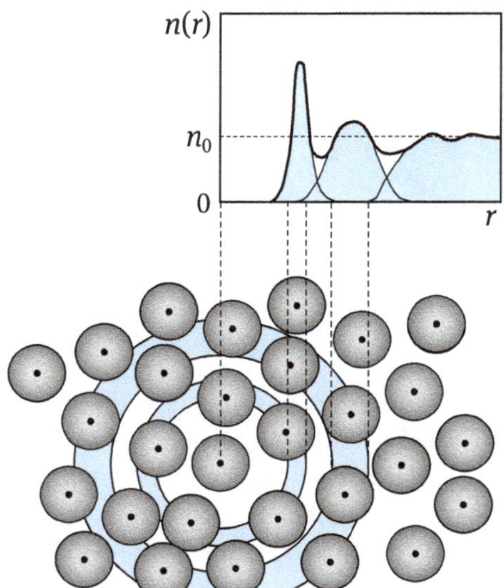

Abb. 3.39: Veranschaulichung des Zusammenhangs zwischen Struktur und Teilchenzahldichte im zweidimensionalen Fall. Wie bei der Paarverteilungsfunktion ist der Beitrag des Aufatoms weggelassen.

In Bild 3.40 wird die in Beugungsexperimenten (vgl. Abschnitt 4.5) bestimmte Paarverteilungsfunktion eines amorphen Nickelfilms mit der einer Nickelschmelze verglichen. Deutlich zu erkennen ist, dass die Nahordnung in der amorphen Phase wesentlich stärker ausgeprägt ist als in der Flüssigkeit. In beiden Fällen nimmt die Ordnung mit dem Abstand vom Aufatom rasch ab.

Grundsätzlich wird die Beschreibung der Struktur von realen amorphen Festkörpern ganz erheblich durch die Tatsache vereinfacht, dass nur der Abstand r vom Bezugsatom für die Betrachtung herangezogen wird und keine Richtungsabhängigkeiten berücksichtigt werden müssen. Natürlich enthält die so gewonnene Paarverteilungsfunktion der gemittelten lokalen Struktur der amorphen Festkörper wesentlich weniger Informationen, als man von kristallinen Festkörpern her gewohnt ist.

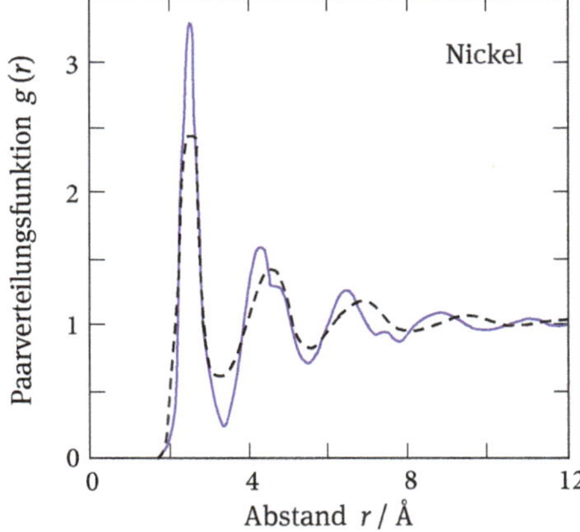

Abb. 3.40: Experimentell bestimmte Paarverteilungsfunktion von amorphem (blau durchgezogen) und flüssigem (schwarz gestrichelt) Nickel. (Nach Y. Waseda, *Structure of Non-Crystalline Materials*, McGraw-Hill, 1980.)

3.5 Aufgaben

1. Ag-Cu-Legierungen. In Bild 3.41 ist das Phasendiagramm des Systems Ag-Cu dargestellt.

(a) Lesen Sie die Kupferkonzentration der α-Phase bei 1100 K sowie knapp unter der eutektischen Temperatur ab.

(b) Gehen Sie von einer homogenen Schmelze des Systems Ag-Cu mit einem Anteil von 60 at.% Kupfer aus und benennen Sie die Phasen, die das System während des Kühlens durchläuft.

(c) Welches Mischungsverhältnis von α- zu β-Phase stellt sich für die angegebene Legierung knapp unter der eutektischen Temperatur bei 1050 K ein? Wie verändert sich dieses Verhältnis beim weiteren Abkühlen?

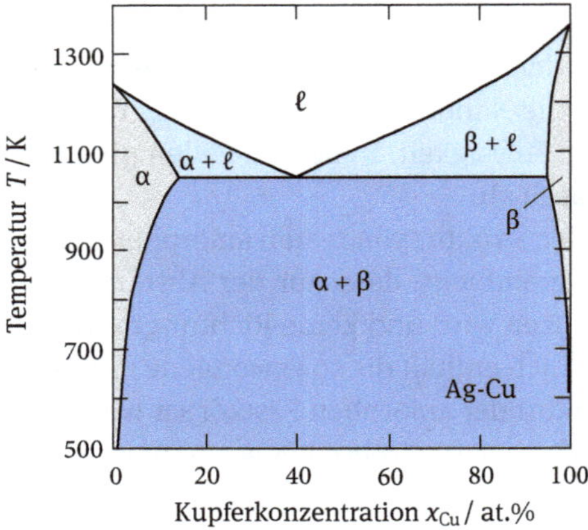

Abb. 3.41: Phasendiagramm des Systems Ag-Cu. (Nach F. Goodwin et al., *Springer Handbook of Condensed Matter and Material Data*, W. Martienssens, H. Warlimont, eds., Springer, 2005.)

2. Hypothetisches zweidimensionales Gitter. In Bild 3.42 ist ein zweidimensionales Gitter dargestellt. Die kugelförmigen Atome haben die Atomradien $r_A = 2{,}0$ Å und $r_B = 0{,}8$ Å, die Atommassen sind $m_A = 39\,u$ und $m_B = 12\,u$.

(a) Welches Punktgitter beschreibt die Translationssymmetrie des Gitters vollständig? Geben Sie die entsprechenden Basisvektoren an.

(b) Welche chemische Formel und welche Flächendichte (in g/cm^2) hat dieser Kristall?

(c) Die Atome einer primitiven Elementarzelle bilden die Basis des Kristalls. Wählen Sie eine Basis mit möglichst hoher Symmetrie und geben Sie die Koordinaten der Basisatome an.

(d) In welchen Symmetrien stimmen das Punktgitter und die Basis überein?

(e) Suchen Sie nach einer nicht-primitiven Elementarzelle mit orthogonalen Basisvektoren. Geben Sie die Basisvektoren und die Koordinaten der Basisatome an.

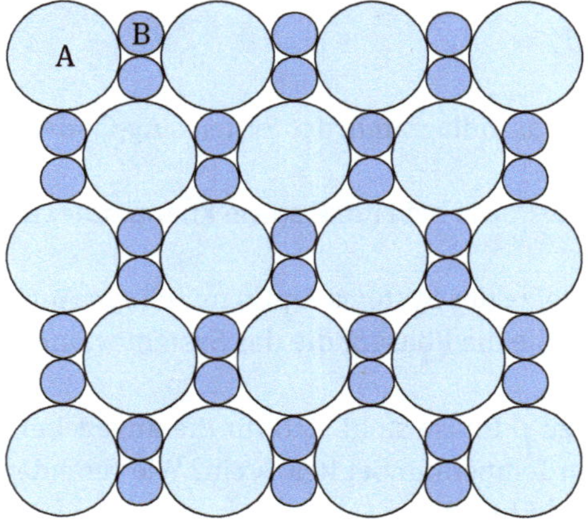

Abb. 3.42: Hypothetischer zweidimensionaler Kristall.

3. Allotropie von Eisen. Viele Materialien existieren in mehreren Kristallstrukturen. Wie im Abschnitt 2.4 erwähnt, bezeichnet man diese Eigenschaft als Allotropie oder Polymorphie. Allotrope Phasenumwandlungen erfolgen meist bei Druck- oder Temperaturänderungen. Bei Eisen findet der Übergang von einem kubisch raumzentrierten Gitter (α-Phase) in ein kubisch flächenzentriertes Gitter (γ-Phase) bei 1183 K statt. Berechnen Sie die relative Volumenänderung, die bei diesem Phasenübergang auftritt. Nehmen Sie an, dass sich der Abstand zwischen den nächsten Nachbarn nicht ändert.

4. Kubische Kristalle. Das Gitter von Eisen und Kupfer ist kubisch raumzentriert bzw. kubisch flächenzentriert. Die Dichten sind 7,86 g/cm^3 (Fe) und 8,96 g/cm^3 (Cu). Betrachten Sie die Atome als harte Kugeln, die ihre nächsten Nachbarn berühren.
(a) Berechnen Sie die Gitterkonstanten dieser Metalle in Einheiten ihrer Atomradien.
(b) Welches Volumen in Einheiten der Atomradien besitzen die primitiven Elementarzellen?
(c) Berechnen Sie die Gitterkonstanten aus den Dichten der beiden Metalle.

5. Phasenumwandlung von Zinn. Metallisches Zinn (β-Zinn) wandelt sich unter 286,4 K in eine halbleitende Phase (α-Zinn) um. Diesen Vorgang bezeichnet man als „Zinnpest". Die Dichten der beiden Phasen unterscheiden sich deutlich, denn es gilt: $\varrho_\alpha = 5{,}77\ \mathrm{g/cm^3}$ bzw. $\varrho_\beta = 7{,}29\ \mathrm{g/cm^3}$. Während β-Zinn ein tetragonales raumzentriertes Gitter ($a = 5{,}83$ Å, $c/a = 0{,}545$) besitzt, ist das Gitter von α-Zinn kubisch flächenzentriert ($a = 6{,}49$ Å). Aus wie vielen Atomen besteht in den beiden Fällen die Basis?

6. Kohlenstoffgitter. Bekanntlich kommt Kohlenstoff in verschiedenen Modifikationen vor. Berechnen Sie die Massendichte von Diamant, Graphit und Fulleren. Benutzen Sie dabei die Gitterkonstanten $a = 3{,}57$ Å für Diamant, $a = 2{,}46$ Å und $c = 6{,}71$ Å für das hexagonale Graphit und $a = 14{,}17$ Å für das kubisch flächenzentrierte Fulleren.

Abb. 3.43: Kubisch flächenzentrierter Kristall aufgebaut aus C_{60}-Molekülen. (Nach B. Pevzner, www.godunov.com/bucky/fullerene.html.)

7. Dichteste Kugelpackung. Kubisch flächenzentrierte (fcc) und hexagonal dicht gepackte (hcp) Gitter mit monatomarer Basis bestehen aus verschiedenen Abfolgen von dicht gepackten Atomschichten. Veranschaulichen Sie die Lage dieser Schichten in einem fcc-Gitter mit monatomarer Basis.

(a) Berechnen Sie unter der Annahme, dass die Atome harte Kugeln sind, die Gitterkonstante des fcc-Gitters anhand des Radius r der Atome.

(b) Berechnen Sie das Verhältnis c/a der beiden Gitterkonstanten für das hcp-Gitter.

8. Struktur von Edelgaskristallen. Das Gitter von Edelgaskristallen ist kubisch flächenzentriert. Wir betrachten hier Xenon und nehmen *fälschlicherweise* an, dass Xenonkristalle ein kubisch raumzentriertes Gitter aufweisen. Berechnen Sie unter dieser Annahme den Abstand nächster Nachbarn. Bestimmen Sie für diesen hypothetischen Kristall die Bindungsenergie und vergleichen Sie diese mit dem tatsächlich auftretenden Wert.

9. Hexagonales Gitter. Zählen Sie die Symmetrieachsen und Symmetrieebenen des hexagonalen Gitters. Nutzen Sie dabei die nicht-primitive Elementarzelle, wie sie in den Bildern 3.19 und 3.33 dargestellt ist.

10. Nanoröhren. Eine 1 mm lange Kohlenstoff-Nanoröhre mit Armsessel-Struktur hat einen Durchmesser von etwa 2,2 nm. Wie viele Atome sind daran beteiligt und wie groß ist die Masse des Röhrchens? Erhält man bei gleichen Abmessungen mit Zickzack-Röhren das gleiche Ergebnis? Warum kann man die Atome, die den Abschluss der Röhrchen bilden, bei der Beantwortung der Frage vernachlässigen?

4 Strukturbestimmung

Bei der Untersuchung der Struktur von Festkörpern können unterschiedliche Aspekte im Vordergrund stehen. Natürlich sind der Aufbau, also die Struktur des Gitters und die Verteilung der Atome in den Elementarzellen von besonderer Bedeutung. Oft steht aber auch die Frage nach Abweichungen von der idealen Struktur im Zentrum der Bemühungen. Wir beschränken uns in diesem Kapitel auf den ersten Aspekt, für dessen Beantwortung **Beugungs-** bzw. **Streuexperimente** prädestiniert sind. Da in der Festkörperphysik zwischen den beiden Begriffen im Allgemeinen nicht scharf unterschieden wird, werden wir im Weiteren beide Ausdrücke nebeneinander benutzen. Zum Studium von Abweichungen von der Idealstruktur, von Feinheiten der lokalen Anordnung von Atomen oder von Defektstrukturen sind andere Methoden besser geeignet. Hierzu zählen spektroskopische Methoden, der Mößbauer-Effekt[1] oder Untersuchungen, die auf der Elektronen- und Kernspinresonanz beruhen. Auf diese interessanten und sehr ertragreichen Messmethoden gehen wir aber nicht näher ein.

Nach einführenden Bemerkungen zur direkten Abbildung von atomaren Strukturen und zu den Grundlagen von Streuexperimenten leiten wir in Abschnitt 3.2 eine einfache Theorie der Beugung her. Wir werden sehen, dass die Auswertung von Streuexperimenten an periodischen Strukturen durch die Einführung des Konzepts des *reziproken Gitters* ganz entscheidend vereinfacht wird. Dieses Konzept spielt in der Festkörperphysik eine überaus wichtige Rolle und wird noch häufig benutzt werden. Anschließend diskutieren wir die Strukturbestimmung von amorphen Festkörpern und beschäftigen uns schließlich noch mit den gebräuchlichen Messmethoden.

4.1 Allgemeine Anmerkungen

Die direkte Abbildung von Atomen erlaubt einen unmittelbaren Zugang zum Studium des atomaren Aufbaus von Festkörpern. Diese Möglichkeit hat sich in den letzten Jahren des vorigen Jahrhunderts eröffnet, als atomare Auflösung von Oberflächenstrukturen mit Hilfe von Elektronen-, Rastertunnel- oder Rasterkraftmikroskopie erreicht werden konnte. Auf die Wirkungsweise dieser Techniken gehen wir am Ende dieses Kapitels noch kurz ein. Als Beispiel für die direkte Abbildung ist in Bild 4.1 der Schnitt durch einen dünnen Film zu sehen, bei dem sich Silizium- und Germaniumschichten abwechseln. Diese hochauflösende Aufnahme wurde mit Hilfe der Transmission-Elektronenmikroskopie (TEM) gemacht. Dabei erscheinen die Germaniumatome auf Grund ihrer Abbildungseigenschaften dunkler als die Siliziumatome. In der Schicht wechseln sich 13 Atomlagen Silizium mit zwei Atomlagen Germanium ab. Die regelmäßige Aneinanderreihung von Schichten mit unterschiedlicher atomarer Zusammen-

1 Rudolf Ludwig Mößbauer, *1929 München, †2011 Grünwald (München), Nobelpreis 1961

https://doi.org/10.1515/9783111027227-004

setzung bezeichnet man als *Übergitter*. Die Herstellung derartiger Schichtstrukturen wurde erst in neuerer Zeit möglich. Einige der interessanten Eigenschaften dieser neuartigen Festkörperstrukturen werden wir in Abschnitt 10.4 behandeln.

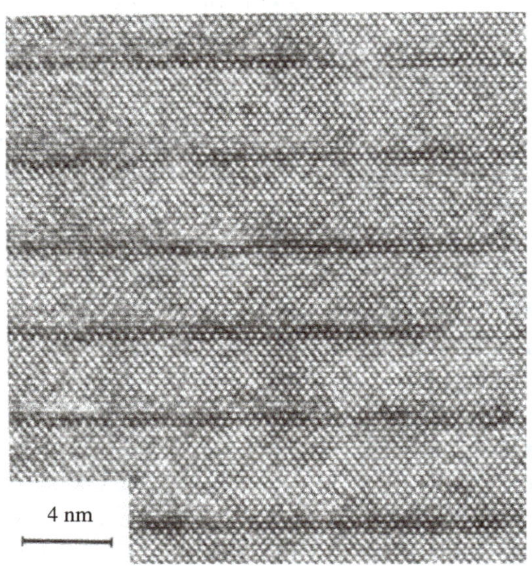

Abb. 4.1: Silizium-Germanium-Übergitter. Das Bild wurde mit einem hochauflösenden Elektronenmikroskop in Transmission aufgenommen. Deutlich sind die einzelnen Atome zu erkennen. Es wechseln sich 13 Atomlagen Silizium mit zwei Atomlagen Germanium ab, die in dieser Abbildung etwas dunkler erscheinen. (Nach E. Müller et al., Phys. Rev. Lett. **63**, 1819 (1989).)

Die Entwicklung der Rastertunnel- und Rasterkraftmikroskopie hat der Oberflächenphysik enormen Auftrieb gegeben. Da mit diesen Verfahren das Profil der Probenoberfläche abgetastet wird, erhält man keine Information über den inneren Aufbau des Festkörpers. Wie im vorhergehenden Kapitel erwähnt, findet man an der Oberfläche oft Strukturen, die sich von denen im Kristallinneren unterscheiden, da auf die Atome an der Oberfläche andere Kräfte als im Inneren der Probe wirken. Oberflächenabbildende Mikroskope sind daher nur bedingt für Strukturuntersuchungen geeignet, besitzen jedoch sehr große Bedeutung beim Studium von Oberflächeneigenschaften. Die enorme Auflösung, die man mit Rasterkraftmikroskopen seit einiger Zeit erzielt, wird in Bild 4.2 demonstriert, in dem die Oberfläche eines Siliziumkristalls mit atomarer Auflösung abgebildet ist.

Detaillierte Kenntnisse über den inneren Aufbau von Festkörpern wurden in erster Linie mit Beugungsexperimenten gewonnen. Das Grundprinzip ist einfach: Man lässt Wellen auf die Probe fallen, die von den Atomen gestreut werden und beobachtet das Beugungsmuster. Ausgehend von diesem Muster kann dann auf die geometrische Anordnung der Atome geschlossen werden. Für derartige Beugungsexperimente werden häufig Röntgenstrahlen benutzt, doch eignen sich für Strukturuntersuchungen aufgrund ihrer Wellennatur auch Neutronen, Elektronen oder leichte Atome. Die Stärke der Wechselwirkung bestimmt die Eindringtiefe der Strahlung und somit den Teil

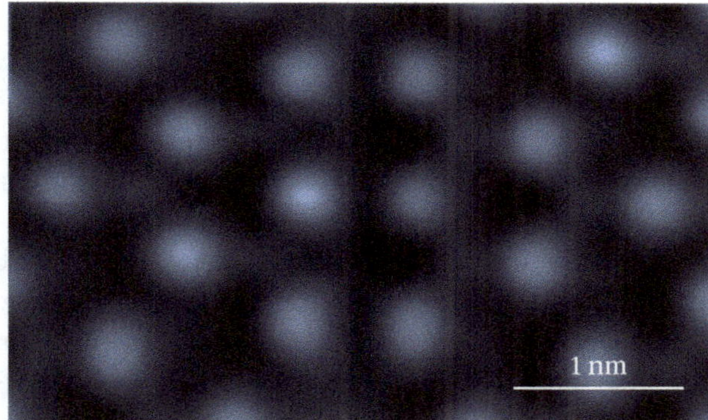

Abb. 4.2: Rasterkraftmikroskop-Aufnahme der rekonstruierten Siliziumoberfläche. Bei genauerer Betrachtung lassen sich auch Atome in einer tiefer liegenden Ebene erkennen. (Nach M. Emmerich et al., Science **348**, 308 (2015))

des Festkörpers, der untersucht werden kann. Mit Ausnahme der Neutronen, die bei Atomen ohne magnetischem Moment ausschließlich an den Kernen gestreut werden, wechselwirken die übrigen Sonden mit den Elektronenhüllen. Aufgrund der starken Coulomb-Wechselwirkung zwischen den gestreuten Teilchen und den streuenden Atomen eignen sich Elektronen- oder Atomstrahlen vor allem zur Untersuchung von Oberflächen und dünnen Filmen; Röntgen- und Neutronenstrahlen werden dagegen zur Untersuchung massiver Festkörper eingesetzt.

Aus der Optik ist bekannt, dass Beugung besonders dann ausgeprägt in Erscheinung tritt, wenn die Lichtwellenlänge und die charakteristischen Abmessungen des beugenden Objekts vergleichbar sind. Bei der Bestimmung der Struktur von Festkörpern muss deshalb die Wellenlänge der einfallenden Strahlung kleiner als der Atomabstand sein, der typischerweise im Bereich von einigen Ångström liegt. Je nach Natur der verwendeten Strahlung erfüllen Teilchen mit sehr unterschiedlicher Energie diese Bedingung. Bei einer Wellenlänge von 1 Å besitzen Röntgenquanten eine Energie von 12 keV, Elektronen 150 eV, Neutronen 80 meV und Heliumatome 20 meV.

Die beobachtete Streuwelle ist eine Superposition der Beiträge aller Atome. Die atomare Anordnung lässt sich nur dann aus Beugungsexperimenten rekonstruieren, wenn die Streuung *kohärent* erfolgt, d.h., wenn die Phasen der Streuwellen, die von verschiedenen Streuzentren ausgehen, korreliert sind. Im Gegensatz hierzu sind bei *inkohärenter* Streuung die Phasen der Streuwellen unkorreliert, so dass keine Rückschlüsse auf den Aufbau der Probe gezogen werden können.

Bei der Streuung an Festkörpern treten *elastische* und *inelastische* Prozesse auf. Bleiben elektronische und vibronische Zustände des Festkörpers beim Streuvorgang unbeeinflusst, ändert sich die Energie der gestreuten Strahlung nicht. Die Streuung ist dann elastisch. Bei inelastischen Streuprozessen dagegen wird zwischen gestreutem Teilchen und streuendem Festkörper Energie ausgetauscht. Beide Vorgänge spielen bei Festkörperuntersuchungen eine wichtige Rolle. Elastische Streuung nutzt man zur Strukturbestimmung und inelastische zur Untersuchung von Anregungszuständen.

4.2 Beugungsexperimente

Im Folgenden werden wir eine elementare Streutheorie entwickeln, in der wir den Streuprozess als rein klassischen Vorgang betrachten. Der quantenmechanische Aspekt tritt nur dadurch in Erscheinung, dass Photonen, Neutronen, Elektronen oder Atome als Welle behandelt werden. Bei der Herleitung vernachlässigen wir den Einfluss von Absorption, Brechung und Änderungen der Intensität des einfallenden Strahls aufgrund der Streuprozesse. Da keine speziellen Eigenschaften der wechselwirkenden Strahlung eingehen, ist die Herleitung für alle Wellentypen geeignet. Bei der Beschreibung der Streuung einer bestimmten Strahlung müssen natürlich die spezifischen Wechselwirkungsmechanismen berücksichtigt werden. Da neben der klassischen Methode der Strukturbestimmung mit Röntgenstrahlen auch der Strukturbestimmung mit Neutronen sehr große Bedeutung zukommt, werden wir auf beide Messmethoden eingehen. Dabei behalten wir im Auge, dass die Neutronenstreuung Auskunft über die Kernverteilung, die anderen Streuexperimente jedoch Auskunft über die Elektronenverteilung geben.

4.2.1 Streuamplitude

Wir betrachten eine Probe, deren Verteilung von Streuzentren durch die **Streudichteverteilung** $\varrho(\mathbf{r})$ charakterisiert ist. Wie soeben erwähnt, wirken im Falle der Röntgenstrahlen die Elektronen als Streuzentren und bei Neutronenstrahlung in erster Linie die Kerne, so dass die Streudichte durch die Elektronen- bzw. Kernverteilung beschrieben wird. Fällt eine ebene Welle mit der Kreisfrequenz ω_0, dem Wellenvektor $\mathbf{k}_0$ und der Amplitude $A(t) = A_0 \mathrm{e}^{-\mathrm{i}(\omega_0 t - \mathbf{k}_0 \cdot \mathbf{r})}$ auf ein Streuzentrum, so wird das Streuzentrum selbst zum Ausgangspunkt einer Kugelwelle. Für die Amplitude $A_Z(t)$ der gestreuten Welle schreiben wir

$$A_Z(t) = \frac{\widetilde{A}}{R}\, \mathrm{e}^{-\mathrm{i}(\omega_0 t - k_0 R)}\,, \tag{4.1}$$

wobei R für den Abstand vom Streuzentrum steht. Die Größe $\widetilde{A}$ spiegelt die Streuwahrscheinlichkeit wider und ist daher spezifisch für die verwendete Strahlung und die Natur des Streuzentrums.

Die Aufgabe der Streutheorie besteht darin, den Zusammenhang zwischen der Streuintensität und der Streudichteverteilung $\varrho(\mathbf{r})$ herzustellen und daraus den Aufbau der Probe abzuleiten. Von entscheidender Bedeutung ist dabei die *Phasendifferenz* zwischen den Streuwellen, die durch die unterschiedlichen Lagen der Streuzentren hervorgerufen wird und somit die Strukturinformation enthält.

Im Experiment ist der Strahlungsdetektor meist weit entfernt von der Probe, so dass wir die kugelförmige Streuwelle dort annähernd als ebene Wellen mit dem Wellenvektor $\mathbf{k}$ behandeln können. Ein Blick auf Bild 4.3 zeigt, dass die Streuwelle, die vom eingezeichneten Volumenelement ausgeht, bezüglich einer Streuwelle vom Aufpunkt O

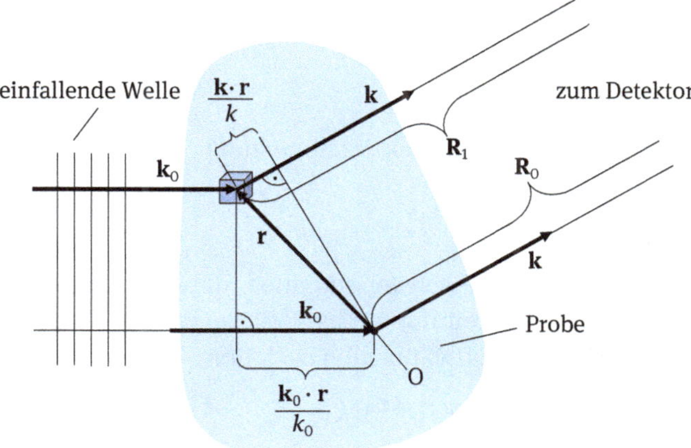

Abb. 4.3: Zur Herleitung der Streuamplitude. Es fällt eine ebene Welle mit dem Wellenvektor $\mathbf{k}_0$ auf die Probe. Die Wellenfront der Streuwelle, die auf den weit entfernten Detektor zuläuft, kann an diesem in guter Näherung ebenfalls als ebene Welle betrachtet werden, die durch den Wellenvektor $\mathbf{k}$ charakterisiert ist. Die Vektoren $\mathbf{R}_0$ und $\mathbf{R}_1$ verbinden den Aufpunkt bzw. das Streuvolumen mit dem Detektor. Die auftretenden Größen sind im Text erläutert.

mit dem Ortsvektor $\mathbf{r} = 0$, die Wegdifferenz $\Delta s = (\mathbf{k} \cdot \mathbf{r}/k) - (\mathbf{k}_0 \cdot \mathbf{r}/k_0)$ aufweist. Da sich bei der elastischen Streuung der Betrag des Wellenvektors nicht ändert, dürfen wir $k = k_0$ setzen, so dass die Phasendifferenz $\Delta\varphi$ zwischen den beiden Strahlen durch $\Delta\varphi = (\mathbf{k} - \mathbf{k}_0) \cdot \mathbf{r}$ gegeben ist. Damit können wir den Beitrag $\mathrm{d}A_\mathrm{s}(\mathbf{r}, t)$ des Volumenelementes $\mathrm{d}V$ am Ort $\mathbf{r}$ zur Amplitude der gestreuten Strahlung am Detektor im Abstand R_1 wie folgt ausdrücken:

$$\mathrm{d}A_\mathrm{s}(\mathbf{r}, t) = \varrho(\mathbf{r}) A_\mathrm{Z}\, \mathrm{d}V = \frac{\widetilde{A}}{R_1} \varrho(\mathbf{r})\, \mathrm{e}^{-\mathrm{i}[\omega_0 t - kR_1 + (\mathbf{k}-\mathbf{k}_0)\cdot\mathbf{r}]}\, \mathrm{d}V\,. \tag{4.2}$$

In unserer Betrachtung haben wir vernachlässigt, dass die gestreute Welle in der Probe wiederholt gestreut werden kann. Diese Vereinfachung entspricht der ersten *Bornschen Näherung* in der quantenmechanischen Streutheorie.

Die Gesamtamplitude der Streustrahlung am Detektor erhalten wir, kohärente Streuung vorausgesetzt, durch Integration über das Probenvolumen V_P. Ist die Ausdehnung der Probe klein gegen den Detektorabstand, können wir $R_1 \approx R_0$ setzen und erhalten

$$A_\mathrm{s}(t) = \frac{\widetilde{A}}{R_0}\, \mathrm{e}^{-\mathrm{i}(\omega_0 t - kR_0)} \int\limits_{V_\mathrm{P}} \varrho(\mathbf{r})\, \mathrm{e}^{-\mathrm{i}(\mathbf{k}-\mathbf{k}_0)\cdot\mathbf{r}} \mathrm{d}V\,. \tag{4.3}$$

Vor dem Integral stehen nur Größen, die nicht vom Ortsvektor $\mathbf{r}$, d.h., von der Lage der Streuzentren abhängen, sondern durch die Versuchsführung bestimmt werden. Die Information über die Verteilung $\varrho(\mathbf{r})$ der Streuzentren und somit über die Struktur der untersuchten Probe steckt im Integral. Man bezeichnet die Größe

$$\mathcal{A}(\mathbf{K}) = \int_{V_P} \varrho(\mathbf{r})\, e^{-i\mathbf{K}\cdot\mathbf{r}} dV \tag{4.4}$$

als **Streuamplitude**, wobei wir in diesem Ausdruck die Abkürzung

$$\mathbf{K} = \mathbf{k} - \mathbf{k}_0 \tag{4.5}$$

für den **Streuvektor** eingeführt haben.

Ein Blick auf die Gleichung (4.4) lässt unschwer erkennen, dass es sich um die Fourier-Transformierte[2] der Streudichteverteilung $\varrho(\mathbf{r})$ handelt. Im Prinzip lässt sich daher aus der gemessenen Streuamplitude $\mathcal{A}(\mathbf{K})$ über die Beziehung

$$\varrho(\mathbf{r}) = \frac{1}{(2\pi)^3} \int \mathcal{A}(\mathbf{K})\, e^{i\mathbf{K}\cdot\mathbf{r}} d^3K \tag{4.6}$$

die Streudichteverteilung $\varrho(\mathbf{r})$ und damit die Struktur der Probe gewinnen. Unglücklicherweise kann jedoch in Beugungsexperimenten nicht die Amplitude der Streustrahlung, sondern nur deren Intensität gemessen werden. Damit geht ein wichtiger Teil der Information über die Struktur verloren, der in der *Phase* des Messsignals steckt, so dass die Rücktransformation nicht unmittelbar ausgeführt werden kann. Dadurch entsteht das *Phasenproblem*, auf das wir im übernächsten Abschnitt eingehen.

Bisher haben wir nicht zwischen der Streuung an kristallinen und amorphen Substanzen unterschieden, doch hängt die *Analyse* der Streudaten und die daraus resultierende Strukturinformation ganz wesentlich davon ab. Wir werden daher auf beide Materialklassen getrennt eingehen. Dabei setzen wir uns zunächst mit der Streuung an Kristallen und anschließend mit der an amorphen Proben auseinander. Vorher betrachten wir jedoch noch die Fourier-Entwicklung von periodischen Strukturen, die zum Konzept des *reziproken Gitters* führt, da dieses die mathematische Behandlung der Streuung an Kristallen wesentlich vereinfacht.

4.3 Fourier-Entwicklung von Punktgittern

Wie in Kapitel 3 ausgeführt wurde, sind Kristalle translationssymmetrisch. Damit ist auch die Streudichteverteilung $\varrho(\mathbf{r})$ periodisch und es liegt nahe, diese Symmetrie bei der Auswertung der Streuspektren von Anfang an zu nutzen. Dazu entwickeln wir die Streudichteverteilung in eine Fourier-Reihe und untersuchen die einzelnen Fourier-Komponenten separat. Wie wir sehen werden, führt die Fourier-Entwicklung der Kristallgitter zu einer Reihe von interessanten und wichtigen Konzepten, von denen wir das *reziproke Gitter*, die *Brillouin-Zone* und die *Millerschen Indizes* herausgreifen. Nach deren Behandlung kommen wir auf unser ursprüngliches Problem, die Bestimmung der Kristallstruktur durch Beugungsexperimente, zurück.

2 Jean-Baptiste-Joseph Fourier, *1768 Auxerre, †1830 Paris

4.3.1 Reziprokes Gitter

Im Folgenden entwickeln wir die dreidimensionale periodische Streudichteverteilung $\varrho(\mathbf{r})$ in eine Fourier-Reihe, wobei wir die Tatsache nutzen, dass Kristalle Translationssymmetrie besitzen. Die Entwicklung hat die Form

$$\varrho(\mathbf{r}) = \sum_{h,k,l} \varrho_{hkl}\, \mathrm{e}^{\mathrm{i}\mathbf{G}_{hkl}\cdot\mathbf{r}} , \tag{4.7}$$

wobei h, k und l unabhängige ganze Zahlen sind. Die Fourier-Koeffizienten ϱ_{hkl} sind wie üblich durch die Gleichung

$$\varrho_{hkl} = \frac{1}{V_Z} \int_{V_Z} \varrho(\mathbf{r})\, \mathrm{e}^{-\mathrm{i}\mathbf{G}_{hkl}\cdot\mathbf{r}}\, \mathrm{d}V \tag{4.8}$$

definiert. Die Integration erstreckt sich über die Periode der Funktion, in unserem Fall also über das Volumen V_Z der primitiven Elementarzelle.

Die Vektoren $\mathbf{G}_{hkl}$ stellen wir in der Form

$$\mathbf{G}_{hkl} = h\mathbf{b}_1 + k\mathbf{b}_2 + l\mathbf{b}_3 \tag{4.9}$$

dar, wobei die Vektoren $\mathbf{b}_1$, $\mathbf{b}_2$ und $\mathbf{b}_3$ ein neues, schiefwinkliges Koordinatensystem festlegen, das wir noch bestimmen müssen. Da h, k und l nur diskrete Werte annehmen können, repräsentiert jeder Vektor $\mathbf{G}_{hkl}$ einen Punkt eines neuen Gitters, das als **reziprokes Gitter** bezeichnet wird. Die Wahl des neuen Koordinatensystems mit den Basisvektoren $\mathbf{b}_1$, $\mathbf{b}_2$ und $\mathbf{b}_3$ und damit auch das von ihnen aufgespannte Gitter unterliegt Einschränkungen, die auf der Forderung nach Translationsinvarianz des realen Gitters beruhen.

Die Periodizität der Streudichteverteilung $\varrho(\mathbf{r})$ lässt sich durch die Gleichung

$$\varrho(\mathbf{r}) = \varrho(\mathbf{r} + \mathbf{R}) \tag{4.10}$$

ausdrücken, wobei $\mathbf{R} = n_1\mathbf{a}_1 + n_2\mathbf{a}_2 + n_3\mathbf{a}_3$ (vgl. Gleichung (3.12)) ein Gittervektor des Kristalls ist. Zur Vereinfachung der Schreibweise benutzen wir in diesem Kapitel für die Basisvektoren die Bezeichnung $\mathbf{a}_1$, $\mathbf{a}_2$ und $\mathbf{a}_3$ anstelle von **a**, **b** und **c**.

Da die Fourier-Koeffizienten ϱ_{hkl} nicht ortsabhängig sind, die Streudichteverteilung $\varrho(\mathbf{r})$ nach (4.10) aber Translationsinvarianz aufweist, muss auch der ortsabhängige Faktor $\exp(\mathrm{i}\mathbf{G}_{hkl}\cdot\mathbf{r})$ diese Periodizität widerspiegeln, d.h., es muss die Gleichung

$$\exp\left(\mathrm{i}\mathbf{G}_{hkl}\cdot\mathbf{r}\right) = \exp\left[\mathrm{i}\mathbf{G}_{hkl}\cdot(\mathbf{r}+\mathbf{R})\right] \tag{4.11}$$

gelten. Dies ist nur möglich, wenn $\exp\left(\mathrm{i}\mathbf{G}_{hkl}\cdot\mathbf{R}\right) = 1$ oder $\mathbf{G}_{hkl}\cdot\mathbf{R} = 2\pi m$ ist, wobei m eine ganze Zahl sein muss. Führt man das Skalarprodukt aus, so sieht man sofort, dass diese Bedingung nur dann für beliebige Koeffizienten n_i des Gittervektors und für beliebige h, k, l erfüllt sein kann, wenn die Beziehung

$$\mathbf{b}_i \cdot \mathbf{a}_j = 2\pi\,\delta_{ij} \tag{4.12}$$

besteht, wobei δ_{ij} für das Kronecker-Delta[3] steht. Daraus folgt für die Basisvektoren des reziproken Gitters unmittelbar der Zusammenhang

$$\mathbf{b}_1 = \frac{2\pi}{V_Z}(\mathbf{a}_2 \times \mathbf{a}_3), \qquad \mathbf{b}_2 = \frac{2\pi}{V_Z}(\mathbf{a}_3 \times \mathbf{a}_1) \qquad \text{und} \qquad \mathbf{b}_3 = \frac{2\pi}{V_Z}(\mathbf{a}_1 \times \mathbf{a}_2) \ . \tag{4.13}$$

Das Volumen $V_Z = (\mathbf{a}_1 \times \mathbf{a}_2) \cdot \mathbf{a}_3$ der Elementarzelle des realen Gitters hängt mit dem Volumen der Elementarzelle $(\mathbf{b}_1 \times \mathbf{b}_2) \cdot \mathbf{b}_3$ des reziproken Gitters über

$$(\mathbf{b}_1 \times \mathbf{b}_2) \cdot \mathbf{b}_3 = \frac{(2\pi)^3}{V_Z} \tag{4.14}$$

zusammen. Die Beziehungen (4.12) bzw. (4.13) verknüpfen beide Gitter auf eindeutige Weise. An dieser Stelle soll nochmals betont werden, dass *ein* bestimmter reziproker Gittervektor G_{hkl} jeweils *einem* bestimmten Fourier-Koeffizienten ϱ_{hkl} der Streudichteverteilung zugeordnet ist.

Die Vektoren des reziproken Gitters haben die Dimension einer inversen Länge, d.h., sie existieren nicht im vertrauten **Ortsraum**, sondern im **k-Raum**, wobei $\mathbf{k}$ für den Wellenvektor steht. Da der Impuls eines Teilchens durch $\hbar\mathbf{k}$ gegeben ist, spricht man auch vom **Impulsraum**. In der Darstellung des reziproken Gitters werden wir die Achsen zukünftig meist mit dem Symbol k bezeichnen, das wir für den Wellenvektor bzw. die Wellenzahl reserviert haben.

Anhand einiger einfacher Beispiele wollen wir den Zusammenhang zwischen realem und reziprokem Gitter veranschaulichen. Bei einer *linearen Kette* mit der Gitterkonstanten a ist das reziproke Gitter ebenfalls linear und hat gemäß (4.12) die Gitterkonstante $2\pi/a$. Für ein schiefwinkliges *ebenes* Gitter ist die Verknüpfung in Bild 4.4

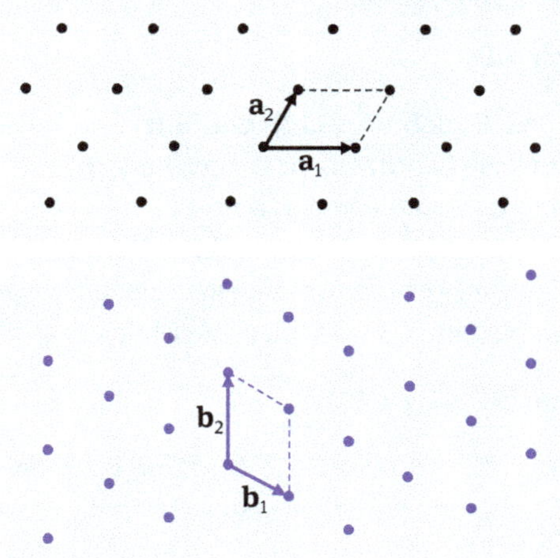

Abb. 4.4: Zusammenhang zwischen realem und reziprokem Gitter. Im oberen Teil des Bildes ist das ursprüngliche Gitter in schwarz, im unteren Teil das entsprechende reziproke in blau dargestellt. Der Basisvektor b_1 des reziproken Gitters steht senkrecht auf a_2 und b_2 senkrecht auf a_1.

3 Leopold Kronecker, *1823 Liegnitz, †1891 Berlin

veranschaulicht. Die Basisvektoren $\mathbf{b}_1$ und $\mathbf{b}_2$ des reziproken Gitters stehen senkrecht auf den Basisvektoren $\mathbf{a}_2$ und $\mathbf{a}_1$ des ursprünglichen Gitters.

Die Elementarzelle des *kubisch primitiven Gitters* im realen und im reziproken Raum ist in Bild 4.5 zu sehen. Sind $\hat{\mathbf{x}}, \hat{\mathbf{y}}$ und $\hat{\mathbf{z}}$ die Einheitsvektoren des kartesischen Koordinatensystems und a die Gitterkonstante, so gilt für das reale Gitter $\mathbf{a}_1 = a\hat{\mathbf{x}}$, $\mathbf{a}_2 = a\hat{\mathbf{y}}$ und $\mathbf{a}_3 = a\hat{\mathbf{z}}$. Mit $(\mathbf{a}_1 \times \mathbf{a}_2) \cdot \mathbf{a}_3 = a^3$ findet man für die Basisvektoren des reziproken Gitters: $\mathbf{b}_1 = 2\pi(\mathbf{a}_2 \times \mathbf{a}_3)/a^3 = 2\pi\hat{\mathbf{x}}/a$ und entsprechende Ausdrücke für $\mathbf{b}_2$ und $\mathbf{b}_3$. Das reziproke Gitter des kubisch primitiven Gitters ist also ebenfalls kubisch primitiv. Die Gitterkonstante ist $b = 2\pi/a$ und das Volumen der primitiven Elementarzelle $(2\pi/a)^3$. Aus dem soeben Gesagten folgt, dass bei Darstellungen wie in Bild 4.5 eigentlich zwei verschiedene Räume, der Ortsraum und der Impulsraum, ineinander gezeichnet sind, bei der Interpretation also Vorsicht geboten ist.

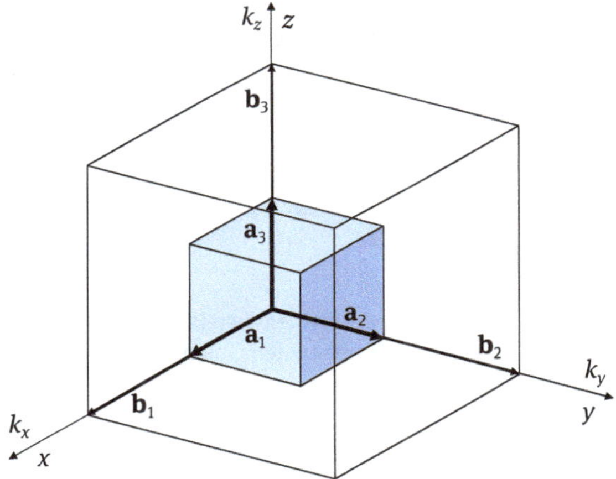

Abb. 4.5: Elementarzelle des realen (blau getönt) und des reziproken kubisch primitiven Gitters mit den Gitterkonstanten a bzw. $b = 2\pi/a$.

Nicht ganz so einfach lässt sich der Zusammenhang bei den nicht-primitiven kubischen Gittern herstellen. Eine etwas längere Rechnung zeigt, dass das *kubisch raumzentrierte* Gitter das reziproke Gitter des *kubisch flächenzentrierten* ist und umgekehrt. Wir werden auf die Form dieser Gitter im folgenden Abschnitt nochmals zurückkommen.

4.3.2 Brillouin-Zone

Wie im realen Gitter, so lässt sich auch eine Wigner-Seitz-Zelle (vgl. Abschnitt 3.3) des reziproken Gitters definieren. Sie wird als **erste Brillouin-Zone**[4] bezeichnet und besitzt, wie wir in den folgenden Kapiteln sehen werden, fundamentale Bedeutung in

4 Léon Nicolas Brillouin, *1889 Sévres, †1969 New York

der Festkörperphysik. Die Brillouin-Zone spielt eine wichtige Rolle in der Gitterdynamik, bei der Beschreibung der Elektronenbewegung und bei vielen anderen Phänomenen, bei denen die Gitterperiodizität im Vordergrund steht.

Das Konstruktionsprinzip der Wigner-Seitz-Zelle lässt sich erweitern, indem man nicht nur die direkt benachbarten reziproken Gitterpunkte sondern auch etwas weiter entfernte Punkte in den Aufbau der Zelle einbezieht. Wie bei der Konstruktion der Wigner-Seitz-Zelle errichtet man in der Mitte der Verbindungsstrecken eine senkrecht stehende Ebene. Diese Vorgehensweise führt zu *Brillouin-Zonen höherer Ordnung*, für die wir nun einige einfache Beispiele kennen lernen wollen.

Wie bereits erwähnt, ist das reziproke Gitter einer *linearen Kette* wieder eine Kette mit der Gitterkonstanten $2\pi/a$. Die 1. Brillouin-Zone liegt im Zentrum des reziproken Gitters, d.h. im Wellenzahlbereich $-\pi/a < k \leq \pi/a$. Die Zonen höherer Ordnung schließen sich außen an. In Bild 4.6 sind die ersten drei Brillouin-Zonen durch unterschiedlich gefärbte Strecken angedeutet. Man beachte, dass jeweils zwei getrennte Hälften zu den Brillouin-Zonen höherer Ordnung gehören, die zusammen die gleiche Ausdehnung wie die 1. Brillouin-Zone besitzen. Der Aufpunkt des reziproken Gitters bzw. der Mittelpunkt der 1. Brillouin-Zone wird als **Γ-Punkt** bezeichnet.

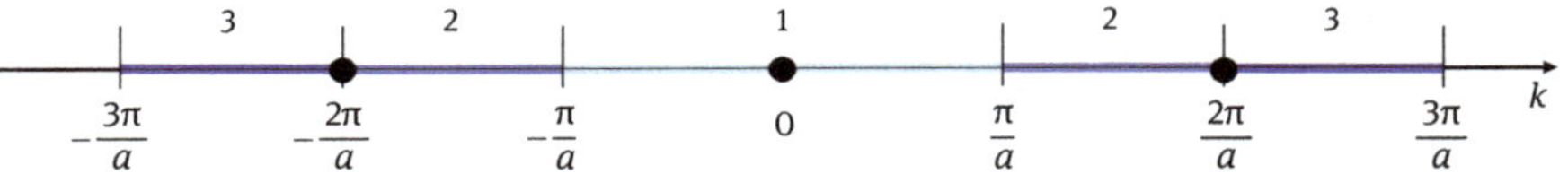

Abb. 4.6: Brillouin-Zonen einer linearen Kette. Die Strecken der verschiedenen Brillouin-Zonen sind durch unterschiedlich gefärbte Bereiche gekennzeichnet. Die senkrechten Linien markieren die Ränder der jeweiligen Brillouin-Zonen. Der Γ-Punkt des reziproken Gitters liegt bei $k = 0$.

In Bild 4.7 sind die ersten drei Brillouin-Zonen eines *Rechteckgitters* zu sehen. Die 1. Brillouin-Zone ist wieder ein Rechteck, doch mit zunehmender Ordnung zerfallen die Zonen in immer mehr Einzelteile. Die Summe der einzelnen Teilflächen jeder Brillouin-

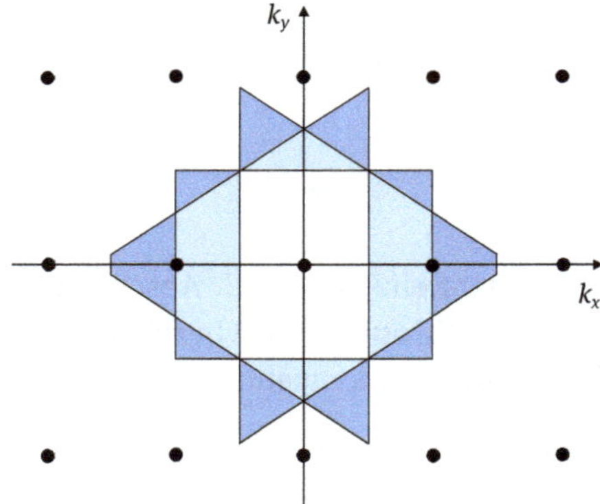

Abb. 4.7: Brillouin-Zonen eines Rechteckgitters. Die Flächen der 2. Brillouin-Zone sind durch helle und die dritte durch dunklere Tönung gekennzeichnet.

Zone entspricht genau der Fläche der 1. Zone. Durch Verschieben dieser Teile um *ganze* Vektoren des reziproken Gitters können sie jeweils wieder zu einem Rechteck mit der Fläche der 1. Brillouin-Zone zusammengefügt werden.

Als Beispiel für dreidimensionale Brillouin-Zonen sind in Bild 4.8 die 1. Brillouin-Zone des kubisch flächenzentrierten, des kubisch raumzentrierten und des hexagonalen Gitters dargestellt. Es ist üblich, Punkte hoher Symmetrie mit Abkürzungen aus der Gruppentheorie wie Γ, L, K, X usw. zu benennen. Wie bereits oben erwähnt, wird der Ursprung der 1. Brillouin-Zone als Γ-*Punkt* bezeichnet. Wie die Polyeder der Wigner-Seitz-Zelle den realen Raum, so füllen bei einer periodischen Wiederholung die Polyeder der Brillouin-Zone den reziproken Raum lückenlos. Ein Vergleich von Bild 4.8 und Bild 3.33b macht deutlich, dass die 1. Brillouin-Zone des kubisch flächenzentrierten Gitters gerade der Wigner-Seitz-Zelle des kubisch raumzentrierten Gitters entspricht. Natürlich gilt auch das Umgekehrte.

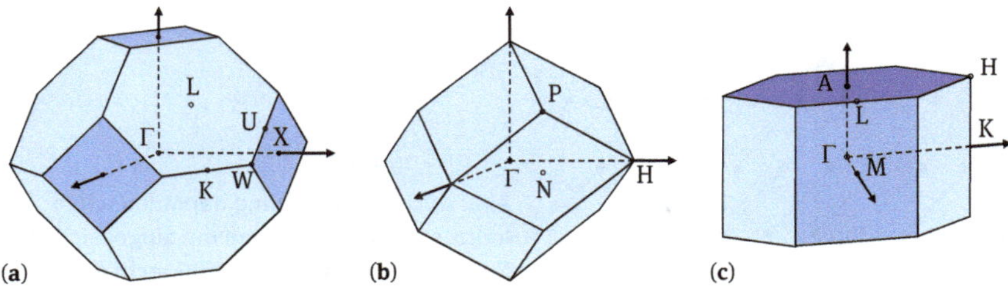

Abb. 4.8: 1. Brillouin-Zone des kubisch flächenzentrierten **(a)**, des kubisch raumzentrierten **(b)** und des hexagonalen **(c)** Gitters. Punkte hoher Symmetrie sind durch Buchstaben besonders gekennzeichnet. (Nach N.W. Ashcroft, N.D. Mermin, *Festkörperphysik*, Oldenbourg, 2007.)

Auch die dreidimensionalen Brillouin-Zonen höherer Ordnung bestehen aus einer mit zunehmender Ordnung steigenden Anzahl von Einzelteilen, die sich durch Verschieben um einen reziproken Gittervekor wieder zu einem Polyeder mit derselben Gestalt und Größe wie die 1. Brillouin-Zone zusammenfügen lassen. In Bild 4.9 sind die ersten drei Brillouin-Zonen des kubisch flächenzentrierten Gitters abgebildet.

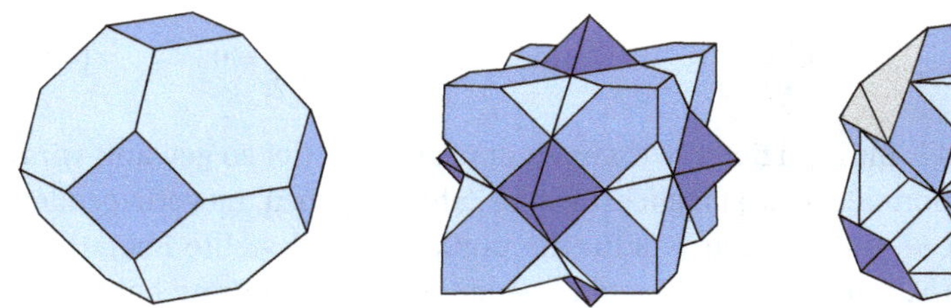

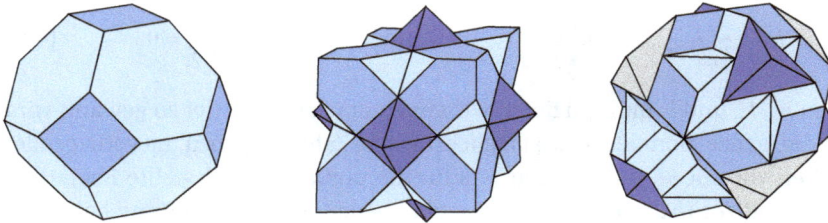

Abb. 4.9: Die ersten drei Brillouin-Zonen des kubisch flächenzentrierten Gitters. (Nach N.W. Ashcroft, N.D. Mermin, *Festkörperphysik*, Oldenbourg, 2007.)

4.3.3 Millersche Indizes

Eine Ebene im Kristall, die durch Gitterpunkte aufgespannt wird, bezeichnet man als **Kristall-**, **Gitter-** oder **Netzebene**. Aufgrund der Translationsinvarianz der Kristalle gibt es jeweils (unendlich) viele äquivalente Ebenen, die parallel zueinander verlaufen. Es erweist sich als vorteilhaft, wie bei der Fourier-Zerlegung des Gitters, bei der Charakterisierung der Gitterebenen reziproke Längen zu benutzen. Hierauf beruht die Indizierung der Kristallebenen mit Hilfe der **Millerschen Indizes.**[5] Die Vorgehensweise lässt sich anhand des einfachen Beispiels in Bild 4.10 gut demonstrieren, in dem einige äquivalente Ebenen eines monoklinen Gitters eingezeichnet sind.

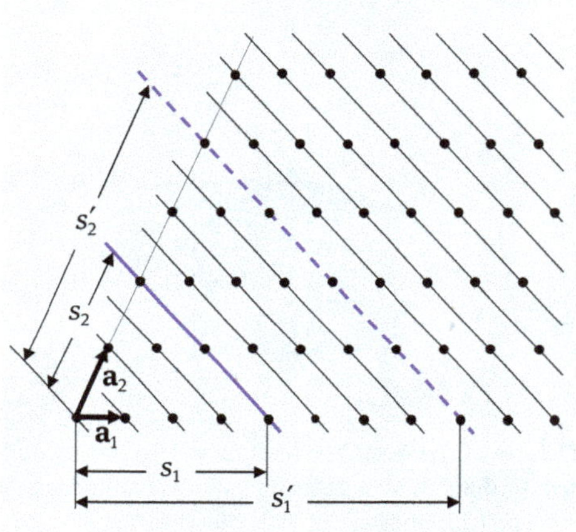

Abb. 4.10: Zur Herleitung der Millerschen Indizes. Die a_3-Achse und die eingezeichnete Netzebenenschar stehen senkrecht auf der Zeichenebene. Blau hervorgehoben ist die Ebene mit den Achsenabschnitten $s_1 = 4a_1$ und $s_2 = 2a_2$. Punktiert gezeichnet ist die Ebene mit $s_1' = 8a_1$ und $s_2' = 4a_2$.

Wir betrachten die blau hervorgehobene Ebene, deren Achsenabschnitte s_i wir in Einheiten der Basisvektoren a_i angeben. Wir finden $\tilde{s}_1 = s_1/a_1 = 4$ und $\tilde{s}_2 = s_2/a_2 = 2$. Weiter nehmen wir an, dass die herausgegriffene Ebenenschar parallel zur nicht dargestellten $\mathbf{a}_3$-Achse verläuft, also senkrecht auf der Zeichenebene steht. Da dann kein Schnittpunkt auftritt, ist der Achsenabschnitt $\tilde{s}_3 = s_3/a_3 = \infty$. Nun bilden wir den Kehrwert dieser Größen und erhalten

$$h' = \frac{1}{\tilde{s}_1} = \frac{1}{4}, \qquad k' = \frac{1}{\tilde{s}_2} = \frac{1}{2} \qquad \text{und} \qquad l' = \frac{1}{\tilde{s}_3} = \frac{1}{\infty} = 0\,. \tag{4.15}$$

Die Zahlen h', k' und l' multiplizieren wir mit einem Faktor m, der so gewählt wird, dass sich drei ganze, normalerweise möglichst kleine Zahlen ergeben. Im vorliegenden Fall erhalten wir mit $m = 4$ (bzw. $m = 8$ für die punktiert dargestellte Ebene) die Millerschen Indizes (hkl) der eingezeichneten Ebenen. In der Zeichnung haben wir

5 William Hallowes Miller, *1801 Llandovery Wales, †1880 Cambridge

offensichtlich die (120)-Ebenen herausgegriffen. Auch für die punktierte Ebene ergibt sich bei gleicher Vorgehensweise $(hkl) = (120)$. Die Abkürzung (hkl) steht also für eine *Schar* von parallelen Ebenen. Hier soll noch darauf hingewiesen werden, dass bei der Bezeichnung der Netzebenen die Angaben nicht durch Kommas getrennt werden. Wie man sich leicht klarmachen kann, hängt die Bezeichnung der Gitterebenen von der Wahl der Basisvektoren ab.

Mit Hilfe der Millerschen Indizes lassen sich nicht nur die Ebenen, sondern auch Richtungen im Kristall charakterisieren. Unter der $[hkl]$-*Richtung*, gekennzeichnet durch eckige Klammern, versteht man die Richtung des Vektors $[hkl] = h\mathbf{a}_1 + k\mathbf{a}_2 + l\mathbf{a}_3$. Auch hier benutzt man möglichst kleine Indizes. Bei kubischen Kristallen steht der Vektor $[hkl]$ senkrecht auf den (hkl)-Gitterebenen. Negative Vorzeichen bei der Bezeichnung von Ebenen und Richtungen werden über die Zahl geschrieben, z.B. $(\bar{1}00)$ oder $[0\bar{1}0]$. Möchte man nicht eine spezielle Netzebenenschar (hkl) oder eine spezielle Richtung $[hkl]$ herausgreifen, sondern die Gesamtheit aller symmetriebedingten „gleichwertigen" Netzebenenscharen oder Kristallrichtungen angeben, so schreibt man $\{hkl\}$ bzw. $\langle hkl \rangle$. Die verschiedenen gleichwertigen Netzebenenscharen bzw. Richtungen lassen sich unter Ausnutzung von Drehsymmetrien ineinander überführen.

Meist sind Ebenen mit niedriger Indizierung von besonderem Interesse, da sie die grundlegenden Periodizitäten der Kristallgitter widerspiegeln. Dies sind neben den $\{100\}$-Netzebenen vor allem die $\{110\}$- und $\{111\}$-Ebenen. In Bild 4.11 ist die Lage einiger dieser Ebenen für kubische Kristalle angegeben. Gelegentlich findet man auch höher indizierte Ebenen, die nicht entsprechend dem Kriterium kleinstmöglicher Zahlen benannt sind. Diese haben durchaus physikalische Bedeutung, wenn die Basis komplizierter aufgebaut ist oder wenn die betrachtete Elementarzelle nicht primitiv ist und mehrere Gitterpunkte enthält. So verläuft die (200)-Ebene parallel zur (100)-Ebene, doch schneidet sie die Achse beim halben Gitterabstand. Bei kubisch raumzentrierten Kristallen liegt das Atom im Würfelzentrum der nicht-primitiven Elementarzelle (vgl. Bravais-Gitter in Bild 3.26) in dieser Ebene.

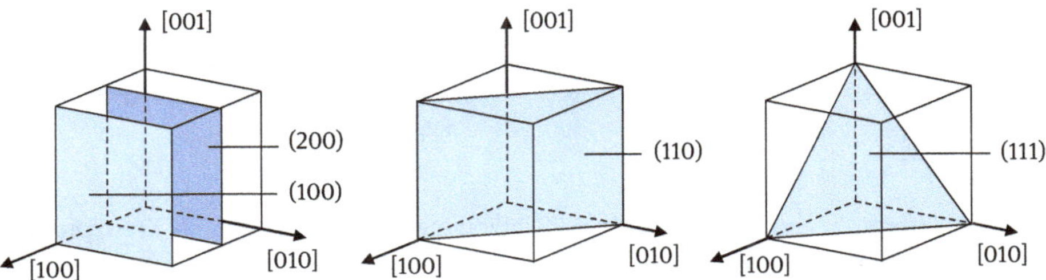

Abb. 4.11: Ausgewählte Gitterebenen eines kubischen Kristalls. Links sind die Ebenen (100) und (200) dargestellt. In der Mitte und rechts die Ebenen (110) und (111).

Ergänzend sei noch bemerkt, dass in der Oberflächenphysik Ebenen mit großen Millerschen Indizes häufig eine wichtige Rolle spielen. Schneidet man nämlich einen Kristall unter einem kleinen Winkel relativ zu einer seiner kristallografischen Achsen, so besteht die erzeugte Oberfläche aus einer regelmäßigen Abfolge von *Stufen* monoatomarer Höhe, die durch *Terrassen* getrennt sind. Derartig gestufte oder *vizinale Oberflächen* weisen besonders interessante physikalische Eigenschaften auf, die wir aber nicht näher betrachten werden.

Bei der Indizierung von Ebenen der hexagonalen Kristalle ist besondere Vorsicht geboten. Benutzt man das Bravais-Gitter, so bewirkt die spezielle Symmetrie dieses Kristallsystems, dass gleichwertige Ebenen mit der geschilderten Indizierungsvorschrift unterschiedlich bezeichnet werden. So lassen sich die beiden Ebenen (100) und $(1\bar{1}0)$ durch Drehung um 60° ineinander überführen, sind also gleichwertig, obwohl man dies aufgrund ihrer Indizierung nicht erwartet. Durch die Einführung eines zusätzlichen Index lässt sich dieser Mangel beheben. Die Ebenen werden mit $(hkil)$ bezeichnet und der zusätzliche Index i durch $i = -(h + k)$ festgelegt. In unserem Beispiel handelt es sich somit um die Ebenen $(10\bar{1}0)$ und $(1\bar{1}00)$ oder allgemeiner um $\{1\bar{1}00\}$-Ebenen.

Offensichtlich besteht ein Zusammenhang zwischen den Millerschen Indizes und dem reziproken Gitter. Um die Verknüpfung zu finden, greifen wir – wie in Bild 4.12 skizziert – eine beliebige Netzebene heraus und legen ihre räumliche Lage durch die drei Vektoren $\mathbf{u}$, $\mathbf{v}$ und $\mathbf{w}$ fest, die sich mit Hilfe der Basisvektoren des betreffenden Gitters ausdrücken lassen: $\mathbf{u} = \tilde{s}_1\mathbf{a}_1$, $\mathbf{v} = \tilde{s}_2\mathbf{a}_2$, und $\mathbf{w} = \tilde{s}_3\mathbf{a}_3$.

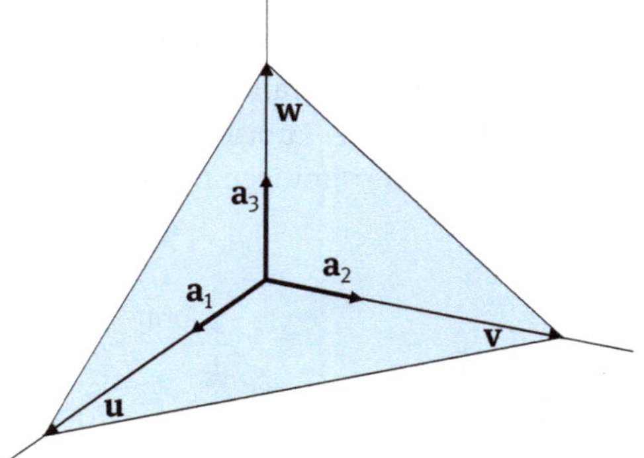

Abb. 4.12: Zur Herleitung des Zusammenhangs zwischen den Millerschen Indizes und dem reziproken Gitter. Die Vektoren $\mathbf{u}$, $\mathbf{v}$ und $\mathbf{w}$, die sich in Einheiten der Basisvektoren $\mathbf{a}_1$, $\mathbf{a}_2$ und $\mathbf{a}_3$ ausdrücken lassen, spannen eine Netzebene des Kristallgitters auf.

Da die Vektoren $(\mathbf{u}-\mathbf{v})$ und $(\mathbf{w}-\mathbf{v})$ in der Netzebene liegen, definiert das Kreuzprodukt $(\mathbf{u}-\mathbf{v})\times(\mathbf{w}-\mathbf{v})$ einen Vektor $\hat{\mathbf{n}}$ senkrecht zur betrachteten Ebene. Mit der Definition (4.13) gilt für diesen Vektor

$$\begin{aligned}\hat{\mathbf{n}} &= (\mathbf{u}-\mathbf{v}) \times (\mathbf{w}-\mathbf{v}) = (\mathbf{u} \times \mathbf{w}) - (\mathbf{v} \times \mathbf{w}) - (\mathbf{u} \times \mathbf{v}) \\ &= \tilde{s}_1\tilde{s}_3(\mathbf{a}_1 \times \mathbf{a}_3) - \tilde{s}_2\tilde{s}_3(\mathbf{a}_2 \times \mathbf{a}_3) - \tilde{s}_1\tilde{s}_2(\mathbf{a}_1 \times \mathbf{a}_2)\ .\end{aligned} \tag{4.16}$$

Multiplizieren wir $\hat{\mathbf{n}}$ mit $-2\pi/\tilde{s}_1\tilde{s}_2\tilde{s}_3 V_Z$, so erhalten wir

$$-\frac{2\pi}{V_Z}\frac{\hat{\mathbf{n}}}{\tilde{s}_1\tilde{s}_2\tilde{s}_3} = -\frac{2\pi}{V_Z}h'k'l'\hat{\mathbf{n}} = h'\mathbf{b}_1 + k'\mathbf{b}_2 + l'\mathbf{b}_3 = \frac{1}{p}\,\mathbf{G}_{hkl}\,, \tag{4.17}$$

Der betrachtete Vektor und der reziproke Gittervektor verlaufen parallel zueinander, d.h. der reziproke Gittervektor $\mathbf{G}_{hkl}$ steht senkrecht auf den Netzebenen (hkl). Mit elementarer analytischer Geometrie lässt sich weiter zeigen, dass der Abstand d_{hkl} zwischen zwei benachbarten Netzebenen über

$$d_{hkl} = \frac{2\pi}{|\mathbf{G}_{hkl}|} \tag{4.18}$$

direkt mit dem Betrag des reziproken Gittervektors verknüpft ist. Somit repräsentiert der reziproke Gittervektor $\mathbf{G}_{hkl}$ die Netzebenenschar (hkl): Er steht senkrecht auf diesen Ebenen, sein Betrag wird durch den reziproken Ebenenabstand bestimmt. Jeder Netzebenenschar ist ein reziproker Gittervektor zugeordnet und umgekehrt. Diese Wechselbeziehung wird verständlich, wenn man bedenkt, dass die reziproken Gittervektoren durch die Fourier-Komponenten der Streudichteverteilung festgelegt sind.

4.4 Experimentelle Bestimmung der Kristallstruktur

Bei der Diskussion des Streuvorganges haben wir gefunden, dass die Amplitude der gestreuten Strahlung proportional zur Streuamplitude $\mathcal{A}(\mathbf{K})$ verläuft. Die beobachtete Streuintensität $I(\mathbf{K})$ ist also durch die Beziehung

$$I(\mathbf{K}) \propto |\mathcal{A}(\mathbf{K})|^2 = \left|\int_{V_\mathrm{P}} \varrho(\mathbf{r})\,\mathrm{e}^{-\mathrm{i}\mathbf{K}\cdot\mathbf{r}}\mathrm{d}V\right|^2 \tag{4.19}$$

gegeben. Dabei erstreckt sich die Integration über das Probenvolumen V_P.

Für die Strukturbestimmung ist nicht der Absolutwert der gestreuten Strahlung, sondern deren Variation mit der Beobachtungsrichtung entscheidend. Diese Information steckt ausschließlich in der Größe $|\mathcal{A}(\mathbf{K})|^2$, die wir in der weiteren Diskussion betrachten. Der Einfachheit halber werden wir dennoch von der „Streuintensität" sprechen. Nun führen wir die Berechnung der „Streuintensität" mit Hilfe des Konzepts des reziproken Gitters durch. Wir setzen die Entwicklung (4.7) der Streudichteverteilung $\varrho(\mathbf{r})$ nach den Basisvektoren des reziproken Gitters in (4.19) ein und erhalten

$$|\mathcal{A}(\mathbf{K})|^2 = \left|\sum_{h,k,l} \varrho_{hkl} \int_{V_\mathrm{P}} \mathrm{e}^{\mathrm{i}(\mathbf{G}-\mathbf{K})\cdot\mathbf{r}}\mathrm{d}V\right|^2 . \tag{4.20}$$

Im weiteren Verlauf der Diskussion werden wir die Indizes hkl beim reziproken Gittervektor meist weglassen und sie nur angeben, wenn sie benötigt werden. Da die

Funktion $\exp[\mathrm{i}(\mathbf{G}-\mathbf{K})\cdot\mathbf{r}]$ oszilliert, mitteln sich die Beiträge weg, wenn die Integration über ein Streuvolumen erfolgt, dessen Ausdehnung groß gegen die Perioden der Oszillationen ist. Vom physikalischen Standpunkt aus betrachtet bedeutet dies, dass sich die Streubeiträge der einzelnen Atome durch Interferenz auslöschen. Davon ausgenommen sind spezielle Beobachtungsrichtungen, für welche die **Beugungsbedingung**

$$\mathbf{K} = \mathbf{G} \tag{4.21}$$

erfüllt ist. Die Exponentialfunktion in (4.20) nimmt für diese ausgezeichneten Richtungen den Wert eins an. Dies ist ein Ausdruck dafür, dass die Überlagerung der Streuwellen aufgrund der regelmäßigen Anordnung der Atome konstruktiv erfolgt. Formal lässt sich das geschilderte Ergebnis durch die Beziehung

$$\int_{V_\mathrm{P}} \mathrm{e}^{\mathrm{i}(\mathbf{G}-\mathbf{K})\cdot\mathbf{r}}\,\mathrm{d}V \simeq \begin{cases} V_\mathrm{P} & (\mathbf{K}=\mathbf{G})\;, \\ 0 & (\mathbf{K}\neq\mathbf{G}) \end{cases} \tag{4.22}$$

ausdrücken. Im Grenzfall eines unendlich großen Probenvolumens steht auf der linken Seite die Fourier-Darstellung der δ-Funktion in den drei Raumrichtungen. Streustrahlung tritt nur dann auf, wenn die Bedingung (4.21) streng erfüllt ist. Bei endlichem Probenvolumen oder endlicher Eindringtiefe der Strahlung ist die Streubedingung etwas „aufgeweicht". Auf die wichtigen Konsequenzen, die sich daraus ergeben, werden wir sogleich noch eingehen. Will man einen „Beugungsreflex", d.h. gestreute Strahlung beobachten, dann muss bei vorgegebener Streugeometrie die Kristallorientierung so lange verändert werden, bis die Streubedingung erfüllt ist.

Berechnen wir nun die Streuintensität mit Hilfe von (4.20), so stellen wir fest, dass die Summation entfällt, denn jeder reziproke Gittervektor $\mathbf{G}_{hkl}$ repräsentiert gerade *einen* Fourier-Koeffizienten ϱ_{hkl} der Streudichteverteilung. Damit erhalten wir für die Streuintensität den einfachen Ausdruck

$$|\mathcal{A}(\mathbf{K}=\mathbf{G})|^2 = |\varrho_{hkl}|^2\,V_\mathrm{P}^2\;. \tag{4.23}$$

Die quadratische Abhängigkeit der Streuintensität vom Probenvolumen ist auf den ersten Blick überraschend, da zu erwarten ist, dass die Intensität der gestreuten Strahlung proportional zur Anzahl der streuenden Atome ansteigt. Die Ursache für diese überraschende Vorhersage ist offensichtlich: Wir haben bei der Herleitung dieses Ergebnisses zu stark vereinfacht. Generell lässt sich sagen, dass bei einem endlichen Volumen V_P die Beugungsbedingung $\mathbf{K} = \mathbf{G}$ gelockert ist und mit abnehmendem Probenvolumen die Beugungsreflexe verbreitert werden. In Abhängigkeit vom Winkel durchläuft die Streuintensität eines Beugungsreflexes ein Maximum, dessen *Höhe* durch (4.23) gegeben ist, dessen Breite jedoch mit dem Probenvolumen abnimmt. Eine eingehendere Betrachtung zeigt, dass die Breite des Reflexes proportional zu V_P^{-1} ist. Daraus folgt, dass die *integrale Intensität* des Beugungsreflexes wie erwartet linear mit dem Streuvolumen ansteigt, also proportional zur Zahl der Streuzentren ist.

Grundsätzlich wird das Streuvolumen durch die endliche Eindringtiefe der auftreffenden Strahlung eingeschränkt. Bei der Röntgenstreuung wird abhängig von der Streustärke der untersuchten Probe ein Anteil von $10^{-5} - 10^{-3}$ der einfallenden Intensität an jeder Netzebene gestreut. Dies führt zu einer starken Intensitätsabnahme des einfallenden Strahls, wodurch die Dicke der durchstrahlten Probe und damit auch das Streuvolumen begrenzt werden. Der Einfluss des Probenvolumens macht sich unter Umständen auch bei der Untersuchung von polykristallinen Proben bemerkbar. Besteht die Probe aus sehr kleinen Kristalliten, so beobachtet man eine Reflexverbreiterung, die unter geeigneten Bedingungen Rückschlüsse auf die Größe der Kristallite erlaubt. Die endliche Breite der Beugungsreflexe kann aber auch von anderen Faktoren als der Probengröße abhängen. So können beispielsweise das Spektrum und die Divergenz der einfallenden Strahlung bereits eine Verbreiterung der Reflexe bewirken.

In einer weiter entwickelten Theorie der Streuung müssen neben dem effektiven Streuvolumen noch weitere Effekte wie Absorption oder Brechungsindex berücksichtigt werden. Von großer Bedeutung ist die Tatsache, dass die gebeugte Welle selbst wieder durch die Netzebenen teilweise in Richtung des einfallenden Strahls gestreut wird. In der *dynamischen Theorie*, die vor allem von *P.P. Ewald*[6] vorangetrieben wurde, sind diese Effekte eingearbeitet. Natürlich ist sie wesentlich aussagekräftiger, aber auch komplizierter als die hier durchgeführte einfache Betrachtung.

4.4.1 Ewald-Kugel und Bragg-Bedingung

Lässt man Röntgenstrahlen mit dem Wellenvektor $\mathbf{k}_0$ auf einen zufällig orientierten Kristall fallen, so tritt in der Regel kein Beugungsreflex auf, da die Beugungsbedingung $\mathbf{K} = \mathbf{G}$ für die gewählte Beobachtungsrichtung nicht erfüllt ist, d.h., der Strahl wird ohne besondere Wechselwirkung den Kristall durchqueren. Bei vorgegebener Richtung des einfallenden Strahls muss der Kristall passend ausgerichtet werden und die Beobachtung unter einer geeigneten Richtung erfolgen. Die erforderliche Orientierung des Kristalls in Bezug auf die einfallende Strahlung lässt sich durch die Konstruktion der **Ewald-Kugel** geometrisch veranschaulichen. Wie in Bild 4.13 gezeigt, stellt man das reziproke Gitter dar und zeichnet den Vektor $\mathbf{k}_0$ derart ein, dass sein Endpunkt im Ursprung des reziproken Gitters liegt. Dann schlägt man einen Kreis (bzw. eine Kugel im dreidimensionalen Fall) mit dem Radius k_0 um den Anfangspunkt des Wellenvektors, um die Menge aller Streuvektoren $\mathbf{K} = (\mathbf{k} - \mathbf{k}_0)$ für eine elastische Streuung mit $|\mathbf{k}_0| = |\mathbf{k}|$ zu kennzeichnen. Die Streubedingung (4.21) ist erfüllt, wenn die Ewald-Kugel einen Punkt des reziproken Gitters berührt. In diesem Fall tritt ein gebeugter Strahl in Richtung von $\mathbf{k}$ mit dem Streuvektor $\mathbf{K} = \mathbf{G}$ auf.

6 Paul Peter Ewald, *1888 Berlin, †1985 Ithaca

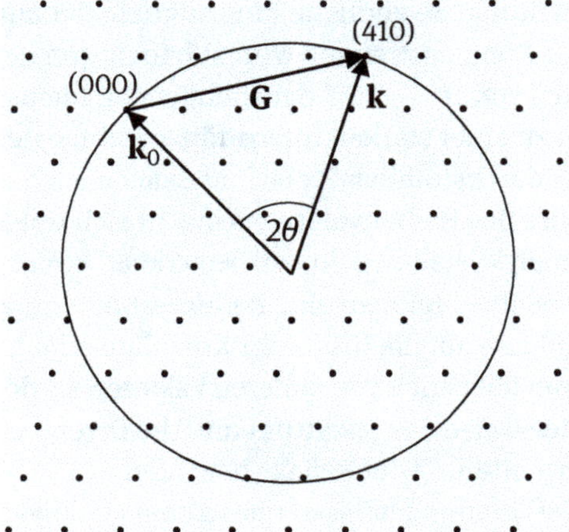

Abb. 4.13: Zweidimensionale Darstellung der Ewald-Kugel. Bei der vorgegebenen Orientierung des Kristalls bezüglich des einfallenden Strahls tritt ein Reflex durch Beugung an den (410)-Netzebenen auf.

Bisher sind wir von einem unendlich ausgedehnten, perfekten Kristallgitter mit unendlich scharfen reziproken Gitterpunkten ausgegangen. Betrachtet man aber Kristalle mit endlicher Abmessung, so sind die Punkte des reziproken Gitters „verschmiert". Je kleiner das beugende Streuvolumen, umso weniger scharf sind diese Punkte und umso breiter wird der beobachtete Reflex. In gleicher Weise ließe sich die begrenzte Eindringtiefe der Strahlung in Bild 4.13 mitberücksichtigen. Auch die endliche Frequenzschärfe und die Divergenz der einfallenden Strahlung führt zu einer Aufweichung der Beugungsbedingung. Bei der Konstruktion der Ewald-Kugel ließe sich dieser Effekt durch eine endliche Strichbreite des Kreises bzw. der Dicke der Kugelschale in die Betrachtung einbeziehen.

Wir wollen unsere Ergebnisse noch unter einem anderen Blickwinkel betrachten. Der Experimentator gibt durch die räumliche Anordnung von Strahlungsquelle, Strahlungsdetektor und durch die Orientierung der Probe die Lage von **K** im reziproken Gitter vor. Wird ein Reflex beobachtet, so ist über die Beugungsbedingung damit auch der mitwirkende reziproke Gittervektor **G** mit dem Zahlentripel (*hkl*) festgelegt. Dieser wiederum ist mit der Fourier-Komponente der Streudichteverteilung und somit mit der zugehörigen Netzebenenschar verbunden. Dies bedeutet, dass die beobachtete Streuung an einer periodischen Schwankung der Streudichte erfolgt, deren Periode durch $d_{hkl} = 2\pi/|\mathbf{G}_{hkl}|$ gegeben ist.

Der Zusammenhang zwischen Streuvektor und Periode der Dichteschwankung erlaubt eine anschauliche Interpretation des Beugungsexperimentes (vgl. Bild 4.14). Ist θ der Winkel zwischen der Einfallsrichtung der Welle und den Ebenen der streuenden Dichteschwankung, so gilt wegen $k_0 = k$ für den Betrag des Streuvektors: $K = |\mathbf{k} - \mathbf{k}_0| = 2k_0 \sin\theta = (4\pi \sin\theta)/\lambda$. Setzt man diese Beziehung und Gleichung (4.18)

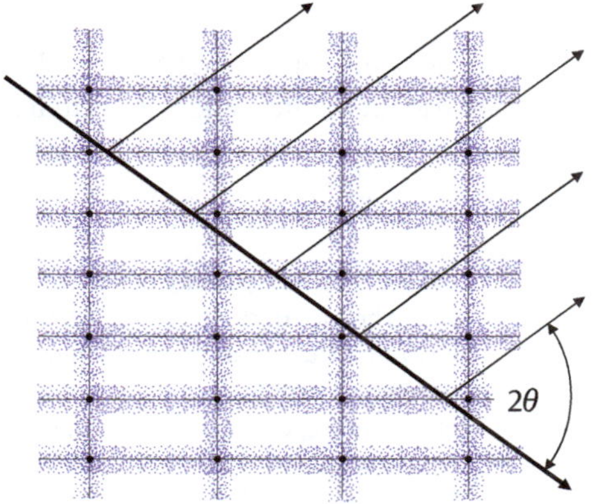

Abb. 4.14: Illustration der Bragg-Reflexion an Streudichteschwankungen mit tetragonaler Symmetrie. Der einfallende Strahl wird an den Dichteschwankungen der Netzebenen reflektiert. Die reflektierten Teilstrahlen überlagern sich konstruktiv, wenn die Bragg-Bedingung erfüllt ist. Die Lage der Atomkerne ist durch Punkte angedeutet. Die an den senkrecht verlaufenden Ebenen reflektierten Teilstrahlen sind nicht dargestellt.

in die Streubedingung (4.21) ein, so erhält man die bekannte **Bragg-Bedingung**[7]

$$2\,d_{hkl}\,\sin\theta = \lambda\,. \qquad (4.24)$$

Der Winkel θ, unter dem der Beugungsreflex beobachtet wird, wird oft als *Glanzwinkel* bezeichnet. Die elementare Herleitung liefert $2d\sin\theta = n\lambda$ mit ganzzahligem n. Das Auftreten des Faktors n hat eine einfache Erklärung: Die periodische Modulation der Streudichteverteilung, die durch die betrachteten Gitterebenen hervorgerufen wird, entspricht nicht einer reinen Kosinus-Modulation. Es kommen auch höhere Harmonische mit der Periode d_{hkl}/n vor, die ebenfalls konstruktive Interferenz der Streustrahlung bewirken. Da im reziproken Gitter natürlich auch Gitterpunkte existieren, die sich durch ein ganzzahliges Vielfaches $n\mathbf{G}$ des ursprünglichen Vektors darstellen lassen, ist $\mathbf{K} = n\mathbf{G}$ ebenfalls eine Bedingung für die konstruktive Überlagerung der gestreuten Wellen.

4.4.2 Strukturfaktor

Die bisherigen Überlegungen erlauben zwar eine Voraussage, welche Reflexe bei Streuexperimenten aufgrund der Gitterperiodizität der Kristalle auftreten *können*, doch ist damit noch keine Aussage über die Stärke dieser Reflexe verbunden. Die *Intensität* der Reflexe wird nach (4.23) durch die Fourier-Koeffizienten ϱ_{hkl} der Streudichteverteilung bestimmt und enthält somit Information über den Aufbau der Basis. Ist die Basis nicht einatomig, so führen Interferenzen zwischen den Beiträgen der Atome in der Elementarzelle zu einer Variation der Reflexintensität. Es liegt nahe, bei der Berechnung der Streuintensität die Beiträge der einzelnen Atome getrennt zu betrachten und sie dann aufzusummieren. Wie in Bild 4.15 schematisch gezeigt, spalten wir hierzu

7 William Henry Bragg, *1862 Wigton, †1942 London, Nobelpreis 1915

den Ortsvektor $\mathbf{r}$ auf, indem wir für ihn $\mathbf{r} = \mathbf{R}_m + \mathbf{r}_\alpha + \mathbf{r}'$ schreiben. $\mathbf{R}_m$ legt die Lage der betrachteten Elementarzelle fest und ist für unsere weiteren Betrachtungen ohne Bedeutung. Die Anordnung der Atome α innerhalb der Elementarzelle wird durch $\mathbf{r}_\alpha$

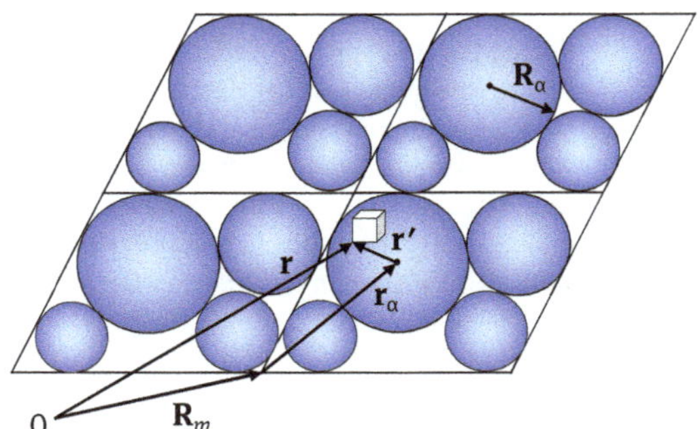

Abb. 4.15: Zur Aufspaltung des Ortsvektors bei der Herleitung von Struktur- und Atom-Strukturfaktor. Die Atome werden als kugelförmige Gebilde mit dem Radius R_α betrachtet. Die Lage der Elementarzelle wird durch $\mathbf{R}_m$, die der Atomzentren in der Zelle durch $\mathbf{r}_\alpha$ und das Streuvolumen $\mathrm{d}V'$ innerhalb des Atoms durch $\mathbf{r}'$ festgelegt.

beschrieben. Die Streueigenschaften der einzelnen Atome schließlich werden durch die Verteilung der Streudichte im betreffenden Atom bestimmt. Dabei müssen wir über den Ortsvektor $\mathbf{r}'$ integrieren, der die Lage des Streuvolumens $\mathrm{d}V'$ im Atom angibt. Wir setzen den Ausdruck für $\mathbf{r}$ ein und erhalten anstelle von (4.8) den Zusammenhang

$$\varrho_{hkl} = \frac{1}{V_Z}\int_{V_Z} \varrho(\mathbf{r})\, \mathrm{e}^{-\mathrm{i}\mathbf{G}\cdot\mathbf{r}}\mathrm{d}V = \frac{1}{V_Z}\sum_\alpha \mathrm{e}^{-\mathrm{i}\mathbf{G}\cdot\mathbf{r}_\alpha}\int_{V_\alpha} \varrho_\alpha(\mathbf{r}')\, \mathrm{e}^{-\mathrm{i}\mathbf{G}\cdot\mathbf{r}'}\mathrm{d}V' = \frac{1}{V_Z}\sum_\alpha f_\alpha(\mathbf{G})\, \mathrm{e}^{-\mathrm{i}\mathbf{G}\cdot\mathbf{r}_\alpha}\,. \quad (4.25)$$

Die Integration der Streudichteverteilung erfolgt über das Volumen V_α der einzelnen Atome, die Summation erstreckt sich über die Atome der Basis. In der letzten Zeile haben wir als Abkürzung den **Atom-Strukturfaktor** $f(\mathbf{G})$ eingeführt, der die spezifischen Eigenschaften des betrachteten Streuzentrums beschreibt, die wiederum von der einfallenden Strahlung abhängen. Wir wenden uns zunächst der Auswertung der Summe zu und diskutieren anschließend die Bedeutung des Atom-Strukturfaktors.

Die Summation vereinfacht sich, wenn die Lage der Atome in der Elementarzelle mit Hilfe der Basisvektoren des realen Gitters ausgedrückt wird. Für den Ortsvektor der Atome schreiben wir daher $\mathbf{r}_\alpha = u_\alpha\mathbf{a}_1 + v_\alpha\mathbf{a}_2 + w_\alpha\mathbf{a}_3$, wobei die Komponenten u_α, v_α und w_α durch die Anordnung der Atome in der Basis festgelegt werden. Führen wir das Skalarprodukt in (4.25) aus, so erhalten wir für die **Strukturamplitude** oder den **Strukturfaktor** $\mathcal{S}_{hkl} = \varrho_{hkl}V_Z$ das wichtige Ergebnis

$$\mathcal{S}_{hkl} = \sum_\alpha f_\alpha(\mathbf{G})\, \mathrm{e}^{-2\pi\mathrm{i}(hu_\alpha + kv_\alpha + lw_\alpha)}\,. \quad (4.26)$$

Als einfache Beispiele für die Berechnung der Intensität der gestreuten Strahlung betrachten wir die drei kubischen Gitter. Ist die Basis des kubisch primitiven Gitters einatomig, dann entfällt die Summation und wir erhalten $\mathcal{S}_{hkl} = f(\mathbf{G})$, wenn wir den Ursprung der Elementarzelle in das Atomzentrum legen. Die Winkelabhängigkeit der

Streuintensität wird nur durch den Atom-Strukturfaktor, d.h. durch die Streueigenschaften der Atome bestimmt. Wählt man eine andere Koordinate für die Lage des Atoms in der Elementarzelle, so tritt ein Phasenfaktor auf, der bei der Betragsbildung zur Berechnung der Intensität verschwindet.

Für den Strukturfaktor des kubisch primitiven Cäsiumchlorids mit der zweiatomigen Basis Cs^+ und Cl^- findet man durch Einsetzen in (4.26):

$$\mathcal{S}_{hkl} = \begin{cases} f_{Cs} + f_{Cl} & h+k+l \text{ gerade,} \\ f_{Cs} - f_{Cl} & h+k+l \text{ ungerade.} \end{cases} \tag{4.27}$$

Kristalle mit dieser Struktur verursachen Reflexe mit stark unterschiedlicher Intensität, da sich der Beitrag der beiden Ionensorten entweder addiert oder subtrahiert. Abhängig von der Quersumme der Indizes treten starke und schwache Reflexe auf.

Bei kubisch raumzentrierten Gittern mit einfacher Basis ergibt sich

$$\mathcal{S}_{hkl} = f\left[1 + e^{-i\pi(h+k+l)}\right] = \begin{cases} 2f & h+k+l \text{ gerade,} \\ 0 & h+k+l \text{ ungerade.} \end{cases} \tag{4.28}$$

Dieses Ergebnis besagt, dass Gitterebenen mit ungerader Summe der Millerschen Indizes keine Reflexe bewirken. Erstaunlicherweise sollte deshalb der Reflex der (100)-Ebenen fehlen. Wie wir Bild 4.16 entnehmen können, lässt sich hierfür eine einfache, anschauliche Erklärung finden. Zwischen den Strahlen, die an den benachbarten (100)-Ebenen gestreut werden, besteht der Gangunterschied 2π, wenn die Streubedingung (4.21) erfüllt ist, so dass sich die einzelnen Strahlen wie erwartet konstruktiv überlagern. Der Beitrag dieser Ebenen wird jedoch durch die dazwischenliegenden (200)-Ebenen kompensiert, da deren Streubeiträge, wie in Bild 4.16 angedeutet, beim vorgegebenen Streuwinkel gegenüber den (100)-Ebenen die Phasendifferenz π besitzen. Der (200)-Reflex, der bei einem größeren Winkel auftritt, wird nicht gelöscht, da sich dort, wie man sich leicht überlegen kann, die Streubeiträge der (100)- und (200)-Ebenen konstruktiv überlagern.

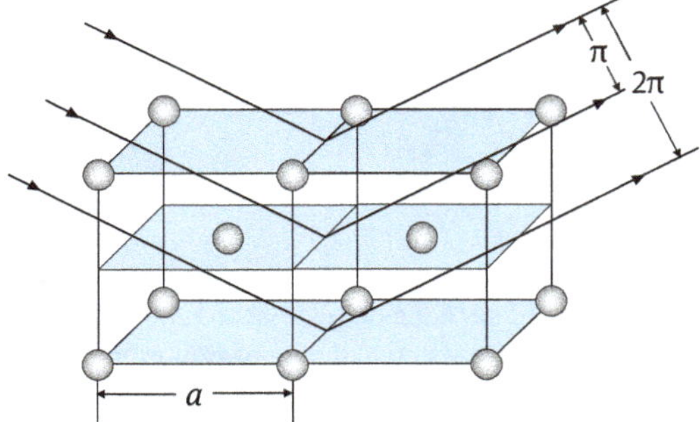

Abb. 4.16: Zum Verschwinden des (100)-Reflexes bei kubisch raumzentrierten Gittern. Die Streubeiträge benachbarter Ebenen löschen sich durch destruktive Interferenz aus.

An dieser Stelle soll auf einen interessanten Effekt hingewiesen werden, der bei der Strukturbestimmung von *Cäsiumjodid* mit Hilfe von Röntgenstrahlen auftritt. Wie wir sehen werden, ist bei Röntgenstrahlen der Atom-Strukturfaktor proportional zur Elektronenzahl der streuenden Atome. Da Cäsium- und Jodionen die gleiche Elektronenzahl aufweisen, besitzen sie somit das gleiche Streuvermögen, so dass nach (4.27) die Reflexe mit ungerader Quersumme der Millerschen Indizes verschwinden und nur Reflexe mit geraden Werten von $(h+k+l)$ auftreten. CsI verhält sich daher in diesem Experiment wie ein kubisch raumzentrierter Kristall mit einfacher Basis.

Für das kubisch flächenzentrierte Gitter mit einfacher Basis findet man

$$\mathcal{S}_{hkl} = f\left[1+e^{-i\pi(k+l)}+e^{-i\pi(h+l)}+e^{-i\pi(h+k)}\right] = \begin{cases} 4f & \text{alle Indizes gerade oder ungerade,} \\ 0 & \text{sonst.} \end{cases} \tag{4.29}$$

Es treten also nur dann Beugungsreflexe auf, wenn *alle* Indizes entweder gerade oder ungerade sind.

Das vollständige Verschwinden von bestimmten Reflexen wollen wir noch etwas eingehender erläutern. Der Übergang vom realen zum reziproken Gitter wird über Transformationsvorschriften für die Basisvektoren vollzogen. Bei der Herleitung des reziproken Gitters wurde darauf hingewiesen, dass das Ergebnis der Transformation von der Wahl der Ausgangselementarzelle abhängt. Dies soll anhand des zweidimensionalen quadratischen Gitters in den Bildern von 4.17 verdeutlicht werden. Oben

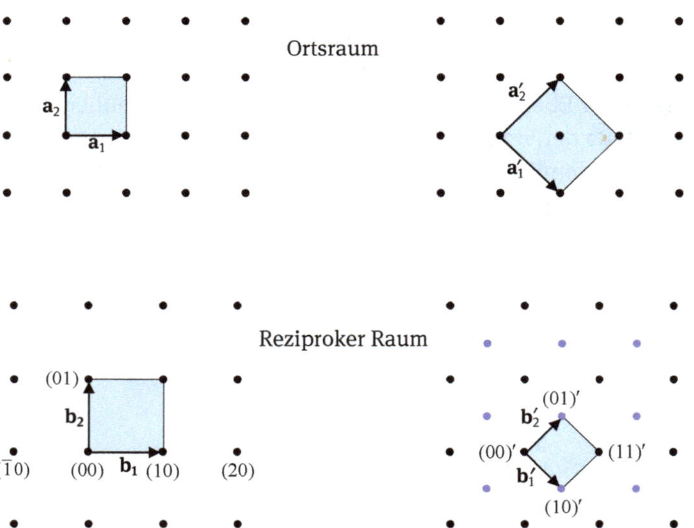

Abb. 4.17: Zusammenhang zwischen reziprokem Gitter und der Form der Elementarzelle des realen Gitters. Links wurde von einer primitiven Elementarzelle ausgegangen und das darunterliegende reziproke Gitter konstruiert. Rechts dagegen wurde ein „zentriertes" Quadratgitter als Elementarzelle gewählt. Im reziproken Gitter treten zusätzliche, blau gezeichnete Gitterpunkte auf. Die Indizierung unterscheidet sich in den beiden Fällen.

links ist eine primitive Elementarzelle eingezeichnet und darunter das dazugehörende reziproke Gitter. In der rechten Bildhälfte wurde eine Elementarzelle gewählt, die in Analogie zum kubisch raumzentrierten Gitter noch einen Gitterpunkt im Zentrum enthält. Die Anwendung der gleichen Transformationsvorschrift wie bei der primitiven Elementarzelle führt zu dem darunter dargestellten reziproken Gitter, dessen Gitterpunkte nun entsprechend enger liegen. Die Punkte $(10)'$ und $(01)'$ beispielsweise oder allgemeiner alle Gitterpunkte mit ungeraden Werten von $(h+k)$ kommen auf der linken Bildseite nicht vor. Die reziproken Gitterpunkte mit geraden Werten von $(h+k)$ dagegen haben Entsprechungen im reziproken Gitter des linken Bildes. Zum Beispiel entspricht der $(11)'$-Gitterpunkt im rechten Bild dem (10)-Punkt im linken. Gehen wir von einem nicht-primitiven Gitter aus, wählen also eine „zu große“ Elementarzelle, dann treten zusätzliche reziproke Gitterpunkte auf. Da ihr Strukturfaktor verschwindet, können sie in Experimenten nicht beobachtet werden. Die gleiche Ursache hat auch das oben diskutierte Fehlen des (100)-Reflexes bei kubisch raumzentrierten Gittern. Diese einfache Betrachtung zeigt, dass die Wahl der Elementarzelle erheblichen Einfluss auf die Zuordnung (und Bezeichnung) der Beugungsreflexe hat, dass der physikalische Gehalt des Messergebnisses davon natürlich nicht beeinflusst wird.

4.4.3 Atom-Strukturfaktor

Bei der Diskussion der Streuintensität haben wir bisher das *Streuvermögen* der *einzelnen Atome* außer Acht gelassen. Nun sehen wir uns den **Atom-Strukturfaktor**

$$f_\alpha(\mathbf{K}) = \int_{V_\alpha} \varrho_\alpha(\mathbf{r})\, \mathrm{e}^{-\mathrm{i}\mathbf{K}\cdot\mathbf{r}} \mathrm{d}V \tag{4.30}$$

genauer an, der durch (4.25) definiert ist. Wir haben den entsprechenden Ausdruck nochmals hingeschrieben und dabei den reziproken Gittervektor **G** durch den Streuvektor **K** ersetzt, da das Streuvermögen einzelner Atome nicht von der Kristallstruktur abhängt. Um etwas übersichtlichere Ausdrücke zu erhalten, benutzen wir für den Ortsvektor die Bezeichnung **r** anstelle von $\mathbf{r}'$.

Ehe wir uns mit der Bedeutung des Atom-Strukturfaktors in der Röntgenbeugung eingehender auseinandersetzen, werfen wir noch einen Blick auf die Neutronenstreuung, da dort besonders einfache Verhältnisse vorliegen. Sieht man von der schwachen Wechselwirkung mit dem magnetischen Moment der Elektronen ab, die nur bei geordneten magnetischen Strukturen von Bedeutung ist, so werden Neutronen ausschließlich an den Kernen gestreut, die klein im Vergleich zur Neutronenwellenlänge sind, die ihrerseits bei Beugungsexperimenten vergleichbar mit dem Gitterabstand ist. Dies bedeutet, dass $\mathbf{K}\cdot\mathbf{r} \ll 1$ ist, so dass der Exponentialfaktor in (4.30) näherungsweise den Wert eins annimmt. Die Integration führt somit zu einem konstanten, richtungsunabhängigen Atom-Strukturfaktor $f(\mathbf{K}) = -b$, dessen Wert die spezifischen Streueigenschaften des betrachteten Kerns widerspiegelt. Üblicherweise wird diese

Konstante als **Streulänge** b bezeichnet. Das Vorzeichen ist durch Konvention festgelegt und deutet an, dass die Wechselwirkung zwischen Neutron und Kern in den meisten Fällen attraktiv ist, spielt aber bei unseren Überlegungen keine Rolle, da die Streuintensität durch $|b|^2$ bestimmt wird. Sowohl das Vorzeichen als auch der Absolutwert der Streulänge schwanken von Element zu Element und von Isotop zu Isotop.

Völlig andere Verhältnisse herrschen bei der Beugung von Röntgenstrahlen. Da die Ausdehnung des Streuobjektes, d.h. die Elektronenwolke der Atome, vergleichbar mit der Wellenlänge der einfallenden Strahlung ist, müssen wir die Interferenz zwischen den Beiträgen der unterschiedlichen Volumenelemente der Elektronenverteilung berücksichtigen. Gleichung (4.30) führt daher zu einem Ergebnis, das sich stark von dem der Neutronenstreuung unterscheidet. Im Falle der Röntgendiffraktion bezeichnet man den Atom-Strukturfaktor $f(\mathbf{K})$ als **atomaren Streufaktor** oder als **Atomformfaktor**. In der folgenden Diskussion nehmen wir zur Vereinfachung an, dass die Ladung der Atome kugelsymmetrisch ist und die Ladungsdichte zwischen den Atomen vernachlässigt werden kann. Der Streufaktor hängt dann nur von $|\mathbf{K}|$ ab, so dass wir in Kugelkoordinaten für den atomaren Streufaktor $f_\alpha(K)$ den Ausdruck

$$f_\alpha(K) = \int \varrho_\alpha(r)\,\mathrm{e}^{-\mathrm{i}\mathbf{K}\cdot\mathbf{r}}\mathrm{d}V = \int_0^{R_\alpha} \mathrm{d}r \int_0^{\pi} \mathrm{d}\vartheta \int_0^{2\pi} \mathrm{d}\varphi\, \varrho_\alpha(r)\, r^2 \sin\vartheta\, \mathrm{e}^{-\mathrm{i}Kr\cos\vartheta} \tag{4.31}$$

erhalten. Dabei steht φ für den Azimut- und ϑ für den Polarwinkel zwischen $\mathbf{K}$ und $\mathbf{r}$. Die Integration über den Abstand r erfolgt bis zum „Rand“ R_α des Atoms. Durch die Kugelsymmetrie vereinfacht sich die Integration über φ und ϑ, so dass sie analytisch durchgeführt werden kann. Man erhält

$$f_\alpha(K) = \int_0^{R_\alpha} 4\pi r^2 \varrho_\alpha(r)\,\frac{\sin Kr}{Kr}\,\mathrm{d}r\,. \tag{4.32}$$

Für die vollständige Berechnung des atomaren Streufaktors muss die Ladungsdichteverteilung $\varrho(r)$ im Atom bekannt sein. Nur in den einfachsten Fällen lässt sich die Integration über den Radiusvektor analytisch ausführen, wie z.B. beim freien Wasserstoffatom. In diesem Fall ist die Streudichteverteilung $\varrho(r)$ durch das Quadrat der bekannten Wellenfunktion $\psi_0(r) = (\pi a_0^3)^{-1/2}\exp(-r/a_0)$ bestimmt.[8] Somit ist die Streudichte durch

$$\varrho(r) = |\psi_0(r)|^2 = \frac{1}{\pi a_0^3}\,\mathrm{e}^{-2r/a_0} \tag{4.33}$$

gegeben, wobei a_0 für den Bohrschen Radius steht. Setzt man $\varrho(r)$ in (4.32) ein und lässt die Integrationsgrenze $R_\alpha \to \infty$ gehen, so findet man

$$f_\mathrm{H}(K) = \frac{1}{\left[1 + \left(\frac{1}{2}a_0 K\right)^2\right]^2}\,. \tag{4.34}$$

8 Damit der atomare Streufaktor dimensionslos ist, wird die Ladung des Elektrons im Ausdruck für $f(\mathbf{K})$ üblicherweise nicht mitgenommen.

Diese Funktion und das Ergebnis einer numerischen Rechnung für freie Aluminiumatome ist in Bild 4.18 dargestellt. Wie erwartet, hängt die Abstrahlung ausgedehnter Atome stark von der Richtung ab. Beim Aluminium sind zusätzlich auch experimentelle Werte eingetragen, die mit Hilfe von (4.25) aus Streuexperimenten an Kristallen ermittelt wurden.

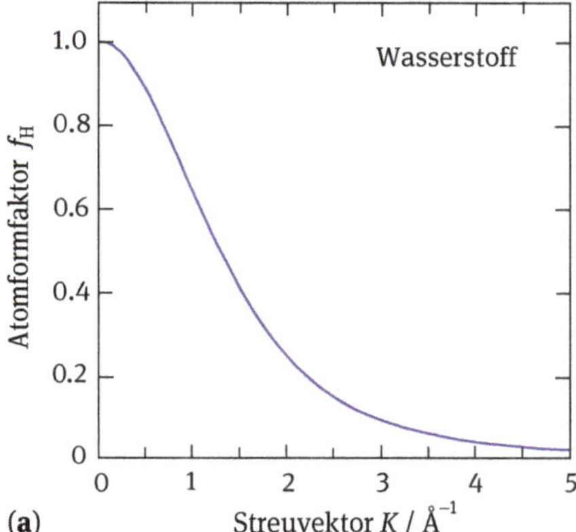

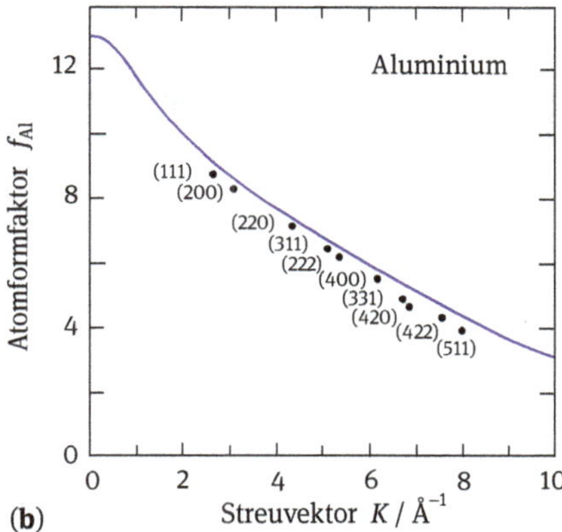

Abb. 4.18: Atomare Streufaktoren als Funktion des Streuvektors $K = (4\pi \sin\theta)/\lambda$. **a)** Verlauf des atomaren Streufaktors beim freien Wasserstoffatom nach (4.34). **b)** Numerisch berechneter Verlauf des atomaren Streufaktors von Aluminium. Die Punkte sind experimentelle Werte, die aus Messungen der Streuintensität an Kristallen in unterschiedlichen Richtungen hergeleitet wurden. (Nach B.W. Batterman et al., Phys. Rev. **122**, 68 (1961).)

Wir wollen den Grenzfall $Kr \to 0$ noch etwas näher betrachten. Da in diesem Fall $(\sin Kr)/Kr \to 1$ geht, vereinfacht sich Gleichung (4.32) zu einer Integration über die Verteilung der Streudichte, die natürlich als Ergebnis die Gesamtzahl Z der Elektronen der streuenden Atome bzw. Ionen hat. Es gilt daher:

$$f(Kr \to 0) \approx \int_0^{R_\alpha} 4\pi r^2 \varrho(r)\,\mathrm{d}r = Z\,. \tag{4.35}$$

Dieser Grenzfall ist bei der Streuung in Vorwärtsrichtung realisiert, da dort $K \to 0$ geht. Weil die Streuintensität proportional zu f^2 verläuft, ist sie bei kleinen Streuwinkeln proportional zu Z^2 und wird ausschließlich durch die Elektronenzahl bestimmt. Den gleichen Grenzfall findet man auch, wenn das streuende Atom klein gegen die Wellenlänge der einfallenden Strahlung ist, denn in diesem Fall ist $R_\alpha \ll \lambda$ und somit $KR_\alpha \ll 1$. Dies bedeutet, dass die Atome wie punktförmige Streuobjekte wirken, so dass wir ein Ergebnis wie bei der Neutronenstreuung erhalten: Der atomare Streufaktor ist unabhängig vom Streuvektor und spiegelt nur die Streustärke des Atoms wider. Bei Röntgenstreuexperimenten gibt der Atomformfaktor somit die Streuamplitude an, die man aufgrund einer Abweichung der Ladungsverteilung des Atoms von der Punktform beobachtet. Die endliche Ausdehnung der Atome bewirkt, außer bei Vorwärtsstreuung, aufgrund der Interferenz der Streubeiträge, immer eine Reduktion der Streuintensität.

4.4.4 Oberflächen und dünne Schichten

Nun wollen wir noch kurz auf die Bestimmung der Struktur von Oberflächen bzw. von dünnen Schichten eingehen. Hierzu müssen wir uns zunächst klar machen, wie das reziproke Gitter einer zweidimensionalen Struktur aussieht. Bezeichnen wir die Basisvektoren des Oberflächennetzes mit $\mathbf{c}_1$ bzw. $\mathbf{c}_2$, die des reziproken Netzes mit $\mathbf{c}_1^*$ bzw. $\mathbf{c}_2^*$ und benutzen die Definition (4.12) des reziproken Gitters, so ergibt sich

$$\mathbf{c}_1 \cdot \mathbf{c}_2^* = \mathbf{c}_2 \cdot \mathbf{c}_1^* = 0 \qquad \text{und} \qquad \mathbf{c}_1 \cdot \mathbf{c}_1^* = \mathbf{c}_2 \cdot \mathbf{c}_2^* = 2\pi \,. \tag{4.36}$$

Die reziproken Netzpunkte eines zweidimensionalen Netzes kann man im dreidimensionalen Raum als unendlich lange Stäbe darstellen, die senkrecht zur Oberfläche stehen. Man kann sich vorstellen, dass das zweidimensionale Netz im Grenzfall aus einem dreidimensionalen Gitter entsteht, wenn man die Länge des Basisvektors $\mathbf{a}_3$, der senkrecht auf der Oberfläche steht, gegen unendlich gehen lässt. In diesem Fall rücken die Punkte des reziproken Gitters längs der $\mathbf{a}_3$-Richtung immer enger zusammen und bilden im Grenzfall, wie in Bild 4.19a dargestellt, Stangen. Die Bezeichnung der Stangen durch die Indizes hk des reziproken Netzvektors $\mathbf{g} = h\mathbf{c}_1^* + k\mathbf{c}_2^*$ ist in der Abbildung aus Gründen der Übersichtlichkeit nur zum Teil angegeben.

Basierend auf diesem Konzept lassen sich mit Hilfe der Ewald-Kugel die möglichen Beugungsreflexe bestimmen, die immer dann auftreten, wenn die Ewald-Kugel eine

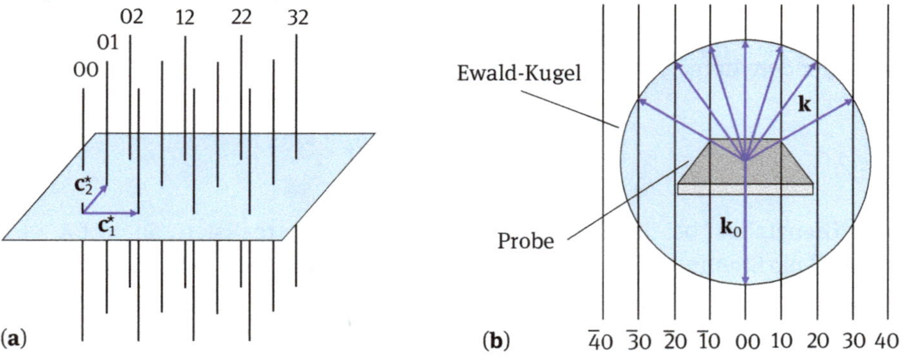

Abb. 4.19: **a)** Stangen des reziproken Raums einer periodisch aufgebauten Festkörperoberfläche. Die Basisvektoren $\mathbf{c}_1^*$ und $\mathbf{c}_2^*$ des reziproken Netzes sind ebenfalls eingezeichnet. **b)** Ewald-Kugel bei senkrechtem Einfall der Sondenstrahlung. Die Schnittpunkte der Ewald-Kugel mit den Stangen legen den Wellenvektor $\mathbf{k}$ des Beugungsreflexes fest. Der Übersichtlichkeit halber sind nur Reflexe eingezeichnet, die in der Zeichenebene liegen.

Stange des reziproken Netzes schneidet. In Bild 4.19b ist dieser Sachverhalt für die Reflexe dargestellt, die in der Zeichenebene liegen. Natürlich schneidet die Ewald-Kugel auch Stangen vor und hinter der Zeichenebene, so dass sich die Zahl der möglichen Reflexe erhöht. Hier soll noch festgehalten werden, dass unabhängig von der Richtung der einfallenden Strahlung und der Orientierung der Probe die Beugungsbedingung immer erfüllt werden kann, ganz im Gegensatz zur Beugung an dreidimensionalen Gittern. Auf die experimentelle Realisierung werden wir im letzten Abschnitt dieses Kapitels noch zu sprechen kommen.

4.4.5 Phasenproblem und Reflexbreite

Wie bereits in Abschnitt 4.2 erwähnt, kann die Streuamplitude $\mathcal{A}(\mathbf{K})$ nicht unmittelbar bestimmt werden, da Strahlungsdetektoren nicht in der Lage sind, die Phase der gestreuten Strahlung zu registrieren. Statt $\mathcal{A}(\mathbf{K})$ kann nur die Intensität, also $|\mathcal{A}(\mathbf{K})|^2$ gemessen werden. Aufgrund der fehlenden Phaseninformation kann die Fourier-Transformation (4.6) nicht wirklich durchgeführt werden, so dass sich aus der gemessenen Streuintensität die Struktur nicht eindeutig herleiten lässt. Dies soll am einfachen Beispiel der *Friedelschen Regel*[9] verdeutlicht werden: Unter der Voraussetzung, dass die Absorption vernachlässigt werden kann, ist die Streudichteverteilung $\varrho(\mathbf{r})$ eine reelle Größe, so dass wir nach (4.4) $\mathcal{A}(\mathbf{K}) = \mathcal{A}^*(-\mathbf{K})$ schreiben können. Für die Intensität gilt daher $|\mathcal{A}(\mathbf{K})|^2 = |\mathcal{A}^*(-\mathbf{K})|^2 = |\mathcal{A}(-\mathbf{K})|^2$, d.h., das Bild der Beugungsreflexe besitzt unabhängig von der tatsächlichen Struktur immer Inversionssymmetrie. Dem Experiment kann nicht entnommen werden, ob sich „Vorder-“ und „Rückseite“ eines Kristalls unterscheiden. Diese Einschränkung stört kaum, wenn die Struktur von Kristallen mit einfacher Basis ermittelt wird. In solchen Fällen hilft die Erfahrung oder ein Vergleich mit bekannten Kristallen.

Bei der Untersuchung von komplex aufgebauten Elementarzellen, insbesondere bei Proteinen, macht sich aber die fehlende Phaseninformation sehr nachteilig bemerkbar. Im Wesentlichen gibt es drei Vorgehensweisen das Phasenproblem zu mildern: die Patterson-Methode, die Direkte Methode und die Nutzung der anomalen Dispersion. Wir gehen hier nicht näher auf die relativ komplexen Methoden ein, sondern schildern nur ganz kurz das prinzipielle Vorgehen.

Bei der **Patterson-Methode**[10] wird eine Fourier-Transformation der *Streuintensität* in den Ortsraum durchgeführt. Das Ergebnis ist eine Karte von Maxima, deren Lage durch die Ortsvektoren bestimmt wird, die jeweils zwei Atome der Basis verbinden. In der Patterson-Karte ist die Höhe der Maxima proportional zum Produkt der Elektronendichte der beiden beteiligten Atome. Da die Zahl der Maxima quadratisch mit

---

9 Jacques Friedel, *1921 Paris, †2014 Paris

10 Arthur Lindo Patterson, *1902 Nelson/Neuseeland, †1966 Philadelphia

der Anzahl der Atome in der Basis ansteigt, bedeutet dies, dass die Methode in ihrer ursprünglichen Form nur auf Kristalle mit relativ kleiner Basis anwendbar ist.

Das Phasenproblem lässt sich bei sehr großen Molekülen durch den Einbau schwerer Atome, durch die *isomorphe Substitution*, deutlich reduzieren, da diese Atome aufgrund ihrer hohen Elektronenzahl besonders stark streuen und so in der Patterson-Karte Referenzpunkte liefern. Da es sich jeweils nur um wenige schwere Atome handelt, kann ihre Lage bestimmt werden. Mit diesem Gerüst ist dann eine weitergehende Analyse der Struktur großer Moleküle möglich.

Bei der **Direkten Methode** werden statistische Beziehungen ausgenutzt, die zwischen Sätzen von Strukturfaktoren bestehen, um mögliche Werte für die jeweilige Phase abzuleiten. Ausgehend von einigen wenigen Reflexen, deren Phasen bekannt sind (Startreflexe), können die unbekannten Phasen der anderen Reflexe mit einer gewissen Wahrscheinlichkeit abgeschätzt werden. Die Wahrscheinlichkeit dafür, dass die so ermittelte Struktur die richtige ist, wächst mit der Anzahl der für die Lösung zur Verfügung stehenden Reflexe. Sind nur wenige gemessen, kann das entsprechende Programm die richtige Lösung nicht oder nur sehr schwer finden. Mit dem mathematisch sehr aufwändigen Verfahren lässt sich die Struktur der Basis entschlüsseln, selbst wenn sie einige 100 Atome enthält.

Führt man Messungen bei zwei verschiedenen Wellenlängen durch, wobei eine Wellenlänge in der Nähe der resonanten Absorption einer Atomsorte liegen muss, so nutzt man die **anomale Dispersion**. In diesem Fall ist die Streudichteverteilung und damit auch die Streuamplitude nicht mehr reell, sondern komplex. Man erhält so einen zweiten Datensatz, der sich nicht auf den ersten zurückführen lässt und mit dessen Hilfe die fehlende Phaseninformation gefunden werden kann.

Bei der Neutronenstreuung wird häufig von der Tatsache Gebrauch gemacht, dass verschiedene Isotope *eines* Elements unterschiedliche Streueigenschaften aufweisen. Messungen an Proben mit abweichender Isotopenzusammensetzung ergeben daher zwei unabhängige Datensätze und liefern verschiedene Strukturinformationen. Ein sehr wichtiges Beispiel hierfür ist der Ersatz von Wasserstoff durch Deuterium.

Am Ende dieses Abschnitts wollen wir noch kurz die Breite der Beugungsreflexe ansprechen. Hierzu tragen, wie schon erwähnt, die Dispersion der einfallenden Strahlung und ihre Divergenz genauso bei wie die endliche Eindringtiefe der Strahlen oder die Unordnung in den Kristallen. Interessant ist in diesem Zusammenhang die Frage, ob die Reflexbreite nicht auch von der Temperatur abhängt. Man ist versucht, diese Frage zunächst zu bejahen, da die thermische Bewegung die Lage der Atome und damit auch das reziproke Gitter zeitlich ändert. Im Mittel jedoch bleibt dabei die Periodizität des Gitters erhalten. Experimentell findet man, dass die Temperaturbewegung die Reflexbreite nicht beeinflusst, aber deren *Intensität reduziert*. Auf diese Beobachtung („Debye-Waller-Faktor“) werden wir in Abschnitt 6.3 eingehen.

4.5 Streuexperimente an amorphen Festkörpern

Die Struktur amorpher Festkörper ist aufgrund ihres irregulären Aufbaus sowohl der theoretischen Beschreibung als auch der experimentellen Bestimmung wesentlich schwerer zugänglich als die der Kristalle. In Kristallen wird die einfallende Strahlung durch die Netzebenen nur in ganz bestimmte Richtungen gebeugt. Da in amorphen Substanzen keine Netzebenen existieren, tritt Streuung in alle Richtungen auf, allerdings erfährt die Streuintensität durch die Nahordnung der Atome eine Modulation, die vom Streuwinkel abhängt. Ziel der folgenden Überlegung ist, einen Zusammenhang zwischen der Streuintensität und der Paarverteilungsfunktion zu finden, die nach (3.17) den strukturellen Aufbau amorpher Materialien beschreibt. Die Vorgehensweise ist ähnlich wie bei der Herleitung des Strukturfaktors von Kristallen. Wir setzen kugelförmige Atome voraus, deren Streuvermögen durch den Atom-Strukturfaktor beschrieben wird. Damit lässt sich die Streuamplitude $\mathcal{A}(\mathbf{K})$, die ein Atom m mit dem Ortsvektor $\mathbf{r}_m$ hervorruft, in der Form $\mathcal{A}_m(\mathbf{K}) = f_m \exp(\mathrm{i}\mathbf{K} \cdot \mathbf{r}_m)$ schreiben. Dieser Streubeitrag interferiert mit dem aller anderen Atome n an den Orten $\mathbf{r}_n$. Die Streuintensität der ganzen Probe, ausgedrückt durch $|\mathcal{A}(\mathbf{K})|^2$, erhalten wir, indem wir die Streuamplituden $\mathcal{A}_m(\mathbf{K})$ aller Atome aufsummieren und das Betragsquadrat bilden:

$$|\mathcal{A}(\mathbf{K})|^2 = \sum_m f_m(\mathbf{K})\, \mathrm{e}^{\mathrm{i}\mathbf{K}\cdot\mathbf{r}_m} \sum_n f_n^*(\mathbf{K})\, \mathrm{e}^{-\mathrm{i}\mathbf{K}\cdot\mathbf{r}_n} = \sum_{m,n} f_m(\mathbf{K})\, f_n^*(\mathbf{K})\, \mathrm{e}^{-\mathrm{i}\mathbf{K}\cdot\mathbf{r}_{mn}} \,. \tag{4.37}$$

Für das Auftreten von Interferenzen in der Streustrahlung sind nicht die Absolut-, sondern die Relativkoordinaten der Atome entscheidend, die im zweiten Ausdruck mit dem Vektor $\mathbf{r}_{mn} = (\mathbf{r}_n - \mathbf{r}_m)$ eingeführt wurden. Gleichung (4.37) gilt für beliebig strukturierte Proben. Für Kristalle lässt sich die Summation über die Vektoren $\mathbf{r}_{mn}$ mit Hilfe des reziproken Gitters ausführen, da dort die Translationsinvarianz des Gitters ausgenutzt werden kann. Im Fall von amorphen Festkörpern oder Flüssigkeiten ist diese Summation nicht geschlossen durchführbar.

Zur Vereinfachung nehmen wir bei der folgenden Diskussion an, dass die Substanz nur aus einer Atomsorte besteht. Eine Erweiterung auf mehrkomponentige Systeme ist konzeptionell ohne großen Aufwand möglich. Für *eine* Atomsorte vereinfacht sich Gleichung (4.37) zu

$$|\mathcal{A}(\mathbf{K})|^2 = \sum_m f^2(\mathbf{K}) + \sum_m \sum_{n \neq m} f^2(\mathbf{K})\, \mathrm{e}^{-\mathrm{i}\mathbf{K}\cdot\mathbf{r}_{mn}} \,, \tag{4.38}$$

wobei der Beitrag der Aufatome m getrennt angeschrieben wurde. Bei der Auswertung dieses Ausdrucks gehen wir von der Summation zur Integration über die Teilchenzahldichte $n_m(\mathbf{r})$ über. Da bei amorphen Festkörpern jedes Atom im Mittel die gleiche Umgebung sieht, hängt $n_m(\mathbf{r})$ weder von der Richtung noch von der Wahl des Aufatoms ab. Wir ersetzen daher die Summe $\sum_n$ durch das entsprechende Integral und erhalten

$$|\mathcal{A}(K)|^2 = \sum_m f^2(K) + \sum_m f^2(K) \int_{V_\mathrm{P}} \mathrm{d}r \int_0^{\pi} \mathrm{d}\vartheta\, n(r)\, 2\pi r^2 \sin\vartheta\, \mathrm{e}^{-\mathrm{i}Kr\cos\vartheta} \,, \tag{4.39}$$

wobei ϑ für den Polarwinkel zwischen **K** und **r** steht und die Integration über das gesamte Probenvolumen V_P erfolgt. Dieses Integral trat bereits in Gleichung (4.31) bei der Berechnung des atomaren Streufaktors auf. Anstelle der Teilchenzahldichte $n(r)$ stand dort die Verteilung $\varrho(r)$ der atomaren Streudichte. Wir übernehmen das Ergebnis und erhalten

$$|\mathcal{A}(K)|^2 = \sum_m f^2(K) + \sum_m f^2(K) \int_{V_\mathrm{P}} 4\pi r^2 n(r)\, \frac{\sin Kr}{Kr}\, \mathrm{d}r\,. \tag{4.40}$$

Die Summation über den Index m ergibt die Zahl N der vorhandenen Atome, so dass sich Gleichung (4.40) zu

$$|\mathcal{A}(K)|^2 = N f^2(K) \left[1 + \int 4\pi r^2 n(r)\, \frac{\sin Kr}{Kr}\, \mathrm{d}r\right] \tag{4.41}$$

vereinfachen lässt. Die Größe $n(r)$ ist identisch mit der Teilchendichtefunktion, wie sie bei der Definition der Paarkorrelationsfunktion $g(r)$ in Abschnitt 3.4 benutzt wurde. Wie wir dort gesehen haben, sind bei amorphen Festkörpern die beiden Größen über $g(r) = n(r)/n_0$ direkt miteinander verknüpft, wobei n_0 für die mittlere Teilchenzahldichte steht.

Das Integral erstreckt sich über das ganze Probenvolumen und enthält daher nicht nur die Information über die mittlere Umgebung des Bezugsatoms, sondern über die ganze Probe. Die Beiträge der Nachbarn, die hier von Interesse sind, lassen sich von denen aller übrigen Atome durch einen einfachen Trick abtrennen. Wir ziehen von $n(r)$ die mittlere Teilchenzahldichte n_0 ab und addieren diese wieder. Nach geeigneter Zusammenfassung der Terme und Division durch $N f^2(K)$ findet man

$$\frac{|\mathcal{A}(K)|^2}{N f^2(K)} = 1 + \underbrace{\int 4\pi r^2 [n(r) - n_0]\, \frac{\sin Kr}{Kr}\, \mathrm{d}r}_{\text{lokale Struktur}} + \underbrace{\int 4\pi r^2 n_0 \frac{\sin Kr}{Kr}\, \mathrm{d}r}_{\text{entfernte Atome}}\,. \tag{4.42}$$

Der erste Term, die Eins, beschreibt den Streubeitrag der Bezugsatome und enthält keine Interferenzeffekte. Der Faktor $[n(r) - n_0]$ im zweiten Term verschwindet schon nach wenigen Atomabständen, da $n(r)$ für größere Abstände vom Bezugsatom dem Wert n_0 zustrebt (vgl. Abschnitt 3.4). Es tragen daher nur benachbarte Atome zu diesem Streuanteil bei. Der Interferenzterm spiegelt also die lokale Struktur um das (willkürlich herausgegriffene) Bezugsatom wider. Der Hauptbeitrag zum dritten Term rührt – wegen des Faktors r^2 – von Atomen mit großem Abstand vom Bezugsatom her. Dieser Beitrag wird durch die makroskopischen Eigenschaften der Probe bestimmt. Der Faktor $(\sin Kr)/Kr$ bewirkt, dass dieser Streubeitrag praktisch nur in Vorwärtsrichtung, d.h. bei $K \approx 0$ auftritt. Bereits bei relativ kleinen Werten des Streuvektors oszilliert der Integrand so rasch, dass das Integral verschwindet. In den meisten Streuexperimenten wird die Intensität in unmittelbarer Umgebung des durchgehenden Strahls ausgeblendet und nicht weiter aufgelöst. Da dieser Streubeitrag, den man als **Kleinwinkelstreuung** bezeichnet, für die Bestimmung der lokalen Ordnung bedeutungslos ist, lassen wir ihn in der weiteren Diskussion außer Acht.[11]

Ein Blick auf die Gleichungen (4.37) und (4.42) verdeutlicht, dass $|A(K)|^2$ nicht direkt proportional zur Fourier-Transformierten der Paarkorrelationsfunktion ist. Der Grund hierfür ist, dass zum Streusignal auch die Bezugsatome beitragen, für welche die Interferenzen zwischen verschiedenen Streubeiträgen keine Rolle spielen. Sie werden in (4.42) durch den ersten Term, die Eins, bzw. durch Nf^2 beschrieben. Tatsächlich ist $|A(K)|^2/Nf^2(K)$ die Fourier-Transformierte der Autokorrelationsfunktion der Streudichteverteilung. Da $|A(K)|^2$ eine Messgröße ist und der Atom-Strukturfaktor $f(K)$ aus anderen Messungen bekannt ist, lässt sich die Autokorrelationsfunktion und damit auch die Paarkorrelationsfunktion mit Hilfe einer Fourier-Transformation unmittelbar aus den Streudaten gewinnen.

Wir wollen nun kurz auf die Auswertung der experimentellen Daten eingehen. Wie bereits erwähnt, lässt sich in dem einfachen Fall, dass der amorphe Festkörper nur aus einer Atomsorte aufgebaut ist, die Autokorrelationsfunktion und damit die Paarkorrelationsfunktion $g(r)$ durch die Fourier-Transformation von $|A(K)|^2$ gewinnen. Sehr häufig wird aber nicht $g(r)$, sondern die *radiale Dichteverteilungsfunktion* RDF angegeben, die über die Beziehung RDF $= 4\pi r^2 n(r)$ mit der Teilchendichte verknüpft ist. Die RDF gibt die Anzahl der Atommittelpunkte an, die im Mittel in einer dünnen Kugelschale mit dem Radius r um das Bezugsatom anzutreffen sind. Bei großen Abständen vom Aufatom ist $n(r) \approx n_0$ und der Wert der RDF nimmt mit dem Quadrat der Entfernung vom Aufatom zu.

In Bild 4.20 ist als einfaches Beispiel die RDF von amorphem Germanium dargestellt und zum Vergleich auch der Kurvenverlauf für polykristallines Germanium eingezeichnet, das aufgrund der regellosen Orientierung seiner kleinen Kristallite im Mittel ebenfalls eine richtungsunabhängige Struktur besitzt. Das erste Maximum tritt in beiden Fällen bei etwa 2,4 Å auf und hat das gleiche Aussehen. Dies bedeutet, dass im polykristallinen und amorphen Germanium der Abstand zum nächsten Nachbarn gleich groß und die gleiche Zahl nächster Nachbarn vorhanden ist. Somit ist die Nahordnung in der amorphen Phase ähnlich stark ausgeprägt wie in den Kristallen. Die Verbreiterung des zweiten Maximums im Falle des amorphen Materials deutet auf Variationen des Bindungswinkels hin, die zu einer Verteilung im Abstand der übernächsten Nachbarn führen. Die weiteren Koordinationsschalen sind in amorphem Germanium nur schwach ausgeprägt. Bei großen Abständen geht die radiale Dichteverteilungsfunktion allmählich in die eines Kontinuums über. Offensichtlich sind die hier dargestellten Ergebnisse in guter Übereinstimmung mit den Vorstellungen von der Struktur amorpher Festkörper, wie wir sie in Abschnitt 3.4 entwickelt haben.

11 Natürlich gibt es auch Anwendungen für die Untersuchung von größeren Strukturen. Für die dann erforderlichen Kleinwinkeluntersuchungen sind spezielle experimentelle Techniken entwickelt worden.

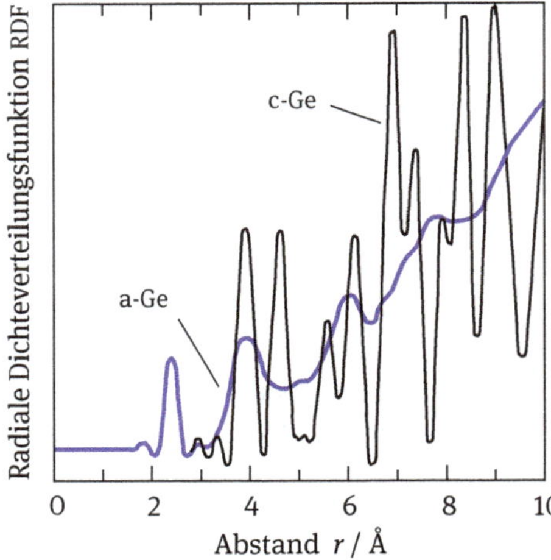

Abb. 4.20: Radiale Dichteverteilungsfunktion von amorphem (blau) und kristallinem (schwarz) Germanium. (Nach R.J. Temkin et al., Adv. Phys. **22**, 581 (1973).)

Es ist zu beachten, dass in Streuexperimenten immer eine Mittelung über alle existierenden Atomanordnungen erfolgt. Darüber hinaus beinhaltet die Paarkorrelationsfunktion oder die RDF grundsätzlich eine *eindimensionale Darstellung* einer *dreidimensionalen Struktur*. Doch bereitet die Bestimmung dieser scheinbar einfachen Funktion bereits erhebliche Schwierigkeiten. Theoretisch ist für die Fourier-Transformation die Kenntnis des exakten Verlaufs von $|\mathcal{A}(K)|^2$ erforderlich, doch experimentell kann die Streuintensität nicht für alle Werte des Streuvektors K bestimmt werden. Zusätzlich erweisen sich die Messungen bei sehr kleinen und sehr großen Streuvektoren als relativ stark fehlerbehaftet. Die unvermeidliche Einschränkung des Messbereichs und die immer auftretenden Messfehler können bei der Fourier-Transformation zusätzliche Strukturen in der Autokorrelationsfunktion bewirken, die kaum von „echten" Struktureigenheiten unterschieden werden können.

Eine weitere prinzipielle Schwierigkeit tritt bei der Untersuchung von Mehrkomponentensystemen auf. Bei zweikomponentigen Substanzen mit den beiden Atomsorten A und B, wie z.B. beim Quarzglas a-SiO_2, reicht zur Beschreibung der Struktur eine Funktion nicht aus, denn es gibt drei partielle Paarkorrelationsfunktionen: Neben den beiden Funktionen, welche die Korrelation zwischen den A- bzw. B-Atomen untereinander widerspiegeln, gibt es noch die gemischte Paarverteilungsfunktion, welche die Verteilung der einen Atomsorte bezüglich der anderen beschreibt. Für die Berechnung dieser drei Funktionen sind drei unabhängige Sätze von Streudaten erforderlich. Zwar liefern Messungen mit Hilfe von Neutronen- und Röntgenstrahlen zwei unabhängige Datensätze, doch ergeben Untersuchungen mit Elektronen- oder Atomstrahlbeugung keine zusätzliche Information, da sie wie die Röntgenstrahlen an der Elektronenhülle gestreut werden. In Ausnahmefällen erlaubt das unterschiedliche Streuverhalten verschiedener Isotope zwei voneinander unabhängige Messungen mit Neutronen. Ein Beispiel hierfür sind Messungen an dem metallischen Glas $Ni_{76}P_{24}$ mit unterschiedlicher Konzentration an $^{58}_{28}$Ni bzw. $^{60}_{28}$Ni. Da sich deren Streulängen deutlich unterscheiden, war es in diesem speziellen Fall tatsächlich möglich, einen vollständigen Satz von partiellen radialen Dichteverteilungsfunktionen zu erstellen.

In Bild 4.21 sind Röntgen- und Neutronenstreumessungen an Quarzglas gezeigt. In beiden Fällen ist die Streuintensität in willkürlichen Einheiten als Funktion des Streuvektors K aufgetragen. Bei der Röntgenstreuung ist die Streuintensität proportional zu $(Ze)^2$, bei der Neutronenstreuung ist $I(K) \propto |b|^2$. Es fällt auf, dass die Intensität der Röntgenstrahlung rasch mit dem Streuwinkel abfällt. Die Ursache hierfür ist die Winkelabhängigkeit der Atom-Strukturfaktoren, die in Bild 4.18 zu sehen war. Wie bereits erwähnt, hängt dagegen die entsprechende Größe bei der Neutronenstreuung, die Streulänge, nicht vom Winkel ab, so dass selbst bei Streuvektoren $K > 40\,\text{Å}^{-1}$ noch Strukturen aufgelöst werden können. Ebenso fällt auf, dass die Oszillationen, die durch die Paarverteilungsfunktion hervorgerufen werden, ganz unterschiedlich stark ausgeprägt sind. Dies liegt daran, dass sich Silizium- und Sauerstoffatome bezüglich Röntgenquanten und Neutronen unterschiedlich verhalten. Bei Experimenten mit Röntgenstrahlen überwiegt die Streuung an den Siliziumatomen, da diese etwa dreimal stärker streuen als Sauerstoffatome. Bei Neutronen ist dagegen $|b|^2$ entscheidend. Daher ist das Streusignal der Sauerstoffatome etwa doppelt so groß wie das der Siliziumatome.

Wie kann man aus den Streudaten, d.h. aus $|\mathcal{A}(K)|^2$, auf die Struktur der Probe schließen? Bereits bei einkomponentigen Systemen ist hierfür erheblicher numerischer Aufwand erforderlich. Im Allgemeinen geht man in mehreren Schritten vor.

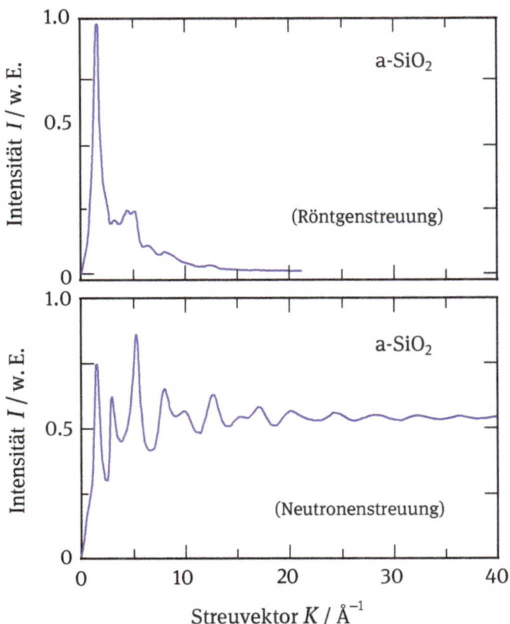

Abb. 4.21: Röntgen- und Neutronenstreuung an Quarzglas. Es ist jeweils die Streuintensität I in willkürlichen Einheiten als Funktion des Streuvektors K aufgetragen. (Nach R.L. Mozzi, B.E. Warren, J. Appl. Cryst., **2**, 164 (1969) (oberes Bild) bzw. A.C. Wright, J. Non-Cryst. Solids **179**, 84 (1994) (unteres Bild).)

Man entwirft zunächst ein Strukturmodell, ermittelt dessen Paarkorrelationsfunktion bzw. Autokorrelationsfunktion und berechnet mit Hilfe der Fourier-Transformation die zu erwartende Streuintensität. Ein Vergleich mit der gemessenen Kurve wird höchstwahrscheinlich gewisse Abweichungen zeigen. Daraufhin verbessert man das Modell an den entsprechenden Stellen und durchläuft diese Prozedur so lange, bis die Übereinstimmung zwischen der gemessenen und der errechneten Kurve zufrieden stellend ist. Zusätzlich werden meist noch Daten herangezogen, die aus anderen strukturempfindlichen Experimenten stammen. Natürlich ist selbst bei bester Übereinstimmung noch nicht der Beweis erbracht, dass das Modell tatsächlich mit der vorliegenden realen Struktur übereinstimmt, denn Paarkorrelationsfunktionen sind oftmals recht unspezifisch. So hat sich gezeigt, dass sehr unterschiedliche Strukturmodelle unter Umständen zu sehr ähnlichen Korrelationsfunktionen führen können. In neuerer Zeit spielen bei der Auswertung der Streudaten *Monte-Carlo-Techniken* und *Molekulardynamik-Simulationen* eine wichtige Rolle. Der erforderliche große numerische Aufwand lässt sich mit modernen Rechnern in vertretbaren Zeiten bewältigen.

4.6 Experimentelle Methoden

Am Anfang dieses Kapitels wurde darauf hingewiesen, dass Strukturuntersuchungen mit unterschiedlicher Strahlung durchgeführt werden. Zur Bestimmung der Struktur von ausgedehnten Proben eignen sich vor allem Röntgen- und Neutronenbeugung, auf deren experimentelle Realisierung wir etwas näher eingehen. Abhängig von der angewandten Technik erfordert die Messung ein kontinuierliches oder aber ein monochromatisches Strahlungsspektrum. Da eingehendere Untersuchungen im Allgemeinen mit monochromatischer Strahlung erfolgen, ist in Bild 4.22 der schematische Aufbau eines derartigen Streuexperiments skizziert. Um aus dem breiten Spektrum der Quelle ein enges Wellenlängenband herauszuschneiden, nutzt man häufig die in diesem Kapitel ausführlich diskutierte Bragg-Reflexion an Einkristallen. Man lässt den polychromatischen Röntgen- oder Neutronenstrahl auf einen *Monochromatorkristall* fallen. Der

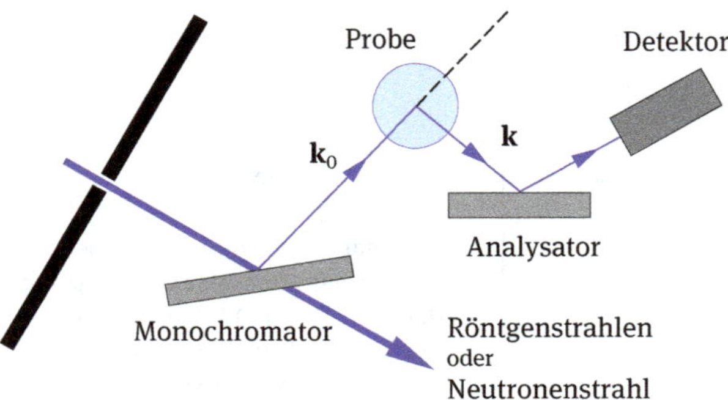

Abb. 4.22: Prinzipieller Aufbau eines Streuexperiments mit monochramatischer Strahlung. Als Sonde werden Röntgenstrahlen oder Neutronen benutzt.

größte Teil des auftreffenden Strahls durchquert diesen Kristall fast ohne Ablenkung, doch der Teil mit der „richtigen" Wellenlänge wird unter dem Bragg-Winkel gebeugt. Dieser Teil des Strahls mit dem Wellenvektor $\mathbf{k}_0$ wird dann für die Streuuntersuchungen verwendet.

Vom Monochromator kommend fällt der Strahl auf die Probe und wird dort gebeugt. Die gestreute Strahlung mit dem Wellenvektor $\mathbf{k}$ lässt man entweder direkt in den Detektor laufen oder auf einen zweiten Einkristall fallen, an dem sie nochmals eine Bragg-Reflexion erfährt. Bei inelastischer Streuung, auf die wir ausführlich in Abschnitt 6.3 zu sprechen kommen, wird der Analysatorkristall zur Messung der Energieverschiebung der gestreuten Strahlung benutzt. Bei Untersuchungen der elastischen Streuung ist kein Analysatorkristall erforderlich, er kann jedoch zur Unterdrückung des inelastischen Streuuntergrunds eingesetzt werden.

Wegen des vergleichsweise geringen technischen Aufwands werden zur Strukturbestimmung meist Röntgenstrahlen aus Röntgenröhren verwendet, wobei je nach Messverfahren das kontinuierliche Bremsspektrum oder die charakteristische Röntgenstrahlung benutzt werden. Seit einiger Zeit gibt es *Synchrotrons*, die speziell für Strukturuntersuchungen ausgelegt sind. Ihre Strahlung zeichnet sich durch ihren großen verfügbaren Wellenlängenbereich, ihre hohe Intensität bei kleiner Strahldivergenz und vollständiger Polarisation aus. Der Nachweis von Röntgenstrahlen erfolgte früher ausnahmslos auf fotografischem Weg. In neuerer Zeit werden Halbleiterdetektoren, Bildplatten, Szintillationszähler oder Gasentladungszähler verwendet.

Wie wir gesehen haben, ist die Intensität der Röntgenreflexe proportional zum Quadrat des Atom-Strukturfaktors. Da dieser wiederum mit der Elektronenzahl ansteigt, nimmt die Streuung quadratisch mit der Kernladungszahl der streuenden Atome zu. Leichte Elemente sind daher, insbesondere in Gegenwart von schweren, kaum zu beobachten bzw. erfordern eine besonders empfindliche Erfassung der Streuintensitäten. Wasserstoffatome konnten daher in vielen Fällen gar nicht nachgewiesen werden. Hier wurden in jüngerer Zeit mit modernen Detektoren und Synchrotronquellen wesentliche Fortschritte erzielt, so dass heute Wasserstoffverbindungen, die in der Polymerphysik und bei biologischen Untersuchungen eine große Rolle spielen, in Röntgenstreuexperimenten studiert werden können.

In der Neutronenstreuung sind die Voraussetzungen für den Nachweis von leichten Atomen wesentlich günstiger, da der Absolutwert der Streulänge zwar von Kern zu Kern schwankt, aber für alle Elemente von der gleichen Größenordnung ist. Allerdings muss man berücksichtigen, dass die meisten Kerne auch mehr oder weniger inkohärent streuen, somit einen Streuuntergrund verursachen und daher für Strukturuntersuchungen nicht gleich gut geeignet sind. Besonders groß ist der inkohärente Streuquerschnitt bei Wasserstoff. Dennoch wurde bis vor kurzem die Lage der Wasserstoffatome in Festkörpern vor allem mit Neutronen untersucht, wobei man sich den schwachen kohärenten Streubeitrag zu Nutze machte. Eine wesentliche Verbesserung des Signals erzielt man durch Ersetzen des leichten Wasserstoffs durch Deuterium, da das Verhältnis zwischen kohärentem und inkohärentem Streuquerschnitt dann wesentlich günstiger ist.

Eine weitere Schwierigkeit bereitet bei der Röntgenbeugung die Unterscheidung von Elementen, die im Periodensystem benachbart liegen, da sich ihre atomaren Streufaktoren gleichen. Ein Beispiel hierfür haben wir in Abschnitt 4.4 kennengelernt: In Cäsiumjodid sind die beiden Ionensorten bei Röntgenbeugungsexperimenten kaum zu unterscheiden. Das Beugungsbild von CsJ gleicht daher dem eines kubisch raumzentrierten „Xenonkristalls" mit einatomiger Basis.[12] Mit Neutronen lassen sich dagegen Atome benachbarter Elemente meist gut unterscheiden, da die Kerne unterschiedliche Streueigenschaften aufweisen. Ein weiteres wichtiges Anwendungsfeld der Neutronenstreuung stellt die Untersuchung von magnetischen Strukturen (vgl. Abschnitt 12.4) dar, die auf der Wechselwirkung von Neutronen mit den magnetischen Momenten der Elektronenhülle beruht.

Geeignete Neutronenstrahlen erhält man aus Kernreaktoren, die so ausgelegt sind, dass sie einen besonders hohen Neutronenfluss besitzen oder aus Spallationsquellen, bei denen hochenergetische Protonen oder Elektronen aus einem Beschleuniger auf Schwermetalltargets geschossen werden. Da in beiden Fällen die erzeugten Neutronen für Strukturuntersuchungen eine zu hohe Energie bzw. eine zu kleine Wellenlänge aufweisen, müssen sie erst in einem Moderator abgebremst werden. Sie erlangen dort thermische Geschwindigkeiten und somit die passende Wellenlänge für Beugungsexperimente. Wie oben geschildert, wird dann mit Hilfe der Bragg-Reflexion aus der breiten Geschwindigkeitsverteilung ein enger Geschwindigkeitsbereich „herausgeschnitten", d.h., es wird dadurch ein „monochromatischer" Neutronenstrahl erzeugt. Der Nachweis der gestreuten Neutronen erfolgt mit geeigneten Zählrohren, z.B. mit BF_3-Proportionalzählern, in denen durch Neutroneneinfang ^{10}B-Kerne in ^{7}Li- und ^{4}He-Kerne umgewandelt werden, die das Gas im Zähler ionisieren. In jüngerer Zeit werden häufiger ^{3}He-Detektoren benutzt, bei denen ^{3}He-Kerne Neutronen einfangen und dabei in ein ^{3}H und ein Proton zerfallen, das nachgewiesen wird.

Mit zunehmender Entwicklung der Messtechniken können strukturelle Untersuchungen an immer kleineren Proben durchgeführt werden. Für Neutronenuntersuchungen sind typischerweise Proben mit einem Volumen von etwa 1 mm^3 erforderlich, bei Messungen mit Röntgenstrahlen können die Proben wesentlich kleiner sein.

4.6.1 Messverfahren

Die Beugungsbedingung (4.21) enthält zwei Größen, die im Experiment variiert werden können, Wellenlänge und Kristallorientierung. Letztere bestimmt bei vorgegebener Richtung der einfallenden Welle den Streuwinkel. Will man Reflexe finden, so muss bei der Messung mindestens eine der beiden Größen verändert werden. Die meisten Experimente lassen sich daher, unabhängig vom experimentellen Vorgehen, einer der

12 Reale Xenonkristalle sind kubisch flächenzentriert.

drei im Folgenden diskutierten Messmethoden zuordnen, obwohl die Messtechniken und der jeweilige apparative Aufwand je nach Natur der Strahlung grundverschieden sind.

Drehkristallverfahren. Beim Drehkristallverfahren, das von *M. de Broglie*,[13] entwickelt wurde, wird mit monochromatischer Strahlung und Einkristallen gearbeitet. Der Kristall wird, wie in Bild 4.23 für die Röntgenbeugung schematisch dargestellt, im einfachsten Fall um eine Achse gedreht. Bei der Rotation dreht sich das reziproke Gitter mit dem Kristall. Es tritt immer dann ein Reflex auf, wenn eine Netzebenenschar im Verlauf der Drehung die Bragg-Bedingung erfüllt. Da dieser Fall bei einer vollständigen Drehung um 360° für bestimmte reziproke Gitterpunkte wiederholt eintreten kann, schränkt man meist den Drehwinkel ein. Reflexe, die von Netzebenen parallel zur vertikalen Drehachse herrühren, erfahren keine vertikale Ablenkung, werden also in der Höhe des einfallenden Strahls abgebildet. Sind die reflektierenden Netzebenen gegen die Drehachse geneigt, so sind die resultierenden Reflexe vertikal verschoben. In modernen Geräten werden die Reflexe nicht, wie in Bild 4.23 schematisch angedeutet, mit einem Film sondern mit den vorher erwähnten Röntgendetektoren registriert.

Es existieren verschiedene Techniken, die eine möglichst eindeutige Zuordnung der Reflexe zum Ziel haben. Hierzu zählt das *Weissenberg-Böhm-Goniometer*[14,15] und die *Präzessionskamera*, bei denen der Film noch zusätzlich synchron mit der Kristallbewegung verschoben wird. Dadurch wird eine Überlappung der Reflexe ausgeschlossen. In allen Fällen vereinfacht sich die Auswertung der Messdaten erheblich, wenn die Drehachse des untersuchten Kristalls mit einer Achse hoher Kristallsymmetrie

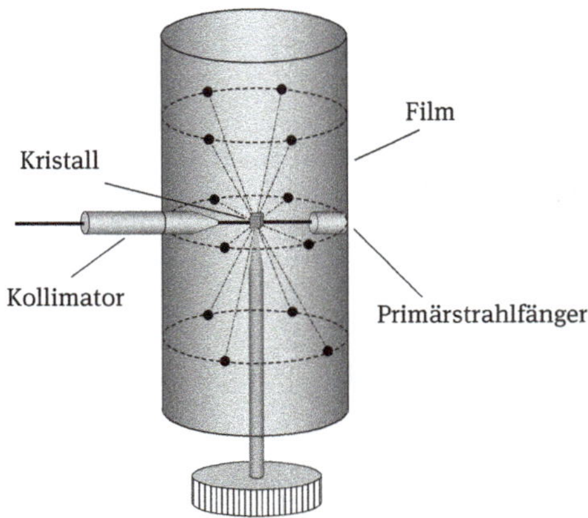

Abb. 4.23: Drehkristallmethode. Schematische Darstellung des experimentellen Aufbaus und der auf dem Film beobachteten Reflexe.

13 Louis-César-Victor-Maurice, de Broglie, *1875 Paris, †1960 Neuilly-sur-Seine
14 Karl Weissenberg, *1893 Wien, †1976 Den Haag
15 Johann Böhm, *1895 Budweis, †1952 Prag

zusammenfällt. Um dies zu erreichen, wird der Kristall vorher meist mit Hilfe des Laue-Verfahrens orientiert, das weiter unten angesprochen wird.

Pulvermethode. Die Pulvermethode, oft auch **Debye-Scherrer-Verfahren**[16,17] genannt, eignet sich besonders gut zur genauen Bestimmung von Gitterkonstanten. Tatsächlich sind die meisten verfügbaren Gitterdaten mit dieser Methode gewonnen worden. Bei diesem Verfahren werden feinpulverisierte kristalline oder feinkörnige polykristalline Proben mit monochromatischen Wellen bestrahlt. Wie in Bild 4.24a für

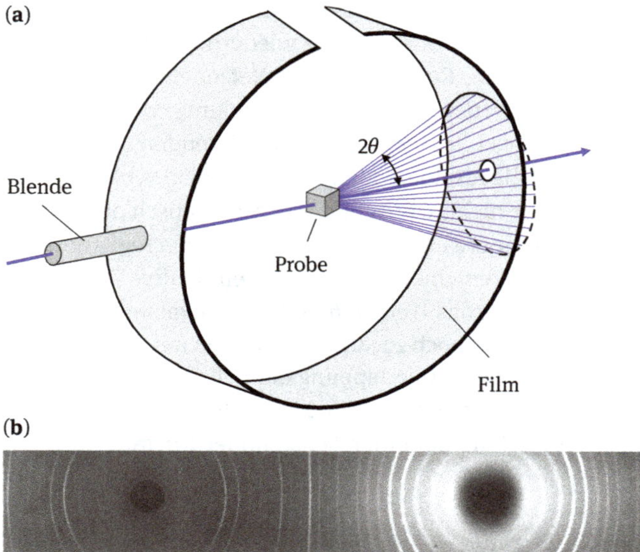

Abb. 4.24: **a)** Schematische Darstellung des Debye-Scherrer-Verfahrens. Monochromatische Röntgenstrahlung trifft auf die Probe in der Mitte der Anordnung. Die kegelförmig gestreute Röntgenstrahlung wird durch einen Filmstreifen aufgefangen. **b)** Pulveraufnahme einer geordneten Cu_3Au-Legierung. Die Beugungsringe wurden wie in der Prinzipskizze mit einem Film registriert. (Nach Ch. Kittel, *Einführung in die Festkörperphysik*, Oldenbourg, 2013.)

den Fall der Röntgenbeugung schematisch dargestellt, fällt der Strahl, eingeengt durch eine Blende, auf die Probe. Kristallite, deren Gitterebenen zufällig so liegen, dass sie eine Bragg-Bedingung erfüllen, verursachen einen Reflex, der mit dem Primärstrahl den Winkel 2θ einschließt. Aufgrund der regellosen Orientierung der Kristallite liegen, wie im Bild angedeutet, die gebeugten Strahlen auf einem zum Primärstrahl konzentrischen Kegelmantel. Im einfachsten Fall wird die gestreute Strahlung in Form von

16 Peter Debye, *1884 Maastricht, †1966 Ithaca, Nobelpreis 1936
17 Paul Scherrer, *1890 St. Gallen, †1969 Zürich

Debye-Scherrer-Ringen mit einem Röntgenfilm nachgewiesen. Eine Debye-Scherrer-Aufnahme an Cu_3Au, einer Legierung, auf die wir in Abschnitt 5.4 noch zu sprechen kommen, ist in Bild 4.24b zu sehen.

In Bild 4.25a ist die Streuintensität von kristallinem Quarz als Funktion des Streuwinkels aufgetragen. Dabei wurden die Daten mit einem Pulverdiffraktometer aufgenommen, bei dem die Intensität der Reflexe mit einem Zähler registriert wurde. Natürlich kann man das Debye-Scherrer-Verfahren auch bei der Neutronenstreuung benutzen. Das Ergebnis einer Messung an einer $YBa_2Cu_3O_7$-Pulverprobe ist in Bild 4.25b zu sehen. Dieses Material zählt zu den *Hochtemperatur-Supraleitern*, auf die wir in Abschnitt 11.5 noch ausführlich eingehen.

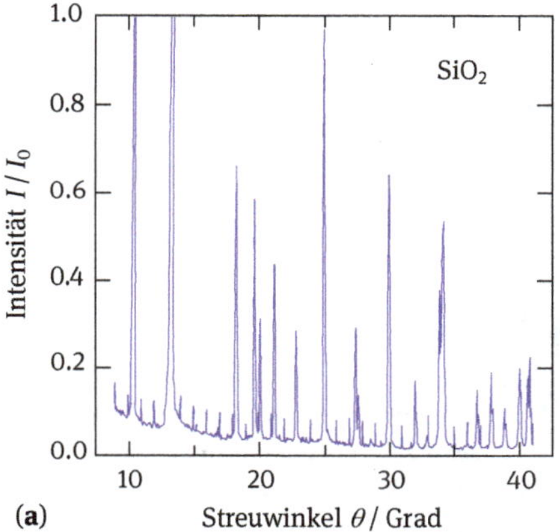

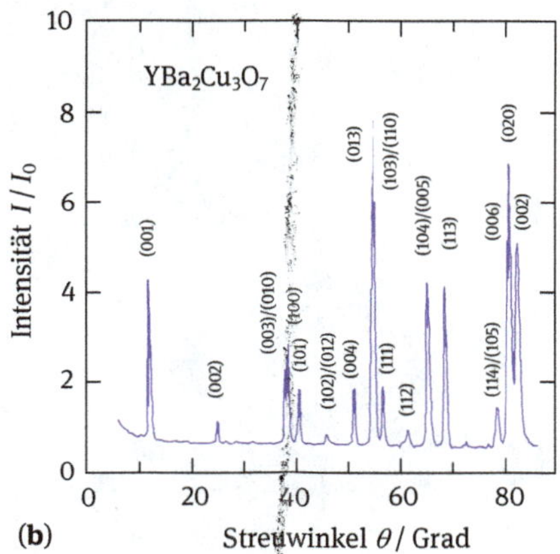

Abb. 4.25: Debye-Scherrer-Aufnahmen. **a)** Pulverdiffraktometer-Aufnahme an einer Quarzkristallprobe. (Autor unbekannt.) **b)** Neutronendiffraktogramm einer $YBa_2Cu_3O_7$-Pulverprobe. Die Bezeichnung der Reflexe bezieht sich auf die orthorhombische Elementarzelle. (Nach G. Schatz, A. Weidinger, *Nukleare Festkörperphysik*, Teubner, 1992.)

Die Winkelabhängigkeit der Streuintensität bei Pulveraufnahmen ähnelt sehr stark dem Verlauf, der bei Beugungsexperimenten an amorphen Materialien auftritt. Bei Aufnahmen nach der Pulvermethode mittelt der Strahl über alle Kristallorientierungen, bei amorphen Festkörpern erfolgt eine Mittelung über alle lokalen Atomanordnungen. Es ist daher verständlich, dass eine Anhäufung von regellos orientierten Kristalliten eine ähnliche Streuung hervorruft, wie sie von den amorphen Festkörpern her bekannt ist. Dennoch besteht ein wesentlicher Unterschied zwischen diesen beiden Stoffklassen. Da die Kristallite nicht nur Nah-, sondern auch Fernordnung aufweisen, sind die beobachteten Ringe nicht verwaschen, sondern scharf.

Laue-Verfahren. Beim Laue-Verfahren wird der Einkristall mit einem kontinuierlichen Spektrum bestrahlt, so dass viele Kristallebenen gleichzeitig Gleichung (4.21) erfüllen und zu Reflexen Anlass geben. Strahlt man entlang einer Symmetrieachse des Kristalls ein, so entsteht ein Beugungsbild mit den Symmetrieelementen der Achse. Daher macht man bei einem Kristall mit unbekannter Struktur zunächst eine Aufnahme in beliebiger Richtung, um die Hauptsymmetrieachsen zu ermitteln. Anschließend strahlt man längs dieser Achsen ein und bestimmt so aus den Laue-Aufnahmen die Kristallsymmetrie. Häufig werden Laue-Aufnahmen zur Orientierung von bekannten Kristallen verwendet. In Bild 4.26 ist als Beispiel die Laue-Aufnahme eines Lektin-Kristalls gezeigt, die mit einem Synchrotron als Röntgenquelle gemacht wurde. Hierbei handelt es sich um ein komplexes Proteinmolekül, das in der Erbse vorkommt.

Abb. 4.26: Laue-Aufnahme eines Lektin-Kristalls. Deutlich zu erkennen ist die zwei-zählige Symmetrie des Kristalls. (Das Bild wurde einem Bericht der CCLRS Synchrotron Radiation Source, Daresbury Laboratories, Großbritannien, entnommen.)

4.6.2 Messungen an Oberflächen und dünnen Filmen

Elektronen- oder Atomstrahlen wechselwirken mit festen Proben besonders stark. Deshalb können bei Transmissionsexperimenten nur sehr dünne Schichten untersucht werden. Hierzu werden Elektronen, bevor sie auf die Probe treffen, auf etwa 50 – 100 keV beschleunigt. Aufgrund ihrer kleinen Wellenlänge erfolgt dann die Streuung nur in einen kleinen Öffnungswinkel von etwa 3 – 5°. Nach dem Durchqueren der Folie werden die Elektronen nachgewiesen. Als Beispiel für eine derartige Messung ist in Bild 4.27 die Streuung an einer etwa 9 nm dicken Eisenschicht gezeigt, bei der die Elektronen mit einer Fotoplatte registriert wurden.

Der Eisenfilm wurde bei 4,2 K, d.h. bei der Temperatur des flüssigen Heliums, durch Aufdampfen hergestellt und dann durchstrahlt. Beim Aufwärmen bis auf Zimmertemperatur wandelte sich der anfänglich amorphe Film in eine polykristalline

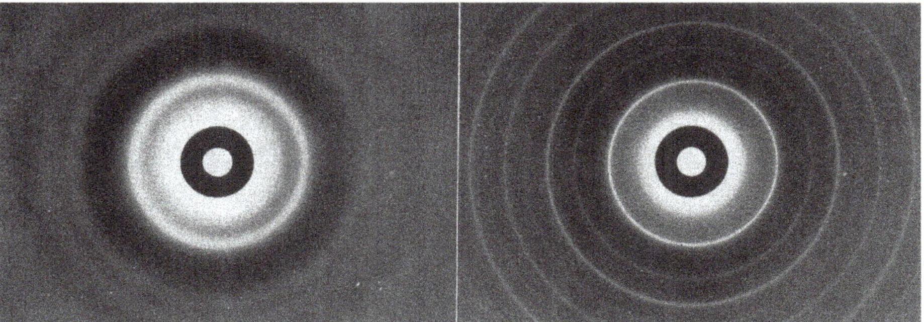

Abb. 4.27: Elektronenbeugungbilder eines 9 nm dicken Eisenfilms im amorphen und kristallinen Zustand. (Nach T. Ichikawa, phys. stat. sol. (a) **19**, 707 (1973).)

Schicht um, deren Kristallite keine Vorzugsorientierung besitzen. Aufgrund dieser Phasenumwandlung werden die verschmierten Ringe so scharf, wie man sie von Debye-Scherrer-Aufnahmen an kristallinen Pulvern her kennt. Aus ähnlichen Daten wurde die in Bild 3.39 gezeigte Paarkorrelationsfunktion von amorphem Nickel gewonnen.

Für die Untersuchung von Oberflächen oder oberflächennahen Schichten ist die Beugung von niederenergetischen Elektronen mit Energien zwischen 10 eV und 1000 eV besonders geeignet. Sie ist eine Standardmethode der Oberflächenphysik, die unter der Bezeichnung *LEED* (**L**ow **E**nergy **E**lectron **D**iffraction) bekannt ist. In diesem Fall detektiert man nur Elektronen, die innerhalb der ersten Atomlagen der Probe rückgestreut werden. Da die gestreuten Elektronen sehr empfindlich auf Oberflächenverunreinigungen reagieren, werden die Experimente üblicherweise im Ultrahochvakuum ($p < 10^{-8}$ Pa) durchgeführt. Das Schema einer experimentellen Anordnung ist in Bild 4.28a gezeigt. Die Elektronen durchlaufen die Spannung U ehe sie auf die Probe

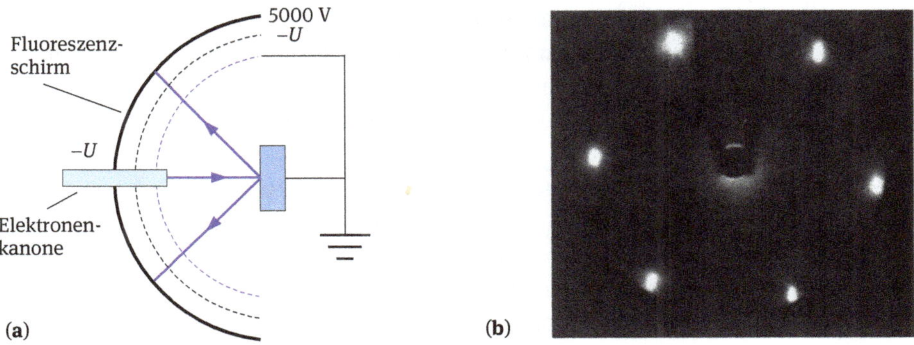

Abb. 4.28: **a)** Schema einer Anordnung zur Beobachtung von LEED-Reflexen. **b)** Beugungsbild einer Pt (111)-Kristalloberfläche, aufgenommen bei einer Elektronenenergie von 51 eV. (Nach G.A. Somorjai, *Chemistry in two dimensions: Surfaces*, Cornell University, 1981.)

treffen. Die reflektierten Elektronen durchqueren zwei Gitter, deren Potenzial so eingestellt ist, dass nur jene Elektronen diese überwinden können, die beim Kontakt mit der Probe minimale Energie verloren haben. Anschließend werden sie beschleunigt und auf dem halbkugelförmigen Fluoreszenzschirm sichtbar gemacht.

Als Beispiel ist in Bild 4.28b das Beugungsbild einer (111)-Oberfläche des kubisch flächenzentrierten Platins gezeigt. An dieser Stelle soll noch auf einen wichtigen Unterschied zwischen LEED- und Röntgenstreumessungen hingewiesen werden. Die starke Streuung und Absorption der Elektronen hat zur Folge, dass die rückgestreuten Elektronen aus einer sehr dünnen Schicht an der Oberfläche kommen, so dass das Probenvolumen als zweidimensionales Gebilde betrachtet werden kann. Die dritte Raumrichtung, also die Richtung senkrecht zur Oberfläche, spielt praktisch keine Rolle. Es herrschen daher Verhältnisse wie wir sie in Abschnitt 4.4 bei der Streuung von Elektronen an Oberflächen kennengelernt haben. Da sich in zweidimensionalen Proben die Beugungsbedingung wesentlich weniger einschränkend auswirkt, treten selbst mit monoenergetischen Elektronen mehrere Reflexe auf, die von verschiedenen reziproken Gittervektoren herrühren. LEED-Aufnahmen mit monoenergetischen Elektronen haben daher, oberflächlich betrachtet, eine gewisse Ähnlichkeit mit den oben diskutierten Laue-Aufnahmen.

Direkte Abbildung der Oberfläche. Am Anfang dieses Kapitels, in Bild 4.1, wurde gezeigt, dass sich mit Hilfe eines **Transmissionselektronen-Mikroskops** (TEM) dünne Schichten mit atomarer Auflösung abbilden lassen. Dabei durchdringen die Elektronen die Probe und werden anschließend auf einer Detektorplatte nachgewiesen. Die Auflösungsgrenze d ist durch das Rayleigh-Kriterium[18]

$$d = \frac{\lambda}{2A_N} \approx \frac{0{,}6\,\text{nm}}{A_N\sqrt{U}} \tag{4.43}$$

gegeben, wobei A_N für die numerische Apertur steht. Von entscheidender Bedeutung ist die Tatsache, dass die Wellenlänge der Elektronen von der Beschleunigungsspannung U abhängt. So sollte mit Spannungen um 100 kV subatomare Auflösung realisiert werden können. Wenn auch die theoretische Grenze aufgrund von Linsenfehlern bisher nicht erreicht wurde, so wird in modernen Geräten dennoch eine Auflösung um $d \approx 0{,}05$ Å erzielt.

Eine direkte Abbildung von Atomen an der Oberfläche ist mit Hilfe der **Rastersonden-Mikroskopie** möglich, deren Auflösungsgrenze im Ångström-Bereich liegt. Das bekannteste Instrument, das hierzu zählt, ist das **Rastertunnel-Mikroskop** (STM, Abkürzung für **S**canning **T**unneling **M**icroscope.)[19,20], das in Bild 4.29a schematisch dargestellt ist. Bei diesem Mikroskop wird eine scharfe Metallspitze, aus der im Idealfall

---

18 John William Strutt, Lord Rayleigh, *1842 Maldon, †1919 Witham, Nobelpreis 1904

19 Gerd Binnig, *1947 Frankfurt am Main, Nobelpreis 1988

20 Heinrich Rohrer, *1933 Buchs, Sankt Gallen, †2013 Wollerau, Nobelpreis 1988

ein einzelnes Atom „herausragt“, in einer Entfernung von etwa einem Nanometer über die leitende Probenoberfläche bewegt. Die Lage der Spitze kann mit piezoelektrischen Stäben mit Pikometer-Genauigkeit kontrolliert werden. An der Probe wird eine Vorspannung angelegt und der Strom zwischen Spitze und Probe gemessen. Hierbei handelt es sich um einen Tunnelstrom, der exponentiell vom Abstand zwischen Spitze und Probe abhängt. Wird das STM im sogenannten Rückkopplungsmodus betrieben, so wird der Strom bei der Bewegung der Spitze über die Oberfläche durch Änderung des Spitzenabstandes konstant gehalten. Auf diese Weise folgt die Spitze der Topografie der Oberfläche. Die Auflösungsgrenze liegt bei 0,1 nm in lateraler und 0,01 nm in vertikaler Richtung.

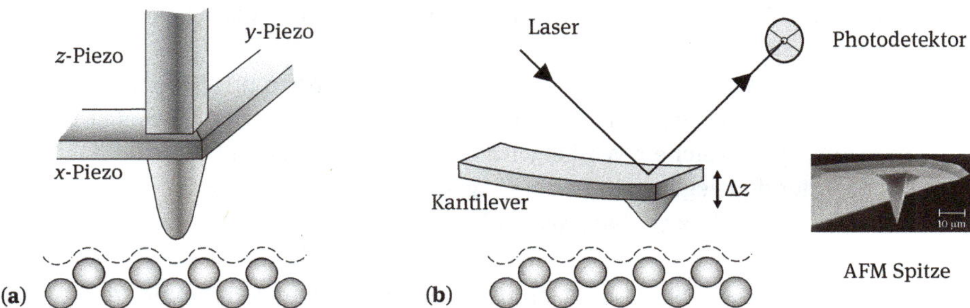

Abb. 4.29: **a)** Schema eines Rastertunnel-Mikroskops. Im Rückkopplungsmodus bewegen die Piezoelemente die Spitze so über die Probe, dass der Strom konstant bleibt. **b)** Schema eines Rasterkraft-Mikroskops. Die Auslenkung des Kantilevers wird über die Position des Laserstrahls registriert.

Das **Rasterkraft-Mikroskop** (AFM, Abkürzung für **A**tomic **F**orce **M**icroscope.) wurde kurz nach dem STM entwickelt. Es misst die Kraft zwischen Spitze und Probe und kann sowohl auf leitenden als auch auf isolierenden Proben verwendet werden. Hierzu wird, wie in Bild 4.29b gezeigt, eine scharfe Spitze am Ende eines Millimeter-großen Trägers, meist Kantilever genannt, befestigt. Die Kraft, die durch die Probe auf die Spitze ausgeübt wird, führt zu einer Verbiegung des Kantilevers, die gemessen wird. Für diesen Zweck wird seine Rückseite als Reflektor für einen Laserstrahl benutzt, der mit einem Fotodetektor nachgewiesen wird. Damit lässt sich eine Auflösung von etwa 0,3 nm in beide Richtungen erzielen. Das Ergebnis einer derartigen Messung haben wir bereits in Bild 4.2 kennen gelernt, in dem die Oberfläche von Silizium zu sehen ist. Auf die verschiedenen Betriebsmodi wollen wir hier nicht näher eingehen.

4.7 Aufgaben

1. Millersche Indizes. „Nanodrähte“ werden häufig auf Kristalloberflächen präpariert, die leicht geneigt sind bezüglich einer Ebene mit niedrigen Indizes.

(a) Berechnen Sie den Neigungswinkel zwischen der (1 20 0)- und der (010)-Ebene eines kubischen Kristalls.

(b) Wie groß ist der Abstand zwischen den (1 20 0)-Ebenen bei Kupfer (kubisch flächenzentriert) mit der Gitterkonstanten $a = 3{,}61$ Å?

(c) Welche Photonenenergie ist mindestens erforderlich, um einen Röntgen-Reflex 1. Ordnung zu erhalten?

2. Ewald-Kugel. Thalliumjodid (Dichte $\varrho = 7{,}29\,\mathrm{g/cm^3}$) weist oberhalb von 168°C eine Cäsiumchlorid-Struktur auf.

(a) In einem Beugungsexperiment fällt Röntgenstrahlung in [010]-Richtung auf die Probe. Die reflektierte Strahlung wird in $[3\bar{1}0]$ nachgewiesen. Bei welcher Wellenlänge und unter welchem Winkel wird der Reflex beobachtet?

(b) Gibt es unter den gegebenen Bedingungen noch weitere Reflexe?

(c) Kann der $[1\bar{9}0]$-Reflex beobachtet werden?

3. Bragg-Reflexion. An einem Kupferpulver beobachtet man bei Zimmertemperatur ($T = 293$ K) einen Reflex unter dem Bragg-Winkel $\theta = 47{,}75°$. Wie groß ist der thermische Ausdehnungskoeffizient, wenn bei $T = 1293$ K der Winkel $46{,}60°$ beträgt?

4. Zweidimensionales hexagonales Gitter. Geben Sie die beiden Gittervektoren des zweidimensionalen hexagonalen Gitters in kartesischen Koordinaten an und stellen Sie die Wigner-Seitz-Zelle grafisch dar. Ermitteln Sie die reziproken Gittervektoren und zeichnen Sie das entsprechende Gitter. Tragen Sie die ersten Brillouin-Zonen ein und berechnen Sie deren Flächen.

5. Strukturfaktor von Perowskit. Wie in Abschnitt 3.3 erwähnt, besitzt Perowskit ($CaTiO_3$) ein kubisch primitives Gitter.

(a) Berechnen Sie den Strukturfaktor von Perowskit.

(b) Welche Form weisen $\mathcal{S}_{100}$, $\mathcal{S}_{200}$ und $\mathcal{S}_{110}$ auf?

(c) Welcher der Strukturfaktoren ist am größten, welcher am kleinsten? Um diese Frage exakt zu beantworten, müssten die atomaren Streufaktoren bekannt sein. Für eine einfache Abschätzung können wir annehmen, dass die Atomformfaktoren proportional zur Kernladung ansteigen.

6. Kubisch raumzentrierte Gitter. Zwischen den Gittern im Ortsraum und im reziproken Raum besteht ein eindeutiger Zusammenhang. Wir betrachten hier das kubisch raumzentrierte Gitter etwas näher.

(a) Geben Sie drei Vektoren an, die im Ortsraum die primitive Elementarzelle repräsentieren.
(b) Berechnen Sie die Vektoren der primitiven Elementarzelle des reziproken Gitters.
(c) Zeigen Sie, dass das reziproke Gitter kubische Symmetrie besitzt.
(d) Berechnen Sie die Gitterkonstante des reziproken Gitters (in Einheiten von $2\pi/a$).
(e) Berechnen Sie das Volumen der Brillouin-Zone.

7. Pulverdiffraktometrie. Es wird das Pulver eines kubischen Materials mit Röntgenstrahlen der Wellenlänge 1,54 Å untersucht. In Vorwärtsrichtung beobachtet man Ringe unter den Winkeln 28°, 32°, 46°, 54° und 57° und in Rückwärtsrichtung unter 168°, 160°, 146°, 133° und 130°.
(a) Berechnen Sie den Wert von $\sin^2\theta$ für die verschiedenen Ringe und vergleichen Sie die Werte mit denen, die man für die verschiedenen kubischen Gitter erwartet. Welches kubische Gitter liegt vor?
(b) Nehmen Sie an, dass der kleinste beobachtete Ring in Vorwärtsrichtung vom Reflex mit den kleinsten Millerschen Indizes verursacht wird und berechnen Sie die Gitterkonstante.
(c) Benutzen Sie zur Bestimmung der Gitterkonstanten den Ring mit dem kleinsten Durchmesser in Rückwärtsrichtung.

8. Laue-Verfahren. Ein Polonium-Einkristall (α-Po) wird mit dem Laue-Verfahren untersucht. Schätzen Sie die maximale Zahl der Beugungsreflexe ab, wenn die Röntgenröhre mit 40 kV betrieben wird. α-Po besitzt ein kubisch primitives Gitter und weist die Atommasse 209,98 u und die Dichte 9196 kg/m^3 auf.

9. Debye-Scherrer-Verfahren. Chrom besitzt bei Raumtemperatur eine bcc-Struktur mit einer Dichte von 7,16 g/m^2. Bei der Röntgenbeugung an polykristallinen Chrom tritt der innerste Beugungsring in einem Winkel von 10,71° zur Richtung der einfallenden Strahlung auf. Berechnen Sie deren Wellenlänge.

5 Strukturelle Defekte

In den bisherigen Betrachtungen gingen wir immer von idealen Kristallen oder idealen amorphen Festkörpern aus. Tatsächlich sind aber viele physikalische Eigenschaften von realen Materialien durch Defekte geprägt. Bereits die endliche Ausdehnung kann unter bestimmten Umständen ihr Verhalten stark verändern. Darüber hinaus ist eine fehlerlose Anordnung der etwa 10^{23} Atome eines makroskopischen Kristalls schon aufgrund der Entropie ausgeschlossen. In diesem Kapitel wenden wir uns den wichtigsten Defektarten zu und untersuchen einige ihrer Eigenschaften. Nicht eingehen werden wir auf experimentellen Methoden wie Elektronen- und Kernspinresonanz oder die Messung der dielektrischen und optischen Eigenschaften, die bei ihrer Untersuchung genutzt werden. Es würde den Rahmen dieses Buches sprengen, wollten wir hier auch die interessanten materialwissenschaftlichen Aspekte von Defekten beleuchten, die für praktische Anwendungen von überragender Bedeutung sind.

Besonders gut ausgearbeitete Konzepte existieren auch hier wieder für Kristalle, denen wir uns zunächst zuwenden. Dort können Defekte mit Abweichungen von der periodischen Anordnung der Gitterbausteine gleichgesetzt werden. Neben den Punktdefekten, deren typische Größe vergleichbar mit atomaren Dimensionen ist, treten in Kristallen auch makroskopisch ausgedehnte Defekte, sogenannte Linien- und Flächendefekte auf. Naturgemäß ist bei amorphen Materialien die Definition von Defekten wesentlich schwieriger. Man findet Punktdefekte mit ähnlichen Eigenschaften wie in Kristallen, aber auch neue Defektarten, wie beispielsweise ungesättigte oder aufgebrochene Bindungen, die in Kristallen normalerweise nicht auftreten. Linien- und Flächendefekte in Analogie zu denen in Kristallen gibt es aber nicht.

5.1 Punktdefekte

Punktdefekte üben einen erheblichen Einfluss auf die Eigenschaften von Festkörpern aus. Sie entstehen dadurch, dass Atome aus dem Kristall entfernt, hinzugefügt oder ausgetauscht werden. Entsprechend unterscheidet man drei Typen von Punktdefekten, nämlich *Leerstellen*, *Zwischengitteratome* und *Fremdatome*. Wie in Bild 5.1 angedeutet, fehlt im ersten Fall ein Atom, während Zwischengitteratome dadurch entstehen, dass Atome *zwischen* den regulären Gitterplätzen eingebaut werden. Fremdatome können reguläre Plätze, aber auch Zwischengitterplätze einnehmen. Von Punktdefekten spricht man auch dann, wenn am Defekt mehrere Atome beteiligt sind, vorausgesetzt, die Störung des Gitters ist auf wenige Atomabstände beschränkt. Punktdefekte sind vor allem dann von Bedeutung, wenn Festkörper nur relativ wenige ausgedehnte Defekte aufweisen. Dann bestimmen sie die atomare Diffusion, begrenzen die elektrische Leitfähigkeit von Metallen und Halbleitern oder sind für die elektrischen Eigenschaften von Ionenkristallen bei hohen Temperaturen verantwortlich.

https://doi.org/10.1515/9783111027227-005

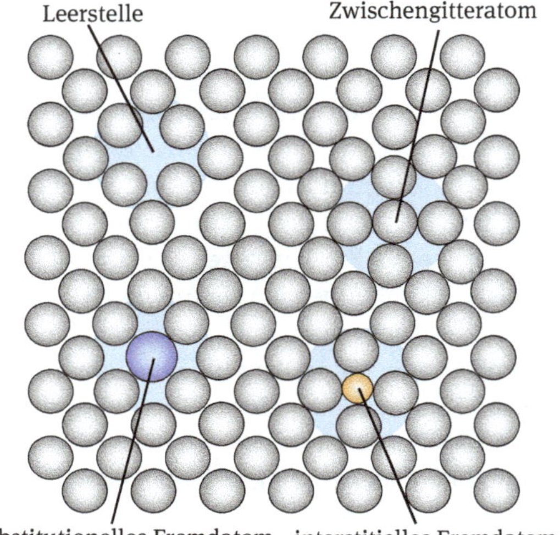

Abb. 5.1: Schematische Darstellung von Punktdefekten in Kristallen. Die Position der Punktdefekte ist durch hellblau unterlegte Kreise markiert. Die von den Defekten bewirkten Verzerrungen des Gitters sind angedeutet.

5.1.1 Leerstellen

Der denkbar einfachste Defekt ist ein fehlendes Atom. Diesen Punktdefekt bezeichnet man als **Leerstelle** oder **Schottky-Defekt.**[1] Er tritt vor allem in einfach aufgebauten Festkörpern auf und spielt bei Metallen und Ionenkristallen eine große Rolle. Mit Hilfe der Rastertunnelmikroskopie lassen sich Leerstellen an Oberflächen sichtbar machen. In Bild 5.2 sind die Oberflächen eines GaP- und eines InP-Kristalls mit atoma-

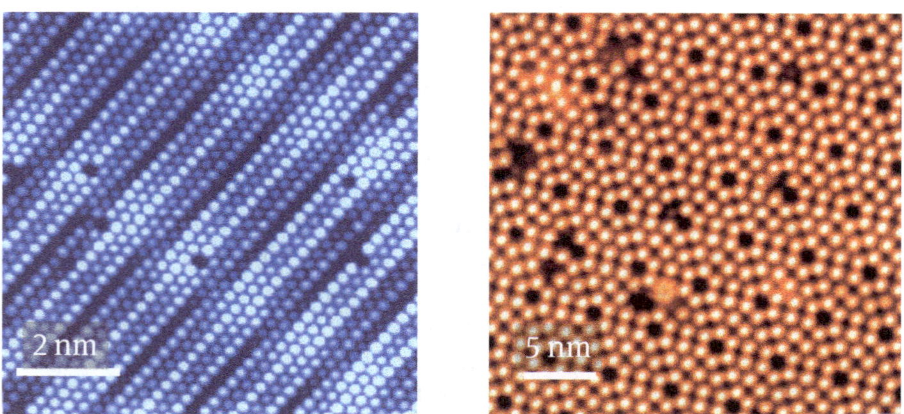

Abb. 5.2: Leerstellen auf der Oberfläche von Platin **(a)** und Silizium **(b)**. Beide Bilder wurden mit einem Rastertunnelmikroskop aufgenommen. (Nach G. Ritzt et al. Phys. Rev. B **56**, 10518 (1997).)

1 Walter **Schottky**, *1886 Zürich, †1976 Forchheim

rer Auflösung abgebildet. Auf dem linken Bild erkennt man deutlich die regelmäßig angeordneten Phosphoratome mit mehreren Leerstellen in der Bildmitte. Im rechten Bild sind mehrere Leerstellen auf einer InP-Oberfläche zu sehen.

Leerstellendichte. Wir wollen nun die Zahl der Leerstellen berechnen, die im thermischen Gleichgewicht in Kristallen anzutreffen ist. Die entscheidende Größe ist dabei die freie Enthalpie $G = U - TS + pV = F + pV$, wobei U für die innere Energie, S für die Entropie, p für den Druck, V für das Probenvolumen und F für die freie Energie steht. Unter der Voraussetzung, dass Druck und Temperatur konstant gehalten werden, gilt für die Änderung $\mathrm{d}G$ der freien Enthalpie: $\mathrm{d}G = \mathrm{d}U - T\mathrm{d}S + p\,\mathrm{d}V$. Solange die Zahl der Leerstellen nicht so groß ist, dass sie das Volumen der Probe merklich verändern, kann der Beitrag von $p\,\mathrm{d}V$ zur freien Enthalpie vernachlässigt werden und es genügt, sich auf die Betrachtung der freien Energie F zu beschränken.

Der Beitrag ΔU_L der Leerstellen zur inneren Energie der Probe lässt sich sofort angeben. Ist E_L die Energie, die zur Erzeugung einer Leerstelle aufgewendet werden muss, so gilt für N_L Leerstellen: $\Delta U_\mathrm{L} = N_\mathrm{L} E_\mathrm{L}$. Nun müssen wir noch berücksichtigen, dass Leerstellen in zweifacher Hinsicht zur Entropie beitragen. Zunächst bedingt jede Leerstelle eine Veränderung der thermischen Schwingungen in ihrer unmittelbaren Umgebung. Um diesen Effekt zu berücksichtigen, schreibt man jeder Leerstelle die Schwingungsentropie S_L zu.[2] Zusätzlich tritt noch die Konfigurationsentropie auf, die auf der Vielzahl der verschiedenen möglichen Anordnungen der N_L Leerstellen auf den $(N + N_\mathrm{L})$ Gitterplätzen beruht. Der gleiche Effekt spielte bereits in Abschnitt 3.1 im Zusammenhang mit der Mischungsentropie von Legierungen eine wichtige Rolle. Dieser Beitrag ist proportional zum Logarithmus der Zahl der möglichen Anordnungen und hat einen starken Einfluss auf die Zahl der Leerstellen. Damit ergibt sich unter Berücksichtigung von (3.5) für den Beitrag ΔF_L der Leerstellen zur freien Energie:

$$\Delta F_\mathrm{L} = N_\mathrm{L} E_\mathrm{L} - T\Delta S = N_\mathrm{L} E_\mathrm{L} - N_\mathrm{L} T S_\mathrm{L} - k_\mathrm{B} T \ln \left[\frac{(N + N_\mathrm{L})!}{N! N_\mathrm{L}!} \right] . \tag{5.1}$$

Im thermodynamischen Gleichgewicht ist die freie Energie minimal. Es stellt sich eine Leerstellendichte ein, für die $\partial F / \partial N_\mathrm{L} = 0$ ist. Aus dieser Forderung folgt unter der Annahme $N_\mathrm{L} \ll N$ und der Ausnutzung der Stirling-Formel $\ln X! \simeq X(\ln X - 1)$, die für große Werte von X gültig ist, die Beziehung

$$N_\mathrm{L} = N\,\mathrm{e}^{S_\mathrm{L}/k_\mathrm{B}}\,\mathrm{e}^{-E_\mathrm{L}/k_\mathrm{B} T} . \tag{5.2}$$

Wir erwarten also, dass die Zahl der Leerstellen im thermischen Gleichgewicht mit steigender Temperatur exponentiell anwächst. Die entscheidende Größe ist dabei die Energie E_L, die zur Bildung einer Leerstelle erforderlich ist.

---

2 In manchen Lehrbüchern wird dieser Beitrag zur Entropie bei der Herleitung der Leerstellendichte nicht berücksichtigt, da er den Temperaturverlauf der Leerstellendichte nicht beeinflusst. S_L ergibt sich im Prinzip aus Gleichung (7.3). Da die Entropie durch $S = -(\partial F / \partial T)_V$ gegeben ist, bewirkt eine Änderung des Frequenzspektrums durch eine Leerstelle das Auftreten einer zusätzlichen Entropie.

Im Prinzip entsteht eine Leerstelle dadurch, dass ein Atom aus dem Kristallinneren an die Oberfläche gebracht wird, wo es wesentlich schwächer als im Innern gebunden ist. Somit sollten E_L und die Bindungsenergie vergleichbar sein. Wir erwarten daher Werte um 1 eV/Atom. Die Leerstellen- oder Schwingungsentropie hängt von der Kristallstruktur ab. Typische Werte von S_L/k_B liegen zwischen 0,5 und 5. Setzt man $E_L \approx 1$ eV und $S_L/k_B \approx 3$ ein, so errechnet sich eine Leerstellenkonzentration $N_L/N \approx 2 \cdot 10^{-4}$ bei 1000 K, aber nur $N_L/N \approx 3 \cdot 10^{-16}$ bei Zimmertemperatur.

Wir wollen kurz auf die experimentelle Bestätigung des exponentiellen Anstiegs der Leerstellenkonzentration und auf den experimentellen Wert von E_L eingehen. Mit der Erzeugung von Leerstellen ist, trotz der oben gemachten Vereinfachung $p\,dV \approx 0$, bei höheren Temperaturen eine messbare Volumenzunahme verbunden. Bei der Auswertung von Messungen muss berücksichtigt werden, dass nicht nur Leerstellen, sondern auch die gewöhnliche thermische Expansion (vgl. Abschnitt 7.1) zur Volumenänderung beitragen. Die beiden Anteile kann man trennen, wenn man neben der Volumenänderung der Probe auch die Variation der Gitterkonstanten a mit Hilfe der Röntgenbeugung sehr genau bestimmt. Zieht man von der gemessenen makroskopischen Volumenänderung $\Delta V/V$ den Beitrag $(3\Delta a/a)$ durch die Gitteraufweitung ab, so erhält man den Beitrag der Leerstellen an der Volumenänderung.[3] Ein beobachtbarer Effekt ist nur bei relativ hoher Leerstellenkonzentration, also in der Nähe des Schmelzpunktes zu erwarten. Da die Schmelztemperatur vor allem durch den Wert der Bindungsenergie bestimmt wird, tritt bei niedrig schmelzenden Materialien bereits bei Zimmertemperatur eine messbare Leerstellenkonzentration auf.

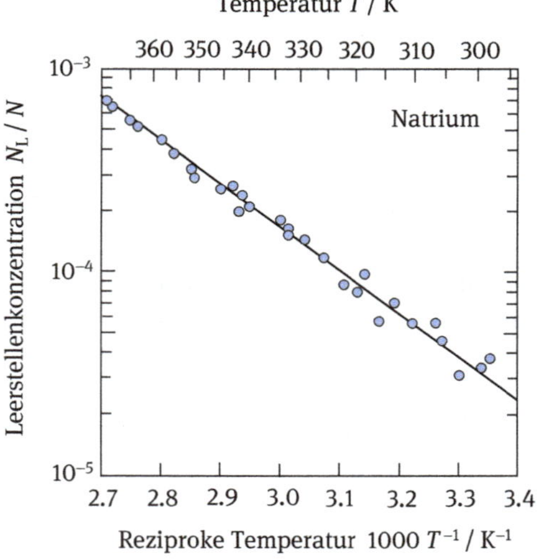

Abb. 5.3: Temperaturabhängigkeit der Leerstellenkonzentration N_L/N von Natrium, gemessen über die Volumenänderung. Durch das Auftragen von $\log(N_L/N)$ als Funktion der reziproken Temperatur wird der exponentielle Zusammenhang unmittelbar sichtbar. (Nach R. Feder, H.P. Charbnau, Phys. Rev. **149**, 464 (1966).)

3 Die einfache Beziehung $\Delta V/V = 3\Delta a/a$ ist eigentlich nur für isotrope Materialien gültig.

In Bild 5.3 ist das Ergebnis einer derartigen Messung an Natrium zu sehen, das bereits bei 371 K schmilzt und daher in einem experimentell gut zugänglichen Temperaturbereich untersucht werden kann. Aus den Messdaten ergeben sich die Werte $E_\mathrm{L} = 0{,}42\,\mathrm{eV}$ für die Bildungsenergie und $S_\mathrm{L}/k_\mathrm{B} = 5{,}8$ für den Entropiefaktor. Da die Bindungsenergie von Natrium 1,11 eV/Atom beträgt, macht das Ergebnis deutlich, dass Bildungs- und Bindungsenergie nicht gleichgesetzt werden dürfen, wenn auch die Größenordnungen vergleichbar sind. Wie in Bild 5.1 angedeutet, muss unter anderem berücksichtigt werden, dass sich das Gitter in der Nähe der geschaffenen Leerstelle den neuen Gegebenheiten anpasst. Diese sogenannte *Relaxation* des Gitters ist mit einem Energiegewinn verbunden und bewirkt so eine merkliche Verminderung von E_L.

Bei Materialien mit höherem Schmelzpunkt ist die Bindungsenergie U_B/N und damit auch die Bindungsenergie E_L größer. Nach Gleichung (5.2) ist dann die errechnete Leerstellenkonzentration bei Zimmertemperatur wesentlich kleiner als bei Natrium. Zum Vergleich von Bindungs- und Bildungsenergie sind in Tabelle 5.1 diese Werte für einige Materialien aufgeführt.

Tab. 5.1: Bindungsenergie U_B/N, Bildungsenergie E_L für Leerstellen und Aktivierungsenergie E_D für Volumendiffusion. Um die Vergleichbarkeit der Zahlenwerte zu gewährleisten, ist bei den Ionenkristallen nicht U_B/N bzw. E_L pro Ionenpaar,sondern der halbe Wert, also der Wert pro Ion eingetragen. Bei den Ionenkristallen bezieht sich E_D auf die positiven Ionen. (Daten aus unterschiedlichen Quellen.)

	Al	Cu	Zn	Au	LiF	LiCl	NaCl	KCl
U_B/N (eV)	3,39	3,49	1,35	3,81	5,36	4,38	4,07	3,68
E_L (eV)	0,75	1,18	0,42	0,94	1,34	1,06	1,01	1,15
E_D (eV)	0,56	0,88	0,40	0,78	0,65	0,41	0,86	0,89

In Ionenkristallen sind die Verhältnisse etwas komplizierter, da Ionen eine Ladung tragen. Um das Auftreten einer hohen Coulomb-Energie zu vermeiden, muss bei der Erzeugung von Leerstellen die Ladungsneutralität gewahrt bleiben. Eine Rechnung ganz ähnlich wie die oben durchgeführte, jedoch mit der Nebenbedingung, dass die Probe ungeladen bleibt, führt bei Kristallen mit zwei verschiedenen Ionen zu folgender Vorhersage für die Anzahl von Leerstellen:

$$N_\mathrm{L}^+ = N_\mathrm{L}^- = \sqrt{N^+N^-}\, \mathrm{e}^{(S_\mathrm{L}^+ + S_\mathrm{L}^-)/2k_\mathrm{B}}\, \mathrm{e}^{-(E_\mathrm{L}^+ + E_\mathrm{L}^-)/2k_\mathrm{B}T} = \sqrt{N^+N^-}\, \mathrm{e}^{S_\mathrm{P}/2k_\mathrm{B}}\, \mathrm{e}^{-E_\mathrm{P}/2k_\mathrm{B}T}\,, \tag{5.3}$$

Hierbei stehen $S_\mathrm{P} = (S_\mathrm{L}^+ + S_\mathrm{L}^-)$ für die Entropie und $E_\mathrm{P} = (E_\mathrm{L}^+ + E_\mathrm{L}^-)$ für die Bildungsenergie der Ionenpaare. Die Forderung nach Ladungsneutralität bewirkt, dass die Wahrscheinlichkeit für Defektbildung durch die Summe der individuellen Bildungsenergien bestimmt wird. Die Zahlenwerte in Tabelle 5.1 für die Bildungsenergien E_L von Ionenkristallen beziehen sich deshalb nicht auf individuelle Ionen, sondern geben die *halbe* Bildungsenergie pro Ionenpaar, also $E_\mathrm{P}/2$ wieder.

Eine interessante Konsequenz der Forderung nach Ladungsneutralität ist die **Ladungskompensation.** Sie tritt auf, wenn Fremdionen eingebracht werden, deren Ladung sich von jener der Wirtsionen unterscheidet. Dotiert man beispielsweise NaCl mit $CaCl_2$, so erniedrigt sich beim Einbau der schwereren Kalziumatome überraschenderweise die Dichte des Kristalls. Diese Beobachtung wird verständlich, wenn man bedenkt, dass für jedes eingebaute Ca^{2+}-Ion zusätzlich eine Na^+-Leerstelle geschaffen werden muss, um die Ladungsneutralität zu wahren. In Bild 5.4 ist dieser Effekt bildhaft dargestellt. Die tatsächlich vorhandene Leerstellendichte wird nicht durch die Temperatur, sondern durch die Konzentration der Kalziumionen bestimmt. Dotierung verursacht also bereits bei Zimmertemperatur eine große Zahl von Leerstellen, die, wie wir sehen werden, auch beim Stromtransport eine wichtige Rolle spielen.

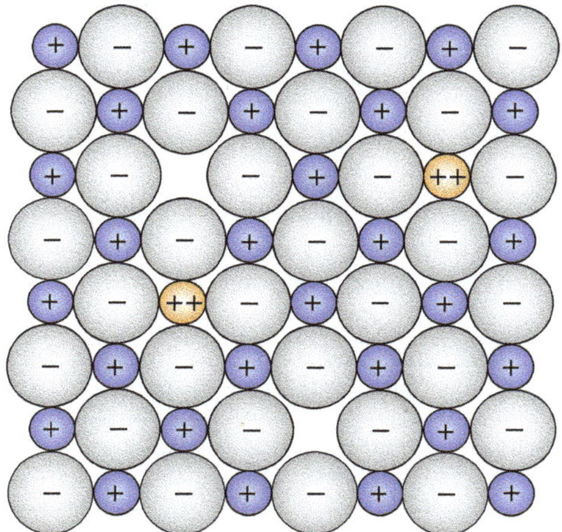

Abb. 5.4: Ca^{2+}-Ionen in NaCl-Kristallen. Der Einbau von Kalziumionen bedingt das Auftreten von Na^+-Leerstellen und damit eine Reduktion der Massendichte.

5.1.2 Farbzentren

Das Studium von **Farbzentren** in Alkalihalogeniden war historisch gesehen der Ausgangspunkt für die Untersuchung von Punktdefekten und spielte bei der Entwicklung der Festkörperphysik eine wichtige Rolle. Reine Alkalihalogenidkristalle sind im sichtbaren Spektralbereich transparent. Durch Verunreinigung oder durch Bestrahlen mit Röntgen-, Gamma- oder energiereicher Teilchenstrahlung verfärben sie sich. Als Beispiel ist in Bild 5.5 das optische Absorptionsspektrum eines bestrahlten KCl-Kristalls gezeigt. Die auftretenden Absorptionsbanden können unterschiedlichen Punktdefekttypen zugeordnet werden. Auf das einfach aufgebaute **F-Zentrum**, das die stärkste Absorptionsbande verursacht, wollen wir hier näher eingehen. Daneben existiert eine Reihe komplizierterer Zentren, an denen mehrere Leerstellen oder Ionen beteiligt sind. Für sie werden die Abkürzungen F_A, M, N, R, V_K, … verwendet. Ähnliche Spektren

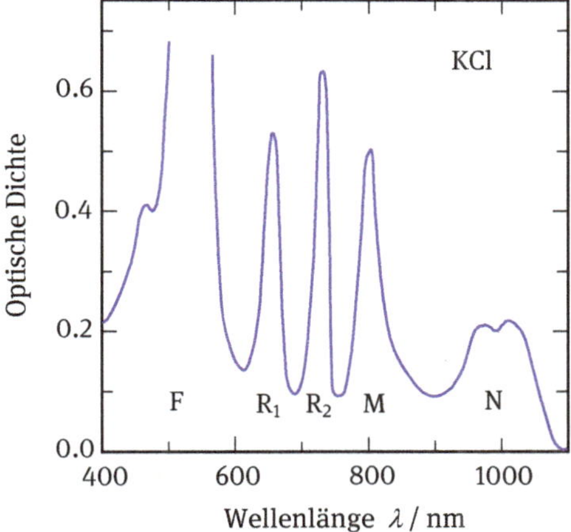

Abb. 5.5: Optische Absorption von KCl nach Bestrahlung mit Röntgenlicht. Die verschiedenen Banden werden unterschiedlichen Defektarten mit den Bezeichnungen F, R_1, R_2, M und N zugeordnet. (R.H. Silsbee, Phys. Rev. **138**, A180 (1965).)

findet man auch bei den übrigen Alkalihalogeniden, wenngleich dort die Absorptionsbanden bei anderen Wellenlängen liegen.

Besonders übersichtliche Verhältnisse treten auf, wenn man einen NaCl-Kristall in Natriumdampf erwärmt und anschließend abschreckt. Der ursprünglich klare Kristall zeigt dann eine gelb-braune Färbung. Bei diesem Vorgehen lagern sich Natriumatome aus der Dampfphase auf der Oberfläche an und verändern die Stöchiometrie. Die Struktur wird durch die Bildung von Chlorleerstellen stabilisiert, die ein Elektron der Natriumatome aufnehmen und ins Kristallinnere diffundieren. Das magnetische Moment dieser Elektronen lässt sich leicht in Elektronenspinresonanz-Messungen nachweisen: Während bei defektfreien Kristallen kein ESR-Signal zu detektieren ist, machen sich die F-Zentren durch das Auftreten eines starken Messsignals bemerkbar.

Das Elektron des F-Zentrums sitzt nicht in der Mitte des kleinen Raums, den gewöhnlich Chlorion im Gitter einnehmen. Für das Elektron ist es energetisch günstiger sich vorzugsweise in der Nähe der sechs positiven Metallionen aufzuhalten, welche die betrachtete Leerstelle begrenzen. Dieser Sachverhalt ist in Bild 5.6 veranschaulicht. Ähnlich wie bei gewöhnlichen Atomen lassen sich durch Lichteinstrahlung Übergänge zwischen den Eigenzuständen der F-Zentren anregen, wobei die Lage der Absorptionslinien charakteristisch für den betreffenden Alkalihalogenidkristall ist. Da die Elektronenbewegung stark an die Schwingungen der benachbarten Ionen gekoppelt ist, tritt keine schmale Linie, sondern eine relativ breite Bande ähnlich wie bei der optischen Absorption von Molekülen auf. Zur Färbung der an sich durchsichtigen Kristalle kommt es, weil die Absorptionsbanden meist im Bereich des sichtbaren Spektrums liegen. Wie bereits erwähnt, werden weitere Banden von komplexer aufgebauten Defekten verursacht. So besteht das M-Zentrum aus zwei unmittelbar benachbarten Chlorleerstellen, in denen sich jeweils ein Elektron zur Ladungskompensation aufhält. Das R-Zentrum setzt sich sogar aus drei nebeneinander liegenden F-Zentren zusammen.

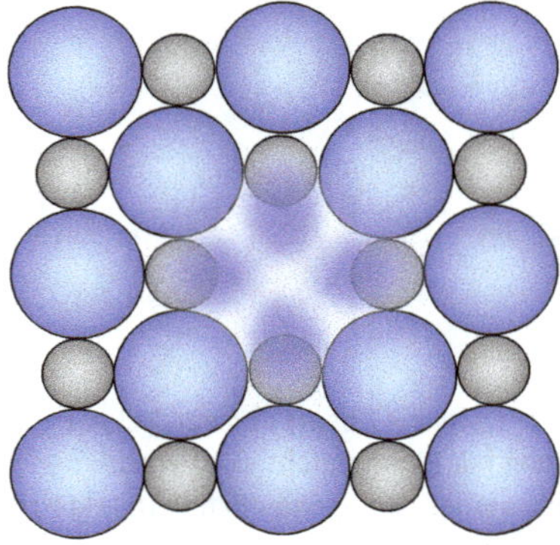

Abb. 5.6: Bildhafte Darstellung der Ladungsverteilung in einem F-Zentrum.

Wie in Bild 5.7a zu sehen, treten die von F-Zentren verursachten Absorptionsbanden der verschiedenen Alkalihalogenide bei unterschiedlichen Wellenlängen auf. Man gewinnt den Eindruck, dass sich die Bande mit zunehmender Masse des Kations zu größeren Wellenlängen verschiebt. Auf den ersten Blick scheint diese Beobachtung anzudeuten, dass entgegen unserer einfachen Vorstellung vom Aufbau der F-Zentren die Kationen eine wichtige Rolle spielen. Ein Blick auf Bild 5.7b macht jedoch sofort klar, dass nicht die Masse, sondern die Größe der Ionen und damit die Gitterkonstante maßgeblich ist. Die Wellenlänge λ_{max} im Maximum hängt über die einfache Beziehung $\lambda_{max} = AR_0^2$ mit dem Abstand R_0 der nächsten Nachbarn zusammen. Bei Alkalihalogeniden mit NaCl-Struktur besitzt die Proportionalitätskonstante den Wert $A = 6 \cdot 10^{12}\ \mathrm{m}^{-1}$. Dieser

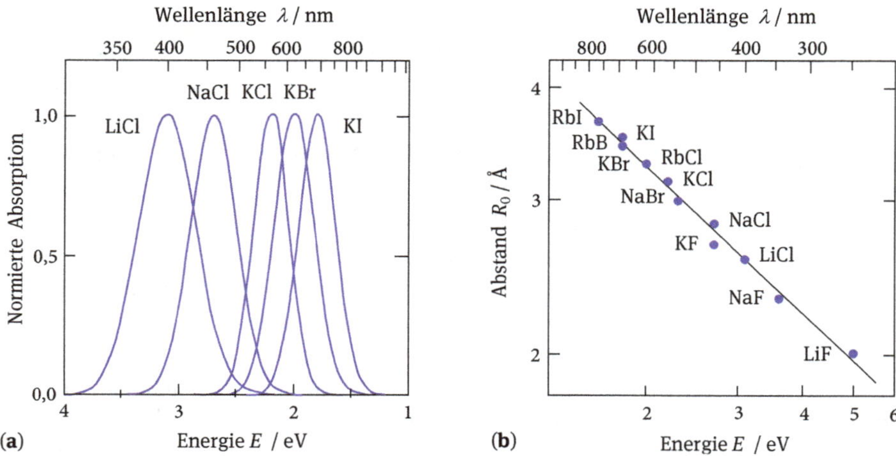

Abb. 5.7: Optische Absorption durch F-Zentren. **a)** Absorptionsbanden der F-Zentren in verschiedenen Alkalihalogeniden, **b)** Photonenenergie bzw. Wellenlänge im Maximum der Absorptionsbanden in Abhängigkeit vom Abstand R_0 der nächsten Nachbarn aufgetragen im logarithmischen Maßstab. (Nach G. Miessner, H. Pick, Z. f. Physik **134**, 604 (1953).)

Zusammenhang lässt sich leicht erklären: In einfachster Näherung bewegt sich das Elektron des F-Zentrums in einem Kastenpotenzial, dessen Abmessung vom Abstand der nächsten Nachbarn bestimmt wird. Aus der Quantenmechanik ist bekannt, dass der Abstand der Energieniveaus eines Teilchens in einem Potenzialkasten umgekehrt proportional zum Quadrat der Kastengröße anwächst. Nur am Rand sei vermerkt, dass sich mit dieser einfachen Vorstellung nicht nur die relative Verschiebung der Absorptionsbande, sondern auch deren Lage gut vorhersagen lässt.

Ein weiterer interessanter Aspekt ist die starke Verschiebung der Lumineszenzbande gegenüber der Anregungswellenlänge. Während beispielsweise die F-Zentren von KCl bei 560 nm absorbieren, beobachtet man Lumineszenzstrahlung bei etwa 1000 nm. Der Grund hierfür ist die Anpassung des umgebenden Gitters an die neuen Gegebenheiten während der Zeit, in der das F-Zentrum angeregt ist. Die Anregung bzw. Ionisation geschieht aus einem F-Zentrum, bei dem sich das Gitter an die Elektronenkonfiguration angepasst hat, d.h. aus einem energetisch relativ tief liegenden Grundzustand. Die Abregung oder Rekombination des Elektrons erfolgt dagegen in eine nicht relaxierte Leerstelle mit höherer Grundzustandsenergie. Die Energie des emittierten Photons ist daher kleiner als die des absorbierten.

Kristalle mit Farbzentren haben auch technische Bedeutung. Sie werden in durchstimmbaren Infrarot-Lasern als aktives Medium verwendet. Hierbei nutzt man die soeben erwähnte Verschiebung der Lumineszenz- gegenüber der Absorptionsbande und erreicht auf einfachem Weg eine Besetzungsinversion der an der Emission beteiligten Niveaus. Allerdings werden in der technischen Anwendung nicht die Eigenschaften der einfachen F-Zentren, sondern die von etwas komplizierter aufgebauten Farbzentren ausgenutzt. Im ersten Farbzentrenlaser wurden F_A-Zentren in KCl zur stimulierten Emission angeregt. Hierbei handelt es sich um eine Leerstelle, bei der ein unmittelbar benachbartes K^+- durch ein Na^+-Ion ersetzt ist.

5.1.3 Zwischengitteratome

Zu den Punktdefekten zählen neben den Leerstellen auch **Zwischengitteratome**, die, wie der Name schon sagt, einen Platz *zwischen* den regulären Gitteratomen einnehmen. Natürlich bewirkt das Einschieben eines zusätzlichen Atoms in der Umgebung eine sehr starke Verzerrung des Gitters. Wie in Bild 5.1 dargestellt, passt sich das Gitter dieser Gegebenheit durch eine Verschiebung der benachbarten Atome an. Die Energie E_Z, die zur Erzeugung von Zwischengitteratomen erforderlich ist, muss vor allem für die Verzerrung der Umgebung aufgewendet werden und hängt daher stark von der Größe der eingelagerten Atome ab. Zwischengitteratome treten daher vor allem in Materialien mit offener Struktur, also in Festkörpern mit kleiner Packungsdichte auf. Zwischengitteratome und Leerstellen sind gewissermaßen „konkurrierende" Punktdefekte. In Ionenkristallen ist der Energieaufwand für die beiden Defekte vergleichbar. In Alkalihalogeniden überwiegen die Schottky-Defekte, in Silberhalogeniden die Zwischengitteratome. In den dicht gepackten Metallen sind praktisch keine Zwischengitteratome anzutreffen, Leerstellen sind dort die dominierenden Punktdefekte.

Zwischengitteratome entstehen meist dadurch, dass Atome auf regulären Gitterplätzen in benachbarte Zwischenräume des Gitters springen bzw. geschoben werden. Sind Leerstelle und Zwischengitteratom eng benachbart, so spricht man von einem **Frenkel-Defekt.**[4] Diese Defektart lässt die Stöchiometrie der Probe unangetastet. Wegen ihrer lokalen Ladungsneutralität treten Frenkel-Defekte in Ionenkristallen häufig anstelle von einfachen Zwischengitteratomen auf. Ihre Gleichgewichtskonzentration lässt sich genauso wie die der Schottky-Defektpaare in Ionenkristallen herleiten und führt zu ähnlichen Ergebnissen.

Wenn auch in Metallen im thermischen Gleichgewicht kaum Zwischengitteratome zu finden sind, so lassen sie sich doch in großer Zahl durch den Beschuss mit energiereichen Teilchen erzeugen, da beim Abbremsen dieser Teilchen Atome aus ihren Gitterplätzen geschlagen werden. Man spricht dann von *Strahlenschäden*, die unter anderem in der Reaktortechnik eine wichtige Rolle spielen.

5.1.4 Fremdatome

Reale Festkörper enthalten immer Verunreinigungen. Da Fremdatome oft die Eigenschaften des Wirtes stark beeinflussen, bringt man sie in technischen Anwendungen häufig gezielt ein. Bekannte Beispiele hierfür sind die Veredlung von Metallen und das Dotieren von Halbleitern. Wie in Bild 5.1 angedeutet, können Fremdatome, abhängig von ihrer Größe, ihren chemischen Eigenschaften und auch von der Temperatur, entweder als **substitutionelle Fremdatome** reguläre Gitterplätze oder aber als **interstitielle Fremdatome** Zwischengitterplätze einnehmen. Oft besteht eine starke Wechselwirkung der Fremdatome mit den Eigenfehlstellen des Kristalls. So umgeben sich beispielsweise große Fremdatome in Metallen meist mit Leerstellen, da auf diese Weise hohe elastische Spannungen in der Umgebung vermindert werden.

Bei Kristallen mit mehratomiger Basis ist die Struktur von Punktdefekten meist komplizierter. Bereits bei zweiatomiger Basis kann es durch Platztausch von benachbarten, chemisch unterschiedlichen Atomen geschehen, dass reguläre Gitterplätze mit „Fremdatomen“ besetzt sind. Diese Defektart hat große Bedeutung bei den Verbindungshalbleitern, da sie eine ungewollte Dotierung bewirkt. Diese sogenannten „Anti-site-Defekte“ treten besonders dann häufig auf, wenn die beteiligten Atome vergleichbare Durchmesser aufweisen, wie dies beispielsweise beim Halbleiter Indiumantimonid der Fall ist.

4 Jakow Iljitsch Frenkel, *1894 Rostow, †1952 St. Petersburg

5.1.5 Atomarer Transport

Einzelne Atome oder Ionen können sich im Gitter unter äußeren Einflüssen, zum Beispiel in einem elektrischen Feld oder in einem Konzentrationsgradienten, durch den Festkörper bewegen. Voraussetzung hierfür ist aber fast immer die Existenz von strukturellen Defekten. Der Transport einzelner Atome erfolgt normalerweise über Leerstellen oder über Zwischengitterplätze, während ausgedehnte Defekte wie Versetzungen (siehe Abschnitt 5.2) an der Bewegung größerer atomarer Strukturen beteiligt sind.

Diffusion von Leerstellen. Der direkte Platzwechsel von zwei benachbarten Atomen ist der einfachste Transportmechanismus. Hierfür sind keine Defekte erforderlich, doch treten bei diesem Prozess so hohe elastische Spannungen auf, dass dieser Vorgang keine größere Bedeutung besitzt. Dagegen ist Diffusion über Leerstellen oder Zwischengitterplätze für den atomaren Transport von außerordentlicher Bedeutung. Auf der linken Seite von Bild 5.8 sind die elementaren Schritte der Leerstellenwanderung bildhaft dargestellt. Auf der rechten Seite ist der Verlauf des Potenzials gezeichnet, in dem sich das Atom bewegt, wenn der benachbarte Gitterplatz unbesetzt ist.[5] Wie angedeutet springt ein Atom von einem regulären Gitterplatz in die benachbarte Leerstelle, wodurch sich diese in entgegengesetzter Richtung um einen Gitterplatz verschiebt. Ohne

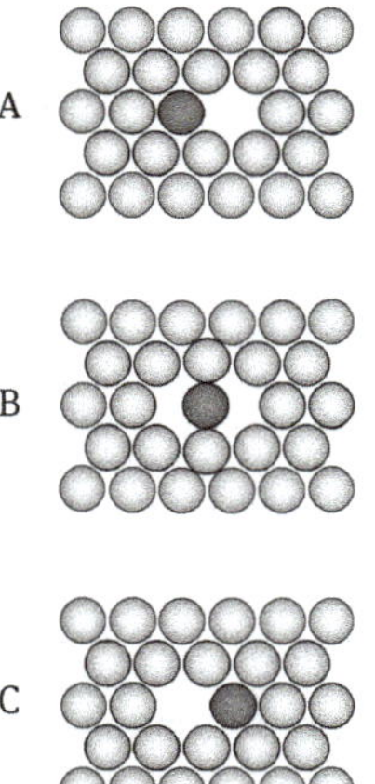

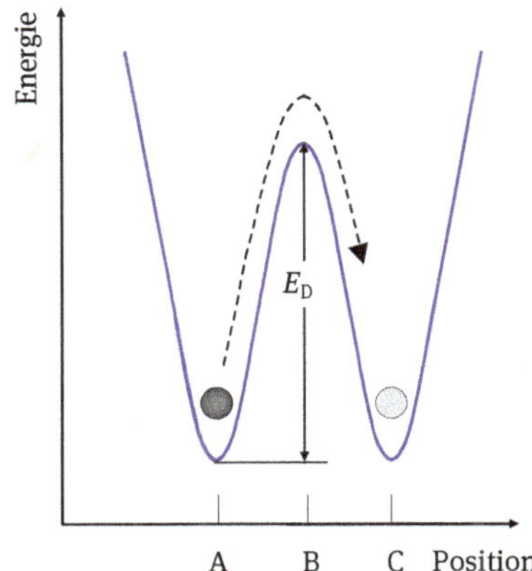

Abb. 5.8: Schematische Darstellung der Leerstellenwanderung. Das dunkel markierte Atom springt in die Leerstelle, wodurch sich diese in die entgegengesetzte Richtung verschiebt. Dabei bewegt sich das Atom in einem Potenzial, wie es rechts skizziert ist. Die Potenzialbarriere, die im dreidimensionalen Gitter durch den Sattelpunkt des Potenzialgebirges gegeben ist, legt die Aktivierungsenergie E_D fest.

5 Eigentlich müssten wir die freie Enthalpie auftragen, doch führt unter den gegebenen Bedingungen die vereinfachte Behandlung zum gewünschten Ergebnis.

äußeres Feld erfolgt die Wanderung der Leerstelle in alle Richtungen. Mit abnehmender Temperatur werden die Sprungraten und damit die zurückgelegten Strecken immer kleiner.

Im Folgenden wollen wir die Diffusion von Leerstellen quantitativ beschreiben: Ein Atom neben der Leerstelle kann bei ausreichender thermischer Energie über die Potenzialbarriere in den freien Platz springen. Die Wahrscheinlichkeit, dass dieser Fall tatsächlich eintritt, ist durch den Boltzmann-Faktor[6] $\exp(-E_D/k_BT)$ festgelegt, in den neben der Temperatur die **Aktivierungsenergie** E_D eingeht. Schwingt das Atom mit der „Versuchsfrequenz" ν_0 in seiner Potenzialmulde, so ist die Sprungfrequenz ν, also die Anzahl der pro Zeiteinheit „erfolgreichen" Versuche, durch den Ausdruck

$$\nu = \nu_0 \, e^{-E_D/k_BT} \tag{5.4}$$

gegeben. Die Versuchsfrequenz ist durch die Frequenz der Gitterschwingungen bestimmt und daher von der Größenordnung $\nu_0 \approx 10^{13}\,s^{-1}$ (vgl. Kapitel 6). Vorgänge, bei denen eine Potenzialschwelle mit Hilfe thermischer Energie überwunden wird, bezeichnet man als **thermisch aktiviert.** Der zugrunde liegende Sprungmechanismus spielt auch in vielen anderen Bereichen der Physik eine wichtige Rolle.

Nach dem *Fickschen Gesetz*[7] ist der Diffusionsstrom **j**, d.h. die Zahl der Teilchen, die pro Zeiteinheit durch eine Einheitsfläche treten, durch die **Diffusionskonstante** D (auch *Diffusionskoeffizient* genannt) und den Gradienten der Dichte $n_L = N_L/V$ der Leerstellen gegeben:

$$\mathbf{j} = -D \,\mathrm{grad}\, n_L \,. \tag{5.5}$$

Die Diffusionskonstante wird durch die Häufigkeit und die Weite der Sprünge bestimmt.[8] Bei der Diffusion von Leerstellen ist die Sprungweite durch den Abstand a der nächsten Nachbarn und die Sprungrate durch (5.4) gegeben, so dass wir

$$D = \alpha a^2 \nu = \alpha a^2 \nu_0 \, e^{-E_D/k_BT} = D_0 \, e^{-E_D/k_BT} \tag{5.6}$$

schreiben können. Der numerische Faktor α hat bei kubischen Kristallen den Wert 1/6. Die Aktivierungsenergie E_D ist meist vergleichbar mit der Energie E_L, die zur Bildung von Leerstellen erforderlich ist, und liegt somit ebenfalls im Energiebereich um 1 eV. Setzen wir die Zahlen für Kupfer ($E_D = 0{,}88$ eV) ein, so finden wir bei Zimmertemperatur für die Diffusionskonstante den Wert $D \approx 10^{-18}\,cm^2/s$. Da der mittlere Diffusionsweg L, auch **Diffusionslänge** genannt, bei dreidimensionalen Proben durch $L = \sqrt{6Dt}$ gegeben ist, bedeutet dies, dass Leerstellen bei Zimmertemperatur in einer Stunde nur etwa 2 nm weit wandern.

---

6 Ludwig Eduard Boltzmann, *1844 Wien, †1906 Duino (Triest)

7 Adolf Eugen Fick, *1829 Kassel, †1901 Blankenberge

8 Obwohl die Diffusionskonstante in Kristallen richtungsabhängig und damit eine Tensorgröße ist, behandeln wir sie hier der Einfachheit halber als skalare Größe.

Wir betrachten nochmals kurz die Konzentration der Leerstellen bei Zimmertemperatur. Mit der Energie $E_L = 1{,}18\,\text{eV}$ aus Tabelle 5.1 für die Erzeugung einer Leerstelle in Kupfer finden wir mit Gleichung (5.2), dass die Leerstellenkonzentration verschwindend klein sein sollte. Tatsächlich ist ihre Zahl aber in Kupfer wie auch in den anderen Metallen durchaus merklich. Dies liegt daran, dass bei der Verfestigung der Materialien am Schmelzpunkt wie erwartet viele Leerstellen eingebaut werden, deren Zahl sich beim Abkühlen in erster Linie durch Wanderung an die Oberfläche verringert.[9] Da der Weg dorthin durch Diffusion zurückgelegt werden muss, hängt es von der verfügbaren Zeit ab, ob sie die Oberfläche erreichen. Bei raschem Abkühlen sind die zurückgelegten Strecken so klein, dass die Leerstellen im Probeninnern gefangen bleiben, so dass sich kein thermisches Gleichgewicht einstellen kann.

Zwischengitterdiffusion. Der einfachste Fall der Diffusion liegt vor, wenn interstitielle Fremdatome im Gitter wandern. Wird der substitutionelle Einbau der Atome nicht durch kovalente Bindungskräfte erzwungen und ist ihr Durchmesser kleiner als der der Wirtsatome, so nehmen Fremdatome häufig Zwischengitterplätze ein. Da sich die Atome, wie in Bild 5.9 angedeutet, beim Sprung von einem Zwischengitterplatz zum anderen zwischen den Wirtsatomen auf den regulären Plätzen „durchzwängen" müssen, bewegen sie sich in einem Potenzial, das weitgehend dem bei der Leerstellendiffusion entspricht.

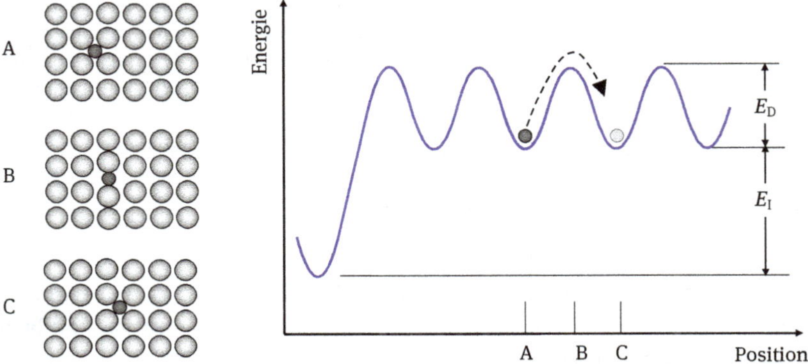

Abb. 5.9: Schematische Darstellung der Bewegung von Zwischengitteratomen. Links ist die Bewegung eines Atoms wiedergegeben, rechts die potenzielle Energie des Atoms skizziert. E_Z ist die Energie, die zur Erzeugung eines Zwischengitteratoms erforderlich ist, E_D die Höhe der Potenzialbarrieren, die bei der Diffusion überwunden werden müssen.

9 Wie wir in Abschnitt 5.2 sehen werden, existiert noch ein weiterer Mechanismus zur Reduktion der Leerstellenkonzentration: Leerstellen können auch im Kristallinneren an „Stufenversetzungen" verschwinden, aber auch in diesem Fall müssen sie erst zu den Versetzungen diffundieren.

Sind Zwischengitteratome mit ihrer vergleichsweise hohen Bildungsenergie E_Z erst erzeugt, so bewegen sie sich relativ leicht durch die Probe. Die typischen Aktivierungsenergien E_D für die Zwischengitterdiffusion sind meist kleiner als die Aktivierungsenergien für die Diffusion von Leerstellen. Für die Sprungrate gilt wieder (5.4). Die Diffusionskonstante ist durch Gleichung (5.6) gegeben, die einen exponentiellen Anstieg mit der Temperatur vorhersagt. Die Daten in Bild 5.10 für interstitielle Stickstoffatome in Eisen zeigen tatsächlich das erwartete Verhalten. Aus der Messkurve lassen sich die Zahlenwerte $E_D = 0{,}85\,\text{eV}$ und $D_0 = 0{,}005\,\text{cm}^2/\text{s}$ ablesen. Dies bedeutet, dass bei 1100 K, also weit entfernt vom Schmelzpunkt $T_m \approx 1800\,\text{K}$, ein Stickstoffatom sich etwa einmal pro Nanosekunde um einen Zwischengitterplatz verschiebt, während es sich bei Zimmertemperatur kaum noch bewegen kann.

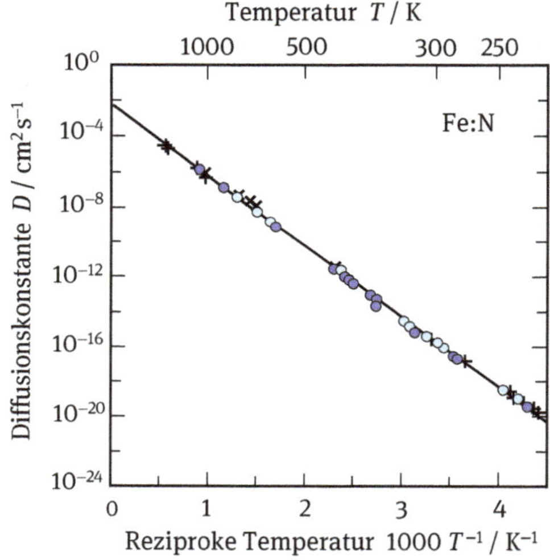

Abb. 5.10: Temperaturabhängigkeit des Diffusionskoeffizienten von Stickstoff in Eisen. Die Daten wurden mit verschiedenen Messmethoden ermittelt und stammen von verschiedenen Autoren. Es ist bemerkenswert, dass sich im untersuchten Temperaturintervall der Diffusionskoeffizient um etwa 16 Größenordnungen ändert! (Nach A.E. Lord, Jr., D.N. Beskers, Acta Met. **14**, 1659 (1966).)

Leerstellendiffusion. Der Begriff „Leerstellendiffusion" kann Anlass zu Verwechslungen geben, da hiermit *nicht* die Diffusion von Leerstellen gemeint ist, sondern die Diffusion von Atomen auf regulären Gitterplätzen, die durch die Gegenwart von Leerstellen ermöglicht wird. Je nachdem ob es sich bei den diffundierenden Atomen um (substitutionelle) Fremdatome handelt oder um die Wirtsatome selbst, spricht man von **Fremddiffusion** und **Selbstdiffusion**. Die Diffusionskonstante kann mit der Methode der radioaktiven Tracer gemessen werden, bei der die räumliche oder zeitliche Änderung einer bekannten Anfangsverteilung radioaktiver Atome verfolgt wird.

Bei der Diffusion im regulären Gitter kann sich ein Atom nur weiterbewegen, wenn sich in der Nachbarschaft eine Leerstelle befindet, wobei die Zahl der Leerstellen durch Gleichung (5.2) gegeben ist. Ist eine Leerstelle vorhanden, so erfolgt der Sprung des Atoms in diese Leerstelle mit einer Wahrscheinlichkeit, die durch Gleichung (5.4) beschrieben wird. Berücksichtigen wir die beiden Voraussetzungen, so ergibt sich für die Diffusionskonstane der Ausdruck

$$D = D_0\, \mathrm{e}^{S_\mathrm{L}/k_\mathrm{B}}\, \mathrm{e}^{-(E_\mathrm{L}+E_\mathrm{D})/k_\mathrm{B}T}\,. \tag{5.7}$$

Die Tatsache, dass zusätzlich die Leerstellenkonzentration eingeht, macht verständlich, warum der Diffusionskoeffizient für die Leerstellendiffusion wesentlich kleiner ist als der für die Zwischengitterdiffusion.

Die starke Temperaturabhängigkeit des Diffusionsprozesses wird in der Halbleitertechnologie beim Dotieren von Bauelementen ausgenutzt. Dort lässt man häufig von der Oberfläche her Fremdatome wie Phosphor oder Arsen in den Halbleiter eindiffundieren, wobei das „Dotierungsprofil" über Zeit und Temperatur gesteuert werden kann. Nach dem Abkühlen auf Raumtemperatur sind die eindiffundierten Fremdatome praktisch unbeweglich.

Ladungstransport in Ionenkristallen. Die Beschreibung der *elektrischen Leitfähigkeit* von Ionenkristallen ist ein eindrucksvolles Beispiel für die Anwendung der diskutierten Konzepte, denn dort erfolgt der elektrische Ladungstransport nicht wie in Metallen durch Elektronen sondern über Leerstellen- oder Zwischengitterdiffusion.

Die elektrische Leitfähigkeit σ_el wird durch die allgemeine Beziehung

$$\sigma_\mathrm{el} = n_q q \mu \tag{5.8}$$

beschrieben. Hierbei steht n_q für die Dichte der Ladungsträger, q für deren Ladung und μ für ihre Beweglichkeit.[10] Bei diffundierenden Ionen sind Beweglichkeit und Diffusionskoeffizient über die **Einstein-Smoluchowski-Beziehung**[11,12]

$$\mu k_\mathrm{B} T = qD \tag{5.9}$$

miteinander verknüpft.

Bei den meisten Alkalihalogeniden erfolgt der Stromtransport über die Leerstellendiffusion. Zwischengitterdiffusion tritt dagegen in Silberhalogeniden auf. In diesen ist nicht nur die Aktivierungsenergie für die Diffusion relativ klein, auch die Erzeugung von Zwischengitteratomen erfordert relativ wenig Energie. Im Allgemeinen unterscheiden sich die Diffusionskonstanten der unterschiedlichen Ionen beträchtlich, so dass es meist ausreicht, nur den Beitrag der Ionen mit der höchsten Beweglichkeit zu berücksichtigen. So ist bei Kochsalz beispielsweise die Beweglichkeit der kleinen Natriumionen wesentlich höher als die der großen Chlorionen. In den Silberhalogeniden bewegen sich in erster Linie die Silberionen.

---

10 Der Begriff „Beweglichkeit" wird ausführlicher in Abschnitt 8.2 diskutiert, wenn die elektrische Leitfähigkeit von Metallen behandelt wird.

11 Albert Einstein, *1879 Ulm, †1955 Princeton, Nobelpreis 1921

12 Marian von Smoluchowski, *1872 Vorder-Brühl, †1917 Krakau

Wir setzen die Einstein-Smoluchowski-Beziehung in (5.8) ein, berücksichtigen Gleichung (5.7) und erhalten

$$\sigma_{\mathrm{el}} = \frac{n_q q^2 D}{k_B T} = \frac{n q^2 D_0}{k_B T}\, \mathrm{e}^{S_P/2k_B}\, \mathrm{e}^{-E_P/2k_B T}\, \mathrm{e}^{-E_D/k_B T}\,. \tag{5.10}$$

Hierbei steht n für die Dichte der Ionenpaare, S_P und E_P für die Entropie bzw. Bildungsenergie der Leerstellenpaare und E_D für die Aktivierungsenergie der Ionen mit der höheren Beweglichkeit. Die Exponentialfunktionen bewirken eine außerordentlich starke Temperaturabhängigkeit der Leitfähigkeit. Ionenkristalle sind daher bei Zimmertemperatur gute Isolatoren, bei hohen Temperaturen aber gute Leiter.

Besonders deutlich wird das Mitwirken von Leerstellen beim Ladungstransport im Falle der *Ladungskompensation*. In dem bereits angesprochenen Fall des Dotierens von NaCl mit Kalzium (siehe Bild 5.4) ist bereits bei Zimmertemperatur eine große Zahl von Leerstellen vorhanden, die für den Stromtransport zur Verfügung steht. Obwohl der Strom proportional zur Dichte n_{Ca} der Kalziumionen ist, wird die Ladung in erster Linie durch Natriumionen transportiert, die an der Kathode abgeschieden werden. Die Kalziumionen selbst tragen zum Strom kaum bei. Das Anwachsen der Leitfähigkeit mit der Temperatur wird bei tieferen Temperaturen zunächst durch die Aktivierungsenergie E_D für die Diffusion der Natriumionen bestimmt, d.h. es gilt $\sigma_{\mathrm{el}} \propto n_{\mathrm{Ca}} \exp(-E_D^{\mathrm{Na}}/k_B T)$. Bei hohen Temperaturen überwiegt die Zahl der thermisch erzeugten Leerstellen und die Leitfähigkeit wird durch (5.10) beschrieben.

Als Beispiel zeigen wir in Bild 5.11 die elektrische Leitfähigkeit von Natriumchlorid im logarithmischen Maßstab als Funktion der reziproken Temperatur. Diese Auftragung verdeutlicht, dass zwei Bereiche mit unterschiedlichem Temperaturverhalten der Leitfähigkeit existieren. Die relativ hohe Leitfähigkeit im Tieftemperaturbereich wird von Leerstellen hervorgerufen, die im vorliegenden Fall durch Verunreinigung der Probe entstanden sind. Der starke Anstieg bei hohen Temperaturen wird durch die

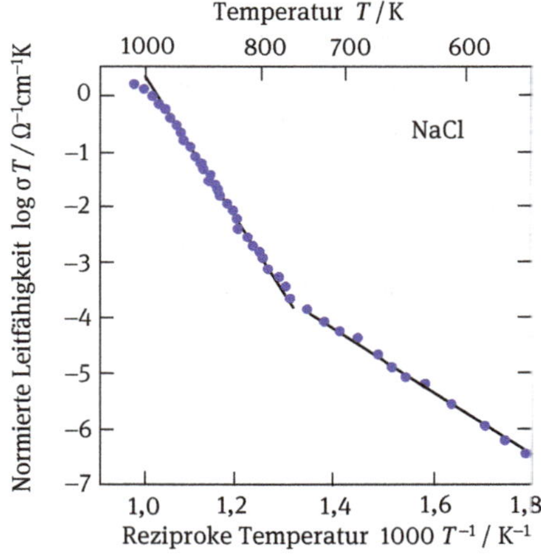

Abb. 5.11: Elektrische Leitfähigkeit von NaCl. Aufgetragen ist der Logarithmus der Leitfähigkeit als Funktion der reziproken Temperatur. Es treten zwei Bereiche auf, die auf unterschiedlichen Mechanismen der Leerstellenerzeugung beruhen. (Nach W. Lehfeldt, Z. Phys. **85**, 717 (1933).)

thermisch erzeugten Leerstellen verursacht. Die Abweichung von diesem Verhalten bei den höchsten Temperaturen beruht auf der Erzeugung von Leerstellenpaaren.

5.2 Ausgedehnte Defekte

Wie wir gesehen haben, können Punktdefekte die elektrischen und optischen Eigenschaften von Kristallen stark verändern. Sie haben jedoch kaum Auswirkungen auf die *mechanischen Eigenschaften*, denn diese werden in erster Linie von ausgedehnten Defekten beeinflusst. Hierzu zählen die *Versetzungen*, die man durch eine Linie beschreiben kann, längs der die Gitterstörungen aufgereiht sind. Neben den eindimensionalen Versetzungen findet man in polykristallinen Materialien zwischen den unterschiedlich orientierten Kristalliten flächenhafte Defekte, sogenannte *Korngrenzen*. Beide Defektarten wollen wir hier kurz betrachten.

5.2.1 Mechanische Festigkeit

Zieht man an einem dünnen Stab der Länge L, so wird er zunächst gemäß dem *Hookeschen Gesetz*[13] gedehnt. Es gilt die bekannte Beziehung

$$\sigma = E\frac{\delta L}{L}\,, \tag{5.11}$$

wobei σ nun für die mechanische Spannung, E für den Elastizitätsmodul und $(\delta L/L)$ für die Dehnung steht. Erhöht man die Spannung, so hängt das Verhalten des Stabs ganz wesentlich vom verwendeten Material ab. Bei *spröden* Materialien, zu denen Gläser, Ionenkristalle und Keramiken zählen, reißt der Stab, ohne dass vorher wesentliche Veränderungen der Probe erkennbar wären. Dabei tritt der Bruch bereits bei Dehnungen $(\delta L/L) < 0{,}01$ auf. Spröder Bruch ist immer mit der Existenz oder Erzeugung von Rissen verbunden, die entweder an der Oberfläche oder im Innern der Probe auftreten. Wir wollen hier nicht auf das sehr wichtige, aber komplexe Phänomen der Rissbildung eingehen.

Wie in Bild 5.12a skizziert, verhalten sich Stäbe aus *duktilen* Materialien anders. Bis zum Punkt A ist das Hookesche Gesetz gültig. Zwischen A und B ist der Zusammenhang zwischen Spannung und Dehnung nicht-linear. Bei Entlastung wird die gezeichnete Kurve rückwärts durchlaufen, d.h., die Verformung verläuft reversibel. Während spröde Materialien bei Spannungen oberhalb von Punkt B brechen, können duktile Materialien weiter gestreckt werden. Dabei setzt *plastische Verformung* ein, das Material „fließt“, die dabei auftretende Verformung ist irreversibel. Reduziert man nun die Spannung, beispielsweise vom Punkt C ausgehend, so wird die gestrichelte Kurve in Pfeilrichtung

13 Robert Hooke, *1635 Freshwater, †1702 London

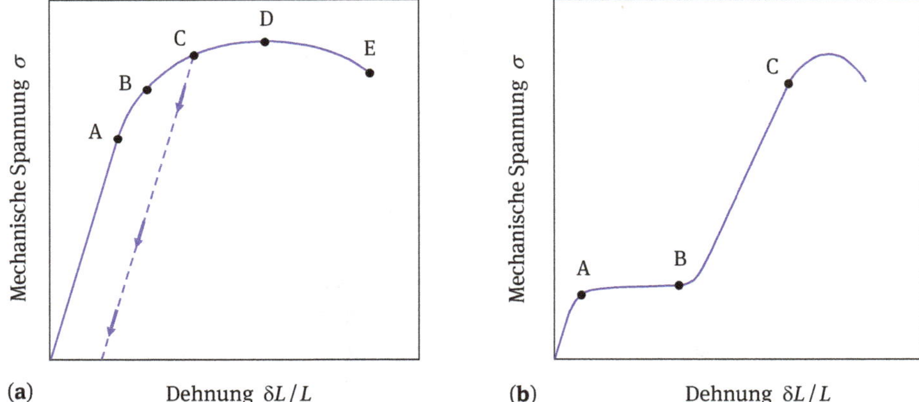

Abb. 5.12: Typische Zug-Dehnung-Diagramme von polykristallinen und einkristallinen Proben. **a)** Dehnung eines duktilen polykristallinen Werkstückes unter mechanischer Zugspannung. Die Bedeutung der Punkte A – E ist im Text erläutert. Die gestrichelte Kurve wird bei abnehmender Spannung durchlaufen. **b)** Dehnung eines Einkristalls unter Zugspannung. Ein typisches Merkmal ist das Auftreten von plastischer Deformation zwischen den Punkten A und B, bei der die Probe bei nahezu konstanter Spannung gedehnt wird.

durchlaufen. Am Ende bleibt eine permanente Verformung des Stabes zurück. Beim erneuten Anlegen einer Spannung erfolgt die Dehnung des Stabes fast bis zum Punkt C reversibel: der Stab wurde „kalt gehärtet". Im Kurvenmaximum, dem Punkt D, ist die maximale Zugfestigkeit erreicht. Bei noch größeren Werten der Dehnung verformt sich der Stab lokal und reißt schließlich am Punkt E. Da bei den irreversiblen Vorgängen auch die zeitliche Entwicklung der Verformung von großer Bedeutung ist, werden derartige Zug-Dehnung-Diagramme meist bei konstanten Verformungsraten $d(\delta L/L)/dt$ von etwa $10^{-3}\,s^{-1}$ aufgenommen.

Das Zug-Dehnung-Diagramm von Einkristallen, z.B. von einem Aluminiumeinkristall, ist in Bild 5.12b skizziert. Da Kristalle anisotrope mechanische Eigenschaften aufweisen, spielt die Orientierung der Probe bezüglich der Zugrichtung eine wichtige Rolle. Allgemein gilt, dass bei Einkristallen irreversible Vorgänge wie die plastische Deformation bereits bei wesentlich geringeren Spannungen als bei polykristallinen Materialien einsetzen. Wie in Bild 5.12b zu sehen ist, wird der lineare Bereich bereits bei relativ kleiner Zugspannung verlassen. Der Kristall dehnt sich dann bei fast konstanter Zugspannung weiter bis der Punkt B erreicht ist. Zwischen den Punkten B und C verfestigt sich die Probe wieder und wird oberhalb von Punkt C erneut weicher. Unser Hauptaugenmerk gilt im Folgenden der plastischen Deformation zwischen den Punkten A und B, bei der Teile des Kristalls als Ganzes übereinander gleiten. Wie in der Schemazeichnung 5.13 zu sehen ist, bilden sich dabei leicht verschobene Bänder aus, die erstaunlicherweise die gleiche Perfektion aufweisen wie der ursprüngliche Einkristall.

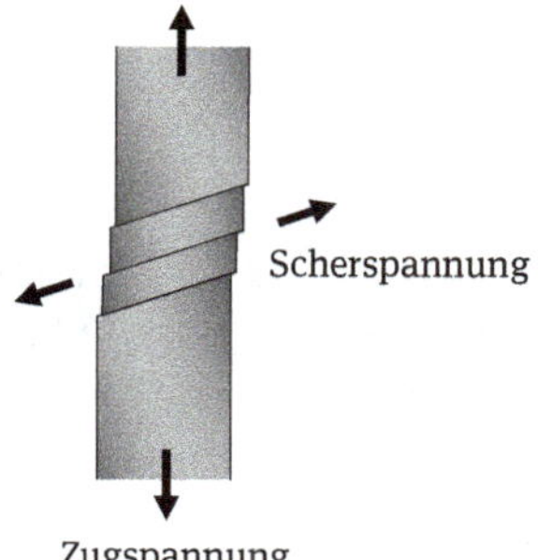

Abb. 5.13: Plastische Deformation von Einkristallen. Unter dem Einfluss der Scherspannung, die beim Zugversuch aufgrund der Orientierung des Kristalls auftritt, gleiten Teile des Kristalls beim Ziehen längs wohl definierter Gitterebenen ab.

Kritische Schubspannung. Ehe wir auf den Mechanismus des Gleitens eingehen, wollen wir die *kritische Schubspannung* abschätzen, bei deren Überschreitung das Gitter instabil werden und plastische Deformation eintreten sollte. Die einfache Abschätzung wird zeigen, dass das Konzept des idealen Kristalls bei der Erklärung der plastischen Deformation von Einkristallen zu völlig falschen Vorhersagen führt.

Hierzu betrachten wir einen Kristall, der auf der Unterseite befestigt ist und, wie in Bild 5.14a angedeutet, einer Schubspannung ausgesetzt ist. Auf atomarer Ebene (siehe rechte Bildseite) verursacht die Schubspannung eine Auslenkung δx der Gitterebenen gegeneinander. Bei kleinen Verschiebungen besteht nach dem Hookeschen Gesetz $\sigma = Ge$ zwischen der mechanischen Schubspannung σ und der resultierenden Verzerrung $e = \delta x/d$ ein linearer Zusammenhang, wobei G für den Schubmodul steht. Bei Vergrößerung der Spannung tritt irgendwann die Situation ein, dass die Atome benachbarter Gitterebenen übereinander zu liegen kommen. Entlastet man das System zu diesem Zeitpunkt, so kehren die verschobenen Gitterebenen, abhängig von der exakten Lage, entweder in die Ausgangslage zurück oder rasten in einer neuen stabilen Lage ein, die um eine Gitterkonstante gegen die ursprüngliche verschoben ist.

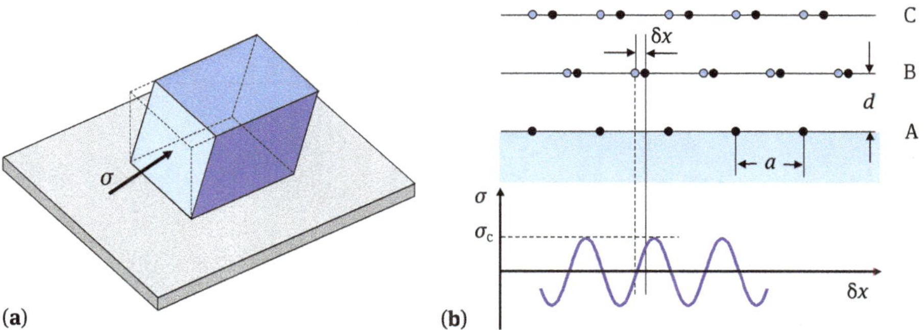

Abb. 5.14: Zur Abschätzung der kritischen Schubspannung. **a)** Prinzipielle Anordnung. **b)** Variation der erforderlichen Schubspannung σ als Funktion der Verschiebung δx der Gitterebene B. Die Gleichgewichtslage der Gitterebenen ist durch hellblaue Kreise angedeutet.

In der folgenden Überlegung nähern wir die wirksame Schubspannung durch die Sinusfunktion

$$\sigma = \frac{Ga}{2\pi d} \sin\left(\frac{2\pi\,\delta x}{a}\right) . \tag{5.12}$$

Der Vorfaktor $Ga/2\pi d$ ergibt sich aus der Forderung, dass für kleine Auslenkungen das Hookesche Gesetz Gültigkeit behält. Die *kritische Schubspannung* σ_c ist bei $\sin(2\pi\delta x/a) = 1$ erreicht, denn dann reicht die Kraft aus, die Netzebenen übereinander wegzuschieben. Mit der Vereinfachung $a \approx d$ sollte für die kritische Schubspannung daher die Beziehung

$$\sigma_\mathrm{c} = \frac{Ga}{2\pi d} \approx \frac{G}{2\pi} \tag{5.13}$$

gelten. Ein Vergleich zwischen den geschätzten und an Aluminiumproben tatsächlich gemessenen Werten (vgl. Tabelle 5.2) zeigt, dass die gemessenen kritischen Schubspannungen viel kleiner sind als die berechneten! Der Unterschied ist entgegen der Erwartung besonders groß bei Einkristallen und wesentlich geringer bei polykristallinen Materialien. Der errechneten kritischen Schubspannung am nächsten kommt das in der Technik verwendete Duraluminium, dem größere Mengen anderer Materialien beigemischt sind. Das Ergebnis legt den Schluss nahe, dass bei Einkristallen der Mechanismus der plastischen Verformung nicht, wie bei der Abschätzung der kritischen Schubspannung angenommen, in einem einfachen Übereinandergleiten von Gitterebenen besteht, sondern dass andere Mechanismen für das Gleiten verantwortlich sind. Tatsächlich beruht der Fließvorgang bei kristallinen Festkörpern auf der Bewegung von Versetzungen, die wir nun näher betrachten.

Tab. 5.2: Schubmodul und kritische Schubspannung verschiedener Aluminiumproben.

	$G/2\pi \approx \sigma_\mathrm{c}^\mathrm{rech}$ $\left(\frac{\mathrm{N}}{\mathrm{m}^2}\right)$	$\sigma_\mathrm{c}^\mathrm{exp}$ $\left(\frac{\mathrm{N}}{\mathrm{m}^2}\right)$	$\sigma_\mathrm{c}^\mathrm{rech}/\sigma_\mathrm{c}^\mathrm{exp}$
Einkristall	4×10^9	4×10^5	10 000
Polykristall	$\simeq 4 \times 10^9$	2.6×10^7	150
Duraluminium	$\simeq 4 \times 10^9$	3.6×10^8	10

5.2.2 Versetzungen

Es existieren zwei Grundtypen von Versetzungen, deren mikroskopischen Aufbau wir kurz beschreiben wollen. Zur Veranschaulichung einer **Stufenversetzung** stellen wir uns vor, dass man einen Kristall einschneidet und in den Schnitt eine zusätzliche Gitterebene einschiebt. Das Ende dieser Ebene bezeichnet man als **Versetzungslinie**. In ihrer Umgebung ist das Gitter bis zu mehreren Atomabständen stark verzerrt und erst in größerer Entfernung ist der Kristall wieder spannungsfrei. Bei der in Bild 5.15a gezeigten 3D-Darstellung steht die Versetzungslinie nahezu senkrecht auf der Zeichenebene. Im einfachsten Fall erstreckt sie sich von einer Oberfläche des Kristalls bis zur gegenüberliegenden.

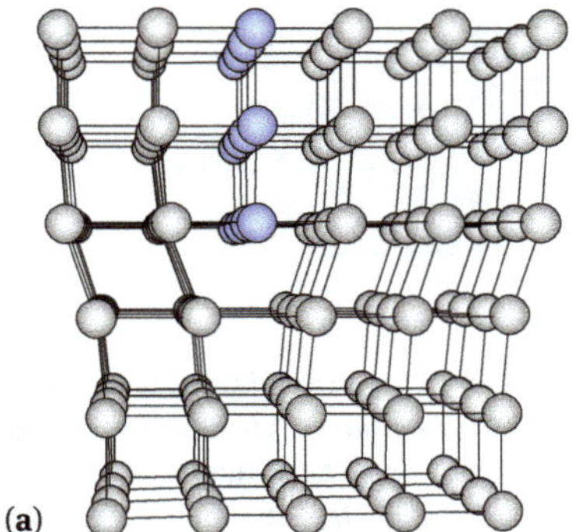

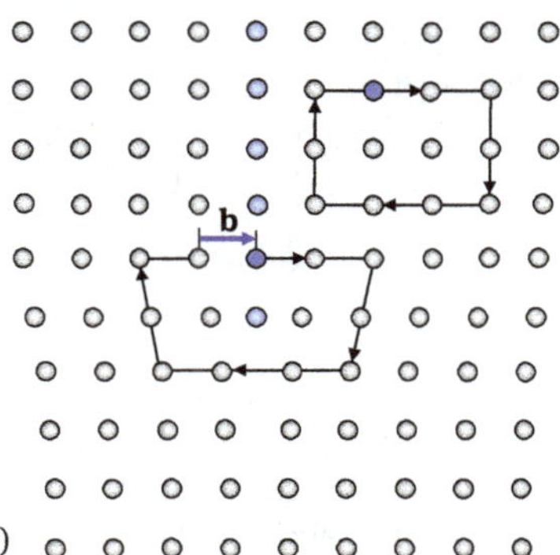

Abb. 5.15: Stufenversetzung. **a)** Anschauliche 3D-Darstellung einer Stufenversetzung in einem kubischen Kristall, wobei die eingeschobene Ebene blau gefärbt ist. **b)** Zur Definition des Burgers-Vektors: Ausgehend von den zwei dunkelblau markierten Atomen werden Pfade im Uhrzeigersinn gezeichnet, einer im defektfreien Teil des Kristalls und einer, der die Versetzungslinie einschließt. Die Lücke, die sich ergibt, wenn die Versetzungslinie eingeschlossen wird, definiert den Burgers-Vektor $\mathbf{b}$.

Die Versetzung lässt sich durch die in Bild 5.15b gezeigte Prozedur charakterisieren: Zunächst durchläuft man im ungestörten Teil des Kristalls einen geschlossenen Pfad, indem man von Gitterplatz zu Gitterplatz springt. Führt man nun die gleiche Schrittfolge im Bereich der Versetzungslinie durch, so endet man einen Gitterabstand entfernt vom Startpunkt. Der Vektor, der den zusätzlich erforderlichen Schritt repräsentiert, wird als **Burgers-Vektor b** bezeichnet. Legt man den Umlaufsinn der Bewegung fest, so ist neben der Größe auch die Richtung des Burgers-Vektor unabhängig vom Weg, auf dem man die Versetzungslinie umläuft. Wie dem Bild zu entnehmen ist, steht im Fall der Stufenversetzung der Burgers-Vektor[14] *senkrecht* auf der Versetzungslinie.

Eine **Schraubenversetzung** erhält man, wie in Bild 5.16a veranschaulicht, durch folgendes Vorgehen: Man schneidet den Kristall ein und verschiebt die beiden Schnittflächen parallel zur Schnittkante um einen Netzebenenabstand. Die Schnittkante markiert die Versetzungslinie. Der Burgers-Vektor lässt sich genauso wie bei der Stufenversetzung ermitteln, doch zeigt er nun *in Richtung* der Versetzungslinie. Umfährt man die Versetzungslinie auf einer senkrecht dazu stehenden Gitterebene, so bewegt man sich auf einer Schraubenfläche entlang der Versetzungslinie, sodass die Namensgebung verständlich wird.

14 Johannes Martinus Burgers, *1895 Arnheim, †1981 Washington D.C.

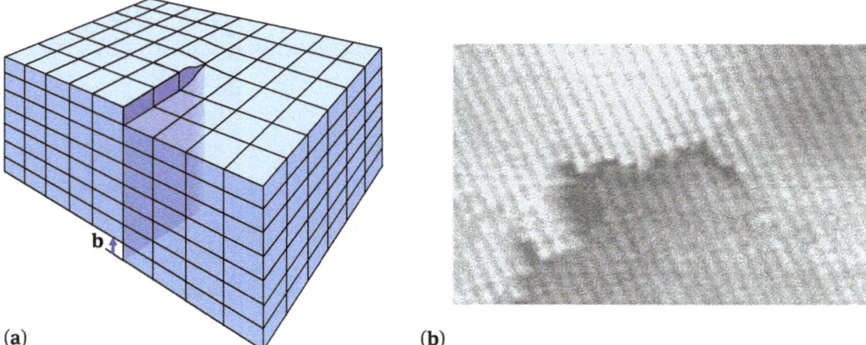

Abb. 5.16: Schraubenversetzung. **a)** Schematische Darstellung einer Schraubenversetzung in einem tetragonalen Gitter. Versetzungslinie und Burgers-Vektor b verlaufen parallel. **b)** Schraubenversetzung an der Oberfläche eines $Pt_{25}Ni_{75}$-Kristalls. Die Abbildung mit atomarer Auflösung wurde mit einem Rastertunnelmikroskop gemacht. (Mit freundlicher Genehmigung von M. Schmid, P. Varga, Inst. Allgem. Physik, TU Wien.)

Seit einiger Zeit können Versetzungen mit Rastertunnel- oder Rasterkraftmikroskopen abgebildet werden. Als Beispiel ist in Bild 5.16b eine Schraubenversetzung an der Oberfläche eines $Pt_{25}Ni_{75}$-Kristalls zu sehen. Die Ähnlichkeit mit der schematischen Darstellung ist unverkennbar. Zeichnet man, wie in Bild 5.15a gezeigt, einen Pfad ein, der um die Versetzungslinie läuft, so findet man einen Burgers-Vektor, der aus der Zeichenebene herausragt.

Wir haben Stufen- und Schraubenversetzung als verschiedene Versetzungstypen eingeführt. Im Grunde handelt es sich dabei aber nur um Versetzungen mit spezieller Orientierung der Versetzungslinie bezüglich des Burgers-Vektors. Der eingeschlossene Winkel ist in diesen Spezialfällen 90° bzw. 0°. Es lässt sich zeigen, dass der Burgers-Vektor längs einer beliebig geformten Versetzungslinie seine Richtung beibehält. Läuft man entlang einer Versetzungslinie, so kann sich jedoch der *Charakter* der Versetzung ändern, wie beispielhaft in Bild 5.17 gezeigt, da dieser durch den Winkel zwischen

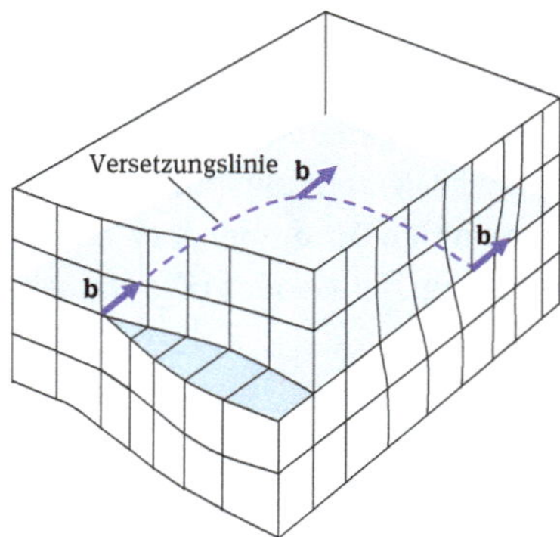

Abb. 5.17: Versetzungslinie, die als Schraubenversetzung auf einer Seite des Kristalls beginnt und als Stufenversetzung auf einer anderen Seite des Kristalls endet. Der Burgers-Vektor hat die gleiche Orientierung entlang der Versetzungslinie.

Versetzungslinie und Burgers-Vektor bestimmt wird. Im einfachsten Fall läuft die Versetzungslinie durch den ganzen Kristall, beginnend an einer Oberfläche und endend an einer anderen. Aus topologischen Gründen können Versetzungen aber nicht im Kristall enden. Daher treten meist in sich geschlossene *Versetzungsringe* auf, die vollständig im Kristallinnern verlaufen. Das einfachste Beispiel ist eine eingeschobene Gitterebene, deren Ausdehnung so klein ist, dass sie nirgendwo bis an den Kristallrand heranreicht. Die Versetzungsline läuft an der Begrenzung dieser Ebene entlang und bildet so einen geschlossenen Versetzungsring. Während des Umlaufs ändert die Versetzung wiederholt ihren Charakter.

Wir werfen nochmals einen Blick auf die Bilder 5.15 und 5.16, die verdeutlichen, dass Stufen-, nicht aber Schraubenversetzungen eine Quelle bzw. Senke für Leerstellen und Zwischengitteratome bilden können. Diffundiert beispielsweise ein Atom vom Ende der eingeschobenen Ebene in Bild 5.15 nach unten in den Kristall, so entsteht ein Zwischengitteratom, gleichzeitig wandert die Versetzungslinie nach oben. Die für die Bildung des Zwischengitteratoms erforderliche Energie ist bei dieser Art der Erzeugung wesentlich geringer als im ungestörten Gitter, da in der Umgebung der Versetzung das Gitter bereits verzerrt ist. Diffundiert umgekehrt ein Zwischengitteratom zur Stufenversetzung, so wird es dort „vernichtet“, denn der geschilderte Prozess läuft nun in umgekehrter Richtung ab. In gleicher Weise können Leerstellen entstehen oder verschwinden. Damit wird verständlich, dass unsere Argumentation in Abschnitt 5.1 zu einfach war, als wir bemerkten, dass in realen Kristallen die Leerstellendichte nicht dem thermischen Gleichgewicht entspricht, weil während der Kühlphase die Leerstellen die Oberfläche meist nicht erreichen können. Da Leerstellen nicht nur an der Oberfläche sondern auch an Stufenversetzungen vernichtet werden, verkleinert sich deren Diffusionsweg und damit ihre tatsächliche Konzentration.

Von Interesse ist die Frage nach der Anzahl der vorhandenen Versetzungen. Um diese zu beantworten, muss der Beitrag der Versetzungen zur inneren Energie bekannt sein. Wir müssen wissen, welche Energie in der elastischen Verzerrung des Gitters gespeichert ist. Diese Rechnung führen wir nicht durch, sondern halten fest, dass die pro Atom der Versetzungslinie erforderliche Energie vergleichbar mit der Bildungsenergie für Zwischengitteratome ist. Dagegen ist die Konfigurationsentropie, die bei Leerstellen oder Zwischengitteratomen eine wichtige Rolle spielt, verschwindend klein. Dies wird verständlich, wenn man bedenkt, dass eine Versetzung eine lückenlose Aneinanderreihung von Punktdefekten ist. Die Forderung nach einer lückenlosen Reihe verkleinert die Anzahl der denkbaren Anordnungen der Punktdefekte und damit die Konfigurationsentropie der Versetzungen erheblich. Der Beitrag der Entropie zur freien Energie kann daher näherungsweise vernachlässigt werden. Die freie Energie, die bekanntlich im thermischen Gleichgewicht ein Minimum aufweist, hat folglich ihren Minimalwert, wenn keine Versetzungen vorhanden sind. Tatsächlich beobachtet man aber typischerweise etwa 10^8 Versetzungen/cm^2, wobei man unter der *Versetzungsdichte* die Zahl der Versetzungslinien versteht, die eine Einheitsfläche im Kristall durchsetzen. Die Versetzungen entstehen bei der Herstellung der Proben und stellen einen eingefrorenen, metastabilen Zustand dar. In „guten“ Einkristallen findet man etwa 10^5 Versetzungen/cm^2, bei sehr sorgfältig gezogenen Kristallen kann die Dichte bis auf wenige Versetzungen zurückgehen, während bei kalt verformten Metallteilen Werte um 10^{12} cm^{-2} vorgefunden werden.

Abbildung von Versetzungen. Es gibt eine Reihe von Verfahren Versetzungen sichtbar zu machen. Eine einfache Nachweismöglichkeit beruht auf dem chemischen Ätzen von Probenoberflächen. Hierbei wird ausgenutzt, dass die Ätzgeschwindigkeit in der Umgebung einer Versetzung erhöht ist, da die Atome in der stark verzerrten Struktur schwächer gebunden sind. Stößt eine Versetzung an die Oberfläche, so bildet sich an dieser Stelle beim Ätzen eine kleine Grube, die mit einem Mikroskop leicht zu erkennen ist. Diese relativ einfache Methode wird häufig zur Bestimmung der Versetzungsdichte herangezogen.

Bei durchsichtigen Kristallen können Versetzungen auch im Kristallinnern sichtbar gemacht werden. Dabei wird ausgenutzt, dass sich Zwischengitteratome entlang von Versetzungen besonders leicht bewegen können. So lässt man zunächst Silber- oder Kupferionen in die Probe eindiffundieren. Durch geeignete thermische Behandlung bilden sich Präzipitate, die mit einem Mikroskop beobachtet werden können. In dünnen Filmen lassen sich Versetzungen auch mit Hilfe der Transmissionselektronen-Mikroskopie abbilden. Der Bildkontrast beruht hier auf der lokalen Dichtevariation in der Umgebung der Versetzungslinien.

Wie in Bild 5.18a schematisch dargestellt, beeinflussen Versetzungen das Kristallwachstum. Da die Bindung der Atome an der Stufe einer Schraubenversetzung wesentlich stärker ist als auf der freien Oberfläche, findet das Kristallwachstum bevorzugt an der Stufe statt. Das Ergebnis ist ein spiralförmiges Kristallwachstum, wie es in Bild 5.18b zu sehen ist. In diesem Beispiel ist die Aufnahme einer Graphitoberfläche

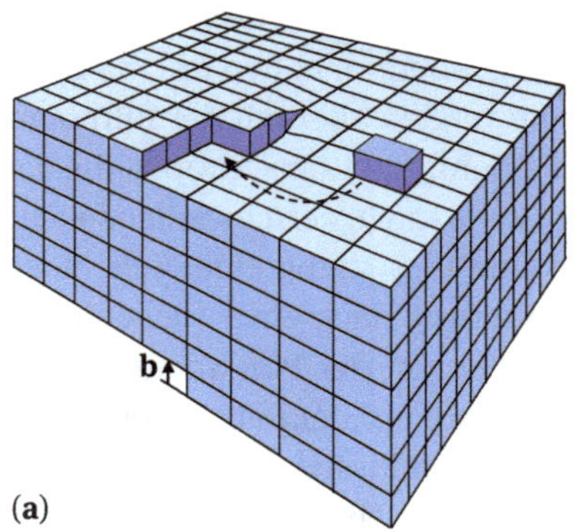

Abb. 5.18: **a)** Schematische Darstellung des Kristallwachstums an einer Schraubenversetzung. **b)** Wachstumsspirale auf einer Graphitoberfläche, abgebildet mit einem Rasterkraftmikroskop. (Nach J.A. Rakovan, J. Jaszczak, American Mineralogist **87**, 17 (2002).)

mit einem Rasterkraftmikroskop gezeigt, auf der die Wachstumsspirale deutlich zu erkennen ist.

Plastische Deformation. Wir kommen nun auf die Beobachtung zurück, dass die gemessene kritische Schubspannung für die plastische Verformung von Einkristallen wesentlich kleiner ist als abgeschätzt. Die Ursache hierfür veranschaulicht Bild 5.19. Unter dem Einfluss der Schubspannung bilden sich Versetzungen, die durch den Kristall wandern. Von außen gesehen, gleitet die obere Kristallhälfte über die untere hinweg. Da sich die einzelnen Gitterebenen „nacheinander" bewegen, wird die kritische Spannung nur lokal überschritten. Die tatsächlich auftretende kritische Schubspannung σ_c ist bei diesem Mechanismus wesentlich geringer als der abgeschätzte Wert, bei dem die gleichzeitige Bewegung aller Gitterebenen vorausgesetzt wurde. Abhängig von den angreifenden Kräften und der Art der vorhandenen oder erzeugten Versetzungen erfolgt die Scherbewegung senkrecht oder parallel zur Versetzungslinie.

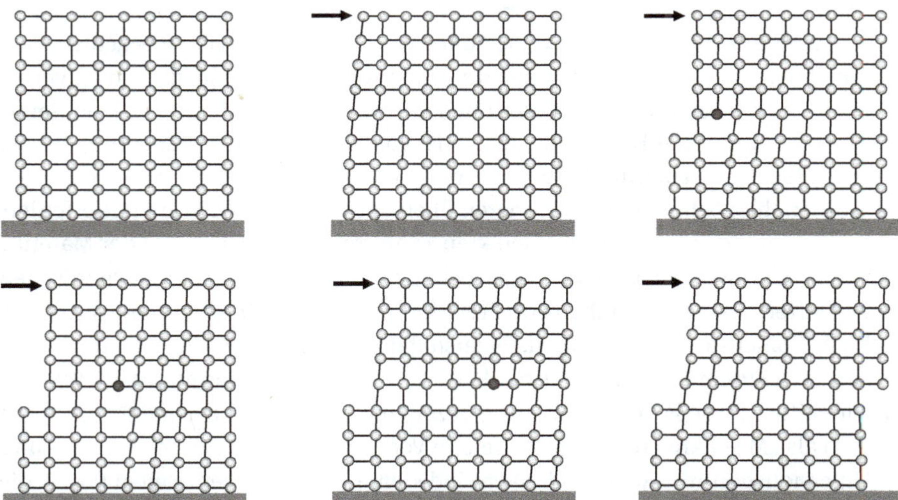

Abb. 5.19: Ausbildung und Wanderung einer Stufenversetzung unter der Wirkung einer Schubspannung. Die Versetzungslinie, hervorgehoben durch das dunkel gezeichnete Atom, wandert durch den, an der Unterlage festgehaltenen Kristall. Der Pfeil gibt die Richtung der Schubspannung an.

Eine interessante Sonderstellung nehmen die sogenannten **Whisker** ein, die bei der Ausscheidung aus stark übersättigter Lösung auftreten können. Dies sind feine, haarförmige Kristalle, die eine einzige axial laufende Schraubenversetzung enthalten. Da die Versetzung beim Biegen des Whiskers keiner Schubspannung parallel zum Burgers-Vektor unterworfen ist, kann die Spannung kein Gleiten hervorrufen. Tatsächlich wurden bei Zinn-Whisker kritische Schubspannungen beobachtet, die tausendmal größer waren als die von massivem Zinnproben. Zinn-Whisker können in mikroelektronischen Schaltungen ernsthafte Probleme verursachen, indem sie kleine Lücken zwischen Leitern überbrücken und so zu Kurzschlüssen führen, wie in Bild 5.20 dargestellt.

Abb. 5.20: Kurzschluss von Leitungen durch Zinnwhisker. (Nach P. Goradia et al., Konferenzveröffentlichung: Indian Surface Finishing Conference, Mumbai 2014.)

Da die plastische Deformation über die Bewegung von Versetzungen erfolgt, ist die tatsächliche Festigkeit eines Werkstoffs im Wesentlichen durch die Mechanismen bestimmt, welche die Bewegung von Versetzungen blockieren. Dabei ist zu beachten, dass in allen Fällen die Diffusion der Atome der Verankerung von Versetzungen entgegenwirkt, so dass die Festigkeit von Werkstoffen mit zunehmender Temperatur abnimmt.

Das Verständnis der Haftmechanismen ist von überaus großer Bedeutung für die Materialwissenschaften. Grundsätzlich ist es so, dass die Bewegung von Versetzungen durch Gitterfehler behindert wird, da deren Überwindung zusätzliche Energie erfordert. Durch die gezielte Erzeugung von Defekten kann somit eine Erhöhung der Materialfestigkeit erzielt werden. Eine wichtige Technik zur Veränderung der mechanischen Eigenschaften besteht im Einbau von Fremdatomen. So bewirken beispielsweise interstitielle Kohlenstoffatome in Eisen, Sauerstoffatome in Silizium oder substitutionelle Zinkatome in Kupfer eine Zunahme der Festigkeit und eine Erhöhung der Fließgrenze der Wirtsgitter. Diese Form der **Härtung** bezeichnet man (nicht besonders glücklich gewählt) als „Mischkristallhärtung". Weitere Verfahren sind die Ausscheidungs- und die Dispersionshärtung. Ausscheidungen sind kleine Teilchen einer zweiten Phase, die durch Agglomeration von Fremdatomen entstehen und deren Gestalt durch thermische Behandlung verändert werden kann. Dispersionspartikel sind Teilchen einer zweiten Phase, die schon in der Schmelze vorhanden waren und im Wirtskristall eingebaut werden. So spielen beispielsweise Graphitausscheidungen eine überaus wichtige Rolle für die mechanischen Eigenschaften von Gusseisen.

Ein Beispiel für die Verankerung von Versetzungen ist in Bild 5.21 in einer elektronenmikroskopischen Aufnahme zu sehen. Gut zu erkennen ist, dass das Wandern von Versetzungen unter dem Einfluss von Scherkräften durch Defekte behindert wird, so dass im Verlauf der Versetzungen Knicke entstehen. Eine weitere Möglichkeit der Verfestigung stellt die Ausbildung von Versetzungsnetzwerken dar. Da die gegenseitige Durchdringung von Versetzungen Energie kostet, wird mit zunehmender Anzahl die Bewegung der Versetzungslinien stark behindert. Dieser Effekt tritt bei der plasti-

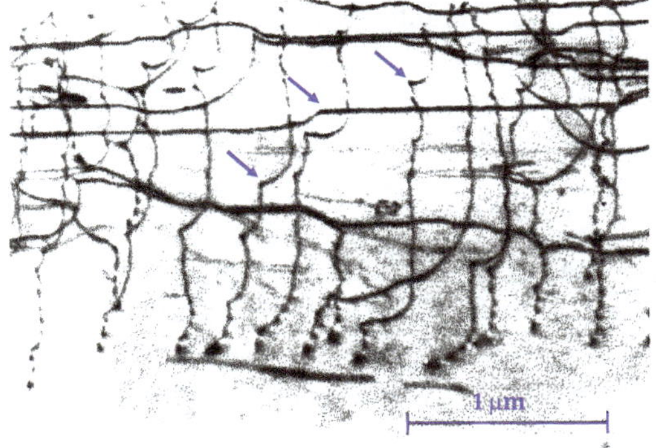

Abb. 5.21: Elektronenmikroskopische Aufnahme von Versetzungen in einem Magnesiumoxidkristall nach Anwendung mechanischer Spannung. An den Verankerungsstellen tritt im Verlauf der Versetzungslinien jeweils ein Knick auf. Drei der vielen Knickstellen sind durch Pfeile markiert. (Nach B.K. Kardashev et al., phys. stat. sol. (a) **91**, 79 (1985).)

schen Deformation auf, bei der Verfestigung durch die Erzeugung von zusätzlichen Versetzungen eintritt. Weiter muss berücksichtigt werden, dass reale Festkörper meist polykristallin sind. Dabei zeigt sich, dass die Grenzen zwischen den Kristalliten, die *Korngrenzen*, auf die wir noch zu sprechen kommen, ein sehr großes Hindernis für die Versetzungsbewegung darstellen. Die Verfestigung, die auf diesem Effekt beruht, bezeichnet man als *Feinkornhärtung*.

Zum Schluss soll hier noch ein quantitatives Problem angesprochen werden. Läuft eine Versetzung durch den Kristall, wie in Bild. 5.19 skizziert, so verschiebt sich eine der Kristallhälften gegen die andere nur um eine Gitterkontante. Eine makroskopische Verschiebung ist nur möglich, wenn während der Verformung ständig neue Versetzungen erzeugt werden. Eine Möglichkeit der Versetzungserzeugung beruht auf der **Frank-Read-Quelle,**[15,16] die hier kurz erläutert wird. Ihre Wirkungsweise ist schematisch in Bild 5.22 dargestellt. Von der ursprünglichen Versetzung V ist nur das gerade Teilstück 1 gezeichnet, das zwischen den Ankerpunkten A und B verläuft. Der restliche Teil (von B nach A) soll unterhalb der Zeichenebene liegen und ist nicht dargestellt. Die

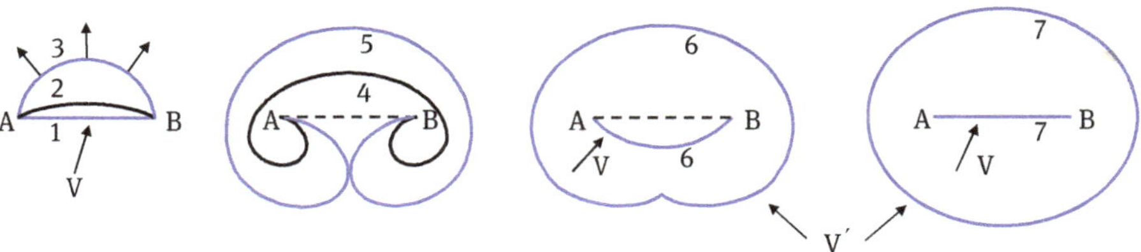

Abb. 5.22: Frank-Read-Mechanismus zur Erzeugung von Versetzungen. Unter dem Einfluss der Scherspannung durchläuft die Versetzung V die Zustände 1 bis 7. Am Ende des Zyklus ist die ursprüngliche Versetzung V wieder im Anfangszustand und zusätzlich ist die Versetzung V′ entstanden. Die Zustände 2 und 4 sind schwarz gezeichnet.

15 Frederick Charles Frank, *1911 Durban, †1998 Bristol
16 William Thornton Read, AT&T Bell Laboratories

Versetzung V beult sich unter dem Einfluss einer von unten wirkenden Kraft zwischen den Ankerpunkten aus und durchläuft mit zunehmender Kraft die Stadien 1 bis 7. Bei der „Momentaufnahme“ 5 berühren sich die Ausbeulungen und es entsteht der Versetzungsring V′. Die ursprüngliche Versetzung V geht wieder in den Anfangszustand 1 zurück. Dieser Vorgang, bei dem neue Versetzungen erzeugt werden, kann sich beliebig oft wiederholen.

Bild 5.23 zeigt eine Frank-Read-Quelle in Silizium. Die Versetzungen sind mit Kupferpräzipitaten dekoriert und so sichtbar gemacht. Da Silizium im sichtbaren Wellenlängenbereich undurchlässig ist, erfolgte die Abbildung mit Infrarotlicht. Neben den neu entstandenen Versetzungen ist auch der Teil der ursprünglichen Versetzung zu erkennen, der im Innern des Kristalls verläuft.

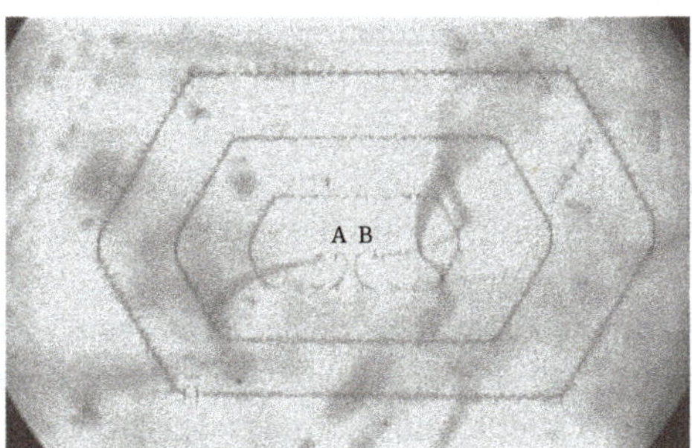

Abb. 5.23: Frank-Read-Quelle in Silizium. Die Versetzungen sind mit Kupferpräzipitaten dekoriert. A und B kennzeichnen die Ankerpunkte der Versetzung wie in Bild 5.22 dargestellt. Die Abbildung erfolgte unter Infrarotbeleuchtung, da Silizium im Sichtbaren undurchlässig ist. (Nach W.C. Dash, Dislocations and Mechanical Properties of Crystals (Wiley, New York, 1957).)

5.2.3 Korngrenzen

Wie in Abschnitt 3.1 geschildert, muss man beim Ziehen von Einkristallen besondere Sorgfalt walten lassen. Die meisten Festkörper sind polykristallin, denn ohne besondere Vorkehrungen beginnt beim Abkühlen der Schmelze das Kristallwachstum an verschiedenen Stellen, nämlich dort, wo sich bereits genügend große Keime befinden. Dadurch entstehen Festkörper, die, wie in Bild 5.24 zu sehen ist, aus vielen kleinen Kristalliten zusammengesetzt sind.

Die aneinanderstoßenden Kristallite sind bei polykristallinen Materialien unterschiedlich orientiert. Zwischen ihnen liegen Bereiche, die man als **Korngrenzen** bezeichnet. Sie stellen zweidimensionale Defekte dar, die einen starken Einfluss auf die Eigenschaften von polykristallinen Proben ausüben. Betroffen sind hiervon besonders die mechanischen und elektrischen Eigenschaften. Beim Tempern heilen die Korngrenzen zum Teil aus, da die stark erhöhte Diffusionsgeschwindigkeit in der Umgebung der Korngrenzen die Umlagerung von Atomen in energetisch günstigere Anordnungen erleichtert. Dabei beobachtet man, dass große Kristallite auf Kosten der kleinen wachsen.

Abb. 5.24: Optische Aufnahme einer polykristallinen Kupferprobe. Die unterschiedlichen Kristallite mit einer mittleren Größe von etwa 3 mm sind deutlich zu erkennen.

Die Eigenschaften von Korngrenzen hängen stark von den Wachstumsbedingungen und der Orientierung der angrenzenden Kristallite ab. Unterscheidet sich die Orientierung der benachbarten Kristallite stark voneinander, so kann man die Korngrenzen eher als eine ungeordnete „innere Oberfläche" betrachten, die sich aus einer Anhäufung von Punktdefekten und Versetzungen zusammensetzt. Bei mechanischer Beanspruchung können sich die Atome in diesen Korngrenzen relativ leicht bewegen, so dass längs der Korngrenzen verstärkt Diffusion auftritt.

Bestimmt man in guten Einkristallen die Ausrichtung identischer Gitterebenen an zwei verschiedenen Stellen mit hoher Genauigkeit, so stellt man oft fest, dass diese geringfügig, nämlich um Winkel $< 1^\circ$, gegeneinander verkippt sind. Die Korngrenzen zwischen diesen *Mosaikblöcken* bezeichnet man als **Kleinwinkelkorngrenzen**. Wie in Bild 5.25a schematisch dargestellt, handelt es dabei um eine Aneinanderreihung von Stufenversetzungen, die sich längs der Korngrenzen in relativ großem Abstand

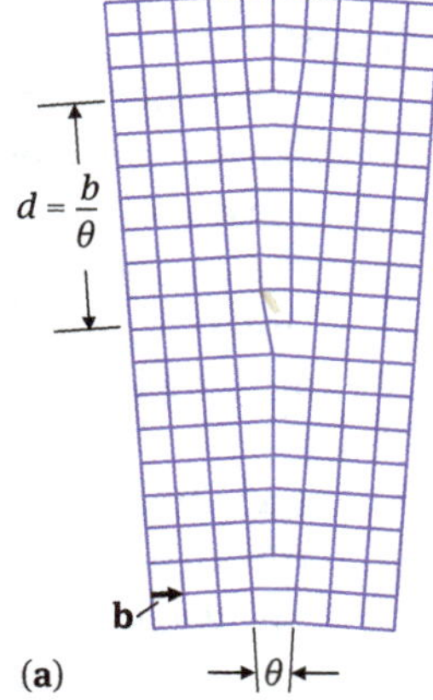

Abb. 5.25: **a)** Schematische Darstellung einer Kleinwinkelkorngrenze. Aus dem Verkippungswinkel folgt unmittelbar der Abstand der Versetzungslinien. **b)** Hochauflösende elektronenoptische Aufnahme einer Korngrenze in Aluminium. (Aufnahme der EM Group, Cambridge University).

periodisch wiederholen. Bei geeigneter Belastung können die Korngrenzen senkrecht zu den Versetzungslinien als Ganzes durch den Kristall wandern. Ätzt man Kristalle mit Kleinwinkelkorngrenzen an, so werden die Versetzungen, wie bereits diskutiert, als kleine Ätzgruben sichtbar. Aus dem Abstand d der Ätzgruben lässt sich der Verkippungswinkel θ zwischen den Mosaikblöcken ermitteln. Die Struktur von sauber ausgebildeten Korngrenzen kann man mit hochauflösender Elektronenmikroskopie studieren. Ein Beispiel hierfür ist die Korngrenze in Aluminium, die in Bild 5.25b abgebildet ist.

Am Ende dieses Abschnitts wollen wir noch einen weiteren flächenhaften Defekt, den **Stapelfehler** erwähnen, der besonders häufig bei dichtester Kugelpackung auftritt. Bei einem kubisch-flächenzentrierten Kristall sind die aufeinanderfolgenden (111)-Ebenen nach dem Muster ...ABC ABC ABC ABC... angeordnet (vgl. Abschnitt 3.3). Erfolgt beim Gleiten nicht eine Verschiebung um einen vollständigen Gittervektor, so kann es beispielsweise zur Stapelfolge ... ABC ABC AB $\widehat{\mathrm{C}}$ BA CBA CBA ... kommen. Die mit einem Dach gekennzeichnete Ebene $\widehat{\mathrm{C}}$ zeigt die Grenze des abgeglittenen Bereichs an, an der die Struktur des Kristalls gespiegelt erscheint. Man spricht dann von einer *Zwillingsbildung*. Eine andere Möglichkeit wäre die Anordnung ... ABC ABC AB $\widehat{\mathrm{A}}$ BC ABC ABC ... An der Ebene $\widehat{\mathrm{A}}$ ist die regelmäßige Abfolge unterbrochen und in einem schmalen Bereich eine hexagonal dichtest gepackte Struktur anstelle der kubisch-flächenzentrierten realisiert.

5.3 Defekte in amorphen Festkörpern

Da amorphen Materialien die Translationssymmetrie des atomaren Aufbaus fehlt, ist es nicht möglich, Punktdefekte so zu definieren, wie wir es in Bild 5.1 für Kristalle getan haben. Begriffe wie Leerstelle oder Zwischengitteratom verlieren ihre exakte Bedeutung. In amorphen Materialien bewirken die Abweichungen von der periodischen atomaren Anordnung das Auftreten von „Hohlräumen" unterschiedlicher Größe, die eine gewisse Ähnlichkeit mit den Leerstellen der Kristalle besitzen. Ihre Zahl hängt von der Kühlrate bei der Glasherstellung bzw. den Herstellbedingungen des amorphen Festkörpers ab. Wie Leerstellen in Kristallen, so haben auch die Hohlräume amorpher Festkörper einen großen Einfluss auf die Diffusion von Fremdatomen und beeinflussen die Zähigkeit der Gläser in der Nähe des Glasübergangs.

Typisch für amorphe Substanzen ist die aufgebrochene oder **ungesättigte Bindung**, englisch *dangling bond*, die in kristallinen Materialien nicht auftritt. In den technisch verwendeten Gläsern werden diese Defekte vor allem durch die beigemischten Metallionen oder andere Verunreinigungen hervorgerufen, die Bindungen aufbrechen. Sie treten aber auch in reinen amorphen Materialien auf und wurden dort eingehend untersucht. *Ungepaarte Elektronen* lassen sich leicht mit Methoden der Elektronenspinresonanz nachweisen, denn sie verursachen aufgrund des magnetischen Moments ihrer Spins ein leicht erkennbares Signal. Erstaunlicherweise hängt die Zahl derartig nachgewiesener Defekte stark von der Koordinationszahl des amorphen Festkörpers ab. So findet man in den tetraedrisch gebundenen Halbleitern a-Si oder a-Ge etwa $10^{19} - 10^{20}$ offene Bindungen pro cm^3. In den Chalkogenidgläsern wie a-As_2S_3 oder im amorphen Selen liegt dagegen die Zahl der ungepaarten Elektronen unter der Nachweisgrenze. Die Ursache der um viele Größenordnungen unterschiedlichen Konzentration von ungesättigten Bindungen war lange Zeit ein unverstandenes Phänomen.

Als Beispiel wählen wir die ungesättigte Bindung in Silizium. Zum besseren Verständnis betrachten wir zunächst c-Si, dem ein Atom entnommen wird. Wie in Bild 5.26 gezeigt, entstehen dadurch vier offene Bindungen, die in Richtung des fehlenden Atoms weisen. Dieser Zustand ist nicht stabil. Die vier ungepaarten Elektronen gehen neue Bindungen ein, so dass keine ungepaarten Elektronen übrig bleiben. Gleichzeitig ändert sich, wie im Bild angedeutet, die Anordnung der Atome.

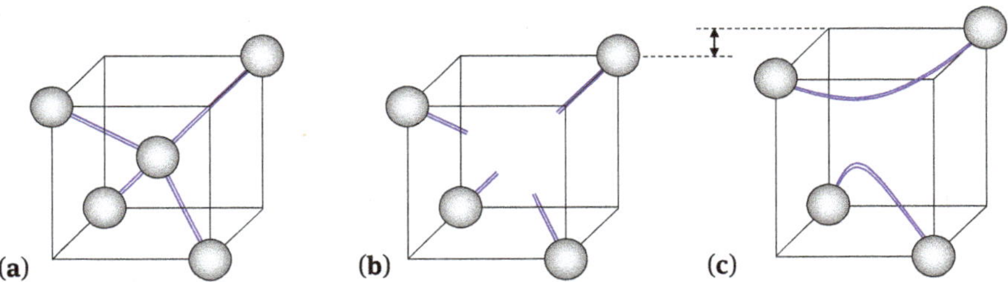

Abb. 5.26: Leerstelle im kristallinen Silizium. **a)** Atomare Konfiguration in einem perfekten Kristall. **b)** Unmittelbar nach der Entnahme eines Atoms sind vier Bindungen offen. **c)** Anordnung der Atome und der Bindungen nach Abschluss der Rekonstruktion.

Wie in Bild 5.27a schematisch dargestellt, kann im amorphen Silizium die Forderung nach Absättigung aller kovalenten Bindungen nicht immer erfüllt werden. Das Elektron, dem ein Partner fehlt, kann keine Bindung eingehen und bleibt daher ungepaart. Stellt man Schichten aus reinem amorphen Silizium z.B. durch Aufdampfen

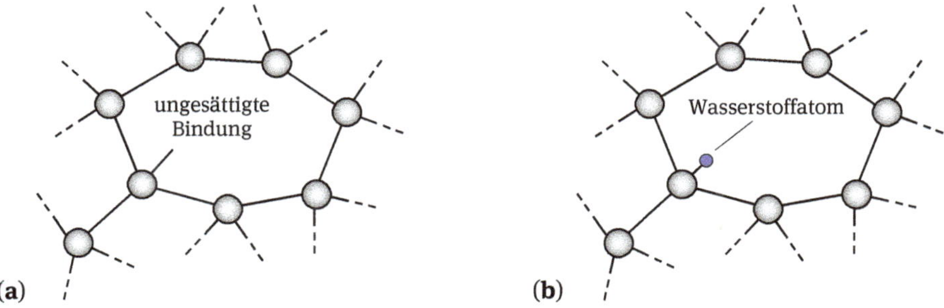

Abb. 5.27: **a)** Schematische zweidimensionale Illustration einer ungesättigten Bindung im amorphen Silizium. **b)** Wasserstoff passiviert die ungesättigte Bindung.

her, so kann das Auftreten einer sehr großen Zahl von ungesättigten Bindungen nicht vermieden werden. Dies liegt daran, dass die starre sp^3-Hybridbindung des Siliziums kaum Verkippungen der Atome gegeneinander erlaubt. Da Verkippungen und geänderte Abstände aber Voraussetzung für eine regellose Anordnung der Atome in einem Netzwerk sind, muss eine große Zahl von Bindungen offen bleiben. Die Existenz von ungesättigten Bindungen ist daher charakteristisch für vierfach koordinierte amorphe Netzwerke. Wie wir in Abschnitt 10.3 sehen werden, bestimmen offene Bindungen weitgehend die elektrischen Eigenschaften von amorphen Halbleitern: Sie verursachen eine so hohe Leitfähigkeit, dass Dotieren von a-Si, wie es bei kristallinen Halbleitern üblich ist, keinen merklichen Einfluss auf die elektrischen Eigenschaften hat. Schichten aus reinem, amorphen Silizium sind daher für Anwendungen in der Halbleitertechnik ungeeignet.

Dennoch werden Solarzellen aus diesem Material produziert. Um für die technische Anwendung die elektrischen Eigenschaften grundlegend zu verbessern, baut man bereits bei der Herstellung der Schichten größere Mengen Wasserstoff ein. Aufgrund seiner Einwertigkeit bewirkt Wasserstoff eine Absättigung der freien Bindungen, ohne selbst neue ungesättigte Bindungen hervorzurufen. Die entsprechende Defektstruktur ist in Bild 5.27b angedeutet.

Wie bereits erwähnt, lassen sich in den Chalkogenidgläsern keine ungepaarten Elektronen nachweisen, obwohl ebenfalls strukturelle Defekte auftreten. Wir wollen zur Diskussion der Defekte in dieser Substanzklasse als besonders einfaches Beispiel amorphes Selen herausgreifen, das sich so wie Chalkogenidgläser verhält, jedoch eine einfachere Struktur besitzt. Die Elektronen der äußersten Schale liegen im Selen in der s^2p^4-Konfiguration vor. In a-Se treten neben ringförmigen Strukturen auch Ketten auf, wie sie in Bild 5.28a zu sehen sind. Die Bindung zwischen den Atomen der Ketten

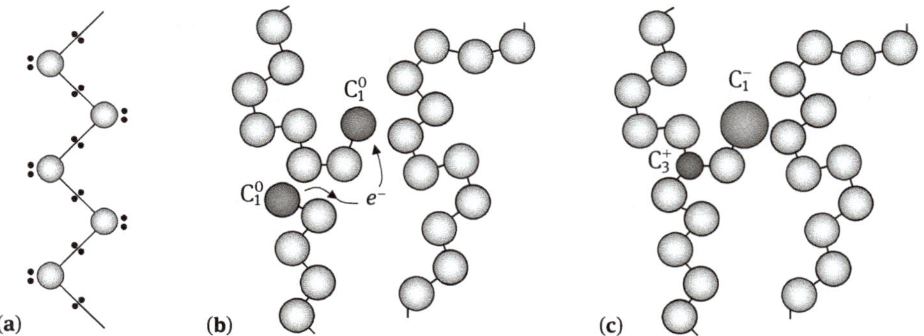

Abb. 5.28: Entstehung eines Valenz-alternierenden Paares im amorphen Selen. **a)** Teil einer Selenkette mit bindenden und nicht-bindenden Elektronen, die zwischen bzw. unmittelbar an den Atomrümpfen sitzen. **b)** Schematische Darstellung von drei Ketten bestehend aus Selenatomen. Zwei Ketten enden im Bild mit je einem C_1^0-Defekt, der durch dunkle Färbung gekennzeichnet ist. **c)** Valenz-alternierendes $C_1^- - C_3^+$-Paar. Die rechte Kette wirkt bei der Ausbildung des geladenen Defektpaars nicht mit.

erfolgt über p-Elektronen, doch tragen nur zwei der vier p-Elektronen zur Bindung bei. Jedes Atom besitzt deshalb noch ein nichtbindendes p-Elektronenpaar.

An den Enden der (unterschiedlich langen) Ketten treten ungepaarte Elektronen auf. Wir bezeichnen die Endatome als C_1^0-Defekte um anzudeuten, dass es sich um ein neutrales Chalkogenatom handelt, das nur einfach koordiniert ist. Im mittleren Bild sind zwei Kettenenden, also zwei C_1^0-Defekte und eine fortlaufende Kette dargestellt. Die beiden ersten Ketten reagieren miteinander: Sie bilden einen dreifach koordinierten, positiv geladenen C_3^+-Defekt und gleichzeitig einen negativ geladenen, einfach koordinierten C_1^--Defekt. Beide Defekte besitzen nun nur noch Elektronen*paare*, sind also ohne ungepaartem Spin und somit in Elektronenspinresonanz-Experimenten nicht mehr nachweisbar.

Zur Erzeugung des C_1^--Defekts muss Energie aufgewendet werden, da das überschüssige Elektron von den bereits vorhandenen Elektronen abgestoßen wird. Die Ausbildung der dritten Bindung beim C_3^+-Defekt ist andererseits mit einem Energiegewinn verbunden. Insgesamt ist die Reaktion $2C_1^0 \rightarrow C_3^+ + C_1^-$ exotherm, so dass sich diese für Chalkogenidgläser typische Defektstruktur ausbildet. Man bezeichnet die beiden Defektzustände zusammen als *Valenz-alternierendes Paar* (VAP). Ähnliche Defekte findet man auch in anderen amorphen Festkörpern, doch ist deren Defektstruktur meist komplizierter. Dies trifft in besonderem Maße für amorphe Verbindungen zu.

Eine zusätzliche Schwierigkeit bei der theoretischen Beschreibung von Defektstrukturen besteht darin, dass bei der Bildung oder Zerstörung dieser Defekte das Netzwerk in der Umgebung relaxiert, wobei die potenzielle Energie durch lokale strukturelle Umlagerungen abgesenkt wird. Diese Relaxation ist in amorphen Festkörpern wesentlich stärker ausgeprägt als in kristallinen, da das Netzwerk eine größere Variabilität in der räumlichen Anordnung der Atome besitzt. Derartige strukturelle Veränderungen laufen aber relativ langsam ab, da eine größere Zahl von Atomen daran beteiligt ist.

Die üblichen flächenhaften Defekte wie Korngrenzen treten in amorphen Materialien nicht auf. Dies hat eine interessante und überaus wichtige Eigenart der Gläser zur Folge: Sie sind in den meisten Fällen durchsichtig. Zwar sind auch Einkristalle, die im sichtbaren Spektralbereich keine Absorption aufweisen, optisch transparent, doch die meisten technisch verwendeten *polykristallinen Materialien* sind milchig oder weiß. Die Ursache hierfür sind die Lichtreflexionen, die an den Oberflächen der unterschiedlich orientierten Kristallite auftreten. Das Fehlen von Korngrenzen ist daher für den täglichen Gebrauch von Gläsern von entscheidender Bedeutung.

5.4 Ordnungs-Unordnungs-Übergang

Wir schließen dieses Kapitel mit einer kurzen Betrachtung von Ordnungs-Unordnungs-Übergängen ab. Wie bereits in Bild 3.9 gezeigt, sitzen die Atome substitutioneller Legierungen zwar auf regulären Gitterplätzen, doch können diese Plätze, statistisch mit unterschiedlichen Atomsorten besetzt sein. Dieser Zustand tritt meist dann auf, wenn die Schmelze rasch abgekühlt wird. Ein bekanntes Beispiel hierfür sind die Kupfer-Gold-Legierungen, die sich in beliebiger Zusammensetzung herstellen lassen und bei denen der ungeordnete Zustand „eingefroren" werden kann. Wie wir in Kap. 9 sehen werden, ist der elektrische Widerstand bei tiefen Temperaturen, der *Restwiderstand*, ein Maß für die Abweichungen vom idealen Kristall, da die Elektronen auf ihrem Weg durch das Gitter an den Fremdatomen gestreut werden. „Falsch" angeordnete Atome erhöhen daher den Widerstand. In Bild 5.29a ist der Restwiderstand von Kupfer-Gold-Legierungen als Funktion der Goldkonzentration aufgetragen. Erwartungsgemäß findet man ein Widerstandsmaximum bei maximaler Unordnung, wenn die Legierung aus gleichen Teilen Gold und Kupfer besteht. Nur der Vollständigkeit halber sei erwähnt, dass der Widerstand der *Nordheim-Regel*[17] folgt, die besagt, dass der Restwiderstand proportional zu $x(1-x)$ verläuft, wobei x für die Konzentration einer der beiden Komponenten steht. Die Übereinstimmung zwischen den experimentellen Daten und dieser einfachen Beschreibung ist beeindruckend.

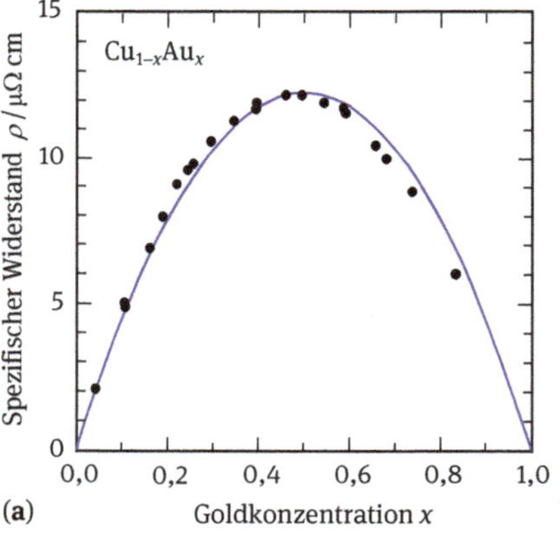

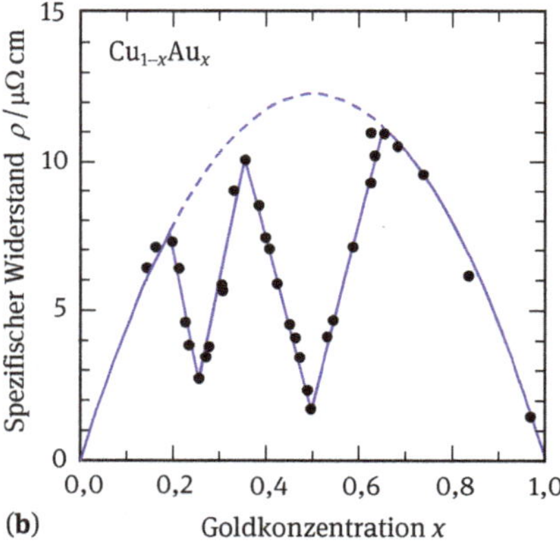

Abb. 5.29: Restwiderstand von Kupfer-Gold-Legierungen. Der Widerstand der reinen Metalle wurde abgezogen. Die Parabeln geben die Vorhersage der Nordheim-Regel wieder. **a)** Widerstand ungeordneter Legierungen. **b)** Widerstand getemperter Proben. Es treten deutliche Minima bei der Zusammensetzung von intermetallischen Verbindungen auf. (Nach C.H. Johanson, J.O. Linde, Ann. Phys. **25**, 1 (1936).)

Kühlt man aber die Legierungen genügend langsam unter 680 K ab, so bilden sich bei bestimmten Zusammensetzungen geordnete Phasen aus. Dadurch sinkt der Grad der Unordnung und der Restwiderstand fällt. Wie man Bild 5.29b entnehmen kann, entstehen die intermetallischen Verbindungen Cu_3Au bzw. CuAu, deren Widerstand wesentlich kleiner ist als der der ungeordneten Legierungen gleicher Zusammenset-

17 Lothar Wolfgang Nordheim, *1899 München, †1985 La Jolla

zung. Die Ausbildung der Ordnung lässt sich sehr gut mit Hilfe der Röntgenbeugung verfolgen. In Bild 4.24b haben wir als Beispiel für eine Debye-Scherrer-Aufnahme eine Aufnahme der geordneten Cu_3Au-Phase gezeigt.

Es stellt sich nun die Frage, wie sich die Struktur beim Übergang von der ungeordneten in die geordnete Phase verändert. Wir greifen als instruktives Beispiel das Verhalten der Legierung CuZn heraus, die aus gleichen Teilen Kupfer und Zink besteht und unter der Bezeichnung „β-Messing" bekannt ist. Bei Zimmertemperatur ist diese Legierung wohlgeordnet, ihr liegt ein kubisch primitives Gitter mit einer zweiatomigen Basis zugrunde. Die Würfelecken werden von Kupfer-, die Würfelzentren von Zinkatomen eingenommen, es liegt also die Cäsiumchloridstruktur vor. Erwärmt man die Probe, so erfolgt bei der kritischen Temperatur von etwa 735 K – der genaue Wert hängt von der exakten Zusammensetzung ab – ein Übergang in eine vollständig ungeordnete Phase. Nun sind die Plätze statistisch besetzt, die Legierung besitzt im Mittel ein kubisch raumzentriertes Gitter. Dieser Vorgang ist reversibel, d.h., beim Abkühlen tritt wieder Ordnung ein.

Generell gilt, dass der Übergang von der geordneten in die ungeordnete Phase je nach System von 1. oder 2. Ordnung sein kann. Ist der Phasenübergang von 1. Ordnung, so tritt beim Übergang latente Wärme, die Umwandlungswärme, auf. Beim Übergang 2. Ordnung wird ein Maximum in der spezifischen Wärme, aber keine latente Wärme beobachtet. Bei den oben erwähnten Kupfer-Gold-Legierungen liegt beispielsweise ein Ordnungs-Unordnungs-Übergang 1. Ordnung vor, während bei der soeben diskutierten CuZn-Legierung der Übergang von 2. Ordnung ist. Die spezifische Wärme, deren Verlauf am Phasenübergang in Bild 5.30 gezeigt ist, weist die hierfür typische λ-Form auf.

Um den Ordnungsgrad zu charakterisieren, führen wir als Maß für die Fernordnung den Parameter s ein. Besteht die Probe aus N Atomen und befinden sich R Atome auf

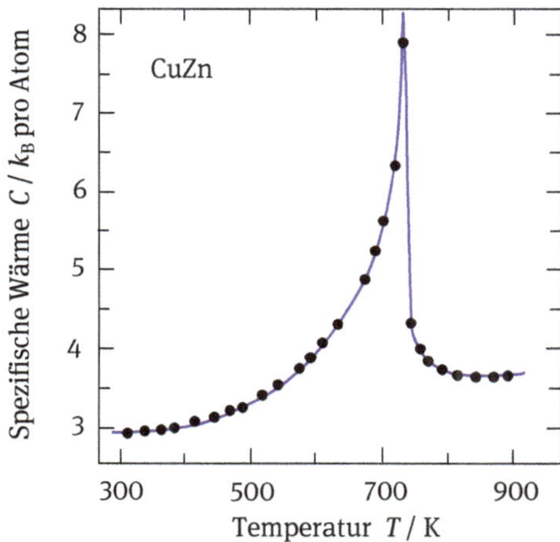

Abb. 5.30: Verlauf der spezifischen Wärme von β-Messing. Das λ-förmige Maximum ist ein charakteristisches Merkmal eines Phasenübergangs 2. Ordnung. (Nach F.C. Nix, W. Shockley, Rev. Mod. Phys. **10**, 1 (1938).)

„richtigen“ und F Atome auf „falschen“ Plätzen, so gilt

$$s = \frac{2R - N}{N} = \frac{N - 2F}{N} \; . \tag{5.14}$$

Bei vollständiger Ordnung sitzen alle N Atome auf den richtigen Plätzen, d.h. $R = N$ und $s = 1$. Bei vollständiger Unordnung nehmen die Hälfte der Atome falsche Plätze ein, d.h. $s = 0$. Der schematische Temperaturverlauf dieses Parameters ist für die beiden Phasenübergänge unterschiedlicher Ordnung in Bild 5.31 gezeigt. Während beim Phasenübergang 2. Ordnung die Fernordnung bei Annäherung an die kritische Temperatur T_c stetig gegen null geht, tritt beim Übergang 1. Ordnung ein Sprung auf. Der unterschiedliche Verlauf des *Ordnungsparameters* macht auch klar, warum nur im Falle des Übergangs 1. Ordnung Umwandlungswärme zu erwarten ist, die beim Übergang 2. Ordnung fehlt.

Mit Hilfe der Röntgenbeugung lässt sich der Ordnungsgrad verfolgen. Wir wollen die Beobachtungen für den Fall der CuZn-Legierung etwas genauer erläutern. Wie bereits erwähnt, liegt in der geordneten Phase des β-Messings ein kubisch primitives Gitter mit zweiatomiger Basis vor. Wie beim Cäsiumchlorid (vgl. Abschnitt 3.3) ist der Strukturfaktor durch $\mathcal{S}_{hkl} = f_{\mathrm{Cu}} + f_{\mathrm{Zn}} \exp[-\mathrm{i}\pi(h + k + l)]$ gegeben. Es treten alle Reflexe auf, wenn auch, wie von Gleichung (4.27) vorhergesagt, mit unterschiedlicher Intensität. In der ungeordneten Phase wird die Streuintensität durch einen gemittelten Strukturfaktor bestimmt. Mit dem mittleren Atomformfaktor $\langle f \rangle = (f_{\mathrm{Cu}} + f_{\mathrm{Zn}})/2$ können wir in diesem Fall für den Strukturfaktor $\langle \mathcal{S}_{hkl} \rangle = \langle f \rangle \{1 + \exp[-\mathrm{i}\pi(h + k + l)]\}$ schreiben. Die Legierung verhält sich im Mittel wie ein kubisch raumzentrierter Kristall und entsprechend (4.28) entfallen die Reflexe mit der ungeraden Summe $(h + k + l)$. Die zusätzlichen Linien, die man bei Debye-Scherrer-Aufnahmen an der geordneten Phase beobachtet, bezeichnet man als *Überstrukturlinien*.

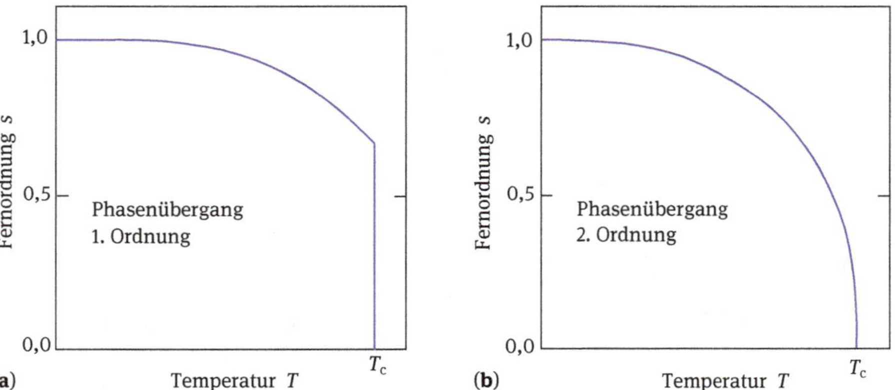

Abb. 5.31: Schematischer Temperaturverlauf des Ordnungsparameters. **a)** Phasenübergang 1. Ordnung. Bei T_c macht der Ordnungsparameter einen Sprung. **b)** Phasenübergang 2. Ordnung. Der Ordnungsparameter ändert sich stetig.

5.5 Aufgaben

1. Diffusion von Leerstellen in Gold. Bei der Herstellung von Einkristallen werden Leerstellen eingebaut. Um deren Anzahl zu reduzieren werden Kristalle häufig unterhalb der Schmelztemperatur ($T_\mathrm{m} = 1337\,\mathrm{K}$) getempert. Die Gitterkonstante des kubisch flächenzentrierten Gitters beträgt $a = 4{,}08\,\text{Å}$.

(a) Geben Sie die elementare Sprungweite an.

(b) Schätzen Sie die Zeit ab, die bei Raumtemperatur und bei 90 % der Schmelztemperatur nötig ist, damit eine Leerstelle aus 1 cm Tiefe an die Oberfläche diffundieren kann. Die Aktivierungsenergie für den Sprungprozess ist $E_\mathrm{D} = 0{,}78\,\mathrm{eV}$.

2. Leerstellendiffusion. Mit Hilfe der Tracer-Methode wurde die Diffusion von Natriumionen in NaBr (Dichte $\varrho = 3{,}20\,\mathrm{g/cm^3}$) bei 753 K und 923 K untersucht. Für den Diffusionskoeffizienten D wurden hierbei die Werte $3{,}22 \cdot 10^{-15}\,\mathrm{m^2/s}$ bzw. $3{,}62 \cdot 10^{-13}\,\mathrm{m^2/s}$ gefunden.

(a) Wie groß ist die Summe aus Bildungs- und Aktivierungsenergie der Leerstellen?

(b) Welchen Wert hat die Vorfaktor $D_0 \exp(S_\mathrm{L}/k_\mathrm{B})$?

(c) Wie groß ist die elektrische Leitfähigkeit von NaBr bei 823 K?

3. Diffusionsbarriere. Gegeben sei eine zweidimensionale Anordnung von elf Atomen, wie in Bild 5.32 dargestellt. Die Atome seinen harte Kugeln mit dem Wechselwirkungspotenzial

$$\phi(r) = \begin{cases} -B/r^6 & \text{für} \quad r \geq R_0, \\ \infty & \text{für} \quad r < R_0. \end{cases} \tag{5.15}$$

Zeigen Sie, dass bei der Diffusion die inneren Atoms von links nach rechts (bzw. der Leerstelle von rechts nach links) eine Energiebarriere überwunden werden muss. Berechnen Sie hierzu die Bindungsenergie des blau markierten Atoms für die gezeichneten Anordnungen. Berücksichtigen Sie dabei die Wechselwirkung mit allen anderen Atomen unter der Annahme, dass die Randatome unbeweglich sind. Zu welchem Diffusionsweg gehört die niedrigste Barriere – zu dem in b) oder c) dargestellten.

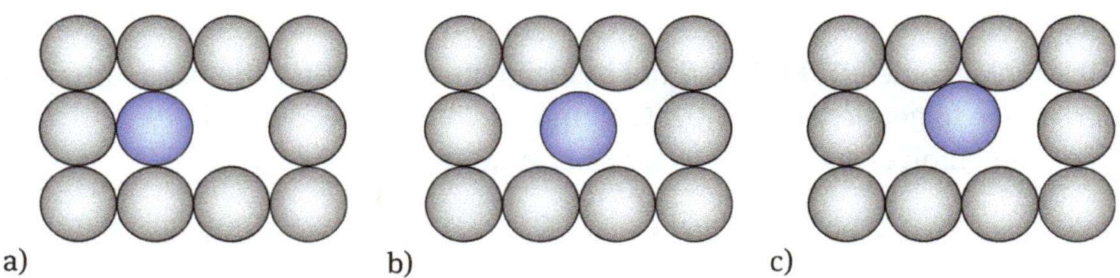

Abb. 5.32: Zweidimensionale Anordnung von elf Atomen und einer Leerstelle zur Berechnung der Diffusionsbarriere.

4. Leerstellen und thermische Ausdehnung. Im thermischen Gleichgewicht lässt sich die Leerstellenkonzentration leicht berechnen. Für Kupfer sind die relevanten Parameter $S_L = 1{,}5\,k_B$ und $E_L = 1{,}18\,\text{eV}$.

(a) Wie groß ist die Leerstellenkonzentration bei Zimmertemperatur und bei 90% der Schmelztemperatur $T_m = 1358\,\text{K}$?

(b) Wie groß ist bei diesen Temperaturen die von den Leerstellen verursachte Volumenausdehnung $\Delta V/V$?

(c) Berechnen Sie den von den Leerstellen hervorgerufenen linearen thermischen Ausdehnungskoeffizienten bei diesen Temperaturen.

(d) Vergleichen Sie das Ergebnis mit dem Tabellenwert ($\alpha = 1{,}65 \cdot 10^{-5}$) und mit dem Ergebnis der Aufgabe 3 in Kapitel 4.

5. Defekte in Eisenoxid. Das Mineral FeO, auch Wüstit genannt, besitzt Natriumchlorid-Struktur (Gitterkonstanten $a = 4{,}31\,\text{Å}$) und tritt nur in nicht-stöchiometrischer Zusammensetzung auf. Im Wesentlichen handelt es sich hierbei um fehlende Eisenatome. Wie hoch ist die Konzentration dieser Leerstellen wenn die betrachtete Probe die Dichte $\varrho = 5730\,\text{kg/m}^3$ aufweist?

6. Farbzentren. Zur Beschreibung der optischen Eigenschaften von F-Zentren gibt es zwei einfache Modelle, nämlich das „Wasserstoffmodell“ und das im Text erläuterte „Potenzialtopfmodell“. Untersuchen Sie die Eigenschaften der drei Alkalihalogenide LiF, NaCl und RbI im Rahmen dieser Modelle.

(a) Im Wasserstoffmodell wird angenommen, dass sich das eingefangene Elektron im Feld einer positiven Punktladung e bewegt. Die umgebenden Ionen werden durch die Dielektrizitätskonstante $\varepsilon_r = n'^2$ berücksichtigt, wobei n' für den Brechungsindex steht. Berechnen Sie die Energiedifferenz zwischen dem Grundzustand und dem ersten angeregten Zustand.

(b) Im Potenzialtopfmodell geht man davon aus, dass das Elektron in einem dreidimensionalen unendlich hohem Potenzialtopf der Breite $L = 2R_0$ gefangen ist. R_0 steht für den Abstand zu den nächsten Nachbarn. Berechnen Sie die Energiedifferenz zwischen dem Grundzustand und dem ersten angeregten Zustand.

(c) Vergleichen Sie Ihr Ergebnisse mit Bild 5.7b.

Die Alkalihalogenide LiF, NaCl und RbI besitzen die gleiche Struktur, ihre Gitterkonstanten haben folgende Werte: 4,02, 5,64 und 7,34 Å. Der Brechungsindex ist (in der gleichen Reihenfolge) durch $n' = 1{,}41$, 1,56 und 1,65 gegeben.

6 Gitterdynamik

Die meisten Festkörpereigenschaften lassen sich auf die Bewegung der Atome um ihre Gleichgewichtslage oder auf die Bewegung fast freier Elektronen zurückführen. Im ersten Fall spricht man von den gitterdynamischen, im zweiten von den elektronischen Eigenschaften. Diese Aufteilung ist möglich, weil sich Elektronen aufgrund ihrer geringen Masse wesentlich schneller bewegen als die schweren Atomkerne. Werden Atome aus ihren Gleichgewichtslagen verschoben, so stellt sich im Festkörper „instantan" eine neue Elektronenverteilung ein, wobei sich die Gesamtenergie erhöht. Kehren die Atome in die Ausgangslage zurück, so wird die aufgewandte Energie vollständig zurückgewonnen. Die Elektronen werden bei diesem Vorgang nicht angeregt, sondern verbleiben unabhängig von den augenblicklichen Kernkoordinaten im Grundzustand. Dies erlaubt eine separate Behandlung der Untersysteme, die als *adiabatische Näherung* oder *Born-Oppenheimer-Näherung*[1] bezeichnet wird.

Wir wollen die Dynamik des Gitters in zwei Schritten diskutieren. In diesem Kapitel betrachten wir die Schwingungszustände, die in Kristallen und amorphen Festkörpern auftreten. Wir nehmen an, dass die Auslenkung der Atome aus ihrer Ruhelage mit einer parabelförmigen Variation der potenziellen Energie des Festkörpers verbunden ist. Diese Näherung erlaubt unter anderem die Beschreibung der spezifischen Wärme, die eine überaus wichtige thermodynamische Größe darstellt. Im nächsten Kapitel werden wir dann Eigenschaften wie Wärmeleitfähigkeit oder thermische Ausdehnung diskutieren, bei denen die schwache Anharmonizität des Gitterpotenzials eine entscheidende Rolle spielt.

6.1 Elastische Eigenschaften

Ehe wir elastische Schwingungen auf atomarer Ebene behandeln, gehen wir auf die Beschreibung von Festkörperschwingungen mit Hilfe des **elastischen Kontinuums** ein, bei dem der atomare Aufbau nicht berücksichtigt wird. Diese Vereinfachung ist natürlich nur dann tragfähig, wenn sich die betrachteten Vorgänge auf einer Längenskala abspielen, die groß gegen die atomaren Abstände ist.

Wir diskutieren zunächst die Verformung von Festkörpern unter der Einwirkung äußerer Kräfte. Dabei setzen wir voraus, dass die Verformungen so klein sind, dass ein linearer Zusammenhang zwischen Kraft und Verformung besteht. Wie wir in Abschnitt 5.2 gesehen haben, treten bei höheren mechanischen Spannungen erhebliche Abweichungen vom linearen Verhalten auf, doch gehen wir in diesem Kapitel auf nicht-lineare Eigenschaften nicht näher ein.

1 Julius Robert Oppenheimer, *1904 New York, †1967 Princeton

https://doi.org/10.1515/9783111027227-006

6.1.1 Spannung und Verformung

Ein Teil der folgenden Überlegungen mag durch die Vielzahl der auftretenden Indizes kompliziert erscheinen, doch ist das zugrunde liegende Konzept der elastischen Verformung recht einfach. Die Kraft pro Fläche bezeichnet man als (mechanische) **Spannung**, die durch den Cauchy-Spannungstensor[2] $[\boldsymbol{\sigma}]$ beschrieben wird:

$$[\boldsymbol{\sigma}] = \begin{pmatrix} \sigma_{xx} & \sigma_{xy} & \sigma_{xz} \\ \sigma_{yx} & \sigma_{yy} & \sigma_{yz} \\ \sigma_{zx} & \sigma_{zy} & \sigma_{zz} \end{pmatrix} . \tag{6.1}$$

Der erste Index der Tensorkomponenten σ_{ij} gibt die Kraftrichtung an, der zweite bezeichnet die Fläche, an der die Kraft angreift. Um die Spannungskomponenten festzulegen, schneiden wir in Gedanken einen kleinen Würfel aus der Probe, dessen Kanten parallel bzw. senkrecht zum orthogonalen Koordinatensystem verlaufen. Jede Oberfläche kann Spannungen in den drei Raumrichtungen ausgesetzt sein. In Bild 6.1 sind die Komponenten entsprechend der Konvention für das Vorzeichen dargestellt. Dabei haben die Normalspannungen bei Zug positives, bei Druck negatives Vorzeichen. Man beachte, dass im Gleichgewicht immer entsprechende Gegenkräfte vorhanden sein müssen. Diese Forderung hat für die nicht-diagonalen Spannungskomponenten eine wichtige zusätzliche Konsequenz: Damit an der Probe kein resultierendes Drehmoment auftritt, muss jeweils eine zweite Spannungskomponente wirken, welche die Bedingung $\sigma_{ij} = \sigma_{ji}$ erfüllt. Dies bedeutet, dass der Spannungstensor symmetrisch ist, wodurch sich die Zahl der unabhängigen Spannungskomponenten von neun auf sechs reduziert.[3]

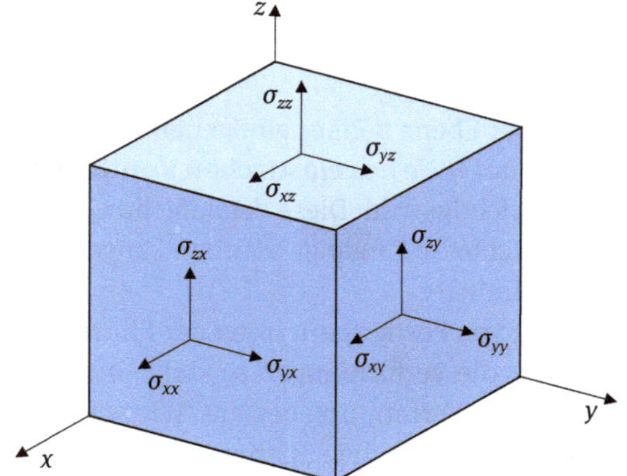

Abb. 6.1: Illustration der Spannungskomponenten. Auf jeder Oberfläche lassen sich Spannungskomponenten definieren, die in Richtung der drei Koordinatenachsen weisen. Der erste Index von σ_{ij} gibt die Richtung der Kraft an, der zweite die Fläche, an der sie angreift.

2 Baron Augustin Louis Cauchy, *1789 Paris, †1857 Sceaux

3 In einigen Lehrbüchern wird bei der Festlegung der Indizes umgekehrt vorgegangen: Der erste Index gibt die Fläche an, auf welche die Kraft wirkt, und der zweite die Kraftrichtung. Aufgrund der Symmetrie des Spannungstensors ist die Reihenfolge der Indizes bei der Definition ohne Bedeutung.

Die **Verformung** oder *Deformation* wird mit Hilfe des **Dehnungstensors** [**e**] beschrieben:

$$[\mathbf{e}] = \begin{pmatrix} e_{xx} & e_{xy} & e_{xz} \\ e_{yx} & e_{yy} & e_{yz} \\ e_{zx} & e_{zy} & e_{zz} \end{pmatrix} . \tag{6.2}$$

Die Bedeutung ergibt sich aus folgender einfachen Überlegung: Wir betrachten die beiden benachbarte Punkte $P(\mathbf{r})$ und $Q(\mathbf{r} + \Delta\mathbf{r})$ in einer Probe, auf die eine äußere Kraft wirkt. Sie verursacht eine unterschiedliche Verschiebung der beiden Punkte, so dass wir P und Q nach der Deformation an den Orten $(\mathbf{r} + \mathbf{u})$ bzw. $(\mathbf{r} + \Delta\mathbf{r} + \mathbf{u} + \Delta\mathbf{u})$ vorfinden. Während $\mathbf{u}$ den rein translatorischen Teil der Verschiebung beschreibt, wird die Verformung durch $\Delta\mathbf{u}$ charakterisiert. Ist die relative Verschiebung $\Delta\mathbf{u}$ klein im Vergleich zu $\Delta\mathbf{r}$, dann können wir linearisieren und die Verschiebungskomponenten mit $i = x, y, z$ durch

$$\Delta u_i = \frac{\partial u_i}{\partial x}\Delta x + \frac{\partial u_i}{\partial y}\Delta y + \frac{\partial u_i}{\partial z}\Delta z \tag{6.3}$$

ausdrücken. Die dimensionslosen Verschiebungsgradienten werden zur Definition der Komponenten e_{ij} des Dehnungstensors in der folgenden Form benutzt:

$$e_{ii} = \frac{\partial u_i}{\partial i} \qquad \text{und} \qquad e_{ij} = \frac{1}{2}\left(\frac{\partial u_i}{\partial j} + \frac{\partial u_j}{\partial i}\right) . \tag{6.4}$$

Die so festgelegten symmetrischen Komponenten erfüllen die Bedingung $e_{ij} = e_{ji}$, wodurch sichergestellt wird, dass eine starre Rotation der Probe nicht als Deformation interpretiert wird.[4]

Um uns mit dem Konzept vertraut zu machen, betrachten wir einige Spezialfälle. Auf den Würfel mit der Kantenlänge L wirkt in Bild 6.2a eine Kraft in y-Richtung.

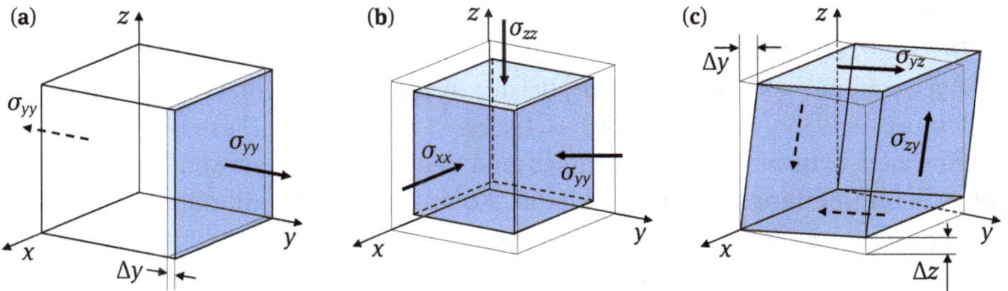

Abb. 6.2: Illustration zur Elastizitätstheorie. **a)** Dehnung eines Würfels in y-Richtung. Die Zugspannung σ_{yy} bewirkt eine Streckung in y-Richtung um den Betrag Δy. **b)** Uniforme Kompression unter allseitigem Druck. Die Kräfte, die auf die Unterseite bzw. rückwärtigen Seiten wirken, sind der Übersichtlichkeit halber nicht gezeichnet. **c)** Reine Scherdeformation. In a) und c) sind die für das mechanische Gleichgewicht erforderlichen Gegenkräfte punktiert dargestellt.

4 Ergänzend soll bemerkt werden, dass in einigen Büchern der Faktor $\frac{1}{2}$ weggelassen wird.

Die Zugspannung σ_{yy} dehnt den Würfel um den Betrag Δy. Damit verbunden ist die Dehnungskomponente e_{yy}, die durch $e_{yy} = \partial u_y/\partial y = \Delta y/L$ gegeben ist. Gestrichelt ist die Spannung eingezeichnet, die in entgegengesetzte Richtung wirken muss, um die Probe im Gleichgewicht zu halten. Nicht dargestellt ist, dass sich bei der Streckung gleichzeitig der Querschnitt der Probe ändert, da auch Querkontraktion auftritt.

In der Mitte der Abbildung ist die Verformung eines Würfels durch allseitigen Druck skizziert. Alle Seiten des Würfels sind einer uniaxialen Spannung ausgesetzt, die eine relative Volumenverminderung $\Delta V/V \approx -(e_{xx} + e_{yy} + e_{zz})$ hervorrufen. In Bild 6.2c ist die Scherung eines Würfels durch die Spannungskomponenten σ_{yz} und σ_{zy} dargestellt.[5] Die beiden zusätzlich erforderlichen Spannungskomponenten, die für das Gleichgewicht der Kräfte sorgen, sind gestrichelt angedeutet. Für die beiden gleich großen Dehnungskomponenten gilt hier $e_{zy} = \partial u_z/\partial y = \Delta z/L$ bzw. $e_{yz} = \partial u_y/\partial z = \Delta y/L$. Bei der Scherung bleibt das Probenvolumen erhalten.

6.1.2 Elastische Konstanten

Das **Hookesche Gesetz**, d.h. der lineare Zusammenhang zwischen Spannung und Verformung, hat die allgemeine Form:

$$\sigma_{ij} = \sum_{kl} c_{ijkl} e_{kl} \,. \tag{6.5}$$

c_{ijkl} sind die Komponenten des **Elastizitätstensors**, auch **elastische Moduln** genannt. Der Elastizitätstensor ist ein Tensor 4. Stufe mit 81 Komponenten. Aufgrund der Symmetrie von σ_{ij} und e_{kl} gilt $c_{ijkl} = c_{jikl} = c_{ijlk}$. Dadurch reduziert sich die Zahl der unabhängigen Komponenten auf 36. Aus der quadratischen Abhängigkeit der elastischen Energie von der Deformation folgt $c_{ijkl} = c_{klij}$, so dass es letztendlich 21 unabhängige Komponenten gibt.

Die Symmetriebeziehungen erlauben die Einführung einer verkürzten Notation, der sogenannten *Voigtschen Notation*[6], bei der zwei Indizes wie folgt zusammengefasst werden: $xx \to 1$, $yy \to 2$, $zz \to 3$, $yz \to 4$, $zx \to 5$ und $xy \to 6$. Diese häufig benutzte Notation kann man auch beim Spannungs- und Dehnungstensor verwenden. Allerdings gibt es beim Dehnungstensor eine kleine „Komplikation“, es gilt nämlich $e_{xx} \to e_1$, $e_{yy} \to e_2$, $e_{zz} \to e_3$, $2e_{yz} \to e_4$, $2e_{zx} \to e_5$ und $2e_{xy} \to e_6$. Diese Modifikation, die wir nicht herleiten, folgt aus dem korrekten Ausdruck für die Energiedichte.

5 Wir betrachten hier die *reine Scherung*, bei der die Spannungskomponenten so gerichtet sind, dass kein Drehmoment auftritt. Wie man sich leicht klar machen kann, bewirkt bereits die Spannungskomponente σ_{yz} zusammen mit der entgegengesetzt gerichteten Spannungskomponente auf der gegenüberliegenden Seite des Würfels, die eine Translation verhindert, eine Scherung, doch verschwindet das Drehmoment nicht. Man bezeichnet diese Art der Scherung als *einfache Scherung*. Bei der Diskussion der kritischen Schubspannung in Abschnitt 5.2 haben wir diesen Scherungstyp zugrunde gelegt.

6 Woldemar Voigt, *1850 Leipzig, †1919 Göttingen

In vielen Fällen ist es zweckmäßiger, anstelle des Elastizitätstensors den inversen Tensor zu benutzen. Die **Elastizitätskoeffizienten** s_{ijkl}, auch *Nachgiebigkeitskonstanten* genannt, sind analog zu (6.5) definiert:

$$e_{ij} = \sum_{kl} s_{ijkl}\sigma_{kl} \,. \tag{6.6}$$

Die Zahl der tatsächlich unabhängigen Komponenten hängt von der Kristallsymmetrie ab. Während für die Beschreibung der elastischen Eigenschaften von triklinen Kristallen alle 21 elastischen Moduln erforderlich sind, benötigt man bei kubischen Kristallen nur drei. Die Form des Elastizitätstensors kann man sich mit Hilfe von Symmetrieüberlegungen klar machen. Bei kubischen Kristallen gelten folgende Argumente: Die drei kubischen Achsen des Kristalls sind gleichwertig. Deswegen müssen die Diagonalkomponenten für uniaxiale Dehnung und für Scherung gleich sein, somit ist $c_{11} = c_{22} = c_{33}$ und $c_{44} = c_{55} = c_{66}$. Das gleiche Argument ist auch auf Querkräfte anwendbar, d.h. $c_{12} = c_{13}$, usw. Da bei einer Scherung keine Normalspannungen entstehen, folgt $c_{14} = 0$ usw. Schließlich entsteht bei einer Scherung längs einer Richtung keine Scherung senkrecht zu dieser, also gilt $c_{45} = 0$ usw. Damit muss der Elastizitätstensor bei kubischen Kristallen das folgende Aussehen haben:

$$[\,c\,] = \begin{pmatrix} c_{11} & c_{12} & c_{12} & 0 & 0 & 0 \\ c_{12} & c_{11} & c_{12} & 0 & 0 & 0 \\ c_{12} & c_{12} & c_{11} & 0 & 0 & 0 \\ 0 & 0 & 0 & c_{44} & 0 & 0 \\ 0 & 0 & 0 & 0 & c_{44} & 0 \\ 0 & 0 & 0 & 0 & 0 & c_{44} \end{pmatrix} . \tag{6.7}$$

Im Fall von kubischen Kristallen hängen die elastischen Moduln und Elastizitätskoeffizienten wie folgt zusammen:

$$c_{11} - c_{12} = \frac{1}{s_{11} - s_{12}}, \qquad c_{11} + 2c_{12} = \frac{1}{s_{11} + 2s_{12}} \qquad \text{und} \qquad c_{44} = \frac{1}{s_{44}} \,. \tag{6.8}$$

In der folgenden Tabelle 6.1 sind die elastischen Konstanten und die Dichte einiger kubischer Kristalle aufgeführt.

Bei **isotropen Materialien** wie amorphen Festkörpern oder polykristallinen Substanzen mit zufällig orientierten Kristalliten sieht der Elastizitätstensor genauso aus, doch gilt zusätzlich die Beziehung $c_{11} = (c_{12} + 2c_{44})$. In diesen Materialen gibt es also nur zwei unabhängige Konstanten, nämlich $\lambda \equiv c_{12}$ und $\mu \equiv c_{44}$, die üblicherweise als **Lamé-Konstanten**[7] bezeichnet werden. Sie hängen mit den häufig gebrauchten elastischen Materialkonstanten Elastizitätsmodul E (Youngscher Modul)[8], Querkontraktion ν (Poisson-Zahl)[9], Kompressionsmodul B (Bulk-Modul) und Schubmodul G

7 Gabriel Lamé, *1795 Tours, †1870 Paris
8 Thoma Young, *1773 Milverton, †1829 London
9 Siméon Denis Poisson, *1781 Pithiviers, †1840 Paris

Tab. 6.1: Dichte und elastische Konstanten einiger kubischer Elemente.
(Nach W. Martienssen, *Springer Handbook of Condensed Matter and Material Data*, W. Martienssens, H. Warlimont, eds., Springer, 2005.)

Kristall	ϱ **(g/cm³)**	c_{11} **(10^{11} Pa)**	c_{44} **(10^{11} Pa)**	c_{12} **(10^{11} Pa)**
Na	0,97	0,076	0,043	0,063
K	0,86	0,037	0,019	0,032
Cu	8,96	1,69	0,753	1,22
Ag	10,50	1,22	0,455	0,92
Au	19,30	1,91	0,422	1,62
Al	2,70	1,08	0,283	0,62
Cr	7,19	3,48	1,00	0,67
Fe	7,86	2,30	1,17	1,35
Ni	8,90	2,47	1,22	1,53
Si	2,33	1,66	0,796	0,639
Ge	5,32	1,29	0,671	0,483

wie folgt zusammen:

$$E = \frac{\mu(3\lambda + 2\mu)}{\lambda + \mu}\,, \qquad \nu = \frac{\lambda}{2(\lambda + \mu)}\,, \tag{6.9}$$

und

$$B = \frac{3\lambda + 2\mu}{3}\,, \qquad \mu = G\,. \tag{6.10}$$

In der Tabelle 6.2 sind der Elastizitätsmodul und die Poisson-Zahl einiger technisch genutzter polykristalliner Materialien aufgeführt. Da die exakten Zahlenwerte stark von den Herstellungsbedingungen abhängen, sind nur grobe Werte angegeben.

Tab. 6.2: Elastische Konstanten polykristallinier, isotroper Materialien. Bei Al, Cu, Pb, Sn und Zn handelt es sich um gegossene Proben.

	Elastizitätsmodul E / GPa	**Querkontraktion ν**
Aluminum	68	0,3
Blei	55	0,5
Glas	55	0,16
Kupfer	76	0,4
Stahl	200	0,3
Wolfram	400	0,3
Zink	76	0,3
Zinn	27	0,3

6.1.3 Schallausbreitung

Wie in Gasen und Flüssigkeiten breiten sich elastische Störungen auch in Festkörpern in Form von elastischen Wellen aus. Neben den *longitudinalen* Schallwellen treten aufgrund der Schersteifigkeit der Festkörper auch *transversale* Schallwellen auf. Bezeichnen wir die Auslenkung eines herausgegriffenen kleinen Volumenelements aus der Ruhelage mit $\mathbf{u}$ und den Wellenvektor der Schallwelle mit $\mathbf{q}$, so gilt $\mathbf{u} \parallel \mathbf{q}$ für longitudinale und $\mathbf{u} \perp \mathbf{q}$ für transversale Wellen.

Die Eigenschaften von Schallwellen folgen aus der Wellengleichung der Elastizitätstheorie. Wir wollen diese Gleichung hier nicht für den allgemeinen Fall, sondern für den Spezialfall einer longitudinalen Welle in einem isotropen Medium herleiten. Anschließend werden wir diese Gleichung verallgemeinern. Ausgangspunkt unserer Betrachtung ist eine Probe, die einer räumlich variierenden mechanischen Spannung σ_{xx} unterworfen ist. Diese bewirkt eine Verschiebung u_x des kleinen Volumens $\mathrm{d}V$ (siehe Bild 6.3) mit der Dichte ϱ. Die Nettokraft, die auf das Volumenelement wirkt, lässt sich durch

$$\mathrm{d}F_x = [\sigma_{xx}(x + \mathrm{d}x) - \sigma_{xx}(x)]\mathrm{d}y\,\mathrm{d}z = \frac{\partial \sigma_{xx}}{\partial x}\mathrm{d}x\,\mathrm{d}y\,\mathrm{d}z \tag{6.11}$$

ausdrücken. Mit dem 2. Newtonschen Gesetz[10] ergibt sich hiermit die Bewegungsgleichung

$$\varrho \frac{\partial^2 u_x}{\partial t^2} = \frac{\partial \sigma_{xx}}{\partial x} \,. \tag{6.12}$$

Berücksichtigen wir noch, dass nach (6.5) $\sigma_{xx} = c_{11} e_{xx} = c_{11}(\partial u_x / \partial x)$ ist, so erhalten wir die Wellengleichung

$$\varrho \frac{\partial^2 u_x}{\partial t^2} = c_{11} \frac{\partial^2 u_x}{\partial x^2} \,. \tag{6.13}$$

Bei anisotropen Kristallen müssen neben der Spannungskomponente σ_{xx} auch alle anderen auf das Volumenelement einwirkenden Komponenten berücksichtigt werden. Gehen wir mit den beiden anderen Komponenten der Auslenkung u_y und u_z genauso vor wie mit u_x, so erhalten wir anstelle von (6.12)

$$\varrho \frac{\partial^2 u_i}{\partial t^2} = \sum_j \frac{\partial \sigma_{ij}}{\partial j} = \sum_{jkl} c_{ijkl} \frac{\partial^2 u_l}{\partial j \partial k} \qquad (i, j, k, l = x, y, z) \,. \tag{6.14}$$

Als einfaches, aber durchaus instruktives Beispiel wollen wir die Schallausbreitung in kubischen Kristallen etwas näher ansehen. Wir legen unser kartesisches Koordinatensystem so, dass die Achsen mit den $\langle 100 \rangle$-Richtungen zusammenfallen. Unter Berücksichtigung des Elastizitätstensors (6.7) hat die Wellengleichung dann die Form

$$\varrho \frac{\partial^2 u_x}{\partial t^2} = c_{11} \frac{\partial^2 u_x}{\partial x^2} + c_{44} \left(\frac{\partial^2 u_x}{\partial y^2} + \frac{\partial^2 u_x}{\partial z^2} \right) + (c_{12} + c_{44}) \left(\frac{\partial^2 u_y}{\partial x \partial y} + \frac{\partial^2 u_z}{\partial x \partial z} \right) \,. \tag{6.15}$$

---

10 Isaac Newton, *1642 Woolsthorpe-by-Colsterworth, †1727 Kennsington

Die Gleichungen für die Auslenkungen u_y und u_z ergeben sich durch zyklische Vertauschung der Indizes x, y, z.

Wir wollen nicht die relativ unübersichtliche allgemeine Lösung, sondern einige Spezialfälle studieren. Zunächst betrachten wir eine longitudinale Welle, die sich in x-Richtung ausbreitet. In diesem Fall können wir $\partial u_x/\partial y = \partial u_x/\partial z = 0$ und $u_y = u_z = 0$ setzen und finden

$$\varrho \frac{\partial^2 u_x}{\partial t^2} = c_{11} \frac{\partial^2 u_x}{\partial x^2} \,. \tag{6.16}$$

Diese Gleichung ist identisch mit (6.13), der Wellengleichung für die Ausbreitung von longitudinalen Wellen in isotropen Medien. Als Lösungsansatz wählen wir die ebene Welle $u_x = U_x \exp[-\mathrm{i}(\omega t - qx)]$, wobei U_x für die Amplitude und q für die Wellenzahl steht. Durch Einsetzen ergibt sich $\varrho\,\omega^2 = c_{11} q^2$ und somit die einfache **Dispersionsrelation**[11]

$$\omega = \sqrt{\frac{c_{11}}{\varrho}}\, q = v_\ell\, q \,. \tag{6.17}$$

Es besteht ein *linearer* Zusammenhang zwischen Frequenz und Wellenzahl. Die Proportionalitätskonstante v_ℓ ist die longitudinale Schallgeschwindigkeit, die unabhängig von der Frequenz bzw. der Wellenzahl ist.[12] Einen linearen Zusammenhang finden wir auch bei allen anderen Wellentypen, auf die wir noch zu sprechen kommen. Dies bedeutet, dass in elastischen Kontinua, sieht man von sehr großen Auslenkungen ab, die Schallausbreitung dispersionsfrei erfolgt. Für die Geschwindigkeit longitudinaler

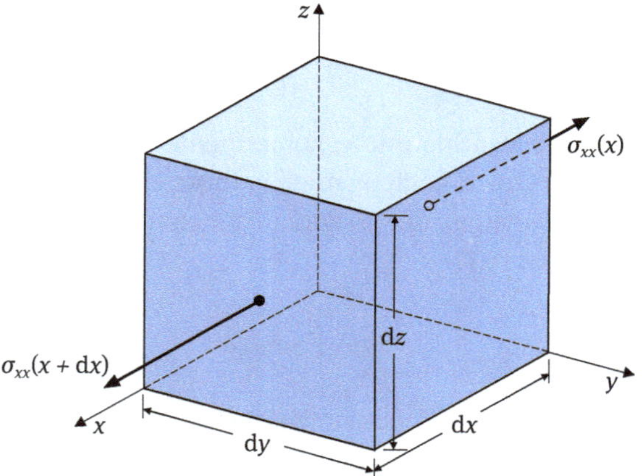

Abb. 6.3: Volumenelement eines isotropen Festkörpers der in x-Richtung einer räumlich variierenden Spannung unterworfen ist.

11 Unter der Dispersionsrelation verstehen wir den Zusammenhang zwischen der Frequenz der Welle und ihrem Wellenvektor bzw. der Wellenzahl.

12 Wir unterscheiden hier nicht zwischen der Phasengeschwindigkeit $v = \omega/q$ und der Gruppengeschwindigkeit $v_\mathrm{g} = \partial\omega/\partial q$, da bei linearer Dispersion zwischen den beiden Größen kein Unterschied besteht.

Wellen in [100]-Richtung gilt in kubischen Kristallen

$$v_\ell = \frac{\omega}{q} = \sqrt{\frac{c_{11}}{\varrho}} \,. \tag{6.18}$$

Nun untersuchen wir die Ausbreitung einer transversalen Welle in x-Richtung, deren Teilchenauslenkung in y-Richtung erfolgt. Wir wählen den Ansatz $u_x = u_z = 0$ und $u_y = U_y \exp[-\mathrm{i}(\omega t - qx)]$ und finden für die Wellengleichung und die resultierende Schallgeschwindigkeit die Beziehungen

$$\varrho \frac{\partial^2 u_y}{\partial t^2} = c_{44} \frac{\partial^2 u_y}{\partial x^2} \qquad \text{und} \qquad v_\mathrm{t} = \frac{\omega}{q} = \sqrt{\frac{c_{44}}{\varrho}} \,. \tag{6.19}$$

Gleich aussehende Ausdrücke erhält man, wenn die Auslenkung in z-Richtung erfolgt. Beide Scherwellen breiten sich mit derselben Geschwindigkeit v_t aus. Dies gilt allerdings nicht, wenn die Schallausbreitung in eine beliebige Kristallrichtung erfolgt.

Einen Sonderfall stellen Scherwellen mit Auslenkung in z-Richtung dar, wenn sich diese Wellen in der xy-Ebene ausbreiten. Mit $u_z = U_z \exp[-\mathrm{i}(\omega t - q_x x - q_y y)]$ folgt aus der Wellengleichung (6.15) der Zusammenhang

$$\varrho\, \omega^2 = c_{44}(q_x^2 + q_y^2) = c_{44}\, q^2 \,. \tag{6.20}$$

Die Schallgeschwindigkeit ist bei dieser Polarisation unabhängig von der Ausbreitungsrichtung in der xy-Ebene.

Mit Hilfe von Schallgeschwindigkeitsmessungen in [100]-Richtung lassen sich die beiden elastischen Moduln c_{11} und c_{44} auf elegante Weise bestimmen. Den dritten Modul c_{12} erhält man, wenn man die Schallgeschwindigkeit einer transversalen Welle geeigneter Polarisation in [110]-Richtung misst. Um dies zu zeigen, betrachten wir Wellen, deren Wellenvektoren und Auslenkungen in der xy-Ebene liegen. Als Lösung setzen wir $u_x = U_x \exp[-\mathrm{i}(\omega t - q_x x - q_y y)]$ und $u_y = U_y \exp[-\mathrm{i}(\omega t - q_x x - q_y y)]$ an und gehen damit in (6.15) ein. Es ergeben sich die beiden Gleichungen

$$\begin{aligned} \varrho\, \omega^2 u_x &= \left[c_{11} q_x^2 + c_{44} q_y^2\right] u_x + (c_{12} + c_{44})\, q_x q_y u_y \,, \\ \varrho\, \omega^2 u_y &= \left[c_{11} q_y^2 + c_{44} q_x^2\right] u_y + (c_{12} + c_{44})\, q_x q_y u_x \,. \end{aligned} \tag{6.21}$$

Die Lösung nimmt in [110]-Richtung eine besonders einfache Form an, für die wir $q_x = q_y = q/\sqrt{2}$ schreiben können. Mit Hilfe der Bedingung, dass die Koeffizientendeterminante des Gleichungssystems verschwindet, erhalten wir die beiden Lösungen

$$\varrho\, \omega^2 = \frac{1}{2}(c_{11} + c_{12} + 2c_{44}) q^2 \qquad \text{und} \qquad \varrho\, \omega^2 = \frac{1}{2}(c_{11} - c_{12}) q^2 \,. \tag{6.22}$$

Durch Einsetzen in (6.21) findet man, dass die Teilchenauslenkungen im Falle der ersten Lösung die Beziehung $u_x = u_y$ erfüllen. Dies bedeutet, dass $\mathbf{u} \parallel \mathbf{q}$ verläuft, so dass es sich um eine longitudinale Welle handelt. Für die zweite Lösung gilt $u_x = -u_y$. Die Auslenkung erfolgt in [1$\bar{1}$0]-Richtung, so dass $\mathbf{u}$ auf $\mathbf{q}$ senkrecht steht. Es handelt sich also um eine transversale Welle, die sich besonders gut zur Bestimmung des Moduls c_{12} eignet.

Wir fassen unsere Ergebnisse zur Schallausbreitung in der xy-Ebene kurz anhand von Bild 6.4 zusammen, in dem die Schallgeschwindigkeiten von Quarzglas (a-SiO_2) und Galliumarsenid (GaAs) aufgetragen sind.[13] Betrachten wir zunächst die Kurven für Quarzglas. Die Geschwindigkeit der Schallwellen hängt nicht von der Ausbreitungsrichtung ab, wie alle Gläser verhält sich a-SiO_2 elastisch isotrop. Da die transversalen Wellen unterschiedlicher Polarisation entartet sind, treten in Bild 6.4a nur zwei Kreise auf. Die Geschwindigkeit der longitudinalen Welle ist durch (6.18), die der transversalen durch (6.19) gegeben. Die longitudinale Schallgeschwindigkeit ist mit 5973 m/s um etwa 50% größer als die transversale mit 3766 m/s.

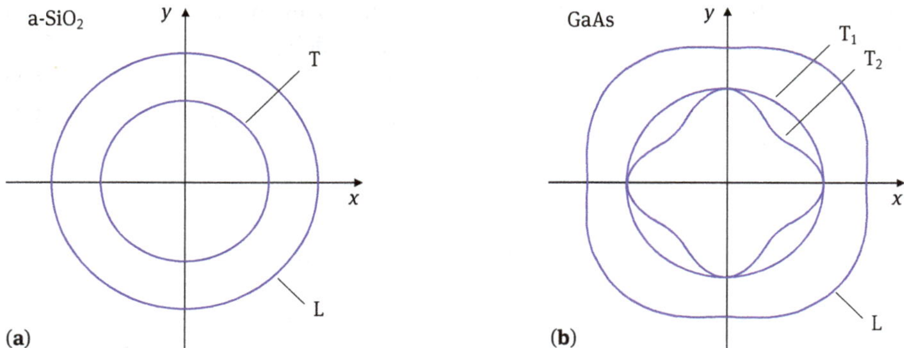

Abb. 6.4: Richtungsabhängigkeit der Schallgeschwindigkeit. **a)** Die Wellenausbreitung in Quarzglas ist isotrop. Die beiden transversalen Wellen (T) unterschiedlicher Polarisation sind entartet. **b)** Schallgeschwindigkeit in Galliumarsenid bei Ausbreitung in der xy-Ebene. Die transversalen Wellen T_1 und T_2 sind senkrecht bzw. parallel zur Zeichenebene polarisiert. In ⟨100⟩-Richtung sind sie entartet, in den anderen Richtungen unterscheiden sich die Geschwindigkeiten deutlich.

In Bild 6.4b ist die Winkelabhängigkeit der Schallgeschwindigkeit in Galliumarsenid in der xy-Ebene gezeigt. Wie erwartet ist GaAs elastisch anisotrop, obwohl die Kristallstruktur kubisch ist. Sehen wir von den ⟨100⟩-Richtungen ab, so unterscheiden sich die Geschwindigkeiten der drei unterschiedlich polarisierten Wellen deutlich. Entartung der beiden transversalen Wellen tritt nur entlang der Hauptachsen auf. In ⟨100⟩-Richtung breiten sich longitudinale Wellen mit 4730 m/s, die transversalen mit 3340 m/s aus.

Wichtig ist, dass die Polarisationsrichtung bei Wellen in beliebiger Ausbreitungsrichtung im Allgemeinen nicht exakt parallel oder senkrecht zum Wellenvektor $\mathbf{q}$ steht.

13 In der Fachliteratur trägt man nicht die Geschwindigkeit sondern die inverse Geschwindigkeit, die sogenannte „slowness" auf.

Dies bedeutet, dass die Teilchenbewegung nicht exakt transversal oder longitudinal verläuft. Man spricht daher von **quasi-longitudinalen** oder **quasi-transversalen Wellen**, je nachdem welcher Wellentyp vorherrscht. Nur in ⟨100⟩-, ⟨110⟩- und auch in ⟨111⟩-Richtung treten Wellen mit *reiner Polarisation* auf. Dort vereinfacht sich die Analyse der Messdaten erheblich.

Ebene Schallwellen lassen sich in massiven Proben mit relativ einfachen Versuchsaufbauten erzeugen. Wie in der Prinzipskizze Bild 6.5 zu sehen ist, werden zwei piezoelektrische Schallwandler an den Probenenden angebracht. Mit einer sehr dünnen Schicht einer zähen Flüssigkeit wird der akustische Kontakt zwischen den Schallwandlern und der Probe hergestellt.

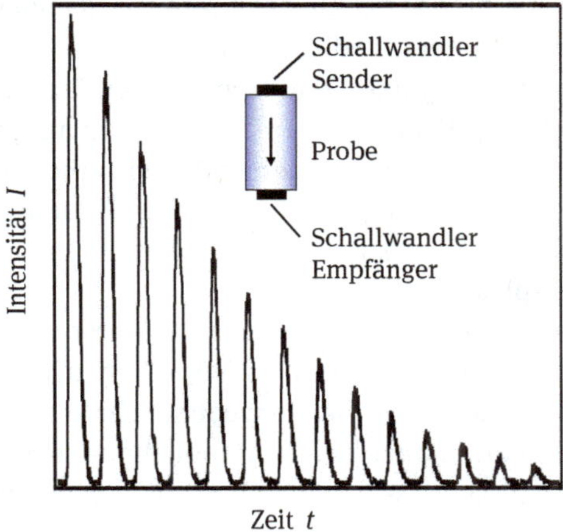

Abb. 6.5: Ultraschallechos in einer Glasprobe. In der Oszilloskopaufnahme sind nur die Einhüllenden der Schallpulse und nicht die hochfrequenten 1 GHz-Schwingungen zu sehen. Rechts oben ist das Schema eines Messaufbaus dargestellt.

Der Sendeschallwandler wird mit einem Hochfrequenzimpuls von beispielsweise 1 GHz und einer Dauer von 1 µs beaufschlagt und so kurzfristig zu Schwingungen angeregt.[14] Dadurch wird ein Schallimpuls erzeugt, der bei Proben mit planparallelen Stirnflächen wiederholt hin und her läuft und bei jeder Reflexion an der Empfangsseite registriert wird. Bei Proben von 1 cm Länge liegt der zeitliche Abstand zwischen zwei Echos typischerweise bei etwa 5 µs. Bei bekannter Probenlänge lässt sich aus der zeitlichen Folge der Echos die Schallgeschwindigkeit bestimmen. Die beobachtete Signalamplitude nimmt aufgrund der *Ultraschalldämpfung* mit der Laufstrecke x bzw. mit der Laufzeit t ab. Für den Verlauf der Schallintensität I findet man den Zusammenhang $I = I_0 \exp(-x/l) = I_0 \exp(-vt/l)$, wobei l für die **mittlere freie Weglänge** und I_0 für die Intensität zum Zeitpunkt $t = 0$ steht. Einige Mechanismen, die zur Dämpfung von Schallwellen führen, werden wir im nächsten Kapitel kennenlernen.

14 In den meisten Experimenten wird nur *ein* Schallwandler benutzt. In diesen Fällen wird der Schallwandler abwechselnd als Sender und Empfänger verwendet.

Durch geeignete Wahl der Orientierung der piezoelektrischen Schallwandler lassen sich longitudinale oder transversale Wellen erzeugen und nachweisen und so bei isotropen Materialien die beiden Konstanten c_{11} und c_{44} getrennt bestimmen. Bei anisotropen Kristallen muss die Schallausbreitung in verschiedenen Richtungen und mit unterschiedlicher Polarisation gemessen werden, wenn alle elastischen Konstanten mit dieser Technik bestimmt werden sollen.

6.2 Gitterschwingungen

Wir verlassen nun die Näherung des elastischen Kontinuums, betrachten die Dynamik der Kristalle etwas genauer und setzen uns mit ihren Eigenschwingungen auseinander. Wie bereits erwähnt, benutzen wir in diesem Kapitel die adiabatische Näherung und lassen anharmonische Effekte außer Acht. Wir beginnen mit besonders einfachen Spezialfällen und gehen anschließend auf den allgemeinen Fall ein. Ein wichtiges Ergebnis wird sein, dass erhebliche Abweichungen vom bisher geschilderten Verhalten der Schallwellen auftreten, wenn die Wellenlängen vergleichbar mit der Gitterkonstanten sind. Darüber hinaus wird sich zeigen, dass reziproke Gittervektoren in der Gitterdynamik eine ganz wesentliche Rolle spielen.

Wir werden die Dynamik von Kristallen mit ein- und zweiatomiger Basis gesondert untersuchen, da sich die beiden Kristalltypen qualitativ unterschiedlich verhalten. Eine Erweiterung auf Kristalle mit größeren Basiseinheiten ist vom Konzept her einfach, erfordert aber umfangreichere Rechnungen. Um die mathematische Handhabung so einfach wie möglich zu gestalten, machen wir eine sehr weitgehende Vereinfachung: Wir betrachten eine *lineare Kette*. Man könnte glauben, dass die so hergeleiteten Resultate nur eine stark begrenzte Aussagekraft für dreidimensionale Kristalle besitzen, aber aus Gründen, die unten erläutert werden, kommen die Ergebnisse der Realität durchaus nahe.

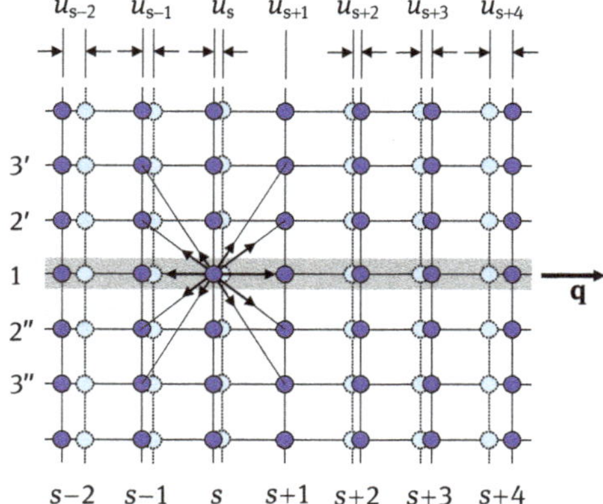

Abb. 6.6: Ausbreitung longitudinaler Wellen in einem orthorhombischen Kristall. Die Auslenkung der Atome und die Ausbreitung der Welle erfolgt in [100]-Richtung. Die augenblickliche Lage der Atome ist durch dunkelblaue, ihre Ruheposition durch hellblaue Punkte wiedergegeben. Die Pfeile symbolisieren die auf das herausgegriffene Atom wirkenden Kräfte. Die betrachtete lineare Kette ist grau markiert.

Betrachten wir die Ausbreitung einer ebenen Welle in eine Kristallrichtung mit hoher Symmetrie, so kompensieren sich aus Symmetriegründen alle Kräfte, die nicht in Auslenkungsrichtung wirken. Dies wird anhand von Bild 6.6 deutlich, in dem ein Schnitt längs der Grundfläche, d.h. längs einer (001)-Ebene, eines orthorhombischen Kristalls mit einatomiger Basis gezeichnet ist. Breitet sich eine longitudinale Welle in [100]-Richtung aus, so wirken auf die Atome nur Kräfte längs dieser Richtung. Bei der eingezeichneten Auslenkung der Gitterebenen üben zum Beispiel die Atome $1, 2', 2'', \ldots$ der Ebene $(s-2)$ Kräfte auf das herausgegriffene Atom in der Ebene $(s-1)$ aus. Die resultierende Kraft weist aber ausschließlich in Richtung der Auslenkung, da sich die Kräfte senkrecht dazu exakt kompensieren.

Entsprechende Argumente gelten auch bei der Ausbreitung von transversalen Wellen in Richtungen hoher Symmetrie, denn dort treten nur Kräfte senkrecht zum Wellenvektor auf. Da sich der Abstand der Netzebenen in Ausbreitungsrichtung nicht ändert, kompensieren sich die Kräfte in longitudinaler Richtung. Bei kubischen Kristallen haben die angeführten Argumente auch für die ⟨110⟩- und ⟨111⟩-Richtung Gültigkeit.

Allgemein gilt, dass die Auslenkung der Atome bei Wellenausbreitung in Richtungen hoher Symmetrie rein longitudinalen oder rein transversalen Charakter besitzt, wodurch sich die mathematische Behandlung auf ein eindimensionales Problem reduzieren lässt. Es reicht aus, eine Kette herauszugreifen, da alle Atome einer Netzebene die gleiche Bewegung ausführen. In die Bewegungsgleichung gehen dann *effektive Kräfte* ein, da auf jedes Atom nicht nur die Atome längs der herausgegriffenen Kette einwirken, sondern auch die übrigen Nachbaratome. Die Kräfte senkrecht zur Auslenkung kompensieren sich, wie oben ausgeführt.

Bei Wellenausbreitung in beliebiger Richtung entfallen die Symmetrieargumente. Die Atome unterliegen dann Kräften, die nicht notwendigerweise in Ausbreitungsrichtung oder senkrecht dazu wirken. Sie beschreiben nun Bahnkurven, die nicht mehr durch die Bewegung einer linearen Kette genähert werden können. Die Wellen besitzen dann eine *gemischte Polarisation* und werden je nachdem, welche Auslenkung überwiegt, wie bei den Schallwellen als *quasi-longitudinal* oder *quasi-transversal* bezeichnet.

6.2.1 Gitter mit einatomiger Basis

Wir wollen nun die Bewegungsgleichung eines herausgegriffenen Atoms der Ebene s (siehe Bild 6.6) aufstellen. Dazu betrachten wir zunächst die Kräfte, die an einer herausgegriffenen Netzebene angreifen. In harmonischer Näherung wirkt bei einer kleinen Auslenkung einer benachbarten Ebene $(s+n)$ auf die Ebene s eine Kraft proportional zur Verschiebung u_{s+n}. Ist auch die Ebene s ausgelenkt, so ist die resultierende Kraft F_s proportional zur Differenz $(u_{s+n} - u_s)$. Bei der Berechnung von F_s müssen wir daher den Beitrag aller Ebenen addieren und erhalten

$$F_s = \sum_n \mathcal{C}_n (u_{s+n} - u_s) \,. \tag{6.23}$$

Der Index n durchläuft alle ganzen Zahlen. Die **Kraftkonstanten** $\mathcal{C}_n$ spiegeln die Stärke der Wechselwirkung zwischen den betrachteten Ebenen s und $(s+n)$ wider und sind daher für longitudinale und transversale Auslenkung unterschiedlich.

Beim Aufstellen der Bewegungsgleichung machen wir natürlich von der Tatsache Gebrauch, dass das Problem eindimensional ist und auf eine *lineare Kette* zurückgeführt werden kann. Wir greifen die dunkel gezeichnete Kette in Bild 6.6 heraus und schreiben für die Bewegungsgleichung des so markierten Atoms in der Ebene s

$$M \frac{\mathrm{d}^2 u_s}{\mathrm{d}t^2} = \sum_n C_n (u_{s+n} - u_s) \,. \tag{6.24}$$

Hierbei steht M für die Atommasse und C_n für die effektive Kraftkonstante, in der die Wechselwirkung des *Aufatoms* mit allen Atomen der Ebene $(s+n)$ berücksichtigt ist.

Als Lösungsansatz für die Auslenkung der Atome wählen wir eine fortschreitende Welle der Form

$$u_{s+n} = U \mathrm{e}^{-\mathrm{i}[\omega t - q(s+n)a]} \,, \tag{6.25}$$

wobei a für den Gleichgewichtsabstand der Netzebenen steht. Setzen wir diesen Ausdruck in (6.24) ein, so erhalten wir

$$\omega^2 M = \sum_n C_n \left(1 - \mathrm{e}^{\mathrm{i}qna}\right) . \tag{6.26}$$

Da aus Symmetriegründen $C_{-n} = C_n$ sein muss, können wir die Summation auf positive Werte von n beschränken und erhalten:

$$\omega^2 = \frac{1}{M} \sum_{n=1}^{\infty} C_n \left(2 - \mathrm{e}^{\mathrm{i}qna} - \mathrm{e}^{-\mathrm{i}qna}\right) = \frac{2}{M} \sum_{n=1}^{\infty} C_n \left[1 - \cos(qna)\right] . \tag{6.27}$$

In den meisten Festkörpern fällt die Wechselwirkung zwischen den Atomen so rasch ab, dass die Summation nach dem nächsten oder übernächsten Nachbarn abgebrochen werden kann, ohne dass dadurch ein größerer Fehler entsteht. Im ersten Fall tritt nur die Kraftkonstante C_1 auf und wir finden

$$\omega^2 = \frac{2C_1}{M}(1 - \cos qa) = \frac{4C_1}{M} \sin^2\left(\frac{qa}{2}\right) \quad \text{und} \quad \omega = 2\sqrt{\frac{C_1}{M}} \left|\sin\left(\frac{qa}{2}\right)\right| . \tag{6.28}$$

Berücksichtigen wir auch die Wechselwirkung mit dem übernächsten Nachbarn durch die Kraftkonstante C_2, so ergibt sich

$$\omega^2 = \frac{4C_1}{M} \left[\sin^2\left(\frac{qa}{2}\right) + \frac{C_2}{C_1} \sin^2(qa)\right] . \tag{6.29}$$

Den Verlauf der Dispersionskurve für den Fall, dass nur die Wechselwirkung mit den nächsten Nachbarn berücksichtigt wird, ist in Bild 6.7 dargestellt. Werden weitere

Kraftkonstanten einbezogen, so treten zwar quantitative Änderungen auf, der qualitative Verlauf ändert sich aber kaum. Wie gut die jeweilige Näherung ist, hängt vom betrachteten System ab. Während bei Molekül- und Edelgaskristallen die übernächsten Nachbarn kaum beitragen, ist bei Metallen auch die Wechselwirkung mit weiter entfernten Nachbarn von Bedeutung.

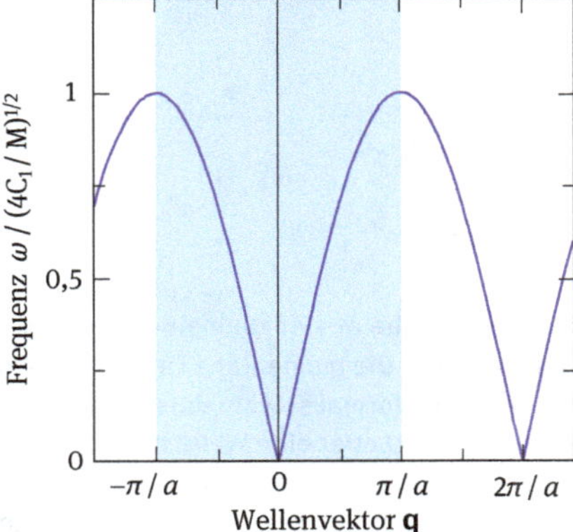

Abb. 6.7: Dispersionskurve einer linearen Kette. Es wurde nur die Wechselwirkung zwischen nächsten Nachbarn berücksichtigt. Die 1. Brillouin-Zone ist blau hervorgehoben.

Um die Gitterschwingungen besser zu verstehen, wollen wir uns noch mit einigen Besonderheiten vertraut machen. Zunächst sehen wir uns die Phase benachbarter Atome an. Mit Hilfe von Lösungsansatz (6.25) finden wir

$$\frac{u_{s+1}}{u_s} = \frac{U\mathrm{e}^{-\mathrm{i}\omega t}\ \mathrm{e}^{\mathrm{i}q(s+1)a}}{U\mathrm{e}^{-\mathrm{i}\omega t}\ \mathrm{e}^{\mathrm{i}qsa}} = \mathrm{e}^{\mathrm{i}qa}\ . \tag{6.30}$$

Da der Phasenunterschied zwischen benachbarten Atomen nur zwischen 0 und 2π liegen kann, lässt sich der Wellenvektor ohne Verlust der Allgemeingültigkeit auf die Werte

$$-\pi < qa \leq \pi \qquad \text{oder} \qquad -\frac{\pi}{a} < q \leq \frac{\pi}{a} \tag{6.31}$$

einschränken. Das ist gerade der Bereich der *1. Brillouin-Zone* des linearen Gitters oder eines primitiven Gitters in Richtung der Gitterachsen. Liegt ein Wellenvektor $\mathbf{q}'$ außerhalb der 1. Brillouin-Zone, so lässt er sich durch Addition eines reziproken Gittervektors $2\pi p/a$ wieder in diese zurückführen, wobei p für eine ganze Zahl steht:

$$q' = q + \frac{2\pi p}{a}\ . \tag{6.32}$$

Man bezeichnet diese Vorgehensweise als **Reduktion auf die 1. Brillouin-Zone**. Die Gültigkeit dieser Beziehung lässt sich leicht durch Einsetzen von (6.32) in (6.30) zeigen. Für die Phasedifferenz zwischen benachbarten Atomen ergibt sich der Zusammenhang

$$\frac{u_{s+1}}{u_s} = \mathrm{e}^{\mathrm{i}q'a} = \mathrm{e}^{\mathrm{i}qa} \cdot \mathrm{e}^{\pm 2\pi\mathrm{i}p} = \mathrm{e}^{\mathrm{i}qa}\ . \tag{6.33}$$

Gleichung (6.32) spiegelt die Tatsache wider, dass der Wellenvektor einer Schwingung von gekoppelten Massepunkten durch deren momentane Position definiert ist. Es ist vom physikalischen Standpunkt nicht sinnvoll von einem Wellenverlauf *zwischen* den Massenpunkten zu sprechen. Diese Aussage wird in Bild 6.8 veranschaulicht, in dem eine vorgegebene Konfiguration von ausgelenkten Atomen durch eine Welle mit $\lambda < 2a$ und mit $\lambda > 2a$ wiedergegeben wird.

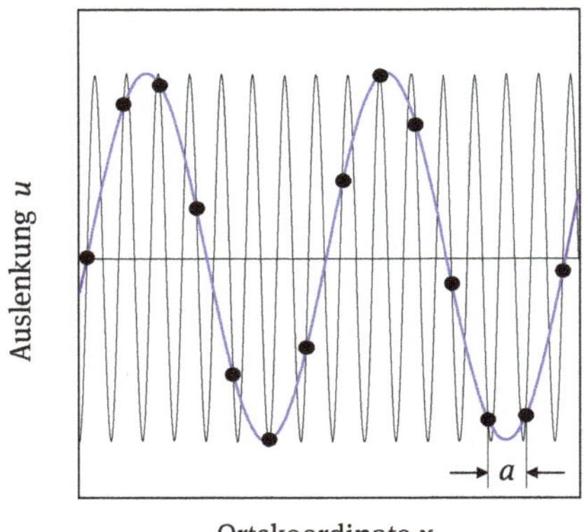

Abb. 6.8: Periodische Auslenkung einer linearen Atomkonfiguration. Die momentane Lage der Atome (Punkte) lässt sich formal sowohl durch eine Welle mit $\lambda < 2a$ (schwarz) oder eine Welle mit $\lambda > 2a$ (blau) beschreiben. Die Wellenzahlen der beiden Wellen unterscheiden sich gerade um $2\pi/a$, also um einen reziproken Gittervektor.

Bemerkenswert ist in diesem Zusammenhang, dass sich bei der Addition des reziproken Gittervektors die Ausbreitungsrichtung der Welle scheinbar ändert: Eine Welle, die in Richtung der positiven x-Achse läuft und deren Wellenvektor in der 2. Brillouin-Zone liegt, besitzt nach der Addition des reziproken Gittervektors $G = -2\pi/a$ einen Wellenvektor, der in die entgegengesetzte Richtung weist. Dies bedeutet, dass die *Phasengeschwindigkeit* $v = \omega/q$ ihr Vorzeichen wechselt. Wie man sich leicht anhand von Bild 6.9 überzeugen kann, ändert sich aber dabei die *Gruppengeschwindigkeit* $v_g = \partial\omega/\partial q$ und damit der Energietransport nicht. Tatsächlich sind die beiden Beschreibungen der atomaren Auslenkungen äquivalent. Dieses Resultat wird in Kapitel 7 bei der Diskussion der Wärmeleitfähigkeit von großer Bedeutung sein.

Es lohnt sich, die Gitterschwingungen in den Grenzfällen sehr großer und sehr kleiner Wellenlängen näher zu untersuchen. Im **langwelligen Grenzfall**, für $q \to 0$, sind bei einer Entwicklung der Cosinus-Terme von (6.27) nur die beiden ersten Glieder von Bedeutung und die Gleichung vereinfacht sich zu

$$\omega^2 = \frac{2}{M} \sum_{n>0} C_n \left[1 - \cos(qna)\right] \approx \frac{q^2 a^2}{M} \sum_{n>0} n^2 C_n \,. \tag{6.34}$$

Offenbar besteht in diesem Fall ein linearer Zusammenhang zwischen ω und q, wie wir ihn in Form von Gleichung (6.17) bereits bei den Schallwellen kennengelernt haben. Die resultierende Phasen- und Gruppengeschwindigkeit folgen unmittelbar aus der Definition $v = \omega/q$ bzw. $v_g = \partial\omega/\partial q$. Damit erhalten wir einen mikroskopischen

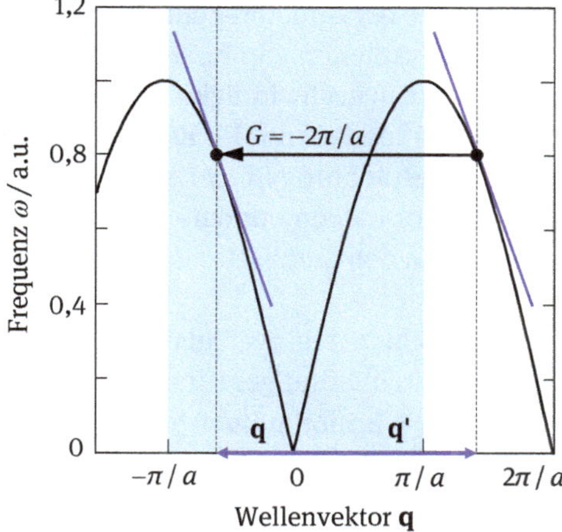

Abb. 6.9: Reduktion auf die 1. Brillouin-Zone. Durch die Addition des reziproken Gittervektors $G = -2\pi/a$ wird der Wellenvektor q' in den Wellenvektor q übergeführt. Die Steigung der Dispersionskurven bei den angegeben Wellenvektoren und damit auch die Gruppengeschwindigkeit ändern sich durch diese Operation nicht.

Ausdruck für die Elastizitätsmoduln c_{11} und c_{44}. Das Resultat lässt sich auf kubisch primitive Kristalle übertragen, deren Dichte durch $\varrho = M/a^3$ gegeben ist. Ein Vergleich von (6.34) mit (6.18) und (6.19) führt zu dem Ergebnis

$$c_{11} = \sum_{n>0} \frac{n^2}{a} C_n^{\ell} \qquad \text{und} \qquad c_{44} = \sum_{n>0} \frac{n^2}{a} C_n^{\mathrm{t}} , \tag{6.35}$$

Bei den Kraftkonstanten wurde noch der Index „ℓ" bzw. „t " angehängt, um longitudinale und transversale Auslenkungen zu unterscheiden. An dieser Stelle sei nochmals betont, dass alle Betrachtungen, die wir hier durchgeführt haben, auch für transversale Wellen gelten. Von Ausnahmen abgesehen sind die Werte der Kraftkonstanten C_n^{t} und damit die rücktreibenden Kräfte für Scherbewegungen jedoch immer kleiner als C_n^{ℓ}. Es gilt deshalb die allgemeine Beziehung $v_\ell > v_\mathrm{t}$.

Im **kurzwelligen Grenzfall**, also für Gitterschwingungen mit Wellenvektoren an der *Grenze der Brillouin-Zone*, ist die Phasenverschiebung zwischen der Auslenkung benachbarter Netzebenen besonders interessant. Aus (6.30) folgt für $q \to \pm\pi/a$ unmittelbar $u_{s+1}/u_s = \exp(\pm \mathrm{i}\,\pi) = -1$. Benachbarte Gitterebenen schwingen somit in Gegenphase. Dies bedeutet, dass es sich bei Wellen mit dem Wellenvektor $\pm\pi/a$ und der Wellenlänge $\lambda = 2a$ um stehende Wellen handelt. Ergänzend fügen wir noch folgende Betrachtung an: Wie Röntgenwellen sind auch elastische Wellen der Bragg-Reflexion unterworfen. Dies folgt aus der Streutheorie, die in Abschnitt 4.2 behandelt wurde, denn dort wurde keine Einschränkung bezüglich der Natur der einfallenden Wellen gemacht. Wir setzen die Gitterkonstante a in (4.24) als Periode der Dichteschwankung ein und erhalten $2a\,\sin\theta = \lambda$. Breiten sich die Wellen senkrecht zu den Gitterebenen aus, dann ist $\theta = 90^\circ$ und wir erwarten Bragg-Reflexion für die Wellenlänge $\lambda = 2a$. Einlaufende und reflektierte Welle überlagern sich, es bildet sich eine stehende Welle aus.

Das Auftreten von stehenden Wellen an der Grenze der Brillouin-Zone drückt auch die Gruppengeschwindigkeit $v_g = \partial\omega/\partial q$ aus. Durch Ableiten von (6.27) findet man, dass für alle Werte der Kraftkonstanten C_n die Gruppengeschwindigkeit für $q \to \pi/a$ gegen null geht. Diese Bemerkung gilt nicht allgemein sondern nur für Richtungen mit hoher Gittersymmetrie, die wir implizit in unserer Betrachtung immer vorausgesetzt haben. Im allgemeinen Fall verschwindet zwar die Normalkomponente der Gruppengeschwindigkeit, doch kann die Dispersionskurve an der Grenze der Brillouin-Zone durchaus eine endliche Steigung aufweisen.

Es soll noch angefügt werden, dass die hier gemachten Aussagen über die Ausbreitung von Gitterwellen in Richtung hoher Symmetrie in qualitativer Hinsicht auch für andere Richtungen gültig sind. Die Reduktion auf die 1. Brillouin-Zone ist in allen Fällen möglich, die Dispersionskurven zeigen auch in beliebiger Richtung vergleichbare Verläufe. Einige Beispiele hierfür werden wir in Abschnitt 6.3 kennenlernen.

6.2.2 Gitter mit mehratomiger Basis

Enthält die primitive Elementarzelle mehrere Atome, so treten neue Effekte auf. Für die Erläuterung der Grundprinzipien genügt es wiederum, das besonders einfache Verhalten von Gitterwellen bei Ausbreitung in Richtungen hoher Symmetrie zu studieren. Qualitativ treffen auch hier die Aussagen für beliebige Richtungen zu.

Wir betrachten ein Gitter mit zweiatomiger Basis und der Gitterkonstanten a, bei dem die Atome entsprechend Bild 6.10 angeordnet sind. Wie beim orthorombischen Gitter mit einatomiger Basis können wir uns vorstellen, dass es sich um eine (001)-Ebene eines orthorhombischen Kristalls handelt. Zur näherungsweisen Beschreibung des Verhaltens dreidimensionaler Kristalle greifen wir wieder auf die lineare Kette zurück. In der weiteren Diskussion bezeichnen wir die dunkelblauen Punkte als Atome A, die hellblauen als Atome B. Ihre Lage in der linearen Kette wird durch den Index der Netz-

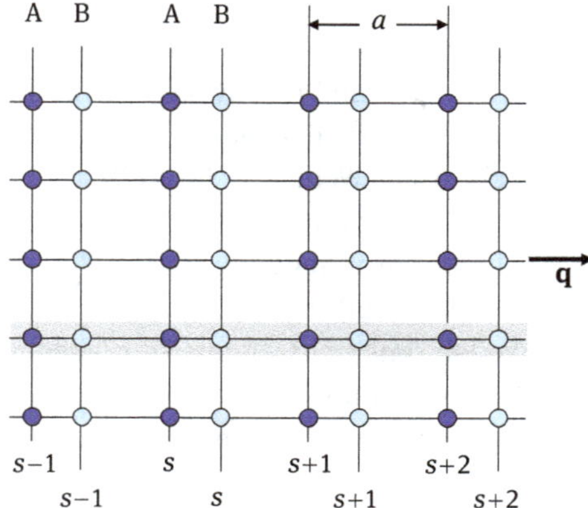

Abb. 6.10: Zur Herleitung der Gitterschwingung bei zweiatomiger Basis. Die einzelnen Ebenen enthalten jeweils nur gleichartige Atome. Die dunkelblauen Punkte bezeichnen wir als Atome A, die hellblauen als Atome B. Die herausgegriffene lineare Kette ist grau markiert.

ebenen gekennzeichnet. Wie bei den Kristallen mit einatomiger Basis gilt auch hier, dass sich bei einer longitudinalen Welle die Kräfte senkrecht zur Ausbreitungsrichtung der Welle kompensieren. Die Näherung in Form der linearen Kette erweist sich auch dann als gut, wenn die Atome in benachbarten Ebenen gegeneinander versetzt sind.

Wir nehmen an, dass die Kräfte so rasch mit dem Abstand abfallen, dass nur die Wechselwirkung mit den unmittelbar benachbarten Atomen berücksichtigt werden muss und dass die Kraftkonstanten für die nächst benachbarten Ebenenpaare gleich groß sind. Die Bewegungsgleichungen für die Atome A mit der Auslenkung u und die Atome B mit der Auslenkung v sind analog zu (6.24) und lassen sich mit Hilfe von Bild 6.10 leicht finden. Es ergibt sich

$$M_1 \frac{\mathrm{d}^2 u_s}{\mathrm{d}t^2} = C(v_s + v_{s-1} - 2u_s) ,$$

$$M_2 \frac{\mathrm{d}^2 v_s}{\mathrm{d}t^2} = C(u_s + u_{s+1} - 2v_s) . \tag{6.36}$$

Die oben erwähnten Vereinfachungen sind beispielsweise bei den Ionenkristallen sehr gut erfüllt. Besteht der Kristall dagegen aus zweiatomigen Molekülen, so ist diese Näherung nicht sinnvoll anwendbar.

Als Lösung setzen wir wieder eine ebene Welle an, jedoch mit unterschiedlichen Amplituden U und V für die beiden Atomsorten:

$$u_s = U\mathrm{e}^{-\mathrm{i}(\omega t - qsa)} \qquad \text{und} \qquad v_s = V\mathrm{e}^{-\mathrm{i}(\omega t - qsa)} . \tag{6.37}$$

Nach Einsetzen von (6.37) in (6.36) erhalten wir

$$(2C - \omega^2 M_1)U - C(1 + \mathrm{e}^{-\mathrm{i}qa})V = 0 ,$$

$$-C(1 + \mathrm{e}^{\mathrm{i}qa})U + (2C - \omega^2 M_2)V = 0 . \tag{6.38}$$

Die Bedingung für die Existenz nicht-trivialer Lösungen ergibt

$$\omega^2_{\mathrm{a,o}} = C\left(\frac{1}{M_1} + \frac{1}{M_2}\right) \mp C\sqrt{\left(\frac{1}{M_1} + \frac{1}{M_2}\right)^2 - \frac{4}{M_1 M_2}\sin^2\left(\frac{qa}{2}\right)} . \tag{6.39}$$

Die Indizes „a“ und „o“ gehören zum negativen bzw. positiven Vorzeichen und stehen für *akustisch* bzw. *optisch*. Der Grund für diese eigenartige Bezeichnung wird weiter unten erläutert. Der Verlauf der Dispersionskurven ist in Bild 6.11 skizziert. Da zwei getrennte Kurven auftreten, spricht man von zwei **Zweigen**. Die Gitterschwingungen einer linearen Kette mit ein- und zweiatomiger Basis unterscheiden sich also bereits in der Anzahl der auftretenden Zweige.

Der **akustische Zweig** mit dem Minuszeichen in (6.39) entspricht dem Verhalten einer Kette mit einatomiger Basis. Dies lässt sich leicht für den speziellen Fall $M = M_1 = M_2$ zeigen, wenn man berücksichtigt, dass der Basisvektor bei einer zweiatomigen Basis doppelt so groß ist und in der obigen Gleichung den Gitterabstand a

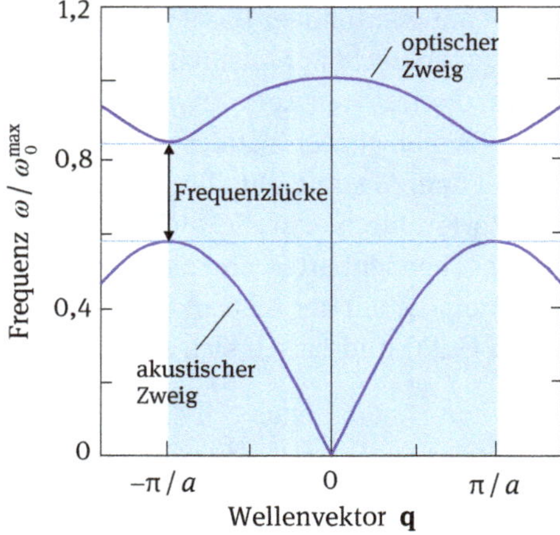

Abb. 6.11: Verlauf der Dispersionskurven in Kristallen mit zweiatomiger Basis. Der optische Zweig liegt über dem akustischen, dazwischen tritt eine *verbotene Zone* auf.

durch $2a$ ersetzt. Da wir die akustischen Schwingungen schon ausführlich diskutiert haben, beschäftigen wir uns hier nicht weiter mit dieser Lösung.

Nun untersuchen wir das Verhalten des **optischen Zweiges**, für den in (6.39) vor der Wurzel das positive Vorzeichen steht. Für $q \to 0$ erhalten wir die Dispersionsrelation

$$\omega_0^2 = \frac{2C}{\mu} \, , \tag{6.40}$$

wobei die *reduzierte Masse* μ durch $\mu^{-1} = (M_1^{-1} + M_2^{-1})$ gegeben ist. Die Frequenz des optischen Zweiges hängt, wie auch in Bild 6.11 zu sehen ist, in der Nähe des Γ-Punktes, also bei $q \approx 0$, kaum vom Wellenvektor ab. Die Tatsache, dass akustische und optische Gitterschwingungen bei gleichem Wellenvektor zwei völlig verschiedene Frequenzen aufweisen können, hat ihre Ursache in der unterschiedlichen Phasenlage der beiden Atomsorten.

Um diesen Aspekt näher zu beleuchten, betrachten wir die Phase der schwingenden Atome. Aus Gleichung (6.38) erhalten wir für $q \to 0$

$$\frac{U}{V} \approx \frac{2C}{2C - \omega^2 M_1} \, . \tag{6.41}$$

Für den akustischen Zweig ist $\omega \approx 0$ und somit $U \approx V$. Die beiden Atomsorten schwingen (nahezu) mit der gleichen Amplitude und der gleichen Phase. Im Gegensatz hierzu finden wir für den optischen Zweig $U/V = -M_2/M_1$, da dort $\omega_0^2 = 2C/\mu$ ist. Dies bedeutet, dass alle Atome mit der Masse M_1 in Gegenphase zu denen mit der Masse M_2 schwingen. Diese Art der Auslenkung lässt sich besonders einfach für transversale Gitterschwingungen darstellen, obwohl die Feststellung natürlich auch für longitudinale Wellen gültig ist. Das Bild 6.12 veranschaulicht die Auslenkungen der Atome für die beiden Zweige im Fall (relativ) großer Wellenlängen.

Offensichtlich sind akustische Gitterwellen bei langen Wellenlängen, d.h. für $q \to 0$, identisch mit den üblichen Schallwellen. Bei den optischen Gitterschwingungen ist mit der gegenphasigen Auslenkung der Untergitter ein oszillierendes elektrisches Dipolmoment verknüpft, wenn die schwingenden Atome entgegengesetzte Ladungen tragen. Dadurch können die Schwingungen an elektromagnetische Wellen ankoppeln und bestimmen weitgehend die optischen Eigenschaften im Infrarotbereich (vgl. Abschnitt 13.3). Kristalle mit derartigen Eigenschaften bezeichnet man als **infrarot-aktiv**. Ein bekanntes Beispiel hierfür sind die Ionenkristalle. Andere Verhältnisse liegen vor, wenn die Basis aus zwei identischen Atomen besteht, wie es bei Diamant oder Silizium der Fall ist. Die Schwingungen der Untergitter gegeneinander bewirken hier kein Dipolmoment, folglich wird auch keine Infrarotabsorption beobachtet. Wie wir im folgenden Abschnitt 6.3 sehen werden, lassen sich diese Schwingungen mit Hilfe der Raman-Streuung nachweisen.

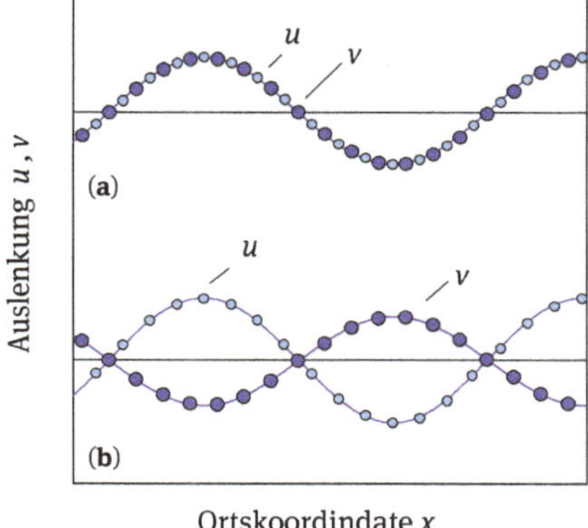

Abb. 6.12: Atomare Auslenkung bei langwelligen Gitterschwingungen. Hellblaue und dunkelblaue Punkte kennzeichnen die unterschiedlichen Atomsorten. Die Amplituden sind im Vergleich zur Wellenlänge stark vergrößert dargestellt. **a)** Akustische Gitterschwingung: die benachbarten Atome besitzen fast die gleiche Phase. **b)** Optische Gitterschwingung: die Atome der beiden Untergitter schwingen gegeneinander.

An der Grenze der Brillouin-Zone, d.h. für $q \to \pi/a$, finden wir unter der Annahme $M_1 < M_2$ für die Dispersionsrelation die Ausdrücke $\omega_\text{o}^2 = 2C/M_1$ bzw. $\omega_\text{a}^2 = 2C/M_2$. Setzen wir dieses Resultat jeweils in eine der beiden Gleichungen (6.38) ein, so erhalten wir das erstaunliche Ergebnis $V/U = 0$ bzw. $U/V = 0$. Abhängig vom betrachteten Zweig ist also entweder das Untergitter der schweren oder der leichten Atome in Ruhe, während der andere Teil des Gitters schwingt. Für Gitterschwingungen mit Wellenvektoren nahe der Grenze der Brillouin-Zone verschwindet das oszillierende Dipolmoment aufgrund der gegenphasigen Schwingung der Ionen in den benachbarten Elementarzellen.

Ist $M_1 \neq M_2$ oder unterscheiden sich die Kraftkonstanten zwischen den einzelnen Netzebenen, so öffnet sich an der Grenze der Brillouin-Zone eine **Frequenzlücke**. In der **verbotenen Zone** existieren keine Eigenschwingungen des Gitters. Regt man elastische Wellen mit einer derartigen Frequenz an, so klingen sie im Gitter *exponentiell* innerhalb weniger Wellenlängen ab. Die Breite der verbotenen Zone wird durch das Verhältnis der Massen und der Kopplungskonstanten der beteiligten Atome bestimmt.

Die Ergebnisse, die wir anhand von linearen Ketten erzielt haben, lassen sich weitgehend auf reale Kristalle übertragen, wenn die Ausbreitung der Gitterwelle in einer Richtung hoher Symmetrie erfolgt. Natürlich ist die Übereinstimmung mit dem gemessenen Verlauf der Dispersionskurven nicht in allen Fällen zufriedenstellend. Dies gilt insbesondere für optische Zweige, da dort aufgrund der gegenphasigen Auslenkung meist mehrere Kraftkonstanten berücksichtigt werden müssen. In allen Fällen findet man drei akustische Zweige, nämlich **einen longitudinalen** und **zwei transversale**, deren Polarisationsrichtungen aufeinander senkrecht stehen. In Richtungen hoher Gittersymmetrie können Zweige zusammenfallen. Dies gilt insbesondere bei isotropen Medien, deren transversale Zweige immer entartet sind.

Enthält eine primitive Elementarzelle mehr als nur ein Atom, so treten zusätzlich zu den akustischen noch optische Zweige auf. Allgemein gilt, dass bei einer Basis mit n Atomen $3n$ Zweige existieren, drei akustische und $(3n - 3)$ optische. Wie bei den akustischen Zweigen gibt es auch bei den optischen doppelt so viele transversale wie longitudinale Zweige. Mit zunehmender Größe der Elementarzelle wird das Schwingungsspektrum komplexer und unübersichtlicher, da immer mehr optische Zweige auftreten.

In Bild 6.13 ist der Verlauf der Dispersionskurven für einen Kristall mit zweiatomiger Basis nochmals schematisch dargestellt. Es soll hier erneut betont werden, dass im allgemeinen Fall, wenn man nicht gerade eine Ausbreitungsrichtung mit hoher Kristallsymmetrie betrachtet, die Zweige nicht entartet sind und keine eindeutige Polarisation besitzen, so dass man dann nur von quasi-longitudinalen bzw. quasi-transversalen Schwingungen sprechen kann.

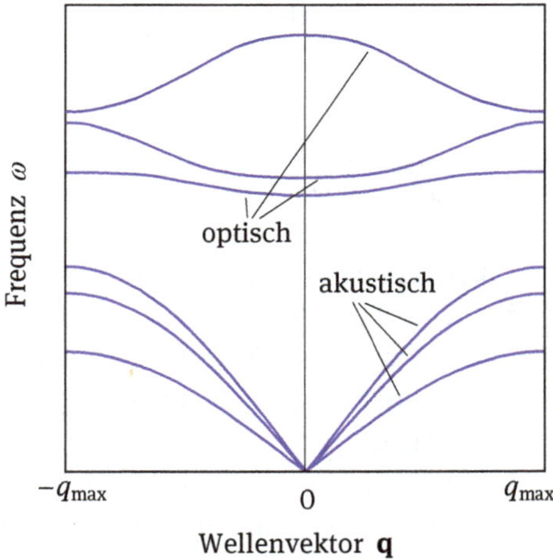

Abb. 6.13: Schematische Darstellung der sechs Phononendispersionskurven von Kristallen mit zweiatomiger Basis. Sieht man von der Ausbreitung in Richtungen hoher Gittersymmetrie ab, so sind die verschiedenen Zweige der Gitterschwingungen nicht entartet.

6.2.3 Bewegungsgleichung

Nachdem wir uns mit der Dynamik der Kristalle anhand von Spezialfällen vertraut gemacht haben, wollen wir noch kurz auf die allgemeine Beschreibung der Gitterschwingungen eingehen. Dieser Unterabschnitt wendet sich in erster Linie an Leser, die an der formalen theoretischen Beschreibung interessiert sind.

Im ersten Schritt stellen wir die Bewegungsgleichung der Atome auf und achten dabei besonders auf die interatomare Kopplung. Leider sind für die eindeutige Kennzeichnung der Atompositionen und der atomaren Auslenkungen viele Indizes erforderlich, wodurch die an sich einfachen Gleichungen an Übersichtlichkeit verlieren. Im zweiten Schritt wird die Translationssymmetrie des Gitters ausgenutzt, um zu einer wesentlich einfacheren Struktur der Gleichungen zu kommen. Schließlich machen wir wie im Vorhergehenden von der Tatsache Gebrauch, dass ebene Wellen besonders einfache Lösungen der Bewegungsgleichung sind.

Die potenzielle Energie der Atome eines Festkörpers ist aufgrund der Kopplung untereinander eine Funktion der augenblicklichen Lage *aller* Atome. Wir führen daher die **Potenzialfunktion** $\widetilde{V}$ ein, welche die potenzielle Energie der Atome des gesamten Festkörpers als Funktion ihrer momentanen Auslenkung aus der Gleichgewichtslage angibt. Wir entwickeln diese Funktion in eine Taylor-Reihe und brechen nach dem Term zweiter Ordnung ab. Da wir um das Gleichgewicht entwickeln, muss der lineare Term verschwinden, so dass wir für die Potenzialfunktion

$$\widetilde{V} = \widetilde{V}_0 + \frac{1}{2}\sum_{\mathbf{R}\alpha i}\sum_{\mathbf{R}'\alpha' i'} \left.\frac{\partial^2 \widetilde{V}}{\partial u_{\mathbf{R}\alpha i}\,\partial u_{\mathbf{R}'\alpha' i'}}\right|_0 u_{\mathbf{R}\alpha i}\,u_{\mathbf{R}'\alpha' i'} + \ldots \tag{6.42}$$

schreiben können. Die Größe $u_{\mathbf{R}\alpha i}$ steht für die Komponente i der Auslenkung des Atoms α in der Elementarzelle, die durch den Gittervektor $\mathbf{R}$ festgelegt ist. Die Konstante $\widetilde{V}_0$ legt den Nullpunkt der potenziellen Energie fest, ist für die weitere Diskussion ohne Bedeutung und wird daher weggelassen. Vernachlässigt man die Terme höherer Ordnung, so beschränkt man sich auf die *harmonische Näherung*.

Wir nutzen die formale Ähnlichkeit mit dem Potenzial eines harmonischen Oszillators. Bewegt sich ein Teilchen in einem harmonischen Potenzial $\mathcal{V} = \widetilde{C}x^2/2$, so wirkt auf dieses Teilchen die rücktreibende Kraft $\widetilde{F} = -\widetilde{C}x$, wobei die Kraftkonstante durch $\widetilde{C} = \mathrm{d}^2\mathcal{V}/\mathrm{d}x^2$ gegeben ist. Damit können die Bedeutung von (6.42) und das weitere Vorgehen bei der Aufstellung der Bewegungsgleichung der Atome anschaulich gemacht werden. Zunächst definieren wir die verallgemeinerten Kraftkonstanten $C_{\mathbf{R}\alpha i,\mathbf{R}'\alpha' i'}$ mit Hilfe der Gleichung

$$C_{\mathbf{R}\alpha i,\mathbf{R}'\alpha' i'} \equiv \frac{\partial^2 \widetilde{V}}{\partial u_{\mathbf{R}\alpha i}\,\partial u_{\mathbf{R}'\alpha' i'}}\,. \tag{6.43}$$

Um im Folgenden die Vektorschreibweise anwenden zu können, fassen wir die drei Raumrichtungen, die mit den Indizes i bzw. i' gekennzeichnet sind, zusammen und verwenden für die Kraftkonstanten die verkürzte Schreibweise $\mathbf{C}_{\mathbf{R}\alpha,\mathbf{R}'\alpha'}$. Die Konstanten lassen sich zu einem kartesischen Tensor, dem **Kraftkonstantentensor** $[\mathbf{C}]$, zusammenfassen.

Die Kraft, die auf das Atom α in der Elementarzelle mit dem Gittervektor $\mathbf{R}$ wirkt, wenn das Atom α' mit dem Gittervektor $\mathbf{R}'$ die Auslenkung $\mathbf{u}_{\mathbf{R}'\alpha'}$ erfährt, lässt sich durch

$$\mathbf{F}_{\mathbf{R}\alpha} = -\mathbf{C}_{\mathbf{R}\alpha,\mathbf{R}'\alpha'} \cdot \mathbf{u}_{\mathbf{R}'\alpha'} \tag{6.44}$$

darstellen. In dem hier benutzten Formalismus kann also im Prinzip die Kopplung zwischen allen Atomen berücksichtigt werden. Wird das Aufatom selbst ausgelenkt, so gilt die Gleichung ebenfalls, wobei $\mathbf{R}' = \mathbf{R}$ und $\alpha' = \alpha$ gesetzt werden muss.

Die Translationssymmetrie der Kristalle erlaubt eine starke Vereinfachung des Kraftkonstantentensors. Da keine Elementarzelle ausgezeichnet ist, hängen die Komponenten von $[\mathbf{C}]$ nicht von der absoluten Lage der betrachteten Zelle ab, sondern sind lediglich eine Funktion von $\widetilde{\mathbf{R}} = (\mathbf{R}' - \mathbf{R})$, der relativen Position der wechselwirkenden Atome. Wir schreiben daher: $\mathbf{C}_{\mathbf{R}\alpha,\mathbf{R}'\alpha'} = \mathbf{C}_{\alpha\alpha'}(\widetilde{\mathbf{R}})$.

Die Berücksichtigung von Kristallsymmetrien verringert die Zahl der unabhängigen Konstanten, vereinfacht somit die Gleichungen und erleichtert deren Behandlung. Da die Kopplung rasch mit dem Abstand abnimmt, reicht es in einfachster Näherung oft, nur die nächsten Nachbarn in die Rechnung einzubeziehen. Anschaulich gesprochen ist dann jedes Atom nur noch über eine Feder mit den Nachbaratomen verbunden.

Mit Hilfe von (6.44) können wir für die Bewegungsgleichung des Aufatoms α mit der Masse M_α in der Elementarzelle mit dem Gittervektor $\mathbf{R}$

$$M_\alpha \ddot{\mathbf{u}}_{\mathbf{R}\alpha} = -\sum_{\widetilde{\mathbf{R}}\alpha'} \mathbf{C}_{\alpha,\alpha'}(\widetilde{\mathbf{R}}) \cdot \mathbf{u}_{\mathbf{R}+\widetilde{\mathbf{R}},\alpha'} \tag{6.45}$$

schreiben, wobei über die Beiträge aller Atome summiert wird. Sind $\mathcal{N}$ Elementarzellen mit je n Atomen vorhanden, so ergeben sich $3n\mathcal{N} = 3N$ gekoppelte Differentialgleichungen, wobei N für die Zahl der Atome in der Probe steht.

Eine Entkopplung in unabhängige Gleichungen lässt sich auf einfache Weise durch einen Lösungsansatz mit ebenen Wellen erreichen. Dabei lassen wir unterschiedliche Amplituden für die verschiedenen Atome innerhalb einer Elementarzelle zu. Wir schreiben also

$$\mathbf{u}_{\mathbf{R}\alpha}(t) = \mathbf{U}_\alpha \, \mathrm{e}^{-\mathrm{i}[\omega t - \mathbf{q}\cdot\mathbf{R}]} , \tag{6.46}$$

wobei $\mathbf{U}_\alpha$ für die Amplitude des Aufatoms steht. In diesem Ansatz haben wir den Phasenfaktor, der vom Platz des Atoms α in der Elementarzelle abhängt, nicht explizit hervorgehoben. Setzen wir (6.46) in (6.45) ein, so erhalten wir

$$\omega^2 M_\alpha \mathbf{U}_\alpha = \sum_{\alpha'} \left[\sum_{\widetilde{\mathbf{R}}} \mathbf{C}_{\alpha,\alpha'}(\widetilde{\mathbf{R}}) \, \mathrm{e}^{\mathrm{i}\mathbf{q}\cdot\widetilde{\mathbf{R}}} \right] \mathbf{U}_{\alpha'} = \sum_{\alpha'} \mathbf{D}_{\alpha,\alpha'}(\mathbf{q}) \mathbf{U}_{\alpha'} \, . \tag{6.47}$$

Der Ausdruck in der Klammer ist die Fourier-Transformierte des Kraftkonstantentensors $[\mathbf{C}]$, für die wir die Abkürzung

$$\mathbf{D}_{\alpha,\alpha'}(\mathbf{q}) \equiv \left[\sum_{\widetilde{\mathbf{R}}} \mathbf{C}_{\alpha,\alpha'}(\widetilde{\mathbf{R}}) \, \mathrm{e}^{\mathrm{i}\mathbf{q}\cdot\widetilde{\mathbf{R}}} \right] \tag{6.48}$$

eingeführt haben. Die Matrix [**D**] mit den Komponenten $\mathbf{D}_{\alpha,\alpha'}(\mathbf{q})$ wird häufig als **dynamische Matrix** bezeichnet. Sie enthält die gesamte Information, die zur Beschreibung der elastischen Eigenschaften eines Kristalls erforderlich ist. Das lineare Gleichungssystem (6.47) ist homogen und nur noch von der Ordnung $3n$. Für einen Kristall mit einatomiger Basis ist $n = 1$, so dass für jeden Wellenvektor $\mathbf{q}$ nur noch ein System von drei Gleichungen für die drei Raumrichtungen zu lösen ist. Die resultierenden drei Lösungen beschreiben Wellen mit unterschiedlicher Polarisation.

Die Eigenwerte lassen sich wie in der gewöhnlichen Schwingungstheorie finden: Das Gleichungssystem (6.47) hat nur dann nicht-triviale Lösungen, wenn die Koeffizientendeterminante verschwindet, also wenn

$$\det\left\{\mathbf{D}_{\alpha,\alpha'}(\mathbf{q}) - \omega^2 M_\alpha \mathbf{1}_{\alpha,\alpha}\right\} = 0 \tag{6.49}$$

ist. Hierbei steht $\mathbf{1}_{\alpha,\alpha} = \delta_{\alpha,\alpha}$ für die Komponenten des Einheitstensors [**1**]. Für jeden vorgegebenen Wellenvektor $\mathbf{q}$ findet man $3n$ Eigenfrequenzen $\omega_{\mathbf{q},j}$. Der Index j dient der Unterscheidung der verschiedenen Zweige. Wie bereits bei der Diskussion der Schallwellen erwähnt, wird der Zusammenhang zwischen den Eigenfrequenzen $\omega_{\mathbf{q},j}$ und den Wellenvektoren $\mathbf{q}$ als **Dispersionsrelation** bezeichnet. Sind die Lösungen für $\omega_{\mathbf{q},j}$ bekannt, lassen sich die Amplituden $\mathbf{U}_\alpha(\mathbf{q}, j)$ berechnen.

Die entscheidenden Schritte bei der Herleitung dieses wichtigen Ergebnisses waren die Ausnutzung der Translationssymmetrie des Gitters und die anschließende Entkopplung des Gleichungssystems (6.45). Ein Blick auf (6.49) zeigt, dass die Gleichungen identisch mit denen von harmonischen Oszillatoren sind. Jeder *Normalschwingung*, gekennzeichnet durch $\omega_{\mathbf{q},j}$, kann daher formal ein harmonischer Oszillator zugeordnet werden. Wie wir im Laufe dieses Kapitels noch sehen werden, besitzen diese Oszillatoren erwartungsgemäß quantenmechanische Eigenschaften, d.h., ihre Energie ist gequantelt und damit auch ihre Schwingungsamplitude.

6.3 Experimentelle Bestimmung von Dispersionskurven

6.3.1 Dynamische Streuung, Phononen

Aus der kohärenten elastischen Streuung am starren Gitter lässt sich über den *statischen Strukturfaktor* die geometrische Anordnung der Atome herleiten. Um Auskunft über die Dynamik des Gitters zu erhalten, müssen wir in der Streutheorie die zeitlichen Veränderungen berücksichtigen, die zu *inelastischen Streuprozessen* führen.

Wir gehen zu den Gleichungen (4.3) und (4.4) zurück, die wir für die Feldstärke $A_s(t)$ der gestreuten Strahlung abgeleitet haben, und schreiben

$$A_s(t) = \frac{\widetilde{A}}{R_0} \mathrm{e}^{-\mathrm{i}(\omega_0 t - kR_0)} \mathcal{A}(\mathbf{K}) \propto \mathrm{e}^{-\mathrm{i}\omega_0 t} \mathcal{A}(\mathbf{K})\,. \tag{6.50}$$

In der weiteren Diskussion führen wir die unwichtigen Vorfaktoren Amplitude $\widetilde{A}$ und Detektorabstand R_0 nicht weiter auf. Der Einfachheit halber betrachten wir einen Kristall mit einatomiger Basis und nehmen an, dass die Streuzentren punktförmig sind. Dann erhalten wir die Streuamplitude (4.4) durch aufsummieren der Beiträge aller Atome für deren Ortsvektor wir $\mathbf{r}_m$ schreiben, d.h., es gilt $\mathcal{A}(\mathbf{K}) \propto \sum \exp(-\mathrm{i}\mathbf{K} \cdot \mathbf{r}_m)$. Die Annahme punktförmiger Streuzentren ist im Fall der Neutronenstreuung, die wir hier vor allem im Auge behalten, sehr gut erfüllt.

Da die Atompositionen $\mathbf{r}_m(t)$ aufgrund der Gitterschwingungen zeitabhängig sind, spalten wir die Ortsvektoren gemäß $\mathbf{r}_m(t) = [\mathbf{R}_m + \mathbf{u}_m(t)]$ auf, wobei der Gittervektor $\mathbf{R}_m$ die mittlere Position des Atoms m angibt und $\mathbf{u}_m(t)$ für die momentane Auslenkung steht. Damit erhalten wir für das Streusignal die Proportionalität

$$A_\mathrm{s}(t) \propto \mathrm{e}^{-\mathrm{i}\omega_0 t} \sum_m \mathrm{e}^{-\mathrm{i}\mathbf{K}\cdot\mathbf{r}_m(t)} \propto \mathrm{e}^{-\mathrm{i}\omega_0 t} \sum_m \mathrm{e}^{-\mathrm{i}\mathbf{K}\cdot\mathbf{R}_m}\, \mathrm{e}^{-\mathrm{i}\mathbf{K}\cdot\mathbf{u}_m(t)} \,. \tag{6.51}$$

Weil die Amplitude der Atomschwingungen klein gegen den Atomabstand ist, gilt im Allgemeinen $(\mathbf{K}\cdot\mathbf{u}_m) \ll 1$, so dass wir die Entwicklung der Exponentialfunktion $\mathrm{e}^{-\mathrm{i}\mathbf{K}\cdot\mathbf{u}_m(t)}$ nach wenigen Gliedern abbrechen können:

$$\mathrm{e}^{-\mathrm{i}\mathbf{K}\cdot\mathbf{u}_m(t)} \approx 1 - \mathrm{i}\mathbf{K} \cdot \mathbf{u}_m(t) - \frac{1}{2}[\mathbf{K} \cdot \mathbf{u}_m(t)]^2 - \ldots \,. \tag{6.52}$$

Wir berücksichtigen zunächst nur den konstanten und den linearen Term der Entwicklung, auf den quadratischen Term gehen wir später ein. Als Lösungsansatz für die Auslenkung wählen wir eine Überlagerung von ebenen Wellen der Form

$$\mathbf{u}_m(t) = \sum_\mathbf{q} \mathbf{U_q}\, \mathrm{e}^{\pm\mathrm{i}\left[\mathbf{q}\cdot\mathbf{R}_m - \omega_\mathbf{q} t\right]} \,. \tag{6.53}$$

Die Amplitude $\mathbf{U_q}$ hängt vom Wellenvektor, dem betrachteten Zweig der Gitterschwingungen und der Temperatur ab. Da wir im Exponenten beide Vorzeichen zugelassen haben, treten nur Wellenvektoren $\mathbf{q} > 0$ auf.[15] Die Summation, die wir hier nicht ausführen, erstreckt sich über alle erlaubten Wellenvektoren. Auf die Frage, welche $\mathbf{q}$-Werte erlaubt sind und welchen Einfluss die Temperatur ausübt, gehen wir im nächsten Abschnitt ein. Wir setzen die Gleichungen (6.52) und (6.53) in Gleichung (6.51) ein und erhalten

$$A_\mathrm{s}(t) \propto \underbrace{\sum_m \mathrm{e}^{-\mathrm{i}\mathbf{K}\cdot\mathbf{R}_m}\, \mathrm{e}^{-\mathrm{i}\omega_0 t}}_{\text{elastisch}} - \underbrace{\sum_m \sum_\mathbf{q} \mathrm{i}\mathbf{K} \cdot \mathbf{U_q} \mathrm{e}^{-\mathrm{i}(\mathbf{K}\mp\mathbf{q})\cdot\mathbf{R}_m}\, \mathrm{e}^{-\mathrm{i}(\omega_0 \pm \omega_\mathbf{q})t}}_{\text{inelastisch}} \,. \tag{6.54}$$

Den ersten Term haben wir in Abschnitt 4.4 im Zusammenhang mit der elastischen Streuung behandelt. Dort haben wir gefunden, dass die Summation über die Gittervektoren $\mathbf{R}_m$ nur dann zu endlichen Beiträgen führt, wenn die Beugungsbedingung $\mathbf{K} = \mathbf{G}$ erfüllt ist. Die gleichen Argumente gelten auch bei der inelastischen Streuung, die

---

15 Dieser einfache Ansatz für die Auslenkung ist nur bei einatomiger Basis erlaubt, da dort keine Phasendifferenzen zwischen den unterschiedlichen Atomen der Basis auftreten.

durch den zweiten Term beschrieben wird. Die modifizierte Streubedingung lautet nun $(\mathbf{K} \mp \mathbf{q}) = \mathbf{G}$. Bildet man den zeitlichen Mittelwert des zweiten Terms, so ist dieser nur von null verschieden, wenn die gestreute Welle zusätzlich die Bedingung $\omega = (\omega_0 \pm \omega_{\mathbf{q}})$ erfüllt. Klassisch betrachtet wird die gestreute Strahlung durch die Oszillation der Atome moduliert, so dass die abgestrahlte Welle Seitenbänder aufweist.

Die beiden Beugungsbedingungen lassen sich durch Multiplikation mit dem Planckschen Wirkungsquantum als **Energie**- und **Impulserhaltung** bei der Wechselwirkung von Teilchen darstellen:

$$\hbar\omega = \hbar\omega_0 \pm \hbar\omega_{\mathbf{q}} \,, \tag{6.55}$$

$$\hbar\mathbf{k} = \hbar\mathbf{k}_0 \pm \hbar\mathbf{q} + \hbar\mathbf{G} \,. \tag{6.56}$$

Dieses Ergebnis ist von besonderer Bedeutung. Den Energiesatz können wir, ähnlich wie bei atomaren Streuprozessen, z.B. bei der Raman-Streuung an Molekülen, interpretieren: Ein einfallendes Röntgenquant, Neutron oder Elektron wechselwirkt mit dem Gitter und erzeugt oder vernichtet ein Schwingungsquant des Festkörpers, ein „Schallteilchen". In Analogie zu den Schwingungsquanten des elektromagnetischen Feldes, den Photonen, bezeichnet man die Schwingungsquanten des elastischen Feldes als **Phononen.**[16] Entsprechend besitzt ein Phonon die Energie $\hbar\omega_{\mathbf{q}}$ und den Impuls $\hbar\mathbf{q}$. Auf die Eigenschaften dieser *Teilchen* werden wir in den folgenden Abschnitten eingehen. Die Erhaltungssätze (6.55) und (6.56) sind ein Ausdruck dafür, dass beim Streuprozess entweder ein Phonon erzeugt (– Zeichen) oder ein Phonon vernichtet (+ Zeichen) wird. Der Impulssatz hat jedoch eine ungewöhnliche Form: Zum Impuls der beteiligten Teilchen kann noch der Impuls $\hbar\mathbf{G}$ addiert werden, wobei $\mathbf{G}$ für einen beliebigen reziproken Gittervektor steht. Dies kann man sich so vorstellen, dass beim Streuprozess ein Phonon erzeugt oder vernichtet wird und dass gleichzeitig eine Bragg-Reflexion erfolgt. Der Impuls $\hbar\mathbf{G}$ wird an den Kristall als Ganzes übertragen. Einschränkend bezeichnet man daher die impulsähnliche Größe $\hbar\mathbf{q}$ als **Quasiimpuls** oder **Kristallimpuls**.

In Bild 6.14 ist der soeben diskutierte Streuprozess schematisch für den Fall der Phononenvernichtung dargestellt. Ein Teilchen, z.B. ein Neutron, mit dem Impuls $\hbar\mathbf{k}_0$ stößt mit einem Phonon und vernichtet es. Dadurch erhöht sich die Energie des gestreuten Teilchens, der Betrag des Wellenvektors vergrößert sich und der Wellenvektor endet außerhalb der Ewald-Kugel. Der Impulsübertrag $\hbar\mathbf{K}$ setzt sich aus dem Anteil $\hbar\mathbf{G}$ zusammen, den das gesamte Gitter aufnimmt, und dem Quasiimpuls $\hbar\mathbf{q}$ des vernichteten Phonons. Wäre ein Phonon erzeugt worden, dann läge der Wellenvektor des gestreuten Neutrons innerhalb der Ewald-Kugel.

Ein interessantes Ergebnis der Diskussion des Streuvorgangs ist, dass die Gitterwellen auch Teilchencharakter besitzen und dass ihre Energie und somit auch ihre Amplitude quantisiert sind. Diese Eigenschaft tritt aber nicht völlig unerwartet auf. Wie oben

---

16 Der Begriff *Phonon* wurde erstmals von *J.I. Frenkel* in seinem Buch *Wave Mechanics, Elementary Theory*, Clarendon Press, Oxford, 1932 benutzt.

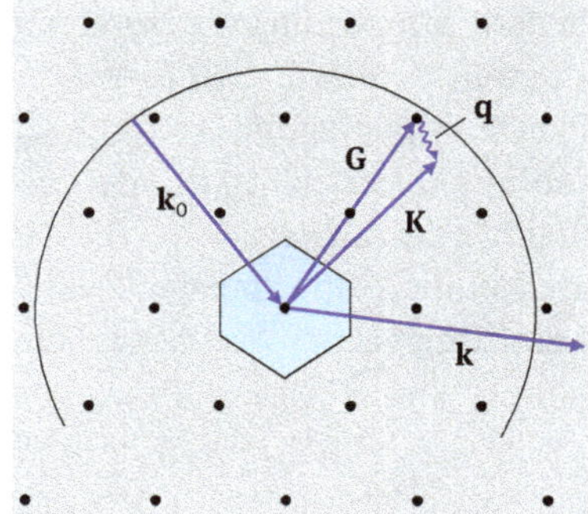

Abb. 6.14: Inelastische Streuung. Das einfallende Teilchen mit dem Impuls $\hbar\mathbf{k}_0$ vernichtet ein Phonon mit dem Impuls $\hbar\mathbf{q}$. Der beteiligte reziproke Gittervektor ist mit $\mathbf{G}$, der Streuvektor mit $\mathbf{K}$ und der Wellenvektor des gestreuten Teilchens mit $\mathbf{k}$ bezeichnet. Die Ewald-Kugel und die 1. Brillouin-Zone sind ebenfalls eingezeichnet.

ausgeführt, lässt sich die Bewegung der Atome in Normalschwingungen zerlegen, deren Bewegungsgleichung denen von harmonischen Oszillatoren entspricht. Natürlich ist die Energie dieser Oszillatoren quantisiert, wobei die Eigenwerte $E_\mathbf{q} = (n_\mathbf{q} + \frac{1}{2})\,\hbar\omega_\mathbf{q}$ auftreten. Jedes Phonon repräsentiert ein Energiequant $\hbar\omega_\mathbf{q}$. Die Quantenzahl $n_\mathbf{q}$ gibt an, wie viele Phononen mit dem Wellenvektor $\mathbf{q}$ im Festkörper anzutreffen sind. Für das Verständnis der Phononeneigenschaften ist wichtig, sich klar zu machen, dass die hier angesprochenen harmonischen Oszillatoren *nicht* den lokalisierten Schwingungen einzelner Atome zugeschrieben werden können. *Jedes* Atom des Festkörpers trägt zu *jedem* Schwingungszustand $\omega_\mathbf{q}$, also zu jedem Phonon, bei. Ein Phonon ist die Anregung des *gesamten* Gitters.

Im Gegensatz zu den Photonen tragen die Phononen keinen echten Impuls. Es lässt sich zeigen, dass der wahre Impuls der Phononen exakt null ist und daher mit den Gitterschwingungen kein Massentransport verknüpft ist. Phononen benehmen sich so, *als ob* sie den Impuls $\mathbf{p} = \hbar\mathbf{q}$ tragen würden. Im Gegensatz zu den Photonen, den Quanten des elektromagnetischen Feldes, sind die Phononen, die Quanten des Schallfeldes, keine fundamentalen Teilchen, denn sie sind nur eine Konsequenz der Einführung von Normalkoordinaten. Man bezeichnet sie deshalb auch gelegentlich als *Quasiteilchen*. Tatsächlich ändert sich der Impuls der gestreuten Teilchen, wenn ein Phonon erzeugt oder vernichtet wird. Den entsprechenden Impulsübertrag übernimmt, wie bei der elastischen Streuung, der Festkörper als Ganzes.

Wir wollen uns noch mit einigen Zahlenwerten vertraut machen. Als Erstes schätzen wir das mittlere Amplitudenquadrat von Phononen ab. Hierzu setzen wir eine stehende Welle mit der Amplitude $u = U\cos qx\,\cos\omega t$ an. Die kinetische Energie eines herausgegriffenen Atoms ist durch $\frac{1}{2}M(\partial u/\partial t)^2$ gegeben. Mitteln wir über alle N Atome des Kristalls, so erhalten wir mit $<\cos^2 qx> = \frac{1}{2}$ für den Beitrag aller Atome $\frac{1}{4}NM\omega^2U^2\sin^2\omega t$. Bilden wir noch den zeitlichen Mittelwert, so finden wir für die kinetische Energie $\frac{1}{8}NM\omega^2U^2$, da $<\sin^2\omega t> = \frac{1}{2}$ ist. Addieren wir den gleich großen Beitrag der potenziellen Energie, so gilt für die Schwingungsenergie

$$\frac{1}{4}NM\omega^2U^2 = \left(n_\mathbf{q} + \frac{1}{2}\right)\hbar\omega_\mathbf{q}\,. \tag{6.57}$$

Mit $NM = \varrho V$ ergibt sich für eine Probe mit dem Volumen V für das Amplitudenquadrat der Ausdruck

$$U^2 = \left(n_{\mathbf{q}} + \frac{1}{2}\right) \frac{4\hbar}{\omega \varrho V} \,. \tag{6.58}$$

Als Beispiel betrachten wir *ein* Phonon am Rande der Brillouin-Zone (siehe Bild 6.18) mit der Wellenlänge $\lambda = 3{,}6$ Å und der Frequenz $\nu = 5$ THz in einem Kupferwürfel mit der Kantenlänge 1 cm und der Dichte $\varrho = 8{,}9\,\mathrm{g/cm^3}$. Setzen wir diese Werte ein, so finden wir für die mittlere Amplitude einen Zahlenwert von ungefähr $5 \cdot 10^{-21}$ cm. Dies ist ein extrem kleiner Wert! Weiterhin ist die Zahl der angeregten Phononen interessant. In dem angesprochenen Kupferwürfel sind bei Zimmertemperatur etwa 500 J gespeichert (siehe Bild 6.32). Mit der Energie $\hbar\omega = 3{,}3 \cdot 10^{-21}$ J für Phononen an der Grenze der Brillouin-Zone stellen wir fest, dass bei Zimmertemperatur die Zahl der Phononen mit $1{,}5 \cdot 10^{23}$ pro $\mathrm{cm^3}$ vergleichbar mit der Zahl der Atome ist. Würde die Auslenkung der Atome in Phase erfolgen, so ergäbe sich eine Amplitude $NU \approx 7{,}5$ m! Da die thermischen Phononen voneinander unabhängig sind, die von den einzelnen Phononen bewirkten Auslenkungen also keine festen Phasenbeziehungen zueinander aufweisen, ergibt sich die wesentlich kleinere mittlere Auslenkungsamplitude $\sqrt{N\overline{U^2}} \approx 0{,}2$ Å.

6.3.2 Kohärente inelastische Neutronenstreuung

Phononendispersionskurven lassen sich am einfachsten mit Hilfe von kohärenten inelastischen Streuexperimenten bestimmen. In Kapitel 4 haben wir bereits im Zusammenhang mit der elastischen Streuung Messsonden kennengelernt, die zur Strukturbestimmung verwendet werden können. Sind alle dort diskutierten Sonden auch für inelastische Streuexperimente geeignet? Um einen gut messbaren Effekt zu erhalten, sollte die relative Energieänderung des gestreuten Teilchens möglichst groß sein. Da Phononen eine Energien von etwa 10^{-2} eV aufweisen, wird diese Forderung von thermischen Neutronen mit $\delta E/E \approx 10^{-1}$ gut erfühlt. Die Phononendispersionskurven werden daher in den meisten Fällen mit Neutronenstreuexperimenten bestimmt. Die relative Energieänderung, die Röntgenquanten erfahren, ist dagegen nur von der Größenordnung $\delta E/E = \omega_{\mathbf{q}}/\omega_0 \approx 10^{-6}$. Messungen der Phononendispersion mit Hilfe der inelastischen Röntgenstreuung erfordern daher eine extrem hohe Energieauflösung. In den letzten Jahren wurden auf diesem Gebiet enorme Fortschritte erzielt. Es wurden nicht nur neue, für Streuexperimente maßgeschneiderte Synchrotronquellen gebaut, sondern auch die Entwicklung von Spektrometern im Röntgenbereich vorangetrieben. Es stehen nun beide Experimentiertechniken zur Verfügung und ergänzen sich gegenseitig. Der Nachweis von akustischen Phononen in der Nähe des Γ-Punkts der Brillouin-Zone mit sehr kleiner Wellenzahl ist allerdings in beiden Fällen nicht möglich, da der Energieübertrag sehr klein ist. Hierfür eignen sich Ultraschallmessungen, wie wir sie in Abschnitt 6.1 diskutiert haben, bzw. Brillouin-Streuexperimente, auf die wir in diesem Abschnitt noch eingehen werden.

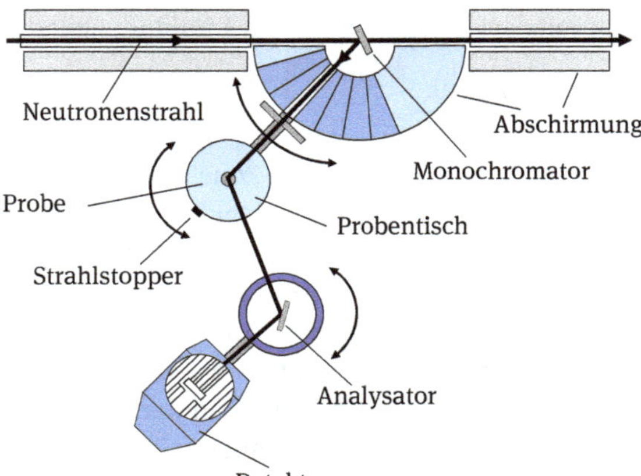

Abb. 6.15: Schematische Darstellung eines Drei-Achsen-Neutronenspektrometers. (Die Zeichnung wurde nach Angaben des Institut Laue-Langevin in Grenoble für das Instrument IN3 erstellt.)

Der schematische Aufbau eines Streuexperiments war bereits in Bild 4.22 zu sehen. In Bild 6.15 ist nun etwas eingehender der experimentelle Aufbau eines so genannten *Drei-Achsen-Spektrometers* für Neutronenstreuexperimente gezeigt. Nachdem die Neutronen des Kernreaktors durch den Moderator auf thermische Energien abgebremst wurden, fallen sie auf einen Einkristall („Monochromator"), der durch Bragg-Reflexion einen „monoenergetischen" Neutronenstrahl erzeugt. Durch Drehen dieses Kristalls lassen sich der geeignete Bragg-Reflex und damit die gewünschte Energie einstellen. Nach der Streuung in der Probe fallen die Neutronen erneut auf einen Einkristall („Analysator") und erfahren eine erneute Bragg-Reflexion. Infolge der Energieänderung beim inelastischen Streuprozess tritt eine kleine Änderung des Bragg-Winkels am Analysatorkristall auf, die gemessen wird. Um den Streuwinkel selbst zu variieren, werden der Analysatorkristall und der ^{3}He-Detektor um die Probe geschwenkt.

Natürlich werden auch noch andere Messtechniken angewandt, bei denen sich die Versuchsaufbauten von dem hier skizzierten unterscheiden. Ein Beispiel hierfür sind *Flugzeitspektrometer*, bei denen aus dem Neutronenstrahl mit breiter Energieverteilung mit Hilfe von *Zerhackern* (engl. *Chopper*) Neutronenpakete mit definierter Geschwindigkeit erzeugt werden. Nachdem die Neutronen in der Probe Energie gewonnen oder verloren haben, fliegen sie anschließend mit unterschiedlicher Geschwindigkeit weiter und treffen zu verschiedenen Zeitpunkten an den Detektoren ein. Aus der unterschiedlichen Flugzeit lässt sich dann die Energieänderung ermitteln.

Bei vorgegebener Beobachtungsrichtung werden Neutronen detektiert, die an unterschiedlichen reziproken Gittervektoren unter Beteiligung von Phononen gestreut wurden. Die beobachteten Neutronen weisen daher diskrete Energiewerte auf, die mit Hilfe des Analysatorkristalls bzw. über ihre Flugzeit aufgelöst und den entsprechenden Phononen zugeordnet werden können. In Bild 6.16 wird dieser Aspekt der Neutronenstreuung nochmals im Impulsraum dargestellt. Es ist ein inelastischer Streuprozess eingezeichnet, an dem der reziproke Gittervektor (120) beteiligt ist. Beim dargestellten Prozess wird ein Phonon mit dem Wellenvektor $\mathbf{q}$ erzeugt. Dadurch vermindert sich

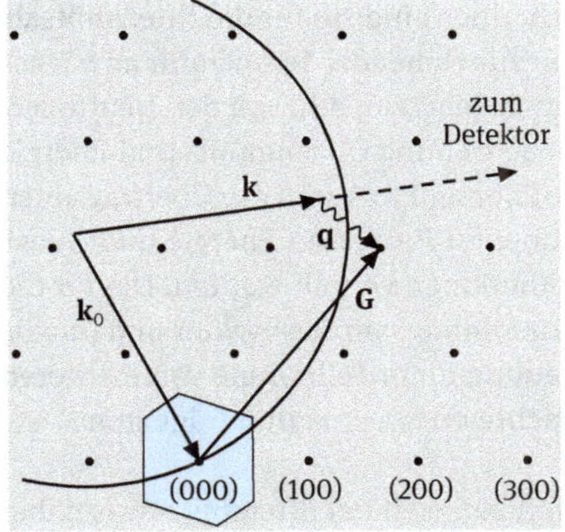

Abb. 6.16: Inelastische Neutronenstreuung. Die einfallenden Neutronen mit dem Wellenvektor $\mathbf{k}_0$ werden inelastisch gestreut, wobei im dargestellten Streuprozess ein Phonon erzeugt wird. Es gilt die Quasiimpulserhaltung $\mathbf{k} = \mathbf{k}_0 - \mathbf{q} + \mathbf{G}$. Die Brillouin-Zone ist blau gezeichnet.

die Energie des gestreuten Neutrons und sein Wellenvektor **k** endet innerhalb der Ewald-Kugel. Natürlich erfüllt der Prozess die Impulserhaltung (6.56).

Die bisherige Diskussion könnte den Eindruck erwecken, dass die gestreuten Neutronen ein breites Energiespektrum aufweisen, da die Wechselwirkung mit Phononen unterschiedlicher Energie erfolgt. Tatsächlich ist dies jedoch nicht der Fall: Durch die Beobachtungsrichtung wird bei festem reziprokem Gittervektor nach (6.56) der Wellenvektor **q** der beteiligten Phononen festgelegt, die allerdings noch den verschiedenen Zweigen zugeordnet werden müssen. Da auch die Energieerhaltung (6.55) erfüllt sein muss, verursachen die Phononen jedes Zweigs eine wohldefinierte Energieänderung der gestreuten Neutronen, die, abhängig vom Streuprozess, positiv oder negativ sein kann. Zusätzlich muss noch berücksichtigt werden, dass an der Streuung unterschiedliche reziproke Gittervektoren beteiligt sein können.

6.3.3 Debye-Waller-Faktor

Eine eingehende Untersuchung der Streueigenschaften von Kristallen zeigt, dass überraschenderweise eine sehr schwache Streuintensität auch dann beobachtet wird, wenn die Beugungsbedingung (4.21) nicht erfüllt ist. Dieser „Untergrund“, d.h. die Streuintensität zwischen den Reflexen steigt mit zunehmender Temperatur an.

Bei der Herleitung der Streuamplitude im Falle der inelastischen Streuung haben wir die Entwicklung des Exponentialfaktors in Gleichung (6.52) nach dem linearen Term abgebrochen. Damit haben wir uns auf die *Ein-Phonon-Streuung* beschränkt, d.h. den Streuprozessen, an denen nur *ein* Phonon beteiligt ist. Wie sich zeigen lässt, spiegelt sich die Zahl der am Streuprozess beteiligten Phononen direkt in der Potenz der Reihenentwicklung wider. Da die Reihe rasch konvergiert, sind nur die ersten Terme von Bedeutung, so dass die Wahrscheinlichkeit für das Auftreten von *Mehr-Phononen-Streuprozessen* sehr rasch mit der Zahl der beteiligten Phononen abnimmt. Die direkte

Beobachtung dieser Prozesse ist kaum möglich, doch sind sie für die Intensitätsabnahme der Bragg-Reflexe verantwortlich, die mit zunehmender Temperatur anwächst.

Beim Streuprozess werden von den gestreuten Teilchen, d.h. von den Neutronen, Photonen oder Elektronen, bei der inelastischen Streuung Quasiimpuls und Energie auf die Phononen übertragen. Während bei Ein-Phonon-Prozessen der Übertrag einen definierten Wert besitzt, können bei Mehr-Phononen-Prozessen Energie und Quasiimpuls beliebig zwischen den mitwirkenden Phononen verteilt werden. Die für die Ein-Phonon-Streuung existierende eindeutige Zuordnung von Streuvektor und Impuls eines Phonons verschwindet deshalb. Die Streuung unter Teilnahme von mehreren Phononen reduziert daher die Höhe der beobachteten Maxima und trägt zum *Streuuntergrund* bei.

Im Folgenden wollen wir die Temperaturabhängigkeit der Streuung etwas näher betrachten. Ist $\mathbf{u}(t)$ die momentane Auslenkung eines Gitteratoms aus seiner Gleichgewichtslage aufgrund der thermischen Bewegung, so erhalten wir für den zeitlichen Mittelwert des Strukturfaktors

$$\langle \mathcal{S}_{hkl} \rangle = \sum_i f_i \left\langle \mathrm{e}^{-\mathrm{i}\mathbf{G}\cdot(\mathbf{r}_i+\mathbf{u}(t))} \right\rangle = \left(\sum_i f_i \mathrm{e}^{-\mathrm{i}\mathbf{G}\cdot\mathbf{r}_i} \right) \left\langle \mathrm{e}^{-\mathrm{i}\mathbf{G}\cdot\mathbf{u}(t)} \right\rangle . \tag{6.59}$$

Da $\mathbf{G}\cdot\mathbf{u} \ll 1$ ist, können wir die Entwicklung von $\langle \exp(-\mathrm{i}\mathbf{G}\cdot\mathbf{u}) \rangle$ nach dem dritten Glied abbrechen und erhalten

$$\left\langle \mathrm{e}^{-\mathrm{i}\mathbf{G}\cdot\mathbf{u}(t)} \right\rangle = 1 - \mathrm{i}\langle \mathbf{G}\cdot\mathbf{u} \rangle - \frac{1}{2}\langle (\mathbf{G}\cdot\mathbf{u})^2 \rangle - \cdots \approx 1 - \frac{1}{2} G^2 \langle u^2 \rangle \langle \cos^2\theta \rangle . \tag{6.60}$$

Für unabhängig schwingende Atome ist $\langle \mathbf{G}\cdot\mathbf{u} \rangle = 0$. Dieser Term kann daher weggelassen werden. θ steht für den Winkel zwischen $\mathbf{G}$ und der Auslenkung $\mathbf{u}$. Die räumliche Mittelung von $\cos^2\theta$ ergibt den Faktor 1/3. Damit erhalten wir

$$\left\langle \mathrm{e}^{-\mathrm{i}\mathbf{G}\cdot\mathbf{u}(t)} \right\rangle \approx 1 - \frac{1}{6} G^2 \langle u^2(t) \rangle . \tag{6.61}$$

Dies ist der Anfang der Reihenentwicklung der Funktion $\exp(-G^2\langle u^2 \rangle/6)$. So können wir in guter Näherung

$$\langle \mathcal{S}_{hkl} \rangle = \left(\sum_i f_i \mathrm{e}^{-\mathrm{i}\mathbf{G}\cdot\mathbf{r}_i} \right) \mathrm{e}^{-\frac{1}{6} G^2 \langle u^2(t) \rangle} \tag{6.62}$$

schreiben. Die Temperaturabhängigkeit der Streuintensität lässt sich damit durch

$$I_{hkl}(T) = I_0 D_{hkl} = I_0\, \mathrm{e}^{-\frac{1}{3} G^2 \langle u^2(t) \rangle} \tag{6.63}$$

ausdrücken, wobei I_0 für die Streuintensität des starren Gitters steht. Der Faktor D_{hkl} ist der sogenannte **Debye-Waller-Faktor.**[17]

17 Ivar Waller, *1898 Flen, †1991 Uppsala

In Gleichung (6.63) tritt die mittlere quadratische Verschiebung $\langle u^2(t)\rangle$ auf, die wir nun näher betrachten wollen. In dieser Diskussion nehmen wir vereinfachend an, dass sich die Atome in einem harmonischen Potenzial bewegen. Dies bedeutet, dass wir vorübergehend die Kopplung der Atome untereinander außer Acht lassen. Aus dem Gleichverteilungssatz der Thermodynamik folgt, dass der Mittelwert $\langle U\rangle$ der potenziellen Energie des um die Ruhelage schwingenden Atoms durch

$$\langle U\rangle = \frac{1}{2}M\omega^2\langle u^2\rangle = \frac{3}{2}k_\mathrm{B}T \tag{6.64}$$

gegeben ist. Hierbei steht ω für die Kreisfrequenz und M für die Masse des schwingenden Atoms.

Lösen wir nach der mittleren quadratischen Verschiebung auf und setzen $\langle u^2\rangle$ in (6.63) ein, so erhalten wir für die Temperaturabhängigkeit der Streuintensität I_{hkl} den Ausdruck

$$I_{hkl} = I_0 \exp\left[\left(-k_\mathrm{B}T/M\omega^2\right)G^2\right] . \tag{6.65}$$

In Bild 6.17 ist das Ergebnis einer Messung an Aluminium wiedergegeben. Da dieses Metall eine kubisch flächenzentrierte Struktur aufweist, treten keine (h00)-Röntgenreflexe mit ungeradem h auf (vgl. Übungsaufgabe in Kap. 4). Wie eben diskutiert, nimmt die Streuintensität mit zunehmender Indizierung der Ebenen und mit steigender Temperatur ab. Dabei werden die Unterschiede zwischen den Reflexen mit steigender Temperatur immer deutlicher. Der Intensitätsverlust beruht, wie soeben bemerkt, auf der inelastischen Streuung, die sich als diffuser Untergrund bemerkbar macht und mit wachsender Temperatur zunimmt.

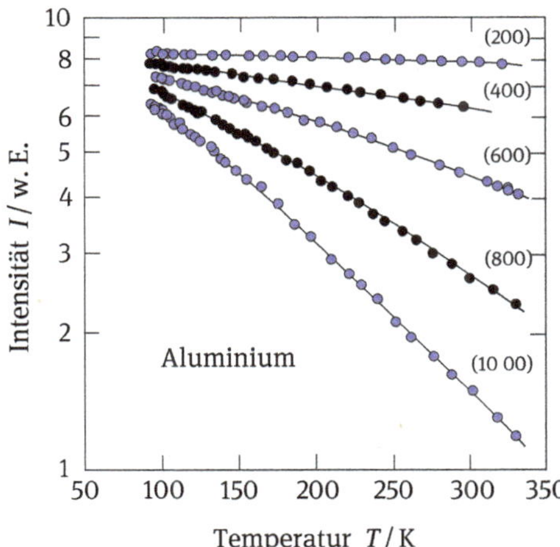

Abb. 6.17: Temperaturabhängigkeit der Streuintensität der (h00)-Reflexe von Aluminium. Wie erwartet fehlen die Reflexe mit ungeradem h. (Nach R.M. Nicklow, R.A. Young, Phys. Rev. **152**, 591 (1966).)

Gleichung (6.65) ist nur bei hohen Temperaturen gültig. Bei tiefen Temperaturen muss die Nullpunktbewegung der Atome berücksichtigt werden, weil $\langle u^2\rangle$ auch am absoluten

Nullpunkt nicht verschwindet. Da die Atome in einem dreidimensionalen harmonischen Potenzial mit der Nullpunktsenergie $3\hbar\omega/2$ schwingen, ergibt sich der Zusammenhang

$$I_{hkl} = I_0 \exp\left[(-\hbar/2M\omega)\,G^2\right] \,. \tag{6.66}$$

Setzen wir typische Zahlenwerte ($G = 5 \cdot 10^{10}\ \text{m}^{-1}$, $\omega = 5 \cdot 10^{13}\ \text{s}^{-1}$, $M = 10^{-25}$ kg) ein, so finden wir, dass bei $T = 0$ etwa 2,5 %, bei Zimmertemperatur ungefähr 4 % der Strahlung inelastisch gestreut werden.

6.3.4 Experimentell ermittelte Dispersionskurven

Anhand der experimentell ermittelten Dispersionskurven von Kupfer, Lithiumfluorid und Silizium wollen wir die vorangegangen theoretischen Überlegungen überprüfen. Wie die mit Hilfe der inelastischen Neutronenstreuung gemessenen Dispersionskurven zeigen, weisen Kristalle mit einatomiger Basis nur akustische Zweige auf. Als Beispiel hierfür sind in Bild 6.18 die Dispersionskurven von Kupfer wiedergegeben. Aufgetragen sind die Phononzweige in $[\bar{1}00]$-, $[110]$- und $[111]$-Richtung des kubisch flächenzentrierten Gitters. Die Kurvenverläufe machen deutlich, dass für diese ausgezeichneten Richtungen die Näherung mit Hilfe einer linearen Kette bereits zu guten Ergebnissen führt. In $[\bar{1}00]$- und $[111]$-Richtung sind die beiden senkrecht zueinander polarisierten transversalen Zweige entartet. Erfolgt die Ausbreitung der Gitterwellen jedoch nicht in eine Richtung mit hoher Symmetrie, so treten wie in $[110]$-Richtung drei unterschiedliche Zweige auf. Die durchgezogenen Kurven in der Abbildung sind theoretische Dispersionskurven, deren Übereinstimmung mit den experimentellen Daten beein-

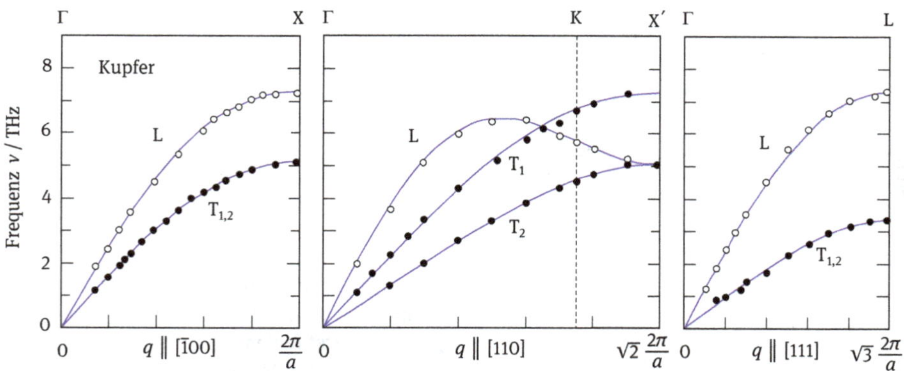

Abb. 6.18: Phononen-Dispersionskurven von Kupfer. Die durchgezogenen Kurven geben berechnete Dispersionsverläufe wieder, die Messwerte sind durch Kreise und Punkte dargestellt. Mit L, T_1 und T_2 sind die longitudinalen und die beiden transversalen Zweige gekennzeichnet. Die gestrichelte Linie gibt das Ende der Brillouin-Zone in [110]-Richtung an. (Nach E.C. Svensson et al., Phys. Rev. **155**, 619 (1967).)

druckend ist. Bei ihrer Berechnung wurde die Wechselwirkung bis zu den viertnächsten Nachbarn berücksichtigt.

Bei den Bildern fällt auf, dass die Dispersionskurven abhängig von der Ausbreitungsrichtung der Gitterwellen bei verschiedenen Werten des Wellenvektors enden. Der Grund für diese Art der Darstellung soll anhand von Bild 6.19 erläutert werden. Dort sind zwei gegeneinander verschobene Brillouin-Zonen eines kubisch flächenzentrierten Gitters gezeigt. Ebenfalls eingezeichnet sind zwei nicht-primitive Elementarzellen des reziproken Gitters, die zum kubisch flächenzentrierten Gitter gehören. Der Mittelpunkt der ersten Elementarzelle fällt mit dem Γ-Punkt zusammen, die zweite ist um den Vektor $(\frac{1}{2}, \frac{1}{2}, -\frac{1}{2})$ dagegen verschoben. Die Kantenlänge des Würfels der reziproken Elementarzelle ist $4\pi/a$. Geht man nun, wie in Bild 6.19 angedeutet, in $[\bar{1}00]$-Richtung, so trifft man nach der Strecke $2\pi/a$ am X-Punkt auf die Grenze der Brillouin-Zone. In [111]-Richtung erreicht man den L-Punkt und damit die Grenze der Brillouin-Zone beim Wert $\sqrt{3}\pi/a$. In [110]-Richtung verlässt man die Brillouin-Zone am K-Punkt. Die Dispersionskurven in Bild 6.18 sind bis zum X-Punkt der wiederholten Brillouin-Zone fortgesetzt, bei dem der Wellenvektor dann den Wert $2\sqrt{2}\,\pi/a$ besitzt.

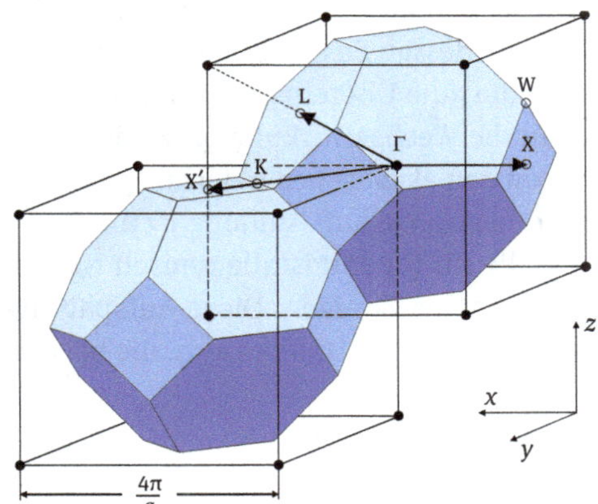

Abb. 6.19: Brillouin-Zonen eines kubisch flächenzentrierten Kristalls. Es sind zwei benachbarte Brillouin-Zonen sowie zwei nicht-primitive Einheitszellen dargestellt. Die Pfeile geben die Richtungen an, entlang denen die in Bild 6.18 gezeichneten Kurven gemessen wurden.

Sehen wir uns die Ausbreitung der Gitterwellen längs der ΓX-Richtung etwas genauer an. Da der X-Punkt in der Mitte zwischen zwei reziproken Gitterpunkten liegt, ist der Verlauf der Dispersionskurven beim Überschreiten der Grenze der Brillouin-Zonen symmetrisch, so wie wir es vom eindimensionalen Fall her kennen. Betrachten wir den Weg vom Γ- zum X′-Punkt, so sehen wir, dass der K-Punkt nicht in der Mitte zwischen zwei reziproken Gitterpunkten liegt. Der Verlauf der Dispersionskurve ist daher beim Überschreiten der Grenze nicht symmetrisch, obwohl sich der K-Punkt auf der Grenze der Brillouin-Zone befindet. Da die betrachtete Richtung eine zwei-zählige Drehachse enthält, unterscheiden sich die Dispersionskurven der beiden transversalen Wellen T_1 und T_2.

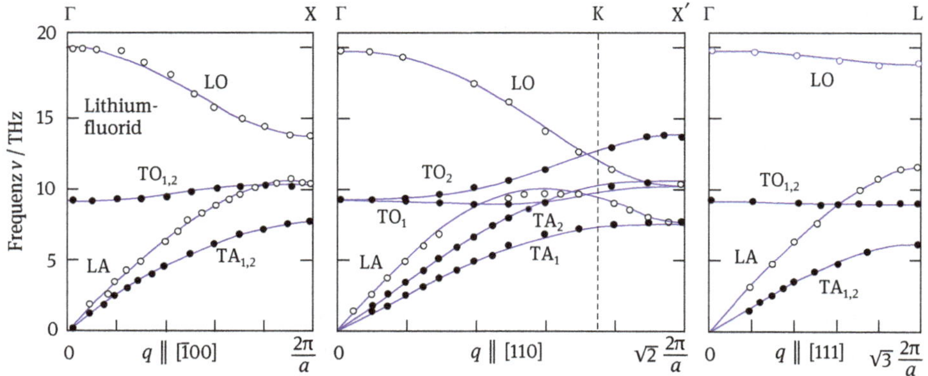

Abb. 6.20: Phononen-Dispersionskurven von Lithiumfluorid. Es sind die theoretischen und experimentellen Verläufe wiedergegeben. Die Phononenzweige sind mit LA, TA, LO und TO bezeichnet, wobei der erste Buchstabe für die Polarisation und der zweite für *akustisch* bzw. *optisch* steht. (Nach G. Dolling et al., Phys. Rev. **168**, 970 (1968).)

In Bild 6.20 sind die theoretischen und experimentellen Dispersionskurven des kubisch flächenzentrierten Lithiumfluorids zu finden, dessen Basis aus den beiden Ionen Li^+ und F^- besteht. Bemerkenswert ist wieder die gute Übereinstimmung zwischen Theorie und Experiment, insbesondere, da nur die Wechselwirkung bis zu den übernächsten Nachbarn berücksichtigt wurde. Neben den akustischen treten aufgrund der zweiatomigen Basis noch drei optische Phononenzweige auf. Auffällig ist die starke Aufspaltung der optischen Zweige bei $\mathbf{q} \approx 0$, die für Ionenkristalle typisch ist. Der longitudinale Zweig liegt weit über den transversalen Zweigen. Diese Aufspaltung ist eine Folge der Coulomb-Wechselwirkung zwischen den Untergittern, die bei den

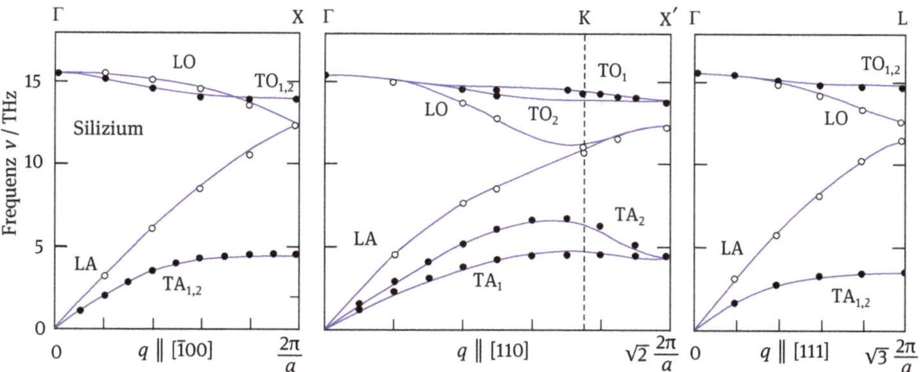

Abb. 6.21: Phononen-Dispersionskurven von Silizium. Es sind die theoretischen und experimentellen Verläufe wiedergegeben. Die Phononenzweige sind wie in Bild 6.20 bezeichnet. (Nach P. Giannozzi et al., Phys. Rev. B **43**, 7231 (1991).)

longitudinalen Schwingungen zu einer makroskopischen Polarisation führt, auf die wir in Abschnitt 13.3 eingehen werden. Tritt bei der Gitterschwingung dagegen kein Dipolmoment auf, so sind bei kubischen Kristallen am Γ-Punkt alle optischen Schwingungen entartet. Die hohe Symmetrie bewirkt, dass die Kraftkonstanten unabhängig von der Auslenkungsrichtung sind. Ein Beispiel hierfür ist das Schwingungsspektrum von Silizium, das in Bild 6.21 gezeigt ist.

6.3.5 Lichtstreuung

Bisher sind wir immer davon ausgegangen, dass bei Streuexperimenten die Wellenlänge der einfallenden Strahlung kleiner als der Gitterabstand ist. Erwartet man auch Streuung im umgekehrten Fall? Wie wir sehen werden, ist dies durchaus möglich. Für *sichtbares Licht*, mit dem wir uns hier beschäftigen, lässt sich die Streubedingung (6.56) vereinfachen. Weil die Energie der Photonen sehr viel größer ist als die der Phononen, werden die Energie und damit auch die Wellenzahl der Photonen bei der Erzeugung oder Vernichtung von Phononen nur unwesentlich verändert. Da die Wellenzahl k_0 des Lichtes ungefähr einem Tausendstel der Ausdehnung der Brillouin-Zone entspricht, spielt sich die Lichtstreuung in der Umgebung des Γ-Punkts ab. Damit können wir für die Lichtstreuung Gleichung (6.56) vereinfachen und schreiben

$$\mathbf{k} = \mathbf{k}_0 \pm \mathbf{q} \,. \tag{6.67}$$

In der klassischen Beschreibung des Streuvorgangs ruft die einfallende Welle in jedem Atom ein oszillierendes Dipolmoment hervor, das dann selbst eine Welle abstrahlt, deren Intensität bekanntlich proportional zu ω^4 ansteigt.

Rayleigh-Streuung. Findet die Wechselwirkung des Lichts mit dem Festkörper ohne Phononenbeteiligung statt, so dürfen wir in (6.67) zusätzlich $\hbar\mathbf{q} = 0$ setzen. Diesen *elastischen* Streuprozess, bei dem keine Frequenzverschiebung auftritt, bezeichnet man als **Rayleigh-Streuung**. Aus (6.67) folgt unmittelbar die einfache, aber erstaunliche Beziehung $\mathbf{k} = \mathbf{k}_0$, d.h., es tritt nur Streuung in *Vorwärtsrichtung* auf, in den übrigen Raumrichtungen sollte kein Streulicht zu beobachten sein. Oder anders ausgedrückt: in idealen Kristallen löschen sich die Streubeiträge der einzelnen Atome, außer in Vorwärtsrichtung, durch Interferenz exakt aus. Dies ist eine ungewöhnliche Art, die Ausbreitung von Licht in Kristallen zu beschreiben. Die Quasiimpulserhaltung beruht auf der Translationssymmetrie des Gitters, die jedoch durch Defekte gestört wird. Diese wirken dann als Streuzentren, da sich aufgrund ihrer irregulären Anordnung die Streuwellen nicht wegmitteln. In realen Kristallen tritt daher immer Rayleigh-Streuung auf. Entsprechendes gilt für amorphe Festkörper, da dort die Erhaltung der Wellenvektoren nicht gewährleistet ist.

Raman- und Brillouin-Streuung. Ist in Gleichung (6.67) $\mathbf{q} \neq 0$, so werden, wie in Bild 6.22 dargestellt, beim Streuprozess Phononen erzeugt oder vernichtet. Verschiebt sich die Wellenlänge des gestreuten Lichts zu größeren Wellenlängen, so spricht man von einem **Stokes-Prozess,**[18] wird es kurzwelliger, so handelt es sich um einen **Anti-Stokes-Prozess.** Die Streuung unter Mitwirkung von *akustischen* Phononen bezeichnet man als *Brillouin-*, die Streuung an *optischen* Phononen als *Raman-Streuung*.

Abb. 6.22: Darstellung der Wellenvektoren bei der Lichtstreuung. **a)** Phononenerzeugung, **b)** Phononenvernichtung.

Wie erwähnt spielt der reziproke Gittervektor bei der Lichtstreuung keine Rolle. Wir nutzen Gleichung (6.67) und schreiben: $q^2 = k_0^2 + k^2 - 2kk_0 \cos \vartheta$. Weil die Energie der Phononen verglichen mit der Photonenenergie vernachlässigt werden kann, ändert der Streuprozess die Energie und damit den Betrag des Photonenimpulses kaum, so dass wir $k_0^2 \approx k^2$ und $q^2 \approx 2k_0^2(1 - \cos \vartheta) = 4k_0^2 \sin^2(\vartheta/2)$ schreiben können. Für die Wellenzahl q der beteiligten Phononen ergibt sich somit

$$q = 2k_0 \sin \frac{\vartheta}{2} \,. \tag{6.68}$$

Wie bereits betont, sind aufgrund der kleinen Wellenzahl der beteiligten Photonen nur Phononen in der unmittelbaren Nachbarschaft des Γ-Punktes an der Lichtstreuung beteiligt, während bei der inelastischen Neutronenstreuung alle Wellenvektoren zugänglich sind. Die kleinen Frequenzänderungen $\Delta\omega = (\omega - \omega_0) = \pm\omega_{\mathbf{q}}$ werden mit hochauflösenden Spektrometern nachgewiesen.

Betrachten wir zunächst die Lichtstreuung an optischen Phononen, also die **Raman-Streuung**[19], etwas genauer. Bei derartigen Messungen wird die Probe mit einem Laser durchstrahlt und das gestreute Licht üblicherweise mit einem Doppelmonochromator analysiert. Da die Dispersionskurve der optischen Phononen am Γ-Punkt ein Extremum aufweist, hängt die Frequenz der wechselwirkenden Phononen kaum vom Wellenvektor ab. Die beobachtete Linienverschiebung ist damit praktisch unabhängig von der Beobachtungsrichtung. Typische Frequenzänderungen

---

18 George Gabriel Stokes, *1819 Skreen, County Sligo, †1903 Cambridge

19 Chandrasekhara Venkata Raman, *1888 Tiruchirappalli, †1970 Bangalore, Nobelpreis 1930

$\Delta\nu$ liegen im Bereich von einigen hundert bis etwa $1000\,\mathrm{cm}^{-1}$, sind also von der Größenordnung 10 THz.[20]

In den beiden folgenden Abbildungen sind Messungen der Raman-Streuung an Germanium und Silizium gezeigt. Beide Kristalle weisen eine zweiatomige Basis und somit drei optische Phononenzweige auf. Wie man in Bild 6.21 am Beispiel von Silizium sehen kann, fallen bei nicht-polaren kubischen Kristallen am Γ-Punkt die Dispersionskurven der longitudinalen und transversalen optischen Phononen zusammen, so dass man in der Raman-Streuung nur eine Stokes- bzw. Anti-Stokes-Linie beobachtet. In Bild 6.23 sind die Stokes-Linien von vier verschiedenen Germaniumkristallen abgebildet. Einer der Kristalle bestand aus natürlichem Germanium, während die übrigen drei isotopenrein waren. Wie Gleichung (6.39) erwarten lässt, ist die Frequenz der optischen Phononen am Γ-Punkt und damit auch die Raman-Verschiebung proportional zu $M^{-1/2}$.

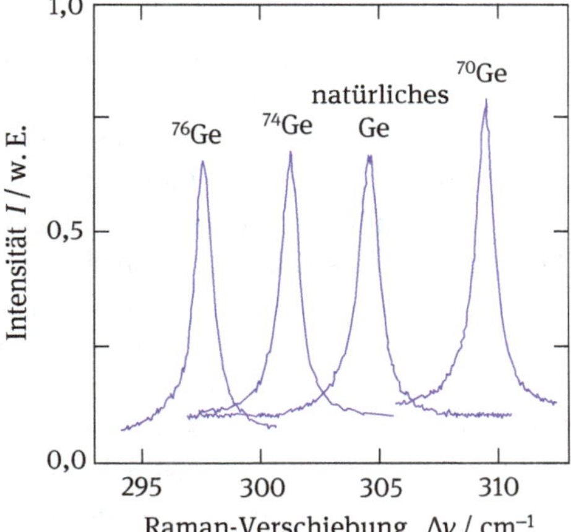

Abb. 6.23: Raman-Spektren von isotopenreinem und natürlichem Germanium bei 80 K. Die Verschiebung der Raman-Linie ist in guter Näherung proportional zu $M^{-1/2}$. Die unverschobene Rayleigh-Linie ist nicht zu sehen, da der Nullpunkt der Frequenzverschiebung nicht abgebildet ist. (Nach T. Ruf et al., Phys. Bl. **52**, 1115 (1996).)

In Bild 6.24 sind Raman-Linien von Silizium zu sehen, die bei unterschiedlichen Temperaturen aufgenommen wurden. Aufgrund der leichten Anharmonizität des Gitters (vgl. Abschnitt 7.1) hängt sowohl die Lage als auch die Breite dieser Linien von der Temperatur ab. Deutlich erkennbar ist eine Asymmetrie in der Streuintensität von Stokes- und Anti-Stokes-Linie. Da 15 THz einer thermischen Energie von etwa 700 K entsprechen, sind selbst bei 770 K noch wenig Phononen mit der hohen Frequenz angeregt, die für den Anti-Stokes-Prozess erforderlich sind. Bei 20 K ist diese Linie überhaupt nicht mehr beobachtbar, denn bei so tiefen Temperaturen fehlen Phononen dieser Energie vollständig.

20 In diesem Arbeitsgebiet ist es üblich, die Frequenzverschiebung in reziproken Wellenlängen, d.h. in cm^{-1} anzugeben. Die Umrechnung lautet $\Delta\nu/c = \lambda^{-1}$, wobei c für die Lichtgeschwindigkeit steht.

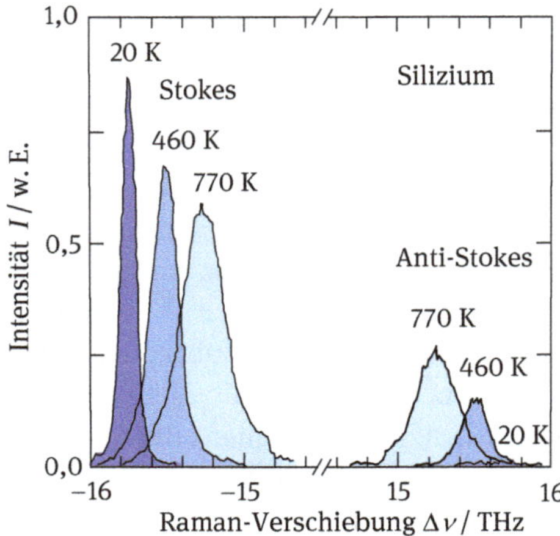

Abb. 6.24: Raman-Spektrum von Silizium bei unterschiedlichen Temperaturen. Der Nullpunkt der Frequenzverschiebung ist unterdrückt. (Nach T.R. Hart et al., Phys. Rev. B **1**, 638 (1970).)

In den Raman-Spektren werden aber nicht alle Linien beobachtet, die aufgrund von Energie- und Impulserhaltung erlaubt wären. Voraussetzung für ihr Auftreten ist eine nicht verschwindende Kopplung zwischen Phononen und Photonen. Wie bereits erwähnt, ruft die einfallende Lichtwelle über die elektrische Suszeptibilität (vgl. auch Abschnitt 13.3) der Atome eine mit der Lichtfrequenz oszillierende Polarisation hervor. Zur *Raman-Streuung* kommt es, wenn die Gitterschwingungen eine Modulation dieser Polarisation bewirken. Klassisch betrachtet ist damit die Abstrahlung einer elektromagnetischen Welle mit der Summen- bzw. Differenzfrequenz der beiden Schwingungen verbunden, wobei die gestreute Welle eine charakteristische Richtungs- und Polarisationsabhängigkeit aufweist. Bei der *Infrarotabsorption* erfolgt die Kopplung über das oszillierende Dipolmoment, das von den Phononen hervorgerufen wird. Mit Hilfe von Symmetrieüberlegungen lassen sich für beide Effekte die Auswahlregeln herleiten. Für Kristalle mit Inversionssymmetrie gilt streng, dass sich Infrarotabsorption und Raman-Streuung gegenseitig ausschließen. So beobachtet man bei Ionenkristallen mit NaCl-Struktur eine starke Infrarotabsorption, aber keine Raman-Streuung, während es bei Silizium gerade umgekehrt ist.

Die **k**-Erhaltung (6.67) ist in modifizierter Form gültig, wenn *zwei* Phononen am Streuprozess beteiligt sind. Die neue Bedingung für die Wellenvektoren lautet dann $(\mathbf{k} - \mathbf{k}_0) = (\mathbf{q}_1 + \mathbf{q}_2)$. Sind die Wellenvektoren der beiden Phononen nahezu entgegengerichtet, ist also $\mathbf{q}_1 \approx -\mathbf{q}_2$, so kann die Quasiimpulserhaltung bei der Lichtstreuung erfüllt werden, selbst wenn am Streuprozess Phononen mit großen Wellenzahlen beteiligt sind. Die Einschränkung des Streuprozesses auf die engste Umgebung des Γ-Punktes entfällt, doch sind bei Beteiligung von zwei Phononen die auftretenden Streuintensitäten aus Gründen, die wir bei der Diskussion des Debye-Waller-Faktors angeführt haben, vergleichsweise gering. Dennoch ist die *Raman-Streuung 2. Ordnung* beobachtbar und erlaubt zum Beispiel eine Bestimmung der Zahl der thermisch angeregten Phononen (vgl. Abschnitt 6.4).

Da die Quasiimpulserhaltung auf der Translationsinvarianz des Kristallgitters beruht, gilt sie nicht für amorphe Festkörper. In diesen Materialien können daher alle Phononen am Raman-Prozess 1. Ordnung teilnehmen. Folglich treten keine wohldefinierten, engen Linien wie in Kristallen auf, sondern stark verbreiterte Maxima. Zusätzlich entfallen die Symmetrieargumente, die bei vielen Kristallen das gleichzeitige Auftreten von Infrarotabsorption und Raman-Streuung ausschließen. In amorphen Festkörpern kann man daher beide Effekte gleichzeitig beobachten.

Wir betrachten nun die **Brillouin-Streuung** etwas genauer. Aus Gründen der Quasiimpulserhaltung können auch bei derartigen Experimenten nur langwellige akustische Phononen beteiligt sein. Da für diese die Dispersionsrelation $\omega = vq$ gilt, hängt bei der Brillouin-Streuung die Frequenz der streuenden Phononen vom Streuwinkel ϑ ab. Wie aus (6.68) folgt, liegen die typischen Frequenzänderungen $\Delta\nu$ im Bereich von 20 GHz. Zur Messung der relativ kleinen Frequenzänderungen wird im Allgemeinen die Probe mit einem frequenzstabilisierten Laser durchstrahlt und das Streulicht mit einem hochauflösenden *Fabry-Pérot-Interferometer*,[21,22] das in hoher Ordnung betrieben wird, analysiert. Die Spektren wiederholen sich deshalb periodisch als Funktion des Plattenabstands und überschneiden sich bei den meisten Experimenten teilweise. Von Interesse ist aber immer nur *ein* Satz von Linien, der zu *einer* Ordnung gehört. In Bild 6.25 ist eine Messung an Indiumantimonid gezeigt, in der neben der Rayleigh-Linie (R), die durch experimentelle Vorkehrungen um viele Größenordnungen unterdrückt wurde, alle drei akustischen Phononenzweige LA, TA_1 und TA_2 beobachtet werden konnten. Die zu einer Ordnung gehörenden Linien sind durch hellblaue Tönung hervorgehoben

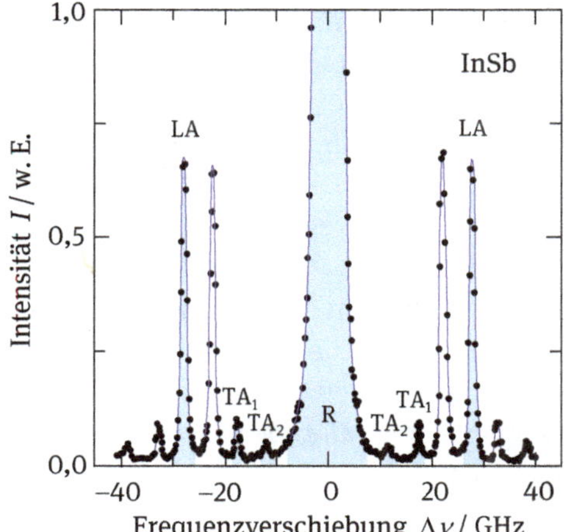

Abb. 6.25: Brillouin-Spektrum von Indiumantimonid. Die Messwerte, die zu einer Ordnung gehören, sind hellblau markiert und mit LA, TA_1 und TA_2 bezeichnet. Die dominierende zentrale Linie R rührt von der Rayleigh-Streuung her. (Nach J.R. Sandercock, *Proc. 2nd Int. Conf. Light Scattering in Solids*, M. Balkanski, ed., Flammarion Paris, 1971)

21 Maurice Paul Auguste Charles Fabry, *1867 Marseille, †1945 Paris

22 Jean-Baptiste Alfred Pérot, *1863 Metz, †1925 Paris

Wie eine kurze Betrachtung zeigt, besteht ein enger formaler Zusammenhang zwischen der Brillouin-Streuung und der Bragg-Reflexion. Entsprechend der Festlegung des Streuwinkels θ in der Röntgenbeugung und ϑ bei der Lichtstreuung, gilt $\vartheta/2 = \theta$. Damit lässt sich Gleichung (6.68), die für die Lichtstreuung gültig ist, wie folgt umschreiben:

$$q = 2k_0 \sin\theta \qquad \text{und} \qquad \lambda_0 = 2\lambda_q \sin\theta \,. \tag{6.69}$$

Hierbei ist λ_0 die Licht- und λ_q die Schallwellenlänge.[23] Der Vergleich mit der Bragg-Bedingung (4.24) zeigt, dass bei der Lichtstreuung an die Stelle der Streudichtevariation die Dichtevariation tritt, die von den Schallwellen verursacht wird. Die Wellenfronten entsprechen daher den Gitterebenen bei der Bragg-Streuung. Die Phononen modulieren periodisch den Brechungsindex, wodurch es zur Beugung des einfallenden Lichts kommt. In dieser Darstellung wird die Frequenzverschiebung des Lichts durch den Doppler-Effekt bewirkt, den die laufenden Schallwellen hervorrufen. Da die Phononen nur kleine Schwankungen des Brechungsindexes verursachen, ist die Intensität des gestreuten Lichts sehr klein.

6.4 Spezifische Wärmekapazität

Die spezifische Wärme ist eine wichtige thermodynamische Größe, die in dielektrischen Festkörpern weitgehend durch die thermisch angeregten Phononen bestimmt wird. Ihre korrekte Beschreibung ist ein Prüfstein für die Theorie der Gitterschwingungen. Aus experimentellen Gründen wird die spezifische Wärme von Festkörpern bei konstantem Druck gemessen, d.h., es wird C_p bestimmt. Zur theoretischen Beschreibung geeigneter ist jedoch die spezifische Wärme bei konstantem Volumen, die über die Gleichung $C_V = (\partial U/\partial T)_V$ direkt mit der inneren Energie U verknüpft ist. Die beiden wichtigen Größen sind über die thermodynamische Beziehung $(C_p - C_V) = \alpha_V^2 VTB$ miteinander verbunden, wobei α_V für den thermischen Volumen-Ausdehnungskoeffizienten und B für den Kompressionsmodul steht. Während in Gasen die Differenz $(C_p - C_V)$ relativ groß ist, unterscheiden sich C_V und C_p bei Festkörpern wegen der vergleichsweise geringen thermischen Ausdehnung nur geringfügig.

Die Temperaturabhängigkeit wie auch der Absolutwert der spezifischen Wärme weisen einige charakteristische Merkmale auf. Der typische Verlauf ist in Bild 6.26 festgehalten, in dem Messungen an Diamant aus dem vorletzten Jahrhundert wiedergegeben sind. Von tiefen Temperaturen kommend steigt die spezifische Wärme bei allen Kristallen zunächst rasch an und nähert sich dann einem konstanten Wert, der

23 Es ist zu beachten, dass mit λ_0 die Wellenlänge des Lichts *in der Probe* gemeint ist. Es muss also noch der Brechungsindex des Festkörpers berücksichtigt werden.

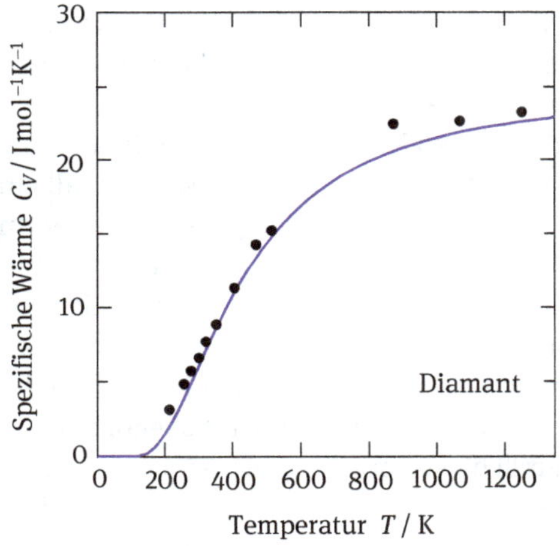

Abb. 6.26: Molare Wärmekapazität von Diamant als Funktion der Temperatur. Die durchgezogene Kurve gibt den von Einstein errechneten Verlauf wieder. (Nach A. Einstein, Ann. Phys. **327**, 180 (1907). Die Messdaten stammen von F.H. Weber, Ann. Phys. **230**, 367 (1875).)

durch das **Dulong-Petit-Gesetz**[24,25] $C_V = 3N_A k_B = 3R_m \approx 24{,}94\,\mathrm{J\,mol^{-1}\,K^{-1}}$ gegeben ist. Hierbei steht N_A für die Avogadro- und R_m für die Gaskonstante.

Der prinzipielle Verlauf, insbesondere die beobachtete starke Abnahme der spezifischen Wärme mit abnehmender Temperatur, wurde 1907 von *A. Einstein* erklärt. Er nahm an, dass die Atome des Festkörpers als ungekoppelte, harmonische Oszillatoren mit entsprechender einheitlicher Eigenfrequenz aufgefasst werden können. Entscheidend ist dabei, dass sich die Energie der Oszillatoren nicht dem Gleichverteilungssatz der klassischen Physik folgend kontinuierlich ändern kann, sondern gequantelt ist. Die spezifische Wärme muss bei tiefen Temperaturen verschwinden, da die Oszillatoren nicht mehr zu Schwingungen angeregt werden, wenn die thermische Energie $k_B T$ kleiner als ihre Schwingungsenergie ist. Wir wollen hier nicht näher auf das *Einsteinsche Modell der spezifischen Wärme* eingehen, das bei tiefen Temperaturen einen zu kleinen Wert vorhersagt, sondern gleich berücksichtigen, dass die Atome der Festkörper untereinander gekoppelt sind. Wie wir in Abschnitt 6.2 gesehen haben, bewirkt die Kopplung, dass das Spektrum der Gitterschwingungen bis zu kleinen Frequenzen reicht, deren Berücksichtigung zu einer deutlich verbesserten Beschreibung der spezifischen Wärme führt.

6.4.1 Zustandsdichte der Phononen

Die bisherige Diskussion könnte den Eindruck erweckt haben, dass zwar bei den Gitterschwingungen der Zusammenhang zwischen Frequenz und Wellenvektor durch die Dispersionsrelationen vorgegeben ist, die Wellenvektoren selbst aber kontinuier-

---

24 Pierre Louis Dulong, *1785 Rouen, †1838 Paris
25 Alexis Thérèse Petit, *1791 Vesoul, †1820 Paris

lich veränderliche Größen sind. Die endliche Ausdehnung einer Probe und die damit verbundene endliche Anzahl von Atomen schränkt jedoch die Zahl der möglichen Eigenschwingungen ein, für deren Berechnung die Randbedingungen bekannt sein müssen. Wir wollen hier zunächst die **periodischen Randbedingungen** (oder Born-von-Kármán-Randbedingungen)[26] betrachten. Ausgangspunkt ist in diesem Fall ein makroskopischer Kristall endlicher Größe in Form eines Parallelepipeds. Nun setzen wir diesen Kristall in alle Richtungen periodisch fort. Dabei soll in jeder „Kopie" zu jedem Zeitpunkt dieselbe momentane Atomanordnung und somit derselbe Schwingungszustand herrschen, so dass die Festkörpereigenschaften im Raum periodisch wiederkehren. Dadurch entsteht ein unendlich ausgedehnter Gesamtkristall mit der vollen Translationssymmetrie eines idealen Kristalls. Der Einfluss der Probenoberfläche auf die physikalischen Eigenschaften ist durch diese Vorgehensweise unterdrückt.

Wir betrachten zunächst einen Würfel mit der Kantenlänge L eines kubischen Kristalls. Die atomaren Auslenkungen $\mathbf{u}(\mathbf{r},t) = \mathbf{U_q}\,\mathrm{e}^{-\mathrm{i}(\omega_q t - \mathbf{q}\cdot\mathbf{r})}$, die von den Phononen hervorgerufen werden, sollen der periodischen Randbedingung

$$u(x,y,z,t) = u(x+L,y,z,t) = u(x,y+L,z,t) = u(x,y,z+L,t) \tag{6.70}$$

unterliegen. Setzt man in diese Gleichungen den Ausdruck für die Auslenkung der Atome ein, so erhält man beispielsweise für die x-Richtung

$$\mathrm{e}^{\mathrm{i}\mathbf{q}\cdot\mathbf{r}} = \mathrm{e}^{\mathrm{i}\mathbf{q}\cdot(x+L,\,y,\,z)} = \mathrm{e}^{\mathrm{i}\mathbf{q}\cdot\mathbf{r}} \cdot \mathrm{e}^{\mathrm{i}q_x L}\,. \tag{6.71}$$

Die Periodizität der atomaren Auslenkungen ist gewährleistet, wenn die x-Komponente der Wellenvektoren die Bedingung

$$q_x = \frac{2\pi}{L}\,m_x \tag{6.72}$$

erfüllt, denn dann gilt für jede ganze Zahl m_x die Beziehung $\exp(\mathrm{i}q_x L) = 1$. Entsprechende Ausdrücke gelten für die beiden anderen Raumrichtungen.

Wie im vorhergehenden Abschnitt gezeigt wurde, gibt es bei einem Kristall mit N Atomen $3N$ Lösungen der Bewegungsgleichung, also $3N$ Normal- oder Eigenschwingungen, die auf die einzelnen Zweige verteilt sind. Besteht unser Würfel aus $\mathcal{M}$ Elementarzellen pro Kantenlänge und enthält jede Elementarzelle p Atome, so gilt $3N = 3p\mathcal{N} = 3p\mathcal{M}^3$, wobei wir die Zahl der Elementarzellen mit $\mathcal{N}$ bezeichnet haben. Jeder Phononenzweig enthält also $\mathcal{N}$ Schwingungszustände. Daraus ergibt sich für die Quantenzahlen m_i die Einschränkung

$$-\frac{\mathcal{M}}{2} < m_i \leq \frac{\mathcal{M}}{2}\,. \tag{6.73}$$

Exakt $\mathcal{N}$ Schwingungszustände pro Zweig erhält man, wenn von den beiden Wellenvektoren mit den Quantenzahlen $\pm\mathcal{M}/2$ nur einer mitgezählt wird. Der Grund hierfür ist,

26 Theodore von Kármán, *1881 Budapest, †1963 Aachen

dass, wie man durch Einsetzen leicht zeigen kann, beide Vorzeichen zu identischen Atomauslenkungen führen.

Ein unmittelbar einsichtiges, wenn auch nicht sehr realistisches Vorgehen besteht darin, den Bewegungszustand der Randatome fest vorzugeben, sie z.B. als unbeweglich oder frei beweglich zu betrachten. Dies führt zu den **festen Randbedingungen**. Der wichtigste Unterschied zwischen periodischen und festen Randbedingungen besteht darin, dass im ersten Fall laufende und im zweiten stehende Wellen zugelassen werden. Da bei stehenden Wellen die Periodizität durch die halbe Wellenlänge vorgegeben ist, gilt anstelle (6.72) die Beziehung $q_i = \pi m_i/L$. Weiterhin treten nun nur positive Vorzeichen auf, so dass statt (6.73) die Bedingung $0 < m_i \leq \mathcal{M}$ tritt. Da es aber, wie wir gleich sehen werden, in erster Linie auf die Zahl der Zustände in einem Frequenzintervall ankommt, ist diese Unterscheidung zwischen den beiden Randbedingungen bei makroskopischen Proben unerheblich. Ist die Zahl der Atome in einer Probe jedoch klein, dann spielen die exakten Randbedingungen für die Gitterschwingungen eine wichtige Rolle. Doch erweist sich beispielsweise bei Nanostrukturen oder dünnen Filmen meist bereits die exakte Spezifizierung der Randbedingungen als problematisch.

Nun gehen wir zurück zu den periodischen Randbedingungen und übertragen unsere Überlegungen auf nicht-kubische Gitter. Ausgangspunkt ist ein endlicher Kristall mit jeweils $\mathcal{M}$ Elementarzellen in Richtung der drei Basisvektoren. Um den periodischen Randbedingungen zu genügen, müssen die Wellenvektoren die zu (6.71) analoge Bedingung erfüllen. Somit gilt nun

$$e^{i\mathcal{M}\mathbf{q}\cdot\mathbf{a}_1} = e^{i\mathcal{M}\mathbf{q}\cdot\mathbf{a}_2} = e^{i\mathcal{M}\mathbf{q}\cdot\mathbf{a}_3} = 1\,. \tag{6.74}$$

Ein Vergleich mit der Definition des reziproken Gitters verdeutlicht, dass für die erlaubten Wellenvektoren der Zusammenhang

$$\mathbf{q} = \sum_{i=1}^{3} \frac{m_i\,\mathbf{b}_i}{\mathcal{M}} \tag{6.75}$$

gelten muss. Hierbei steht $\mathbf{b}_i$ für die Basisvektoren des reziproken Gitters. Der Maximalwert von m_i ist wiederum durch $\mathcal{M}/2$ gegeben. Damit verknüpft sind die maximalen Wellenvektoren $\mathbf{q}_i^{\max} = \mathbf{b}_i/2$ in Richtung der Achsen des reziproken Gitters. Entsprechendes gilt auch für Wellenvektoren mit negativen Vorzeichen. Die Basisvektoren $\mathbf{b}_i$ definieren eine Elementarzelle des reziproken Gitters, die wir so legen, dass ihr Zentrum mit dem Gittervektor (000) zusammenfällt. In diesem Parallelepiped sind die erlaubten Zustände, wie in Bild 6.27 veranschaulicht, *gleichmäßig verteilt*.

Da alle erlaubten Wellenvektoren in *einer* Elementarzelle des reziproken Gitters liegen, ist ihre Dichte ϱ_q im reziproken Raum durch das Verhältnis Anzahl $\mathcal{N}$ der erlaubten Zustände zu Volumen $(2\pi)^3/V_Z$ der Elementarzelle des reziproken Gitters (vgl. Gleichung (4.14)) gegeben. Wir erhalten daher für die Dichte der erlaubten Zustände die wichtige Beziehung:

$$\varrho_q = \frac{\mathcal{N}}{(2\pi)^3/V_Z} = \frac{V}{(2\pi)^3}\,. \tag{6.76}$$

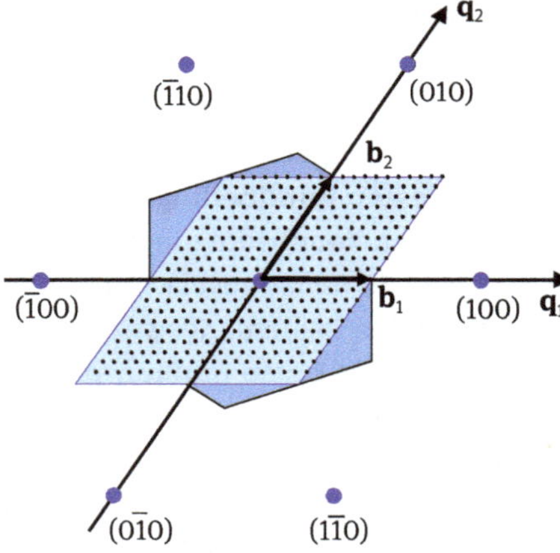

Abb. 6.27: Schnitt durch das reziproke Gitter eines „monoklinen Kristalls" mit 20 Elementarzellen pro Kantenlänge. Die großen Punkte spiegeln das reziproke Gitter, die kleinen die erlaubten q-Vektoren wider. Die Elementarzelle des reziproken Gitters mit den Basisvektoren $\mathbf{b}_1$ und $\mathbf{b}_2$ ist hellblau, die Brillouin-Zone im Hintergrund dunkelblau dargestellt.

Es ist bemerkenswert, dass die **Zustandsdichte im reziproken Raum** nur vom Probenvolumen und nicht von der Kristallstruktur abhängt. Ein weiterer wichtiger Aspekt ist, dass sich nichts an der physikalischen Aussage ändert, wenn wir eine andere Zelle derselben Größe wählen und dort die erlaubten Zustände unterbringen. Meist erweist sich die Wahl der 1. Brillouin-Zone als besonders vorteilhaft, die in Bild 6.27 ebenfalls eingezeichnet ist.

Wir wollen hier noch die Zustandsdichte im reziproken Raum für *niederdimensionale Systeme* angeben. Der Herleitung von ϱ_q ist direkt zu entnehmen, wie die Dimension des betrachteten Systems eingeht, so dass wir hier nur das Ergebnis festhalten. Für eine lineare Kette der Länge L bzw. für zweidimensionale Systeme mit der Fläche A findet man

$$\varrho_\mathrm{q}^{(1)} = \frac{L}{2\pi} \qquad \text{und} \qquad \varrho_\mathrm{q}^{(2)} = \frac{A}{(2\pi)^2}\,. \tag{6.77}$$

Im nächsten Schritt wollen wir die Dichte der Zustände von dreidimensionalen Systemen im Frequenzraum ermitteln. Diese Größe, die **Zustandsdichte** $\mathcal{D}(\omega)$, ist die entscheidende Größe bei der Berechnung der spezifischen Wärme, die durch die Zahl der Anregungen bestimmt wird, deren Energie vergleichbar mit der thermischen Energie ist. Gesucht ist also, wie in Bild 6.28 für den zweidimensionalen Fall gezeichnet, die Zahl der erlaubten Zustände im Frequenzintervall $\mathrm{d}\omega$, also zwischen den beiden Flächen $S(\omega)$ und $S(\omega + \mathrm{d}\omega)$ mit konstanter, leicht unterschiedlicher Frequenz. Im Prinzip müssen wir alle Zustände in dieser Frequenzschale aufsummieren. Weil die Zustände im reziproken Raum sehr dicht liegen, können wir diese Aufgabe vereinfachen, in dem wir die Summation durch eine Integration ersetzen. Die Zahl der erlaubten **q**-Werte in dem betrachten Frequenzintervall ist daher durch

$$\mathcal{D}(\omega)\,\mathrm{d}\omega = \varrho_\mathrm{q} \int\limits_{\omega=\mathrm{const.}}^{\omega+\mathrm{d}\omega=\mathrm{const.}} \mathrm{d}^3 q \tag{6.78}$$

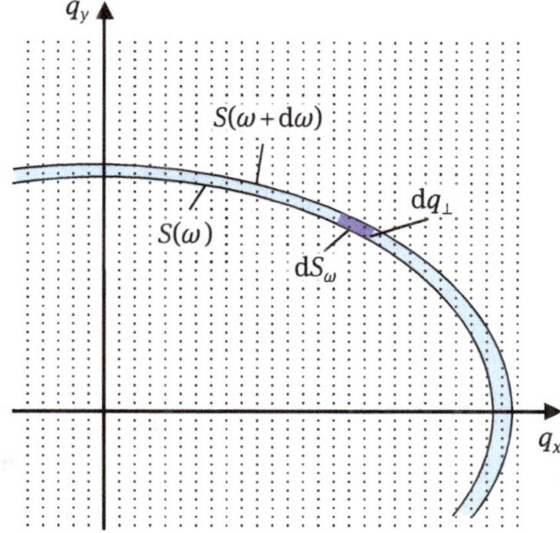

Abb. 6.28: Zur Berechnung der Zustandsdichte. Die Zustandsdichte erhält man, indem man die Zustände in der hellblauen Fläche zwischen $S(\omega)$ und $S(\omega + d\omega)$ aufsummiert. Das dunkelblaue Element besitzt das Volumen $dq_\perp\, dS_\omega$.

gegeben. Um diese allgemeine Formel tatsächlich nutzen zu können, drücken wir das Volumenelement durch $d^3q = dq_\perp dS_\omega$ aus. Hierbei steht dS_ω für das Element der Fläche $S(\omega)$ und $dq_\perp$ für den Abstand zwischen den beiden Flächen $S(\omega)$ und $S(\omega + d\omega)$. Zum Umformen von $dq_\perp$ benutzen wir die Definition der Gruppengeschwindigkeit. Für sie gilt $v_g = |d\omega/d\mathbf{q}| = |\mathrm{grad}_\mathbf{q}\,\omega| = |d\omega/dq_\perp|$ und somit $|dq_\perp| = d\omega/v_g$. Damit folgt aus (6.78) für die Zustandsdichte der Ausdruck:

$$\mathcal{D}(\omega)\,d\omega = \varrho_q\, d\omega \int\limits_{\omega=\mathrm{const.}} \frac{dS_\omega}{|\mathrm{grad}_\mathbf{q}\omega|} = \frac{V}{(2\pi)^3}\, d\omega \int\limits_{\omega=\mathrm{const.}} \frac{dS_\omega}{v_g}\,. \tag{6.79}$$

Im einfachsten Fall, nämlich bei isotropen Festkörpern, ist die Fläche konstanter Frequenz im reziproken Raum die Oberfläche einer Kugel, auf der die Gruppengeschwindigkeit konstant ist. Ist q der Radius dieser Kugel, so ergibt sich für die Zustandsdichte der einfache Zusammenhang

$$\mathcal{D}(\omega)d\omega = \varrho_q\, d\omega\, \frac{4\pi q^2}{v_g} = \frac{V}{2\pi^2}\, \frac{q^2}{v_g}\, d\omega\,. \tag{6.80}$$

Die Verteilung der Zustände im Frequenzraum wird offensichtlich im Wesentlichen von der Gruppengeschwindigkeit bestimmt. Je flacher die Dispersionskurve verläuft, desto dichter liegen die erlaubten Zustände im Frequenzraum. Dieser Sachverhalt ist in Bild 6.29 illustriert. Da die beiden herausgegriffenen Bereiche dq gleich groß sind, enthalten sie gleich viele erlaubten Zustände. Es ist offensichtlich, dass diese Zustände in unterschiedlich großen Frequenzbereichen untergebracht sind.

Im Allgemeinen muss jedoch die Richtungsabhängigkeit berücksichtigt werden. Die Zustandsdichte ist umso größer, je flacher die Dispersionskurve $\omega(\mathbf{q})$ verläuft, da damit eine Absenkung der Gruppengeschwindigkeit einhergeht. Im Phononenspektrum gibt es immer Frequenzbereiche, in denen die Dispersionskurve horizontal verläuft (vgl. Abschnitt 6.3) und die Gruppengeschwindigkeit verschwindet. Man spricht dann

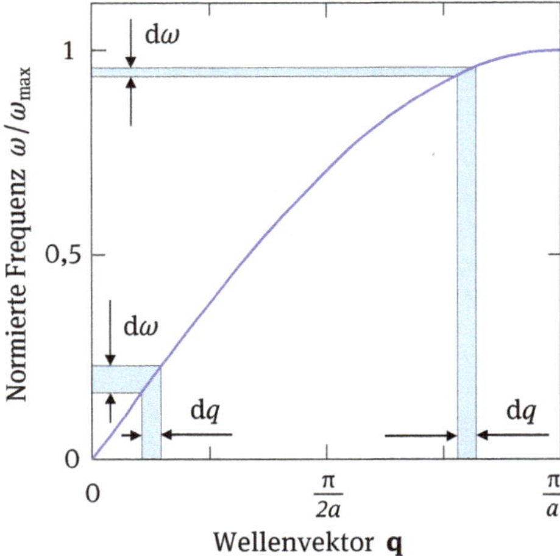

Abb. 6.29: Veranschaulichung der Zunahme der Zustandsdichte mit abnehmender Steigung der Dispersionskurve. Die beiden blau eingefärbten dq-Bereiche enthalten gleich viele erlaubte Zustände, die in unterschiedlich großen Frequenzintervallen untergebracht sind.

von *kritischen Punkten* oder **Van-Hove-Singularitäten.**[27] Bei einer linearen Kette, also bei eindimensionalen Systemen, divergiert die Zustandsdichte an dieser Stelle. In dreidimensionalen Festkörpern ist dies jedoch nicht der Fall. Zwar divergiert der Integrand in (6.79), aber nicht das Integral. Dies kann man zeigen, indem man die Dispersionskurve $\omega(\mathbf{q})$ in der Umgebung des kritischen Punktes mit der Frequenz ω_c in eine Taylor-Reihe entwickelt und die Integration durchführt. Im Falle eines lokalen Maximums der Dispersionskurve ergibt die Rechnung, dass die Zustandsdichte in der Umgebung des Maximums den parabolischen Verlauf $\mathcal{D}(\omega) \propto \sqrt{\omega_c - \omega}$ aufweist. Wie erwartet divergiert nicht die Zustandsdichte, sondern deren Ableitung $\mathrm{d}\mathcal{D}(\omega)/\mathrm{d}\omega \propto (\omega_c - \omega)^{-1/2}$. Tatsächlich gibt es vier verschiedene Typen von kritischen Punkten, nämlich lokale Maxima und lokale Minima sowie zwei verschiedene Typen von Sattelpunkten. Sie werden durch die folgenden Gleichungen beschrieben:

$$\underbrace{\mathcal{D}(\omega) = C\sqrt{(\omega - \omega_c)}}_{\text{Minimum}}\,, \qquad \underbrace{\mathcal{D}(\omega) = C\sqrt{(\omega_c - \omega)}}_{\text{Maximum}}\,, \tag{6.81}$$

und

$$\underbrace{\mathcal{D}(\omega) = D_0 - C\sqrt{(\omega - \omega_c)}}_{\text{Sattelpunkt 1}}\,, \qquad \underbrace{\mathcal{D}(\omega) = D_0 - C\sqrt{(\omega_c - \omega)}}_{\text{Sattelpunkt 2}}\,. \tag{6.82}$$

In Bild 6.30a sind die vier oben aufgeführten Typen von Van-Hove-Singularitäten schematisch dargestellt. Die ausgezeichneten Punkte sind mit M_1 und M_2 bzw. mit S_1 und S_2 bezeichnet und können leicht den vier Typen zugeordnet werden.

An dieser Stelle soll noch darauf hingewiesen werden, dass wir bisher immer nur die Zustandsdichte *eines* Zweigs betrachtet haben. Bei der Diskussion der Zustandsdichte von dreidimensionalen Proben muss natürlich über die Beiträge der einzelnen

27 Léon Van Hove, *1924 Brüssel, †1990 Genf

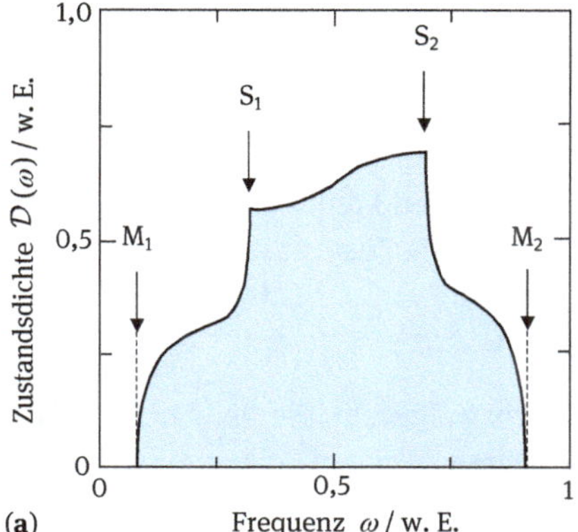

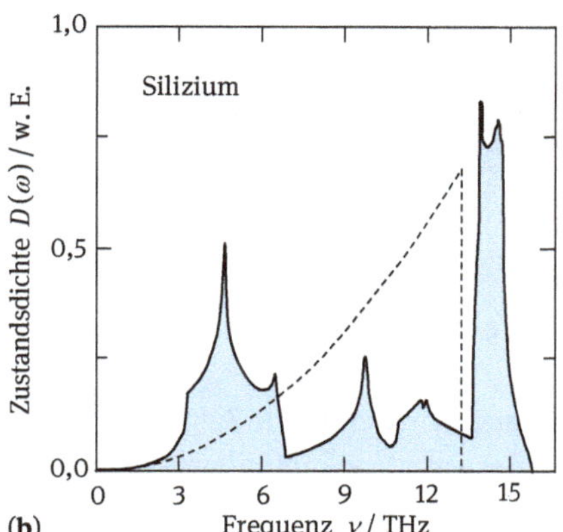

Abb. 6.30: a) Schematische Darstellung der Van-Hove-Singularitäten. Die Lage des Minimums M_1, Maximums M_2, Sattelpunkts S_1 und Sattelpunkts S_2 ist jeweils durch einen Pfeile markiert. **b)** Phononen-Zustandsdichte $D(\omega)$ von Silizium. Die gestrichelte Kurve gibt den Verlauf der Zustandsdichte in der Debye-Näherung wieder. (Nach W. Weber, Phys. Rev. B **15**, 4789 (1977).)

Phononenzweige summiert werden. Dies bedeutet, dass die tatsächlich auftretende Zustandsdichte $D(E)$ durch $D(E) = \sum_i \mathcal{D}_i(E)$ gegebenen ist, wobei $\mathcal{D}_i(E)$ für den Beitrag der einzelnen Zweige steht.

In Bild 6.30b ist die Zustandsdichte wiedergegeben, wie sie aus den in Bild 6.21 gezeigten Phononen-Dispersionskurven von Silizium errechnet wurde. Da sich die Beiträge von sechs Phononenzweigen überlagern, ist die Zuordnung von besonderen Merkmalen in der Zustandsdichte und der Dispersionskurve nicht immer einfach. Bei niedrigen Frequenzen verläuft die Zustandsdichte von Silizium zunächst quadratisch. Auf diesen typischen Verlauf gehen wir im folgenden Abschnitt ein. Die hohe Zustandsdichte oberhalb von 13 THz rührt von den optischen Phononen her, die nur ein relativ enges Frequenzband überstreichen. Gut zu erkennen ist die Van-Hove-Singularität beim Abfall der Zustandsdichte bei den höchsten Frequenzen. Zusätzlich ist in dieses Bild die Zustandsdichte eingezeichnet, die in der sogenannten *Debye-Näherung* benutzt wird, auf die wir nun eingehen.

Die Zustandsdichte lässt sich mit verschiedenen experimentellen Methoden, z.B. durch Raman-Streuung 2. Ordnung oder durch inkohärente inelastische Neutronenstreuung, direkt ermitteln oder aber bei vollständiger Kenntnis der Dispersionskurven durch Mittelung über alle Zweige und Raumrichtungen berechnen.

6.4.2 Spezifische Wärme in der Debye-Näherung

Wir wollen jetzt das Konzept der Zustandsdichte nutzen, um die spezifische Wärme von Festkörpern in der **Debye-Näherung** zu berechnen. Diese Näherung, die auf *P. Debye* zurückgeht, bezog sich in ihrer ursprünglichen Form auf *isotrope* Festkörper mit einatomiger Basis, d.h. auf Festkörper, die nur akustische Phononen besitzen. Weiterhin wird für alle Wellenvektoren die Relation $\omega = vq$ vorausgesetzt, also die Beziehung, die eigentlich nur für große Wellenlängen gilt. Mit anderen Worten: Wir benutzen die Näherung des elastischen Kontinuums bis zu den höchsten Frequenzen. Unter diesen Voraussetzungen vereinfacht sich Gleichung (6.80) für die Zustandsdichte zu

$$\mathcal{D}(\omega)\,\mathrm{d}\omega = \frac{V}{2\pi^2}\,\frac{\omega^2}{v^3}\,\mathrm{d}\omega\,, \tag{6.83}$$

wobei $\mathcal{D}(\omega)$ hier für die Zustandsdichte *pro Phononenzweig* steht. Sie steigt quadratisch mit der Frequenz an und muss aufgrund der begrenzten Zahl von Schwingungszuständen eine obere *Abschneidefrequenz* ω_{max} besitzen. In der Debye-Näherung wird diese Abschneidefrequenz über die Zahl der erlaubten Schwingungszustände pro Zweig definiert und nicht direkt auf (6.72) und (6.75) zurückgegriffen. Daher hängt die Anzahl N der Atome und Abschneidefrequenz ω_{max} über die Beziehung

$$N = \int_0^{\omega_{\mathrm{max}}} \frac{V}{2\pi^2}\,\frac{\omega^2}{v^3}\,\mathrm{d}\omega \tag{6.84}$$

zusammen. Hieraus folgt für die Abschneidefrequenz

$$\omega_{\mathrm{max}} = v\sqrt[3]{\frac{6\pi^2 N}{V}} = \frac{v}{a}\sqrt[3]{6\pi^2}\,. \tag{6.85}$$

Den zweiten Ausdruck erhält man, wenn man den Zusammenhang $V/N = a^3$ benutzt, wobei a für die Gitterkonstante steht.[28] Die Grenzfrequenz weicht vom Wert ab, den man aus der Gleichung (6.73) herleiten würde. Dies ist verständlich, da in der Debye-Näherung die erlaubten Zustände in einer Kugel im $\mathbf{q}$-Raum untergebracht sind, während sie bei den ursprünglich gewählten Randbedingungen (6.73) einen Würfel im reziproken Raum ausfüllen. Da die Dichte der Zustände im $\mathbf{q}$-Raum in beiden Fällen gleich ist, weisen Kugel und Würfel das gleiche Volumen auf.

Berücksichtigen wir, dass es in isotropen Festkörpern einen longitudinalen und zwei (entartete) transversale Zweige gibt, so können wir für die **Debyesche Zustandsdichte**

$$D(\omega) = \frac{V\omega^2}{2\pi^2}\left(\frac{1}{v_\ell^3} + \frac{2}{v_\mathrm{t}^3}\right) = \frac{3V}{2\pi^2}\,\frac{\omega^2}{v_\mathrm{D}^3} \tag{6.86}$$

schreiben, wenn wir als Abkürzung die **Debye-Geschwindigkeit** v_D über die Gleichung

$$\frac{3}{v_\mathrm{D}^3} = \frac{1}{v_\ell^3} + \frac{2}{v_\mathrm{t}^3} \tag{6.87}$$

28 Wie wir gesehen haben, ist die Zahl der erlaubten Schwingungszustände pro Zweig durch die Zahl der Elementarzellen $\mathcal{N}$ und nicht durch die Zahl N der Atome bestimmt. Im vorliegenden Fall betrachten wir jedoch Kristalle mit einatomiger Basis, für die $\mathcal{N} = N$ gilt.

einführen. Der Faktor 3 in der Definition berücksichtigt die Tatsache, dass 3 N Schwingungszustände vorhanden sind. Für viele Festkörper können wir näherungsweise $v_\ell \approx 3v_t/2$ setzen, wodurch v_D den Wert $v_D \approx 1{,}2\,v_t$ annimmt. Die Zustandsdichte wird bei kleinen Frequenzen also in erster Linie durch die transversalen Gitterwellen bestimmt.

Obwohl es für longitudinale und transversale Phononen aufgrund ihrer unterschiedlichen Schallgeschwindigkeit eine unterschiedliche obere Grenzfrequenz geben muss, ist es üblich, in der hier diskutierten Näherung nur eine Abschneidefrequenz, die **Debye-Frequenz** ω_D, einzuführen. Der Wert der Debye-Frequenz errechnet sich aus Gleichung (6.85), wenn man die Schallgeschwindigkeit v durch die Debye-Geschwindigkeit v_D ersetzt. Diese einfache Theorie wird oft auch auf Kristalle mit mehratomiger Basis angewendet, ohne zwischen akustischen und optischen Phononen zu unterscheiden. Auch in diesen Fällen wird die Debye-Frequenz einfach durch die Teilchenzahldichte festgelegt.

Ist die Zustandsdichte der Phononen bekannt, so lässt sich sofort der temperaturabhängige Beitrag der Atomschwingungen zur inneren Energie U und somit zur spezifischen Wärme des Festkörpers berechnen. Für die innere Energie gilt der einfache Ausdruck

$$U = \int_0^{\omega_D} \hbar\omega\, D(\omega)\langle n(\omega,T)\rangle \mathrm{d}\omega\,, \tag{6.88}$$

wobei

$$\langle n(\omega,T)\rangle = \frac{1}{\mathrm{e}^{\hbar\omega/k_B T} - 1} \tag{6.89}$$

für den *Bose-Einstein-Faktor*[29] steht, der die mittlere thermische Besetzung der Eigenzustände widerspiegelt. Bei harmonischen Oszillatoren gibt er an, wie viele Energieniveaus im Mittel besetzt sind. Im vorliegenden Fall sagt uns $\langle n(\omega,T)\rangle$, wie viele Phononen mit der Frequenz ω pro erlaubtem Wellenvektor im thermischen Mittel vorhanden sind.

Bei der Integration von (6.88) berücksichtigen wir die Nullpunktsenergie nicht, da sie keinen Beitrag zur spezifischen Wärme leistet. Auf ihre Größe gehen wir im nächsten Unterabschnitt gesondert ein. Für die innere Energie ergibt sich somit die Beziehung[30]

$$U(T) = \frac{9N}{\omega_D^3} \int_0^{\omega_D} \frac{\hbar\omega^3}{\mathrm{e}^{\hbar\omega/k_B T} - 1}\, \mathrm{d}\omega\,. \tag{6.90}$$

Die einzige materialabhängige Größe ist die Debye-Frequenz ω_D. Nun führen wir noch die **Debye-Temperatur** Θ über die Beziehung $k_B\Theta = \hbar\omega_D$ ein und benutzen die Abkürzungen $x = \hbar\omega/k_B T$ bzw. $x_D = \hbar\omega_D/k_B T = \Theta/T$. Damit erhalten wir für die spezifische

29 Jagadish Chandra Bose, *1858 Maimansingh, †1937 Giridih

30 Wir beachten hier und im Folgenden, dass die Zahl der Freiheitsgrade durch $3p\mathcal{N} = 3N$ gegeben ist.

Wärme das Endresultat

$$C_V = \left(\frac{\partial U}{\partial T}\right)_V = 9Nk_B\left(\frac{T}{\Theta}\right)^3 \int\limits_0^{x_D} \frac{x^4 e^x}{(e^x - 1)^2}\, dx\,. \tag{6.91}$$

Dies ist die berühmte Formel von *P. Debye*, die eine universelle Darstellung der Temperaturabhängigkeit der spezifischen Wärme mit nur *einem* materialspezifischen Parameter erlaubt. Die folgende Tabelle 6.3 enthält die Debye-Temperaturen Θ einiger kristalliner Materialien.

Tab. 6.3: Debye-Temperaturen einiger ausgewählter Substanzen. (Verschiedene Quellen.)

Element	Θ (K)	Element	Θ (K)	Compound	Θ (K)	Compound	Θ (K)
Ag	227	K	91	LiF	670	RbF	267
Al	433	Li	344	LiCl	420	RbCl	194
Au	162	Na	156	LiBr	340	CsF	245
C_{dia}	2 250	Pb	105	NaF	445	CsCl	175
C_{gra}	431	Pt	237	NaCl	297	CsBr	125
Cs	41	Se	152	NaBr	238	CsI	102
Cu	347	Si	645	NaI	197	AgCl	180
Fe	477	Sn	200	KF	335	AgBr	140
Ge	373	W	383	KCl	240	BN	600
He_{solid}	25	Zn	329	KJ	173	SiO_2	255

Wir wollen nun die Grenzfälle hoher und tiefer Temperaturen in der Debye-Näherung untersuchen. Bei tiefen Temperaturen erwarten wir einen raschen Anstieg der spezifischen Wärme, doch sollte dieser Anstieg weniger stark ausgeprägt sein als in der Einsteinschen Theorie. Bei hohen Temperaturen sollte die Debye-Theorie mit den Ergebnissen der klassischen Thermodynamik übereinstimmen, sie sollte das Dulong-Petit-Gesetz reproduzieren.

Für *hohe Temperaturen* geht $x \to 0$. In diesem Fall können wir das Integral wie folgt vereinfachen und auswerten:

$$\int\limits_0^{x_D} \frac{x^4 e^x}{(e^x - 1)^2} dx \approx \int\limits_0^{x_D} \frac{x^4 \cdot 1}{(1 + x - 1)^2} dx = \int\limits_0^{x_D} x^2 dx = \frac{1}{3}\left(\frac{\Theta}{T}\right)^3 . \tag{6.92}$$

Setzen wir dieses Ergebnis in (6.91) ein, so finden wir übereinstimmend mit dem Dulong-Petit-Gesetz für die molare Wärmekapazität $C_V = 3N_A k_B = 3R_m$, wobei R_m wieder für die Gaskonstante steht.

Für *tiefe Temperaturen* geht die obere Integrationsgrenze $x_D \to \infty$. Unter dieser Voraussetzung kann man das Integral analytisch lösen und man findet

$$\int_0^\infty \frac{x^4 e^x}{(e^x - 1)^2} dx = \frac{4\pi^4}{15} . \tag{6.93}$$

Damit ergibt sich für die spezifische Wärme

$$C_V = \frac{12\pi^4}{5} N k_B \left(\frac{T}{\Theta}\right)^3 . \tag{6.94}$$

Dies ist das berühmte **T^3 - Gesetz** für die spezifische Wärme von nicht metallischen Festkörpern bei tiefen Temperaturen. Die gute Übereinstimmung zwischen der theoretischen Beschreibung (6.94) und dem Experiment wird in Bild 6.31 deutlich. Ähnlich überzeugend ist die Übereinstimmung auch bei anderen reinen, nicht leitenden Kristallen.

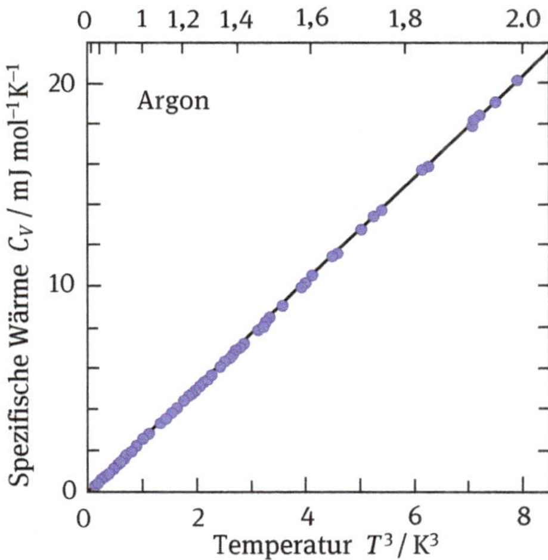

Abb. 6.31: Spezifische Wärme von kristallinem Argon bei tiefen Temperaturen, aufgetragen als Funktion von T^3. (Nach L. Finegold, N. E. Phillips, Phys. Rev. **177**, 383 (1964).)

Da die Schallgeschwindigkeiten von Festkörpern in weiten Bereichen variieren und die Debye-Temperatur $\Theta \propto v$ ist, unterscheiden sich bei tiefen Temperaturen die spezifischen Wärmen erheblich. Die Extremfälle sind Diamant und festes Helium, deren Debye-Temperaturen nach Tabelle 6.3 sich um etwa zwei Größenordnungen und deren spezifische Wärmen sich daher um etwa sechs Größenordnungen unterscheiden! Wie gut ist die Debye-Näherung? Bild 6.31 demonstriert eine beeindruckende Übereinstimmung bei tiefen Temperaturen. Der Vergleich zwischen Theorie und Experiment bei höheren Temperaturen wird in Bild 6.32 gezeigt und ist ebenfalls überzeugend. Rückt man von einer gemeinsamen Darstellung der spezifischen Wärme von vielen Materialien ab und führt eine genaue Analyse der Daten einzelner Proben durch, so

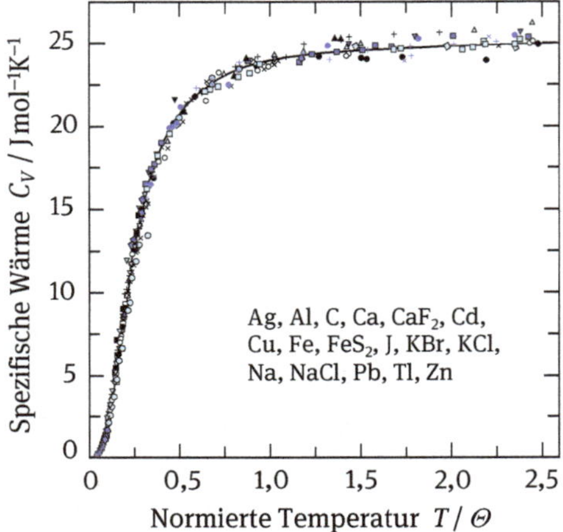

Abb. 6.32: Molare Wärmekapazität verschiedener Substanzen als Funktion der reduzierten Temperatur T/Θ. Durch die Normierung auf die Debye-Temperatur fallen alle Messdaten auf eine Kurve. (Nach E. Schrödinger, *Handbuch der Physik*, Band X, H. Geiger, K. Scheel, eds., Springer, 1926)

wird sichtbar, dass im Übergangsbereich zwischen tiefen und hohen Temperaturen Diskrepanzen auftreten. Im Allgemeinen ist die Debye-Näherung gut für $T < \Theta/100$ bei tiefen und für $T > \Theta/5$ bei hohen Temperaturen. Offenbar wird bei niedrigen Frequenzen, die bei tiefen Temperaturen zum Tragen kommen, die Zustandsdichte der Phononen durch die quadratische Frequenzabhängigkeit von (6.86) sehr gut beschrieben. Bei hohen Temperaturen sind die Details des Spektrums unwichtig, da alle Schwingungen angeregt sind. Vergleicht man die tatsächliche Zustandsdichte von Silizium in Bild 6.30b mit der Zustandsdichte in der Debye-Näherung, so ist die Übereinstimmung von Theorie und Experiment dennoch überraschend. Im Prinzip lässt sich eine Verbesserung der Theorie bei höheren Temperaturen durch die getrennte Behandlung von akustischen und optischen Phononen erzielen, da die Zustandsdichte nicht, wie in der Debye-Näherung vorausgesetzt, stetig ansteigt, sondern im mittleren Frequenzintervall relativ klein ist. So kann man für die akustischen Phononen weiter die Debye-Näherung benutzen, zur Beschreibung der optischen Phononen aber zum Einstein-Modell übergehen, da bei diesem die Annahme von festen Oszillatorfrequenzen den realen Gegebenheiten nahe kommt. Wir haben das Einsteinsche Modell nicht behandelt und wollen deshalb diese „Feinheiten“ nicht weiter verfolgen.

Die Abweichung im mittleren Temperaturbereich zwischen Debye-Theorie und Experiment ist in Bild 6.33 klar zu sehen, in dem nochmals Messungen an Diamant gezeigt sind, nun aber mit höherer Auflösung und in einem weiteren Temperaturbereich als in Bild 6.26. Neben neueren Daten sind auch die Messpunkte eingezeichnet, die von *F. H. Weber* stammen und *A. Einstein* zur Verfügung standen. Deutlich zu erkennen ist, dass die Einsteinsche Näherung nur bei höheren Temperaturen die Daten gut beschreibt, die Debyesche Näherung aber auch bei tiefen Temperaturen zu einer sehr guten Übereinstimmung führt.

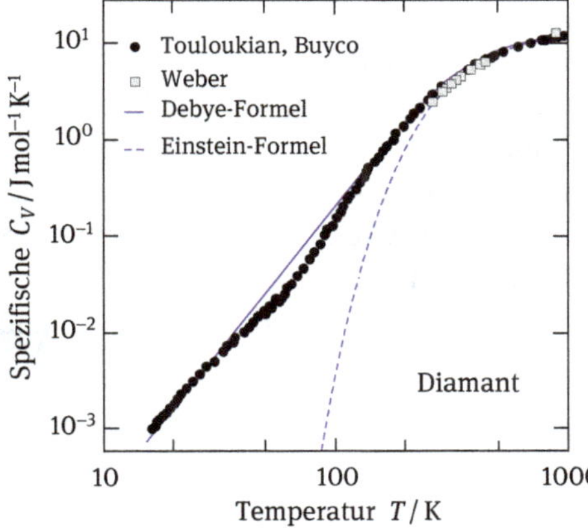

Abb. 6.33: Spezifische Wärme von Diamant. (Nach Y.S. Touloukian, E.H. Buyco, *Thermophysical Properties of Matter*, Band V, IFI/ Plenum, 1970.) Die quadratischen Messpunkte stammen von F.H. Weber, Ann. Phys. **147**, 311 (1872). Ebenfalls eingezeichnet sind die theoretischen Kurven von *A. Einstein* bzw. *P. Debye*.

6.4.3 Spezifische Wärme niederdimensionaler Systeme

Nach der Diskussion der spezifischen Wärme von Kristallen betrachten wir noch kurz die Zustandsdichte von eindimensionalen bzw. isotropen zweidimensionalen Systemen (vgl. Gleichung (6.77)). Die Gruppengeschwindigkeit v_g ist in diesen einfachen Fällen richtungsunabhängig und kann vor das Integral gezogen werden. Es kommt also nur auf $\int dS_\omega$ an, das sich bei zweidimensionalen Systemen auf ein Linienintegral reduziert, für das wir im isotropen q-Raum den Kreisumfang $2\pi q$ erhalten. Für die Zustandsdichte $\mathcal{D}_2(\omega)$ pro Zweig erhalten wir daher den Ausdruck

$$\mathcal{D}^{(2)}(\omega) = \frac{A}{4\pi^2}\frac{2\pi q}{v_g} = \frac{A}{2\pi}\frac{q}{v_g}\,, \tag{6.95}$$

also ein lineares Ansteigen mit der Wellenzahl, falls v_g unabhängig von q ist.

Bei der Herleitung der Zustandsdichte einer linearen Kette müssen wir beachten, dass aufgrund der periodischen Randbedingungen das „Oberflächenintegral" den Faktor zwei bewirkt:

$$\mathcal{D}^{(1)}(\omega) = \frac{L}{2\pi}\frac{2}{v_g} = \frac{L}{\pi v_g}\,. \tag{6.96}$$

Die Zustandsdichte ist unabhängig von der Wellenzahl q, bei linearer Dispersion ist sie daher konstant.

Führen wir die Berechnung der spezifischen Wärme für ein zweidimensionales System durch, so finden wir aufgrund des linearen Anstiegs der Zustandsdichte mit der Wellenzahl im Grenzfall tiefer Temperaturen eine quadratische Abhängigkeit:

$$C_V \propto T^2\,. \tag{6.97}$$

Ein schönes Beispiel für derartige Systeme liefern Gasatome, die auf Graphit kondensiert wurden. Die Van-der-Waals-Kräfte binden die Atome an die Unterlage, erlauben aber die Bewegung längs der Substratoberfläche. So bilden sich zweidimensionale

Kristalle aus, die sowohl mit Streumethoden als auch mit Hilfe der spezifischen Wärme untersucht werden können. Das Ergebnis derartiger Messungen an ^{3}He-Schichten mit einer Dicke von weniger als einer Monolage ist in Bild 6.34 gezeigt. Die spezifische Wärme verläuft tatsächlich in allen Fällen proportional zu T^2. Der Abstand zwischen den Atomen verkleinert sich mit anwachsender Belegung. Dabei wird die Wechselwirkung zwischen den Atomen stärker. Mit zunehmender Dichte wird daher der zweidimensionale Kristall, der sich auf der Substratoberfläche ausbildet, steifer. Damit verbunden steigt die Debye-Temperatur, die im Bereich von $\Theta \approx 17 - 34$ K liegt, ebenfalls an und die spezifische Wärme nimmt ab.

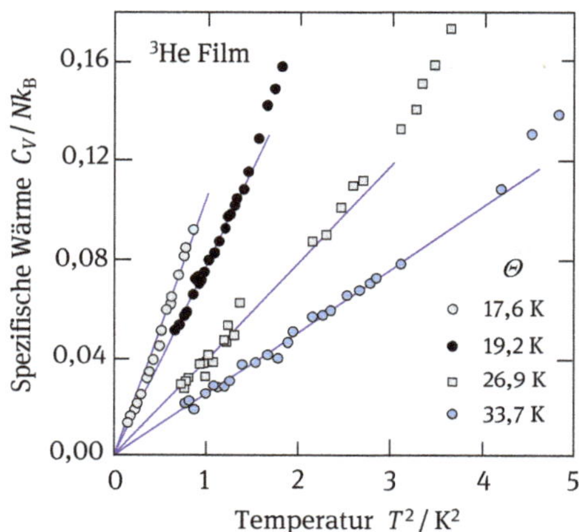

Abb. 6.34: Spezifische Wärme von monolagigen ^{3}He-Filmen auf Graphit als Funktion von T^2. Die Dichte der Heliumatome steigt links beginnend von 0,078 auf 0,092 pro Å^2 an. Damit nimmt auch die Debye-Temperatur Θ zu, die ebenfalls angegeben ist. (Nach S.V. Hering et al., J. Low Temp. Phys. **25**, 793 (1976).)

6.4.4 Nullpunktsenergie, Phononenzahl

Die Frage nach der Größe der Nullpunktsenergie U_0 tauchte bereits im Zusammenhang mit der Bindungsenergie von Edelgaskristallen auf. Dort haben wir die Nullpunktsenergie nur qualitativ behandelt, nun wollen wir sie im Rahmen der Debye-Näherung berechnen. Die Nullpunktsschwingungen besitzen bei gleicher Frequenz die halbe Energie der thermisch angeregten Phononen. Da sie unabhängig von der Temperatur immer vorhanden sind, besitzt die mittlere Besetzungszahl jeder Eigenschwingung den Wert eins. Für die innere Energie der Nullpunktsschwingungen gilt daher anstelle von (6.88) der Ausdruck

$$U_0 = \int_0^{\omega_D} \frac{\hbar\omega}{2} D(\omega)\, d\omega = \frac{9}{8} N k_B \Theta \,. \tag{6.98}$$

Die Nullpunktsenergie steigt linear mit der Debye-Temperatur an. Die Zahlenwerte für Edelgaskristalle sind in Tabelle 2.2 eingetragen. Überraschend an diesen Werten war zunächst, dass die Nullpunktsenergie U_0 nicht monoton mit der Masse der Edelgasatome abnimmt. Vom jetzigen Standpunkt aus betrachtet ist dies aber nicht verwunderlich, denn es kommt nicht auf die Masse der einzelnen Atome, sondern auf die Debye-Temperatur an, in welche die Dichte und die Stärke der Kopplung zwischen den Atomen eingehen. Mit $\Theta = 92\,\mathrm{K}$ besitzt festes Argon die höchste Debye-Temperatur aller Edelgaskristalle und damit auch die größte Nullpunktsenergie.

Interessant ist ein Vergleich mit der thermischen Energie. Stellen wir die Nullpunktsenergie und die thermische Energie bei der Debye-Temperatur gegenüber, so finden wir grob $U(T = \Theta) \approx 2U_0$. Nullpunktsenergie und thermische Energie der meisten Substanzen sind bei Zimmertemperatur vergleichbar!

Zum Schluss dieses Abschnitts wollen wir uns noch überlegen, wie die Zahl N_{ph} der thermisch angeregten Phononen mit der Temperatur ansteigt. Wir werden in den folgenden Kapiteln den Zusammenhang zwischen Temperatur und Phononenzahl wiederholt benötigen. Im Rahmen der Debye-Näherung gilt für diese Größe

$$N_{\mathrm{ph}} = \int_0^{\omega_{\mathrm{D}}} D(\omega)\langle n(\omega,T)\rangle \,\mathrm{d}\omega = \frac{3V}{2\pi^2 v_{\mathrm{D}}^3}\left(\frac{k_{\mathrm{B}}T}{\hbar}\right)^3 \int_0^{x_{\mathrm{D}}} \frac{x^2}{e^x - 1}\,\mathrm{d}x\,. \tag{6.99}$$

Für den Grenzfall $T \ll \Theta$ geht $x_{\mathrm{D}} \to \infty$. Das Integral wird konstant und $N_{\mathrm{ph}} \propto T^3$. Die Auswertung für $T \gg \Theta$ erfolgt wie bei Gleichung (6.92). Man findet für das Integral einen Wert proportional zu $(\Theta/T)^2$. Damit ist $N_{\mathrm{ph}} \propto T$. Wir fassen beide Ergebnisse zusammen:

$$N_{\mathrm{ph}} \propto \begin{cases} T^3 & \text{for } T \ll \Theta\,, \\ T & \text{for } T \gg \Theta\,. \end{cases} \tag{6.100}$$

Die Zahl der Phononen steigt bei tiefen Temperaturen rasch an. Um $T \approx \Theta$ flacht der Anstieg ab und wird linear. Bei vielen Phänomenen, die wir noch besprechen werden, spielt die Zahl der angeregten Phononen eine wichtige Rolle.

6.5 Schwingungen in amorphen Festkörpern

Wir wenden uns nun dem Schwingungsspektrum amorpher Festkörper zu, das wesentlich weniger gut bekannt ist als das der Kristalle. Zunächst stellt sich uns die Frage nach dem möglichen Aussehen der Dispersionskurven. Bild 6.35 zeigt einen Versuch, das Schwingungsspektrum amorpher Festkörper zu veranschaulichen.

Natürlich können in Gläsern Schallwellen angeregt werden. So wurde das in Bild 6.5 dargestellte Ultraschallexperiment an Glasproben durchgeführt. Doch die ursprünglich benutzte Definition der Phononen kann in amorphen Festkörpern nur für große Wellenlängen gültig sein, denn sie setzt die Existenz eines periodischen Gitters voraus. In Messungen an dünnen amorphen Filmen, bei denen supraleitende Tunnelkontakte (siehe Abschnitt 11.2) zur Erzeugung und zum Nachweis von Phononen benutzt wurden, konnte gezeigt werden, dass wohl definierte Phononen mit Frequenzen bis etwa 500 GHz

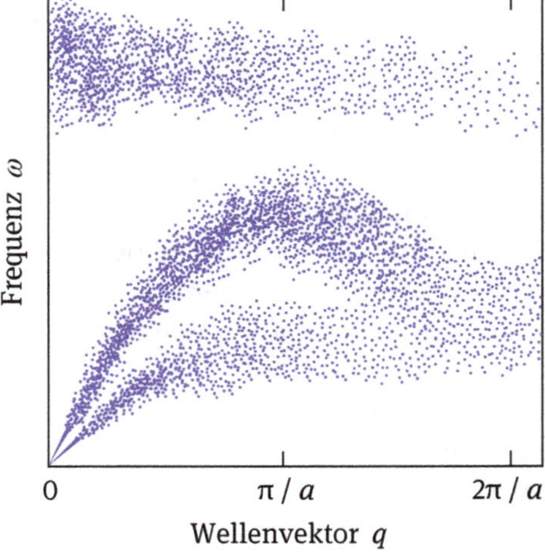

Abb. 6.35: Veranschaulichung der Dispersionskurven amorpher Materialien. Mit zunehmender Frequenz werden die Phononenzweige unscharf.

und Wellenlängen von etwa 100 Å existieren. Mindestens bis zu diesen Frequenzen sind die beobachteten Dispersionskurven linear, die Schallgeschwindigkeit daher frequenzunabhängig. Die entsprechenden Wellenvektoren sind mit $q < \pi/50a$ jedoch relativ klein. Inwieweit phononenartige Schwingungen bei höheren Frequenzen räumlich lokalisiert sind oder sich wie Gitterwellen der Kristalle fortbewegen können, ist noch weitgehend ungeklärt und Gegenstand sowohl experimenteller als auch theoretischer Untersuchungen.

Da bei amorphen Materialien die Periodizität der Atomanordnung fehlt, kann weder ein reziproker Gittervektor noch eine Brillouin-Zone definiert werden. Eine Reduktion der Dispersionskurven auf die 1. Brillouin-Zone ist nicht möglich, so dass auch Anregungen mit Wellenzahlen $q > \pi/a$ existieren. Weiterhin gibt die ungeordnete Struktur Anlass zu räumlichen Fluktuationen von Dichte und Kraftkonstanten und somit auch zur Variation der Schwingungsfrequenzen. In Bild 6.35 ist die damit verknüpfte Unschärfe der Dispersionskurven durch „Punktwolken“ symbolisiert.

Basierend auf experimentellen Ergebnissen konnte durch theoretische Überlegungen und numerische Simulationen gezeigt werden, dass in amorphen Materialien kleine Bereiche existieren, in denen die rücktreibenden Kräfte wesentlich kleiner sind als in der restlichen Probe oder in Kristallen der gleichen Zusammensetzung. Als Folge treten *„weiche“, räumlich lokalisierte Schwingungszustände* auf, die sich trotz ihrer sehr kleinen Schwingungsenergien nicht wie langwellige Phononen ausbreiten.

Bereits bei der Diskussion der Struktur amorpher Festkörper haben wir gesehen, dass sich Methoden der Strukturbestimmung nicht einfach von Kristallen auf amorphe Festkörper übertragen lassen. Dies trifft auch auf die Interpretation der inelastischen Neutronenstreuung zu, mit deren Hilfe man das Schwingungsspektrum von Kristallen bestimmen kann. Natürlich ist der Ausdruck für die Energieerhaltung bei der Streuung von Neutronen an den Schwingungen amorpher Festkörper weiterhin anwendbar. Weil aber die Gitterperiodizität fehlt und somit ein reziproker Gittervektor nicht definiert werden kann, verliert der Erhaltungssatz (6.56) für den Quasiimpuls seine Gültigkeit.

Es wurden große Anstrengungen unternommen, das Spektrum der elastischen Anregungen, also das Schwingungsspektrum amorpher Festkörper, zu bestimmen. Hierzu haben neben Messungen der kohärenten inelastischen Neutronen- und der Raman-Streuung vor allem Untersuchungen der inkohärenten Neutronenstreuung beigetragen. In Bild 6.36 ist die Zustandsdichte von Quarzglas bei kleinen Schwingungsenergien gezeigt, wie sie aus verschiedenen Neutronenstreumessungen bei tiefen und sehr hohen Temperaturen hergeleitet werden konnte. Um einen Vergleich mit dem Debye-Modell zu ermöglichen, ist die normierte Zustandsdichte $D(\nu)/\nu^2$ als Funktion der Frequenz ν aufgetragen. Bei dieser Art der Darstellung wird die Debyesche Zustandsdichte durch eine horizontale Gerade repräsentiert. Die eingezeichneten Geraden wurden mit Hilfe von Gleichung (6.86) aus den elastischen Daten errechnet. Offensichtlich übertrifft bei niedrigen Frequenzen die gemessene Zustandsdichte die Debyesche beträchtlich, sie ist auch wesentlich höher als die von kristallinem Quarz. Auffallend ist, dass bei dieser Art der Auftragung bei etwa 1 THz ein ausgeprägtes Maximum auftritt, das als **Boson-Peak** bezeichnet wird und in ähnlicher Form bei allen amorphen Festkörpern zu finden ist. Die Ursache dieser niederenergetischen Schwingungszustände ist gegenwärtig noch nicht geklärt und Gegenstand vieler Spekulationen. Bei sehr kleinen Energien steigt die reduzierte Zustandsdichte $D(\nu)/\nu^2$ mit abnehmender Energie nochmals steil an, doch ist dieser Energiebereich der Neutronenstreuung nicht zugänglich und daher in der Abbildung nicht zu sehen. Auf diesen Teil des Schwingungsspektrums werden wir noch ausführlicher eingehen.

Überraschend ist die starke Temperaturabhängigkeit der gemessenen Zustandsdichte. Von Kristallen ist bekannt, dass die Temperaturabhängigkeit des Schwingungsspektrums von den *Anharmonizitäten* des Gitterpotenzials verursacht wird, mit denen wir uns im nächsten Kapitel beschäftigen. Offensichtlich sind anharmonische Effekte bei amorphen Festkörpern besonders stark ausgeprägt.

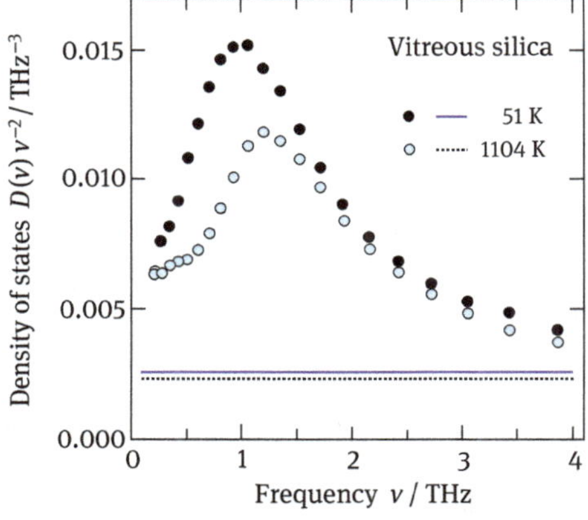

Abb. 6.36: Normierte Zustandsdichte der Schwingungsanregungen von Quarzglas bei relativ kleinen Frequenzen. Die Neutronenstreumessungen wurden bei 51 K und 1104 K durchgeführt. Die eingezeichneten Geraden geben die reduzierten Debyeschen Zustandsdichten für die angegebenen Temperaturen wieder. (Nach A. Wischnewski et al., Phys. Rev. B **57**, 2663 (1998).)

6.5.1 Wärmekapazität von Gläsern

Bei Kristallen lassen sich elastische Wellen mit großer Wellenlänge sehr gut mit dem elastischen Kontinuum beschreiben. Das Konzept der Phononen sollte sich problemlos auf amorphe Festkörper übertragen lassen, solange die Wellenlängen so groß sind, dass das Medium als homogen angesehen werden kann. Wie oben erwähnt ist die Existenz wohl definierter Phononen im langwelligen Grenzfall bis etwa 500 GHz experimentell nachgewiesen. Folglich kann man davon ausgehen, wenn es auch nicht bewiesen ist, dass auch für amorphe Festkörper bei tiefen Temperaturen die Debyesche Theorie eine gute Beschreibung des Beitrags der Phononen zur spezifischen Wärme liefert.

Wie wir bei der Diskussion der spezifischen Wärme von Kristallen gesehen haben, lassen sich aus dem Temperaturverlauf Rückschlüsse auf das Schwingungsspektrum des betreffenden Materials ziehen. Bei hohen Temperaturen wird die spezifische Wärme von Gläsern wie bei den Kristallen durch das Dulong-Petit-Gesetz beschrieben, das die Tatsache ausdrückt, dass alle Schwingungsfreiheitsgrade angeregt sind. Mit abnehmender Temperatur fällt die spezifische Wärme jedoch in Gläsern weniger steil ab. Dies bedeutet, dass in amorphen Strukturen neben den Phononen noch weitere Anregungen existieren müssen. Diese Beobachtung steht in Einklang mit der in Bild 6.36 dargestellten Zustandsdichte der Gitterschwingungen von Quarzglas bei relativ niedrigen Frequenzen.

Besonders deutlich wird der Beitrag der zusätzlichen Schwingungszustände bei sehr tiefen Temperaturen. Um dies zu zeigen, ist in Bild 6.37 die Wärmekapazität von Quarzglas mit der von kristallinem Quarz verglichen. Man stellt fest, dass unterhalb von 1 K die spezifische Wärme der beiden SiO_2-Modifikationen einen völlig unterschiedlichen Verlauf aufweist. Beim Glas wird nicht die erwartete T^3-Abhängigkeit beobachtet, sondern ein näherungsweise linearer Anstieg. Bei der tiefsten Messtemperatur von etwa 25 mK ist die spezifische Wärme des Glases über 1000-mal größer als die des Quarzkristalls!

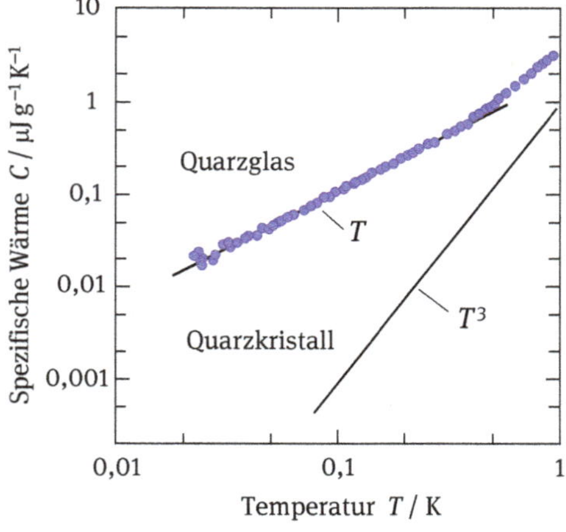

Abb. 6.37: Tieftemperaturverlauf der spezifischen Wärme von Quarzglas und kristallinem Quarz. (Nach S. Hunklinger, Festkörperprobleme **17**, 1 (1977). Die Daten wurden den Arbeiten von R.C. Zeller, R.O. Pohl, Phys. Rev. B **4**, 2029 (1971) und J.C. Lasjaunias et al., Solid State Commun. **17**, 1045 (1975) entnommen.)

Der lineare Term der spezifischen Wärme von Gläsern wird durch das phänomenologische **Tunnelmodell** beschrieben, auf das wir hier kurz eingehen. In diesem Modell wird angenommen, dass in der amorphen Struktur auch bei sehr tiefen Temperaturen, d.h. bis unter 1 mK, noch strukturelle Umlagerungen auftreten, die auf quantenmechanischen Tunnelprozessen beruhen. Dies ist möglich, wenn einzelne Atome oder kleine Atomgruppen keine eindeutige Gleichgewichtslage besitzen. Bild 6.38a macht diese Annahme für Quarzglas plausibel. Die beweglichen Atomgruppen, die wir im Folgendem einfach als *Teilchen* bezeichnen, bewegen sich, wie in Bild 6.38b skizziert, in einfachster Näherung in einem Doppelmuldenpotenzial.

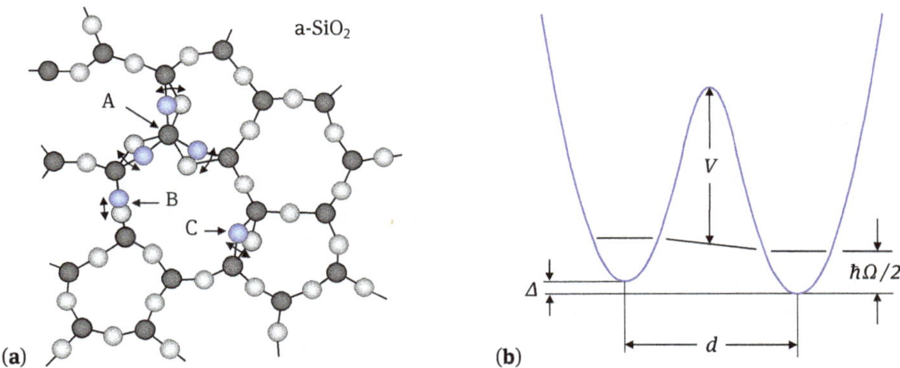

Abb. 6.38: Tunnelsysteme in Quarzglas. **a)** Zweidimensionale Veranschaulichung der Struktur von Quarzglas. Einzelne Atome oder kleine Atomgruppen (mit A, B und C bezeichnet) nehmen keine eindeutige Gleichgewichtslage ein. **b)** Doppelmuldenpotenzial. Das Potenzial der tunnelnden *Teilchen* ist gekennzeichnet durch die Asymmetrieenergie Δ, den Muldenabstand d und die Potenzialbarriere V. Die Grundzustandsenergie $\hbar\Omega/2$ der isolierten Mulden ist ebenfalls eingezeichnet.

Bei hohen Temperaturen springen die Teilchen thermisch aktiviert über die Barriere (vgl. Abschnitt 5.1). Mit abnehmender Temperatur stirbt diese Bewegung aus, doch können auch bei den tiefsten Temperaturen die Teilchen noch zwischen den beiden Mulden tunneln. Sie sind also nicht in einer Mulde lokalisiert, wie man klassisch erwarten würde. Aus den Grundzuständen der beiden Einzelmulden entsteht ein gemeinsamer, aufgespaltener Zustand, ein **Zwei-Niveau-System**. Diese Aufspaltung, die für die spezifische Wärme bei tiefen Temperaturen entscheidend ist, lässt sich wie bei der Behandlung der kovalenten Bindung in Abschnitt 2.4 in guter Näherung durch eine Linearkombination der Wellenfunktionen ψ_a und ψ_b der ungekoppelten Zustände in Mulde a oder Mulde b berechnen. Wir benutzen daher Gleichung (2.22), die wir nochmals anschreiben:

$$(H_{aa} - E)(H_{bb} - E) - (H_{ab} - ES)^2 = 0 \,. \qquad (6.101)$$

Mit H_{aa} und H_{bb} bezeichnen wir die Grundzustandsenergie, die das Teilchen jeweils einnähme, wenn keine zweite Mulde vorhanden wäre. Wir legen den Energienullpunkt in die Mitte zwischen die beiden Potenzialminima. Dann ist $H_{aa} = (\hbar\Omega + \Delta)/2$ und $H_{bb} = (\hbar\Omega - \Delta)/2$. Weiterhin nehmen wir an, dass der Überlapp der Wellenfunktionen nur gering ist, so dass wir das Überlappintegral $S \approx 0$ setzen dürfen. Unter diesen Voraussetzungen ergibt sich

$$E_\pm = \frac{1}{2}\left(\hbar\Omega \pm \sqrt{\Delta^2 + 4H_{ab}^2}\right) . \tag{6.102}$$

Der Grundzustand spaltet also in ein Zwei-Niveau-System auf, wobei die Energiedifferenz zwischen den beiden Zuständen durch

$$E = E_+ - E_- = \sqrt{\Delta^2 + 4H_{ab}^2} = \sqrt{\Delta^2 + \Delta_0^2} \tag{6.103}$$

gegeben ist. Mit Hilfe der Störungstheorie lässt sich H_{ab} berechnen und man erhält näherungsweise $-2H_{ab} = \Delta_0 = \hbar\Omega\,\mathrm{e}^{-\lambda}$, wobei Δ_0 als **Tunnelaufspaltung** bezeichnet wird. Für den *Tunnelparameter* λ, der durch die Potenzialform und die Masse m der tunnelnden Teilchen bestimmt wird, findet man mit Hilfe der WKB-Methode als Näherung den Ausdruck $\lambda^2 = mVd^2/2\hbar^2$. Offen ist hierbei noch immer die Frage nach der Natur des tunnelnden Teilchens. Sicherlich ist Bild 6.38a, in dem das Tunneln einzelner Atome suggeriert wird, zu einfach, denn es führt zu Werten der Grundzustandsaufspaltung E, die zu groß sind. Darüber hinaus können sich einzelne Atome oder Atomgruppen aufgrund ihrer Kopplung an die benachbarten Atome nicht völlig unabhängig von der Umgebung bewegen. Die Tunnelbewegung des Teilchens besteht wahrscheinlich in der gemeinsamen Bewegung von mehreren Atomen, wobei die Amplitude der Auslenkung vom Zentrum des Tunnelsystems ausgehend mit der Entfernung rasch abfällt. Die Bewegung selbst wird keine reine Translations- oder Rotationsbewegung sein. Man fasst deshalb den Muldenabstand d als eine so genannte *Konfigurationskoordinate* und m als *effektive Masse* auf, deren Bedeutung von der Natur der Teilchenbewegung abhängt. Die konkrete Lösung des Problems für reale Systeme stößt auf Schwierigkeiten. Der Grund hierfür liegt nicht nur in der mangelnden Kenntnis der amorphen Struktur, sondern auch darin, dass die fehlende Symmetrie eine Behandlung der lokalen Bewegung der Atome außerordentlich erschwert.

Die Parameter der Doppelmuldenpotenziale sind aufgrund der Irregularitäten der amorphen Struktur nicht für alle Tunnelsysteme gleich. Es ist naheliegend, eine Verteilung einzuführen, welche die statistischen Schwankungen der Parameter berücksichtigt. Im Tunnelmodell wird angenommen, dass die Parameter λ und Δ unabhängig voneinander und gleichförmig verteilt sind. Dies lässt sich durch die einfache Verteilungsfunktion

$$P(\Delta, \lambda)\,\mathrm{d}\Delta\,\mathrm{d}\lambda = \overline{P}\,\mathrm{d}\Delta\,\mathrm{d}\lambda \tag{6.104}$$

ausdrücken, wobei $\overline{P}$ eine Konstante ist. Unter Berücksichtigung von (6.103) folgt daraus die Verteilungsfunktion $P(E,\lambda)$:

$$P(E,\lambda)\,\mathrm{d}E\,\mathrm{d}\lambda = P(\Delta,\lambda)\,\frac{\mathrm{d}\Delta}{\mathrm{d}E}\,\mathrm{d}E\,\mathrm{d}\lambda = \overline{P}\,\frac{E}{\sqrt{E^2-(\hbar\Omega\,\mathrm{e}^{-\lambda})^2}}\,\mathrm{d}E\,\mathrm{d}\lambda\,. \tag{6.105}$$

Die spezifische Wärme der Tunnelsysteme wird wie bei den Phononen durch die Zustandsdichte $D(E)$ der relevanten Anregungen bestimmt. Um die Zustandsdichte der Zwei-Niveau-Systeme zu berechnen, integrieren wir über die λ-Werte und erhalten

$$D(E) = \int_0^{\lambda_\mathrm{max}} P(E,\lambda)\,\mathrm{d}\lambda = \overline{P}\,\lambda_\mathrm{max}\,\ln\frac{\hbar\Omega}{2E}\,. \tag{6.106}$$

Das Auftreten einer unphysikalischen Divergenz an der oberen Grenze des Integrals wurde durch das Einführen einer oberen Schranke λ_max für den Tunnelparameter λ vermieden. In realen Systemen bricht natürlich die Verteilungsfunktion $P(\lambda)$ nicht abrupt ab, sondern geht allmählich gegen null. Sehr große λ-Werte sind schon deswegen ohne physikalische Relevanz, da bei Tunnelsystemen mit großem λ die Tunnelwahrscheinlichkeit so klein ist, dass die tunnelnden Teilchen praktisch in einer Mulde lokalisiert sind und die Dynamik des Netzwerks nicht mehr beeinflussen.

Obwohl der Zahlenwert der Grundzustandsenergie $\hbar\Omega$ nicht bekannt ist, können wir davon ausgehen, dass $\hbar\Omega \gg 2E$ ist. Da die Energie E nur in relativ engen Grenzen variiert, die logarithmische Abhängigkeit somit nur eine schwache Variation der Zustandsdichte mit der Energie bewirkt, können wir in guter Näherung $D(E)$ als konstant betrachten. In amorphen Festkörpern haben wir es bei tiefen Temperaturen also mit einer näherungsweise konstanten Zustandsdichte D_0 von Zwei-Niveau-Systemen zu tun. Da die mittlere thermische Besetzung von Zwei-Niveau-Systemen durch $f(E,T) = [\exp(E/k_\mathrm{B}T)+1]^{-1}$gegeben ist,[31] erhalten wir mit $x = E/k_\mathrm{B}T$ für die innere Energie

$$U = \int_0^\infty \frac{D_0 E}{\exp(E/k_\mathrm{B}T)+1}\,\mathrm{d}E = D_0 k_\mathrm{B}^2 T^2 \int_0^\infty \frac{x}{\mathrm{e}^x+1}\,\mathrm{d}x = \frac{\pi^2 D_0 k_\mathrm{B}^2 T^2}{12}\,. \tag{6.107}$$

Für die spezifische Wärme finden wir damit den Zusammenhang

$$C_V = \left(\frac{\partial U}{\partial T}\right)_V = \frac{1}{6}\pi^2 D_0 k_\mathrm{B}^2 T\,, \tag{6.108}$$

31 Bei der Berechnung der spezifischen Wärme von Zwei-Niveau-Systemen muss berücksichtigt werden, dass die thermische Besetzung der beiden Niveaus *nicht* durch den Bose-Einstein-Faktor wiedergegeben wird, bei dessen Herleitung das Termschema eines harmonischen Oszillators vorausgesetzt wird. Bei Zwei-Niveau-Systemen ist die mittlere thermische Besetzung durch $f(E,T) = [1+\exp(E/k_\mathrm{B}T)]^{-1}$ gegeben. Dieser Faktor entspricht formal der Fermi-Dirac-Verteilung, auf die wir in Abschnitt 8.1 eingehen. Auf den Temperaturverlauf der spezifischen Wärme haben die unterschiedlichen Verteilungen keinen Einfluss, da beide Funktionen als Argument jeweils die Größe $E/k_\mathrm{B}T$ enthalten.

der in relativ guter Übereinstimmung mit dem Temperaturverlauf ist, wie er bei Quarzglas und den anderen amorphen Festkörpern beobachtet wird.

Von großem Interesse ist natürlich die Frage nach der Anzahl der Tunnelsysteme. Eindeutige quantitative Aussagen sind nicht möglich, da oberhalb einiger Kelvin der Anteil der Tunnelsysteme zur spezifischen Wärme zunehmend durch andere Beiträge überdeckt wird, die nicht separiert werden können. Grob lässt sich jedoch aus den experimentellen Daten lesen, dass im Bereich $0\,\mathrm{K} < E/k_\mathrm{B} \le 1\,\mathrm{K}$ etwa $10^{17} - 10^{18}$ Tunnelsysteme/cm^3 in amorphen Festkörpern vorhanden sind.

Obwohl die Anzahl der Tunnelsysteme klein ist im Vergleich zur Gesamtzahl der Atome, bestimmen sie die meisten Eigenschaften amorpher Festkörper bei Temperaturen unter 1 K. Bei höheren Temperaturen spielen wahrscheinlich lokalisierte Anregungen eine Rolle, die mit den soeben diskutierten Tunnelsystemen eng verwandt sind. Im Prinzip könnte es sich hierbei um vergleichbare Atomkonfigurationen handeln, bei denen jedoch die Barriere zwischen den beiden „Gleichgewichtslagen" fehlt. Die Teilchen bewegen sich dann in einem leicht gekrümmten Potenzial und sind nur schwachen rücktreibenden Kräften ausgesetzt. Dies bedeutet, dass die Schwingungsfrequenzen dieser Atomgruppen klein gegen die für kristalline Festkörper typische Debye-Frequenz sind.

Wir haben hier unter der Vielzahl der amorphen Festkörper das Quarzglas als Beispiel herausgegriffen, da an dieser Substanz viele Untersuchungen durchgeführt wurden. Die hier gemachten Ausführungen gelten, mit leichten Modifikationen, ebenso für die meisten anderen amorphen Festkörper.

6.6 Aufgaben

1. Schwingender Aluminiumzylinder. Ein 20 cm langer polykristalliner Aluminiumstab wird zu longitudinalen Schwingungen angeregt. Bei $\nu_0 = 12{,}9\,\mathrm{kHz}$ beobachtet man resonantes Verhalten. Berechnen Sie die Schallgeschwindigkeit. An einer 1 cm langen Probe wird die Schallgeschwindigkeit mit Hilfe longitudinaler Ultraschallwellen gemessen. Die beobachteten Echos weisen einen zeitlichen Abstand von 3,22 µs auf. Vergleichen Sie die gemessenen Schallgeschwindigkeiten. Die folgenden Parameter sind gegeben: Dichte $\varrho = 2700\,\mathrm{kg/m^3}$, Elastizitätsmodul $E = 70{,}2\,\mathrm{GPa}$ und Poissonzahl $\nu = 0{,}33$. Warum unterscheiden sich die Ergebnisse?

2. Inelastische Neutronenstreuung. Um die Dispersionsrelation der Phononen von Kupfer zu untersuchen, werden Neutronen der Wellenlänge $\lambda_0 = 2{,}178\,\text{Å}$ an einem Kupfer-Einkristall (kubisch flächenzentriert, Gitterkonstante $a = 3{,}615\,\text{Å}$) gestreut. Die Probe, der Detektor und die Neutronenquelle spannen eine Ebene parallel zu den (001)-Netzebenen des Kristalls auf. Fällt der Neutronenstrahl parallel zur [100]-Richtung ein, so beobachtet man unter einem Ablenkwinkel von $2\theta = 34{,}78^\circ$ gestreute Neutronen der Wellenlänge $\lambda = 1{,}375\,\text{Å}$.

(a) Werden Phononen erzeugt oder vernichtet?
(b) Wie groß ist die Frequenz ν der am Streuprozess beteiligten Phononen?
(c) Berechnen Sie den Streuvektor und skizzieren Sie die Streuung im reziproken Raum.
(d) Welche Größe und Richtung hat der Wellenvektor der beteiligten Phononen?
(e) Stimmt das Ergebnis der Messung mit den publizierten Werten der Dispersionsrelation von Kupfer in Bild 6.18 überein?

3. Brillouin-Streuung. Licht eines Argon-Ionen-Lasers ($\lambda_L = 514{,}5\,\text{nm}$) wird von einem NaCl-Kristall (Brechungsindex $n' = 1{,}54$) gestreut. Senkrecht zur Strahlrichtung wird das gestreute Licht analysiert. Es werden zwei Linienpaare beobachtet. Die Frequenz dieser Linien ist (bezüglich des Lasers) um jeweils $\Delta\nu = \pm 19{,}26\,\text{GHz}$ bzw. $\Delta\nu = \pm 10{,}25\,\text{GHz}$ verschoben.
(a) Berechnen Sie die Schallgeschwindigkeit der Phononen, die in diesem Experiment beobachtet werden.
(b) Welche Phononen (Frequenz und Wellenvektor) können für Streuwinkel zwischen Rückwärtsstreuung ($\vartheta = 180^\circ$) und Vorwärtsstreuung ($\vartheta = 0^\circ$) beobachtet werden? Welcher Anteil der Brillouin-Zone wird dadurch abgedeckt?

4. Akustische und thermische Phononen. In einem Ultraschallexperiment (Bild 6.5) werden bei 4,2 K Schallpulse mit der Frequenz $\nu = 100\,\text{MHz}$ in eine zylinderförmigen Siliziumprobe (Durchmesser 1 cm, Länge 4 cm) eingekoppelt. Die Pulsdauer beträgt $1\,\mu\text{s}$, die Schallintensität $5\,\text{mW/cm}^2$. Die Gitterkonstante und die Debye-Temperatur sind durch $a = 5{,}43\,\text{Å}$ bzw. $\theta = 645\,\text{K}$ gegeben.
(a) Wie viele Phononen erzeugt ein Einzelpuls?
(b) Zu welcher Temperaturerhöhung führt ein Puls, nachdem die angeregten Phononen durch inelastische Stöße thermalisiert sind?
(c) Wie viele Phononen wurden infolge der Thermalisierung im Frequenzintervall $\Delta\nu$ zwischen 100 und 101 MHz angeregt?

5. Eindimensionale Systeme mit zweiatomiger Basis. Betrachten Sie eine lineare Kette mit zweiatomigen Molekülen ähnlich wie sie in Abschnitt 6.2 untersucht wurde. Zur Vereinfachung nehmen wir an, dass sich die Massen der beteiligten Atome nicht unterscheiden, wohl aber die Kraftkonstanten. Geben Sie die Dispersionsrelation an und bestimmen Sie die Frequenz der Phononen bei den Wellenvektoren $q = 0$ und $q = \pi/a$.

6. Dispersionsrelation eines zweidimensionalen Gitters. Gegeben sei ein ebenes quadratisches Gitter aus identischen Atomen mit der Masse m, die nur mit den nächsten Nachbarn über die Kraftkonstante C gekoppelt sind. Der Gleichgewichtsabstand der Punkte sei a, die Auslenkung des Atoms mit den Indizes r, s sei $u_{r,s}$.

(a) Stellen Sie die Bewegungsgleichung des Atoms s, r auf und leiten Sie mit Hilfe des Ansatzes: $u_{r,s} = U_0 \exp[i(rq_x a - sq_y a - \omega t)]$ die Dispersionsrelation $\omega(q)$ der Gitterschwingungen [10]- und [11]-Richtung her.
(b) Berechnen Sie die Phasengeschwindigkeit in den beiden Fällen im langwelligen Grenzfall.
(c) Unterscheiden sich die Schwingungsfrequenzen an der jeweiligen Grenze der Brillouin-Zone?

7. Zweidimensionales Gitter im Debye-Modell. Wir betrachten eine monoatomare Schicht, deren Atome mit der Masse m so schwach an die Unterlage angekoppelt sind, dass sie als isoliert angesehen werden können. Darüber hinaus nehmen wir an, dass sich ein quadratisches Gitter mit der Gitterkonstanten a gebildet hat.
(a) Berechnen Sie die Zustandsdichte dieser Schicht in der Debye-Näherung an?
(b) Welcher Zusammenhang besteht zwischen der Gitterkonstanten und der Debye-Temperatur?
(c) Zeigen Sie, dass bei tiefen Temperaturen die spezifische Wärme quadratisch mit der Temperatur ansteigt.

8. Anregungen in Gläsern. Bei tiefen Temperaturen sind in Gläsern sowohl Phononen als auch Zwei-Niveau-Systeme thermisch angeregt. Schätzen Sie für Quarzglas mit Hilfe von Bild 6.37 die Zahl der thermisch angeregten Zwei-Niveau-Systeme bei den Temperaturen 10 mK und 1 K ab und vergleichen Sie diese Werte mit der jeweils vorhandenen Zahl der Phononen. Hinweis: Die Schallgeschwindigkeiten von Quarzglas finden Sie in Abschnitt 6.1. Weiterhin sind die Zahlenwerte $\int_0^\infty x^2(\mathrm{e}^x - 1)^{-1}\,\mathrm{d}x = \Gamma(3)\zeta(3) \approx 2{,}404$ und $\varrho = 2201\,\mathrm{kg/m^3}$ gegeben.

7 Anharmonische Gittereigenschaften

Bei der Diskussion der Gitterdynamik von Kristallen haben wir implizit vorausgesetzt, dass sich die Atome in einem streng harmonischen Potenzial bewegen und daher harmonische Schwingungen ausführen. In diesem idealisierten Konzept kann die gekoppelte Bewegung der Atome in Normalschwingungen zerlegt werden, die untereinander nicht wechselwirken. Träfe dies tatsächlich zu, dann könnte eine Nichtgleichgewichtsverteilung der Phononen nicht abgebaut werden. Erst die Anharmonizität des Kristallgitters ermöglicht die Einstellung des thermischen Gleichgewichts. Die Anharmonizität äußert sich in vielen Festkörpereigenschaften, beispielsweise in der thermischen Expansion, dem endlichen Wärmewiderstand, der Ultraschallabsorption oder den unterschiedlichen Werten von adiabatischen und isothermen Konstanten.

Im Prinzip lassen sich die nicht-linearen Eigenschaften durch die Berücksichtigung von Termen höherer Ordnung in der Entwicklung der Potenzialfunktion des Gitters beschreiben. Dabei ergeben sich Ausdrücke, die so kompliziert und unübersichtlich sind, dass sich nur schwerlich konkrete Eigenschaften berechnen lassen. Darüber hinaus wäre die große Zahl der auftretenden Materialkonstanten auch experimentell kaum zu ermitteln. Um dennoch ein gewisses „Gefühl" für die wichtige Eigenschaft *Anharmonizität* zu entwickeln, wollen wir die thermische Expansion und die Wechselwirkung zwischen den Phononen phänomenologisch beschreiben, ohne den analytischen Weg über die Entwicklung der Potenzialfunktion in höherer Ordnung zu gehen.

7.1 Zustandsgleichung und thermische Ausdehnung

In der thermischen Ausdehnung spiegelt sich direkt die Abweichung des Gitterpotenzials von der rein harmonischen Form wider, denn ohne Anharmonizität wäre das Volumen eines Festkörpers temperaturunabhängig. Die Verknüpfung von Probenvolumen und Temperatur hat zur Folge, dass auch wichtige thermodynamische Größen, wie beispielsweise die innere oder die freie Energie, vom Probenvolumen abhängen.

Wir wollen hier die thermische Ausdehnung näher betrachten. Zunächst leiten wir die *Zustandsgleichung* der Festkörper ab, wobei wir in Ermangelung adäquater mikroskopischer Modelle einen phänomenologischen Ansatz wählen, der von *E. Grüneisen*[1] vorgeschlagen wurde. Durch Ableiten der Zustandsgleichung nach dem Volumen werden wir dann eine Verknüpfung zwischen der thermischen Expansion, der Kompressibilität und der spezifischen Wärme herstellen.

Ausgangspunkt unserer Überlegungen ist die freie Energie, die bei Abwesenheit von Defekten und elektronischen oder magnetischen Anregungen ausschließlich durch

1 Eduard Grüneisen, *1877 Giebichenstein, †1949 Marburg

https://doi.org/10.1515/9783111027227-007

die Gitterschwingungen bestimmt wird. Wir haben bereits wiederholt von der Tatsache Gebrauch gemacht, dass jeder Gitterschwingung mit dem Wellenvektor **q** formal ein harmonischer Oszillator mit der Frequenz $\omega_{\mathbf{q}}$ zugeordnet werden kann. Wie aus der *Statistischen Mechanik* bekannt ist, lässt sich der Erwartungswert der freien Energie F eines harmonischen Oszillators aus seiner Zustandssumme

$$Z_{\text{Osz}} = \sum_n \mathrm{e}^{-E_n/k_\mathrm{B}T} = \sum_n \mathrm{e}^{-\hbar\omega(n+1/2)/k_\mathrm{B}T} = \frac{\mathrm{e}^{-\hbar\omega/2k_\mathrm{B}T}}{1-\mathrm{e}^{-\hbar\omega/k_\mathrm{B}T}} \tag{7.1}$$

berechnen. Die Summation erfolgt dabei über alle Eigenzustände E_n. Hieraus ergibt sich die freie Energie zu

$$F_{\text{Osz}} = -k_\mathrm{B}T\,\ln Z = k_\mathrm{B}T\,\ln\left(1-\mathrm{e}^{-\hbar\omega/k_\mathrm{B}T}\right) + \frac{1}{2}\,\hbar\omega\,. \tag{7.2}$$

Der zweite, temperaturunabhängige Term auf der rechten Seite spiegelt die Nullpunktsenergie wider. Die freie Energie aller Phononen erhalten wir, indem wir die Beiträge aller Oszillatoren addieren, d.h., indem wir über alle Wellenvektoren **q** und alle Phononenzweige j summieren. Hinzu kommt noch die elastische Energie, die mit einer Volumenänderung $\delta V = (V - V_0)$ der Probe verbunden ist, wobei V_0 für das Ausgangsvolumen steht. Da der Kompressionsmodul B kaum von der Temperatur abhängt, ist dieser Beitrag in guter Näherung temperaturunabhängig. Damit ist die freie Energie F eines Festkörpers durch

$$F = \frac{BV_0}{2}\left(\frac{\delta V}{V_0}\right)^2 + \sum_{\mathbf{q},j}\left[k_\mathrm{B}T\ln\left(1-\mathrm{e}^{-\hbar\omega_{\mathbf{q},j}/k_\mathrm{B}T}\right) + \frac{1}{2}\,\hbar\omega_{\mathbf{q},j}\right] \tag{7.3}$$

gegeben. Durch Ableiten nach dem Volumen erhalten wir den Zusammenhang zwischen Druck und Volumen:

$$p = -\left(\frac{\partial F}{\partial V}\right)_T = -B\left(\frac{\delta V}{V}\right) - \hbar\sum_{\mathbf{q},j}\frac{\partial\omega_{\mathbf{q},j}}{\partial V}\left[\frac{1}{\mathrm{e}^{\hbar\omega_{\mathbf{q},j}/k_\mathrm{B}T}-1} + \frac{1}{2}\right]. \tag{7.4}$$

Da nur kleine Volumenänderungen auftreten, wurde in der letzten Gleichung V_0 durch V ersetzt.

Die Anharmonizität macht sich dadurch bemerkbar, dass die Volumenänderung zu einer Änderung der Schwingungsfrequenzen führt. Verhielte sich der Festkörper vollkommen harmonisch, so wäre $(\partial\omega_{\mathbf{q},j}/\partial V) = 0$. Die Summation kann erst nach sehr starker Vereinfachung ausgeführt werden, nämlich unter der Annahme, dass die relative Frequenzänderung $\delta\omega_{\mathbf{q},j}/\omega_{\mathbf{q},j}$ der Gitterschwingungen frequenzunabhängig und proportional zur relativen Volumenänderung $\delta V/V$ ist. Weiter wird meist noch vorausgesetzt, dass sich alle Phononenzweige gleich verhalten. Diese Annahmen lassen sich durch

$$\frac{\delta\omega_{\mathbf{q},j}}{\omega_{\mathbf{q},j}} = -\gamma\frac{\delta V}{V} \tag{7.5}$$

zusammenfassen, wobei der dimensionslose **Grüneisen-Parameter** γ eine charakteristische Konstante der betrachteten Substanz ist. In differentieller Form können wir auch

$$\gamma = -\frac{\partial\left(\ln \omega_{\mathbf{q},j}\right)}{\partial\,(\ln V)} \tag{7.6}$$

schreiben. Typische Werte des Grüneisen-Parameters liegen im Bereich $\gamma \approx 1 - 3$. Dies bedeutet, dass sich Phononenfrequenzen und Volumen unter Druck etwa gleich stark ändern. Die Annahme, dass $\delta\omega_{\mathbf{q},j}/\omega_{\mathbf{q},j}$ nicht von der Frequenz abhängt, kann nur eine grobe Näherung der tatsächlichen Gegebenheiten sein. Noch problematischer ist allerdings die Annahme, dass sich alle Phononenzweige gleich verhalten, denn longitudinale und transversale Schwingungen reagieren auf Volumenänderungen unterschiedlich. Eine verbesserte Übereinstimmung zwischen Theorie und Experiment erreicht man, indem man für die unterschiedlichen Zweige individuelle Grüneisen-Parameter γ_j zulässt.

Durch die Einführung des Grüneisen-Parameters vereinfacht sich Gleichung (7.4) zu

$$p = -B\left(\frac{\delta V}{V}\right) + \frac{\gamma}{V}\sum_{\mathbf{q},j} \hbar\omega_{\mathbf{q},j}\left[\frac{1}{\mathrm{e}^{(\hbar\omega_{\mathbf{q},j}/k_\mathrm{B}T)} - 1} + \frac{1}{2}\right] . \tag{7.7}$$

Die Summation erfolgt über alle Phononenenergien multipliziert mit deren Besetzungswahrscheinlichkeit. Dies ist gerade die Energie aller angeregten Phononen und somit die innere Energie U einschließlich der Nullpunktsenergie. Multiplizieren wir diese Gleichung noch mit dem Volumen, so erhalten wir die **Zustandsgleichung**

$$pV = -B\delta V + \gamma U(T) . \tag{7.8}$$

Wir leiten die Zustandsgleichung bei konstantem Volumen nach der Temperatur ab, berücksichtigen, dass die spezifische Wärme durch $C_V = (\partial U/\partial T)_V$ gegeben ist und erhalten $(\partial p/\partial T)_V = \gamma C_V/V$. Benutzen wir weiter noch die Kettenregel $(\partial p/\partial T)_V \cdot (\partial T/\partial V)_p \cdot (\partial V/\partial p)_T = -1$, die Definition des thermischen Volumen-Ausdehnungskoeffizienten[2] $\alpha_V = V^{-1}(\partial V/\partial T)_p$ und die Definition des Kompressionsmoduls $B = -V(\partial V/\partial p)_T^{-1}$, so folgt der Zusammenhang $(\partial p/\partial T)_V = \alpha_V B$.

Damit ergibt sich aus (7.8) die **Grüneisen-Beziehung**

$$\alpha_V = \frac{\gamma C_V}{BV} . \tag{7.9}$$

Der thermische Ausdehnungskoeffizient α_V wird in dieser Näherung durch den Grüneisen-Parameter γ, die spezifische Wärme C_V und durch den Kompressionsmodul B festgelegt. Da der Kompressionsmodul nur schwach von der Temperatur abhängt, wird der Temperaturverlauf des Ausdehnungskoeffizienten fast vollständig durch die

---

2 Der thermische Volumen-Ausdehnungskoeffizient α_V hängt mit dem thermischen Längen-Ausdehnungskoeffizient α_L über die Beziehung $\alpha_V = 3\alpha_L$ zusammen.

spezifische Wärme bestimmt. Bei hohen Temperaturen, also bei Zimmertemperatur oder darüber, sind die spezifische Wärme C_V und damit auch der Ausdehnungskoeffizient α_V praktisch konstant. Bei tiefen Temperaturen dagegen hängen beide Größen stark von der Temperatur ab. In Bild 7.1 ist der Temperaturverlauf des thermischen Ausdehnungskoeffizienten und der geeignet normierten spezifischen Wärme von Aluminium wiedergegeben.[3] Die Übereinstimmung zwischen den beiden Größen ist überzeugend und bestätigt die Gültigkeit der Grüneisen-Beziehung.

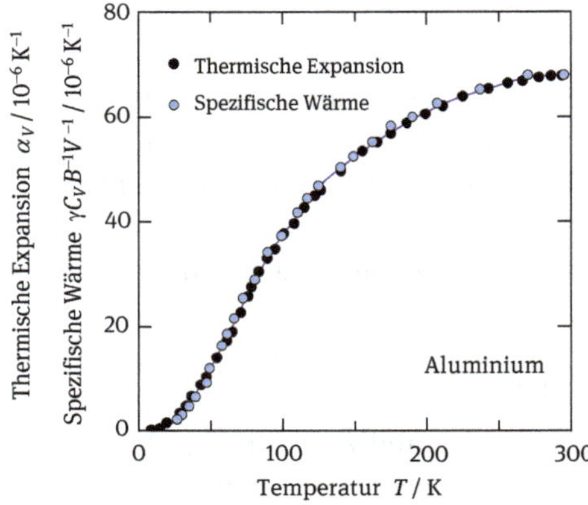

Abb. 7.1: Thermischer Ausdehnungskoeffizient und reduzierte spezifische Wärme von Aluminium. Für den Grüneisenparameter wurde der Wert $\gamma = 2{,}2$ gewählt. (Nach Y.S. Touloukian, E.H. Buyco, *Thermophysical Properties of Matter*, Band IV, IFI/ Plenum, 1970.)

Wie bereits oben erwähnt, gehen bei der Herleitung der Grüneisen-Beziehung sehr starke Vereinfachungen ein, so dass hier einige ergänzende Bemerkungen angebracht sind. Da die Atome in Kristallen meist in einer anisotropen Umgebung schwingen, wirken sich Volumenänderungen auf verschiedene Phononenzweige im Allgemeinen unterschiedlich aus. So findet man für longitudinale Wellen gewöhnlich einen wesentlich größeren Wert des Grüneisen-Parameters als für transversale. Der Grüneisen-Parameter kann durchaus auch negative Werte annehmen und unterschiedliches Vorzeichen für verschiedene Zweige und Kristallrichtungen besitzen. Dies wirkt sich natürlich auch auf die thermische Ausdehnung aus. Ein ungewöhnliches Beispiel hierfür stellt das hexagonale Tellur dar. In diesem Kristall ist der Ausdehnungskoeffizient in Richtung der c-Achse negativ, in Richtung der beiden anderen Achsen dagegen positiv.

Das Vorzeichen des Grüneisen-Parameters kann auch von der Temperatur abhängen. So zeigen viele Kristalle mit Zinkblende- oder Diamantstruktur, wie zum Beispiel Silizium, zwar bei Zimmertemperatur einen positiven Grüneisen-Parameter, doch wird dieser dann bei tiefen Temperaturen negativ. Bild 7.2 zeigt eine Messung des *linearen* thermischen Ausdehnungskoeffizienten α_L von Silizium in einem weiten Temperatur-

3 Die freien Elektronen des Aluminiums tragen ebenfalls zur spezifischen Wärme und damit zur thermischen Ausdehnung bei. Wie wir im nächsten Kapitel sehen werden, kann ihr Beitrag im Vergleich zum Gitter bei höheren Temperaturen vernachlässigt werden. Wir lassen ihn daher außer Acht.

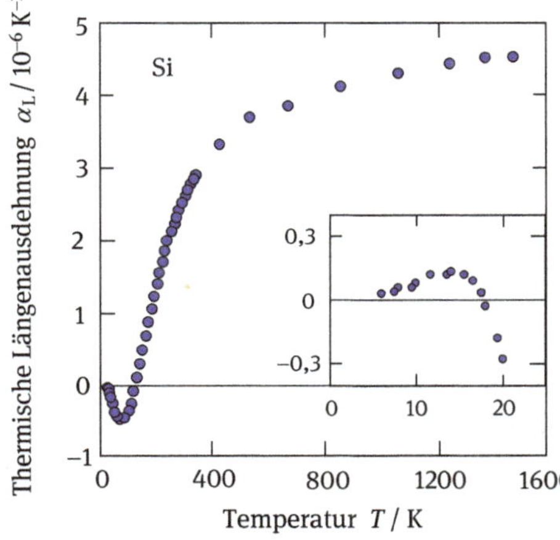

Abb. 7.2: Linearer Ausdehnungskoeffizient α_L von Silizium. Im Kasten ist das Verhalten bei tiefen Temperaturen vergrößert dargestellt. (Nach K.G. Lyon et al., J. Appl. Phys. **48**, 865 (1977) und Y. Okada, Y. Tokumaru, J. Appl. Phys. **56**, 314 (1984).)

bereich. Von hohen Temperaturen kommend nimmt α_L zunächst, wie erwartet, nur schwach mit sinkender Temperatur ab. Der steile Abfall bei Zimmertemperatur und tieferen Temperaturen wird durch die Abnahme der spezifischen Wärme verursacht. Überraschenderweise wechselt der thermische Ausdehnungskoeffizient um 125 K sein Vorzeichen, durchläuft bei 75 K ein Minimum und wird unterhalb 20 K wieder positiv. Schließlich fällt α_L wieder, wobei der Verlauf bei tiefen Temperaturen in Einklang mit der T^3-Variation der spezifischen Wärme steht. Verursacht wird der negative Wert des Grüneisen-Parameters von den transversal-akustischen Phononen.

Obwohl Gleichung (7.9) nur für Phononen hergeleitet wurde, hängt die Anwendbarkeit nicht davon ab, ob die freie Energie von Phononen oder von anderen Anregungen herrührt. So reagieren Gitterdefekte meist sehr empfindlich auf äußere Einwirkungen, so dass sie bei tiefen Temperaturen häufig in merklichem Umfang an den anharmonischen Eigenschaften beteiligt sind. Als Beispiel betrachten wir hier die thermische Expansion von *amorphen Substanzen* bei tiefen Temperaturen. In Abschnitt 6.5 haben wir gesehen, dass in diesen Materialien bei Temperaturen unter 1 K die spezifische Wärme und damit die innere Energie in erster Linie den Tunnelsystemen und nicht den Phononen zuzuschreiben ist. Wirkt eine äußere Kraft auf eine amorphe Probe, so ändert sich deren Volumen und damit auch die Energieaufspaltung E der Tunnelsysteme. Nach Gleichung (7.5) sollte diese Änderung durch $\delta E/E = -\gamma\,(\delta V/V)$ gegeben sein. Wir erwarten daher bei tiefen Temperaturen einen Beitrag von Phononen *und* Tunnelsystemen zur thermischen Ausdehnung. Gleichung (7.9) besagt, dass zwischen dem Ausdehnungskoeffizienten und der spezifischen Wärme die Proportionalität $\alpha_L \propto C_V$ besteht. Da sich bei tiefen Temperaturen die spezifische Wärme amorpher Festkörper als Summe eines linearen und eines kubischen Terms ausdrücken lässt, erwarten wir für die thermische Ausdehnung den Zusammenhang $\alpha_L = aT + bT^3$. a und b sind dabei materialspezifische Konstanten, die durch die jeweiligen Werte von γ und C_V bestimmt werden. Wie Bild 7.3 zeigt, ist dieser Temperaturverlauf tatsächlich bei amorphen

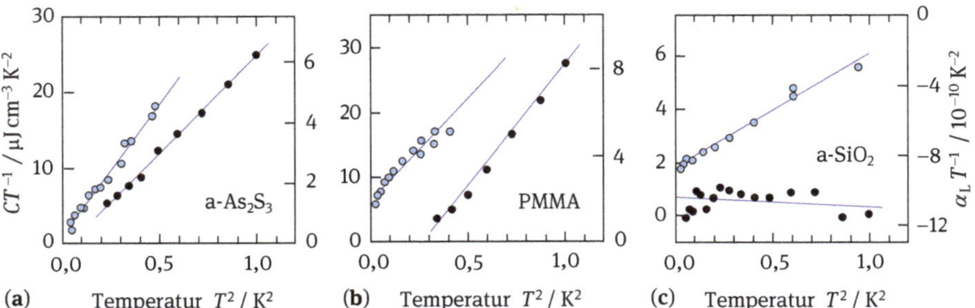

Abb. 7.3: Spezifische Wärme (blaue Kreise) und linearer thermischer Ausdehnungskoeffizient (schwarze Punkte) amorpher Materialien. Aufgetragen ist jeweils C/T bzw. α_L/T als Funktion von T^2. **a)** Halbleitendes Glas a-As_2S_3, **b)** Polymer PMMA (Plexiglas), **c)** Quarzglas a-SiO_2. (Nach D.A. Ackerman et al., Phys. Rev. B **29**, 966 (1984).)

Festkörpern gefunden worden. Um den linearen und den kubischen Term grafisch voneinander zu trennen, ist in diesem Bild die Größe α_L/T als Funktion von T^2 aufgetragen. In allen Fällen findet man bei dieser Art der Auftragung innerhalb der Messgenauigkeit eine Gerade: Aus dem Achsenabschnitt ergibt sich die Konstante a, aus der Steigung die Konstante b.

Bemerkenswert ist der Verlauf der thermischen Ausdehnung von Quarzglas, bei dem man den Wert $a = -1 \cdot 10^{-9}\,\mathrm{K}^{-2}$ findet. Hieraus folgt für die Tunnelzentren, die den linearen Term der spezifischen Wärme verursachen, der sehr große negative Wert $\gamma = -65$. Die Energieaufspaltung der Tunnelzentren und damit ihre innere Energie reagiert offensichtlich äußerst empfindlich auf Volumen- bzw. Druckänderungen. Ergänzend soll noch bemerkt werden, dass die thermische Ausdehnung von amorphen Materialien trotz des großen Absolutwertes ihres Grüneisen-Parameters bei Temperaturen unter 1 K extrem klein ist, denn die spezifische Wärme ist, verglichen mit ihrem Wert bei Zimmertemperatur, ebenfalls verschwindend klein. Dies erklärt auch die große Streuung der Messpunkte in Bild 7.3 trotz einer Auflösung der benutzten Messanordnung von $2 \cdot 10^{-4}$ Å.

Aus unseren Ausführungen könnte man den Schluss ziehen, dass Grüneisen-Parameter üblicherweise durch die Messung der thermischen Ausdehnung und der spezifischen Wärme bestimmt werden. Das ist jedoch nicht der Fall, denn der Grüneisen-Parameter einzelner Phononenzweige lässt sich auf „direktem Weg“ messen, indem man das Volumen und damit nach (7.5) auch die Phononenfrequenzen der Probe ändert. So kann man beispielsweise den Grüneisen-Parameter optischer Phononen relativ einfach über die Druckverschiebung von Raman- oder Infrarotspektren bestimmen. Ultraschallexperimente erlauben das Studium der Anharmonizität von akustischen Zweigen. Dabei misst man die Druckabhängigkeit der Schallgeschwindigkeit und berechnet hieraus den entsprechenden Grüneisen-Parameter. Beide Methoden erlauben aber nur die Untersuchung langwelliger Phononen. Ist man am Verhalten kurzwelliger Phononen interessiert, so muss im Allgemeinen auf die Druckabhängigkeit der inelastischen Neutronenstreuung zurückgegriffen werden.

7.2 Phononenstöße

7.2.1 Drei-Phononen-Prozess

Wie zu Beginn des Kapitels erwähnt, tritt in der harmonischen Näherung keine Wechselwirkung zwischen den Normalschwingungen auf. Die Existenz nicht-quadratischer Terme im Gitterpotenzial zerstört jedoch die Unabhängigkeit der Gitterschwingungen. Die Wechselwirkung der Phononen untereinander ist deshalb eine besonders wichtige Konsequenz der Anharmonizität des Gitterpotenzials. Wegen der Komplexität der Verhältnisse gibt es jedoch keine voll ausgearbeitete Theorie. Wir wollen daher hier nur einige wichtige Prozesse herausgreifen und qualitativ diskutieren.

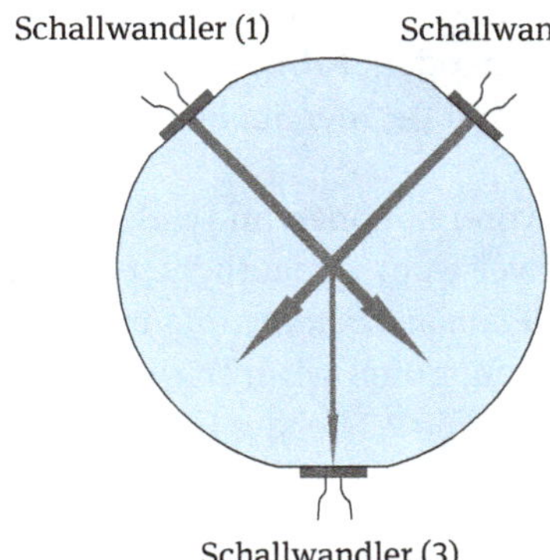

Abb. 7.4: Messanordnung zum Nachweis der Phonon-Phonon-Wechselwirkung. Die Schallwandler (1) und (2) erzeugen transversale Schallwellen mit 10 MHz bzw. longitudinale mit 15 MHz. Der Wandler (3) weist longitudinale Schallwellen mit 25 MHz nach. (Nach F.R. Rollins, Jr., L.H. Taylor, P.H. Todd, Jr., Phys. Rev. **136**, A597 (1964).)

Der einfachste und wichtigste Wechselwirkungsprozess ist der **Drei-Phononen-Prozess.** Sein Auftreten lässt sich eindrucksvoll in einem Ultraschallexperiment demonstrieren, dessen prinzipieller Aufbau in Bild 7.4 zu sehen ist. Die von den Schallwandlern (1) und (2) erzeugten Wellenbündel treffen sich in der Überlagerungszone und rufen aufgrund der Gitteranharmonizität eine neue Welle hervor, die mit dem Schallwandler (3) nachgewiesen werden kann. Bei dem skizzierten Experiment hatten die wechselwirkenden Schallwellen unterschiedliche Frequenz und Polarisation. Auf die Gründe für diese Maßnahme werden wir im folgenden Abschnitt kurz eingehen.

Aus den gewählten Frequenzen und aus der Geometrie des experimentellen Aufbaus kann man bei diesem Experiment ablesen, dass Energie- und Quasiimpulserhaltung für die wechselwirkenden Phononen erfüllt sind und folgende Gleichungen gelten:

$$\hbar\omega_1 + \hbar\omega_2 = \hbar\omega_3 \qquad \text{und} \qquad \hbar\mathbf{q}_1 + \hbar\mathbf{q}_2 = \hbar\mathbf{q}_3 \,. \tag{7.10}$$

7.2.2 Ultraschallabsorption in Kristallen

Die Ausbreitung von Phononen wird durch Streuprozesse behindert. In dielektrischen Kristallen tragen hierzu vor allem zwei Mechanismen bei: die Streuung an Defekten und die Wechselwirkung der Phononen untereinander. In Ultraschallexperimenten machen sich die Streuprozesse durch das Auftreten von Dämpfung bemerkbar. In Bild 6.5 haben wir die prinzipielle Messanordnung für derartige Experimente bereits skizziert. Aus dem Abfall der Signalamplitude mit zunehmender Laufstrecke bzw. mit der Laufzeit lässt sich direkt der Dämpfungskoeffizient bzw. die mittlere freie Weglänge l der Ultraschallwellen bestimmen.

Bei der Behandlung der Phononenstreuung benutzen wir das Teilchenbild, mit dem sich die auftretenden Prozesse sehr anschaulich beschreiben lassen.[4] Wir gehen von dem bei Streuprozessen allgemein gültigen Zusammenhang

$$l = \frac{1}{n\sigma} \tag{7.11}$$

aus. Die mittlere freie Weglänge l der stoßenden Teilchen ist umgekehrt proportional zur Dichte n der Streuzentren und zum totalen **Streu-** oder **Stoßquerschnitt** σ. Der Streuquerschnitt wiederum ist proportional zum Quadrat $|\mathcal{A}|^2$ der Streuamplitude, die wir in Abschnitt 4.2 eingeführt haben.

Wir wollen zunächst die elastische Streuung von Phononen an Punktdefekten betrachten, an der sich die prinzipielle Vorgehensweise gut verdeutlichen lässt. Anschließend beschäftigen wir uns mit der *Phonon-Phonon-Streuung*, die inelastisch ist und durch die Anharmonizität des Gitters hervorgerufen wird. Wir werden die hier erarbeiteten Ergebnisse dann nochmals in Abschnitt 7.3 bei der Diskussion der Wärmeleitfähigkeit verwenden.

Streuung an Punktdefekten. Nehmen wir an, dass der zu untersuchende Kristall eine größere Zahl von Punktdefekten, z.B. Leerstellen oder Zwischengitteratome, enthält. Da diese die Translationssymmetrie des Gitters verletzen, werden Ultraschallwellen an ihnen *elastisch gestreut*. Bezeichnen wir die Phononen vor und nach der Streuung mit den Indizes eins und zwei, so gelten Energie- und Quasiimpulssatz: $\omega_1 = \omega_2$ bzw. $\mathbf{q}_1 = \mathbf{q}_2 + \mathbf{K}$. Bei der Streuung nimmt der Defekt den Quasiimpuls $\hbar\mathbf{K}$ auf. Für den Betrag des übertragenen Impulses gilt $0 < K \leq 2q$, wobei das Gleichheitszeichen bei Rückstreuung auftritt. Wie bei der Streuung von Licht an kleinen Teilchen lässt sich auch hier die Streuamplitude bzw. der Streuquerschnitt mit Hilfe der Theorie von *Lord Rayleigh* berechnen. Unter der Annahme, dass die Wellenlänge groß im

4 Bei der Ultraschallausbreitung handelt es sich um ein Transportphänomen, das am besten mit Hilfe der *Boltzmannschen Transportgleichung* beschrieben wird. Wir wollen uns hier wie auch bei der Diskussion der Wärmeleitung mit einer vereinfachten Betrachtungsweise begnügen. Auf die Transportgleichung gehen wir in Abschnitt 9.2 im Zusammenhang mit der elektrischen Leitfähigkeit ein.

Vergleich zum störenden Defekt ist, also für $\lambda \gg a$, findet man den Zusammenhang $|\mathcal{A}|^2 \propto \sigma \approx \pi a^2 (aq)^4$, wobei a für die Ausdehnung des Defekts steht, die bei atomaren Punktdefekten von der Größenordnung des Atomabstands ist. Der genaue Wert des Streuquerschnitts hängt von den elastischen Eigenschaften des Kristalls und den speziellen Defekteigenschaften ab.

Wir interessieren uns hier nicht näher für den Absolutwert des Effekts, sondern nur für dessen Frequenz- und Temperaturabhängigkeit. Da für langwellige Phononen $\omega \propto q$ gilt und die Streuzentrendichte n durch die Punktdefektdichte n_D bestimmt wird, ergibt sich mit (7.11) für die inverse mittlere freie Weglänge der Ultraschallphononen

$$l^{-1} \propto n_\mathrm{D}\, \omega^4\,. \tag{7.12}$$

Offensichtlich sind Punktdefekte vor allem bei hohen Frequenzen wichtig. Da die nicht-resonante Streuung einen temperaturunabhängigen Beitrag liefert, verursacht sie bei einer Messung des Temperaturverlaufs der Dämpfung nur einen konstanten Untergrund. Bei stark verunreinigten Kristallen kann jedoch die Defektstreuung die restlichen Dämpfungsbeiträge übertreffen.

Phonon-Phonon-Streuung. In Bild 7.5 ist die Messung der Dämpfung von transversalen Schallwellen in einem sehr reinen Quarzkristall gezeigt. Der Temperaturverlauf ist typisch für reine dielektrische Kristalle:[5] Bei tiefen Temperaturen ist die Dämpfung in guten Kristallen verschwindend klein, steigt dann rasch an und flacht schließlich ab. Hervorgerufen wird sie von der Wechselwirkung der Ultraschallphononen mit thermischen Phononen. Vereinfacht ausgedrückt stößt dabei ein Ultraschallphonon mit einem thermischen Phonon und wird dabei vernichtet.

Die Behandlung der Phononenwechselwirkung ist ein anspruchsvolles theoretisches Problem, das umfangreiche Rechnungen erfordert. Wir beschränken uns hier auf die Grundzüge der Theorie und setzen die Gültigkeit der Debyeschen Näherung voraus. Wichtig für die weiteren Betrachtungen ist, dass die Stärke der Phonon-Phonon-Wechselwirkung und damit der Streuquerschnitt nicht durch die Auslenkung der Atome, sondern durch die Abstandsänderung zwischen den Atomen bestimmt wird, die durch den *Dehnungstensor* $[\mathbf{e}]$ beschrieben wird, der in (6.4) definiert wurde. Dies ist verständlich, weil bei einer gemeinsamen Auslenkung der Atome der interatomare Abstand konstant bleibt und Anharmonizitäten nicht zum Tragen kommen.

Wir betrachten zunächst den Streuquerschnitt σ. Ohne die erforderlichen Schritte nachzuvollziehen, wollen wir festhalten, dass die Streuamplitude $\mathcal{A}$ proportional zur Verzerrung *aller* am Stoßprozess beteiligten Phononen ist, d.h. $\mathcal{A} \propto \prod_i e_{0,i}$, wobei $e_{0,i}$ für die Amplitude der von den Phononen hervorgerufenen Dehnung steht. Für den

5 Bei Metallen dominiert meist Dämpfung aufgrund der Wechselwirkung zwischen Phononen und freien Elektronen.

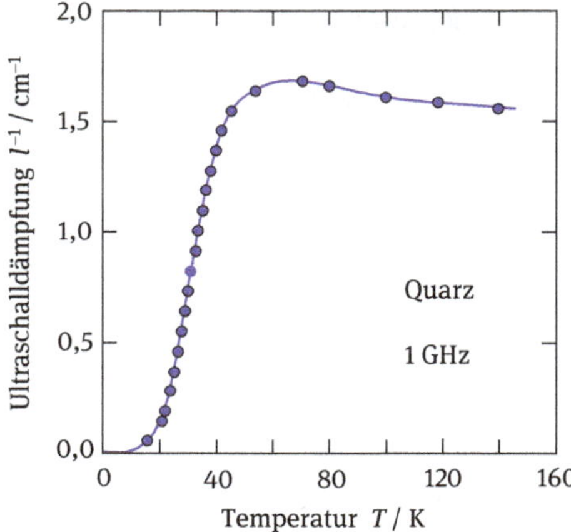

Abb. 7.5: Temperaturverlauf der Dämpfung transversaler Schallwellen in einem Quarzkristall bei 1 GHz. (Nach H.E. Bömmel, K. Dransfeld, Phys. Rev. **117**, 1245 (1960).)

Streuquerschnitt gilt daher beim Drei-Phononen-Prozess die Proportionalität

$$\sigma \propto |\mathcal{A}|^2 \propto (e_{0,1}\, e_{0,2}\, e_{0,3})^2 \propto \omega_1\, \omega_2\, \omega_3 \,. \tag{7.13}$$

Der Zusammenhang $e_0^2 \propto \omega$ folgt unmittelbar aus der Tatsache, dass einerseits die Energie elastischer Wellen mit dem Quadrat der Verzerrung zunimmt und andererseits die Energie eines Phonons durch $\hbar\omega$ gegeben ist. Der Absolutwert des Streuquerschnitts wird durch Terme bestimmt, in welche die 2. und 3. Ableitung der Potenzialfunktion $\widetilde{V}$ eingehen, die im Abschnitt 6.2 eingeführt und deren Taylor-Entwicklung nach dem 2. Glied abgebrochen wurde. Die auftretenden Konstanten hängen von der Kristallsymmetrie ab und unterscheiden sich für die verschiedenen Phononenzweige.

In der weiteren Diskussion benutzen wir anstelle der Eins den Index „us“, da es sich bei den einfallenden Teilchen um Ultraschallphononen handelt. In den Ausdruck (7.11) für die freie Weglänge geht neben dem Streuquerschnitt die Dichte der Streuzentren ein, die wir nun näher betrachten. Es ist offensichtlich, dass wir nicht in Analogie zur Punktdefektstreuung einfach die Gesamtzahl der thermisch angeregten Phononen einsetzen dürfen, da der Streuquerschnitt von der Phononenfrequenz abhängt. Die relevante Größe ist daher die Zahl der Phononen, die bei einer bestimmten Frequenz angeregt ist, also die Größe $D(\omega)\langle n(\omega,T)\rangle$, das Produkt aus Zustandsdichte und mittlerer thermischer Besetzung. Weniger offensichtlich ist, dass sich hinter den Erhaltungssätzen (7.10) *sechs* unterschiedliche Prozesse verbergen. Wir wollen hiervon zwei herausgreifen, die verbleibenden vier kann man sich leicht überlegen, wenn man die Reihenfolge der Phononen beim Wechselwirkungsprozess zyklisch vertauscht. Der Stoßprozess, der bisher angesprochen wurde, ist der Stoß des Ultraschallphonons $\mathbf{q}_{\rm us}$ mit dem thermischen Phonon $\mathbf{q}_2$, wobei das Phonon $\mathbf{q}_3$ erzeugt wird. Dieser Prozess kann auch in umgekehrter Richtung ablaufen: Ein thermisches Phonon $\mathbf{q}_3$ zerfällt unter dem Einfluss der Ultraschallwelle in ein zusätzliches Ultraschallphonon $\mathbf{q}_{\rm us}$ und ein thermisches Phonon $\mathbf{q}_2$. Wären gleich viele Phononen mit den Wellenvektoren $\mathbf{q}_2$ und $\mathbf{q}_3$ vorhanden, so liefen beide Prozesse mit der gleichen Wahrscheinlichkeit ab.

Die entscheidende Größe ist daher die Differenz $\delta n = D(\omega_2)\langle n(\omega_2)\rangle - D(\omega_3)\langle n(\omega_3)\rangle$ zwischen der Zahl der Phononen mit dem Wellenvektor $\mathbf{q}_2$ und $\mathbf{q}_3$. Da sich die beiden Frequenzen ω_2 und ω_3 nur geringfügig um die Ultraschallfrequenz $\omega_{\text{us}} = (\omega_3 - \omega_2)$ unterscheiden, können wir näherungsweise $D(\omega_2) \approx D(\omega_3)$ setzen und die mittlere Besetzungszahldifferenz in einer Taylor-Reihe entwickeln, die wir nach dem 1. Glied abbrechen:

$$\delta n \approx D(\omega_2)\left\{\langle n(\omega_2)\rangle - \left[\langle n(\omega_2)\rangle + \left.\frac{\partial\langle n(\omega)\rangle}{\partial\omega}\right|_{\omega_2}\omega_{\text{us}} + \ldots\right]\right\} \approx -\omega_{\text{us}}\, D(\omega_2)\left.\frac{\partial\langle n(\omega)\rangle}{\partial\omega}\right|_{\omega_2} . \tag{7.14}$$

Die weitere relativ aufwendige Herleitung des Dämpfungskoeffizienten wollen wir nur kurz skizzieren und das Ergebnis verständlich machen. Zunächst müssen die oben angesprochenen vier weiteren Streukanäle mit einbezogen werden. Da alle thermisch angeregten Phononen zur Streuung beitragen, muss weiterhin über alle Wellenvektoren und Raumrichtungen unter Berücksichtigung der Energieerhaltung gemittelt werden. Dabei ergibt sich ein Faktor $1/\omega_{\text{us}}$, der den Faktor ω_{us} in (7.14) kompensiert. Setzen wir in Gleichung (7.13) bei der Berechnung des Streuquerschnitts $\omega_2 \approx \omega_3 \approx \omega$ und berücksichtigen, dass $D(\omega) \propto \omega^2$ ist, so erhalten wir für die inverse mittlere freie Weglänge folgenden Zusammenhang:

$$\begin{aligned} l^{-1} &\propto \int \sigma(\omega)\, D(\omega)\, \frac{\partial\langle n(\omega,T)\rangle}{\partial\omega}\, \mathrm{d}\omega \propto \omega_{\text{us}} \int \omega^4\, \frac{\partial\langle n(\omega,T)\rangle}{\partial\omega}\, \mathrm{d}\omega\,, \\ &\propto \omega_{\text{us}}\, T^4 \int_0^{x_\text{D}} x^4\, \frac{\partial\langle n(x)\rangle}{\partial x}\, \mathrm{d}x \propto \omega_{\text{us}}\, T^4 \int_0^{x_\text{D}} \frac{x^4 \mathrm{e}^x}{(\mathrm{e}^x - 1)^2}\, \mathrm{d}x\,. \end{aligned} \tag{7.15}$$

Wie bei der Berechnung der spezifischen Wärme in Abschnitt 6.4 haben wir die Abkürzungen $x = \hbar\omega/k_\text{B}T$ bzw. $x_\text{D} = \hbar\omega_\text{D}/k_\text{B}T$ benutzt. Da dort das gleiche Integral auftrat, können wir die Auswertung direkt übernehmen. Für tiefe Temperaturen geht $x_\text{D} \to \infty$, so dass das Integral eine Konstante liefert. Damit erhalten wir für die Frequenz- und Temperaturabhängigkeit den Ausdruck

$$l^{-1} \propto \omega_{\text{us}}\, T^4\,. \tag{7.16}$$

Diesen Zusammenhang bezeichnet man als **Landau-Rumer-Dämpfung.**[6,7] Wie in Bild 7.6 zu sehen ist, wird der erwartete Temperaturverlauf der Dämpfung tatsächlich im Experiment beobachtet.

Wir kommen nochmals auf Bild 7.5 zurück, dem wir entnehmen, dass bei höheren Temperaturen der Anstieg der Dämpfung abflacht. Bei hohen Temperaturen wird, abhängig vom Probenmaterial, der Richtung der Schallausbreitung und der Polarisation der Schallwellen, ein unterschiedlicher Temperaturverlauf beobachtet. In einfachster

---

6 Lew Dawidowitsch Landau, *1908 Baku, †1968 Moskau, Nobelpreis 1962

7 Juri Borissowitsch Rumer, *1901 Moskau, †1985 Akadem-Gorodok

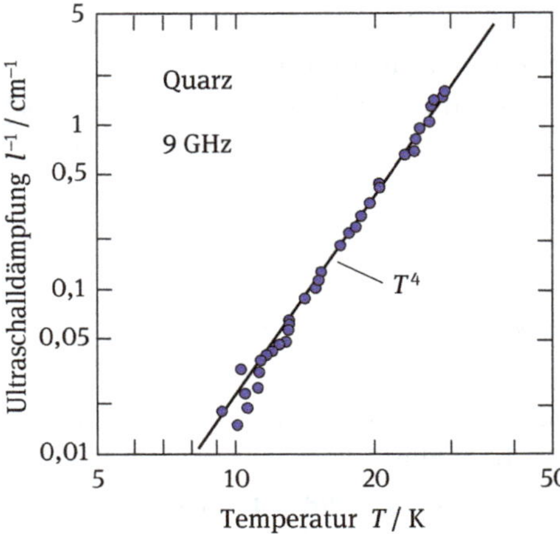

Abb. 7.6: Logarithmische Darstellung der Dämpfung von transversalen Schallwellen bei 9 GHz als Funktion der Temperatur. Der T^4-Anstieg ist durch die Gerade angedeutet. (Nach M.F. Lewis, E. Patterson, Phys. Rev. **159**, 703 (1967).)

Näherung kann in diesem Fall die Dämpfung als konstant angesehen werden. Bei so hohen Temperaturen ist aber das einfache Teilchenbild zur Beschreibung der Interaktion zwischen Ultraschallphononen und thermischen Phononen nicht mehr anwendbar. Der Grund hierfür ist, dass infolge der Wechselwirkung der thermischen Phononen untereinander ihre mittlere Lebensdauer und damit ihre mittlere freie Weglänge mit steigender Temperatur rasch abnimmt. Sobald diese vergleichbar mit der Wellenlänge des Ultraschalls wird, verliert das einfache Konzept seine Gültigkeit. Wir wollen diese Thematik, obwohl sie für die technische Anwendung des Ultraschalls von hoher Relevanz ist, nicht weiter verfolgen.

Überraschenderweise gilt (7.16) nicht für longitudinale Wellen, für deren Dämpfung man bei tiefen Temperaturen einen noch steileren Temperaturanstieg beobachtet. Der Grund hierfür ist, dass Energie- und Quasiimpulserhaltung gewisse *Auswahlregeln* erzwingen, auf die wir bereits bei der Beschreibung von Bild 7.4 hingewiesen haben ohne sie bei der Herleitung von (7.16) zu beachten. Schon eine einfache Überlegung zeigt, dass Prozesse, an denen Phononen nur *eines* Zweiges beteiligt sind, weitgehend unterdrückt werden. Die beiden Erhaltungssätze (7.10) sind nur dann gleichzeitig erfüllbar, wenn die Dispersionskurve strikt linear verläuft und der Stoß so erfolgt, dass die Wellenvektoren aller beteiligten Phononen auf einer Geraden liegen. Da die Dispersionskurven immer gekrümmt sind, können die beiden Erhaltungssätze bei einem Stoß zwischen Phononen des gleichen Zweiges nicht gleichzeitig erfüllt werden. Die Wechselwirkung erfolgt daher zwischen Phononen unterschiedlicher Zweige. Die Auswahlregeln müssen bei der Herleitung der Ultraschalldämpfung berücksichtigt werden und modifizieren die oben angestellten einfachen Überlegungen. Eine schwache Aufweichung der Auswahlregeln kommt dadurch zustande, dass die Dispersionskurven wegen der endlichen Phononlebensdauer eine endliche Breite aufweisen. Dieser Effekt erlaubt im begrenzten Umfang die Wechselwirkung zwischen Phononen des gleichen Zweigs und spielt bei der Dämpfung longitudinaler Schallwellen bei tiefen Temperaturen die entscheidende Rolle.

7.2.3 Spontaner Phononenzerfall

Nun wollen wir noch die interessante Frage stellen, ob Phononen in einem defektfreien Kristall am absoluten Nullpunkt unendlich lange leben. Dies könnte man zunächst vermuten, da keine thermisch angeregten Phononen vorhanden sind, mit denen erzeugte Phononen in Wechselwirkung treten könnten. Die Antwort ist etwas überraschend: Phononen erfahren einen spontanen Zerfall infolge ihrer Wechselwirkung mit den Nullpunktsschwingungen des Gitters.

Bild 7.7 zeigt, dass hochfrequente Phononen in CaF_2 bei 2 K relativ rasch zerfallen und dass ihre mittlere Lebensdauer stark von ihrer Frequenz abhängt. Grob gesprochen zerfällt ein Phonon mit der Frequenz ω in zwei Phononen mit etwa der halben Frequenz, da der Phasenraum für diesen Endzustand am größten ist. Da es sich auch hier um einen Drei-Phononen-Prozess handelt, lässt sich die Frequenzabhängigkeit des Streuquerschnitts wie bei der normalen Ultraschalldämpfung berechnen. Dazu benutzen wir Gleichung (7.13) und setzen dort $\omega_1 = \omega$ und $\omega_2 = \omega_3 = \omega/2$. Damit erhalten wir für den Streuquerschnitt die Proportionalität $\sigma \propto \omega^3$. Da die Zustandsdichte der Phononen quadratisch ansteigt, nimmt die Zahl der Stoßpartner quadratisch mit der Frequenz zu. Damit folgt mit (7.11), dass $l \propto \omega^{-5}$ sein sollte. Für die mittlere Lebensdauer $\tau = l/v$ ergibt sich dann der Zusammenhang

$$\tau \propto \frac{1}{\omega^5} . \tag{7.17}$$

Die starke Frequenzabhängigkeit des Prozesses bewirkt, dass der spontane Zerfall nur bei sehr hochfrequenten Phononen und nicht bei den üblichen Ultraschallfrequenzen

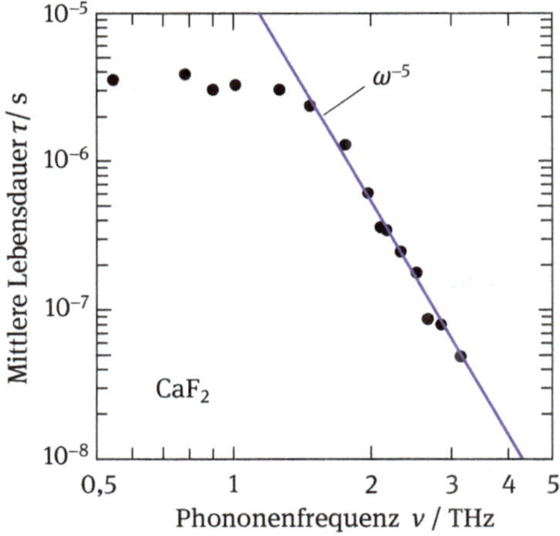

Abb. 7.7: Mittlere Lebensdauer von Terahertz-Phononen in CaF_2, gemessen bei 2 K. (Nach R. Baumgartner et al., Phys. Rev. Lett., 47, 1403 (1981).)

einen merklichen Beitrag zum Dämpfungskoeffizienten liefert. In der Messung, die in Bild 7.7 gezeigt ist, wurde der Frequenzbereich so gewählt, dass $\hbar\omega \gg k_B T$ ist und damit selbst bei 2 K der Zerfall und nicht die Streuung der hochfrequenten Phononen dominiert. Das Abknicken der Kurve unterhalb von 1,5 THz beruht auf der verwendeten Messtechnik, bei der Eu^{2+}-Ionen zur Phononenerzeugung herangezogen wurden, die ihrerseits durch resonante Absorption die Lebensdauer der Phononen verkürzen. Auf diesen Wechselwirkungsmechanismus gehen wir im folgenden Unterabschnitt in Verbindung mit der Ultraschalldämpfung in amorphen Festkörpern ein.

7.2.4 Ultraschallabsorption in amorphen Festkörpern

In Kristallen und amorphen Festkörpern sind unterschiedliche Mechanismen für die Ultraschalldämpfung verantwortlich. Obwohl die Dämpfung in amorphen Materialien bei höheren Temperaturen noch nicht völlig verstanden ist, ist sicher, dass Phonon-Phonon-Streuprozesse, die in reinen dielektrischen Kristallen die Dämpfung bestimmen, nur eine untergeordnete Rolle spielen. Besonders deutlich wird das unterschiedliche Verhalten bei tiefen Temperaturen: Während in Kristallen die Dämpfung dort verschwindet bzw. sehr klein wird, steigt sie in amorphen Materialien bei tiefer Temperatur wieder stark an.

Wir wollen hier die Ultraschallabsorption von Gläsern bei tiefen Temperaturen etwas näher betrachten. Die Ursache für die starke Dämpfung bzw. die kurze mittlere freie Weglänge der Phononen ist die **resonante Wechselwirkung** zwischen Schallwellen und den Tunnelzentren, die wir bereits in Abschnitt 6.5 bei der Diskussion der spezifischen Wärme kennengelernt haben. Prinzipiell läuft dieser Prozess wie folgt ab: Stimmen Energie $\hbar\omega$ der Ultraschallphononen und Energieaufspaltung E von Tunnelzentren überein, so werden, wie in Bild 7.8 skizziert, Übergänge zwischen den beiden Niveaus induziert.

Abb. 7.8: Schematische Darstellung der Übergänge bei resonanter Wechselwirkung zwischen Phononen und Zwei-Niveau-Systemen (Tunnelsystemen).

Auch hier verläuft der Streuprozess in beide Richtungen: Entweder wird ein Ultraschallphonon vernichtet oder ein Phonon erzeugt. Wie effektiv der jeweilige Prozess ist, hängt von der Besetzung der beiden Niveaus ab. Bei $T \to 0$ wird die mittlere freie

Weglänge minimal, da sich alle Tunnelsysteme im Grundzustand befinden und somit nur der Prozess übrig bleibt, bei dem Phononen vernichtet werden. Ist $k_B T \gg E$, so sind die beiden Niveaus näherungsweise gleich besetzt. Dann werden Übergänge in beide Richtungen mit gleicher Häufigkeit induziert. Die Schallwelle erfährt im Mittel durch die Anwesenheit der Tunnelsysteme keine resonante Dämpfung. In die Berechnung der mittleren freien Weglänge geht also analog zum Drei-Phononen-Prozess die Differenz der Besetzungszahlen der beiden Niveaus ein. Ist n die Dichte der betrachteten Tunnelsysteme mit der Energieaufspaltung E, n_1 und n_2 die Dichte der Systeme im oberen bzw. unteren Niveau, so gilt $n = (n_1 + n_2)$ und $n_1/n_2 = \exp(-E/k_B T)$. Damit errechnet sich für die Besetzungszahldifferenz $\delta n = (n_2 - n_1)$ von Zwei-Niveau-Systemen der Ausdruck

$$\delta n = n \tanh \frac{E}{2k_B T} \,. \tag{7.18}$$

Da beim resonanten Prozess $E = \hbar\omega_{us}$ ist, erhalten wir mit (7.11)

$$l^{-1} = \sigma\,\delta n = \widetilde{C}\omega_{us} \tanh \frac{\hbar\omega_{us}}{2k_B T} \,. \tag{7.19}$$

Die Absorption ist nach (7.13) proportional zur Ultraschallfrequenz, da am Absorptionsprozess nur ein Ultraschallphonon beteiligt ist, so dass $\sigma \propto e_0^2 \propto \omega_{us}$ ist. Der Vorfaktor $\widetilde{C} = \overline{P}\,\widetilde{\gamma}^2/\varrho v^3$ enthält neben der Massendichte ϱ und der Schallgeschwindigkeit v, die Zustandsdichte $\overline{P}$ der Tunnelsysteme und den Parameter $\widetilde{\gamma}$, der die Stärke der Kopplung zwischen den Phononen und Tunnelsystemen widerspiegelt. Von der spezifischen Wärme der amorphen Festkörper (vgl. Abschnitt 6.5) ist bekannt, dass eine breite Verteilung der Energieaufspaltung der Tunnelsysteme existiert. Wir erwarten also bei *allen* Messfrequenzen eine Dämpfung, deren Temperaturverlauf durch die thermische Population der beiden Niveaus gegeben ist. Dieser Verlauf ist in Bild 7.9 skizziert.

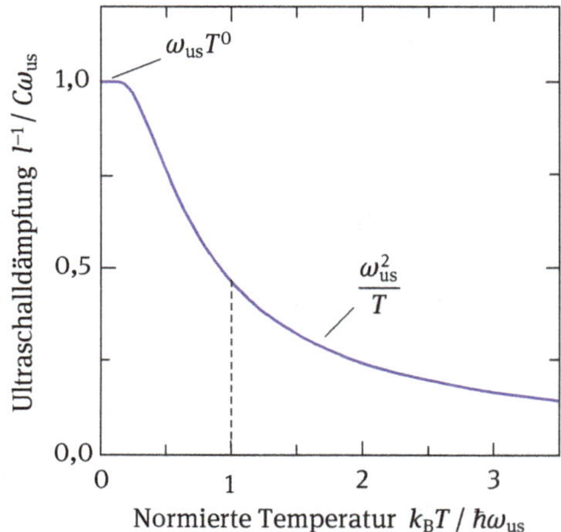

Abb. 7.9: Verlauf der resonanten Ultraschalldämpfung in Gläsern normiert auf die Dämpfung am absoluten Nullpunkt als Funktion der normierten Temperatur $k_B T/\hbar\omega_{us}$.

Die Grenzfälle für hohe und tiefe Temperaturen lassen sich leicht angeben. Bei sehr tiefen Temperaturen ist $k_\mathrm{B}T \ll \hbar\omega_\mathrm{us}$ und der Faktor $\tanh(\hbar\omega_\mathrm{us}/2k_\mathrm{B}T) \approx 1$. Die Dämpfung hat deshalb bei sehr tiefen Temperaturen ihren größten, nahezu temperaturunabhängigen Wert, dort gilt $l^{-1} \propto \omega_\mathrm{us}T^0$. Bei hohen Temperaturen ist $\hbar\omega_\mathrm{us} \ll k_\mathrm{B}T$, und der Hyperbeltangens lässt sich durch sein Argument $(\hbar\omega_\mathrm{us}/2k_\mathrm{B}T)$ nähern. Der Dämpfungsverlauf zeigt dann eine ausgeprägte Frequenz- und Temperaturabhängigkeit, die durch $l^{-1} \propto \omega_\mathrm{us}^2/T$ gegeben ist.

Die Ultraschalldämpfung durch Tunnelsysteme besitzt noch eine weitere, sehr charakteristische Eigenschaft. Nach (7.19) ist die Dämpfung proportional zur Besetzungszahldifferenz δn, doch gilt die Beziehung (7.18) nur im thermischen Gleichgewicht. Der Absorptionsprozess selbst bewirkt aber eine Umbesetzung: Mit zunehmender Schallintensität J nimmt die Besetzung der oberen Niveaus zu, die Besetzungszahldifferenz δn verringert sich und damit auch die Dämpfung durch resonante Prozesse. Eine experimentelle Bestätigung dieses **Sättigungseffekts** ist in Bild 7.10 anhand einer Messung an einem Borsilikatglas bei etwa 0,5 K und 940 MHz zu sehen. Der Verlauf der inversen freien Weglänge lässt sich sehr gut mit der hier nur in den Grundzügen diskutierten Theorie beschreiben.

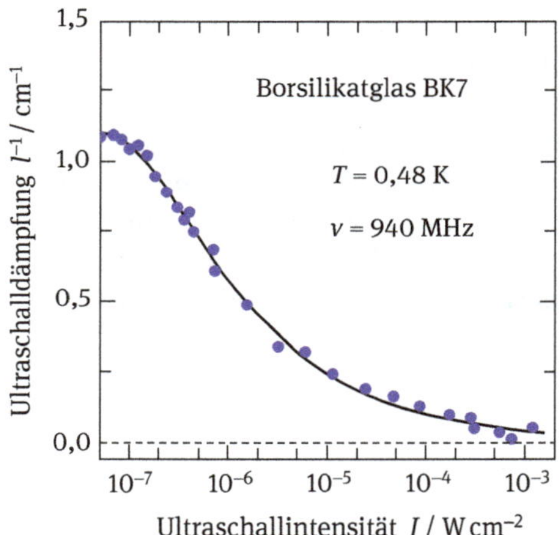

Abb. 7.10: Ultraschalldämpfung in Borsilikatglas als Funktion der Schallintensität. Die durchgezogene Kurve gibt den theoretischen Verlauf wieder. (Nach S. Hunklinger, Cryogenics **28**, 224 (1988).)

Messungen zur Temperaturabhängigkeit der Ultraschalldämpfung in Quarzglas bei relativ hohen und sehr kleinen Schallleistungen sind in Bild 7.11 wiedergegeben. Neben der gerade besprochenen resonanten Dämpfung bei Temperaturen unter 1 K findet man zusätzlich noch einen starken Anstieg zu höheren Temperaturen. Die Ursache hierfür ist das Auftreten eines weiteren Dämpfungsmechanismus, nämlich der **Relaxationsabsorption.** Diese Dämpfung beruht darauf, dass Schallwellen nicht nur mit Tunnelzentren geeigneter Energieaufspaltung resonant wechselwirken, sondern auch die Energieaufspaltung aller Systeme modulieren und somit deren thermische

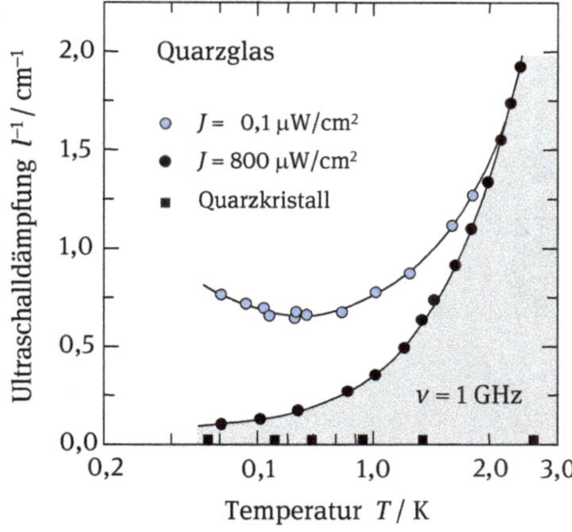

Abb. 7.11: Temperaturabhängigkeit der Ultraschalldämpfung in Quarzglas bei 1 GHz und zwei unterschiedlichen Schallintensitäten J. In kristallinem Quarz ist die Dämpfung in diesem Temperaturbereich verschwindend klein. (Nach S. Hunklinger, Festkörperprobleme **17**, 1 (1977).)

Gleichgewichtsbesetzung stören. Dieser Mechanismus bewirkt einen starken Anstieg der Absorption oberhalb von 1 K. Da der Beitrag der resonanten Wechselwirkung bei höheren (absolut gesehen jedoch relativ kleinen) Schallintensitäten aufgrund des Sättigungseffekts verschwindet, bleibt bei höheren Intensitäten nur der Relaxationsbeitrag übrig, der in Bild 7.11 grau markiert ist. Durch Messung bei sehr kleiner und bei relativ großer Schallamplitude lässt sich daher der Beitrag der resonanten Dämpfung von dem des Relaxationseffektes trennen. Wir wollen hier aber nicht weiter auf die Relaxationsdämpfung eingehen, da wir diese ausführlicher in Abschnitt 13.3 im Zusammenhang mit den dielektrischen Eigenschaften von Festkörpern betrachten. Ergänzend sei noch bemerkt, dass bei tiefen Temperaturen die resonante Wechselwirkung nicht nur bei Gläsern von großer Bedeutung ist, sondern auch in Kristallen, in denen Punktdefekte häufig Anlass zur Bildung von Tunnelzentren geben (siehe Abschnitt 13.3).

7.3 Wärmetransport in dielektrischen Kristallen

In dielektrischen Kristallen wird die Wärme durch Gitterschwingungen, also durch Phononen transportiert. Dabei können wir zwischen der klassischen *Wärmeleitung* und der *ballistischen Ausbreitung* der Phononen unterscheiden. Kennzeichen der Wärmeleitung ist, dass die Phononen durch die Probe diffundieren, während sie bei der ballistischen Ausbreitung ohne größere Wechselwirkung durch die Probe laufen. Wir werden zunächst auf ballistische Phononen eingehen, die man bei tiefen Temperaturen beobachten kann. Anschließend beschäftigen wir uns mit der klassischen Wärmeleitung und dem Wärmetransport in eindimensionalen Systemen.

In der Prinzipskizze 7.12 sind zwei typische Probengeometrien dargestellt. Links wird der ballistische Wärmetransport durch eine Probe gemessen. Hierzu wird der Heizer kurzzeitig angeschaltet und der zeitliche Verlauf der Temperatur auf der anderen Sei-

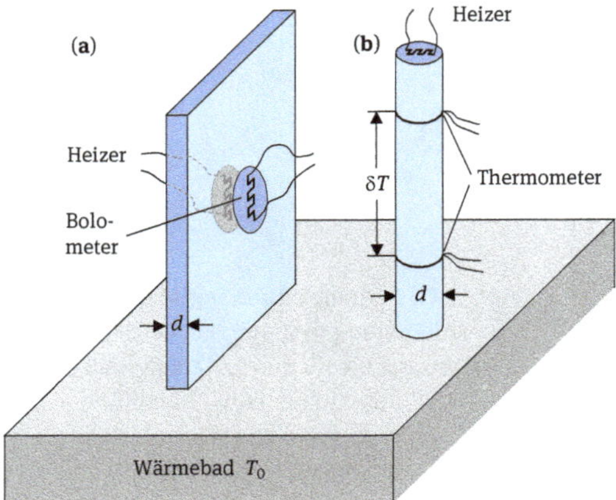

Abb. 7.12: Schema der Messanordnungen zur Untersuchung der ballistischen Ausbreitung von Phononen bzw. zur Messung der Wärmeleitfähigkeit. Links wird der Wärmetransport durch eine Probe in Form einer dünnen Platte, rechts der Transport längs eines langen, dünnen Stabes gemessen.

te mit Hilfe eines Bolometers, z.B. einem temperaturempfindlichen Widerstand mit kleiner Wärmekapazität, registriert. In klassischen Wärmeleitungsexperimenten benutzt man einen langen dünnen Stab, an dessen freiem Ende eine konstante Heizleistung eingespeist wird. Das Wärmebad nimmt diese Energie auf und legt gleichzeitig die Messtemperatur T_0 fest. Mit zwei Thermometern wird die Temperaturdifferenz δT bestimmt, die bei derartigen Messungen klein gegen die Messtemperatur sein sollte.

7.3.1 Ballistische Ausbreitung von Phononen

Bei tiefen Temperaturen laufen die Phononen durch die Probe ohne untereinander zu wechselwirken, so dass **Wärmepulsexperimente** durchgeführt werden können. Ein entsprechender Versuchsaufbau ist auf der linken Seite von Bild 7.12 gezeigt. Wie oben erwähnt, wird im Heizer durch einen kurzen elektrischen Puls ein Wärmepuls erzeugt, der durch den Kristall läuft und auf der anderen Seite durch ein Bolometer detektiert wird. Die Laufzeit $t = d/v$ der Phononen vom Heizer zum Detektor hängt von der Polarisation der Phononen ab. Das Ergebnis eines derartigen Experiments an InSb-Proben ist in Bild 7.13 gezeigt. In der reinen Probe weist das Messsignal zwei ausgeprägte Maxima auf, die den longitudinalen und transversalen Phononen zugeordnet werden können. Da sich in diesem Experiment der Wärmepuls in [111]-Richtung ausbreitete, waren die beiden transversalen Zweige entartet.

Ergänzend sei ohne weitere Diskussion hier noch vermerkt, dass der Hauptzweck des Experiments darin bestand, die Kopplung zwischen Phononen und Elektronen zu studieren. Deshalb wurde in einem zweiten Experiment eine dotierte und daher elektrisch leitfähige Probe untersucht. Es ist offensichtlich, dass die Leitungselektronen

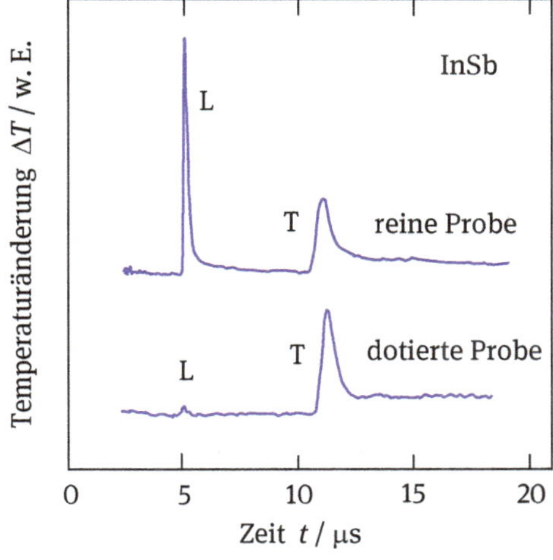

Abb. 7.13: Ausbreitung von Wärmepulsen in reinem und dotiertem InSb bei 1,6 K. Die Wärmepulse wurden mit einem dünnen Goldfilm erzeugt und mit einem supraleitenden Bolometer nachgewiesen. (Nach J.P. Maneval et al., Phys. Rev. Lett. **27**, 1375 (1971).)

vor allem an die longitudinalen Phononen ankoppeln und dabei den Wärmepuls stark dämpfen.

7.3.2 Wärmeleitfähigkeit

Durchqueren die Phononen nicht wie in Ultraschall- oder Wärmepulsexperimenten nahezu stoßfrei die Probe, sondern breiten sich durch Diffusion aus, so wird der Energietransport durch den Temperaturgradienten bestimmt. Unter stationären Bedingungen gilt dann die Fourier-Gleichung[8]

$$\mathbf{j} = -\Lambda \operatorname{grad} T \,, \tag{7.20}$$

wobei $\mathbf{j}$ für die Wärmestromdichte und Λ für den Koeffizienten der Wärmeleitfähigkeit steht. Eine einfache Anordnung zur Bestimmung der klassischen Wärmeleitung ist in Bild 7.12 skizziert.

In Bild 7.14 ist der Temperaturverlauf des Wärmeleitfähigkeitskoeffizienten[9] eines sehr reinen Natriumfluoridkristalls gezeigt, der für kristalline Dielektrika typisch ist. Die maximale Wärmeleitfähigkeit von $2{,}4 \cdot 10^4$ W/m K bei 16,5 K war für viele Jahre der höchste Wert, der in einem Festkörper gemessen wurde. In weniger reinen Kristallen ist das Leitfähigkeitsmaximum nicht so stark ausgeprägt. Es überrascht, dass von Metallen diese hohe Wärmeleitfähigkeit nicht erreicht wird. Zum Vergleich: die Wärmeleitfähigkeit von reinem Kupfer ist bei Zimmertemperatur mit etwa 400 W/m K zwar wesentlich höher als die der Dielektrika, doch erreicht sie im Maximum bei tiefen Temperaturen nur etwa $1{,}8 \cdot 10^4$ W/m K.

---

8 Jean-Baptiste Joseph Fourier, *1768 Auxerre, †1830 Paris

9 Im Folgenden wird der Koeffizient der Wärmeleitfähigkeit oft nur als *Wärmeleitung* bezeichnet.

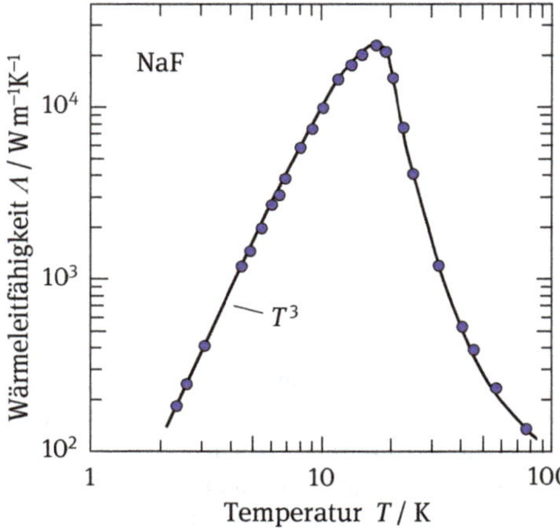

Abb. 7.14: Wärmeleitfähigkeit von hochreinem Natriumfluorid als Funktion der Temperatur. (Nach H.E. Jackson et al., Phys. Rev. Lett. **25**, 26 (1970).)

Der Einfachheit halber stützen wir uns bei der Beschreibung der Wärmeleitung auf die von *P. Debye* erstmals benutzte Analogie zur kinetischen Gastheorie und betrachten die Phononen näherungsweise als ideales Gas. Nach der kinetischen Gastheorie ist der Koeffizient der Wärmeleitfähigkeit Λ von Gasen durch

$$\Lambda = \frac{1}{3} C v l \tag{7.21}$$

gegeben. Hierbei steht C für die spezifische Wärme des Gases, v für die mittlere Geschwindigkeit der Atome und l für deren mittlere freie Weglänge. Wir übernehmen diese Gleichung für die Beschreibung der Wärmeleitfähigkeit von Festkörpern, wobei C nun für deren spezifische Wärme, v für die Schallgeschwindigkeit und l für die mittlere freie Weglänge der Phononen steht.

Im Prinzip müsste berücksichtigt werden, dass alle Größen in (7.21) von der Frequenz abhängen und dass die verschiedenen Phononenzweige unterschiedlich stark zur Wärmeleitung beitragen. Korrekterweise müsste daher über alle Phononenfrequenzen integriert und über alle Phononenzweige j summiert werden. Anstelle der einfachen Gleichung (7.21) träte dann

$$\Lambda = \frac{1}{3} \sum_j \int_0^{\omega_{\max}} c_j(\omega)\, v_j(\omega)\, l_j(\omega)\, \mathrm{d}\omega \,, \tag{7.22}$$

wobei $c_j(\omega) = \mathrm{d}C_j/\mathrm{d}\omega$ die *spektrale spezifische Wärme* repräsentiert. Meist vereinfacht man die Gleichung in zweifacher Hinsicht. Durch das Einführen *eines effektiven Phononenzweigs* mit linearer Dispersion $v = \omega/q = \text{const.}$ nach dem Debye-Modell kann man sich die Summation über die Phononenzweige „sparen“. Die Integration wird durch die Anwendung der **dominanten Phononennäherung** vermieden. Hierbei berücksichtigt man nicht das gesamte Frequenzspektrum, sondern betrachtet nur den Anteil des Spektrums, der am meisten zum Wärmetransport beiträgt. Grob gesprochen sind es diejenigen Phononen, deren Energie vergleichbar mit $k_\mathrm{B}T$ ist. Dieses Vorgehen ist schon deswegen zweckmäßig, weil in den wenigsten Fällen die genaue Frequenzabhängigkeit der in (7.22) eingehenden Größen bekannt ist.

Die dominante Phononennäherung wird nicht nur zur Beschreibung der Wärmeleitung herangezogen, sondern auch in vielen anderen Fällen verwendet. So analysiert man die gemessene spezifische Wärme oder die Ultraschalldämpfung häufig im Rahmen dieser Näherung. Eine eingehendere Betrachtung zeigt, dass der Zusammenhang $\hbar\overline{\omega} = p\,k_\mathrm{B}T$ zwischen der Frequenz $\overline{\omega}$ der dominanten Phononen und der Temperatur besteht. Der Proportionalitätsfaktor p hängt vom betrachteten Phänomen ab und liegt zwischen eins und drei. Berechnen lässt sich der Wert von p über den Mittelwert der betrachteten Größen.

Wie wir gleich sehen werden, treten bei thermischen Phononen in dielektrischen Kristallen zwei wichtige Streumechanismen auf: Entweder wechselwirken die Phononen untereinander oder sie werden an Defekten gestreut. Sind mehrere Streumechanismen A, B, C, … gleichzeitig und unabhängig voneinander wirksam, so addieren sich die Einzelstreuraten bzw. die inversen mittleren freien Weglängen. Die effektive inverse mittlere freie Weglänge l^{-1} ergibt sich somit zu:

$$\frac{1}{l} = \frac{1}{l_\mathrm{A}} + \frac{1}{l_\mathrm{B}} + \frac{1}{l_\mathrm{C}} + \ldots \tag{7.23}$$

Dies bedeutet, dass immer der Prozess den Wärmewiderstand bestimmt, der zur stärksten Streuung führt bzw. zur kürzesten mittleren freien Weglänge Anlass gibt.

7.3.3 Phononenstöße

In Abschnitt 7.2 haben wir uns im Zusammenhang mit der Ultraschalldämpfung bereits mit den Drei-Phononen-Prozessen beschäftigt. Es liegt nahe, diese inelastischen Prozesse auch für den Wärmewiderstand verantwortlich zu machen. Wie bei der Ultraschalldämpfung muss die Energie- und Quasiimpulserhaltung gelten:

$$\hbar\omega_1 \pm \hbar\omega_2 = \hbar\omega_3\,, \tag{7.24}$$

$$\hbar\mathbf{q}_1 \pm \hbar\mathbf{q}_2 = \hbar\mathbf{q}_3 + \hbar\mathbf{G}\,. \tag{7.25}$$

Je nach Vorzeichen wird beim Stoß ein Phonon erzeugt oder vernichtet. Wie wir in Abschnitt 6.3 bei der Diskussion der inelastischen Streuung von Wellen in Kristallen gesehen haben, kann in der Gleichung für die Quasiimpulserhaltung noch ein reziproker Gittervektor **G** auftreten. In (7.10) wurde dieser weggelassen, da reziproke Gittervektoren groß im Vergleich zum Wellenvektor $\mathbf{q}_\mathrm{us}$ der Ultraschallphononen sind und in der Impulsbilanz nicht auftreten. Wie wir sehen werden, spielt der reziproke Gittervektor aber bei der Wärmeleitung eine tragende Rolle. Je nachdem, ob ein solcher am Streuprozess beteiligt ist oder nicht, spricht man von **Umklapp**- oder **U-Prozessen** bzw. von **Normal**- oder **N-Prozessen**. In Bild 7.15 sind diese Prozesse für den Fall der Phononenvernichtung dargestellt. Sind die Wellenvektoren der beteiligten Phononen

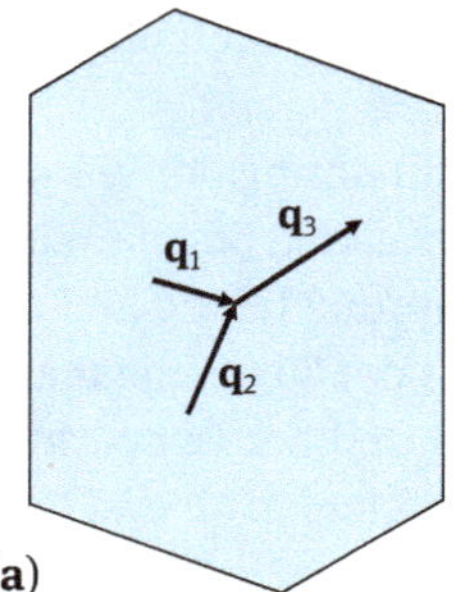

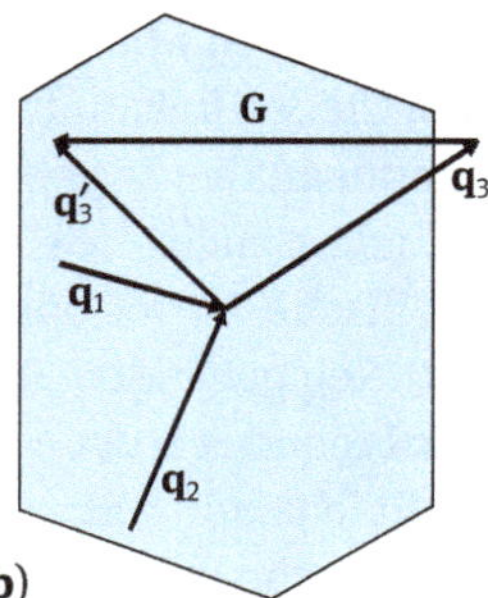

Abb. 7.15: Drei-Phononen-Prozess. **a)** Normal-Prozess: Alle Wellenvektoren liegen in der blau dargestellten 1. Brillouin-Zone. **b)** Umklapp-Prozess: Der Betrag der Wellenvektoren q_1 und q_2 wurde gegenüber der linken Abbildung verdoppelt. Dadurch kommt der resultierende Vektor q_3 außerhalb der 1. Brillouin-Zone zu liegen, so dass ein Umklapp-Prozess auftritt.

relativ klein, so läuft der Streuprozess innerhalb der 1. Brillouin-Zone ab. Die Summe der Quasiimpulse aller beteiligten Phononen bleibt erhalten. Dies gilt auch beim umgekehrten Vorgang, bei dem ein thermisches Phonon in zwei Phononen zerfällt. Endet der resultierende Vektor $\mathbf{q}_3$ außerhalb der 1. Brillouin-Zone, so lässt sich durch Addition eines reziproken Gittervektors **G** der äquivalente Wellenvektor $\mathbf{q}_3'$ finden, der in der 1. Brillouin-Zone liegt. Dabei ändert sich die Summe der Quasiimpulse der beteiligten Phononen.

Wie im vorhergehenden Abschnitt erwähnt, existieren für die Phonon-Phonon-Streuung *Auswahlregeln*. Sie bewirken, dass im Wesentlichen nur Phononen unterschiedlicher Polarisation und damit unterschiedlicher Geschwindigkeit am Streuprozess beteiligt sind, doch sind die Auswirkungen dieser „Feinheiten“ bei der folgenden qualitativen Diskussion ohne Bedeutung.

Normal-Prozess. Bei N-Prozessen bleibt die Summe **P** der Quasiimpulse der beteiligten Phononen erhalten, d.h.,

$$\mathbf{P} = \sum_{\mathbf{q}} N_{\mathbf{q}} \hbar \mathbf{q} = \text{const.} \tag{7.26}$$

$N_{\mathbf{q}}$ steht hierbei für die Zahl der Phononen mit dem Wellenvektor **q**. Da durch die Stöße weder der Impulsfluss noch der damit verknüpfte Energietransport beeinträchtigt werden, tragen diese Stöße *nicht* zum Wärmewiderstand bei. Gäbe es nur N-Prozesse, dann würde eine Verteilung „heißer“ Phononen mit einem von null verschiedenen Gesamtimpuls **P** ohne Änderung von **P** durch die Probe laufen, d.h., die Wärmeleitfähigkeit wäre unendlich groß. Damit ein endlicher Wärmewiderstand auftritt, müssen Prozesse stattfinden, welche die Erhaltung des Impulsflusses unterbinden.

Umklapp-Prozess. Ganz anders sieht die Impulsbilanz bei Umklapp-Prozessen aus, obwohl auch daran drei Phononen beteiligt sind. Voraussetzung für ihr Auftreten ist, dass nach dem Stoß der Wellenvektor des resultierenden Phonons außerhalb der

1. Brillouin-Zone zu liegen kommt. In Bild 7.16 sind die Konsequenzen eines derartigen Stoßes an einem Beispiel veranschaulicht. Die beiden transversalen Phononen T_1 und T_2 mit den Wellenvektoren $\mathbf{q}_1$ und $\mathbf{q}_2$ stoßen und erzeugen ein longitudinales Phonon L mit dem Wellenvektor $\mathbf{q}_3$ in der 2. Brillouin-Zone. Entscheidend ist, dass die Gruppengeschwindigkeiten der stoßenden Phononen und des neu entstandenen Phonons entgegengesetzte Vorzeichen aufweisen. Das neue Phonon transportiert die Energie nicht mehr in die ursprüngliche Richtung, sondern in die entgegengesetzte.

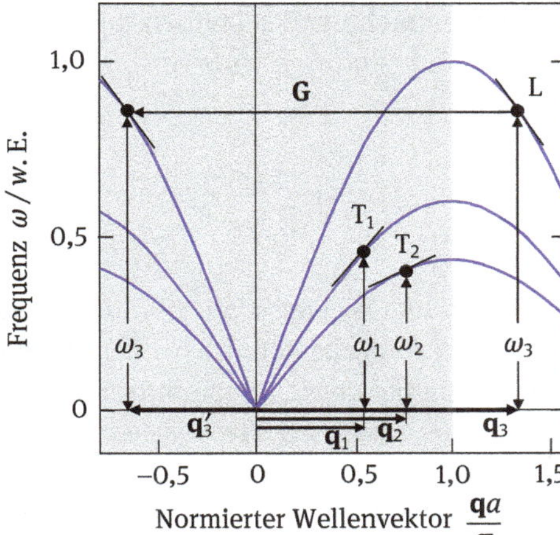

Abb. 7.16: Umklapp-Prozess. Die beiden Phononen mit den Wellenvektoren $\mathbf{q}_1$ und $\mathbf{q}_2$ stoßen und erzeugen das Phonon mit dem Wellenvektor $\mathbf{q}_3$. Durch Addition des reziproken Gittervektors $\mathbf{G} = -2\pi/a$ kommt der Wellenvektor $\mathbf{q}_3'$ in der 1. Brillouin-Zone zu liegen. Das Vorzeichen der Gruppengeschwindigkeit, angedeutet durch die entsprechenden Tangenten, ändert sich bei diesem Stoß.

Bei *hohen Temperaturen* dominieren Umklapp-Prozesse, da die Frequenz der Mehrzahl der angeregten Phononen mit der Debye-Frequenz ω_D vergleichbar ist. Da die Wellenvektoren der dominanten Phononen in der Nähe der Grenze der 1. Brillouin-Zone liegen, führt praktisch jeder Stoß zu einem Zustand außerhalb der 1. Brillouin-Zone und ist somit ein Umklapp-Prozess. Wir können die Überlegungen zur Frequenz- und Temperaturabhängigkeit aus Abschnitt 7.2 für den Drei-Phononen-Prozess bei Ultraschallexperimenten direkt übertragen. Werten wir das Integral (7.15) für hohe Temperaturen wie Gleichung (6.92) aus und ersetzen die Ultraschallfrequenz ω_us durch die Frequenz ω_D der Debye-Phononen, so erhalten wir $l^{-1} \propto T$. Da bei hohen Temperaturen die spezifische Wärme näherungsweise konstant ist, sollte die Wärmeleitfähigkeit nach Gleichung (7.21) umgekehrt proportional zur Temperatur abnehmen. Tatsächlich stimmt für $T > \Theta$ die Vorhersage

$$\Lambda \propto \frac{1}{T} \tag{7.27}$$

gut mit den Beobachtungen überein.

Bei *mittlerer Temperatur* $T \leq \Theta$ hängt die Zahl der Phononen, deren Impuls für einen Umklapp-Prozess ausreicht, stark von der Temperatur ab. Damit der Endzustand eines Streuprozesses außerhalb der 1. Brillouin-Zone zu liegen kommt, muss in grober Näherung $\hbar\omega > \hbar\omega_\mathrm{D}/2$ sein. Die Wahrscheinlichkeit, Phononen mit dieser Energie zu finden, folgt aus der Besetzungszahl. Für $\hbar\omega_D > k_B T$ gilt in etwa: $\langle n(\omega, T)\rangle = [\exp(\hbar\omega_D/2k_B T) - 1]^{-1} \approx \exp(-\hbar\omega_D/2k_B T) = \exp(-\Theta/2T)$.

Der Streuquerschnitt und die spezifische Wärme hängen dagegen vergleichsweise schwach von der Temperatur ab. Wir vernachlässigen diesen Zusammenhang, berücksichtigen nur die Temperaturabhängigkeit der mittleren freien Weglänge und schreiben daher für $T < \Theta$

$$\Lambda \propto e^{\Theta/2T} \,. \tag{7.28}$$

Wie man Bild 7.14 entnehmen kann, steigt unterhalb der halben Debye-Temperatur die Wärmeleitfähigkeit tatsächlich exponentiell mit abnehmender Temperatur an. Wir wollen hier aber auf eine quantitative Analyse des Temperaturverlaufs verzichten und uns nun dem Tieftemperaturverhalten zuwenden.

7.3.4 Einfluss von Defekten

Bei tiefen Temperaturen sterben Umklapp-Prozesse aus, weil sich die Phononenstreuung dann vollständig innerhalb der 1. Brillouin-Zone abspielt. Da bei Experimenten in klassischer Anordnung die Wärmeleitfähigkeit bei tiefen Temperaturen wieder abnimmt, muss es einen weiteren Streumechanismus geben, der den Wärmetransport begrenzt. Diese Rolle übernimmt die Oberfläche, an der die Phononen auf ihrem Weg vom einem zum anderen Probenende wiederholt gestreut werden. Hierbei ändert sich ihr Gesamtimpuls ähnlich wie bei den Umklapp-Prozessen. In der Gleichung für die Wärmeleitfähigkeit übernimmt der Probendurchmesser d die Funktion der mittleren freien Weglänge. Setzen wir $l \approx d$ in Gleichung (7.21) ein, so erhalten wir

$$\Lambda \approx C_V v d \propto T^3 d \,. \tag{7.29}$$

Diesen Temperaturbereich, in dem die Wärmeleitfähigkeit von der Probengeometrie abhängt, bezeichnet man als den **Casimir-Bereich.**[10] Der Einfluss der Probendimension ist in Bild 7.17a klar zu erkennen, in dem die Wärmeleitfähigkeit verschiedener LiF-Kristalle mit unterschiedlichem Querschnitt gezeigt ist. Wie erwartet, nimmt die Wärmeleitfähigkeit bei Verkleinerung des Probenquerschnitts ab.

Im Casimir-Bereich hängt die effektive mittlere freie Weglänge auch von der Oberflächenbeschaffenheit ab. Bei gut polierten Oberflächen tritt spiegelnde Reflexion auf, bei der sich die Komponente des Phononenimpulses parallel zur Oberfläche nicht ändert. Die effektive freie Weglänge wird daher größer als die Probendicke. Die Kristalldimension gibt deshalb nur die Größenordnung der mittleren freien Weglänge an. Der Einfluss der Probenpräparation ist in Bild 7.17b demonstriert. Die Oberfläche der Probe wurde erst sehr gut poliert und die erste Messung durchgeführt. Anschließend

10 Hendrik Brugt Gerhard Casimir, *1909 Den Haag, †2000 Heeze

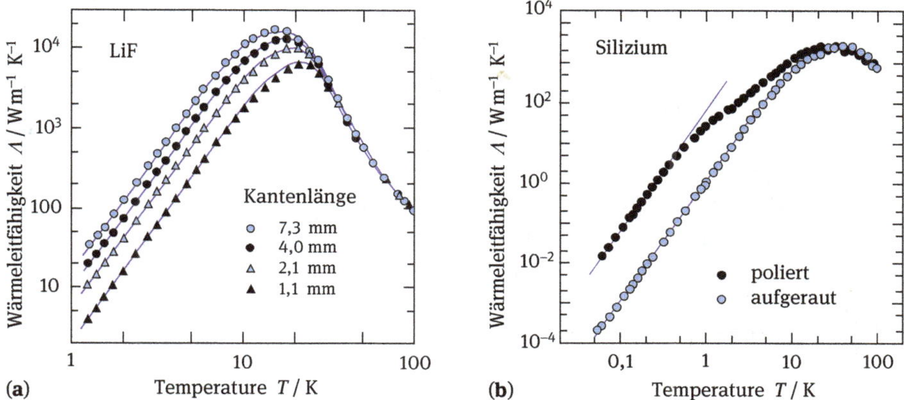

Abb. 7.17: **a)** Wärmeleitfähigkeit von LiF-Kristallen mit nahezu quadratischen Querschnitten als Funktion der Temperatur. Die Kantenlänge nimmt von 7,3 mm auf 1,1 mm ab. (Nach P.D. Thacher, Phys. Rev. **156**, 975 (1967).) **b)** Wärmeleitfähigkeit eines Siliziumkristalls mit sehr gut polierter bzw. aufgerauter Oberfläche. (Nach V. Röhring, private Mitteilung.)

wurde sie durch Sandstrahlen und chemisches Ätzen aufgeraut und erneut vermessen. Die Messkurve des polierten Kristalls zeigt im Vergleich zu der des aufgerauten im Temperaturbereich 1 K – 20 K einen deutlich veränderten Kurvenverlauf. Die Wärmeleitfähigkeiten unterscheiden sich unter 1 K in etwa um den Faktor 500. In diesem Temperaturbereich ist die effektive mittlere freie Weglänge bei der polierten Probe extrem groß: Sie beträgt ungefähr 7 cm und ist im Wesentlichen durch die *Probenlänge* bestimmt. Dies bedeutet, dass sehr gut polierte Oberflächen den Wärmetransport kaum behindern.

Welchen Einfluss üben die in Kapitel 5 diskutierten Punktdefekte oder Versetzungen auf die Wärmeleitfähigkeit aus? Es zeigt sich, dass beide Defektarten im Allgemeinen erst bei sehr hoher Konzentration merklich zum Wärmewiderstand beitragen. Hiervon ausgenommen sind Kristalle mit Defekten, die mit Phononen resonant wechselwirken. Bei der Diskussion der Ultraschalldämpfung amorpher Festkörper haben wir gesehen, dass diese Wechselwirkung die Phononenausbreitung sehr effektiv behindern kann. Wie wir im nächsten Abschnitt sehen werden, bestimmt diese Wechselwirkung den Wärmewiderstand dieser Materialien bei tiefen Temperaturen. Hier betrachten wir Punktdefekte, die für Phononen wie *geometrische* Hindernisse wirken und somit Anlass zur Rayleigh-Streuung geben. Nach (7.12) ist die mittlere freie Weglänge dann durch $l^{-1} \propto \omega^4$ gegeben. Da entsprechend der dominanten Phononennäherung $\overline{\omega} \propto T$ ist, können wir für die freie Weglänge $l \propto T^{-4}$ schreiben. Punktdefekte streuen also besonders effektiv bei hohen Temperaturen, doch dominiert in diesem Temperaturbereich im Allgemeinen die Phonon-Phonon-Wechselwirkung aufgrund der großen Zahl von angeregten Phononen. Dennoch kann man den Einfluss der Punktdefektstreuung

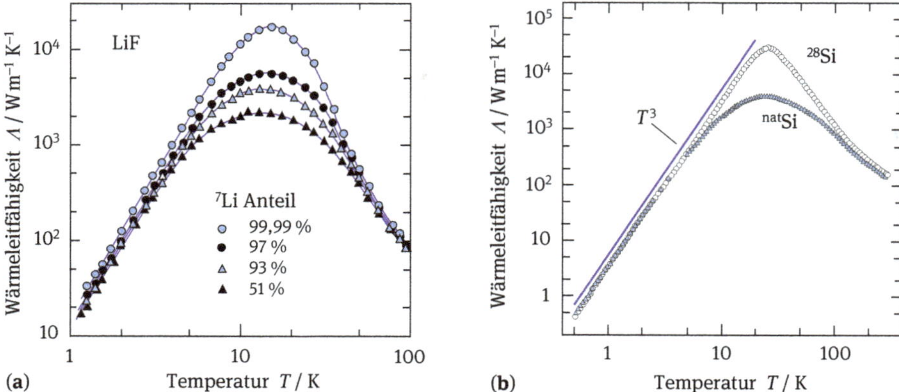

Abb. 7.18: **a)** Wärmeleitfähigkeit von LiF mit verschiedenem ^{6}Li/^{7}Li-Verhältnis. Die Konzentration des ^{7}Li-Isotops variiert von 99,99% zu 51%. (Nach P.D. Thacher, Phys. Rev. **156**, 975 (1967).) **b)** Wärmeleitfähigkeit von isotopenreinem ^{28}Si und natürlichem Silizium. (Nach A.V. Inyushkin et al., phys. stat. sol. (c), **1**, 2995 (2004).)

auf die Wärmeleitung beobachten, wenn Umklapp-Prozesse noch relativ selten sind, also bei Temperaturen in der Nähe des Wärmeleitungsmaximums.

Ein besonders eindrucksvoller Spezialfall der Punktdefektstreuung ist die **Isotopenstreuung**, bei der die Periodizität des Kristalls durch den Massenunterschied zwischen den Atomen gestört wird. Die Auswirkungen dieses Streuprozesses sind in Bild 7.18a zu sehen. Ausgehend von einem nahezu isotopenreinen ^{7}LiF-Kristall, wird die Wärmeleitfähigkeit durch Beimischung von ^{6}Li im Maximum um etwa einen Faktor zehn reduziert! Die kleinen Unterschiede im Casimir-Bereich wurden durch die etwas unterschiedlichen Probenquerschnitte verursacht.

Eine Messung an einem isotopenreinen ^{28}Si-Kristall und einem Kristall mit natürlichem Silizium ist in Bild 7.18b zu sehen. Mit $\Lambda = 2{,}9 \cdot 10^4$ W/m K im Maximum bei 26,5 K ist die Leitfähigkeit extrem hoch. Bemerkenswert ist der spitze Kurvenverlauf im Maximum, der durch den relativ abrupten Übergang von der Streuung an der Oberfläche zur Umklappstreuung zustande kommt. Im Gegensatz hierzu verläuft die Messkurve bei Kristallen aus natürlichem Silizium im Maximum wesentlich flacher, dort ist die Leitfähigkeit durch die Isotopenstreuung stark reduziert. Der höchste Wert des Wärmeleitfähigkeitskoeffizienten wurde mit $\Lambda = 4{,}1 \cdot 10^4$ W/m K an einem isotopenreinen ^{12}C-Diamant bei 104 K gemessen.

7.3.5 Wärmetransport in eindimensionalen Proben

Neue interessante Phänomene treten bei Wärmetransportmessungen auf, wenn die lateralen Dimensionen der Proben so klein sind, dass sie als eindimensionale Gebilde aufgefasst werden können. Derartige Experimente sind in den letzten Jahren durch

(a) 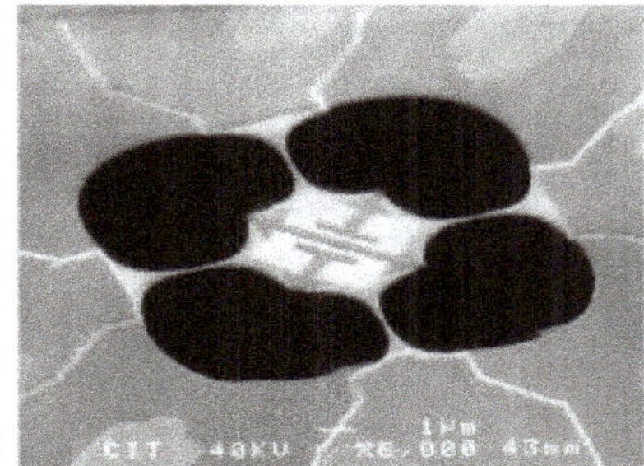

(b) 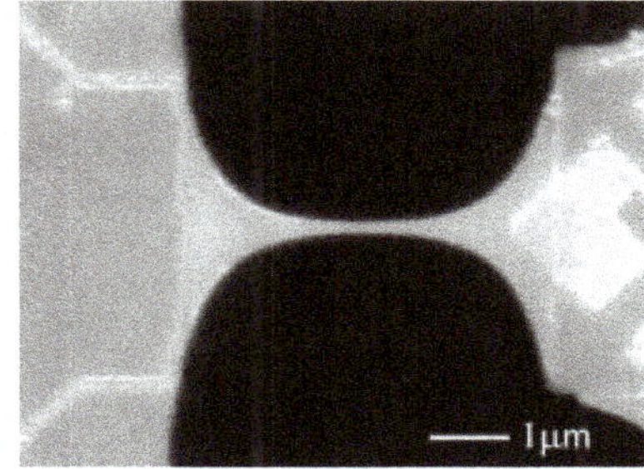

Abb. 7.19: Experimentelle Anordnung. **a)** In der Mitte befindet sich eine frei schwebende 4 μm × 4 μm große, aus einer Siliziumnitrid-Membran strukturierte Fläche, die an vier Stegen aufgehängt ist. In den nierenförmigen dunklen Bereichen wurde die Membran vollständig weggeätzt. Die beiden Goldfilme im Zentrum dienen als Heizer. Sie sind über dünne Niobdrähte mit den Anschlusselektroden verbunden. **b)** Vergrößerung eines Verbindungsstegs mit einer Breite von ungefähr 200 nm. (Nach K. Schwab et al., Nature **404**, 974 (2000).)

die Entwicklung auf dem Gebiet der Mikrofabrikationstechnik möglich geworden. Wir betrachten hier ein Experiment, in dem der Wärmefluss von einem Heizer durch vier dünne Verbindungsstege zu einer Wärmesenke untersucht wurde. Eine Aufnahme des Bauelements mit einem Rasterelektronenmikroskop ist in Bild 7.19 zu sehen. Im Zentrum des linken Bildes ist eine 4 μm × 4 μm große Fläche zu sehen, die aus einer 60 nm dicken, frei schwebenden Siliziumnitrid-Membran besteht. Die dunkel erscheinenden Flächen sind Bereiche, in denen die Membran vollständig entfernt wurde. Die hellen Bereiche auf der „Insel" im Zentrum sind Goldfilme, die als Heizer dienen. Sie sind mit Hilfe von dünnen Niobdrähten, die auf die Verbindungsstege aufgedampft wurden, mit den Anschlusselektroden (auf dem Bild nicht zu sehen) verbunden.[11] Die rechte Aufnahme zeigt vergrößert einen der katenoidtrichterförmigen Verbindungsstege, deren Breite w etwa 200 nm beträgt. Die spezielle Form des Stegs wurde gewählt, um die Einkopplung der Phononen möglichst effektiv zu gestalten.

Ehe wir die experimentellen Ergebnisse betrachten, werfen wir einen Blick auf die theoretischen Vorhersagen. Hierzu stellen wir uns vor, dass ein „warmes" Wärmereservoir auf der linken Seite über eine eindimensionale Probe der Länge L mit einem „kalten" Wärmereservoir auf der rechten Seite verbunden ist. Der Energiefluss J in der Probe ist durch

$$J = \frac{1}{L} \sum_{\mathbf{q}} \hbar\omega_{\mathbf{q}}\, v_{\mathbf{q}} \tag{7.30}$$

gegeben, wobei $v_{\mathbf{q}}$ für die Geschwindigkeit der Phononen steht. Die Summation erfolgt über alle thermisch angeregten Phononen. Der Energiefluss setzt sich aus zwei

11 Wie wir in Kapitel 11 sehen werden, wird Niob bei tiefen Temperaturen supraleitend und besitzt dann eine verschwindend kleine thermische Leitfähigkeit, so dass es den Wärmefluss in den Verbindungsstegen nicht beeinflusst.

Teilen zusammen: Die Phononen mit $q > 0$ kommen vom „warmen“ Reservoir auf der linken Seite, die Phononen mit $q < 0$ fliegen vom „kalten“ Reservoir kommend in die entgegengesetzte Richtung. Wir vereinfachen die Rechnung, indem wir die Summation durch die Integration ersetzen und erhalten

$$J = \sum_i \frac{1}{L} \int_0^\infty \varrho_i^{(1)} \hbar\omega_i \, v_{\mathrm{g},i} \left[\langle n_\mathrm{w}(\omega, T)\rangle - \langle n_\mathrm{k}(\omega, T)\rangle \right] \mathrm{d}q \,. \tag{7.31}$$

Der Index i steht für den Phononenzweig, $\varrho_i^{(1)}$ für die Zustandsdichte (6.77) im eindimensionalen **q**-Raum und $v_{\mathrm{g},i}$ für die Gruppengeschwindigkeit der Phononen. $\langle n(\omega, T)\rangle = (\exp(\hbar\omega/k_\mathrm{B}T - 1)^{-1}$ drückt die thermische Besetzung der Gitterschwingungen aus, wobei die Indizes „w“ und „k“ für das „warme“ und „kalte“ Wärmereservoir stehen. Die Integration erfolgt nur über positive q-Werte, da wir die beiden Ausbreitungsrichtungen der Phononen durch das Vorzeichen der beiden Terme berücksichtigt haben. Weiterhin wurde der Transmissionskoeffizient, der die Kopplung zwischen Verbindungssteg und Wärmebad charakterisiert, gleich eins gesetzt.

Wir setzen $\varrho_i^{(1)} = L/2\pi$ ein und wechseln die Variable, indem wir von der Wellenzahl q zur Frequenz ω übergehen. Dies erfordert den Faktor $\partial q/\partial\omega$, der bemerkenswerterweise die Gruppengeschwindigkeit $v_\mathrm{g} = \partial\omega/\partial q$ kompensiert. Nehmen wir an, dass die Temperaturdifferenz ΔT zwischen den Reservoirs klein ist, so dürfen wir $[\langle n_\mathrm{w}(\omega, T)\rangle - \langle n_\mathrm{k}(\omega, T)\rangle]$ in eine Taylor-Reihe entwickeln und nach dem linearen Term abbrechen. Mit der üblichen Abkürzung $x = \hbar\omega/k_\mathrm{B}T$ ergibt die Rechnung für den **thermischen Leitwert** G den Ausdruck

$$G = \frac{J}{\Delta T} = \frac{k_\mathrm{B}^2 T}{h} \sum_i \int_0^\infty \frac{x^2 \mathrm{e}^x}{(\mathrm{e}^x - 1)^2} \, \mathrm{d}x = \sum_i \frac{\pi^2}{3} \frac{k_\mathrm{B}^2 T}{h} = N_i G_0 \,. \tag{7.32}$$

Da der Verbindungssteg vier verschiedene Schwingungen ausführen kann, nämlich eine Dilatations-, eine Torsions- und zwei Biegeschwingungen, ist $N_i = 4$. Es ist bemerkenswert, dass unter idealen Bedingungen unabhängig von der Abmessung der Probe jede Schwingungsmode denselben Beitrag zum Leitwert liefert, nämlich

$$G_0 = \frac{\pi^2 k_\mathrm{B}^2 T}{3h} = \left[9{,}46 \cdot 10^{-13} \, \frac{\mathrm{W}}{\mathrm{K}^2} \right] T \,. \tag{7.33}$$

Die Daten in Bild 7.20 bestätigen die theoretischen Betrachtungen. In dieser Abbildung ist der Wärmeleitwert der vier Verbindungsstege als Funktion der Temperatur aufgetragen. Der gemessene Leitwert wurde auf $16\,G_0$ normiert, da in den vier Stegen jeweils vier Schwingungsmoden angeregt werden können. Bei höheren Temperaturen, d.h., oberhalb von etwa 1 K verhalten sich die Stege wie dreidimensionale Proben. Wie für den Casimir-Bereich erwartet, verläuft die Wärmeleitfähigkeit dann proportional zu T^3. Aus den Messdaten ergibt sich in diesem Temperaturbereich die effektive mittlere freie Weglänge $l_\mathrm{eff} \approx 0{,}9\,\mu\mathrm{m}$.

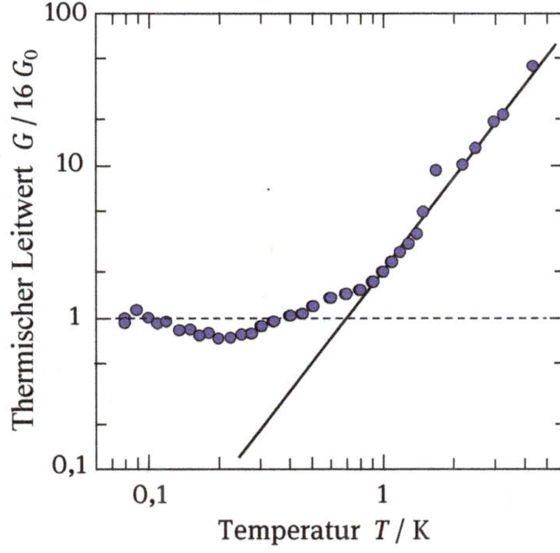

Abb. 7.20: Thermischer Leitwert einer eindimensionalen Probe. Der beobachtete Leitwert ist auf $16\,G_0$ normiert. Unter 0,8 K verhalten sich die Verbindungsstege wie eindimensionale Proben. Erwartungsgemäß steigt der thermische Leitwert bei höheren Temperaturen proportional zu T^3 an. (Nach K. Schwab et al., Nature **404**, 974 (2000).)

Interessant ist die Frage nach der Querdimension, bei der eine lange Probe eindimensionale Eigenschaften aufweist. Diese Frage werden wir eingehend in Abschnitt 8.1 im Zusammenhang mit den elektrischen Eigenschaften von Metallen diskutieren. Hier wollen wir nur die plausible Erklärung geben, dass Eindimensionalität dann gegeben ist, wenn die Wellenlänge λ_{th} der thermisch angeregten Phononen größer ist als die Querdimension der untersuchten Probe. In unserem Fall bedeutet dies, dass die Stegbreite $w < \lambda_{\text{th}}/2$ sein muss. Daraus ergibt sich für die kritischen Temperaturen der Wert $T_{\text{co}} \approx hv/(2wk_{\text{B}})$.

Setzen wir für die Stegbreite w und die mittlere Schallgeschwindigkeit v die Werte $w \approx 200$ nm und $v \approx 6000$ m/s ein, so erhalten wir die Übergangstemperatur $T_{\text{co}} \approx 0{,}8$ K. Tatsächlich flacht der Verlauf des thermischen Leitwerts mit abnehmender Temperatur bei 1 K stark ab und nähert sich wie erwartet dem Wert $16\,G_0$.

7.4 Wärmeleitfähigkeit amorpher Festkörper

Der Temperaturverlauf der Wärmeleitfähigkeit von amorphen Festkörpern unterscheidet sich grundlegend von dem der Kristalle. Dies macht der Vergleich zwischen Quarzglas und Quarzkristall in Bild 7.21 deutlich. Beide Kurvenverläufe sind charakteristisch für diese beiden Substanzklassen. In reinen dielektrischen Kristallen durchläuft die Leitfähigkeit ein Maximum, dessen Ursache wir in Abschnitt 7.3 diskutiert haben. In amorphen Festkörpern dagegen nimmt die Wärmeleitfähigkeit stetig mit sinkender Temperatur ab und liegt bei allen Temperaturen wesentlich unter dem der entsprechenden Kristalle. Wie in Bild 7.21 angedeutet, lassen sich für Gläser drei Temperaturbereiche unterscheiden, die wir mit Hilfe der dominanten Phononennäherung kurz diskutieren wollen.

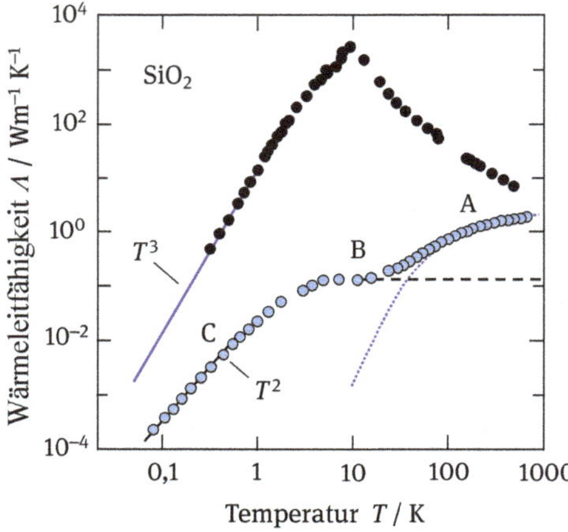

Abb. 7.21: Vergleich der Wärmeleitfähigkeit von Quarzkristall (schwarz) und Quarzglas (hellblau). Bei Quarzglas ist die Unterteilung in drei Temperaturbereiche A, B und C angedeutet. (Nach R.C. Zeller, R.O. Pohl, Phys. Rev. **B4**, 2029 (1971).)

Bereich hoher Temperaturen. Bei hohen Temperaturen liegt die Frequenz der dominanten Phononen um 10^{13} Hz und ihre Wellenlänge bei 10 Å. Aus den Wärmeleitungsdaten ergeben sich für die mittlere freie Weglänge Werte von etwa 5 Å, d.h. Wellenlänge und mittlere freie Weglänge sind vergleichbar. Die Phononen sind, soweit sie in amorphen Festkörpern bei diesen Wellenlängen überhaupt existieren, überdämpft und nicht mehr im Sinne von Elementaranregungen definiert. Die Beschreibung der Wärmeleitung im Phononenbild ist unter diesen Umständen nicht sinnvoll. Besser geeignet ist die Vorstellung, dass die Schwingungsenergie von Atom zu Atom diffundiert, wie *A. Einstein* bereits 1911 (allerdings für Kristalle) vorgeschlagen hat. Erst in jüngster Zeit wurden Theorien zur Wärmeleitung von amorphen Materialien für den Bereich höherer Temperaturen entwickelt und entsprechende Simulationsrechnungen durchgeführt. Eine endgültige Erklärung scheint es aber bisher nicht zu geben.

Bereich mittlerer Temperaturen (Plateaubereich). Im Temperaturbereich zwischen 1 K und 10 K findet man in amorphen Festkörpern ein *Plateau*. Dieses Phänomen hat jedoch nichts mit dem Maximum in der Wärmeleitfähigkeit der Kristalle zu tun, obwohl Bild 7.21 dies suggerieren könnte. Während die Lage des Maximums bei Kristallen von der Probendimension abhängt, hat die Gestalt der Probe keinen Einfluss auf die Lage des Plateaus. Da in diesem Temperaturbereich die Wärmeleitfähigkeit nahezu temperaturunabhängig ist, muss die mittlere freie Weglänge der Phononen dort stark temperatur- oder frequenzabhängig sein, um den raschen Anstieg des Phononenbeitrags zur spezifischen Wärme zu kompensieren. Zur Erklärung der freien Weglänge in diesem Temperaturbereich sind verschiedene Mechanismen vorgeschlagen worden: z.B. Streuung an Punktdefekten, räumliche Lokalisierung der Phononen oder Streuung an den *weichen Schwingungszuständen* (vgl. Abschnitt 6.5). Allerdings ist noch keine Erklärung allgemein anerkannt.

Bereich tiefer Temperaturen. Zwei Eigenschaften charakterisieren das Verhalten von Gläsern unter 1 K: Der Temperaturverlauf der Wärmeleitfähigkeit ist quadratisch und der Absolutwert der Leitfähigkeit der verschiedenen amorphen Substanzen ist vergleichbar. Wie wir in Abschnitt 6.5 gesehen haben, existieren langwellige Phononen auch in amorphen Festkörpern. Bei tiefen Temperaturen sind sie, wie in kristallinen Dielektrika, für den Wärmetransport verantwortlich, doch wird der Casimir-Bereich bei den üblichen Probengeometrien selbst bei den tiefsten Temperaturen nicht erreicht. Die Phononenstreuung in diesem Temperaturbereich erfolgt nicht wie bei Kristallen an der Oberfläche, sondern innerhalb der Probe durch die resonante Wechselwirkung zwischen Phononen und Tunnelzentren, die wir in Abschnitt 7.2 für den Fall der Ultraschallausbreitung diskutiert haben. Dort haben wir für die inverse mittlere freie Weglänge den Ausdruck (7.19) erhalten:

$$l^{-1} = \delta n\,\sigma = \widetilde{C}\omega \tanh\frac{\hbar\omega}{2k_\mathrm{B}T} \,. \tag{7.34}$$

Wie dort betont, tritt in amorphen Festkörpern die resonante Wechselwirkung bei allen Phononenfrequenzen auf, da die Energieaufspaltung der Tunnelzentren gleichförmig verteilt ist. Um die Temperaturabhängigkeit der Wärmeleitfähigkeit zu verstehen, betrachten wir auch hier das Verhalten der dominanten Phononen mit der Frequenz $\overline{\omega}$, für die $\hbar\overline{\omega} \propto k_\mathrm{B}T$ gilt. Die Besetzungszahldifferenz $\tanh(\hbar\overline{\omega}/2k_\mathrm{B}T)$ der Zwei-Niveau-Systeme, die mit den dominanten Phononen wechselwirken, ist somit konstant. Für die inverse mittlere freie Weglänge folgt daher der einfache Zusammenhang $l^{-1} \propto \overline{\omega} \propto T$. Da die spezifische Wärme der Phononen entsprechend dem Debye-Modell bei tiefen Temperaturen proportional zu T^3 ist, finden wir

$$\Lambda = \frac{1}{3}Cvl \propto T^2 \tag{7.35}$$

in guter Übereinstimmung mit den experimentellen Ergebnissen. Die Konstante $\widetilde{C}$ in (7.34) kann aus den Messungen der Ultraschalldämpfung ermittelt werden. Aus den bekannten Geschwindigkeiten der longitudinalen und transversalen Schallwellen lässt sich mit Hilfe des Debye-Modells die spezifische Wärme der Phononen berechnen. Setzt man diese Zahlenwerte in Gleichung (7.21) ein, so findet man gute Übereinstimmung zwischen der theoretischen Erwartung und dem experimentellen Wert.

7.5 Aufgaben

1. Grüneisen-Parameter. Kaliumjodid weist NaCl-Struktur auf. Schätzen Sie den Grüneisen-Parameter von KI ab, in dem Sie die Gitterkonstante $a = 7{,}06$ Å und den thermischen Ausdehnungskoeffizienten $\alpha_\mathrm{V} = 1{,}23 \cdot 10^{-4}\,\mathrm{K}^{-1}$ benutzen.

2. Drei-Phononen-Prozesse. Betrachten Sie folgende Drei-Phononen-Prozesse in einem isotropen, kristallinen Festkörper mit einatomiger Basis: i) T $\leftrightarrow$ L L, ii) T $\leftrightarrow$ T L,

iii) T ↔ T T, iv) L ↔ L L, v) L ↔ T L und vi) L ↔ T T. Hierbei steht T für den transversalen und L für den longitudinalen Zweig.

(a) Welche Prozesse können unter Berücksichtigung von Energie- und Quasiimpulserhaltung im Rahmen der Debye-Näherung tatsächlich auftreten?

(b) Ändern sich die Auswahlregeln für gekrümmte Dispersionskurven?

3. Dämpfung von Ultraschallwellen durch Punktdefekte. Schätzen Sie ab, welche Dichte an Punktdefekten bei 1 MHz, 1 GHz und 1 THz noch eine messbare Dämpfung der Schallwellen durch Rayleigh-Streuung hervorruft. Wählen Sie zur Diskussion die Parameter von Germanium mit der Gitterkonstanten $a = 5{,}66$ Å und der transversalen Schallgeschwindigkeit $v = 2420\,\text{m/s}$.

4. Wärmeleitung von Germanium. Wie groß ist näherungsweise die Wärmeleitung einer zylindrischen Germaniumprobe mit 3 mm Durchmesser bei 1 K?

5. Wärmeleitfähigkeit im Casimir-Bereich. Benutzen sie Bild 7.17a um die Debye-Temperatur von LiF abzuschätzen. LiF-Kristalle haben die gleiche Struktur wie Natriumchlorid und besitzen die Dichte $\varrho = 2640\,\text{kg/m}^3$.

6. Einfluss von Korngrenzen auf die Wärmeleitfähigkeit. In polykristallinen Materialien hat die Streuung der Phononen an Korngrenzen einen erheblichen Einfluss auf die Wärmeleitfähigkeit. Überlegen Sie, wie die Reduktion der Wärmeleitfähigkeit in einem einfachen Modell beschrieben werden kann. Geben Sie den prinzipiellen Temperaturverlauf der Wärmeleitfähigkeit eines Stabs (Durchmesser $d = 2$ mm) aus gesintertem Al_2O_3-Pulver (Korngröße $s = 20\,\mu$m) im Vergleich zu einem Al_2O_3-Einkristall mit den selben Abmessungen an.

7. Wärmeleitung bei tiefen Temperaturen. Die unteren Enden von drei 1 cm langen Zylindern aus Silizium, Quarzglas und Kupfer sind fest an einem Wärmebad bei $T_0 = 0{,}5$ K verbunden. Das obere Ende wird mit jeweils 10 µW geheizt. Dabei tritt eine Temperaturdifferenz von 1 mK auf. Die Koeffizienten der Wärmeleitung haben bei 0,5 K die Werte: $\Lambda_{\text{Si}} = 1 \cdot 10^{-2}\,\text{W/cm K}$, $\Lambda_{\text{a-SiO}_2} = 5 \cdot 10^{-5}\,\text{W/cm K}$ und $\Lambda_{\text{Cu}} = 4\,\text{W/cm K}$.

(a) Welche Querschnittsfläche besitzen die Proben?

(b) Die Heizleistung wird auf 10 mW erhöht. Die Temperaturgradienten ändern sich unterschiedlich. In welcher Probe ist der Temperaturgradient nun am größten und in welcher am kleinsten?

(c) Nun wird das Experiment bei 5 mK durchgeführt. Welche Heizleistung ist jeweils erforderlich, wenn eine Temperaturdifferenz von 500 µK eingestellt werden soll.

8. Freie Weglänge von thermischen Phononen in Quarzglas. Schätzen Sie die freie Weglänge von thermischen Phononen in Quarzglas (Dichte $\varrho = 2{,}20\,\text{g/cm}^3$) bei $T = 5$ K aus den Daten der Wärmeleitfähigkeit und der Schallgeschwindigkeit ab.

8 Elektronen im Festkörper

In den beiden vorangegangenen Kapiteln haben wir uns mit der Bewegung der Atome um ihre Gleichgewichtslage beschäftigt. Die Elektronen spielten dabei keine Rolle, da sie der Bewegung der Kerne „instantan“ folgen können. Nun wollen wir die Elektronenbewegung herausgreifen und die elektronischen Eigenschaften der Festkörper studieren. Bei dieser Diskussion setzen wir wieder, wie in Kapitel 6, die Gültigkeit der *adiabatischen Näherung* voraus, denn das Gitter bewegt sich im Vergleich zu den Elektronen so langsam, dass Rückwirkungen in guter Näherung vernachlässigt werden können. Die Auswirkungen der Gitterschwingungen werden in dieser Beschreibung nachträglich als *Elektron-Gitter-Wechselwirkung* bei den Transportphänomenen berücksichtigt.

Wir nehmen an, dass sich die Elektronen in einem quasi-starren Gitter aufhalten und greifen *ein* Elektron heraus. Das effektive Potenzial $\widetilde{V}(\mathbf{r})$, in dem sich dieses Aufelektron bewegt, ist zeitlich konstant und in Kristallen periodisch. Es wird von allen anderen Elektronen und den Atomkernen hervorgerufen, die sich in ihren Gleichgewichtslagen befinden sollen. Die Wechselwirkung zwischen den Atomrümpfen und die Wechselwirkung zwischen Rumpf- und Valenzelektronen ist dabei bereits berücksichtigt. Diese Vorgehensweise, bei der nur das Verhalten *eines* Elektrons untersucht wird und die restlichen Ladungen nur zum Potenzial beitragen, wird als **Einelektron-Näherung** bezeichnet. Zwar wechselwirken in dieser Näherung die Elektronen nicht direkt untereinander, doch sind sie dem Pauli-Prinzip unterworfen, das besagt, dass zwei Elektronen nicht denselben quantenmechanischen Zustand einnehmen können. Korrelationen zwischen den Elektronen, wie sie beim Magnetismus oder bei der Supraleitung eine große Rolle spielen, bleiben unberücksichtigt.

Wir diskutieren die grundlegenden Fragen der Elektronenbewegung in zwei Schritten. Zunächst beschäftigen wir uns mit Eigenschaften, bei denen der Einfluss des periodischen Gitterpotenzials vernachlässigt werden kann. Anschließend werfen wir einen kurzen Blick auf zwei Phänomene, bei denen das *kollektive Verhalten* des Elektronengases eine wichtige Rolle spielt. In den folgenden Abschnitten gehen wir dann auf die Auswirkungen des periodischen Aufbaus von Kristallen auf die elektronischen Eigenschaften ein. In Kapitel 9 behandeln wir die Bewegung der Elektronen im Festkörper und die damit verbundenen Transporteigenschaften, z.B. die elektrische und thermische Leitfähigkeit von Metallen.

8.1 Freies Elektronengas

Ausgangspunkt unserer Betrachtungen sind Metalle, deren elektronische Eigenschaften sich erstaunlich gut auf das Verhalten *freier Elektronen* zurückführen lassen. In dieser einfachen Näherung bewegen sich die Elektronen in einem *konstanten Potenzial.*

https://doi.org/10.1515/9783111027227-008

Nur am Probenrand existiert eine Potenzialbarriere, welche die Elektronen hindert, den Festkörper zu verlassen. Der Verlauf des dreidimensionalen Kastenpotenzials ist in Bild 8.1 skizziert. Ein Elektron mit der „Fermi-Energie" E_F, auf die Bedeutung dieses Begriffs werden wir unten eingehen, ist an den Festkörper gebunden, wenn $E_F < W$ ist, wobei die Potenzialtiefe mit W bezeichnet wurde. Die Energie, die erforderlich ist, um ein Elektron aus dem Metall zu entfernen, ist die Austrittsarbeit $\Phi = (W - E_F)$. Sie spielt eine wichtige Rolle beim lichtelektrischen Effekt oder bei der Glühemission, ist aber hier in unserer weiteren Diskussion ohne Bedeutung.

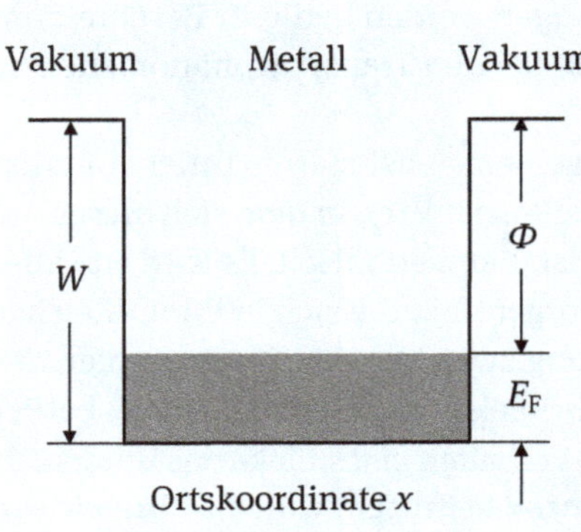

Abb. 8.1: Potenzial im Modell freier Elektronen. Die Potenzialtiefe ist mit W, die Austrittsarbeit mit ϕ und die Fermi-Energie mit E_F bezeichnet.

Von einem **Elektronengas** oder **Fermi-Gas**[1] spricht man, wenn sich die Leitungselektronen in guter Näherung wie ein klassisches Gas verhalten. Allerdings besteht ein wichtiger Unterschied: die Elektronen sind Fermionen und deshalb dem Pauli-Prinzip unterworfen. Diese äußerst einfache, aber erfolgreiche Näherung geht auf *A. Sommerfeld*[2] zurück und wird daher als **Sommerfeld-Theorie** bezeichnet. Auf den ersten Blick scheint es sich um eine äußerst grobe und viel zu weit gehende Vereinfachung der tatsächlichen Gegebenheiten zu handeln. Doch haben wir bei der Diskussion der metallischen Bindung in Abschnitt 2.6 gesehen, dass Valenzelektronen die Atomrümpfe meiden. Dieser Tatsache wurde durch die Einführung des *Pseudopotenzials* Rechnung getragen, das berücksichtigt, dass für die Valenzelektronen die effektive Variation des Potenzials wesentlich schwächer ist, als man zunächst vermutet. Die Leitungselektronen „sehen" nicht das „nackte" Coulomb-Potenzial sondern das viel schwächer modulierte Pseudopotenzial. In Bild 8.2 sind die beiden Potenziallandschaften veranschaulicht, wobei wir der Abbildung nicht das einfache, „kantige" Pseudopotenzial von Bild 2.13 zugrunde gelegt haben, sondern eines, das den realen Gegebenheiten näher

1 Enrico Fermi, *1901 Rom, †1954 Chicago, Nobelpreis 1938
2 Arnold Johannes Wilhelm Sommerfeld, *1868 Königsberg, †1951 München

kommt. Die Bildbegrenzung wurde so gewählt, dass sie einmal zwischen den Rümpfen und einmal entlang der Atomkerne verläuft, wo die Modulation am stärksten ist. Es ist bemerkenswert, dass die Potenziallandschaft im Falle des Coulomb-Potenzials an den Orten der Atomkerne ein tiefes Minimum aufweist, im Falle des Pseudopotenzials dagegen an diesen Stellen ein kleines Maximum erscheint.

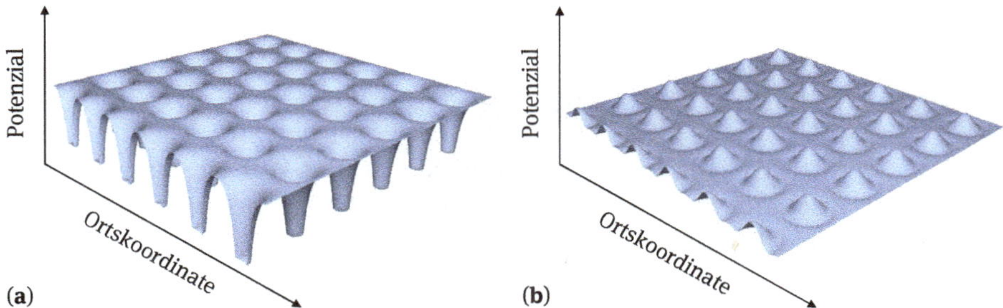

Abb. 8.2: Anschauliche Darstellung der Potenziallandschaft. Die Bildbegrenzung ist so gewählt, dass ein Schnitt entlang von Atomkernen erfolgt, der andere dagegen zwischen den Rümpfen verläuft. **a)** Coulomb-Potenzial, **b)** Pseudopotenzial.

Es zeigt sich, dass diese starke Vereinfachung bei den Alkali- oder den einfachen Metallen wie Kupfer, Silber und Gold zu sehr guten Ergebnissen führt. Dort sind neben den delokalisierten, weitgehend freien s-Elektronen nur Elektronen in abgeschlossenen Schalen vorhanden, die für die elektronischen Festkörpereigenschaften eine untergeordnete Rolle spielen. Dagegen ist die Annahme quasi-freier Elektronen bei vielen Übergangsmetallen nur bedingt erfüllt. Neben den s-Elektronen treten bei diesen Metallen auch noch d- und/oder f-Elektronen in teilgefüllten Schalen auf, deren Orbitale sich teilweise überlappen, wodurch sie die charakteristischen Eigenschaften eines freien Elektronengases weitgehend verlieren.

8.1.1 Zustandsdichte

Im ersten Schritt leiten wir die Zustandsdichte des freien Elektrongases her. Dabei werden wir nicht nur auf dreidimensionale Systeme eingehen, sondern uns auch mit zwei- und eindimensionalen Systemen beschäftigen, da wir deren Zustandsdichte im Verlauf der weiteren Betrachtungen immer wieder benötigen. Mit Hilfe der Zustandsdichte können wir die spezifische Wärme berechnen, deren kleiner Wert lange Zeit ein Rätsel war und erst von *A. Sommerfeld* erklärt werden konnte.

Durch die Annahme eines konstanten, ortsunabhängigen Potenzials wird die Anisotropie der Kristalle außer Acht gelassen. Daher können wir beim Abzählen der erlaubten Zustände wie bei den Phononen in elastisch-isotropen Medien vorgehen.

Wir greifen einen Würfel mit der Kantenlänge L heraus, in dem sich N freie Elektronen aufhalten. Den Nullpunkt des Potenzials legen wir so, dass am Boden des Kastenpotenzials $\widetilde{V} = 0$ herrscht. Unter dieser Voraussetzung besitzen die Elektronen nur *kinetische Energie* und die stationäre Schrödinger-Gleichung für ein Elektron nimmt die einfache Form

$$-\frac{\hbar^2}{2m}\Delta\psi(\mathbf{r}) = E\,\psi(\mathbf{r}) \tag{8.1}$$

an. Als Lösung setzen wir für die Wellenfunktion ψ eine ebene Welle der Gestalt

$$\psi(\mathbf{r}) = \frac{1}{\sqrt{V}}\,\mathrm{e}^{\mathrm{i}\mathbf{k}\cdot\mathbf{r}} \tag{8.2}$$

an, die durch ihren Wellenvektor $\mathbf{k}$ charakterisiert ist. Das Würfelvolumen V dient der Normierung. Mit diesem Ansatz erhalten wir für die Energieeigenwerte E freier Elektronen die einfache Lösung

$$E = \frac{\hbar^2 k^2}{2m}\,. \tag{8.3}$$

Die Zahl der erlaubten Wellenvektoren $\mathbf{k}$ wird durch Randbedingungen eingeschränkt. Wie bei der Berechnung der Phononenzustandsdichte in Abschnitt 5.4 benutzen wir die periodischen Randbedingungen

$$\psi(x,y,z) = \psi(x+L,y,z) = \psi(x,y+L,z) = \psi(x,y,z+L)\,. \tag{8.4}$$

Für die Komponenten der Wellenvektoren folgt hieraus

$$k_i = \frac{2\pi}{L}\,m_i \tag{8.5}$$

mit $i = (x,y,z)$ und den ganzzahligen Quantenzahlen m_i. Wie bei den Phononen sind auch hier die erlaubten Wellenvektoren gleichmäßig im Impulsraum verteilt und haben die Dichte $\varrho_k' = V/(2\pi)^3$. Entsprechend dem Pauli-Prinzip kann jeder Zustand mit zwei Elektronen unterschiedlicher Spinrichtung besetzt werden. Deshalb erhalten wir für die elektronische Zustandsdichte im Impulsraum den Wert

$$\varrho_k = \frac{2V}{(2\pi)^3}\,. \tag{8.6}$$

Die Zustandsdichte $\mathcal{D}(E)$ im Energieraum berechnen wir mit (6.78) bzw. (6.79) und schreiben

$$\mathcal{D}(E)\,\mathrm{d}E = \varrho_k \int_E^{E+\mathrm{d}E} \mathrm{d}^3k = \frac{\varrho_k}{\hbar}\,\mathrm{d}E \int_{E=\text{const.}} \frac{\mathrm{d}S_E}{v_\mathrm{g}}\,. \tag{8.7}$$

Die Gruppengeschwindigkeit $v_\mathrm{g} = \partial E/\partial(\hbar k) = \hbar k/m$ der Elektronen hängt beim freien Elektronengas nicht von der Richtung ab. Damit hat die Fläche konstanter Energie die Gestalt einer Kugel und das Oberflächenintegral ergibt $\int \mathrm{d}S_E = 4\pi k^2$. Für die Zustandsdichte folgt somit der Ausdruck

$$\mathcal{D}(E) = \frac{2V}{(2\pi)^3\hbar}\,\frac{m}{\hbar k}\,4\pi k^2 = \frac{V}{2\pi^2}\left(\frac{2m}{\hbar^2}\right)^{3/2}\sqrt{E} \tag{8.8}$$

und für die elektronische **Zustandsdichte pro Volumen** $D(E) = \mathcal{D}(E)/V$ das wichtige Endergebnis

$$D(E) = \frac{1}{2\pi^2}\left(\frac{2m}{\hbar^2}\right)^{3/2}\sqrt{E}\,. \tag{8.9}$$

Obwohl die Dichte der Zustände von Elektronen und Phononen im *reziproken Raum* gleich ist, unterscheiden sich die Zustandsdichten aufgrund der unterschiedlichen Dispersionsrelationen. Neben der Energie bestimmt nur die Masse der Elektronen den Absolutwert der Zustandsdichte. In den Bildern 8.3a und 8.3b sind Dispersionsrelation (8.3) und Zustandsdichte (8.9) dreidimensionaler Proben dargestellt. Auf die Unterscheidung zwischen besetzten und unbesetzten Zuständen und auf die Bedeutung der sogenannten *Fermi-Energie* E_F werden wir gleich noch zu sprechen kommen.

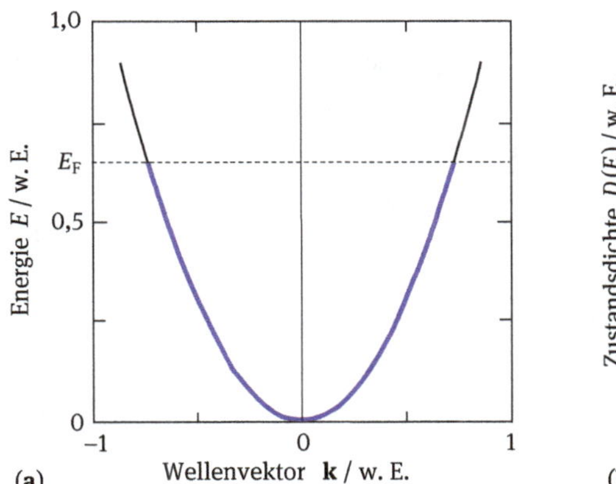

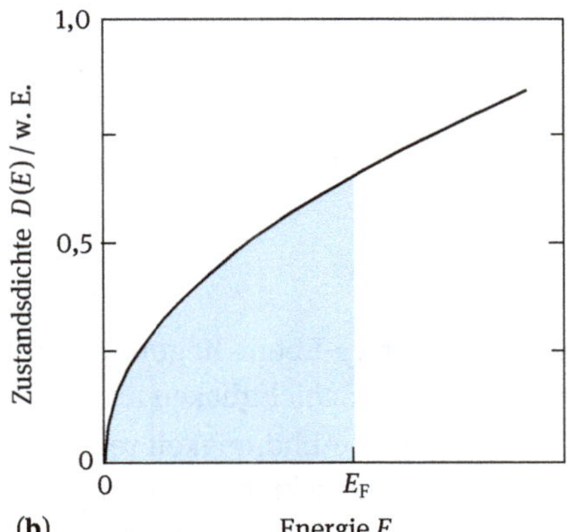

Abb. 8.3: Freies dreidimensionales Elektronengas. **a)** Energiedispersionskurve $E(k)$. Besetzte Zustände sind blau, unbesetzte grau gezeichnet. **b)** Zustandsdichte. Bei $T = 0$ sind alle Zustände bis zur Fermi-Energie E_F besetzt, oberhalb E_F sind die Zustände leer.

Nun werfen wir einen Blick auf *niedrigdimensionale Elektronensysteme* und untersuchen wie sich Energiespektrum $E(k)$ und Zustandsdichte $D(E)$ durch die Reduktion der Probendimension verändern. In Abschnitt 6.4 wurde bereits ausgeführt, dass die Zustandsdichte im Impulsraum von der Dimension des betrachteten Systems abhängt. Nach (6.77) können wir für isotrope Systeme

$$\varrho_k^{(\alpha)} = 2\left(\frac{L}{2\pi}\right)^{\alpha} \tag{8.10}$$

schreiben, wobei L für die charakteristische Länge, α für die Dimension des betrachteten Systems steht und der Faktor 2 den Spinfreiheitsgrad berücksichtigt.

Bei *zweidimensionalen Systemen* reduziert sich die Integration über die Oberfläche in (8.7) auf ein Linienintegral, das im Fall des isotropen k-Raums den Kreisumfang $2\pi k$

ergibt. Unter Berücksichtigung der beiden möglichen Spinzustände folgt für die Zustandsdichte $D^{(2)}$ pro Fläche A der Ausdruck

$$D^{(2)}(E) = \frac{\varrho_k^{(2)}}{A\hbar}\frac{2\pi k}{v_g} = \frac{m}{\pi\hbar^2} \,. \tag{8.11}$$

Die Zustandsdichte eines zweidimensionalen Elektronengases ist energieunabhängig, also konstant! Als Beispiel für ein zweidimensionales System betrachten wir einen dünnen *Metallfilm*, dessen Dicke d in z-Richtung im Nanometerbereich liegt. Als Lösung der Schrödinger-Gleichung setzen wir wieder ebene Wellen an. Vereinfachend legen wir die Randbedingung in z-Richtung so fest, dass nur stehende Wellen mit der Wellenlänge $\lambda_z = 2d/j$ auftreten, wobei j eine positive ganze Zahl ist. Gehen wir mit dem Lösungsansatz

$$\psi(x, y, z) = \frac{1}{\sqrt{V}} \sin\left(\frac{j\pi z}{d}\right) e^{ik_x x} e^{ik_y y} \tag{8.12}$$

in Gleichung (8.1) ein, so erhalten wir die Eigenwerte

$$E = \frac{j^2 h^2}{8md^2} + \frac{\hbar^2 k^2}{2m} = E_j + \frac{\hbar^2 k^2}{2m} \,, \tag{8.13}$$

wobei $\mathbf{k}$ in der xy-Ebene liegt und der Betrag des Wellenvektors durch $k^2 = (k_x^2 + k_y^2)$ gegeben ist. Für Schichtdicken im Nanometerbereich ist die *transversale Energie* E_j aufgrund ihrer $1/d^2$-Abhängigkeit relativ groß. Das Energiespektrum ist daher bezüglich der z-Koordinate diskret, in x- und y-Richtung jedoch quasi-kontinuierlich. In Bild 8.4a ist die Elektronenenergie als Funktion des Wellenvektors $\mathbf{k}$ aufgetragen. Die parabelförmige Dispersionskurve freier Elektronen spaltet bei geringer Ausdehnung der Probe

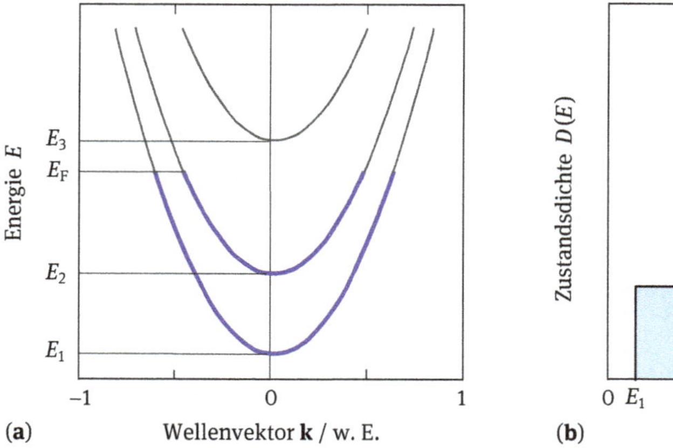

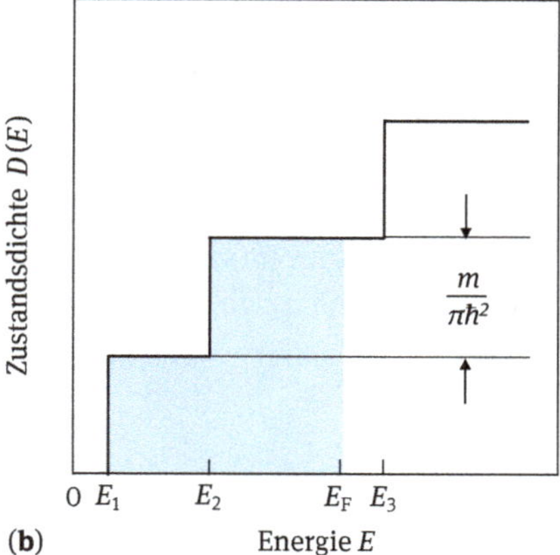

Abb. 8.4: a) Dispersionsrelation und **b)** Zustandsdichte eines zweidimensionalen Elektronengases. Besetzte Zustände sind blau hervorgehoben.

in z-Richtung in *Subbänder* auf, deren Eigenwerte sich bei gleichem Wellenvektor **k** um $\Delta E_j = (E_j - E_{j-1})$ unterscheiden.

Die gesamte elektronische Zustandsdichte $D(E)$, die in Bild 8.4b dargestellt ist, setzt sich aus der Summe der Zustandsdichten der Subbänder zusammen, die für zweidimensionale Systeme durch Gleichung (8.11) gegeben ist. Es gilt daher

$$D(E) = \sum_j D_j^{(2)}(E) \tag{8.14}$$

mit

$$D_j^{(2)}(E) = \begin{cases} \dfrac{m}{\pi\hbar^2} & \text{für} \quad E \geq E_j\,, \\ 0 & \text{sonst}\,. \end{cases} \tag{8.15}$$

Analog kann man bei *eindimensionalen Systemen* vorgehen. Für die Zustandsdichte $D^{(1)}(E)$ pro Länge L findet man in diesem Fall

$$D^{(1)}(E) = \frac{\varrho_k^{(1)}}{L\hbar}\frac{2}{v_\mathrm{g}} = \frac{1}{\pi\hbar}\sqrt{\frac{2m}{E}}\,. \tag{8.16}$$

Als Beispiel betrachten wir einen dünnen Draht, der, damit wir einfache Ausdrücke bekommen, einen rechteckigen Querschnitt aufweisen soll. Weiter nehmen wir an, dass die Abmessungen des Querschnitts im Nanometerbereich liegen, während der Draht in x-Richtung ausgedehnt ist. Für die Wellenfunktion wählen wir einen zu (8.12) analogen Ansatz, der die Randbedingungen in y- und z-Richtung berücksichtigt:

$$\psi(x,y,z) = \psi_{i,j}(y,z)\mathrm{e}^{\mathrm{i}k_x x}\,. \tag{8.17}$$

Damit ergeben sich die Eigenwerte

$$E = E_{i,j} + \frac{\hbar^2 k_x^2}{2m}\,, \tag{8.18}$$

wobei die Quantenzahlen i und j die Eigenzustände in der yz-Ebene kennzeichnen. Bezüglich der transversalen Energien $E_{i,j}$ gelten für sehr kleine Drahtquerschnitte die gleichen Argumente wie oben. Ihr Wert hängt von den Abmessungen des Querschnitts ab, den wir aber nicht näher spezifizieren. Für die Zustandsdichte gilt nun

$$D(E) = \sum_{i,j} D_{i,j}^{(1)}(E) \tag{8.19}$$

mit

$$D_{i,j}^{(1)}(E) = \begin{cases} \dfrac{1}{\pi\hbar}\sqrt{\dfrac{2m}{E - E_{i,j}}} & \text{für} \quad E \geq E_{i,j}\,, \\ 0 & \text{sonst}\,. \end{cases} \tag{8.20}$$

Das Energiespektrum und der Verlauf der Zustandsdichte sind in den Bildern 8.5a und 8.5b wiedergegeben. Man beachte, dass die Zustandsdichte an der Schwelle der Subbänder divergiert, dort also *Van-Hove-Singularitäten* auftreten, die wir bereits in

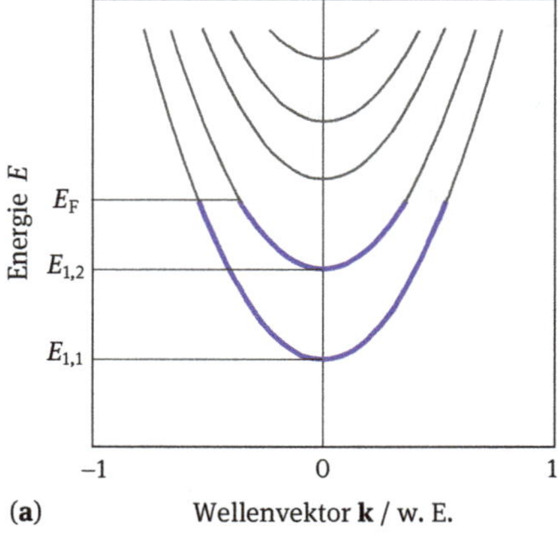

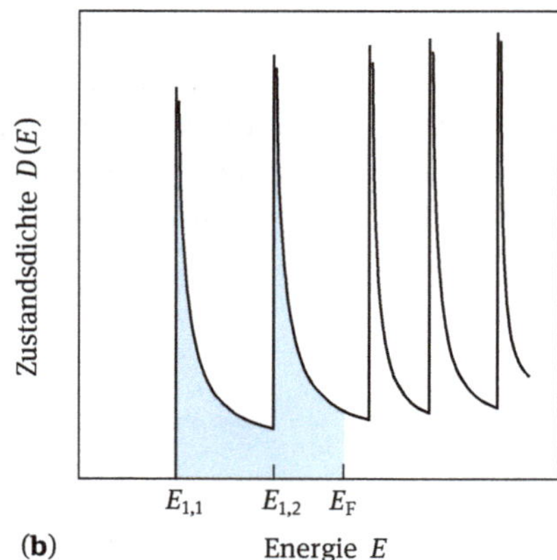

Abb. 8.5: **a)** Dispersionsrelation und **b)** Zustandsdichte eines eindimensionalen Elektronengases.

Abschnitt 6.4 im Zusammenhang mit der Zustandsdichte von Gitterschwingungen angesprochen haben.

Nun verkleinern wir noch die dritte Dimension. Die resultierenden Proben bezeichnet man als **Quantenpunkte** oder *quasi-nulldimensionale Systeme*. Das Spektrum ist diskret und hängt von der Gestalt der Quantenpunkte ab. Die Zustandsdichte ist ebenfalls diskret und kann durch eine Summe von δ-Funktionen dargestellt werden.

8.1.2 Fermi-Energie

Nach dieser Exkursion in die niedrigdimensionalen Systeme kehren wir zu dreidimensionalen Proben zurück. In einem Ensemble von Teilchen mit halbzahligem Spin, d.h. bei Fermionen, ist das Pauli-Prinzip wirksam. Dies bedeutet, dass die Besetzung der Zustände durch die Fermi-Dirac-Statistik[3] bestimmt wird. Die Besetzungswahrscheinlichkeit wird daher durch die **Fermi-Verteilung**

$$f(E) = \frac{1}{e^{(E-\mu)/k_B T} + 1} \tag{8.21}$$

ausgedrückt. Diese Verteilungsfunktion geht in die klassische Boltzmann-Verteilung über, wenn die Wahrscheinlichkeit für die Besetzung der betrachteten Zustände sehr viel kleiner als Eins ist. Dies ist für $[(E-\mu)/k_B T] \gg 1$ der Fall.

Das **chemische Potenzial** μ, das im Ausdruck für die Verteilungsfunktion auftritt, stellt den Zusammenhang zwischen der freien Energie F und der Teilchenzahl N her und ist durch

$$\mu = \left(\frac{\partial F}{\partial N}\right)_{T,V} \tag{8.22}$$

3 Paul Adrien Maurice Dirac, *1902 Bristol, †1984 Tallahassee, Nobelpreis 1933

definiert. Am absoluten Nullpunkt nimmt die Fermi-Dirac-Verteilung die Werte

$$f(E,T=0)=\begin{cases}1 & \text{für} \quad E<\mu\,,\\ \frac{1}{2} & \text{für} \quad E=\mu\,,\\ 0 & \text{für} \quad E>\mu\end{cases} \tag{8.23}$$

an. Bei $T = 0$ sind also alle Zustände mit $E < \mu$ besetzt, wobei entsprechend dem Pauli-Prinzip jeweils nur zwei Elektronen mit unterschiedlicher Spinrichtung pro Zustand erlaubt sind. Die Energie, bis zu der die Zustände lückenlos gefüllt sind, bezeichnet man als **Fermi-Energie** E_F oder man spricht vom **Fermi-Niveau.** Da das chemische Potenzial die kleinste Energie angibt, die aufzuwenden ist, um ein zusätzliches Elektron in das Fermi-Gas einzubringen, und dies bei $T = 0$ nur bei der Fermi-Energie geschehen kann, sind chemisches Potenzial μ und Fermi-Energie E_F bei dieser Temperatur identisch, d.h. $E_F = \mu\,(T = 0)$.

Die Fermi-Energie ist durch die Elektronendichte $n = N/V$ festgelegt: Integrieren wir über alle besetzten Zustände, so erhalten wir gerade die Teilchenzahl, da

$$n=\frac{N}{V}=\int_0^\infty D(E)f(E,T=0)\,\mathrm{d}E=\int_0^{E_F} D(E)\,\mathrm{d}E=\frac{1}{2\pi^2}\left(\frac{2m}{\hbar^2}\right)^{3/2}\frac{2E_F^{3/2}}{3} \tag{8.24}$$

gelten muss. Lösen wir die Gleichung nach E_F auf, so sehen wir, dass in den Ausdruck für die Fermi-Energie nur die Masse und die Konzentration der Elektronen eingehen:

$$E_F=\frac{\hbar^2}{2m}(3\pi^2 n)^{2/3} \qquad \text{Fermi-Energie.} \tag{8.25}$$

In Bild 8.3b wurde bereits der parabelförmige Verlauf der Zustandsdichte für dreidimensionale Proben dargestellt. Die Zustände sind am absoluten Nullpunkt bis zur Fermi-Energie E_F mit Elektronen besetzt, die darüberliegenden sind leer.

In Verbindung mit der Fermi-Energie lassen sich der **Fermi-Wellenvektor $\mathbf{k}_F$** über den **Fermi-Impuls $\hbar\mathbf{k}_F$** der Elektronen, die **Fermi-Geschwindigkeit $\mathbf{v}_F$** und die **Fermi-Temperatur** T_F definieren. Für den Betrag der jeweiligen Größe gilt

$$k_F=(3\pi^2 n)^{1/3} \qquad \text{Fermi-Wellenvektor,} \tag{8.26}$$

$$v_F=\frac{\hbar}{m}(3\pi^2 n)^{1/3} \qquad \text{Fermi-Geschwindigkeit,} \tag{8.27}$$

$$T_F=\frac{E_F}{k_B} \qquad \text{Fermi-Temperatur.} \tag{8.28}$$

Eine weitere häufig auftretende Größe ist die Zustandsdichte $D(E_F)$ an der *Fermi-Kante*

$$D(E_F)=\frac{3}{2}\frac{n}{E_F}\,. \tag{8.29}$$

In Tabelle 8.1 sind diese Größen für einige Metalle angeführt. Sie wurden mit Hilfe der bekannten Werte für Dichte und freier Elektronenmasse berechnet. In allen Fällen ist

Tab. 8.1: Elektronendichte, Betrag des Fermi-Vektors und der Fermi-Geschwindigkeit, Fermi-Energie und Fermi-Temperatur ausgewählter Metalle. Bei der Berechnung der Zahlenwerte wurde die Masse der freien Elektronen verwendet.

Element	$n/10^{28}\,\mathrm{m^{-3}}$	$k_F/\mathrm{Å^{-1}}$	$v_F/10^6\,\mathrm{ms^{-1}}$	E_F/eV	T_F/K
Li	4,62	1,11	1,11	4,69	54 400
Na	2,54	0,91	1,05	3,16	36 700
Al	18,07	1,75	2,03	11,67	135 400
Cu	8,49	1,36	1,57	7,04	81 700
Ag	5,86	1,20	1,39	5,49	63 700
Au	5,90	1,20	1,38	5,51	63 900
Pb	13,20	1,57	1,81	9,37	108 700

die Fermi-Temperatur T_F sehr viel größer als die Schmelztemperatur der betreffenden Metalle. Im Festkörper verhalten sich deshalb die Elektronen bei allen Temperaturen so, als befände sich das Metall in der Nähe des absoluten Nullpunkts!

Bei $T = 0$ ist die Besetzungswahrscheinlichkeit durch eine Kastenfunktion gegeben. Bei endlicher Temperatur werden Elektronen angeregt. Dabei werden Zustände unterhalb der Fermi-Energie frei und Zustände oberhalb von E_F besetzt. Die Zustände werden also entsprechend Gleichung (8.21) umbesetzt, so dass eine „Aufweichung" der Fermi-Kante mit einer Breite von etwa $2k_BT$ erfolgt. Es wird also nur ein Bruchteil der Elektronen von der Größenordnung T/T_F thermisch angeregt. Alle anderen Elektronen bleiben nach wie vor im Zustand der geringsten Energie und spielen für die überwiegende Zahl von Festkörperphänomenen keine Rolle. In Bild 8.6 ist der Verlauf der Fermi-Dirac-Funktion für die Temperaturen $T = 0$ K bzw. 3 000 K für eine vorgegebene Fermi-Temperatur von $T_F = 50\,000$ K veranschaulicht.

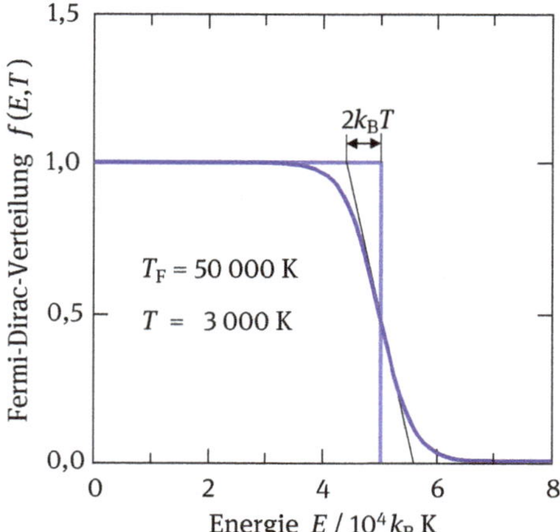

Abb. 8.6: Fermi-Dirac-Verteilung als Funktion der Energie bei $T = 0$ K und $T = 3\,000$ K. Es wurde eine so hohe Temperatur gewählt, weil sich bei einer Darstellung für Zimmertemperatur die resultierende Kurve kaum von der bei $T = 0$ K unterscheiden ließe. Als Fermi-Temperatur wurde $T_F = 50\,000$ K angenommen.

Der Wert des chemischen Potenzials ist durch die Bedingung $f(E,T) = \frac{1}{2}$ festgelegt und nimmt mit steigender Temperatur leicht ab. Solange $T \ll T_\mathrm{F}$ ist, lässt sich die Temperaturabhängigkeit näherungsweise durch die *Sommerfeld-Entwicklung*

$$\mu(T) \approx E_\mathrm{F}\left[1 - \frac{\pi^2}{12}\left(\frac{T}{T_\mathrm{F}}\right)^2\right] \tag{8.30}$$

ausdrücken. Wie man anhand dieser Gleichung und der Tabellenwerte für T_F sofort erkennt, ist in Metallen die Verschiebung des chemischen Potenzials für alle experimentell zugänglichen Temperaturen ohne Bedeutung. In Kapitel 10 werden wir finden, dass in Halbleitern dagegen die Verschiebung erhebliche Ausmaße annehmen kann.

In unserem einfachen Modell freier Elektronen bewegen sich die Elektronen in einer isotropen Umgebung, d.h., der Betrag des Fermi-Wellenvektors $\mathbf{k}_\mathrm{F}$ besitzt einen festen, richtungsunabhängigen Wert. Die Elektronen sind bei $T = 0$ im Impulsraum innerhalb der **Fermi-Kugel** lokalisiert, deren Radius durch die Dichte der Elektronen bestimmt wird. Die Oberfläche dieser Kugel, die in der weiteren Diskussion der elektrischen Eigenschaften von Metallen eine zentrale Rolle einnimmt, bezeichnet man als **Fermi-Fläche.** In Bild 8.7 ist die Fermi-Kugel veranschaulicht, deren Oberfläche bei endlichen Temperaturen „aufgeweicht" ist.

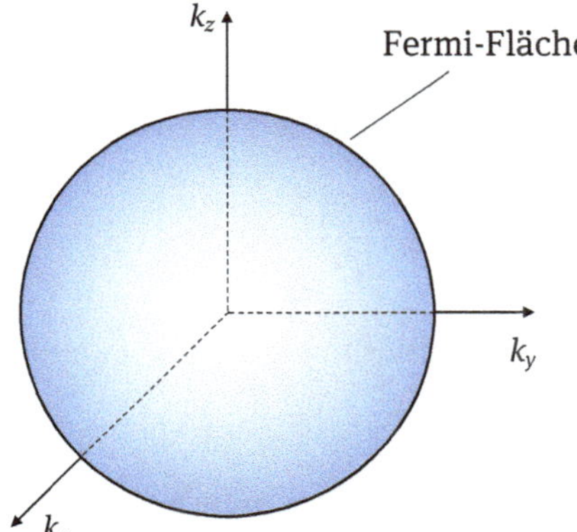

Abb. 8.7: Fermi-Kugel. Am absoluten Nullpunkt sind alle Elektronen in Zuständen innerhalb der Fermi-Kugel untergebracht, die Begrenzung der Kugel ist daher scharf.

Ergänzend sei noch bemerkt, dass bei Benutzung von festen Randbedingungen stehende Wellen betrachtet werden, so dass nur positive Wellenvektoren auftreten. Somit enthält bereits der positive Oktant der Fermi-Kugel alle physikalisch relevanten Zustände. Allerdings ist die Zahl der erlaubten Vektoren in jede der drei Raumrichtungen doppelt so groß wie bei den periodischen Randbedingungen, so dass die Gesamtzahl der Zustände unverändert bleibt.

8.2 Spezifische Wärme

Wir berechnen nun die innere Energie des Fermi-Gases um damit die spezifische Wärme der Metallelektronen herzuleiten. Am absoluten Nullpunkt finden wir für die innere Energie pro Volumen $u_0 = U/V$ den Ausdruck

$$u_0 = \int_0^\infty E\,D(E)\,f(E,T=0)\,\mathrm{d}E = \int_0^{E_\mathrm{F}} E\,D(E)\,\mathrm{d}E = \frac{3n}{5}\,E_\mathrm{F} = \frac{3n}{5}k_\mathrm{B}T_\mathrm{F}\,. \tag{8.31}$$

Aufgrund der hohen Fermi-Temperatur ist selbst bei $T = 0$ die innere Energie der Elektronen sehr viel größer als die eines klassischen Gases bei Zimmertemperatur!

Für die spezifische Wärme entscheidend ist jedoch nicht der Absolutwert der inneren Energie, sondern der temperaturabhängige Anteil $\delta u(T) = [u(T) - u_0]$, den wir hier kurz abschätzen. Wie wir Bild 8.6 entnehmen, ist der Bruchteil der Elektronen, der die thermische Energie $k_\mathrm{B}T$ aufnehmen kann, grob durch T/T_F gegeben. Somit ist $\delta u \approx nk_\mathrm{B}T^2/T_\mathrm{F}$ und wir erhalten für den Beitrag der Elektronen zur spezifischen Wärme (pro Volumen) $c_V^\mathrm{el} = C_V^\mathrm{el}/V$ näherungsweise

$$c_V^\mathrm{el} = \left(\frac{\partial u}{\partial T}\right)_V \approx \frac{2nk_\mathrm{B}T}{T_\mathrm{F}}\,. \tag{8.32}$$

Verglichen mit einem klassischen Gas tritt, bedingt durch den kleinen Bruchteil der beteiligten Elektronen, eine drastische Reduktion der spezifischen Wärme um den Faktor T/T_F auf. Bei einer genaueren Rechnung müssten wir das Fermi-Dirac-Integral

$$u = \int_0^\infty E\,D(E)\,f(E,T)\,\mathrm{d}E = \frac{1}{2\pi^2}\left(\frac{2m}{\hbar^2}\right)^{3/2}\int_0^\infty \frac{E^{3/2}}{\mathrm{e}^{(E-\mu)/k_\mathrm{B}T}+1}\,\mathrm{d}E \tag{8.33}$$

auswerten, das analytisch nicht lösbar ist. Eine Näherungslösung für $k_\mathrm{B}T \ll E_\mathrm{F}$ ergibt

$$u \approx u_0 + \frac{\pi^2}{6}D(E_\mathrm{F})(k_\mathrm{B}T)^2 \tag{8.34}$$

und damit

$$c_V^\mathrm{el} \approx \frac{\pi^2}{3}D(E_\mathrm{F})\,k_\mathrm{B}^2T = \frac{mk_\mathrm{B}^2T}{\hbar^2}\left(\frac{\pi^2 n}{9}\right)^{1/3} = \frac{\pi^2 T}{3\,T_\mathrm{F}}\frac{3nk_\mathrm{B}}{2} = \gamma T\,. \tag{8.35}$$

Dieses Ergebnis unterscheidet sich von unserer groben Abschätzung (8.32) nur um einen kleinen numerischen Faktor. Für alle experimentell zugänglichen Temperaturen steigt die spezifische Wärme proportional zur Temperatur an. Der Faktor $\pi^2T/3T_\mathrm{F}$ gibt die Reduktion gegenüber der spezifischen Wärme eines klassischen Gases an. Der Proportionalitätsfaktor γ, oft als **Sommerfeld-Koeffizient** bezeichnet, ist durch die Dichte und die Masse der Elektronen festgelegt.

Die gesamte spezifische Wärme (bezogen auf das Volumen) eines Metalls setzt sich aus dem Beitrag der Elektronen und des Gitters zusammen und wird bei hohen bzw. tiefen Temperaturen näherungsweise durch

$$c_V^{\text{ges}} = \gamma T + \begin{cases} 3n_A k_B & \text{für} \quad T > \Theta\,, \\ \beta T^3 & \text{für} \quad T \ll \Theta \end{cases} \tag{8.36}$$

beschrieben. Um Verwechslungen zu vermeiden, haben wir die atomare Teilchendichte mit n_A bezeichnet.

Bei *hohen Temperaturen* ($T > \Theta$) dominiert der Beitrag des Gitters, der durch das Dulong-Petit-Gesetz[4] genähert werden kann. Die Elektronen liefern in diesem Temperaturbereich keinen nennenswerten Beitrag zur Wärmekapazität. Bei *tiefen Temperaturen* trägt das Gitter den Term βT^3 zur spezifischen Wärme bei, wobei die Konstante β durch Gleichung (6.94) gegeben ist, wenn wir den angegebenen Ausdruck so umschreiben, dass er sich auf das Volumen bezieht. An dieser Stelle soll noch auf Bild 6.32 hingewiesen werden, in dem der Temperaturverlauf der spezifischen Wärme von einigen Metallen bei relativ hohen Temperaturen zu finden ist.

Die Aufspaltung in die beiden Anteile ist in Bild 8.8a für die Tieftemperaturdaten von Kupfer durchgeführt. Offensichtlich lässt sich die gemessene spezifische Wärme sehr gut als Summe der Beiträge von Elektronen und Gitter darstellen, die bei ungefähr 4 K gleich groß sind. Oberhalb dieser Temperatur dominieren die Phononen, deren Zahl

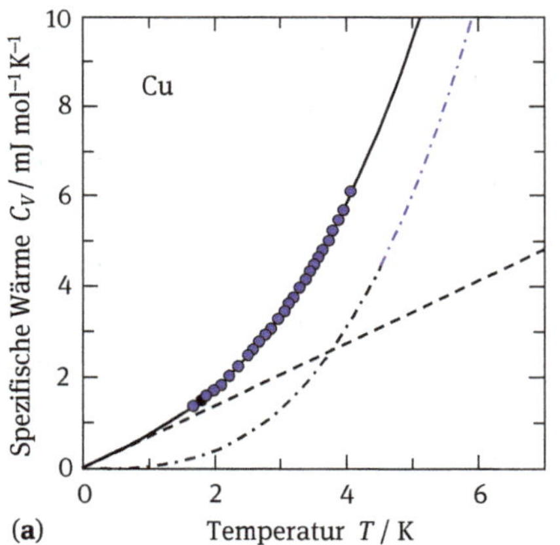

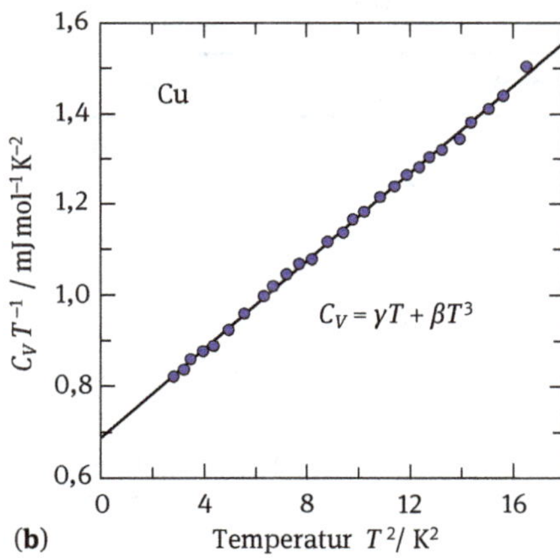

Abb. 8.8: a) Verlauf der spezifischen Wärme von Kupfer bei tiefen Temperaturen. Die spezifische Wärme setzt sich aus dem linearen Anteil der Elektronen (gestrichelt) und dem T^3-Beitrag der Phononen (strich-punktiert) zusammen. **b)** Spezifische Wärme C_V/T von Kupfer als Funktion von T^2. (Nach J.A. Rayne, Austral. J. Phys. **9**, 191 (1956).)

4 Das Dulong-Petit-Gesetz $C_V = 3N_A k_B = 3R_m$ bezieht sich auf ein Mol, der Ausdruck in der obigen Gleichung auf das Volumen.

wesentlich rascher mit der Temperatur anwächst als die der angeregten Elektronen. Um die beiden Beiträge zu trennen, trägt man am besten C_V/T als Funktion von T^2 auf. Der Wert von γ lässt sich dann unmittelbar als Achsenabschnitt entnehmen, aus der Steigung ergibt sich der Wert von β. Diese Art der Auftragung wurde in Bild 8.8b vorgenommen und macht noch einmal die gute Übereinstimmung mit (8.36) deutlich.

Es stellt sich die Frage: Wie gut ist die Näherung des freien Fermi-Gases für die Beschreibung der spezifischen Wärme geeignet? Die Werte in Tabelle 8.2 zeigen, dass bei einfachen Metallen die Übereinstimmung relativ hoch ist, denn das Verhältnis experimenteller zu theoretischer Wert $\gamma_{\text{exp}}/\gamma_{\text{theo}}$ liegt nahe bei eins, doch ist diese Näherung bei den verschiedenen Metallen unterschiedlich gut. Nach (8.35) ist γ proportional zur Masse und zur Konzentration der Elektronen. Da beide Größen genau bestimmt werden können, kann die Ursache für die unterschiedlich gute Übereinstimmung nicht an der mangelnden Qualität der Eingangsdaten liegen. Der Grund für die Abweichung ist, dass die Elektronen als freie Teilchen behandelt wurden. In Wirklichkeit spüren die Leitungselektronen das periodische Potenzial des Gitters, verzerren zusätzlich den Kristall in ihrer Umgebung und wechselwirken mit den übrigen Elektronen. Diese Effekte werden summarisch durch die Einführung einer **effektiven Masse** m^* berücksichtigt. Im vorliegenden Fall spricht man von der *thermischen effektiven Masse* m^*_{th}, die durch den einfachen Zusammenhang $m^*_{\text{th}}/m = \gamma_{\text{exp}}/\gamma_{\text{theo}}$ definiert ist.

Tab. 8.2: Spezifische Wärme γ_{exp} einiger Metalle und der Vergleich der experimentellen Werte mit den Werten des Modells freier Elektronen. (Unterschiedliche Quellen.)

Element	γ_{exp}	γ_{theo}	m^*_{th}/m	Element	γ_{exp}	γ_{theo}	m^*_{th}/m
Ag	0,64	0,64	1,00	Cu	0,69	0,50	1,37
Al	1,35	0,91	1,48	Ga	0,60	1,02	0,59
Au	0,69	0,64	1,08	In	1,66	1,26	1,31
Ba	2,70	1,95	1,38	K	2,08	1,75	1,19
Be	0,17	0,49	0,35	Li	1,65	0,75	2,19
Ca	2,73	1,52	1,80	Mg	1,26	1,00	1,26
Cd	0,69	0,95	0,73	Na	1,38	1,3	1,22
Cs	3,97	2,73	1,46	Pb	2,99	1,50	1,99

Bei vielen Übergangsmetallen ist das Verhältnis von gemessener zur berechneten spezifischen Wärme wesentlich größer als die Werte, die der Tabelle 8.2 zu entnehmen sind. So findet man bei Nickel $m^*_{\text{th}}/m \approx 15$. Die Ursache hierfür ist jedoch nicht in der Wechselwirkung der quasi-freien s-Elektronen zu suchen, sondern liegt an den teilweise gefüllten d-Schalen dieser Metalle. Für sie trifft die Näherung des freien Elektronengases in keiner Weise zu, da d-Wellenfunktionen in bevorzugte Richtungen weisen, an kovalenten Bindungen beteiligt sind und den Kristall nicht isotrop ausfüllen. d-Elektronen verursachen in vielen Metallen eine hohe Zustandsdichte bei der Fermi-Energie und tragen daher besonders stark zur spezifischen Wärme bei. In Bild 8.9 ist die elektronische Zustandsdichte von Nickel gezeigt, die diesen Sachverhalt verdeutlicht. Bei der Fermi-Energie dominiert der Beitrag der d-Elektronen, während in unserer Beschreibung nur die s-Elektronen berücksichtigt wurden. Auf die etwas komplizierteren Verhältnisse, die in vielen Metallen herrschen, werden wir im Zusammenhang mit der Diskussion der *Bandstruktur* in der zweiten Hälfte dieses Kapitels noch etwas ausführlicher eingehen.

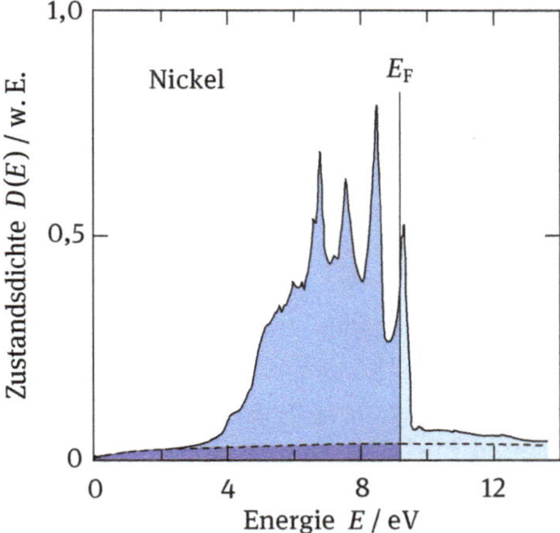

Abb. 8.9: Zustandsdichte von Nickel. Der Beitrag der d-Elektronen überdeckt den des s-Bands, dessen gedachter Verlauf gestrichelt gezeichnet ist. Die besetzten Zustände sind durch dunkleres Blau hervorgehoben. (Nach J. Callaway, C.S. Wang, Phys. Rev. B **7**, 1096 (1973).)

Überraschende Eigenschaften weisen die sogenannten *Schwere-Fermionen-Systeme*, wie z.B. $CeAl_3$ oder $CeCu_2Si_2$, auf. In diesen Metallen bewirkt die starke Wechselwirkung der Elektronen untereinander bei tiefen Temperaturen eine spezifische Wärme, die so groß ist, dass sie mit effektiven Elektronenmassen bis zu $m^*_{\text{th}} \approx 1000\,m$ beschrieben werden muss. Eine Diskussion dieser Metalle mit ihren sehr überraschenden Tieftemperatureigenschaften würde jedoch den hier gesteckten Rahmen sprengen.

8.3 Kollektive Phänomene im Elektronengas

Bisher haben wir angenommen, dass die Elektronen praktisch voneinander unabhängig sind. Dies ist zunächst erstaunlich, wenn man bedenkt, dass beispielsweise im Kupfer der mittlere Abstand zwischen zwei Leitungselektronen nur etwa 2,56 Å beträgt. Die resultierende, abstoßend wirkende Coulomb-Energie ist mit 5,6 eV größer als die mittlere kinetische Energie des Fermi-Gases mit 4,2 eV. Dass trotzdem das bisher verfolgte Konzept zu guten Resultaten führt, hat im Wesentlichen drei Ursachen, wobei wir die beiden ersten hier nur erwähnen möchten, da wir später noch auf sie eingehen.

Erstens sind aufgrund der Wirksamkeit des Pauli-Prinzips Elektron-Elektron-Stöße weitgehend unterdrückt. Zweitens beobachtet man in Experimenten nicht die freien Elektronen, sondern *Quasiteilchen*, die sich trotz ihrer Wechselwirkung untereinander fast wie freie Elektronen verhalten. Der dritte und vielleicht wichtigste Grund ist, dass die elektrostatische Wechselwirkung zwischen zwei Elektronen von den anderen weitgehend abgeschirmt wird. Auf diesen Punkt gehen wir nun ein.

8.3.1 Abgeschirmtes Coulomb-Potenzial

Das Elektronengas reagiert auf lokale elektrische Ladungsänderungen, wie sie beispielsweise durch geladene Punktdefekte hervorgerufen werden. Je nach Vorzeichen der Ladung werden Elektronen angezogen oder abgestoßen, bauen auf diese Weise eine Raumladung auf und bewirken so eine Abschirmung des elektrischen Feldes der Störstelle. Die Abschirmung spielt auch bei ungestörten Festkörpern eine wichtige Rolle, denn sie verändert den Verlauf des Potenzials der Atomrümpfe und reduziert die Wechselwirkung zwischen den Leitungselektronen.

In einer vereinfachten Behandlung des Abschirmeffektes stellen wir uns vor, dass eine zusätzliche Punktladung e am Ort $\mathbf{r}_0$ in den Festkörper eingebracht wird, die das Störpotenzial $\delta\varphi(\mathbf{r})$ verursacht. Die zusätzliche Ladung verschiebt den lokalen Energienullpunkt um den Betrag $e\,\delta\varphi(\mathbf{r})$. Wie in Bild 8.10 dargestellt, wird an einer positiven Störladung das chemische Potenzial durch Zufluss von Elektronen aus dem

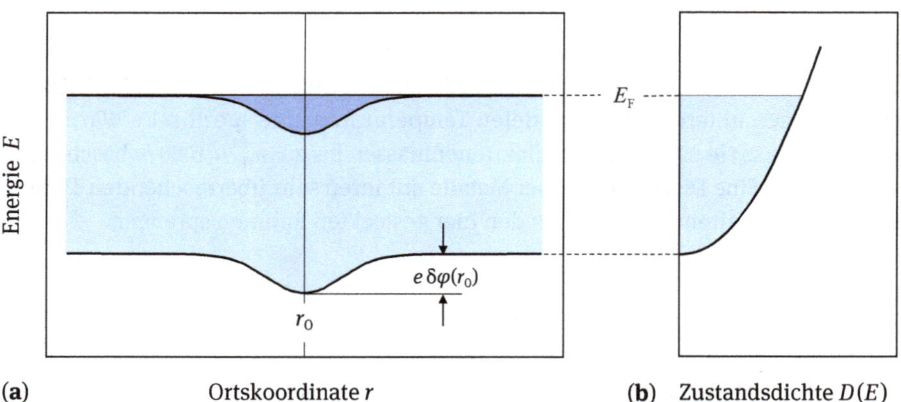

Abb. 8.10: Lokale Veränderung der Zustandsdichte durch eine zusätzliche positive Ladung. Die besetzten Zustände sind durch hellblaue Färbung hervorgehoben. **a)** Lage der besetzten Zustände in der Nachbarschaft einer positiven Ladung. Die blaue Mulde wird durch Elektronen des restlichen Festkörpers so aufgefüllt, dass die Fermi-Energie in der gesamten Probe konstant bleibt. **b)** Verlauf der Zustandsdichte in größerer Entfernung von der Störladung.

restlichen Festkörper konstant gehalten. Analog bewirken negative Ladungen eine Anhebung des Potenzials und somit einen Elektronenabfluss.

In der Umgebung der Störung wird die Elektronenkonzentration um den Betrag

$$\delta n(\mathbf{r}) = |e| D(E_\mathrm{F}) \delta\phi(\mathbf{r}) \tag{8.37}$$

gegenüber dem Gleichgewichtswert verschoben. Etwas entfernt von der zusätzlichen Punktladung verknüpft die Poisson-Gleichung δn und $\delta\phi$ wie folgt:

$$\nabla^2(\delta\phi) = \frac{e}{\varepsilon_0}\delta n = \frac{e^2}{\varepsilon_0} D(E_\mathrm{F})\delta\phi\,. \tag{8.38}$$

Die Differentialgleichung besitzt eine kugelsymmetrische Lösung der Form

$$\delta\phi(r) = -\frac{e}{4\pi\varepsilon_0}\frac{\mathrm{e}^{-r/r_\mathrm{TF}}}{r}\,, \tag{8.39}$$

wobei r_TF als Abkürzung für die **Thomas-Fermi-Abschirmlänge**[5]

$$r_\mathrm{TF} = \sqrt{\frac{\varepsilon_0}{e^2 D(E_\mathrm{F})}} \tag{8.40}$$

steht. Die Abschirmung bewirkt, dass in der Gleichung für den Potenzialverlauf neben der typischen $1/r$-Abhängigkeit des Coulomb-Potenzials zusätzlich ein Exponentialfaktor auftritt. Das Ergebnis lässt sich unmittelbar auch auf die Abschirmung negativer Ladungen übertragen. In Bild 8.11 ist das reine Coulomb-Potenzial mit dem **abgeschirmten Coulomb-Potenzial** verglichen, das die gleiche Form hat wie das in der Kernphysik benutzte *Yukawa-Potenzial* und erstmals von *P. Debye* und *E. Hückel*[6] abgeleitet wurde, um die elektrostatische Wechselwirkung von Ionen in Elektrolyten zu beschreiben.

Um ein Gefühl für die Effektivität der Abschirmung zu bekommen, setzen wir die Elektronendichte $n = 8{,}5 \cdot 10^{28}\,\mathrm{m}^{-3}$ von Kupfer ein und erhalten den sehr kleinen Wert $r_\mathrm{TF} \approx 0{,}55\,\text{Å}$, d.h., in Metallen ist die Abschirmung aufgrund der hohen Elektronendichte äußerst effektiv.

Die elektrostatische Abschirmung spielt nicht nur bei der tiefer gehenden Behandlung der Elektron-Elektron-Wechselwirkung eine wichtige Rolle, sondern auch in vielen anderen Bereichen der Festkörperphysik. So ist sie bei der quantitativen Beschreibung von Defekteigenschaften von erheblicher Bedeutung, denn durch die Abschirmung werden die Reichweiten der Defektfelder stark reduziert. Elektronen, die weiter als die Abschirmlänge r_TF von einer Störladung entfernt sind, werden kaum noch von deren Feld beeinflusst.

---

5 Llwellyn Hilleth Thomas, *1903 London, †1992 Rayleigh (USA)

6 Erich Armand Arthur Joseph Hückel, *1896 Berlin, †1980 Marburg

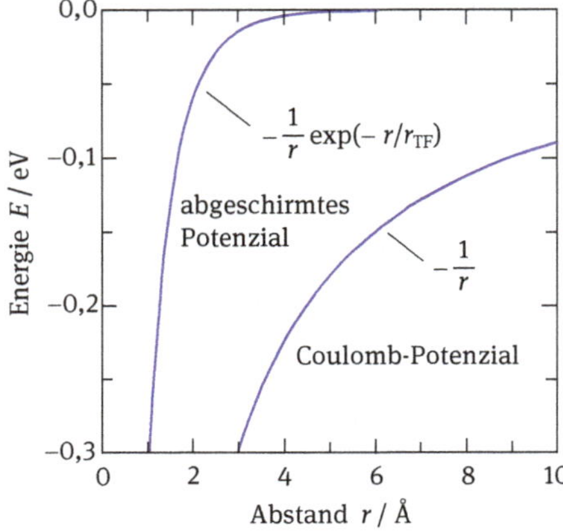

Abb. 8.11: Vergleich zwischen reinem und abgeschirmtem Coulomb-Potenzial. Für die Abschirmlänge wurde der Wert $r_{TF} = 1$ Å gewählt.

Einschränkend soll hier jedoch noch bemerkt werden, dass bei realen Metallen das Problem auftritt, dass die Abschirmlänge und der kritische Radius der Pseudopotenziale (vgl. Abschnitt 2.5) vergleichbar und somit die einfachen Annahmen der Thomas-Fermi-Näherung bei kleinen Abständen nicht mehr gültig sind. Um die Näherung zu verbessern, muss daher die abnehmende Effektivität der Abschirmung für $r \lesssim r_{TF}$ berücksichtigt werden. Dies führt unter anderem zu Oszillationen der abschirmenden Raumladungsdichte. Abhängig vom Zusammenhang werden diese als *Friedel-* oder *Ruderman-Kittel-Oszillation*[7,8] bezeichnet.

8.3.2 Metall-Isolator-Übergang

Das Konzept der Abschirmung kann auch zur einfachen Einordnung von Materialien in die Gruppe der Metalle oder Isolatoren genutzt werden. Wir können uns beispielsweise die Frage stellen, ob ein hypothetischer Festkörper aus Wasserstoffatomen ein Metall oder ein Isolator wäre. Die Antwort ist, dass dies von der Gitterkonstante abhängt. Ist diese klein, so sollte der Festkörper metallischen Charakter aufweisen, bei großer Konstanten dagegen ein Isolator sein. Unter hohem Druck, beispielsweise im Planeten Jupiter, besteht daher die Möglichkeit, dass Wasserstoff in metallischer Form vorliegt.

Wie bereits erwähnt, werden auch die Felder der regulären Atomrümpfe durch die Valenzelektronen abgeschirmt. Dadurch verkleinert sich die Reichweite des Kernpotenzials, und zwar umso mehr, je höher die Elektronendichte ist. Damit geht eine stärkere räumliche Lokalisierung der Rumpfelektronen einher, wodurch gleichzeitig, bedingt durch die Unschärferelation, die kinetische Energie der Elektronen im Rumpf ansteigt. Auf diese Weise werden die Zustände energetisch angehoben, bis schließlich

7 Charles **Kittel**, *1916 New York, †2019 Berkeley
8 Malvin Ruderman, *1927 New York

bei sehr hoher Elektronenkonzentration, die Zustände der äußeren Rumpfelektronen so hoch liegen, dass sie nicht mehr gebunden sind, sondern sich frei bewegen können. In diesem Fall haben wir es mit freien Elektronen zu tun, es liegt also ein Metall vor.

Wir wollen nun den Wert der kritischen Elektronenkonzentration näher betrachten. Hierzu muss die Schrödinger-Gleichung für ein Elektron in einem abgeschirmten Potenzial der Form (8.39) gelöst werden. Die numerische Lösung zeigt, dass gebundene Eigenzustände nur für Abschirmlängen $r_{\mathrm{TF}} > 0{,}84\,a_0$ existieren, wobei a_0 für den Bohrschen Radius steht. Gibt es einen gebundenen Zustand, so kondensieren die Elektronen an den Atomrümpfen und die Probe ist ein Isolator.

Um die kritische Elektronendichte bei gegebenem Gitterabstand abzuschätzen, formen wir (8.40) um und erhalten

$$\frac{1}{r_{\mathrm{TF}}^2} = \frac{3ne^2}{2\varepsilon_0 E_{\mathrm{F}}} = \frac{4(3\pi^2)^{1/3}}{\pi}\,\frac{n^{1/3}}{a_0} \approx \frac{4n^{1/3}}{a_0}\,. \tag{8.41}$$

Entsprechend der Bedingung $r_{\mathrm{TF}} > 0{,}84\,a_0$ kann demnach eine Substanz nur dann ein Isolator sein, wenn zwischen der Elektronendichte und dem Bohrschen Radius die Ungleichung

$$n < \frac{0{,}045}{a_0^3} \tag{8.42}$$

besteht. Ein Kristall mit Elektronenkonzentration $n = 1/a^3$ und kubisch primitivem Gitter sollte daher als Isolator vorliegen, wenn $a > 2{,}8\,a_0$ ist.

Durch die Veränderung äußerer Parameter wie Druck oder Magnetfeld lässt sich der Übergang von der einen Substanzklasse zur anderen erreichen. Man bezeichnet dieses Phänomen als **Mottschen Metall-Isolator-Übergang.**[9] In Oxiden von Übergangsmetallen sowie in Gläsern, amorphen und flüssigen Halbleitern kann man Elektronendichten über die Materialzusammensetzung verändern. In diesen Materialien werden bei bestimmten Konzentrationen abrupte Leitfähigkeitsänderungen beobachtet, die auf dem hier diskutierten Abschirmeffekt beruhen.

Auf besonders einfache Weise lässt sich die Konzentration freier Elektronen in dotierten Halbleitern (vgl. Abschnitt 10.2) ändern. Bei Erhöhung der Donator- oder Akzeptorkonzentration tritt ein Übergang von der halbleitenden in die metallisch leitende Phase auf. In Bild 8.12 ist die elektrische Leitfähigkeit von Siliziumkristallen mit unterschiedlicher Dichte an freien Elektronen wiedergegeben. Ihre Konzentration wurde über die Dotierung und auch mit uniaxialem Druck verändert. In der Nähe des Übergangs bewirkt eine Reduktion der Elektronendichte einen drastischen Rückgang der elektrischen Leitfähigkeit, bis schließlich bei der Dichte $n = 3{,}74 \cdot 10^{24}\,\mathrm{m}^{-3}$ der Übergang vom Metall zum Isolator erfolgt.

Bei dem hier vorgestellten Beispiel ist allerdings der quantitative Vergleich von Theorie und Experiment nicht ganz einfach, obwohl der Effekt sehr deutlich zu Tage tritt. Es muss berücksichtigt werden, dass der Bohrsche Radius in (8.42) durch

---

9 Nevill Francis Mott, *1905 Leeds, †1996 Milton Keynes, Nobelpreis 1977

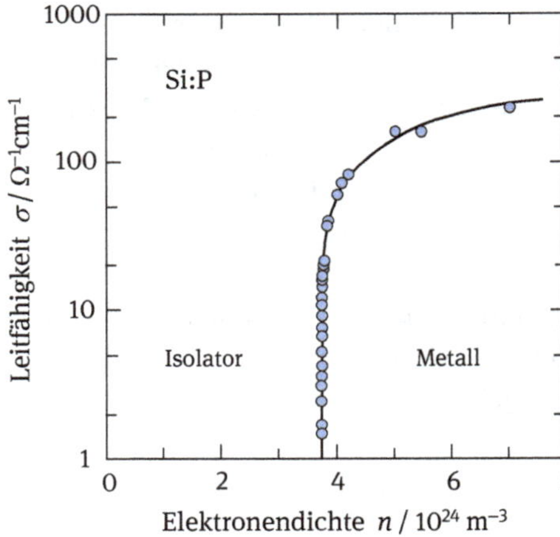

Abb. 8.12: Elektrische Leitfähigkeit von stark dotierten Silizium-Proben. Der Metall-Isolator-Übergang erfolgt bei einer Elektronenkonzentration von $n = 3{,}74 \cdot 10^{24}\,\mathrm{m}^{-3}$. (Nach H.F. Hess et al., Phys. Rev. B **25**, 5578 (1982).)

einen wesentlich größeren *effektiven* Bohrschen Radius ersetzt werden muss, da das Coulomb-Potenzial auch in der nichtmetallischen Phase abgeschirmt wird. Auf diesen Gesichtspunkt der Abschirmung von geladenen Störstellen in Halbleitern und ihre Beschreibung mit Hilfe der Dielektrizitätskonstanten werden wir in Abschnitt 10.2 eingehen. Weiterhin müssen noch die elektronische Struktur von Silizium und die Tatsache in Rechnung gestellt werden, dass die Dotieratome statistisch auf Gitterplätzen verteilt sind.

8.4 Elektronen im periodischen Potenzial

Das Modell freier Elektronen besticht durch seine Einfachheit und ist in der Lage, eine Reihe von physikalischen Eigenschaften zu erklären, hat aber auch deutlich erkennbare Grenzen. So würde man erwarten, dass sich, immer wenn Elektronenschalen eines Elements nicht vollkommen aufgefüllt sind, die Elektronen dieser Schalen relativ frei bewegen können und das betreffende Element metallischen Charakter besitzt. Dies ist offensichtlich bei Diamant nicht der Fall, der ein guter Isolator ist, obwohl die äußere Elektronenschale der Kohlenstoffatome nur halb gefüllt ist. Weitere, sehr drastische Abweichungen treten beim Hall-Effekt auf, den wir in Abschnitt 9.3 näher betrachten. So findet man bei Natrium erwartungsgemäß, dass pro Atom *ein* Elektron frei beweglich ist, bei Beryllium scheinen jedoch anstelle der zwei Elektronen, die sich aus dem Periodensystem ergeben, 0,4 *positive* Ladungsträger pro Atom zu existieren. Es sieht so aus, als würden in diesem Metall nicht Elektronen, sondern positiv geladene Teilchen den Stromtransport bewirken! Offensichtlich müssen wir die Beschreibung der elektronischen Eigenschaften in diesem Fall stark modifizieren: Es muss berücksichtigt werden, dass Elektronen in Metallen nicht wirklich frei sind, sondern sich in einem *periodischen Potenzial* bewegen.

8.4.1 Bloch-Funktion

Wie bei der Diskussion des freien Elektronengases, so beschreiben wir auch das Verhalten der Elektronen im periodischen Gitterpotenzial in der *Einelektron-Näherung*. Wie wir sehen werden, kann die Schrödinger-Gleichung des herausgegriffenen Elektrons in einen Satz linearer Gleichungen aufgespalten werden, der näherungsweise gelöst werden kann. Der entscheidende Punkt dabei ist, dass das Potenzial $\widetilde{V}(\mathbf{r})$ die Translationssymmetrie des Gitters besitzt. Es gilt $\widetilde{V}(\mathbf{r}) = \widetilde{V}(\mathbf{r}+\mathbf{R})$, wenn $\mathbf{R}$ ein beliebiger Gittervektor ist. Das Potenzial lässt sich dann wie die Streudichte in Abschnitt 4.3 in eine Fourier-Reihe nach reziproken Gittervektoren $\mathbf{G}$ entwickeln:

$$\widetilde{V}(\mathbf{r}) = \sum_{\mathbf{G}} \widetilde{V}_{\mathbf{G}}\, e^{i\mathbf{G}\cdot\mathbf{r}} . \tag{8.43}$$

Die Fourier-Koeffizienten $\widetilde{V}_{\mathbf{G}}$ sind charakteristisch für den betrachteten Kristall.

Es liegt nahe, die Wellenfunktion $\psi(\mathbf{r})$ des betrachteten Elektrons nach ebenen Wellen zu entwickeln, da sich im Grenzfall freier Elektronen diese Darstellung bereits bewährt hat. Wir wählen daher den Ansatz

$$\psi(\mathbf{r}) = \sum_{\mathbf{k}} c_{\mathbf{k}}\, e^{i\mathbf{k}\cdot\mathbf{r}} , \tag{8.44}$$

wobei die Entwicklungskoeffizienten $c_{\mathbf{k}}$ im Laufe der Rechnung bestimmt werden.

Einen ähnlichen Ansatz haben wir in Abschnitt 6.2 bei der Diskussion der Gitterschwingungen gemacht, als wir die Auslenkungen der Atome in Normalschwingungen zerlegten. Bei den Elektronen besteht jedoch nicht die Einschränkung, dass der Wellenvektor in der 1. Brillouin-Zone liegen muss, da ihre Wellenlänge kleiner als die Gitterkonstante sein kann. Allerdings unterliegt der Wellenvektor $\mathbf{k}$ wie beim freien Elektronengas den vorgegebenen Randbedingungen.

Nun setzen wir in die Schrödinger-Gleichung

$$H\psi(\mathbf{r}) = \left[-\frac{\hbar^2}{2m}\Delta + \widetilde{V}(\mathbf{r})\right]\psi(\mathbf{r}) = E\,\psi(\mathbf{r}) \tag{8.45}$$

die Potenzreihenentwicklung und den Ansatz für die Wellenfunktion ein und erhalten

$$\sum_{\mathbf{k}} \frac{\hbar^2 k^2}{2m} c_{\mathbf{k}}\, e^{i\mathbf{k}\cdot\mathbf{r}} + \sum_{\mathbf{k}',\mathbf{G}} c_{\mathbf{k}'} \widetilde{V}_{\mathbf{G}}\, e^{i(\mathbf{k}'+\mathbf{G})\cdot\mathbf{r}} = E \sum_{\mathbf{k}} c_{\mathbf{k}}\, e^{i\mathbf{k}\cdot\mathbf{r}} . \tag{8.46}$$

Dabei haben wir in der zweiten Summe den Wellenvektor nicht mit $\mathbf{k}$, sondern mit $\mathbf{k}'$ bezeichnet, um nach der Umbenennung der Summationsindizes $(\mathbf{k}'+\mathbf{G}) \to \mathbf{k}$ zu einem einfachen Ausdruck zu gelangen. Diese Umbenennung ist erlaubt, weil die Summation über *alle* Werte der Wellenvektoren $\mathbf{k}$ und über alle reziproke Gittervektoren $\mathbf{G}$ ausgeführt wird. Durch die Umbenennung ändert sich nicht der Wert der Glieder in der Summe, sondern nur die Reihenfolge bei der Addition. Nach der Umbenennung der Summationsindizes können wir vereinfachend

$$\sum_{\mathbf{k}} \mathrm{e}^{\mathrm{i}\mathbf{k}\cdot\mathbf{r}} \left[\left(\frac{\hbar^2 k^2}{2m} - E \right) c_{\mathbf{k}} + \sum_{\mathbf{G}} \widetilde{V}_{\mathbf{G}}\, c_{\mathbf{k}-\mathbf{G}} \right] = 0 \tag{8.47}$$

schreiben. Diese Gleichung ist für alle Ortsvektoren **r** gültig. Dies ist nur möglich, wenn der Ausdruck in der eckigen Klammer für jeden Wellenvektor **k** getrennt verschwindet. Damit erhalten wir das wichtige Ergebnis

$$\left(\frac{\hbar^2 k^2}{2m} - E \right) c_{\mathbf{k}} + \sum_{\mathbf{G}} \widetilde{V}_{\mathbf{G}}\, c_{\mathbf{k}-\mathbf{G}} = 0\,. \tag{8.48}$$

Dieser Satz algebraischer Gleichungen ist die Darstellung der **Schrödinger-Gleichung** im **k**-Raum für ein Elektron, das sich in einem **periodischen Potenzial** bewegt. Für jeden Wellenvektor **k** gibt es ein Gleichungssystem mit der Wellenfunktion $\psi_{\mathbf{k}}(\mathbf{r})$ und dem dazugehörenden Eigenwert $E_{\mathbf{k}}$ als Lösung. Die Zahl der möglichen Lösungen wird durch die Randbedingungen eingeschränkt. Es gibt genau so viele Lösungen wie unterschiedliche Wellenvektoren erlaubt sind.

Ein wichtiges Ergebnis ist, dass in (8.48) nur noch Entwicklungskoeffizienten auftreten, die sich um reziproke Gittervektoren unterscheiden, also nur noch die Koeffizienten $c_{\mathbf{k}-\mathbf{G}}$, $c_{\mathbf{k}-\mathbf{G}'}$, $c_{\mathbf{k}-\mathbf{G}''}, \ldots$. Dies bedeutet, dass sich $\psi_{\mathbf{k}}(\mathbf{r})$ aus ebenen Wellen zusammensetzt, deren Wellenvektoren **k** sich ebenfalls um reziproke Gittervektoren **G** unterscheiden. Dadurch vereinfacht sich die Entwicklung (8.44) der Wellenfunktion zu

$$\psi_{\mathbf{k}}(\mathbf{r}) = \sum_{\mathbf{G}} c_{\mathbf{k}-\mathbf{G}}\, \mathrm{e}^{\mathrm{i}(\mathbf{k}-\mathbf{G})\cdot\mathbf{r}}\,. \tag{8.49}$$

Da das reziproke Gitter die Fourier-Entwicklung der Streudichte des realen Gitters widerspiegelt, liefern im Allgemeinen nur die ersten Koeffizienten wesentliche Beiträge. Die Wellenfunktion lässt sich somit durch die Überlagerung von relativ wenigen Termen darstellen.

Bevor wir näher auf die Berechnung der Koeffizienten $c_{\mathbf{k}-\mathbf{G}}$ eingehen, wollen wir kurz die Struktur der Wellenfunktion betrachten und auf einige ihrer wichtigen Eigenschaften hinweisen. Bringen wir die Wellenfunktion (8.49) in die Form

$$\psi_{\mathbf{k}}(\mathbf{r}) = \left(\sum_{\mathbf{G}} c_{\mathbf{k}-\mathbf{G}}\, \mathrm{e}^{-\mathrm{i}\mathbf{G}\cdot\mathbf{r}} \right) \mathrm{e}^{\mathrm{i}\mathbf{k}\cdot\mathbf{r}}\,, \tag{8.50}$$

so wird die Struktur der Lösung deutlicher. Der Ausdruck in der Klammer ist die Fourier-Entwicklung einer gitterperiodischen Funktion. Die Lösungen der Schrödinger-Gleichung für ein periodisches Potenzial sind also *ebene Wellen*, multipliziert mit einem *gitterperiodischen Modulationsfaktor*, den wir $u_{\mathbf{k}}(\mathbf{r})$ nennen. Damit lässt sich die Wellenfunktion von Elektronen in einem periodischen Potenzial durch die **Bloch-Funktion**

$$\psi_{\mathbf{k}}(\mathbf{r}) = u_{\mathbf{k}}(\mathbf{r})\, \mathrm{e}^{\mathrm{i}\mathbf{k}\cdot\mathbf{r}} \tag{8.51}$$

ausdrücken, wobei sich die Gitterperiodizität in der Beziehung

$$u_{\mathbf{k}}(\mathbf{r}) = u_{\mathbf{k}}(\mathbf{r} + \mathbf{R}) \tag{8.52}$$

manifestiert. Ein einfaches Beispiel für eine Bloch-Funktion ist in Bild 8.13 zu sehen.

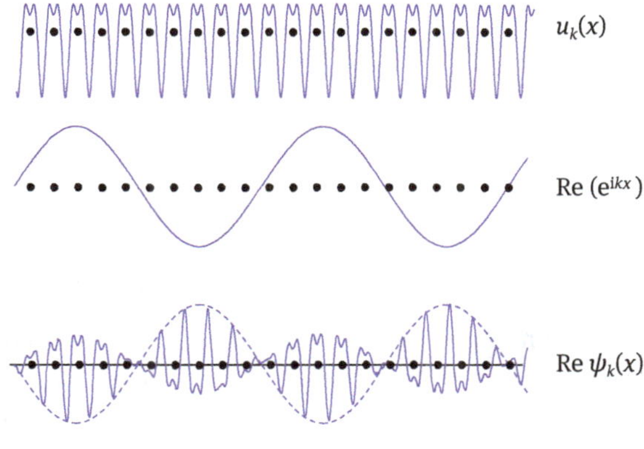

Abb. 8.13: Veranschaulichung einer eindimensionalen Bloch-Funktion. Dargestellt sind die gitterperiodische Funktion $u_k(x)$ (oben), der Realteil des Phasenfaktors e^{ikx} (Mitte) und der Realteil der Bloch-Funktion $\psi_k(x)$. Die Punkte geben die Lage der Atomrümpfe an.

Die beiden Gleichungen (8.51) und (8.52) sind ein Spezialfall eines von *F. Bloch*[10] für Kristalle formulierten Theorems: Es besagt, dass für jede beliebige Wellenfunktion, welche die Schrödinger-Gleichung erfüllt, ein derartiger Wellenvektor **k** existiert, dass die Translation um einen Gittervektor **R** gleichwertig ist mit der Multiplikation mit dem Phasenfaktor $e^{i\mathbf{k}\cdot\mathbf{R}}$. Durch Einsetzen kann man sich leicht davon überzeugen, dass die von uns gefundene Lösung diese Bedingung erfüllt:

$$\psi_{\mathbf{k}}(\mathbf{r} + \mathbf{R}) = u_{\mathbf{k}}(\mathbf{r} + \mathbf{R})\, e^{i\mathbf{k}\cdot\mathbf{r}} e^{i\mathbf{k}\cdot\mathbf{R}} = \psi_{\mathbf{k}}(\mathbf{r})\, e^{i\mathbf{k}\cdot\mathbf{R}} \,. \tag{8.53}$$

Im einfachen Fall freier Elektronen ist $u(\mathbf{r})$ eine Konstante. Auch die elastischen Gitterwellen, die wir in Kapitel 6 behandelt haben, sind in diesem Sinn Bloch-Wellen.

Bloch-Funktionen $\psi_{\mathbf{k}}(\mathbf{r})$ haben zwei wichtige Eigenschaften, auf die wir hier besonders hinweisen. Bloch-Funktionen, deren Wellenvektoren sich um einen reziproken Gittervektor unterscheiden, sind gleich! Dieses Ergebnis folgt unmittelbar aus (8.50): Addieren wir zum Wellenvektor **k** den reziproken Gittervektor $\mathbf{G}'$, so erhalten wir

$$\psi_{\mathbf{k}+\mathbf{G}'}(\mathbf{r}) = \sum_{\mathbf{G}} c_{\mathbf{k}+\mathbf{G}'-\mathbf{G}}\, e^{i(\mathbf{k}+\mathbf{G}'-\mathbf{G})\cdot\mathbf{r}} \,. \tag{8.54}$$

Durch Umbenennung der Summationsindizes $(\mathbf{G} - \mathbf{G}') \to \mathbf{G}''$ folgt

$$\psi_{\mathbf{k}+\mathbf{G}'}(\mathbf{r}) = \underbrace{\sum_{\mathbf{G}''} c_{\mathbf{k}-\mathbf{G}''}\, e^{-i\mathbf{G}''\cdot\mathbf{r}}}_{u_{\mathbf{k}}(\mathbf{r})}\, e^{i\mathbf{k}\cdot\mathbf{r}} \,. \tag{8.55}$$

10 Felix Bloch, *1905 Zürich, †1983 Zollikon (Zürich), Nobelpreis 1952

Schreiben wir noch $\mathbf{G}$ anstelle von $\mathbf{G}'$, so erhalten wir

$$\psi_{\mathbf{k}+\mathbf{G}}(\mathbf{r}) = \psi_{\mathbf{k}}(\mathbf{r}) \,. \tag{8.56}$$

Auch die Eigenwerte $E_{\mathbf{k}}$ wiederholen sich periodisch im reziproken Raum! Für Eigenwerte, deren Wellenvektoren sich um einen reziproken Gittervektor unterscheiden, lautet die Schrödinger-Gleichung:

$$H\psi_{\mathbf{k}} = E_{\mathbf{k}}\psi_{\mathbf{k}} \qquad \text{und} \qquad H\psi_{\mathbf{k}+\mathbf{G}} = E_{\mathbf{k}+\mathbf{G}}\,\psi_{\mathbf{k}+\mathbf{G}} \,. \tag{8.57}$$

Mit Gleichung (8.56) ergibt sich

$$H\psi_{\mathbf{k}} = E_{\mathbf{k}+\mathbf{G}}\,\psi_{\mathbf{k}} \quad \text{und} \quad E_{\mathbf{k}} = E_{\mathbf{k}+\mathbf{G}} \,. \tag{8.58}$$

Es gibt noch andere Möglichkeiten die Elektronen im Festkörper zu beschreiben. So kann die Wellenfunktion auch mit Hilfe von **Wannier-Funktionen**[11] darstellt werden, die den einzelnen Gitteratomen zugeordnet werden, so dass die Funktion nur dort große Werte annimmt. Wir werden aber in der weiteren Diskussion nur Bloch-Funktionen zur Beschreibung der Elektronen heranziehen.

Die Wellenfunktionen der Elektronen und ihre Eigenwerte wiederholen sich im $\mathbf{k}$-Raum periodisch. Es reicht, sich auf die Lösungen in der *1. Brillouin-Zone zu beschränken*, da die Lösungen in diesem Teil des $\mathbf{k}$-Raums bereits die ganze Information enthalten. Diese Vorgehensweise wird als **Reduktion auf die 1. Brillouin-Zone** und die entsprechende Darstellung als **reduziertes Zonenschema** bezeichnet. Darauf werden wir in den folgenden Abschnitten noch ausführlicher eingehen.

8.4.2 Quasi-freie Elektronen

Wir wollen uns nun mit der Schrödinger-Gleichung (8.48) für Elektronen in einem periodischen Potenzial anhand einiger einfacher Beispiele vertraut machen. In einer äußerst weitgehenden Vereinfachung nehmen wir zunächst an, dass die Amplitude des periodischen Potenzials so klein ist, dass wir $\widetilde{V}_{\mathbf{G}} \approx 0$ setzen dürfen. Die Symmetrie des Gitters soll aber nach wie vor periodische Lösungen erzwingen! Man spricht dann von einem **leeren Gitter**. Unter dieser Annahme folgt aus der Periodizität der Eigenwerte (8.58) die einfache Lösung

$$E_{\mathbf{k}} = \frac{\hbar^2 k^2}{2m} = E_{\mathbf{k}+\mathbf{G}} = \frac{\hbar^2}{2m}|\mathbf{k}+\mathbf{G}|^2 \,. \tag{8.59}$$

Offensichtlich handelt es sich um Parabeln, die im $\mathbf{k}$-Raum jeweils um $\mathbf{G}$ gegeneinander verschoben sind.

---

11 Gregory Hugh Wannier, *1911 Basel, †1983 Portland

Wir untersuchen zunächst ein eindimensionales leeres Gitter mit der Gitterkonstante a etwas näher. In diesem einfachen Fall sind die reziproken Gittervektoren durch Vielfache von $g = 2\pi/a$ gegeben. Die Lösung (8.59) besteht, wie in Bild 8.14a veranschaulicht, aus einer periodischen Anordnung von Parabeln. Wie erwähnt, erlaubt die Periodizität der Lösung eine Darstellung aller Energieeigenwerte im Wellenvektorbereich $-\pi/a < k \leq \pi/a$. Bei der Reduktion auf die 1. Brillouin-Zone verschiebt man die Teile der Parabeln, die sich außerhalb der 1. Brillouin-Zone befinden, um einen reziproken Gittervektor derart, dass sie innerhalb der ersten Zone zu liegen kommen. So erhält man eine Darstellung der Energieeigenwerte $E_\mathbf{k}$ wie in Bild 8.14b zu sehen ist. Man beachte, dass verschiedene Eigenwerte $E_\mathbf{k}$ zum gleichen Wellenvektor $\mathbf{k}$ gehören.

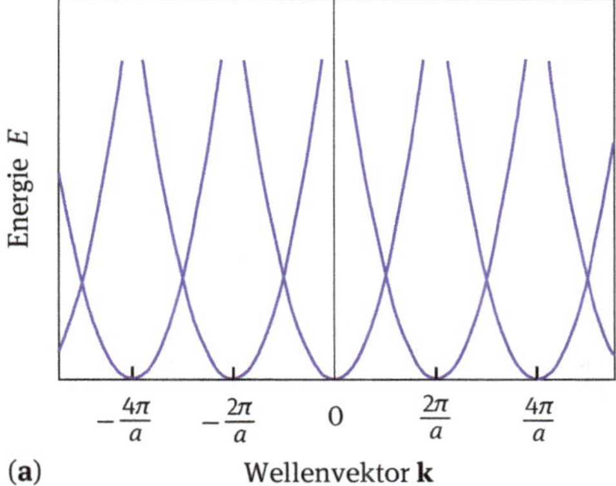

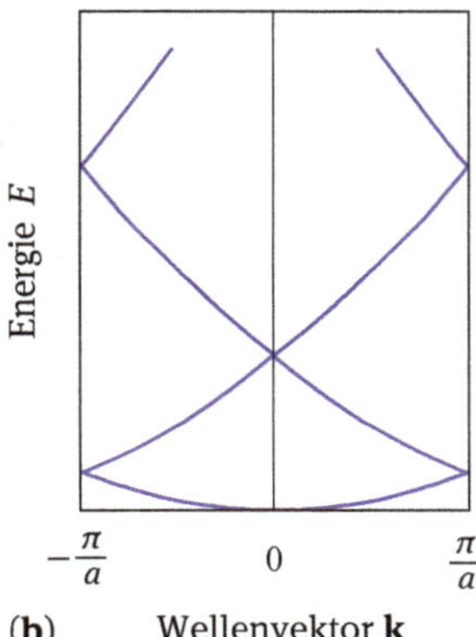

Abb. 8.14: a) Darstellung der Lösung der Schrödinger-Gleichung eines eindimesionalen *leeren Gitters*. Die Energieeigenwerte wiederholen sich im **k**-Raum mit der Periode $g = 2\pi/a$. **b)** Reduktion der Energieeigenwerte auf die 1. Brillouin-Zone. Alle erlaubten Energieeigenwerte kommen durch Addition eines geeigneten reziproken Gittervektors im Bereich $-\pi/a < k \leq \pi/a$ zu liegen. Man beachte, dass sich die Energieskala der beiden Abbildungen unterscheidet.

Im dreidimensionalen Raum ist der Sachverhalt etwas komplizierter. Für ein kubisch primitives Gitter lässt sich (8.59) in der Form

$$E_\mathbf{k} = \frac{\hbar^2}{2m}|\mathbf{k} + \mathbf{G}|^2 = \frac{\hbar^2}{2m}\left[(k_x + G_x)^2 + (k_y + G_y)^2 + (k_z + G_z)^2\right] \tag{8.60}$$

schreiben. Wie man sich anhand dieser Gleichung leicht überzeugen kann, ruft die Reduktion auf die 1. Brillouin-Zone eine zunehmende Entartung der Dispersionskurven hervor, d.h., gleiche Teile der $E_\mathbf{k}$-Kurven gehören zu unterschiedlichen reziproken Gittervektoren. Darüber hinaus tritt bei dieser Art der Darstellung bei höheren Energien eine Vielzahl von Kurven auf.

In Bild 8.15 sind die $E_\mathbf{k}$-Kurven für ausgezeichnete Richtungen eines kubisch flächenzentrierten Gitters in der reduzierten Darstellung gezeichnet. Wie bei der Diskussion der Phonon-Dispersionskurven in Abschnitt 6.3, startet man auch bei dieser Darstellung der Elektronendispersion am Γ-Punkt, geht zur Grenze der Brillouin-Zone am Punkt X, bewegt sich dann längs der Zonengrenze zu den Punkten W und L und kehrt anschließend zum Ausgangspunkt Γ zurück. Dieser Weg lässt sich anhand von Bild 4.8 leicht nachvollziehen. Über den Γ-Punkt führt der Weg dann, wie in Bild 6.19 angedeutet, über den K-Punkt zum Punkt X′. Die Energie ist in dieser Abbildung auf die Fermi-Energie E_F normiert, wobei angenommen wurde, dass drei Elektronen pro Atom berücksichtigt werden müssen.

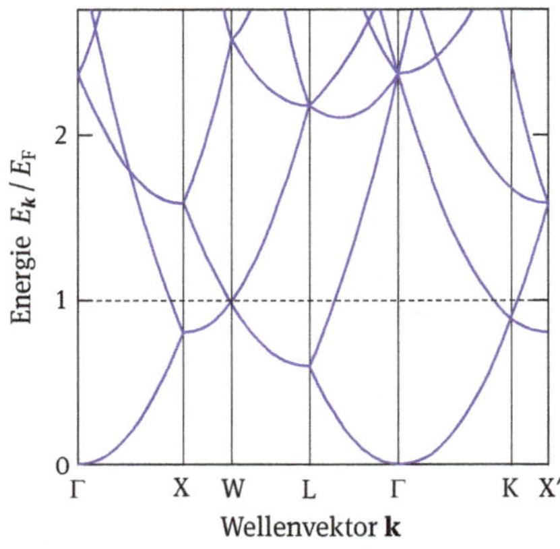

Abb. 8.15: Energiedispersionskurven freier Elektronen in einem leeren kubisch flächenzentrierten Gitter nach der Reduktion auf die 1. Brillouin-Zone. Die Energie wurde auf die Fermi-Energie E_F eines Metalls mit drei freien Elektronen pro Atom normiert.

In Bild 8.16 ist der Verlauf der Energiedispersionskurven von Aluminium wiedergegeben, wobei zu beachten ist, dass sich die Energieskala von der in Bild 8.15 unterscheidet. Die Ähnlichkeit zwischen den beiden Abbildungen ist überraschend groß, denn man findet alle Teilkurven wieder, die beim leeren Gitter auftreten. Es scheint, dass die Näherung $\widetilde{V}_\mathbf{G} \approx 0$ für Aluminium nicht allzu weit von den realen Gegebenheiten entfernt ist. Bei näherem Hinsehen bemerkt man jedoch qualitative Unterschiede: Zum einen sind Entartungen aufgehoben. So spalten zum Beispiel die Energieeigenwerte der ersten und zweiten Brillouin-Zone, die beim leeren Gitter entartet waren, deutlich erkennbar auf. Zum anderen treten an den Grenzen der Brillouin-Zone **Energielücken** auf, die durch die endliche Stärke des Gitterpotenzials bewirkt werden. Die Bereiche, die dazwischen liegen und den Elektronen zugänglich sind, bezeichnet man als **Energiebänder.**

Wir wollen das Auftreten von Energielücken anhand eines sehr einfachen Beispiels plausibel machen: Bewegt sich ein Elektron mit dem Wellenvektor **k** entlang einer atomaren Kette, so wird es an jedem Atom gestreut. Erfüllt der Wellenvektor des Elektrons die Beugungsbedingung $\mathbf{K} = \mathbf{G}$, so erfährt das Elektron eine Bragg-Reflexion, bei der sich die Teilwellen konstruktiv überlagern. Da die reflektierte Welle in die entgegengesetzte Richtung läuft, gilt für den Streuvektor die Beziehung $\mathbf{K} = 2\mathbf{k}$. Bragg-Reflexion tritt daher bei der Wellenzahl

$$k = \pm\frac{g}{2} = \pm\frac{\pi}{a} \tag{8.61}$$

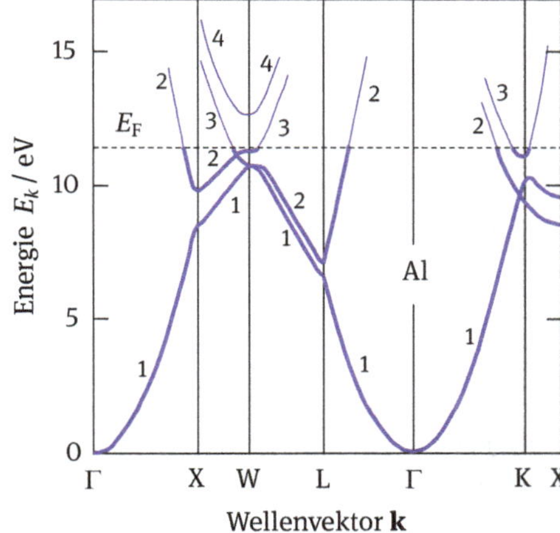

Abb. 8.16: Energiedispersionskurven von Aluminium. Die Zahlen an den Kurven geben die Ordnung der Brillouin-Zonen an, in denen die gekennzeichneten Teile der Dispersionskurve vor der Reduktion lagen. Die Fermi-Energie E_F ist ebenfalls eingezeichnet. (Nach B. Segall, Phys. Rev. **124**, 1797 (1961).)

auf, wobei $g = 2\pi/a$ hier wieder für den kleinsten reziproken Gittervektor steht. Einlaufende und reflektierte Welle überlagern sich, so dass sich eine stehende Welle ausbildet. Im stationären Zustand haben beide Teilwellen das gleiche Gewicht, woraus sich für die resultierende Wellenfunktion die beiden Möglichkeiten ergeben:

$$\psi_s \propto \left(e^{igx/2} + e^{-igx/2}\right) \propto \cos(gx/2)\,,$$
$$\psi_a \propto \left(e^{igx/2} - e^{-igx/2}\right) \propto \sin(gx/2)\,. \tag{8.62}$$

Das Resultat ist eine räumlich modulierte Ladungsdichte, die durch

$$\rho_s = e|\psi_s|^2 \propto \cos^2\left(\frac{\pi x}{a}\right) \qquad \text{und} \qquad \rho_a = e|\psi_a|^2 \propto \sin^2\left(\frac{\pi x}{a}\right) \tag{8.63}$$

gegeben ist. Dagegen ist die Ladungsdichte einer laufenden Welle konstant:

$$\rho = e|\psi|^2 \propto e^{-ikx}\, e^{ikx} = \text{const.} \tag{8.64}$$

In Bild 8.17 sind neben dem Verlauf eines willkürlich gewählten Pseudopotenzials die Elektronendichten (8.63) dargestellt. Bei der Lösung ψ_s ist die Dichte in Kernnähe gegenüber der Dichte der laufenden Welle erhöht, während sie bei ψ_a reduziert ist. In Analogie zur Atomphysik bezeichnet man die symmetrische Lösung ψ_s oft als *s*-artig, die antisymmetrische Lösung ψ_a als *p*-artig. Ist das Potenzial in Kernnähe abgesenkt, so führt dies, im Vergleich zur laufenden Welle im symmetrischen Fall zu einer Absenkung, im antisymmetrischen Fall zu einer Anhebung der Elektronenenergie. Da die Schrödinger-Gleichung an der Zonengrenze zwei Lösungen mit unterschiedlicher Energie besitzt, wird so das Auftreten einer Energielücke verständlich.
Nun betrachten wir die formale Lösung der Schrödinger-Gleichung an der Grenze der Brillouin-Zone etwas eingehender. Wir wollen dabei herausfinden, welche Größe für die Energielücken verantwortlich ist und welches Aussehen die Wellenfunktion in der

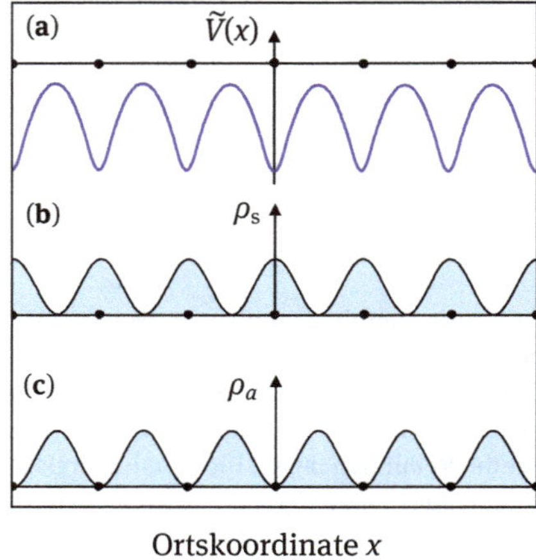

Abb. 8.17: Ladungsdichteverteilung der Elektronen mit der Wellenzahl π/a. Die Lage der Atomrümpfe ist jeweils durch Punkte gekennzeichnet. **a)** Qualitativer Verlauf der potenziellen Energie. **b)** Ladungsdichte ρ_s der geraden und **c)** Ladungsdichte ρ_a der ungeraden Wellenfunktion.

Umgebung der Zonengrenze besitzt. Wie dem Bild 8.14a zu entnehmen ist, schneiden sich beim eindimensionalen leeren Gitter zwei Parabeln bei $k_x = g/2 = \pi/a$, so dass dort zwei entartete Lösungen existieren zu denen die Koeffizienten $c_{\mathbf{k}}$ und $c_{\mathbf{k}-\mathbf{g}}$ gehören. Ist die periodische Störung schwach, so sollte der Hauptbeitrag zur Wellenfunktion in erster Linie von diesen beiden Lösungen herrühren. Beiträge von „weiter entfernten“ Parabeln, also Beiträge von Brillouin-Zonen höherer Ordnung, sollten keine Rolle spielen. Um dies zu zeigen, schreiben wir die Schrödinger-Gleichung (8.48) für den Wellenvektor $(\mathbf{k} - \mathbf{G})$ an

$$\left(E - \frac{\hbar^2}{2m}|\mathbf{k} - \mathbf{G}|^2\right) c_{\mathbf{k}-\mathbf{G}} = \sum_{\mathbf{G}'} \widetilde{V}_{\mathbf{G}'} c_{\mathbf{k}-\mathbf{G}-\mathbf{G}'} \tag{8.65}$$

und lösen sie nach dem Entwicklungskoeffizienten $c_{\mathbf{k}-\mathbf{G}}$ auf:

$$c_{\mathbf{k}-\mathbf{G}} = \frac{\sum_{\mathbf{G}'} \widetilde{V}_{\mathbf{G}'}\, c_{\mathbf{k}-\mathbf{G}-\mathbf{G}'}}{E - \frac{\hbar^2}{2m}|\mathbf{k} - \mathbf{G}|^2} \; . \tag{8.66}$$

Stellt das Potenzial $\widetilde{V}(\mathbf{r})$ nur eine kleine Störung dar, so ist der gesuchte Energieeigenwert E vergleichbar mit der Energie $\hbar^2 k^2/2m$ der freien Elektronen. Die größte Abweichung von deren Verhalten tritt auf, wenn der Nenner in Gleichung (8.66) verschwindet, also wenn

$$\mathbf{k}^2 \approx |\mathbf{k} - \mathbf{G}|^2 \tag{8.67}$$

ist. Diese Bedingung ist bei $\mathbf{G} = \mathbf{g}$ und bei $\mathbf{G} = 0$, also am Rande der Brillouin-Zone bei π/a und am Ursprung erfüllt. Dies bedeutet, dass nur die beiden Koeffizienten $c_{\mathbf{k}-\mathbf{g}}$ und $c_{\mathbf{k}}$ einen besonders großen Wert annehmen. Die restlichen Koeffizienten sind vergleichsweise klein und können vernachlässigt werden.

Da in der weiteren Diskussion nur die beiden Koeffizienten $c_{\mathbf{k}}$ und $c_{\mathbf{k}-\mathbf{g}}$ in die Rechnung einbezogen werden, bezeichnet man diese Vorgehensweise als **Zwei-Komponenten-Näherung**. Das Gleichungssystem (8.65) besteht somit nur aus den beiden Gleichungen

$$\left(\frac{\hbar^2\mathbf{k}^2}{2m} - E\right)c_{\mathbf{k}} + \widetilde{V}_{\mathbf{g}}c_{\mathbf{k}-\mathbf{g}} = 0\,,$$

$$\left(\frac{\hbar^2|\mathbf{k}-\mathbf{g}|^2}{2m} - E\right)c_{\mathbf{k}-\mathbf{g}} + \widetilde{V}_{-\mathbf{g}}c_{\mathbf{k}} = 0\,. \tag{8.68}$$

Wir nehmen an, dass das Gitter Inversionssymmetrie besitzt, dann ist $\widetilde{V}_{\mathbf{g}} = \widetilde{V}_{-\mathbf{g}}$. Weiter soll noch erwähnt werden, dass in der Entwicklung des periodischen Potenzials neben den ersten Fourier-Koeffizienten $\widetilde{V}_{\mathbf{g}}$ und $\widetilde{V}_{-\mathbf{g}}$ auch noch der Koeffizient $\widetilde{V}_0$ auftreten sollte. Da Letzterer aber nur ein konstantes Potenzial beschreibt, können wir $\widetilde{V}_0 = 0$ setzen.

Die Energieeigenwerte des leeren Gitters, die wir mit dem Index „0“ versehen, benutzen wir wie folgt als Abkürzungen:

$$E^0_{\mathbf{k}} = \frac{\hbar^2k^2}{2m} \quad \text{und} \quad E^0_{\mathbf{k}-\mathbf{g}} = \frac{\hbar^2|\mathbf{k}-\mathbf{g}|^2}{2m}\,. \tag{8.69}$$

Damit lassen sich die Eigenwerte der Gleichungen (8.68) in der Form

$$E_{\mathrm{s,a}} = \frac{1}{2}\left(E^0_{\mathbf{k}-\mathbf{g}} + E^0_{\mathbf{k}}\right) \mp \sqrt{\frac{1}{4}\left(E^0_{\mathbf{k}-\mathbf{g}} - E^0_{\mathbf{k}}\right)^2 + \widetilde{V}^2_{\mathbf{g}}} \tag{8.70}$$

schreiben, wobei das negative Vorzeichen E_{s}, das positive E_{a} zugeordnet ist.

Da bei $\mathbf{k} = \mathbf{g}/2$ für die Energiewerte $E^0_{\mathbf{k}-\mathbf{g}} = E^0_{\mathbf{k}}$ gilt, vereinfacht sich (8.70) an der Grenze der Brillouin-Zone zu

$$E_{\mathrm{s,a}} = E^0_{\mathbf{k}} \pm |\widetilde{V}_{\mathbf{g}}|\,. \tag{8.71}$$

Somit ergibt sich für die Energiedifferenz der Ausdruck

$$E_{\mathrm{a}} - E_{\mathrm{s}} = \delta E = 2|\widetilde{V}_{\mathbf{g}}|\,. \tag{8.72}$$

Der Verlauf der Energiedispersion an der Grenze der Brillouin-Zone ist in Bild 8.18 schematisch dargestellt.

Die Energieaufspaltung an der Grenze der Brillouin-Zone wird in dieser einfachen Näherung durch die erste Fourier-Komponente des Potenzials $\widetilde{V}(\mathbf{r})$ bestimmt. E_{a} hat die höhere Energie und gehört daher zum zweiten Energieband. An dieser Stelle soll noch betont werden, dass die hier durchgeführte Rechnung nur für die Grenze der Brillouin-Zone bei $k = \pi/a$ gilt. Für $k = -\pi/a$ müssen die Koeffizienten $c_{\mathbf{k}}$ und $c_{\mathbf{k}+\mathbf{g}}$ berücksichtigt werden, die natürlich zu einer gleich großen Energielücke führen.
Nun wollen wir uns noch überlegen, wodurch sich *nahe* der Zonengrenze die Wellenfunktionen $\psi = c_{\mathbf{k}}\exp(\mathrm{i}\mathbf{k}\cdot\mathbf{r}) + c_{\mathbf{k}-\mathbf{g}}\exp[\mathrm{i}(\mathbf{k}-\mathbf{g})\cdot\mathbf{r}]$ der beiden Energiebänder unterscheiden. Hierzu bestimmen wir die Koeffizienten $c_{\mathbf{k}}$ bzw. $c_{\mathbf{k}-\mathbf{g}}$ bei $\mathbf{k} = \mathbf{g}/2$ durch Einsetzen der beiden Eigenwerte E_{s} und E_{a} in Gleichung (8.68). Wir finden

$$\frac{c_{\mathbf{k}-\mathbf{g}}}{c_{\mathbf{k}}} = \frac{E - \hbar^2k^2/2m}{\widetilde{V}_{\mathbf{g}}} \tag{8.73}$$

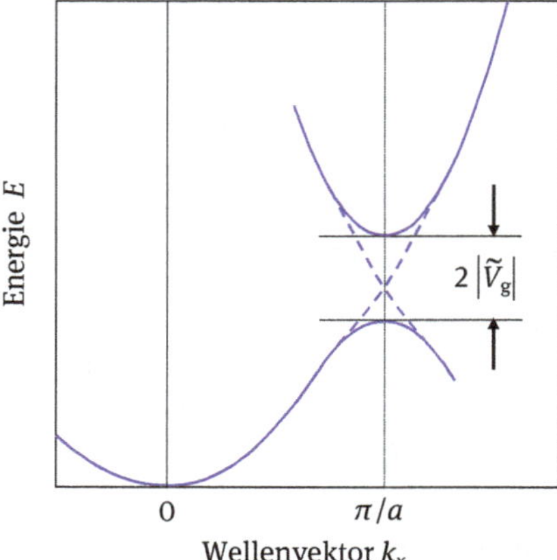

Abb. 8.18: Dispersionskurven von quasi-freien Elektronen in einer eindimensionalen Probe. Das periodische Potenzial bewirkt bei $k_x = \pi/a$ die Aufspaltung $|2\widetilde{V}_{\mathbf{g}}|$. Die Lösungen für das leere Gitter sind gestrichelt gezeichnet.

und somit

$$\left.\frac{c_{\mathbf{k}-\mathbf{g}}}{c_{\mathbf{k}}}\right|_{\mathbf{k}=\mathbf{g}/2} = \frac{E_k^0 \pm |\widetilde{V}_{\mathbf{g}}| - E_k^0}{\widetilde{V}_{\mathbf{g}}} = \pm 1 \,. \tag{8.74}$$

Die letzte Gleichung drückt das Verhältnis der Entwicklungskoeffizienten an der Grenze der Brillouin-Zone aus, das dort die Werte ±1 annimmt. An der Zonengrenze ist die Wellenfunktion also entweder eine symmetrische oder antisymmetrische Überlagerung der Wellenfunktionen der ungekoppelten Systeme. Welche Lösung die kleinere Energie besitzt, hängt vom Vorzeichen von $\widetilde{V}_{\mathbf{g}}$ ab. Ist $\widetilde{V}_{\mathbf{g}}$ negativ, so ist das Verhältnis beim unten liegenden, ersten Band mit dem Energieeigenwert E_s positiv. Somit wird die Gesamtwellenfunktion des tiefer liegenden Bandes durch die Summe der beiden Einzelfunktionen dargestellt, ist also symmetrisch. An der Grenze der Brillouin-Zone tragen beide Lösungen gleichermaßen zur Wellenfunktion bei.

Entfernt man sich von diesem Punkt, so ändert sich dieses Verhältnis sehr rasch. Der Beitrag der Entwicklungskoeffizienten $c_{\mathbf{k}}$ und $c_{\mathbf{k}-\mathbf{g}}$ zur Wellenfunktion des ersten

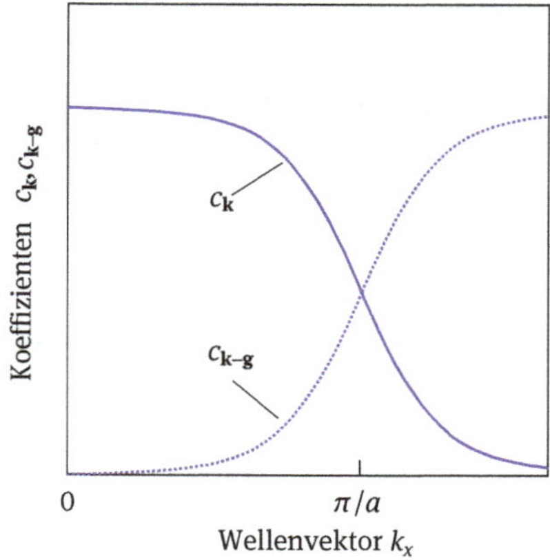

Abb. 8.19: Schematische Darstellung des Beitrags der Entwicklungskoeffizienten $c_{\mathbf{k}}$ und $c_{\mathbf{k}-\mathbf{g}}$ zur Wellenfunktion des ersten Bands.

Bands ist in Bild 8.19 schematisch dargestellt. Im zweiten Band sind die Rollen der Koeffizienten gerade vertauscht.

Wie verläuft die Energiedispersionskurve in der Nähe der Zonengrenze? Diese Frage lässt sich mit einer Entwicklung der Energieeigenwerte (8.70) um den Punkt $k = g/2$ beantworten, doch führen wir diese einfache, aber längliche Rechnung nicht durch. Wie man leicht erraten kann, ergibt sich ein Ausdruck der Form $E_{s,a} \propto \pm|\delta\mathbf{k}|^2$, wobei $\delta\mathbf{k} = (\mathbf{k} - \mathbf{g}/2)$ als Abkürzung für die Abweichung des Wellenvektors von seinem Wert an der Grenze der Brillouin-Zone steht. Erwartungsgemäß verlaufen die Dispersionskurven $E_\mathbf{k}$ dort parabelförmig.

In Bild 8.20 ist der schematische Verlauf der Energiedispersionskurve $E_\mathbf{k}$ für ein eindimensionales Gitter auf drei verschiedene Weisen dargestellt. Die gleichen Kurven sind im **erweiterten**, im **reduzierten** und im **periodischen Zonenschema** wiedergegeben.

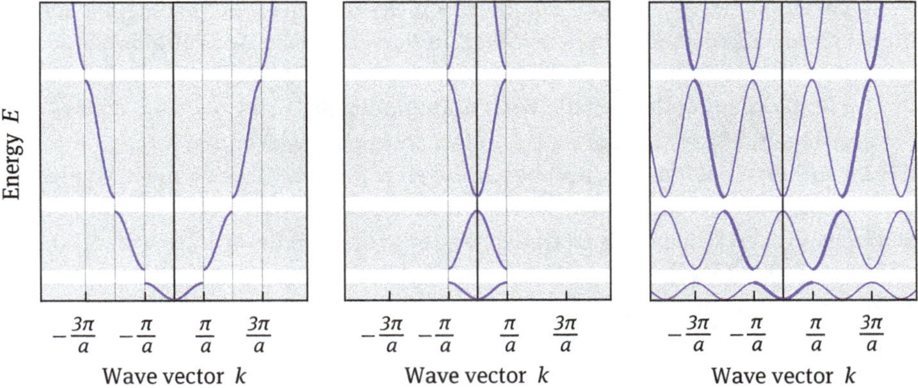

Abb. 8.20: Energiedispersionskurve $E_\mathbf{k}$ eines eindimendionalen Gitters im *erweiterten*, im *reduzierten* und im *periodischen* Zonenschema. Die erlaubten Energiebereiche sind dunkel getönt, die verbotenen Bereiche hell gelassen. Die Teile der Kurve, die der Energieparabel eines freien Elektrons entsprechen, sind im periodischen Zonenschema dicker gezeichnet.

Wir haben gesehen, dass die Berücksichtigung der Periodizität des Potenzials in der Schrödinger-Gleichung in natürlicher Weise zu Energiebändern und zu **verbotenen Bereichen**, den sogenannten **Bandlücken**, führt. Die hier durchgeführte Behandlung der Elektronen ist besonders gut geeignet für die Beschreibung von Metallen. Ausgehend von freien Elektronen lassen sich die elektronischen Eigenschaften durch die Berücksichtigung einer zunehmenden Zahl von Fourier-Koeffizienten der Potenzialentwicklung (8.43) immer besser beschreiben. Im folgenden Abschnitt wollen wir aber einen anderen Weg gehen, der für kristalline Isolatoren und auch für amorphe Festkörper besser geeignet ist.

8.4.3 Stark gebundene Elektronen

Bisher sind wir davon ausgegangen, dass sich die Elektronen im Festkörper weitgehend frei bewegen können. Nun wollen wir das Problem vom entgegengesetzten Standpunkt aus beleuchten und nehmen an, dass sich die Elektronen vorzugsweise in der Nähe der Atomrümpfe aufhalten. Während sich die soeben diskutierte Näherung besonders gut für Metalle eignet, stellen Molekül- und Ionenkristalle gute Beispiele für die Anwendbarkeit der zweiten Betrachtungsweise dar. Der Einfachheit halber beziehen wir uns hier auf Kristalle mit einatomiger Basis.

Ausgangspunkt unserer Überlegungen sind isolierte Atome, deren Elektronen fest an die Atomrümpfe gebunden sind. Weiter nehmen wir an, dass die Schrödinger-Gleichung

$$H_\mathrm{A}\widetilde{\psi}_i = E_i\widetilde{\psi}_i \tag{8.75}$$

für isolierte Atome bereits gelöst ist, die Wellenfunktionen $\widetilde{\psi}_i$ und die Eigenwerte E_i somit bekannt sind. H_A steht für den Hamilton-Operator der freien Atome, der Index i für die unterschiedlichen Energieniveaus. Zur Vereinfachung der Schreibweise lassen wir den Index i zunächst weg und führen ihn wieder ein, wenn er erforderlich ist.

Im Festkörper überlappen die Wellenfunktionen der Elektronen, so dass es sich um eine regelmäßige Anordnung von schwach wechselwirkenden Atomen handelt. Wie im vorhergehenden Abschnitt beschränken wir unsere Überlegungen wieder auf die *Einelektron-Näherung*. Hierzu stellen wir zunächst den Hamilton-Operator H eines Elektrons auf, das sich im Potenzial aller Atome des Kristalls bewegt. Das Potenzial lässt sich in den Anteil $\widetilde{V}_\mathrm{A}$ des freien Atoms und der Störung H_S durch die Nachbaratome aufspalten, wobei die Störung durch die Nachbaratome klein gegen $\widetilde{V}_\mathrm{A}$ sein soll. Für den Hamilton-Operator können wir also

$$H = H_\mathrm{A} + H_\mathrm{S} = -\frac{\hbar^2}{2m}\Delta + \widetilde{V}_\mathrm{A}(\mathbf{r}-\mathbf{R}_m) + H_\mathrm{S}(\mathbf{r}-\mathbf{R}_m) \tag{8.76}$$

schreiben. Die Lage des Bezugsatoms ist durch den Gittervektor $\mathbf{R}_m$ festgelegt.

Das Störpotenzial H_S ist die Summe der atomaren Potenziale aller *anderen* Atome mit den Gittervektoren $\mathbf{R}_n \neq \mathbf{R}_m$:

$$H_\mathrm{S}(\mathbf{r}-\mathbf{R}_m) = \sum_{n\neq m} \widetilde{V}_\mathrm{A}(\mathbf{r}-\mathbf{R}_n)\,. \tag{8.77}$$

Dieses Potenzial ist in Bild 8.21 schematisch dargestellt. Im Gegensatz zu den freien Elektronen der Metalle, für welche die Beschreibung mit Hilfe von Pseudopotenzialen besonders geeignet ist, bewegen sich stark gebundene Elektronen im modifizierten Coulomb-Potenzial der Atome, das in der Abbildung ebenfalls angedeutet ist.
Sind der Hamilton-Operator H und die Wellenfunktion $\psi_\mathbf{k}$ bekannt, so lässt sich der Energieeigenwert $E_\mathbf{k}$ des herausgegriffenen Elektrons exakt berechnen:

$$E_\mathbf{k} = \frac{\int \psi_\mathbf{k}^*\, H\, \psi_\mathbf{k}\, \mathrm{d}V}{\int \psi_\mathbf{k}^*\, \psi_\mathbf{k}\, \mathrm{d}V}\,. \tag{8.78}$$

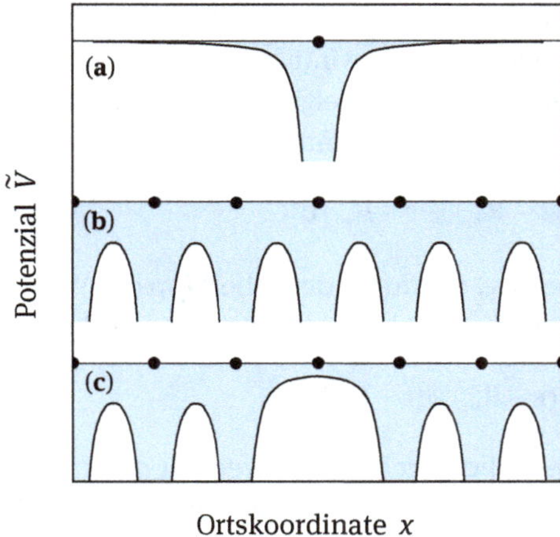

Abb. 8.21: Schematischer Verlauf des Potenzials im Modell stark gebundener Elektronen: **a)** Potenzial eines einzelnen Atoms. **b)** Überlagerung der Einzelpotenziale zum Gitterpotenzial, **c)** Resultierendes Störpotenzial, d.h. Gesamtpotenzial minus Potenzial des Aufatoms. Die Lage der Atomkerne ist jeweils durch Punkte angedeutet.

Im vorliegenden Fall ist aber die tatsächliche Wellenfunktion $\psi_\mathbf{k}$ unbekannt. Um zu einer Näherungslösung zu gelangen, ersetzen wir die tatsächliche Wellenfunktion durch eine lineare Superposition $\Phi_\mathbf{k}$ der Atomeigenfunktionen $\widetilde{\psi}(\mathbf{r}-\mathbf{R}_m)$ und schreiben

$$\psi_\mathbf{k} \approx \Phi_\mathbf{k} = \sum_m a_m \widetilde{\psi}(\mathbf{r}-\mathbf{R}_m)\,. \tag{8.79}$$

Gemäß dem Blochschen Theorem enthält die Lösung der Schrödinger-Gleichung in einem periodischen Potenzial einen gitterperiodischen Anteil und einen Phasenfaktor der Form $\exp(\mathrm{i}\mathbf{k}\cdot\mathbf{R})$, wobei $\mathbf{R}$ für den Gittervektor steht. Die Gitterperiodizität der Funktion $\Phi_\mathbf{k}$ folgt automatisch aus der periodischen Anordnung der Atome auf ihren Gitterplätzen, deren Beitrag wir aufsummieren. Normierungs- und Phasenfaktor müssen dagegen im Koeffizienten a_m enthalten sein. Für diese Faktoren wählen wir den Ausdruck $a_m = N^{-1/2}\mathrm{e}^{\mathrm{i}\mathbf{k}\cdot\mathbf{R}_m}$, wobei die Phase durch $\exp(\mathrm{i}\mathbf{k}\cdot\mathbf{R}_m)$ festgelegt wird und die Normierung über die Zahl N der Atome. Damit bietet sich der Lösungsansatz

$$\Phi_\mathbf{k} = \frac{1}{\sqrt{N}}\sum_m \widetilde{\psi}(\mathbf{r}-\mathbf{R}_m)\,\mathrm{e}^{\mathrm{i}\mathbf{k}\cdot\mathbf{R}_m} \tag{8.80}$$

an. Es soll hier noch bemerkt werden, dass der Ansatz einer gitterperiodischen Funktion nicht zwingend erforderlich ist, doch vereinfacht sich damit die folgende Berechnung der Energieeigenwerte.

Wir setzen $\Phi_\mathbf{k}$ in (8.78) ein und erhalten für den Eigenwert

$$E_\mathbf{k} \approx \frac{1}{N}\sum_{m,n} \mathrm{e}^{\mathrm{i}\mathbf{k}\cdot(\mathbf{R}_m-\mathbf{R}_n)}\int \widetilde{\psi}^*(\mathbf{r}-\mathbf{R}_n)\,[H_\mathrm{A}+H_\mathrm{S}(\mathbf{r}-\mathbf{R}_m)]\,\widetilde{\psi}(\mathbf{r}-\mathbf{R}_m)\,\mathrm{d}V. \tag{8.81}$$

Hierbei haben wir bereits ausgenutzt, dass der Überlapp der Wellenfunktionen klein ist, so dass man im Nenner der Gleichung (8.78) $\int \Phi_\mathbf{k}^*\,\Phi_\mathbf{k}\,\mathrm{d}V \approx 1$ setzen kann. Bei der Auswertung des Integrals sind für die einzelnen Terme folgende Gesichtspunkte wichtig: Das Integral $\int \widetilde{\psi}^* H_\mathrm{A}\widetilde{\psi}\,\mathrm{d}V$ spiegelt den Eigenwert E der isolierten Atome wider, den wir als bekannt vorausgesetzt haben. Das Integral $\int \widetilde{\psi}^* H_S \widetilde{\psi}\,\mathrm{d}V$, in dem die Störung H_S durch die Nachbarn berücksichtigt wird, spalten wir in zwei Teile auf. Mit der Abkürzung α bezeichnen wir die Verschiebung des Energieeigenwertes des Aufatoms aufgrund der von den Nachbarn hervorgerufenen Potenzialänderung:

$$\alpha = -\int \widetilde{\psi}^*(\mathbf{r}-\mathbf{R}_m)\,H_S(\mathbf{r}-\mathbf{R}_m)\,\widetilde{\psi}(\mathbf{r}-\mathbf{R}_m)\,\mathrm{d}V\,. \tag{8.82}$$

Die Abkürzung β steht für die Energieänderung, die durch den Überlapp der Wellenfunktion des Aufatoms mit den Wellenfunktionen der übrigen Atome zustande kommt:

$$\beta_n = -\int \widetilde{\psi}^*(\mathbf{r}-\mathbf{R}_n)\,H_S(\mathbf{r}-\mathbf{R}_m)\,\widetilde{\psi}(\mathbf{r}-\mathbf{R}_m)\,\mathrm{d}V\,. \tag{8.83}$$

Da die Vorgehensweise für alle Eigenwerte E_i die gleiche ist, führen wir den Index i, welcher die unterschiedlichen Energieniveaus kennzeichnet, wieder ein und schreiben

$$E_{\mathbf{k},i} \approx \frac{1}{N}\sum_{m,n} \mathrm{e}^{\mathrm{i}\mathbf{k}\cdot(\mathbf{R}_m-\mathbf{R}_n)}(E_i - \alpha_i - \beta_{i,n})\,. \tag{8.84}$$

Bei der Berechnung der Energieeigenwerte berücksichtigen wir, dass sich die Größen E_i und α_i nur auf das Aufatom beziehen. Der Überlapp der Wellenfunktion spielt bei diesen beiden Größen keine Rolle, so dass wir $R_m = R_n$ setzen dürfen. Weder E_i noch α_i und $\beta_{i,n}$ hängen vom Aufatom m ab. Somit ergibt die Summation über m den Faktor N, der sich gerade mit der Normierung weghebt. Wir schreiben daher

$$E_{\mathbf{k},i} \approx E_i - \alpha_i - \sum_n \beta_{i,n}\,\mathrm{e}^{\mathrm{i}\mathbf{k}\cdot(\mathbf{R}_m-\mathbf{R}_n)}\,. \tag{8.85}$$

Bei der Ermittlung von $\beta_{i,n}$ geht der Überlapp der Wellenfunktion des Aufatoms mit den Wellenfunktionen der benachbarten Atome explizit ein. Sind die Elektronen stark gebunden und damit stark lokalisiert, so reicht es, nur den Beitrag der nächsten Nachbarn aufzusummieren. Der Wert von β_i wird dann durch die Zahl der Nachbaratome, die Stärke des Störpotenzials und vor allem durch den Überlapp der Wellenfunktionen bestimmt.

Der wiederholt angesprochene Überlapp der Wellenfunktion zwischen benachbarten Atomen hängt von der Art der Bindung und der Kristallstruktur ab. Daher unterscheiden sich die Konstanten β_i, selbst wenn nur die nächsten Nachbarn berücksichtigt werden. Besonders einfache Verhältnisse findet man in kubischen Kristallen vor. Erfolgt darüber hinaus die Bindung über s-Wellenfunktionen, so ist β richtungsunabhängig und für alle Nachbarn gleich groß.

Wir betrachten als einfaches Beispiel ein kubisch primitives Gitter, in dem sechs nächste Nachbarn mit den Koordinaten $(\mathbf{R}_m - \mathbf{R}_n) = (\pm a, 0, 0)$, $(0, \pm a, 0)$ und $(0, 0, \pm a)$ vorhanden sind. Für die Energieeigenwerte folgt dann aus (8.85)

$$E_{\mathbf{k},i} \approx E_i - \alpha_i - 2\beta_i\left[\cos(k_x a) + \cos(k_y a) + \cos(k_z a)\right]\,. \tag{8.86}$$

Ähnliche Ausdrücke findet man auch für kubisch raumzentrierte und kubisch flächenzentrierte Gitter, wobei die Zahl der nächsten Nachbarn entsprechend größer ist.

Ein Blick auf (8.86) verdeutlicht, dass durch die Wechselwirkung zwischen den Nachbarn aus einem diskreten Energieniveau E_i isolierter Atome ein energetisch abgesenktes Band der Breite $12\,\beta_i$ entsteht. In Bild 8.22 ist der Übergang von diskreten Atomniveaus zu den Bändern in Festkörpern für den hier diskutierten Fall schematisch dargestellt.

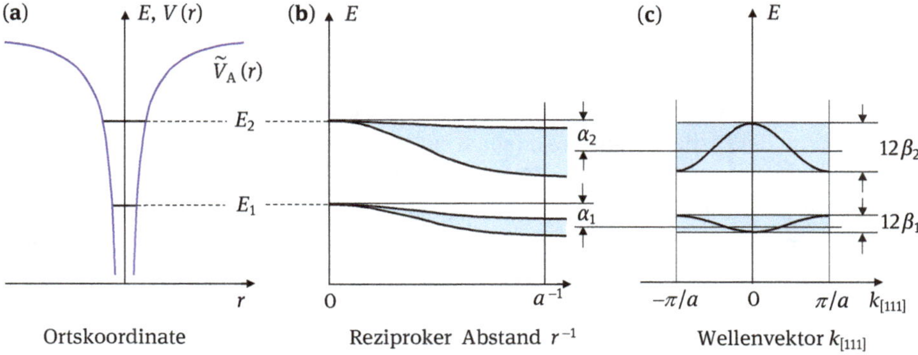

Abb. 8.22: Veranschaulichung des Modells stark gebundener Elektronen. **a)** Lage der Niveaus E_1 und E_2 im Potenzial $\tilde{V}_A$ isolierter Atome, **b)** Absenkung und Verbreiterung der Bänder in Abhängigkeit vom reziproken Atomabstand a^{-1}, **c)** Dispersionskurve $E_\mathbf{k}$ längs der [111]-Richtung dargestellt im reduzierten Zonenschema.

Auf einige interessante Punkte soll in diesem Zusammenhang besonders hingewiesen werden: Da das Störpotenzial negativ ist und das Integral (8.82) nur die Wellenfunktion des Aufatoms enthält, ist die Größe α_i positiv. Sie beschreibt die mittlere Absenkung der Energieniveaus aufgrund der Potenzialänderung, die von den benachbarten Atomen am Ort des Aufatoms verursacht wird. Dies hat zur Folge, dass α_i mit abnehmendem Atomabstand zunimmt. Da der Wert von β_i vor allem vom Überlapp der Wellenfunktionen bestimmt wird, hängt davon ganz entscheidend die Breite der Bänder ab. Weil Elektronen in tiefer liegenden Energieniveaus stärker lokalisiert sind, „sehen" sie weniger von ihrer Umgebung und die Bandverbreiterung ist entsprechend kleiner. Dagegen können höher liegende Bänder, die von den äußeren Elektronenschalen herrühren, sich sogar überschneiden. Ob am Γ-Punkt ein Maximum oder ein Minimum der Dispersionskurven auftritt, hängt vom Vorzeichen von β_i ab, das wiederum vom Vorzeichen der überlappenden Wellenfunktionen ψ_m und ψ_n bestimmt wird.

Die Dispersionsrelation (8.86) lässt sich am Γ-Punkt für kleine Wellenzahlen entwickeln. Da der Betrag des Wellenvektors durch $k^2 = k_x^2 + k_y^2 + k_z^2$ gegeben ist, erhält man für die Energie

$$E_{\mathbf{k},i} \approx E_i - \alpha_i - 6\beta_i + \beta_i a^2 k^2 \,. \tag{8.87}$$

Sieht man vom Nullpunkt der Energie ab, so entspricht die resultierende Dispersionsrelation der des freien Elektronengases. Bei kleinen Wellenzahlen verhalten sich Elektronen in kubischen Kristallen wie in einem isotropen Medium. Vergleicht man (8.87) mit der Dispersionsrelation $E = \hbar^2 k^2/2m$ für freie Elektronen, so sieht man, dass wir den Elektronen in diesem Kristall die **effektive Masse**

$$m_i^* = \frac{\hbar^2}{2\beta_i a^2} \tag{8.88}$$

zuschreiben müssen. Diese ist proportional zu $1/\beta_i$ und nimmt daher mit abnehmender Bandbreite zu. Ihr Vorzeichen hängt vom Vorzeichen von β_i ab und kann positiv oder negativ sein! Die physikalische Bedeutung dieser Aussage werden wir in Abschnitt 9.1 erläutern. Hier weisen wir nur darauf hin, dass eine entsprechende Entwicklung auch im Maximum der Dispersionskurve möglich ist. Man findet dann gerade ein Vorzeichen der effektiven Masse, das dem von (8.88) entgegengesetzt ist.

Die Berechnung der Bandstruktur mit dem Modell stark gebundener Elektronen zeigt, dass das Auftreten von Energiebändern nicht an die Periodizität des Gitters gebunden ist. Nur aus Gründen der mathematischen Einfachheit wurden Bloch-Funktionen im Ansatz für die Wellenfunktionen $\Phi_{\mathbf{k}}$ benutzt. Da nur Atome in der Nachbarschaft des Bezugsatoms in die Betrachtung einbezogen werden müssen, lässt sich die Rechnung auch auf amorphe Materialien ausdehnen und führt zu ähnlichen Resultaten. Auf diese Tatsache soll besonders hingewiesen werden, denn sie macht verständlich, warum auch in den nicht-periodisch aufgebauten amorphen Festkörpern elektronische Energiebänder auftreten. Bänder sind keine Konsequenz der periodischen Anordnung der Atome sondern der Wechselwirkung zwischen den Atomen.

Als Beispiele für die diskutierte Näherung betrachten wir die Ergebnisse für den Ionenkristall KCl und gehen kurz auf die etwas komplizierteren Verhältnisse bei den tetraedrisch gebundenen Halbleitern ein. Bei Ionenkristallen ist zu erwarten, dass die Breite der Bänder verglichen mit deren Abstand relativ klein ist, da die Ionen dieser Kristalle abgeschlossene Elektronenschalen besitzen und die Wellenfunktionen kaum überlappen.

Wie Bild 8.23 für den Fall von Kaliumchlorid zeigt, wird diese Vorstellung durch die Rechnung bestätigt. Erst bei kleinen Ionenabständen wird die Bandaufspaltung merklich. Beim Gleichgewichtsabstand R_0 der Ionen ist nur das oberste Niveau deutlich verbreitert. Ein interessanter Punkt, auf den wir noch ausführlicher eingehen, ist, dass die s-Bänder mit zwei, die p-Bänder mit sechs Elektronen pro Atom vollständig besetzt sind.

Bei kovalenter Bindung ist der Überlapp der Wellenfunktionen relativ groß. Dies führt zu ausgeprägten Bändern, wie das Beispiel des tetraedrisch koordinierten Diamanten in Bild 8.24 zeigt. Wie in Abschnitt 2.4 diskutiert, entstehen bei Annäherung der Atome aus den s- und p-Zuständen sp^3-Hybridorbitale mit bindenden und antibindenden Zuständen. Beim Gleichgewichtsabstand R_0 sitzen die pro Atom verfügbaren vier Elektronen im *Valenzband*, das vollständig gefüllt ist. Das *Leitungsband*, das durch eine *Energielücke* E_g von 5,5 eV vom Valenzband getrennt ist, ist leer.

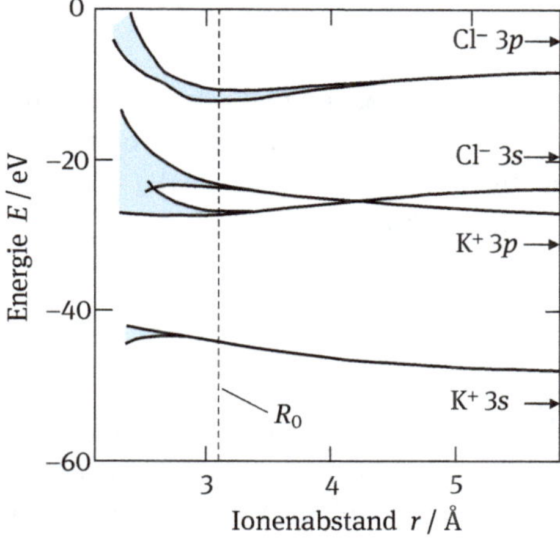

Abb. 8.23: Abstandsabhängigkeit der vier höchsten Energiebänder von KCl, die noch besetzt sind. Die Energie der Zustände der freien Ionen ist jeweils durch einen Pfeil markiert. Der Gleichgewichtsabstand $R_0 = 3{,}15$ Å ist durch eine gestrichelte Linie angedeutet. (Nach L.P. Howland, Phys. Rev. **109**, 1927 (1958).)

Natürlich sind die Näherungen, die wir hier besprochen haben, für die verschiedenen Substanzen unterschiedlich gut geeignet. Tritt ein sehr starker Überlapp der Wellenfunktionen auf, wie dies bei den Metallen der Fall ist, so ist die Beschreibung mit Hilfe von quasi-freien Elektronen im periodischen Potenzial eine gute Näherung. Bei kovalenter Bindung oder bei Ionenkristallen, also immer dann, wenn die Valenzelektronen stark lokalisiert sind, ist die Näherung über stark gebundene Elektronen wesentlich geeigneter. Die reale Situation liegt oft zwischen den beiden Grenzfällen. Um dieser Tatsache Rechnung zu tragen, sind verbesserte Verfahren entwickelt worden, mit deren Hilfe die Bandstruktur realer Festkörper zuverlässig berechnet werden kann.

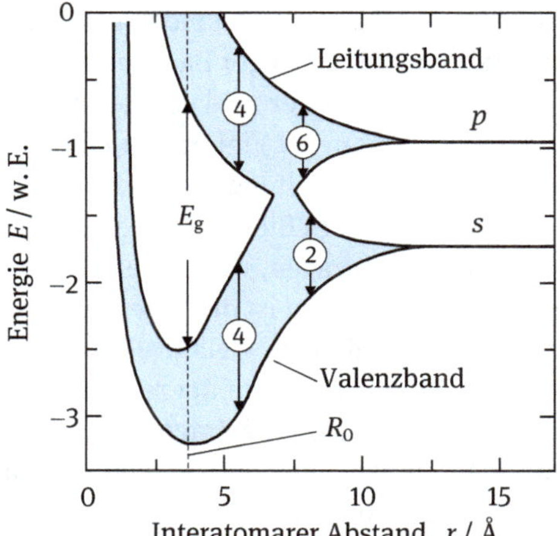

Abb. 8.24: Abstandsabhängigkeit der Energiebänder im Diamant. Die eingekreisten Zahlen geben die Zahl der besetzbaren Zustände pro Atom an. Gleichgewichtsabstand und Energielücke haben die Werte $R_0 = 3{,}57$ Å bzw. $E_g = 5{,}5$ eV. (Nach A.H. Wilson, *The Theory of Metals*, Cambridge Univ. Press, 1965.)

8.5 Energiebänder

Im den folgenden Abschnitten wollen einige Konsequenzen der Tatsache diskutieren, dass die erlaubten Zustände der Elektronen in Bändern liegen. Wir betrachten hierbei die Leitfähigkeit, die Fermi-Flächen, die Zustandsdichte, sowie die speziellen Eigenschaften von Graphene und Kohlenstoffnanoröhrchen.

8.5.1 Metalle und Isolatoren

Wir wollen nun im Lichte des Bändermodells kurz auf die Frage nach den Parametern eingehen, die den metallischen bzw. isolierenden Charakter eines Festkörpers bestimmen. Entscheidend für die Beantwortung dieser Frage ist, ob die vorhandenen Bänder vollständig oder nur teilweise mit Elektronen besetzt sind. Volle Bänder tragen, wie wir im nächsten Kapitel zeigen werden, nicht zur elektrischen Leitfähigkeit bei, weswegen solche Festkörper Isolatoren sind. Dies ist zwar im Bild des freien Elektronengases unverständlich, doch wollen wir diese Kenntnis im Vorgriff verwenden und qualitativ einige typische Bandstrukturen diskutieren. Wir setzen zunächst die Gültigkeit von Bild 8.20 voraus, in dem ein eindimensionaler Kristall betrachtet wurde. Obwohl diese starke Vereinfachung in vielen Fällen nicht berechtigt ist, werden die Grundprinzipien anhand dieses Beispiels deutlich.

Durch Wechselwirkung der Elektronen untereinander oder mit dem Gitter werden weder Zustände erzeugt noch vernichtet. So findet man bei N wechselwirkenden Atomen für jeden möglichen elektronischen Zustand der isolierten Atome ein Band mit N Zuständen. Dies bedeutet, dass unter Berücksichtigung der Spinausrichtung aus den s- und p-Zuständen isolierter Atome Bänder mit $2N$ bzw. $6N$ Zuständen entstehen. Betrachten wir zunächst Alkali- oder Edelmetalle mit einatomiger Basis und *einem* Leitungselektron pro Atom. Die tiefer liegenden **Valenzbänder** sind voll besetzt. Im **Leitungsband**, das von s-Elektronen gebildet wird, finden $2N$ Elektronen Platz. Da jedoch nur ein Elektron pro Atom zur Verfügung steht, ist das Leitungsband halb gefüllt. Diese Konstellation ist typisch für einfache *Metalle* und ist in Bild 8.25a schematisch dargestellt. Dort sind die Energiedispersionskurven aufgetragen, wobei die besetzten Zustände etwas dicker dargestellt sind. Ebenfalls eingezeichnet ist die Lage der Fermi-Energie. Kommt es nicht auf die Abhängigkeit der Energie vom Wellenvektor an, so stellt man die Bänder oft symbolisch durch Kästen dar, wie sie auf der rechten Seite des Bildes gezeichnet sind. Die Energie wird auf der Ordinate aufgetragen.
Ist die Zahl der Elektronen pro Atom gerade, wie in Bild 8.25b angenommen, so sind die unten liegenden Bänder voll besetzt, das Band darüber leer. Derartige Festkörper sind *Isolatoren*. Ähnlich liegen die Verhältnisse im Falle der Halbleiter Silizium oder Germanium. Da sich zwei vierwertige Atome in der Elementarzelle befinden, stehen bei diesen Materialien acht Valenzelektronen pro Elementarzelle zur Verfügung. Der schematische Verlauf der Bandaufspaltung als Funktion des Abstands in Bild 8.24

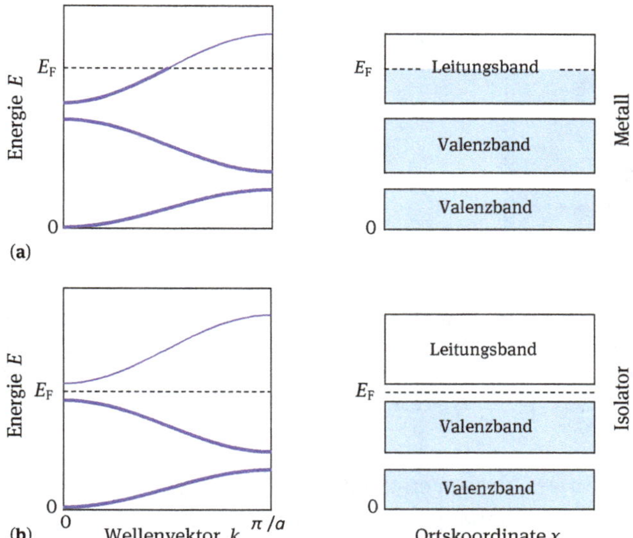

Abb. 8.25: Besetzung der Bänder von Kristallen mit einatomiger Basis. **a)** Die Zustände der beiden Valenzbänder sind vollständig besetzt, das Leitungsband des *Metalls* ist nur bis zur Hälfte gefüllt. **b)** Die Zustände der beiden Valenzbänder sind vollständig besetzt, das Leitungsband des *Isolators* ist leer.

zeigt, dass das Valenzband mit $2 \cdot 4$ Elektronen (bzw. mit vier Elektronen pro Atom) vollständig gefüllt, das Leitungsband also leer ist. Am absoluten Nullpunkt sind diese Materialien daher ebenfalls Isolatoren. Ihre halbleitenden Eigenschaften, die wir in Kapitel 9 ausführlich diskutieren, beruhen auf der geringen Ausdehnung der Lücke.

Diese Darstellung ist jedoch in zwei- oder dreidimensionalen Systemen nicht notwendigerweise richtig, denn nach der obigen Argumentation gäbe es keine zweiwertigen Metalle. Meist weisen die Dispersionskurven, wie in Bild 8.26 angedeutet, für verschiedene Kristallrichtungen einen unterschiedlichen Verlauf auf. Dadurch überlappen Bänder, die, in wohldefinierten Richtungen betrachtet, durch eine Energielücke getrennt sind. Durch diesen Überlapp entstehen teilgefüllte Bänder und somit Festkörper mit metallischem Charakter, wie zum Beispiel Magnesium. Ist der Überlapp gering, so stehen nur wenige Elektronen für den Stromtransport zur Verfügung. Man bezeichnet diese Materialien als **Halbmetalle**, zu denen Arsen, Antimon und Wismut zählen.

8.5.2 Brillouin-Zonen und Fermi-Flächen

In der bisherigen Diskussion haben wir außer Acht gelassen, dass die Gestalt der Brillouin-Zone erheblichen Einfluss auf die Fermi-Fläche ausübt. Anhand eines zweidi-

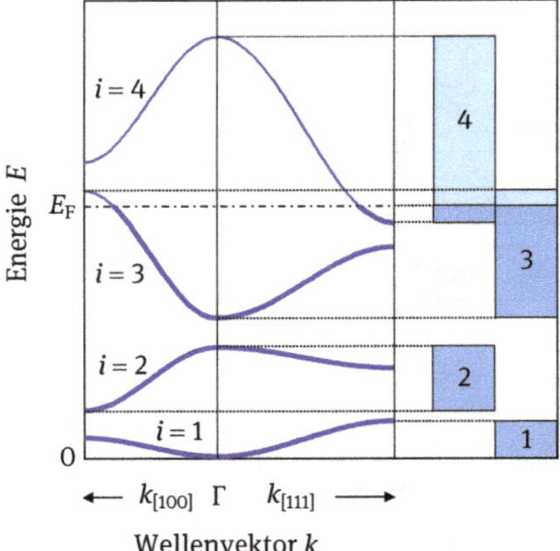

Abb. 8.26: Zur Richtungsabhängigkeit der Dispersionskurven. Die beiden oberen Bänder überlappen. Daher treten Elektronen aus dem Band $i = 3$ in das Band $i = 4$ über. Ist der Überlapp gering, so handelt es sich um ein *Halbmetall*.

mensionalen, quadratischen Gitters, dessen ersten drei Brillouin-Zonen in Bild 8.27 zu sehen sind, lässt sich der Zusammenhang zwischen Struktur und elektronischen Eigenschaften besonders übersichtlich diskutieren.

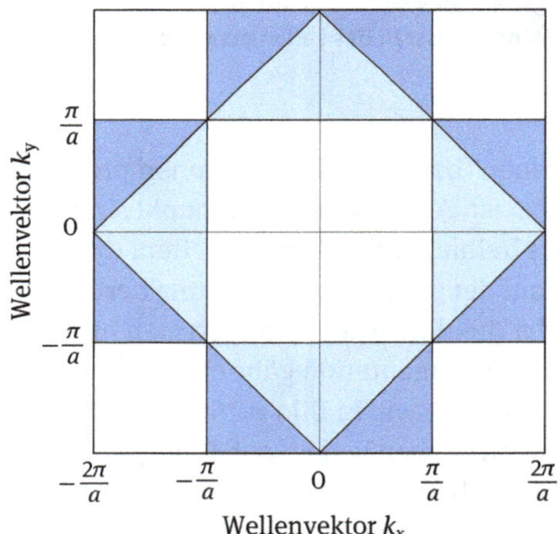

Abb. 8.27: Die ersten drei Brillouin-Zonen eines Quadratgitters. Das große weiße Quadrat in der Mitte stellt die 1. Brillouin-Zone mit den Grenzen $k_x = \pm\pi/a$ und $k_y = \pm\pi/a$ dar. Die 2. Brillouin-Zone ist hellblau, die dritte blau eingefärbt.

Wir bringen nun in Gedanken Elektronen in die 1. Brillouin-Zone ein. Im Modell der freien Elektronen ist die Fermi-Fläche die Oberfläche einer Kugel mit dem Radius $k_F = (3\pi^2 n)^{1/3}$. Liegt die Fermi-Kugel vollständig innerhalb der 1. Brillouin-Zone, wie in Bild 8.28a dargestellt, dann ist die Begrenzung durch die Brillouin-Zone von untergeordneter Bedeutung. Ist $k_F > \pi/a$, wie in in Bild 8.28b, dann ragt die Fermi-Kugel in die 2. Brillouin-Zone, in der nun ein Teil der besetzten Zustände liegt, die sich somit im nächsthöheren Band befinden.

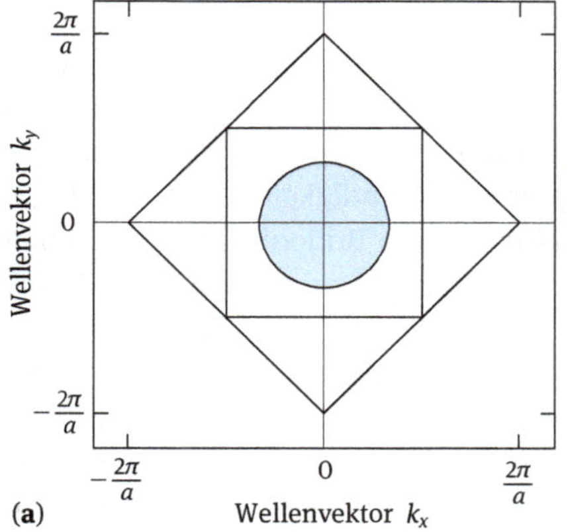

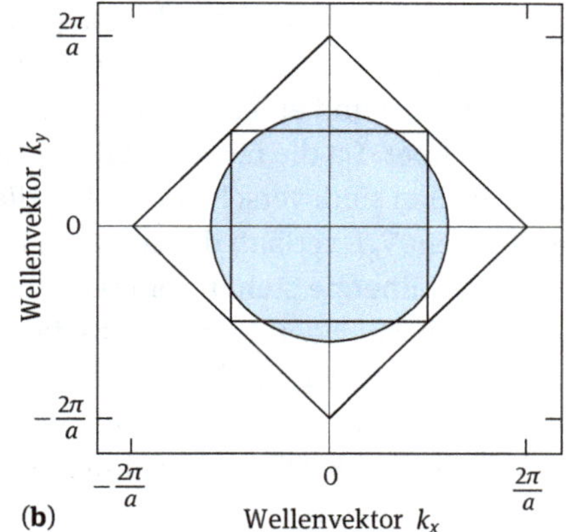

Abb. 8.28: Brillouin-Zonen eines Quadratgitters und Fermi-Kugel im Modell freier Elektronen. **a)** Die Fermi-Kugel liegt innerhalb der 1. Brillouin-Zone, da $k_F < \pi/a$ ist. **b)** Die Fermi-Kugel ragt in die 2. Brillouin-Zone.

Die Reduktion auf die 1. Brillouin-Zone führt zu Bild 8.29. Die 1. Brillouin-Zone ist nicht vollständig mit Elektronen gefüllt, denn in ihren Ecken treten noch freie Plätze auf. Die Elektronen in der 2. Brillouin-Zone bilden ein teilweise besetztes 2. Band. Da die Wellenfunktionen von Elektronen in unterschiedlichen Bändern orthogonal aufeinander stehen, „sehen" sich die Elektronen (in der Einelektron-Näherung) nicht, selbst wenn sie nach der Rückfaltung die gleichen Wellenvektoren besitzen.

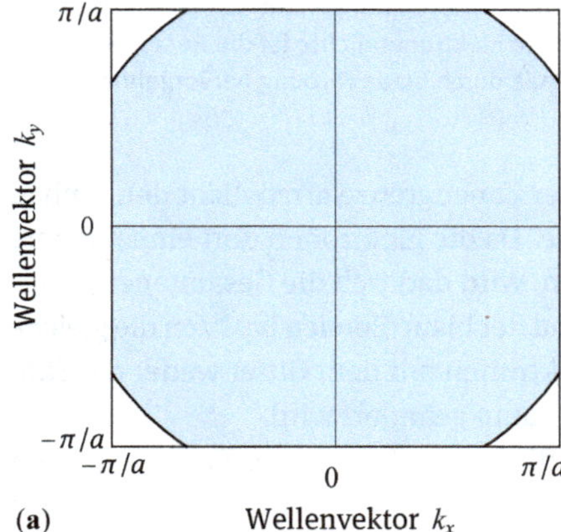

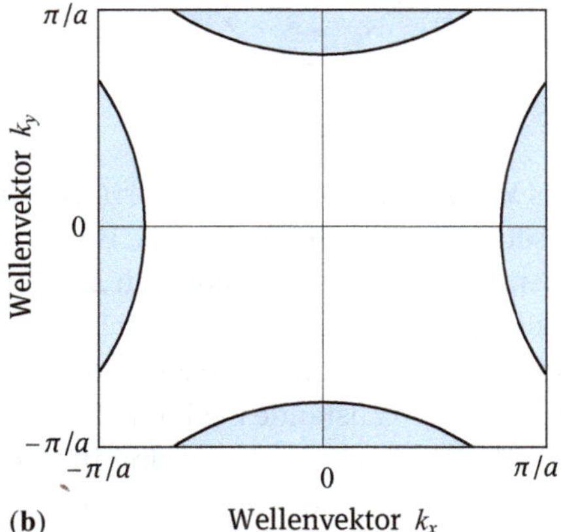

Abb. 8.29: Darstellung der Fermi-Kugel mit $k_F > \pi/a$ im reduzierten Zonenschema. Man beachte, dass sich die blau getönten Elektronenzustände in den beiden Bildern in unterschiedlichen Bändern befinden. **a)** In den Ecken der 1. Brillouin-Zone sind Zustände noch unbesetzt. **b)** Durch die Rückfaltung der Zustände der 2. Brillouin-Zone sind „Elektronentaschen" entstanden.

In realen Metallen bewirkt das periodische Potenzial des Gitters an der Grenze der Brillouin-Zone eine Energielücke. In Bild 8.30 sind Linien konstanter Energie für die drei ersten und einen Teil der vierten Brillouin-Zone eines quadratischen Gitters eingezeichnet. Da die Lösungen der Schrödinger-Gleichung an der Zonengrenze stehende Wellen sind, verschwindet dort die Gruppengeschwindigkeit $\partial\omega/\partial k = (1/\hbar)\nabla_k E$. Der Gradient $\nabla_k E$ verläuft daher parallel zu den Grenzen der Brillouin-Zone, die Linien konstanter Energie stehen senkrecht auf der Begrenzung. Dadurch wird die Fermi-Kugel in der Nähe der Zonengrenze deformiert. Dieser Effekt steht natürlich im direkten Zusammenhang mit der Verbiegung der Energiedispersionskurven am Rande der Brillouin-Zone. Für eine willkürlich angenommene Elektronendichte, sie entspricht in etwa der in Bild 8.29b dargestellten, ist die Belegung der Zustände durch blaue Färbung angedeutet. Im Verlauf der Fermi-Fläche treten an den Brillouin-Zonengrenzen Unstetigkeiten auf. Sie sind eine Konsequenz der vorhandenen Energielücken.

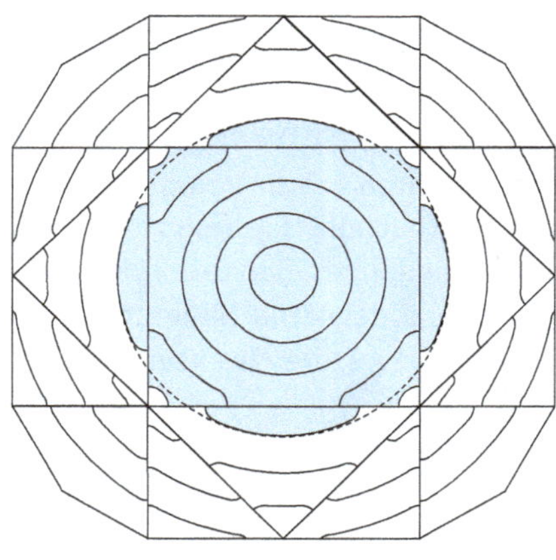

Abb. 8.30: Linien konstanter Energie unter Berücksichtigung der Wechselwirkung der Elektronen mit dem periodischen Gitter. Im erweiterten Zonenschema sind die ersten drei Brillouin-Zonen und ein Teil der vierten dargestellt. Für eine willkürlich gewählte Elektronendichte ist die Besetzung der Zustände durch blaue Färbung hervorgehoben.

Das Verbiegen der Fermi-Fläche in der Nähe der Zonengrenze ermöglicht den Einbau zusätzlicher Elektronen in die 1. Brillouin-Zone. Da die Elektronen dort eine kleinere Energie als in der nächsthöheren Zone besitzen, wird dadurch die Gesamtenergie des Festkörpers abgesenkt. Der gestrichelte Kreis und der blaue Bereich besitzen die gleiche Fläche, da durch die Wechselwirkung der Elektronen mit dem Gitter weder die Zahl der besetzten Zustände noch ihre Dichte im **k**-Raum geändert wird.

Zur Veranschaulichung sind in Bild 8.31 die Linien konstanter Energie aus der 2. Brillouin-Zone im erweiterten, reduzierten und periodischen Zonenschema wiedergegeben. In der letzten Darstellung wird deutlich, dass in der 2. Brillouin-Zone in der Mitte und am Zonenrand Extrema auftreten. So weisen die grauen Flächen in ihrer Mitte ein Energiemaximum, die blauen dagegen ein Minimum auf.

Die Kenntnisse, die wir bei der Diskussion zweidimensionaler Strukturen gewonnen haben, lassen sich direkt auf reale, dreidimensionale Metalle übertragen. Als Beispiel wählen wir Aluminium, dessen Bandstruktur sich mit Hilfe quasi-freier Elektronen

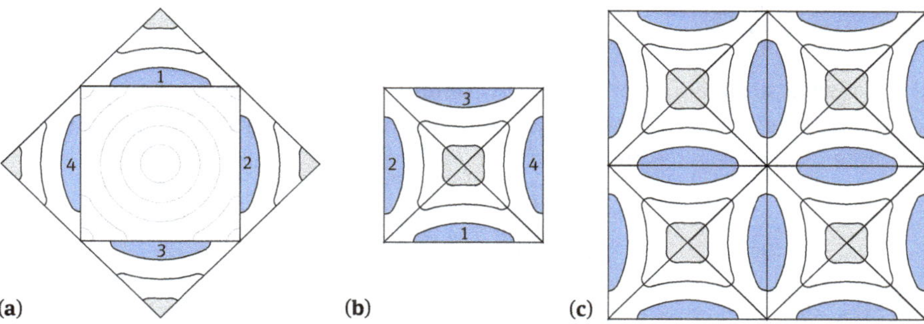

Abb. 8.31: Darstellung der Flächen konstanter Energie der 2. Brillouin-Zone im erweiterten **(a)**, im reduzierten **(b)** und im periodischen **(c)** Zonenschema. Im letzten Bild tritt im Zentrum der grauen Flächen ein Energiemaximum, in den blauen dagegen ein Minimum auf.

beschreiben lässt und bereits in Bild 8.16 gezeigt wurde. Aluminium ist dreiwertig und besitzt eine kubisch flächenzentrierte Struktur. Die Zustände der ersten Brillouin-Zone sind vollständig, die der beiden nächsten teilweise besetzt. Die Fermi-Fläche der zweiten Zone ist in Bild 8.32a im reduzierten Zonenschema dargestellt. In dieser Darstellung ist die Fermi-Fläche geschlossen, doch ist zu beachten, dass die Zustände am Rand besetzt, die im Zoneninnern aber leer sind. Die Zustände in der dritten Zone (Bild 8.32b und 8.32c) bilden im Modell freier Elektronen ein System miteinander verbundener „Röhren". Die Wechselwirkung mit dem Gitter bewirkt aber, dass sich diese Röhren in ringähnliche Strukturen umwandeln, deren Teile jedoch nicht mehr verbunden sind.

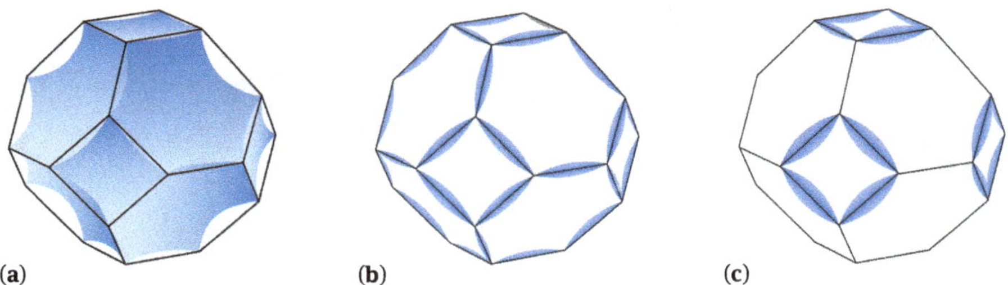

Abb. 8.32: Fermi-Flächen eines dreiwertigen Metalls mit schwachem periodischen Potenzial, dargestellt im reduzierten Zonenschema. **a)** 2. Brillouin-Zone. Die besetzten Zustände liegen am Rand, die Zustände im Innern sind unbesetzt. **b)** 3. Brillouin-Zone im Modell quasi-freier Elektronen. **c)** 3. Brillouin-Zone bei schwacher Wechselwirkung wie im Fall von Aluminium. (Nach R. Lück, Dissertation, TH Stuttgart (1965).)

8.5.3 Zustandsdichte

Für viele Betrachtungen, insbesondere bei Metallen, genügt die Kenntnis der Zustandsdichte $D(E)$ anstelle der Gesamtinformation, die in der Bandstruktur steckt. Gemäß Gleichung (8.7) gilt für die Zustandsdichte

$$D(E)\,\mathrm{d}E = \frac{2}{(2\pi)^3}\int_E^{E+\mathrm{d}E} \mathrm{d}^3k = \frac{2}{(2\pi)^3\hbar}\,\mathrm{d}E \int_{E=\mathrm{const.}} \frac{\mathrm{d}S_E}{v_g}\,, \tag{8.89}$$

wobei $\mathrm{d}S_E$ für ein Element der Energieflächen $E_\mathbf{k}$ steht. Wie bei der Zustandsdichte der Phononen stammen die wichtigsten Beiträge von Bereichen im **k**-Raum, in denen die Energieflächen horizontal verlaufen. An diesen Stellen findet man in der Zustandsdichte dann Van-Hove-Singularitäten. Die Korrelation zwischen Maxima in der Zustandsdichte und Extrema in der Bandstruktur verdeutlicht Bild 8.33. In dieser Abbildung sind der Verlauf der $E_\mathbf{k}$-Kurven von Kupfer für Richtungen hoher Symmetrie und die dazugehörende Zustandsdichte zu sehen. Gut zu erkennen sind die bereits in Abschnitt 8.1 bei der Diskussion von Bild 8.9 angesprochenen unterschiedlichen Beiträge von s- und d-Elektronen zur Zustandsdichte. Im Kupfer ist das s-Band etwa 12 eV breit und von einer Reihe hoher, relativ schmaler Maxima „überlagert", die von den d-Bändern herrühren. Das s-Band ist nur zum Teil besetzt, so dass Kupfer die typischen metallischen Eigenschaften besitzt.

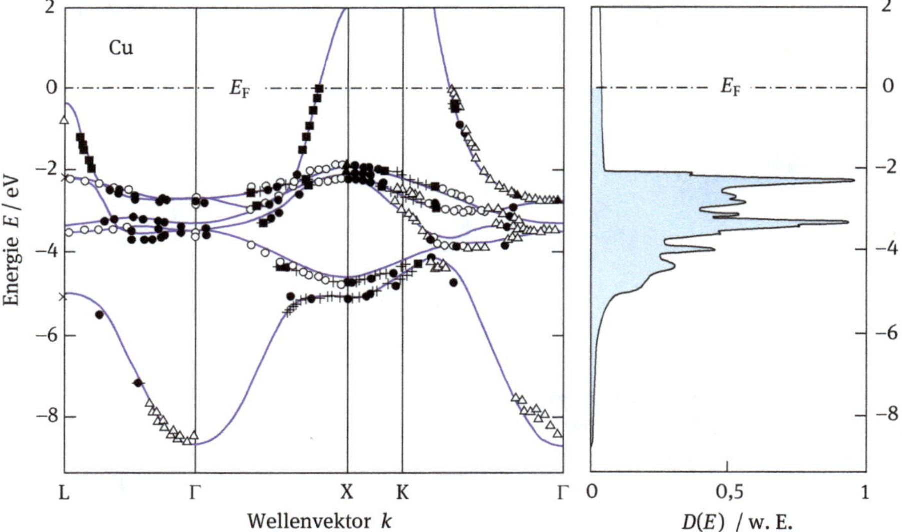

Abb. 8.33: Energiedispersionskurven $E_\mathbf{k}$ (Nach R. Courths, S. Hüfner, Phys. Rep. **112**, 53 (1984) und H. Eckhardt et al., J. Phys. **F14**, 97 (1984).) von Kupfer. Die experimentellen Daten stammen von verschiedenen Autoren, die $E_\mathbf{k}$-Kurven und die Zustandsdichte wurden von H. Eckhardt et al. berechnet.

Die wichtigste Methode zur experimentellen Bestimmung von Bandstrukturen und Zustandsdichten ist die **Photoelektronenspektroskopie**, die von K. Siegbahn[12] entwickelt wurde. Hierbei wird der Festkörper mit ultraviolettem Licht oder Röntgenstrahlung bestrahlt und die Anzahl der austretenden Photoelektronen energieaufgelöst gemessen. Abhängig von der benutzten Strahlenquelle spricht man von UPS (**UV**-**P**hotoemission **S**pectroscopy) oder XPS (**X**-ray **P**hotoemission **S**pectroscopy). Der prinzipielle Aufbau ist in Bild 8.34 skizziert. Als Lichtquellen werden Gasentladungslampen mit Photonenenergien im Bereich zwischen 20 eV und 40 eV benutzt. Im Röntgenbereich kommt neben den klassischen Röntgenröhren zunehmend Synchrotronstrahlung zum Einsatz. Zur Energieselektion werden häufig elektrostatische Elektronenanalysatoren benutzt. Durch Anlegen einer passenden Spannung zwischen den zylindrischen Ablenkplatten kann die Energie der Elektronen eingestellt werden, die den Austrittsspalt passieren können. In der Abbildung ist ein sogenannter 127°-Analysator gezeichnet.

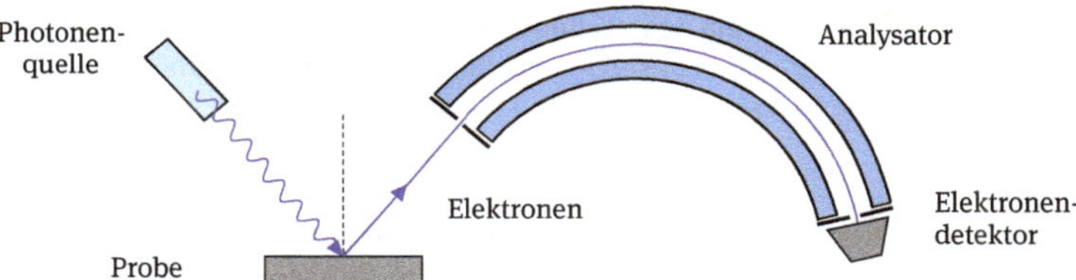

Abb. 8.34: Schema des Messaufbaus zur Bestimmung der elektronischen Zustandsdichte durch Photoemissionsspektroskopie.

Die registrierten Elektronen stammen, abhängig von ihrer kinetischen Energie, aus einer Tiefe zwischen 5 Å und 50 Å. Folglich hängen die Messergebnisse stark von der Oberflächenbeschaffenheit ab, so dass die Photoemissionsspektroskopie ein überaus wichtiges Werkzeug der Oberflächenphysik geworden ist. Aussagen über das Probeninnere erhält man, wenn sich die Oberfläche bezüglich Zusammensetzung und Struktur nicht wesentlich vom Innern des Festkörpers unterscheidet. In allen Fällen ist ein wohl definierter Zustand der Oberfläche erforderlich. Deshalb werden derartige Messungen im Ultrahochvakuum durchgeführt.

Wie in Bild 8.35 dargestellt, werden durch den inneren Photoeffekt Elektronen aus den besetzten in leere Zustände oberhalb des Vakuumniveaus E_{Vak} gehoben. Ist $\hbar\omega$ die Energie der einfallenden Photonen, Φ die Austrittsarbeit, E_{kin} die kinetische Energie der emittierten Elektronen und E_{b} deren Bindungsenergie bezüglich der Fermi-Energie, so muss die Energiebilanz

$$\hbar\omega = \Phi + E_{\text{kin}} + E_{\text{b}} \tag{8.90}$$

12 Kai Manne Börje Siegbahn, *1918 Lund, †2007 Ängelholm, Nobel Prize 1981

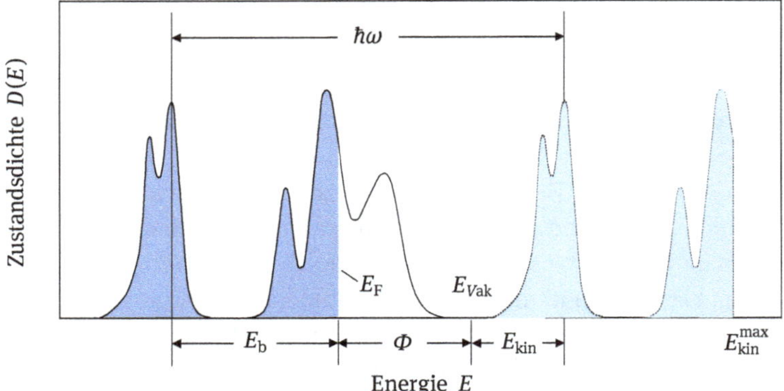

Abb. 8.35: Bestimmung der elektronischen Zustandsdichte durch Photoemissionsspektroskopie. Es ist die Zustandsdichte von zwei separaten Bändern gezeigt, wobei die besetzten Zustände blau gekennzeichnet sind. Die Elektronen aus den besetzten Zuständen werden durch die eingestrahlten Photonen in kontinuierliche Zustände oberhalb des Vakuumniveaus E_{Vak} gehoben und ergeben so eine Kopie der Zustandsdichte der ursprünglich besetzten Zustände, die in hellblau dargestellt ist. E_{kin}^{max} steht für die maximale kinetische Energie der angehoben Elektronen.

gelten. Gemessen wird die Zahl der emittierten Elektronen als Funktion ihrer kinetischen Energie. Da die Anregungswahrscheinlichkeit durch ein Photon innerhalb eines Bandes im Allgemeinen nur schwach von der Energie des Zustands abhängt, spiegelt die Zahl der registrierten Elektronen die Zustandsdichte des Festkörpers wider. Die höchste kinetische Energie E_{kin}^{max} besitzen jene Elektronen, die aus Zuständen bei der Fermi-Energie ins Vakuum gehoben wurden. Dem Spektrum überlagert ist ein Untergrund von Elektronen, die bereits vor dem Austritt aus dem Festkörper inelastische Stöße erlitten haben. Erfolgt die Messung winkelaufgelöst (ARPES von **A**ngle-**r**esolved **p**hoto**e**mission **s**pectroscopy), so kann man noch zusätzlich Information über den Wellenvektor der Elektronen gewinnen und die elektronische Bandstruktur direkt ermitteln.

8.5.4 Graphen und Nanoröhren

Zum Schluss dieses Kapitels wollen wir uns noch kurz mit der Frage beschäftigen, welcher Unterschied zwischen den „klassischen" Festkörpern und den zweidimensionalen Graphenschichten bzw. den Nanoröhren besteht. Hierzu betrachten wir ihre Bandstruktur, die sich mit dem Modell stark gebundener Elektronen berechnen lässt. Verantwortlich für das ungewöhnliche Verhalten von Graphen ist natürlich deren außergewöhnliche Struktur, auf die wir bereits in Kapitel 3 kurz eingegangen sind. In Bild 8.36a ist das hexagonale Graphengitter nochmals dargestellt. Die primitive Elementarzelle, die zwei Kohlenstoffatome enthält, ist durch Graufärbung hervorgehoben.

Das nicht-primitive reziproke Gitter (Bild 8.36b) ist hexagonal, wobei, wie wir sehen werden, die K-Punkte eine überaus wichtige Rolle spielen.

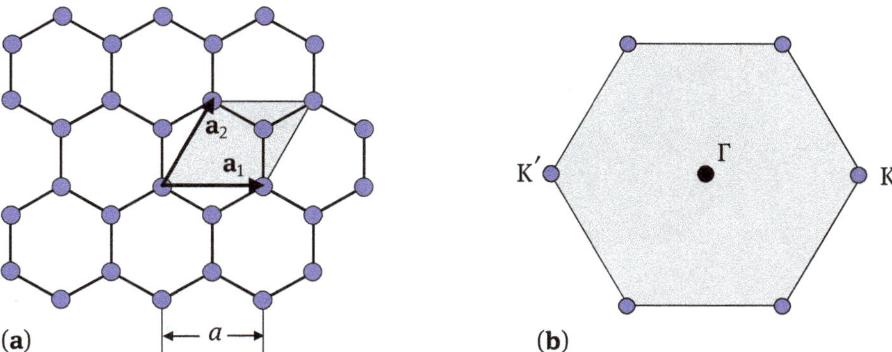

Abb. 8.36: Graphengitter. **a)** Die Honigwabenstruktur des realen Gitters besitzt eine zweiatomige primitive Elementarzelle mit der Gitterkonstanten $a = 2{,}46$ Å. **b)** Hexagonale 1. Brillouin-Zone. Von besonderer Bedeutung sind die eingezeichneten K-Punkte.

Entsprechend dem *Mermin-Wagner-Theorem*[13,14] sollte es eigentlich keine zweidimensionalen Kristalle mit langreichweitiger Ordnung geben, da sie durch Fluktuationen zerstört werden sollten. Gemäß diesem Theorem sollten sich die Kristalle aufrollen oder verklumpen. Tatsächlich sind Graphenschichten geriffelt, wodurch über die anharmonische Kopplung von gedehnten und gestauchten Bereichen die Fluktuationen unterdrückt werden. Eine andere Möglichkeit der Stabilisierung besteht in der Wechselwirkung mit der Oberfläche von dreidimensionalen Kristallen.

Obwohl die Struktur scheinbar keine überraschenden Eigenschaften besitzt, unterscheiden sich die Energiedispersionskurven von Graphen grundlegend von den bisher diskutierten. Die Berechnung der Bandstruktur führt zu dem überraschenden Ergebnis, dass am Γ-Punkt das Valenzband ein Minimum und das Leitungsband ein Maximum aufweist. Entscheidend für die elektrischen Eigenschaften ist der Verlauf der Dispersionskurven am K-Punkt, denn in dessen Umgebung haben die Bänder, wie Bild 8.37 zeigt, die Form eines Doppelkegels, wobei die Fermi-Energie in reinen Proben mit dem Schnittpunkt der beiden Kegel zusammenfällt. Am absoluten Nullpunkt ist das Leitungsband daher leer, das Valenzband dagegen vollständig besetzt. Die ungewöhnliche Form der Dispersionskurve und die Tatsache, dass sich Valenz- und Leitungsband am K-Punkt berühren, hat erhebliche Konsequenzen für die Eigenschaften dieses ungewöhnlichen Festkörpers.

---

13 N. David Mermin, *1935 New Haven

14 Herbert Wagner, *1935

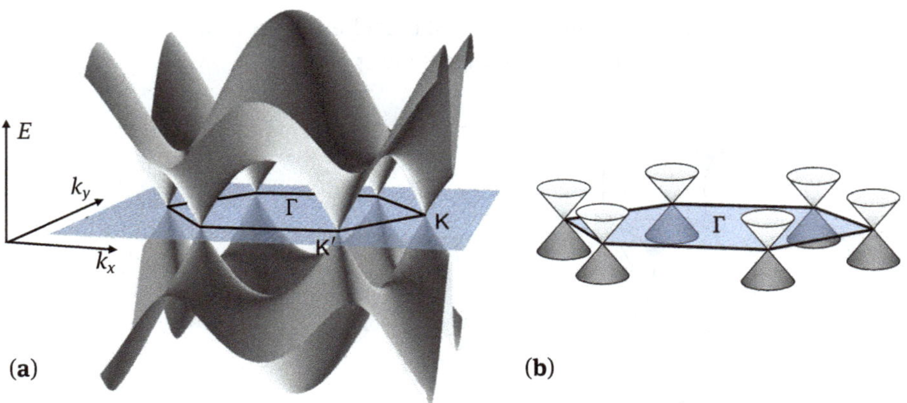

Abb. 8.37: **a)** Bandstruktur von Graphen. (Nach M. Orlita and M. Potemski, Semicond. Sci. Technol. **25**, 063001 (2010).). **b)** In der Umgebung der K-Punkte haben die Bänder die Form eines Doppelkegels. Das untere Band (Valenzband) ist bei $T = 0$ vollständig mit Elektronen gefüllt, das obere Band (Leitungsband) ist leer.

In der Umgebung des K-Punkts lassen sich die Bänder, wie in Bild 8.37 veranschaulicht, durch den Zusammenhang

$$E_{\mathbf{k}} = \hbar\,|\mathbf{q}|\,v_{\mathrm{F}} \tag{8.91}$$

beschreiben. Der Vektor $\mathbf{q}$ ist hierbei über die Beziehung $\mathbf{q} = (\mathbf{k} - \mathbf{K})$ definiert, wobei $\mathbf{K}$ durch die Lage des K-Punkts festgelegt ist. Die Fermi-Geschwindigkeit v_{F} ist durch

$$v_{\mathrm{F}} = \frac{\sqrt{3}\gamma_0 a}{2\hbar} \tag{8.92}$$

gegeben. Hierbei spiegelt γ_0 den Überlapp der Wellenfunktionen benachbarter Atome wider. Mit $\gamma_0 = 3{,}2\,\mathrm{eV}$ und $a = 2{,}46\,\text{Å}$ ergibt sich damit für die Geschwindigkeit der Wert $v_{\mathrm{F}} = 1{,}0 \cdot 10^6\,\mathrm{m/s}$.

Wie wir im nächsten Kapitel sehen werden, bewegen sich freie Elektronen in den üblichen Festkörpern mit unterschiedlicher Geschwindigkeit. In Graphen dagegen erfolgt die Bewegung der Elektronen auf dem Doppelkegel mit der *gleichen Geschwindigkeit*. Wir haben daher in den beiden Gleichungen (8.91) und (8.92) für die Geschwindigkeit die Abkürzung für die Fermi-Geschwindigkeit v_{F} benutzt. In den entsprechenden Ausdruck geht erstaunlicherweise die Elektronenmasse nicht ein. Dies bedeutet, dass sich in Graphen die Elektronen formal gesehen wie Photonen, also wie massenlose relativistische Teilchen benehmen. Wir wollen hier aber die oft benutzte Analogie nicht weiter vertiefen und nur erwähnen, dass in der Nähe des K-Punkts, der in Graphen häufig als *Dirac-Punkt* bezeichnet wird, die Schrödinger-Gleichung die gleiche Form besitzt wie die *Dirac-Weyl-Gleichung*[15] für massenlose Neutrinos.

15 Hermann Klaus Hugo Weyl, *1885 Elmshorn, †1955 Zürich

Wie bereits erwähnt, fällt in Graphen die Fermi-Energie mit dem Schnittpunkt der beiden Kegel zusammen. Graphen kann daher als Halbleiter mit verschwindender Bandlücke oder als Halbmetall betrachtet werden. Durch elektrische Felder oder durch Dotieren (siehe Abschnitt 10.2) kann, wie in Bild 8.38 schematisch dargestellt, die Besetzungsgrenze verschoben werden. Sie liegt dann über oder unter dem Schnittpunkt der beiden Kegel. Entsprechend erfolgt der Ladungstransport dann durch Elektronen oder aber durch „Löcher“. So nennt man unbesetzte Zustände im Valenzband, auf deren Eigenschaften wir in den folgenden Kapiteln noch ausführlich eingehen.

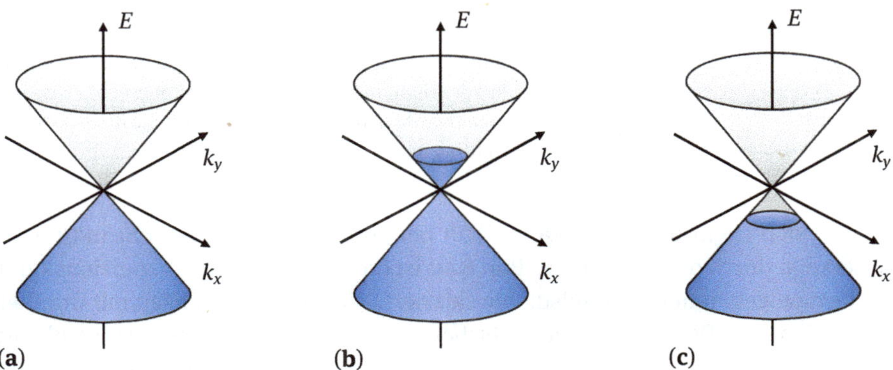

Abb. 8.38: Besetzung der Bänder von Graphen am K-Punkt. Die Zustände, die mit Elektronen besetzt sind, sind blau gezeichnet. **a)** Reines Graphen. Die Fermi-Energie liegt im Schnittpunkt des Doppelkegels. **b)** Durch Anlegen einer elektrostatischen Spannung können Zustände im Leitungsband besetzt werden. **c)** Bei umgekehrter Polung wird das Valenzband am Schnittpunkt zum Teil entleert.

Wir wollen nun der interessanten Frage nachgehen: wie ändert sich die ungewöhnliche Bandstruktur, wenn man Graphen zu einer Nanoröhre „rollt“? Die Antwort ist überraschend, denn die Eigenschaften hängen entscheidend davon ab, wie das Röhrchen gerollt wurde, d.h., ob es sich um eine Armsessel-, Zickzack- oder Chiral-Struktur handelt.

Aufgrund der Rotationssymmetrie kann die senkrecht zur Röhrenachse orientierte Komponente $k_\perp$ des Wellenvektors nur diskrete Werte annehmen. Ist U der Umfang des Röhrchens, so muss die Bedingung

$$k_\perp = \frac{2\pi\, p}{U} \qquad (8.93)$$

erfüllt sein, wenn p für eine ganze Zahl steht. Der Maximalwert von p ist durch die Zahl der Elementarzellen entlang des Röhrenumfangs festgelegt. Die Komponente $k_\parallel$ des Wellenvektors parallel zur Zylinderachse ist aufgrund der vergleichsweise großen Röhrenlänge quasi-kontinuierlich. Dies bedeutet, dass die erlaubten Wellenvektoren im reziproken Raum auf Geraden liegen, die parallel zur Röhrenachse verlaufen und den Abstand $2\pi/U$ von einander besitzen. Die zweidimensionale Bandstruktur von Graphen zerfällt also, wie in Bild 8.39 gezeigt, in eine Schar diskreter Linien.

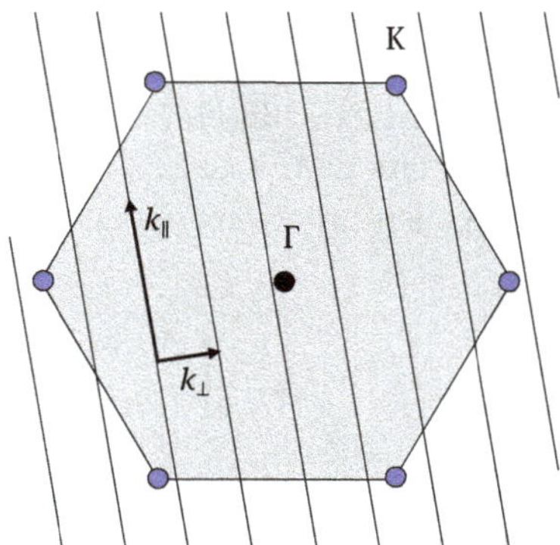

Abb. 8.39: Linien erlaubter k-Vektoren einer Nanoröhre in der Brillouin-Zone von Graphen. Der K-Punkt wird hier nicht berührt, die Nanoröhre ist daher, wie wir sehen werden, halbleitend.

Wie man sich leicht überlegen kann, läuft bei Röhren mit Armsessel-Struktur eine der Geraden durch den K-Punkt. In Bild 8.40 ist die entsprechende Dispersionskurve und die dazugehörende Zustandsdichte skizziert. Die große Ähnlichkeit mit Graphen ist offensichtlich. Doch besteht ein entscheidender Unterschied: Die Zustandsdichte verschwindet nicht bei der Fermi-Energie, sondern besitzt dort einen endlichen Wert. Nanoröhren mit Armsessel-Struktur besitzen daher metallische Eigenschaften.

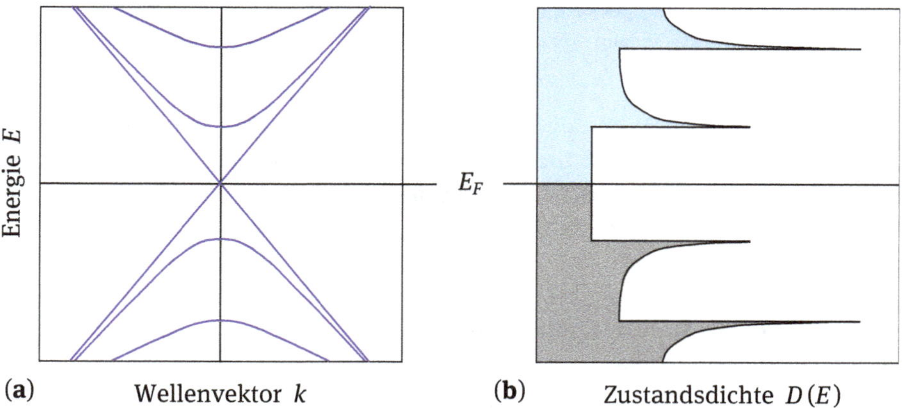

Abb. 8.40: a) Bandstruktur von Kohlenstoff-Nanoröhren mit Armsessel-Struktur in der Umgebung des K-Punkts. **b)** Zustandsdichte dieser Röhren, die metallische Eigenschaften besitzen.

Werfen wir nun einen Blick auf die Dispersionskurve bzw. die Zustandsdichte von Röhrchen mit Zickzack-Struktur, die in Bild 8.41 zu sehen sind. Offensichtlich besteht eine

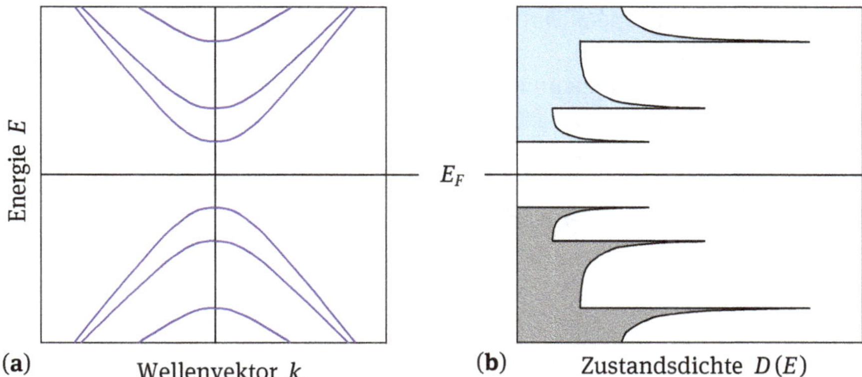

Abb. 8.41: a) Bandstruktur von Kohlenstoff-Nanoröhren mit Zickzack-Struktur in der Umgebung des K-Punkts. **b)** Zustandsdichte dieser Röhren, die halbleitende Eigenschaften besitzen.

kleine Lücke zwischen dem vollbesetzten Valenzband und dem leeren Leitungsband. Der Abstand zwischen den beiden Bändern beträgt bei einem Röhrenradius von 1,5 nm ungefähr 300 meV. Wie wir in Kapitel 10 sehen werden, ist dieser Bandabstand typisch für halbleitende Materialien.
Ergänzend sei noch bemerkt, dass je nach „Abrollwinkel" Nanoröhren mit chiraler Struktur metallische oder halbleitende Eigenschaften besitzen. Auch Röhrchen mit Zickzack-Struktur können metallische Eigenschaften aufweisen, wenn deren Durchmesser gerade so groß ist, dass eine der angesprochenen Geraden im reziproken Raum den K-Punkt schneidet. Insgesamt gilt, dass etwa ein Drittel der Nanoröhren metallische, der Rest halbleitende Eigenschaften aufweist.

Mit Hilfe des Rastertunnel-Mikroskops, dessen Funktionsprinzip in Abschnitt 4.6 angesprochen wurde, kann die Zustandsdichte von Nanoröhren untersucht werden.

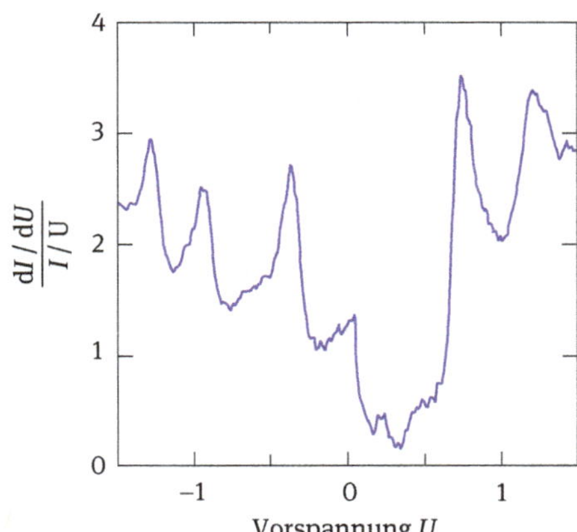

Abb. 8.42: Van-Hove-Singularitäten in der Zustandsdichte von Nanoröhren gemessen mit dem Rastertunnel-Mikroskop. (Nach J.W.G. Wildöer et al., Nature **391**, 59 (1998).)

Hält man den Abstand der Metallspitze des Mikroskops fest und variiert die angelegte Spannung U, so ist, wie wir in Abschnitt 11.2 sehen werden, die Ableitung des gemessenen Tunnelstroms I nach der Spannung, also $\mathrm{d}I/\mathrm{d}U$, proportional zur Zustandsdichte. Die Messdaten, die in Bild 8.42 zu sehen sind, wurden an einem Röhrchen mit einem Durchmesser von 1,3 nm aufgenommen. Deutlich zu erkennen ist das Auftreten von Van-Hove-Singularitäten, die in Abschnitt 8.1 angesprochen wurden. Die relativ große Breite der Spitzen beruht auf der Wechselwirkung des untersuchten Nanoröhrchens mit der Goldunterlage.

8.6 Aufgaben

1. Fermi-Verteilung. Bei $T = 0$ sind in Metallen alle Elektronenzustände bis zur Fermi-Energie besetzt. Wie groß ist die mittlere Geschwindigkeit der Elektron im Vergleich zur Fermi-Geschwindigkeit?

2. Spezifische Wärme von Kalium. Vergleichen Sie für Kalium (kubisch raumzentriert, Gitterkonstante $a = 5{,}23$ Å, die weiteren Materialparameter sind in Kap. 6 und Kap. 8 zu finden) den Beitrag der Phononen mit dem der Elektronen zur spezifischen Wärme bei Raumtemperatur. In welchem Temperaturbereich überwiegt der elektronische Beitrag?

3. Freies Elektronengas. Betrachten Sie die beiden einfachen Metalle Natrium (bcc) und Kupfer (fcc) mit den Gitterkonstanten $a = 4{,}21$ Å bzw. $a = 3{,}61$ Å. In beiden Fällen kann die Fermi-Fläche in guter Näherung als Kugeloberfläche beschrieben werden.

(a) Berechnen Sie die Elektronendichte und den Fermi-Wellenvektor der beiden Metalle.

(b) Halten sich alle Elektronen in der 1. Brillouin-Zone auf? Warum ist die Näherung berechtigt, die Elektronen als freies Gas zu betrachten?

4. Druck der Leitungselektronen. Die Bewegung der Leitungselektronen bewirkt einen Druck, der sich über die Volumenabhängigkeit $p = -(\partial U/\partial V)_{T,N}$ der inneren Energie U berechnen lässt. Wie groß ist dieser Druck im Fall von Gold bei $T \approx 0$?

5. Fermi-Fläche und Brillouin-Zonen. Gleichartige Atome mit jeweils fünf Elektronen seien in einem zweidimensionalen quadratischen Gitter mit der Gitterkonstanten a angeordnet. Konstruieren Sie die ersten fünf Brillouin-Zonen. Wie ändert sich qualitativ die Gestalt der Fermi-Flächen, wenn ein schwaches periodisches Potenzial wirksam ist? (Annahme: Freie Bewegung der Elektronen in der Gitterebene, keine senkrechte Bewegung. Beachten Sie die Spinentartung.)

6. Flüssiges ^{3}He. Aufgrund seiner hohen Nullpunktsenergie ist ^{3}He selbst bei $T = 0$ flüssig und hat am absoluten Nullpunkt nur eine Dichte von $\varrho = 0{,}08\,\mathrm{g/cm^3}$. ^{3}He verhält sich wie ein Fermi-Gas und viele seiner Eigenschaften lassen sich mit diesem Modell quantitativ beschreiben. Bestimmen Sie in dieser Näherung Fermi-Energie, Fermi-Geschwindigkeit und Fermi-Temperatur. Berechnen Sie außerdem die spezifische Wärme für $T \ll T_\mathrm{F}$ und vergleichen Sie diese bei $T = 50\,\mathrm{mK}$ mit der von Kupfer. Die effektive Masse m^*_He der Heliumatome ist ungefähr 2,8-mal so groß wie die der freien Atome.

7. Zwei-Komponenten-Näherung. Bestimmen Sie die Geschwindigkeiten der quasifreien Elektronen mit den Wellenvektoren $k = (3/8)g$ und $k = -g/4$ in einem eindimensionalen Kristall mit der Gitterkonstanten $a = 4{,}5\,\text{Å}$ im Rahmen der Zwei-Komponenten-Näherung. Die Fourier-Komponente des Potentials sei durch $V_g = 1{,}7\,\mathrm{eV}$ gegeben.

9 Elektronische Transporteigenschaften

Die Kenntnis der elektronischen Zustandsdichte, die Anwendung der Fermi-Statistik und die Berücksichtigung der Wechselwirkung der Elektronen mit dem periodischen Potenzial des Gitters ermöglichte die Erklärung einer Reihe grundlegender Festkörpereigenschaften. Nun wenden wir uns Phänomenen zu, bei denen die *Bewegung* der Elektronen die entscheidende Rolle spielt. Wie wir sehen werden, hat die periodische Modulation des Gitterpotenzials und die damit verknüpfte Bandstruktur erstaunliche Konsequenzen für die Transporteigenschaften der Elektronen. Zwei davon wurden bereits im vorhergehenden Kapitel ohne weitere Begründung erwähnt bzw. benutzt: Vollbesetzte Bänder liefern keinen Beitrag zur elektrischen Leitfähigkeit und die effektive Masse der Elektronen kann positiv oder auch negativ sein. Wir führen in diesem Kapitel das Konzept der *effektiven Masse* (siehe auch Abschnitt 8.4) und das Konzept der positiv geladenen *Löcher* ein. Beide Begriffe werden auch in späteren Kapiteln von großer Bedeutung sein. Anschließend beschäftigen wir uns mit dem Ladungs- und Wärmetransport in Metallen. Besonders interessante Phänomene beobachtet man, wenn sich die Probe in einem Magnetfeld befindet. Da sich Elektronen in Magnetfeldern auf Flächen konstanter Energie bewegen, kann man mit derartigen Experimenten beispielsweise die Gestalt von Fermi-Flächen bestimmen. Darüber hinaus schränken Magnetfelder die Bewegungsfreiheit der Elektronen ein und bewirken eine Quantisierung ihrer Bahnen. Die Konsequenzen dieses Effekts werden beim Quanten-Hall-Effekt besonders deutlich, den wir am Ende dieses Kapitels diskutieren.

9.1 Bewegungsgleichung und effektive Masse

9.1.1 Elektronen als Wellenpakete

Bei der Herleitung der Zustandsdichte haben wir die Elektronen als ausgedehnte Wellen behandelt. Es stellt sich die Frage, inwieweit unter dieser Voraussetzung klassische Gleichungen wie das 2. Newtonsche Gesetz auf Elektronen im Festkörper anwendbar sind. Aus der Quantenmechanik ist bekannt, dass Teilchen nicht gleichzeitig im Orts- und Impulsraum streng lokalisiert sein können. Da die Ungleichung $\delta k\,\delta r > 1$ immer erfüllt sein muss, können Ortsvektor $\mathbf{r}$ und Wellenvektor $\mathbf{k}$ nicht gleichzeitig exakt festgelegt werden. Eine begrenzte *Lokalisierung* der Wellenfunktion bezüglich Ort und Impuls lässt sich aber durch die Superposition von Zuständen mit unterschiedlichem Wellenvektor erreichen. Freie Elektronen lassen sich beispielsweise durch Überlagerung von ebenen Wellen als Wellenpaket darstellen. Die Wellenfunktion $\psi(\mathbf{r},t)$ hat dann die Form

$$\psi(\mathbf{r},t) = \sum_{\mathbf{k}} g(\mathbf{k})\,\mathrm{e}^{\mathrm{i}\left(\mathbf{k}\cdot\mathbf{r}-\hbar k^2 t/2m\right)}\ . \tag{9.1}$$

https://doi.org/10.1515/9783111027227-009

Sind die Entwicklungskoeffizienten $g(\mathbf{k})$ innerhalb eines Intervalls δk geeignet (z. B. gaußförmig) verteilt, so führt dies zu der gewünschten räumlichen Lokalisierung. Wellenpakete eignen sich daher zur Darstellung der Elektronenbewegung im freien Raum.

Genauso kann man bei der Beschreibung von lokalisierten Elektronen im Festkörper vorgehen, wenn man anstelle der ebenen Wellen Bloch-Wellen benutzt. Die so geformten Wellenpakete erlauben eine einfache und anschauliche **semiklassische Beschreibung** der Elektronenbewegung. Da der Wellenvektor relativ gut definiert sein sollte, müssen die Wellenpakete so konstruiert werden, dass ihre Unschärfe im $\mathbf{k}$-Raum wesentlich kleiner ist als die Ausdehnung der Brillouin-Zone. Daher ist die semiklassische Beschreibung nur anwendbar, wenn die räumliche Ausdehnung δx des Wellenpaketes wesentlich größer als der Gitterabstand a ist, das Elektron sich also über mehrere Elementarzellen erstreckt. Gleichzeitig muss die Wellenlänge λ eines von außen angelegten Störfeldes groß gegen die Ausdehnung des Wellenpaketes sein, damit dieses wie ein kompaktes Teilchen auf das Feld reagiert. Die charakteristischen Größenverhältnisse sind in Bild 9.1 schematisch dargestellt, wobei zu beachten ist, dass die tatsächlich auftretenden Unterschiede zwischen den Längenskalen wesentlich größer sind, als die Zeichnung wiedergeben kann.

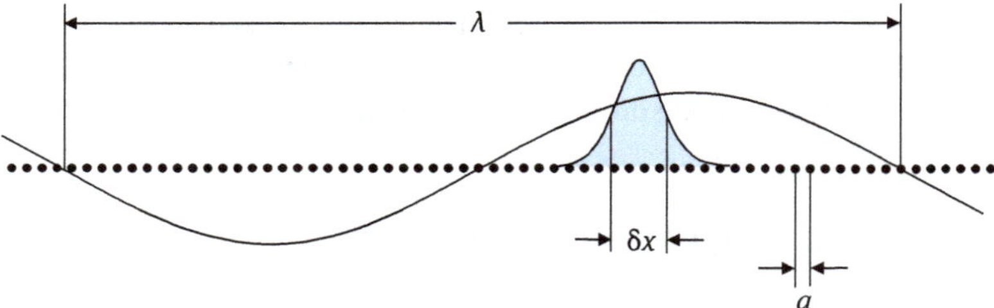

Abb. 9.1: Typische Längenskalen in der semiklassischen Näherung. Es muss die Beziehung Gitterkonstante $a \ll$ Ausdehnung δx des Wellenpakets $\ll$ Wellenlänge λ der angelegten äußeren Störung gelten. Die Größenverhältnisse sind nicht maßstabsgerecht wiedergegeben.

Unter dieser Voraussetzung lässt sich die zeitliche Entwicklung des Ortsvektors $\mathbf{r}$ und des Wellenvektors $\mathbf{k}$ eines Elektrons als Wellenpaket auch in Gegenwart eines äußeren elektrischen und/oder magnetischen Feldes $\boldsymbol{\mathcal{E}}$ bzw. $\mathbf{B}$ beschreiben. Die Geschwindigkeit, mit der sich der Schwerpunkt eines Wellenpakets bewegt, ist durch die Gruppengeschwindigkeit gegeben, die direkt aus der Dispersionsrelation $E_n(\mathbf{k})$ folgt:[1]

$$\frac{\mathrm{d}\mathbf{r}}{\mathrm{d}t} = \mathbf{v}_n(\mathbf{k}) = \frac{1}{\hbar}\nabla_{\mathbf{k}} E_n(\mathbf{k}) = \frac{1}{\hbar}\frac{\partial E_n(\mathbf{k})}{\partial \mathbf{k}} \ . \tag{9.2}$$

1 Die hier benutzte Notation $E(\mathbf{k})$ soll andeuten, dass es sich nicht um die Eigenwerte $E_{\mathbf{k}}$ der Bloch-Funktionen handelt, sondern dass die Energie von Wellenpaketen gemeint ist.

In diesen Ausdrücken steht n für den Index des betrachteten Bandes. Die Geschwindigkeit ist in eindeutiger Weise mit der Energiefläche $E_n(\mathbf{k})$ verknüpft, weitere Parameter gehen nicht ein. Für freie Elektronen mit der parabelförmigen Dispersionsrelation $E = \hbar^2\mathbf{k}^2/2m$ ergibt sich für die Gruppengeschwindigkeit $\mathbf{v}_g = \hbar\mathbf{k}/m$.

Wirkt auf ein Elektron die Kraft $\mathbf{F}$, so ändert sich sein Wellenvektor und damit der *Quasiimpuls* $\hbar\mathbf{k}$ gemäß der Gleichung

$$\hbar\frac{\mathrm{d}\mathbf{k}}{\mathrm{d}t} = \mathbf{F} = -e\Big[\mathcal{E}(\mathbf{r},t) + \mathbf{v}_n(\mathbf{k}) \times \mathbf{B}(\mathbf{r},t)\Big]\,. \tag{9.3}$$

Dies ist die **semiklassische Bewegungsgleichung**, die fundamentale Bedeutung für die Beschreibung der Bewegung der Kristallelektronen besitzt. Für freie geladene Teilchen ist diese Gleichung wohl bekannt. Ihre Herleitung für den Fall, dass Elektronen mit dem Gitter wechselwirken, ist jedoch aufwändig und in den Lehrbüchern der theoretischen Festkörperphysik zu finden. Wie bei den ursprünglich eingeführten Bloch-Funktionen ist der Wellenvektor nur bis auf einen reziproken Gittervektor $\mathbf{G}$ bestimmt, weswegen $\hbar\mathbf{k}$ nicht als Impuls, sondern als *Quasiimpuls* bezeichnet wird. In unserer weiteren Diskussion setzen wir voraus, dass die angelegten Felder nicht so groß sind, dass *Interband-Übergänge* auftreten. Da sich dann der Bandindex n nicht ändert, lassen wir ihn zukünftig weg. Wenn bei sehr hohen Feldstärken Übergänge zwischen den Bändern stattfinden, so spricht man vom *elektrischen* bzw. *magnetischen Durchbruch*, doch werden wir nur bei Halbleitern etwas näher darauf eingehen.

Aus der Definition (9.2) folgt mit (9.3) für die Ableitung der Gruppengeschwindigkeit:

$$\frac{\mathrm{d}\mathbf{v}}{\mathrm{d}t} = \frac{1}{\hbar}\frac{\mathrm{d}}{\mathrm{d}t}\left(\frac{\partial E(\mathbf{k})}{\partial \mathbf{k}}\right) = \frac{1}{\hbar}\frac{\partial^2 E(\mathbf{k})}{\partial\mathbf{k}\partial\mathbf{k}}\frac{\mathrm{d}\mathbf{k}}{\mathrm{d}t} = \frac{1}{\hbar^2}\frac{\partial^2 E(\mathbf{k})}{\partial\mathbf{k}\partial\mathbf{k}}\mathbf{F}\,. \tag{9.4}$$

Somit erhalten wir für die kartesischen Komponenten v_i:

$$\frac{\mathrm{d}v_i}{\mathrm{d}t} = \frac{1}{\hbar^2}\sum_{j=1}^{3}\frac{\partial^2 E(\mathbf{k})}{\partial k_i\,\partial k_j}F_j = \sum_{j=1}^{3}\left(\frac{1}{m^*}\right)_{ij}F_j \tag{9.5}$$

mit

$$\left(\frac{1}{m^*}\right)_{ij} = \frac{1}{\hbar^2}\frac{\partial^2 E(\mathbf{k})}{\partial k_i\,\partial k_j}\,. \tag{9.6}$$

Mit Hilfe des Tensors der **effektiven Masse** $[\mathbf{m}^*]$ wird die Verbindung zur klassischen Bewegungsgleichung $\mathbf{F} = m\dot{\mathbf{v}}$ hergestellt. Die reziproke effektive Masse ist durch die *Krümmung* der Energiefläche bestimmt. In ihr ist die Wechselwirkung der Elektronen mit den Atomrümpfen versteckt, die sie bei ihrer Bewegung im Festkörper erfahren. Man spricht daher auch von der **dynamischen Masse**. Es ist bemerkenswert, dass die Kenntnis der Energiedispersion $E(\mathbf{k})$ zur Beschreibung der Elektronenbewegung ausreicht und keine weiteren Einzelheiten des Kristallpotenzials eingehen. Das hier entwickelte Konzept zur Beschreibung der Elektronenbewegung im Kristall wird als **effektive Massennäherung** bezeichnet. Wir werden in der weiteren Diskussion anstelle der Masse des freien Elektrons immer die effektive Masse m^* benutzen.

Der übliche Ausdruck $\hbar\mathbf{k} = m\mathbf{v}$ für den Impuls hat nun die Form $\hbar\mathbf{k} = [\mathbf{m}^*]\mathbf{v}$. Wirkt auf ein freies Elektron eine Kraft, so wird es in Kraftrichtung beschleunigt, der Betrag der Beschleunigung ist unabhängig von seiner Wellenzahl. Im Gegensatz hierzu erfolgt bei Kristallelektronen die Beschleunigung nicht notwendigerweise in Richtung der Kraft, zusätzlich hängt der Betrag der Beschleunigung meist auch noch von der Wellenzahl ab. Im Folgenden werden wir die Tensorkennzeichnung meist weglassen, um die Notation einfach zu halten, doch behalten wir den Tensorcharakter der effektiven Masse stets im Auge.

Wie man der Definition (9.5) unmittelbar entnehmen kann, sind die Tensoren der reziproken effektiven Masse $(1/m^*)_{ij}$ bzw. der effektiven Masse m^*_{ij} symmetrisch. Sie lassen sich daher auf Hauptachsen transformieren, wodurch sich die Anzahl der unabhängigen Komponenten auf höchstens drei reduziert. In besonders einfachen Fällen sind alle Komponenten gleich groß, dann ist die effektive Masse $m^*(k) = \hbar^2/[\mathrm{d}^2E(k)/\mathrm{d}k^2]$ eine skalare Größe. Der betreffende Festkörper besitzt dann isotrope elektrische Eigenschaften, wenn auch m^* noch eine Funktion der Wellenzahl sein kann. Eine von der Wellenzahl unabhängige effektive Masse tritt bei parabelförmigen Bändern auf. Diesen einfachen Fall trifft man in der Umgebung von Bandextrema an, da sich dort die Energieflächen gut durch Paraboloide nähern lassen.

Der prinzipielle Zusammenhang zwischen effektiver Masse und Wellenvektor ist in Bild 9.2 dargestellt. Von $k = 0$ ausgehend, nimmt die Bandkrümmung zunächst mit dem Wellenvektor ab und somit die effektive Masse zu. An den Wendepunkten der Dispersionskurve wird m^* unendlich groß und anschließend sogar negativ. Die effektive Masse der Elektronen ist also positiv in den Bandminima und negativ in den Maxima. In der Nähe der Extrema ist sie näherungsweise konstant.

Es ist nicht überraschend, dass die effektive Masse vom Bewegungszustand der Elektronen abhängt, denn ähnliche Beobachtungen macht man auch bei klassischen

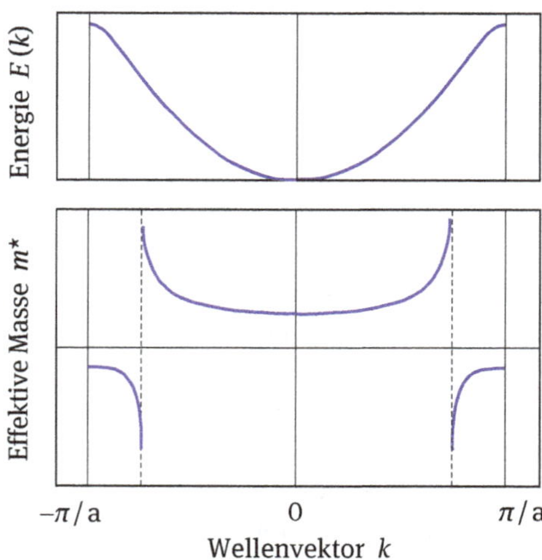

Abb. 9.2: Zusammenhang zwischen der Dispersionsrelation $E(k)$ und der effektiven Masse m^* in eindimensionaler Darstellung.

Systemen. Zur Illustration stellen wir uns vor, dass auf eine Kugel in einer Flüssigkeit eine konstante Kraft wirkt. Beim Einsetzen der Kraft zum Zeitpunkt $t = 0$ spielt die Reibung keine Rolle, die Beschleunigung der Kugel wird durch die träge Masse bestimmt. Nach einiger Zeit wird die Geschwindigkeit der Kugel konstant, denn Reibungskraft und äußere Kraft halten sich die Waage. Lässt man bei der Beschreibung die Wechselwirkung der Kugel mit der Flüssigkeit unberücksichtigt und wendet das Konzept der effektiven Masse an, so wächst diese mit der Geschwindigkeit an bis der Kugel schließlich die Masse „unendlich" zugeordnet werden muss, denn trotz der angreifenden Kraft tritt keine Beschleunigung mehr auf. Natürlich darf man die Analogie nicht überbewerten, doch beleuchtet dieses Beispiel das zugrunde liegende Vorgehen.

Die Energieabhängigkeit der effektiven Elektronenmasse führt zu überraschenden Folgerungen. Legt man an einen idealen Kristall ein elektrisches Gleichfeld $\boldsymbol{\mathcal{E}}$ an, so wirkt auf die Elektronen eine konstante Kraft $\mathbf{F} = -e\boldsymbol{\mathcal{E}}$. Diese bewirkt gemäß Gleichung (9.3) eine gleichmäßige Bewegung der Elektronen im **k**-Raum. Da sich die Wellenfunktion und der Energieeigenwert eines Kristallelektrons im **k**-Raum periodisch wiederholen, resultiert daraus im realen Raum eine periodische Geschwindigkeitsänderung. Damit verbunden ist eine oszillatorische Bewegung der Elektronen, wie sie in Bild 9.3 dargestellt ist. Im Idealfall stoßfreier Elektronenbewegung gibt es also bei einem unendlich ausgedehnten Kristall keine Gleichstromleitfähigkeit! In einem perfekten Kristall würden die Elektronen bei $T = 0$ nur **Bloch-Oszillationen** ausführen. Anschaulich kann man sich vorstellen, dass die Elektronen bei Annäherung an die Grenze der Brillouin-Zone eine Bragg-Reflexion erfahren und sich ihre Bewegungsrichtung umkehrt, obwohl die Kraft nach wie vor in die gleiche Richtung wirkt.

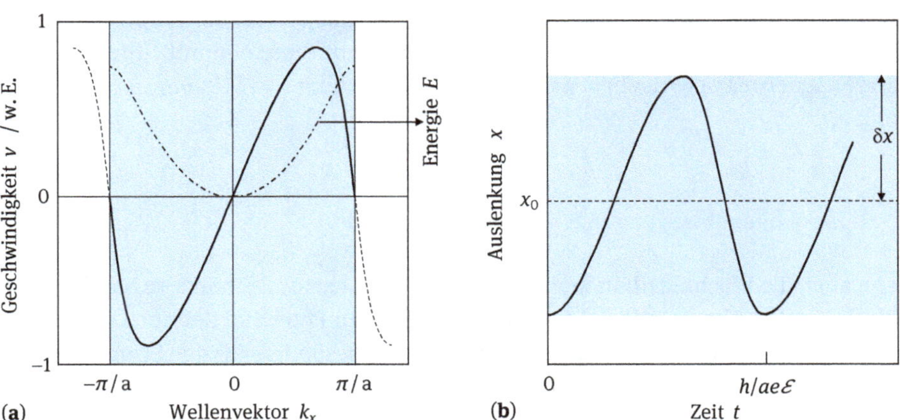

Abb. 9.3: Elektronenbewegung unter dem Einfluss eines konstanten elektrischen Feldes $-\mathcal{E}_x$. **a)** Geschwindigkeit (durchgezogene Kurve) und Energie (strich-punktierte Kurve) als Funktion der Wellenzahl: An der Grenze der Brillouin-Zone „springen" die Elektronen im reduzierten Zonenschema von π/a nach $-\pi/a$. **b)** Zeitlicher Verlauf der räumlichen Auslenkung: Es tritt eine oszillatorische Bewegung um den Mittelwert x_0 auf. Als Anfangsbedingung wurde $k(t = 0) = 0$ gewählt.

Die Periode dieser Oszillation lässt sich leicht finden: Wie oben erwähnt, bewegen sich die Elektronen bei Anliegen eines elektrischen Feldes im **k**-Raum mit konstanter Geschwindigkeit, nämlich mit $|\dot{k}| = e\mathcal{E}/\hbar$ durch die Brillouin-Zone mit der Ausdehnung $2\pi/a$. Die Schwingungsdauer T_B ist daher durch

$$T_\mathrm{B} = \frac{2\pi}{a} \Bigg/ \frac{e\mathcal{E}}{\hbar} = \frac{h}{ae\mathcal{E}} \tag{9.7}$$

gegeben. Wählen wir als Parameter $\mathcal{E} = 1\,\mathrm{kV/m}$ und $a = 2\,\text{Å}$, so finden wir die Zahlenwerte $T_\mathrm{B} \approx 20\,\mathrm{ns}$ für die Periode bzw. $\nu_\mathrm{B} \approx 50\,\mathrm{MHz}$ für die Oszillationsfrequenz. Um die Amplitude δx der Auslenkung abzuschätzen setzen wir als mittlere Geschwindigkeit $\overline{v}$ die Fermi-Geschwindigkeit ein. Mit $\overline{v} \approx 10^6\,\mathrm{m/s}$ ergibt sich für die Amplitude in etwa $\delta x \approx \overline{v}\,T_\mathrm{B}/4 \approx 5\,\mathrm{mm}$.

Träten die Bloch-Oszillationen tatsächlich auf, würde die Leitfähigkeit von massiven Metallproben verschwinden. Offensichtlich haben wir die Idealisierung zu weit getrieben, denn in realen Materialien durchlaufen die Elektronen nicht ungehindert die Brillouin-Zone, sondern stoßen mit Verunreinigungen, Phononen und anderen Elektronen. Da diese Stöße relativ häufig auftreten, verändern sie das Verhalten der Elektronen drastisch. Elektronen legen nur etwa 10 nm stoßfrei zurück, da die typischen mittleren Stoßzeiten (vgl. Abschnitt 9.2) größenordnungsmäßig bei etwa 10^{-14} s liegen. Für das Auftreten von Bloch-Oszillationen wären nicht nur fehlerfreie Kristalle und sehr tiefe Temperaturen erforderlich, auch müsste die Elektron-Elektron-Wechselwirkung (vgl. Abschnitt 9.2) vernachlässigbar sein. Dennoch wurden Bloch-Oszillationen beobachtet, nämlich in *Halbleiter-Heterostrukturen*, auf die wir in Abschnitt 10.5 eingehen. Dort lassen sich sehr schmale Bänder, sogenannte *Minibänder* mit Gitterkonstanten im Bereich von 100 Å erzeugen. Die erwarteten Oszillationen haben aufgrund der großen Gitterkonstanten eine wesentlich höhere Frequenz und können mit Hilfe optischer Kurzzeitspektroskopie nachgewiesen und zur Erzeugung von THz-Strahlung benutzt werden.

9.1.2 Elektronenbewegung in Bändern

Wenn auch die Bloch-Oszillationen nicht direkt in Erscheinung treten, so hat das ungewöhnliche Verhalten der Elektronen im periodischen Potenzial dennoch erhebliche Konsequenzen für eine Reihe von Eigenschaften, insbesondere für den Stromtransport.

Der Beitrag der einzelnen Elektronen zur Stromdichte **j** hängt von ihrer Geschwindigkeit ab. Diese wiederum wird nach (9.2) durch ihren Wellenvektor bestimmt. Für die Stromdichte schreiben wir

$$\mathbf{j} = -\frac{e}{V} \sum_\mathbf{k} \mathbf{v}(\mathbf{k})\,. \tag{9.8}$$

Es liegt nahe, von der Summe $\sum_\mathbf{k}$ zum Integral $\int \varrho_k \, \mathrm{d}^3k$ überzugehen. Die Dichte der erlaubten Zustände im Impulsraum $\varrho_k = 2V/(2\pi)^3$ haben wir bereits in Abschnitt 8.1

hergeleitet. Da nur besetzte Zustände zum Ladungstransport beitragen, erhalten wir den Ausdruck

$$\mathbf{j} = \frac{-e}{4\pi^3} \int \mathbf{v}(\mathbf{k}) f(E,T)\, \mathrm{d}^3k\,, \tag{9.9}$$

wobei $f(E,T)$ für die Fermi-Dirac-Verteilung steht, die angibt, mit welcher Wahrscheinlichkeit ein Zustand besetzt ist.

Um möglichst einfache Ausdrücke zu erhalten, betrachten wir den Stromfluss am absoluten Nullpunkt. Dort ist die Fermi-Dirac-Verteilung eine Stufenfunktion, die besetzte von unbesetzten Zuständen trennt. Die Integration über die besetzten Zustände erstreckt sich dann nur bis zur Stufe bei der Fermi-Energie. Damit ergibt sich für den Stromfluss der Ausdruck

$$\mathbf{j} = \frac{-e}{4\pi^3} \int\limits_{\text{besetzt}} \mathbf{v}(\mathbf{k})\, \mathrm{d}^3k = \frac{-e}{4\pi^3\hbar} \int\limits_{\text{besetzt}} \nabla_{\mathbf{k}} E(\mathbf{k})\, \mathrm{d}^3k\,. \tag{9.10}$$

Für die folgende Betrachtung ist von Bedeutung, dass ohne äußeres Feld der Stromfluss verschwindet. Dies lässt sich bei Kristallen mit Inversionssymmetrie einfach zeigen: Da das reziproke Gitter die Punktsymmetrie des realen Gitters besitzt, gilt in diesem Fall $E(\mathbf{k}) = E(-\mathbf{k})$. Damit folgt für die Geschwindigkeit eines Elektrons mit dem Wellenvektor $-\mathbf{k}$:

$$\mathbf{v}(-\mathbf{k}) = \frac{1}{\hbar} \nabla_{-\mathbf{k}} E(-\mathbf{k}) = -\frac{1}{\hbar} \nabla_{\mathbf{k}} E(\mathbf{k}) = -\mathbf{v}(\mathbf{k})\,. \tag{9.11}$$

Elektronen mit entgegengesetzten Wellenvektoren laufen in entgegengesetzte Richtungen. Da ohne Feld für jedes Elektron mit Wellenvektor $+\mathbf{k}$ ein Elektron mit dem Wellenvektor $-\mathbf{k}$ zu finden ist, existiert für jedes Elektron mit der Geschwindigkeit $\mathbf{v}(\mathbf{k})$ eines mit $\mathbf{v}(-\mathbf{k}) = -\mathbf{v}(\mathbf{k})$. Das Integral (9.10) nimmt daher den Wert null an, d.h. $\mathbf{j} \equiv 0$. Legt man ein elektrisches Feld an, so ändert sich bei einem *vollbesetzten Band* nichts an der Argumentation. Zwar nimmt jedes Elektron einen zusätzlichen Quasiimpuls auf, doch bleibt dabei die Besetzung des Bandes erhalten. Wie dem Bild 9.3 zu entnehmen ist, erscheinen die Elektronen auf der anderen Seite der Brillouin-Zone sobald sie die Zonengrenze bei $\pm\pi/a$ erreichen. Der räumliche und zeitliche Mittelwert der Elektronengeschwindigkeit verschwindet, wenn man über das vollbesetzte Band mittelt.

Die Beziehung (9.11) lässt sich auf Strukturen ohne Inversionssymmetrie erweitern, wenn man berücksichtigt, dass es zu jedem Elektron, dessen Spin in positive Richtung weist und somit die Energie $E(\mathbf{k})_\uparrow$ besitzt, auch ein Elektron mit $E(-\mathbf{k})_\downarrow$ gibt, so dass ein analoges Vorgehen möglich ist. Da sich der Stromfluss in den Subbändern mit entgegengesetzt gerichtetem Spin kompensiert, gilt allgemein: *Volle Bänder tragen nicht zum Stromfluss bei.* Damit wird verständlich, warum Isolatoren existieren, obwohl sich die Elektronen in den Bändern gemeinsam bewegen können.

Die Integration in Gleichung (9.10) lässt sich auf verschiedene Weisen ausführen, denn man kann die besetzten, aber auch die unbesetzten Zustände betrachten:

$$\mathbf{j} = \frac{-e}{4\pi^3} \int\limits_{\text{besetzt}} \mathbf{v}(\mathbf{k})\, \mathrm{d}^3k = \frac{-e}{4\pi^3} \Bigg[\underbrace{\int\limits_{\text{BZ}} \mathbf{v}(\mathbf{k})\, \mathrm{d}^3k}_{\equiv 0} - \int\limits_{\text{leer}} \mathbf{v}(\mathbf{k})\, \mathrm{d}^3k \Bigg] = \frac{+e}{4\pi^3} \int\limits_{\text{leer}} \mathbf{v}(\mathbf{k})\, \mathrm{d}^3k\,. \tag{9.12}$$

In dieser Gleichung haben wir das Integral über die besetzten Zustände aufgespalten in ein Integral über die gesamte Brillouin-Zone (BZ) und den Beitrag der leeren Zustände abgezogen. Wie wir soeben diskutiert haben, liefert die Brillouin-Zone bei vollem Band keinen Beitrag zum Strom. In der neuen Betrachtungsweise erfolgt der Stromtransport scheinbar durch *positive* Ladungsträger auf den leeren, von Elektronen nicht besetzten Zuständen. Man nennt diese fiktiven Ladungsträger **Löcher**, manchmal auch **Defektelektronen**. Die Einführung dieses Konzepts mag zunächst ein wenig künstlich erscheinen. Es wird sich aber zeigen, dass es viele Vorteile bietet, wenn beispielsweise das Band *fast* vollständig gefüllt ist. Will man in diesem Fall die elektrische Leitfähigkeit berechnen, so muss nur die Energiedispersion in der Nähe des Bandmaximums bekannt sein. Dort kann die Dispersionskurve meist in sehr guter Näherung durch ein Paraboloid beschrieben werden, wodurch sich die Rechnung erheblich vereinfacht.

Ist das Band nicht voll, so bewirkt das Anlegen eines elektrischen Felds eine Veränderung der Geschwindigkeitsverteilung innerhalb des Bandes. Ohne Stöße würden die Elektronen die oben geschilderten Bloch-Oszillationen ausführen. Die Stöße bewirken jedoch, wie wir im nächsten Abschnitt sehen werden, dass es nur zu einer geringfügigen Verschiebung der Elektronenverteilung im **k**-Raum kommt. Wegen der Auszeichnung durch die Feldrichtung ist die Besetzung der Zustände in einem teilweise gefüllten Band nicht mehr inversionssymmetrisch, wodurch $\mathbf{j} \neq 0$ gilt. Im nächsten Abschnitt werden wir die Integration ausführen und eine geeignete Näherung für die Leitfähigkeit finden.

9.1.3 Elektronen und Löcher

Löcher haben Eigenschaften, die stark an positive Ladungsträger erinnern. Dennoch darf man in ihnen nicht einfach positiv geladene Teilchen sehen. Im Folgenden wollen wir ihre wichtigsten Eigenschaften kurz erläutern. Um zwischen Elektronen und Löchern zu unterscheiden, kennzeichnen wir die auftretenden Größen in diesem Unterabschnitt mit dem Index „n“ bzw. „p“.

Bei einem vollen Band verschwindet die Summe aller Wellenvektoren, d.h., $\sum \mathbf{k} = 0$. Nun nehmen wir an, dass, wie in Bild 9.4a veranschaulicht, *ein* Elektron mit dem Wellenvektor $\mathbf{k}_n$ aus dem vollen Valenzband ins leere Leitungsband gehoben wird. Ein derartiger Übergang kann durch optische Absorption hervorgerufen werden, einem Effekt, den wir in Abschnitt 10.1 im Zusammenhang mit den optischen Eigenschaften von Halbleitern ausführlich diskutieren werden. Da im Valenzband nun ein Elektron fehlt, gilt jetzt $\sum \mathbf{k} = -\mathbf{k}_n$. Wir können daher dem fehlenden Elektron, also dem Loch, den Wellenvektor

$$\mathbf{k}_p = -\mathbf{k}_n \tag{9.13}$$

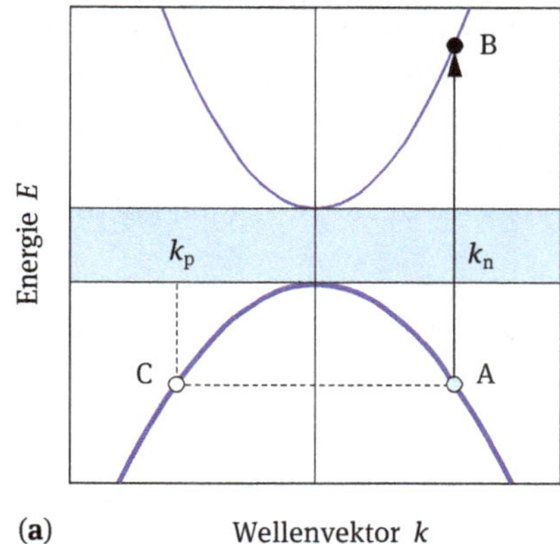

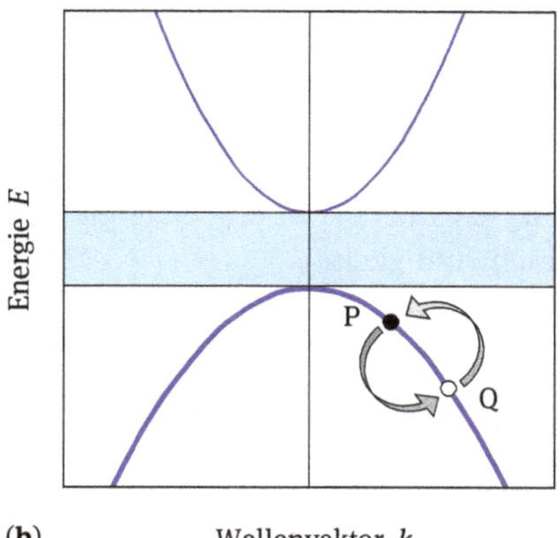

Abb. 9.4: Zum Konzept des Lochs. **a)** Ein Elektron wird, z.B. durch optische Absorption, aus dem vollen Valenzband ins leere Leitungsband angehoben. Das Elektron im Leitungsband ist durch einen Punkt, das fehlende Elektron durch eine hellblaue Kreisfläche dargestellt. Das resultierende Loch besitzt jedoch den Wellenvektor $\mathbf{k}_p = -\mathbf{k}_n$, also den des Elektrons, das den Zustand des offenen Kreises C belegt. **b)** Durch den Sprung eines Elektrons von P in den leeren Zustand Q wird das entsprechende Loch angehoben. Dabei wird die Energiedifferenz zwischen den beiden Zuständen frei.

zuordnen.[2] Bei der Interpretation der Darstellung 9.4a ist allerdings Vorsicht geboten. Der Übergang des Elektrons erfolgt vom Punkt A zum Punkt B. Das Loch besitzt jedoch nicht den Wellenvektor $\mathbf{k}_\mathrm{n}$ des fehlenden Elektrons, sondern $-\mathbf{k}_\mathrm{n}$. Es wird daher durch den Punkt C repräsentiert und besitzt den Wellenvektor des Elektrons, das diese Stelle der Dispersionsrelation belegt.

Wie in Bild 9.4b angedeutet, kann ein Loch aus dem Inneren des Valenzbandes dadurch an die Bandoberkante gelangen, dass ein Elektron aus dem Zustand P den leeren Zustand Q besetzt. Bei diesem Vorgang wird Energie frei. Umgekehrt muss Energie aufgebracht werden, um ein Loch von der Valenzbandoberkante nach „unten“ zu verschieben, denn dazu muss ein Elektron aus dem Bandinneren an die Valenzbandkante gehoben werden. Anhand dieser Überlegungen wird verständlich, dass zwischen der Elektronenenergie $E_\mathrm{n}(\mathbf{k})$ und der Lochenergie $E_\mathrm{p}(\mathbf{k})$ der Zusammenhang

$$E_\mathrm{p}(\mathbf{k}) = -E_\mathrm{n}(\mathbf{k}) \tag{9.14}$$

besteht.

Die Beziehung zwischen den effektiven Massen m^* der beiden Ladungsträgersorten folgt unmittelbar aus der Definition (9.5) und der Inversionssymmetrie der Bänder. Die Massen besitzen entgegengesetztes Vorzeichen, denn es gilt

$$\left[\frac{1}{m^*}\right]_\mathrm{p} = \frac{1}{\hbar^2}\left[\frac{\partial^2 E(\mathbf{k})}{\partial\mathbf{k}\,\partial\mathbf{k}}\right]_\mathrm{p} = \frac{1}{\hbar^2}\left[\frac{-\partial^2 E(\mathbf{k})}{(-\partial\mathbf{k})\,(-\partial\mathbf{k})}\right]_\mathrm{n} = -\left[\frac{1}{m^*}\right]_\mathrm{n} \quad \text{und} \quad m_\mathrm{p}^* = -m_\mathrm{n}^* \,. \tag{9.15}$$

2 Eine analoge Betrachtung gilt auch für den Spin, den die Löcher scheinbar tragen.

Unter dem Einfluss eines elektrischen Feldes bewegen sich im **k**-Raum alle Elektronen mit der gleichen Geschwindigkeit. Der unbesetzte Zustand, den wir hier als Loch beschreiben, folgt natürlich der Bewegung der Elektronen. Dies lässt sich leicht zeigen, da bei der Berechnung der Geschwindigkeit der Löcher sowohl bei der Gradientenbildung als auch bei der Lochenergie ein negatives Vorzeichen auftritt. Damit gilt für die Geschwindigkeit:

$$\nabla_{\mathbf{k}} E_{\mathrm{p}}(\mathbf{k}) = \nabla_{\mathbf{k}} E_{\mathrm{n}}(\mathbf{k}) \qquad \text{und} \qquad \mathbf{v}_{\mathrm{p}}(\mathbf{k}_{\mathrm{p}}) = \mathbf{v}_{\mathrm{n}}(\mathbf{k}_{\mathrm{n}}) \,. \tag{9.16}$$

Die Bewegungsgleichungen für Elektronen und Löcher nehmen damit folgende Gestalt an:

$$\hbar\dot{\mathbf{k}}_{\mathrm{n}} = -e(\boldsymbol{\mathcal{E}} + \mathbf{v}_{\mathrm{n}} \times \mathbf{B}) \,, \tag{9.17}$$

$$\hbar\dot{\mathbf{k}}_{\mathrm{p}} = +e(\boldsymbol{\mathcal{E}} + \mathbf{v}_{\mathrm{p}} \times \mathbf{B}) \,. \tag{9.18}$$

Das Loch wirkt nach außen wie ein Teilchen mit positiver Ladung!

Hier soll noch auf eine wichtige Folgerung hingewiesen werden: Beim Stromtransport bewegen sich Elektronen und Löcher in entgegengesetzter Richtung, da sich die Elektronen an der Unterkante des Leitungsbandes, die Löcher aber an der Oberkante des Valenzbandes aufhalten. Infolge ihrer entgegengesetzten Ladung addiert sich der Beitrag der Elektronen und der Löcher zum Stromtransport.

9.2 Transporteigenschaften

Drude-Modell. Einen Meilenstein im Verständnis der Transporteigenschaften von Metallen stellt die bereits 1900 von *P. Drude* [3] entwickelte Theorie der elektrischen Leitfähigkeit dar. Sie gab erstaunlich gut die experimentellen Beobachtungen wieder, insbesondere konnte die Theorie den linearen Zusammenhang zwischen Strom und elektrischem Feld erklären, der die Basis des *ohmschen Gesetzes* [4] darstellt. Zu den Erfolgen der Drudeschen Theorie zählte auch die Herleitung des *Wiedemann-Franz-Gesetzes*. Keine Erklärung konnte dagegen für die gemessenen kleinen Werte der spezifischen Wärme und der paramagnetischen Suszeptibilität der Leitungselektronen gefunden werden, da bei diesen Effekten das Pauli-Prinzip die entscheidende Rolle spielt.

Die Theorie von Drude beruhte auf der Annahme, dass sich die Bewegung der Elektronen mit Hilfe der kinetischen Gastheorie beschreiben lässt. Die Elektronen werden wie freie Teilchen behandelt, die sich mit der thermischen Geschwindigkeit $\mathbf{v}_{\mathrm{th}}$ bewegen und ständig mit den Atomrümpfen stoßen. Die Theorie enthält zwei wichtige Größen, die **Driftgeschwindigkeit** $\mathbf{v}_{\mathrm{d}}$ und die **mittlere Stoß-** oder **Relaxationszeit** τ,

---

3 Paul Karl Ludwig Drude, *1863 Braunschweig, †1906 Berlin

4 Georg Simon Ohm, *1789 Erlangen, †1854 München

die beide in die klassische Bewegungsgleichung für das Elektron eingehen:

$$m\frac{d\mathbf{v}}{dt} = -e\,\boldsymbol{\mathcal{E}} - m\frac{\mathbf{v}_d}{\tau} \,. \tag{9.19}$$

Der Term $m\mathbf{v}_d/\tau$ hat die übliche Form einer Reibungs- oder Dämpfungskraft und berücksichtigt auf diese Weise die hemmende Wirkung der Stöße. Die Driftgeschwindigkeit $\mathbf{v}_d = (\mathbf{v} - \mathbf{v}_{th})$ spiegelt die vom Feld bewirkte zusätzliche Geschwindigkeit wider. Die Relaxationszeit τ ist die charakteristische Zeit, mit der $\mathbf{v}_d$ nach dem Abschalten des elektrischen Feldes exponentiell dem Gleichgewichtswert $\mathbf{v}_d = 0$ zustrebt.

Im stationären Fall ist $\dot{\mathbf{v}} = 0$ und die Driftgeschwindigkeit nimmt den Wert

$$\mathbf{v}_d = -\frac{e\tau}{m}\boldsymbol{\mathcal{E}} = -\mu\,\boldsymbol{\mathcal{E}} \tag{9.20}$$

an. Als Abkürzung haben wir hier die **Beweglichkeit** $\mu = e\tau/m$ eingeführt. Ist n die Dichte der Elektronen, so folgt für die Stromdichte

$$\mathbf{j} = -en\mathbf{v}_d = \frac{ne^2\tau}{m}\boldsymbol{\mathcal{E}} = ne\mu\,\boldsymbol{\mathcal{E}} \tag{9.21}$$

und somit für die elektrische Leitfähigkeit

$$\sigma = \frac{j}{\mathcal{E}} = \frac{ne^2\tau}{m} = ne\mu \,. \tag{9.22}$$

Damit ist das ohmsche Gesetz zurückgeführt auf zwei Materialparameter, nämlich auf die Elektronendichte und die mittlere Stoßzeit. Mit typischen Leitfähigkeitswerten für Metalle findet man, dass die Stoßzeit τ von der Größenordnung 10^{-14} s ist. Da Drude annahm, dass sich die Elektronen mit der thermischen Geschwindigkeit von etwa 10^5 m/s bewegen, ergibt sich für die freie Weglänge $\ell = v\tau$ etwa 10 Å. Diese Länge ist vergleichbar mit der Dimension der Atomrümpfe.

Man beachte, dass in dieser Herleitung *alle* Leitungselektronen beschleunigt und *gestreut* werden. Dieser Ansatz ist jedoch nicht mit der Tatsache verträglich, dass Elektronen der Fermi-Dirac-Verteilung unterliegen. Wie wir sehen werden, führt die korrekte Rechnung überraschenderweise zum selben Resultat.

9.2.1 Sommerfeld-Theorie

Eine wesentlich verbesserte Theorie wurde von *A. Sommerfeld* entwickelt, die wir bereits bei der Diskussion der spezifischen Wärme von Metallen aufgegriffen haben. Wie wir sehen werden, erklärt diese Theorie unter anderem die elektrische Leitfähigkeit und das Wiedemann-Franz-Gesetz, für die im Drude Modell keine Erklärung gefunden werden konnte. Die Elektronen werden als quasi-freie Teilchen betrachtet, welche der Schrödinger-Gleichung gehorchen und dem Pauli-Prinzip unterliegen. Die vereinfachenden Annahmen sind nur bedingt auf Metalle mit komplizierter Bandstruktur anwendbar, so dass einfache Metalle und Edelmetalle hier im Mittelpunkt der Diskussion stehen. Da deren Leitungsband in etwa halb gefüllt ist, kann ihre Fermi-Fläche in guter Näherung als *Fermi-Kugel* beschrieben werden.

Unter der Einwirkung einer äußeren Kraft **F** bzw. eines elektrischen Feldes $\mathcal{E}$ entwickelt sich der Wellenvektor nach (9.3) wie folgt:

$$\hbar \frac{\mathrm{d}\mathbf{k}}{\mathrm{d}t} = \mathbf{F} = -e\,\mathcal{E}\,. \tag{9.23}$$

Die Auswirkung des elektrischen Feldes auf die Fermi-Kugel im **k**-Raum ist in Bild 9.5 zu sehen: Ohne äußeres Feld fallen Zentrum der Fermi-Kugel und Ursprung des **k**-Raumes am Γ-Punkt zusammen. Legen wir ein elektrisches Feld an, so verschiebt sich entsprechend (9.23) jeder Wellenvektor und damit auch die Fermi-Kugel als Ganzes um den Betrag

$$\delta\mathbf{k} = \frac{-e\,\mathcal{E}\,\delta t}{\hbar}\,, \tag{9.24}$$

wenn δt für die Zeit steht, die nach Anlegen des elektrischen Feldes verstrichen ist. Die Verschiebung der Fermi-Kugel ist in Bild 9.5b veranschaulicht.

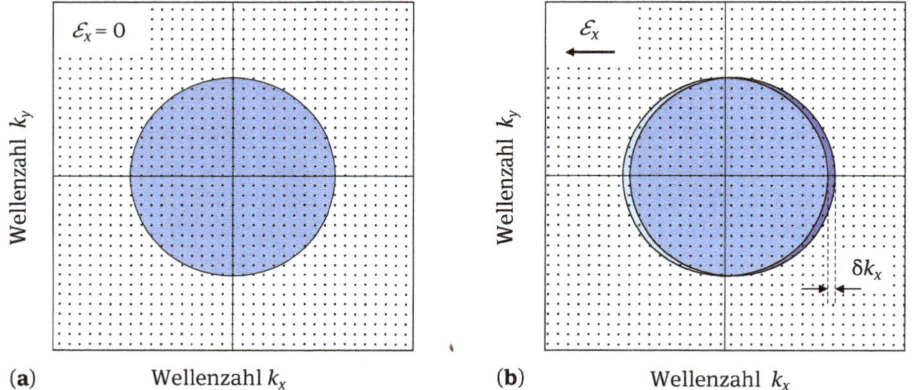

Abb. 9.5: Verschiebung der Fermi-Kugel im elektrischen Feld. Die Punkte symbolisieren die erlaubten Wellenvektoren. **a)** Fermi-Kugel ohne elektrisches Feld. Koordinatenursprung und Kugelmittelpunkt fallen zusammen. **b)** Unter dem Einfluss des elektrischen Feldes $-\mathcal{E}_x$ haben sich alle Wellenvektoren und mit ihnen die Elektronenverteilung um den Betrag δk_x nach rechts verschoben. Durch Stöße werden Elektronen aus dem dunklen Bereich der Vorderseite in den helleren Bereich der Rückseite transportiert.

Streuprozesse, auf die wir im nächsten Abschnitt ausführlicher eingehen, bewirken den Transport von Elektronen von der Vorder- auf die Rückseite der Fermi-Kugel. Kurze Zeit nach dem Anlegen des Feldes stellt sich so ein dynamisches Gleichgewicht zwischen der Verschiebung der Fermi-Kugel und den Umlagerungen aufgrund der Streuprozesse ein, und die Kugel kommt zum Stillstand. Es soll hier betont werden, dass sich die Fermi-Kugel nur geringfügig verschiebt, obwohl die Wellenvektoren der Elektronen gemäß (9.3) einer ständigen Veränderung unterliegen. Da die geringe Verschiebung der Fermi-Kugel nur kleine Energieänderungen hervorruft und die Streuung nur in leere Endzustände erfolgen kann, können am Umlagerungsprozess nur jene Elektronen teilnehmen, deren Wellenvektoren in der Nähe der Fermi-Fläche liegen.

Während sich ohne Feld der Stromfluss in positive und negative x-Richtung exakt aufhebt, gilt dies nicht mehr in Gegenwart eines Feldes. Der resultierende Strom wird durch die schnellen Elektronen des dunkel getönten Gebietes bzw. durch die leeren Zustände im hellen Bereich hervorgerufen. Im Gegensatz zu der klassischen Betrachtungsweise, bei der alle Elektronen mit der kleinen Driftgeschwindigkeit $\mathbf{v}_\mathrm{d}$ zum Stromfluss beitragen, sind es im Modell von *A. Sommerfeld* nur die wenigen, aber schnellen Elektronen an der Fermi-Fläche. Offen bleibt bei den bisherigen Überlegungen, wie man die *mittlere Stoßzeit* bzw. die Zeit δt in Gleichung (9.24) einführt, die zwischen Anschalten des Feldes und Einstellen der stationären Verschiebung verstreicht. Wir wenden uns zunächst dieser Frage zu und gehen anschließend auf die verschiedenen Streumechanismen ein.

9.2.2 Boltzmann-Gleichung

Ohne äußeres elektrisches Feld ist die Besetzung der elektronischen Zustände durch die Fermi-Dirac-Verteilungsfunktion $f_0(\mathbf{k})$ gegeben, wobei wir hier den Gleichgewichtswert durch den Index 0 kennzeichnen. Wird ein Feld angelegt, so werden die Elektronen beschleunigt und nach kurzer Zeit stellt sich aufgrund von Stößen der stationäre Nichtgleichgewichtswert $f(\mathbf{k}, \mathbf{r}, t)$ ein.

Grundsätzlich gibt es drei Ursachen für Änderungen der Verteilungsfunktion: die Diffusion aufgrund von Schwankungen der räumlichen Elektronendichte, das Wirken von äußeren Feldern und Streuprozesse. Die zeitliche und räumliche Entwicklung der Verteilungsfunktion lässt sich mit Hilfe der **Boltzmann-Gleichung** (oder Boltzmannschen Transportgleichung) beschreiben. Zur Herleitung dieser Gleichung betrachten wir die Auswirkungen einer kleinen Zeitverschiebung $\mathrm{d}t$ auf die Verteilungsfunktion. Nach dem *Liouvilleschen Satz* [5] der klassischen Mechanik bleibt die Dichte im Phasenraum in Abwesenheit von Stößen erhalten. Für die Verteilungsfunktion gilt daher

$$f(\mathbf{k} + \mathrm{d}\mathbf{k}, \mathbf{r} + \mathrm{d}\mathbf{r}, t + \mathrm{d}t) = f(\mathbf{k}, \mathbf{r}, t) \ . \tag{9.25}$$

Für kleine Änderungen der Variablen lässt sich diese Gleichung umschreiben:

$$f(\mathbf{k} + \mathrm{d}\mathbf{k}, \mathbf{r} + \mathrm{d}\mathbf{r}, t + \mathrm{d}t) - f(\mathbf{k}, \mathbf{r}, t) = \frac{\partial f}{\partial \mathbf{k}} \cdot \mathrm{d}\mathbf{k} + \frac{\partial f}{\partial \mathbf{r}} \cdot \mathrm{d}\mathbf{r} + \frac{\partial f}{\partial t}\,\mathrm{d}t = 0 \ . \tag{9.26}$$

Beim Auftreten von Stößen muss ein „Korrekturterm“ hinzugefügt werden, der summarisch den Beitrag aller Stöße enthält. Leiten wir die obige Gleichung nach der Zeit ab, so erhalten wir die *Boltzmann-Gleichung*

$$\dot{\mathbf{k}} \cdot \frac{\partial f}{\partial \mathbf{k}} + \dot{\mathbf{r}} \cdot \frac{\partial f}{\partial \mathbf{r}} + \frac{\partial f}{\partial t} = \left.\frac{\partial f}{\partial t}\right|_{\mathrm{Streu}} \ . \tag{9.27}$$

5 Joseph Liouville, *1809 Saint-Omer, †1882 Paris

Die beiden ersten Terme auf der linken Seite sind der *Feld-* bzw. der *Diffusionsterm*, auf der rechten Seite steht der *Streu-* oder *Stoßterm*, der zusätzlich eingeführt wurde. Bei der Diskussion der elektrischen Leitfähigkeit spielt der Diffusionsterm keine Rolle, da ein homogenes elektrisches Feld die räumlich homogene Elektronenverteilung nicht verändert. Wir lassen daher im Folgenden diesen Term weg.

Für den Stoßterm benutzen wir den einfachen **Relaxationszeit-Ansatz**

$$\left.\frac{\partial f(\mathbf{k})}{\partial t}\right|_{\text{Streu}} = -\frac{f(\mathbf{k}) - f_0(\mathbf{k})}{\tau(\mathbf{k})} . \tag{9.28}$$

Die Bedeutung der Relaxationszeit $\tau(\mathbf{k})$ bzw. der *Streurate* τ^{-1} haben wir bereits in Abschnitt 7.2 bei der Diskussion der Phonon-Phonon-Streuung kennengelernt. Im vorliegenden Fall wird die Nichtgleichgewichtsverteilung $f(\mathbf{k}, \mathbf{r}, t)$ durch Streuung der Elektronen mit dem Wellenvektor $\mathbf{k}$ in Zustände mit den Wellenvektoren $\mathbf{k}'$ abgebaut. Wie bei der Phonon-Phonon-Streuung muss auch hier berücksichtigt werden, dass Streuprozesse grundsätzlich umkehrbar sind, also auch Streuung von $\mathbf{k}'$ nach $\mathbf{k}$ erfolgt. Die Übergangswahrscheinlichkeiten sind für beide Streuereignisse gleich groß, doch heben sich die beiden Prozesse nicht auf, weil die Besetzung des jeweiligen Ausgangs- und Endzustandes für die Vor- und Rückreaktion aufgrund der unterschiedlichen Verteilungsfunktionen $f(\mathbf{k}, \mathbf{r}, t)$ bzw. $f_0(\mathbf{k}, \mathbf{r}, t)$ verschieden groß ist.

Die Bedeutung der Relaxationszeit im Zusammenhang mit der Verschiebung der Fermi-Kugel lässt sich an einem einfachen Beispiel verdeutlichen: Nehmen wir an, dass sich unter dem Einfluss eines elektrischen Feldes eine stationäre Nichtgleichgewichtsverteilung $\overline{f}(\mathbf{k})$ eingestellt hat, und schalten das Feld abrupt ab. Dann erfolgt ein Übergang der Verteilung $f(\mathbf{k})$ von der anfänglichen Verteilung $\overline{f}(\mathbf{k})$ zur Gleichgewichtsverteilung $f_0(\mathbf{k})$. Ohne äußeres Feld nimmt (9.27) mit dem Relaxationszeit-Ansatz (9.28) die einfache Form

$$\frac{\partial f(\mathbf{k})}{\partial t} = -\frac{f(\mathbf{k}) - f_0(\mathbf{k})}{\tau(\mathbf{k})} \tag{9.29}$$

an. Mit der Anfangsbedingung $f(\mathbf{k}, t = 0) = \overline{f}(\mathbf{k})$ folgt daraus

$$f(\mathbf{k}) - f_0(\mathbf{k}) = \left[\, \overline{f}(\mathbf{k}) - f_0(\mathbf{k}) \,\right] \mathrm{e}^{-t/\tau} . \tag{9.30}$$

Die Abweichung von der Gleichgewichtsverteilung klingt nach dem Abschalten des Feldes mit der charakteristischen Zeitkonstanten τ exponentiell ab. Entsprechend stellt sich mit der gleichen Zeitkonstanten beim Einschalten eines elektrischen Feldes die stationäre Verschiebung der Fermi-Kugel ein. τ ist die Zeit, in der sich die Verteilungsfunktion bei einer plötzlichen Änderung des äußeren Feldes auf die neuen Bedingungen einstellt, also die Zeit, in der ein neuer stationärer Zustand erreicht wird. Die Verbindung mit dem Drude-Modell wird hier sichtbar.

9.2.3 Elektrischer Ladungstransport

Nach den umfangreichen Vorbemerkungen wenden wir uns nun der elektrischen Gleichstromleitfähigkeit $[\boldsymbol{\sigma}]$ von Metallen zu. Da diese durch $[\boldsymbol{\sigma}] = \mathbf{j}/\boldsymbol{\mathcal{E}}$ gegeben ist, berechnen wir mit Hilfe der Boltzmann-Gleichung die Stromdichte $\mathbf{j}$, die von einem konstanten elektrischen Feld $\boldsymbol{\mathcal{E}}$ hervorgerufen wird. Allerdings führen wir diese Rechnung für ein isotropes Gas freier Elektronen durch, so dass der tensorielle Charakter der Leitfähigkeit keine Rolle spielt. In diesem einfachen Fall gilt: $\sigma = \sigma_{xx} = j_x/\mathcal{E}_x$. Wir lassen Einschaltvorgänge außer Acht und betrachten nur den stationären Zustand, bei dem der Term $\partial f/\partial t$, welcher die explizite Zeitabhängigkeit beschreibt, in Gleichung (9.27) verschwindet. Die Verteilungsfunktion hängt in diesem einfachen Fall weder vom Ort noch von der Zeit ab, so dass die Boltzmann-Gleichung mit $\dot{\mathbf{k}} = -e\,\boldsymbol{\mathcal{E}}/\hbar$, der Gleichung (9.23), die einfache Gestalt

$$-\frac{e}{\hbar}\,\boldsymbol{\mathcal{E}} \cdot \nabla_{\mathbf{k}} f(\mathbf{k}) = -\frac{f(\mathbf{k}) - f_0(\mathbf{k})}{\tau(\mathbf{k})} \tag{9.31}$$

annimmt. Lösen wir nach $f(\mathbf{k})$ auf, so ergibt sich

$$f(\mathbf{k}) = f_0(\mathbf{k}) + \frac{e\tau(\mathbf{k})}{\hbar}\,\boldsymbol{\mathcal{E}} \cdot \nabla_{\mathbf{k}} f(\mathbf{k})\,. \tag{9.32}$$

Diese Gleichung können wir für *kleine Abweichungen* der Verteilungsfunktion vom Gleichgewichtswert lösen, wenn wir den Gradienten der tatsächlichen Verteilungsfunktion durch den Gradienten der Gleichgewichtsverteilung ersetzen. Wir erhalten dann die **linearisierte Boltzmann-Gleichung** für den Stromtansport

$$f(\mathbf{k}) \approx f_0(\mathbf{k}) + \frac{e\tau(\mathbf{k})}{\hbar}\,\boldsymbol{\mathcal{E}} \cdot \nabla_{\mathbf{k}} f_0(\mathbf{k})\,. \tag{9.33}$$

Die Stromdichte ist durch Gleichung (9.9) gegeben, die wir nochmals anschreiben:

$$\mathbf{j} = -\frac{e}{4\pi^3} \int \mathbf{v}(\mathbf{k}) f(\mathbf{k})\,\mathrm{d}^3k\,. \tag{9.34}$$

Das Modell freier Elektronen setzt voraus, dass sich Metalle bezüglich ihrer elektronischen Eigenschaften isotrop verhalten. Dann ist $j_y = j_z = 0$, wenn das elektrische Feld in x-Richtung anliegt. In polykristallinen Materialien ist diese Annahme recht gut erfüllt. Nun setzen wir $f(\mathbf{k})$ aus der linearisierten Boltzmann-Gleichung (9.33) in (9.34) ein. Die Gleichgewichtsverteilung $f_0(\mathbf{k})$ trägt nicht zum Stromfluss bei, da der Mittelwert über alle Geschwindigkeiten $\mathbf{v}(\mathbf{k})$ verschwindet. Der Term der den Gradienten enthält, liefert den für uns interessanten Stromfluss. Da $\partial f_0(\mathbf{k})/\partial k_x = [\partial f_0(\mathbf{k})/\partial E]\,\hbar v_x$ ist, lässt sich für die Stromdichte

$$j_x = -\frac{e^2\mathcal{E}_x}{4\pi^3} \int v_x^2\,\tau(\mathbf{k})\,\frac{\partial f_0(\mathbf{k})}{\partial E}\,\mathrm{d}^3k \tag{9.35}$$

schreiben. Bei der Auswertung dieses Integrals berücksichtigen wir, dass die Fermi-Dirac-Funktion bei der Fermi-Energie einen sehr steilen Abfall aufweist, sonst aber näherungsweise konstant ist. Die Ableitung dieser Funktion ist daher nur in der unmittelbaren Umgebung der Fermi-Energie merklich von Null verschieden. Da die Ableitung dort sehr große Werte annimmt, ersetzen wir sie durch eine Deltafunktion, d.h., wir setzen $[\partial f_0(\mathbf{k})/\partial E] \approx -\delta(E - E_\mathrm{F})$. Auf das Volumenelement d^3k sind wir bereits ausführlich in den Abschnitten 6.4 und 8.1 bei der Herleitung der Zustandsdichte von Phononen und Elektronen eingegangen. Wir benutzen (6.79) und erhalten für die elektrische Leitfähigkeit

$$\sigma = \frac{j_x}{\mathcal{E}_x} \approx \frac{e^2}{4\pi^3\hbar} \int \frac{v_x^2(\mathbf{k})}{v(\mathbf{k})}\,\tau(\mathbf{k})\,\delta(E - E_\mathrm{F})\,\mathrm{d}E\,\mathrm{d}S_\mathrm{E} \approx \frac{e^2}{4\pi^3\hbar} \int \frac{v_x^2(\mathbf{k}_\mathrm{F})}{v(\mathbf{k}_\mathrm{F})}\,\tau(\mathbf{k}_\mathrm{F})\,\mathrm{d}S_\mathrm{F}\,. \tag{9.36}$$

Wie in (6.79) steht im ersten Ausdruck $\mathrm{d}S_\mathrm{E}$ für ein Element der Fläche konstanter Energie im **k**-Raum. Der letzte Term ergibt sich nach Ausführung der Integration über die Energie, wobei $\mathrm{d}S_\mathrm{F}$ für ein Oberflächenelement der Fermi-Kugel steht.

Da die Geschwindigkeitsverteilung der Elektronen im Rahmen unseres einfachen Modells isotrop ist, dürfen wir vereinfachend $v_x^2 = v^2/3$ setzen. Dies gilt natürlich auch für die Fermi-Geschwindigkeit. Auch die Relaxationszeit τ weist keine Richtungsabhängigkeit auf, so dass wir beide Größen vor das Integral ziehen können. Damit erhalten wir für das Oberflächenintegral den einfachen Ausdruck $\int \mathrm{d}S_\mathrm{F} = 4\pi k_\mathrm{F}^2$. Berücksichtigen wir zudem $m^* v_\mathrm{F} = \hbar k_\mathrm{F}$, so erhalten wir für die elektrische Leitfähigkeit

$$\sigma_{xx} = \sigma = \frac{j_x}{\mathcal{E}_x} = \frac{e^2}{3\pi^2}\,\frac{\tau(E_\mathrm{F})}{m^*}\,k_\mathrm{F}^3\,. \tag{9.37}$$

Beachten wir noch, dass der Betrag des Fermi-Wellenvektors nach (8.26) durch $k_\mathrm{F}^3 = 3\pi^2 n$ gegeben ist, so vereinfacht sich der Ausdruck weiter zu

$$\sigma = \frac{n\,e^2}{m^*}\,\tau(E_\mathrm{F})\,. \tag{9.38}$$

Diese Gleichung entspricht der klassischen Formel (9.22) von *P. Drude*, die suggeriert, dass alle Elektronen gleichermaßen am Ladungstransport teilnehmen. Wie wir jedoch gesehen haben, tragen nur Elektronen an der Fermi-Fläche zur Leitfähigkeit bei, denn nur dort ist der Gradient der Verteilungsfunktion deutlich von null verschieden. Der Hauptunterschied besteht darin, dass die Relaxationszeit $\tau(E_\mathrm{F})$ der Elektronen an der Fermi-Fläche eingeht, in der Drudeschen Theorie aber die nicht näher spezifizierte mittlere Stoßzeit τ, die eher als Stoß aller Elektronen gegen benachbarte Atome und untereinander interpretiert werden kann.

Hier noch typische Zahlenwerte: Für die mittlere Stoßzeit findet man in Kupfer den Wert $\tau \approx 2 \cdot 10^{-14}$ s bei Zimmertemperatur und $\tau \approx 6 \cdot 10^{-11}$ s bei 4 K in hoch-reinen Proben. Da nur Elektronen an der Oberfläche der Fermi-Kugel stoßen und sich diese mit der Fermi-Geschwindigkeit $v_\mathrm{F} = 1{,}6 \cdot 10^6$ m/s bewegen, lässt sich aus der Stoßzeit die mittlere freie Weglänge $l = v_\mathrm{F}\,\tau$ mit $l \approx 30$ nm bzw. $l \approx 0{,}1$ mm angeben. Interessant ist auch eine Abschätzung der relativen Verschiebung $\delta k/k_\mathrm{F}$ der Fermi-Kugel. Setzen wir die mittlere Stoßzeit von Kupfer bei Zimmertemperatur und eine elektrische Feldstärke von $\mathcal{E} = 100\,\mathrm{V/m}$ in (9.24) ein, so erhalten wir $\delta k \approx 3 \cdot 10^3\,\mathrm{m}^{-1}$ und somit $\delta k/k_\mathrm{F} \approx 10^{-7}$. Die Fermi-Kugel verschiebt sich also nur geringfügig.

Ergänzend sei noch bemerkt, dass das Drude-Modell auch den richtigen Ausdruck für die Wechselstromleitfähigkeit liefert. Sucht man eine stationäre Lösung von Gleichung (9.19) für das elektrische Wechselfeld $\mathcal{E} = \mathcal{E}_0 \exp(-\mathrm{i}\omega t)$, so findet man unter Einbeziehung von (9.21) die frequenzabhängige Wechselstromleitfähigkeit

$$\sigma_\mathrm{WS} = \frac{ne^2\tau}{m^*}\,\frac{1}{1-\mathrm{i}\omega\tau}\,. \tag{9.39}$$

Die Trägheit der Elektronen führt zu einer Phasenverschiebung zwischen Strom und Spannung. Der dabei auftretende Faktor $(1-\mathrm{i}\omega\tau)$ ist typisch für sogenannte *Relaxationsprozesse*, auf die wir in Abschnitt 13.3 ausführlich eingehen.

9.2.4 Streuung von Leitungselektronen

Sieht man von der Elektron-Elektron-Wechselwirkung ab, auf deren Wirksamkeit wir noch zu sprechen kommen, so sollten sich Leitungselektronen in Kristallen zwar mit veränderter Masse, nämlich der effektiven Masse, aber sonst ungestört bewegen können. Dies gilt sowohl im Modell des freier Elektronengases, bei dem sich die Elektronen in einem konstanten Potenzial aufhalten, als auch für Elektronen im periodischen Kristallpotenzial. Wie wir sehen werden, werden Elektronen immer dann gestreut, wenn Abweichungen vom konstanten bzw. vom periodischen Potenzial auftreten, die durch Defekte oder Gitterschwingungen hervorgerufen werden. Im Folgenden werden wir hierzu einige qualitative Betrachtungen anstellen.

Streuung an Defekten. Wir gehen zunächst auf die Wechselwirkung mit statischen Gitterstörungen wie Punktdefekte, Fremdatome oder Versetzungen ein. Nach der einfachen Streutheorie, die in ihren Grundzügen in den Abschnitten 4.2 und 7.3 behandelt wurde, werden Wellen an statischen Streuzentren elastisch gestreut. Bei diesem Prozess ändert sich zwar die Bewegungsrichtung der Elektronen, nicht aber der Betrag ihres Wellenvektors. Bezeichnen wir den Elektronenimpuls vor bzw. nach dem Stoß mit $\hbar\mathbf{k}$ und $\hbar\mathbf{k}'$, so lässt sich die Erhaltung des Wellenvektors durch $\mathbf{k} = \mathbf{k}' + \mathbf{K}$ ausdrücken, wobei $\mathbf{K}$ ein beliebiger Wellenvektor ist, für dessen Betrag $K \leq 2k$ gelten muss. Der Impulsübertrag $\hbar\mathbf{K}$ wird vom Gitter als Ganzes aufgenommen.

In Bild 9.6 ist der elastische Streuprozess schematisch dargestellt. Neben der Fermi-Kugel ist auch die Brillouin-Zone eines kubisch primitiven Gitters eingezeichnet, wobei die Größenverhältnisse in etwa denen eines einfachen Metalls entsprechen. Die Fermi-Kugel ist durch das elektrische Feld um den Betrag δk_x verschoben, ihre Oberfläche ist durch die Temperatur „aufgeweicht". Die beiden Effekte sind in dieser Abbildung stark übertrieben dargestellt. Die Elektronen erfahren bei der elastischen Streuung an Defekten keine Energieänderung. Da der Endzustand bei der Streuung unbesetzt sein muss, kann sich der Prozess nur innerhalb des aufgeweichten Bereiches der Fermi-Kugel abspielen.

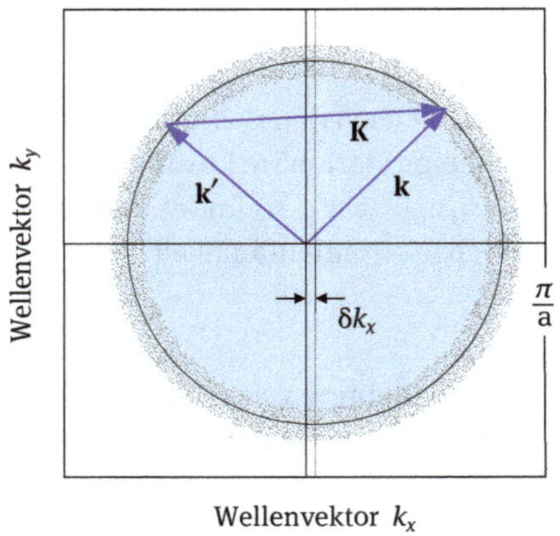

Abb. 9.6: Elektronenstreuung an einem Defekt. Die Wellenvektoren $\mathbf{k}$ und $\mathbf{k}'$ des Elektrons liegen vor und nach dem Stoß innerhalb der aufgeweichten Oberfläche der Fermi-Kugel. Das Gitter nimmt den Impuls $\hbar\mathbf{K}$ auf. Das Zentrum der Fermi-Kugel ist durch das anliegende elektrische Feld um δk_x nach rechts verschoben.

Streuung an Phononen. Im Gegensatz zur Streuung an Defekten ist die Elektron-Phonon-Streuung inelastisch und lässt sich analog zu der in Abschnitt 6.3 diskutierten Neutronenstreuung behandeln. Da $E_\mathrm{F} \gg \hbar\omega_\mathrm{D}$ ist, wird die Elektronenenergie durch die Erzeugung oder Vernichtung eines Phonons kaum verändert. Für die Wellenzahlen der Elektronen gilt daher auch hier in guter Näherung $|\mathbf{k}| \approx |\mathbf{k}'|$. Folglich können auch hier nur Elektronen in naher Umgebung der Fermi-Fläche am Stoßprozess teilnehmen. Für den Wellenvektor selbst gilt der Erhaltungssatz $\mathbf{k} = (\mathbf{k}' \pm \mathbf{q} + \mathbf{G})$, wobei $\mathbf{G}$ für einen reziproken Gittervektor steht. Das Vorzeichen von $\mathbf{q}$ hängt davon ab, ob ein Phonon erzeugt oder vernichtet wird. Wie bei der Phonon-Phonon-Streuung können auch hier zwei Prozesse unterschieden werden: der Normal-Prozess ohne Beteiligung eines reziproken Gittervektors und der Umklapp-Prozess, bei dem $\mathbf{G} \neq 0$ ist.

Normal-Prozess: Normal-Prozesse wirken sich auf die elektrische Leitfähigkeit je nach Probentemperatur unterschiedlich stark aus. Wie in Bild 9.7 schematisch dargestellt, hängt der mittlere Streuwinkel ϑ der Elektronen von der Temperatur ab, da der mittlere Impulsübertrag von der Wellenzahl und damit von der Frequenz der dominanten Phononen bestimmt wird. Bei tiefen Temperaturen bewirkt jeder Streuprozess nur eine relativ kleine Winkeländerung. Daher sind viele Streuereignisse erforderlich bis ein Elektron von der Vorderseite der Fermi-Kugel die Rückseite erreicht. Die Zeit, die verstreicht, bis der Übergang zur Rückseite abgeschlossen ist, hat somit die Bedeutung einer effektiven mittleren Stoßzeit. Mit zunehmender Temperatur wächst der Streuwinkel an und die Normal-Prozesse werden immer effektiver, bis schließlich ein Stoß ausreicht. In Bild 9.7 und der folgenden Zeichnung haben wir nicht die kugelförmige Fermi-Fläche freier Elektronen gewählt, sondern eine von dieser Form abweichende Fläche, wie sie bei vielen Metallen in ähnlicher Form tatsächlich auftritt.

Umklapp-Prozess: Zu einem Umklapp-Prozess kommt es, wenn der Wellenvektor des Elektrons nach dem Stoß mit dem Phonon, wie in Bild 9.8 schematisch dargestellt, außerhalb der 1. Brillouin-Zone zu liegen kommt. Ähnlich wie beim Phonon-Umklapp-Prozess ist hierfür ein Mindestimpuls des beteiligten Phonons erforderlich. Da aber die

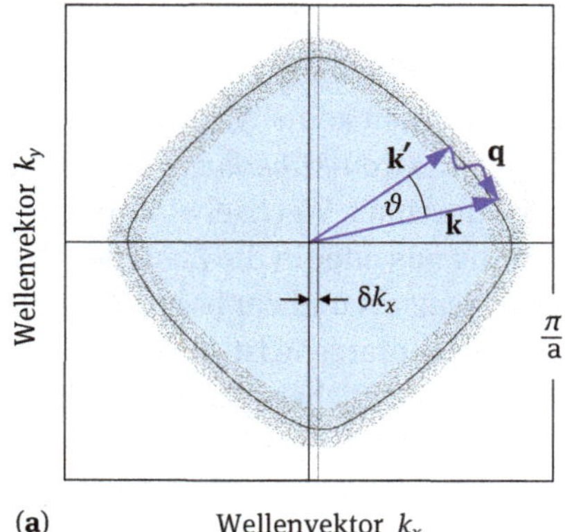

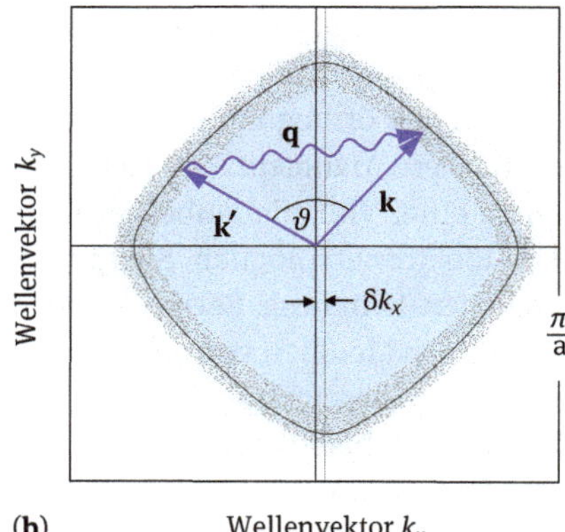

Abb. 9.7: Normal-Prozess. **a)** Streuprozess bei tiefen Temperaturen mit kleinem Impulsübertrag, **b)** Streuprozess bei hohen Temperaturen von der Vorder- zur Rückseite der „Fermi-Kugel" durch ein einziges Streuereignis. Das Zentrum der Fermi-Flächen ist durch das elektrische Feld jeweils gegenüber dem Koordinatenursprung um δk_x nach rechts verschoben.

Fermi-Fläche in vielen Fällen in der Nähe der Brillouin-Zonengrenze liegt, kann der Impuls bzw. die Energie des benötigten Phonons, natürlich abhängig von der Form der Fermi-Fläche, relativ klein sein. Wie dem Bild 9.8 zu entnehmen ist, bringt die Addition eines reziproken Gittervektors das Elektron wieder auf die Fermi-Fläche zurück. Umklapp-Prozesse können bei einer entsprechenden Form der Fermi-Fläche zu großen Richtungsänderungen des Elektronenimpulses selbst dann führen, wenn der Impuls des beteiligten Phonons so klein ist, dass Normalprozesse nur kleine Winkeländerungen bewirken würden. Diese Prozesse sind deshalb ein besonders effektiver Mechanismus zur Einstellung des stationären Gleichgewichts beim elektrischen Ladungstransport.

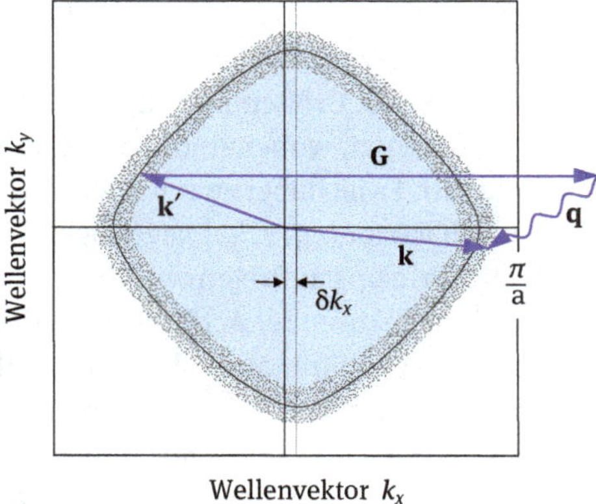

Abb. 9.8: Umklapp-Prozess. Das wechselwirkende Elektron erzeugt ein Phonon und wird unter Mitwirkung eines reziproken Gittervektors auf die Rückseite der „Fermi-Kugel" gestreut. Ihr Zentrum ist gegenüber dem Koordinatenursprung um δk_x nach rechts verschoben.

Elektron-Elektron-Streuung: Bisher haben wir die Wechselwirkung *zwischen* den Elektronen immer außer Acht gelassen, da ohne Störung der Periodizität des Potenzials zwischen den orthogonalen Eigenfunktionen der Elektronen keine Wechselwirkung auftritt. Diese Argumentation ist nur im Rahmen der *Einelektron-Näherung* gültig. Geht man zu einer Vielteilchenbeschreibung über, so ist durchaus Wechselwirkung zwischen Elektronen möglich. Sie führt zu einer Streuung aus oder in die Zustände der Einteilchen-Näherung. Bei der Stärke des Coulomb-Potenzials und der hohen Elektronendichte in Metallen von etwa einem Elektron pro Elementarzelle ist zu befürchten, dass die von diesem Streumechanismus verursachte Rate möglicherweise sogar höher ist als die der bisher diskutierten Mechanismen. Es gibt aber zwei Gründe für eine starke Unterdrückung der Elektron-Elektron-Streuung. Zum einen bewirken Abschirmeffekte, auf die wir im vorhergehenden Kapitel eingegangen sind, eine starke Reduktion der Reichweite des Coulomb-Potenzials, zum anderen ist das Pauli-Prinzip wirksam, dessen Konsequenzen für die Elektron-Elektron-Streuung wir uns nun kurz ansehen wollen.

Um den Einfluss des Pauli-Verbots zu zeigen, greifen wir den einfachsten und häufigsten Streuprozess, den Stoß zwischen zwei Elektronen heraus und sehen ihn etwas genauer an. Wir betrachten der Einfachheit halber den Streuvorgang bei $T = 0$ und nehmen an, dass nur *ein* Elektron angeregt ist. Es hat also die Energie $E_1 > E_\mathrm{F}$, während das wechselwirkende Elektron die Energie $E_2 < E_\mathrm{F}$ besitzt. Da die Streuung nur in unbesetzte Zustände erfolgen kann, muss die Energie E_1' bzw. E_2' der beiden Elektronen nach dem Stoß größer als die Fermi-Energie sein, d.h., es muss $E_1', E_2' > E_\mathrm{F}$ gelten. Zusätzlich verlangt die Energieerhaltung

$$E_1 + E_2 = E_1' + E_2' \,. \tag{9.40}$$

Daraus ergibt sich die Einschränkung, dass E_2 und E_1' nahe der Fermi-Fläche liegen müssen, nämlich innerhalb einer Kugelschale, deren Dicke durch $|E_1 - E_\mathrm{F}|$ vorgegeben ist. Dies bedeutet, dass von allen möglichen Zuständen nur der Bruchteil $(E_1 - E_\mathrm{F})^2/E_\mathrm{F}^2$ als Endzustand zur Verfügung steht. Die Einschränkung für E_2' ist bereits in (9.40) enthalten und stellt keine weitere Einengung dar. Gehen wir zu endlichen Temperaturen über, so besteht eine Aufweichung der Fermi-Kugel von der Größenordnung $k_\mathrm{B}T$. Die obige Argumentation lässt sich auf diesen Fall übertragen, wobei an die Stelle von $(E_1 - E_\mathrm{F})$ der Bereich der thermischen Aufweichung tritt. Es ist daher zu erwarten, dass die Streurate $1/\tau_\mathrm{E}$ für Elektron-Elektron-Stöße um den Faktor $(k_\mathrm{B}T/E_\mathrm{F})^2$ gegenüber der Streurate reduziert ist, die ohne Gültigkeit des Pauli-Prinzips auftreten würde.

In unserer Betrachtung haben wir bisher Abschirmeffekte außer Acht gelassen. Um diese zu berücksichtigen, müssen wir den Rutherfordschen Streuquerschnitt, der auf der Wirksamkeit des unabgeschirmten Coulomb-Potenzials basiert, durch den Streuquerschnitt ersetzen, der auf dem abgeschirmten Potenzial nach *Thomas* und *Fermi* beruht. Dies bedeutet, dass im Ausdruck für die Streurate noch der Faktor $r_\mathrm{TF}^2 \propto E_\mathrm{F}$ hinzukommt. Bezieht man diesen Effekt mit ein, dann erhält man für die Streurate den

Zusammenhang:

$$\frac{1}{\tau_\mathrm{E}} \approx \frac{1}{\hbar}\frac{(k_\mathrm{B}T)^2}{E_\mathrm{F}} \,. \qquad (9.41)$$

Setzen wir typische Zahlenwerte ein, so finden wir für die Relaxationszeit bei Zimmertemperatur den Wert $\tau_\mathrm{E} \approx 10^{-12}$ s, also einen Wert, der ungefähr vier Größenordnungen über der experimentell beobachteten mittleren Stoßzeit liegt. Dies bedeutet, dass die Einelektron-Näherung die Gegebenheiten sehr gut beschreibt und die Elektron-Elektron-Streuung in den meisten Fällen vernachlässigt werden darf. Allerdings sollte es möglich sein den Einfluss dieser Streuung in sehr reinen, weitgehend defektfreien Metallen bei tiefen Temperaturen zu beobachten, da in diesem Fall die beiden anderen Streumechanismen kaum wirksam sind. Ein Beispiel für die Beobachtung dieses Effekts werden wir im nächsten Abschnitt kennenlernen.

Diese Überlegungen machen deutlich, dass das Bild unabhängiger Elektronen für Elektronen an der Fermi-Kante eine gute Näherung darstellt. Überraschenderweise trifft dies auch bei Materialien zu, in denen die Elektron-Elektron-Wechselwirkung relativ stark ist. Der Grund hierfür ist, dass in Experimenten nicht die Eigenschaften der „nackten" Elektronen beobachtet werden, sondern der Elektronen einschließlich ihrer Wechselwirkung. Verändert die Wechselwirkung die Eigenschaften der freien Elektronen merklich, so spricht man nicht mehr von einem Fermi-Gas, sondern von einer **Fermi-Flüssigkeit.** In diesem, von *L.D. Landau*[6] eingeführten Konzept treten an die Stelle der Elektronen sogenannte **Quasiteilchen**. Anschaulich gesprochen ist ein Quasiteilchen in diesem Fall ein Elektron, das von einer Verzerrungswolke im Elektronengas begleitet wird. Es besitzt eine effektive Masse, die sich von der Masse freier Elektronen unterscheidet. Darüber hinaus bewirkt die Wechselwirkung quantitative Änderungen bei der Beschreibung von Transportvorgängen. Die Theorie der Fermi-Flüssigkeit wird sehr erfolgreich auch in anderen Gebieten der Physik angewandt, doch werden wir sie hier nicht weiter betrachten.

9.2.5 Temperaturabhängigkeit der elektrischen Leitfähigkeit

Wir werfen zunächst einen Blick auf den Temperaturverlauf der elektrischen Leitfähigkeit von Kupfer. Wie in Bild 9.9 zu sehen, ist sie bei tiefer Temperatur konstant, nimmt dann sehr rasch ab und fällt bei Zimmertemperatur deutlich schwächer, näherungsweise mit $1/T$ ab. Eingezeichnet ist auch die Leitfähigkeit der Legierung *Manganin.*[7] Sie hängt nur sehr schwach von der Temperatur ab und ist immer sehr viel kleiner als die von Kupfer. Betrachten wir die Gleichung für die elektrische Leitfähigkeit (9.38), so sehen wir, dass die mittlere Stoßzeit $\tau(k_\mathrm{F})$ die einzige Größe ist, die eine nennenswerte

---

6 Lev Davidovich Landau, *1908 Baku, †1968 Moskow, Nobelpreis 1962

7 Manganin besteht aus 86% Kupfer, 12% Mangan und 2% Nickel.

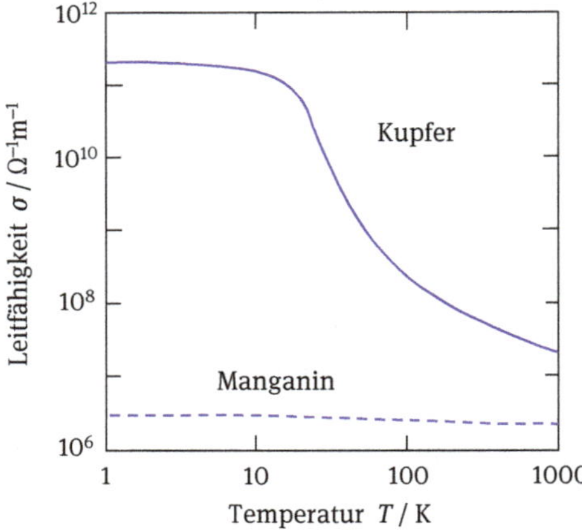

Abb. 9.9: Temperaturabhängigkeit der elektrischen Leitfähigkeit von hochreinem Kupfer (durchgezogene Kurve) und der Legierung Manganin (gestrichelt).

Temperaturabhängigkeit aufweisen kann. Um den Temperaturverlauf der Leitfähigkeit zu verstehen, müssen wir deshalb die Temperaturabhängigkeit der bereits diskutierten Streuprozesse näher ansehen.

Wie schon ausgeführt, wird die Relaxationszeit τ durch die Streuung der Leitungselektronen an Defekten, Gitterschwingungen und der Streuung untereinander bestimmt. Da die drei Streumechanismen unabhängig voneinander wirken, setzt sich die effektive Streurate aus der Summe der einzelnen Streuraten zusammen:

$$\frac{1}{\tau} = \frac{1}{\tau_D} + \frac{1}{\tau_G} + \frac{1}{\tau_{EE}} \,. \tag{9.42}$$

Wir werden zunächst den letzten Term, nämlich den Beitrag der Elektron-Elektron-Wechselwirkung, vernachlässigen und spalten den elektrischen Widerstand $\varrho = 1/\sigma$ in zwei Teile auf. Der eine beruht auf der Defektstreuung, der andere wird von der thermischen Bewegung des Gitters hervorgerufen:

$$\varrho = \frac{m^*}{ne^2\tau} = \varrho_D + \varrho_G = \frac{m^*}{ne^2\tau_D} + \frac{m^*}{ne^2\tau_G(T)} \,. \tag{9.43}$$

Dieser empirische Zusammenhang wird als **Matthiesensche Regel**[8] bezeichnet.

Als Bestätigung der Matthiesensche Regel ist in Bild 9.10 der Temperaturverlauf des elektrischen Widerstands von drei Natriumproben gezeigt. Für $T \to 0$ tritt ein temperaturunabhängiger **Restwiderstand** auf. Da die Phononenstreuung bei tiefen Temperaturen ausstirbt, wird der Widerstand nur von den Defekten hervorgerufen. Das *Widerstandsverhältnis* $\varrho\,(300\,\text{K})/\varrho\,(4{,}2\,\text{K})$ ist ein Maß für die Konzentration der streuenden Defekte und somit auch für die Reinheit und Qualität der Probe. In der Literatur benutzt man zu deren Kennzeichnung häufig das Restwiderstandsverhältnis und bezeichnet es mit der aus dem Englischen stammende Abkürzung **RRR** für **R**esidual

8 Augustus Matthiesen, *1831 London, †1870 London

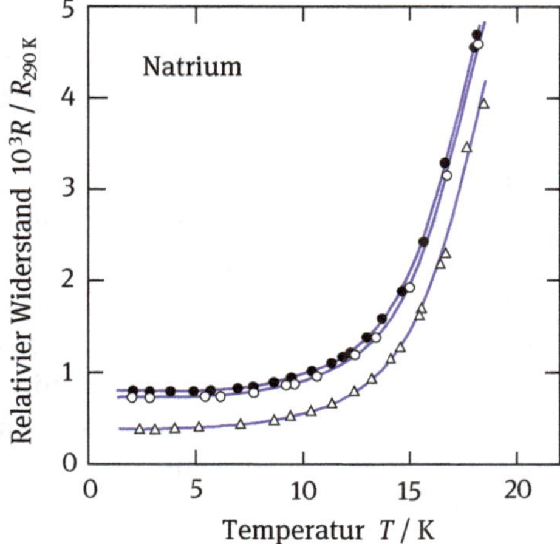

Abb. 9.10: Temperaturverlauf des elektrischen Widerstands von drei Natriumproben mit unterschiedlichem Restwiderstand. (Nach D.K.C. MacDonald, K. Mendelssohn, Proc. Roy. Soc. London **202**, 103 (1950).)

Resistivity **R**atio. In elementaren Metallen lässt sich leicht ein Verhältnis 1000:1 erreichen. Dagegen ist bei stark legierten und amorphen Metallen die Temperaturvariation vergleichsweise schwach, so dass $\varrho\,(300\,\mathrm{K})/\varrho\,(4{,}2\,\mathrm{K}) \approx 1$ ist. Dort bewirkt die strukturelle und substitutionelle Unordnung eine so starke Defektstreuung, dass sich die Streuung der Elektronen an den Phononen kaum bemerkbar macht. Typische Widerstandswerte für amorphe (und auch flüssige) Metalle liegen im Bereich von 1 bis 5 µΩ m. Als Beispiel ist in Bild 9.9 die Leitfähigkeit der Legierung Manganin eingezeichnet, die bei Zimmertemperatur einen Widerstand von $\varrho \approx 0{,}43$ µΩ m aufweist.

Bei hohen Temperaturen, d.h. bei $T > \Theta$, dominiert in reinen Metallen die Streuung der Elektronen an Phononen. Für die inverse mittlere freie Weglänge der gestreuten Elektronen gilt die bereits wiederholt benutzte Beziehung $l^{-1} = n\sigma_{\mathrm{st}}$.[9] Die wechselwirkenden Elektronen haben Fermi-Energie und werden vorwiegend an Phononen mit der Debye-Frequenz gestreut, die bei hohen Temperaturen in großer Zahl angeregt sind. Deshalb ist der Streuquerschnitt σ_{st} für diesen Prozess näherungsweise konstant. Die inverse mittlere freie Weglänge steigt mit der Phononendichte n proportional zur Temperatur an (vgl. Abschnitt 6.4). Damit ist $l^{-1} \propto T$. Da die mittlere Stoßzeit über $l = \tau v_{\mathrm{F}}$ direkt mit der freien Weglänge verbunden ist, folgt für sie und die elektrische Leitfähigkeit bei Temperaturen $T > \Theta$ die Proportionalität

$$\sigma \propto \tau_{\mathrm{G}} \propto \frac{1}{T}\,. \tag{9.44}$$

Betrachten wir nun den Verlauf der elektrischen Leitfähigkeit eines reinen Metalls im Bereich mittlerer Temperaturen, d.h. zwischen 10 K und 100 K. Von Zimmertemperatur kommend steigt die Leitfähigkeit, wie soeben diskutiert, mit abnehmender Temperatur

9 Um Verwechslungen mit der Leitfähigkeit σ zu vermeiden, ist bei der Bezeichnung des Streuquerschnitts hier der Index „st“ angefügt, d.h., wir schreiben hier σ_{st}.

zunächst proportional zu $1/T$ an, doch wird dieser Anstieg zunehmend steiler. Hierfür gibt es mehrere Gründe, die wir nun der Reihe nach erläutern. Erstens nimmt die Zahl der Phononen und damit die Zahl der Stoßpartner ab. Gleichzeitig verringert sich der Streuquerschnitt für Elektron-Phonon-Stöße. Dies liegt daran, dass, wie bei der Phonon-Phonon-Streuung (vgl. Abschnitt 7.2), der Streuquerschnitt σ_{st} proportional zur Frequenz der beteiligten Phononen verläuft, diese aber für $T < \Theta$ mit sinkender Temperatur immer kleiner wird. Schließlich ist mit kleiner werdender Phononenfrequenz bei jedem Stoß eine kleinere Impulsänderung verbunden, wodurch die Winkeländerung, die ein Stoß bewirken kann, ebenfalls kleiner wird (siehe Bild 9.7). Der Übergang des Wellenvektors der Elektronen von der Vorder- zur Rückseite der Fermi-Kugel erfordert deshalb eine zunehmende Zahl von Stößen. Formal lässt sich diese Abhängigkeit durch die Beziehung $\tau_G^{-1} \propto n\,\eta\,\sigma_{st}$ ausdrücken, wobei n für die Dichte der Phononen steht und η die vom Streuprozess bewirkte Winkeländerung widerspiegelt und somit die Effektivität der Streuereignisse ausdrückt. σ_{st} steht wieder für den Streuquerschnitt. Alle drei Größen nehmen mit sinkender Temperatur immer rascher ab.

Da die Herleitung des sogenannten **Bloch-Grüneisen-Gesetzes**, in dem die drei erwähnten Effekte berücksichtigt werden, einen etwas größeren Aufwand erfordert, soll hier nur das Ergebnis festgehalten werden:

$$\varrho_G = A\left(\frac{T}{\Theta}\right)^5 \int\limits_0^{\Theta/T} \frac{x^5\,dx}{(e^x - 1)(1 - e^{-x})} \,. \tag{9.45}$$

Θ steht hier wieder für die Debye-Temperatur. Dieser universelle Ausdruck sollte für alle reinen Metalle gelten, wenn die Elektron-Phonon-Streuung dominiert. Wertet man das Integral für $T \to 0$ aus, so findet man $\varrho_G \propto (T/\Theta)^5$ und für hohe Temperaturen $\varrho_G \propto (T/\Theta)$ in Übereinstimmung mit den experimentellen Beobachtungen.

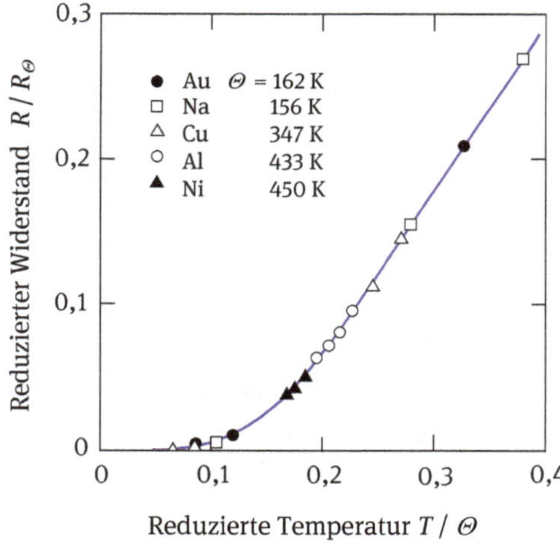

Abb. 9.11: Reduzierter Widerstand verschiedener Metalle als Funktion der reduzierten Temperatur T/Θ. (Nach D.K.C. MacDonald, *Handbuch der Physik XIV*, S. Flügge, ed., Springer, 1956.)

In Bild 9.11 ist der, auf den Widerstand bei der Debye-Temperatur bezogene, reduzierte Widerstand R/R_Θ als Funktion von T/Θ für eine Reihe von Metallen aufgetragen. Die beobachtete Abhängigkeit stimmt mit der theoretischen Vorhersage überein, die in der Abbildung als durchgezogene Kurve eingetragen ist. Gut erkennbar ist auch der Übergang von der T^5-Abhängigkeit zum linearen Temperaturverlauf.

Wir fassen die drei Temperaturbereiche zusammen:

$$\varrho \propto \begin{cases} \text{const.} & \text{für} \quad T \ll \Theta\,, \\ T^5 & \text{für} \quad T < \Theta\,, \\ T & \text{für} \quad T \gg \Theta\,. \end{cases} \tag{9.46}$$

Am Ende des Abschnitts kommen wir nochmals auf die Elektron-Elektron-Streuung zurück. Wie soeben diskutiert dominiert in der Mehrzahl der Fälle bei tiefen Temperaturen die Streuung der Elektronen an Defekten. In sehr reinen Metallen, vor allem in Alkalimetallen, lässt sich jedoch die Elektron-Elektron-Streuung beobachten. In Bild 9.12 sind Messungen des elektrischen Widerstands von verschiedenen Autoren an Kalium gezeigt. Von hoher Temperatur kommend, beobachtet man zunächst die soeben diskutierte Streuung an Phononen. Mit abnehmender Temperatur wird der Kurvenverlauf steiler, da im Bloch-Grüneisen-Bereich der Abfall proportional zu T^5 verläuft. Unter 2 K schließlich wird die Leitfähigkeit durch die Wechselwirkung der Elektronen untereinander bestimmt und verläuft daher proportional zum Quadrat der Temperatur.

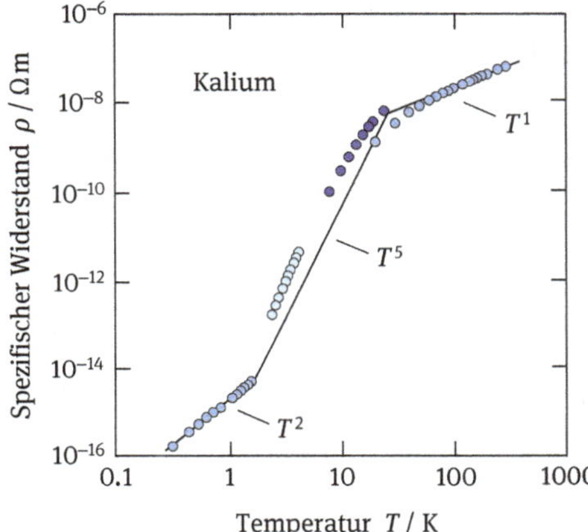

Abb. 9.12: Spezifischer Widerstand von hochreinem Kalium. Deutlich zu erkennen sind die drei im Text beschriebenen Bereiche unterschiedlicher Steigung. Bei den tiefsten Temperaturen dominiert die Elektron-Elektron-Streuung. (Nach M.P. Marder, *Condensed Matter Physics*, John Wiley & Sons, 2000.[10])

10 Die Daten stammen von verschiedenen Autoren, die in J. Bass et al, Rev. Mod. Phys. **62**, 645 (1990) aufgeführt sind.

9.2.6 Eindimensionale Leiter

Eine Frage, die nicht nur vom theoretischen Standpunkt aus interessant ist, sondern aufgrund der zunehmenden Miniaturisierung auch technologische Bedeutung gewinnt, ist die nach der elektrischen Leitfähigkeit eindimensionaler Systeme. Wir betrachten hierzu einen dünnen Draht mit der Länge L, der zwei Metallkontakte verbindet, zwischen denen die Spannung U anliegt. Der Einfachheit halber stellen wir uns einen Draht mit rechteckigem Querschnitt vor, der in x-Richtung ausgedehnt, in y- und z-Richtung aber genügend klein sein soll. Die geometrischen Voraussetzungen dafür, dass die Probe eindimensionale Eigenschaften aufweist, sind dann gegeben, wenn die charakteristischen Dimensionen, Breite und Dicke des Drahtes mit der Fermi-Wellenlänge λ_F vergleichbar sind. Eine weitere wichtige Annahme ist, dass die mittlere freie Weglänge der Elektronen groß im Vergleich zur Drahtlänge ist. Im Draht treten dann keine Streuprozesse auf, so dass die Bewegung der Elektronen *ballistisch* erfolgt.

Wie in Bild 9.13 angedeutet, bewirkt die Spannung U zwischen den Anschlusselektroden eine Änderung des (elektro-)chemischen Potenzials, die durch $\Delta\mu = eU$ gegeben ist. Bemerkenswert ist, dass bei ballistischer Elektronenausbreitung die Spannung nicht längs des Drahtes abfallen kann, so dass der Übergang an den Anschlusselektroden erfolgen muss. Interessant ist weiter, dass im Draht das chemische Potenzial für vor- und rücklaufende Elektronen verschieden ist. Dies steht nicht im Widerspruch zur Definition von μ, denn das chemische Potenzial ist nur in einem System konstant, das sich im Gleichgewicht befindet. Dies ist hier nicht der Fall, da die Elektronen aufgrund der fehlenden Stöße weder untereinander noch mit dem Gitter Energie austauschen. Nur am Rande sei bemerkt, dass man bei der Beschreibung der Transportphänomene in eindimensionalen Systemen die Bänder meist als *Kanäle* bezeichnet.

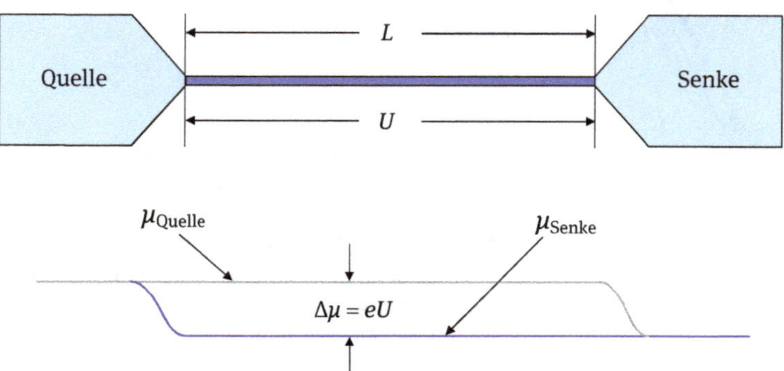

Abb. 9.13: Schematische Darstellung eines eindimensionalen Leiters. Der Verlauf der Fermi-Energie für die Elektronen der Quelle (graue Kurve) und der Senke (blaue Kurve) ist ebenfalls dargestellt.

Bei der Berechnung des Stromtransports gehen wir zunächst davon aus, dass der Querschnitt des Drahtes nur *einen* transversalen Energieeigenwert $E_{i,j}$ zulässt (vgl. Abschnitt 8.1). Der Ladungstransport erfolgt dann nur in einem Kanal. Bei der Herleitung der entsprechenden Ausdrücke gelten die Argumente, die wir bei der Diskussion des eindimensionalen Wärmetransports in Abschnitt 7.3 angeführt haben. Analog zu (7.30) und (7.31) schreiben wir für den elektrischen Ladungstransport

$$I = \frac{1}{L}\sum_{\mathbf{k}} ev_{\mathbf{k}} = \frac{1}{L}\int \varrho_{\mathbf{k}}^{(1)}\, e\, v(\mathbf{k})[f(E+eU/2) - f(E-eU/2)]\,\mathrm{d}k\,. \qquad (9.47)$$

In diesen Ausdruck setzen wir die Elektronengeschwindigkeit $v = \hbar^{-1}(\partial E/\partial k)$ und die Zustandsdichte $\varrho_{\mathbf{k}}^{(1)} = L/\pi$ ein, und gehen von der Integrationsvariablen k zur Energie E über. Dem Verlauf des chemischen Potenzials in der Skizze 9.13 entnehmen wir, dass die eckige Klammer näherungsweise durch eU ersetzt werden kann, wenn der Übergang zu den Anschlusselektroden auf einer Strecke erfolgt, die klein gegen die Drahtlänge ist. Somit lässt sich der Ausdruck für den Strom wie folgt vereinfachen:

$$I = \int_0^\infty \frac{2e}{h}\,[f(E+eU/2) - f(E-eU/2)]\,\mathrm{d}E = \frac{2e^2}{h}U\,. \qquad (9.48)$$

Für den elektrischen Leitwert G und den Widerstand R finden wir somit

$$G_\mathrm{Q} = \frac{I}{U} = \frac{2e^2}{h} \quad \text{und} \quad R_\mathrm{Q} = \frac{h}{2e^2} = 12,906\,404\,\mathrm{k\Omega}\,. \qquad (9.49)$$

Ein perfekt durchlässiger eindimensionaler Leiter hat einen endlichen Leitwert, der sich durch fundamentale Konstanten ausdrücken lässt und als **Leitwertsquantum $\mathbf{G_Q}$** bezeichnet wird, während die inverse Größe das **Widerstandsquantum $\mathbf{R_Q}$** darstellt. Hier ist noch anzumerken, dass gelegentlich die *Spinentartung*, die den Leitwert halbiert bzw. den Widerstandswert verdoppelt, mitberücksichtigt wird.

Die Quantisierung des Leitwerts lässt sich in einem im Prinzip überraschend einfachen Experiment nachweisen, das keinen großen technischen Aufwand erfordert. Dabei bringt man zwei senkrecht zu einander angeordnete Drähte in Berührung und registriert den Strom, der beim Anliegen einer Spannung durch den Kontakt fließt. Nun regt man die beiden Drähte zu mechanischen Schwingungen an, die zu einem Aufbrechen des Kontakts führen. Misst man nun den Strom während der Kontakt aufgebrochen wird, so erhält man einen zeitlichen Verlauf, wie er in Bild 9.14 für ein Experiment mit zwei Golddrähten zu sehen ist. Es treten deutlich sichtbare Stufen im Strom und damit auch im Leitwert auf. Offensichtlich ändert sich der Leitwert sprunghaft um ein Leitwertquantum oder ein Vielfaches davon.

Wie kann man das Auftreten der Sprünge verstehen? Es konnte gezeigt werden, dass sich beim Trennen der beiden Drähte durch plastische Deformation eine enge metallische Brücke bildet, die nicht schlagartig reißt, sondern sich zunehmend verengt. In Abschnitt 8.1 haben wir hergeleitet, wie sich die Zustandsdichte eindimensionaler

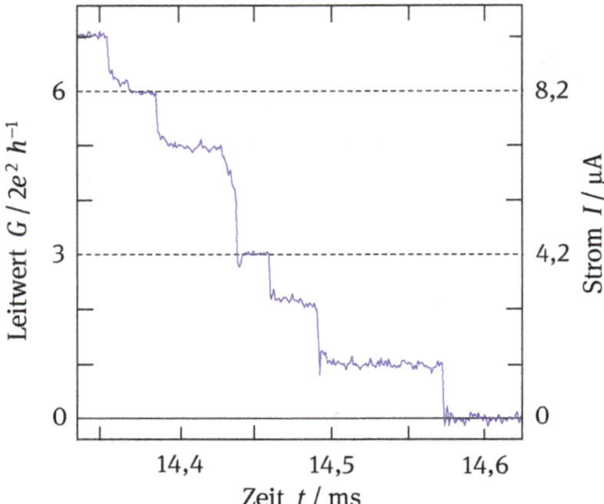

Abb. 9.14: Leitwert und Strom als Funktion der Zeit beim Öffnen eines Kontakts zwischen zwei im UHV schwingenden Golddrähten. Auf der Abszisse ist die Zeit aufgetragen, die seit dem Beginn des Trennvorgangs verstrichen ist. (Nach J.L. Costa-Krämer et al., Surf. Sci. **342**, L1144 (1995).)

Systeme aus den Beiträgen der Subbänder zusammensetzt (vgl. Bild 8.5b). Die Zustandsdichte der Subbänder divergiert bei der jeweiligen Transversalenergie $E_{i,j}$, die im vorliegenden Fall von der Dimension des Drahtquerschnitts abhängt. Nimmt der Querschnitt wie im geschilderten Experiment ab, so wachsen die Werte von $E_{i,j}$ an und die Singularitäten in der Zustandsdichte wandern in Bild 8.5b nach rechts. Jedes Mal wenn ein transversaler Eigenwert die Fermi-Energie durchquert, verschwindet ein Kanal und der Leitwert fällt um ein Quantum. Ist das betreffende Niveau entartet, so kann der Sprung auch ein Vielfaches von G_Q betragen.

Quantenpunkt-Kontakt. Die gezielte Herstellung von metallischen „Drähten" geeigneter Größe ist nicht einfach, da die Fermi-Wellenlänge von Metallen mit $\lambda_F \approx 5$ Å sehr klein ist. Die Voraussetzungen sind wesentlich günstiger bei *Halbleiter-Heterostrukturen* (siehe Abschnitt 10.4), in denen ein zweidimensionales Elektronengas erzeugt werden kann, dessen Fermi-Wellenlänge wesentlich größer ist. Ein derartiges Experiment wollen wir im Folgenden kurz schildern.

Der erste Nachweis der Leitwertquantisierung gelang mit einem *Quantenpunkt-Kontakt*. Hierbei handelte es sich, wie in Bild 9.15a skizziert, um eine AlGaAs/GaAs-Heterostruktur, deren tatsächlicher Aufbau hier keine Rolle spielt. Aufgrund der kleinen Elektronendichte betrug die Fermi-Wellenlänge $\lambda_F \approx 42$ nm. Entscheidend war, dass an der Grenzfläche zwischen den beiden Halbleitern ein zweidimensionales Elektronengas (im Bild dunkelblau angedeutet) erzeugt werden konnte. Auf der Oberfläche war eine Elektrode mit einem 250 nm breiten und 1 µm langem keilförmigen Spalt aufgebracht. Durch das Anlegen einer Spannung von etwa $U_g \approx -0{,}6$ V wurde das Elektronengas unter der Elektrode abgestoßen. Der Stromfluss von der Quelle zur Senke, für die man häufig die englischen Bezeichnungen *Source* und *Drain* benutzt, erfolgte daher ausschließlich durch den engen Spalt. Die mittlere freie Weglänge der Elektronen war bei der Messtemperatur von $T = 0{,}6$ K mit 8,5 µm wesentlich größer als die charakteristi-

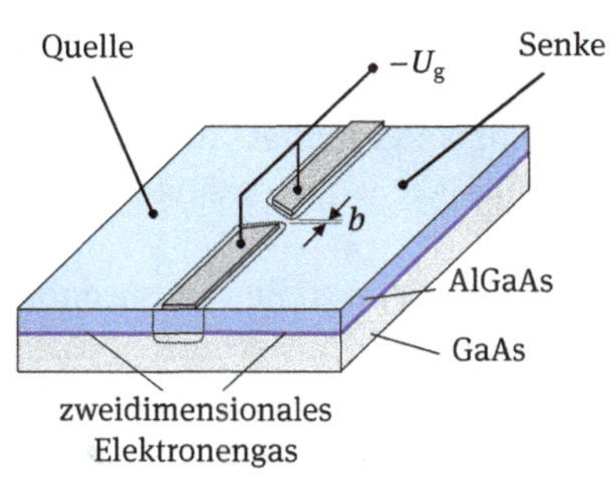

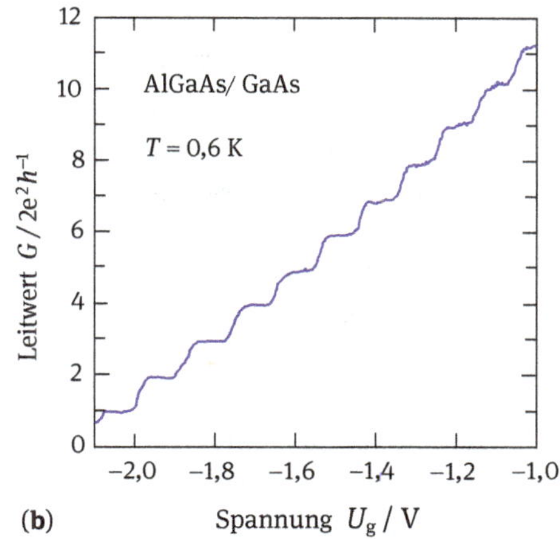

Abb. 9.15: Quantenpunkt-Kontakt. **a)** Schematische Darstellung eines Quantenpunkt-Kontakts. Das zweidimensionale Elektronengas zwischen der GaAs- und AlGaAs-Schicht ist dunkelblau angedeutet. Unter der Elektrode ist das Elektronengas durch das negative Potenzial unterdrückt. Die effektive Spaltbreite b wird durch die Elektrodenspannung U_g bestimmt. **b)** Leitwert eines Quantenpunkt-Kontakts bei 0,6 K als Funktion der Spannung U_g an der Deckelektrode. (Nach B.J. van Wees et al., Phys. Rev. **60**, 848 (1988).)

schen Abmessungen des Spalts. Die Elektronen durchquerten die Verengung also ohne Stoß.

Wurde das Potenzial an der Elektrode unter −0,6 V abgesenkt, dann war das Elektronengas auch in der Umgebung der Elektrode unterdrückt, so dass es zu einer Reduktion der effektiven Spaltbreite b kam. Bei einer Spannung unter $U_g = -2{,}2$ V war der Spalt gänzlich geschlossen. Trägt man, wie in Bild 8.15b, den gemessenen Strom von der Quelle zur Senke als Funktion der Spannung U_g auf, so findet man Plateaus, die auf der Quantisierung des Leitwerts beruhen. Jedes Mal, wenn durch die zunehmende Verengung des Spalts ein weiterer Leitfähigkeitskanal geschlossen wurde, nahm der Leitwert um ein Leitwertsquantum $G_Q = 2e^2/h$ ab.

9.2.7 Luttinger-Flüssigkeit

Wir haben uns bereits mit eindimensionalen Leitern beschäftigt, die beim Trennen von dünnen Golddrähten entstehen. Überraschend war dabei die Beobachtung, dass sich der Leitwert als Funktion der Zeit stufenförmig verringerte, der Leitwert offensichtlich quantisiert war. Wir wollen nun einen Schritt weitergehen und uns kurz mit streng eindimensionalen Leitern beschäftigen. Derartige Festkörper sollten Eigenschaften besitzen, die sich deutlich von klassischen unterscheiden. In unserer Diskussion betrachten wir zunächst ein Metall, das pro Atom nur *ein* Leitungselektron enthält, so dass das Leitungsband unter Berücksichtigung der Spinentartung halb gefüllt ist. Eine

Beschreibung dieses ungewöhnlichen Festkörpers erlaubt die von *S. Tomonaga*[11] und *J.M. Luttinger*[12] entwickelte Theorie der sogenannten *Luttinger-Flüssigkeit*. Eine eingehende Behandlung der damit verknüpften Fragen würde jedoch den Rahmen dieses einführenden Lehrbuchs sprengen. Wir greifen deshalb nur einige interessante Aspekte heraus, um uns mit den Besonderheiten der Luttinger-Flüssigkeiten ein wenig vertraut zu machen.

Natürlich sind Elektronen in eindimensionalen Proben in ihren Bewegungsmöglichkeiten stark eingeschränkt, da für sie keine Ausweichmöglichkeiten bestehen. Im Gegensatz zu der Bewegung der Elektronen in zwei- oder dreidimensionalen Festkörpern kann die Bewegung in eindimensionalen Proben nur streng korreliert erfolgen. Störungen breiten sich daher als wellenförmige Anregungen längs der Probe aus. Die erzwungene Auslenkung eines einzelnen Elektrons verursacht daher im Elektronengas eine Dichte- und eine Spindichtewelle. Beide Phänomene werden wir bei konventionellen Festkörpern noch näher betrachten. Dichtewellen im Elektronengas bezeichnet man als *Plasmonen*, auf die wir in Kapitel 13 ausführlich eingehen. Störungen in der Spinausrichtung verursachen *Spinwellen*, die wir in Kapitel 12 kennenlernen werden.

Überraschend ist, dass sich in eindimensionalen Proben Spin und Ladung voneinander unabhängig bewegen, so dass es zur sogenannten *Spin-Ladungs-Trennung* kommt. Das Auftreten dieses Effekts soll hier anhand eines einfachen Beispiels erläutert werden. Hierzu betrachten wir, wie in Bild 9.16 schematisch angedeutet, einen eindimensionalen Antiferromagneten, dessen Leitungsband halb gefüllt ist. Auf die

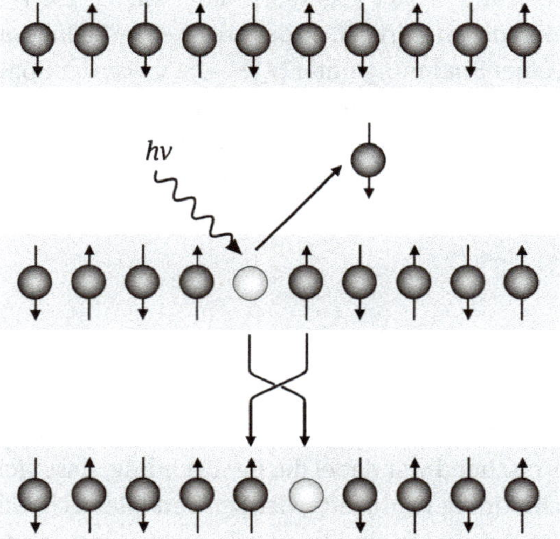

Abb. 9.16: Spin-Ladungs-Trennung in einem halbgefüllten eindimensionalen Band. Durch das absorbierte Photon wird ein Elektron aus der Kette entfernt und ein Loch erzeugt. Springt ein benachbartes Elektron auf den freien Platz, so wandert das Loch weiter und ruft gleichzeitig magnetische Unordnung hervor. (Nach M. Dressel, *Luttinger-Flüssigkeit*, Universität Stuttgart.)

11 Shin-Itiro Tomonaga, *1906 Tokio, †1979 Tokio, Nobelpreis 1965

12 Joaquin Mazdak Luttinger, *1923 New York, †1997 New York

Eigenschaften von Antiferromagneten gehen wir in Kapitel 12 noch ausführlich ein. Hier ist nur von Bedeutung, dass der Elektronenspin benachbarter Atome entgegengesetzt gerichtet ist. Nun wird in unserem Gedankenexperiment Licht eingestrahlt, über den Photoeffekt ein Elektron aus dem Band entfernt und somit ein Loch erzeugt. Dieser Vorgang ist in der Mitte von Bild 9.16 symbolhaft dargestellt. Die anderen Elektronen sind zunächst von diesem Ereignis nicht betroffen. Das Loch kann nun auf einen benachbarten Platz springen, oder anders ausgedrückt, ein benachbartes Elektron kann den Loch-Platz einnehmen. Dieser Prozess hat große formale Ähnlichkeit mit der Leerstellendiffusion, die wir in Abschnitt 5.1 diskutiert haben. Ist ein benachbartes Elektron auf den frei gewordenen Platz gesprungen, so ist sein Spin aufgrund der antiferromagnetischen Ordnung, dem ursprünglich auf diesem Platz vorhandenen Spin entgegengerichtet und somit die magnetische Ordnung gestört. Wandert das Loch weiter, so entsteht, wie man sich leicht klar machen kann, keine weitere Unordnung in der Spinausrichtung. Das absorbierte Photon hat also zwei „Defekte" geschaffen: Ein Loch in der Elektronenbesetzung und eine lokale Spin-Fehlbesetzung.

Ohne eingehende Diskussion soll hier auf einen weiteren interessanten Aspekt hingewiesen werden. Erstaunlicherweise entspricht die Verteilungsfunktion des Elektronenimpulses selbst am absoluten Nullpunkt nicht der Verteilung, die wir vom Fermi-Gas bzw. der Fermi-Flüssigkeit her kennen. Die Verteilung besitzt, auch bei $T = 0$, an der Fermi-Kante keine abrupte Stufe. Anstelle des sprunghaften Abfalls tritt ein Potenzgesetz der Form $\mathrm{sgn}(k - k_\mathrm{F})|k - k_\mathrm{F}|^\alpha$. Die elektronische Zustandsdichte hat somit in der Umgebung der Fermi-Energie die Form $D(E) \propto E^\alpha$. Der numerische Wert von α wird vom Charakter und der Stärke der Wechselwirkung bestimmt. Bei vernachlässigbarer Wechselwirkung ist $\alpha = 0$.

Die veränderte Zustandsdichte und die Korrelationseffekte üben natürlich einen tief greifenden Einfluss auf die physikalischen Eigenschaften von Luttinger-Flüssigkeiten aus. Wir wollen dies anhand der elektrischen Leitfähigkeit von metallischen Kohlenstoff-Nanoröhren zeigen, mit deren ungewöhnlicher Struktur wir uns bereits auseinandergesetzt haben. In einem dieser Experimente wurde das elektrische Verhalten von Nanoröhren untersucht, die schwach an metallische Elektroden angekoppelt waren. Bei klassischem Verhalten würde der Strom-Spannungs-Verlauf dem ohmschen Gesetz folgen. Die Theorie der Luttinger-Flüssigkeiten sagt jedoch einen komplizierteren Verlauf voraus. Wir leiten den Zusammenhang hier nicht her, sondern sehen uns nur das Ergebnis an. Für schwache elektrische Felder, d.h. für $eU/k_\mathrm{B}T < 1$, erwartet man, dass der Leitwert G einem Potenzgesetz der Form $G = I/U \propto T^\alpha$ gehorcht. Bei hohen Feldern, also für $eU/k_\mathrm{B}T > 1$, sollte der Zusammenhang $I \propto U^{1+\alpha}$ gelten. Trägt man $\mathrm{d}I/\mathrm{d}U \propto U^\alpha$ auf, so lässt sich aus der Steigung des Stromanstiegs der Wert von α bestimmen. Dividiert man die Messdaten, die bei verschiedenen Temperaturen aufgenommen wurden, durch T^α, so sollte sich *eine* Messkurve ergeben. Die experimentellen Ergebnisse einer derartigen Untersuchung an einem Bündel einwandiger Nanoröhren sind in Bild 9.17 wiedergegeben.

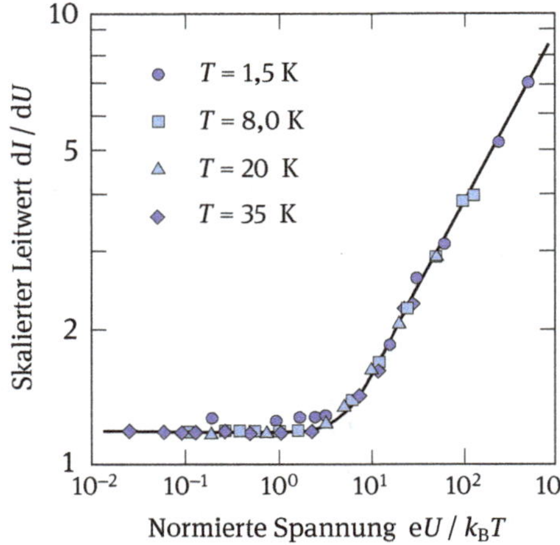

Abb. 9.17: Leitwert eines Bündels von einwandigen Nanoröhren als Funktion der Spannung gemessen bei unterschiedlichen Temperaturen. (Nach M. Bockrath et al., Nature **397**, 598 (1999).)

Dem Bild kann man entnehmen, dass bei kleinen Werten von eU/k_BT der skalierte Leitwert konstant ist, bei großen Werten dieses Parameters der Anstieg einem Potenzgesetz folgt, wobei der exponentielle Anstieg durch $\alpha = 0{,}46$ gegeben ist. Bei der gewählten Art der Auftragung fallen die Messwerte, die bei verschiedenen Temperaturen aufgenommen wurden, wie vorgesagt, zusammen. Die Messdaten stimmen also mit den theoretischen Erwartungen sehr gut überein.

Interessante Fragen ergeben sich, wenn mehrere Nanoröhren so angeordnet werden, dass sie parallel verlaufen. Die Wechselwirkung zwischen den Röhren kann dann über deren Abstand variiert werden. Mit abnehmendem Abstand kann so der Übergang von der Luttinger- zur Fermi-Flüssigkeit studiert werden. Wir wollen jedoch dieser Fragestellung nicht weiter nachgehen, da sie über den Rahmen dieser Einführung hinausgeht.

Es sind viele Materialien untersucht worden, bei denen es Hinweise gab, dass es sich um Luttinger-Flüssigkeiten handeln könnte. Der Nachweis ist jedoch nicht so einfach. Eine der großen Schwierigkeiten besteht darin, dass eindimensionale Systeme instabil gegen kleine Störungen sind, so dass immer eine Tendenz zu Phasenübergängen besteht. Dennoch glaubt man, dass durch Einschnürung von zweidimensionalen Elektronengasen Luttinger-Flüssigkeiten erzeugt werden können. Die hier bereits angesprochenen Kohlenstoff-Nanoröhren sind ein gutes Beispiel für eine Luttinger-Flüssigkeit. Im nächsten Kapitel werden wir die Randzustände beim Quanten-Hall-Effekt betrachten, die sich überraschenderweise ebenfalls wie eindimensionale Leiter verhalten. Weiterhin deuten die Eigenschaften von eindimensionalen Molekülketten in einigen organischen Kristallen darauf hin, dass es sich auch hier um Luttinger-Flüssigkeiten handelt.

9.2.8 Quantenpunkte

Wir machen noch einen weiteren Schritt in der Reduktion der Dimensionalität und betrachten einen *Quantenpunkt* (*quantum dot*). Eine der vielen technischen Realisierungsmöglichkeiten basierend auf Halbleiter-Heterostrukturen (vgl. Abschnitt 10.4) ist in Bild 9.18a skizziert. Eine halbisolierende AlGaAs-Schicht trennt die (metallische) *Steuerelektrode* von der halbleitenden GaAs-Schicht. Die positive Steuerspannung U_g bewirkt das Auftreten eines zweidimensionalen Elektronengases an der Grenzfläche zwischen den beiden Materialien. Die strukturierte Elektrode *auf* der GaAs-Schicht liegt bezüglich Quelle und Senke auf negativem Potenzial. Dadurch sind die Elektronen im Zentrum des Bauelements von einer elektrostatischen Potenzialbarriere umgeben. Legt man eine kleine Spannung zwischen Quelle und Senke an, so können Elektronen mit Hilfe des Tunneleffekts in den Potenzialtopf gelangen und ihn auf der anderen Seite wieder verlassen, da an den Verengungen aufgrund der fehlenden Metallisierung die Potenzialbarriere etwas niedriger ist. Die Tiefe des Potenzialtopfes kann über die Steuerspannung bequem verändert werden. In Bild 9.18b ist der gleiche Sachverhalt weiter vereinfacht dargestellt.

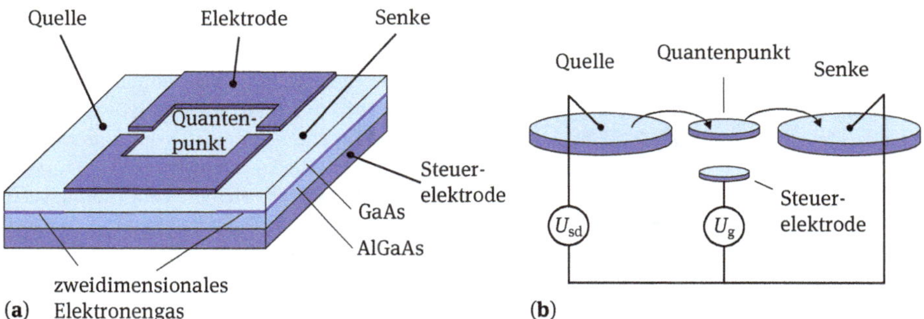

Abb. 9.18: Schematische Darstellung eines Quantenpunkts. **a)** Die Elektrode auf der GaAs-Schicht legt die Form des Quantenpunkts fest. Tunneln durch die Potenzialbarrieren an den Verengungsstellen erlaubt den Elektronen, den Quantenpunkt von der Quelle zur Senke zu durchqueren. **b)** Vereinfachte Darstellung eines Quantenpunkts. Das Tunneln der Elektronen ist durch Pfeile angedeutet. Die Quelle-Senke-Spannung U_{sd} und die Steuerspannung U_g sind eingezeichnet.

Misst man den Strom durch den Quantenpunkt beim Anliegen einer Spannung U_{sd} von einigen Mikrovolt, so beobachtet man, dass der Leitwert $G = I/U_{sd}$ als Funktion der Steuerspannung U_g scharfe Maxima aufweist, die ungefähr den gleichen Abstand voneinander besitzen. Die Erklärung hierfür kann auf rein klassischer Basis gefunden werden: Ist der Potenzialtopf sehr klein, etwa ein Quadrat mit 500 nm Seitenlänge, dann muss berücksichtigt werden, dass jedes Elektron eine diskrete Ladung trägt. Die Ladung Q des Quantenpunkts ist also keine kontinuierlich variierende Größe sondern durch $Q = Ne$ gegeben, wobei N für die Zahl der Elektronen auf dem Quantenpunkt steht. Fährt man nun die Steuerspannung kontinuierlich hoch, so macht die Ladung Sprünge wie in Bild 9.19 schematisch dargestellt.

Die elektrostatische Energie E des Quantenpunkts ist durch

$$E = \frac{Q^2}{2C} - \varphi Q = \frac{(Ne)^2}{2C} - Ne\varphi \tag{9.50}$$

gegeben. Der erste Term gibt die kapazitive *Ladeenergie* der N Elektronen wieder, dabei steht C für die Gesamtkapazität. Der zweite Term stellt die potenzielle Energie des Quantenpunkts dar, wobei φ das elektrostatische Potenzial repräsentiert. Nehmen wir zur Vereinfachung an, dass der Hauptbeitrag zur Kapazität C von der Steuerelektrode herrührt, so dürfen wir $C \approx C_g$ und $\varphi \approx U_g$ schreiben. Gleichung (9.50) verdeutlicht, dass die Ladeenergie umso größer ist, je kleiner der Quantenpunkt und die damit verknüpfte Kapazität C ist.

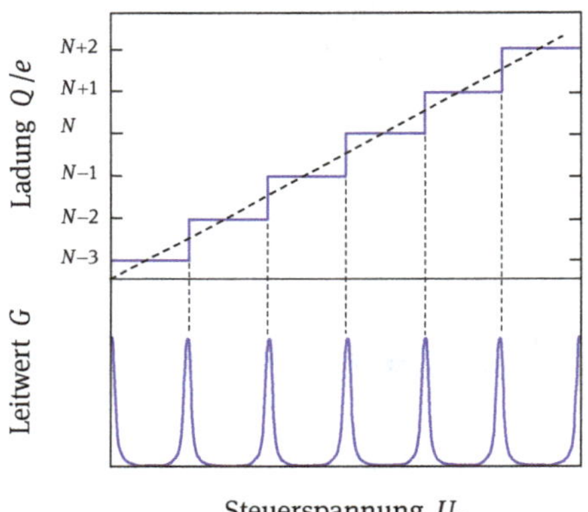

Abb. 9.19: Ladung eines Quantenpunkts und Ursprung der Leitwertmaxima. Oben: Die Ladung des Quantenpunkts ändert sich sprunghaft, während der klassische Zusammenhang $Q = CU_g$ eine stetige Änderung (gestrichelte Linie) voraussetzt. Unten: Schematische Darstellung der Leitwertmaxima, deren Abstand durch e/C gegeben ist.

Die Steuerspannung, bei der die Ladung um ein Elektron zunimmt, ist durch die Bedingung $E(N+1) = E(N)$ bestimmt. Sie kehrt periodisch wieder, nämlich immer dann, wenn $U_g = e(N+1/2)/C_g$ ist. Bei dieser Spannung sind die beiden Zustände mit N bzw. $(N+1)$ Elektronen entartet, so dass der Quantenpunkt zwischen diesen beiden Zuständen fluktuieren kann. Dagegen muss bei der Steuerspannung $U_g = eN/C_g$ nach (9.50) die Energie $e^2/2C$ aufgebracht werden, wenn ein Elektron hinzugefügt (oder entfernt) werden soll. Diesen Effekt bezeichnet man als **Coulomb-Blockade**. Die relativ hohe Coulomb-Energie, die für eine Änderung des Ladungszustandes erforderlich ist, führt zu einer Unterdrückung der Ladungsfluktuation auf dem Quantenpunkt. Als Folge treten beim Durchfahren der Steuerspannung die in Bild 9.19 dargestellten Spitzen im Leitwert immer dann auf, wenn die beiden benachbarten Zustände mit N bzw. mit $(N+1)$ Elektronen entartet sind. In diesem Fall tunnelt ein Elektron durch die erste Barriere, verweilt kurze Zeit auf dem Quantenpunkt, und verlässt ihn durch die zweite Barriere. Bei Spannungen dazwischen ist der Stromfluss unterdrückt. Mit zunehmender

Temperatur runden sich die Stufen ab und die Leitwertsmaxima verbreitern sich. Eine typische Leitwert-Oszillation, aufgenommen bei 0,1 K, ist in Bild 9.20 zu sehen.

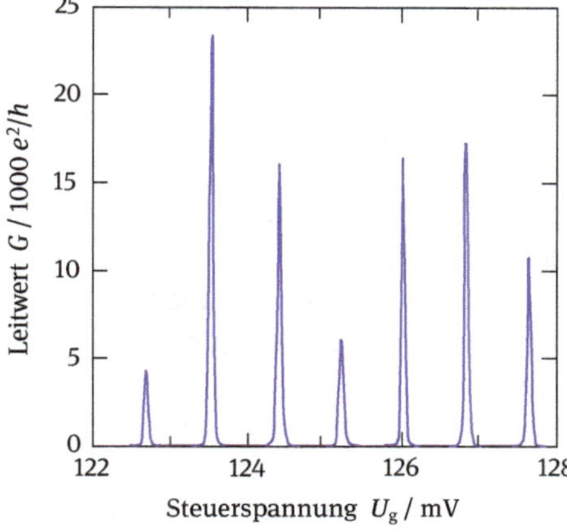

Abb. 9.20: Leitwert-Oszillationen eines Quantenpunkts in einer GaAs/AlGaAs-Heterostruktur als Funktion der Steuerspannung U_g, gemessen bei 0,1 K. Die Abstände zwischen den scharfen Leitwertspitzen sind nahezu gleich groß. (Nach U. Meirav, E.B. Foxman, Semicond. Sci. Technol. **11**, 255 (1996).)

Bisher wurde nur die Ladeenergie betrachtet und die Eigenzustände der Quantenpunkte außer Acht gelassen. Dieser klassische Ansatz eignet sich sehr gut zur Beschreibung der **Coulomb-Oszillationen**, wenn die Quantenpunkte aus metallischen Inseln bestehen. In diesem Fall ist die Zahl der Eigenzustände der Insel sehr groß, die Zustände liegen energetisch dicht. Die Coulomb-Blockade-Energie ist dann exakt $e^2/2C$, die Leitwertspitzen treten in regelmäßigen Abständen auf.

Bei den meisten Quantenpunkten, die mit Hilfe von Heterostrukturen erzeugt werden, ist die Zahl der gefangenen Elektronen relativ klein. Zwischen den Eigenzuständen des Quantenpunkts treten relativ große Energiedifferenzen auf, die unter Umständen vergleichbar mit der Ladeenergie sind. Wie aus elementarer Quantenmechanik folgt, ist im Fall eines kreisförmigen Potenzialtopfes mit dem Radius r der Abstand ΔE der Energieniveaus zwischen zwei Eigenzuständen konstant und näherungsweise durch

$$\Delta E \approx \frac{\hbar^2}{m^* r^2} \tag{9.51}$$

gegeben, wobei m^* für die effektive Masse der Elektronen steht. Sind Ladeenergie und Niveauabstand vergleichbar, so muss neben dem klassischen Ladeeffekt auch die Aufspaltung ΔE berücksichtigt werden. Dies hat zur Folge, dass die Abstände zwischen den Leitwertmaxima nicht notwendigerweise gleich groß sind.

Im Mittel bleiben Ladungen während der Zeit $\delta t = RC$ auf dem Quantenpunkt, wobei R für den Widerstand steht, der beim Tunneln der Elektronen auftritt. Daraus resultiert die Energieunschärfe

$$\delta E = \frac{h}{\delta t} = \frac{e^2}{C} \frac{h}{e^2} \frac{1}{R} \,. \tag{9.52}$$

Energieunschärfe und Ladeenergie sind vergleichbar, wenn $R \approx h/e^2$ ist. Dann treten Fluktuationen auf, die den Coulomb-Ladeeffekt ausschmieren. Natürlich muss auch die thermische Energie klein im Vergleich zur Ladeenergie sein, wenn das Phänomen der Coulomb-Blockade deutlich zu Tage treten soll. Dies bedeutet, dass definierte Ladungszustände nur existieren, wenn die beiden Bedingungen

$$R \gg \frac{h}{e^2} \qquad \text{und} \qquad \frac{e^2}{C} \gg k_\mathrm{B}T \tag{9.53}$$

erfüllt sind. Sind die betrachteten Quantenpunkte jedoch stark an Quelle und Senke gekoppelt, so sind die hier geschilderten Ladeeffekte unwichtig.

Quantenpunkte zeigen viele interessante Effekte, auf die wir hier nicht näher eingehen können. So hat beispielsweise die Spannung U_sd zwischen Quelle und Senke einen großen Einfluss auf die Messergebnisse und erlaubt Rückschlüsse auf das Niveauschema der untersuchten Quantenpunkte. Völlig außer Acht gelassen haben wir hier die Auswirkungen des Elektronenspins, der die Eigenschaften von Quantenpunkten stark beeinflusst. Ein weiteres, sehr interessantes Gebiet ist das Verhalten von Quantenpunkten in Magnetfeldern.

9.2.9 Wärmetransport in Metallen

Nun wenden wir uns der thermischen Leitfähigkeit von Metallen zu. Offen ist zunächst die Frage, ob der Wärmetransport in erster Linie auf die Wirkung der Elektronen oder aber, wie bei Isolatoren, auf den Beitrag der Phononen zurückgeht. Die tägliche Erfahrung lehrt, dass bei Zimmertemperatur die Elektronen vor allem für den Wärmetransport verantwortlich sind, da die Wärmeleitfähigkeit von Metallen meist wesentlich größer ist als die der Dielektrika. Dass bei sehr tiefen Temperaturen die Elektronen ebenfalls den dominierenden Beitrag liefern, folgt aus der Beobachtung, dass die spezifische Wärme der Elektronen linear mit abnehmender Temperatur sinkt, die des Gitters dagegen proportional zu T^3 abnimmt. Es gibt offensichtlich bei sehr tiefen Temperaturen immer sehr viel mehr angeregte Elektronen als Phononen, die für den Energietransport zur Verfügung stehen. Abgesehen von den beiden Grenzfällen ist bei den meisten elektrisch leitfähigen Materialien die Trennung der Beiträge von Phononen und Elektronen schwierig.

In Bild 9.21 ist der Temperaturverlauf der Wärmeleitfähigkeit Λ von hochreinem Kupfer gezeigt. Die Ähnlichkeit mit dem Temperaturverlauf bei dielektrischen Kristallen ist offensichtlich. Bemerkenswert ist, dass Metalle zwar bei Raumtemperatur eine wesentlich höhere Wärmeleitfähigkeit als dielektrische Materialien aufweisen, der Maximalwert aber kleiner ist als die Wärmeleitfähigkeit reiner dielektrischer Kristalle. Den Verlauf können wir verstehen, wenn wir vereinfachend den Beitrag der Phononen vernachlässigen, also annehmen, dass $\Lambda_\mathrm{el} \gg \Lambda_\mathrm{ph}$ ist. Zur Berechnung der elektronischen Wärmeleitfähigkeit Λ_el benutzen wir wieder die Analogie zur kinetischen

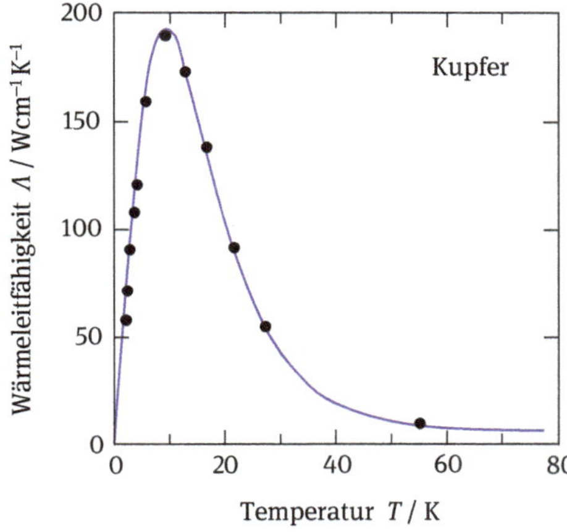

Abb. 9.21: Wärmeleitfähigkeit von Kupfer. Ähnlich wie bei den dielektrischen Kristallen tritt auch bei den Metallen ein ausgeprägtes Maximum im Temperaturverlauf auf. (Nach G.K. White, R.J. Tainsh, Phys. Rev. **119**, 1869 (1960).)

Gastheorie, wie wir es bereits in Abschnitt 7.3 bei der Gitterleitfähigkeit getan haben. Da der Wärmetransport, wie der Ladungstransport, nur durch angeregte Elektronen an der Fermi-Oberfläche erfolgt, setzen wir in den Ausdruck (7.21) für die Wärmeleitung die spezifische Wärme c_V^{el} aus Gleichung (8.35) und die Fermi-Geschwindigkeit v_F ein und finden

$$\Lambda_\mathrm{el} = \frac{1}{3} c_V^{\mathrm{el}} v\, l = \frac{1}{3} \frac{\pi^2 n k_\mathrm{B}^2 T}{m v_\mathrm{F}^2} v_\mathrm{F}\, l = \frac{\pi^2}{3} \frac{n k_\mathrm{B}^2 \tau}{m} T \,. \tag{9.54}$$

Die Temperaturabhängigkeit der elektronischen Wärmeleitfähigkeit lässt sich mit Hilfe von Gleichung (9.46) in drei Temperaturbereiche unterteilen:

$$\Lambda_\mathrm{el} \propto l T \propto \begin{cases} T & \text{für} \quad T \ll \Theta \,, \\ T^{-4} & \text{für} \quad T < \Theta \,, \\ \text{const.} & \text{für} \quad T \gg \Theta \,. \end{cases} \tag{9.55}$$

Bei tiefen Temperaturen ($T \ll \Theta$) wird die mittlere freie Weglänge l der Elektronen durch die Streuung an Verunreinigungen begrenzt und ist somit konstant. Der Temperaturverlauf der Wärmeleitfähigkeit wird daher ausschließlich durch die spezifische Wärme bestimmt, die proportional zur Temperatur ansteigt. Mit zunehmender Temperatur tritt verstärkt Elektron-Phonon-Streuung auf, da die Zahl und die Frequenz der dominanten Phononen anwächst. Der Gültigkeitsbereich des Bloch-Grüneisen-Gesetzes wird erreicht, in dem der Rückgang der freien Weglänge den Anstieg der spezifischen Wärme überkompensiert. Die Wärmeleitfähigkeit nimmt proportional zu T^{-4} ab. Bei den hohen Temperaturen, also bei $T \gg \Theta$, sind die Phononen mit der Debye-Frequenz dominant, deren Zahl näherungsweise proportional zur Temperatur anwächst. Die mittlere freie Weglänge nimmt daher invers zur Temperatur ab und gleicht so gerade den Anstieg der spezifischen Wärme aus. Die Wärmeleitfähigkeit von Metallen ist dann nahezu temperaturunabhängig.

Wir kommen nochmals kurz auf den Beitrag des Gitters zur Wärmeleitung zurück. Zunächst stellt sich die Frage, warum die Phononen kaum zur Wärmeleitung von Metallen beitragen. Der Grund hierfür ist, dass in Metallen die Phononen nicht nur durch die Wechselwirkung untereinander gestreut werden, sondern in erster Linie durch die Wechselwirkung mit den Elektronen. Dieser Streumechanismus, der auch die elektrische Leitfähigkeit begrenzt, ist sehr effektiv. Die in dielektrischen Festkörpern dominierende Phonon-Phonon-Streuung ist daher in Metallen meist ohne Bedeutung. Der kleine Beitrag der Phononen zur Wärmeleitung ist daher im Allgemeinen schwer zu beobachten, da er vom Wärmetransport durch die Elektronen überdeckt wird. Eine Ausnahme stellen Legierungen oder stark verunreinigte Metalle dar, in denen die Elektronen an Fremdatomen und Defekten so stark gestreut werden, dass sie nur wenig zur Wärmeleitfähigkeit beitragen. Ihre thermische Leitfähigkeit ist daher relativ klein und zum großen Teil durch den Wärmetransport der Phononen verursacht.

Wiedemann-Franz-Gesetz. Unter der Annahme, dass sowohl die elektrische als auch die thermische Leitfähigkeit durch die freien Elektronen hervorgerufen wird, kann man (9.54) und (9.38) vergleichen und findet das **Wiedemann-Franz-Gesetz**[13,14]

$$\frac{\Lambda_{\mathrm{el}}}{\sigma} = \frac{\pi^2}{3}\left(\frac{k_{\mathrm{B}}}{e}\right)^2 T = LT\,. \tag{9.56}$$

Das Verhältnis der beiden Transportgrößen sollte durch die Temperatur und die universelle **Lorenz-Zahl**[15] $L = 2{,}5 \cdot 10^{-8}\,\mathrm{W\Omega\,K^{-2}}$ bestimmt sein.

Dieses bemerkenswerte Gesetz ist jedoch nur gültig, wenn die freie Weglänge in beiden Fällen durch den gleichen Streumechanismus begrenzt wird. In Bild 9.22 ist zu

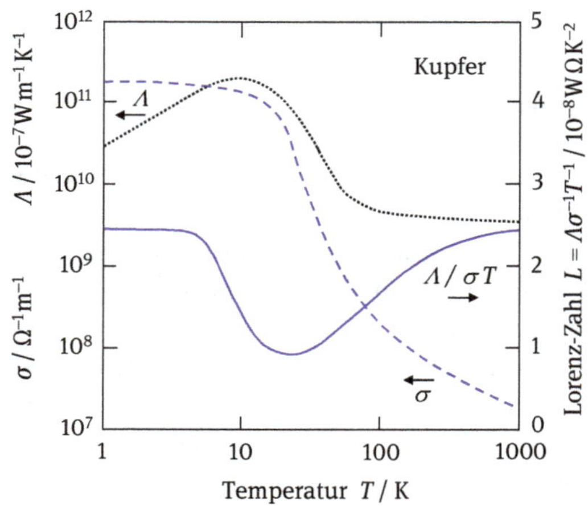

Abb. 9.22: Temperaturabhängigkeit der elektrischen (gestrichelt) und thermischen (punktiert) Leitfähigkeit von Kupfer. Die ausgezogene blaue Kurve gibt den Temperaturverlauf der Lorenz-Zahl wieder. (Nach J.S. Blakemore, *Solid State Physics*, Saunders, 1974 und G.K. White, R.J. Tainsh, Phys. Rev. **119**, 1869 (1960).)

13 Gustav Heinrich Wiedemann, *1826 Berlin, †1899 Leipzig

14 Rudolph Franz, *1826 Berlin, †1902 Berlin

15 Ludvig Valentin Lorenz, *1829 Helsingør, †1891 Frederiksberg

sehen, dass bei hohen Temperaturen das Wiedemann-Franz-Gesetz von Kupfer erfüllt wird und die Lorenz-Zahl nahe am erwarteten Wert liegt. Diese Feststellung gilt nicht nur für Kupfer sondern in guter Näherung für die meisten Metalle. In Tabelle 9.1 sind Werte der thermischen und elektrischen Leitfähigkeit, sowie die daraus resultierende Lorenz-Zahl für verschiedene Metalle bei Zimmertemperatur angegeben. Mit abnehmender Temperatur wird die Lorenz-Zahl von Kupfer kleiner, durchläuft ein Minimum und erreicht bei tiefen Temperaturen wieder den theoretischen Wert. Grund für die Temperaturabhängigkeit ist die unterschiedliche Wichtung der Streuprozesse beim elektrischen und thermischen Transport, die wir nun näher betrachten.

Tab. 9.1: Wärmeleitfähigkeit, elektrische Leitfähigkeit und Lorenz-Zahl einiger Metalle bei Zimmertemperatur. (Verschiedene Quellen.)

Element	Λ_{el}/W/mK	$\sigma/(\mu\Omega\text{m})^{-1}$	L/ WΩ/10^8K^2	Element	Λ_{el}/W/mK	$\sigma/(\mu\Omega\text{m})^{-1}$	L/ WΩ/10^8K^2
Ag	429	68,0	2,15	Li	85	11,7	2,47
Al	237	40,0	2,03	Mg	171	25,4	2,29
Au	317	48,8	2,29	Na	141	23,8	2,02
Cu	401	59,6	2,84	Pb	35	5,2	2,30
Fe	80	11,2	2,44	Sn	67	9,1	2,49
K	102	16,4	2,13	Zn	121	18,4	2,24

9.2.10 Fermi-Funktion im stationären Gleichgewicht

Liegt ein elektrisches Feld an einer Metallprobe an, so bewirkt es nach (9.24) im stationären Gleichgewicht eine Änderung aller Wellenvektoren um $\delta\mathbf{k} = -e\tau\boldsymbol{\mathcal{E}}/\hbar$ und damit eine Verschiebung der Fermi-Kugel, die wir bereits anhand von Bild 9.5 diskutiert haben. Formal folgt dies auch aus Gleichung (9.33), die verdeutlicht, dass $f(\mathbf{k})$ als der Beginn einer Taylor-Entwicklung nach dem Wellenvektor $\mathbf{k}$ um die Gleichgewichtsverteilung $f_0(\mathbf{k})$ aufgefasst werden kann. Ein elektrisches Gleichfeld verändert nicht die Form der Fermi-Dirac-Verteilungsfunktion, sondern transformiert den Gleichgewichtswert $f_0(\mathbf{k})$ in den neuen Wert $f(\mathbf{k})$, wobei sich beide nur in ihren Argumenten unterscheiden. Bezogen auf den Wellenvektor bzw. die Energie der Elektronen lässt sich diese Aussage durch den Zusammenhang

$$f(\mathbf{k}) = f_0\left(\mathbf{k} + \frac{e\tau\boldsymbol{\mathcal{E}}}{\hbar}\right) = f_0\Big(E(\mathbf{k}) + e\tau\mathbf{v}(\mathbf{k})\cdot\boldsymbol{\mathcal{E}}\Big) \tag{9.57}$$

ausdrücken. Hierbei haben wir benutzt, dass die Änderung des Wellenvektors die Energieänderung $\delta E \approx -e\tau\mathbf{v}(\mathbf{k})\cdot\boldsymbol{\mathcal{E}}$ bewirkt.

In Worten ausgedrückt bedeutet dies, dass die Elektronen auf der Vorderseite der Fermi-Kugel, die gegen das Feld anlaufen, (wegen ihrer negativen Ladung) Energie gewinnen, während diejenigen, die sich auf der Rückseite befinden, gebremst werden. Somit ändern sich die Wellenvektoren, wie in Bild 9.23 dargestellt, abhängig von der Bewegungsrichtung um den Betrag $\pm\delta\mathbf{k}$. Tatsächlich handelt es sich aber nicht um eine statische Verschiebung, sondern um einen dynamischen Prozess, bei dem die Elektronen wiederholt gestreut werden und sich dabei entlang der Fermi-Fläche von der Vorder- zur Rückseite bewegen.

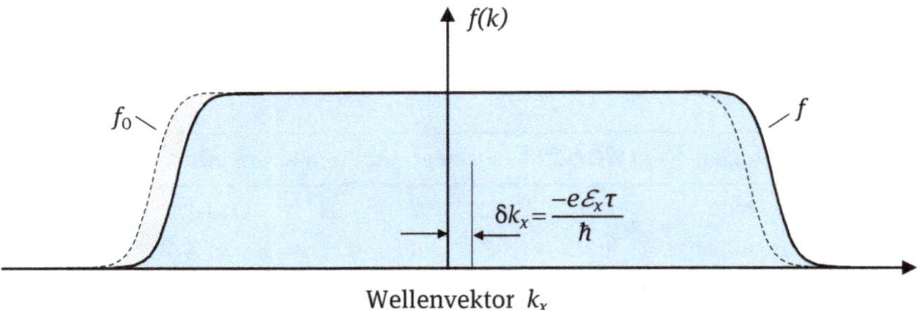

Abb. 9.23: Fermi-Dirac-Verteilung $f(E)$ bei Anliegen eines elektrischen Feldes $-\mathcal{E}_x$. Die Gleichgewichtsverteilung $f_0(E)$ der unverschobenen Fermi-Kugel ist gestrichelt gezeichnet. Unter dem Einfluss des Feldes werden die Wellenvektoren um den Betrag δk_x nach rechts verschoben. Dadurch erhöht sich die Zahl der Zustände mit positivem Wellenvektor während sich die Zahl mit negativem Wellenvektor verkleinert.

Fließt Wärme durch die Probe, so hängt die Geschwindigkeitsverteilung der Elektronen von der Richtung ab, in die sie sich bezüglich des Wärmeflusses bewegen. Die Elektronen, die vom warmen Ende kommen und sich in Richtung des Wärmestromes bewegen, besitzen eine höhere „Temperatur" und sind daher schneller als diejenigen, die entgegengesetzt laufen. Um die zu (9.57) analoge Transformation der Fermi-Dirac-Verteilungsfunktion zu finden, geht man von (9.27) aus, betrachtet aber nun den Diffusionsterm, der die räumliche Variation der Verteilungsfunktion berücksichtigt. Nach einigen Rechenschritten findet man ein zu (9.57) analoges Ergebnis:

$$f(\mathbf{k}) = f_0\Big(T - \tau\mathbf{v}(\mathbf{k}) \cdot \nabla T\Big)\,. \tag{9.58}$$

Die Elektronen sind also aufgrund des vorhandenen Temperaturgradienten je nach Bewegungsrichtung um die Temperatur $\delta T = -\tau\mathbf{v}(\mathbf{k}) \cdot \nabla T$ „wärmer" bzw. „kälter". Die Fermi-Dirac-Verteilung der Elektronen, die vom kalten Ende der Probe kommen, besitzt eine steilere, die vom warmen Ende eine flachere Flanke. Diese Veränderung der Verteilungsfunktion ist für die beiden Fälle in Bild 9.24 skizziert.

Offenbar sind die Anforderungen an die Relaxationsprozesse beim elektrischen und beim thermischen Transport unterschiedlich. Im ersten Fall kommt es auf die

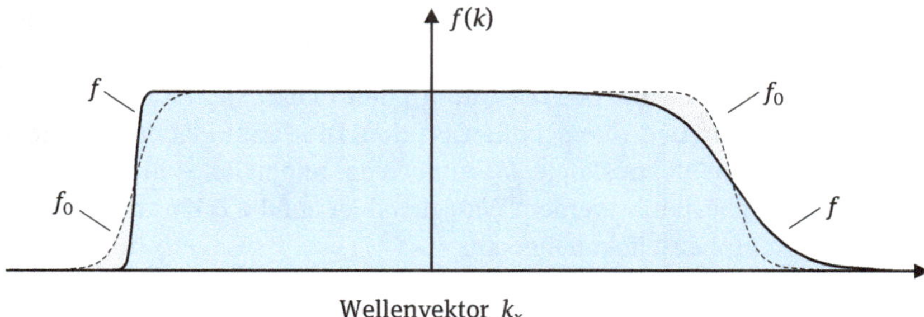

Abb. 9.24: Fermi-Dirac-Verteilung $f(E)$ in einer Probe mit Temperaturgradienten. Der Wärmestrom fließt von links nach rechts. Die Gleichgewichtsverteilung $f_0(E)$ ist gestrichelt eingezeichnet. Die Verteilungsfunktion der Elektronen vom kalten Probenende verläuft steiler als im thermischen Gleichgewicht, die der Elektronen vom warmen Ende dagegen flacher.

Impulsänderung, im zweiten auf die Energieänderung an. Beim Wärmetransport wird ein stationärer Zustand dadurch erreicht, dass „heiße" Elektronen ihre überschüssige Energie durch Stöße verlieren und so zur Fermi-Fläche zurückkehren. Hier spielt die Bewegungsrichtung eine untergeordnete Rolle, denn es kommt in erster Linie auf die „richtige" Temperatur, d.h. auf die Energie und somit auf den Betrag des Elektronenimpulses an. Die Elektronen, die vom warmen Probenende kommen, geben ihre überschüssige Energie ab, die Elektronen vom kalten Probenende nehmen bei den Stößen im Mittel Energie auf.

Beim Anliegen eines elektrischen Feldes stellt sich das Gleichgewicht durch die Streuung der Elektronen von der Vorder- auf die Rückseite der Fermi-Kugel ein. Die wirksamen Streuprozesse müssen daher vor allem den Impuls der Elektronen ändern. Bei hohen Temperaturen reicht *ein* Stoßereignis, da der Impuls der dominanten Phononen genügend groß ist (siehe Bild 9.7b). Diese Stöße werden häufig als *horizontale* Prozesse bezeichnet. Bei tiefen Temperaturen sind mehrere Stöße erforderlich, denn die Streuereignisse verlieren an „Effektivität". Sind die Impulsänderungen, wie in Bild 9.7a angedeutet, klein, so spricht man von *vertikalen* Prozessen.

9.3 Elektronen im Magnetfeld

Bisher haben wir uns mit dem dynamischen Verhalten von Elektronen in elektrischen Feldern und in Temperaturgradienten beschäftigt. Nun wenden wir uns dem Einfluss von Magnetfeldern zu, die eine Vielfalt interessanter Effekte hervorrufen.

In diesem und dem vorhergegangen Kapitel wurde offenbar, dass Fermi-Flächen für das Verhalten der Festkörper von großer Bedeutung sind. Sie sind Flächen konstanter Energie im **k**-Raum und trennen bei $T = 0$ die besetzten von den unbesetzten Zuständen. Die Kenntnis ihrer Gestalt ist bei der Beschreibung von vielen Eigenschaften von großer Bedeutung. Es gibt eine Reihe experimenteller Methoden zur Bestimmung der Fermi-Flächen, wobei die meisten Messungen in Magnetfeldern durchgeführt werden. Hierzu zählen Zyklotronresonanz, De-Haas-van-Alphén-Effekt, Shubnikov-de-Haas-Effekt, Magnetowiderstand und Ultraschallabsorption. Die Fermi-Fläche kann aber auch mit Photoelektronen-Spektroskopie, Messungen des anomalen Skineffekts oder der optischen Reflexion bestimmt werden. Wir gehen hier auf die Zyklotronresonanz und den De-Haas-van-Alphén-Effekt näher ein.

9.3.1 Zyklotronresonanz

Die Messung der Zyklotronresonanz ist ein „klassisches" Experiment zur Bestimmung von Fermi-Flächen. Die Probe wird in ein statisches Magnetfeld gebracht und mit Mikrowellen bestrahlt. Stimmt man die Frequenz der Mikrowelle durch, so beobachtet man bei der Zyklotronfrequenz ein ausgeprägtes Absorptionsmaximum.

Wirkt auf ein Elektron im Festkörper ein Magnetfeld, so folgt aus den Gleichungen (9.2) und (9.3) der Ausdruck

$$\mathrm{d}\mathbf{k} = -\frac{e}{\hbar^2}\left[\nabla_{\mathbf{k}} E(\mathbf{k}) \times \mathbf{B}\right]\mathrm{d}t \,. \tag{9.59}$$

Da zeitlich konstante Magnetfelder keine Energieänderung der abgelenkten Elektronen bewirken, lässt bereits die Energieerhaltung den Schluss zu, dass sich die Elektronen im Magnetfeld auf Flächen konstanter Energie bewegen, d.h., dass $\mathrm{d}\mathbf{k}$ senkrecht auf $\nabla_{\mathbf{k}} E$ stehen muss. Die Trajektorien der Elektronen mit der Fermi-Energie liegen also auf der Fermi-Fläche.

Aufgrund der Symmetrie von Fermi-Flächen erfolgt die Bewegung in vielen Fällen längs einer geschlossenen Bahn. Wie in Bild 9.25a für eine einfache Fermi-Fläche angedeutet, verläuft die Elektronenbahn senkrecht zum Magnetfeld. Die Änderung $\mathrm{d}\mathbf{k}$ des Wellenvektors $\mathbf{k}$ ist nach (9.59) proportional zu $\nabla_{\mathbf{k}} E(\mathbf{k}) \times \mathbf{B}$. Das Kreuzprodukt bewirkt, dass nur die Komponente $[\nabla_{\mathbf{k}} E(\mathbf{k})]_\perp$ des Gradienten wirksam wird, die senkrecht zum Magnetfeld steht, so dass $|\nabla_{\mathbf{k}} E(\mathbf{k}) \times \mathbf{B}| = B\,[\nabla_{\mathbf{k}} E(\mathbf{k})]_\perp$ gilt. Für die weitere Diskussion führen wir den Vektor $\mathrm{d}\mathbf{k}_\perp$ ein, der senkrecht auf $\mathrm{d}\mathbf{k}$ und $\mathbf{B}$ steht. Damit lässt sich $[\nabla_{\mathbf{k}} E(\mathbf{k})]_\perp$ vereinfacht durch $\mathrm{d}E/\mathrm{d}k_\perp$ ausdrücken.

Wir berechnen nun die Zeit $\widetilde{T}$, die ein Elektron für einen Bahnumlauf benötigt. Dazu integrieren wir die Gleichung (9.59) und erhalten

$$\widetilde{T} = \oint \mathrm{d}t = \frac{\hbar^2}{eB}\oint \frac{|\mathrm{d}\mathbf{k}|}{|\mathrm{d}E/\mathrm{d}k_\perp|} = \frac{\hbar^2}{eB}\oint \frac{\mathrm{d}k_\perp}{\mathrm{d}E}|\mathrm{d}\mathbf{k}| = \frac{\hbar^2}{eB}\frac{\mathrm{d}S}{\mathrm{d}E} \,. \tag{9.60}$$

Hierbei haben wir benutzt, dass, wie man der Skizze 9.25b unmittelbar entnehmen kann, für die Querschnittsfläche S im $\mathbf{k}$-Raum die Beziehung $\mathrm{d}S = \oint \mathrm{d}k_\perp |\mathrm{d}\mathbf{k}|$ gilt. Somit erhalten wir für die Umlaufzeit den Zusammenhang

$$\widetilde{T} = \frac{\hbar^2}{eB}\frac{\mathrm{d}S}{\mathrm{d}E} \,. \tag{9.61}$$

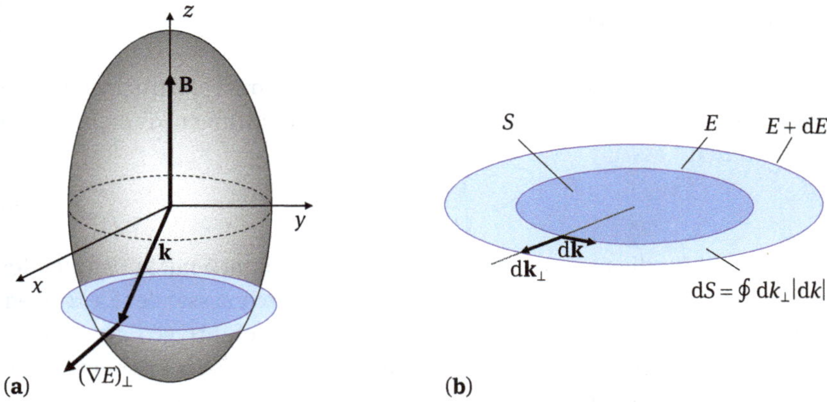

Abb. 9.25: Zur Beschreibung der Elektronenbewegung im Magnetfeld. **a)** Umlaufbahn eines Elektrons auf der Fermi-Fläche mit der Gestalt eines Rotationsellipsoids. **b)** Bahnebene mit der Querschnittsfläche S und der Festlegung von $d\mathbf{k}$ und $d\mathbf{k}_\perp$.

Die Umlaufzeit wird durch die Energieabhängigkeit der im **k**-Raum von der Bahn eingeschlossenen Schnittfläche bestimmt. Für ein freies Elektronengas findet man unabhängig vom Wellenvektor für diese Größe $dS/dE = 2\pi m/\hbar^2$. Dies bedeutet, dass in diesem Fall alle Elektronen dieselbe Umlaufzeit besitzen. Die Umlauffrequenz ω_c ist dann durch die bekannte Zyklotronfrequenz $\omega_c = eB/m$ gegeben. Im Allgemeinen unterscheiden sich jedoch die Umlaufzeiten. Um den Ausdruck (9.61) nicht nur im Grenzfall freier Elektronen benutzen zu können, ersetzt man die Masse m des freien Elektrons durch die effektive Masse m^*. Dabei ist zu beachten, dass die **Zyklotronmasse** nicht immer mit der in Abschnitt 9.1 eingeführten *dynamischen Masse* identisch ist. Die Zyklotronmasse wird durch die Lage der betreffenden Bahn auf der Fermi-Fläche und nicht durch einen elektronischen Zustand gemäß der Definitionsgleichung (9.5) bestimmt. Mit dieser Verallgemeinerung für die Zyklotronmasse gilt für die **Zyklotronfrequenz** weiterhin die wohlbekannte Formel

$$\omega_c = \frac{eB}{m^*} . \tag{9.62}$$

Ergänzend sei hier noch vermerkt, dass die Bahn eines Elektrons im realen Raum etwas komplizierter als im **k**-Raum ist, da auch die z-Komponente des Wellenvektors berücksichtigt werden muss. Im realen Raum beschreiben die Elektronen bekanntlich Spiralen.

Wie bereits erwähnt, bringt man zur Messung der Zyklotronresonanz die Probe in ein Magnetfeld und strahlt Mikrowellen geeigneter Frequenz ein. Stimmen Zyklotron- und Mikrowellenfrequenz überein, so werden die Elektronen beschleunigt und nehmen aus dem elektrischen Feld Energie auf. Als Folge tritt beim Durchstimmen der

Mikrowellenfrequenz ein scharfes Absorptionsmaximum bei der Zyklotronfrequenz auf.[16]

Bei Experimenten an Metallen tritt die Komplikation auf, dass elektromagnetische Wellen, bedingt durch den *Skineffekt*, kaum in die Probe eindringen können. Da die Eindringtiefe δ durch

$$\delta = \sqrt{\frac{2}{\mu_0 \omega \sigma}} \tag{9.63}$$

gegeben ist, μ_0 steht für die magnetische Feldkonstante, nimmt δ mit zunehmender Frequenz ab und ist bei hohen Frequenzen kleiner als der Durchmesser der Elektronenbahnen. Wird das Experiment bei einem Feld $B = 1$ T durchgeführt, so liegt für freie Elektronen die Zyklotronfrequenz bei 30 GHz. Die Eindringtiefe ist bei reinem Kupfer und tiefen Temperaturen ungefähr 10 nm, der Bahnradius aber etwa 10 µm. Dies bedeutet, dass die umlaufenden Elektronen nur an der Oberfläche mit dem elektrischen Feld in Berührung kommen. Ihnen wird dort, je nach Phasenlage, Energie zugeführt oder entzogen. Absorption tritt dann auf, wenn die Elektronen beim Durchqueren der Wechselwirkungszone durch das elektrische Feld phasengerecht beschleunigt werden. Dies hat zur Folge, dass nicht nur bei der Zyklotronfrequenz ω_c ein Absorptionmaximum auftritt, sondern auch dann, wenn zwischen zwei Durchläufen eine ganzzahlige Anzahl von Perioden der elektromagnetischen Schwingungen verstrichen ist. In Metallen wird daher eine Serie von Maxima beobachtet, während in Halbleitern aufgrund der kleineren Ladungsträgerdichte und somit größeren Eindringtiefe im Allgemeinen nur *ein* Absorptionsmaximum auftritt. Das Ergebnis eines Zyklotronresonanzexperiments an einer (110)-Kupferoberfläche bei 35 GHz und einem statischen Magnetfeld in [100]-Richtung ist in Bild 9.26 gezeigt. Die erwartete Oszillation der differentiellen Absorption $\mathrm{d}R/\mathrm{d}B$ tritt deutlich in Erscheinung.[17]

Scharfe Resonanzen erhält man nur, wenn die Elektronen mehrere Umläufe ungestört vollenden können, d.h., wenn die Bedingung $\omega_c \tau \gg 1$ erfüllt ist, wobei τ für die mittlere Stoßzeit der Elektronen steht. Experimente zur Zyklotronresonanz müssen daher bei hohen Frequenzen und somit bei hohen Magnetfeldern durchgeführt werden. Um die Streuung an Phononen und Defekten zu vermeiden und lange Stoßzeiten zu erreichen, wird bei tiefen Temperaturen und mit reinen Substanzen gearbeitet. Aus der Verbreiterung der Maxima bei einer Temperaturerhöhung von 4,2 K auf 12,9 K, die in Bild 9.26 deutlich zu erkennen ist, folgt, dass die Wechselwirkung der umlaufenden Elektronen mit den Gitterschwingungen bereits bei 10 K zu einer erheblichen Reduktion der mittleren Stoßzeit führt.

---

16 Es liegt nahe, wie geschildert, das Experiment bei konstantem Magnetfeld und variabler Mikrowellenfrequenz durchzuführen, doch ist dies messtechnisch sehr aufwändig, so dass üblicherweise die Mikrowellenfrequenz festgehalten und die Zyklotronfrequenz durch Variation des Magnetfeldes durchgestimmt wird.

17 Wir benutzen hier die in diesem Arbeitsgebiet übliche Bezeichnung $\mathrm{d}R/\mathrm{d}B$, obwohl die Abkürzung R sonst für den Radius bzw. den Widerstand vorgesehen ist.

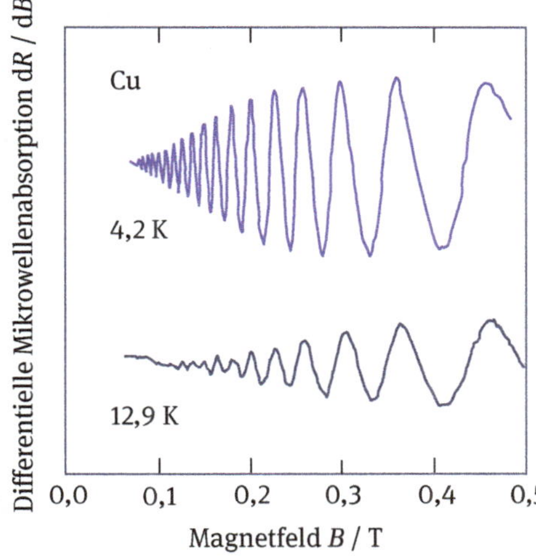

Abb. 9.26: Differentielle Mikrowellenabsorption $\mathrm{d}R/\mathrm{d}B$ von Kupfer bei 4,2 K und 12,9 K als Funktion des statischen Magnetfeldes. (Nach P. Häussler, S.J. Welles, Phys. Rev. **152**, 675 (1966).)

Ist die effektive Masse nicht von allen Elektronen gleich, dann unterscheiden sich ihre Umlaufzeiten. Da die Elektronen dann nicht bei einer wohl definierten sondern bei verschiedenen Frequenzen absorbieren, sollten in realen Metallen keine scharfen Absorptionsmaxima zu finden sein. Für ihr Auftreten gibt es zwei Gründe: Erstens können nur Elektronen an der Fermi-Fläche Energie aufnehmen und zur Absorption beitragen, da nur dort unbesetzte Zustände höherer Energie zur Verfügung stehen. Die Elektronen im Innern der Fermi-Kugel führen zwar Umläufe aus, tragen aber nicht zum Messsignal bei. Diese Einschränkung allein würde jedoch nicht zu Maxima führen, denn die effektive Masse der Elektronen hängt im Allgemeinen von ihrer Lage auf der Fermi-Fläche ab. Der zweite Grund ist, dass das beobachtete Signal aus einem Bereich der Fermi-Fläche stammt, in dem eine große Zahl von Elektronen mit annähernd der gleichen Frequenz umläuft. Dies ist dann der Fall, wenn die Umlaufzeiten stationär sind bezüglich kleinen Änderungen der Komponente des Wellenvektors in Richtung des Magnetfelds, d.h., wenn die Querschnittsfläche S ein Extremum aufweist. Diese Elektronen absorbieren innerhalb einer engen Bandbreite bei der gleichen Mikrowellenfrequenz bzw. beim gleichen Magnetfeld. Solche Bahnen bezeichnet man als **Extremalbahnen**. In Bild 9.27 sind zwei derartige Bereiche eingezeichnet. Liegt das Magnetfeld **B** an, so erfüllen die Elektronen im Bereich A diese Bedingung und verursachen ein Absorptionsma-

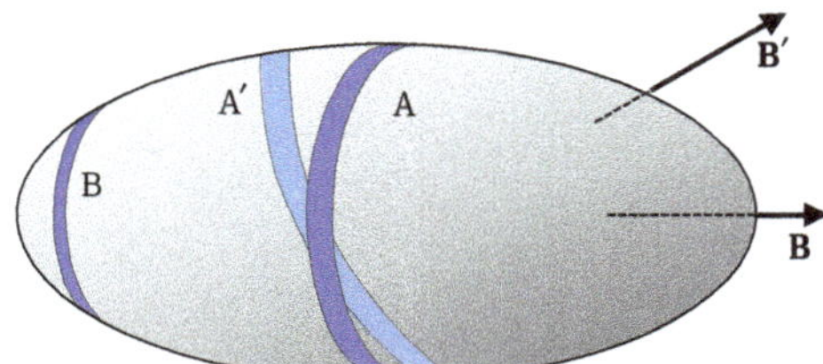

Abb. 9.27: Extremalbahnen. Die Bahnen in den Bereichen A und A′ sind Extremalbahnen, die zum Magnetfeld **B** bzw. **B**′ gehören. Die Bahnen im Bereich B erfüllen die Bedingungen für Extremalbahnen nicht und werden daher bei Zyklotronresonanzexperimenten nicht beobachtet.

ximum. Dagegen laufen die Elektronen im Bereich B unterschiedlich rasch um. Ihr Beitrag zum Signal trägt zum Untergrund bei und verursacht kein Maximum. Wird das Magnetfeld in Richtung $\mathbf{B}'$ gekippt, so sind die Bahnen im Bereich A′ beobachtbar, denn sie sind für die vorgegebene Feldrichtung Extremalbahnen. Durch Änderung der Probenorientierung kann auf diese Weise die Fermi-Fläche abgetastet werden.

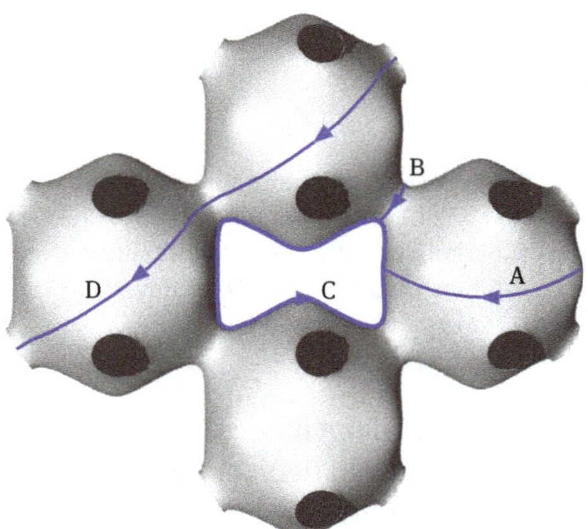

Abb. 9.28: Elektronenbahnen im Magnetfeld. Dargestellt ist die Fermi-Fläche von Kupfer im periodischen Zonenschema. Eingezeichnet sind eine Bauch- und eine Halsbahn (Bahn A bzw. Bahn B), die „Hundeknochenbahn" C und die offene Bahn D. Die Bahnen A und B sind Elektronenbahnen, Bahn C ist eine Lochbahn. Die offene Bahn D liegt topologisch zwischen den beiden Bahntypen. Die eingezeichneten Bahnen treten bei unterschiedlichen Orientierungen des Magnetfelds auf.

Wir werfen einen Blick auf Bild 9.28, in dem die Fermi-Fläche von Kupfer im periodischen Zonenschema wiedergegeben ist. Diese Darstellung verdeutlicht, dass Extremalbahnen existieren, die im reduzierten Zonenschema nicht so leicht zu erkennen sind. Die Bahnen A, B und C sind *geschlossene Bahnen*, die zu Absorptionsmaxima Anlass geben. Die Bahn D ist eine *offene Bahn*, bei der keine Resonanz auftreten kann, so dass sie in Messungen der Zyklotronresonanz nicht beobachtet wird. Offene Bahnen tragen aber ganz wesentlich zum *Magnetowiderstand* bei, auf den wir hier nicht eingehen. Die Bahnen A und B bezeichnet man als **Bauch**- bzw. als **Halsbahn**. In diesen beiden Fällen liegen die besetzten Zustände innerhalb der Bahnkurven, die Richtung des Umlaufs entspricht dem freier Elektronen. Die Topologie der Bahn C unterscheidet sich von den beiden ersten Bahnen. Wie in den Bildern 8.29b und 8.32a liegen die besetzten Zustände außen, dadurch ändert sich das Vorzeichen von $\nabla_{\mathbf{k}} E(\mathbf{k})$ in Gleichung (9.59) und somit der Umlaufsinn der Bahnbewegung. Man bezeichnet die Bahnen A und B als **Elektronenbahnen** und spricht bei der Bahn C von einer **Lochbahn**. In mehrfach zusammenhängenden Fermi-Flächen können bei geeigneter Magnetfeldrichtung verschiedene Bahntypen gleichzeitig auftreten.

9.3.2 Landau-Niveaus

Ein überaus interessantes Phänomen ist die Quantisierung der Elektronenbahnen im Magnetfeld, die wir bisher ignoriert haben. Um diesen Effekt zu studieren, betrachten wir die Bewegung von quasi-freien Elektronen in einem konstanten Magnetfeld. Zur Vereinfachung lassen wir den Spin zunächst außer Acht, da dessen magnetisches Moment die Bahnbewegung nicht beeinflusst, sondern nur einen Zusatzterm in der Energie verursacht. Eine Ausnahme hiervon stellt der *Quanten-Hall-Effekt* dar, auf den wir am Ende dieses Kapitels kurz eingehen. Eine ausführlichere Diskussion des Elektronenspins werden wir in Kapitel 12 im Zusammenhang mit den magnetischen Eigenschaften von Festkörpern führen.

Bei der quantenmechanischen Beschreibung wird das Magnetfeld über das Vektorpotenzial **A** im Hamilton-Operator berücksichtigt. Damit hat die stationäre Schrödinger-Gleichung folgendes Aussehen:

$$\frac{1}{2m^*}(-\mathrm{i}\hbar\nabla + e\mathbf{A})^2\psi = E\psi \,. \tag{9.64}$$

Wir nehmen an, dass das Magnetfeld **B** in z-Richtung wirkt und setzen das dazugehörende Vektorpotenzial $\mathbf{A} = (0, xB, 0)$ ein.[18] Schreiben wir die Gleichung aus, so erhalten wir

$$\frac{\partial^2\psi}{\partial x^2} + \frac{\partial^2\psi}{\partial z^2} + \left(\frac{\partial}{\partial y} + \frac{\mathrm{i}eBx}{\hbar}\right)^2 \psi + \frac{2m^* E}{\hbar^2}\psi = 0 \,. \tag{9.65}$$

Der Lösungsansatz

$$\psi = \widetilde{\psi}(x)\,\mathrm{e}^{-\mathrm{i}(k_y y + k_z z)} \,, \tag{9.66}$$

der auf *L.D. Landau* zurückgeht, behält in y- und z-Richtung ebene Wellen bei. Wir setzen diesen Ansatz ein und erhalten

$$\frac{\partial^2\widetilde{\psi}}{\partial x^2} + \left[\frac{2m^* E}{\hbar^2} - k_z^2 - \left(\frac{eBx}{\hbar} - k_y\right)^2\right]\widetilde{\psi} = 0 \,. \tag{9.67}$$

Mit den Abkürzungen

$$E_\ell = E - \frac{\hbar^2 k_z^2}{2m^*}, \qquad x' = x - \frac{\hbar k_y}{eB} \qquad \text{und} \qquad \omega_\mathrm{c} = \frac{eB}{m^*} \tag{9.68}$$

nimmt die Gleichung die einfache Form

$$\frac{\partial^2\widetilde{\psi}}{\partial x'^2} + \frac{2m^*}{\hbar^2}\left[E_\ell - \frac{1}{2}m^*\omega_\mathrm{c}^2 x'^2\right]\widetilde{\psi} = 0 \tag{9.69}$$

an. Dies ist die Schrödinger-Gleichung eines linearen harmonischen Oszillators mit der Frequenz ω_c, dessen Zentrum sich bei

18 Wir haben hier die Coulomb-Eichung gewählt.

$$x_0 = \frac{\hbar k_y}{eB} = \frac{1}{\omega_c} \frac{\hbar k_y}{m^*} \tag{9.70}$$

befindet. Die Eigenfunktionen $\widetilde{\psi}(x)$ und Eigenwerte $E_\ell = (\ell + 1/2)\,\hbar\omega_c$ sind aus der Quantenmechanik bekannt. Drücken wir die Energie der Elektronen mit den ursprünglichen Größen aus, so erhalten wir mit $\ell \geq 0$

$$E = E_\ell + E(k_z) = \left(\ell + \frac{1}{2}\right)\hbar\omega_c + \frac{\hbar^2 k_z^2}{2m^*} \,. \tag{9.71}$$

Die Energie der Elektronen setzt sich aus zwei Anteilen zusammen: Zum einen besitzen die Elektronen in Feldrichtung die übliche Translationsenergie, zum anderen die quantisierte Energie der Kreisbewegung. Die parabelförmigen Bänder freier Elektronen spalten unter Einwirkung eines Magnetfelds in Subbänder auf, die man als **Landau-Niveaus** bezeichnet. Ihre Energie-Eigenwerte unterscheiden sich jeweils um $\delta E = \hbar\omega_c$. Das Magnetfeld bewirkt eine Quantisierung der Elektronenenergie in der xy-Ebene, während sich in z-Richtung nichts ändert. In Bild 9.29 ist die Elektronenenergie als Funktion von k_z aufgetragen. Legt man ein Feld von zwei Tesla zu Grunde, so beträgt mit $m^* \approx m$ die Aufspaltung $\delta E \approx 0{,}1$ meV bzw. $\delta E/k_B \approx 1$ K. Bei einer typischen Fermi-Temperatur $T_F \approx 5 \cdot 10^4$ K tritt also eine sehr große Zahl von Landau-Niveaus auf, die mit Elektronen besetzt sind. Durch die Elektronenspins erfahren die Niveaus eine zusätzliche Aufspaltung. Wir werden im Zusammenhang mit dem Quanten-Hall-Effekt kurz darauf eingehen und die Auswirkungen auf die Festkörpereigenschaften im Abschnitt 12.2 ausführlich behandeln.

Es ist bemerkenswert, dass das Spektrum weitgehend dem von eindimensionalen Metallen gleicht. Während bei Letzteren der Abstand durch die transversalen Eigenwerte und somit durch die Geometrie bestimmt wird, haben hier alle Subbänder den gleichen Abstand $\hbar\omega_c$.

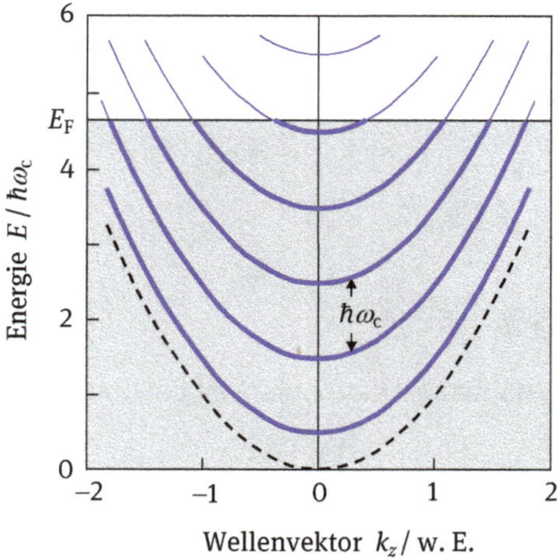

Abb. 9.29: Elektronenenergie im Magnetfeld als Funktion der Wellenzahl k_z. Die gestrichelte Kurve gibt die Energie freier Elektronen ohne Magnetfeld wieder. Die Zustände der Subbänder sind bis zur Fermi-Energie besetzt.

Welche Konsequenzen ergeben sich für die Bewegung der Elektronen? Zur anschaulichen Beschreibung nutzen wir das Bohrsche Korrespondenzprinzip, das besagt, dass im Grenzfall großer Quantenzahlen, klassische und quantenmechanische Beschreibung ineinander übergehen. Für die beobachtbaren Elektronen in der Nähe der Fermi-Energie sind klassische Bahnen sicherlich eine sehr gute Näherung, da sie bei den gängigen Magnetfeldern große Quantenzahlen aufweisen. Die Elektronen bewegen sich in der xy-Ebene auf einer Kreisbahn, deren klassischer Bahnradius r_ℓ durch die Amplitude des linearen Oszillators in Gleichung (9.69) bestimmt ist. Für den Radius gilt daher

$$r_\ell^2 = \left(\ell + \frac{1}{2}\right) \frac{2\hbar}{m^* \omega_c} . \tag{9.72}$$

Offensichtlich sind die Energieeigenwerte E_ℓ mit ganz bestimmten Bahnradien verknüpft. Die Bewegung in z-Richtung ist davon nicht betroffen. Aus (9.72) folgt unmittelbar, dass auch der von der Bahn umschlossene Magnetfluss Φ_ℓ quantisiert ist:[19]

$$\Phi_\ell = \pi r_\ell^2 B = \left(\ell + \frac{1}{2}\right) \frac{h}{e} . \tag{9.73}$$

Im **k**-Raum durchlaufen die Elektronen Kreisbahnen mit quantisierten Radien k_ℓ und schließen definierte Flächen S_ℓ ein. Für den Betrag des Wellenvektors in der xy-Ebene erhalten wir aus der klassischen Umlaufgeschwindigkeit unter Berücksichtigung von Gleichung (9.71)

$$k_\ell^2 = \left(\ell + \frac{1}{2}\right) \frac{2m^* \omega_c}{\hbar} , \tag{9.74}$$

und für die im **k**-Raum umschlossene Fläche S_ℓ

$$S_\ell = \left(\ell + \frac{1}{2}\right) \frac{2\pi e B}{\hbar} . \tag{9.75}$$

Da die Bahn der Elektronen in der xy-Ebene die Fläche $A_\ell = \pi r_\ell^2 = (2\ell + 1)\pi\hbar/eB$ umschließt, gilt

$$A_\ell = \left(\frac{\hbar}{eB}\right)^2 S_\ell . \tag{9.76}$$

Mit steigendem Magnetfeld verengen sich im Ortsraum die Spiralen, während sich im Impulsraum die Kreise vergrößern. Die Beziehung zwischen den umschlossenen Flächen gilt nicht nur für die Spiralbahnen freier Elektronen, sondern ganz allgemein auch für alle geschlossene Bahnen.

Eine genauere Untersuchung der Elektronenbewegung zeigt, dass die Operatoren für k_x und k_y nicht vertauschen und ihre Erwartungswerte damit nicht unabhängig voneinander festgelegt werden können. Dies bedeutet, dass das Magnetfeld einen

19 Die Gleichung (9.73) ist nur für freie Elektronen oder parabolische Bänder gültig. Im Allgemeinen Fall steht in der Klammer anstelle von $1/2$ ein *Phasenfaktor* γ.

Zusammenbruch des bisher verwendeten Quantisierungsschemas der Wellenvektoren verursacht. Die Größen k_x und k_y verlieren ihre Bedeutung als „gute Quantenzahlen". Ohne Magnetfeld sind die erlaubten Wellenvektoren gleichmäßig im **k**-Raum verteilt, mit Magnetfeld liegen sie, wie in Bild 9.30b veranschaulicht, auf Kreisen. Diese Darstellung, bei der wir als Koordinaten noch die Achsen mit den alten Quantenzahlen k_x und k_y benutzt haben, ist jedoch nicht ganz korrekt. Die Zustände auf den Kreisen sind nicht wirklich durch Punkte darstellbar, denn sie rotieren mit der Kreisfrequenz ω_c.

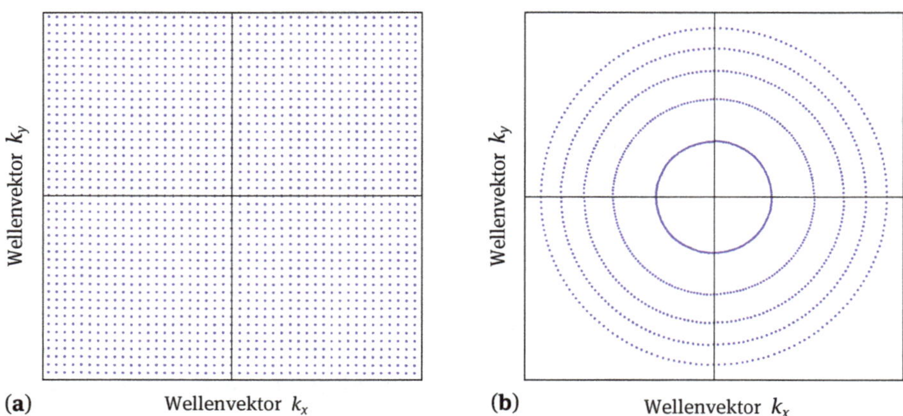

Abb. 9.30: Einfluss eines Magnetfelds auf die Eigenwerte der Wellenvektoren freier Elektronen in der xy-Ebene. Die Komponente der Wellenvektoren in Feldrichtung wird nicht beeinflusst. **a)** Erlaubte Wellenvektoren ohne Magnetfeld, **b)** erlaubte Wellenvektoren im Magnetfeld.

Stellen wir die erlaubten Zustände dreidimensional dar, so liegen sie im **k**-Raum auf Zylinderoberflächen, den sogenannten **Landau-Röhren** oder **Landau-Zylindern**. Im allgemeinen Fall wird die Form der Röhren von der Energiefläche $E(\mathbf{k})$ bestimmt und kann dann von der zylindrischen Form abweichen. Die Zustände, die ohne Magnetfeld erlaubt sind, „kondensieren" auf der nächstliegenden Röhre. Alle Zustände auf einer Röhre sind bezüglich k_x und k_y entartet und besitzen die gleiche Quantenzahl ℓ. Der Wellenvektor in Richtung des Magnetfeldes wird dagegen nach wie vor durch die geometrischen Randbedingungen vorgegeben. In Bild 9.31 sind die von Elektronen besetzten Zylinder dargestellt. Die kugelförmige Begrenzung spiegelt die ursprünglich vorhandene Fermi-Kugel wider.

Betrachten wir nun die Anordnung der Zustände in der xy-Ebene des **k**-Raums. Auf einem Kreis mit der Quantenzahl ℓ kondensieren die Zustände, die sich ohne Magnetfeld in der k_xk_y-Ebene in dem Kreisring befinden, der durch die Bedingung $k^2_{\ell-1/2} < k^2_\ell \le k^2_{\ell+1/2}$ festgelegt ist. Die Fläche $\Delta S_\ell = 2\pi m^* \omega_c/\hbar$ des Kreisrings ist unabhängig von der Quantenzahl. Da ohne Magnetfeld die Dichte der Zustände in der k_xk_y-Ebene bei einer quadratischen Probe der Kantenlänge L nach (8.10) durch

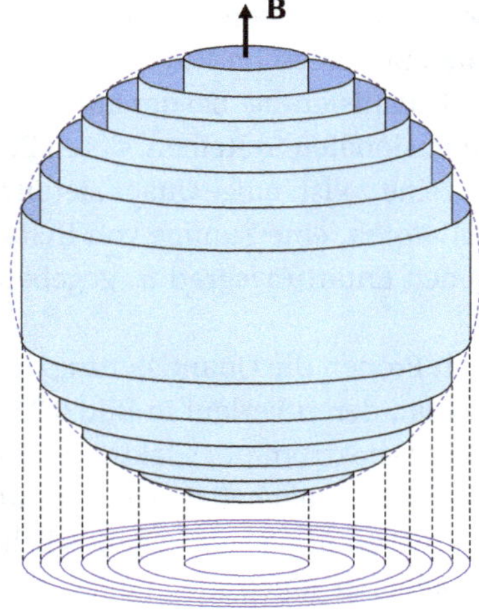

Abb. 9.31: Landau-Röhren des freien Elektronengases. Die besetzten Zylinder werden durch die Fermi-Kugel begrenzt. Ebenfalls dargestellt ist die Projektion der Zylinder in die xy-Ebene.

$\varrho_{\mathbf{k}}^{(2)} = 2L^2/4\pi^2$ gegeben ist, sind auf jedem Ring $\varrho_{\mathbf{k}}^{(2)} \cdot 2\pi m^* \omega_c/\hbar$ Plätze vorhanden. Also weist jedes Landau-Niveau den Entartungsgrad

$$g_e = \frac{L^2}{\pi}\frac{m^*\omega_c}{\hbar} = \frac{2eB}{h}L^2 \tag{9.77}$$

auf. Es soll hier betont werden, dass wir die Spinentartung durch den Faktor 2 im Ausdruck für $\varrho_{\mathbf{k}}^{(2)}$ berücksichtigt haben.[20]

Voraussetzung für die Ausbildung der Quantisierung, d.h. für eine zeitliche und räumliche Festlegung der Phase der Wellenfunktion, sind mehrere ungestörte Umläufe. Wie bei der Zyklotronresonanz muss daher für die Ausbildung wohldefinierter Zustände die Bedingung $\omega_c\tau \gg 1$ erfüllt sein, wobei τ wieder die mittlere Stoßzeit angibt. Durch Stöße der Elektronen mit dem Gitter oder mit Defekten werden die im Idealfall unendlich dünnwandigen Zylinder verbreitert. Wird ein Elektron angeregt, z.B. bei der Zyklotronresonanz, so erfolgt ein Übergang von einer Landau-Röhre zu einer Röhre mit höherer Quantenzahl ℓ. Übergänge sind natürlich nur an der Fermi-Fläche möglich, da nur dort freie Zustände vorhanden sind.

9.3.3 Zustandsdichte im Magnetfeld

Die Quantisierung der Elektronenbewegung und die Entartung der Zustände im Magnetfeld hat erstaunliche Auswirkungen auf die Zustandsdichte und Magnetisierung von Metallen. Betrachten wir nochmals Gleichung (9.71), die die Energieeigenwerte

20 In der Literatur, wie auch in der 3. Auflage dieses Buchs, findet man als Entartungsgrad auch den Ausdruck $g_e = eBL^2/h$. In diesem Fall ist die Spinentartung nicht einbezogen.

freier Elektronen im Magnetfeld beschreibt, so können wir uns bereits ein Bild von der Zustandsdichte von zwei- und dreidimensionalen Systemen im Magnetfeld machen. Das Magnetfeld führt in der xy-Ebene zu einer Quantisierung, bei der nur noch die Energiewerte $(\ell + 1/2)\,\hbar\omega_c$ auftreten. In zweidimensionalen Systemen, deren Zustandsdichte nach (8.11) konstant ist, resultiert daraus eine vollständige Quantisierung. Die Zustandsdichte ist, wie bei harmonischen Oszillatoren, eine Summe von Delta-Funktionen (vgl. Bild 9.32a), deren Gewicht durch den Entartungsgrad g_e gegeben ist.

Natürlich macht sich auch in dreidimensionalen Proben die Quantisierung der Elektronenbewegung in der Zustandsdichte bemerkbar, deren Verlauf in Bild 9.32b gezeigt ist. Ein Blick auf Bild 9.29, in dem das Energiespektrum der Elektronen in den Subbändern zu sehen ist, und ein Vergleich mit Bild 8.4 machen diesen Verlauf verständlich. Offensichtlich handelt es sich um eine Überlagerung von Zustandsdichten der Form (8.20), die wir bei eindimensionalen Systemen angetroffen haben. Der Abstand der Van-Hove-Singularitäten ist durch $\hbar\omega_c$ gegeben. Da sich durch das Magnetfeld zwar die Verteilung der Zustände, nicht aber deren Anzahl ändert, sind die Flächen unter der Zustandsdichte ohne (gestrichelte Linie) und mit Feld (durchgezogene Linie) gleich.

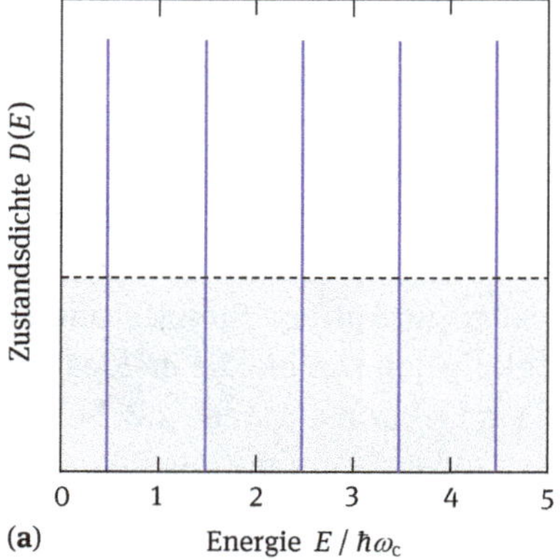

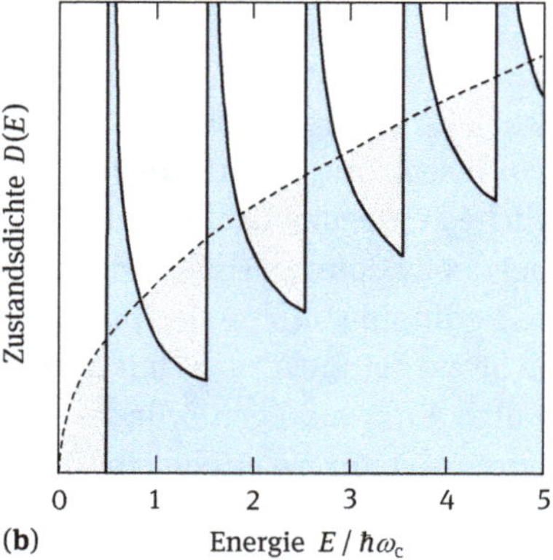

Abb. 9.32: Elektronische Zustandsdichte mit und ohne (grau) Magnetfeld. Die Spinaufspaltung wurde bei dieser Darstellung nicht berücksichtigt. **a)** Zustandsdichte eines zweidimensionalen, **b)** Zustandsdichte eines dreidimensionalen Systems.

Wie wir gleich sehen werden, verändern Magnetfelder die innere Energie und damit die thermodynamischen Eigenschaften der Festkörper. Betrachten wir zunächst die Verhältnisse in *zweidimensionalen* Elektronengasen, deren Zustandsdichte mit und ohne Magnetfeld in Bild 9.33a wiedergegeben ist. Aus einer konstanten Zustandsdichte entsteht im Magnetfeld eine Serie von δ-Funktionen.

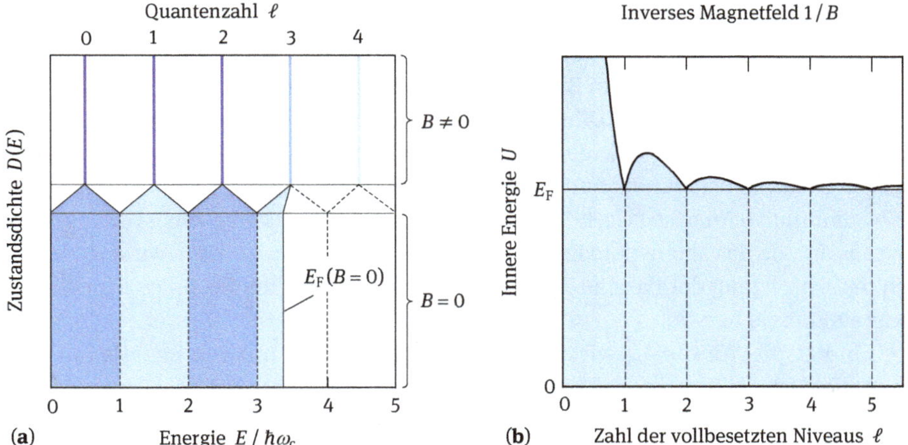

Abb. 9.33: **a)** Besetzung der Zustände in einem zweidimensionalen Elektronengas ohne (unten) und mit (oben) Magnetfeld. In dieser Darstellung sind die Zustände bis $\ell = 2$ vollständig, der Zustand $\ell = 3$ nur teilweise besetzt, die darüber liegenden sind leer. Die unterschiedliche Blaufärbung gibt an, welche Zustände beim Anlegen des Magnetfelds B jeweils gemeinsam auf einem Niveau zu liegen kommen. **b)** Schematischer Verlauf der inneren Energie eines zweidimensionalen Elektronengases als Funktion der inversen Magnetfeldstärke. Die auf der Abszisse aufgetragene Zahl ℓ der vollbesetzten Landau-Niveaus ist proportional zu $1/B$.

Erhöht man das anliegende Magnetfeld, so vergrößert sich der Abstand zwischen den Landau-Niveaus. Somit wandert das oberste Niveau, das die Fermi-Energie festlegt, ebenfalls zu höheren Werten der Energie. Gleichzeitig wächst aber nach Gleichung (9.77) auch der Entartungsgrad, so dass in den unteren Niveaus immer mehr Elektronen Platz finden. Die Besetzung des obersten Niveaus nimmt daher stetig ab. Ist es vollständig entleert, so springt die Fermi-Energie abrupt auf das darunterliegende Niveau.

Immer dann wenn $N = \ell g_e$ erfüllt ist, wobei N für die Zahl der Elektronen und ℓ für die Anzahl der besetzten Niveaus steht, gibt es (bei $T = 0$) nur volle oder leere, also keine teilbesetzten Niveaus. Wie man dem Bild 9.33a entnehmen kann, werden dann genau so viele Zustände angehoben wie gleichzeitig abgesenkt werden, so dass in diesem Fall insgesamt gesehen die innere Energie unverändert bleibt. Ist dagegen ein Niveau nur teilbesetzt, so werden mehr Zustände angehoben als abgesenkt und die innere Energie ist höher als im magnetfeldfreien Fall.

Treten nur voll besetzte Niveaus auf, so gilt nach Gleichung (9.71) bei zweidimensionalen Systemen der Zusammenhang $E_F = \left(\ell + \frac{1}{2}\right)\hbar\omega_c$. Setzen wir den Ausdruck für die Zyklotronfrequenz ein, so ergibt sich

$$\ell + \frac{1}{2} = \frac{m^* E_F}{e\hbar}\frac{1}{B} \quad \text{und} \quad \frac{1}{B} = \left(\ell + \frac{1}{2}\right)\frac{e\hbar}{m^* E_F}\,. \tag{9.78}$$

Vollständig besetzte Niveaus treten also für periodische Werte von $1/B$ auf. Damit unmittelbar verbunden ist die geschilderte Oszillation der inneren Energie mit dem Magnetfeld, deren Variation in Bild 9.33b schematisch dargestellt ist.

Es stellt sich die Frage, ob ähnliche Oszillationen der inneren Energie auch in dreidimensionalen Systemen auftreten. Ein Blick auf die Bilder 9.31 und 9.32 verdeutlicht, dass im Dreidimensionalen qualitativ der gleiche Effekt zu erwarten ist. Allerdings ist eine quantitative Analyse wesentlich aufwändiger. Natürlich treten keine vollbesetzten Niveaus auf, da das Magnetfeld keine Quantisierung in Feldrichtung bewirkt. Dennoch ruft der Durchgang der Landau-Zylinder durch die Fermi-Energie ein Oszillieren der inneren Energie hervor.

Ein Beispiel für die Auswirkungen der Oszillation der inneren Energie mit dem Magnetfeld ist die Variation der spezifischen Wärme. Das Ergebnis einer Messung an Beryllium bei Magnetfeldern um 2 T und einer Temperatur von 1,5 K ist in Bild 9.34 gezeigt. Relativ kleine Änderungen des Feldes verursachen bereits eine Reihe ausgeprägter Maxima und Minima.

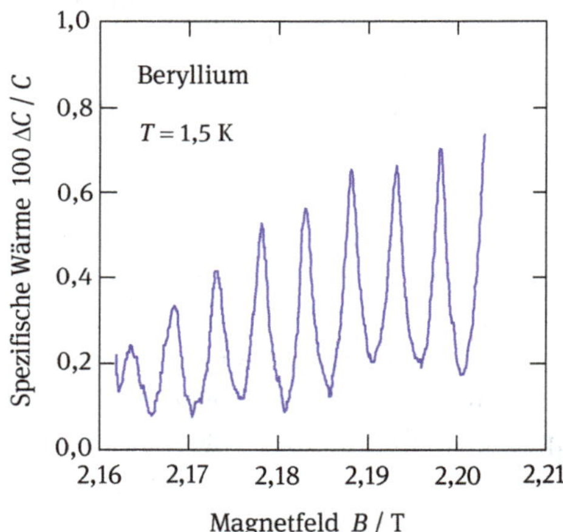

Abb. 9.34: Variation der spezifischen Wärme von Beryllium bei 1,5 K als Funktion des anliegenden Magnetfelds. (Nach P.F. Sullivan, G. Seidel, Phys. Rev. **173**, 679 (1968).)

9.3.4 De-Haas-van-Alphén-Effekt

Eingehender betrachten wir das Verhalten der Magnetisierung M, die am absoluten Nullpunkt durch $M = -(\partial U/\partial B)$, der Magnetfeldabhängigkeit der inneren Energie gegeben ist. Da die innere Energie, ähnlich wie in Bild 9.33b für zweidimensionale Systeme skizziert, auch in dreidimensionalen Proben mit einer Periode proportional zu $1/B$ schwankt, erwarten wir ein ähnliches Verhalten für die Magnetisierung. Bemerkenswert ist, dass die Ableitung der inneren Energie positive und negative Werte annehmen kann. Ist $M > 0$, so ist der Beitrag der Bahnbewegung der Elektronen paramagnetisch, für $M < 0$ dagegen diamagnetisch. Die Änderungen der Magnetisierung mit dem Magnetfeld, die **De-Haas-van-Alphén-Oszillationen**,[21,22] sind in Bild 9.35 schematisch dargestellt.

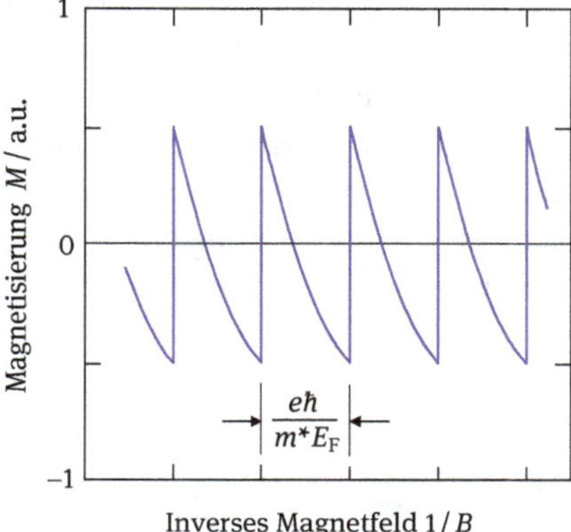

Abb. 9.35: De-Haas-van-Alphén-Oszillation. Aufgetragen ist die Magnetisierung M der Leitungselektronen als Funktion des inversen Magnetfelds $1/B$ in Einheiten von $e\hbar/m^* E_F$.

In verunreinigten Substanzen und mit zunehmender Temperatur werden die Landau-Niveaus verbreitert und damit auch die mit ihnen verknüpften Effekte verschmiert. Bei höheren Temperaturen sind die Spitzen der De-Haas-van-Alphén-Oszillationen daher abgerundet und bei Zimmertemperatur ganz verschwunden. Jedoch mittelt sich der Effekt nicht vollständig weg. Es verbleibt der **Landau-Diamagnetismus**, der auf der geschilderten Bahnbewegung der freien Elektronen beruht. Eine eingehende Rechnung zeigt, dass durch die resultierende Suszeptibilität gerade ein Drittel des *Pauli-Spinmagnetismus* kompensiert wird, den wir in Abschnitt 12.2 diskutieren.

Wir wollen nun zeigen, dass sich aus der Periode der De-Haas-van-Alphén-Oszillationen direkt der Querschnitt der Fermi-Fläche ablesen lässt. Differenzieren von (9.75) führt zu

$$\delta\ell = -\frac{\hbar S_\ell}{2\pi e}\frac{\delta B}{B^2}\,. \tag{9.79}$$

Da für unsere weitere Diskussion nur die Elektronen bei der Fermi-Energie von Interesse sind, betrachten wir die Fläche S_F . Mit $|\delta\ell| = 1$ erhalten wir für die Periode der De-Haas-van-Alphén-Oszillation

$$\delta B = \frac{2\pi e}{\hbar S_F}B^2 \qquad \text{und} \qquad \delta\left(\frac{1}{B}\right) = \frac{2\pi e}{\hbar S_F}\,. \tag{9.80}$$

Die im Experiment gemessene Periode der Oszillation ist also proportional zu $1/S_F$, der inversen Querschnittsfläche im **k**-Raum. Wie bei der Zyklotronresonanz tragen auch hier praktisch nur Elektronen auf Extremalbahnen zum Messsignal bei.

21 Wander Johannes de Haas, *1878 Lisse, †1960 Bilthoven

22 Pieter Marinus van Alphén, *1906 Leiden, †1967 Eindhoven

In Bild 9.36a ist eine Messung an einer Goldprobe wiedergegeben, bei der das Feld in [111]-Richtung angelegt war. Deutlich zu erkennen ist, dass die Oszillation der Magnetisierung mit zwei unterschiedlichen Perioden erfolgt, die auf die Halsbahn H_{111} bzw. die Bauchbahn B_{111} zurückgeführt werden können. Aus den beiden Perioden der De-Haas-van-Alphén-Oszillationen ergibt sich für Gold das Verhältnis 1:29 für die Querschnittsflächen. Weiter findet man die Zahlenwerte $S_F = 1{,}5 \cdot 10^{15}\,\mathrm{cm}^{-2}$ für die Hals- und $S_F = 4{,}3 \cdot 10^{16}\,\mathrm{cm}^{-2}$ für die Bauchbahn. Liegt das Magnetfeld in [100]-Richtung an, so fehlt der Beitrag der Halsbahn. Neben der in Bild 9.36b eingezeichneten Bauchbahn B_{100} tritt noch die Rosettenbahn auf, deren Lage sich mit Hilfe des periodischen Zonenschemas finden lässt. Führt man De-Haas-van-Alphén-Messungen mit unterschiedlicher Orientierung der Probe durch, so lässt sich die Form der Fermi-Fläche sehr gut rekonstruieren.

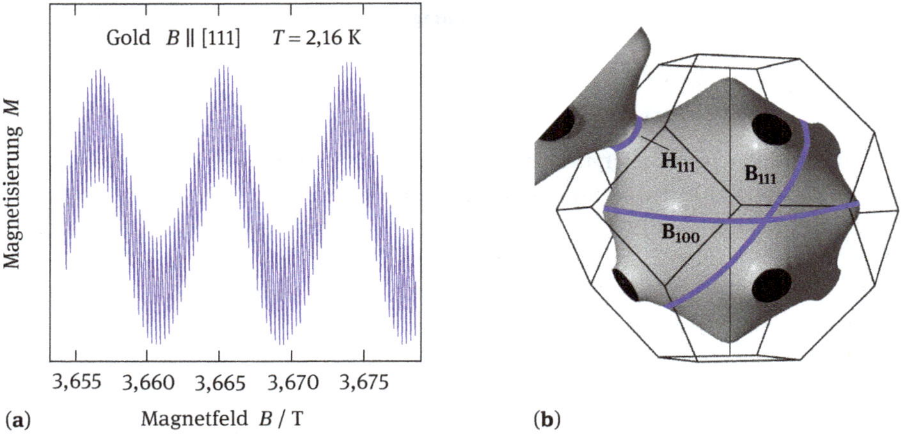

Abb. 9.36: De-Haas-van-Alphén-Effekt in Gold. **a)** Das Magnetfeld liegt in [111]-Richtung an. Die niederfrequente Oszillation wird von der Halsbahn H_{111}, die hochfrequente von der Bauchbahn B_{111} hervorgerufen. (Mit freundlicher Genehmigung von B. Lengeler, RWTH Aachen). **b)** Fermi-Fläche von Gold. Die Halsbahn H_{111} wie auch beide Bauchbahnen B_{111} und B_{100} sind eingezeichnet.

Als weitere Beispiele für Fermi-Flächen sind in Bild 9.37 die Flächen von Lithium und Barium wiedergegeben. Während die Fläche von Lithium nur wenig von der Kugelform abweicht, besitzt die Fermi-Fläche von Barium eine sehr komplexe Struktur.

Wie wir gesehen haben, beruht der De-Haas-van-Alphén-Effekt auf der Abhängigkeit der Magnetisierung vom angelegten Magnetfeld. Ähnliche Effekte beobachtet man auch in der elektrischen Leitfähigkeit. Man bezeichnet diese Schwankungen als *Shubnikov-de-Haas-Oszillationen.*[23]

23 Lev Vasilyevich Shubnikov, *1901 Sankt Petersburg, †1937 (Ukraine)

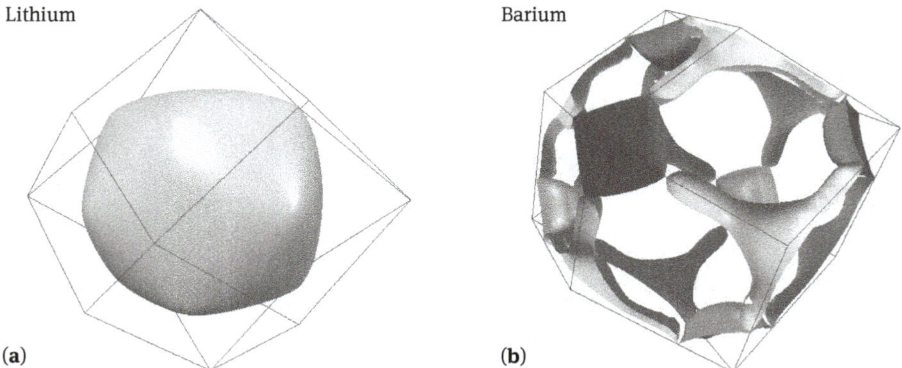

Abb. 9.37: Fermi-Flächen und Brillouin-Zone von **a)** Lithium und **b)** Barium. (Nach T.-S. Choy et al., *A database of Fermi surface in virtual reality modeling language (vrml)*. Bull. Am. Phys. Soc., **45**, L36 42, 2000.)

9.3.5 Hall-Effekt

Wir gehen hier kurz auf den **klassischen Hall-Effekt**[24] ein, der im Prinzip die Bestimmung der Ladungsträgerkonzentration erlaubt. Allerdings muss bemerkt werden, dass die Interpretation der experimentellen Ergebnisse nicht in allen Fällen so einfach ist, wie man aufgrund der einfachen Herleitung erwarten könnte. Die resultierenden Gleichungen stellen gleichzeitig die Basis für die Diskussion des **Quanten-Hall-Effekts** dar, der in zweidimensionalen Elektronensystemen beobachtet und am Ende dieses Abschnitts beschrieben wird.

Klassischer Hall-Effekt. Wir beginnen unsere Diskussion mit der Bewegungsgleichung (9.19), in die wir noch die Lorentz-Kraft[25] einfügen, da bei Hall-Messungen zusätzlich zum elektrischen Feld ein Magnetfeld anliegt:

$$m^* \dot{\mathbf{v}} = -e(\boldsymbol{\mathcal{E}} + \mathbf{v}_\mathrm{d} \times \mathbf{B}) - m^* \frac{\mathbf{v}_\mathrm{d}}{\tau} \,. \tag{9.81}$$

Weil die Elektronen bei jedem Stoß ihre Bewegungsrichtung ändern, mittelt sich der Einfluss der Lorentz-Kraft auf ihre Bewegung bis auf den Beitrag weg, der durch die Driftgeschwindigkeit verursacht wird. Es reicht daher, sich nur mit dieser auseinanderzusetzen.

24 Edwin Herbert Hall, *1855 Gorham, †1938 Cambridge, USA

25 Hendrik Antoon Lorentz, *1853 Arnhem, †1928 Haarlem, Nobelpreis 1902

Wir nehmen an, dass das Magnetfeld in z-Richtung anliegt und betrachten den stationären Fall, für den $\dot{\mathbf{v}} = 0$ ist. Für die Driftgeschwindigkeit erhalten wir damit

$$\begin{aligned} v_{\mathrm{d},x} &= -\frac{e\tau}{m^*}\left(\mathcal{E}_x + v_{\mathrm{d},y}B\right) , \\ v_{\mathrm{d},y} &= -\frac{e\tau}{m^*}\left(\mathcal{E}_y - v_{\mathrm{d},x}B\right) , \\ v_{\mathrm{d},z} &= -\frac{e\tau}{m^*}\mathcal{E}_z . \end{aligned} \tag{9.82}$$

Nun lösen wir nach $\mathbf{v}_\mathrm{d}$ auf, berücksichtigen (9.21) und erhalten für die Stromdichte

$$\begin{pmatrix} j_x \\ j_y \\ j_z \end{pmatrix} = -\frac{\sigma_0}{1+\omega_\mathrm{c}^2\tau^2}\begin{pmatrix} 1 & -\omega_\mathrm{c}\tau & 0 \\ \omega_\mathrm{c}\tau & 1 & 0 \\ 0 & 0 & 1+\omega_\mathrm{c}^2\tau^2 \end{pmatrix}\begin{pmatrix} \mathcal{E}_x \\ \mathcal{E}_y \\ \mathcal{E}_z \end{pmatrix} , \tag{9.83}$$

Hierbei steht $\sigma_0 = ne^2\tau/m^*$ für die Leitfähigkeit ohne Magnetfeld und ω_c für die Zyklotronfrequenz.

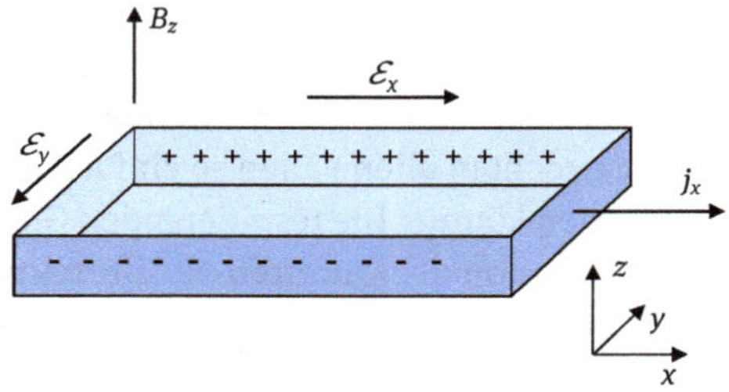

Abb. 9.38: Probengeometrie zur Diskussion des Hall-Effekts. Der Strom fließt in x-Richtung, das Magnetfeld liegt in z-Richtung an.

In der folgenden Diskussion betrachten wir einen flachen Stab mit rechteckigem Querschnitt, von dem ein Ausschnitt in Bild 9.38 skizziert ist. Bei der gewählten Geometrie kann weder Strom in z-Richtung fließen, noch tritt ein elektrisches Feld in diese Richtung auf. Somit vereinfacht sich (9.83) zu

$$\begin{pmatrix} j_x \\ j_y \end{pmatrix} = \begin{pmatrix} \sigma_{xx} & \sigma_{xy} \\ -\sigma_{xy} & \sigma_{xx} \end{pmatrix}\begin{pmatrix} \mathcal{E}_x \\ \mathcal{E}_y \end{pmatrix} , \tag{9.84}$$

wobei der Übersichtlichkeit halber die Leitwerte

$$\sigma_{xx} = \frac{ne}{B}\,\frac{\omega_\mathrm{c}\tau}{1+\omega_\mathrm{c}^2\tau^2} , \tag{9.85}$$

$$\sigma_{xy} = -\frac{ne}{B}\,\frac{\omega_\mathrm{c}^2\tau^2}{1+\omega_\mathrm{c}^2\tau^2} \tag{9.86}$$

eingeführt wurden.

Wir lösen das Gleichungssystem auch nach den elektrischen Feldern auf, da wir diese Größen in der weiteren Diskussion noch benötigen, und erhalten

$$\begin{pmatrix} \mathcal{E}_x \\ \mathcal{E}_y \end{pmatrix} = \begin{pmatrix} \varrho_{xx} & \varrho_{xy} \\ -\varrho_{xy} & \varrho_{xx} \end{pmatrix} \begin{pmatrix} j_x \\ j_y \end{pmatrix} . \tag{9.87}$$

Die auftretenden spezifischen Widerstandskomponenten sind durch

$$\varrho_{xx} = \frac{B}{ne} \frac{1}{\omega_c \tau} = \frac{m^*}{ne^2 \tau} , \tag{9.88}$$

$$\varrho_{xy} = \frac{B}{ne} . \tag{9.89}$$

gegeben. Die Komponente ϱ_{xx} entspricht dem üblichen Ausdruck für den spezifischen Widerstand, während ϱ_{xy} mit dem Hall-Effekt verknüpft ist. Es sei bemerkt, dass im allgemeinen Fall des elektrischen Stromtransports in anisotropen Materialien in (9.87) auch die Größen ϱ_{yy} und ϱ_{yx} auftreten. Für isotrope Materialien und bei der gewählten Richtung des Magnetfelds ist jedoch $\varrho_{xx} = \varrho_{yy}$ und $\varrho_{yx} = -\varrho_{xy}$.

Bei der gegebenen Geometrie fließt Strom nur in x-Richtung. Mit $j_y = 0$ folgt aus (9.87) der Zusammenhang

$$\mathcal{E}_x = \varrho_{xx} j_x , \tag{9.90}$$

$$\mathcal{E}_y = -\varrho_{xy} j_x \tag{9.91}$$

und somit

$$\mathcal{E}_y = -\frac{eB\tau}{m^*} \mathcal{E}_x . \tag{9.92}$$

Im Magnetfeld baut sich also ein elektrisches Feld in y-Richtung auf, das man als **Hall-Feld** bezeichnet. Die Ursache hierfür ist, dass beim Einschalten des Magnetfeldes in z-Richtung die Elektronen durch die Lorentz-Kraft abgelenkt werden und sich, wie im Bild 9.38 angedeutet, an der Oberfläche ansammeln. Im stationären Zustand kompensiert die resultierende elektrische Kraft des Hall-Felds gerade die Lorentz-Kraft.

Da im stationären Zustand kein Strom in y-Richtung fließt, können wir $\mathcal{E}_x$ mit Hilfe von Gleichung (9.21) ersetzen und finden für das Hall-Feld

$$\mathcal{E}_y = -\frac{1}{ne} B j_x = R_\mathrm{H} B j_x . \tag{9.93}$$

Damit folgt für die **Hall-Konstante** R_H die Beziehung

$$R_\mathrm{H} = \frac{\mathcal{E}_y}{j_x B} = -\frac{1}{ne} . \tag{9.94}$$

Da $\mathcal{E}_y$, j_x und B Messgrößen sind, lässt sich R_H und somit die Elektronendichte n direkt bestimmen.

Die Interpretation der experimentell gemessenen Werte ist jedoch nicht so einfach, wie es zunächst den Anschein hat. Es zeigt sich, dass R_H entgegen der Erwartung meist vom Magnetfeld, der Temperatur und der Probenpräparation abhängt. So kann die Hall-Spannung als Funktion des Magnetfeldes in manchen Fällen sogar ihr Vorzeichen wechseln. Der Grund hierfür ist häufig, dass meist mehr als nur ein Band zum Ladungstransport beitragen.

Bei genügend hohen Magnetfeldern, also bei $\omega_c \tau \gg 1$, erreicht die Hall-Konstante einen Sättigungswert. In der Tabelle 9.2 sind Werte angegeben, die an sorgfältig präparierten Proben bei tiefen Temperaturen und hohen Magnetfeldern gemessen wurden. Dabei ist die Hall-Konstante in Einheiten der Elektronenladung pro Atom (e/Atom) angegeben. Sehen wir uns kurz die Werte für die verschiedenen Metalle an. Zunächst ist zu bemerken, dass im Falle der Alkalimetalle die beobachteten Werte recht gut mit der Erwartung übereinstimmen. Deutliche Abweichungen findet man bei Kupfer und Gold, bei den übrigen angegebenen Werten ist das Vorzeichen sogar negativ. Der Grund für dieses überraschende Ergebnis ist, dass der Stromtransport durch Löcher erfolgt. Bei Aluminium mit seinen drei Valenzelektronen sieht es so aus, als würde annähernd eine positive Ladung pro Atom den Stromtransport hervorrufen.

Tab. 9.2: Hall-Konstante ausgewählter Metalle. Die Konstanten sind dem Lehrbuch N.W. Ashcroft, N.D. Mermin, *Festkörperphysik*, Oldenbourg, 2007 entnommen.)

Metal	**Li**	**Na**	**K**	**Cu**	**Au**	**Be**	**Mg**	**In**	**Al**
Valancy	1	1	1	1	1	2	2	3	3
R_H (e^-/Atom)	0,8	1,2	1,1	1,5	1,5	−0,4	−0,8	−0,9	−0,9

Wird der Strom durch unterschiedliche Ladungsträger, z. B. durch Elektronen in unterschiedlichen Bändern oder durch Elektronen und Löcher transportiert, dann muss die hier durchgeführte Ableitung modifiziert werden. Diesen Aspekt berücksichtigt man im sogenannten *Zweiband-Modell*, auf das wir hier nicht weiter eingehen. Tragen Elektronen *und* Löcher zum Stromfluss bei, so muss dies bereits in der Bedingung $j_y = 0$ berücksichtigt werden. Es gilt dann $j_{y,n} + j_{y,p} = 0$. Vernachlässigt man den Beitrag des Hall-Felds $\mathcal{E}_y$ zur Stromdichte j_x, da dieser proportional zu B^2 ansteigt, so findet man nach kurzer Rechnung für die Hall-Konstante die Beziehung

$$R_H = \frac{p\mu_p^2 - n\mu_n^2}{e(p\mu_p + n\mu_n)^2} . \tag{9.95}$$

Hierbei stehen n und p für die Dichte, μ_n und μ_p für die Beweglichkeit von Elektronen bzw. Löchern. Je nach Dichte und Beweglichkeit der Ladungsträger kann also $R_H < 0$ oder $R_H > 0$ sein. Diese Beziehung wird in Abschnitt 10.2 bei der Diskussion der Halbleiter noch eine wichtige Anwendung finden.

9.3.6 Quanten-Hall-Effekt

Überraschende, neue Effekte wurden bei Hall-Messungen an zweidimensionalen Systemen beobachtet. Wie wir in den Abschnitten 10.4 und 10.5 sehen werden, lassen sich Elektronen mit Hilfe von *Halbleiter-Heterostrukturen* oder *Feldeffekt-Transistoren* auf relativ einfache Weise in dünnen Schichten lokalisieren, so dass ein zweidimensionales Elektronengas entsteht. Die Elektronen sind in der Schichtebene frei beweglich, können sich jedoch nicht senkrecht dazu, also nicht in z-Richtung bewegen. Wie wir bereits gesehen haben, schränkt das Anlegen eines Magnetfeldes in z-Richtung die Bewegungsmöglichkeiten der Elektronen weiter ein. Es treten dann nur noch diskrete Energieeigenwerte auf, so dass die Zustandsdichte das in Bild 9.32a bereits dargestellte Aussehen annimmt.

Wir wollen nun den Hall-Effekt von zweidimensionalen Proben näher betrachten. Dazu ersetzen wir in Gleichung (9.89) die dreidimensionale Elektronendichte n durch die Zahl n_{2D} der Elektronen pro Flächeneinheit. Wir nehmen an, dass die Magnetfeldstärke so gewählt wurde, dass nur vollbesetzte Landau-Niveaus vorhanden sind. In diesem Fall sind die N Elektronen der Probe auf p Niveaus verteilt, wobei nach (9.77) der Zusammenhang $N = pg_e/2$ besteht, wenn wir berücksichtigen, dass bei hohen Magnetfeldern die Spinentartung aufgehoben ist. Ist A die Probenfläche, dann ist die zweidimensionale Elektronendichte durch $n_{2D} = N/A$ gegeben, so dass sich der Zusammenhang

$$\varrho_{xy} = \frac{B}{n_{2D}e} = \frac{1}{p}\frac{h}{e^2} = \frac{25\,812\,\Omega}{p} \tag{9.96}$$

ergibt, wobei der Füllfaktor p die Werte $p = 1, 2, 3, \ldots$ annehmen kann. Nach (9.89) sollte also der Querwiderstand ϱ_{xy} linear mit dem Magnetfeld ansteigen und bei den durch (9.96) vorgegebenen Magnetfeldern die errechneten Werte annehmen.

In den voll besetzten Landau-Niveaus kann keine Elektronenstreuung auftreten, die mittlere Stoßzeit τ ist daher unendlich. Somit nehmen nach den Gleichungen (9.85) und (9.88) sowohl σ_{xx} als auch ϱ_{xx} den Wert null an! Der Strom wird dann nicht durch das elektrische Längsfeld $\mathcal{E}_x$, das wegen $\sigma_{xx} = 0$ ebenfalls verschwindet, durch die Probe getrieben, sondern durch das Hall-Feld $\mathcal{E}_y$, das vom anliegenden Magnetfeld hervorgerufen wird.

Die von *K. von Klitzing*[26] durchgeführten Experimente zeigten jedoch ein ungewöhnliches Verhalten. In Bild 9.39 ist als Beispiel das Resultat einer derartigen Messung an einer GaAs-(AlGa)As-Heterostruktur zu sehen. Zwar bestätigt das Experiment, dass ϱ_{xx} bzw. σ_{xx} bei den vorausgesagten Werten des Magnetfelds verschwinden, doch beobachtet man ein Verschwinden von ϱ_{xx} über weite Bereiche des Magnetfelds. Erstaunlich sind auch die langen Plateaus, die der Hall-Widerstand ϱ_{xy} als Funktion des Feldes aufweist. Offensichtlich sind nicht nur die Stellen ausgezeichnet, an denen alle

26 Klaus von Klitzing, *1943 Schroda, Nobelpreis 1985

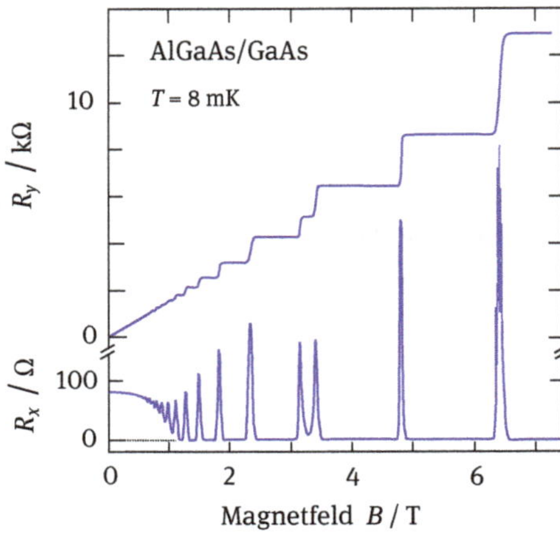

Abb. 9.39: Hall-Widerstand R_y und Längswiderstand R_x, gemessen bei sehr tiefen Temperaturen an einer AlGaAs/GaAs-Heterostruktur. (Nach K. von Klitzing, Physica **126 B**, 242 (1984).)

Elektronen in vollbesetzten Niveaus untergebracht sind. Dieses erstaunliche Verhalten bezeichnet man als **Quanten-Hall-Effekt.**

Die Größe ϱ_{xy} ist nach dem neuen, seit 2019 gültigen internationalen Einheitensystem SI über fundamentale Konstanten festgelegt:

$$R_\mathrm{K} = \frac{h}{e^2} = \frac{6{,}62607015 \cdot 10^{-34}\,\mathrm{Js}}{(1{,}602176634 \cdot 10^{-19}\mathrm{C})^2} = 25\,812{,}80745\ldots\ \Omega\,. \qquad (9.97)$$

Diese bemerkenswerte Konstante wird meist als *Von-Klitzing-Konstante* bezeichnet.

Wie kann man verstehen, dass der Querwiderstand Stufen aufweist und der Längswiderstand nicht die erwarteten Oszillationen, die *Shubnikov-de-Haas-Oszillationen* zeigt, wenn die Landau-Zylinder das Fermi-Niveau durchqueren, sondern über weite Bereiche des Magnetfelds verschwindet? Eine einfache phänomenologische Erklärung beruht auf der Annahme, dass in realen Proben ein Teil der Elektronen nicht wirklich frei, sondern durch die Wirkung von Störstellen lokalisiert ist. Wie in Bild 9.40 angedeutet, besteht die Zustandsdichte dann nicht aus einer Serie von δ-Funktionen, sondern aus verbreiterten Glockenkurven, in deren Flanken sich die lokalisierten Zustände befinden, die nicht zum Ladungstransport beitragen. Nur die Zustände im Zentrum sind delokalisiert.

Bestünde die Zustandsdichte wie im Bild 9.33 dargestellt aus δ-Funktionen, so würde das Fermi-Niveau nach der Entleerung des obersten besetzen Landau-Niveaus bei einer weiteren Erhöhung des anliegenden Magnetfelds zum nächsten darunterliegenden Niveau springen. Tatsächlich wird das Fermi-Niveau durch die lokalisierten Zustände zwischen den Niveaus festgehalten. Während sich bei Vergrößung des Feldes das Fermi-Niveau durch die lokalisierten Zustände bewegt, ist die mittlere Stoßzeit τ der Elektronen in den delokalisierten Zuständen der voll besetzten Landau-Niveaus tatsächlich unendlich. Da weder die Elektronen in den lokalisierten Zuständen noch die Elektronen in den voll besetzten Landau-Niveaus zum Ladungstransport beitragen, verschwinden, wie in Bild 9.39 zu sehen, sowohl σ_{xx} als auch ϱ_{xx}. Da die lokalisierten Ni-

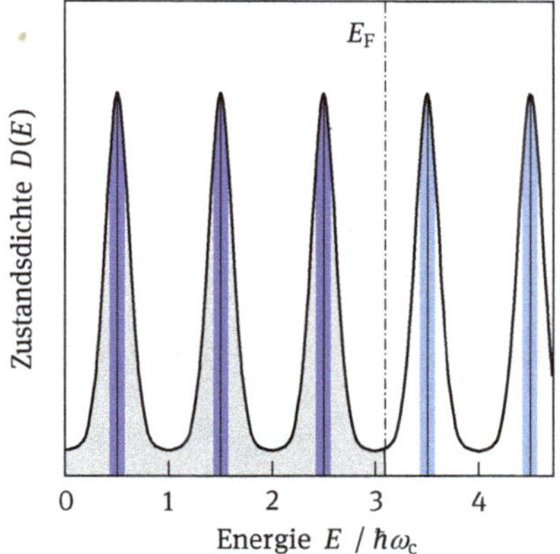

Abb. 9.40: Zustandsdichte eines zweidimensionalen Elektronengases im Magnetfeld in einer Probe mit Unordnung. Die delokalisierten Zustände sind blau, die lokalisierten Zustände grau dargestellt. Es wurde angenommen, dass die Fermi-Energie zwischen dem 3. und 4. Landau-Niveau liegt.

veaus auch keinen Einfluss auf den Hall-Widerstand ausüben, bleibt auch der Wert von ϱ_{xy} in diesem Feldbereich konstant. Somit liefert dieses einfache phänomenologische Modell eine anschauliche Erklärung für die überraschenden Beobachtungen.

Wir wollen die bisherige Diskussion des Quanten-Hall-Effekts noch ergänzen und etwas näher auf den Einfluss von Defekten und den Probenrändern auf die Bewegung der Elektronen eingehen. Im Probeninneren durchlaufen die freien Elektronen ungestörte Zyklotronbahnen und tragen somit nichts zum Ladungstransport bei. Die dazugehörigen Energiezustände sind die bereits diskutierten Landau-Niveaus. Ein wichtiger Punkt im Verständnis der Vorgänge in der Probe ist, dass am Probenrand das Potenzial steil zum Vakuumpotenzial ansteigt. Dies bewirkt ein Verbiegen der Landau-Niveaus wie in Bild 9.41a skizziert. Die Fermi-Energie schneidet daher die Landau-Niveaus am Probenrand, so dass eindimensionale Leitungskanäle, die **Randkanäle**, entstehen. Am Probenrand stoßen die Elektronen gegen die Begrenzung und werden, wie in Bild 9.41b angedeutet, elastisch reflektiert. Dabei unterdrückt das starke Magnetfeld die Rückstreuung, so dass die Elektronen am Probenrand entlang „hüpfen". Man bezeichnet diese Bahnkurven daher häufig als *skipping orbits*. Die Elektronen in den Randkanälen werden selbst bei Streuung an Defekten durch das starke Magnetfeld in Vorwärtsrichtung gezwungen. Auf Grund der Lorentz-Kraft laufen die Elektronen dabei an den gegenüberliegenden Rändern in entgegengesetzte Richtungen. Jeder Kanal trägt zum Stromtransport bei, wobei der Ladungstransport quasi-ballistisch erfolgt. In Abschnitt 9.2 haben wir bereits den Stromtransport in eindimensionalen Leitern behandelt und für den Leitwert (pro Kanal) unter Berücksichtigung der Spinentartung den Wert $G_Q = 2e^2/h$ gefunden.

Die räumliche Trennung der Hin- und Rücklaufkanäle hat zur Folge, dass die inelastische Streuung völlig unterdrückt wird. Dazu müsste ein Elektron von einem Randkanal auf der einen Seite der Probe zu einem Kanal auf der anderen Seite gestreut werden. Dies ist praktisch auszuschließen, wenn sich die Fermi-Energie zwischen den Landau-Niveaus befindet, da im Probeninnern keine Zustände vorhanden sind, über

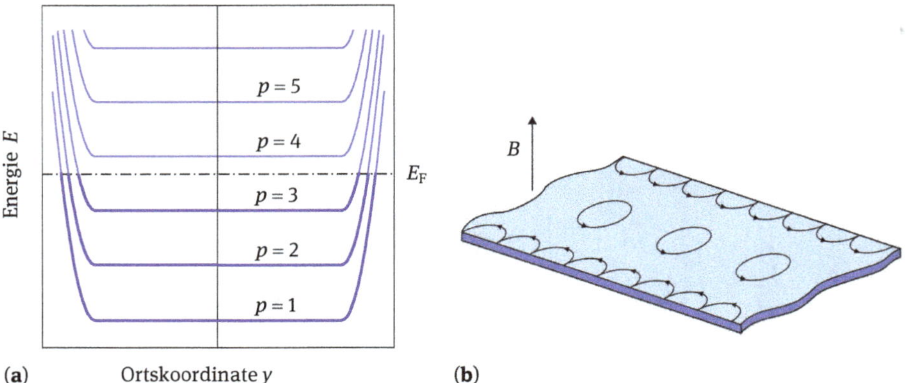

Abb. 9.41: Schematische Darstellung der Randkanäle im zweidimensionalen Elektronengas. (a) Das Randpotenzial bewirkt eine Verbiegung der Landau-Niveaus an der Begrenzung der Probe. (b) Schematische Darstellung der Bahnkurven. Im Innern der Probe treten geschlossene Zyklotronbahnen auf. An den Probenrändern werden die Elektronen reflektiert und tragen zum Stromtransport bei.

welche die Streuung erfolgen könnte. Dies bedeutet, dass die Elektronen, die am einen Probenende eintreten, sich entlang des Randes bis zum nächsten Kontakt bewegen müssen.

Zur Erklärung des Quanten-Hall-Effekts im Randkanalbild benutzen wir den *Landauer-Büttiker-Formalismus*.[27,28] In unserer Betrachtung setzen wir zunächst voraus, dass die Fermi-Energie zwischen zwei Landau-Niveaus liegt. Weiter nehmen wir an, dass der Kontakt 1 auf dem Potenzial $\mu_1 = -\mu$, der Kontakt 4 auf dem Potenzial $\mu_4 = 0$ liegt (vgl. Bild 9.42). Die Elektronen, die sich am oberen Rand bewegen, gelangen auf ihrem Weg vom Kontakt 1 zum Kontakt 4 zunächst zum Kontakt 2 und treten in diesen ein. Da dort kein Strom entnommen wird, steigt dessen chemisches Potenzial an bis der gleich große Strom zum Kontakt 3 fließt. Das gleiche Argument gilt für Kontakt 3, so dass der Zusammenhang $\mu_1 = \mu_2 = \mu_3 = -\mu$ bestehen muss. Die oberen Kontakte liegen also auf demselben Potenzial wie Kontakt 1. Die gleiche Argumentation kann auch auf den unteren Strom angewandt werden, wenn wir vom Kontakt 4 ausgehen. Daraus folgt $\mu_4 = \mu_5 = \mu_6 = 0$. Somit transportieren die unteren Randkanäle keinen Strom.

Pro Randkanal fließt daher der Strom $I = (\mu_3 - \mu_4)G_Q/e = -\mu G_Q/e$ durch die Probe. Sind p Kanäle vorhanden, so ergibt sich für den Gesamtstrom der Zusammenhang

$$I = -p\frac{G_Q}{e}\mu = -p\frac{2e}{h}\mu\,. \tag{9.98}$$

27 Rolf Wilhelm Landauer, *1927 Stuttgart, †1999 Briarcliff Manor

28 Markus Büttiker, *1950 Wolfwil, †2013 Collonge-Bellerive

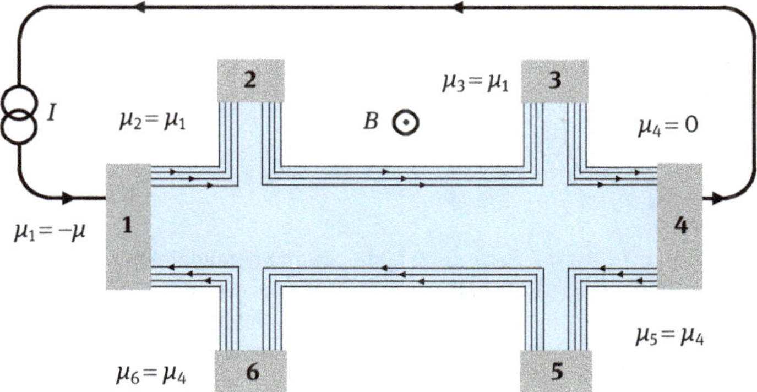

Abb. 9.42: Quanten-Hall-Widerstand im Randkanalbild. Die Probe ist hellblau, die Kontakte sind grau dargestellt. Durch die Probe mit den sechs Kontakten fließt der Strom I. Die Pfeile geben die Bewegungsrichtung der Elektronen an und *nicht* die technische Stromrichtung. Die Kontakte 1 und 4 liegen auf den Potenzialen $\mu_1 = -\mu$ bzw. $\mu_4 = 0$. Der Skizze liegt die Annahme zugrunde, dass die Fermi-Energie zwischen dem 3. und 4. Landau-Niveau liegt, also drei Randkanäle ($p = 3$) existieren.

Für den Hall-Widerstand gilt damit

$$R_{35} = \frac{(\mu_3 - \mu_5)}{eI} = \frac{1}{p}\frac{h}{2e^2} \tag{9.99}$$

und für den longitudinale Widerstand $(\mu_5 - \mu_6)/eI = 0$. Der Strom fließt also widerstandsfrei.

An dieser Stelle soll noch auf einige interessante Punkte hingewiesen werden. Wir haben bei unserer Herleitung für das Leitwertquantum den Wert $G_Q = 2e^2/h$ benutzt, bei dem die Spinentartung der Landau-Niveaus berücksichtigt wurde. Dadurch kommt der Faktor zwei in den verschiedenen Ausdrücken zustande. Diese Vereinfachung ist bei hohen Magnetfeldern nicht mehr gerechtfertigt, denn dann muss die zusätzliche Aufspaltung der Landau-Niveaus (und die Halbierung des Leitwertquantums) berücksichtigt werden. Außerdem haben wir zur Vereinfachung der mathematischen Ausdrücke perfekte Transmission zwischen den Kontakten vorausgesetzt und zusätzlich angenommen, dass die Elektronen an den Kontakten nicht reflektiert werden. Natürlich müssen diese Aspekte in einer tiefer gehenden Diskussion berücksichtigt werden.

Bisher gingen wir davon aus, dass die Fermi-Energie bei Variation des Magnetfeldes *zwischen* zwei Landau-Niveaus festgehalten wird. Die kleine Zahl der Randzustände ist hierzu nicht in der Lage. In realen Proben führen, wie oben bereits erwähnt, Verunreinigungen und Kristalldefekte zu Störstellen, die eine räumliche Potenzialvariation hervorrufen. Die Energiedispersion weist daher, wie in Bild 9.43 grob schematisiert, lokale Fluktuationen auf. Dadurch werden die δ-förmigen Landau-Niveaus verbreitert, wie dies in Bild 9.40 dargestellt ist.

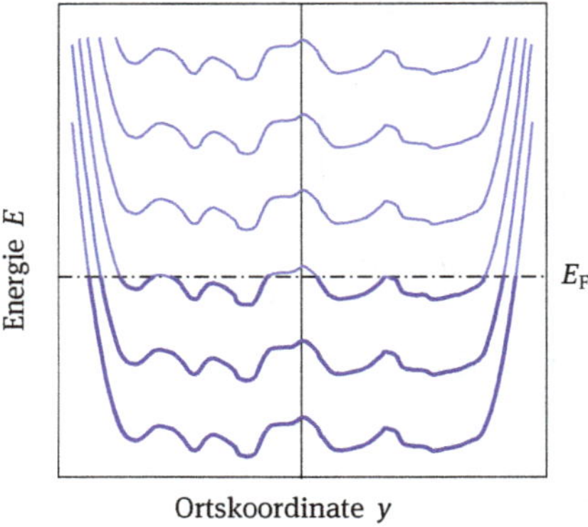

Abb. 9.43: Einfluss von Kristalldefekten auf den Energieverlauf von Landau-Niveaus. Die Unordnung bewirkt eine räumliche Fluktuation der Energiedispersionskurven. Besetzte Zustände sind durch größere Strichstärke angedeutet.

Diese Schwankungen haben zur Folge, dass im Probeninneren ebenfalls Leitungskanäle entstehen, die aber in sich geschlossen sind (vgl. Bild 9.44a). Da sie räumlich lokalisiert sind, tragen sie nicht zum Ladungstransport bei. Solange die Elektronen in den Randkanälen nicht über diese Zustände gestreut werden können, erfolgt der Ladungstransport nach wie vor widerstandsfrei. Wird das Magnetfeld erhöht, so werden die Landau-Niveaus energetisch angehoben und das oberste besetzte Landau-Niveau nähert sich der Fermi-Energie. Die eingeschlossenen Bereiche vergrößern sich und

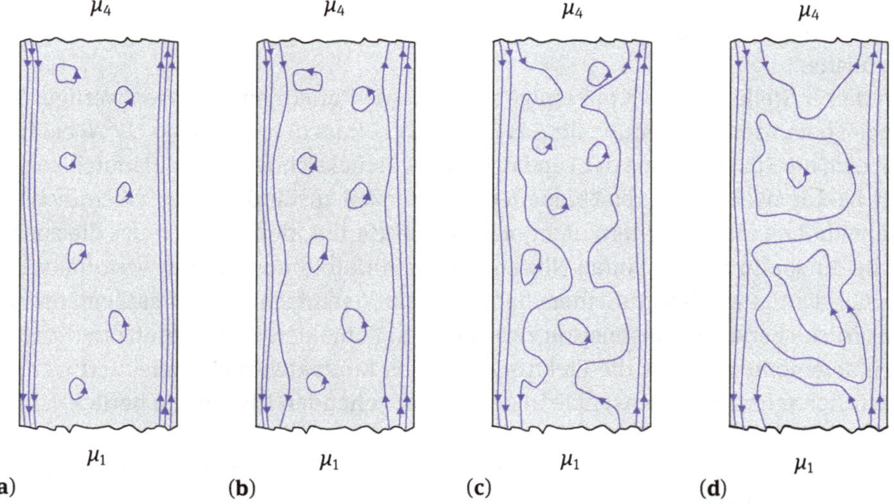

Abb. 9.44: Elektronenzustände bei der Fermi-Energie. **a)** Neben den drei Randkanälen sind in der Mitte lokalisierte Zustände zu sehen. **b)** Mit zunehmendem Magnetfeld vergrößern sich die Bereiche mit lokalisierten Zuständen. Der innerste Kanal entfernt sich vom Probenrand. **c)** Inelastische Streuung zwischen den Elektronen der beiden innersten Kanäle tritt auf. **d)** Fermi-Energie und Landau-Niveau fallen zusammen, der innerste Kanal ist in lokalisierte Zustände aufgebrochen. Der Längswiderstand ist maximal.

neue entstehen. Bei einer weiteren Steigerung des Feldes (Bild 9.44b) entfernen sich die beiden innen liegenden Kanäle vom Rand und inelastische Streuung der Elektronen wird möglich (Bild 9.44c). Liegt schließlich die Fermi-Energie im Landau-Niveau, dann bricht der innerste Kanal in lokalisierte Zustände auf (Bild 9.44d). Nun existieren im Probeninneren ausgedehnte Zustände, über die die Elektronen von einem Rand zum anderen gestreut werden können, der Längswiderstand R_x ist maximal. Der Hall-Widerstand ϱ_{xy} ändert sich. Allgemein gilt: Fallen Fermi-Energie und oberstes Landau-Niveau zusammen, so ist der Längswiderstand maximal, dagegen tritt ein Minimum auf, wenn die Fermi-Energie zwischen den Niveaus liegt. Dies bedeutet aber auch, dass überraschenderweise in perfekten Proben mit wenigen Störstellen der Quanten-Hall-Effekt weniger stark ausgeprägt ist. Ist allerdings die Störstellenkonzentration zu hoch, so sind die Stoßzeiten zu kurz und der Quanten-Hall-Effekt verschwindet ebenfalls.

Es ist bemerkenswert, dass sich der Hall-Widerstand (9.97) durch Naturkonstanten ausdrücken lässt. Er hängt eng mit der *Sommerfeldschen Feinstrukturkonstanten* α zusammen, die durch

$$\alpha = \frac{1}{2\varepsilon_0 c}\frac{e^2}{h} \approx \frac{1}{137{,}036} \tag{9.100}$$

gegeben ist und kann daher zu deren Bestimmung herangezogen werden. Mit Hilfe einer hochgenauen Widerstandsmessbrücke werden traditionelle Widerstandsnormale mit dem quantisierten Hall-Widerstand verglichen und damit absolut kalibriert. Diese Widerstandsnormale dienen in einem weiteren Schritt als Transfernormale für die Kalibrierung von Kundennormalen.

Bei sehr tiefen Temperaturen und noch höheren Magnetfeldern wird der **fraktionale Quanten-Hall-Effekt** beobachtet, bei dem gebrochene Quantenzahlen gefunden werden. Trotz der auffälligen Ähnlichkeit mit dem ganzzahligen Quanten-Hall-Effekt ist der physikalische Ursprung ein anderer. Dies macht sofort die Tatsache deutlich, dass auch Werte $p < 1$ auftreten. In diesem Fall ist nur noch das unterste Landau-Niveau bevölkert, das aber bei diesen hohen Feldern nicht voll besetzt ist. Zur Beschreibung dieses Phänomens reicht die Einteilchen-Näherung nicht mehr aus, die wir bisher benutzt haben. Man muss vom quasi-freien Elektronengas zu stark wechselwirkenden Elektronen übergehen, die sich als *Quantenflüssigkeit* korreliert bewegen. Es treten dann effektive Ladungen $e^* = p\,e$ auf, die kleiner als die Elementarladung e sein können. Eine Behandlung dieses Effekts geht jedoch über den hier gesteckten Rahmen dieses Buches hinaus.[29]

29 Einen Artikel von G. Abstreiter über die Entdeckung des fraktionalen Quanten-Hall-Effekts und eine kurze Beschreibung findet man in den Physikalischen Blätter **54**, 1098 (1998).

9.3.7 Quanten-Hall-Effekt in Graphen

Wir kommen hier nochmals auf Graphen zurück, das, wie bereits hervorgehoben, eine Reihe bemerkenswerter Eigenschaften aufweist. Hierzu zählt auch der Quanten-Hall-Effekt, der sich von dem der „klassischen" Festkörper unterscheidet. Ohne Magnetfeld ist in Metallen normalerweise jeder elektronische Zustand im Impulsraum auf Grund der Spinentartung doppelt besetzt. Besitzt das Leitungsband mehrere „Täler", so kann der Entartungsgrad größer sein. Dies gilt auch für Graphen, bei dem die Zustände vierfach entartet sind, so dass im Ausdruck für die Leitfähigkeit σ_{xy} der Faktor e^2/h durch $4e^2/h$ ersetzt werden muss. Doch diese Korrektur reicht noch nicht aus. Wie wir in Abschnitt 8.5 gesehen haben, befindet sich der Grundzustand der Elektronen als auch der Löcher exakt bei $E = 0$. Folglich erscheint das erste Quanten-Hall-Plateau bereits bei einer Füllung, die halb so groß ist wie es vom klassischen Quanten-Hall-Effekt her bekannt ist. Für die Hall-Leitfähigkeit erhält man daher den Ausdruck

$$\sigma_{xy} = \pm\frac{4e^2}{h}\left(p + \frac{1}{2}\right) . \tag{9.101}$$

Die Plateaus treten also bei einer Leitfähigkeit auf, die verglichen mit dem klassischen Wert um $\sigma_{xy} = \pm 2e^2/h$ erhöht bzw. verringert ist. Formal lässt sich der Quanten-Hall-Effekt von Graphen mit Hilfe der Dirac-Weyl-Gleichung beschreiben, auf die wir in Abschnitt 8.5 hingewiesen haben.

Das Ergebnis einer Messung des Quanten-Hall-Effekts an Graphen ist in Bild 9.45 zu sehen. Dort ist sowohl der Hall-Widerstand R_y als auch der Längswiderstand R_x gezeigt. Das Experiment wurde bei 4 K und einem Magnetfeld von 14 T durchgeführt, wobei die Graphenschicht als aktiver Teil eines Feldeffekttransistors (siehe Abschnitt 10.5) diente. Wird an dieses Schaltelement eine positive Steuerspannung angelegt, so werden Elektronen in die Graphenschicht injiziert, bei negativer Spannung dagegen Löcher. Es ist bemerkenswert, dass bei dieser Versuchsanordnung nicht nur die Ladungsträgerdichte in einem weiten Bereich variiert werden kann, sie erlaubt auch einen Vorzeichenwechsel, d.h., die Untersuchung des Verhaltens von Elektronen *und* Löchern.

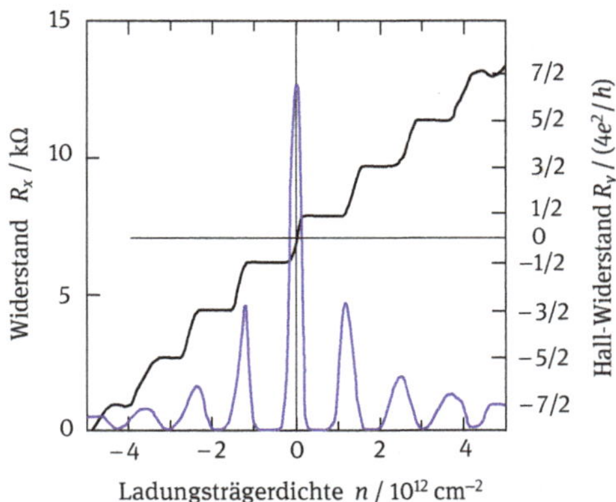

Abb. 9.45: Quanten-Hall-Effekt einer einzelnen Graphen-Lage als Funktion der Ladungsträgerkonzentration. Der Hall-Widerstand R_y sowie der Längswiderstand R_x wurden bei 4 K in einem Magnetfeld von 14 T gemessen. (Nach K.S. Novoselov et al., Nature **438**, 197 (2005).)

9.4 Aufgaben

1. Fermi-Kugel. Durch einen Golddraht mit 5 mm Durchmesser fließt ein Strom von 5 A. Berechnen Sie die Verschiebung der Fermi-Kugel und vergleichen Sie diese mit dem Radius der Kugel. Wie groß ist die Driftgeschwindigkeit der Elektronen?

2. Elektrische Parameter von Kalium. Anhand einiger Messgrößen sollen die elektrischen Eigenschaften von Kalium bei Raumtemperatur etwas näher untersucht werden. Berechnen Sie hierzu folgende Größen: Fermi-Wellenvektor, Fermi-Energie und Relaxationszeit, Beweglichkeit, mittlere freie Weglänge, Driftgeschwindigkeit der Elektronen in einem Feld von 50 mV/m und Wärmeleitfähigkeit bei Zimmertemperatur. Neben den Daten, die im laufenden Text vorkommen, sind noch folgende materialspezifische Parameter erforderlich: 0,862 g/cm^3 für die Dichte und 61 nΩm für den spezifischen Widerstand.

3. Stark gebundene Elektronen. Wir betrachten einen Kristall mit kubisch primitivem Gitter und zweiatomiger Basis (Gitterkonstante a = 4 Å). Leitungs- und Valenzband lassen sich durch $E_{\mathbf{k},i} = E_i^0 - 2\beta_i[\cos k_x a + \cos k_y a + \cos k_z a]$ mit den Parametern $E_\mathrm{V}^0 = 0\,\mathrm{eV}$, $E_\mathrm{L}^0 = 12\,\mathrm{eV}$, $\beta_\mathrm{V} = -0{,}8\,\mathrm{eV}$, $\beta_\mathrm{L} = 1{,}0\,\mathrm{eV}$ beschreiben.

Durch Absorption eines Photons wird ein Elektron mit $k = 10^8\,\mathrm{m}^{-1}$ vom gefüllten Valenzband ins leere Leitungsband gehoben. Die Wellenvektoränderung des Elektrons kann dabei vernachlässigt werden. (Warum?)

(a) Skizzieren Sie die Dispersionsrelation der Leitungs- und Valenzelektronen in x-Richtung und zeichnen Sie ein, welche Zustände bei $T = 0$ besetzt sind.

(b) Wie groß sind nach der Absorption die effektiven Massen m_p^*/m und m_n^*/m des erzeugten Lochs und des angeregten Elektrons?

(c) Wie groß sind die Geschwindigkeiten v_p und v_n in der Umgebung des Γ-Punkts?

(d) Welche Beschleunigung $\dot{v}_\mathrm{p}$ und $\dot{v}_\mathrm{n}$ erfahren die Ladungsträger in einem elektrischen Feld der Stärke 1 V/m in x-Richtung?

4. Streuung an Punktdefekten. Der elektrische Widerstand von Natrium (kubisch raumzentriert) wird bei Zimmertemperatur durch Elektron-Phonon-Stöße begrenzt und steigt daher proportional zur Temperatur an. Elektronen werden auch an Leerstellen gestreut, deren Zahl exponentiell mit der Temperatur zunimmt. Ihr Streuquerschnitt ist in erster Näherung durch ihre geometrische Ausdehnung bestimmt. Schätzen Sie ab, bei welcher Temperatur die beiden Streumechanismen gleich effektiv sind.

Zahlenwerte: Neben den Materialparametern in Kap. 8 sind folgende Größen gegeben: Widerstand bei Zimmertemperatur $\varrho_{300} = 47{,}5\,\mathrm{n\Omega\,m}$, Schwingungsentropie $S_\mathrm{L}/k_\mathrm{B} = 5{,}8$, Bildungsenergie $E_\mathrm{L} = 0{,}42\,\mathrm{eV}$ und Gitterkonstante $a = 4{,}23$ Å.

Hinweis: Natrium schmilzt bei 371 K.

5. Streuung an einer Drahtoberfläche. Wir betrachten einen Nanodraht aus Gold mit dem Durchmesser $D = 50\,\text{nm}$. Die Elektronen, die durch diesen Draht fließen, werden nicht nur durch die Phononen sondern auch an der Drahtoberfläche gestreut. Schätzen Sie ab, bei welcher Temperatur die beiden Beiträge zum Widerstand gleich groß sind. $\varrho_{\text{Au}} = 20{,}5\,\text{n}\Omega\,\text{m}$ ist der spezifische Widerstand von Gold bei Zimmertemperatur.

6. Zyklotronresonanz. Bei Zyklotronresonanzexperimenten an Metallen dringt das Magnetfeld nur wenig in das Metall ein, und Resonanz kann auch für den Fall auftreten, dass das elektrische Feld mehrere Zyklen durchläuft bis das Elektron nach einem Umlauf wieder mit den Mikrowellenfeld wechselwirkt. Bestimmen Sie das Verhältnis m/m^* für Kupfer mit Hilfe des Experiments, das zu den Daten in Bild 9.26 geführt hat.

7. Freie Elektronen im Magnetfeld. Ein Kaliumkristall (kubisch raumzentriert mit der Gitterkonstanten $a = 5{,}32\,\text{Å}$) befindet sich in einem Magnetfeld $B = 0{,}8\,\text{T}$.
(a) Berechnen Sie die Hall-Konstante.
(b) Wie viele Landau-Röhren sind bei $T = 0\,\text{K}$ besetzt?
(c) Welchen Radius haben die Extremalbahnen im Ortsraum?
(d) Wie groß muss die mittlere Stoßzeit τ der Elektronen mindestens sein, damit die De-Haas-van-Alphén-Oszillationen gut messbar sind?

8. Elektrische und thermische Leitfähigkeit. In Bild 9.46 ist der spezifische Widerstand von drei Materialien im Temperaturbereich zwischen 1,5 K und Raumtemperatur dargestellt. Bei den untersuchten Proben handelte es sich um zwei hochreine Golddrähte von denen einer unbehandelt war, der andere getempert wurde. Ein weiterer Draht besteht aus einer $Au_{50}Pd_{50}$-Legierung.
(a) Ordnen Sie die genannten Materialien den Messkurven A bis C zu.

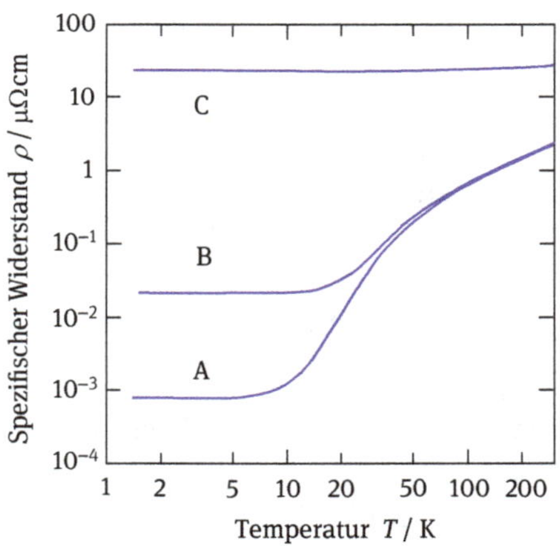

Abb. 9.46: Spezifischer Widerstand von drei Proben im Temperaturbereich zwischen 1,5 K und Raumtemperatur.

(b) Berechnen Sie das Restwiderstandsverhältnis und die mittlere freie Weglänge der Elektronen in den Goldproben bei Temperaturen unter 5 K und bei Raumtemperatur.
(c) Welcher Streumechanismus dominiert im getemperten Golddraht bei Raumtemperatur bzw. bei Temperaturen unter 5 K? Welcher dominiert in der $Au_{50}Pd_{50}$-Legierung?
(d) Schätzen Sie die Wärmeleitfähigkeit der Proben bei einer Temperatur von 1 K ab.

10 Halbleiter

Die Bezeichnung **Halbleiter** deutet darauf hin, dass die elektrische Leitfähigkeit dieser Materialien zwischen der von Metallen und Isolatoren liegt. Gute Metalle weisen einen spezifischen Widerstand zwischen $10^{-7}\ \Omega\text{m}$ und $10^{-8}\ \Omega\text{m}$ auf, der Widerstand von guten Isolatoren liegt über $10^{12}\ \Omega\text{m}$. Bei Halbleitern variiert der spezifische Widerstand über weite Bereiche, etwa von $10^{-4}\ \Omega\text{m}$ bis $10^{7}\ \Omega\text{m}$.

Halbleitende Elemente mit einfacher Kristallstruktur findet man vor allem in der vierten Hauptgruppe des Periodensystems, wobei Silizium und Germanium technisch am interessantesten sind. Kohlenstoff in Form von Diamant gehört eher in die Klasse der Isolatoren und Blei zu den Metallen. Dagegen zeigen Fullerene halbleitende Eigenschaften. Zinn weist sowohl eine halbleitende als auch eine metallische Modifikation auf. Weitere halbleitende Elemente sind roter Phosphor, Bor, Selen und Tellur mit kovalenter Bindung und relativ komplexer Kristallstruktur. Außerdem wird eine Reihe von Elementen unter hohem Druck ebenfalls halbleitend. Darüber hinaus gibt es eine große Anzahl von Verbindungshalbleitern. Einige zu den III-V-Verbindungen gehörende Halbleiter wie GaAs, GaP, InP, InSb oder InAs haben Zinkblendestruktur. Die Bindung zwischen den Atomen hat teils kovalenten, teils ionischen Charakter. Natürlich gibt es auch II-VI-Verbindungen mit halbleitenden Eigenschaften wie ZnO, ZnS, CdS oder CdSe, aber auch IV-IV-Halbleiter wie SiC oder SiGe.

An dieser Stelle sollen auch noch die organischen Halbleiter erwähnt werden, deren Leitfähigkeit auf ihren konjugierten Doppelbindungen zwischen den Kohlenstoffatomen beruht. Halbleitende Eigenschaften organischer Materialien wurden zum ersten Mal an Polyacetylen (Polyethin) untersucht. Zum Schluss dieser Aufzählung soll noch auf die magnetischen Halbleiter hingewiesen werden, zu denen EuS zählt.

Am absoluten Nullpunkt verhalten sich Halbleiter wie Isolatoren. Da die tiefer liegenden Bänder vollständig mit Elektronen besetzt, die darüberliegenden völlig leer sind, kann kein Ladungstransport auftreten. Bei endlichen Temperaturen werden Valenzelektronen in das leere Leitungsband gehoben und machen das Material leitfähig. Für technische Anwendungen ist die gezielte Erzeugung von Defekten durch *Dotieren* von entscheidender Bedeutung, denn dadurch können die elektrischen Eigenschaften des Ausgangsmaterials drastisch verändert und den technischen Bedürfnissen angepasst werden.

In diesem Kapitel betrachten wir zunächst reine, sogenannte *intrinsische Halbleiter* und gehen dabei auf die Unterscheidung zwischen *direkten* und *indirekten* Halbleitern ein. Dann werfen wir einen Blick auf die Auswirkungen des Dotierens von Halbleitern, das zur *Störstellenleitung* führt, und setzen uns anschließend mit amorphen Halbleitern auseinander. Nachfolgend beschäftigen wir uns mit dem p-n-Übergang und den Eigenschaften von *Heterostrukturen* und besprechen zum Schluss die Wirkungsweise einiger *elektronischer Bauelemente*.

https://doi.org/10.1515/9783111027227-010

10.1 Intrinsische kristalline Halbleiter

10.1.1 Bandstruktur, Bandlücke und optische Absorption

Bei Halbleitern bezeichnet man das höchste voll besetzte Band als **Valenzband** und das erste leere darüberliegende als **Leitungsband.** Für die Energie der Valenzbandoberkante schreiben wir E_V, für die Leitungsbandunterkante E_L. Die **Bandlücke** $E_g = (E_L - E_V)$ zwischen diesen beiden Bändern ist für viele elektronische Eigenschaften von entscheidender Bedeutung. Ihre Größe hängt schwach von der Temperatur ab. Von tiefen Temperaturen kommend nimmt die Bandlücke zunächst quadratisch und dann linear mit steigender Temperatur ab. Die gesamte Änderung bis Zimmertemperatur beträgt etwa 10% und beruht auf der thermischen Expansion und Effekten der Elektron-Phonon-Wechselwirkung.

In der Tabelle 10.1 sind für eine Reihe von Halbleitern die Bandlücken bei Zimmertemperatur und am absoluten Nullpunkt aufgeführt. Zusätzlich ist angegeben, ob eine **direkte** oder **indirekte Bandlücke** vorliegt. Liegen Valenzbandmaximum und das tiefstliegende Leitungsbandminimum am Γ-Punkt, so spricht man von einem **direkten Halbleiter**, bzw. von einer direkten Bandlücke. Liegen die Extrema im **k**-Raum nicht am selben Ort, so handelt es sich um einen **indirekten Halbleiter.** Auf den Unterschied zwischen den beiden Halbleitertypen gehen wir noch näher ein.

Tab. 10.1: Bandlücke E_g und Hinweis auf die Natur der Bandlücke einiger Halbleiter. (Die Mehrzahl der Daten wurden W. Martienssen, *Springer Hand- book of Condensed Matter and Material Data*, W. Martienssens, H. Warlimont, eds., Springer, 2005 entnommen.)

	E_g(300 K)/eV	E_g(0 K)/eV	Typ
Diamant	5,43	5,45	indirekt
Si	1,12	1,17	indirekt
Ge	0,66	0,74	indirekt
AlAs	2,15	2,23	indirekt
GaP	2,27	2,35	indirekt
GaAs	1,42	1,52	direkt
InSb	0,18	0,24	direkt
InAs	0,35	0,42	direkt
InP	1,34	1,42	direkt
ZnO	3,20	3,44	direkt
CdS	2,48	2,58	direkt
CdTe	1,48	1,61	direkt

Die Bandstrukturen der beiden technisch wichtigen und wissenschaftlich interessanten Halbleiter *Galliumarsenid* und *Indiumantimonid* sind in Bild 10.1 zu sehen. Bei diesen Darstellungen handelt es sich um die Ergebnisse von Bandstrukturrechnungen, die an spektroskopischen Messungen angepasst wurden.

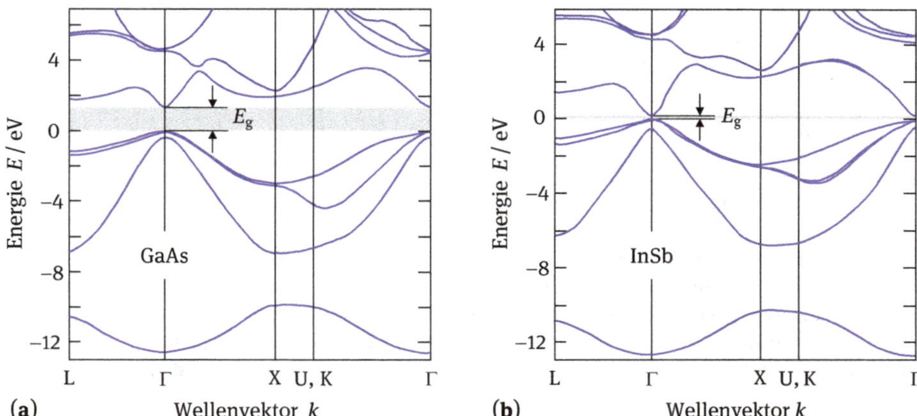

Abb. 10.1: Bandstruktur von Galliumarsenid und Indiumantimonid. Die Energielücken E_g sind grau markiert. Valenzbandmaximum und tiefstes Leitungsbandminimum stehen sich am Γ-Punkt gegenüber. In beiden Fällen handelt es sich um einen direkten Halbleiter. (Nach J.R. Chelikowsky, M.L. Cohen, Phys. Rev. B **14**, 556 (1976).)

Den Bildern entnehmen wir, dass sowohl Galliumarsenid als auch Indiumantimonid direkte Halbleiter sind, denn Valenzbandmaximum und tiefstes Leitungsbandminimum liegen im **k**-Raum an derselben Stelle, nämlich am Γ-Punkt.

Die Bandlücke lässt sich auf besonders einfache Weise mit Hilfe der optischen Absorption bestimmen. Wie in Abschnitt 9.1 bereits angesprochen, wird bei der Absorption eines Photons ein Elektron ins Leitungsband gehoben, während im Valenzband ein Loch zurückbleibt. Wir werden auf derartige **Interband-Übergänge** noch einmal in Kapitel 13 in einem allgemeineren Zusammenhang zu sprechen kommen. In Bild 10.2a sind zwei derartige Absorptionsübergänge durch Pfeile dargestellt. Der Übergang erfolgt im Bandschema vertikal, da der Photonenimpuls $\hbar k_\gamma$ im Vergleich zu typischen Werten des Elektronenimpulses vernachlässigbar klein ist. Da die Bandlücke überwunden werden muss, kann ein Photon nur absorbiert werden, wenn dessen Energie den Minimalwert $\hbar\omega_\gamma \geqq (E_L - E_V) = E_g$ übertrifft. Viele Halbleiter sind deshalb im nahen Infraroten durchsichtig. Oberhalb der Schwellenenergie, die durch die Bandlücke vorgegeben wird, steigt die optische Absorption mit zunehmender Frequenz steil an. Ein Beispiel ist in Bild 10.2b zu sehen. Dort ist der Absorptionskoeffizient von Indiumantimonid logarithmisch als Funktion der Photonenenergie aufgetragen. Der steile Anstieg an der Absorptionskante ist charakteristisch für direkte Halbleiter.

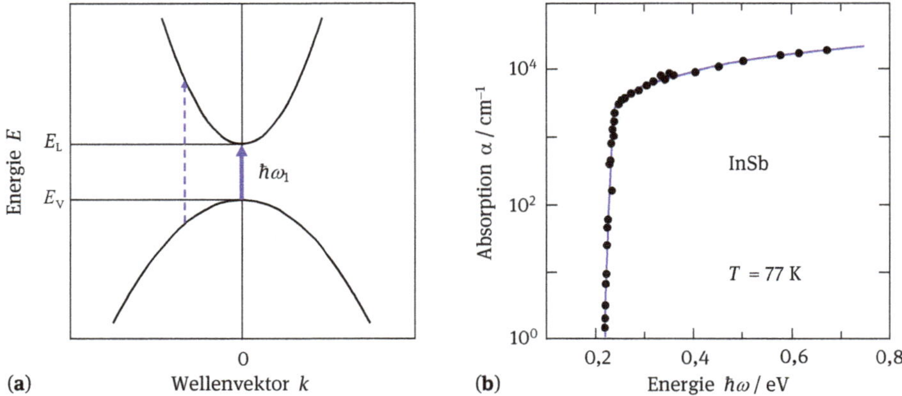

Abb. 10.2: Optische Absorption bei direkter Bandlücke. **a)** Schematische Darstellung des Absorptionsvorgangs. Der dicke Pfeil markiert den Übergang mit der kleinstmöglichen Energie. Bei höheren Photonenenergien (gestrichelter Pfeil) werden tiefer liegende Elektronen angeregt. **b)** Optischer Absorptionskoeffizient von Indiumantimonid im logarithmischen Maßstab als Funktion der Energie der eingestrahlten Photonen. (Nach Ch. Kittel, *Einführung in die Festkörperphysik*, Oldenbourg, 2013.)

Werfen wir nun einen Blick auf indirekte Halbleiter. In Bild 10.3 ist die Bandstruktur der beiden bekanntesten Halbleiter Silizium und Germanium wiedergegeben. In beiden Fällen findet man das Valenzbandmaximum am Γ-Punkt, doch besitzt das darüberliegende Leitungsbandminimum nicht den kleinsten Energieabstand zum Va-

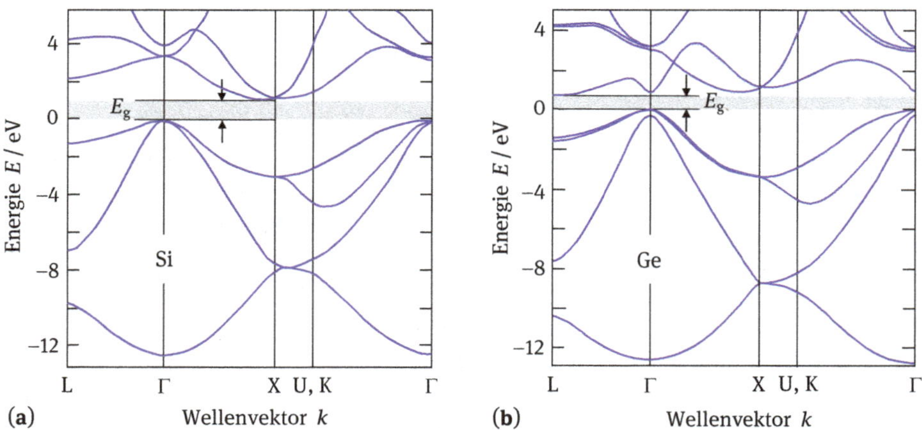

Abb. 10.3: Bandstruktur von Silizium und Germanium. Die Energielücken E_g sind grau markiert. Bei den indirekten Halbleitern befindet sich das Valenzbandmaximum ebenfalls am Γ-Punkt, das tiefste Leitungsbandminimum liegt beim Silizium jedoch in der Nähe des X-Punktes, beim Germanium am L-Punkt. (Nach J.R. Chelikowsky, M.L. Cohen, Phys. Rev. B **14**, 556 (1976).)

lenzband. Wie im Bild zu erkennen ist, tritt ein tiefer liegendes Leitungsbandminimum bei Silizium in der Nähe des X-Punktes, beim Germanium am L-Punkt auf.

Bei den indirekten Halbleitern ist der Mechanismus der optischen Absorption etwas komplizierter als bei den direkten. Wie in Bild 10.4a angedeutet, setzt die Absorption bereits bei einer Photonenenergie ein, die kleiner ist als der Bandabstand $(E_\mathrm{L}' - E_\mathrm{V})$ am Γ-Punkt. Liegt das tiefste Leitungsbandminimum bei $\mathbf{k}_\mathrm{m}$, so ist aufgrund des kleinen Photonenimpulses kein direkter Übergang möglich. Zur Erhaltung von Energie und Quasiimpuls ist das Mitwirken eines Phonons erforderlich. Bezeichnen wir mit ω_q und $\mathbf{q}$ dessen Kreisfrequenz bzw. dessen Wellenvektor, so müssen bei der Erzeugung eines Elektron-Loch-Paars mit der kleinstmöglichen Photonenenergie die Bedingungen

$$\hbar\omega_\gamma \pm \hbar\omega_q = E_\mathrm{g} \,,$$
$$\hbar\mathbf{k}_\gamma \pm \hbar\mathbf{q} = \hbar\mathbf{k}_\mathrm{m} \tag{10.1}$$

erfüllt sein. Da $\hbar\omega_q \ll E_\mathrm{g}$ und $|\mathbf{k}_\gamma| \ll |\mathbf{k}_\mathrm{m}|$ ist, liefert das Photon die Energie und das Phonon den erforderlichen Impuls. Die Wahrscheinlichkeit für das Eintreten dieses Prozesses ist wesentlich kleiner als beim direkten Prozess, da das Elektron sowohl an das Photon als auch an das Phonon ankoppeln muss. Folglich ist die damit verbundene Absorption wesentlich schwächer. Die experimentellen Kurven für die Absorption von Germanium in Bild 10.4b unterstützen diese Argumentation. Der Absorptionskoeffizient ist in der Nähe der Grenzenergie relativ klein und wächst mit der Photonenenergie an. Der Anstieg der Absorptionskurve verstärkt sich augenfällig, sobald der in Bild 10.4a

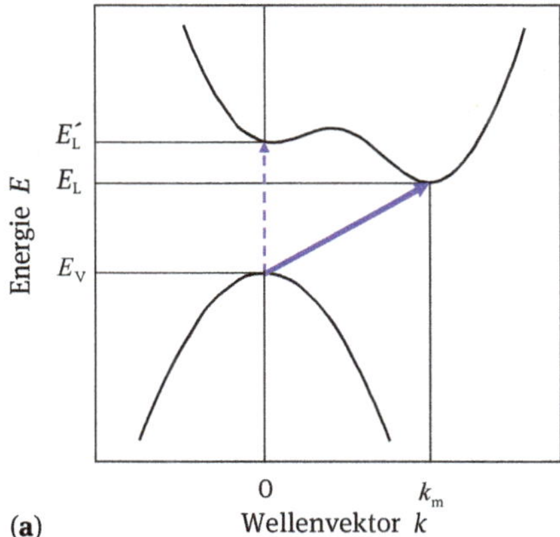

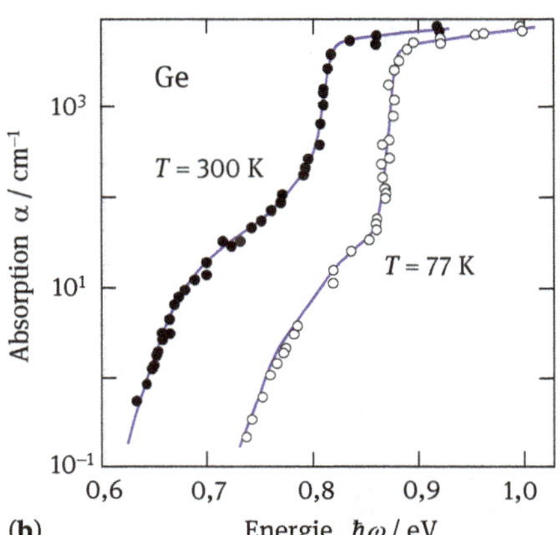

Abb. 10.4: Optische Absorption bei indirekter Bandlücke. **a)** Schematische Darstellung des Prozesses. Die Energie des Leitungsbandminimums am Γ-Punkt ist mit E_L' bezeichnet. Der Übergang mit der kleinstmöglichen Energie (durchgezogener blauer Pfeil) erfordert das Mitwirken eines Phonons. Der direkte Übergang mit der kleinsten Energie ist gestrichelt gezeichnet. **b)** Absorptionskoeffizient von Germanium im logarithmischen Maßstab als Funktion der Energie der eingestrahlten Photonen. Die schwächere indirekte Absorption ist der direkten vorgelagert. (Nach W.C. Dash, R. Newman, Phys. Rev. **99**, 1151 (1955).)

durch den gestrichelten Pfeil angedeutete direkte Prozess einsetzt. Die wiedergegebenen Messdaten zeigen darüber hinaus, dass die Lage der Absorptionskante von der Temperatur abhängt, da sich die Bandlücke mit abnehmender Temperatur vergrößert.

10.1.2 Effektive Masse von Elektronen und Löchern

Die elektrischen Eigenschaften von Halbleitern werden vor allem von den Elektronen im Leitungsbandminimum und den Löchern im Valenzbandmaximum bestimmt. Wir müssen daher die Bandstruktur in diesen Energiebereichen etwas näher kennenlernen. In Abschnitt 9.1 haben wir gefunden, dass die effektive Masse von Elektronen und Löcher durch die Bandkrümmung bestimmt wird. In der Umgebung der Bandextrema ist die Krümmung näherungsweise konstant und damit auch die dynamische effektive Masse, die dort sehr gut mit der Zyklotronmasse (vgl. Abschnitt 9.3) übereinstimmt. Messungen der Zyklotronresonanz bieten sich daher zur Massenbestimmung an. Da bei Halbleitern die Eindringtiefe von Mikrowellen relativ groß ist und somit die kreisenden Elektronen ständig dem Mikrowellenfeld ausgesetzt sind, beobachtet man für eine bestimmte effektive Masse meist nur *eine* Resonanz.

Experimente zur Zyklotronresonanz werden bei Mikrowellenfrequenzen durchgeführt. Aus $\omega_c = eB/m$ errechnet sich für ein Feld von einem Tesla eine Resonanzfrequenz von 28 GHz. Bild 10.5 zeigt eine Messung an Germanium bei 23 GHz. Wird das Magnetfeld durchgestimmt, so treten eine Reihe von Resonanzen auf, die Elektronen und Löchern in unterschiedlichen Bändern zugeordnet werden können. Die Bezeichnung und Bedeutung der einzelnen Maxima werden wir im Folgenden diskutieren. Bei dem gezeigten Experiment wurde der Germaniumkristall im Magnetfeld so orientiert, dass alle unterschiedlichen effektiven Massen gleichzeitig beobachtet werden konnten.

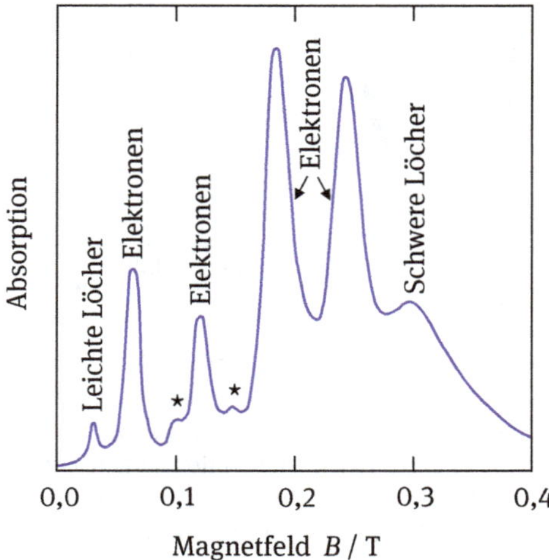

Abb. 10.5: Zyklotronresonanz an Germanium gemessen bei 4 K und 23 GHz. Bei der gewählten Probenorientierung treten als Funktion des angelegten Magnetfelds alle Sorten von Ladungsträgern in Erscheinung. Die mit *Elektronen* bezeichneten Maxima stammen von unterschiedlichen Extremalbahnen im Leitungsband. Bei den mit * gekennzeichneten Maxima handelt es sich um Oberschwingungen *schwerer Löcher*. (Nach R.N. Dexter et al., Phys. Rev. 104, 637 (1956).)

Um gute Messsignale zu erhalten, müssen die Elektronen ihre Bahn mehrmals stoßfrei durchlaufen, d.h., es muss die Bedingung $\omega_c\tau \gg 1$ gelten. Da die Stoßzeiten τ bei Zimmertemperatur um 10^{-13} s liegen, sind aussagekräftige Experimente nur an sehr reinen Proben bei tiefen Temperaturen möglich. Dabei erweist sich die kleine Zahl an verfügbaren Ladungsträgern als problematisch. Durch Einstrahlung von Licht mit einer Energie größer als die Bandlücke lässt sich die Zahl der Ladungsträger künstlich erhöhen.

Durch geeignete Wahl von Magnetfeldstärke und -richtung können die Massen der unterschiedlichen Elektronen und Löcher bestimmt werden. Bei den Halbleitern mit direkter Bandlücke wie GaAs oder InSb (vgl. Bild 10.1) ist für die Eigenschaften der Elektronen das *Leitungsband* am Γ-Punkt entscheidend. Da dort die Energie kaum von der Richtung abhängt, tritt bei Elektronen nur *eine* effektive Masse m_n^* auf.[1] Die Dispersionsrelation hat die einfache Form

$$E_\mathrm{n} = E_\mathrm{L} + \frac{\hbar^2 k^2}{2m_\mathrm{n}^*}\,. \tag{10.2}$$

In der Tabelle 10.2 sind die effektiven Elektronenmassen verschiedener Halbleiter aufgeführt. Bemerkenswert ist, dass diese meist wesentlich kleiner sind als die Masse freier Elektronen, die Wechselwirkung also zu einer scheinbaren Verringerung der Masse führt.

Bei Halbleitern mit indirekter Bandlücke, wie Germanium oder Silizium, ist die Bandstruktur komplizierter. Wie bereits erwähnt, liegen in Germanium die Leitungsbandmimima an den L-Punkten, also in ⟨111⟩-Richtung. In Silizium findet man die

Tab. 10.2: Effektive Masse der Elektronen am Leitungsbandminimum. Die Indizes „ ℓ “ und „ t “ stehen für *longitudinal* und *transversal*. (Die Mehrzahl der Daten wurde der Homepage des Joffe-Instituts, St. Petersburg, entnommen.)

	m_n^*/m	$m_{\mathrm{n},\ell}^*/m$	$m_{\mathrm{n,t}}^*/m$
C	–	1,4	0,36
Si	–	0,98	0,19
Ge	–	1,59	0,082
GaP	–	1,12	0,22
GaAs	0,063	–	–
GaSb	0,041	–	–
InP	0,073	–	–
InAs	0,023	–	–
InSb	0,014	–	–

1 Wie in Abschnitt 9.1 benutzen wir zur Charakterisierung der effektiven Massen von Elektronen und Löchern den Index n bzw. p.

Minima in ⟨100⟩-Richtung in der Nähe der X-Punkte. Die $E(\mathbf{k})$-Fläche ist am Minimum nicht isotrop, sondern besitzt die Gestalt eines Rotationsellipsoids. Zur Veranschaulichung sind in Bild 10.6 Flächen konstanter Energie des Leitungsbands von Germanium dargestellt. Die Größe der acht Halbellipsoide im Vergleich zur Brillouin-Zone hängt vom willkürlich gewählten Energiemaßstab ab. Im periodischen Zonenschema sind die Energieflächen vollständige Ellipsoide, auf denen die Elektronen bei der Zyklotronresonanz umlaufen. Abhängig von der Magnetfeldrichtung tragen unterschiedliche Extremalbahnen zum Signal bei. Durch Kippen der Proben lässt sich daher die Form der Flächen konstanter Energie ausmessen.

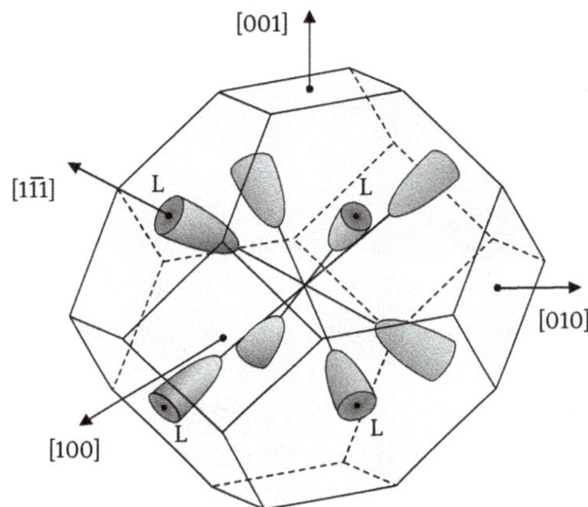

Abb. 10.6: Flächen konstanter Energie der Leitungselektronen in Germanium. Die Leitungsbandminima treten in ⟨111⟩-Richtung an den acht L-Punkten auf.

Die effektive Masse ist durch die Angabe von zwei Größen festgelegt, nämlich durch die **longitudinale Masse** $m_{\mathrm{n},\ell}$ und die **transversale Masse** $m_{\mathrm{n,t}}$. Die Energiefläche lässt sich daher in der Nähe der Minima mit Hilfe der Gleichung

$$E_{\mathrm{n}} = E_{\mathrm{L}} + \hbar^2 \left[\frac{k_1^2 + k_2^2}{2m_{\mathrm{n,t}}^*} + \frac{k_3^2}{2m_{\mathrm{n},\ell}^*} \right] \tag{10.3}$$

ausdrücken, wobei der Ursprung des Koordinatensystems im jeweiligen Minimum liegt. Bei Silizium ist die Richtung von k_3 identisch mit der ⟨100⟩-, bei Germanium mit der ⟨111⟩-Richtung. Abhängig von der Richtung unterscheiden sich die Krümmungen der Energieflächen beträchtlich und damit auch die auftretenden effektiven Massen. Für Silizium und Germanium sind sie in Tabelle 10.2 aufgeführt. Die vier Maxima in Bild 10.5, die den Elektronen zugeschrieben werden, stammen von Extremalbahnen unterschiedlicher Ellipsoide, da die Probe nicht längs einer bevorzugten Achse ausgerichtet war.

Nun kommen wir zu den Löchern im Valenzband. Eine genauere Betrachtung von Bild 10.1 lässt erkennen, dass bei den dort dargestellten Halbleitern im Valenzbandmaximum zwei Bänder zusammenfallen. Aufgrund ihrer unterschiedlichen Krümmung besitzen die Löcher unterschiedliche effektive Massen und werden als **schwere** und **leichte Löcher** bezeichnet. Wie Bild 10.5 zu entnehmen ist, findet man bei Messungen der Zyklotronresonanz beide Lochtypen. Ein weiteres Band ist aufgrund der Spin-Bahn-Kopplung um die Energie Δ abgesenkt. Die Ladungsträger dieses Bands werden als **abgespaltene Löcher** bezeichnet und besitzen die effektive Masse m^*_Δ. Das dazugehörende Band ist in Bild 10.1 knapp unterhalb des Valenzbandmaximums zu erkennen. In grober Näherung können bei fast allen Halbleitern die Valenzbänder am Γ-Punkt als kugelförmig angesehen werden, so dass *eine* effektive Masse pro Band zur Charakterisierung ausreicht. In Tabelle 10.3 sind für einige Halbleiter die effektiven Massen der verschiedenen Lochtypen sowie die Energie Δ der Spin-Bahn-Aufspaltung zusammengestellt.

Tab. 10.3: Effektive Masse der Löcher am Valenzbandmaximum und Spin-Bahn-Aufspaltung Δ einiger Halbleiter. Die Indizes „ s " und „ l " stehen für *schwer* und *leicht*. (Die Mehrzahl der Daten wurde der Homepage des Joffe-Instituts, St. Petersburg, entnommen.)

	$m^*_{p,l}/m$	$m^*_{p,s}/m$	m^*_Δ/m	Δ (eV)
C	0.7	2,12	1,06	0,006
Si	0,16	0,49	0,24	0,044
Ge	0,043	0,33	0,084	0,29
GaP	0,14	0.79	0,25	0,08
GaAs	0,082	0,51	0,15	0,34
GaSb	0,05	0,4	0,14	0,80
InP	0,089	0,58	0,17	0.11
InAs	0,026	0,41	0,16	0,41
InSb	0,015	0,43	0,19	0.82

10.1.3 Ladungsträgerdichte

In Halbleitern tragen sowohl Elektronen als auch Löcher zum Stromtransport bei. Für die Leitfähigkeit intrinsischer Halbleiter schreiben wir daher in Erweiterung von (9.22)

$$\sigma = e(n\mu_\mathrm{n} + p\mu_\mathrm{p}) \,, \tag{10.4}$$

wobei n und p für die Dichte der freien Elektronen bzw. der Löcher stehen. Beim Beitrag der Löcher zum Stromtransport überwiegt der Anteil, der durch die leichten Löcher zustande kommt. Weil die Ladungsträgerdichten überaus stark von der Temperatur abhängen, ändert sich mit ihr die Leitfähigkeit sehr stark. Im Folgenden diskutieren wir erst die Ladungsträgerdichten und gehen anschließend auf die Beweglichkeiten μ_n und μ_p ein.

Zunächst betrachten wir die **Eigenleitung** oder **intrinsische Leitfähigkeit** von halbleitenden Kristallen, die in sehr reinen Proben beobachtet werden kann. Durch thermische Anregung werden Elektronen ins Leitungsband gehoben und gleichzeitig Löcher im Valenzband erzeugt. Bei der Ermittlung der Ladungsträgerkonzentration müssen wir nicht zwischen direkten und indirekten Halbleitern unterscheiden, da im thermischen Gleichgewicht die Dynamik der Anregung keine Rolle spielt.

Die Elektronenkonzentration n im Leitungsband erhalten wir durch Integration über das Produkt aus Zustandsdichte und Besetzungswahrscheinlichkeit der Zustände. Da die Fermi-Funktion $f(E,T)$ mit zunehmender Energie rasch abnimmt, sind nur die Zustände an der unteren Leitungsbandkante von Bedeutung. Für die obere Integrationsgrenze dürfen wir deshalb anstelle der Energie der Bandoberkante den Wert unendlich einsetzen. Die gleiche Argumentation gilt auch für die Berechnung der Löcherkonzentration p. Somit können wir

$$n = \int_{E_\mathrm{L}}^{\infty} D_\mathrm{L}(E)\, f(E,T)\,\mathrm{d}E \qquad \text{und} \qquad p = \int_{-\infty}^{E_\mathrm{V}} D_\mathrm{V}(E)\,[1 - f(E,T)]\,\mathrm{d}E \tag{10.5}$$

schreiben. Die Besetzungswahrscheinlichkeit der Löcher ist $[1 - f(E,T)]$, denn sie entstehen durch unbesetzte Elektronenzustände. In der Nähe der Bandextrema verlaufen die Dispersionskurven parabelförmig, so dass wir für die Zustandsdichten D_L und D_V der beiden Bänder die Zustandsdichte des freien Elektronengases benutzen können, wenn wir in Gleichung (8.9) die Masse der freien Elektronen durch die effektiven Massen m_n^* bzw. m_p^* ersetzen:

$$D_\mathrm{L}(E) = \frac{1}{2\pi^2}\left(\frac{2m_\mathrm{n}^*}{\hbar^2}\right)^{3/2}\sqrt{E - E_\mathrm{L}} \qquad \text{für} \qquad E > E_\mathrm{L}\,, \tag{10.6}$$

$$D_\mathrm{V}(E) = \frac{1}{2\pi^2}\left(\frac{2m_\mathrm{p}^*}{\hbar^2}\right)^{3/2}\sqrt{E_\mathrm{V} - E} \qquad \text{für} \qquad E < E_\mathrm{V}\,. \tag{10.7}$$

Die beiden Bänder sind durch eine *Energielücke* voneinander getrennt, im Bereich $E_\mathrm{V} < E < E_\mathrm{L}$ existieren keine Zustände.

Wie wir gleich sehen werden, liegt die Fermi-Energie bei Eigenleitung ungefähr in der Mitte der Energielücke. Dies bedeutet, dass ihr Abstand von den Bandkanten, also $|E_\mathrm{L} - E_\mathrm{F}|$ bzw. $|E_\mathrm{V} - E_\mathrm{F}|$, immer sehr viel größer als die thermische Energie $k_\mathrm{B}T$ ist. Bei der Integration der beiden Gleichungen (10.5) dürfen wir deshalb die Fermi-Funktionen durch Exponentialfunktionen ersetzen. Es gilt also

$$\begin{aligned} f(E,T) &= \frac{1}{\mathrm{e}^{(E-E_\mathrm{F})/k_\mathrm{B}T} + 1} \approx \mathrm{e}^{-(E-E_\mathrm{F})/k_\mathrm{B}T} \qquad \text{für} \qquad E > E_\mathrm{F}\,, \\ 1 - f(E,T) &= \frac{1}{\mathrm{e}^{(E_\mathrm{F}-E)/k_\mathrm{B}T} + 1} \approx \mathrm{e}^{-(E_\mathrm{F}-E)/k_\mathrm{B}T} \qquad \text{für} \qquad E < E_\mathrm{F}\,. \end{aligned} \tag{10.8}$$

Dies bedeutet, dass wir die Boltzmann-Statistik auf die Ladungsträger der Halbleiter anwenden dürfen. Elektronen im Leitungsband und Löcher im Valenzband bewegen sich also weitgehend wie die Atome klassischer Gase und können mit Hilfe der kinetischen Gastheorie beschrieben werden. Einschränkend muss natürlich gesagt werden, dass diese Aussage nur Gültigkeit besitzt, solange das Fermi-Niveau genügend weit von der Bandkante entfernt ist. Wie wir noch sehen werden, gilt diese **Näherung der Nichtentartung** bei intrinsischen Halbleitern und bei solchen mit kleiner Störstellendichte. Bei starker Dotierung schiebt sich die Fermi-Energie in die Nähe der Bandkanten oder liegt sogar in einem Band. Die einfache Näherung bricht dann zusammen, es liegt dann ein **entarteter Halbleiter** vor.

An dieser Stelle soll darauf hingewiesen werden, dass in der Literatur für die Fermi-Energie unterschiedliche Bezeichnungen zu finden sind. Oft wird nur das in Abschnitt 8.1 eingeführte chemische Potenzial bei $T = 0$ als Fermi-Energie bezeichnet. Wir werden hier die Lage des chemischen Potenzials $\mu(T)$ mit dem Begriff **Fermi-Niveau** und – nicht ganz konsequent – mit der Abkürzung E_F bzw. $E_\mathrm{F}(T)$ belegen, um eine Verwechslung mit der Beweglichkeit μ zu vermeiden.

Der Ersatz der Fermi-Verteilungen durch die entsprechenden Boltzmann-Verteilungen erlaubt die Berechnung von Ladungsträgerkonzentrationen auf einfache Weise. Für die Elektronen finden wir beispielsweise

$$n = \int D_\mathrm{L}(E)\, f(E)\, \mathrm{d}E = \frac{1}{2\pi^2}\left(\frac{2m_\mathrm{n}^*}{\hbar^2}\right)^{3/2} \mathrm{e}^{E_\mathrm{F}/k_\mathrm{B}T} \int\limits_{E_\mathrm{L}}^{\infty} \sqrt{E - E_\mathrm{L}}\, \mathrm{e}^{-E/k_\mathrm{B}T}\, \mathrm{d}E\,. \tag{10.9}$$

Das Integral lässt sich leicht analytisch lösen und wir erhalten für die beiden Ladungsträgertypen

$$n = 2\left(\frac{m_\mathrm{n}^* k_\mathrm{B}T}{2\pi\hbar^2}\right)^{3/2} \mathrm{e}^{-(E_\mathrm{L}-E_\mathrm{F})/k_\mathrm{B}T} = \mathcal{N}_\mathrm{L}\mathrm{e}^{-(E_\mathrm{L}-E_\mathrm{F})/k_\mathrm{B}T}\,, \tag{10.10}$$

$$p = 2\left(\frac{m_\mathrm{p}^* k_\mathrm{B}T}{2\pi\hbar^2}\right)^{3/2} \mathrm{e}^{(E_\mathrm{V}-E_\mathrm{F})/k_\mathrm{B}T} = \mathcal{N}_\mathrm{V}\mathrm{e}^{(E_\mathrm{V}-E_\mathrm{F})/k_\mathrm{B}T}\,. \tag{10.11}$$

Die hier eingeführten **effektiven Zustandsdichten** $\mathcal{N}_\mathrm{L}$ und $\mathcal{N}_\mathrm{V}$ sind, verglichen mit dem Exponentialfaktor, nur „schwach" temperaturabhängig. Damit erreichen wir eine sehr weitgehende Vereinfachung: In dieser Näherung sieht es aus, als wären nicht breite Bänder, sondern zwei Niveaus bei der Energie E_L bzw. E_V vorhanden. Wir werden diese Vereinfachung im weiteren Verlauf des Kapitels sehr oft benutzen.

Die Ladungsträgerdichten n und p werden durch die Lage des Fermi-Niveaus mitbestimmt, nicht aber das Produkt $n \cdot p$, in dem die Fermi-Energie E_F nicht eingeht. Berücksichtigen wir, dass die Bandlücke durch die Differenz $E_\mathrm{g} = (E_\mathrm{L} - E_\mathrm{V})$ gegeben ist, so erhalten wir aus (10.10) und (10.11) die Beziehung

$$np = \mathcal{N}_\mathrm{L}\mathcal{N}_\mathrm{V}\, \mathrm{e}^{-E_\mathrm{g}/k_\mathrm{B}T} = 4\left(\frac{k_\mathrm{B}T}{2\pi\hbar^2}\right)^3 \left(m_\mathrm{n}^*\, m_\mathrm{p}^*\right)^{3/2} \mathrm{e}^{-E_\mathrm{g}/k_\mathrm{B}T}\,. \tag{10.12}$$

Das Produkt der Ladungsträgerdichten ist vollständig charakterisiert durch die Massen der Ladungsträger und die Energielücke und hat bei fester Temperatur für jeden nichtentarteten Halbleiter einen charakteristischen Wert. In Anlehnung an die Thermodynamik wird die Beziehung $n \cdot p$ = const. oft auch als **Massenwirkungsgesetz** bezeichnet. Im Gleichgewicht werden durch thermische Anregung ständig neue Ladungsträger erzeugt, die nach kurzer Zeit durch Rekombination wieder vernichtet werden. Während der Zeit zwischen der Erzeugung und der Rekombination diffundieren sie in der Probe und legen einen Weg zurück, der üblicherweise als **Diffusionslänge** bezeichnet wird.

In die bisherigen Überlegungen sind keine Annahmen eingegangen, die unsere Diskussion auf die Eigenleitung eingeschränkt hätten. Wir werden die hier abgeleiteten Beziehungen daher später auch bei den dotierten Halbleitern verwenden. Neben (10.10) und (10.11) wird besonders das Massenwirkungsgesetz eine wichtige Rolle spielen.

Im restlichen Abschnitt beschränken wir uns auf intrinsische Halbleiter, bei denen die Leitungselektronen allein aus dem Valenzband stammen. Daher gilt die wichtige Beziehung $n_\mathrm{i} = p_\mathrm{i}$, wobei wir den Index „i" zur Charakterisierung von intrinsischen Größen nutzen. Aus (10.12) folgt für Eigenleiter

$$n_\mathrm{i} = p_\mathrm{i} = \sqrt{\mathcal{N}_\mathrm{L}\mathcal{N}_\mathrm{V}}\,\mathrm{e}^{-E_\mathrm{g}/2k_\mathrm{B}T}\,. \tag{10.13}$$

Typische Zahlenwerte für die Energielücke und die intrinsische Ladungsträgerdichte sind in Tabelle 10.4 aufgeführt. In Si und GaAs ist die Dichte bei Zimmertemperatur sehr gering. Es ist daher äußerst schwer bzw. unmöglich, in diesen Materialien Eigenleitung bei Raumtemperatur zu beobachten, denn im Allgemeinen verursachen Verunreinigungen Ladungsträgerdichten, die höher sind als die intrinsischen.

Tab. 10.4: Bandlücke und berechnete Ladungsträgerkonzentration einiger wichtiger Halbleiter bei 300 K.

	E_g/ eV	$n_\mathrm{i}/\mathrm{m}^{-3}$
Germanium	0,66	$2,4 \times 10^{19}$
Silizium	1,12	$1,1 \times 10^{16}$
Galliumarsenid	1,42	$1,8 \times 10^{12}$

Die Lage des Fermi-Niveaus und deren Temperaturabhängigkeit lassen sich allgemein aus der Forderung nach Ladungsneutralität bestimmen. Mit $n_\mathrm{i} = p_\mathrm{i}$ für Eigenleitung folgt aus (10.10) und (10.11):

$$E_\mathrm{F} = \frac{E_\mathrm{L}+E_\mathrm{V}}{2} + \frac{k_\mathrm{B}T}{2}\ln\left(\frac{\mathcal{N}_\mathrm{V}}{\mathcal{N}_\mathrm{L}}\right) = \frac{E_\mathrm{L}+E_\mathrm{V}}{2} + \frac{3}{4}k_\mathrm{B}T\,\ln\left(\frac{m_\mathrm{p}^*}{m_\mathrm{n}^*}\right)\,. \tag{10.14}$$

Bei $T = 0$ K liegt das Fermi-Niveau also in der Mitte der Energielücke. Sind die effektiven Massen von Elektronen und Löchern gleich, d.h., sind Valenz- und Leitungsband gleich stark gekrümmt, dann ändert sich die Lage auch nicht mit zunehmender Temperatur. Unterscheiden sich die Massen, verschiebt sich das Fermi-Niveau, doch ist der Temperaturgang verglichen mit der Größe der Bandlücke gering.

In Bild 10.7 sind die wichtigsten Ergebnisse anschaulich zusammengefasst. Die Zahl der angeregten Elektronen und Löcher nimmt an den Bandkanten aufgrund des Verlaufs der Zustandsdichte zunächst zu. Bei größeren Anregungsenergien fällt sie dann bedingt durch die abnehmende Besetzungswahrscheinlichkeit wieder ab. Da bei intrinsischen Halbleitern gleich viele Elektronen und Löcher vorhanden sind, sind die hellblauen Flächen im Leitungsband und die hellgrauen Flächen im Valenzband jeweils gleich groß. Dies ist bei unterschiedlichen Zustandsdichten nur möglich, wenn sich das Fermi-Niveau, wie im rechten Bild zu sehen ist, auf das Band mit der geringeren Zustandsdichte zubewegt.

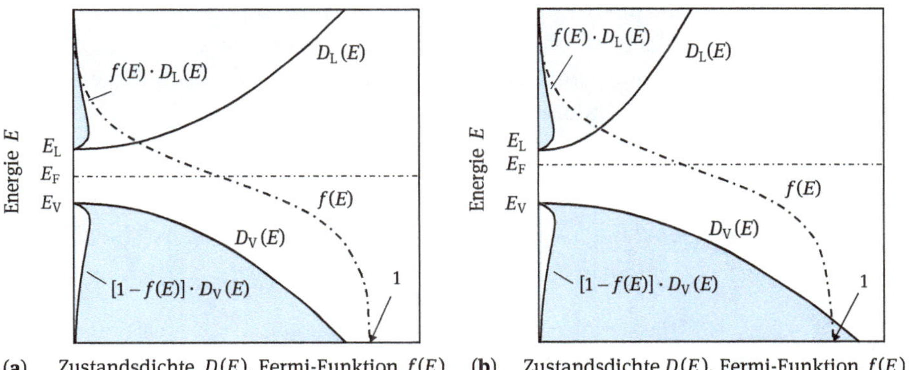

(a) Zustandsdichte $D(E)$, Fermi-Funktion $f(E)$ (b) Zustandsdichte $D(E)$, Fermi-Funktion $f(E)$

Abb. 10.7: Zustandsdichten $D(E)$ und Fermi-Funktion $f(E)$ im Valenz- und Leitungsband für $T > 0$. Die Elektronen sind hellblau, die Löcher hellgrau dargestellt. **a)** Halbleiter mit gleicher Zustandsdichte in Valenz- und Leitungsband, d.h. $\mathcal{N}_L = \mathcal{N}_V$, **b)** Halbleiter mit $\mathcal{N}_V > \mathcal{N}_L$, also mit der größeren Zahl von Zuständen an der Valenzbandkante.

10.2 Dotierte kristalline Halbleiter

10.2.1 Dotierung

In realen Kristallen treten immer Verunreinigungen auf, deren Einbau bei der Kristallzucht nicht vermieden werden kann. In der Regel sind sie „elektrisch aktiv“, d.h., sie verursachen zusätzliche Ladungsträger in den Bändern. So findet man in den besten Silizium- oder Germaniumkristallen pro Kubikmeter etwa 10^{18} und bei GaAs-Kristallen etwa 10^{22} Ladungsträger statt den in der Tabelle 10.4 angegebenen Werten. Dies bedeutet, dass bei Zimmertemperatur nur in Germanium intrinsische Eigenschaften beobachtet werden können. Für Anwendungszwecke wäre die elektrische Leitfähigkeit der intrinsischen Materialien wegen der kleinen Ladungsträgerdichte ohnehin zu klein.

Setzt man die Zahlenwerte für Silizium in die Gleichung für die Leitfähigkeit ein, so findet man den kleinen Wert $\sigma_\mathrm{i} \approx n_\mathrm{i} e \mu_\mathrm{n} \approx 4 \cdot 10^{-4}\,(\Omega\mathrm{m})^{-1}$.

Wir greifen als einfache Beispiele die vierwertigen Elemente Silizium und Germanium heraus. Wie in Abschnitt 2.4 diskutiert, weisen die Atome in diesen Kristallen eine sp^3-Hybridbindung auf. Bringen wir nun fünfwertige P-, As- oder Sb-Atome ein, so erzwingen die benachbarten Siliziumatome eine vierfache Koordination, obwohl bei den eingebrachten Atomen eine s^2p^3-Konfiguration vorliegt. Die Fremdatome besitzen ein Elektron mehr als für die tetraedrische Bindung erforderlich ist. Dieses Elektron kann nicht an der Bindung teilnehmen, bleibt jedoch bei tiefer Temperatur aufgrund der Coulomb-Wechselwirkung an den positiven Rumpf gebunden. In Bild 10.8a ist der Einbau eines Arsenatoms bildhaft dargestellt. Wie wir sehen werden, ist die Bindungsenergie des überzähligen Elektrons so gering, dass es sich bereits bei Zimmertemperatur vom Atomrumpf trennen und zur elektrischen Leitfähigkeit beitragen kann. Fünfwertige Fremdatome in Kristallen mit vierfacher Bindung bezeichnet man daher als **Donatoren**, da sie bei Zimmertemperatur Elektronen abgeben.

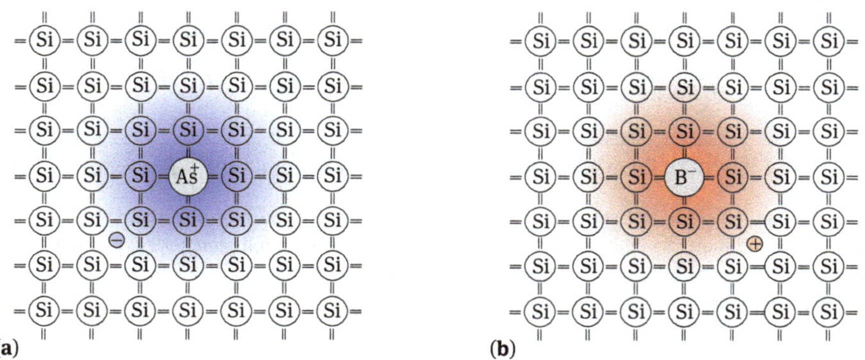

Abb. 10.8: Dotieratome in Silizium. **a)** *Donator*: Das ungebundene Elektron umkreist, bildlich gesprochen, den positiv geladenen Rumpf des Arsenatoms. **b)** *Akzeptor*: Der negativ geladene Rumpf des Boratoms ist scheinbar von einer positiven Ladung umgeben.

Auf den ersten Blick verhalten sich dreiwertige Fremdatome wie B, Al, Ga oder In ganz anders. Zwar werden auch die dreiwertigen Fremdatome auf regulären Gitterplätzen eingebaut, doch fehlt ihnen ein Elektron zur Vervollständigung der vierten Bindung. Dennoch bleibt die kubische Symmetrie erhalten: Das fehlende Elektron wird „abwechselnd" einem der benachbarten Siliziumatome „entzogen". Nach außen sieht es so aus, als ob eine positive Ladung um den negativ geladenen Rumpf des Fremdatoms kreisen würde. Eine bildhafte Darstellung dieser Konfiguration ist in Bild 10.8b für den Fall eines Boratoms zu sehen. Bei Zimmertemperatur wird die positive Ladung an das Gitter abgegeben oder, anders ausgedrückt, ein Elektron auf Dauer aufgenommen. Dreiwertige Fremdatome wirken deshalb als **Akzeptoren**.

Nun stellt sich die Frage, welche neuen Eigenschaften das nicht direkt gebundene Elektron der Donatoratome besitzt. Sehen wir uns zunächst die optische Absorption der Donatoren an. In einfachster Näherung lässt sich die Bewegung eines Elektrons um den positiv geladenen Rumpf eines Fremdatoms mit Hilfe des *Wasserstoffatom-Modells* beschreiben. Die Energieeigenwerte E_ν sind in dieser Näherung durch

$$E_\nu = -\frac{1}{2}\frac{m^* e^4}{(4\pi\varepsilon_r\varepsilon_0)^2\hbar^2} \cdot \frac{1}{\nu^2} \tag{10.15}$$

gegeben, wobei ν für die Hauptquantenzahl steht.[2] Diese Gleichung unterscheidet sich in doppelter Hinsicht vom bekannten Ausdruck für die Energieniveaus des Wasserstoffatoms. Im Zähler steht anstelle der Masse m des freien Elektrons die *effektive Masse* m^* und im Nenner die Dielektrizitätskonstante ε_r, wodurch die Abschirmung des Coulomb-Potenzials durch die benachbarten Halbleiteratome berücksichtigt wird. Diese Größen bewirken, dass verglichen mit dem freien Wasserstoffatom die Energieeigenwerte um einen Faktor 100 bis 1000 reduziert sind. Weiter ist bemerkenswert, dass der effektive Bohrsche Radius $a_0 = 4\pi\varepsilon_r\varepsilon_0\hbar^2/m^*e^2$ etwa um den Faktor 50 größer ist als beim Wasserstoffatom. Innerhalb der Elektronenbahn liegen daher etwa 1000 Gitteratome!

Für $\nu = 1$ erhält man die Ionisierungsenergie, die in Bild 10.9 mit E_d bzw. E_a bezeichnet wird. Für Donatoren in Silizium findet man mit $\varepsilon_{r,Si} = 11{,}7$ den Wert $E_d \approx 30\,\text{meV}$. Das Leitungsband entspricht dem Vakuum beim Wasserstoffatom, d.h., der Grundzustand E_D des Donators liegt 30 meV unter E_L. Als effektive Masse wurde bei der Abschätzung der Wert $m_n^* \approx 0{,}3\,m$ benutzt. Ähnlich liegen die Verhältnisse bei Germanium. Da dort $\varepsilon_{r,Ge} = 16{,}6$ und $m_n^* \approx 0{,}15\,m$ ist, ist die Ionisierungsenergie mit

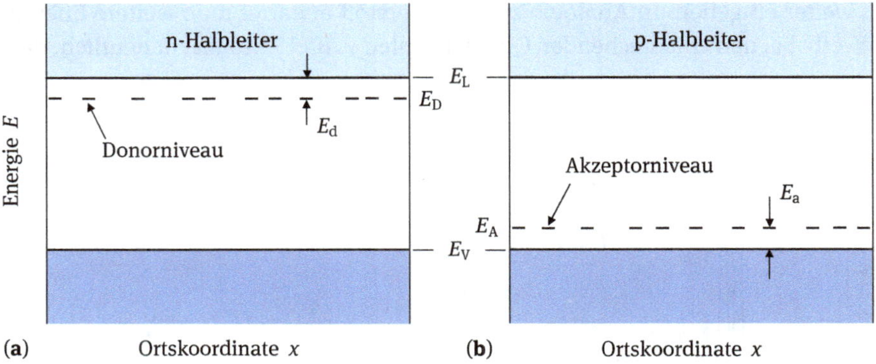

Abb. 10.9: Störstellenniveaus in Halbleitern. **a)** Der Grundzustand E_D der Donatoren liegt unmittelbar unter der Leitungsbandkante E_L, ihre Ionisierungsenergie ist E_d. **b)** Der Grundzustand E_A der Akzeptoren befindet sich knapp über der Valenzbandkante E_V. E_a ist die Ionisierungsenergie der Löcher.

2 Um Verwechslungen mit der Teilchenzahldichte zu vermeiden, steht hier ν für die Hauptquantenzahl.

$E_d \approx 9$ meV noch kleiner. Die Donator- und Akzeptoratome selbst sind nicht beweglich und tragen nicht direkt zur Leitfähigkeit bei. Bei tiefen Temperaturen befinden sich die Störstellen im Grundzustand, sind also neutral. Bei Raumtemperatur sind sie aufgrund der kleinen Ionisierungsenergie positiv bzw. negativ geladen.

Im Wasserstoff-Modell ist die Lage der Störstellenniveaus von der Natur der Donator- oder Akzeptoratome unabhängig. In Tabelle 10.5 sind für Silizium und Germanium die experimentellen Werte der Ionisierungsenergien einiger Störstellen angegeben. Bedenkt man, wie grob wir bei der Berechnung vorgegangen sind, so ist die Übereinstimmung der experimentellen Werte mit denen der einfachen Rechnung bemerkenswert. Offensichtlich lässt sich die Abschirmung gut mit der Dielektrizitätskonstante beschreiben. Der Grund hierfür ist der große effektive Radius der „Wasserstoffatome".

Tab. 10.5: Ionisierungsenergie von Donatoren und Akzeptoren in Silizium und Germanium in meV. (Die Mehrzahl der Daten wurde der Homepage des Joffe-Instituts, St. Petersburg, entnommen.)

	Donator	P	As	Sb	Bi	Akzeptor	B	Al	Ga	In
Silizium		45	54	43	69		45	72	74	157
Germanium		13	14	10	13		11	11	11	12

Die Ionisierungsenergie der Donatoren ist klein und entspricht in etwa der thermischen Energie bei Zimmertemperatur. Daher sind die Donatoren, wie bereits erwähnt, bei dieser Temperatur ionisiert. Dies gilt auch für Akzeptoren, auf die wir im Folgenden nicht weiter eingehen. In Analogie zum Wasserstoff erwartet man weitere Energieeigenwerte bei den entsprechenden Quantenzahlen ν. Bild 10.10 macht deutlich, dass

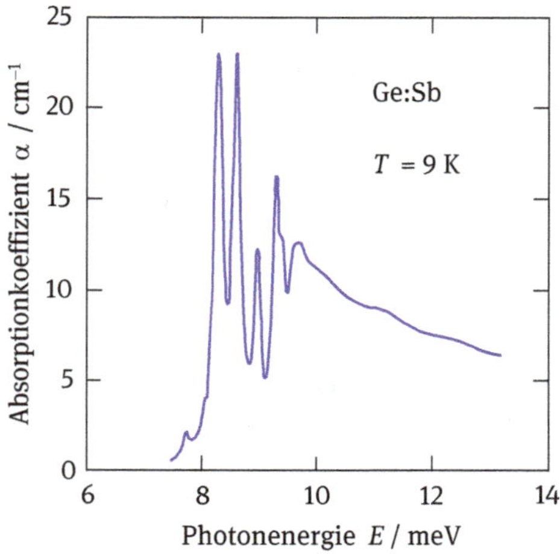

Abb. 10.10: Infrarotabsorption von Germanium mit einer Dotierung von $7 \cdot 10^{26}\,\mathrm{m}^{-3}$ Antimonatomen. (Nach J.H. Reuszer, P. Fisher, Phys. Rev. **135**, A1125 (1964).)

diese Erwartung im Prinzip berechtigt ist. Es zeigt das Infrarotspektrum von antimondotiertem Germanium, bei dem eine Reihe von Absorptionslinien zu erkennen ist. Die Messung wurde bei tiefer Temperatur durchgeführt, damit sich die nicht-bindenden Elektronen der Antimonatome im Grundzustand aufhalten. Das beobachtete Spektrum ist jedoch nicht so einfach strukturiert, wie (10.15) erwarten lässt. Da sich die Elektronen der Donatoren im Kristallfeld mit kubischer Symmetrie und nicht in einem kugelsymmetrischen Coulomb-Feld bewegen, ist dies nicht überraschend. Oberhalb der Ionisierungsenergie von 9,6 meV – für Germanium gilt $\varepsilon_r^2\, m/m^* \approx 1500$ – erfolgt der Übergang in kontinuierliche Zustände, nämlich in die Zustände des *Leitungsbands*. Ähnlich aussehende Spektren beobachtet man auch beim Einbau von anderen Fremdatomen in Germaniumkristalle und in anderen Halbleitern als Wirtskristall.

Die theoretische Beschreibung der elektronischen Eigenzustände von Fremdatomen lässt sich durch die Berücksichtigung einiger festkörperspezifischer Eigenheiten wesentlich verbessern. Vor allem muss der tatsächliche Verlauf des lokalen elektrischen Felds berücksichtigt werden, denn dieses verursacht eine merkliche Aufspaltung des Grundzustandes und bewirkt Auswahlregeln für die optischen Übergänge, die sich von denen des Wasserstoffatoms unterscheiden. Legt man Wert auf eine quantitative Beschreibung der Energieniveaus und vergleicht unterschiedliche Dotierelemente und Wirtsgitter, so müssen zusätzlich die Eigenarten der betreffenden kovalenten Bindung berücksichtigt und der Einfluss der effektiven Massen und deren Richtungsabhängigkeit in Rechnung gestellt werden. Die Übereinstimmung mit den experimentellen Daten wird dadurch besser, doch sind solche Feinheiten für das hier angestrebte Verständnis ohne Bedeutung.

In Bild 10.11 ist die Lage der Störstellenniveaus in Germanium für eine Reihe von unterschiedlichen Dotierelementen dargestellt. Offensichtlich lässt sich die Lage der Störstellen bei den Elementen, die nicht aus der dritten oder fünften Hauptgruppe stammen, nicht in das einfache Bild einordnen. Insbesondere können bei Elementen

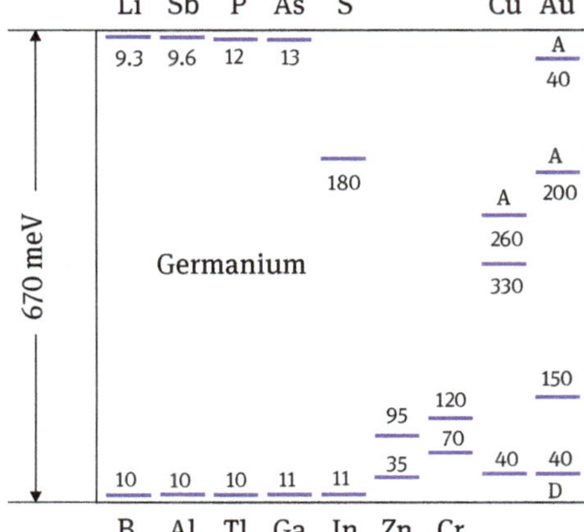

Abb. 10.11: Störstellenniveaus in Germanium. Die Zahlen geben den Abstand von der nächstgelegenen Bandkante an. Die Buchstaben A und D stehen für *Akzeptor* bzw. *Donator*, wenn sich die Zuordnung der Zustände nicht unmittelbar aus ihrer Lage ergibt. (Nach S.M. Sze, *Physics of Semiconductor Devices*, Wiley, 1981.)

wie Zink, Chrom oder Kupfer mehrere Ladungszustände mit unterschiedlicher Energie auftreten. Gold kann beispielsweise in Germanium vier verschiedene Niveaus bilden und sowohl als Donator als auch als Akzeptor wirken.

10.2.2 Ladungsträgerdichte und Fermi-Niveau

Wir berechnen nun die Ladungsträgerdichten in dotierten Halbleitern, beschränken uns dabei aber auf *nichtentartete Halbleiter*, d.h. auf Halbleiter, deren Störstellendichte relativ klein ist. Die Wechselwirkung zwischen den Störstellen wird vernachlässigt, da sie erst bei hohen Konzentrationen wichtig wird.

In realen Halbleitern sind durch unkontrollierbare Verunreinigung immer ungewollte Donatoren und Akzeptoren vorhanden. Dies hat zur Folge, dass die energetisch höher liegenden Donatoren Elektronen an die tiefer liegenden Akzeptoren abgeben, doch ist mit diesem Elektronentransfer keine Erzeugung von freien Ladungsträgern verbunden. Die Wirkung der beiden Sorten von Störstellen hebt sich gerade auf, ein Effekt, den man als **Kompensation** bezeichnet und den man bei der Herstellung von hochohmigen Halbleitern nutzt. Dabei werden die meist bekannten, aber unvermeidbaren Verunreinigungen durch gezielte Zugabe von Dotiermaterial kompensiert.

Die energetische Lage von Bandzuständen hängt kaum von der Besetzung der Zustände ab. Sie ist unabhängig davon, ob ein Zustand leer, mit einem Elektron oder zwei Elektronen (mit entgegengesetztem Spin) besetzt ist. Dies ist verständlich, da die Elektronen in diesen Zuständen delokalisiert, also über den ganzen Kristall verschmiert sind. Sie „sehen“ sich daher gegenseitig nicht; die Einelektron-Näherung hat also Bestand. Elektronen an Störstellen sind dagegen räumlich lokalisiert. Sehen wir von kompliziert aufgebauten Störstellen mit Konfigurationen unterschiedlicher Energie ab, so kann im Prinzip jede Störstelle wie bei den Bandzuständen unbesetzt, mit einem oder mit zwei Elektronen besetzt sein. Bei zweifacher Besetzung erhöht die Coulomb-Abstoßung zwischen den räumlich lokalisierten Elektronen die Energie der Störstelle jedoch erheblich. Doppelt besetzte Zustände liegen daher sehr häufig im Leitungsband und sind im Normalfall ohne Bedeutung, so dass nur einfach geladene und neutrale Zustände berücksichtigt werden müssen.

Bei der Berechnung der Zahl freier Ladungsträger spalten wir die Dichte n_D bzw. n_A der Donatoren und Akzeptoren in einen neutralen und einen geladenen Anteil auf:

$$n_\mathrm{D} = n_\mathrm{D}^0 + n_\mathrm{D}^+ \qquad \text{und} \qquad n_\mathrm{A} = n_\mathrm{A}^0 + n_\mathrm{A}^- \,. \tag{10.16}$$

Die Besetzung des Grundzustands, d.h. die Wahrscheinlichkeit dafür, dass eine Störstelle nicht ionisiert ist, lässt sich mit Hilfe der Fermi-Dirac-Verteilung ausdrücken:

$$\frac{n_\mathrm{D}^0}{n_\mathrm{D}} = \left[\frac{1}{g_\mathrm{D}}\,\mathrm{e}^{(E_\mathrm{D}-E_\mathrm{F})/k_\mathrm{B}T} + 1\right]^{-1} \qquad \text{und} \qquad \frac{n_\mathrm{A}^0}{n_\mathrm{A}} = \left[g_\mathrm{A}\,\mathrm{e}^{(E_\mathrm{F}-E_\mathrm{A})/k_\mathrm{B}T} + 1\right]^{-1} . \tag{10.17}$$

Die Wichtungsfaktoren g_D und g_A berücksichtigen die Entartung der Störstellenniveaus, wodurch der übliche Ausdruck für die Fermi-Statistik etwas modifiziert wird. Bei den einfachen Donatoren, die wir hier betrachten, kann ein Elektron mit dem Spin nach oben oder unten eingebaut werden. Diese „Wahlmöglichkeit“ gibt dem Zustand ein doppeltes statistisches Gewicht und führt zum Wichtungsfaktor $g_\mathrm{D} = 2$. Bei Akzeptoren liegen die Verhältnisse etwas komplizierter. Dort muss bei den gebräuchlichen Halbleitern auch noch die Entartung des Valenzbands berücksichtigt werden. Dadurch bekommt der Grundzustand ebenfalls ein höheres Gewicht und erniedrigt g_A wieder. Obwohl der Entartungsgrad bei numerischen Rechnungen von Bedeutung ist, werden wir ihn bei der weiteren Diskussion zur Vereinfachung der Formeln weglassen, da wir nur am prinzipiellen Verhalten interessiert sind.

Freie Ladungsträger mit der Dichte n bzw. p entstehen durch Anregung von Elektronen aus dem Valenzband und vor allem durch Ionisation der Störstellen. Im vorhergehenden Abschnitt haben wir bereits für die Bandzustände die entsprechenden Ausdrücke (10.10) und (10.11) hergeleitet. Da dort keine Annahme einging, die eine Einschränkung auf intrinsische Ladungsträger bewirkt, gelten die Gleichungen auch für dotierte Halbleiter. Wir können sie daher auch hier nutzen. Hinzu kommt noch

$$n + n_\mathrm{A}^- = p + n_\mathrm{D}^+ \,, \tag{10.18}$$

worin sich die Forderung nach Ladungsneutralität für dotierte Halbleiter widerspiegelt.

Trotz dieser stark vereinfachenden Annahmen ist die Situation relativ komplex, da vier verschiedene Konzentrationen in einem temperaturabhängigen Gleichgewicht stehen. Im Folgenden wollen wir den einfachen, realistischen Fall betrachten, dass eine Störstellensorte vorherrscht. Wir diskutieren einen *n-Halbleiter*, in dem viele Donatoren und einige wenige Akzeptoren vorhanden sind. Der Übersichtlichkeit halber stellen wir die nun relevanten Gleichungen nochmals zusammen:

$$n = \mathcal{N}_\mathrm{L} \mathrm{e}^{-(E_\mathrm{L}-E_\mathrm{F})/k_\mathrm{B}T} \,, \tag{10.19}$$

$$n_\mathrm{D} = n_\mathrm{D}^0 + n_\mathrm{D}^+ \,, \tag{10.20}$$

$$\frac{n_\mathrm{D}^0}{n_\mathrm{D}} = \frac{1}{\mathrm{e}^{(E_\mathrm{D}-E_\mathrm{F})/k_\mathrm{B}T} + 1} \,, \tag{10.21}$$

$$n + n_\mathrm{A}^- = n_\mathrm{D}^+ + p \,. \tag{10.22}$$

Gleichung (10.19) gilt natürlich nur für nichtentartete Halbleiter, welche die Voraussetzung $(E_\mathrm{L} - E_\mathrm{F}) \gg k_\mathrm{B}T$ erfüllen. Die Dotierung soll so hoch sein, dass der Beitrag der Störstellen zur Konzentration der freien Ladungsträger überwiegt und somit **Störstellenleitung** vorliegt. Dann ist $n_\mathrm{D}^+ \gg p$, d.h, die Dichte n_i der angeregten Elektronen aus dem Valenzband kann gegenüber dem Beitrag der Störstellen vernachlässigt werden. Eine weitere Vereinfachung folgt aus der oben gemachten Annahme $n_\mathrm{D} \gg n_\mathrm{A}$. In diesem Fall fangen alle Akzeptoren ein Elektron ein, das ursprünglich zu einem Donator gehörte. Da dann praktisch keine neutralen Akzeptoren mehr vorhanden sind, können wir n_A^0 vernachlässigen und n_A^- durch n_A ersetzen. Damit nimmt (10.22) die einfache Form $(n + n_\mathrm{A}) = n_\mathrm{D}^+$ an. In Bild 10.12 ist die hier geschilderte Situation bildhaft dargestellt. Im kompensierten n-Halbleiter sind Valenzband und Akzeptorniveaus mit Elektronen

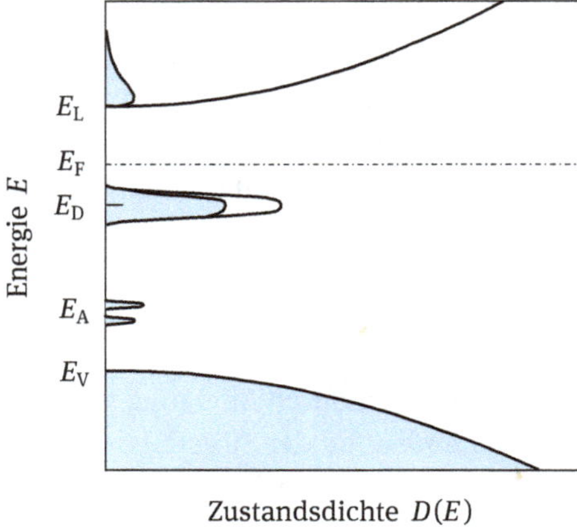

Abb. 10.12: Besetzung der Zustände in einem kompensierten n-Halbleiter. Mit Elektronen besetzte Zustände sind blau dargestellt. Stellvertretend für die Zustandsdichten der unterschiedlichen Verunreinigungen, die als Akzeptoren wirken, sind zwei Niveaus angedeutet und mit E_A bezeichnet.

besetzt. Ein Teil der Donatoren ist ionisiert und hat Elektronen in die Akzeptorniveaus und vor allem ins Leitungsband abgegeben.

Mit den geschilderten Vereinfachungen kann aus (10.20) – (10.22) die Konzentration n der Leitungselektronen bestimmt werden, deren Temperaturverlauf wir nachfolgend diskutieren wollen:

$$n = n_D^+ - n_A = (n_D - n_D^0) - n_A = n_D \left[1 - \frac{1}{e^{(E_D - E_F)/k_B T} + 1} \right] - n_A \,. \tag{10.23}$$

Mit (10.19) eliminieren wir E_F und erhalten mit $E_d = (E_L - E_D)$ das Endergebnis:

$$\frac{n(n_A + n)}{n_D - n_A - n} = \mathcal{N}_L \, e^{-E_d/k_B T} \,. \tag{10.24}$$

Der sich daraus ergebende qualitative Temperaturverlauf der Elektronendichte n ist in Bild 10.13 skizziert. Die Lage des Fermi-Niveaus ergibt sich bei Kenntnis der Elektronendichte unmittelbar aus (10.19) und ist ebenfalls dargestellt.

Kompensationsbereich. Bei *sehr tiefen Temperaturen* (Bereich δ), d.h. für $k_B T \ll E_d$, gilt die Ungleichung $n \ll n_A \ll n_D$. Damit lassen sich (10.24) und (10.19) durch die Gleichungen

$$n \approx \frac{\mathcal{N}_L n_D}{n_A} \, e^{-E_d/k_B T} \,, \tag{10.25}$$

$$E_F \approx E_L - E_d + k_B T \ln\left(\frac{n_D}{n_A}\right) \,. \tag{10.26}$$

nähern. Bei $T \to 0$ wird die Lage des Fermi-Niveaus durch die Donatoren bestimmt, die aufgrund des Kompensationseffekts teilweise geladen sind. Das Fermi-Niveau liegt daher zunächst bei der Donatorenergie. Da mit steigender Temperatur die Donatoren auch Elektronen ans Leitungsband abgeben, steigt E_F nun an, gleichzeitig nimmt die Ladungsträgerdichte exponentiell zu.

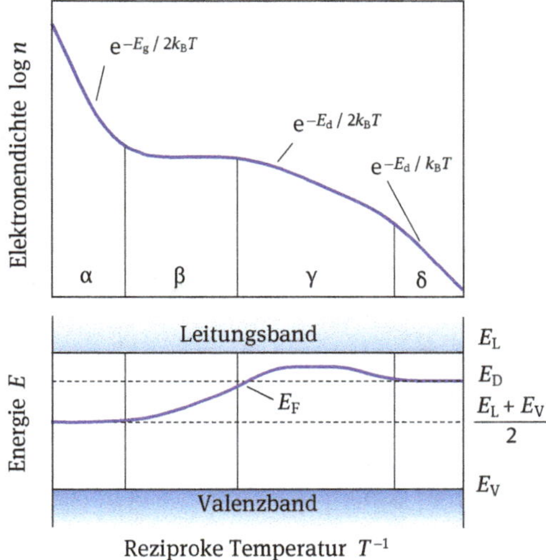

Abb. 10.13: Elektronendichte im Leitungsband eines n-Halbleiters (oben) und Lage des Fermi-Niveaus (unten) als Funktion der reziproken Temperatur. Die unterschiedlichen Temperaturbereiche $\alpha - \delta$ werden im Text diskutiert.

Störstellenreserve. Die Elektronendichte wächst rasch mit der Temperatur an und übertrifft schließlich die Akzeptordichte, die in unserem Beispiel wesentlich kleiner als die Donatordichte ist. Bei *tiefen Temperaturen* (Bereich γ) gilt folglich die Ungleichung $n_A \ll n \ll n_D$. Damit ergeben sich für die gesuchten Größen die Ausdrücke

$$n \approx \sqrt{n_D \mathcal{N}_L}\, e^{-E_d/2k_BT} , \tag{10.27}$$

$$E_F \approx E_L - \frac{E_d}{2} - \frac{k_BT}{2} \ln\left(\frac{\mathcal{N}_L}{n_D}\right) . \tag{10.28}$$

Das Fermi-Niveau liegt etwa in der Mitte zwischen Leitungsband und Donatorniveau. Im Vergleich zu sehr tiefen Temperaturen verringert sich der Exponent im Ausdruck für den Dichteanstieg der Leitungselektronen um den Faktor zwei. Anschaulich ausgedrückt übernehmen die Donatoren die Rolle als Elektronenquelle, die das Valenzband im Falle intrinsischer Halbleiter spielt. Da in diesem Temperaturintervall ein maßgeblicher Bruchteil der Donatoren noch nicht ionisiert ist, spricht man von der *Störstellenreserve*.

Erschöpfungszustand. Bei *Raumtemperatur* (Bereich β) ist $k_BT \approx E_d$, so dass wir in guter Näherung $\exp(-E_d/k_BT) \approx 1$ setzen können. Da die Akzeptoren keine Rolle spielen, nimmt Gleichung (10.24) die Form $n^2 \approx \mathcal{N}_L(n_D - n)$ an. Mit $n \ll \mathcal{N}_L$ folgt daraus die einfache Beziehung $(n_D - n) \approx 0$. Die Dichte der freien Ladungsträger wird nun durch die Zahl der Störstellen bestimmt und ist temperaturunabhängig. Vernachlässigen wir n_A, so gilt

$$n \approx n_D = \text{const.} , \tag{10.29}$$

$$E_F \approx E_L - k_BT \ln\left(\frac{\mathcal{N}_L}{n_D}\right) . \tag{10.30}$$

Das Fermi-Niveau bewegt sich kontinuierlich nach unten. Da alle Störstellen ionisiert sind, spricht man vom *Erschöpfungszustand.*

Eigenleitung. Bei *hohen Temperaturen* (Bereich α) werden zunehmend Ladungsträger aus dem Valenzband angeregt und die Annahme $p \ll n_D$ verliert ihre Gültigkeit. Es setzt Eigenleitung ein. Das Fermi-Niveau liegt in etwa in der Mitte der Bandlücke und die Konzentration der freien Ladungsträger nimmt mit der Temperatur stark zu. Es gelten die Gleichungen (10.10) und (10.14), die wir für intrinsische Halbleiter hergeleitet haben.

In Bild 10.14 sind die experimentell bestimmten Dichten der freien Elektronen in n-dotiertem Germanium gezeigt. Die Donatorkonzentration der Proben lässt sich in dieser Abbildung direkt aus der Ladungsträgerdichte bei höheren Temperaturen (Bereich β in Bild 10.13) ablesen. Deutlich zu erkennen sind der Bereich des Erschöpfungszustands und der Störstellenreserve. Die Eigenleitung wurde nur bei der am schwächsten dotierten Probe untersucht. Ein abweichendes Verhalten weist die Probe mit der höchsten Donatorkonzentration ($n_D = 10^{24}\,\mathrm{m}^{-3}$) auf, denn die Ladungsträgerdichte ist entgegen den Erwartungen weitgehend temperaturunabhängig. Bei dieser hohen Störstellenkonzentration ist der Abstand zwischen den Donatoren so klein, dass sich deren Wellenfunktionen überlappen. Dies führt dazu, dass die Elektronen der Donatoren auch bei tiefen Temperaturen nicht mehr lokalisiert sind. Diesen Effekt haben wir bereits in Abschnitt 8.3 kennengelernt, als wir den Metall-Isolator-Übergang betrachtet haben. Als Beispiel wurde dort in Bild 8.11 das Verhalten von Silizium gezeigt, das hoch mit Phosphor dotiert war. Bei Arsen-dotiertem Germanium erfolgt der Metall-Isolator-Übergang bei einer Konzentration von $3{,}5 \cdot 10^{23}\,\mathrm{m}^{-3}$. Dies bedeutet, dass die am höchsten dotierte Probe metallische Eigenschaften aufweist,

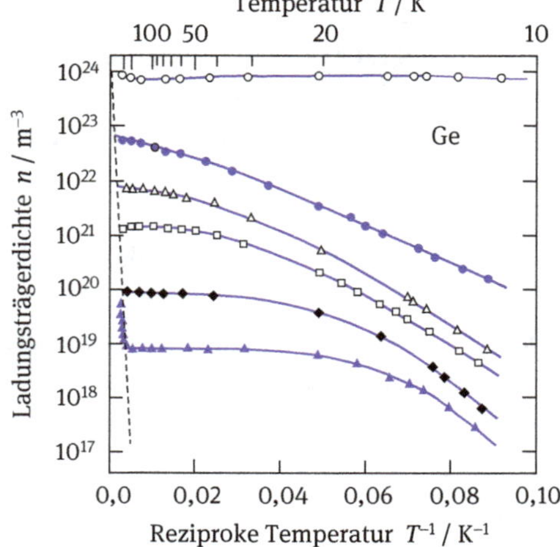

Abb. 10.14: Dichte der Ladungsträger in n-Germanium als Funktion der reziproken Temperatur, gemessen mit Hilfe des Hall-Effekts. Der Bereich der Eigenleitung ist gestrichelt dargestellt. Die Arsendotierung nimmt ungefähr in Zehnerschritten zu und überstreicht den Bereich von $10^{19}\,\mathrm{m}^{-3}$ bis $10^{24}\,\mathrm{m}^{-3}$. (Nach E.M. Conwell, Proc. I.R.E., 1327 (1952).)

da das Fermi-Niveau bereits im Leitungsband liegt. In diesem Fall ist die Ladungsträgerkonzentration temperaturunabhängig.

Die Konzentration der freien Ladungsträger lässt sich am einfachsten mit dem Hall-Effekt bestimmen. Bei Halbleitern tragen beide Ladungsträgersorten bei. Es gilt Gleichung (9.95), die folgendes Aussehen hat:

$$R_{\mathrm{H}} = \frac{p\mu_{\mathrm{p}}^2 - n\mu_{\mathrm{n}}^2}{e(p\mu_{\mathrm{p}} + n\mu_{\mathrm{n}})^2} \,. \tag{10.31}$$

Das Vorzeichen von R_{H} wird von den Ladungsträgern bestimmt, die den Hauptbeitrag zum Stromtransport leisten. Dominiert eine Ladungsträgersorte, so kann man aus der Hall-Spannung sofort deren Konzentration angeben. In diesem Fall ist die Konstante R_{H} unabhängig von der Beweglichkeit und durch Gleichung (9.94) gegeben. Im Vergleich zu Metallen ist die Hall-Konstante von Halbleitern infolge ihrer wesentlich kleineren Ladungsträgerkonzentration relativ groß.

In Bild 10.15 sind Hall-Messungen an n- und p-dotierten InSb-Proben zu sehen. Im Erschöpfungsbereich dominiert eine Ladungsträgersorte. Somit gilt die Vereinfachung $R_{\mathrm{H}} \approx -1/en \approx -1/en_{\mathrm{D}}$ bzw. $R_{\mathrm{H}} \approx 1/ep \approx 1/en_{\mathrm{A}}$. Die Ladungsträgerdichte ist konstant, die Beweglichkeit hat keinen Einfluss auf die Hall-Spannung. Bei hohen Temperaturen fällt die Hall-Konstante mit steigender Temperatur exponentiell ab, da bei Eigenleitung die Dichte der freien Ladungsträger exponentiell ansteigt. Aufgrund ihrer höheren Beweglichkeit (vgl. Tabelle 10.6) tragen bei Eigenleitung meist die Elektronen und nicht die Löcher den Hauptteil zur Leitfähigkeit und zur Hall-Konstanten bei. Dies führt zu einem bemerkenswerten Temperaturverlauf bei den p-dotierten Proben: Beim Übergang von der p-Leitung zur Eigenleitung verschwindet nach (10.31) die Hall-Konstante und wechselt dann das Vorzeichen.

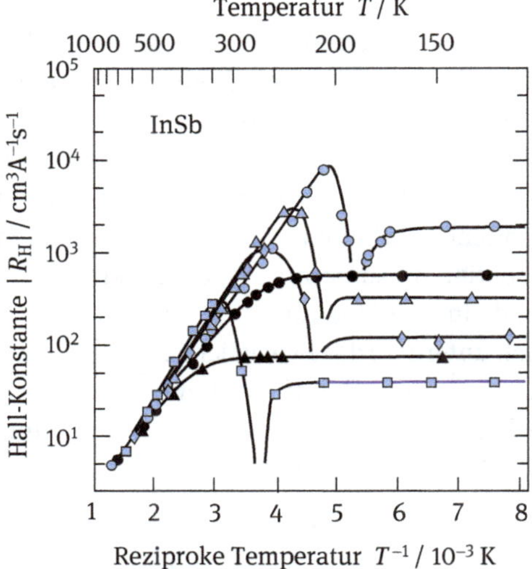

Abb. 10.15: Hall-Konstante $|R_{\mathrm{H}}|$ von Indiumantimonid als Funktion der reziproken Temperatur. Die Messdaten der n-dotierten Proben sind schwarz, die Daten der p-dotierten blau gezeichnet. (Nach O. Madelung, H. Weiss, Z. Naturf. **9a**, 527 (1954).)

10.2.3 Beweglichkeit und elektrische Leitfähigkeit

Zum Verständnis der Leitfähigkeit fehlt noch die Diskussion der Beweglichkeit $\mu = e\tau/m^*$, für die einige typische Werte in der Tabelle 10.6 aufgelistet sind. Sie wird durch die effektive Masse und vor allem durch die Stoßzeit bestimmt. Die Elektronen werden in Halbleitern vor allem an Defekten und Phononen gestreut. Positive und negative Ladungsträger verhalten sich bezüglich der Stoßzeiten ähnlich, da sich die Streuung der Löcher letztendlich auf die Streuung von Elektronen zurückführen lässt. Die Elektron-Elektron-Streuung ist schon wegen der vergleichsweise geringen Elektronendichte ohne Bedeutung. Daneben existieren noch weitere Streumechanismen, von denen wir nur die Streuung an optischen Phononen erwähnen möchten, da die übrigen in den meisten Fällen keine große Rolle spielen. In Kristallen mit ionischer Bindung, wie beispielsweise GaAs, tritt Streuung an den longitudinal-optischen Phononen auf, da Elektronen an die lokalen elektrischen Felder der Phononen ankoppeln.

Tab. 10.6: Beweglichkeit μ_n von Elektronen und μ_p von Löchern in Halbleitern bei Raumtemperatur. (Die Daten wurden verschiedenen Quellen entnommen.)

Material	μ_n (cm²/Vs)	μ_p (cm²/Vs)	Material	μ_n (cm²/Vs)	μ_p (cm²/Vs)
C	1 800	1 400	InSb	77 000	850
Si	1 400	450	InP	5 400	200
Ge	3 900	1 900	AlSb	900	400
GaAs	8 500	400	PbS	550	600
GaSb	5 000	1 000	PbSe	1 020	930
InAs	40 000	500	PbTe	2 500	1 000

Die Beweglichkeit der Elektronen in aluminiumdotiertem Mg_2Ge ist in Bild 10.16 dargestellt. Probe (1) wurde nicht absichtlich dotiert, weist jedoch, bedingt durch Verunreinigungen, eine Störstellenkonzentration $(n_D - n_A) = 1{,}3 \cdot 10^{22}\,\text{m}^{-3}$ auf. Die Aluminiumkonzentration der Probe (2) liegt bei $4{,}2 \cdot 10^{22}\,\text{m}^{-3}$ und bei der am stärksten dotierten Probe (3) bei $8{,}2 \cdot 10^{23}\,\text{m}^{-3}$. Sieht man von Probe (3) ab, in der sich aufgrund der hohen Donatorkonzentration metallähnliches Verhalten einstellte, so findet man einen starken Anstieg der Beweglichkeit bei tiefen Temperaturen, ein Maximum im Bereich von 50 K bis 100 K und anschließend einen steilen Abfall.

Wir wollen zuerst den Temperaturbereich unterhalb des Beweglichkeitsmaximums diskutieren, in dem die Streuung an den Dotieratomen dominiert. Dabei müssen wir berücksichtigen, dass die Störstellen geladen sind. Wir behandeln daher den Streuprozess wie die *Rutherford-Streuung*.[3] Nach der bekannten Formel aus der Kernphy-

3 Ernest Rutherford, *1871 Brightwater (Neuseeland), †1937 Cambridge, Nobelpreis 1908

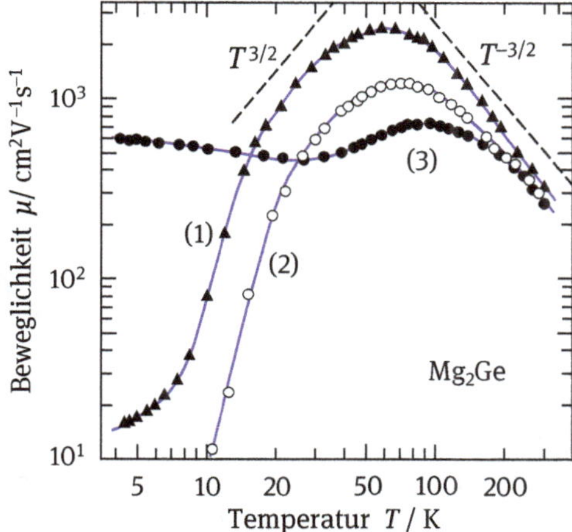

Abb. 10.16: Beweglichkeit der Elektronen in aluminiumdotiertem Mg_2Ge, gemessen mit Hilfe des Hall-Effekts. Die Proben enthielten $1{,}3 \cdot 10^{22}$, $4{,}2 \cdot 10^{22}$ und $8{,}2 \cdot 10^{23}$ Störstellen pro m^3. Bei der Probe (3) liegt metallähnliches Verhalten vor. (Nach P.W. Li et al., Phys. Rev. B **6**, 442 (1972).)

sik ist der totale Streuquerschnitt $\sigma_{st} \propto v^{-4}$, woraus sich für die reziproke mittlere freie Weglänge der Ausdruck $l^{-1} = n_{st}\sigma_{st} \propto n_{st}/\overline{v}^4$ ergibt. Die mittlere Geschwindigkeit $\overline{v} = (3k_BT/m^*)^{1/2}$ lässt sich mit Hilfe der kinetischen Gastheorie ausdrücken, da die Ladungsträger in nichtentarteten Halbleitern der Boltzmann-Statistik gehorchen. Nehmen wir zur weiteren Vereinfachung an, dass die Zahl der geladenen Störstellen temperaturunabhängig ist, so erhalten wir

$$\frac{1}{\tau} = \frac{\overline{v}}{l} \propto \frac{n_{st}\overline{v}}{\overline{v}^4} \propto \frac{n_{st}}{T^{3/2}} \qquad \text{und} \qquad \mu = \frac{e\tau}{m^*} \propto \frac{T^{3/2}}{n_{st}} . \tag{10.32}$$

Die tatsächlich vorhandene Zahl der geladenen Streuzentren hängt von der Temperatur und den Details des Kompensationseffekts ab, die bei den in Bild 10.16 wiedergegebenen Messungen nicht bekannt sind. Die Annahme einer konstanten Zahl von Streuzentren ist deswegen fragwürdig. Tatsächlich weicht die beobachtete Temperaturabhängigkeit von μ von der Vorhersage (10.32) merklich ab. Wir wollen diesen Aspekt jedoch nicht weiter verfolgen, sondern die Daten zum Abschätzen des Streuquerschnitts der Aluminiumionen benutzen. Nehmen wir die Beweglichkeit der Probe (2) bei 30 K, so finden wir den Wert $\mu \approx 500\,\text{cm}^2/\text{Vs}$. Damit ergibt sich mit (7.11) und (9.22) für $\sigma_{st} = e/(n_{st}m^*\mu\overline{v})$ der Wert $\sigma_{st} \approx 10^{-11}\,\text{cm}^2$. Die Ionen besitzen somit einen Streudurchmesser von etwa 300 Å, bewirken also eine außerordentlich starke Streuung.[4]

Oberhalb des Maximums überwiegen die Stöße mit den akustischen Phononen. Um die Temperaturabhängigkeit der Beweglichkeit in diesem Bereich herzuleiten, benutzen wir wieder den Zusammenhang zwischen freier Weglänge und Streuquerschnitt. Bei Raumtemperatur dominieren die Phononen mit der Debye-Frequenz ω_D, so dass wir von einem temperaturunabhängigen Streuquerschnitt σ_{st} ausgehen können.

4 In Metallen streuen geladene Punktdefekte wesentlich weniger effektiv, da das Coulomb-Feld durch die hohe Konzentration freier Elektronen sehr stark abgeschirmt wird (vgl. Abschnitt 8.3).

Nach Gleichung (6.100) ist die Phononendichte $n_{\mathrm{ph}} \propto T$. Unter Berücksichtigung von $\overline{v} \propto T^{1/2}$ erhalten wir daher für die Stoßrate

$$\frac{1}{\tau} = \frac{\overline{v}}{l} = \overline{v}\, n_{\mathrm{ph}} \sigma_{\mathrm{st}} \propto \overline{v}\, n_{\mathrm{ph}} \propto T^{3/2} \qquad \text{und} \qquad \mu \propto T^{-3/2}\,. \tag{10.33}$$

Ein Blick auf Bild 10.16 macht die gute Übereinstimmung mit den experimentellen Resultaten bei den Proben (1) und (2) deutlich. Der besondere metallähnliche Charakter des Ladungstransports in den stark dotierten Proben (3) kommt hingegen in einer geringen Temperaturabhängigkeit und dem hohen Wert der Beweglichkeit bei tiefen Temperaturen sehr deutlich zum Ausdruck.

Am Ende dieses Abschnitts wollen wir nochmals auf die Leitfähigkeit zurückkommen, deren Temperaturverlauf in Bild 10.17 für n-dotiertes Germanium zu sehen ist. Von tiefen Temperaturen kommend steigt die Leitfähigkeit mit der zunehmenden Ladungsträgerkonzentration exponentiell an. Die Temperaturabhängigkeit der Beweglichkeit und der effektiven Zustandsdichte spielt dabei eine untergeordnete Rolle. Im Erschöpfungsbereich, in dem die Ladungsträgerkonzentration näherungsweise konstant ist, fällt die Leitfähigkeit mit zunehmender Temperatur aufgrund der Abnahme der Beweglichkeit wieder ab. Bei hohen Temperaturen setzt Eigenleitung ein, die bei der am schwächsten dotierten Probe im Ansatz zu erkennen ist.

Einen Sonderfall stellt die Probe (◦) mit der hohen Dotierung von $n_{\mathrm{D}} = 10^{24}\,\mathrm{m^{-3}}$ dar, deren Leitfähigkeit sich nur geringfügig ändert. Bild 10.14 zeigt, dass die Konzentration der beweglichen Ladungsträger bei dieser Probe weitgehend temperaturunabhängig ist. Auf die Ursache hierfür sind wir bereits oben eingegangen.

Das ohmsche Gesetz (9.21) ist nur gültig, solange die Beweglichkeit nicht von der elektrischen Feldstärke abhängt. Tatsächlich nimmt sie bei den technisch wichtigen Halbleitern bei Feldstärken über $10^5\,\mathrm{V/m}$ ab. Die Driftgeschwindigkeit $v_{\mathrm{D}} = \mu\mathcal{E}$ strebt einem Grenzwert von etwa $10^5\,\mathrm{m/s}$ zu. Die Ursache hierfür ist die Elektron-Phonon-

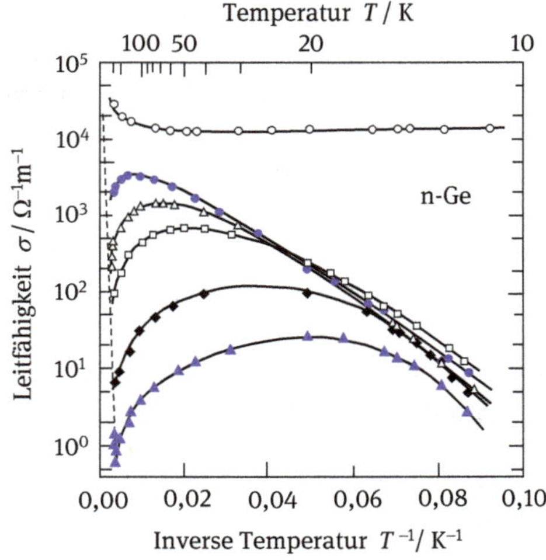

Abb. 10.17: Elektrische Leitfähigkeit von n-Germanium. Die Proben sind identisch mit denen, die bei der Bestimmung der Ladungsträgerdichte in Bild 10.14 benutzt wurden. Die Probe mit der höchsten Leitfähigkeit besitzt metallähnlichen Charakter. (Nach E.M. Conwell, Proc. I.R.E., 1327 (1952).)

Kopplung. Bei hohen Feldstärken reicht der Energiegewinn der Ladungsträger im elektrischen Feld zur Erzeugung von optischen Phononen aus. Dieser Prozess ist aufgrund der hohen Zustandsdichte der optischen Phononen äußerst effektiv und begrenzt die Driftgeschwindigkeit von Elektronen und Löchern. Bei direkten Halbleitern treten noch zusätzliche Effekte auf, auf die wir hier nicht näher eingehen. Die Begrenzung der Driftgeschwindigkeit ist in den modernen Bauelementen von Bedeutung, da, bedingt durch deren kleine Abmessungen, dort Feldstärken über 10^7 V/m auftreten.

10.3 Amorphe Halbleiter

Im Laufe unserer Diskussion haben wir wiederholt festgestellt, dass kristalline und amorphe Festkörper ähnliche Eigenschaften aufweisen, sich jedoch auch in einigen Eigenschaften stark unterscheiden. Die letzte Feststellung gilt auch für die elektrischen Eigenschaften von amorphen Halbleitern, auf die wir nun eingehen.

Wie wir gesehen haben, entwickeln sich die Bänder aus atomaren Niveaus, wobei die Bandstruktur in erster Linie durch die Nahordnung bestimmt wird. Da sich diese zwischen kristalliner und amorpher Phase nur geringfügig unterscheidet, sind in beiden Fällen Bänder und Bandlücken vorhanden. Ein wichtiger struktureller Unterschied ist, dass in der amorphen Phase kleine Variationen in Bindungslänge und Bindungswinkel auftreten. Die Bandlücke, die vom Abstand der nächsten Nachbarn abhängt, wird deshalb „verschmiert", was sich in exponentiellen Ausläufern der Zustandsdichte äußert. Da vergleichbare Zustände nicht so häufig anzutreffen sind, bedeutet dies, dass diese Zustände räumlich weit voneinander entfernt sind. Ihre Wellenfunktionen überlappen sich daher nicht, so dass die Elektronen in diesen Zuständen räumlich lokalisiert sind. Dieser Tatsache kann man in einfachster Näherung Rechnung tragen, indem man, wie von *N.F. Mott* vorgeschlagen und in Bild 10.18 angedeutet, annimmt, dass es *lokalisierte*

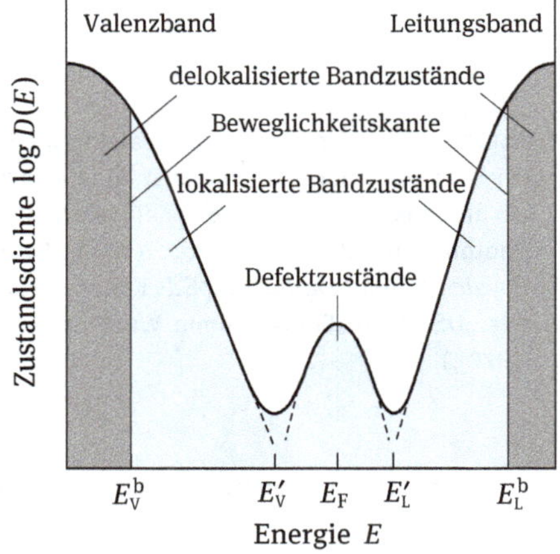

Abb. 10.18: Schematische Darstellung der Zustandsdichte amorpher Halbleiter. Delokalisierte Zustände sind durch graue, lokalisierte Zustände durch hellblaue Färbung angedeutet. Die Größen E_V^b und E_L^b kennzeichnen die Beweglichkeitskanten, E_V' und E_L' die Kanten der lokalisierten Bandzustände.

und *delokalisierte* Zustände gibt, die man in einer formalen Beschreibung durch eine **Beweglichkeitskante** voneinander trennen kann.

Die strukturelle Unordnung hat noch eine weitere wichtige Konsequenz, nämlich die Existenz von Defektzuständen *in* der Bandlücke. Einen sehr wichtigen derartigen Defekt, die ungesättigte chemische Bindung, haben wir bereits in Abschnitt 5.3 kennengelernt. Da es sich dabei weder um bindende noch um antibindende Zustände handelt, liegen sie energetisch in etwa in der Mitte der Energielücke. Aufgrund ihrer unterschiedlichen Umgebung weist die Energie dieser Defekte eine breite Verteilung auf. Wie wir sehen werden, üben sie einen starken Einfluss auf die Lage des Fermi-Niveaus und damit auf die elektrische Leitfähigkeit aus.

An dieser Stelle wollen wir noch eine kurze Bemerkung zur *optischen Absorption* anfügen, da diese empfindlich auf die Energielücke reagiert. Hier ist von großer Bedeutung, dass aufgrund der unregelmäßigen Anordnung der Atome die Quasiimpulserhaltung bei amorphen Halbleitern aufgehoben ist. Optische Übergänge vom Valenz- ins Leitungsband erfolgen daher im Impulsraum nicht notwendigerweise vertikal, d.h. unter Beibehaltung der Wellenzahl des angeregten Elektrons, selbst wenn keine Phononen am Absorptionsprozess beteiligt sind (vgl. Abschnitt 10.1). Da auch Übergänge zwischen lokalisierten Bandzuständen auftreten, setzt die Absorption bereits bei Energien ein, die kleiner als die Energielücke kristalliner Halbleiter gleicher Zusammensetzung sind. Das unterschiedliche optische Verhalten von amorphem und kristallinem Silizium wird in Bild 10.19 deutlich, in dem der Imaginärteil ε'' der dielektrischen Funktion wiedergegeben ist.[5] In der amorphen Phase sind die Strukturen der Absorptionskurve verschmiert und der Einsatz der Absorption ist deutlich zu klei-

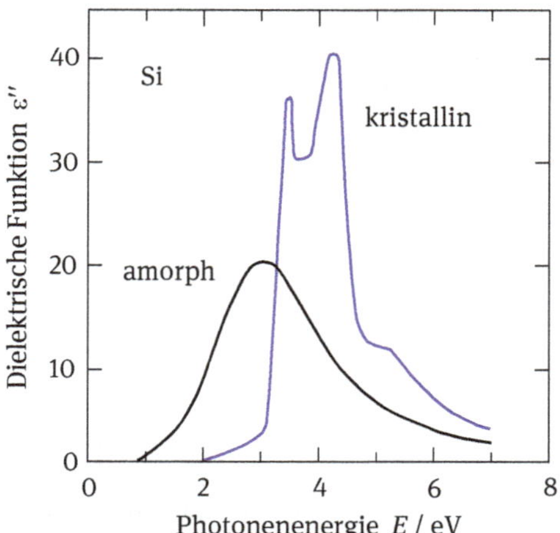

Abb. 10.19: Imaginärteil ε'' der dielektrischen Funktion von amorphem und kristallinem Silizium als Funktion der Energie der eingestrahlten Photonen. (Nach J. Stuke, *Proc. 10th Int. Conf. Physics of Semiconductors*, S.P. Keller et al., eds., US Atomic Energy Comm. Washington, (1970).)

5 ε'' ist über die Beziehung $\varepsilon'' = 2\kappa n'$ mit dem optischen Extinktionskoeffizienten κ verknüpft, wobei n' für den Brechungsindex steht. Wie in Abschnitt 13.2 erläutert wird, spiegelt die Größe ε'' grob die Zustandsdichte der Bänder wider.

neren Photonenenergien hin verschoben. Dies bewirkt unter anderem, dass dünne Schichten aus amorphem Silizium wesentlich weniger transparent sind als kristalline. Dieser Effekt wird beim Bau von Solarzellen (vgl. Abschnitt 10.5) ausgenutzt, denn bei Verwendung von amorphem anstelle von kristallinem Silizium wird das Sonnenlicht bereits bei größeren Wellenlängen und durch wesentlich dünnere Schichten absorbiert und kann so zur Erzeugung elektrischer Energie genutzt werden.

10.3.1 Elektrische Leitfähigkeit

Im Folgenden betrachten wir die Eigenleitung *undotierter* amorpher Halbleiter, beispielsweise von amorphem Silizium. Da in diesen Materialien in erster Linie Elektronen zur Leitfähigkeit beitragen, werden wir in der Diskussion Löcher unberücksichtigt lassen. Weiter gehen wir davon aus, dass das Fermi-Niveau unabhängig von der Temperatur im Maximum der Defektzustandsdichte festliegt. Die Gründe für diese Annahme werden wir am Ende dieses Abschnitts kennenlernen. Zunächst ist zu berücksichtigen, dass Elektronen in amorphen Halbleitern nicht durch Bloch-Wellen beschrieben werden, da diese ein periodisches Gitter voraussetzen. Elektronen werden daher bereits in idealen defektfreien amorphen Netzwerken relativ stark gestreut. Dies hat zur Folge, dass die Beweglichkeit der Ladungsträger in amorphen Materialien im Vergleich zu der in kristallinen stark reduziert ist. Amorphe Halbleiter weisen deshalb bei hohen Temperaturen eine vergleichsweise geringe Eigenleitfähigkeit auf.

Abhängig von der Temperatur tragen verschiedene Mechanismen zum Ladungstransport bei. Bei *hohen Temperaturen* erfolgt der Ladungstransport in den delokalisierten Bandzuständen, die oberhalb der Beweglichkeitskante E_L^b anzutreffen sind. Der Transportmechanismus unterscheidet sich nicht grundlegend von der Eigenleitung kristalliner Halbleiter. Dem entsprechend erwartet man einen exponentiellen Zusammenhang zwischen Leitfähigkeit und Temperatur der Form

$$\sigma = \sigma_0 \mathrm{e}^{-(E_\mathrm{L}^\mathrm{b} - E_\mathrm{F})/k_\mathrm{B}T} \,. \tag{10.34}$$

Wie bei den kristallinen Halbleitern spiegelt der Exponentialfaktor die Temperaturabhängigkeit der Ladungsträgerkonzentration wider. Der Einfluss der Temperatur auf die Beweglichkeit der delokalisierten Elektronen ist dagegen vergleichsweise gering und wurde daher in der obigen Gleichung vernachlässigt. Aus dem experimentellen Wert der Konstanten σ_0 lässt sich bei Kenntnis der Zustandsdichte an der Beweglichkeitskante die Beweglichkeit ermitteln. Typische Werte liegen im Bereich $1 - 10\,\mathrm{cm^2/Vs}$ und sind somit um einen Faktor 1000 kleiner als in Kristallen.

Bei *Raumtemperatur* sind nur noch die lokalisierten Bandzustände besetzt. Der Ladungstransport erfolgt nun durch Sprünge der Elektronen von einem lokalisierten Zustand zum nächsten. Man bezeichnet diesen Transportmechanismus als **Hopping-** oder **Hüpfleitfähigkeit**. Bei diesem Vorgang nehmen die Elektronen thermische Energie auf und tunneln anschließend zu lokalisierten Zuständen in der Nachbarschaft.

Dieser Vorgang soll anhand von Bild 10.20 etwas näher erläutert werden, in dem das „Potenzialgebirge“ in den Bandausläufern schematisch dargestellt ist.

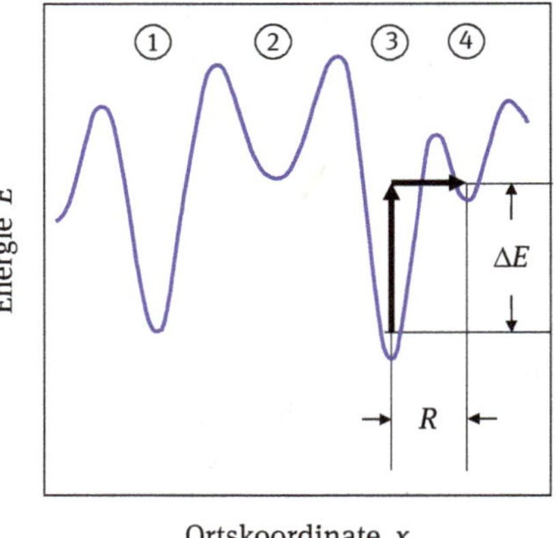

Abb. 10.20: Hopping in amorphen Halbleitern. Das Elektron in der Mulde 3 wird thermisch angehoben und tunnelt zum nächstgelegenen Potenzialminimum 4. R ist der Abstand des nächstgelegenen Zustands und ΔE die Aktivierungsenergie für den eingezeichneten Sprung.

Ein Sprung von einer Mulde zur nächsten lässt sich in zwei Schritte zerlegen: Zunächst nimmt das Elektron die thermische Energie ΔE aus dem Phononenbad auf, die zur Überwindung des Energieunterschieds zwischen den beiden Zuständen erforderlich ist. Die Wahrscheinlichkeit hierfür ist durch den Boltzmann-Faktor gegeben. Daran schließt sich die Tunnelbewegung an, wobei der Überlapp der Wellenfunktionen in den beiden Mulden entscheidend ist. Die Wahrscheinlichkeit, dass ein Sprung erfolgt, lässt sich durch die Sprungrate ν ausdrücken, für die wir näherungsweise

$$\nu = \nu_0 \, \mathrm{e}^{-\Delta E/k_\mathrm{B}T} \, \mathrm{e}^{-2R/\alpha} \tag{10.35}$$

schreiben können. Die beiden ersten Faktoren auf der rechten Seite kennen wir bereits von der Behandlung der thermisch aktivierten Diffusion von Atomen in Abschnitt 5.1. Die *Versuchsfrequenz* ν_0, mit der das Elektron gegen die Potenzialbarriere anläuft, ist mit $10^{13}\,\mathrm{s}^{-1}$ mit jener bei der atomaren Diffusion vergleichbar. Tatsächlich handelt es sich um eine typische Gitterfrequenz, denn die Bewegung des Elektrons in der Potenzialmulde wird durch die Bewegung der benachbarten Atome verursacht. Der Faktor $\exp(-2R/\alpha)$ beschreibt den Überlapp der Wellenfunktionen zwischen den benachbarten Zuständen mit dem Abstand R und ist somit ein Maß für die Tunnelwahrscheinlichkeit. Die Wellenfunktion der lokalisierten Elektronen lässt sich näherungsweise durch $\psi \propto \exp(-r/\alpha)$ darstellen, wobei α für die *Lokalisierungslänge* der Elektronen steht.[6] Da die Tiefe der Potenzialmulden von Fall zu Fall schwankt, tritt an die Stelle der individuellen Aktivierungsenergie ihr Mittelwert $\overline{\Delta E}$. Die Tunnelwahrscheinlichkeit hängt nicht von der Temperatur ab und kann daher dem Vorfaktor im

6 Formal ist der Ausdruck (10.35) identisch mit (5.4), denn $\nu_0 \exp(-2R/\alpha)$ kann man zu einer temperaturunabhängigen Konstanten zusammenfassen.

Ausdruck für die Hopping-Leitfähigkeit zugeschlagen werden. Formal hat dieser Ausdruck dann das Aussehen der Leitfähigkeit (10.34) in den delokalisierten Zuständen. Anstelle von E_L^b tritt jedoch die kleinere Aktivierungsenergie $(E'_\mathrm{L} + \overline{\Delta E})$. Zusätzlich ist der Vorfaktor σ_0, der die Beweglichkeit enthält, stark reduziert.

Setzt man typische Werte für die auftretenden Größen ein, so findet man für die Beweglichkeit Werte um 0,01 $\mathrm{cm^2/Vs}$. Die Leitfähigkeit ist also deutlich kleiner als beim Ladungstransport in delokalisierten Zuständen. Bei amorphen Halbleitern nimmt nicht nur die Ladungsträgerkonzentration stark mit der Temperatur ab, sondern auch die Beweglichkeit, da sich die Transportmechanismen in den verschiedenen Temperaturbereichen unterscheiden.

Bei *tiefen Temperaturen* erfolgt der Ladungstransport in der unmittelbaren Umgebung des Fermi-Niveaus, also in den Ausläufern der lokalisierten Bandzustände beziehungsweise in den lokalisierten Defektzuständen. Die Energiedifferenz zwischen räumlich benachbarten Zuständen ist bei tiefen Temperaturen jedoch wesentlich größer als die thermische Energie und kann daher kaum mehr aufgebracht werden. Für die Elektronen ist es dann vorteilhafter zu Zuständen in größer Entfernung zu tunneln, deren Energie sich von der des Ausgangsdefekts nicht so stark unterscheidet wie die der Zustände in der unmittelbaren Nachbarn. Diese Art des Ladungstransportes bezeichnet man als **Variable-range-hopping**.

Zur Veranschaulichung können wir nochmals Bild 10.20 heranziehen und das dort skizzierte „Potenzialgebirge" zur Beschreibung der Defektzustände benutzen. Im gezeichneten Fall würde das Elektron in der Mulde 3 mit großer Wahrscheinlichkeit in Mulde 1 und nicht in Mulde 4 springen.

Die Wahrscheinlichkeit, dass ein Sprung vom Zustand mit der Energie E_i zum Zustand mit der Energie E_j auftritt, ist durch (10.35) gegeben, wobei ΔE für $\Delta E = (E_j - E_i)$ und R für den Abstand zwischen den beiden Zuständen steht. Damit ein Sprung stattfinden kann, muss mindestens *ein* Zustand mit der Energiedifferenz ΔE im Volumen $(4\pi/3)R^3$ vorhanden sein. Da die Zahl dieser Zustände in diesem Volumen durch $(4\pi/3)R^3 D(E_\mathrm{F})\Delta E$ gegeben ist, ersetzen wir ΔE in (10.35) durch $\Delta E = [(4\pi/3)R^3 D(E_\mathrm{F})]^{-1}$ und erhalten

$$\nu = \nu_0 \exp\left\{-2R/\alpha - [4\pi/3R^3 D(E_\mathrm{F})k_\mathrm{B}T]^{-1}\right\} . \tag{10.36}$$

Die wahrscheinlichsten Sprünge finden wir, indem wir die maximale Rate ν bezüglich des Abstands suchen. Unter der Annahme, dass die Zustandsdichte an der Fermi-Kante näherungsweise konstant ist, ergibt sich mit $\partial\nu/\partial R = 0$ die Bedingung $2/\alpha = 9/4\pi R^4 D(E_\mathrm{F})k_\mathrm{B}T$. Dieses Resultat setzen wir in (10.36) ein und erhalten für die Leitfähigkeit, die proportional zur Hopping-Rate ist, den Zusammenhang

$$\sigma = \sigma_0 \exp\left[-\left(\frac{T_0}{T}\right)^{1/4}\right] \quad \text{mit} \quad T_0 \approx \frac{2.06^4}{\alpha^3 D(E_\mathrm{F})k_\mathrm{B}} . \tag{10.37}$$

T_0 ist eine Konstante, in der die wichtigen Parameter Zustandsdichte bei der Fermi-Energie und Lokalisierungslänge zusammengefasst sind. Die Potenz im Exponenten hängt vom Verlauf der Defektzustandsdichte am Fermi-Niveau ab. Nur wenn die Zustandsdichte am Fermi-Niveau näherungsweise konstant und die untersuchte Probe dreidimensional ist, ergibt sich der numerische Wert 1/4 für den Exponenten. In Bild 10.21 ist der Widerstand $R_{Si} \propto 1/\sigma$ eines amorphen Siliziumfilms wiedergegeben, der durch Kathodenzerstäubung hergestellt wurde. Der Widerstand der Probe weist den erwarteten Temperaturverlauf auf.

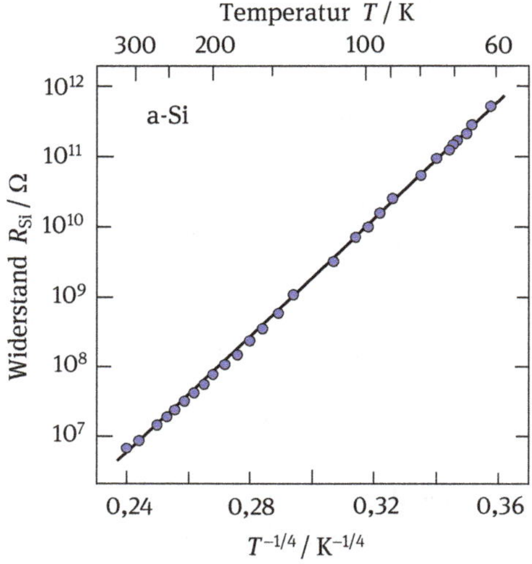

Abb. 10.21: Widerstand eines 2,16 µm dicken Films aus amorphem Silizium als Funktion von $T^{-1/4}$. Der Film wurde bei Zimmertemperatur durch Sputtern hergestellt. (Nach J.J. Hauser, Phys. Rev. B **8**, 3817 (1973).)

Damit haben wir einen kurzen Einblick in die Mechanismen des Ladungstransports in amorphen Halbleitern gegeben. Sieht man von hohen und tiefen Temperaturen ab, so erweist sich eine experimentelle Trennung der unterschiedlichen Transportmechanismen als außerordentlich schwierig, da der Übergang nicht abrupt, sondern jeweils gleitend erfolgt. Als weitere Komplikation kommt hinzu, dass die Eigenschaften der Proben nicht nur von ihrer Zusammensetzung abhängen, sondern dass in vielen Fällen auch die Probenpräparation einen starken Einfluss auf das Messergebnis hat.

10.3.2 Defektzustände

Die Diskussion der elektrischen Leitfähigkeit und der optischen Absorption amorpher Halbleiter verdeutlicht, dass bereits in reinen Materialien, d.h. ohne Dotierung, Defekte vorhanden sind. Wie wir in Abschnitt 5.3 bereits angemerkt haben, hängen Natur und Eigenschaften dieser Defekte von der Koordinationszahl des betrachteten Materials ab. Defekte in tetraedrischen Halbleitern wie a-Si verhalten sich anders als Defekte in Chalkogenidgläsern wie a-As_2S_3 oder in a-Se. So findet man in reinem amorphen Silizium etwa 10^{25} – 10^{26} m^{-3} offene Bindungen, die sich mit Hilfe der Elektronenspinresonanz leicht als lokalisierte, ungepaarte Spins nachweisen lassen. In Chalkogenidgläsern liegt dagegen die Zahl der ungepaarten Elektronen unter der Nachweisgrenze dieser Messmethode.

Offene, nicht abgesättigte Bindungen sind die typischen Defekte in amorphen Halbleitern. Solange die Umgebung der Defekte als starr betrachtet werden kann, erwartet man, dass die Zustände in der Mitte der Energielücke liegen, da weder ein bindendes noch ein antibindendes Orbital existiert. Durch *Relaxation*, d.h. durch Umlagerung der benachbarten Atome, wird die Energie dieser Zustände abgesenkt. Ungeladene Defekte besitzen die Eigenart, dass sie sowohl als Donatoren als auch als Akzeptoren wirken können, da sie das nicht-bindende Elektron abgeben oder ein zusätzliches Elektron aufnehmen können. Unter „normalen" Umständen, d.h. bei den üblichen Störstellen in kristallinen Halbleitern, wird im zweiten Fall die Energie des Zustands stark erhöht, da sich die beiden Elektronen des Defekts am gleichen Ort befinden und sich abstoßen. Die Energiedifferenz zwischen dem neutralen und dem negativ geladenen Zustand wird als **Korrelations-** oder **Hubbard**[7]**-Energie** U bezeichnet und ist in kristallinen Halbleitern typischerweise von der Größenordnung eines Elektronenvolts. Bei der Diskussion der Störstellen in kristallinen Halbleitern haben wir deshalb angenommen, dass die doppelt besetzten Zustände im Leitungsband liegen und nicht weiter beachtet werden müssen. In amorphen Festkörpern sind lokale Strukturänderungen relativ leicht möglich. Das Netzwerk um einen geladenen Defekt ist zu starken Veränderungen fähig und senkt so die Energie des Defekts stark ab. Defekte, die mit zwei Elektronen besetzt sind, spielen daher bei amorphen Halbleitern eine wichtige Rolle.

Was die Korrelationsenergie U anbetrifft, existieren nun zwei Möglichkeiten. Entweder liegt der doppelt besetzte Zustand über dem neutralen bzw. positiv geladenen Zustand oder er liegt darunter. Im ersten Fall ist die Korrelationsenergie wie in Kristallen positiv, wenn auch wesentlich kleiner, im zweiten ist sie negativ. In dem hier diskutierten, einfachen Konzept treten, wie in der Prinzipskizze Bild 10.22 angedeutet, innerhalb der Energielücke zwei Maxima in der Zustandsdichte auf. Die neutralen Defektzustände S^0 mit einem ungepaarten Elektron liegen bei der Energie E_s. Diese verursachen das starke Elektronspinresonanzsignal. Gibt ein derartiger Defekt sein ungepaartes Elektron ab, so entsteht der Zustand S^+, ohne dass sich die Energie wesentlich verschiebt. Der Einfachheit halber nehmen wir an, dass S^0 und S^+ die gleiche Energie besitzen. Das abgegebene Elektron wird von einem anderen Defekt aufgenommen, wobei ein Defekt S^- gebildet wird. Während in unserem einfachen Bild die Energie von S^+ weiter bei E_s liegt, befindet sich die Energie von S^- bei $E_s + |U|$ bzw. $E_s - |U|$, je nachdem ob die Korrelationsenergie positiv oder negativ ist. In der weiteren Diskussion müssen wir nun die Unterscheidung zwischen den beiden Fällen treffen, da sich hieraus unterschiedliche Konsequenzen ergeben.

7 John Hubbard, *1931 London, †1980 San José

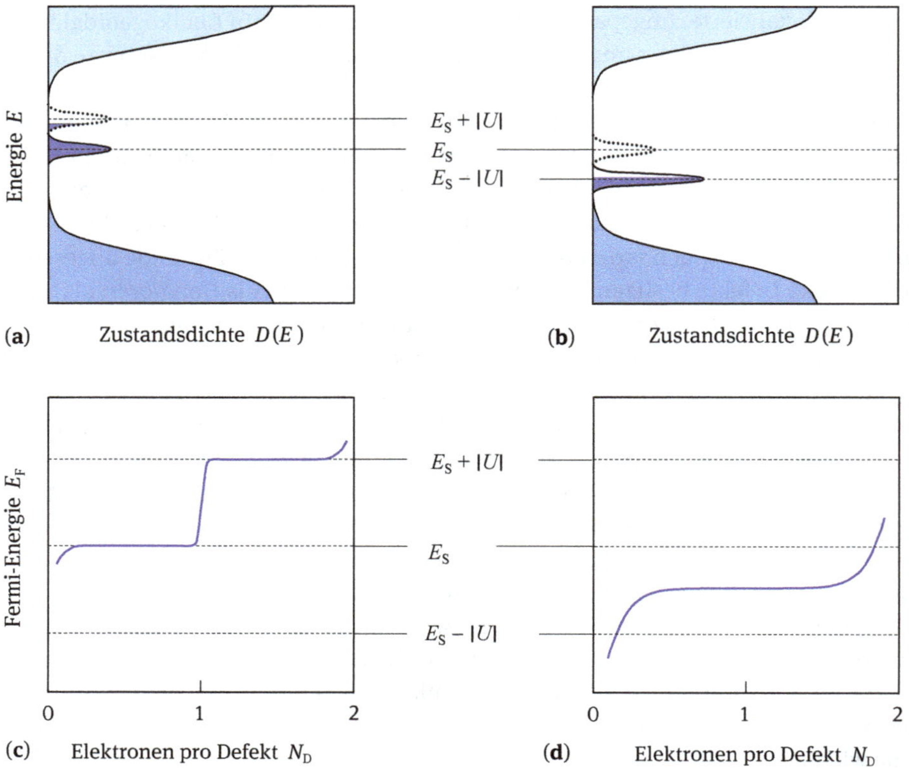

Abb. 10.22: Besetzung von Defektzuständen und ihr Einfluss auf die Lage des Fermi-Niveaus. Die gezeichnete Auffüllung der Zustände entspricht grob einer mittleren Elektronendichte $N_D = 1{,}2$ pro Atom. **a)** Besetzung bei positiver und **b)** bei negativer Korrelationsenergie, **c)** Lage des Fermi-Niveaus bei positiver und **d)** bei negativer Korrelationsenergie. Besetzte Zustände sind dunkelblau gezeichnet. Gepunktet dargestellt sind in (a) die Zustandsdichte der doppelt, in (b) die der einfach besetzten Zustände.

Betrachten wir zunächst amorphe Halbleiter wie a-Si oder a-Ge, bei denen die Korrelationsenergie, wie in Bild 10.22a dargestellt, ein positives Vorzeichen besitzt. Die S^--Zustände liegen entsprechend über den neutralen oder positiv geladenen Störstellen. Der Elektronentransfer, der zu gepaarten Elektronen führt, kostet Energie und tritt normalerweise nicht ein, so dass man nur S^0-Defekte vorfindet. Damit wird das beobachtete starke Elektronenspinresonanzsignal der tetraederförmig koordinierten Halbleiter verständlich. Versucht man diese amorphen Halbleiter zu dotieren, so verhindern die intrinsischen Defekte, die in großer Zahl vorhanden sind, eine merkliche Verschiebung des Fermi-Niveaus. In Bild 10.22c ist das Verhalten derartiger Halbleiter bei Dotierung in Abhängigkeit von der mittleren Elektronenzahl N_D pro Defekt dargestellt. Ausgangspunkt ist der intrinsische Zustand mit der Elektronenzahl $N_D = 1$, bei dem nur S^0-Defekte vorhanden sind. Bringt man nun Akzeptoren ein, so wird zwar die mittlere Elektronenzahl pro Defekt reduziert, doch verändert sich dadurch nicht die Lage des Fermi-Niveaus, da S^+- und S^0-Defekte ungefähr die gleiche Energie besitzen. Die S^0-Defekte wirken wie Donatoren, wodurch es zu einem Kompensationseffekt kommt. Nun dotieren wir den amorphen Halbleiter mit Donatoren und vergrößern damit die Elektronenzahl in den Defektzuständen über den Wert $N_D = 1$. Somit werden doppelt besetzte Zustände bevölkert, d.h., es werden S^--Defekte gebildet. Die Fermi-Energie „springt" vom Wert E_s nach $E_s + U$, doch bedeutet dies aufgrund der kleinen Korrelationsenergie nur eine geringfügige Verschiebung des Fermi-Niveaus. Die hohe Konzentration an intrinsischen Störstellen und ihre Lage in der Nähe der Energielückenmitte bewirkt, dass Dotieren keinen nachhaltigen Einfluss auf das Fermi-Niveau ausüben kann! Die Zahl der freien Ladungsträger lässt sich durch die bei kristallinen Halbleitern übliche Konzentration an Dotieratomen nicht wesentlich ändern.

Es soll betont werden, dass wir hier bei der Darstellung der Zustandsdichte in Bild 10.22 die Ein- und Zweielektronenzustände vermischt haben. Die oberen, mit zwei Elektronen besetzten Zustände können nur auftreten, wenn die unteren bereits voll sind. Sie werden also erst durch die Besetzung des Defekts mit dem zweiten Elektron erzeugt. Ihre Dichte ist in Bild 10.22 punktiert gezeichnet. Mit der Erzeugung von doppelt besetzten Zuständen verschwinden die einfach besetzten. Bei $N_D = 2$ wäre in dieser Darstellung das Maximum bei E_s vollständig verschwunden.

Eine gezielte und wirkungsvolle Dotierung von amorphem Silizium kann nur durchgeführt werden, wenn die Defektzustände „unschädlich" gemacht werden. Dies erreicht man durch chemisches Absättigen der offenen Bindungen. Hierzu scheidet man im Falle des amorphen Siliziums den Film beispielsweise in wasserstoffhaltiger Atmosphäre ab, so dass sich Wasserstoffatome an die nicht abgesättigten Defekte anlagern können (siehe Bild 5.27). Da Silizium und Wasserstoff eine starke Bindung eingehen, sind die nun auftretenden Silizium-Wasserstoff-Defektzustände tief im Valenzband angesiedelt, so dass diese Defekte keinen Einfluss auf die elektrischen Eigenschaften der Probe ausüben. Über die Wasserstoffkonzentration, die von den Herstellungsbedingungen abhängt, lässt sich die Anzahl der ungesättigten Bindungen variieren. Bei einer Konzentration im Bereich von 10% verschwindet das Signal der Elektronenspins und die optischen Eigenschaften ändern sich. Derartig präpariertes amorphes Silizium kann für elektronische Bauelemente verwendet werden. a-Si hat beispielsweise bei der Herstellung von Solarzellen den Vorteil, dass wesentlich weniger Material erforderlich ist als bei Zellen aus kristallinem Silizium, da die optische Absorption (vgl. Bild 10.19) im Spektralbereich des Sonnenlichts höher als bei kristallinem Silizium ist. Solarzellen aus a-Si sind relativ billig, doch ist ihr Wirkungsgrad wesentlich kleiner als der von kristallinen Zellen. Sie finden gegenwärtig vor allem bei Taschenrechnern, Uhren oder Spielzeug Verwendung. In jüngerer Zeit wurden sogenannte a-Si/c-Si-Heterosolarzellen mit sehr hohem Wirkungsgrad entwickelt, die auf der Kombination von amorphem und kristallinem Silizium beruhen.

Natürlich besitzen nicht alle Defekte die gleiche Energie, denn aufgrund der verschiedenen Defektumgebungen ist auch die strukturelle Relaxation unterschiedlich effektiv. Dies führt zu einer Verbreiterung der Zustandsdichten, die in Bild 10.22 der Übersichtlichkeit halber sehr schmal gezeichnet wurden. Häufig überlagern sich die beiden Maxima wie in der schematischen Darstellung Bild 10.18 und füllen einen wesentlichen Teil der Energielücke aus. Bemerkenswert ist auch, dass in amorphen Halbleitern der Dotierprozess weniger effektiv ist als in kristallinen. Dies liegt daran, dass die Dotieratome, die eine andere Wertigkeit als das Wirtsmaterial besitzen, beim Einbau in das amorphe Netzwerk nicht notwendigerweise dessen Koordination annehmen. So kann Phosphor in amorphem Silizium durchaus mit drei oder fünf Nachbarn verbunden sein. Um dennoch eine merkliche Dotierung zu erreichen, sind in amorphen Halbleitern wesentlich höhere Konzentrationen des Dotiermaterials erforderlich.

Bei den Chalkogenidgläsern ist die Korrelationsenergie negativ. Eine anschauliche Erklärung hierfür haben wir bereits in Abschnitt 5.3 bei der Diskussion der Defektkonfigurationen in amorphen Festkörpern gegeben. In Chalkogenidgläsern bildet sich aus zwei neutralen S^0-Defekten unter Energiegewinn ein geladenes Defektpaar S^+ und S^-, bei dem keine ungepaarten Elektronen auftreten. Im Abschnitt 5.3 haben wir diese Defekte mit C_1^0, C_1^- und C_3^+ bezeichnet. Im intrinsischen Zustand, also bei $N_D = 1$, sind deswegen keine S^0-Defekte vorhanden. Damit wird verständlich, warum in diesen Materialien keine lokalisierten Spins beobachtet werden.

Die negative Korrelationsenergie hat eine interessante Konsequenz für die Dotierbarkeit von Halbleitern, die anhand der Bilder 10.22b und 10.22d erläutert werden soll. Bringen wir zwei Elektronen in den Halbleiter ein, so besetzt das erste den Zustand bei E_s, das zweite bewirkt eine Verschiebung des Zustands zur tiefer liegenden Energie $E_s - |U|$. Die Zustände werden also immer paarweise besetzt, so dass keine überschüssigen, einfach besetzten auftreten. In unserer Zeichnung ist deswegen diese Zustandsdichte gepunktet dargestellt. Die Zustandsdichte bei $E_s - |U|$ wurde größer gezeichnet, weil jeweils zwei Elektronen pro Defekt Platz finden. Das Fermi-Niveau liegt daher immer zwischen den Energien der beiden Zustände und ist so festgehalten. Dabei treten praktisch keine unabgesättigten Spins auf, die in Elektronenspinresonanzmessungen nachgewiesen werden könnten. Ohne Dotierung, also beim intrinsischen Zustand mit $N_D = 1$, existieren bereits mit zwei Elektronen besetzte Defekte. Erst wenn alle S^--Zustände besetzt sind, kann das Fermi-Niveau verschoben werden.

Wie wir gesehen haben, sind in amorphen Halbleitern isoliert auftretende, ungesättigte Bindungen von großer Bedeutung. Am einfachen Beispiel von amorphem a-Se haben wir das Zustandekommen der Defektzustände in Abschnitt 5.3 bereits angesprochen. Für das grundlegende Verständnis, auch bei negativer Korrelationsenergie, ist diese Betrachtungsweise nützlich. In Systemen wie den Chalkogenidgläsern sind die Defekte aber komplizierter aufgebaut. Wir wollen diesen Aspekt jedoch nicht weiter verfolgen.

10.4 Inhomogene Halbleiter

In diesem Abschnitt gehen wir auf die physikalischen Grundlagen ein, die für das Verständnis der technischen Anwendung von Halbleitern erforderlich sind. Von **inhomogenen Halbleitern** spricht man in diesem Zusammenhang, weil die Dotierung oder die chemische Zusammensetzung dieser Halbleiter räumlich variiert. Ausgangspunkt unserer Überlegungen wird der p-n-Übergang sein. Daran schließt sich eine kurze Einführung in das Verhalten von Heterostrukturen und Übergittern an. Zum Schluss des Kapitels greifen wir aus der großen Zahl der elektronischen Bauelemente einige einfach aufgebaute, interessante Elemente heraus und erläutern ihre Wirkungsweise.

10.4.1 p-n-Übergang

p-n-Übergang im Gleichgewicht. Für die technische Anwendung von Halbleitern in der Festkörperelektronik ist eine räumliche Variation der Störstellenkonzentration eine unumgängliche Voraussetzung. Die angestrebte Variation erreicht man, indem man die Dotieratome in bestimmte Bereiche des Ausgangsmaterials eindiffundieren lässt oder implantiert. Zur lateralen Begrenzung der Dotierung mit Dimensionen im Mikro- und Nanometerbereich werden verschiedene Methoden angewandt. Die mit Abstand wichtigste ist die *Fotolithografie*. Wir gehen nicht näher auf die äußerst anspruchsvolle Technik ein, da wir uns hier mit den grundlegenden Problemen der Festkörperphysik beschäftigen.

In den folgenden Betrachtungen werden wir *abrupte Übergänge* voraussetzen, bei denen die Änderungen der Dotierung sprunghaft erfolgen. Die technische Realisierung derartiger Übergänge ist natürlich nur näherungsweise möglich. In Bild 10.23a ist die Ausgangssituation dargestellt. E_L^p und E_L^n bezeichnen die Lage der Leitungsbandkanten, E_V^p und E_V^n die Kanten der Valenzbänder im p- bzw. n-Leiter in genügend großer Entfernung vom Übergang. E_F^p und E_F^n stehen für die Energie der Fermi-Niveaus in den getrennten Kristallen. Das Fermi-Niveau liegt je nach Dotierung bei Raumtemperatur knapp unter dem Donator- bzw. über dem Akzeptorniveau. Werden nun p- und n-dotierte Halbleiter in Kontakt gebracht, so gleichen sich die Fermi-Niveaus an. Dies geschieht durch Diffusion von Ladungsträgern aus den jeweiligen Gebieten hoher in jene niedriger Konzentration, d.h., Elektronen diffundieren vom n- in den p-Halbleiter und Löcher entsprechend umgekehrt. Wie in Bild 10.23b dargestellt, baut sich dadurch die sogenannte **Diffusionsspannung** auf, welche die chemischen Potenziale so gegeneinander verschiebt, dass in der Probe ein einheitlicher Wert besteht, d.h., dass $E_\mathrm{F}^\mathrm{p} = E_\mathrm{F}^\mathrm{n}$ ist. Dadurch wird eine Bandverbiegung erzwungen, die wiederum Anlass zu Strömen gibt, die der Diffusion entgegenwirken. Der Verlauf von E_L bewirkt einen Elektronenstrom nach rechts bzw. der Verlauf von E_V einen Löcherstrom nach links. Der Bandverlauf lässt sich mit Hilfe eines ortsabhängigen, eindimensionalen makroskopischen Potenzials $\widetilde{V}(x)$ beschreiben, auf das wir nun näher eingehen.

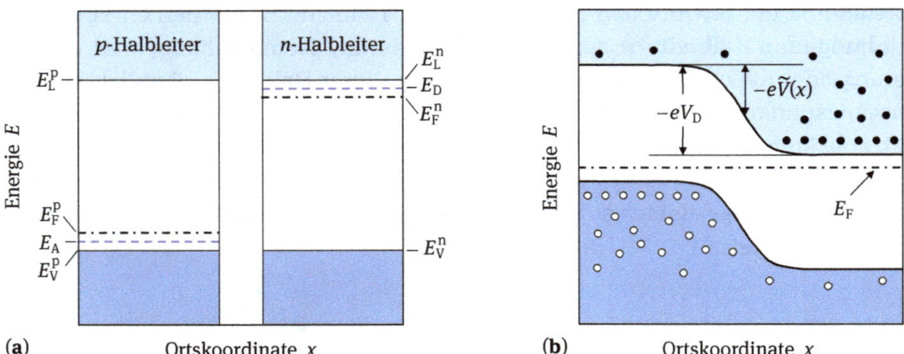

Abb. 10.23: Lage der Störstellenniveaus, der Bandkanten und des Fermi-Niveaus im p-n-Übergang. **a)** Lage der Energieniveaus in getrennten p- und n-dotierten Kristallen. **b)** p-n-Übergang im Gleichgewicht. Die Bandkanten sind um die Diffusionsspannung V_D gegeneinander verschoben. Die Punkte deuten Elektronen, die offenen Kreise Löcher an.

Zunächst wollen wir die Diffusionsspannung V_D, d.h. die Potenzialdifferenz zwischen den unterschiedlich dotierten Halbleitern berechnen, die für p-n-Übergänge charakteristisch ist. Sie wird durch die ursprüngliche Lage der beiden Fermi-Niveaus und damit im Wesentlichen durch die Bandlücke des betrachteten Halbleiters bestimmt. Aus der Tatsache, dass sich die Fermi-Niveaus angleichen, folgt für die Diffusionsspannung V_D, die sich zwischen den beiden unterschiedlich dotierten Halbleitern im Erschöpfungszustand aufbaut:

$$\begin{aligned} eV_D &= E_F^n - E_F^p = E_L - k_B T \ln\left(\frac{\mathcal{N}_L}{n_D}\right) - E_V - k_B T \ln\left(\frac{\mathcal{N}_V}{n_A}\right) \\ &= E_g - k_B T \ln\left(\frac{\mathcal{N}_L \mathcal{N}_V}{n_D n_A}\right) = k_B T \ln\left(\frac{n_D n_A}{n_i^2}\right) . \end{aligned} \tag{10.38}$$

Ein Blick auf das Ergebnis zeigt uns, dass in erster Näherung $eV_D \approx E_g$ gesetzt werden kann.

Ladungsträger, die sich in dem von der Dotierung vorgegebenen Gebiet aufhalten, d.h. Elektronen im n-Gebiet und Löcher im p-Gebiet, werden als *Majoritätsladungsträger* bezeichnet. Diffundieren sie in das entgegengesetzt dotierte Gebiet, so nennt man sie *Minoritätsladungsträger*. Wir versehen in der weiteren Diskussion die Konzentration der Ladungsträger mit einem Index, der den Bereich angibt, in dem sie sich aufhalten. Für die Majoritätsladungsträger schreiben wir daher n_n bzw. p_p, für die Minoritätsladungsträger n_p bzw. p_n.

In größerer Entfernung vom Übergang ist $n_n \approx n_D^+ \simeq n_D$ bzw. $p_p \approx n_A^- \simeq n_A$. Das Massenwirkungsgesetz $n_p p_p = n_n p_n = n_i p_i = \text{const.}$ bewirkt, dass bei den üblichen

Konzentrationen der Dotierung die Majoritätsladungsträgerdichte sehr viel größer, die der Minoritätsladungsträger dagegen sehr viel kleiner als die Konzentration der intrinsischen Ladungsträger ist.

Die Ladungsträgerdichte ändert sich im Übergangsbereich sehr rasch. Wählen wir als Koordinatenursprung die Grenze zwischen dem n- und p-dotierten Material und bezeichnen, wie in Bild 10.23, den Potenzialverlauf mit $\widetilde{V}(x)$, so lässt sich direkt ablesen, dass der Verlauf der Leitungsbandkante durch $E_L(x) = [E_L^p - e\widetilde{V}(x)]$ gegeben ist. Einen entsprechenden Ausdruck findet man für die Valenzbandkante. Mit den beiden Gleichungen (10.10) und (10.11) folgt hieraus für die Dichte der freien Ladungsträger

$$n(x) = n_p e^{e\widetilde{V}(x)/k_B T} \qquad \text{und} \qquad p(x) = p_p e^{-e\widetilde{V}(x)/k_B T} \,. \tag{10.39}$$

Dieser Verlauf ist in Bild 10.24 schematisch im logarithmischen Maßstab dargestellt. Hierbei wurde angenommen, dass sich die Halbleiter im Erschöpfungsbereich befinden, in dem die Störstellen vollständig ionisiert sind.

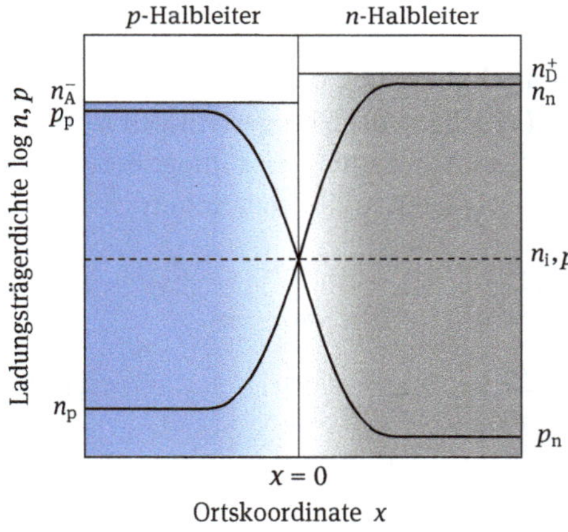

Abb. 10.24: Konzentration der freien Ladungsträger und ionisierten Störstellen am p-n-Übergang im logarithmischen Maßstab. Es wurde angenommen, dass die grau dargestellte Donatordichte die blaue Dichte der Akzeptoren übertrifft. Die Verarmungszone ist schematisch durch hellere Farbtöne angedeutet.

Dem Bild ist zu entnehmen, dass die Zahl der freien Ladungsträger, dem Massenwirkungsgesetz $n(x)p(x) = \text{const.}$ folgend, in der unmittelbaren Umgebung des Übergangs stark reduziert ist. Diesen Bereich bezeichnet man daher auch als **Verarmungszone**. Dort wird die Ladung der ionisierten Donatoren bzw. Akzeptoren nicht mehr durch freie Ladungsträger kompensiert, wodurch sich eine **Raumladung** aufbaut. Für die Raumladungsdichte können wir

$$\varrho(x) = e[n_D^+ - n_n(x) + p_n(x)] \qquad x > 0, \text{n-Gebiet}, \tag{10.40}$$

$$\varrho(x) = -e[n_A^- + n_p(x) - p_p(x)] \qquad x < 0, \text{p-Gebiet} \tag{10.41}$$

schreiben. Potenzialverlauf $\widetilde{V}(x)$ und Raumladung $\varrho(x)$ sind über die Poisson-Gleichung

$$\frac{\partial^2 \widetilde{V}(x)}{\partial x^2} = -\frac{\varrho(x)}{\varepsilon_r \varepsilon_0} \tag{10.42}$$

miteinander verbunden. Die Lösung dieser Gleichung stößt auf Schwierigkeiten. Da die Raumladungsdichte vom Potenzialverlauf selbst abhängt, müsste die Lösung in einem selbstkonsistenten Verfahren ermittelt werden. Wir benutzen die Tatsache, dass in der Raumladungszone die Konzentration der freien Ladungsträger (vgl. Bild 10.24) sehr gering ist und dort in erster Näherung sogar vernachlässigt werden kann. Der tatsächliche Verlauf von $\varrho(x)$ kann deshalb durch einen rechteckigen ersetzt werden. Diese Vereinfachung bezeichnet man als **Schottky-Modell** der Raumladungszone. Da diese Zone insgesamt neutral sein muss, besitzen die beiden Rechtecke die gleiche Fläche. Für die Raumladungdichte werden wir also folgenden Ausdruck benutzen:

$$\varrho(x) = \begin{cases} 0 & \text{für} \quad x < -d_\text{p} \,, \\ -en_\text{A} & \text{für} \quad -d_\text{p} < x < 0 \,, \\ en_\text{D} & \text{für} \quad 0 < x < d_\text{n} \,, \\ 0 & \text{für} \quad x > d_\text{n} \,. \end{cases} \tag{10.43}$$

Hierbei sind d_n und d_p die Dicken der jeweiligen Raumladungszone, die wir im Folgenden berechnen wollen.

In Bild 10.25 ist die Verteilung $\varrho(x)$ der Raumladung und der daraus resultierende Verlauf der Feldstärke $\mathcal{E}_x$ und des Potenzials $\widetilde{V}(x)$ schematisch dargestellt. Für rechteckförmige Raumladungszonen kann die Poisson-Gleichung stückweise integriert werden. Für den n-leitenden Teil, der im Bereich $0 < x < d_\text{n}$ liegt, ergibt sich damit:

$$\frac{\partial^2 \widetilde{V}(x)}{\partial x^2} \approx -\frac{en_\text{D}}{\varepsilon_\text{r}\varepsilon_0} \,, \tag{10.44}$$

$$\mathcal{E}_x = -\frac{\partial \widetilde{V}(x)}{\partial x} = -\frac{en_\text{D}}{\varepsilon_\text{r}\varepsilon_0}(d_\text{n} - x) \,, \tag{10.45}$$

$$\widetilde{V}(x) = \widetilde{V}_\text{n}(\infty) - \frac{en_\text{D}}{2\varepsilon_\text{r}\varepsilon_0}(d_\text{n} - x)^2 \,. \tag{10.46}$$

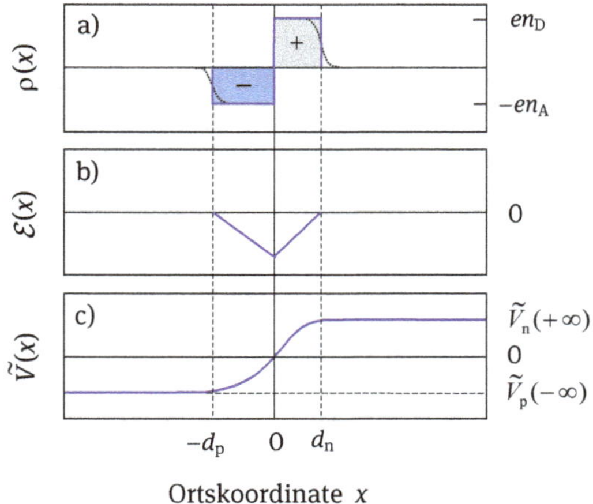

Abb. 10.25: Schottky-Modell der Raumladungszone. **a)** Rechtecknäherung. Der realistische Verlauf ist punktiert eingezeichnet. **b)** Verlauf der elektrischen Feldstärke $\mathcal{E}(x)$. **c)** Verlauf des Potenzials $\widetilde{V}(x)$.

Entsprechende Gleichungen gelten natürlich auch für den p-leitenden Anteil des p-n-Übergangs.

Aus der Neutralitätsbedingung $n_\mathrm{D}d_\mathrm{n} = n_\mathrm{A}d_\mathrm{p}$ und der Bedingung für die Stetigkeit von $\widetilde{V}(x)$ an der Stelle $x = 0$

$$\frac{e}{2\varepsilon_\mathrm{r}\varepsilon_0}(n_\mathrm{D}d_\mathrm{n}^2 + n_\mathrm{A}d_\mathrm{p}^2) = \widetilde{V}_\mathrm{n}(\infty) - \widetilde{V}_\mathrm{p}(-\infty) = V_\mathrm{D} \tag{10.47}$$

lassen sich die Dicken d_n und d_p der Raumladungen berechnen. Man findet

$$d_\mathrm{n} = \sqrt{\frac{2\varepsilon_\mathrm{r}\varepsilon_0 V_\mathrm{D}}{e}\,\frac{n_\mathrm{A}/n_\mathrm{D}}{n_\mathrm{A}+n_\mathrm{D}}} \qquad \text{und} \qquad d_\mathrm{p} = \sqrt{\frac{2\varepsilon_\mathrm{r}\varepsilon_0 V_\mathrm{D}}{e}\,\frac{n_\mathrm{D}/n_\mathrm{A}}{n_\mathrm{A}+n_\mathrm{D}}}\,. \tag{10.48}$$

Setzt man mit $eV_\mathrm{D} \approx E_\mathrm{g} \approx 1\,\mathrm{eV}$ und $n_\mathrm{A} \approx n_\mathrm{D} \approx 10^{20} \ldots 10^{24}\,\mathrm{m}^{-3}$ typische Zahlenwerte für Bandlücke und Störstellenkonzentration ein, so findet man für die Dicke der Raumladungszone $d_\mathrm{n} \approx d_\mathrm{p} \approx 1\,\mu\mathrm{m} \ldots 10\,\mathrm{nm}$ und damit elektrische Feldstärken im Bereich $\mathcal{E} \approx 10^6\,\mathrm{V/m} \ldots 10^8\,\mathrm{V/m}$.

Die Wirkungsweise von Bauelementen, die auf dem p-n-Übergang basieren, wird durch eine genauere Betrachtung der auftretenden Ströme verständlich. Der so genannte **Diffusionsstrom** ist eine Folge des Unterschieds in der Ladungsträgerkonzentration auf den beiden Seiten des p-n-Übergangs. In der Literatur wird dieser Strom häufig auch als **Rekombinationsstrom** bezeichnet. Dieser Ausdruck weist darauf hin, dass die Ladungsträger nach Durchlaufen der Raumladungszone mit den entgegengesetzt geladenen Ladungsträgern rekombinieren, die auf der anderen Seite des Übergangs in großer Zahl vorhanden sind. Der Diffusionsstrom führt zum Aufbau der oben diskutierten Diffusionsspannung. Mit dieser Spannung ist ein elektrisches Feld in der Raumladungszone verknüpft, das durch Gleichung (10.45) beschrieben wird. Es bewirkt den **Feldstrom**, der dem Diffusionsstrom entgegengerichtet ist. Auch für diesen Strom finden wir in der Literatur unterschiedliche Bezeichnungen. So spricht man in diesem Zusammenhang auch vom **Drift-** oder **Generationsstrom**. Der letzte Ausdruck deutet an, dass die Minoritätsträger, die den Feldstrom bewirken, ständig neu erzeugt werden.

Im thermischen Gleichgewicht kompensieren sich beide Ströme. Bezeichnen wir die Dichte des Feldstroms mit j^f und die des Diffusionsstroms mit j^d, so gilt

$$j^\mathrm{f} + j^\mathrm{d} = 0\,. \tag{10.49}$$

Beide Ströme setzen sich aus dem Anteil der Elektronen und dem der Löcher zusammen, so dass wir $j^\mathrm{f} = (j^\mathrm{f}_\mathrm{n} + j^\mathrm{f}_\mathrm{p})$ und $j^\mathrm{d} = (j^\mathrm{d}_\mathrm{n} + j^\mathrm{d}_\mathrm{p})$ schreiben können. Die Argumente für das Verschwinden des Stroms gelten auch für die Teilströme, da weder Elektronen noch Löcher in irgendeinem Gebiet akkumuliert werden. Daraus folgt

$$j^\mathrm{f}_\mathrm{n} + j^\mathrm{d}_\mathrm{n} = 0 \qquad \text{und} \qquad j^\mathrm{f}_\mathrm{p} + j^\mathrm{d}_\mathrm{p} = 0\,. \tag{10.50}$$

Betrachten wir nun die Teilströme etwas näher. Die Minoritätsladungsträger werden durch das elektrische Feld am p-n-Übergang in das Gebiet der Majoritätsladungsträger gezogen. Elektronen aus dem p-Gebiet laufen in das n-Gebiet und Löcher in umgekehrte Richtung. Nehmen wir zur Vereinfachung an, dass die Raumladungszone dünn und die Rekombinationsrate dort klein ist, so kann die Rekombination von Elektronen und Löcher in der Raumladungszone vernachlässigt werden. Dies bedeutet, dass alle Ladungsträger, die in das Feld der Raumladungszone geraten, in den entgegengesetzt dotierten Bereich des Halbleiters gelangen. Wir setzen also voraus, dass die Diffusionslänge groß ist im Vergleich zur Dicke der Raumladungzone. In diesem Fall hängt der Stromfluss *nicht* vom Potenzialverlauf ab.

Die Majoritätsladungsträger, z.B. Elektronen aus dem n-Gebiet, die in das p-Gebiet diffundieren, laufen *gegen* die Potenzialdifferenz am Übergang an. Entsprechendes gilt in entgegengesetzter Richtung für die Löcher. Die Höhe der Barriere ist durch die Größe eV_D, also durch die Diffusionsspannung festgelegt. Der Boltzmann-Faktor bestimmt den Bruchteil der „erfolgreichen" Ladungsträger, so dass für den Diffusionsstrom $j^\mathrm{d} = a(T)\exp(-eV_\mathrm{D}/k_\mathrm{B}T)$ gilt. Der Vorfaktor $a(T)$ hängt schwach von der Temperatur ab, doch kann diese Abhängigkeit im Vergleich zum Exponentialfaktor vernachlässigt werden. Unter Berücksichtigung von Gleichung (10.49) finden wir für den Betrag der Stromdichten:

$$|j^\mathrm{f}| = |j^\mathrm{d}| = a(T)\,\mathrm{e}^{-eV_\mathrm{D}/k_\mathrm{B}T}\,. \tag{10.51}$$

p-n-Übergang beim Anliegen einer äußeren Spannung. Legt man eine äußere Spannung an einen p-n-Übergang an, so hängt die Stromstärke von deren Richtung ab. Der p-n-Übergang kann somit als Stromgleichrichter eingesetzt werden. Eine äußere elektrische Spannung stört das oben diskutierte Gleichgewicht von Feld- und Diffusionsstrom, so dass die Gleichgewichtsthermodynamik nicht mehr auf das System angewandt werden kann. Ist der Zustand des p-n-Übergangs jedoch stationär und vom thermischen Gleichgewicht nicht allzu weit entfernt, so führt eine relativ einfache Betrachtungsweise zum Ziel: Die angelegte Spannung U fällt in erster Linie in der Raumladungszone bzw. Verarmungszone ab, die einen großen Widerstand besitzt, da sich in ihr nur wenige freie Ladungsträger aufhalten. Der restliche Halbleiter ist weitgehend feldfrei. Wir schreiben daher $[\widetilde{V}_\mathrm{n}(\infty) - \widetilde{V}_\mathrm{p}(-\infty)] = (V_\mathrm{D} - U)$. Dabei haben wir das Vorzeichen der anliegenden Spannung so gewählt, dass eine positive Spannung der Diffusionsspannung entgegengerichtet ist und die Potenzialdifferenz reduziert. Im Hinblick auf die Gleichrichtereigenschaften von p-n-Übergängen spricht man von der **Durchlassrichtung**, wenn der p-Halbleiter positiv, der n-Halbleiter negativ gepolt ist. Im umgekehrten Fall liegt Polung in **Sperrrichtung** vor.

In Bild 10.26 sind die Auswirkungen einer Spannung auf den Verlauf der Bänder und des Fermi-Niveaus dargestellt. Da in der Raumladungszone die Ladungsträger nicht im Gleichgewicht sind, lässt sich kein gemeinsames Fermi-Niveau festlegen. Die Elektronen als auch die Löcher stehen jedoch untereinander im Gleichgewicht, so dass sich zwei getrennte **Quasi-Fermi-Niveaus** definieren lassen, die man unabhängig voneinander behandeln kann. Wir wollen diesen Aspekt nicht weiter vertiefen, da er

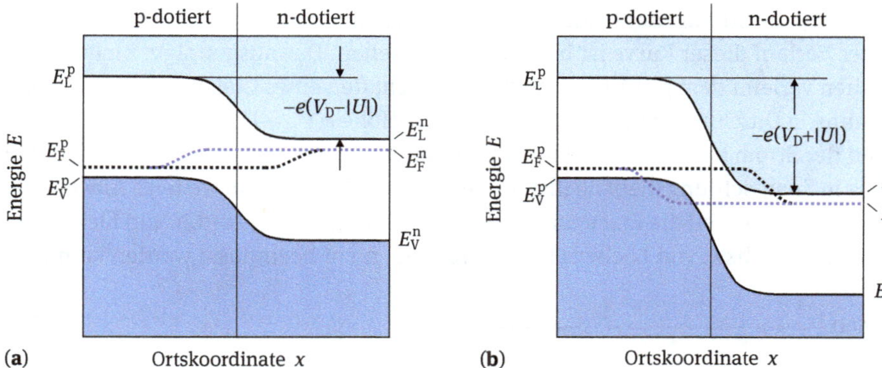

Abb. 10.26: p-n-Übergang nach dem Anlegen einer äußeren Spannung. Das Quasi-Fermi-Niveau der Elektronen ist blau punktiert, das der Löcher schwarz eingezeichnet. **a)** Durchlassrichtung: Die angelegte Spannung verkleinert die Potenzialdifferenz. **b)** Sperrrichtung: Die Potenzialdifferenz wird durch die angelegte Spannung vergrößert.

für unsere weitere Diskussion des p-n-Übergangs bedeutungslos ist. Eine interessante Konsequenz unterschiedlicher Quasi-Fermi-Niveaus werden wir beim *Halbleiter-Laser* kennenlernen.

Welchen Einfluss hat die angelegte Spannung auf die beiden Teilströme? Der Feldstrom wird durch sie in erster Näherung nicht beeinflusst. Jeder Ladungsträger, der in den Einflussbereich des elektrischen Felds am Übergang kommt, ob Elektron oder Loch, wird unabhängig von der Stärke des Felds abgesaugt und durchquert die Raumladungszone. Bezüglich der Elektronen können wir daher

$$j_\mathrm{n}^\mathrm{f}(U) \approx j_\mathrm{n}^\mathrm{f}(0) \tag{10.52}$$

schreiben. Da sich die Barrierenhöhe mit der angelegten Spannung ändert, laufen die Majoritätsladungsträger nicht mehr gegen die Spannung V_D, sondern gegen $(V_\mathrm{D} - U)$ an. Dadurch ändert sich der Diffusionsstrom. Die beiden Teilströme, Diffusions- und Feldstrom, kompensieren sich nicht mehr. Für den Diffusionsstrom gilt

$$j_\mathrm{n}^\mathrm{d}(U) = a(T)\,\mathrm{e}^{-e(V_\mathrm{D}-U)/k_\mathrm{B}T} = j_\mathrm{n}^\mathrm{d}(0)\,\mathrm{e}^{eU/k_\mathrm{B}T}\ . \tag{10.53}$$

Berücksichtigen wir weiterhin, dass Feld- und Diffusionsstrom in entgegengesetzte Richtungen fließen, so lässt sich die resultierende Elektronenstromdichte durch

$$j_\mathrm{n}(U) = j_\mathrm{n}^\mathrm{d}(U) - j_\mathrm{n}^\mathrm{f} = j_\mathrm{n}^\mathrm{f}\,\mathrm{e}^{eU/k_\mathrm{B}T} - j_\mathrm{n}^\mathrm{f} = j_\mathrm{n}^\mathrm{f}\left(\mathrm{e}^{eU/k_\mathrm{B}T} - 1\right) \tag{10.54}$$

ausdrücken. Dabei haben wir berücksichtigt, dass ohne Spannung Feld- und Diffusionsstrom dem Betrag nach gleich groß sind, also $|j_\mathrm{n}^\mathrm{d}(0)| = |j_\mathrm{n}^\mathrm{f}(0)|$ ist. Da sowohl Elektronen als auch Löcher zum Ladungstransport beitragen, erhalten wir für die Stromdichte das Endergebnis

$$j(U) = \left(j_\mathrm{n}^\mathrm{f} + j_\mathrm{p}^\mathrm{f}\right)\left(\mathrm{e}^{eU/k_\mathrm{B}T} - 1\right) = j_\mathrm{s}\left(\mathrm{e}^{eU/k_\mathrm{B}T} - 1\right)\ , \tag{10.55}$$

wobei j_s für die Summe der beiden Feldströme steht.

Der Verlauf dieser Kurve ist in Bild 10.27 zu sehen. Das ausgeprägte nichtlineare Verhalten verleiht dem p-n-Übergang die Eigenschaften eines Gleichrichters. Liegt die Spannung in Durchlassrichtung an, so nimmt die Höhe $e(V_D - U)$ der Potenzialbarriere ab und der Strom kann mit zunehmender Spannung „beliebig" stark anwachsen. Bei Polung in Sperrrichtung fließt höchstens der kleine Feldstrom, ein weiteres Anwachsen ist nicht möglich, weil die Erzeugung von Minoritätsladungsträger, d.h. von Elektronen im p-Halbleiter bzw. von Löchern im n-Halbleiter, nicht beeinflusst werden kann.

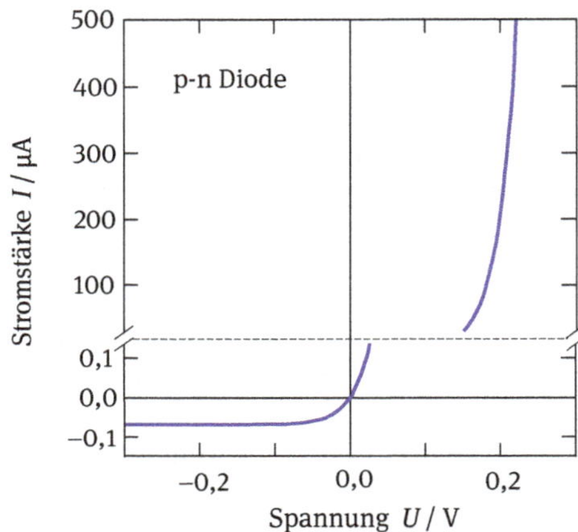

Abb. 10.27: Strom-Spannungskennlinie einer p-n-Diode. Man beachte die unterschiedlichen Skalen in Sperr- und Durchlassrichtung.

Raumladungskapazität. Mit der Raumladung des p-n-Übergangs ist eine Kapazität verknüpft, die über die Dicke der Raumladungszone durch eine äußere Spannung beeinflusst werden kann. Benutzen wir wieder das Schottky-Modell, so können wir in Formel (10.48) die Diffusionsspannung V_D durch $(V_D - U)$ ersetzen. Bezeichnen wir die Dicken ohne äußere Spannung mit $d_n(0)$ und $d_p(0)$, so erhält man

$$d_n(U) = d_n(0)\sqrt{1 - \frac{U}{V_D}} \qquad \text{und} \qquad d_p(U) = d_p(0)\sqrt{1 - \frac{U}{V_D}}\,. \tag{10.56}$$

Bei Kenntnis der Spannungsabhängigkeit der Dicke der Raumladungszonen lässt sich deren *Kapazität* C leicht berechnen. Ist A die Querschnittsfläche des p-n-Überganges, dann ist die gespeicherte Ladung $Q = en_D\, d_n(U)A$. Mit (10.56) ist die Kapazität der Raumladung somit durch

$$C = \frac{\mathrm{d}Q}{\mathrm{d}U} = en_D\, A\left[\frac{\mathrm{d}}{\mathrm{d}U} d_n(U)\right] = \frac{A}{2}\sqrt{\frac{n_A n_D}{n_A + n_D}\,\frac{2e\varepsilon_r\varepsilon_0}{(V_D - U)}} \tag{10.57}$$

gegeben. Da die Kapazität der Raumladungszone von der Zahl der Störstellen abhängt, wird die Spannungsabhängigkeit der *Sperrschichtkapazität* oft zur experimentellen Bestimmung der Störstellenkonzentrationen herangezogen. Darüber hinaus dienen p-n-Übergänge in elektronischen Schaltungen häufig als einstellbare Kapazitäten. Sie sind unter der Bezeichnung *Varaktor* oder *Varicap* bekannt und werden bei der Abstimmung von Schwingkreisen in Filter- und Oszillatorschaltungen benutzt.

10.4.2 Metall/Halbleiter-Kontakt

Der Kontakt zwischen Metall und Halbleiter ist ein wichtiges Element in elektrischen Schaltkreisen. Im Idealfall können Elektronen ungehindert in den Halbleiter eintreten oder diesen verlassen. Tatsächlich ist dieser einfache Fall eher die Ausnahme. Sehr häufig tritt anstelle eines *ohmschen* Kontakts ein *blockierender* Kontakt auf, durch den der Stromfluss stark beeinträchtigt wird. Verantwortlich hierfür ist die unterschiedliche *Austrittsarbeit* ϕ der beiden Materialien, die durch den Abstand des Fermi-Niveaus vom Vakuumniveau gegeben ist. Grundsätzlich gilt: ist im Falle eines n-Halbleiters $\phi_{\mathrm{HL}} > \phi_{\mathrm{Metall}}$, so handelt es sich um einen ohmschen Kontakt, ist dagegen $\phi_{\mathrm{HL}} < \phi_{\mathrm{Metall}}$, so ist er blockierend. Bei einem p-Halbleiter ist es gerade umgekehrt. Die Index „HL" steht hier für Halbleiter.

Betrachten wir einen n-Halbleiter mit einer Austrittsarbeit größer als die des Metalls. Die Ausgangssituation ist in Bild 10.28a dargestellt, in dem die Lage des Vakuumpotenzials, der Bandkanten, der Donatorzustände sowie die Fermi-Niveaus und die Austrittsarbeiten eingezeichnet sind. Sobald die beiden Materialien in Kontakt kommen, fließen Elektronen vom Metall in den Halbleiter. Dadurch ändern sich die Potenziale der beiden Materialien, bis die Fermi-Niveaus angeglichen sind. Ähnlich wie beim p-n-Übergang verbiegen sich die Bänder des Halbleiters in der Nähe des Kontakts (vgl. Bild 10.28b). An der Grenzfläche kommt es im Halbleiter zu einer starken Anreicherung von Elektronen, im Bild schwarz gezeichnet, da dort das Fermi-Niveau *im* Leitungsband zu liegen kommt. Legt man eine äußere Spannung an, so fließen die Elektronen ohne Behinderung durch den Kontakt, er zeigt also ohmsches Verhalten.

Ist die Austrittsarbeit des Metalls größer als die des Halbleiters, so fließen Elektronen vom Halbleiter ins Metall. Nun bewirkt die Angleichung der Fermi-Niveaus, wie in Bild 10.28d gezeigt, an der Grenzfläche des Halbleiters eine hochohmige *Verarmungszone*. Der Kontakt wirkt blockierend und wird üblicherweise als **Schottky-Kontakt** bezeichnet. Die Höhe der Potenzialbarriere ϕ_{b} zwischen Halbleiter und Metall sollte, wie den Bildern 10.28c und 10.28d entnommen werden kann, durch die Differenz der Austrittsarbeiten und dem Abstand des Fermi-Niveaus vom Leitungsband gegeben sein. Überraschenderweise wird dieser Zusammenhang jedoch nicht durch Experimente bestätigt. Die experimentell beobachtete Barrierenhöhe hängt zwar von der Art des Halbleiters ab, ist aber nahezu unabhängig vom gewählten Metall oder der Stärke der Dotierung. Der Grund hierfür ist, dass sich am Metall/Halbleiter-Übergang elektrische Grenzflächenzustände ausbilden, deren energetische Lage in Bezug auf die Bandkanten festgelegt ist. Das Auftreten dieser Zustände hängt damit zusammen, dass die Wellenfunktion der ausgedehnten Zustände des Metalls im Halbleiter stetig abklingt.

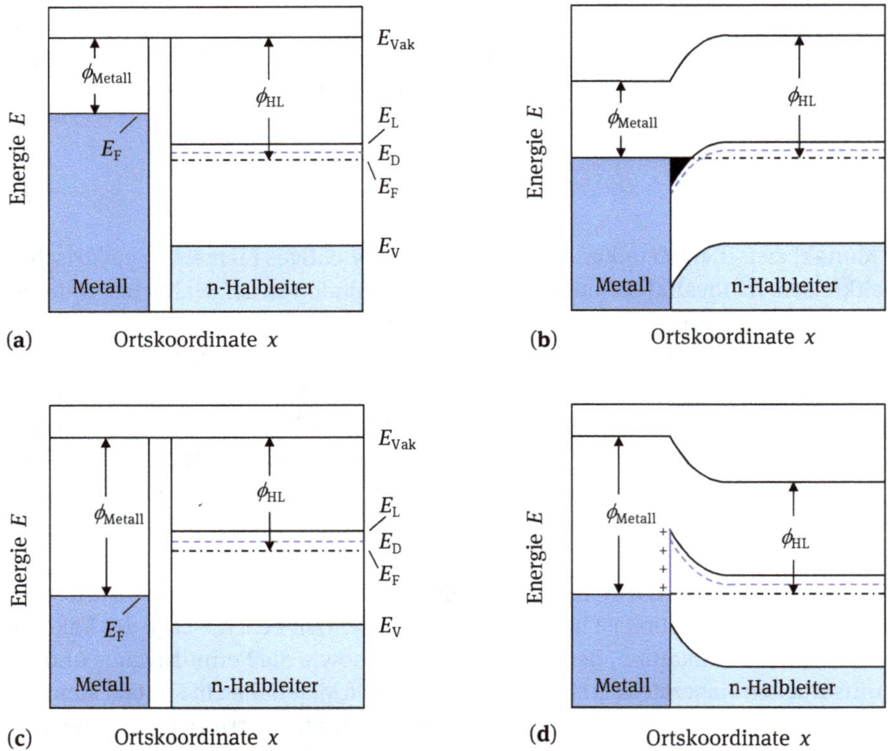

Abb. 10.28: Metall-/n-Halbleiter-Übergänge. Die Darstellungen (**a**) und (**c**) zeigen jeweils die Verhältnisse vor einem galvanischen Kontakt sowie (**b**) und (**d**) nach dem ein galvanischer Kontakt erfolgt ist. Oben handelt es sich um einen ohmschen Kontakt ($\phi_{HL} > \phi_{Metall}$). Die freien Elektronen an der Grenzfläche sind schwarz gezeichnet. Unten sind die Verhältnisse für einen Schottky-Kontakt ($\phi_{HL} < \phi_{Metall}$) gezeigt. Die positive Raumladung in der Verarmungszone ist durch Pluszeichen angedeutet.

Dabei kommt es zu einer Überlagerung mit den Bandzuständen des Halbleiters. Da die Zustandsdichte dieser Mischzustände relativ groß ist, wird das Fermi-Niveau von ihnen festgehalten. Die resultierende Schottky-Barriere ϕ_b hängt daher nur schwach vom Metall und den tatsächlichen Gegebenheiten an der Grenzfläche ab. So findet man bei p-GaAs typischerweise $\phi_b = 0{,}95\,\text{eV}$ und bei n-GaAs $\phi_b = 0{,}47\,\text{eV}$.

Schottky-Barrieren kann man als die eine Hälfte eines p-n-Übergangs auffassen, bei dem das Metall wie der p-Halbleiter wirkt. Bei der Beschreibung nutzt man dabei die Formeln für den p-n-Übergang. Besteht der Schottky-Kontakt aus einem n-Halbleiter und einem Metall, so gelten die Ausdrücke für $n_D \ll n_A$, da die Anzahl der Zustände im Metall die des p-Halbleiters übersteigt. Handelt es sich um einen Übergang zu einem p-Halbleiter, dann kehren sich die Argumente gerade um. Die gleichrichtenden Eigenschaften des Schottky-Kontakts wurden bereits Anfang des 20. Jahrhunderts in der Radiotechnik in Form der *Kristalldetektoren* ausgenutzt.

10.4.3 Halbleiter-Heterostrukturen und Übergitter

Mit Hilfe von *Molekularstrahlepitaxie* oder MBE (vom Englischen **M**olecular **B**eam **E**pitaxy) und *metallorganischer Gasphasenepitaxie* oder MOVPE (vom Englischen **M**etal **O**rganic **C**hemical **V**apor **P**hase **E**pitaxy) lassen sich Schichten unterschiedlicher Halbleiter mit nahezu perfekter durchgehender kristalliner Struktur aufeinander abscheiden, die man als **Heterostrukturen** bezeichnet. Voraussetzung hierfür ist, dass sich die Gitterparameter der beiden Halbleiter möglichst wenig unterscheiden. Dies ist beispielsweise bei den Systemen GaP/Si, GaAs/Ge oder InAs/GaSb der Fall. Hinzu kommen noch ternäre oder quaternäre Mischsysteme, wie z.B. $Al_xGa_{1-x}As$ oder $Ga_xIn_{1-x}As_yP_{1-y}$. Durch ein entsprechendes Mischungsverhältnis lässt sich die Bandlücke den Erfordernissen anpassen. Beim System $Al_xGa_{1-x}As$ kann man so die Energielücke zwischen 1,4 eV (GaAs) und 2,2 eV (AlAs) kontinuierlich ändern.

Eine der vielen interessanten Fragen, die sich bei diesen Systemen stellt, ist die nach dem Aussehen der Bandschemata. Bringt man zwei Halbleiter mit unterschiedlicher Bandlücke zusammen, wie in Bild 10.29 schematisch dargestellt, so bildet sich eine **Banddiskontinuität** und eine **Bandverbiegung** aus. Der Übergang von einem zum anderen Bandabstand erfolgt, wie in dieser Abbildung gezeichnet, sehr abrupt, nämlich innerhalb eines atomaren Abstands. Damit sind elektrische Felder von der Größenordnung atomarer Felder verknüpft, also um 10^{10} V/m. Die Banddiskontinuität tritt am Valenz- *und* am Leitungsband auf. Beim System GaAs/Ge findet man beispielsweise die Werte $\Delta E_V = 0{,}49$ eV und $\Delta E_L = 0{,}28$ eV. Die theoretische Herleitung dieser Zahlenwerte ist aufwändig und soll hier nicht nachvollzogen werden. Natürlich stellt sich im thermischen Gleichgewicht im gesamten Halbleiter ein einheitliches chemisches Potenzial ein. Dies hat zur Folge, dass Bandverbiegungen wie beim p-n-Übergang auftreten, die sich je nach Ladungsträgerdichte über Abstände von einigen hundert Ångström erstrecken. Die resultierenden Felder liegen in der Gegend von 10^7 V/m. Heteroübergänge lassen sich wie klassische p-n-Übergänge behandeln. Allerdings muss man zusätzlich

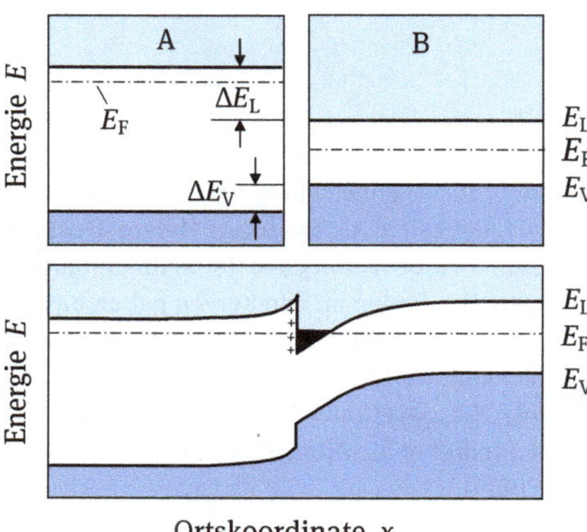

Abb. 10.29: Heteroübergang bestehend aus zwei n-dotierten Halbleitern mit unterschiedlichen Bandlücken. Der Halbleiter A ist stark, der Halbleiter B nur schwach dotiert. Oben: Bänder und Fermi-Niveaus der Ausgangsmaterialien. Unten: Im Kontakt sind die Fermi-Niveaus angeglichen. Am Übergang treten neben den Banddiskontinuitäten ΔE_L und ΔE_V auch Bandverbiegungen auf. Das entartete Elektronengas im Halbleiter B ist durch schwarze Färbung angedeutet.

berücksichtigen, dass die beiden Halbleiter unterschiedliche Dielektrizitätskonstanten besitzen und die Kontinuität der dielektrischen Verschiebung gewährleistet sein muss.

Wir wollen uns kurz einem sogenannten *isotypen Heteroübergang* zuwenden, bei dem, wie in Bild 10.29 dargestellt, zwei unterschiedliche Halbleiter mit gleichartiger Dotierung in Kontakt stehen. Da im thermischen Gleichgewicht das Fermi-Niveau in der ganzen Probe den gleichen Wert besitzt, tritt im Halbleiter B mit der kleineren Bandlücke in der Nähe des Übergangs eine Anreicherung von freien Elektronen auf. Unter geeigneten Bedingungen liegt am Übergang das Fermi-Niveau sogar im Leitungsband, so dass dort ein entarteter Halbleiter vorliegt. Dem steht eine Verarmungszone im Halbleiter A gegenüber. Die Elektronen sind vom stark dotierten Halbleiter A zum Halbleiter B übergewechselt, da dort ein energetisch tiefer liegender Potenzialtopf vorhanden ist. Diese Argumentation ist auch gültig, wenn der Halbleiter B nicht dotiert, also intrinsisch ist und kaum Störstellen aufweist. Es tritt dann der überraschende Fall auf, dass sich im *undotierten* Halbleiter eine hohe Konzentration an Elektronen ausbildet, die aus dem dotierten Halbleiter stammen. Während in homogenen Halbleitern eine hohe Ladungsträgerdichte immer mit einer hohen Dotierung und damit mit einer hohen Störstellenkonzentration verbunden ist, befinden sich hier die Elektronen in einem weitgehend defektfreien Material. Die Beweglichkeit der Elektronen in klassischen Halbleitern ist bei tiefen Temperaturen durch die starke Störstellenstreuung begrenzt. Dagegen ist bei den hier diskutierten Heterostrukturen zu erwarten, dass auch bei hoher Elektronendichte sehr hohe Beweglichkeitswerte auftreten. Tatsächlich wurden bei tiefen Temperaturen enorme Werte für die Elektronenbeweglichkeit gefunden. In Bild 10.30 ist gezeigt, wie sich im Laufe der Zeit die gemessenen Beweglichkeiten in AlGaAs/GaAs-Heterostruktren aufgrund der Weiterentwicklung der Molekularstrahlepitaxie erhöhten. Die Probe mit der höchsten hier gezeigten Beweglichkeit besaß einen komplizierten Schichtaufbau, um Streuprozesse an der Grenzfläche zu reduzieren. Die

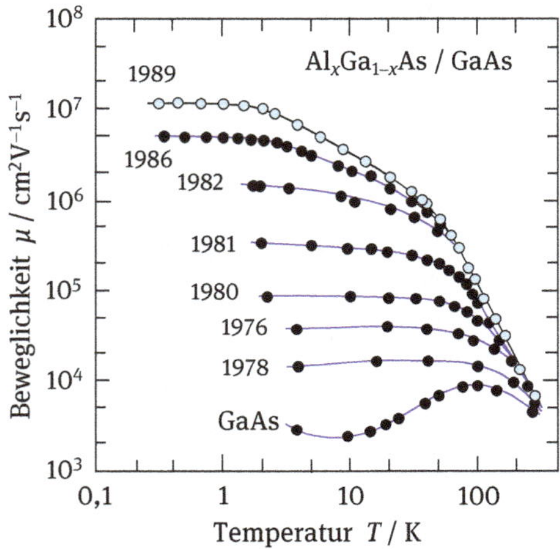

Abb. 10.30: Entwicklung der Elektronenbeweglichkeit in AlGaAs/GaAs-Heterostrukturen durch Verbesserung der Herstellbedingungen. Die Zahlen an den Kurven geben das Jahr der Herstellung an. Die höchsten Beweglichkeitswerte (bis 1989) wurden mit einem $Al_{0,35}Ga_{0,65}As$/GaAs-System erreicht. (Nach L.Pfeiffer et al., Appl. Phys. Lett. **55**, 1888 (1989).)

Dotierung erfolgte mit Siliziumatomen in der $Al_{0,35}Ga_{0,65}As$-Schicht, die eine größere Bandlücke als GaAs besitzt. Die Elektronen der Donatoratome werden an das energetisch tiefer liegende Leitungsband des angrenzenden intrinsischen GaAs-Materials abgegeben. Da epitaktisch hergestelltes GaAs weitgehend störungsfrei ist, wurde, verglichen mit konventionell dotierten GaAs-Kristallen, eine Zunahme der Beweglichkeit um etwa vier Größenordnungen beobachtet.

Reiht man die unterschiedlichen Materialien periodisch aneinander, so entsteht ein **Übergitter**. Die Aneinanderreihung der soeben betrachteten Heterostruktur führt zu einem dotierungsmodulierten *Kompositionsübergitter*. Wie in Bild 10.31 gezeigt ist, wechseln sich in diesem Beispiel Schichten des Halbleiters A mit starker n-Dotierung mit Schichten des nahezu intrinsischen Halbleiters B ab. Aufgrund der vorgegebenen neuen Bandstruktur wandern die Elektronen in die Potenzialtöpfe des undotierten Halbleiters B. Dadurch entsteht in den stark dotierten Schichten des Halbleiters A jeweils eine hochohmige Verarmungszone.

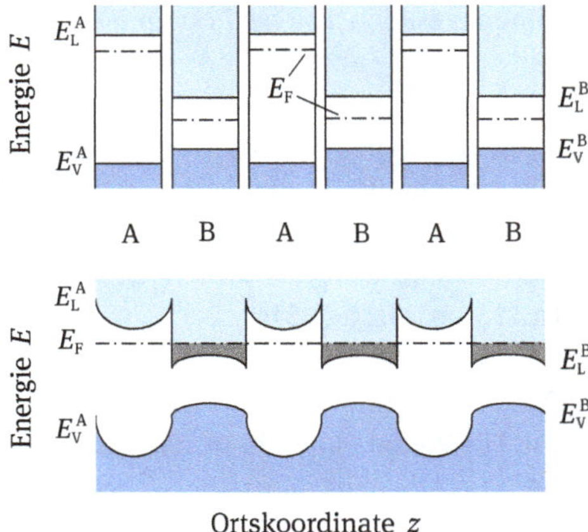

Abb. 10.31: Bandverlauf in einem Kompositionsübergitter. Im oberen Teil ist die Lage der Bandkanten und der Fermi-Niveaus der Ausgangsmaterialien dargestellt. Im Übergitter (unten) entstehen Potenzialtröge, in denen sich ein zweidimensionales Elektronengas (grau dargestellt) ausbildet.

Das Verhalten von modulationsdotierten Kompositionsübergittern ist auch in anderer Hinsicht bemerkenswert. So besitzen die in den Potenzialtöpfen gefangenen Elektronen längs und senkrecht zu den Grenzflächen ganz unterschiedliche Eigenschaften. Parallel zu den Grenzflächen hat die Wellenfunktion der Elektronen den Charakter ausgedehnter Bloch-Wellen. Senkrecht dazu, wir bezeichnen diese Richtung im Folgenden als z-Richtung, ist die Bewegung durch den engen Potenzialtopf stark eingeschränkt. Zur Diskussion der Eigenwerte der Elektronen gehen wir von einem *Quantentrog* aus und nähern ihn in z-Richtung durch ein Kastenpotenzial. Dies ist exakt die Situation, die wir in Abschnitt 7.1 im Zusammenhang mit zweidimensionalen Systemen diskutiert haben. Die Energieeigenwerte sind durch (8.13) gegeben. Wir schreiben die Gleichung nochmals an:

$$E_j(k_x, k_y) = \frac{\hbar^2(k_x^2 + k_y^2)}{2m_{xy}^*} + E_j \,. \tag{10.58}$$

Hier bezeichnet m_{xy}^* die effektive Masse, die mit der Elektronenbewegung in der xy-Ebene verbunden ist. E_j steht für die transversale Energie.

Da sich die Elektronen nur längs der xy-Ebene bewegen können, stellen diese Heterostrukturen die Realisierung eines zweidimensionalen Elektronengases dar.[8] Die Zustandsdichte ist konstant und durch Gleichung (8.15) gegeben. Für jedes Subband j gilt daher der einfache Ausdruck $D_j(E) = m_{xy}^*/\pi\hbar^2$. Die Existenz der stufenförmigen Zustandsdichte lässt sich mit Hilfe optischer Absorptions- oder Photolumineszenz-experimente nachweisen.

An dieser Stelle soll noch auf einen weiteren Effekt hingewiesen werden, den man an derartigen Übergittern beobachtet. Die transversalen Energieniveaus E_j sind nur dann scharf, wenn die einzelnen Potenzialtöpfe des Übergitters genügend weit voneinander entfernt sind. Ist der Abstand zwischen den Potenzialtöpfen kleiner als 100 Å, so wird der Überlapp zwischen den Wellenfunktionen merklich und bewirkt eine Aufspaltung der Einzelniveaus in Bänder. Dieser Vorgang ist völlig analog zur Aufspaltung der Atomniveaus im Festkörper, wie wir sie in Abschnitt 8.4 im Rahmen des Modells der „stark gebundenen" Elektronen diskutiert haben. Man bezeichnet die dadurch entstehenden Bänder als **Minibänder**. Bei Übergittern besteht die Möglichkeit, den Abstand zwischen den Potenzialtöpfen und damit den Überlapp der Wellenfunktionen über weite Bereiche systematisch zu variieren. Die in Abschnitt 9.1 erwähnten Messungen der Bloch-Oszillation wurde an derartigen Strukturen durchgeführt.

Einen weiteren interessanten Typus von Übergittern stellen die **Dotierungsübergitter** dar, deren Aufbau in Bild 10.32 skizziert ist. Sie bestehen aus einem Halbleiter, der abwechselnd n- und p-dotiert ist. Die Periode kann in weiten Bereichen variieren, liegt aber typischerweise bei einigen hundert Ångström.

Da zwischen den n- und p-dotierten Bereichen auch ein schmaler intrinsischer Bereich auftritt oder auch absichtlich abgeschieden wird, bezeichnet man diese Übergitter auch als *nipi-Strukturen*. Wie Bild 10.32 andeutet, besitzen diese Gitter wellenförmige Bandkanten. Dieser Verlauf wird wieder durch das chemische Potenzial erzwungen, das im gesamten Halbleiter einen konstanten Wert aufweist. Durch die wechselnde Dotierung liegen abwechselnd die Leitungs- und Valenzbandkante näher am Fermi-Niveau. Dies hat z.B. zur Folge, dass angeregte freie Elektronen in den Minima des Leitungsbands und Löcher in den Valenzbandmaxima sitzen. Die Ladungsträgertypen sind also räumlich voneinander getrennt. Dadurch ist die Rekombination erschwert,wodurch die Lebensdauer der Elektronen und Löchern erheblich vergrößert wird. Zusätzlich bewirkt die Modulation der Bänder – ähnlich wie bei den amorphen Halbleitern – eine Reduktion der effektiven optischen Bandlücke. Ein weiterer Effekt beruht auf der Tatsache, dass

8 Die gleiche Betrachtung kann auch für Löcher in den Maxima des Valenzbands durchgeführt werden.

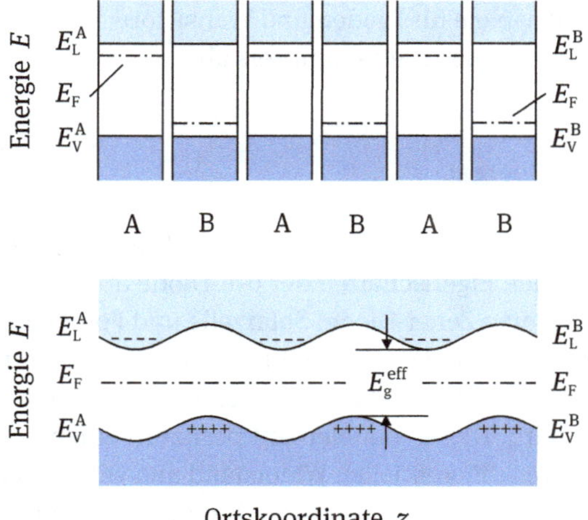

Abb. 10.32: Bandverlauf in einem Dotierungsübergitter. Im oberen Teil ist die Lage der Bandkanten und der Fermi-Niveaus der Ausgangsmaterialien dargestellt. Im Übergitter (unten) bildet sich ein wellenförmiger Potenzialverlauf aus. Ebenfalls eingezeichnet ist die effektive Bandlücke. Die freien Ladungsträger sind durch Plus- und Minuszeichen symbolisch angedeutet.

die Bandmodulation durch die Raumladungen bewirkt wird. So entstehen die „Täler" in den n-leitenden Gebieten, da dort positiv geladene Donatoren existieren. Im Bereich der „Berge" hat die Raumladung gerade das umgekehrte Vorzeichen. Erzeugt man durch intensive optische Einstrahlung viele freie Elektronen und Löcher, so reduzieren sie die effektive Raumladung. Dadurch vermindert sich auch die Modulationsstärke, d.h. die effektive Bandlücke kann durch Lichteinstrahlung verändert werden. Dieser Effekt lässt sich mit Hilfe der Photolumineszenz nachweisen, die sich mit zunehmender Intensität des anregenden Lichts zu höheren Photonenenergien verschiebt.

10.5 Bauelemente

Die heutige Informationstechnik beruht auf Datenverarbeitung, Datenspeicherung und Datentransfer. Dabei erfolgen Datenspeicherung und -verarbeitung fast ausschließlich mit Hilfe von Integrierten Schaltkreisen mit Silizium als Ausgangsmaterial. Dagegen kommen bei den optoelektronischen Bauelementen, die häufig beim Datentransfer eingesetzt werden, meist Bauelemente basierend auf III-V-Halbleitern zum Einsatz. Hierzu zählen optische Detektoren, Licht-emittierende Dioden und Halbleiterlaser.

Bei den Bauelementen lassen sich zwei Sorten unterscheiden: Die *Zweitor-Bauelemente* (Dioden) beruhen auf den Eigenschaften des Stromflusses zwischen zwei Kontakten. Zu ihnen gehören die meisten optoelektronischen Bauelemente. In der Datenverarbeitung und -speicherung und in der Leistungselektronik verwendet man *Transistoren*. Dies sind *Dreitor-Bauelemente*, bei denen Ströme oder Spannungen zwischen zwei Kontakten durch eine äußere Spannung an einem dritten Kontakt gesteuert werden. Grundsätzlich unterscheidet man zwischen *unipolaren* und *bipolaren* Bauelementen, je nachdem, ob eine Sorte von Ladungsträgern oder beide beteiligt sind.

Im Folgenden gehen wir auf einige Beispiele für Dioden und Transistoren ein und schließen das Kapitel mit der Beschreibung eines Halbleiterlasers ab.

10.5.1 Technische Anwendung des p-n-Übergangs

Es gibt eine Reihe von Bauelementen, die auf der Anwendung des p-n-Übergangs beruhen. Sieht man von den gleichrichtenden Eigenschaften der p-n-Diode ab, die wir bereits angesprochen haben, so zählen hierzu Zener-Diode, Solarzelle und Fotodiode. Auf sie werden wir im Folgenden kurz eingehen. Daneben gibt es noch weitere Bauelemente wie die *Rückwärtsdiode* oder *Tunneldiode*, die auch nach dem Namen des Erfinders als Esaki-Diode[9] bezeichnet wird. Dieses Bauelement besitzt in einem begrenzten Spannungsbereich einen negativen differentiellen Widerstand und wird in der Mikrowellentechnik häufig als Verstärker, Schalter und auch als Oszillator verwendet.

Zener-Diode.[10] Wir betrachten einen p-n-Übergang in einem hoch dotierten Halbleiter, der in Sperrrichtung gepolt ist. Erhöht man die anliegende Spannung, so setzt überraschenderweise ein starker Stromanstieg ein. Im Falle von Siliziumdioden mit einer Konzentration von $10^{25}\,\mathrm{m}^{-3}$ Dotieratomen oder höher, liegt die kritische Spannung bei etwa 2 V. Da bei hoher Dotierung in der dünnen Sperrschicht sehr hohe Feldstärken auftreten, können Elektronen aus dem Valenzband des p-Leiters durch die Bandlücke ins weitgehend leere Leitungsband des n-Leiters tunneln, wenn dessen Leitungsbandkante, wie in Bild 10.33 dargestellt, unterhalb der Valenzbandkante des p-Leiters zu liegen kommt. Die hohe Feldstärke bewirkt das Fließen eines hohen Stromes, den man als *Zener-Durchbruch* bezeichnet. Da der starke Stromfluss sehr plötzlich

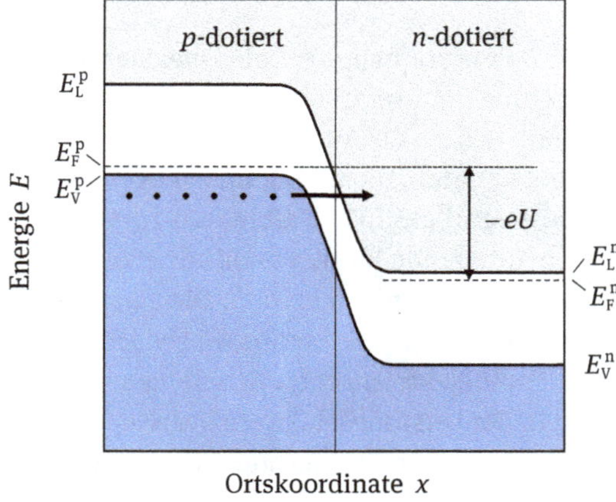

Abb. 10.33: Zener-Diode. Bei genügend hoher Spannung in Sperrrichtung können Elektronen durch die Verarmungszone tunneln und bewirken einen starken Anstieg des Stromflusses. Das Tunneln der Elektronen (schwarze Punkte) ist durch einen Pfeil angedeutet.

9 Leo Esaki, *1925 Osaka, Nobelpreis 1973

10 Clarence Melvin Zener, *1905 Indianapolis, †1993 Pittburgh

einsetzt, nutzt man diesen Effekt in elektrischen Schaltkreisen oft zur Erzeugung einer Referenzspannung.

Solarzelle. p-n-Übergänge sind das Herzstück von Solarzellen. Wird ein Photon in einem Halbleiter absorbiert, so wird ein Elektron-Loch-Paar erzeugt. Erfolgt die Absorption in der Raumladungszone eines p-n-Übergangs, so werden die beiden Ladungsträger durch das herrschende elektrische Feld getrennt. Lichteinstrahlung bewirkt daher einen zusätzlichen Stromfluss I_L im p-n-Übergang. Fügen wir diesen Beitrag in Gleichung (10.55) ein und ersetzen die Stromdichte durch die Stromstärke, so erhalten wir

$$I = I_s\left(e^{eU/k_BT} - 1\right) - I_L \,. \tag{10.59}$$

Bei der klassischen Silizium-Solarzelle fällt das Sonnenlicht auf eine etwa 1 µm dicke n-leitende Schicht, die in das etwa 0,6 mm dicke p-leitende Substrat eingebracht wurde. Die n-Schicht ist so dünn, damit das Sonnenlicht vorzugsweise im p-n-Übergang absorbiert wird. Die p-Schicht ist relativ dick, damit auch das tiefer eindringende Licht noch zur Ladungstrennung beitragen kann. Gleichzeitig verleiht diese Schicht der Solarzelle die erforderliche mechanische Stabilität. Typische Dotierkonzentrationen sind $2 \cdot 10^{25}$ Phosphoratome/m^3 bzw. $5 \cdot 10^{22}$ Boratome/m^3. Natürlich muss bei einer genaueren Analyse des Stromflusses berücksichtigt werden, dass bei den hier vorliegenden großen Ausdehnungen der Raumladungszonen die Rekombination der Ladungsträger, die wir in unseren bisherigen Betrachtungen zum p-n-Übergang vernachlässigt haben, eine wichtige Rolle spielt.

In Bild 10.34 ist die Strom-Spannungscharakteristik einer etwa 4 cm^2 großen Siliziumsolarzelle bei Lichteinfall dargestellt. Zur Berechnung der Kennlinie wurden die Parameterwerte $I_L = 100$ mA und $I_s = 1$ nA benutzt. Ebenfalls eingezeichnet ist der

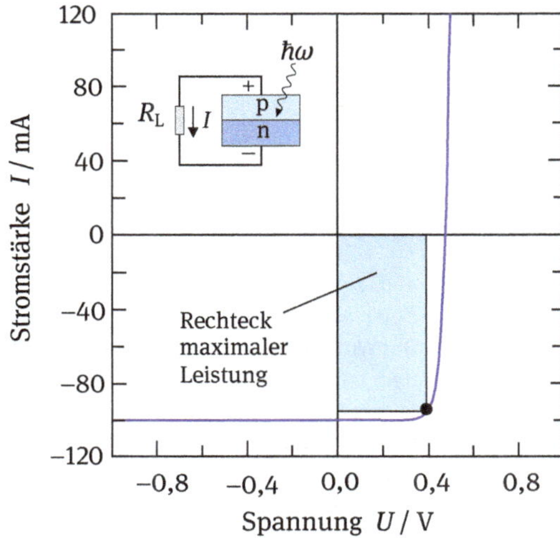

Abb. 10.34: Strom-Spannungscharakteristik einer Siliziumsolarzelle bei Beleuchtung. Der optimale Arbeitspunkt ist gefunden, wenn die Fläche des blauen Rechtecks und damit die gelieferte elektrische Leistung maximal ist. Eingezeichnet ist auch der Prinzipschaltkreis mit dem Verbraucherwiderstand R_L.

Prinzipschaltkreis, mit dem Verbraucherwiderstand R_L, dessen optimale Größe durch die nachfolgenden Überlegungen bestimmt wird.

Der Stromkreis wird durch zwei Kenngrößen charakterisiert: durch die Leerlaufspannung und den Kurzschlussstrom. Wird eine Solarzelle im Leerlauf, d.h. bei $I = 0$ betrieben, so stellt sich nach Gleichung (10.59) am p-n-Übergang die Spannung $U \approx (k_B T/e)\ln(I_L/I_S)$ ein. Typische Leerlaufspannungen liegen im Bereich von 0,5 V. Im Falle des Kurzschlusses, also bei $U = 0$, ist der Strom durch I_L gegeben. Er wird ausschließlich durch den lichtinduzierten Beitrag bestimmt und ist proportional zur Beleuchtungsstärke. Die Sonnenenergie wird optimal genutzt, wenn die an einen Verbraucher abgegebene Leistung $P = UI$ ihren maximalen Wert besitzt. Die Betriebsbedingungen müssen daher so gewählt werden, dass die Fläche des blauen Rechtecks in Bild 10.34 möglichst groß ist. Bei den üblichen Kennlinien ist dies der Fall, wenn die Arbeitsspannung bei etwa 80% der Leerlaufspannung liegt. Um einen hohen Wirkungsgrad zu erzielen, muss deshalb der Verbraucherwiderstand R_L den Parametern der Solarzelle angepasst werden.

Warum ist der erzielbare Wirkungsgrad von Solarzellen relativ klein? Ausschlaggebend ist, dass einerseits Photonen mit einer Energie kleiner als die Bandlücke keinen Beitrag leisten, andererseits der Energieüberschuss der energiereichen Photonen verloren geht, da sie ebenfalls nur *ein* Elektron-Loch-Paar erzeugen. Der Wirkungsgrad hängt daher von der Energielücke des verwendeten Halbleiters und der Form des Beleuchtungsspektrums ab. In Bild 10.35 ist der ideale Wirkungsgrad von Solarzellen eingetragen, der die relative Lage von Sonnenspektrum und Bandlücke des betreffenden Bauelements widerspiegelt. In der Darstellung wurde das Strahlungsspektrum AM 1,5 angenommen, das sich ergibt, wenn die Sonne 48,2° über dem Horizont steht. Dem Schaubild lässt sich entnehmen, dass ohne weitere Vorkehrungen, wie Lichtkonzentration oder einem komplizierteren Aufbau aus einer Aneinanderreihung

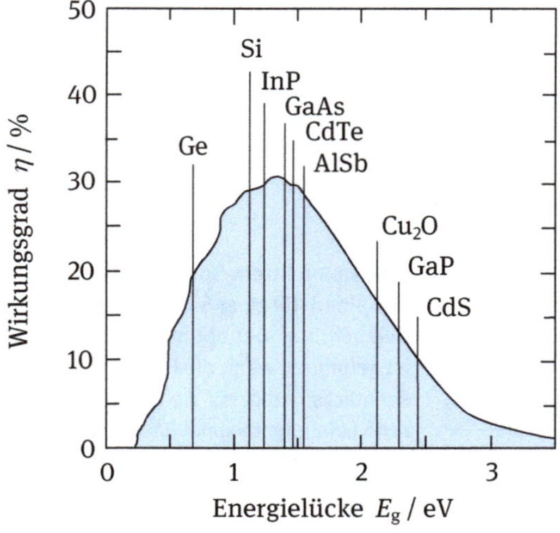

Abb. 10.35: Idealer Wirkungsgrad η von Solarzellen als Funktion der Energielücke. Der Wirkungsgrad ergibt sich als Schnitt der Linie für die Energielücke des Halbleiters und der schwarzen Kurve. Die schwachen Oszillationen sind durch die Absorption in der Erdatmosphäre bedingt. Es wurde das Strahlungsspektrum AM 1,5 vorausgesetzt.

von Halbleitern mit verschiedenen Energielücken, ein maximaler Wirkungsgrad von 31% erzielt werden kann. Dieser Wirkungsgrad kann theoretisch erreicht werden, wenn die Energielücke mit der Photonenenergie im Maximum des Sonnenspektrums zusammenfällt. Die tatsächlich erreichten Wirkungsgrade sind wesentlich kleiner. Mit Solarzellen bestehend aus amorphem Silizium erreicht man bis zu 10%, mit polykristallinem Silizium 15% und mit monokristallinem Silizium bis zu 20%. Einen hohen Wirkungsgrad erzielt man auch mit GaAs, nämlich bis zu 25% bei Solarzellen, die aus mehreren Schichten aufgebaut sind.

Fotodiode. Auch in Fotodioden sind p-n-Übergänge oft das zentrale Element. Wie wir gesehen haben, bewirkt die Einstrahlung von Licht in einen p-n-Übergang einen Stromfluss I_L. Da mit der Absorption eines Photons jeweils ein Elektron-Loch-Paar erzeugt wird, ist bei vorgegebener Wellenlänge der Strom im p-n-Übergang proportional zur Intensität des einfallenden Lichts. Wie in Bild 10.36 angedeutet, verschiebt sich bei Lichteinstrahlung die Kennlinie nach unten, wodurch sich der Spannungsabfall am Arbeitswiderstand R_L verändert. Um ein Signal zu erhalten, das weitgehend unabhängig von der Vorspannung ist, betreibt man die Fotodiode, wie im Bild durch Punkte angedeutet, in Sperrrichtung.

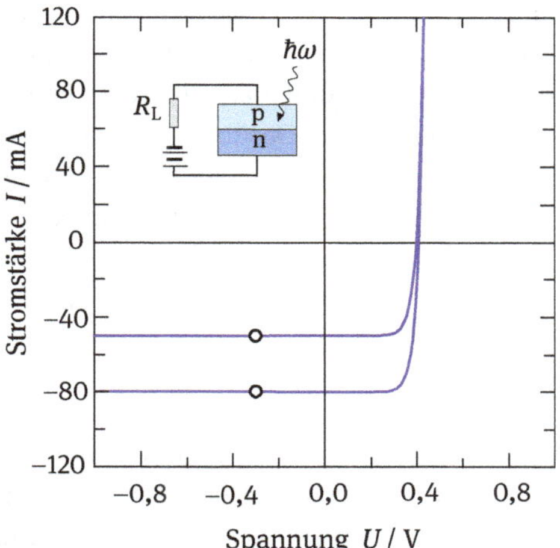

Abb. 10.36: Strom-Spannungscharakteristik einer Fotodiode bei zwei Lichtintensitäten. Mit zunehmender Intensität verschiebt sich die Kennlinie nach unten. Die beiden Kreise markieren typische Arbeitspunkte. Der Prinzipschaltkreis mit dem Arbeitswiderstand R_L ist ebenfalls eingezeichnet.

Leuchtdiode (LED). Leuchtdioden[11] finden eine sehr breite Anwendung in den Bereichen des täglichen Lebens. Zur Lichterzeugung nutzt man den Effekt, dass in einer Diode im Durchlassbereich die Majoritätsladungsträger nach dem Durchqueren der Raumladungszone innerhalb der Diffusionslänge rekombinieren. Bei direkten Halbleitern erfolgt dabei häufig ein Übergang des Elektrons aus dem Leitungsband in ein

11 Die Abkürzung LED kommt aus dem Englischen und steht für **L**ight-**E**mitting **D**iode.

Loch des Valenzbands unter Emission eines Photons. Dieser Prozess ist die Umkehrung des optischen Absorptionsprozesses, der in Abschnitt 10.1 diskutiert wurde. Bei Halbleiter mit indirekter Bandlücke läuft die Rekombination meist *strahlungslos* ab, d.h. die Rekombinationsenergie wird vollständig in Form von Phononen an das Gitter abgegeben. Um auch derartige Halbleiter als Leuchtdioden zu nutzen, baut man geeignete *Rekombinationszentren* ein. Das sind Störstellen mit einem Energieniveau in der Nähe des Valenzbandes, zu dem ein strahlender Übergang erfolgen kann.

Obwohl die ersten roten und grünen LEDs bereits in den sechziger Jahren entwickelt wurden, dauerte es bis Anfang 1990 bis die erste blaue Leuchtdiode verfügbar war. Den Durchbruch schafften *I. Akasaki*[12], *H. Amano*[13] und *S. Nakamura*[14] mit Galliumnitrid. Seit einigen Jahren sind Leuchtdioden für alle Wellenlängenbereiche, vom Infraroten bis ins Ultraviolette, auf dem Markt erhältlich. Da die Wellenlänge des emittierten Lichts durch die Energielücke bestimmt wird, werden Halbleiter mit unterschiedlichen Bandlücken benutzt. So emittiert GaAs mit $E_g = 1{,}42\,\text{eV}$ im Infraroten, GaN mit $E_g = 3{,}37\,\text{eV}$ im Blauen und AlN mit $E_g = 6{,}13\,\text{eV}$ im Ultravioletten. Bemerkenswert ist das Mischsystem $In_xGa_{1-x}N$, das eine direkte Bandlücke besitzt, deren Wert, abhängig von der Zusammensetzung, zwischen 0,7 eV und 3,37 eV variiert. Ergänzt sei noch bemerkt, dass LEDs auch auf der Grundlage von Heterostrukturen hergestellt werden.

Die Verfügbarkeit von Leuchtdioden, die bei ganz unterschiedlichen Wellenlängen arbeiten, erlaubt die Erzeugung von weißem Licht mit Hilfe dieser Technik. Für diesen Zweck wurden verschiedene Verfahren der additiven Farbmischung entwickelt. Eine Möglichkeit besteht darin, Leuchtdioden mit rotem, grünem und blauem Licht in einem Gehäuse unterzubringen und sie jeweils passend anzusteuern. Darüber hinaus besteht die Möglichkeit, durch geeignete Änderung der Steuerspannungen kontinuierlich die Farbe derartiger Strahler zu verändern. Die Wirkungsgrad beträgt gegenwärtig maximal etwa 85 %.

10.5.2 Transistoren

Transistoren werden zum Schalten und Verstärken von Strömen und Spannungen benutzt. Man unterscheidet hier zwischen zwei Typen: dem unipolaren und dem bipolaren. Wir betrachten hier zunächst kurz den bipolaren Transistor, der im Grunde eine Kombination aus zwei p-n-Übergängen darstellt. Eine umfassendere Theorie dieses Transistors ist relativ aufwändig, doch beschäftigen wir uns hier nur mit der prinzipiellen Wirkungsweise. Anschließend beschreiben wir die Arbeitsweise eines MOS-Feldeffekttransistors, der zu den unipolaren Bauelementen zählt.

---

12 Isamu Akasaki, *1929 Chiran (Japan), †2021 Nagoya, Nobelpreis 2014

13 Hiroshi Amano, * 1960 Hamamatsu (Japan), Nobelpreis 2014

14 Shuji Nakamura, *1954 Ikata, (Japan), Nobelpreis 2014

Bipolartransistor. Der klassische bipolare Transistor wurde 1947 von *J. Bardeen*[15], *W. Brattain*[16] und *W.B. Shockley*[17] erfunden. Ein p-n-p-Transistor besteht, wie Bild 10.37 zeigt, aus *Emitter*, *Basis* und *Kollektor*. Für den Aufbau des Transistors ist wichtig, dass die Dicke der Basis ($d < 1\,\mu\text{m}$) so gering ist, dass dort die Rekombination der Ladungsträger keine Rolle spielt. Entsprechendes gilt für den n-p-n-Transistor, bei dem Elektronen und nicht wie beim p-n-p-Transistor Löcher den Hauptstrom tragen.

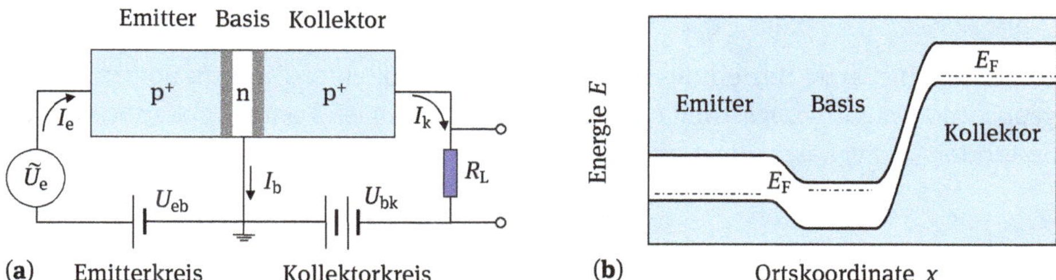

Abb. 10.37: Bipolarer p-n-p-Transistor. **a)** Schematischer Aufbau und Beschaltung eines p-n-p-Transistors. Die Raumladungszonen sind grau gekennzeichnet, die relevanten Spannungen und Teilströme sind angegeben. Das + Zeichen bei der Dotierungsangabe deutet hohe Dotierung an. **b)** Bänderschema des Transistors. Die Lage des Fermi-Niveaus in den einzelnen Bereichen ist durch strich-punktierte Linien angedeutet.

Der in Durchlassrichtung gepolte Emitter-Basis-Übergang „emittiert" Löcher in die Basis, in der sie diffundieren, bis sie an den in Sperrrichtung gepolten Basis-Kollektor-Übergang gelangen. Dort sind die Löcher Minoritätsladungsträger und können ungehindert passieren. Sie werden am Kollektor „gesammelt" und fließen anschließend durch den Lastwiderstand R_L des Kollektorkreises. Wichtig ist, wie bereits erwähnt, dass die Löcher, deren Erzeugung von der Emitter-Basis-Spannung U_{eb} kontrolliert wird, nicht in der Basis mit den in großer Zahl vorhandenen Elektronen rekombinieren, sondern möglichst ungehindert in den Kollektor gelangen. Dies erreicht man, indem man die Basiszone klein gegen die Diffusionslänge macht. Der Basisstrom I_b ist dann sehr klein und der Emitterstrom fließt weitgehend in den Kollektor. Emitter- und Kollektorstrom sind also in etwa gleich groß und somit auch unabhängig von der Basis-Kollektor-Spannung U_{bk} und damit auch vom Widerstand R_L. Die Spannung $U_L = R_L I_k$ am Lastwiderstand kann deshalb viel größer sein als das eingangs benutzte Signal im Emitterkreis, d.h., das Signal wird verstärkt.

Grob lässt sich die Verstärkung wie folgt ermitteln: Sind $U_e = U_{eb} + \tilde{U}_e$ die Spannung und I_e der Strom im Emitterkreis, wie in Bild 10.37 angegeben, so folgt aus unseren

15 John Bardeen, *1908 Madison, †1991 Boston, Nobelpreis 1956 und 1972

16 Walter Houser Brattain, * 1902 Amoy (China), †1987 Seattle, Nobelpreis 1956

17 William Bradford Shockley, *1910 London, †1989 Stanford, Nobelpreis 1956

Betrachtungen zum p-n-Übergang aus Gleichung (10.55)

$$I_e = I_{s,e}\,(e^{eU_e/k_BT} - 1) \approx I_{s,e}\,e^{eU_e/k_BT}\,, \tag{10.60}$$

wobei $I_{s,e}$ für den Sättigungsstrom des Emitters in Sperrrichtung steht. Bezeichnen wir mit α den Bruchteil der Löcher, der durch die Basis diffundiert, nicht rekombiniert und am Kollektor ankommt, so können wir für den Kollektorstrom

$$I_k = I_{s,k} + \alpha I_e \approx \alpha I_e \tag{10.61}$$

schreiben. Die letzte Beziehung gilt, weil die Basis-Kollektor-Diode in Sperrrichtung gepolt und der Sättigungsstrom $I_{s,k}$ deshalb relativ klein ist. Damit erhalten wir für die Spannung U_L am Lastwiderstand:

$$U_L = R_L I_k = \alpha R_L I_e\,. \tag{10.62}$$

Mit diesen Gleichungen lässt sich der Verstärkungsfaktor sofort angeben:

$$\frac{dU_L}{d\widetilde{U}_e} = \frac{e\alpha R_L I_e}{k_B T}\,. \tag{10.63}$$

Setzen wir die typischen Zahlenwerte $I_e = 10\,\text{mA}$, $k_BT/e \approx 0{,}025\,\text{V}$, $R_L = 1\,\text{k}\Omega$ und $\alpha \approx 1$ ein, so finden wir für den Verstärkungsfaktor den Wert 400.

Wir haben hier die *Basisschaltung* betrachtet, bei der die Basis auf Erdpotenzial liegt. Der Transistor wirkt dann als Spannungs- oder Leistungsverstärker. Wie man sich leicht überlegen kann, dient im Falle der *Emitterschaltung*, bei der der Emitter geerdet ist, der Transistor als Stromverstärker.

MOSFET. Ehe wir auf die Wirkungsweise des *Metall-Oxid-Halbleiter-Feldeffekttransistors*, abgekürzt *MOSFET* nach den Anfangsbuchstaben der englischen Bezeichnung, eingehen, betrachten wir zunächst eine Metall-Oxid-Halbleiter-Grenzfläche, wie sie in Bild 10.38 für einen schwach p-dotierten Halbleiter schematisch dargestellt ist. Legt man an die Metallelektrode eine positive Spannung U_g, so werden die Löcher abgestoßen und die Elektronen angezogen. Aufgrund der vorhandenen negativ geladenen Akzeptoren bildet sich, wie beim p-n-Übergang, eine negative Raumladung aus. Dies führt in der Nähe der Grenzfläche zu einer Bandverbiegung und zu einer *Verarmung* an Löchern. Mit zunehmender Spannung werden die Bänder an der Grenzfläche weiter abgesenkt und die Elektronendichte nimmt zu. Da in dieser dünnen Schicht der Leitungsmechanismus von der ursprünglichen p-Leitung zur n-Leitung übergeht, spricht man von einer **Inversionsschicht**. Die n-leitende Schicht ist durch die isolierend wirkende Verarmungszone vom p-leitenden Substrat getrennt. Bei weiterer Erhöhung der Spannung taucht die Leitungsbandkante schließlich unter das Fermi-Niveau und es bildet sich ein entartetes Fermi-Gas mit metallischem Charakter aus. Da dieser gut leitende Kanal relativ schmal ist, stellt die Inversionsschicht eine experimentelle Realisierung eines zweidimensionalen Elektronengases dar. Der Quanten-Hall-Effekt,

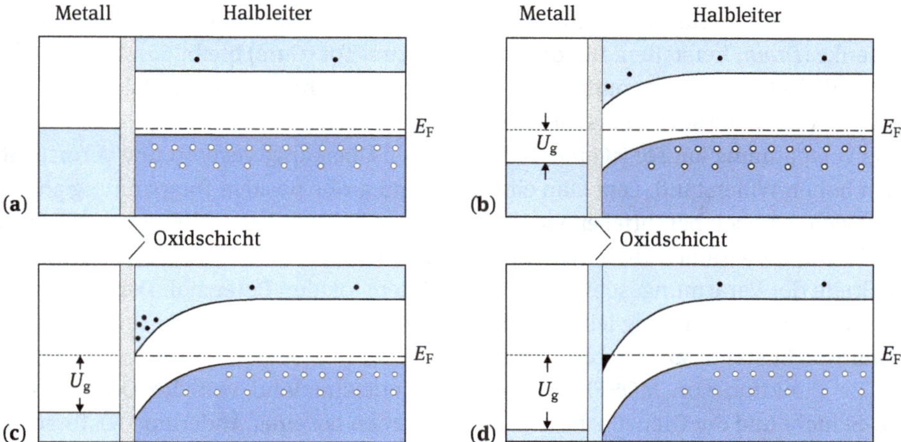

Abb. 10.38: Bildhafte Darstellung der Wirkungsweise einer Metall-Oxid-Halbleiter-Grenzschicht. Die Elektronen im Leitungsband sind durch Punkte, die Löcher im Valenzband durch offene Kreise symbolisiert. Es wirkt die positive Spannung U_g, die Gegenelektrode ist nicht dargestellt. **a)** Lage der Bandkanten und des Fermi-Niveaus ohne Anliegen einer Spannung, **b)** Verarmungsschicht, verursacht durch eine kleine positive Vorspannung, **c)** n-Inversionsschicht bei großer positiver Vorspannung, **d)** Inversionsschicht mit entartetem Elektronengas im Leitungsband, angedeutet durch schwarze Färbung.

den wir in Abschnitt 9.3 behandelt haben, wurde zum ersten Mal an einer derartigen Struktur beobachtet.

Nun sind wir in der Lage, die Schalteigenschaften eines MOSFET, dessen Aufbau in Bild 10.39 schematisch dargestellt ist, zu verstehen. Zwei hoch dotierte n-Bereiche, bedeckt mit einer dünnen Oxidschicht (meist SiO_2), sind in p-leitendes Material eingebettet. Die Oxidschicht wird von zwei Kontakten durchbrochen, welche die Verbindung

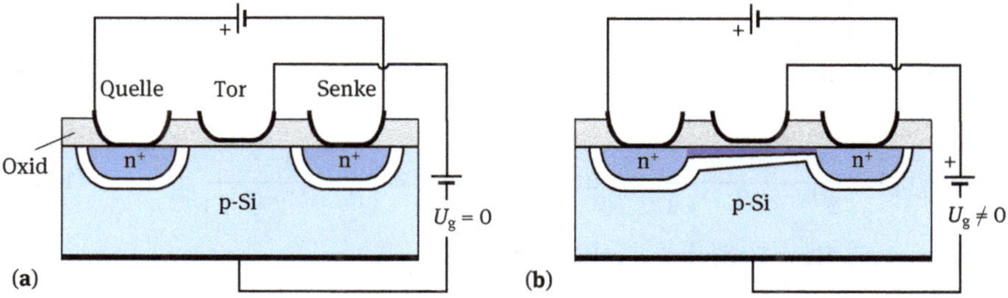

Abb. 10.39: MOSFET. Die dunklen Metallelektroden stehen im direkten Kontakt mit den n^+-Bereichen von Quelle und Senke. **a)** Ohne Torspannung U_g sind diese durch die weiß dargestellten Verarmungszonen untereinander und vom p-leitenden Substrat getrennt. **b)** Eine positive Torspannung ruft den dunkelblau gezeichneten leitfähigen Kanal hervor, der ebenfalls durch die Verarmungszone vom Substrat isoliert ist.

zu der n-dotierten Elektronenquelle (*Source*) und der ebenfalls n-dotierten Elektronensenke (*Drain*) herstellen. Der dritte Kontakt zum Tor (*Gate*) bleibt durch eine etwa 100 nm dicke Oxidschicht vom p-dotierten Substrat getrennt. Dieser Kontakt bildet mit der Oxidschicht die soeben diskutierte MOS-Grenzfläche.
Ohne Vorspannung am Tor ist einer der beiden p-n-Übergänge gesperrt und verursacht einen hohen Widerstand. Legt man eine genügend große positive Torspannung an, so bildet sich der oben beschriebene niederohmige, metallisch leitende Kanal aus. Kanal, Quelle und Senke sind durch Verarmungszonen vom p-leitenden Substrat getrennt. Die Breite der Verarmungsschicht variiert mit dem lokalen Potenzial. Der Transistor kann über die Torspannung leicht in den stromdurchflossenen Zustand „an" oder den stromlosen Zustand „aus" gebracht werden.

Die Funktion von MOSFETs hängt ganz entscheidend von der Qualität der SiO_2-Schicht und der Grenzfläche ab. Defekte werden bei einer Änderung der Torspannung ebenfalls umgeladen, so dass nur ein Teil der Spannung für die Steuerung der Inversionsschicht wirksam wird. Die erforderliche hohe Qualität wird nur bei Silizium erreicht, bei GaAs treten so viele Defekte auf, dass sich keine funktionstüchtigen MOSFETs herstellen lassen.

10.5.3 Halbleiterlaser

Eine interessante, technisch sehr wichtige Anwendung von Heterostrukturen ist der Halbleiterlaser, dessen Funktionsprinzip wir hier kurz erläutern. Wir betrachten zunächst nochmals den p-n-Übergang. Wie bereits bei der Diskussion der Leuchtdiode erwähnt wurde, tritt infolge der Rekombination von Elektronen und Löchern nach dem Durchqueren der Raumladungszone Lichtemission beim Betreiben der Diode in Durchlassrichtung auf. Voraussetzung für das Einsetzen von *Lasertätigkeit* in einem p-n-Übergang ist das Auftreten einer Besetzungsinversion. Da sich die Elektronen und Löcher an den Bandkanten aufhalten, müssen wir die Besetzungswahrscheinlichkeit an den Kanten E_L und E_V betrachten. Voraussetzung für die erforderliche Besetzungsinversion ist daher, dass $f(E = E_\mathrm{L}) > f(E = E_\mathrm{V})$ ist. Die entsprechenden Wahrscheinlichkeiten sind durch

$$f(E_\mathrm{L}) = \frac{1}{\mathrm{e}^{(E_\mathrm{L}-E_\mathrm{F}^\mathrm{n})/k_\mathrm{B}T} + 1} \qquad \text{und} \qquad f(E_\mathrm{V}) = \frac{1}{\mathrm{e}^{(E_\mathrm{V}-E_\mathrm{F}^\mathrm{p})/k_\mathrm{B}T} + 1} \tag{10.64}$$

gegeben, so dass diese Bedingung erfüllt ist, wenn

$$E_\mathrm{F}^\mathrm{n} - E_\mathrm{F}^\mathrm{p} > E_\mathrm{L} - E_\mathrm{V} = E_\mathrm{g} \tag{10.65}$$

ist. Dies bedeutet, dass sich die Quasi-Fermi-Niveaus, wie in Bild 10.40 skizziert, in den Bändern befinden müssen. Dies erreicht man durch sehr hohe Dotierung, die im Bild durch p^{++} bzw. durch n^{--} angedeutet ist. Tatsächlich tritt in GaAs-Dioden Lasertätigkeit auf, wenn der Injektionsstrom genügend groß ist.

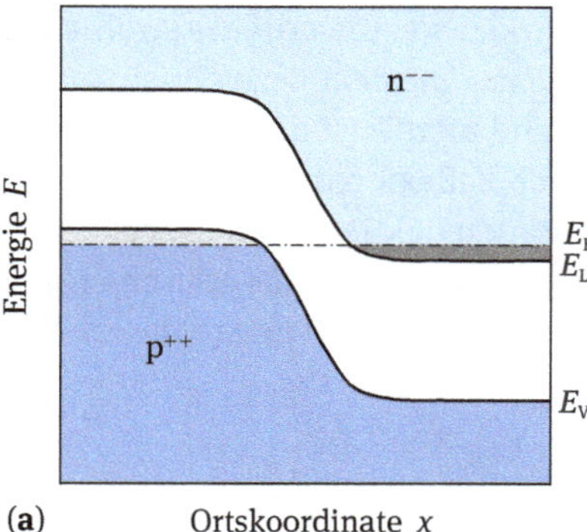

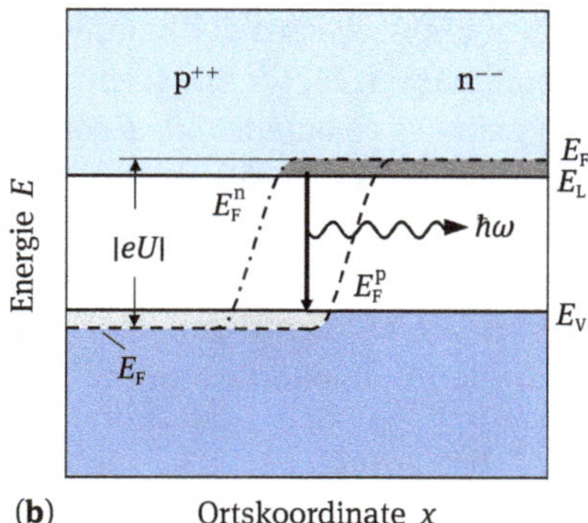

Abb. 10.40: Bänderschema eines p^{++}-n^{--}-Übergangs. **a)** Lage des Fermi-Niveaus im thermischen Gleichgewicht ohne anliegender äußeren Spannung. **b)** p^{++}-n^{--}-Übergang mit angelegter Spannung U in Durchlassrichtung. Es tritt Besetzungsinversion auf, die zur Lasertätigkeit führt.

Der erforderliche hohe Injektionsstrom kann durch die Verwendung einer doppelten Heterostruktur deutlich reduziert werden. Anhand von Bild 10.41 soll nun die Wirkungsweise eines AlGaAs/GaAs/AlGaAs-Lasers erläutert werden. Die aktive Schicht in der Mitte besteht aus schwach dotiertem GaAs und ist in AlGaAs eingebettet, das eine größere Bandlücke aufweist. Die AlGaAs-Schicht auf der linken Seite ist p-, die auf der rechten Seite n-dotiert. Ohne Spannung stellt sich ein Bandverlauf ein, wie er in Bild 10.41a zu sehen ist. Legt man in Durchlassrichtung eine genügend hohe Spannung an, so bilden sich im GaAs-Bereich Bandmulden aus. Die Quasi-Fermi-Niveaus von Elektronen und Löchern liegen in der aktiven GaAs-Schicht innerhalb der Bänder, so dass eine Besetzungsinversion entsteht. Aus dem p-dotierten Bereich fließen Löcher, aus dem n-dotierten Bereich Elektronen in diese Zone. Die Banddiskontinuitäten ver-

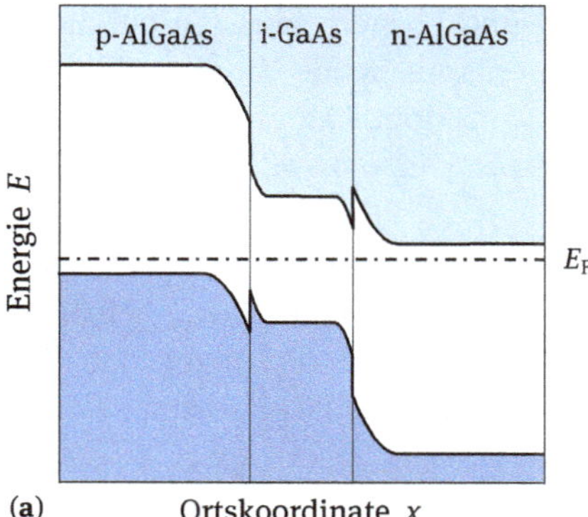

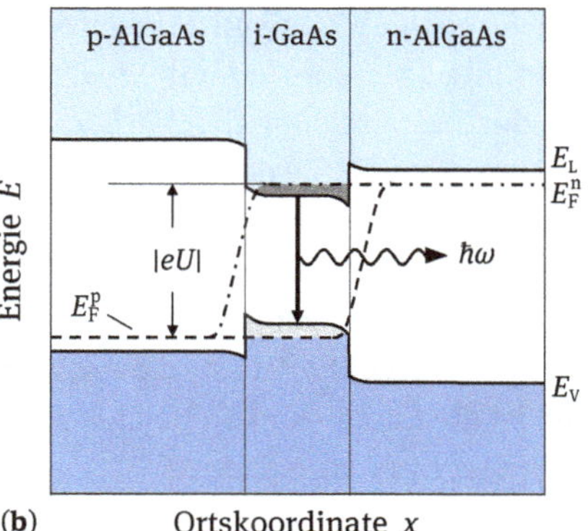

Abb. 10.41: Doppelheterostruktur aus p-AlGaAs/i-GaAs/n-AlGaAS. **a)** Bandschema der Heteroübergänge im thermischen Gleichgewicht. **b)** Bandschema beim Anliegen der Spannung U.

hindern ein Abfließen der Ladungsträger und bewirken so eine erhöhte strahlende Rekombination. Dieser Effekt wird auch als *electrical confinement* bezeichnet. Zusätzlich kommt es zu einem *optical confinement*. Der Grund hierfür ist der Unterschied im Brechungsindex von AlGaAs und GaAs, so dass durch Reflexion das Laserlicht bevorzugt in der aktiven Zone gehalten wird. Durch die stark reflektierenden Grenzflächen zwischen Halbleiter und Luft entsteht ein optischer Resonator, der keine optischen Spiegel erfordert. Mit derartigen Bauelementen gelang ein Durchbruch im kommerziellen Einsatz von Halbleiterlasern.

10.6 Aufgaben

1. Fermi-Niveau. Wir betrachten einen intrinsischen Halbleiter mit der Energielücke $E_g = 0{,}6\,\text{eV}$ und den effektiven Massen $m_n^* = 0{,}04\,m$ und $m_p^* = 0{,}07\,m$ der Elektronen und Löcher. Wo liegt das Fermi-Niveau bei Zimmertemperatur?

2. Silizium. Berechnen Sie für einen undotierten Siliziumkristall bei 300 K folgende Größen:
(a) die Lage des Fermi-Niveaus bezüglich der Valenzbandoberkante,
(b) die Besetzungswahrscheinlichkeit für einen Zustand im Leitungsband,
(c) die Ladungsträgerkonzentration,
(d) den spezifischen Widerstand.

Nun betrachten wir einen mit 10^{23} Boratomen / m^3 dotierten Silizium-Kristall. Berechnen Sie
(e) den spezifischen Widerstand bei 300 K,
(f) die Temperatur, bei der die Hall-Konstante verschwindet.

Hinweise: Die effektiven Massen von Elektronen und Löchern müssten bei dieser Rechnung „geeignet“ gemittelt werden, wobei die entsprechende Mittelwertbildung von der betrachteten Größe (Ladungsträgerkonzentration, Ladungstransport, ...) abhängt. Setzten Sie der Einfachheit halber $m_n^* = m$ und $m_p^* = 0{,}5\,m$.

3. Intrinsischer Halbleiter. An einer undotierten Halbleiterprobe wurden folgende Widerstandswerte gemessen: $R_{350} = 98{,}2\,\Omega$, $R_{420} = 2{,}53\,\Omega$, $R_{490} = 0{,}17\,\Omega$, $R_{560} = 0{,}023\,\Omega$, $R_{630} = 0{,}0046\,\Omega$. Die Messtemperatur (in Kelvin) ist jeweils als Index angegeben. Wie groß ist die Energielücke? Welcher Halbleiter wurde vermessen? Ist er bei einer Wellenlänge von 1 µm transparent?

4. Dotierter Halbleiter. Dotiert man Galliumarsenid ($\varepsilon = 13{,}13$) mit Silizium, so wirken die Siliziumatome, abhängig vom eingenommenen Gitterplatz, als Donator oder als Akzeptor. Im einfachen Wasserstoffatom-Modell wird zwischen den beiden Fällen nicht unterschieden. Benutzen Sie dieses Modell um die Ionisierungsenergie der Silizium-Donatoren und den Bahnradius der Elektronen im Grundzustand zu berechnen. Bei welcher Konzentration der Siliziumatome bildet sich ein Störstellenband aus?

5. Dotiertes GaAs. Wir betrachten eine GaAs-Probe, die mit $5 \cdot 10^{22}\,\mathrm{m}^{-3}$ Tellur- und $10^{20}\,\mathrm{m}^{-3}$ Kohlenstoffatomen dotiert ist. Telluratome wirken als Donatoren, Kohlenstoffatome als Akzeptoren. Die Störstellenniveaus sind 0,03 eV bzw. 0,02 eV von den entsprechenden Bandkanten entfernt.

(a) Ermitteln Sie den Temperaturbereich, in dem der Übergang von der Störstellenreserve zum Erschöpfungszustand erfolgt.
(b) Welcher Bruchteil der Donatoren ist bei 120 K ionisiert?
(c) Wo liegt das Fermi-Niveau bei dieser Temperatur und wo bei 300 K?
(d) Wie groß ist bei Raumtemperatur die Dichte der geladenen Akzeptoren?
(e) Berechnen Sie die elektrische Leitfähigkeit der hier diskutierten Probe bei Raumtemperatur.

6. Siliziumdiode. Berechnen Sie die Kapazität der Raumladungszone einer Siliziumdiode mit einer Querschnittsfläche von $0{,}5\,\mathrm{mm}^2$ im spannungsfreien Zustand. Die Dotierung ist durch $n_\mathrm{D} = 1{,}5 \cdot 10^{22}\,\mathrm{m}^{-3}$ und $n_\mathrm{A} = 2 \cdot 10^{23}\,\mathrm{m}^{-3}$ gegeben. Wie groß ist die Kapazität, wenn in Sperrrichtung eine Spannung von $U = 0{,}3\,\mathrm{V}$ angelegt wird?

7. p-n-Übergang. Berechnen Sie das Verhältnis der Ströme durch einen p-n-Übergang für eine Spannung von 0,1 V in Durchlassrichtung und 0,15 V in Sperrrichtung bei einer Temperatur von 77 K.

8. Solarzelle. Bei Bestrahlung mit Licht genügend kurzer Wellenlänge werden in der Raumladungszone einer Siliziumsolarzelle 0,1 Ladungsträger pro Sekunde und pro Siliziumatom erzeugt. Berechnen Sie

(a) den Kurzschlussstrom,
(b) die Leerlaufspannung,
(c) die optimale Arbeitsspannung bei 22 °C.

Die aktive Fläche soll $100\,\mathrm{cm}^2$, der Sperrstrom $2 \cdot 10^{-9}\,\mathrm{A}$ betragen. Benutzen Sie für die Raumladungszone die Zahlenwerte in Abschnitt 10.5.

11 Supraleitung

Die elektrische Leitfähigkeit von Metallen wird, wie in Kapitel 9 ausführlich diskutiert, durch Stöße der Leitungselektronen mit Phononen, mit Kristalldefekten und durch die Streuung der Elektronen untereinander begrenzt. Da diese Streuprozesse bei allen endlichen Temperaturen auftreten, ist zu erwarten, dass der ohmsche Widerstand nur in perfekten Kristallen und, wenn überhaupt, erst am absoluten Nullpunkt verschwindet. Erstaunlicherweise tritt dieser scheinbar hypothetische Fall bei vielen Metallen bereits bei endlichen, nicht sehr tiefen Temperaturen auf. Man bezeichnet dieses Phänomen als **Supraleitung**. Sie wurde bereits 1911 von *H.K. Onnes*[1] entdeckt, als er den Widerstand eines Quecksilberfadens bei tiefer Temperatur bestimmte. Wie in Bild 11.1 zu sehen ist, nahm der Widerstand beim Kühlen der Probe zunächst langsam ab und fiel bei etwa 4,2 K sprungartig auf einen unmessbar kleinen Wert. Die gleiche Beobachtung, wenn auch bei unterschiedlichen Temperaturen, wurde später bei vielen anderen Metallen gemacht.

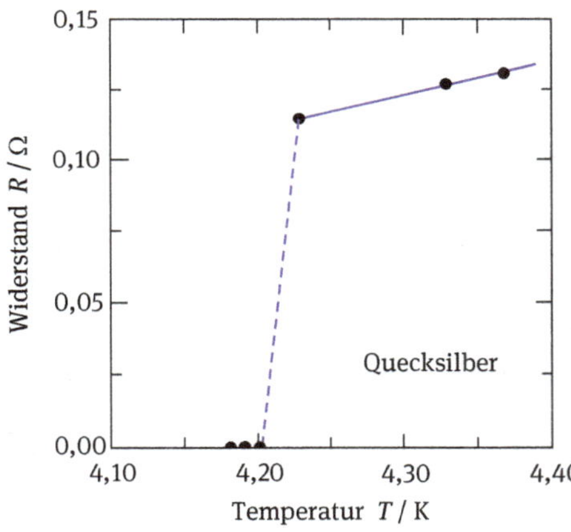

Abb. 11.1: Elektrischer Widerstand eines Quecksilberfadens als Funktion der Temperatur. (Nach H.K. Onnes, Leiden Commun. **124c** (1911).)

11.1 Phänomenologische Beschreibung

Für eine theoretische Behandlung der Supraleitung ist die Beantwortung der Frage von großer Bedeutung: Ist unterhalb der **Sprungtemperatur** T_c der Widerstand tatsächlich null oder nur sehr klein? Eine elegante und sehr empfindliche Prüfung dieser Frage erlauben Dauerstromversuche: Man erzeugt in einem Ring aus supraleitendem

1 Heike Kamerlingh Onnes, *1853 Groningen, †1926 Leiden, Nobelpreis 1913

https://doi.org/10.1515/9783111027227-011

Material oberhalb der Sprungtemperatur ein Magnetfeld, erniedrigt die Temperatur und schaltet das Magnetfeld unterhalb von T_c ab. Bei endlichem Widerstand R wird der induzierte Strom entsprechend der Gleichung $I(t) = I_0 \exp(-Rt/L)$ abklingen, wobei L für die Induktivität des Rings steht. Innerhalb der Messgenauigkeit ändert sich der Strom im supraleitenden Ring jedoch nicht. Die empfindlichsten Messungen erlauben den Schluss, dass der Widerstand bei der Sprungtemperatur T_c um mindestens 14 Größenordnungen fällt. Man geht daher davon aus, dass im supraleitenden Zustand tatsächlich kein elektrischer Widerstand auftritt, dass also ein *„idealer Leiter"* vorliegt.

Es sind einige allgemeine empirische Zusammenhänge bekannt, denen entnommen werden kann, in welchen Materialien Supraleitung zu erwarten ist. So weiß man, dass vorzugsweise Elemente mit kleinem Atomvolumen supraleitend werden oder dass bei Legierungen die Elektronendichte eine wichtige Rolle spielt. Quantitative Voraussagen lassen sich hieraus jedoch nicht ableiten. Überraschenderweise werden die meisten Metalle supraleitend, wobei ihre strukturelle Ordnung jedoch ohne große Bedeutung ist, d.h., bei den Supraleitern kann es sich um reine Kristalle, um Legierungen oder auch um amorphe Proben handeln. Dass die Fernordnung keine entscheidende Rolle spielt, sieht man am Verhalten von Wismut, bei dem die amorphe, nicht aber die kristalline Phase supraleitend wird.

Die Sprungtemperaturen von Elementen liegen unter 10 K. Sie sind in Tabelle 10.1 zusammengefasst. Niob besitzt mit 9,25 K von allen Elementen die höchste Sprungtemperatur. Unter hohem Druck werden noch weitere Elemente supraleitend. Bei

Tab. 11.1: Sprungtemperatur T_c, kritisches Magnetfeld B_c und Debye-Temperatur Θ der Elemente bei Normaldruck. (Nach C. Fischer et al., *Springer Handbook of Condensed Matter and Material Data*, W. Martienssens, H. Warlimont, eds., Springer, 2005.)

Element	T_c (K)	B_c (mT)	Θ (K)	Element	T_c (K)	B_c (mT)	Θ (K)
Al	1,175	10,49	420	Pb	7,196	80,34	105
Be	0,026	0,11	1390	Re	1,697	20,1	415
Cd	0,517	2,81	209	Rh	0,0003	0,005	512
Ga	1,083	5,93	325	Ru	0,493	6,9	580
Hf	0,128	1,27	256	Sn	3,722	30,55	195
Hg	4,154	41,1	87	Ta	4,47	82,9	258
In	3,409	28,15	109	Tc	7,77	141	411
Ir	0,113	1,6	425	Th	1,374	16,0	165
La	4,87	9,8	151	Ti	0,40	5,6	415
Lu	0,1	35,0	210	Tl	2,38	17,65	87,5
Mo	0,916	9,69	460	V	5,46	140	383
Nb	9,25	206	276	W	0,015	0,115	383
Os	0,66	7,0	500	Zn	0,857	5,41	310
Pa	0,43	5,6	185	Zr	0,63	4,7	290

Tab. 11.2: Sprungtemperatur T_c einiger supraleitender Verbindungen. (Verschiedene Quellen.)

Compound	T_c (K)	Compound	T_c (K)	Compound	T_c (K)	Compound	T_c (K)
Nb_3Sn	18,5	V_3Si	17,1	PbLi	7,2	Cs_3C_{60}	40
Nb_3Ge	23,2	V_3Ga	16,8	Pb_3Na	5,6	K_3C_{60}	19,5
Nb_3Al	17,5	MoC	14,3	MgB_2	39,0	$CeRu_2$	6,1
AuPb	7,0	$PbMo_6S_8$	14,7	MnU_6	2,3	La_3In	10,4

Legierungen und metallischen Verbindungen findet man Sprungtemperaturen bis über 20 K. Mit $T_c = 39$ K weist MgB_2 den höchsten Wert auf. In Tabelle 11.2 sind die Sprungtemperaturen von einigen dieser Materialen aufgeführt.

Besonders große Aufmerksamkeit erregten die *Hochtemperatur-Supraleiter*, die erst 1986 entdeckt wurden und Übergangstemperaturen bis 135 K aufweisen. Neben den oxidischen Hochtemperatur-Supraleiter wurden in den letzten Jahren weitere neue, interessante Klassen von Supraleitern gefunden, zu denen neben den *Schwere-Fermionen-Systemen*, die *Ruthenate* und *Pniktide* zählen. Wir werden auf einige dieser Supraleiter in Abschnitt 11.5 eingehen, in dem auch eine Tabelle mit Werten der Sprungtemperatur von eigen dieser Materialien zu finden ist.

Auf den ersten Blick erstaunlich ist die Tatsache, dass bei „guten" Metallen mit hoher Leitfähigkeit wie Ag, Au, Cu oder Na noch keine Supraleitung gefunden werden konnte. Für das Verständnis der Supraleitung ist weiterhin von Bedeutung, dass ferromagnetische Elemente wie Fe, Ni oder Ho normalleitend bleiben. Tatsächlich spielen aber magnetische Eigenschaften eine wichtige Rolle. Variiert man beispielsweise bei Hochtemperatur-Supraleitern die Zusammensetzung, so beobachtet man einen Übergang von der supraleitenden zu einer antiferromagnetischen Phase (siehe Abschnitt 12.4). Bei einigen Schwere-Fermionen-Systemen, auf die wir bereits in Abschnitt 8.2 kurz hingewiesen haben, wird die Ausbildung der Supraleitung sogar durch den Magnetismus unterstützt. Verunreinigungen, abgesehen von magnetischen, haben nur einen schwachen Einfluss auf die Sprungtemperatur. Obwohl die theoretischen Grundlagen bei den „klassischen" Supraleitern sehr gut verstanden sind, ist es nicht möglich, Sprungtemperaturen zu berechnen, selbst wenn die Struktur und die Materialparameter der betreffenden Substanzen bekannt sind.

11.1.1 Meißner-Ochsenfeld-Effekt

Wie erwähnt, Dauerstromversuche zeigen, dass sich Supraleiter wie ideale Leiter verhalten. Es stellt sich die Frage, ob Supraleiter mehr als nur ideale Leiter sind, d.h., ob die elektromagnetischen Eigenschaften von Supraleitern von den Maxwell-Gleichungen beschrieben werden, wenn man nur den verschwindenden Widerstand berücksichtigt. Eine Antwort darauf geben Experimente im Magnetfeld. Wir führen ein Gedankenexperiment mit einer Probe durch, die bei der Sprungtemperatur T_c ideal leitend wird und vergleichen das Ergebnis mit dem Verhalten, das man bei wirklichen Supraleitern findet. Betrachten wir zunächst eine beliebige geschlossene Kurve im Innern unserer Proben. Das Induktionsgesetz besagt, dass mit einer zeitlichen Änderung des Magnetflusses durch die von dieser Kurve begrenzten Fläche ein elektrisches Feld längs der Umrandung verbunden ist. Da aber in Materialien ohne Widerstand elektrische Felder perfekt kurzgeschlossen werden, kann sich kein elektrisches Feld aufbauen, so dass sich der eingeschlossene Magnetfluss nicht ändern kann. Übertragen wir diese Überlegung auf die gesamte Probe, so ergeben sich Konsequenzen, wie sie in den beiden Bildern 11.2a und 11.2b dargestellt sind. Das Gedankenexperiment beginnt jeweils auf der linken Bildseite und endet auf der rechten. Temperatur und Magnetfeld sind über bzw. unter dem Bild angezeigt.

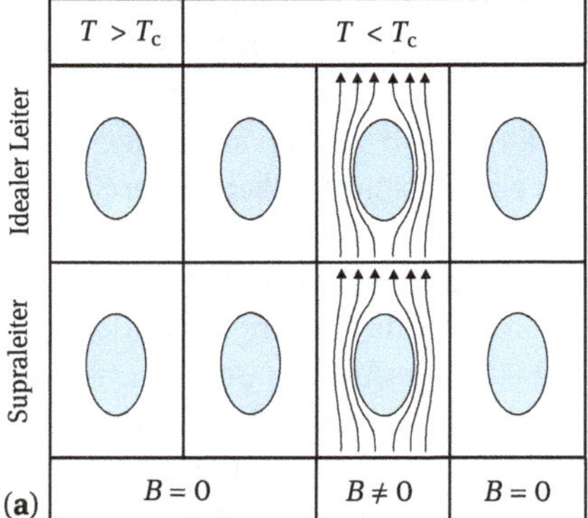

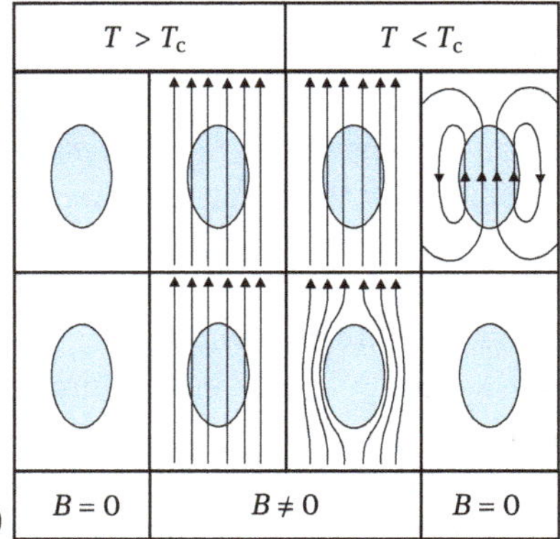

Abb. 11.2: „Idealer Leiter" und Supraleiter im Magnetfeld. **a)** Die beiden Proben befinden sich zunächst bei einer Temperatur $T > T_c$ und werden auf eine Temperatur $T < T_c$ abgekühlt. Das Magnetfeld B wird unterhalb der Sprungtemperatur T_c angelegt und wieder entfernt. Beide Proben bleiben während des gesamten Experiments feldfrei. **b)** Das Magnetfeld wird oberhalb der Sprungtemperatur angelegt und dringt in beide Proben ein. Beim Unterschreiten von T_c bleibt das Magnetfeld im „idealen Leiter" gefangen, während es aus dem Supraleiter verdrängt wird. Nach dem Abschalten des Felds stellen sich zwei unterschiedliche Endzustände ein.

In Bild 11.2a wird angenommen, dass beide Proben zunächst ohne Magnetfeld auf eine Temperatur unterhalb von T_c gebracht werden, und dass anschließend ein Magnetfeld angelegt wird. „Idealer Leiter" und Supraleiter reagieren auf gleiche Weise: Das Magnetfeld kann nicht eindringen, da an der Probenoberfläche Ströme induziert werden, die das Feld abschirmen. Wegen des fehlenden Widerstands werden die Ströme nicht gedämpft, die Abschirmströme bleiben bestehen und das Probeninnere bleibt dauerhaft magnetfeld frei. Schalten wir das Feld ab, so wird in beiden Fällen der Ausgangszustand wiederhergestellt. Offensichtlich lassen sich „ideale Leiter" und Supraleiter mit der hier geschilderten Versuchsführung nicht unterscheiden.

Nun legen wir, wie in Bild 11.2b dargestellt, das Magnetfeld vor dem Unterschreiten der Sprungtemperatur T_c an. Das Feld dringt in beide Proben ein, da bei endlichem Widerstand die Abschirmströme abklingen. Beim Durchgang durch T_c ändert sich dieser Zustand im „idealen Leiter" nicht; der Magnetfluss bleibt konstant und die Probe daher vom Magnetfeld durchdrungen. Schalten wir das Feld ab, so werden entsprechend der Lenzschen Regel Ströme angeworfen, die eine Magnetflussänderung in der Probe verhindern. Der „ideale Leiter" besitzt nun ein permanentes magnetisches Moment, das erst bei einer Temperaturerhöhung auf $T > T_c$ wieder verschwindet. Ein Supraleiter verhält sich anders: Beim Unterschreiten des Sprungpunkts wird das Feld aus der Probe verdrängt. Nicht nur die Feldänderung verschwindet, wie es die Maxwell-Gleichungen fordern, sondern auch das Feld im Probeninnern. Schalten wir das anliegende Feld ab, so ist der Ausgangszustand wiederhergestellt. Abhängig von der Versuchsführung treten beim „idealen Leiter" zwei verschiedene Endzustände auf, während beim Supraleiter der Endzustand eindeutig festgelegt ist. Die Magnetfeldverdrängung am Sprungpunkt, der sogenannte **Meißner-Ochsenfeld-Effekt**, wurde 1933 von *W. Meißner*[2] und *R. Ochsenfeld*[3] entdeckt.

Bei der Diskussion der magnetischen Eigenschaften von Supraleitern muss berücksichtigt werden, dass das Magnetfeld im Innern und in der unmittelbaren Umgebung der Probe von der Probenform abhängt, da das *Entmagnetisierungsfeld* auftritt. Um diese Komplikation zu umgehen betrachten wir bei der Diskussion der Supraleitung in der Regel lange Zylinder, deren Achse parallel zum Magnetfeld verläuft, denn in diesem Fall verschwindet das Entmagnetisierungsfeld. Wir werden am Ende des folgenden Abschnitts kurz auf die interessanten Effekte eingehen, die auftreten können, wenn das Entmagnetisierungsfeld nicht gleich Null ist.

Kleine Magnetfelder werden von Supraleitern vollständig abgeschirmt, denn an der Probenoberfläche werden Ströme induziert, die eine Magnetisierung mit einem Feld hervorrufen, das dem angelegten Feld $\mathbf{B}_a = \mu_0\mathbf{H}$ entgegenwirkt. Da der Magnetfluss vollständig verdrängt wird, können wir für das Feld bzw. die magnetische Induktion $\mathbf{B}_i$ im Innern der Probe $\mathbf{B}_i = \mu_0(\mathbf{H} + \mathbf{M}) = 0$ schreiben. Damit ist die Magnetisierung $\mathbf{M}$ durch $\mathbf{M} = -\mathbf{B}_a/\mu_0$ und die Suszeptibilität durch

$$\chi = \frac{\mu_0\mathbf{M}}{\mathbf{B}_a} = -1 \tag{11.1}$$

gegeben. Supraleiter sind nicht nur ideale Leiter, sie sind auch **ideale Diamagnete.**

Wird das äußere Feld erhöht, so bricht die Abschirmung bei einem **kritischen Magnetfeld** $\mathbf{B}_c$ zusammen und es erfolgt der Übergang in den normalleitenden Zustand. Das Abschirmverhalten und das Auftreten der kritischen Feldstärke sind in Bild 11.3 schematisch dargestellt.

---

2 Walter Meißner, *1882 Berlin, †1974 München

3 Robert Ochsenfeld, *1901 Helberhausen, †1993 Helberhausen

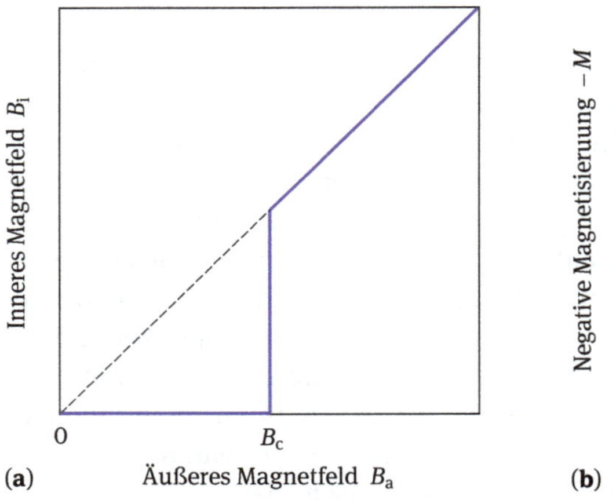

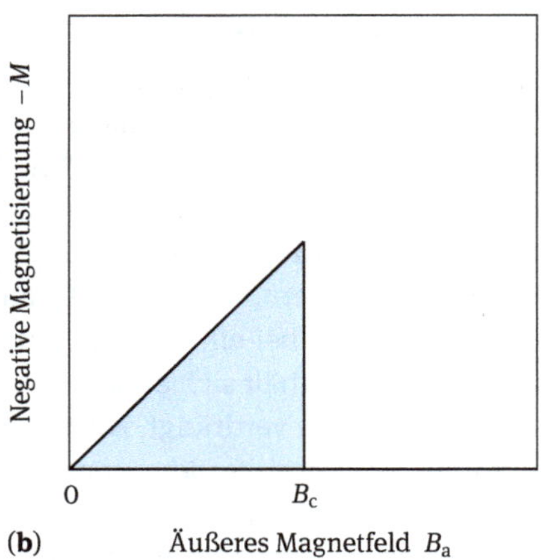

Abb. 11.3: a) Magnetfeld $\mathbf{B}_i$ in einem langen supraleitenden Zylinder. Bei $\mathbf{B}_c$ bricht die Supraleitung zusammen. **b)** *Negative* Magnetisierung als Funktion des angelegten Feldes $\mathbf{B}_a$.

Die kritische Feldstärke hängt von der Temperatur ab. Ihr Verlauf ist in Bild 11.4 für eine Reihe von Supraleitern aufgetragen und lässt sich in guter Näherung durch die Gleichung

$$B_c(T) = B_c(0)\left[1 - \left(\frac{T}{T_c}\right)^2\right] \tag{11.2}$$

ausdrücken. Wie dem Bild zu entnehmen ist, ist die kritische Feldstärke $B_c(0)$ näherungsweise proportional zur Sprungtemperatur T_c, die oft auch als *kritische Temperatur* bezeichnet wird.

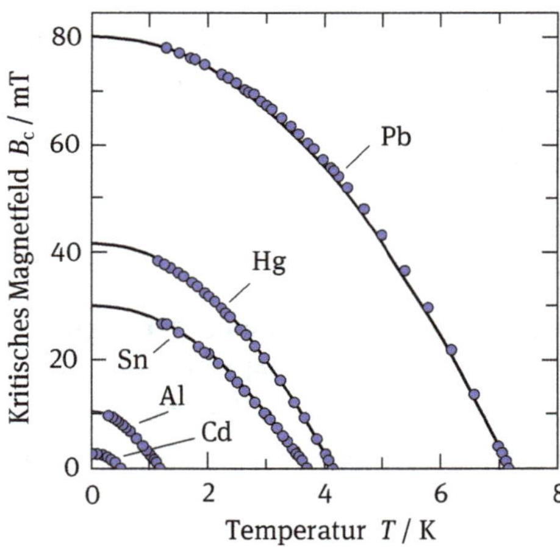

Abb. 11.4: Kritische Magnetfeldstärken als Funktion der Temperatur. Die eingezeichneten Linien geben den Verlauf wieder, den man nach Gleichung (11.2) erwartet. (Die Daten wurden verschiedenen Veröffentlichungen entnommen.)

Muss das Entmagnetisierungsfeld berücksichtigt werden, so ist die Situation wesentlich unübersichtlicher. Es tritt ein **Zwischenzustand** auf, bei dem die Probe teils supraleitend teils normalleitend ist. Die geometrische Anordnung der unterschiedlichen Bereiche kann dabei sehr komplex sein.

Da $\mathbf{M} \parallel \mathbf{B}_a$ verläuft, kann die effektive Magnetfeldstärke B_{eff} durch

$$B_{eff} = B_a - D\mu_0 M \tag{11.3}$$

ausgedrückt werden, wobei D der sogenannte Entmagnetisierungsfaktor ist. Wie bereits erwähnt, gilt für lange, dünne Zylinder, aber auch für dünne Platten parallel zum Feld $D = 0$. Verläuft das Magnetfeld senkrecht zur Achse eines dünnen Zylinders, so ist der Entmagnetisierungsfaktor $D = 1/2$. Im Folgenden betrachten wir das Verhalten einer kugelförmigen Probe, für die sich ein Entmagnetisierungsfaktor $D = 1/3$ ergibt.

In Supraleitern ist $M = -B_{eff}/\mu_0$, so dass das äußere Feld B_a mit dem effektiven Feld B_{eff} durch die Beziehung $B_{eff} = B_a/(1 - D) = \frac{3}{2}B_a$ verbunden ist, wobei das letzte Gleichheitszeichen nur für eine Kugel gilt. Da $B_{eff} > B_a$, bricht die Supraleitung bereits bei $B_a = \frac{3}{2}B_c$ zusammen. Aber sobald die Kugel normalleitend ist, ist natürlich wieder $B_a = B_{eff}$. Die Folge dieses scheinbaren Widerspruchs ist ein stationärer Zwischenzustand mit Phasengrenzen parallel zum Magnetfeld. In Abb 11.5 ist der magnetische Fluss durch die Äquatorialebene einer Kugel als Funktion des äußeren Magnetfeldes B_a dargestellt. Bereits für äußere Felder B_a kleiner als das kritische Feld B_c durchdringt der Fluss die Kugel. Die normalleitenden Anteile im Inneren der Kugel nehmen mit zunehmendem B_a gerade so zu, dass die kritische Feldstärke B_c durch die verbleibende Feldverdrängung am Äquator festgelegt ist.

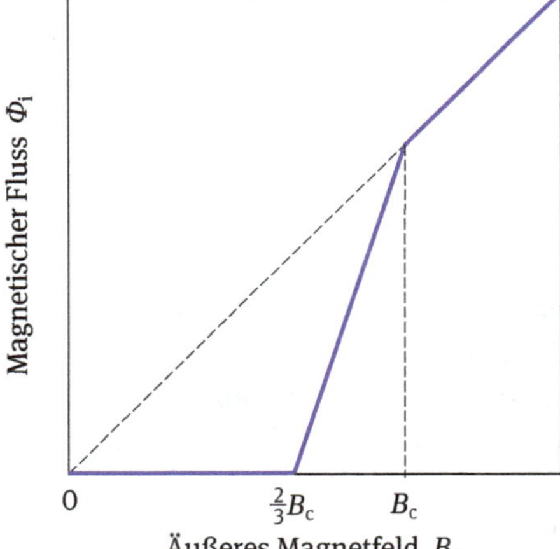

Abb. 11.5: Magnetischer Fluss durch die Äquatorialebene einer supraleitenden Kugel eines Supraleiters 1. Art als Funktion von B_a.

Der Zwischenzustand kann mit Hilfe von magneto-optischen Verfahren sichtbar gemacht werden. Ein Beispiel ist in Bild 11.6 gezeigt. In diesem Fall handelt es sich um eine Scheibe aus einkristallinem Blei bei einer Temperatur von 5 K und einem äußeren Magnetfeld von 10 mT, das senkrecht zu Scheibe orientiert ist. Der Kontrast basiert auf dem magneto-optischen Kerr-Effekt.[4] Hierbei ändert sich die Polarisationsebene eines linear polarisierten Lichtstrahls bei Reflexion an einer magnetischen Probe in Abhängigkeit der Magnetisierung. Im gezeigten Fall entsprechen die hellen Flächen den vom Magnetfeld durchdrungenen normalleitend Bereichen, die zu einer relativ starken Veränderung der Polarisationebene führen. Es sollte erwähnt werden, dass die Muster nicht nur von der Probengeometrie abhängen, sondern auch davon, ob der Zwischenzustand durch Erhöhung oder Verringerung des äußeren Feldes erreicht wird.

Das Auftreten dieses Zwischenzustands lässt sich verstehen, wenn die Energie, die für den Aufbau von Grenzflächen erforderlich ist, berücksichtigt wird. Wir werden in Abschnitt 11.4 im Rahmen der Ginzburg-Landau-Theorie auf diesen Aspekt noch einmal zurückkommen.

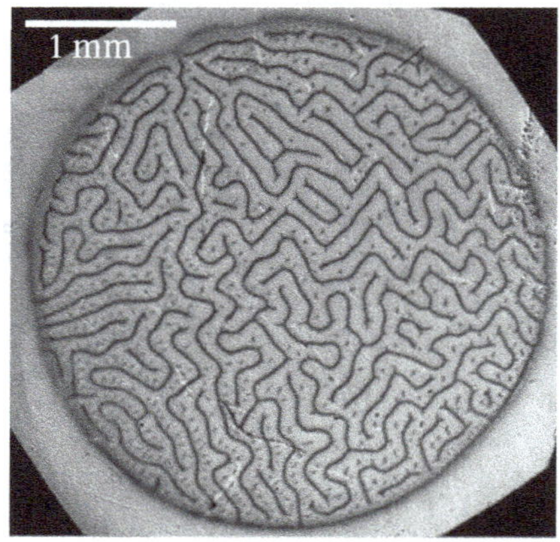

Abb. 11.6: Sichtbarmachung der Verteilung von normalleitenden und supraleitenden Bereichen mit Hilfe des Kerr-Effekts auf einer einkristallinen Bleischeibe, die sich im Zwischenzustand befindet. Die dunklen Bereiche sind supraleitend. (Nach R. Prozorov, Phys. Rev. Lett. **98**, 257001 (2007).)

11.1.2 London-Gleichungen

Wie kann man den verschwindenden Widerstand und den idealen Diamagnetismus in den Maxwell-Gleichungen berücksichtigen? Die erste Forderung ist leicht durch Weglassen des Stoßterms in der Bewegungsgleichung (9.19) zu erfüllen. Dann gilt $m\dot{\mathbf{v}} = -e\,\boldsymbol{\mathcal{E}}$. Wir setzen diese Beziehung in $\mathbf{j} = -en\mathbf{v}$ ein und erhalten für die Zeitableitung der Suprastromdichte $\mathbf{j}_\mathrm{s}$

$$\frac{\mathrm{d}\mathbf{j}_\mathrm{s}}{\mathrm{d}t} = \frac{n_\mathrm{s} e_\mathrm{s}^2}{m_\mathrm{s}}\,\boldsymbol{\mathcal{E}}\,. \tag{11.4}$$

4 Benannt nach John Kerr[5] der 1876 die elektro-optische Variante dieses Effekts entdeckt hat.

5 John Kerr, *1824 Ardrossan (Scotland), †1907 Glasgow (Scotland)

Dies ist die **1. London-Gleichung.**[6] Wir haben die Abkürzungen für die Ladungsträgerdichte n_s, die Ladung e_s und die Masse m_s mit dem Index „s" versehen, da es zunächst nicht klar ist, wer den Suprastrom trägt. Die Antwort auf diese Frage werden wir bei der Diskussion der mikroskopischen Ursache der Supraleitung in Abschnitt 11.2 erhalten. Nicht die Stromdichte, wie beim ohmschen Gesetz, sondern ihre zeitliche Änderung ist proportional zur elektrischen Feldstärke. Die Gleichung erweckt den Eindruck, dass die Stromdichte beliebig anwachsen könnte. Die unendlich hohe Gleichstromleitfähigkeit der Supraleiter hat aber zur Folge, dass im stationären Fall der Spannungsabfall längs der Probe und damit auch die zeitliche Änderung des Stroms verschwindet. Die Stromstärke wird dann durch die Stromquelle vorgegeben.

Nun setzen wir Gleichung (11.4) in die Maxwell-Gleichung rot $\boldsymbol{\mathcal{E}} = -\partial \mathbf{B}/\partial t$ ein und erhalten

$$\frac{\partial}{\partial t}\left(\operatorname{rot}\mathbf{j}_s + \frac{n_s e_s^2}{m_s}\mathbf{B}\right) = 0\,. \tag{11.5}$$

Diese Gleichung gilt für alle Materialien mit idealer Leitfähigkeit und besagt, dass der Magnetfluss durch eine beliebige Fläche innerhalb der Probe Zeit unabhängig ist. Da nach dem Meißner-Ochsenfeld-Effekt in einem Supraleiter das Magnetfeld und nicht nur die zeitliche Ableitung verschwindet, muss der Ausdruck in der Klammer selbst verschwinden. Damit erhalten wir die **2. London-Gleichung,**[7] die den Stromfluss mit dem Magnetfeld im Supraleiter verknüpft:

$$\operatorname{rot}\mathbf{j}_s = -\frac{n_s e_s^2}{m_s}\mathbf{B}\,. \tag{11.6}$$

Natürlich behalten die Maxwell-Gleichungen nach wie vor ihre Gültigkeit. Sie werden für Supraleiter durch die 2. London-Gleichung noch „ergänzt".

Bei der Beschreibung des Meißner-Ochsenfeld-Effekts haben wir so argumentiert, als würde das Magnetfeld vollständig aus dem Supraleiter ferngehalten. Dies kann aber aufgrund von (11.6) nicht sein, da Abschirmströme auch die Präsenz von Magnetfeldern erfordern. Tatsächlich dringt das Magnetfeld an der Oberfläche etwas in die Probe ein. Um dieses Phänomen zu behandeln, betrachten wir einen Supraleiter, der, wie in Bild 11.7 angedeutet, den Halbraum $x > 0$ einnimmt und an den das Magnetfeld B_0 in z-Richtung anliegt. Setzen wir (11.6) in die Maxwell-Gleichung rot $\mathbf{B} = \mu_0 \mathbf{j}_s$ ein, so erhalten wir für die vorgegebene Geometrie die Differentialgleichung

$$\frac{\mathrm{d}^2 B_z(x)}{\mathrm{d}x^2} - \frac{\mu_0 n_s e_s^2}{m_s} B_z(x) = 0\,. \tag{11.7}$$

6 Heinz London, *1907 Bonn, †1970 Oxford

7 In der Literatur ist die Bezeichnung nicht eindeutig. Gelegentlich wird nur diese Gleichung als London-Gleichung bezeichnet.

Diese Gleichung lässt sich leicht lösen und wir erhalten für den Magnetfeldverlauf und die Dichte des Abschirmstroms das Ergebnis

$$B_z(x) = B_0\, \mathrm{e}^{-x/\lambda_\mathrm{L}} \qquad \text{und} \qquad j_{\mathrm{s},y}(x) = j_{\mathrm{s},0}\, \mathrm{e}^{-x/\lambda_\mathrm{L}}\,, \tag{11.8}$$

wobei die **Londonsche Eindringtiefe** λ_L durch

$$\lambda_\mathrm{L} = \sqrt{\frac{m_\mathrm{s}}{\mu_0 n_\mathrm{s} e_\mathrm{s}^2}} \tag{11.9}$$

gegeben ist. Die Dichte des Suprastroms und das Magnetfeld fallen im Supraleiter exponentiell ab, wobei λ_L die Rolle einer charakteristischen Länge spielt. Das angelegte Feld und die maximale Stromdichte sind über die Beziehung $j_{\mathrm{s},0} = B_0/\mu_0\lambda_\mathrm{L}$ miteinander verknüpft.

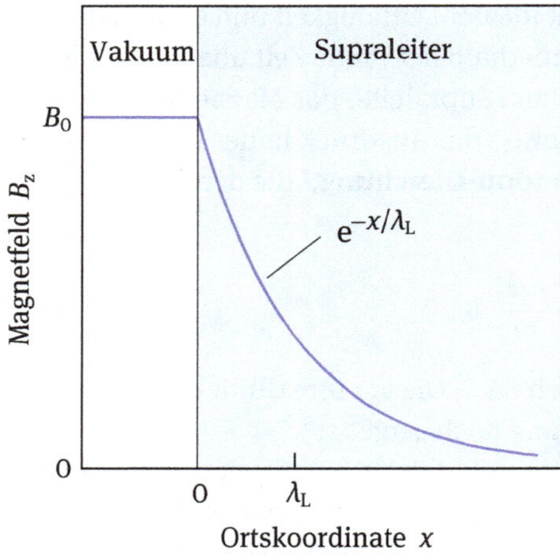

Abb. 11.7: Abfall des Magnetfelds im Innern eines Supraleiters, der den Halbraum $x > 0$ einnimmt. Die exponentielle Abnahme der Feldstärke wird durch die Londonsche Eindringtiefe λ_L bestimmt.

Nehmen wir für eine einfache Abschätzung an, dass am absoluten Nullpunkt alle Leitungselektronen zur Supraleitung beitragen, so erhalten wir für die Eindringtiefe einen Wert von der Größenordnung $\lambda_\mathrm{L} \approx 15$ nm. Die Eindringtiefe lässt sich mit verschiedenen Methoden, beispielsweise durch die Messung der Suszeptibilität kleiner supraleitender Teilchen, bestimmen. Das Ergebnis einer derartigen Messung an dünnen Bleizylindern ist in Bild 11.8 dargestellt. Diesem Experiment entnehmen wir, dass die Eindringtiefe, in Übereinstimmung mit hier nicht diskutierten theoretischen Vorstellungen, bei der Sprungtemperatur gemäß der Gleichung

$$\lambda_\mathrm{L}(T) = \frac{\lambda_\mathrm{L}(0)}{\sqrt{1-(T/T_\mathrm{c})^4}} \tag{11.10}$$

divergiert und somit n_s nach (11.9) bei der Sprungtemperatur verschwindet.

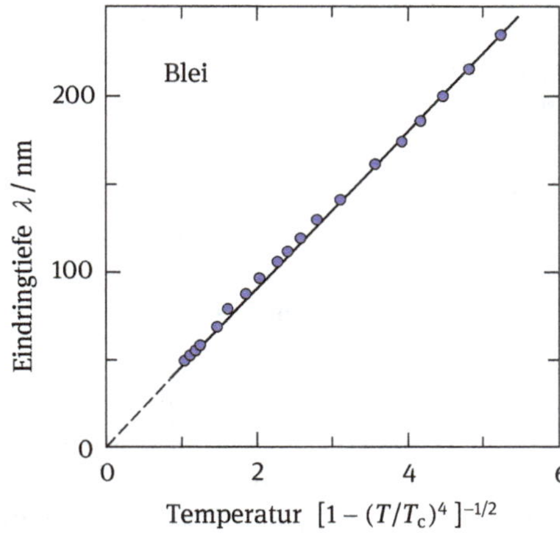

Abb. 11.8: Temperaturabhängigkeit der Eindringtiefe λ in Blei. Die Gerade gibt die theoretische Vorhersage wieder. (Nach R.F. Gasparovic, W.L. McLean, Phys. Rev. B **2**, 2519 (1970).)

Überraschenderweise wurde aber in vielen Experimenten eine größere Eindringtiefe gefunden als von der Londonschen Theorie vorhergesagt. Dies liegt nicht an einem grundsätzlichen Fehler in dieser Theorie, sondern beruht darauf, dass sich Strom und Magnetfeld innerhalb sehr kleiner Abstände drastisch ändern können. Ein ähnliches Problem taucht auch bei der Anwendung des ohmschen Gesetzes bei hohen Frequenzen auf. Sobald dort die mittlere freie Weglänge der Elektronen vergleichbar mit der Wellenlänge der elektromagnetischen Störung wird, muss das elektrische Feld bei der Berechnung des Widerstands über einen Bereich von der Größenordnung der freien Weglängen gemittelt werden. Eine *nicht-lokale Beschreibung* der Supraleitung, in der die Stromdichte nicht durch den lokalen Wert des Magnetfelds, sondern durch einen gemittelten Wert bestimmt wird, wurde von *B. Pippard*[8] ausgearbeitet und führt zu guter Übereinstimmung mit dem Experiment.

Wir wollen hier kurz auf diese Überlegung eingehen ohne die entsprechenden theoretischen Zusammenhänge herzuleiten. Wie wir gesehen haben, ist nach Gleichung (11.6) in Supraleitern die Stromdichte **j** mit dem Magnetfeld **B** bzw. dem Vektorpotenzial **A** verknüpft. Treten innerhalb kleiner Abstände große Änderungen des Vektorpotenzials auf, so muss berücksichtigt werden, dass der Stromfluss **j** am Ort **r** auch vom Feld in der Nachbarschaft beeinflusst wird. Eine wichtige Konsequenz dieses Phänomens ist, dass die Eindringtiefe λ des Magnetfelds, wie bereits erwähnt, von der Londonschen Eindringtiefe λ_L beträchtlich abweichen kann.

Aus der nicht-lokalen Theorie folgt, dass bei der Berechnung des Stroms am Ort **r** der Magnetfluss bis zu einem Abstand r_0 berücksichtigt werden muss, der durch

$$\frac{1}{r_0} = \frac{1}{\ell} + \frac{1}{\xi_0} \tag{11.11}$$

8 Alfred Brian Pippard, *1920 London, †2008 Cambridge

gegeben ist. Zwei Parameter legen diesen Abstand fest. Es ist einerseits die freie Weglänge ℓ der Leitungselektronen, die durch die Streuung an Defekten begrenzt wird. Andererseits geht die **Kohärenzlänge** ξ_0 ein, die sich durch

$$\xi_0 = 0{,}18 \frac{\hbar v_F}{k_B T_c} \tag{11.12}$$

ausdrücken läßt. Wie wir im nächsten Abschnitt sehen werden, spiegelt die Kohärenzlänge die Ausdehnung der sogenannten „Cooper-Paare" wider, auf deren Existenz die Supraleitung beruht.

Die angesprochenen Korrekturen können vernachlässigt werden, wenn $\lambda \gg \xi_0$ und $\ell \gg \xi_0$ sind. Der betrachtete Supraleiter befindet sich dann im *Londonschen Grenzfall*, in dem die Eindringtiefe durch (11.9) beschrieben wird. Hierbei gibt es noch einen interessanten Aspekt: Während ξ_0 und ℓ temperaturunabhängige Größen sind, steigt λ_L nach (11.10) mit zunehmender Temperatur an und erreicht für $T \to T_c$ den Wert unendlich. Es gibt daher immer einen Temperaturbereich, in dem der Londonsche Grenzfall für den betrachteten Supraleiter zutrifft.

Ist $\lambda \ll \xi_0$ und $\ell \gg \xi_0$, so liefert der *Pippardsche Grenzfall* die korrekte Beschreibung. In diesem Fall ist die Eindringtiefe näherungsweise durch $\lambda \approx 0{,}65\,(\lambda_L^2\,\xi_0)^{1/3}$ gegeben. Dies bedeutet, dass die tatsächliche Eindringtiefe größer ist als von der Londonschen Theorie vorhergesagt. Viele „klassische" Supraleiter, z.B. reines Aluminium mit $\lambda = 45$ nm und $\xi_0 = 1550$ nm (siehe Tabelle 11.3) befinden sich in diesem Grenzbereich. Im *dirty limit*, dem *„schmutzigen Grenzfall"*, ist $\ell \ll \lambda$. In diesem Fall liefert die Pippardsche Theorie den Zusammenhang $\lambda \approx \lambda_L(1 + \xi_0/\ell)^{1/2}$. Daraus folgt, dass die Verringerung der freien Weglänge durch Defekte, wie sie beispielsweise in Legierungen vorkommt, die Eindringtiefe erhöht.

Tab. 11.3: Londonsche Eindringtiefe $\lambda_L(0)$ und Kohärenzlänge ξ_0 einiger Metalle. (Nach C.P. Poole, *Handbook of Superconductivity*, Academic Press, 2000.)

Material	T_c (K)	$\lambda_L(0)$ (nm)	ξ_0 (nm)	$\lambda_L(0)/\xi_0$
Al	1,18	45	1550	0,03
Sn	3,72	42	180	0,23
Pb	7,20	39	87	0,48
Nb	9,25	52	39	1,3
Nb_3Ge	23,20	90	3	30
K_3C_{60}	19,4	240	2,8	95

In Bild 11.9 ist die Temperaturabhängigkeit der Eindringtiefe, wie sie aus der nichtlokalen Theorie folgt, für die drei diskutierten Spezialfälle wiedergegeben. Aufgetragen ist dabei der Verlauf von $1/\lambda^2$ als Funktion der Temperatur.

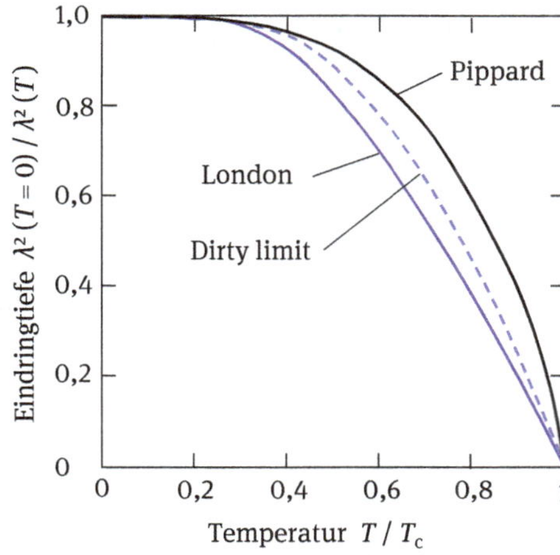

Abb. 11.9: Eindringtiefe als Funktion der Temperatur. Aufgetragen ist die Temperaturvariation von $1/\lambda^2$ für die drei im Text beschriebenen Grenzfälle. (Nach J.R. Waldram, *Superconductivity of Metals and Cuprates*, IOP Publishing, 1996).

In Bild 11.10 ist die Eindringtiefe des Magnetfelds in Zinn als Funktion der freien Weglänge der Elektronen aufgetragen. Deutlich zu erkennen ist, dass die Eindringtiefe mit zunehmender freier Weglänge der Elektronen, also mit zunehmender Reinheit des Metalls, abnimmt.

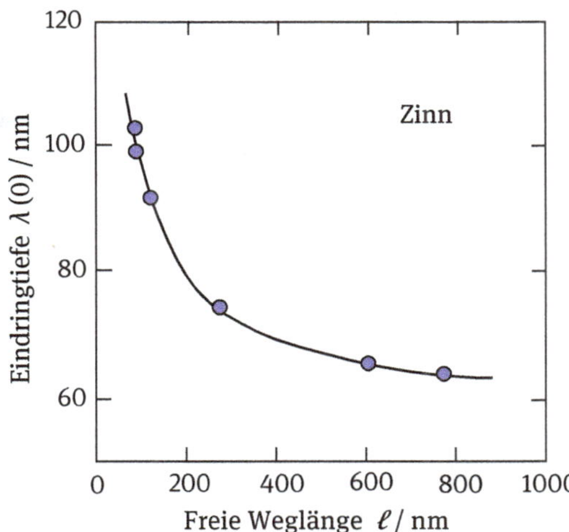

Abb. 11.10: Variation der Eindringtiefe von Zinn als Funktion der freien Weglänge der Elektronen. (Nach B.A. Pippard, Proc. R. Soc. A **216**, 547 (1953).)

11.1.3 Thermodynamische Eigenschaften

Wie wir gesehen haben, zerstören hohe Magnetfelder die Supraleitung. Bereits eine einfache thermodynamische Überlegung zeigt, dass es eine **kritische Magnet-**

feldstärke B_c geben muss. Maßgeblich für die magnetischen Eigenschaften ist die *freie Enthalpie* $G(T, p, B) = U - TS + pV - V\mathbf{M} \cdot \mathbf{B}$. Weil in Supraleitern die Magnetisierung **M** hier und später stets parallel oder antiparallel zum Feld **B** verläuft, können wir in diesem Kapitel die Vektorkennzeichnung weglassen und damit das Aussehen der Formeln vereinfachen. Da ohne Magnetfeld der supraleitende Zustand unterhalb von T_c stabiler als der normalleitende Zustand ist, muss $G_n(B = 0, T) > G_s(B = 0, T)$ sein. Hier stehen die Indizes „n" und „s" für normal- bzw. supraleitend. Für die Änderung dG finden wir unter Berücksichtigung der inneren Energie $\mathrm{d}U = T\,\mathrm{d}S - p\,\mathrm{d}V + VB\,\mathrm{d}M$ den Ausdruck

$$\mathrm{d}G = -S\,\mathrm{d}T + V\mathrm{d}p - VM\,\mathrm{d}B\,. \tag{11.13}$$

In der weiteren Diskussion setzen wir konstanten Druck voraus, so dass der Term $V\mathrm{d}p$ verschwindet. Auch hier vermeiden wir die Komplikation mit dem Entmagnetisierungsfeld und betrachten einen langen Zylinder, dessen Achse parallel zum Magnetfeld verläuft. Setzen wir die Suszeptibilität $\chi = -1$ für den Supraleiter ein, vereinfacht sich Gleichung (11.13) bei konstantem Druck zu

$$\mathrm{d}G_s = -S\,\mathrm{d}T + \frac{V}{\mu_0}\,B\,\mathrm{d}B\,. \tag{11.14}$$

Die Gleichung lässt sich leicht integrieren und wir erhalten

$$G_s(B,T) = G_s(0,T) + \int_0^B \frac{V}{\mu_0}\,B'\,\mathrm{d}B' = G_s(0,T) + \frac{VB^2}{2\mu_0}\,. \tag{11.15}$$

Offensichtlich bewirkt das Verdrängen des Magnetfeldes eine Erhöhung der freien Enthalpie, deren Verlauf als Funktion des Feldes in Bild 11.11 für Normal- und Supraleiter dargestellt ist.

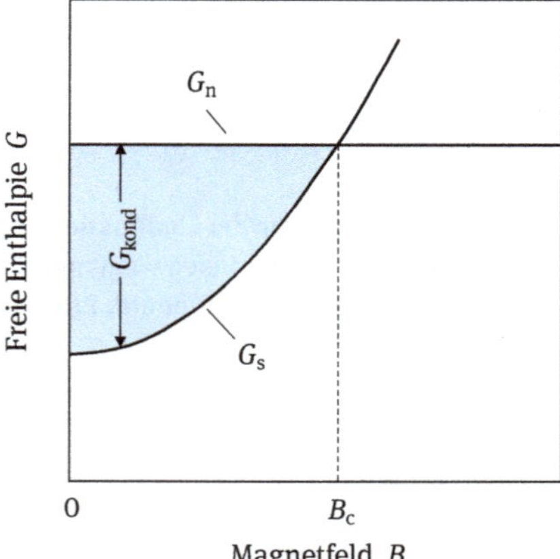

Abb. 11.11: Freie Enthalpie von Normal- und Supraleiter als Funktion des Magnetfeldes. Der Schnittpunkt der beiden Kurven definiert das kritische Feld B_c.

Für unmagnetische normalleitende Metalle ist der magnetfeldabhängige Anteil der freien Enthalpie sehr klein, da freie Elektronen nur über die Pauli-Spinsuszeptibilität und den Landau-Diamagnetismus dazu beitragen (vgl. Abschnitt 12.2). Wir vernachlässigen diesen Beitrag und schreiben $G_n(B,T) \approx G_n(0,T)$. Mit zunehmendem Feld steigt die freie Enthalpie G_s des Supraleiters an und erreicht schließlich den Wert G_n des Normalleiters. Die Energie, die durch die Ausbildung der supraleitenden Phase gewonnen wurde, wird dann gerade durch die Energie kompensiert, die für die Feldverdrängung aufzubringen ist. Die supraleitende Phase wird instabil und es erfolgt der Übergang zur Normalleitung. Für die freie Enthalpie am Phasenübergang können wir somit $G_s(B_c,T) = G_n(B_c,T) = G_n(0,T)$ schreiben. Damit folgt aus Gleichung (11.15) der wichtige Zusammenhang

$$G_n(0,T) - G_s(0,T) = G_{\text{kond}} = \frac{VB_c^2(T)}{2\mu_0} \,. \tag{11.16}$$

Da der Temperaturverlauf des kritischen Magnetfelds bekannt ist, ergibt sich hieraus die Temperaturabhängigkeit von G_s, die in Bild 11.12a skizziert ist. Die Enthalpiedifferenz $G_{\text{kond}} = VB_c^2/2\mu_0$ spielt in der Theorie der Supraleitung eine wichtige Rolle und wird aus Gründen, auf die wir noch eingehen, als **Kondensationsenergie** bezeichnet. Hier soll noch bemerkt werden, dass G_{kond} relativ klein ist, denn bei einem kritischen Feld von 50 mT findet man $G_{\text{kond}} \approx 10^3\,\text{Jm}^{-3}$.

Aus der Enthalpiedifferenz lassen sich über die Beziehungen $S = -(\partial G/\partial T)$ Aussagen über den unterschiedlichen Temperaturverlauf der Entropie im normal- und supraleitenden Zustand machen. Differenzieren wir (11.16), so erhalten wir

$$\Delta S = S_n - S_s = -\frac{VB_c}{\mu_0}\frac{\mathrm{d}B_c}{\mathrm{d}T} \,. \tag{11.17}$$

Die Entropie S_n von normalleitenden Metallen wird bei tiefen Temperaturen von den freien Elektronen bestimmt. Da bei Normalleiter der gleiche mathematische Ausdruck

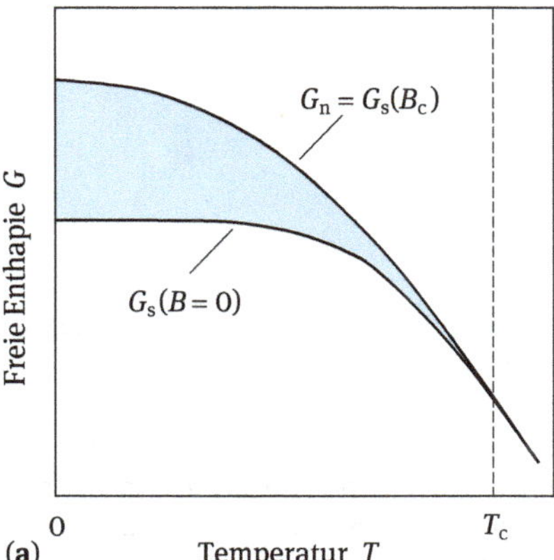

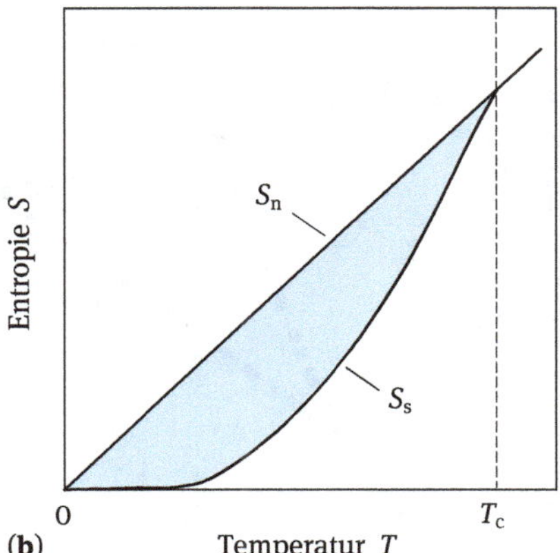

Abb. 11.12: Schematische Darstellung der freien Enthalpie **(a)** und der Entropie **(b)** als Funktion der Temperatur für ein Metall im normal- und im supraleitenden Zustand.

die spezifische Wärme als auch die Entropie beschreibt, steigt auch S_n proportional zur Temperatur an. In Bild 11.12b ist der Temperaturverlauf der Entropie von Normal- und Supraleitern miteinander verglichen.

Gleichung (11.17) erlaubt interessante Schlussfolgerungen: Das kritische Magnetfeld B_c verschwindet bei der Sprungtemperatur und damit auch die Entropiedifferenz. Folglich ist die latente Wärme $\Delta Q = T_c(S_n - S_s) = 0$. Dies bedeutet, dass der Übergang vom Normal- zum Supraleiter kein Phasenübergang 1. Ordnung, sondern ein **Phasenübergang 2. Ordnung** ist. Dies ist der Ausgangspunkt einer phänomenologischen Theorie der Supraleitung von *V.L. Ginzburg* und *L.D. Landau*, auf die wir später noch kurz eingehen. Für $T \to 0$ verschwindet $\mathrm{d}B_c/\mathrm{d}T$ und somit auch ΔS in Einklang mit dem 3. Hauptsatz der Thermodynamik. Im Bereich $0 < T < T_c$ ist $\mathrm{d}B_c/\mathrm{d}T < 0$ und damit ist $\Delta S > 0$. Daraus folgt unmittelbar, dass die Probe im supraleitenden Zustand eine höhere Ordnung als im normalleitenden Zustand aufweist. Da $\Delta S \neq 0$ ist, tritt beim Übergang vom Normal- zum Supraleiter im Magnetfeld latente Wärme auf, der Phasenübergang ist im Magnetfeld daher von 1. Ordnung.

Für die spezifische Wärme gilt $C_p = T\,(\partial S/\partial T)_{p,B}$ und somit

$$\Delta C = C_s - C_n = \frac{VT}{\mu_0}\left[B_c\,\frac{\mathrm{d}^2 B_c}{\mathrm{d}T^2} + \left(\frac{\mathrm{d}B_c}{\mathrm{d}T}\right)^2\right]. \qquad (11.18)$$

Hieraus folgt, dass sich die spezifischen Wärmen von Normal- und Supraleiter bei T_c unterscheiden, da bei der kritischen Temperatur $\mathrm{d}B_c/\mathrm{d}T \neq 0$ ist. Für die spezifische Wärme des Supraleiters erwarten wir deshalb eine Diskontinuität bei T_c. Dies wird durch Bild 11.13 bestätigt, in dem die spezifische Wärme von Aluminium im normal- und supraleitenden Zustand aufgetragen ist. Wir werden in Abschnitt 11.2 nochmals auf dieses Bild zurückkommen. Augenblicklich ist nur wichtig, dass sich die spezifische Wärme bei T_c, wie erwartet, sprunghaft ändert.

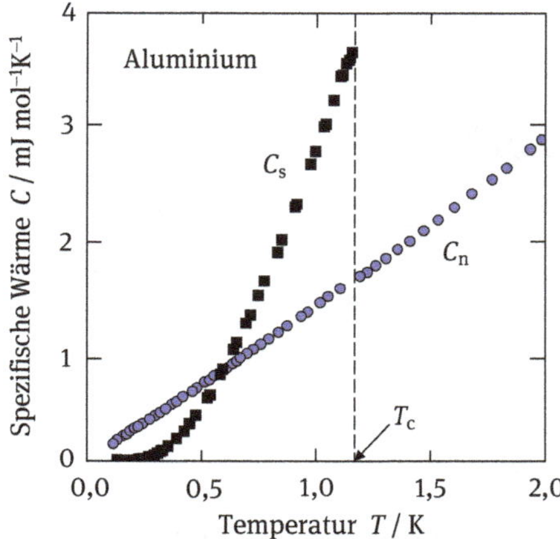

Abb. 11.13: Spezifische Wärme von Aluminium im normal- und supraleitenden Zustand. Zur Messung der spezifischen Wärme im normalleitenden Zustand wurde die Supraleitung durch ein äußeres Magnetfeld von etwa 50 mT unterdrückt. Der Beitrag des Gitters spielt nur eine untergeordnete Rolle. (Nach N.E. Phillips, Phys. Rev. **114**, 676 (1959).)

11.2 Mikroskopische Beschreibung

Die Entwicklung einer mikroskopischen Theorie erwies sich als sehr schwierig. Die Beschreibung eines Phänomens, das in völlig unterschiedlich aufgebauten Festkörpern zu finden ist, erforderte ganz neue Konzepte, die über die Einelektron-Näherung hinausgingen. Während der langen Zeit von der Entdeckung der Supraleitung bis zur mikroskopischen Erklärung, erfolgte die Entwicklung der Theorie in mehreren Schritten. Die ersten Theorien hatten phänomenologischen Charakter und sind eng mit den Namen *F.* und *H. London*, *C.J. Gorter*[9] und *H.B.G. Casimir* in den 1930er Jahren und *V.L. Ginzburg*[10] und *L.D. Landau* in den 1950er Jahren verknüpft. Ein gewisser Abschluss wurde 1957 mit der mikroskopischen Beschreibung der Supraleitung durch *J. Bardeen*, *L.N. Cooper*[11] und *J.R. Schrieffer*[12], mit der **BCS-Theorie** erreicht.

11.2.1 Cooper-Paare

In Normalleiter ist die elektrische Leitfähigkeit endlich, weil das Anregungsspektrum der freien Elektronen den Transfer von beliebig kleinen Energien zwischen Elektronen und Gitter erlaubt. Es liegt daher die Vermutung nahe, dass das Elektronenspektrum der Supraleiter gegenüber dem der Normalleiter modifiziert ist. Ein möglicher Mechanismus wurde 1956 von *L.N. Cooper* vorgeschlagen. Er konnte zeigen, dass bei einer (beliebig kleinen) *attraktiven* Wechselwirkung zwischen zwei Elektronen der Grundzustand des Fermi-Gases nicht mehr stabil ist und die Energie der beiden Elektronen abgesenkt wird. Mit anderen Worten: Bringt man zwei Elektronen, die nicht wechselwirken, auf die Oberfläche des „Fermi-Sees", d.h. bei der Energie E_F in ein Metall ein, so bleiben sie dort, weil die tiefer liegenden Plätze besetzt sind. Herrscht dagegen zwischen den beiden Elektronen eine attraktive Wechselwirkung, so können sie ihre Energie absenken und bildlich gesprochen „in den See eintauchen". Aufgrund der Coulomb-Abstoßung erscheint aber eine anziehende Wechselwirkung zwischen zwei Elektronen zunächst nur schwer vorstellbar.

Seit 1950 war aus der Beobachtung des **Isotopeneffektes** bekannt, dass die Sprungtemperatur von der Masse der Atome und somit von den Gittereigenschaften abhängt. Dies war für das mikroskopische Verständnis der Supraleitung von grundlegender Bedeutung. Ein besonders gutes Beispiel hierfür sind Messungen von T_c an unterschiedlichen Gemischen von Zinnisotopen, die in Bild 11.14 wiedergegeben sind. Die Sprungtemperatur ist proportional zur Wurzel aus der reziproken

9 Cornelius Jacobus Gorter, *1907 Utrecht, †1980 Leiden
10 Vitaly Lazarevich Ginzburg, *1916 Moskau, †2009 Moskau
11 Leon Neil Cooper, *1930 New York City, Nobelpreis 1972
12 John Robert Schrieffer, *1931 Oak Park, †2019 Tallahassee, Nobelpreis 1972

Atommasse M und damit proportional zur Debye-Frequenz der untersuchten Proben (vgl. Gleichungen (6.28) und (6.85)).

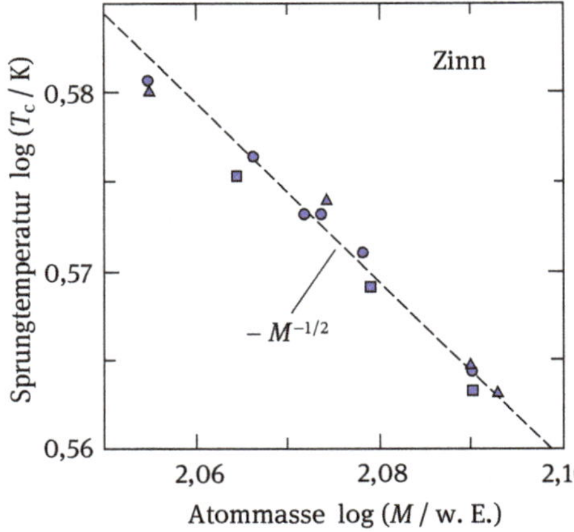

Abb. 11.14: Isotopeneffekt von Zinn. Die Sprungtemperatur ist als Funktion der Isotopenmasse im logarithmischen Maßstab aufgetragen. Die Daten stammen aus verschiedenen Veröffentlichungen und enthalten Messungen an isotopenreinen und gemischten Proben.

Dass das Gitter eine Anziehung zwischen Elektronen vermitteln kann, lässt sich in einem groben Bild folgendermaßen veranschaulichen: Ein Elektron fliegt durch das Gitter und zieht im Vorbeiflug die positiv geladenen Ionen an. Dadurch bildet sich im „Kielwasser" eine positive Ladungswolke, die ihrerseits andere Elektronen anziehen kann. Der Kraftstoß beim Vorbeiflug eines Elektrons treibt zwar die Ionen in Richtung der Elektronenbahn, aber erst nach einem Viertel der Periode der Ionenschwingung bildet sich die höchste positive Ladungsdichte aus. In der Zwischenzeit hat das erste Elektron etwa 100 nm zurückgelegt. Die „verzögerte" Reaktion der Ionen hat zur Folge, dass die wechselwirkenden Elektronen relativ weit voneinander entfernt sind und somit die Coulomb-Abstoßung zwischen ihnen relativ schwach ist. Dabei ist noch zu beachten, dass in Metallen die Reichweite der Coulomb-Abstoßung zwischen zwei Elektronen durch Abschirmeffekte stark reduziert ist. Wie wir in Abschnitt 8.3 gesehen haben, tritt an Stelle des Coulomb-Abstoßung der Ausdruck (8.40), der von Thomas und Fermi hergeleitet wurde.

Bei der theoretischen Beschreibung des Wechselwirkungspotenzials benutzt man das Konzept des Teilchenaustausches. Die beiden wechselwirkenden Elektronen mit den Wellenvektoren $\mathbf{k}_1$ und $\mathbf{k}_2$ tauschen *virtuelle Phononen* mit dem Wellenvektor $\mathbf{q}$ aus. Nach einem Phononaustausch besitzen die beiden Elektronen mit den ursprünglichen Wellenvektoren $\mathbf{k}_1$ und $\mathbf{k}_2$ die Wellenvektoren $\mathbf{k}_1' = (\mathbf{k}_1 + \mathbf{q})$ bzw. $\mathbf{k}_2' = (\mathbf{k}_2 - \mathbf{q})$. Der Gesamtimpuls $\mathbf{K}$ bleibt erhalten, so dass $(\mathbf{k}_1 + \mathbf{k}_2) = (\mathbf{k}_1' + \mathbf{k}_2') = \mathbf{K}$ ist. Am absoluten Nullpunkt sind alle Zustände unterhalb der Fermi-Energie besetzt, weshalb für die beiden wechselwirkenden Elektronen nur Zustände oberhalb von E_F zugänglich sind. Die Wechselwirkung spielt sich somit im Energiebereich von E_F bis $(E_\mathrm{F} + \hbar\omega_\mathrm{D})$ ab, wobei $\hbar\omega_\mathrm{D}$ für die Energie der Phononen mit der Debye-Frequenz steht. Im $\mathbf{k}$-Raum entspricht dieser Energiebereich einer Kugelschale mit der Dicke $\delta k = (m\omega_D/\hbar k_F)$. Diese Einschränkung ist in Bild 11.15 veranschaulicht. Da bei vorgegebenem $\mathbf{K}$ nur Elektronenpaare die Impulserhaltung erfüllen, deren Wellenvektoren in den dunkelblauen Übergangsbereichen anfangen bzw. enden, ist anschaulich klar, dass für $\mathbf{K} = 0$ der Phononenaustausch mit größtmöglicher Wahrscheinlichkeit erfolgt. Dann ist den beteiligten Elektronen nicht nur ein kleiner Ausschnitt, sondern die ganze Kugelschale zugänglich. Damit ergibt sich die wichtige Aussage, dass für die Wellenvektoren der beiden Elektronen der **Cooper-Paare** die Bedingung $\mathbf{k}_1 = -\mathbf{k}_2$ erfüllt sein muss. Im weiteren Verlauf der Diskussion werden wir ein derartiges Paar mit dem Symbol $(\mathbf{k}, -\mathbf{k})$ kennzeichnen.

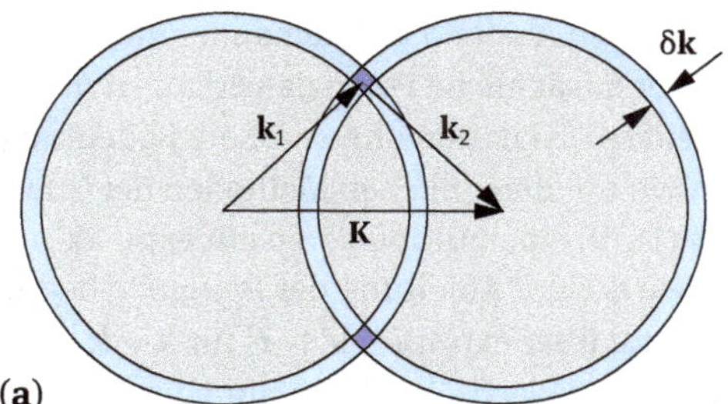

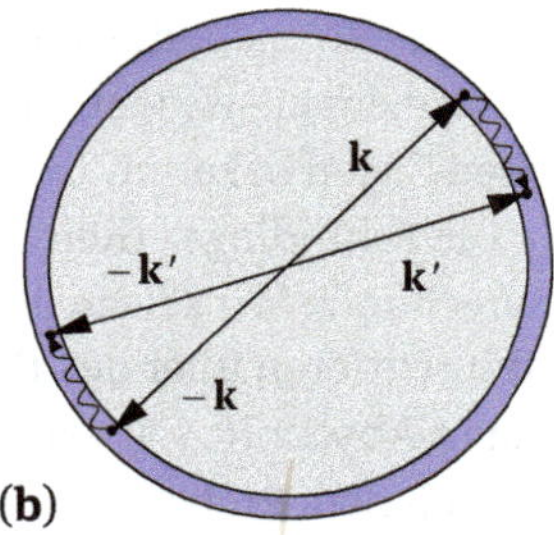

Abb. 11.15: **a)** Skizze zur Impulserhaltung bei der Paarwechselwirkung. Die Impulserhaltung ist nur erfüllt, wenn die Wellenvektoren der beteiligten Elektronen innerhalb der beiden dunkelblauen Bereiche anfangen bzw. enden. **b)** Paarwechselwirkung für den Fall dass der Wellenvektor $\mathbf{K}$ der Schwerpunktsbewegung null ist, wie bei Cooper-Paaren.

Wie beim H_2-Molekül, an dessen Bindung ebenfalls ein *Elektronenpaar* beteiligt ist, ist zur Beschreibung der Cooper-Paare eine Zweiteilchen-Wellenfunktion $\Psi(\mathbf{r}_1, \mathbf{r}_2)$ erforderlich. Als Lösungsansatz nehmen wir eine Linearkombination von Einteilchen-Funktionen, wobei wir für Letztere ebene Wellen ansetzen. Da die Elektronen des Paars entgegengesetzte Impulse besitzen, der Schwerpunkt also in Ruhe bleibt, gehen in die Beschreibung nur Relativkoordinaten ein. Die Struktur der Wellenfunktion wird deutlich, wenn wir ein Elektronenpaar mit den Wellenvektoren $\mathbf{k}_1 = \mathbf{k}$ bzw. $\mathbf{k}_2 = -\mathbf{k}$ herausgreifen, durch ebene Wellen darstellen und die Zweiteilchen-Funktion bzw. *Paar-Wellenfunktion* bilden: $\Psi = A\,\exp(\mathrm{i}\mathbf{k}_1 \cdot \mathbf{r}_1)\exp(\mathrm{i}\mathbf{k}_2 \cdot \mathbf{r}_2) = A\,\exp[\mathrm{i}\mathbf{k}\,(\mathbf{r}_1 - \mathbf{r}_2)] = A\,\exp(\mathrm{i}\mathbf{k} \cdot \mathbf{r})$. Zur Vereinfachung haben wir hierbei im letzten Ausdruck die Relativkoordinate mit $\mathbf{r} = (\mathbf{r}_1 - \mathbf{r}_2)$ abgekürzt.

Durch die Wechselwirkung mit dem Gitter werden die Elektronenpaare ständig in neue Zustände mit unterschiedlichen Wellenvektoren gestreut. Wir setzen daher als Lösung der Schrödinger-Gleichung eine Überlagerung derartiger Paarzustände an:

$$\Psi(\mathbf{r}) = \sum_{\mathbf{k}} A_{\mathbf{k}}\,\mathrm{e}^{\mathrm{i}\mathbf{k}\cdot\mathbf{r}}\,. \tag{11.19}$$

$|A_{\mathbf{k}}|^2$ ist ein Maß für die Wahrscheinlichkeit, ein spezielles Elektronenpaar im Zustand $(\mathbf{k}, -\mathbf{k})$ anzutreffen. Die Wellenzahl der wechselwirkenden Elektronen liegt im Bereich $k_F < k < [2m(E_F + \hbar\omega_D)/\hbar^2]^{1/2}$, wenn wir uns auf den Grenzfall $T = 0$ beschränken. Der Entwicklungskoeffizient $A_{\mathbf{k}}$ verschwindet daher für alle anderen Werte des Wellenvektors $\mathbf{k}$.

Zur Berechnung des Eigenwerts E gehen wir von der Schrödinger-Gleichung

$$\left[-\frac{\hbar^2}{2m}(\Delta_1 + \Delta_2) + \widetilde{V}(\mathbf{r}_1, \mathbf{r}_2)\right]\Psi(\mathbf{r}_1, \mathbf{r}_2) = E\,\Psi(\mathbf{r}_1, \mathbf{r}_2) \tag{11.20}$$

aus. Das Potenzial $\widetilde{V}(\mathbf{r}_1, \mathbf{r}_2)$ hat zwei Anteile: die soeben diskutierte attraktive Wechselwirkung zwischen dem Elektronenpaar und die Coulomb-Abstoßung zwischen den beiden Elektronen, die allerdings durch den großen Abstand untereinander und durch Abschirmeffekte wesentlich erniedrigt wird. Der tatsächliche Potenzialverlauf ist nur in groben Zügen bekannt, ist aber für unsere weitere Diskussion ohne größere Bedeutung.

Die Schrödinger-Gleichung (11.20) lösen wir mit den üblichen Methoden der Quantenmechanik: Wir setzen den Lösungsansatz (11.19) ein, multiplizieren mit $\exp(-\mathrm{i}\mathbf{k}' \cdot \mathbf{r})$ und integrieren über das Probenvolumen. Wie bei der Ableitung der Beugungsbedingung in Abschnitt 4.4, verschwindet das Integral über $\exp[\mathrm{i}(\mathbf{k} - \mathbf{k}') \cdot \mathbf{r}]$ für $\mathbf{k} \neq \mathbf{k}'$ und ist gleich dem Probenvolumen V_P für $\mathbf{k} = \mathbf{k}'$. Da die Wechselwirkung nur vom Abstand abhängt, dürfen wir $\widetilde{V}(\mathbf{r}_1, \mathbf{r}_2) = \widetilde{V}(\mathbf{r})$ schreiben und erhalten die Lösung

$$\frac{\hbar^2\mathbf{k}^2}{m}A_{\mathbf{k}} + \frac{1}{V_P}\sum_{\mathbf{k}'} A_{\mathbf{k}'} \int \widetilde{V}(\mathbf{r})\,\mathrm{e}^{\mathrm{i}(\mathbf{k}-\mathbf{k}')\cdot\mathbf{r}}\mathrm{d}V = EA_{\mathbf{k}}\,, \tag{11.21}$$

$$\left(\frac{\hbar^2\mathbf{k}^2}{m} - E\right)A_{\mathbf{k}} = -\frac{1}{V_P}\sum_{\mathbf{k}'} A_{\mathbf{k}'}\widetilde{V}_{\mathbf{k}\mathbf{k}'}\,. \tag{11.22}$$

Hierbei wurde in der letzten Gleichung zur Vereinfachung der Darstellung für das Matrixelement die Abkürzung

$$\widetilde{V}_{\mathbf{k}\mathbf{k}'} = \int \widetilde{V}(\mathbf{r})\,\mathrm{e}^{\mathrm{i}(\mathbf{k}-\mathbf{k}')\cdot\mathbf{r}}\mathrm{d}V \tag{11.23}$$

eingeführt. Der exakte Verlauf von $\widetilde{V}(\mathbf{r})$ ist für das Verständnis der meisten Phänomene ohne Bedeutung, so dass wir die vereinfachende Annahme machen, dass im Energiebereich $E_F < \hbar^2k^2/2m,\ \hbar^2k'^2/2m < (E_F + \hbar\omega_D)$ das Matrixelement den konstanten Wert $\widetilde{V}_{\mathbf{k}\mathbf{k}'} = -\widetilde{V}_0$ annimmt, sonst aber verschwindet. Eine attraktive Wechselwirkung vorausgesetzt, ist $\widetilde{V}_0$ eine positive Konstante. Mit dieser starken Vereinfachung ist die rechte Seite von Gleichung (11.22) unabhängig von $\mathbf{k}$ und ist konstant. Lösen wir nach $A_{\mathbf{k}}$ auf, so finden wir

$$A_{\mathbf{k}} = \frac{\widetilde{V}_0}{V_P}\,\frac{1}{(\hbar^2\mathbf{k}^2/m - E)}\sum_{\mathbf{k}'} A_{\mathbf{k}'}\,. \tag{11.24}$$

Diese Gleichung vereinfacht sich weiter, wenn wir über alle $\mathbf{k}$-Werte summieren. Da das Ergebnis der Summation nicht von der Benennung der Wellenvektoren abhängt, gilt $\sum_{\mathbf{k}} A_{\mathbf{k}} = \sum_{\mathbf{k}'} A_{\mathbf{k}'}$. Damit erhalten wir

$$1 = \frac{\widetilde{V}_0}{V_\mathrm{P}} \sum_{\mathbf{k}} \frac{1}{(\hbar^2\mathbf{k}^2/m - E)} \,. \tag{11.25}$$

Wir ersetzen die verbleibende Summation über die Wellenvektoren durch eine Integration über die Energie, wie wir es bereits wiederholt in den vorausgegangenen Kapiteln getan haben. Unter Verwendung der Abkürzung $z = \hbar^2\mathbf{k}^2/2m$ für die kinetische Energie eines Elektrons lautet die Gleichung dann wie folgt:

$$1 = \widetilde{V}_0\,\frac{D(E_\mathrm{F})}{2} \int\limits_{E_\mathrm{F}}^{E_\mathrm{F}+\hbar\omega_\mathrm{D}} \frac{\mathrm{d}z}{2z - E} \,. \tag{11.26}$$

In diesem Ausdruck haben wir die Zustandsdichte in der Umgebung der Fermi-Kante als konstant angenommen und vor das Integral gezogen. Der Faktor 1/2 tritt auf, weil sich Gleichung (11.20) auf Paare bezieht, die Zustandsdichte $D(E)$ jedoch die Dichte in der Einelektron-Näherung beschreibt. Führen wir die Integration durch und lösen nach der Energieänderung ΔE auf, die ein Elektronenpaar im Fermi-See durch die attraktive Wechselwirkung erfährt, so erhalten wir

$$\Delta E = E - 2E_\mathrm{F} = \frac{2\hbar\omega_\mathrm{D}}{1 - \mathrm{e}^{4/[\widetilde{V}_0 D(E_\mathrm{F})]}} \approx -2\hbar\omega_\mathrm{D}\,\mathrm{e}^{-4/[\widetilde{V}_0 D(E_\mathrm{F})]} \,. \tag{11.27}$$

Die Energieänderung ΔE ist negativ, d.h. die Energie der Cooper-Paare wird durch die indirekte Wechselwirkung zwischen den beiden Elektronen reduziert. Der letzte Ausdruck gilt nur im Grenzfall $\widetilde{V}_0 D(E_\mathrm{F}) \ll 1$, doch ist diese Voraussetzung meist gut erfüllt. An der Oberfläche des Fermi-Sees bilden sich Zweielektronen-Zustände, deren Energie um den Wert δE gegenüber der Energie der freien Elektronen bei $T = 0$ abgesenkt ist. Diese Instabilität des Fermi-Sees bewirkt einen Übergang vom Grundzustand des Normalleiters zu einem neuen, dem **BCS-Grundzustand**, den wir im nächsten Abschnitt kurz diskutieren.

Die Wellenfunktion (11.19) sagt uns, dass den Elektronen eines Cooper-Paars keine definierten Wellenvektoren zugeordnet werden können. Die Wellenfunktion enthält alle Wellenvektoren im Energiebereich von E_F bis $(E_\mathrm{F} + \hbar\omega_\mathrm{D})$. Aus (11.24) folgt, dass der Wichtungsfaktor $A_{\mathbf{k}}$ für jene Zustände am größten ist, deren kinetische Energie $z = \hbar^2k^2/2m$ vergleichbar mit E_F ist. Natürlich ist dieses Ergebnis auch für Elektronenpaare gültig, die aus Zuständen unterhalb der Fermi-Energie in Zustände darüber gestreut werden. Obgleich dabei ihre kinetische Energie ansteigt, überwiegt die Absenkung der potenziellen Energie, so dass die Elektronen im gebundenen Zustand verbleiben.

Die Gleichung (11.27) erlaubt eine Erklärung der scheinbar paradoxen Beobachtung, dass bei den „guten“ Metallen wie Silber oder Kupfer bisher noch keine Supraleitung gefunden werden konnte. Diese Metalle besitzen bei Zimmertemperatur eine hohe elektrische Leitfähigkeit, weil die Elektronen nur schwach an Phononen koppeln und somit kaum gestreut werden. Die schwache Elektron-Phonon-Kopplung bewirkt aber auch, dass die Anziehung zwischen Elektronen über den Austausch von virtuellen Phononen nicht sehr ausgeprägt ist. Sie reicht daher selbst bei tiefen Temperaturen nicht aus, Cooper-Paare gegen die thermische Energie zu bilden. In diesen Metallen wird daher Supraleitung, wenn überhaupt, erst bei extrem tiefen Temperaturen auftreten.

Natürlich müssen wir noch berücksichtigen, dass die beiden Elektronen ununterscheidbare Fermionen sind. Die Gesamtwellenfunktion der Cooper-Paare muss deshalb antisymmetrisch sein. Die Wellenfunktion des Lösungsansatzes (11.19) ist symmetrisch bezüglich des Austausches der beiden Elektronen. Daher ist der nicht dargestellte Spinanteil der Wellenfunktion antisymmetrisch, d.h. die Spins sind entgegengerichtet. Wir deuten dies symbolisch durch $(\mathbf{k}\uparrow, -\mathbf{k}\downarrow)$ an und sprechen von einem *Singulett-Paar*, da der Gesamtdrehimpuls des Paars null ist. Nach außen hin benehmen sich die Cooper-Paare daher wie Bosonen.[13] Insbesondere können die Cooper-Paare einen *gemeinsamen quantenmechanischen Zustand* einnehmen, was Fermionen aufgrund der antisymmetrischen Wellenfunktion verwehrt ist. Die Konsequenzen daraus werden wir in den folgenden Abschnitten diskutieren.

Ist die Wechselwirkung zwischen den Elektronen nicht isotrop, wie bisher angenommen, so ist auch eine gleichsinnige Spinausrichtung möglich, wodurch *Triplett-Paare* entstehen. In diesem Fall muss die Ortswellenfunktion der Paare antisymmetrisch, also eine p-Wellenfunktion, sein. Tatsächlich findet man eine derartige Paarbildung beim **suprafluiden ^{3}He**, dessen exotischen (natürlich nichtmetallischen) Eigenschaften bei Temperaturen um 1 mK auf der Existenz derartiger Cooper-Paare beruhen. Auch bei einer Reihe intermetallischer Verbindungen, nämlich bei den **Schwere-Fermionen-Systemen** und bei den **Hochtemperatur-Supraleitern** ist die Struktur der Cooper-Paare komplizierter. Während die Cooper-Paare in Hochtemperatur-Supraleitern eine d-Wellenfunktion aufweisen, findet man bei Schwere-Fermionen-Systemen auch Cooper-Paare mit p-Wellenfunktion.

Berechnet man mit Hilfe von (11.19) und (11.20) den mittleren Abstand zwischen den Elektronen eines Paars, so findet man einen Wert, der sich leicht auch auf einfache Weise abschätzen lässt: Aus der Energieunschärfe δE eines Cooper-Paars folgt für die Unschärfe der Wellenzahl $\delta k \approx (m\,\delta E/\hbar^2 k_\mathrm{F})$ und somit eine Mindestausdehnung $\delta x \approx 1/\delta k$ der Cooper-Paare von der Größenordnung $\delta x \approx (\hbar^2 k_\mathrm{F}/m\,\delta E)$. Da die Energieunschärfe nicht größer als die Bindungsenergie der Cooper-Paare sein kann und diese vergleichbar mit der thermischen Energie bei der Sprungtemperatur ist, setzen wir als grobe Näherung $\delta E \approx k_\mathrm{B} T_\mathrm{c}$ und erhalten damit $\delta x \approx (\hbar v_\mathrm{F}/k_\mathrm{B} T_\mathrm{c})$. Dieses Ergebnis stimmt bis auf den numerischen Vorfaktor mit dem Ausdruck für die Kohärenzlänge ξ_0 in Gleichung (11.12) überein, die offensichtlich durch die Größe der Cooper-Paare bestimmt wird. Setzen wir Zahlenwerte ein, so finden wir, dass die Ausdehnung der Paare

---

13 An dieser Stelle soll jedoch darauf hingewiesen werden, dass bei einer genaueren Betrachtung gewisse Unterschiede zu den „echten" Bosonen bestehen, auf die wir hier aber nicht näher eingehen.

im Bereich von 100 bis 1000 nm liegt! Cooper-Paare sind also relativ groß. Zwischen den beiden Elektronen eines Paars halten sich Millionen anderer Elektronen auf.

11.2.2 BCS-Theorie

BCS-Grundzustand. Im vorhergehenden Abschnitt wurde gezeigt, dass eine attraktive Wechselwirkung zwischen freien Elektronen zur Paarbildung führen kann, die mit einer Energieabsenkung verbunden ist. Die theoretische Beschreibung des Gesamtsystems ist mathematisch aufwändiger als die Behandlung eines einzelnen Cooper-Paars, da das Verhalten *aller* freien Elektronen eingeht. Wir wollen hier nicht die Theorie in ihren mathematischen Details nachvollziehen, sondern nur die Grundzüge präsentieren und versuchen, diese plausibel zu machen. Zunächst betrachten wir den BCS-Grundzustand, also Supraleitung am absoluten Nullpunkt.

Ausgangspunkt der theoretischen Beschreibung des BCS-Grundzustands ist ein geeigneter Ansatz für die Wellenfunktion. Hierzu können natürlich nicht die Einelektron-Zustände herangezogen werden. Es sind die Paar-Zustände, die zur Konstruktion der Wellenfunktion verwendet werden. Bezeichnen wir die Wahrscheinlichkeit für die Besetzung des Zustands $(\mathbf{k}\uparrow, -\mathbf{k}\downarrow)$ mit $v_\mathbf{k}^2$, so ist $u_\mathbf{k}^2 = (1 - v_\mathbf{k}^2)$ die Wahrscheinlichkeit, dass dieser Paarzustand leer ist. Die Gesamtenergie W_0 des BCS-Grundzustands, an dem *alle* Cooper-Paare beteiligt sind, ist nicht, wie im Fall der freien Elektronen, allein durch die kinetische Energie der Elektronen bestimmt. Es ist noch die (negative) Wechselwirkungsenergie zu berücksichtigen, die durch die Paarbildung zustande kommt. Wir schreiben daher

$$W_0 = \sum_\mathbf{k} 2v_\mathbf{k}^2 \eta_\mathbf{k} - \frac{\widetilde{V}_0}{V_\mathrm{P}} \sum_{\mathbf{k}',\mathbf{k}} v_\mathbf{k} u_{\mathbf{k}'} u_\mathbf{k} v_{\mathbf{k}'} \ . \tag{11.28}$$

Der erste Term spiegelt die kinetische Energie wider, wobei $\eta_\mathbf{k} = (\hbar^2\mathbf{k}^2/2m - E_\mathrm{F})$ für die Abweichung der kinetischen Energie der Elektronen von der Fermi-Energie steht. Der Faktor 2 berücksichtigt, dass Cooper-Paare aus zwei Elektronen mit entgegengesetztem Spin bestehen. Der zweite Term gibt die Wechselwirkungsenergie wieder, die auf der Streuung der Zweiteilchenzustände $(\mathbf{k}\uparrow, -\mathbf{k}\downarrow)$ in die Zustände $(\mathbf{k}'\uparrow, -\mathbf{k}'\downarrow)$ beruht. Damit die Streuung erfolgen kann, muss der Zustand $(\mathbf{k}\uparrow, -\mathbf{k}\downarrow)$ besetzt, der Zustand $(\mathbf{k}'\uparrow, -\mathbf{k}'\downarrow)$ frei sein. Die Wahrscheinlichkeitsamplitude für den Ausgangszustand ist daher durch $v_\mathbf{k} u_{\mathbf{k}'}$, die für den Endzustand durch $v_{\mathbf{k}'} u_\mathbf{k}$ gegeben.

Minimieren der Energie W_0 bezüglich $v_\mathbf{k}$ und $u_\mathbf{k}$ unter Berücksichtigung des Zusammenhangs $(u_\mathbf{k}^2 + v_\mathbf{k}^2) = 1$ führt mit der Abkürzung

$$\Delta = \frac{\widetilde{V}_0}{V_\mathrm{P}} \sum_{\mathbf{k}'} u_{\mathbf{k}'} v_{\mathbf{k}'} \tag{11.29}$$

zu der Beziehung

$$2u_\mathbf{k} v_\mathbf{k} \eta_\mathbf{k} - \Delta(u_\mathbf{k}^2 - v_\mathbf{k}^2) = 0 \ . \tag{11.30}$$

Nun nehmen wir noch einige Umschreibungen vor: Wir führen die neue Variable $E_{\mathbf{k}}$ ein, die durch

$$E_{\mathbf{k}}^2 = \eta_{\mathbf{k}}^2 + \Delta^2 \tag{11.31}$$

definiert ist. Unter Einbeziehung von (11.30) lassen sich damit die Wahrscheinlichkeitsamplituden $u_{\mathbf{k}}$ und $v_{\mathbf{k}}$ wie folgt ausdrücken:

$$u_{\mathbf{k}}^2 = \frac{1}{2}\left(1 + \frac{\eta_{\mathbf{k}}}{E_{\mathbf{k}}}\right) \quad \text{und} \quad v_{\mathbf{k}}^2 = \frac{1}{2}\left(1 - \frac{\eta_{\mathbf{k}}}{E_{\mathbf{k}}}\right) . \tag{11.32}$$

Mit den neuen Variablen kann die Energie W_0 des Grundzustands in der folgenden Form geschrieben werden:

$$W_0 = \sum_{\mathbf{k}} \eta_{\mathbf{k}} \left(1 - \frac{\eta_{\mathbf{k}}}{E_{\mathbf{k}}}\right) - \frac{\Delta^2 V_{\mathrm{P}}}{\widetilde{V}_0} . \tag{11.33}$$

Setzen wir die Beziehung (11.31) in (11.32) ein, so erhalten wir für die Wahrscheinlichkeit $w_{\mathbf{k}} = v_{\mathbf{k}}^2$, dass der Paarzustand $(\mathbf{k}\uparrow, -\mathbf{k}\downarrow)$ besetzt ist, den Zusammenhang

$$w_{\mathbf{k}} = \frac{1}{2}\left(1 - \frac{\eta_{\mathbf{k}}}{\sqrt{\eta_{\mathbf{k}}^2 + \Delta^2}}\right) . \tag{11.34}$$

In Bild 11.16 sind die Besetzungswahrscheinlichkeit $w_{\mathbf{k}}$ der Paarzustände bei $T = 0$ und die Fermi-Funktion $f(E, T)$ bei T_c verglichen. Die Kurven zeigen erstaunlich ähnliche Verläufe. Auch am absoluten Nullpunkt ist im Supraleiter die Besetzung der Zustände im Energiebereich $(E_F \pm \Delta)$ „aufgeweicht“. Dies war zu erwarten, da die Wechselwirkung zwischen Elektronen und Phononen nur in der Umgebung der Fermi-Kante erfolgen kann. Somit ist, über alle Leitungselektronen summiert, die kinetische Energie der Elektronen im Supraleiter höher als im Normalleiter.

Wenn auch die kinetische Energie der Elektronen des Supraleiters erhöht ist, so tritt dennoch ein Energiegewinn beim Übergang von der normal- zur supraleitenden

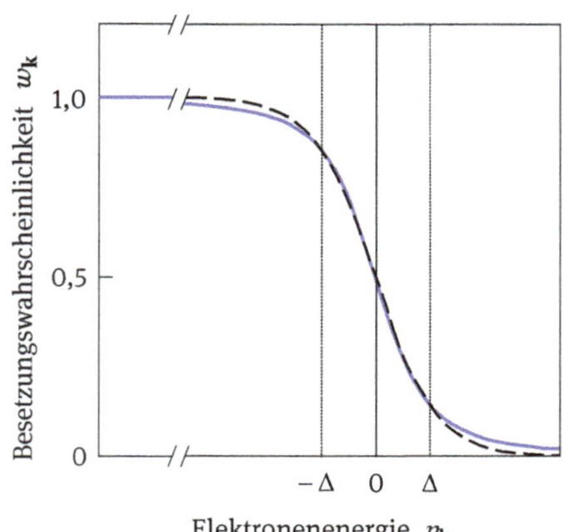

Abb. 11.16: Besetzungswahrscheinlichkeit der Paarzustände (blaue Kurve) am absoluten Nullpunkt als Funktion der Einteilchenenergie $\eta_{\mathbf{k}}$. Sie ähnelt stark der Fermi-Funktion bei der Temperatur $T = T_c$, die gestrichelt in schwarz gezeichnet ist.

Phase auf, da aufgrund der Wechselwirkung die potenzielle Energie abgesenkt wird. Bezeichnen wir mit $W_0^{\mathrm{n}} = 2\sum_{|k|<k_{\mathrm{F}}} \eta_{\mathbf{k}}$ die innere Energie eines Normalleiters, so ist der Energiegewinn, die **Kondensationsenergie**, durch $W_{\mathrm{kond}} = (W_0 - W_0^{\mathrm{n}})$ gegeben. Nach einer Reihe von algebraischen Umformungen findet man

$$\frac{W_{\mathrm{kond}}}{V_{\mathrm{P}}} = -\frac{1}{4}\, D(E_{\mathrm{F}})\Delta^2 \,. \tag{11.35}$$

Diese Energie wird bei der „Kondensation" der Leitungselektronen in den supraleitenden Zustand frei. Sie entspricht der Differenz der freien Enthalpie zwischen normal- und supraleitendem Zustand, für die wir im vorhergehenden Abschnitt den Ausdruck $G_{\mathrm{kond}}(0) = VB_{\mathrm{c}}^2/2\mu_0$ mit Hilfe von thermodynamischen Betrachtungen hergeleitet haben. Das unterschiedliche Vorzeichen beruht auf der unterschiedlichen Wahl des Referenzsystems. Damit haben wir einen Zusammenhang zwischen der makroskopischen und mikroskopischen Betrachtungsweise hergestellt.

Im nächsten Schritt wollen wir zeigen, dass im Energiespektrum des Supraleiters eine *Energielücke* auftritt. Der Ausdruck (11.29) für die Konstante Δ lässt sich durch Einsetzen von (11.32) umschreiben. Man erhält

$$\Delta = \frac{1}{2}\frac{\widetilde{V}_0}{V_{\mathrm{P}}}\sum_{\mathbf{k}} \frac{\Delta}{\sqrt{\eta_{\mathbf{k}}^2 + \Delta^2}} \,. \tag{11.36}$$

Ersetzt man die Summe durch ein Integral und nimmt wieder an, dass die Zustandsdichte in der Umgebung der Fermi-Energie konstant ist, so ergibt sich

$$1 = \frac{\widetilde{V}_0}{2}\int_{-\hbar\omega_{\mathrm{D}}}^{\hbar\omega_{\mathrm{D}}} \frac{D(E_{\mathrm{F}})}{2}\frac{\mathrm{d}\eta}{\sqrt{\eta_{\mathbf{k}}^2 + \Delta^2}} = \frac{\widetilde{V}_0 D(E_{\mathrm{F}})}{2}\operatorname{arc\,sinh}\left(\frac{\hbar\omega_{\mathrm{D}}}{\Delta}\right) . \tag{11.37}$$

Folglich ist Δ durch

$$\Delta = \frac{\hbar\omega_{\mathrm{D}}}{\sinh\left[\frac{2}{\widetilde{V}_0 D(E_{\mathrm{F}})}\right]} \approx 2\hbar\omega_{\mathrm{D}}\, \mathrm{e}^{-2/[\widetilde{V}_0 D(E_{\mathrm{F}})]} \tag{11.38}$$

gegeben. Die letzte Beziehung ist nur für schwache Kopplung, d.h. für $\widetilde{V}_0 D(E_{\mathrm{F}}) \ll 1$ gültig. Auffällig ist die große Ähnlichkeit mit Gleichung (11.27), in der die Energieabsenkung bei Paarbildung beschrieben wird. Wie wir sehen werden, stellt Δ eine Energielücke im Energiespektrum der Elektronen dar, die dem Experiment gut zugänglich und eng mit der Bindungsenergie der Cooper-Paare verbunden ist. Die genaue Bedeutung und die Konsequenzen werden wir noch ausführlich diskutieren. Mit der bekannten Debye-Frequenz von Supraleitern folgen aus den experimentellen Werten von Δ für den Parameter $\widetilde{V}_0 D(E_{\mathrm{F}})$ Werte um 0,6.

Nun wenden wir uns der Frage zu, welche Bedeutung die Größe Δ besitzt und welche angeregten Zustände in einem Supraleiter auftreten. Wie oben erwähnt, ist Δ die **Energielücke**, die im Anregungsspektrum der Elektronen auftritt. In anderen Worten ausgedrückt: die Energie der angeregten Zustände liegt mindestens um den Betrag Δ über der Grundzustandsenergie W_0. Der einfachste, vorstellbare Angeregungszustand ist einer, bei dem nur ein Zustand des Paars $(\mathbf{k}'\uparrow, -\mathbf{k}'\downarrow)$ besetzt ist. Die Energie dieses Zustands lässt sich mit Hilfe von (11.33) berechnen, wenn wir die Summation nicht über alle Werte von $\mathbf{k}$, sondern nur über $\mathbf{k} \neq \mathbf{k}'$ durchführen. Nach einigen algebraischen Umformungen erhalten wir für die Energie δE, die zum Aufbrechen eines Paars erforderlich ist, den Ausdruck

$$\delta E = 2E_{\mathbf{k}'} = 2\sqrt{\eta_{\mathbf{k}'}^2 + \Delta^2}\,. \tag{11.39}$$

Da $\eta_{\mathbf{k}'} = (\hbar^2 k'^2/2m - E_\mathrm{F})$ beliebig klein sein kann, ist die minimale Energie $\delta E_\mathrm{min} = 2\Delta$ erforderlich, um den Supraleiter anzuregen. Der Faktor 2 ist dadurch bedingt, dass beim Aufbrechen eines Cooper-Paars immer zwei ungepaarte Elektronen erzeugt werden.

Mit diesem Ergebnis erschließt sich auch die Bedeutung von Gleichung (11.31). Sie ist die **Dispersionsrelation ungepaarter Elektronen** und **Löcher** im Supraleiter und ersetzt die Beziehung $E = \hbar^2 k^2/2m = (\eta_\mathbf{k} + E_\mathrm{F})$ für freie Elektronen im Normalleiter. Diese Kurve ist in Bild 11.17 dargestellt. Die Natur der angeregten Elektronen ist nicht ganz so offensichtlich wie die einfache Struktur der Gleichung suggeriert. Die Anregungen, die beschrieben werden, sind teils Elektronen, teils Löcher und werden im Allgemeinen als **Quasiteilchen** bezeichnet. Für große Werte von $\eta_\mathbf{k}$, d.h. weit entfernt von der Fermi-Fläche, geht die Dispersionsrelation (11.31) für $\eta_\mathbf{k} > 0$ in die freier Elektronen über. Quasiteilchen mit $\eta_\mathbf{k} < 0$ haben lochähnlichen Charakter. Sie sind „reine" Löcher, wenn $\eta_\mathbf{k} \ll 0$ ist. Für $\eta_\mathbf{k} \approx 0$, also in der Nähe der Fermi-Energie, sind Quasiteilchen eine Mischung aus einem Elektron mit dem Wellenvektor $\mathbf{k}$ und einem Loch mit $-\mathbf{k}$. Dies wird klarer, wenn wir das Aufbrechen eines Cooper-Paars betrachten. Nehmen wir an, dass ein Elektron mit dem Wellenvektor $\mathbf{k}$ aus seinem Paarzustand in den Zustand $\mathbf{k}'$ gestreut wurde. Dann bleibt ein unbesetzter Zustand, ein Loch bei $\mathbf{k}$ zurück, das mit

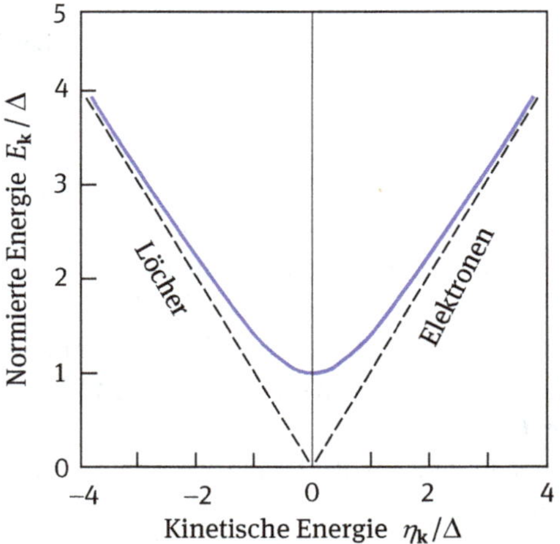

Abb. 11.17: Anregungsenergie der Quasiteilchen in der Nähe der Fermi-Energie. Lochartige Zustände befinden sich auf der linken, elektronartige Zustände auf der rechten Seite des Nullpunkts. Die gestrichelten Geraden geben die Anregungsenergie der Elektronen im Normalleiter wieder.

dem zweiten Elektron des Paars mit dem Wellenvektor $-\mathbf{k}$ wechselwirkt. Umgekehrt wechselwirkt das Elektron, das sich nun im Zustand $\mathbf{k}'$ befindet mit dem Loch bei $-\mathbf{k}'$.

Ergänzend sei noch bemerkt, dass, wie bei den Normalleitern, auch zu jedem Elektron dessen Wellenvektor $\mathbf{k}$ tief in der Fermi-Kugel liegt ein Elektron mit dem Wellenvektor $-\mathbf{k}$ existiert. Im Gegensatz zu den Cooper-Paaren wechselwirken sie nicht miteinander, da sie aufgrund der fehlenden freien Einelektron-Zustände keine virtuellen Phononen austauschen können, so dass ihre potenzielle Energie gegenüber dem normalleitenden Zustand nicht abgesenkt ist.

Der *gemeinsame Grundzustand* der Cooper-Paare ist von den Zuständen der Quasiteilchen durch die Energielücke Δ getrennt. Die Zustandsdichte $D_\mathrm{s}(E_\mathbf{k})$ der Quasiteilchen folgt unmittelbar aus der Zustandsdichte des Normalzustands, da beim Übergang zum Supraleiter keine Zustände verloren gehen, d.h. $D_\mathrm{s}(E_\mathbf{k})\mathrm{d}E_\mathbf{k} = D_\mathrm{n}(\eta_\mathbf{k})\mathrm{d}\eta_\mathbf{k}$, wenn $D_\mathrm{n}(\eta_\mathbf{k})$ die Zustandsdichte des Normalleiters ist. In der Umgebung der Fermi-Energie können wir $D_\mathrm{n}(\eta_\mathbf{k}) \approx D_\mathrm{n}(E_\mathrm{F}) = \mathrm{const.}$ setzen und erhalten

$$D_\mathrm{s}(E_\mathbf{k}) = D_\mathrm{n}(\eta_\mathbf{k})\,\frac{\mathrm{d}\eta_\mathbf{k}}{\mathrm{d}E_\mathbf{k}} = \begin{cases} D_\mathrm{n}(\eta_\mathbf{k})\,\dfrac{E_\mathbf{k}}{\sqrt{E_\mathbf{k}^2 - \Delta^2}} & \text{für} \quad E_\mathbf{k} > \Delta\,, \\ 0 & \text{für} \quad E_\mathbf{k} < \Delta\,. \end{cases} \tag{11.40}$$

In Bild 11.18a ist die vorhergesagte Zustandsdichte $D_\mathrm{s}(E_\mathbf{k})$ gezeichnet. Sie divergiert bei $E_\mathbf{k} = \Delta$ und geht für $E_\mathbf{k} \gg \Delta$ in die des freien Elektronengases über. In dieser Darstellung findet man die Cooper-Paare als δ-Funktion bei $E_\mathbf{k} = 0$. Die Zustandsdichte der Quasiteilchen lässt sich beispielsweise mit Hilfe der Tunnelkontakt-Spektroskopie messen, auf die wir im nächsten Abschnitt eingehen. In Bild 11.18b ist die so gemessene

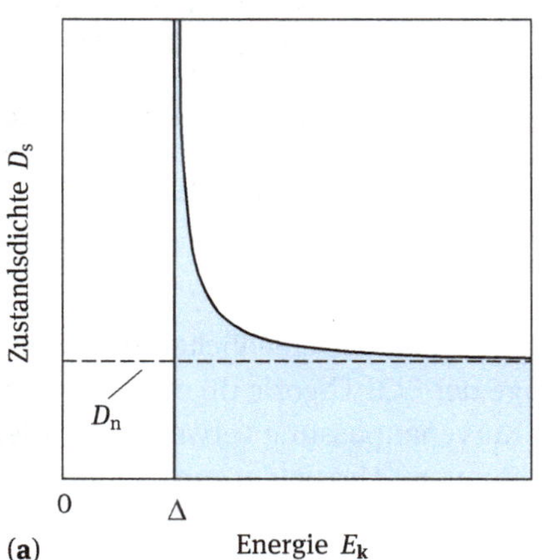

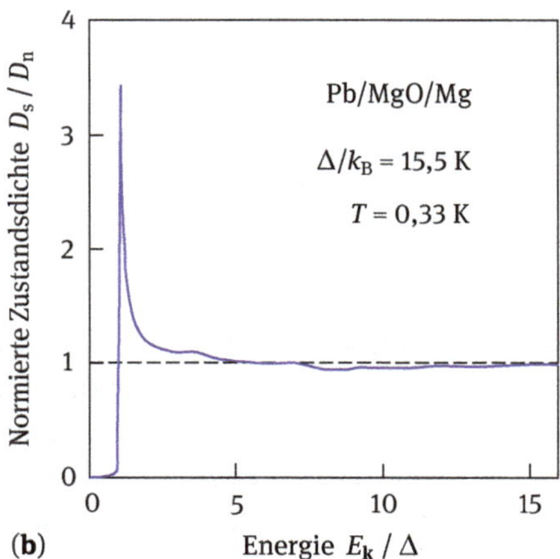

Abb. 11.18: a) Zustandsdichte der Quasiteilchen als Funktion der Anregungsenergie. **b)** Experimentell gemessene Zustandsdichte von Blei als Funktion der Einteilchenenergie bezogen auf die Zustandsdichte bei der Fermi-Energie. Diese Messung wurde mit einem Pb/MgO/Mg-Tunnelkontakt durchgeführt. (Nach I. Giaever et al., Phys. Rev. **126**, 941 (1962).)

Zustandsdichte von Blei wiedergegeben. Die Übereinstimmung mit der theoretischen Vorhersage ist beeindruckend.

BCS-Zustand bei endlicher Temperatur. Bei endlicher Temperatur sind nicht alle Elektronen an der Fermi-Fläche gepaart, denn durch thermische Anregung werden Cooper-Paare aufgebrochen und Quasiteilchen erzeugt. Sie besetzen Zustände, die dann den wechselwirkenden Cooper-Paaren nicht mehr zugänglich sind und behindern so den Austausch von virtuellen Phononen. Damit vermindert sich die Wechselwirkungsenergie des BCS-Zustands. Die Energielücke $\Delta(T)$ nimmt mit zunehmender Temperatur ab, bis sie schließlich bei T_c ganz verschwindet. Die Energielücke $\Delta(T)$ bei endlichen Temperaturen lässt sich ganz ähnlich wie die Energielücke bei $T = 0$ berechnen, doch muss nun auch der Beitrag der Quasiteilchen zur freien Energie berücksichtigt werden. Es ergibt sich ein Ausdruck, der Gleichung (11.37) sehr ähnlich sieht, aber nur numerisch ausgewertet werden kann. Der resultierende Temperaturverlauf der Energielücke ist in Bild 11.19 zusammen mit experimentellen Ergebnissen zu sehen.

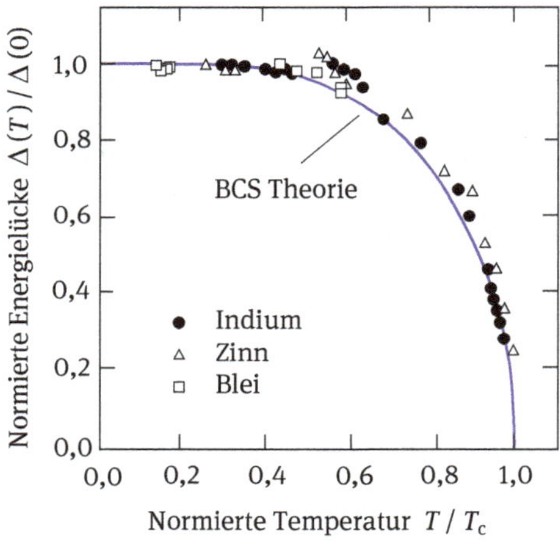

Abb. 11.19: Verlauf der normierten Energielücke $\Delta(T)/\Delta(0)$ in Abhängigkeit von der normierten Temperatur T/T_c. Neben der theoretischen Kurve sind die experimentellen Werte für Indium, Zinn und Blei eingezeichnet. (Nach I. Giaever, K. Megerle, Phys. Rev. **122,** 1101 (1961).)

Die Messpunkte sind das Ergebnis von Experimenten mit unterschiedlichen Techniken und stimmen erstaunlich gut mit der Vorhersage der BCS-Theorie überein. Dies ist bemerkenswert, weil kein freier Parameter zur Kurvenanpassung verwendet wurde. Das Auftreten von kleinen Abweichungen ist nicht nur auf Messfehler zurückzuführen. Sie beruhen auch darauf, dass die Annahme eines in einem eingeschränkten Bereich konstanten Kopplungsparameters $\widetilde{V}_0$ nur eine grobe Näherung sein kann.

Berücksichtigt man bei der oben erwähnten numerischen Integration, dass die Energielücke bei T_c verschwindet, so erhält man den Zusammenhang

$$k_B T_c = 1{,}14\,\hbar\omega_D\,\mathrm{e}^{-2/[\widetilde{V}_0\,D(E_F)]}\,. \tag{11.41}$$

Setzt man diesen Ausdruck in (11.38) ein, so ergibt sich die wichtige, materialunabhängige Aussage

$$\Delta(0) = 1{,}764\, k_\mathrm{B} T_\mathrm{c}\ . \tag{11.42}$$

In Tabelle 11.4 ist für einige Supraleiter der gemessene Wert von $2\Delta(0)/k_\mathrm{B}T_\mathrm{c}$ eingetragen. In den meisten Fällen stimmt die Vorhersage gut mit den experimentellen Ergebnissen überein. Doch es gibt Supraleiter, in denen dieses Verhältnis deutlich größer ist. In diesen Fällen spricht man von **stark koppelnden Supraleitern.** Um auch diese Materialien zu beschreiben hat *G.M. Eliashberg*[14] die ursprüngliche BCS-Theorie modifiziert. In seinen Ausdruck für die Sprungtemperatur gehen zwei materialspezifische, frequenzabhängige Parameter ein, nämlich die Phononendichte und die effektive Elektron-Phonon-Kopplung. Mit dieser Erweiterung erzielt man gute Übereinstimmung von Theorie und Experiment auch bei starker Kopplung. Wir wollen hier jedoch diesen Aspekt nicht weiter verfolgen.

Tab. 11.4: Experimentell ermittelte Werte von $2\Delta(0)/k_\mathrm{B}T_\mathrm{c}$ einiger Supraleiter. (Nach R. Mersevey, B.B. Schwartz, *Superconductivity*, R.D. Parks, ed., Dekker, 1969.)

Supraleiter	Al	Cd	Hg	In	Nb	Pb	Sn	Ta	Tl	Zn
T_c (K)	1,18	0,52	4,15	3,40	9,25	7,20	3,72	4,47	2,38	0,86
$2\Delta(0)/k_\mathrm{B}T_\mathrm{c}$	3,5	3,2	4,6	3,5	3,6	4,3	3,5	3,5	3,6	3,2

11.2.3 Nachweis der Energielücke

Ein Charakteristikum der Supraleitung ist die Existenz einer Energielücke im Elektronenspektrum. Sie bestimmt die Zahl der angeregten Quasiteilchen, die sich unmittelbar im Temperaturverlauf der spezifischen Wärme bemerkbar machen. Erhöht man die Temperatur, so muss zur Erzeugung von Quasiteilchen bzw. zum Aufbrechen von Cooper-Paaren Energie aufgewendet werden. Wegen der Energielücke $\Delta(T)$ ist die Wahrscheinlichkeit für die Besetzung angeregter Zustände und damit auch die spezifische Wärme proportional zum Boltzmann-Faktor $\exp\left[-\Delta(T)/k_\mathrm{B}T\right]$. Trägt man die spezifische Wärme C_s, wie in Bild 11.20a für Vanadium und Zinn, logarithmisch als Funktion der reziproken Temperatur auf, so findet man die erwartete Gerade. Nur in der Nähe des Sprungpunkts weichen die Daten vom exponentiellen Verlauf ab. Dies ist nicht verwunderlich, weil sich die Energielücke bei Annäherung an die Sprungtemperatur verkleinert. Für den in Bild 11.12 für Aluminium gezeigten Sprung der spezifischen

14 Gerasim Matveevich Eliasberg, *1930 St. Petersburg, †2021 Tschernogolowka

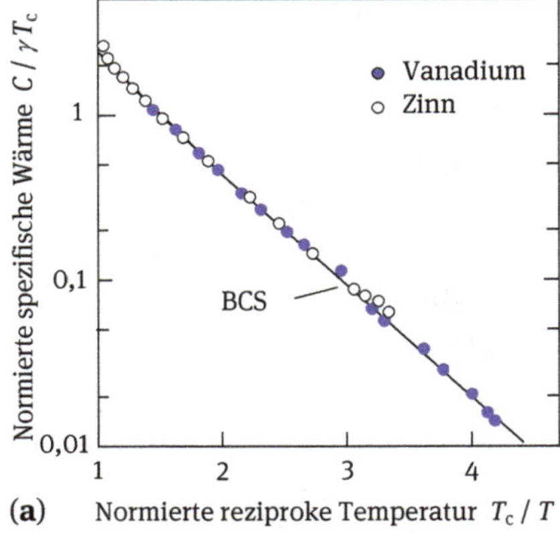

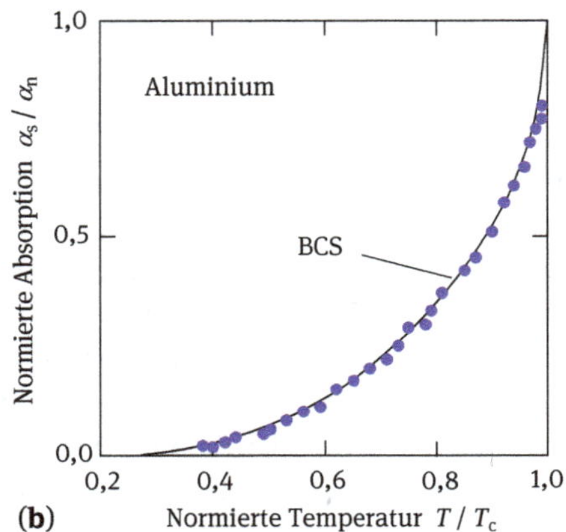

Abb. 11.20: **a)** Normierte spezifische Wärme von Vanadium und Zinn als Funktion der normierten reziproken Temperatur T_c/T nach Subtraktion des Phononenbeitrags. (Nach M.A. Biondi et al., Rev. Mod. Phys. **30**, 1109 (1958).) **b)** Normierte Ultraschallabsorption von Aluminium als Funktion der normierten Temperatur T/T_c. (Nach R. David, N.J. Ponlis, *Proc. 8th Int. Conf. Low Temp. Phys.*, R.O. Davies, ed., Butterworth, 1962.) Die durchgezogenen Kurven geben die Vorhersage der BCS-Theorie wieder.

Wärme bei T_c sagt die BCS-Theorie den Wert $(C_s - C_n)/C_n = 1{,}43$ voraus. In den meisten Fällen stimmen die experimentellen Werte mit dieser Zahl überein, doch treten bei den stark koppelnden Supraleitern auch hier Abweichungen auf (siehe Tabelle 11.5).

Tab. 11.5: Experimentelle Werte von $[(C_s - C_n)/C_n]_{T_c}$ einiger Supraleiter. (Nach R. Mersevey, B.B. Schwartz, *Superconductivity*, R.D. Parks, ed., Dekker, 1969.)

Supraleiter	**Al**	**Cd**	**Hg**	**In**	**Nb**	**Pb**	**Sn**	**Ta**	**Tl**	**Zn**
T_c (K)	1,18	0,52	4,15	3,40	9,25	7,20	3,72	4,47	2,38	0,86
$[(C_s - C_n)/C_n]_{T_c}$	1,4	1,4	2,4	1,7	1,9	2,7	1,6	1,6	1,5	1,3

Die Zahl der Quasiteilchen spiegelt sich in vielen Transporteigenschaften wider. Cooper-Paare befinden sich im quantenmechanischen Grundzustand, tragen daher keine Entropie und fallen somit für den Wärmetransport aus. Mit der Zahl der Quasiteilchen nimmt somit die Wärmeleitfähigkeit von Supraleitern unterhalb von T_c mit sinkender Temperatur drastisch ab. Ein weiteres Beispiel ist die in Bild 11.20b dargestellte Ultraschallabsorption von Aluminium. Die mittlere freie Weglänge der Ultraschallphononen wird in reinen Metallen durch Stöße mit den freien Elektronen begrenzt. Da Cooper-Paare nur mit Phononen wechselwirken können, deren Energie zur Paarbrechung ausreicht, können bei Ultraschallfrequenzen im MHz-Bereich Stöße nur mit den thermisch angeregten Quasiteilchen stattfinden. Mit den Quasiteilchen verschwindet daher beim Abkühlen auch die Ultraschalldämpfung.

Wie lässt sich die Energielücke „direkt" messen? Unmittelbar einleuchtend sind Mikrowellen- und Infrarotexperimente, mit deren Hilfe sich die Lücke über die Absorption bestimmen lässt. Reicht bei derartigen Experimenten die Energie der eingestrahlten Photonen nicht zum Aufbrechen der Cooper-Paare aus, so tritt keine Absorption auf. Ist jedoch $\hbar\omega > 2\Delta$, so wird die Strahlung stark absorbiert, wobei pro Photon zwei Quasiteilchen erzeugt werden. Derartige Messungen sind relativ aufwändig und nicht einfach zu analysieren, da in Metallen noch andere Absorptionsmechanismen existieren (vgl. Abschnitt 13.4). Die Resultate stimmen jedoch mit den Vorhersagen der BCS-Theorie sehr gut überein.

Wir wollen hier auf die konzeptionell außerordentlich einfache und elegante **Tunnelkontakt-Spektroskopie** näher eingehen, die vor allem von I. Giaever[15] entwickelt wurde. Der schematische Aufbau und das Prinzipschaltbild eines derartigen Tunnelkontakt-Experiments sind im Bild 11.21 dargestellt. Die beiden Metallstreifen werden nacheinander auf das isolierende Substrat aufgedampft und sind durch eine dünne, etwa 3 nm dicke Isolatorschicht voneinander getrennt. Ist die Zwischenschicht dünn genug, so können Elektronen von einem Metall zum anderen tunneln.

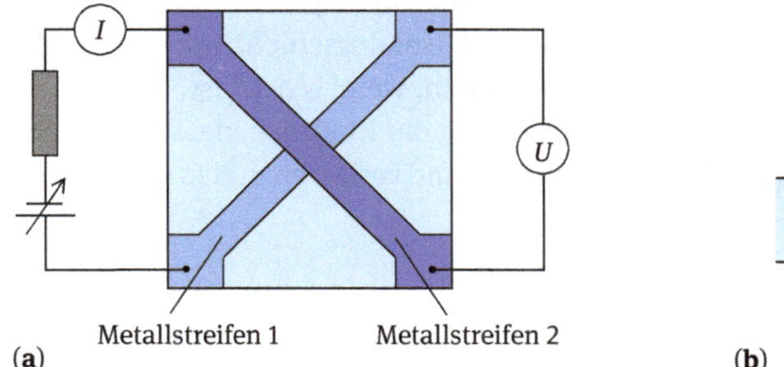

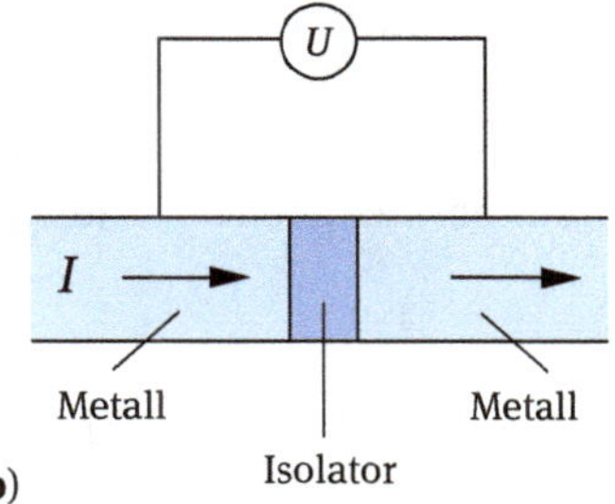

Abb. 11.21: Tunnelkontakt. **a)** Die kreuzförmig aufgedampften Metallstreifen sind durch eine dünne Isolatorschicht voneinander getrennt. **b)** Prinzipschaltbild. Bei vorgegebenem Strom I wird der Spannungsabfall an den beiden Metallstreifen gemessen.

Bei Anliegen einer Spannung U sind die Fermi-Niveaus der beiden Metalle um den Betrag eU gegeneinander verschoben. Wie in Bild 11.22 für zwei Normalleiter angedeutet, können Elektronen aus besetzten Zuständen des einen Metalls in die unbesetzten des anderen tunneln. Da die Verschiebung eU der Fermi-Energie proportional zur Spannung ist, verläuft die Strom-Spannungs-Charakteristik linear, d.h., dem ohmschen Gesetz folgend ist $I \propto U$.

15 Ivar Giaever, *1929 Bergen, Nobelpreis 1973

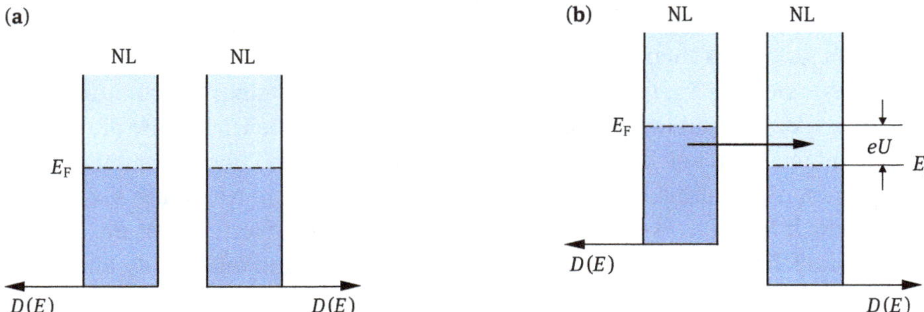

Abb. 11.22: Energieniveau-Diagramm eines Tunnelkontakts bestehend aus zwei Normalleitern. Die Zustandsdichten in der Umgebung der Fermi-Energie sind für $T = 0$ dargestellt. **a)** $U = 0$, es fließt kein Strom. **b)** $U \neq 0$, Elektronen tunneln aus besetzten Zuständen in unbesetzte.

Besteht der Tunnelkontakt aus einem Normal- und einem Supraleiter, so kann bei $T = 0$ und der Spannung $U < \Delta/e$ kein Strom fließen, da in der Energielücke des Supraleiters keine freien Zustände vorhanden sind. Die entsprechenden Zustandsdichten sind in Bild 11.23 schematisch dargestellt. Stromfluss tritt auf, wenn die kritische Spannung $U_c = \Delta/e$ überschritten ist. Diese Schlussfolgerung leuchtet unmittelbar ein, wenn der Normalleiter wie in Bild 11.23a auf höherem Potenzial liegt. Elektronen aus den besetzten Zuständen unterhalb E_F können durch die Isolatorschicht erst dann in die leeren Quasiteilchenzustände des Supraleiters tunneln, wenn $U > U_c$ ist.

Bei umgekehrter Polung (vgl. Bild 11.23b) entsteht der Eindruck, dass Elektronen bereits bei kleineren Spannungen den BCS-Grundzustand verlassen und in den Normal-

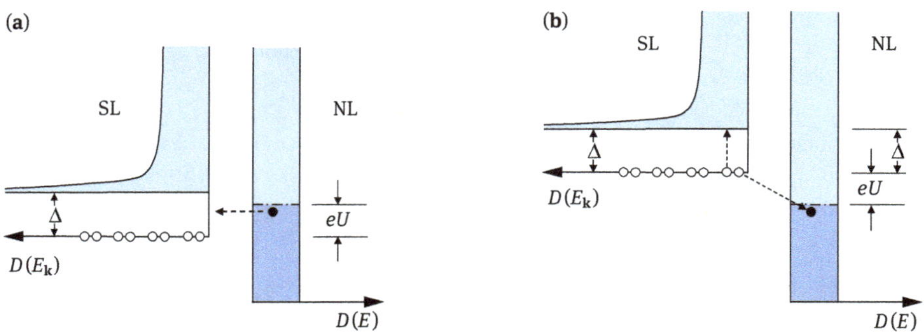

Abb. 11.23: Zustandsdichtediagramm eines Supraleiter-Normalleiter-Kontakts bei Anliegen einer Spannung $|U| < \Delta/e$. Cooper-Paare sind durch zwei offene Kreise, Quasiteilchen bzw. ungepaarte Elektronen durch schwarze Punkte angedeutet. **a)** Die Fermi-Energie des Normalleiters ist angehoben, doch finden die Elektronen keine freien Zustände im Supraleiter. **b)** Die Fermi-Energie des Normalleiters ist abgesenkt, der Energiegewinn eU des tunnelnden Elektrons reicht jedoch nicht aus, um das im Supraleiter verbleibende Elektron in das Band der Quasiteilchen zu heben. Der angedeutete Prozess ist daher bei dieser Spannung verboten.

leiter überwechseln könnten. Dies ist jedoch nicht richtig, denn ein Cooper-Paar muss aufgebrochen und das zurückbleibende Elektron in das Band der Quasiteilchen gehoben werden. Solange $eU < \Delta$ ist, steht die erforderliche Energie nicht zur Verfügung. Ist dagegen die anliegende Spannung $U > U_c$, so können Cooper-Paare aufgebrochen werden. Anschaulich gesprochen tunnelt ein Elektron durch die Isolatorschicht in den Normalleiter und die frei werdende Energie wird genutzt das zweite Elektron in das Quasiteilchenband zu heben.

Der Beitrag der Quasiteilchen mit der Energie E zum Strom vom Supraleiter zum Normalleiter ist proportional zu ihrer Anzahl $D_s(E_{\mathbf{k}})f(E)$ im Supraleiter und zur Zahl der leeren Plätze $D_n(E + eU)[1 - f(E + eU)]$ im Normalleiter. Entsprechendes gilt für den Stromfluss in umgekehrte Richtung. Die auftretenden Teilströme sind daher durch die beiden Gleichungen

$$\begin{aligned} I_{s\to n} &= I_0 \int D_s(E_{\mathbf{k}})f(E)D_n(E + eU)[1 - f(E + eU)]\,\mathrm{d}E\,, \\ I_{n\to s} &= I_0 \int D_n(E + eU)f(E + eU)D_s(E_{\mathbf{k}})[1 - f(E)]\,\mathrm{d}E \end{aligned} \tag{11.43}$$

gegeben. Für den Gesamtstrom gilt folglich

$$I = I_{s\to n} - I_{n\to s} = I_0 \int D_s(E_{\mathbf{k}})D_n(E + eU)[f(E) - f(E + eU)]\,\mathrm{d}E\,. \tag{11.44}$$

Die Konstante I_0 hängt von der Geometrie und der Beschaffenheit des Kontakts ab. Weil die Zustandsdichte von Normalleitern in der Nähe der Fermi-Energie konstant ist und die Besetzungswahrscheinlichkeit am absoluten Nullpunkt eine Sprungfunktion darstellt, folgt aus Gleichung (11.44) für Messungen bei genügend tiefen Temperaturen die einfache Beziehung $\mathrm{d}I/\mathrm{d}U \propto D_s(E_{\mathbf{k}} = eU)$. Somit ermöglicht die Messung der Strom-Spannungs-Charakteristik eine direkte Bestimmung der Zustandsdichte der Quasiteilchen. Ein Beispiel hierfür war bereits in Bild 11.18 zu sehen. Der erwartete Verlauf der Strom-Spannungscharakteristik eines Supraleiter-Normalleiter-Kontakts ist in Bild 11.24 skizziert. Der senkrechte Anstieg beim Einsetzen des Stromflusses spiegelt die Singularität der Quasiteilchen-Zustandsdichte bei $(E_F \pm \Delta)$ wider. Bei endlichen Temperaturen sind in Normal- und Supraleitern angeregte Elektronen bzw. Quasiteilchen vorhanden, die bereits bei $U < U_c$ durch die Barriere tunneln können und so einen schwachen Stromfluss bewirken. Die resultierende Strom-Spannungs-Charakteristik ist in Bild 11.24 ebenfalls dargestellt.

Natürlich kann das geschilderte Experiment auch mit zwei supraleitenden Metallen durchgeführt werden. Wie man sich leicht überlegen kann, ist in diesem Fall die kritische Spannung durch $eU_c = (\Delta_1 + \Delta_2)$ gegeben. Ein interessanter Aspekt ist, dass bei endlichen Temperaturen bei $U = |\Delta_1 - \Delta_2|/e$ ein Strommaximum auftritt, weil sich bei dieser Spannung die Pole der Zustandsdichten der Quasiteilchen gegenüberstehen.

Es soll hier noch darauf hingewiesen werden, dass in der Tunnelkontakt-Spektroskopie meist eine modifizierte Darstellung der Zustandsdichten benutzt wird, nämlich die sogenannte *Halbleiterdarstellung*. Dabei werden die Quasiteilchen mit $\eta_{\mathbf{k}} < 0$ ungeachtet ihres komplizierten Aufbaus als Löcher betrachtet. Wie wir in Abschnitt 9.1 bei

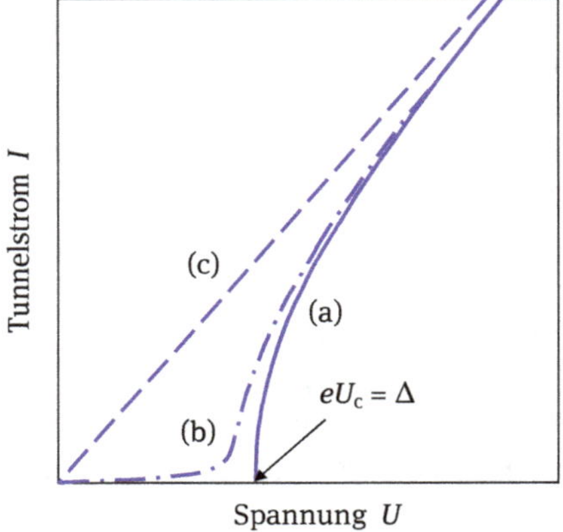

Abb. 11.24: Strom-Spannungs-Charakteristik eines Supraleiter-Normalleiter-Kontakts bei verschiedenen Temperaturen. Kurve (a): Am absoluten Nullpunkt setzt bei $U_c = \Delta/e$ ein steiler Stromanstieg ein. Kurve (b): Bei $0 < T < T_c$ tritt ein schwacher Stromfluss durch angeregte Quasiteilchen bereits bei $U < \Delta/e$ auf. Kurve (c): Bei $T > T_c$ sind beide Metalle normalleitend. Der Tunnelkontakt verhält sich wie ein ohmscher Widerstand.

der Einführung des Lochmodells gesehen haben, kann man Lochzustände als Elektronenzustände mit negativer Anregungsenergie auffassen. Wendet man dieses Konzept an, so müssen negative Energien zugelassen und der linke Zweig der Dispersionskurve der Quasiteilchen in Bild 11.17 am Koordinatenursprung invertiert werden. Bei $T = 0$ sind in dieser Darstellung alle Zustände des unteren Kurvenastes besetzt, die oberen dagegen frei. Bei endlicher Temperatur gibt es auch im oberen Kurvenast besetzte und im unteren unbesetzte Zustände, d.h. Löcher.

11.2.4 Stromdurchgang durch Grenzflächen

Nun betrachten wir kurz einen stromführenden Draht, der aus zwei Teilstücken zusammengesetzt ist: das erste Stück soll aus einem Normalleiter, das zweite aus einem Supraleiter bestehen. Während sich im Normalleiter einzelne Elektronen bewegen, fließen im Supraleiter Cooper-Paare. Hier stellt sich die interessante Frage: Welcher Mechanismus ist bei der Erzeugung der Cooper-Paare an der Grenzfläche wirksam? Zur Vereinfachung des Problems betrachten wir den Vorgang am absoluten Nullpunkt.

Wie im Bild 11.25a angedeutet, besteht die Möglichkeit, dass das einfallende Elektron an der Grenzfläche reflektiert wird, wenn die Energie kleiner ist als die Energielücke, da im Supraleiter bei der angesprochenen Energie keine freien Einteilchenzustände existieren. Wäre dies die einzige Möglichkeit, so hätte dies zur Folge, dass der Kontakt bei $T = 0$ den Stromfluss unterbindet. Es gibt aber noch eine zweite Möglichkeit, die **Andreev-Reflexion,**[16] welche die Umwandlung von einzelnen Elektronen zu Cooper-Paaren erlaubt und so den Superstrom ermöglicht. Wie in Bild 11.25b veranschaulicht, trifft ein Elektron auf die Grenzfläche, verbindet sich mit einem weiteren Elektron und tritt als Cooper-Paar ungehindert in den Supraleiter ein. Da bei diesem

16 Alexander Fjodorowitsch Andrejew, *1939 St. Petersburg, †2023

Prozess natürlich die Ladung erhalten bleiben muss, bleibt ein Loch zurück. Aus der Impulserhaltung folgt, dass dieses Loch exakt den entgegengesetzten Impuls des einfallenden Elektrons trägt und somit den Wellenvektor $-\mathbf{k}$ besitzt. Aus dem gleichen Grund ist der Spin des Lochs dem Spin des einfallenden Elektrons entgegengerichtet.

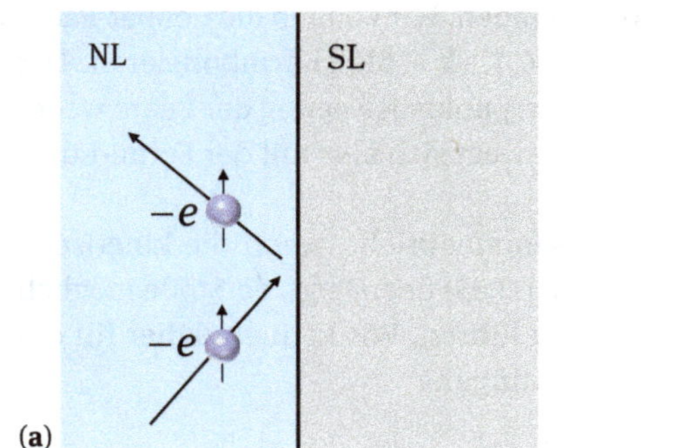

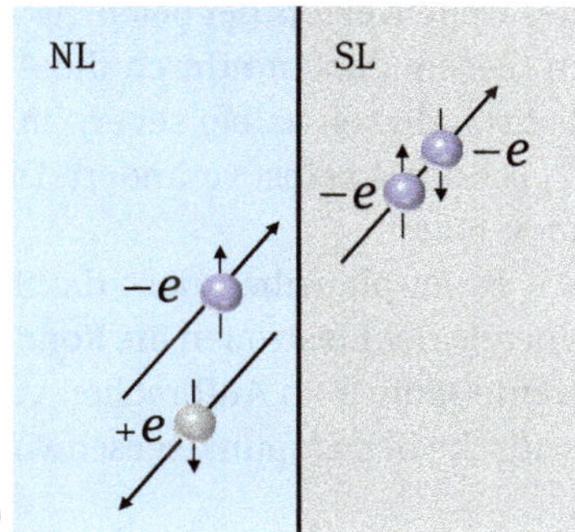

Abb. 11.25: Andreev-Reflexion. **a)** Ein Elektron im Normalleiter wird beim Auftreffen auf den Supraleiter an der Grenzfläche reflektiert. **b)** Das einlaufende Elektron wird als Loch reflektiert. Gleichzeitig entsteht im Supraleiter ein Cooper-Paar, das sich in Richtung des einfallenden Elektrons weiter bewegt.

11.2.5 Kritischer Strom und kritisches Magnetfeld

Im Laufe dieses Kapitels haben wir gefunden, dass einerseits Abschirmströme das Eindringen von Magnetfeldern in den Supraleiter verhindern, dass aber andererseits diese Felder nicht beliebig groß sein dürfen, da bereits aus thermodynamischen Gründen ein kritisches Magnetfeld existiert. Nun wollen wir zeigen, dass mit dem kritischen Feld auch eine **kritische Stromdichte** verknüpft ist, die wiederum von der Größe der Energielücke abhängt.

Ehe wir diesen Zusammenhang herleiten, werden wir noch den Strom abschätzen, der maximal durch einen langen, supraleitenden Draht mit dem Radius R fließen kann. Das Magnetfeld an der Oberfläche eines Drahtes ist durch

$$B = \mu_0 \frac{I}{2\pi R} \tag{11.45}$$

gegeben. Folglich gilt für den kritischen Strom

$$I_\mathrm{c} = \frac{2\pi R}{\mu_0} B_\mathrm{c}. \tag{11.46}$$

Mit Hilfe dieser Beziehung finden wir für einen Zinndraht mit dem Radius $R = 1\,\mathrm{mm}$ einen relativ kleinen kritischen Strom von $I_\mathrm{c} = 150\,\mathrm{A}$, da das kritische Feld von Zinn nur 30 mT beträgt. Da $I_c \propto B_c$ ist, besitzen beide Größen die gleiche Temperaturabhängigkeit. Bemerkenswert ist, dass der kritische Strom *nicht* proportional zum Drahtquerschnitt, sondern linear mit dessen Radius ansteigt.

Der Stromfluss in Supraleitern wird durch die Schwerpunktsbewegung der Cooper-Paare hervorgerufen. Ihre Geschwindigkeit $\mathbf{v} = \hbar\,\delta\mathbf{K}/m$ ist direkt mit der Änderung $\delta\mathbf{K}$ des Wellenvektors der beteiligten Elektronen verbunden. Wir können die Cooper-Paare in diesem Zustand durch die Abkürzung $(\mathbf{k} + \delta\mathbf{K}\uparrow, -\mathbf{k} + \delta\mathbf{K}\downarrow)$ symbolisieren. Der Vollständigkeit halber sei erwähnt, dass die Schwerpunktsbewegung der Paare weder $\widetilde{V}_{\mathbf{k}\mathbf{k}'}$ noch Δ selbst verändert. Die Energielücke bewegt sich also mit der Fermi-Kugel im **k**-Raum.

Es ist plausibel, dass die Supraleitung zusammenbricht, wenn die kinetische Energie der Elektronen die Kondensationsenergie (11.35) übersteigt, da Stöße möglich werden, die zum Aufbrechen von Cooper-Paaren führen. Wir können daher für die kritische Schwerpunktsgeschwindigkeit $\mathbf{v}_c$ die Bedingung

$$\frac{1}{2} n_s m_s v_c^2 = \frac{1}{4} D(E_F)\Delta^2 \tag{11.47}$$

aufstellen. Setzen wir $D(E_F)$ ein, so finden wir

$$v_c = \sqrt{\frac{3}{2}}\,\frac{\Delta}{m_s v_F}\;. \tag{11.48}$$

Berücksichtigen wir, dass die Dichte des Suprastroms durch $\mathbf{j}_s = -n_s e_s \mathbf{v}$ gegeben ist, so folgt für die kritische Stromdichte

$$j_c = \sqrt{\frac{3}{2}}\,\frac{e_s n_s \Delta}{\hbar k_F}\;. \tag{11.49}$$

Mit den Werten für Zinn finden wir eine kritische Stromdichte $j_c \approx 1{,}5 \cdot 10^8\,\mathrm{A/cm^2}$.

Mit dem Strom ist ein Magnetfeld **B** verknüpft, dessen Stärke wir für den Fall des kritischen Stromflusses in einem Draht berechnen wollen. Für das Feld an der Drahtoberfläche gilt $2\pi R B = \mu_0 \int \mathbf{j} \cdot \mathrm{d}\mathbf{f}$, wobei R für den Drahtradius und $\mathrm{d}\mathbf{f}$ für das Flächenelement des Drahtquerschnitts steht. Unter der Voraussetzung $R \gg \lambda_L$ erhalten wir mit Hilfe von Gleichung (11.8) $\int \mathbf{j} \cdot \mathrm{d}\mathbf{f} = 2\pi\, j_{s,0}\, \lambda_L\, R$. Setzen wir für die Stromdichte $j_{s,0}$ an der Oberfläche die kritische Stromdichte ein, so ergibt sich für das kritische Feld

$$B_c = \mu_0 \lambda_L\, j_c = \sqrt{\frac{3}{2}}\,\frac{e_s\, n_s\, \mu_0\, \lambda_L\, \Delta}{\hbar k_F}\;. \tag{11.50}$$

Kritische Magnetfeldstärke und kritischer Strom sind also direkt miteinander verknüpft, unabhängig davon, ob die Stromdichte durch Abschirm- oder Transportströme hervorgerufen wird. Eine entsprechende Hypothese wurde bereits 1916 von *F.B. Silsbee*[17] aufgestellt.

17 Francis Briggs Silsbee, *1889 Lawrence, †1967 Washington DC

Die Vorgänge, die sich in einem supraleitenden Draht abspielen, wenn die kritische Stromstärke überschritten wird, sind relativ kompliziert. Man könnte zunächst glauben, dass sich die Supraleitung einfach ins Innere des Drahtes zurückzieht. Dann würde aber auch der Strom im Inneren des Leiters fließen und ein Feld erzeugen, dass größer ist als das ursprüngliche Feld an der Oberfläche. Die Einschnürung würde sich daher fortsetzen, bis der ganze Draht normalleitend ist. Nun wäre der Strom gleichmäßig über den Querschnitt verteilt und das Feld wäre im größten Teil des Querschnitts kleiner als B_c. Dieser Bereich müsste dann jedoch supraleitend sein.

Wie bereits erwähnt, sind die tatsächlich auftretenden Phänomene schwer zu beschreiben. Für ihre Erklärung sind von *F. London* und auch von *C.J. Gorter* jeweils ein Modell entwickelt worden. Betrachten wir zunächst das statische Modell von *London*. Er nahm an, dass sich senkrecht zur Drahtachse speziell geformte supraleitende Lamellen ausbilden, die nicht miteinander verbunden sind. Der Strom muss dann auch durch normalleitende Bereiche fließen, so dass der Draht einen endlichen Widerstand besitzt. Im Modell von *Gorter* wird angenommen, dass sich im Draht supraleitende Röhren bilden, die sich zur Drahtachse hin bewegen. Durch die Bewegung werden zeitlich variierende Magnetfelder erzeugt, die in den normalleitenden Bereichen elektrische Felder hervorrufen und so einen endlichen Widerstand bewirken. Die Vorgänge, die sich tatsächlich abspielen, sind wohl eine Mischung aus beiden. Hier soll noch betont werden, dass auch die experimentelle Situation nicht wirklich klar ist. Aufschlussreiche Experimente werden vor allem dadurch erschwert, dass ein Übergang zu einem widerstandsbehafteten Zustand erfolgt, in dem Wärmeproduktion auftritt. Es ist deshalb äußerst schwierig, Temperatureffekte auszuschließen.

An dieser Stelle wollen wir einige Bemerkungen zum Verschwinden des elektrischen Widerstands in Supraleitern einflechten. In Normalleitern wird der Widerstand durch Streuung der Elektronen an Defekten und Phononen verursacht. In Supraleitern beruht der Ladungstransport auf der gemeinsamen Bewegung aller Cooper-Paare, charakterisiert durch den zusätzlichen Wellenvektor $\delta\mathbf{K}$. Streuung eines Cooper-Paars ist gleichbedeutend mit dem Verlassen des gemeinsamen BCS-Zustands und damit mit dem Aufbrechen des Paars. Dabei muss die Bindungsenergie aufgebracht werden, so dass elastische Streuprozesse von vornherein ausgeschlossen sind. Dagegen ist inelastische Streuung an Phononen hoher Energie möglich. Die Bindungsenergie wird durch das absorbierte Phonon aufgebracht und das Cooper-Paar zerstört. Es tritt aber auch der umgekehrte Prozess auf, bei dem ein Cooper-Paar unter Aussendung eines Phonons gebildet wird. Im Gleichgewicht heben sich beide Prozesse gerade auf, da die neu gebildeten Cooper-Paare in jene Zustände kondensieren, die vorher durch die Paarbrechung freigemacht wurden. Hier stellt sich nun die Frage, warum die thermisch angeregten Quasiteilchen keine Verluste verursachen. Die Antwort ist einfach: Im stationären Zustand sind elektrische Felder kurzgeschlossen. Die Quasiteilchen werden daher nicht beschleunigt und tragen nicht zum Stromtransport bei. Diese Argumentation gilt nicht beim Anliegen einer Wechselspannung, da in diesem Fall entsprechend der 1. London-Gleichung ein elektrisches Feld existiert. Die Quasiteilchen werden beschleunigt, wechselwirken mit dem Gitter und rufen Verluste hervor. Verlustfreier Stromtransport tritt daher nur bei Gleichstrom auf.

11.3 Makroskopische Wellenfunktion

In der bisherigen Diskussion haben wir zwar an einigen Stellen von einem *gemeinsamen Quantenzustand* gesprochen, aber von der damit verknüpften **makroskopischen Wellenfunktion** der Supraleiter nicht explizit Gebrauch gemacht. Nun wollen wir auf diese Wellenfunktion näher eingehen und ihre Bedeutung kennenlernen.

Cooper-Paare tragen keinen Gesamtspin, verhalten sich daher wie Bosonen und können in einen gemeinsamen Vielteilchenzustand, den BCS-Zustand, kondensieren, der durch die makroskopische Wellenfunktion

$$\Psi = \Psi_0\, e^{i\varphi(\mathbf{r})} = \sqrt{n_s}\, e^{i\varphi(\mathbf{r})} \tag{11.51}$$

charakterisiert ist. Der Betrag der Wellenfunktion ist durch die Dichte der Cooper-Paare $\Psi\Psi^\star = |\Psi_0|^2 = n_s$ gegeben. Die reelle Funktion $\varphi(\mathbf{r})$ beschreibt die Phase der Wellenfunktion und besitzt bei Supraleitern über makroskopische Entfernungen einen wohldefinierten Wert. Die Existenz einer makroskopischen Wellenfunktion hat erhebliche Konsequenzen für das Verhalten von Supraleitern, die besonders augenfällig beim Anlegen eines Magnetfelds werden. Wir wollen hier zunächst auf die *Flussquantisierung* und dann auf den *Josephson-Effekt* näher eingehen.

11.3.1 Flussquantisierung

Bringen wir einen mehrfach zusammenhängenden Supraleiter, zum Beispiel einen Ring wie in Bild 11.26 gezeigt, in ein Magnetfeld und kühlen ihn unter die Sprungtemperatur, so bleibt das Magnetfeld im Innenbereich des Rings erhalten, während der supraleitende Ring selbst bis auf eine dünne Schicht an der Probenoberfläche feldfrei ist. Der eingeschlossene Magnetfluss bleibt auch nach dem Abschalten des äußeren Feldes gefangen.

Betrachten wir die Phase der Wellenfunktion. Die Differenz $\Delta\varphi = (\varphi_2 - \varphi_1)$ zwischen den zwei Orten 1 und 2 lässt sich durch das Linienintegral $\Delta\varphi = \int_1^2 \operatorname{grad}\varphi(\mathbf{r}) \cdot d\mathbf{s}$ ausdrücken. Da die Phase der Wellenfunktion an jeder Stelle einen definierten Wert hat, kann die Phasendifferenz nach dem Durchlaufen einer geschlossenen Bahn innerhalb des Supraleiters nur die Werte $2\pi p$ annehmen, wobei p eine ganze Zahl ist.

Diese Quantisierungsbedingung hat für den Stromfluss, den wir nun betrachten, erhebliche Konsequenzen. Wir benutzen den quantenmechanischen Ausdruck für die Stromdichte im Magnetfeld

$$\mathbf{j}_s = i\frac{\hbar q}{2M}\left(\Psi^\star\nabla\Psi - \Psi\nabla\Psi^\star\right) - \frac{q^2}{M}\mathbf{A}\,\Psi^\star\Psi \tag{11.52}$$

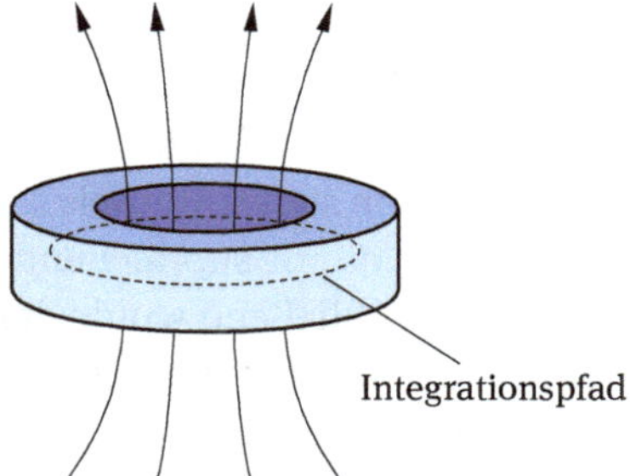

Abb. 11.26: Supraleitender Ring mit umschlossenem Magnetfluss. Abschirmströme fließen nur an der Oberfläche des Supraleiters. Gestrichelt ist ein Integrationspfad angedeutet, der im stromfreien, inneren Bereich des Supraleiters verläuft.

und ersetzen in dieser Gleichung q durch $-2e$ und M durch $2m$. Mit der Wellenfunktion (11.51) und λ_L für die Londonsche Eindringtiefe ergibt sich hieraus

$$\mu_0\,\lambda_\mathrm{L}^2\,\mathbf{j}_\mathrm{s} = \left(\frac{\hbar}{e}\nabla\varphi - 2\mathbf{A}\right) . \tag{11.53}$$

Nun bilden wir das Umlaufintegral über die Stromdichte:

$$\mu_0\,\lambda_\mathrm{L}^2 \oint \mathbf{j}_\mathrm{s}\cdot \mathrm{d}\mathbf{s} = \frac{\hbar}{e}\oint \nabla\varphi\cdot \mathrm{d}\mathbf{s} - 2\oint \mathbf{A}\cdot \mathrm{d}\mathbf{s} . \tag{11.54}$$

Das Integral über den Gradienten haben wir bereits diskutiert. Das Linienintegral über das Vektorpotenzial lässt sich mit Hilfe des Stokesschen Satzes in ein Flächenintegral über die magnetische Induktion umformen. Man erhält $\oint \mathbf{A}\cdot \mathrm{d}\mathbf{s} = \int_\Sigma \mathbf{B}\cdot \mathrm{d}\mathbf{f} = \Phi$. Σ steht hierbei für die vom Integrationspfad umschlossene Fläche. Damit erhalten wir

$$\mu_0\,\lambda_\mathrm{L}^2 \oint \mathbf{j}_\mathrm{s}\cdot \mathrm{d}\mathbf{s} + 2\Phi = p\frac{h}{e} , \tag{11.55}$$

wobei p, wie oben erwähnt, für eine ganze Zahl steht. Die linke Seite der Gleichung bezeichnet man als *Fluxoid*.

Wählen wir, wie in Bild 11.26 angedeutet, einen geschlossenen Integrationsweg in der Ringmitte, dann ist $\mathbf{j}_\mathrm{s} = 0$ und das Integral verschwindet. Wir erhalten dann

$$\Phi = p\,\frac{h}{2e} = p\,\Phi_0 . \tag{11.56}$$

Der Magnetfluss Φ durch eine geschlossene supraleitende Schleife ist somit quantisiert,[18] so dass nur Vielfache des **Flussquants**

$$\Phi_0 = \frac{h}{2e} = 2{,}067\,833\,758\,(46)\cdot 10^{-15}\,\mathrm{Vs} \tag{11.57}$$

auftreten. Das Flussquant Φ_0 ist extrem klein. So darf ein Hohlzylinder im Erdfeld, der *ein* Flussquant umschließt, nur einen Durchmesser von etwa 5 µm besitzen.

18 Die Möglichkeit einer Flussquantisierung wurde bereits 1950 von Fritz London aufgezeigt.

Von Bedeutung ist nicht nur die Quantisierung des Flusses, auf die *F. London* bereits 1950 hingewiesen hat, sondern auch die Tatsache, dass die Ladung des Cooper-Paars $2e$ auftritt. Die Bestimmung des Flussquants im Jahre 1961 durch *R. Doll*[19] und *M. Näbauer*[20] bzw. *B.S. Deaver*[21] und *W.M. Fairbank*[22] war daher ein starker Hinweis auf die Existenz von Cooper-Paaren. In den Experimenten wurden dünne supraleitende Zylinder in einem sehr schwachen Magnetfeld abgekühlt. Anschließend wurde das Magnetfeld abgeschaltet und das magnetische Moment der Zylinder für verschiedene äußere Magnetfelder bestimmt. Die Messungen ergaben, dass der eingefrorene Fluss tatsächlich quantisiert und die Einheit des Flusses durch (11.56) gegeben ist.

In Bild 11.27 ist das Ergebnis einer neueren Messung an einem Hohlzylinder aus Zinn gezeigt.[23] Der Hohlzylinder hatte einen Durchmesser von 56 μm und wurde in unterschiedlichen Magnetfeldern abgekühlt. Es ist offensichtlich, dass der eingefrorene Magnetfluss nicht proportional zum angelegten Magnetfeld ansteigt, sondern quantisiert ist. Die auftretenden Rundungen beruhen darauf, dass unter den experimentellen Gegebenheiten ein Flussquant nicht immer auf der ganzen Länge innerhalb des Zylinders verläuft.

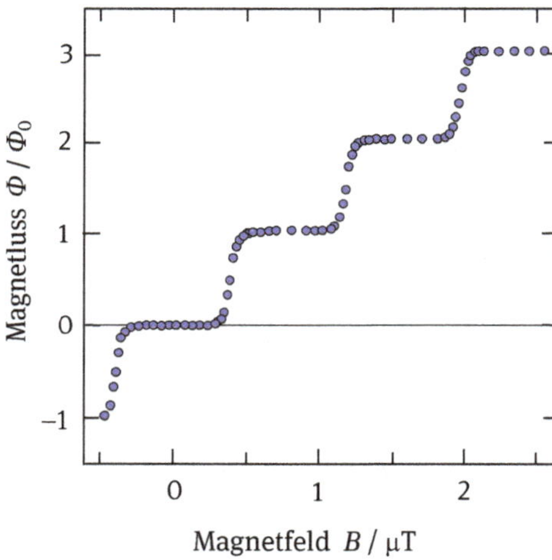

Abb. 11.27: Magnetfluss in einem dünnen supraleitenden Zinnzylinder (Länge 24 mm, Durchmesser 56 μm) als Funktion des Magnetfelds, in dem der Zylinder abgekühlt wurde. (Nach W.L. Goodman et al., Phys. Rev. B **4**, 1530 (1971).)

Die Quantisierung des Magnetflusses zieht die Quantisierung des Stroms in einer Stromschleife nach sich. Da sich die Phase der Wellenfunktion nur um ein ganzzahliges

---

19 Robert Doll, *1923 München, †2018 München

20 Martin Näbauer, *1919 Karlsruhe, †1962 München

21 Bascom Sine Deaver, Jr. *1930 Macon

22 William Martin Fairbank, *1917 Minneapolis, †1989 Palo Alto

23 Die Messung wurde mit einem SQUID-Magnetometer durchgeführt, auf das am Ende dieses Abschnitts hingewiesen wird.

Vielfaches von 2π ändern kann, sind keine stetigen Veränderungen des Stroms, sondern nur Sprünge erlaubt. Im Prinzip kann ein Supraleiter in einen Zustand mit einer kleineren Zahl an Flussquanten übergehen. Dabei muss jedoch eine so hohe Energiebarriere überwunden werden, dass die Wahrscheinlichkeit für das Auftreten dieses Effekts verschwindend klein ist. Tatsächlich wurde in entsprechenden Experimenten über Jahre hinweg kein Zerfall von Dauerströmen beobachtet.

11.3.2 Josephson-Effekt

In Abschnitt 11.2 haben wir bereits Experimente mit Tunnelkontakten betrachtet und das Tunneln von Quasiteilchen diskutiert. Wenn die Dicke der Isolatorschicht zwischen den beiden Supraleitern auf etwa 1 nm reduziert wird, reicht die Wellenfunktion des einen Supraleiters merklich in den Bereich des anderen. Dadurch werden die Wellenfunktionen der beiden Supraleiter gekoppelt und es kommt zu einem Tunneln von *Cooper-Paaren* durch die Isolatorschicht.

Es gibt mehrere Möglichkeiten, eine schwache Kopplung zwischen zwei Supraleitern zu realisieren. Neben der Oxidbarriere zwischen aufgedampften Filmen werden *Punktkontakte* und *Mikrobrücken* als sogenannte *weak links* benutzt. So lässt sich ein Niob-Punktkontakt dadurch erzeugen, dass man einen Niobdraht spitz zuschleift, die Spitze oxidieren lässt und diese dann gegen eine massive Niobprobe presst. Eine Mikrobrücke erhält man, indem man einen dünnen supraleitenden Film so ätzt, dass er aus zwei Teilen besteht, die durch einen sehr schmalen Steg verbunden sind. Das prinzipielle Schaltschema zur Untersuchung des Josephson-Effekts ist sehr einfach und in Bild 11.28 skizziert.

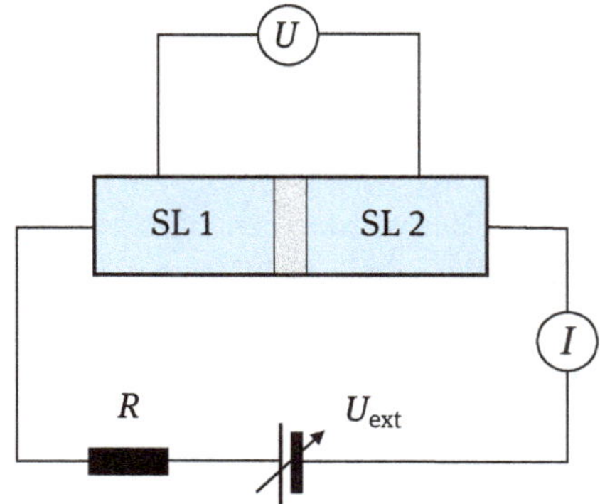

Abb. 11.28: Schematische Darstellung der Messanordnung zur Untersuchung von Josephson-Kontakten.

Der Überlapp der Wellenfunktionen ergibt einige überraschende Effekte, die bereits 1962 von *B.D. Josephson*[24] vorausgesagt wurden. Sind die beiden Supraleiter voneinander getrennt, so werden die zeitlichen Änderungen ihrer Wellenfunktion durch die Schrödinger-Gleichungen $i\hbar\dot{\Psi}_1 = H_1\Psi_1$ and $i\hbar\dot{\Psi}_2 = H_1\Psi_2$ beschrieben. Sind E_1 und E_2 die Eigenwerte dieser beiden Gleichungen, so können wir im Sinne einer störungstheoretischen Behandlung der gekoppelten Supraleiter diese durch

$$i\hbar\,\dot{\Psi}_1 = E_1\Psi_1 + \mathcal{K}\Psi_2 \qquad \text{und} \qquad i\hbar\,\dot{\Psi}_2 = E_2\Psi_2 + \mathcal{K}\Psi_1 \tag{11.58}$$

beschreiben. Die Kopplung zwischen den beiden Supraleitern wird jeweils durch den zusätzlichen Term mit dem Kopplungsparameter $\mathcal{K}$ berücksichtigt. Der Einfachheit halber nehmen wir an, dass die beiden Supraleiter aus dem gleichen Material bestehen und daher die gleiche Cooper-Paardichte $n_{s1} = n_{s2} = n_s$ aufweisen. In diesem Fall sind auch E_1 und E_2 gleich groß. Fällt jedoch die Spannung U an der Isolatorschicht ab, so verschieben sich die Eigenwerte und es gilt $(E_2 - E_1) = -2eU$.

Wir setzen die Wellenfunktion (11.51) für den jeweiligen Supraleiter ein und lassen eine zeitliche Entwicklung der Cooper-Paardichte sowie der Phase der Wellenfunktion zu. Nach der Trennung von Real- und Imaginärteil ergeben sich die vier Gleichungen:

$$\dot{n}_{s1} = \frac{2\mathcal{K}}{\hbar}\,\sqrt{n_{s1}n_{s2}}\,\sin(\varphi_2 - \varphi_1)\,, \qquad \dot{n}_{s2} = -\frac{2\mathcal{K}}{\hbar}\,\sqrt{n_{s1}n_{s2}}\,\sin(\varphi_2 - \varphi_1)\,, \tag{11.59}$$

$$\dot{\varphi}_1 = \frac{\mathcal{K}}{\hbar}\sqrt{\frac{n_{s2}}{n_{s1}}}\cos(\varphi_2 - \varphi_1) - \frac{E_1}{\hbar}\,, \qquad \dot{\varphi}_2 = \frac{\mathcal{K}}{\hbar}\sqrt{\frac{n_{s1}}{n_{s2}}}\cos(\varphi_2 - \varphi_1) - \frac{E_2}{\hbar}\,. \tag{11.60}$$

Nun bilden wir die Differenz aus den beiden letzten Gleichungen und finden für die zeitliche Entwicklung der Phase die **2. Josephson-Gleichung**

$$\hbar\,(\dot{\varphi}_2 - \dot{\varphi}_1) = -(E_2 - E_1) = 2eU\,. \tag{11.61}$$

Betrachten wir zunächst den Fall, dass zwischen den Tunnelkontakten keine Spannung abfällt. Nach Gleichung (11.61) ist in diesem Fall die Phasendifferenz $(\varphi_1 - \varphi_2)$ zwischen den beiden Wellenfunktionen zeitunabhängig. Damit folgt $\dot{n}_{s1} = -\dot{n}_{s2}$. Demnach sollte ein Strom zwischen den beiden Supraleitern fließen. Dies würde aber sofort zu einer elektrischen Aufladung der Supraleiter führen. Wir dürfen jedoch nicht vergessen, dass die beiden Supraleiter Teil eines Stromkreises sind, der dafür sorgt, dass n_{s1} und n_{s2} konstant bleiben. Daher ist Gleichung (11.61) weiterhin gültig und wir erhalten für den Strom durch den Kontakt die **1. Josephson-Gleichung**

$$I_s = I_J\,\sin(\varphi_2 - \varphi_1)\,. \tag{11.62}$$

Dies bedeutet, dass durch den Tunnelkontakt zwar ein Gleichstrom I_s fließt, an der Isolatorschicht aber keine Spannung abfällt. Dieses erstaunliche Phänomen bezeichnet

24 Brian David Josephson, *1940 Cardiff, Nobelpreis 1973

man als **Josephson-Gleichstrom-Effekt.** Der kritische Strom I_J hängt von der Dichte n_s der Cooper-Paare, der Kontaktfläche A (typischer Wert 0,1 mm^2) und vor allem von der Kopplungsstärke $\mathcal{K}$ und damit der Dicke der Isolatorschicht ab.

Die Strom-Spannungs-Charakteristik eines Pb/PbO$_x$/Pb-Josephsonkontakts ist in Bild 11.29 wiedergegeben. Solange $I_s < I_J$ ist, bestimmt der „Nachschub" aus der Stromquelle (vgl. Bild 11.28) die Stromstärke und damit die Phasendifferenz $(\varphi_2 - \varphi_1)$ zwischen den beiden makroskopischen Wellenfunktionen.

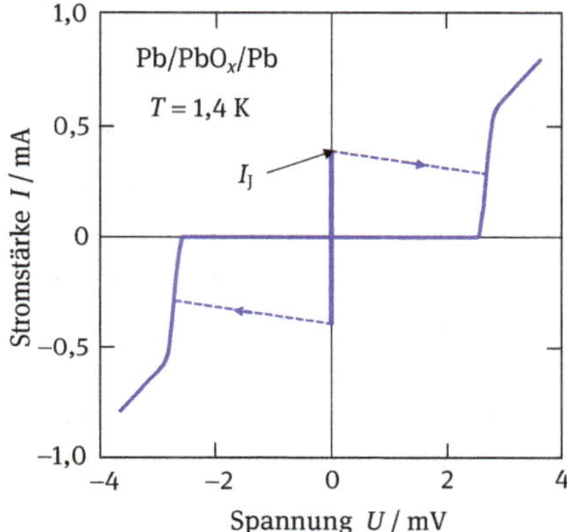

Abb. 11.29: Strom-Spannungs-Charakteristik eines Pb/PbO$_x$/Pb-Tunnelkontakts. Erhöht man den Strom durch den Tunnelkontakt, so springt der Arbeitspunkt bei I_J auf die Quasiteilchenkennlinie. (Nach K. Schwidtal, R.D. Finnegan, Phys. Rev. B **2**, 148 (1970).)

Vergrößert man die Spannung U_{ext}, so springt bei der kritischen Stromstärke I_J die Spannung am Kontakt auf einen endlichen Wert, der durch die Quasiteilchenkennlinie bestimmt wird. Nun ist $(E_2 - E_1) = -2eU$ und die Phasendifferenz wächst linear mit der Zeit an. Die Integration von Gleichung (11.61) liefert

$$(\varphi_2 - \varphi_1) = \frac{2eU}{\hbar}\, t + \varphi_0 = \omega_J t + \varphi_0 \,. \tag{11.63}$$

Setzen wir dieses Ergebnis in Gleichung (11.62) ein, so erhalten wir

$$I = I_J \sin(\omega_J t + \varphi_0) \qquad \text{mit} \qquad \omega_J = \frac{2eU}{\hbar} \,. \tag{11.64}$$

Überraschenderweise tritt ein Wechselstrom mit der *Josphson-Frequenz* ω_J auf. Dies ist der **Josephson-Wechselstrom-Effekt.** In der Gleichstromcharakteristik von Bild 11.29 ist dieser Strom natürlich nicht zu sehen. Die auftretenden Frequenzen sind relativ hoch. Bei einer Spannung von 100 µV liegt die Frequenz bereits bei 48 GHz. Da Spannung und Frequenz nur über das Verhältnis von e/h verknüpft sind, lässt sich e/h mit Hilfe des Josephson-Effekts sehr genau bestimmen. Andererseits kann man bei Kenntnis der Konstanten e/h mit hoher Präzision Spannungen über eine Frequenzbestimmung messen. Die heutigen Spannungsnormale basieren daher auf dem Josephson-Effekt und haben das 1908 eingeführte Weston-Element verdrängt.

Der direkte Nachweis des hochfrequenten Josephson-Wechselstroms ist schwierig und für praktische Anwendungen nicht geeignet, da einerseits die auftretende Mikrowellenleistung typischerweise kleiner als 1 µW ist und andererseits die Impedanzanpassung der niederohmigen Kontakte und damit die Auskopplung der Mikrowellen äußerst schwierig ist. Dieses Problem kann man dadurch umgehen, dass man in den Kontakt, an dem die Gleichspannung U_0 abfällt, gleichzeitig Mikrowellen der Kreisfrequenz ω_{mikro} einkoppelt und die vorhandenen Nichtlinearitäten ausnutzt. Setzt man die wirksame Spannung $U = U_0 + U_{\text{mikro}} \cos(\omega_{\text{mikro}} t)$ in Gleichung (11.61) ein, so findet man nach der Integration

$$(\varphi_2 - \varphi_1) = \omega_J t + \frac{2eU_0}{\hbar\omega_{\text{mikro}}} \sin(\omega_{\text{mikro}} t) + \varphi_0 \,. \tag{11.65}$$

Der zweite Term spiegelt die auftretende Phasenmodulation wider. Neben dem Wechselstrom mit der Josephson-Frequenz treten noch Seitenbänder mit der Frequenz $(\omega_J \pm p\,\omega_{\text{mikro}})$ auf, wobei p für eine ganze Zahl steht. Immer dann, wenn die Josephson-Frequenz ω_J mit einem Vielfachen der eingestrahlten Frequenz übereinstimmt, tritt ein Seitenband bei der Frequenz $\omega = 0$ auf. Es entsteht also ein Gleichstrom, der leicht nachgewiesen werden kann. Die meisten Messungen des Josephson-Wechselstrom-Effekts beruhen auf diesem oder ähnlichen Prinzipien.

Josephson-Kontakte im Magnetfeld. Wir betrachten nun den Einfluss eines Magnetfelds auf das Tunneln der Cooper-Paare. Da die Ableitung der relevanten Gleichungen im Falle eines einzelnen Tunnelkontakts etwas mühevoll ist, diskutieren wir hier zwei parallel geschaltete, identische Josephson-Kontakte, wie sie in Bild 11.30 schematisch dargestellt sind. Das Magnetfeld soll senkrecht auf der Zeichenebene stehen. Die eingeschlossene Fläche soll so groß sein, dass die Ausdehnung der dünnen Kontaktstellen bei den folgenden Überlegungen vernachlässigt werden kann.

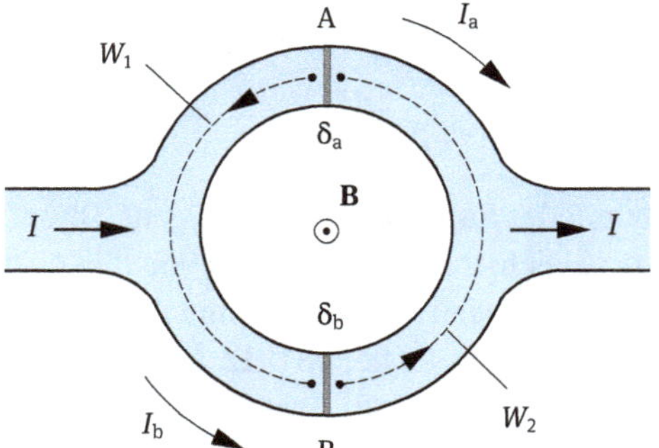

Abb. 11.30: Stromfluss durch zwei parallel geschaltete, identische Josephson-Kontakte A und B. Senkrecht zur Zeichenebene soll das Magnetfeld B anliegen. An den Kontaktflächen treten die Phasendifferenzen δ_a bzw. δ_b auf. Die Phasenunterschiede werden längs der gestrichelt eingezeichneten Wege W_1 und W_2 berechnet.

Der Gesamtstrom I_s setzt sich aus den Teilströmen durch die beiden einzelnen Kontakte zusammen:

$$I_\mathrm{s} = I_\mathrm{J}(\sin\delta_\mathrm{a} + \sin\delta_\mathrm{b}) = 2\,I_\mathrm{J}\cos\left(\frac{\delta_\mathrm{a}-\delta_\mathrm{b}}{2}\right)\sin\left(\frac{\delta_\mathrm{a}+\delta_\mathrm{b}}{2}\right). \tag{11.66}$$

Hierbei wurde mit $\delta_\mathrm{a} = (\varphi_\mathrm{a1} - \varphi_\mathrm{a2})$ und $\delta_\mathrm{b} = (\varphi_\mathrm{b1} - \varphi_\mathrm{b2})$ die Phasendifferenz an den Kontakten A und B bezeichnet. Wie wir gleich sehen werden, wird die Differenz $(\delta_\mathrm{a} - \delta_\mathrm{b})$ vom Magnetfluss Φ durch den Ring bestimmt. Bei der Berechnung der Phase gehen wir wie bei der Diskussion der Flussquantisierung vor und legen den Integrationsweg wieder in den supraleitenden Bereich der Probe, in dem kein Stromfluss auftritt. Für die Phasendifferenz längs der Wege W_1 und W_2 folgt dann nach Gleichung (11.54):

$$\varphi_\mathrm{a1} - \varphi_\mathrm{b1} = \frac{2e}{\hbar}\int_{\mathrm{W}_1}\mathbf{A}\cdot\mathbf{ds} \qquad \text{und} \qquad \varphi_\mathrm{b2} - \varphi_\mathrm{a2} = \frac{2e}{\hbar}\int_{\mathrm{W}_2}\mathbf{A}\cdot\mathbf{ds}. \tag{11.67}$$

Addieren wir die beiden Gleichungen, so ergibt sich

$$\delta_\mathrm{a} - \delta_\mathrm{b} = \frac{2e}{\hbar}\oint\mathbf{A}\cdot\mathbf{ds} = \frac{2e\Phi}{\hbar}. \tag{11.68}$$

Die Beiträge des Felds in den Kontakten haben wir, wie oben angesprochen, vernachlässigt. Setzen wir Gleichung (11.68) in (11.66) ein, so finden wir

$$I_\mathrm{s} = 2I_\mathrm{J}\sin\left(\frac{\delta_\mathrm{a}+\delta_\mathrm{b}}{2}\right)\cos\left(\frac{\pi\Phi}{\Phi_0}\right). \tag{11.69}$$

Der Phasenwinkel $(\delta_\mathrm{a} + \delta_\mathrm{b})$, auf den das Magnetfeld keinen Einfluss hat, passt sich den experimentellen Gegebenheiten an. Der Kosinus-Term beschreibt die Oszillation des Stroms mit dem Magnetfeld. Der experimentelle Stromverlauf durch einen Doppelkontakt ist in Bild 11.31a wiedergegeben. Gut zu erkennen ist, dass der Stromfluss auf extrem kleine Magnetfeldänderungen, sogar auf Bruchteile von Φ_0, reagiert. Die Einhüllende des Tunnelstroms wird, wie wir gleich sehen werden, von der endlichen Dimension der einzelnen Josephson-Kontakte hervorgerufen.

Untersucht man die Magnetfeldabhängigkeit des Tunnelstroms durch *einen* Kontakt, so muss man neben dem Magnetfeld *im* Josephson-Kontakt auch noch die endliche Eindringtiefe des Magnetfelds in den Supraleiter berücksichtigen. Nach längerer Rechnung findet man

$$I_\mathrm{s} = I_\mathrm{J}\left|\frac{\sin(\pi\Phi/\Phi_0)}{(\pi\Phi/\Phi_0)}\right|, \tag{11.70}$$

wobei ϕ für den gesamten Fluss durch den Kontakt steht. Wie Bild 11.31b zeigt, besteht sehr gute Übereinstimmung dieser Vorhersage mit den experimentellen Resultaten.

Die geschilderten Gleichungen und die experimentellen Ergebnisse demonstrieren, dass große Ähnlichkeit mit Phänomenen aus der Optik besteht. Offenbar existiert eine formale Verwandtschaft mit der Lichtbeugung am einfachen bzw. am Doppelspalt. Dies wird besonders deutlich, wenn wir den Stromverlauf durch den Doppelkontakt noch

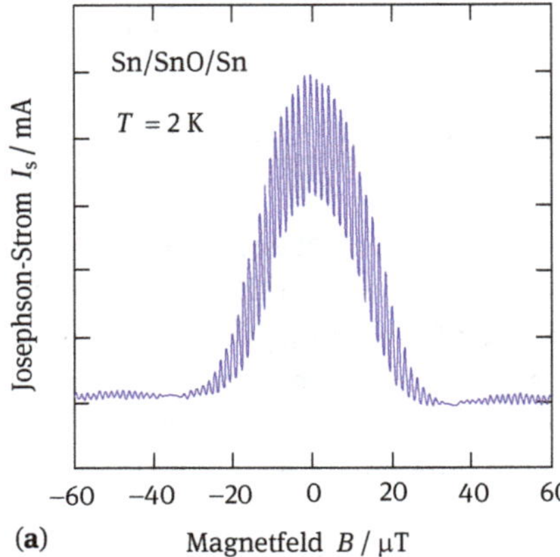

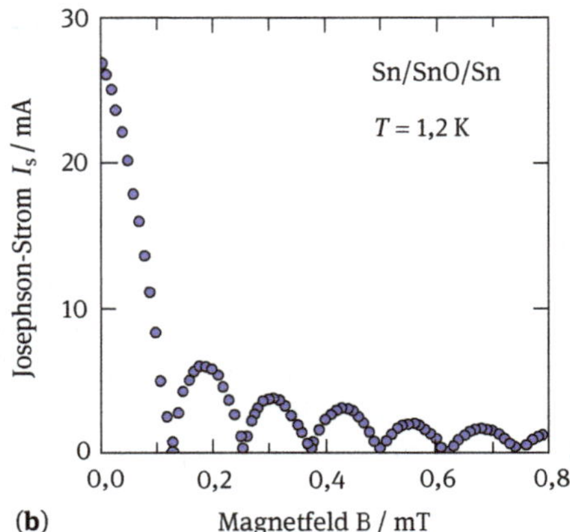

Abb. 11.31: Josephson-Kontakte im Magnetfeld. **a)** Strom durch zwei parallel geschaltete Josephson-Kontakte als Funktion des Magnetfelds. (Nach R.C. Jaklevic et al., Phys. Rev. **140**, A1628 (1965).) **b)** Magnetfeldabhängigkeit des Stroms durch einen einzelnen Josephson-Kontakt. Das anliegende Magnetfeld verlief parallel zur Isolatorschicht des Sn/SnO/Sn-Tunnelkontakts. (Nach D.N. Langenberg et al., Proc. IEEE **54**, 560 (1966).)

einmal betrachten. Wie beim optischen Doppelspaltexperiment die Einhüllende der Lichtintensität durch die Spaltdimensionen bestimmt wird, so wird hier die Einhüllende des Tunnelstroms durch die Abmessungen der einzelnen Josephson-Kontakte festgelegt. Die gemeinsame phänomenologische Grundlage der Beobachtungen auf ganz unterschiedlichen Gebieten ist die Interferenz von Wellen.

Die große Magnetfeldempfindlichkeit der makroskopischen Wellenfunktion von Supraleitern wird in kommerziell erhältlichen Messgeräten genutzt. Diese sogenannten **SQUID**s (**S**uperconductive **Qu**antum **I**nterference **D**evice) eignen sich zum Nachweis kleinster Magnetfeldänderungen bis zu 10^{-14} T und dienen darüber hinaus als überaus empfindliche Ampere- und Voltmeter. Im Wesentlichen handelt es sich hierbei um supraleitende Ringe oder Zylinder mit einem oder zwei „weak links“, d.h. Bereichen schwacher Kopplung, die wie Josephson-Kontakte wirken und durch die das Magnetfeld in den Ring eintreten kann.

11.4 Ginzburg-Landau-Theorie und Supraleiter 2. Art

11.4.1 Ginzburg-Landau-Theorie

Bisher sind wir davon ausgegangen, dass die Cooper-Paardichte in der Probe konstant ist, doch spricht ein einfaches Argument gegen die Gültigkeit dieser Annahme in der Nähe von Grenzflächen, beispielsweise an der Grenze zwischen einem Supra- und einem Normalleiter oder an der Oberfläche einer supraleitenden Probe. Bekanntlich spiegelt die Krümmung der Wellenfunktion die kinetische Energie wider. Eine sprunghafte Änderung der Wellenfunktion hätte daher eine drastische Erhöhung der Energie zur Folge. Dies bedeutet, dass die Wellenfunktion des Supraleiters an der Begrenzung der Probe verschwinden und zum Inneren des Supraleiters hin stetig ansteigen muss. Da die Dichte der Cooper-Paare nach (11.51) durch $|\Psi|^2$ gegeben ist, folgt daraus, dass an einer Oberfläche die Cooper-Paardichte kleiner ist als in der restlichen Probe.

1950 wurde von *V.L. Ginzburg* und *L.D. Landau* eine phänomenologische Theorie entwickelt, die dieser Tatsache Rechnung trägt. 1959 wurde von *L. Gorkov*[25] gezeigt, dass sich die **Ginzburg-Landau-Theorie** auf die BCS-Theorie zurückführen lässt und ihre Gültigkeit nicht, wie ursprünglich angenommen, nur auf Temperaturen in der unmittelbaren Umgebung der Sprungtemperatur beschränkt ist.

Die Ginzburg-Landau-Theorie ist eine Weiterentwicklung der Landau-Theorie des Phasenübergangs 2.Ordnung, in der die freie Energie nach einem Ordnungsparameter bis zur 4. Ordnung entwickelt wird. Während in der klassischen Landau-Theorie der Ordnungsparameter reell ist und sich räumlich nicht ändert, ist in der Ginzburg-Landau-Theorie der Ordnungsparameter, die Wellenfunktion $\Psi(\mathbf{r})$, komplex und kann räumlich variieren. Darüber hinaus muss die Theorie einen Term für die magnetische Feldenergie enthalten und die Kopplung an den Suprastrom berücksichtigen. Der Ausdruck für die freie Enthalpie pro Volumen hat die komplizierte Form

$$g_s = g_n + \alpha|\Psi(\mathbf{r})|^2 + \frac{1}{2}\beta|\Psi(\mathbf{r})|^4 + \frac{1}{2\mu_0}|B_a - B_i|^2 + \frac{1}{2m}\left|(-i\hbar\nabla + 2e\mathbf{A})\,\Psi(\mathbf{r})\right|^2 . \tag{11.71}$$

Die Terme mit ungeraden Potenzen entfallen aus Symmetriegründen. Da $\Psi(\mathbf{r})$ ortsabhängig ist, enthält der Ausdruck einen Term proportional zu $|-i\hbar\nabla\Psi(\mathbf{r})|^2$, der, wie erwähnt, die sprunghafte Änderung der Wellenfunktion verhindert. Während die Konstante α von der Temperatur abhängt und bei $T \to T_c$ verschwindet, ist β näherungsweise Temperatur unabhängig.

Das weitere Vorgehen besteht darin, dass man die freie Enthalpie durch Integration über das Probenvolumen berechnet und sie mit Hilfe der Variationsmethode bezüglich $\Psi(\mathbf{r})$ und $\mathbf{A}$ minimiert. Als Ergebnis dieser Rechnung erhält man die **Ginzburg-Landau-Gleichungen**

$$\alpha\Psi + \beta|\Psi|^2\Psi + \frac{1}{2m}(-i\hbar\nabla + 2e\mathbf{A})^2\,\Psi = 0 , \tag{11.72}$$

$$\mathbf{j}_s = \frac{ie\hbar}{m}\left(\Psi^*\nabla\Psi - \Psi\nabla\Psi^*\right) - \frac{4e^2}{m}|\Psi|^2\mathbf{A} . \tag{11.73}$$

Wie wir sehen werden, enthält die Theorie zwei charakteristische Längen, nämlich die **Eindringtiefe** λ und die Ginzburg-Landau-**Kohärenzlänge** ξ_{GL}. Um einen Ausdruck für die *Eindringtiefe* zu erhalten, betrachten wir zunächst eine ausgedehnte,

25 Lev Gorkov, *1929 Moskau, †2016 Tallahassee

magnetfeldfreie Probe. In diesem Fall ist Ψ = const. und Gleichung (11.72) vereinfacht sich zu $|\Psi|^2 = -\alpha/\beta$. Setzen wir dieses Ergebnis in (11.73) ein, so erhalten wir für den Suprastrom

$$\mathbf{j}_s = \frac{4e^2}{m}\frac{|\alpha|}{\beta}\mathbf{A}\,. \tag{11.74}$$

Ein Vergleich mit der 2. London-Gleichung (11.6) ergibt für die Eindringtiefe

$$\lambda = \sqrt{\frac{m\beta}{4\mu_0 e^2|\alpha|}}\,. \tag{11.75}$$

Die *Kohärenzlänge* ξ_{GL} spiegelt die charakteristische Länge wider, über die sich die Wellenfunktion ändern kann. Um die Verbindung mit den Parametern der Ginzburg-Landau-Gleichungen herzustellen, betrachten wir einen Supraleiter, der den Halbraum $x > 0$ einnimmt. Ohne Magnetfeld vereinfacht sich (11.72) in diesem Fall zu

$$-\frac{\hbar^2}{2m}\frac{d^2\Psi}{dx^2} + \alpha\Psi + \beta\Psi^3 = 0\,. \tag{11.76}$$

Nun führen wir die Funktion $\widetilde{\Psi}(x) = \Psi(x)/\Psi_\infty$ ein. Der Index ∞ deutet an, dass Ψ_∞ die Lösung für $x \to \infty$ wiedergibt, also die Lösung tief in der Probe. Weiterhin benutzen wir die bereits erwähnte *Ginzburg-Landau-Kohärenzlänge* (vgl. (11.12))

$$\xi_{GL} = \frac{\hbar}{\sqrt{2m|\alpha|}}\,. \tag{11.77}$$

Damit nimmt (11.76) die Form

$$\xi_{GL}^2\frac{d^2\widetilde{\Psi}(x)}{dx^2} + \widetilde{\Psi}(x) - \widetilde{\Psi}^3(x) = 0 \tag{11.78}$$

an. Mit den Randbedingungen

$$\widetilde{\Psi}(0) = 0, \qquad \lim_{x\to\infty}\widetilde{\Psi}(x) = 1 \qquad \text{und} \qquad \lim_{x\to\infty}\frac{d\widetilde{\Psi}(x)}{dx} = 0 \tag{11.79}$$

finden wir schließlich

$$\widetilde{\Psi}(x) = \tanh\frac{x}{\sqrt{2}\,\xi_{GL}}\,. \tag{11.80}$$

Dieses Ergebnis ist in Bild 10.30 veranschaulicht. Wie angedeutet, nimmt die Ladungsträgerdichte $n_s(x)$ stetig vom Wert null an der Grenzfläche bis zum Wert $n_s(\infty) = |\Psi_\infty|^2$ zu. Die Breite des Anstiegs wird durch die oben eingeführte Kohärenzlänge ξ_{GL} bestimmt.

Ergänzend sei noch bemerkt, dass sich die Wellenfunktion des Supraleiters auch etwas in den Normalleiter oder Isolator erstreckt. Dieses Verhalten bezeichnet man als *Proximity-Effekt*. Er gibt Anlass zu einer Reihe interessanter Effekte, ein spezielles Beispiel haben wir mit dem Josephson-Effekt kennengelernt, der auf dem Durchgriff der Wellenfunktion durch den Isolator beruht.

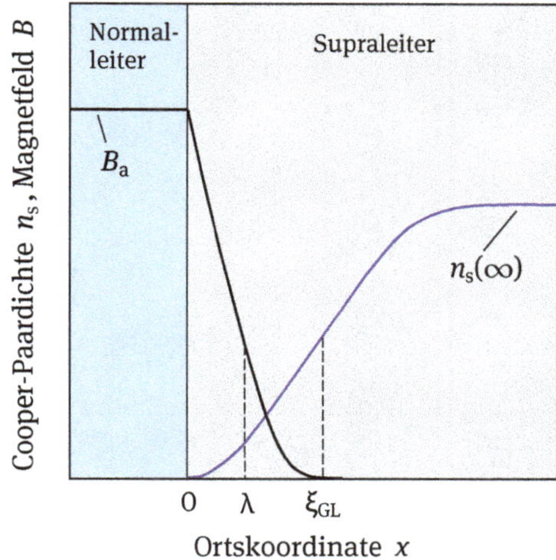

Abb. 11.32: Schematischer Verlauf des Magnetfelds B und der Dichte n_s der Cooper-Paare im Grenzbereich Normalleiter-Supraleiter. Der Verlauf des Magnetfelds (schwarz) wird durch die Eindringtiefe λ, der Verlauf der Cooper-Paardichte (blau) durch die Kohärenzlänge ξ_{GL} bestimmt. Der Proximity-Effekt wurde hier nicht berücksichtigt.

Zum Schluss unserer sehr kurzen Einführung in die Ginzburg-Landau-Theorie fügen wir noch ein wichtiges Resultat an, ohne dieses herzuleiten. Wie wir anhand eines Beispiels sehen werden, spielt in der Theorie der **Ginzburg-Landau-Parameter**

$$\kappa = \frac{\lambda}{\xi_{GL}} = \sqrt{\frac{m^2\beta}{2\mu_0\hbar^2e^2}} \tag{11.81}$$

eine wichtige Rolle. Er enthält nur den Entwicklungsparameter β, der, im Gegensatz zum Parameter α, nahezu temperaturunabhängig ist. Der Wert des Ginzburg-Landau-Parameters κ ist eine für den betrachteten Supraleiter charakteristische Größe.

11.4.2 Supraleiter 2. Art und Grenzflächenenergie

In unserer Diskussion der Supraleitung sind wir davon ausgegangen, dass Supraleiter sich bis zur kritischen Feldstärke B_c wie ideale Diamagneten verhalten und dann ihre supraleitenden Eigenschaften verlieren. Tatsächlich findet man dieses Verhaltensmuster nur bei den **Supraleitern 1. Art**. Es gibt aber auch Supraleiter, nämlich die **Supraleiter 2. Art**, die sich davon deutlich unterscheiden. Ihre Reaktion auf ein äußeres Magnetfeld ist in Bild 11.33 skizziert. Auf kleine Felder reagieren sie wie die bisher diskutierten Supraleiter 1. Art, deren Probeninneres feldfrei ist. Man bezeichnet diesen Bereich, in dem sich die beiden Typen von Supraleiter nicht unterscheiden, als **Meißner-Phase**. Ab der *unteren kritischen Feldstärke* B_{c1} dringt das Magnetfeld allmählich in den Supraleiter ein, so dass das äußere Feld nur noch teilweise abgeschirmt wird. Dieser Zustand wird als **Shubnikov-Phase**[26] oder als **Mischzustand** bezeichnet.

26 Lew Vasilyevich Shubnikov, *1901 St. Petersburg, †1937 (Ukraine)

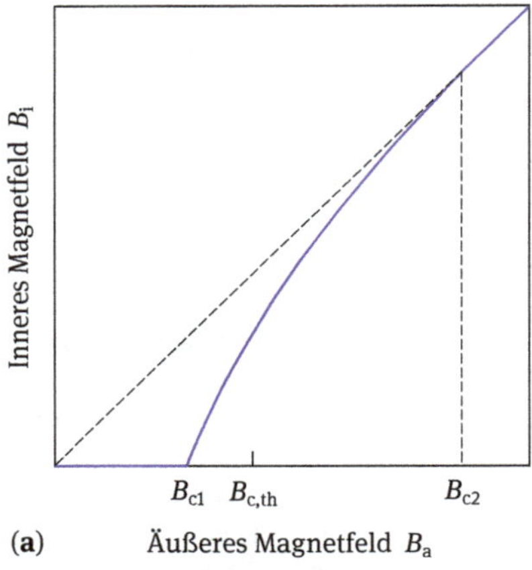

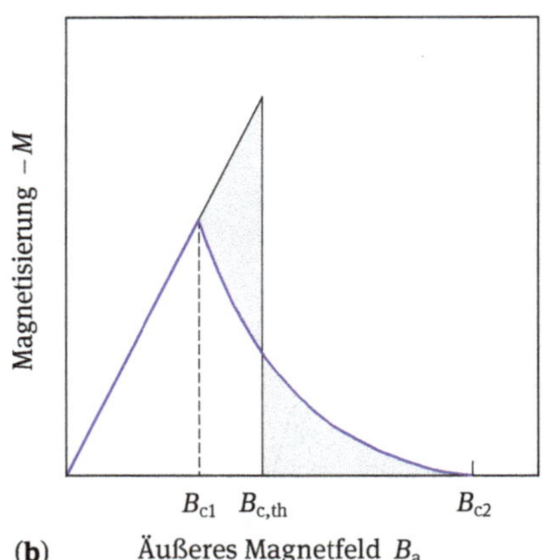

Abb. 11.33: a) Inneres Magnetfeld B_i in einem Supraleiter 2. Art und **b)** die dazugehörende (negative) Magnetisierung M als Funktion des angelegten Feldes B_a. Die Meißner-Phase tritt unterhalb von B_{c1} auf, der Mischzustand bzw. die Shubnikov-Phase im Bereich $B_{c1} < B < B_{c2}$. Bei B_{c2} bricht die Supraleitung zusammen. Ebenfalls eingezeichnet ist das thermodynamisch kritische Feld $B_{c,th}$. Die beiden grauen Flächen sind gleich groß.

Erst beim Überschreiten der *oberen kritischen Feldstärke* B_{c2} wird die Probe vollständig normalleitend.

Die *thermodynamische kritische Feldstärke* $B_{c,th}$ ist über die Beziehung

$$\frac{B_{c,th}^2}{2} = \int_0^{B_{c2}} \mu_0 M \mathrm{d}B_a \tag{11.82}$$

definiert. Daraus folgt, dass die beiden grauen Flächen in Bild 11.33b gleich groß sein müssen. Bei Supraleitern 1. Art ist $B_{c,th}$ identisch mit der kritischen Feldstärke B_c. Wie in Bild 11.34 für eine Indium-Wismut-Legierung zu sehen ist, weisen die kritischen Feldstärken einen ganz ähnlichen Temperaturgang auf. In erster Näherung unterscheiden sich nur deren Vorfaktoren.

Es stellt sich nun die Frage nach der Ursache für das unterschiedliche Verhalten der beiden Typen von Supraleitern. Die Erklärung hierfür gibt eine einfache Betrachtung der Grenzfläche zwischen Normal- und Supraleiter im Rahmen der Ginzburg-Landau-Theorie. Grenzflächen verkleinern die *Kondensationsenergie*, da dort die Cooper-Paardichte und damit auch der Gewinn an Wechselwirkungsenergie reduziert ist. Es wäre daher zu erwarten, dass Supraleiter den Aufbau von Grenzflächen möglichst vermeiden. Doch es gibt einen gegenläufigen Effekt, die *Verdrängungsenergie*, die darauf beruht, dass das Innere des Supraleiters feldfrei gehalten wird.

Wir wollen den Beitrag der beiden Effekte abschätzen. Hierzu ersetzen wir den stetigen Anstieg der Cooper-Paar-Dichte an der Oberfläche durch eine Stufe. Wir nehmen an, dass eine Schicht an der Grenzfläche mit der Dicke der Kohärenzlänge frei von Cooper-Paaren ist. Mit Gleichung (11.16) lässt sich die fehlende Kondensationsenergie ΔE_{kond}

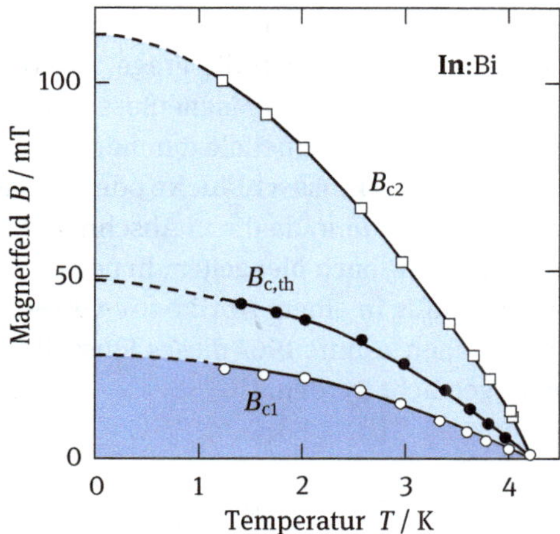

Abb. 11.34: Kritische Magnetfeldstärken einer Indium-Wismut-Legierung. Neben den beiden kritischen Feldstärken B_{c1} und B_{c2} ist auch die berechnete thermodynamisch kritische Feldstärke $B_{c,th}$ eingezeichnet. (Nach T. Kinsel et al., Rev. Mod. Phys. **36**, 105 (1964).)

angeben: Für eine Grenzschicht mit der Fläche A finden wir $\Delta E_{\text{kond}} = A\xi_{\text{GL}}B_{\text{c,th}}^2/2\mu_0$. Legt man ein Magnetfeld an, so leistet der Supraleiter nach Gleichung (11.15) die Verdrängungsarbeit $E_{\text{B}} = VB^2/2\mu_0$. Grenzflächen reduzieren die Verdrängungsarbeit, da dort diese Energie nicht aufgebracht werden muss. Magnetfelder unterstützen daher die Ausbildung von Grenzflächen. Auch hier nähern wir das stetige Abklingen des Magnetfelds im Supraleiter durch eine Stufe. Wir nehmen an, dass der Supraleiter an der Grenzfläche in einer Schicht, die durch die Eindringtiefe λ gegeben ist, vom Feld durchdrungen ist, so können wir für die gewonnene Verdrängungsenergie $\Delta E_{\text{B}} = A\lambda B_{\text{c,th}}^2/2\mu_0$ schreiben. Somit ruft eine Grenzfläche die Energieänderung

$$\Delta E_{\text{G}} = \Delta E_{\text{kond}} - \Delta E_{\text{B}} = (\xi_{\text{GL}} - \lambda)A\frac{B_{\text{c,th}}^2}{2\mu_0} \tag{11.83}$$

hervor. Ist $\xi_{\text{GL}} > \lambda$, so bleibt ΔE_{G} für alle Magnetfelder positiv, d.h. die Ausbildung von Grenzflächen wird unterdrückt. Dies ist die Situation in Supraleitern 1. Art. Ist dagegen $\xi_{\text{GL}} < \lambda$, wie in den Supraleitern 2. Art, so ist die Ausbildung von Grenzflächen energetisch günstiger.

Eine ausführliche Rechnung ergibt einen leicht veränderten Zahlenwert:

$$\kappa = \frac{\lambda}{\xi_{\text{GL}}} \begin{cases} < \frac{1}{\sqrt{2}} & \text{für Typ I Supraleiter}\,, \\ > \frac{1}{\sqrt{2}} & \text{für Typ II Supraleiter}\,. \end{cases} \tag{11.84}$$

Die bisherige Argumentation könnte den Eindruck erwecken, dass das Magnetfeld oberhalb des thermodynamisch kritischen Feldes $B_{\text{c,th}}$ in Supraleiter 2. Art eindringt, doch Bild 11.33 ist zu entnehmen, dass die Grenze bei B_{c1} zu finden ist. Wie oben erwähnt, ist die Bildung von Grenzflächen energetisch günstig, solange $\xi_{\text{GL}}B_{\text{c,th}}^2/2\mu_0 - \lambda B^2 < 0$ ist. Berücksichtigen wir noch den Faktor $\sqrt{2}$ in Gleichung (11.83), so gilt, dass das Magnetfeld eintritt, wenn

$$B^2 > \frac{B_{\text{c,th}}^2}{\kappa\sqrt{2}} \tag{11.85}$$

ist. Das Magnetfeld dringt also bereits bei Feldstärken $B < B_{c,th}$ in die Probe ein.

Offen ist in der Betrachtung der Grenzflächenenergie noch die Frage, wie die Grenzflächen in den Supraleitern 2. Art aussehen und wie sich der Magnetfluss verteilt. Die Shubnikov-Phase ist in Bild 11.35a veranschaulicht. Das Magnetfeld durchdringt die Probe in kleinen normalleitenden Kanälen, die man als **Flussschläuche** oder **Flusswirbel** bezeichnet. Jeder Flussschlauch trägt ein *Flussquant*, da die in Abschnitt 11.3 vorgetragenen Argumente für einen supraleitenden Ring auch hier gelten. In perfekten Kristallen ordnen sich die Flussschläuche regelmäßig in einem **Abrikosov-Gitter**[27] an. Nach Dekoration mit feinen Eisenkolloidteilchen konnte 1967 dieses Flussgitter mit Hilfe eines Elektronenmikroskops sichtbar gemacht werden.

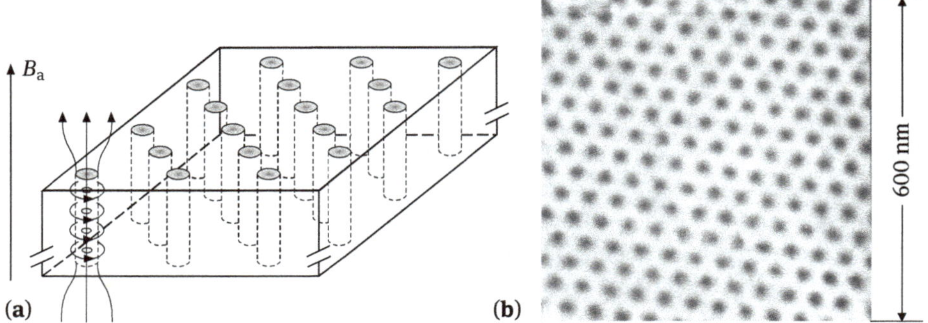

Abb. 11.35: **a)** Anordnung der Flusswirbel in der Shubnikov-Phase. Für einen Flussschlauch sind Magnetfeldverlauf und Abschirmströme eingezeichnet. **b)** Abbildung eines Abrikosov-Gitters mit einem Rastertunnel-Mikroskop. Das Flussgitter wurde an $NbSe_2$ bei 1,8 K und einem Magnetfeld $B = 1$ T aufgenommen. (Aus H.F. Hess et al., Phys. Rev. Lett. **62**, 214 (1989).)

Seit einiger Zeit können derartige Gitter auch mit dem Rastertunnelmikroskop untersucht werden. Ein Beispiel hierfür zeigt Bild 11.35b mit der Abbildung von Flussschläuchen in $NbSe_2$. Der Kontrast bei der Aufnahme beruht auf der unterschiedlichen Austrittsarbeit der Elektronen und damit auf der unterschiedlichen Tunnelstrom-Charakteristik von normal- und supraleitenden Bereichen. Tatsächlich kann in derartigen Messungen sogar die elektronische Zustandsdichte ortsaufgelöst in und um die Flussschläuche ausgemessen werden.

Typische Vertreter der Supraleiter 2. Art sind Legierungen, Übergangsmetalle, metallische Gläser und auch die neuartigen Kuprat- oder Oxidsupraleiter, auf die wir sogleich noch eingehen. Der Wert von B_{c2} kann sehr viel größer sein als das kritische Feld von Supraleitern 1. Art. So findet man für den Hochfeldsupraleiter $PbMo_6S_8$, der

27 Alexei Alexejewitsch Abrikosov, *1928 Moskau, †2017 Palo Alto, Nobelpreis 2003

zu den Chevrel-Verbindungen[28] gehört, bei $T \approx 0$ den Wert $B_{c2} = 60\,\mathrm{T}$ (vgl. Tabelle 11.6). Technisch von großer Bedeutung für die Herstellung von Magneten mit sehr hoher Feldstärke ist Nb_3Sn, das zu den A15-Verbindungen[29] gezählt wird und die hohen kritischen Parameter $T_c = 18{,}7\,\mathrm{K}$ und $B_{c2}(T = 0) = 25\,\mathrm{T}$ aufweist. Da es schwierig ist, dieses Material zu verarbeiten, werden bei Magneten für kleinere Felder meist Drähte aus NiTi-Legierungen verwendet.

Tab. 11.6: Sprungtemperatur T_c und kritische Feldstärke B_{c2} einiger Supraleiter 2. Art.

Supraleiter	NbTi	Nb_3Sn	Nb_3Ge	Nb_3Ga	V_3Si	$PbMo_6S_8$	$PbMo_6Se_8$
T_c (K)	9,5	18,7	23,2	20,3	17,1	15,3	6,7
B_{c2} (T)	15	28	38	34	25	60	7

In Supraleitern 1. Art fließen elektrische Gleichströme verlustfrei. Dies gilt natürlich auch für die Supraleiter 2. Art in der Meißner-Phase, allerdings ändert sich das Bild drastisch bei Magnetfeldern, die größer als B_{c1} sind. In einem perfekten Supraleiter 2. Art in der Shubnikov-Phase tritt bereits bei sehr kleinen Strömen ein elektrischer Widerstand auf. Dieser rührt daher, dass der Strom Lorentz-Kräfte auf die Flusswirbel ausübt und durch die Probe treibt. Auf die relativ komplexen Verlustmechanismen, die mit dieser Bewegung verknüpft sind, gehen wir hier nicht ein. In realen Proben sind die Flussschläuche meist nicht wirklich frei beweglich, da sie an bevorzugten Plätzen, an *Haftzentren*, festgehalten werden. Ist die Lorentz-Kraft zu klein um die Flussschläuche loszureißen, so fließt der Strom auch im Supraleiter 2. Art widerstandsfrei. Dieses Phänomen ist in Bild 11.36 illustriert, in dem die Strom-Spannungs-Charakteristik von zwei $Nb_{0,5}Ta_{0,5}$-Proben mit unterschiedlicher Defektkonzentration zu sehen ist. Das Experiment wurde in der Shubnikov-Phase bei 3 K und einem Feld von 0,2 T durchgeführt. In der Probe mit der größeren Unordnung konnte kein Spannungsabfall bis zu einem kritischen Strom von 1,2 A detektiert werden, wohingegen in der Probe mit wenig Defekten bereits oberhalb von 0,2 A ein Spannungsabfall auftrat. Als Haftzentren wirken Gitterdefekte, wie sie beispielsweise bei der Kaltbearbeitung erzeugt werden, oder auch kleine Kristallite und Ausscheidungen in der Probe.

Am Ende dieses Abschnitts sei noch bemerkt, dass Eindringtiefe, Kohärenzlänge und kritische Felder eng miteinander verknüpft sind. Bei einer eingehenderen Behand-

---

28 Chevrel-Verbindungen besitzen die Zusammensetzung MMo_6X_8, wobei M für ein Metall der Seltenen Erden und X für Schwefel oder Selen steht.

29 A15-Verbindungen weisen die Zusammensetzung A_3B auf und kristallisieren in der β-Wolframstruktur. In Nb_3Sn sind die Niobatome kettenförmig angeordnet und besitzen dort einen Abstand, der kleiner ist als im metallischen Niob.

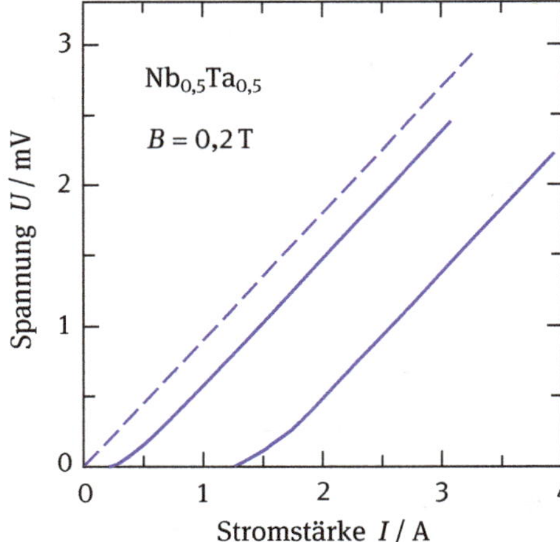

Abb. 11.36: Strom-Spannungs-Charakteristik im Mischzustand. Die beiden durchgezogenen Kurven wurden an Proben unterschiedlicher Defektkonzentration gemessen. Die Charakteristik für eine defektfreie Probe ist gestrichelt eingezeichnet. (Nach A.R. Strnad et al., Phys. Rev. Lett. **13**, 794 (1964).

lung der Ginzburg-Landau-Theorie erhält man die interessanten Zusammenhänge

$$B_{c1} \approx \frac{\Phi_0}{4\pi\lambda^2}(\ln\kappa + 0{,}08) \ , \tag{11.86}$$

$$B_{c2} = \frac{\Phi_0}{2\pi\xi_{GL}^2} \ , \tag{11.87}$$

$$B_{c,th} = \frac{\Phi_0}{\sqrt{8}\pi\lambda\xi_{GL}} \ . \tag{11.88}$$

11.5 Unkonventionelle Supraleiter

Im allgemeinen Sprachgebrauch unterscheidet man zwischen konventionellen und unkonventionellen Supraleitern. Zu den *konventionellen* Supraleitern, die wir bisher betrachtet haben, zählt man die Supraleiter mit Cooper-Paaren, deren Drehimpuls und Spin verschwindet, d.h. für die $L = 0$ und $S = 0$ gilt. Zu den *unkonventionellen* Supraleitern rechnet man jene, deren supraleitenden Zustände sich von den BCS-Supraleitern unterscheiden. Dies bedeutet, dass entweder keine s-Wellenfunktion vorliegt oder die Anziehung zwischen den Elektronen nicht durch Phononen hervorgerufen wird.

Die prominentesten Vertreter der unkonventionellen Supraleiter sind die Hochtemperatur-Supraleiter. Weiterhin rechnet man dazu auch organische Supraleiter mit einer quasi-eindimensionaler Struktur, Alkalimetallfullerene, Borcarbide, Ruthenate, Pniktide und Schwere-Fermionen-Systeme. Erstaunlich ist, dass, wie 2006 von *H. Hosono*[30] gezeigt werden konnte, Supraleitung auch in den eisenhaltigen Pniktiden auftritt.

30 Hideo Hosono, *1953 Kawagoe

Die Forschung auf dem Gebiet der unkonventionellen Supraleiter zählt zu den interessantesten Bereichen der Tieftemperaturphysik und lässt noch viele überraschende Ergebnisse erwarten. Wir beschränken uns hier auf eine relativ kurze Betrachtung der Hochtemperatur-Supraleiter und der Legierung UPt_3, die zu den Schwere-Fermionen-Systemen zählt.

11.5.1 Hochtemperatur-Supraleiter

Schon immer war es ein Ziel der Tieftemperaturforschung, Supraleiter mit besonders hoher Sprungtemperatur zu finden bzw. zu entwickeln, jedoch war die „richtige“ Vorgehensweise nicht bekannt. Wenn nicht bei Zimmertemperatur, so sollte T_c doch zumindest über 77 K, dem Siedepunkt des flüssigen Stickstoffs liegen. Ein entscheidender Schritt in diese Richtung gelang 1986 *J.G. Bednorz*[31] und *K.A. Müller*[32], als sie das Mischsystem Ba-La-Cu-O untersuchten und eine Sprungtemperatur von etwa 30 K fanden, die deutlich über den bis dahin bekannten Werten lag. Etwas später wurden an Ba-Y-Cu-O-Verbindungen T_c-Werte bis 92 K, an Tl-Ca-Ba-Cu-O- und Hg-Ba-Ca-Cu-O-Verbindungen Werte bis 125 K bzw. 135 K gemessen. Aufgrund ihrer Zusammensetzung bezeichnet man diese Materialien als **Kuprat-Supraleiter**. Gelegentlich wird auch die Bezeichnung *keramische Hochtemperatur-Supraleiter* gebraucht. In der Tabelle 11.7 sind die Sprungtemperaturen von einigen Hochtemperatur-Supraleitern aufgeführt. Ihre relativ komplizierte Zusammensetzung macht verständlich, warum es schwierig ist, Proben mit geeigneter Stöchiometrie herzustellen und Einkristalle zu züchten.

Tab. 11.7: Sprungtemperatur T_c einiger unkonventioneller Supraleiter.

Supraleiter	T_c (K)	Supraleiter	T_c (K)
Sr_2RuO_4	1,5	$YBa_2Cu_3O_7$	92
$RuSr_2(Gd,Eu,Sm)Cu_2O_8$	58	YPd_2B_2C	23
$SmFeAsO_{0,85}$	55	$Bi_2Sr_3Ca_2Cu_3O_6$	110
$GdFeAsO_{0,85}$	53,5	$Tl_2Ba_2Ca_2Cu_3O_{11}$	125
$La_{0,9}F_{0,2}FeAs$	28,5	$HgBa_2Ca_2Cu_3O_8$	134
$ET_2Cu[N(CS)_2]Br$[33]	10,4	$Hg_{0,8}Tl_{0,2}Ba_2Ca_2O_8$	138

Das bestuntersuchte System ist $YBa_2Cu_3O_{6+x}$, das meist als **YBCO** oder wegen der relativen Anzahl der Metallatome auch als **Y123** bezeichnet wird. Die Zusammensetzung

31 Johannes Georg Bednorz, *1950 Neuenkirchen, Nobelpreis 1987
32 Karl Alexander Müller, *1927 Basel †2023 Zürich, Nobelpreis 1987
33 ET ersetzt die Abkürzung BEDT-TTF, die wiederum für Bis(ethylen-dithiolo)tetrathiofulvalen steht.

dieser Verbindung kann in weiten Grenzen variiert werden. Bild 11.37 zeigt die für Kuprate typische Struktur für die Spezialfälle $x = 1$ und $x = 0$. Die Kristalle sind ortho-ßrhombisch bzw. tetragonal und besitzen Perowskitstruktur. Die Einheitszelle weist die Stapelfolge Y-CuO_2-BaO-CuO_x-BaO-CuO_2- ... auf. Das wichtigste Merkmal der Kuprate sind die CuO_2-Ebenen, die senkrecht zur c-Achse angeordnet und für die Ausbildung der Supraleitung verantwortlich sind. Diese Ebenen sind durch Yttriumatome bzw. BaO-Lagen voneinander getrennt. Wie in Bild 11.37a gezeichnet, sind bei $YBa_2Cu_3O_7$ längs der b-Achse Cu-O-Ketten vorhanden. Mit abnehmender Sauerstoffkonzentration treten dort Leerstellen auf, was dazu führt, dass sich die Sauerstoffatome in dieser Lage gleichmäßig verteilen. Bei $x = 0$ ist die gesamte Lage frei von Sauerstoff. Alle Kuprat-Supraleiter besitzen CuO_2-Ebenen wie YBCO, unterscheiden sich aber in der Anzahl dieser Ebenen und im Aufbau der Zwischenschichten.

Der Sauerstoffgehalt bestimmt die elektrischen Eigenschaften. So ist YBCO bei $x = 0$ ein Isolator, in dem die Kupferatome *antiferromagnetisch* geordnet sind, d.h., die Spins benachbarter Cu^{2+}-Ionen sind entgegengerichtet (vgl. Kapitel 12). Bei etwa $x \approx 0{,}4$ tritt ein Metall-Isolator-Übergang auf. In der sich anschließenden metallischen Phase beruht die Leitfähigkeit auf der Bewegung von *Löchern*. Durch die Dotierung mit Sauerstoff werden Elektronen aus den Lagen mit Kupferatomen entfernt, so dass mit zunehmender Sauerstoffkonzentration auch die Löcherkonzentration ansteigt. Über $x \approx 0{,}4$ setzt Supraleitung ein. Die Sprungtemperatur steigt mit x von $T_c = 40\,K$ bis auf 92 K an. Die „besten" supraleitenden Eigenschaften beobachtet man bei der Sauerstoffkonzentration $x = 0{,}92$.

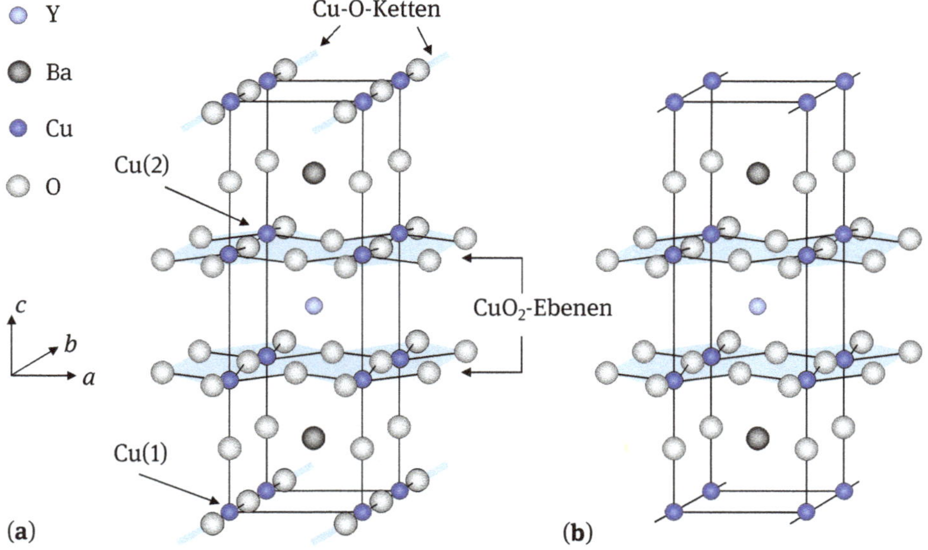

Abb. 11.37: Kristallstruktur der Kuprate. **a)** $YBa_2Cu_3O_7$ (orthorhombisch), **b)** $YBa_2Cu_3O_6$ (tetragonal).

Aufgrund ihrer Schichtstruktur besitzen Kuprate stark anisotrope Eigenschaften, die sich beispielsweise im elektrischen Widerstand von Einkristallen im normalleitenden Zustand widerspiegeln. In Bild 11.38 sind Messergebnisse an einer $YBa_2Cu_3O_{6.9}$-Probe für die drei Kristallrichtungen dargestellt. Der Widerstand in a- und b-Richtung unterscheidet sich geringfügig. Wie man aufgrund der Kristallstruktur erwarten konnte, tritt in Richtung der c-Achse, also senkrecht zu den Schichten, ein wesentlich höherer Widerstand auf. Im Fall von $Bi_2Sr_2CaCu_2O_{8+x}$ ist das Verhältnis ρ_c/ρ_a sogar wesentlich größer als 100. Trotz der ausgeprägten Schichtstruktur wird die Probe gleichzeitig in allen Richtungen supraleitend, denn Supraleitung ist ein dreidimensionales Phänomen.

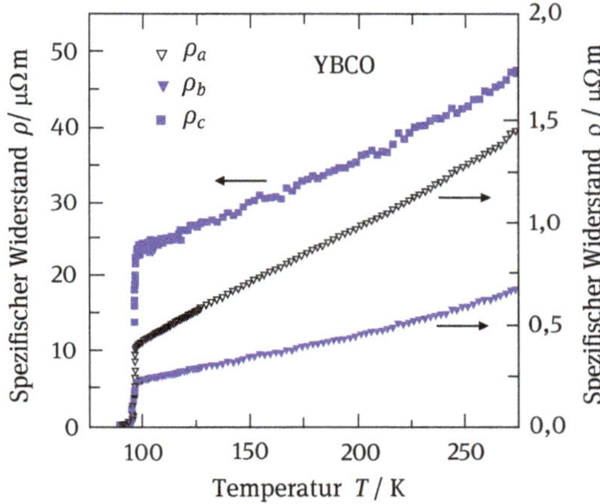

Abb. 11.38: Spezifischer Widerstand eines YBCO-Einkristalls in Richtung der Kristallachsen a, b und c. Zu beachten sind die unterschiedlichen Skalen für ρ_a bzw. ρ_b und ρ_c. (Nach T.A. Friedmann et al., Phys. Rev. B **42**, 6217 (1990).)

Nicht nur die normalleitenden, auch die supraleitenden Eigenschaften weisen starke Anisotropieeffekte auf. Ein Beispiel hierfür sind die kritischen Feldstärken B_{c1} und B_{c2}, die dem Experiment schwer zugänglich sind. Insbesondere lassen sich die für die Messung von B_{c2} erforderlichen hohen Felder experimentell nicht erzeugen. Deshalb werden indirekte Methoden benutzt, bei denen diese Größen mit Hilfe theoretischer Überlegungen aus Messungen der Suszeptibilität, der spezifischen Wärme und der Eindringtiefe hergeleitet werden. In den Bildern 11.39a und 11.39b ist das Ergebnis der Auswertung derartiger Messungen an $YBa_2Cu_3O_7$ für Felder in Richtung der c-Achse und senkrecht zu dieser Richtung wiedergegeben. Das kritische Feld B_{c1} in Richtung der c-Achse ist deutlich größer als senkrecht dazu, während bei B_{c2} die Verhältnisse gerade umgekehrt sind. Dies ist allerdings nicht überraschend, denn dieser Zusammenhang folgt aus den Gleichungen (11.86) – (11.88). Die Abweichung des einen Datenpunkts in Bild 11.39b dicht bei T_c beruht auf experimentellen Schwierigkeiten, die durch Fluktuationseffekte in der Nähe des Phasenübergangs hervorgerufen werden.

In Folge der relativ kleinen Werte des kritischen Magnetfelds B_{c1} dringen Felder tief in Kupratproben ein. So findet man mit $\lambda_c \approx 890$ nm in Richtung der c-Achse und $\lambda_{ab} \approx 135$ nm senkrecht dazu Werte, die wesentlich größer sind als bei den konventio-

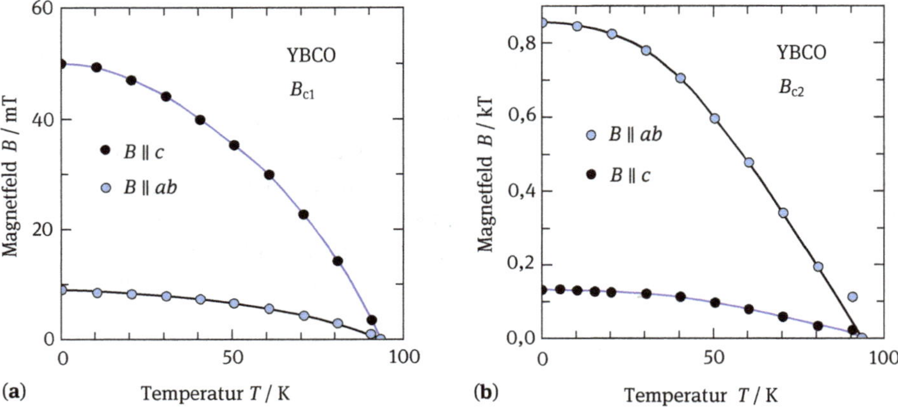

Abb. 11.39: Kritische Magnetfelder in YBCO parallel und senkrecht zur c-Achse. Die Daten wurden aus Messungen der spezifischen Wärme und der Eindringtiefe errechnet. **a)** Untere kritische Feldstärke B_{c1}, **b)** obere kritische Feldstärke B_{c2}. (Nach D.N. Zheng et al., Phys. Rev. B **49**, 1417 (1994).)

nellen Supraleitern. Wegen $B_{c1} \propto \lambda_L^{-2} \propto n_s$ folgt daraus, dass in den Hochtemperatur-Supraleitern die Dichte der Cooper-Paare sehr gering ist. Um die Richtungsabhängigkeiten zu beschreiben, führt man in die Ginzburg-Landau-Theorie, die auch auf Hochtemperatur-Supraleitern anwendbar ist, richtungsabhängige effektive Massen ein. Wir wollen jedoch hier auf diese Feinheiten der Beschreibung nicht weiter eingehen.

Wie erwähnt besitzen die typischen Hochtemperatur-Supraleiter sehr hohe kritische Felder B_{c2}, aber relative kleine B_{c1}-Werte. Diese Tatsache schränkt die praktische Anwendung dieser faszinierenden Materialien erheblich ein. Wie wir gesehen haben, dringt oberhalb von B_{c1} das Magnetfeld ein und die Lorentz-Kräfte bewirken die Bewegung der Flusswirbel und damit das Auftreten von Verlusten. In konventionellen Supraleitern kann die Bewegung der Flussschläuche durch das Einbringen von Haftzentren weitgehend unterbunden werden. Bei höheren Temperaturen, bei denen Hochtemperatur-Supraleiter für technische Anwendungen besonders attraktiv sind, führt jedoch die thermische Bewegung der Flusslinien zu einem besonders schlechten „Pinning"-Verhalten in der gemischten Phase.

Nach Gleichung (11.87) sind die großen Werte von B_{c2} eine Folge der kleinen Kohärenzlänge ξ_{GL}. So findet man für die Kohärenzlänge in YBCO in der ab-Ebene den Wert $\xi_{GL,ab} \approx 1{,}6$ nm, in Richtung der c-Achse sogar nur $\xi_{GL,c} \approx 0{,}24$ nm. Dies bedeutet, dass sich in den Kupraten die Cooper-Paare nur über wenige Atome erstrecken. Die sehr kleine Kohärenzlänge gibt Anlass zu einer Reihe von Besonderheiten im Verhalten der Hochtemperatur-Supraleiter. Eine wichtige Konsequenz sind die außergewöhnlich starken Fluktuationseffekte. Ein Beispiel hierfür ist die spezifische Wärme von $YBa_2Cu_3O_7$ in der Umgebung der Sprungtemperatur, die in Bild 11.40 gezeigt ist. Man beachte, dass das Gitter den Hauptbeitrag liefert, der aufgrund der Nullpunktunterdrückung der Ordinate nicht zu sehen ist. Bei einem Vergleich mit den Aluminiumdaten in Bild 11.13

fällt auf, dass der Übergang vom Normal- zum Supraleiter nicht in Form eines abrupten Sprungs erfolgt. Der abgerundete Verlauf der Messkurve ist auf die erwähnte Fluktuation der Cooper-Paardichte in der Umgebung von T_c zurückzuführen. Die Bedeutung von Fluktuationseffekten hängt von der Zahl der Cooper-Paare im *Kohärenzvolumen* ξ_{GL}^3 ab. Während in konventionellen Supraleitern etwa 10^6 bis 10^7 Cooper-Paare in diesem Volumen anzutreffen sind, sind es in den Kupraten nur etwa zehn Paare. Da wiederum der Temperaturbereich, in dem Fluktuationen eine wichtige Rolle spielen, umgekehrt proportional zum Kohärenzvolumen ist, macht sich bei Hochtemperatur-Supraleitern der Einfluss von Fluktuationen noch weit entfernt vom Phasenübergang bemerkbar.

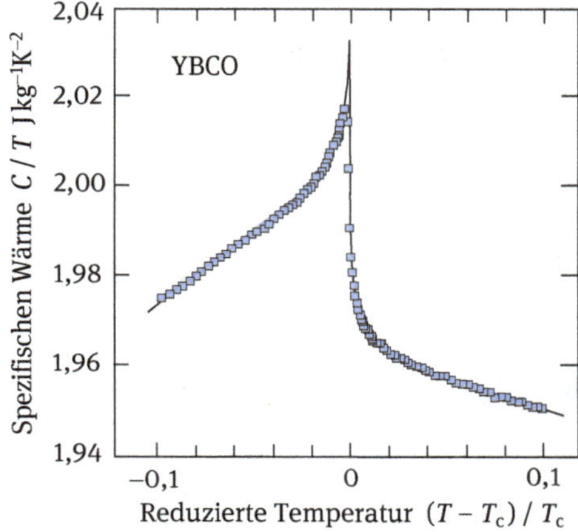

Abb. 11.40: Spezifische Wärme C/T von $YBa_2Cu_3O_7$ in der Nähe des Sprungpunkts. Man beachte, dass der Nullpunkt der Ordinate unterdrückt ist. (Nach N. Overend et al., Phys. Rev. Lett. **72**, 3238 (1994).)

Ohne Zweifel lassen sich die phänomenologischen Betrachtungen zur Supraleitung auch auf die Hochtemperatur-Supraleiter anwenden. Dies gilt insbesondere auch für die London- und die Ginzburg-Landau-Theorie, weil diese Theorien nicht auf mikroskopische Ursachen eingehen. Ein wichtiger Punkt dabei ist zwar, dass im Unterschied zu klassischen Supraleitern der elektrische Ladungstransport, wie oben erwähnt, durch Löcher und nicht durch Elektronen erfolgt, doch hat dies keinen Einfluss auf die phänomenologische Beschreibung. Weiterhin wurde in Experimenten gefunden, dass auch in den Hochtemperatur-Supraleitern der Strom von Cooper-Paaren getragen wird und der Magnetfluss in Einheiten von $\Phi_0 = h/2e$ quantisiert ist. Die Energielücke wurde mit verschiedenen Methoden gemessen, wobei Werte für $\Delta(0)/k_B T_c$ zwischen drei und vier gefunden wurden. Diese Werte sind zwar merklich größer als der BCS-Wert, doch findet man so große Werte auch bei stark koppelnden klassischen Supraleitern.

Ein ganz wesentlicher Unterschied zwischen klassischen Supraleitern und Kupraten besteht in der Symmetrie der Wellenfunktion. Die Cooper-Paare, mit denen wir uns bisher beschäftigt haben, waren Singulett-Paare. Sie haben den Bahndrehimpuls $L = 0$ und den Spin $S = 0$. In den Kupraten besitzen die Cooper-Paare den Bahndrehimpuls $L = 2$, haben also die Symmetrie eines d-Zustandes. Von den fünf prinzipiell möglichen verschiedenen Werten der z-Komponente des Bahndrehimpulses ist aufgrund des quasi-zweidimensionalen Charakters der Hochtemperatur-Supraleiter und des damit verbundenen Kristallfelds tatsächlich nur einer realisiert.

Eine wichtige Eigenart des d-Zustandes ist, dass die Energielücke nicht wie in den konventionellen Supraleitern isotrop sondern winkelabhängig ist. Sie wird durch die *Energielücken-Funktion* (Gap-Funktion) beschrieben, welche die Größe der Energielücke als Funktion des Winkels angibt. Im vorliegenden Fall hat sie die Gestalt

$$\Delta_{\mathbf{k}} = \Delta_{\mathrm{m}} \cos 2\Phi \,, \tag{11.89}$$

wobei Δ_{m} für die maximale Energielücke und Φ für den Winkel zwischen der a-Achse und dem Wellenvektor $\mathbf{k}$ in der ab-Ebene steht.

Die Energielücken-Funktion für verschiedenen Typen von Supraleitern ist in Bild 11.41 schematisch dargestellt. Wie man dem Bild entnehmen kann, hat in s-Wellen-Supraleitern die Energielücke in allen Richtungen einen endlichen Wert, in den hier diskutierten d-Wellen-Supraleitern dagegen verschwindet sie in bestimmten Richtungen, nämlich in den $\langle 110 \rangle$-Richtungen. Im Vorgriff auf die Diskussion im nächsten Abschnitt ist auch die Energielücken-Funktion eines p-Supraleiters dargestellt.

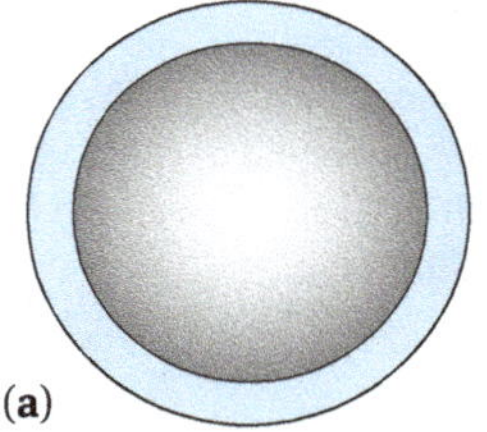

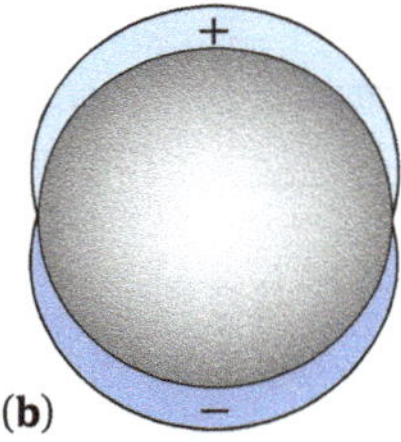

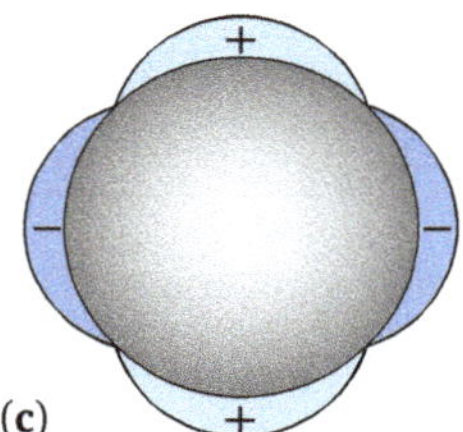

Abb. 11.41: Schematische Darstellung der Energielücken-Funktion von **a)** s-Wellen-, **b)** p-Wellen- und **c)** d-Wellen-Supraleiter. Die Fermi-Fläche ist grau dargestellt.

Die winkelauflösende Photoemissionsspektroskopie ermöglicht die Prüfung solcher Vorhersagen. In Bild 11.42 ist das Ergebnis einer derartigen Messung an Bi-2212 ($Bi_2Sr_2CaCu_2O_8$) zu sehen. Die Übereinstimmung mit (11.89) ist überzeugend.

Über den mikroskopischen Mechanismus der Hochtemperatursupraleitung lässt sich gegenwärtig keine eindeutige Aussage machen, denn der Mechanismus der Kopplung zwischen den Ladungsträgern ist immer noch ungeklärt. Da an einigen Systemen ein Isotopeneffekt beobachtet werden konnte, liegt der Schluss nahe, dass Phononen an der Kopplung der Elektronen mitwirken. Allerdings ist es unwahrscheinlich, dass die Kopplung über das Gitter ausreicht, die hohen Werte von T_c zu erklären. Allen Kuprat-Supraleitern gemeinsam ist eine Perowskit-Schichtstruktur mit CuO_2-Ebenen, in denen die Kupferatome in einem gemischtwertigen Cu^{2+}-Cu^{3+}-Zustand vorliegen und ein magnetisches Moment tragen. Es gibt Hinweise darauf, dass der Spinaustausch zwischen den Elektronen bei der Kopplung eine wesentliche Rolle spielt. Ein wichtiger

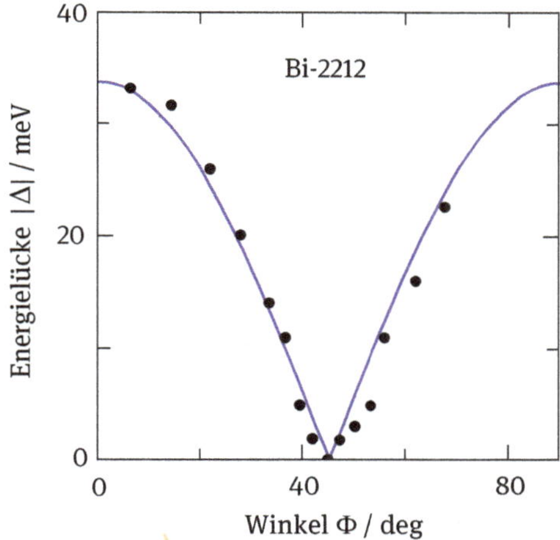

Abb. 11.42: Winkelabhängigkeit der Energielücke von Bi-2212 gemessen mit Hilfe der Photoemissionsspektroskopie. Die durchgezogene Kurve gibt die Gleichung (11.89) wieder. (Nach H. Ding et al., Phys, Rev. B **54**, R9678 (1996).)

Aspekt in der theoretischen Behandlung der Cooper-Paare in Kupraten ist ihre geringe Ausdehnung, denn dadurch gewinnt die Coulomb-Abstoßung zwischen den Elektronen an Bedeutung, so dass Korrelationseffekte berücksichtigt werden müssen.

11.5.2 Schwere-Fermionen-Systeme

Wie schon erwähnt, wurde in den letzten Jahren neben den Kupraten eine Reihe weiterer unkonventioneller Supraleiter entdeckt und eingehend untersucht. Als instruktives Beispiel greifen wir das Schwere-Fermionen-System UPt_3 heraus. Wir werden sehen, dass diese Legierung drei unterschiedliche supraleitende Phasen aufweist, so dass die vertraute s-Wellen-Supraleitung zumindest in zwei Fällen als Ursache hierfür ausgeschlossen werden kann. Bei der Interpretation der Messergebnisse geht man davon aus, dass die Cooper-Paare, ähnlich wie im suprafluiden ^{3}He, p-Wellen-Charakter besitzen. Unglücklicherweise konnte bis heute nicht geklärt werden, welcher Mechanismus für die Paarbildung in diesem Material verantwortlich ist. Allerdings können wir davon ausgehen, dass die Kopplung über den Austausch virtueller Phononen nicht den entscheidenden Beitrag liefert. Es wird vermutet, dass die Wechselwirkung über die Elektronenspins einen wesentlichen Anteil zur Paar-Bindungenergie beiträgt.

Das Auftreten verschiedener supraleitender Phasen wird in Bild 11.43 deutlich. Dort sind Messungen der spezifischen Wärme und der Ultraschallabsorption in der Umgebung der Übergangstemperaturen gezeigt. Betrachten wir zunächst die Messungen der spezifische Wärme, die bei unterschiedlichen Magnetfeldern durchgeführt wurden. Bei Untersuchungen im Nullfeld treten unerwarteterweise zwei Stufen auf, die auf Phasenübergänge hinweisen und somit die Existenz unterschiedlicher supraleitenden Phasen andeuten. Wie dem Bild 11.43a zu entnehmen ist, verschiebt sich

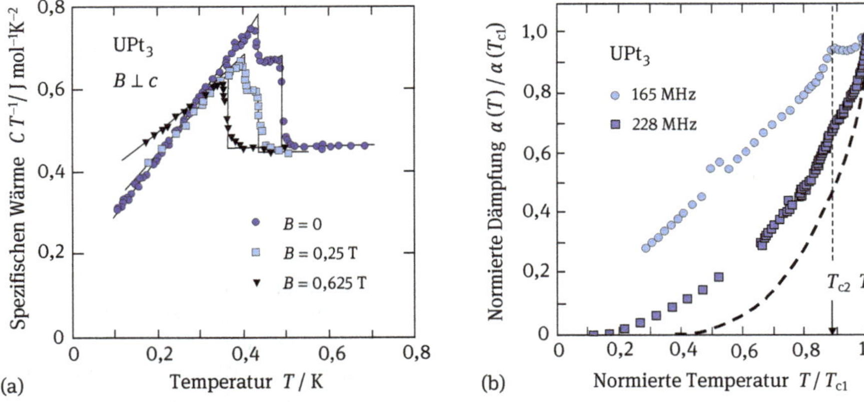

Abb. 11.43: Temperaturverlauf der spezifischen Wärme und der Ultraschalldämpfung von UPt_3 in der Umgebung der Übergangstemperaturen. **a)** Normierte spezifische Wärme C/T als Funktion der Temperatur gemessen bei unterschiedlichen Magnetfeldern. (Nach K. Hasselbach et al., Phys. Rev. Lett. **63**, 93 (1989).) **b)** Normierte Ultraschalldämpfung als Funktion der normierten Temperatur gemessen bei 165 MHz bzw. 228 MHz. (Nach M.J. Graf et al., Phys. Rev. B **62**, 14 393 (2000).) Schwarz gestrichelt gezeichnet ist der Verlauf der Dämpfungskurve, den man bei einem *s*-Wellen-Supraleiter erwartet.

der sprungartige Anstieg der spezifischen Wärme mit zunehmendem Magnetfeld zu tieferen Temperaturen. Gleichzeitig verschwindet eine der beiden beobachteten Stufen.

Der Verlauf der Ultraschallabsorption, der in Bild 11.43b gezeigt ist, unterstützt diese Argumentation. Die dargestellten Messungen wurden bei etwa 200 MHz mit transversalen Wellen durchgeführt. Die Schallwellen breiteten sich entlang der *a*-Achse aus und waren parallel zur *b*- bzw. *c*-Richtung polarisiert. Wie in Abschnitt 11.2 erwähnt, ist in Supraleitern die Dämpfung proportional zur Zahl der Quasiteilchen, also zur Anzahl der nicht gepaarten Elektronen. Zum Vergleich ist in dem Bild der Absorptionverlauf gestrichelt eingezeichnet, wie er von der BCS-Theorie für *s*-Wellen-Supraleiter vorhergesagt wird und beispielsweise an Aluminium (vgl. Bild 11.20b) gemessen wurde. Offensichtlich ist die Dämpfung wesentlich größer als für Singulett-Supraleiter erwartet und steigt weniger steil an. Dies bedeutet, dass die Zahl der Quasiteilchen, die zur Ultraschalldämpfung Anlass gibt, in UPt_3 relativ groß ist. Wie bei der Diskussion der spezifischen Wärme erwähnt, treten bei Normaldruck zwei Übergänge auf, die in der Ultraschallmessung deutlich zu erkennen sind. Die beiden Übergangstemperaturen werden im Bild 11.43, abweichend von der Benennung in der Fachliteratur, hier mit T_{c1} bzw. T_{c2} bezeichnet.

Die Messungen von thermodynamischen Größen und von Transporteigenschaften lassen sich mit dem in Bild 11.44 dargestellten Phasendiagramm erklären. Dabei wurde der Verlauf der Phasengrenzen mit Hilfe von Schallgeschwindigkeitsmessungen ermittelt. Es lassen sich drei supraleitende Phasen unterscheiden, die mit 1, 2 und 3 bezeichnet sind. Die entsprechenden Übergangstemperaturen im magnetfeldfreien Fall sind $T_{c1} \approx 540$ mK und $T_{c2} \approx 490$ mK. Der Wert von T_{c3} hängt von der Richtung des Magnetfeldes ab. Verläuft das Feld parallel zur c-Achse, so ist $T_{c3} \approx 380$ mK; steht es auf dieser Achse senkrecht, so findet man $T_{c3} \approx 430$ mK.

Die hier angesprochenen Messungen der spezifischen Wärme und der Ultraschalldämpfung können nur verstanden werden, wenn die Energielücke Knotenlinien aufweist, längs der die Lücke verschwindet. In diesem Fall kann die Anregung von Quasiteilchen viel leichter erfolgen als in den konventionellen Supraleitern. Eine der diskutierten Energielücken-Funktionen ist in Bild11.39c dargestellt. Einschränkend muss jedoch gesagt werden, dass trotz der erheblichen, theoretischen Anstrengungen es bisher nicht gelungen ist, die Symmetrie der Energielücke in den drei supraleitenden Bereichen endgültig zu klären.

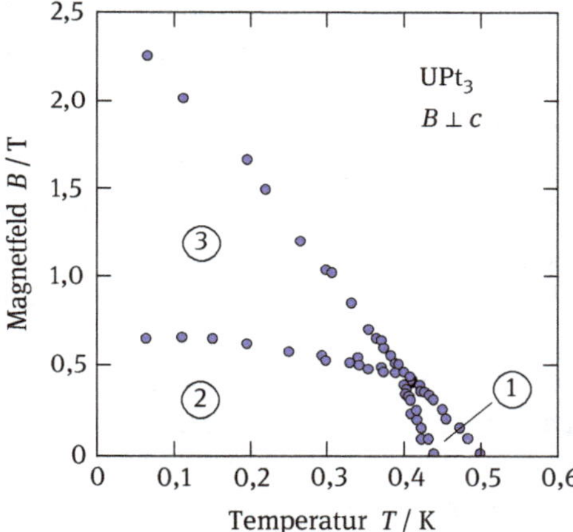

Abb. 11.44: Phasendiagramm von UPt_3 hergeleitet aus Messungen der Schallgeschwindigkeit. Das Magnetfeld lag bei diesen Messungen senkrecht zur c-Achse an. (Nach S. Adenwalla et al., Phys. Rev. Lett. **65**, 2298 (1990).)

11.5.3 Technische Anwendung der Supraleitung

Am Ende dieses Kapitels sei noch kurz auf einige technische Anwendungen der Supraleiter hingewiesen. Grundsätzlich besitzen Supraleiter ein großes Anwendungspotenzial und tatsächlich werden sie in vielen Bereichen eingesetzt. Nach der Entdeckung der Hochtemperatur-Supraleiter trat große Euphorie ein. Man glaubte die aufwändige Kühlung der Supraleiter mit flüssigem Helium durch die einfachere Kühlung mit flüssigem Stickstoff ersetzen und so die Anwendung vereinfachen und ausweiten zu können. Es zeigte sich jedoch bald, dass nicht nur die Theorie der Hochtemperatur-Supraleiter sehr komplex ist, sondern dass auch die fertigungstechnischen Aspekte nur sehr schwer zu beherrschen sind. Als großes Hemmnis erwies sich dabei, dass, von einigen Ausnahmen abgesehen, größere Proben nur in granularer Form hergestellt werden konnten. Die Weiterentwicklung der Hochtemperatur-Supraleiter schritt daher wesentlich langsamer voran, als man ursprünglich geglaubt hatte.

Dennoch gibt es Anwendungsbereiche in denen Supraleiter mit großem Erfolg eingesetzt werden. Verwendung finden vor allem Nb, Nb_3Sn, NbTi und Hochtemperatur-Supraleiter wie YBCO oder $Bi_2Sr_2Ca_2Cu_3O_{10}$. Supraleiter werden in verlustarmen Stromübertragungssystemen, in Elektromotoren, in Transformatoren, bei der magnetischen Levitation („Magnetschwebebahn"), in magnetischen Lagern und rauscharmen elektronischen Schaltungen eingesetzt. Besonders hervorheben möchten wir hier die bereits erwähnten SQUID-Magnetometer, mit deren Hilfe sich sehr schwache Magnetfelder und kleinste Magnetfeld-Änderungen detektieren lassen.

Ein sehr wichtiges Anwendungsgebiet ist die Erzeugung hoher Magnetfelder. Während bei konventionellen Elektromagneten in den Spulen hohe Verluste auftreten, arbeiten supraleitende Spulen verlustfrei. Dabei werden üblicherweise Drähte verwendet, die aus Niob-Verbindungen hergestellt werden, da bei Drähten aus Hochtemperatur-Supraleiter immer noch große technologische Schwierigkeiten auftreten. Eine typische Anwendung derartiger Magnetspulen findet man in der Medizin bei der Kernspintomographie. Sehr große supraleitende Spulen werden in Kernfusionsreaktoren eingesetzt. So werden die erforderlichen Magnetfelder in dem vor kurzem in Betrieb gegangenen Stellarator „Wendelstein 7-X" in Greifswald mit Hilfe von 3,5 m hohen, kompliziert geformten 3 T-Magnetspulen aus NbTi erzeugt. Weiter soll erwähnt werden, dass in Teilchenbeschleunigern häufig supraleitende Mikrowellen-Hohlraumresonatoren eingebaut sind.

Wir wollen hier noch kurz ein technisches „Problem" bei der Verwendung von großen Spulen ansprechen. Tritt ein Störfall auf, bei dem in der Spule die Supraleitung lokal zusammenbricht, so wärmt sich der normalleitende Bereich durch ohmsche Wärme weiter auf, so dass sich dieser Bereich vergrößert. Die Spule heizt sich in kurzer Zeit auf und wird normalleitend, wobei es aufgrund der hohen Magnetfeldenergie zur Zerstörung der Spule kommen kann.

Wie wir in Abschnitt 11.2 gesehen haben, fließt der Strom in supraleitenden Drähten an der Oberfläche. Es ist daher sinnvoll große Querschnitte zu vermeiden und viele, sehr dünne supraleitende Drähte zu verwenden, die in Kupfer eingebettet sind. Dies hat den Vorteil, dass bei einem Zusammenbruch der Supraleitung, beim sogenannten „Quench", der Strom vom Kupfer aufgenommen werden kann und die Spule nicht zerstört wird.

11.6 Aufgaben

1. Spezifische Wärme. Abhängig vom Temperaturbereich ist die spezifische Wärme eines Supraleiters größer oder kleiner als die des entsprechenden Normalleiters.

(a) Wie hängt die Differenz der spezifischen Wärmen von Normal- und Supraleiter von der Temperatur ab?
(b) In welchem Temperaturbereich ist für Blei die spezifische Wärme des Supraleiter größer als die des Normalleiters?

2. Kondensationsenergie. Die Kondensationsenergie von Supraleitern folgt aus der BCS-Theorie, doch kann sie auch aus thermodynamischer Betrachtungen hergeleitet werden. Nutzen Sie beide Möglichkeiten bei der Berechnung dieser Größe von Blei und vergleichen Sie die Ergebnisse. Spielt die effektive Masse eine Rolle? Die erforderlichen Daten sind in diesem Buch enthalten.

3. Cooper-Paare. Berechnen Sie mit Hilfe der BCS-Theorie die Wechselwirkungsenergie der Elektronen in Aluminium und schätzen Sie die Bindungsenergie eines Cooper-Paars ab.

4. Kritische Stromstärke. Für Blei gelten bei 4,2 K folgende Werte: kritisches Magnetfeldstärke $B_c = 52{,}9\,\mathrm{mT}$, Londonsche Eindringtiefe $\lambda_L = 41{,}5\,\mathrm{nm}$.
Berechnen Sie
(a) die Sprungtemperatur $T_c(B = 0)$ von Blei,
(b) die kritische Stromstärke I_c bei 4,2 K für einen Bleidraht mit 3 mm Durchmesser,
(c) die kritische Stromdichte j_c an der Oberfläche des Drahtes.

5. Magnetfeld in einer supraleitenden Platte. Parallel zur Oberfläche einer dünnen supraleitenden Platte, die den Raum $-d/2 \le x \le d/2$ ausfüllt, ist ein homogenes Magnetfeld $\mathbf{B}_0 = B_0\hat{\mathbf{z}}$ angelegt.
(a) Berechnen Sie den Magnetfeldverlauf im Innern der Platte und
(b) die Abschirmströme.
(c) Wie groß ist das kritische Feld in einem dünnen supraleitenden Film ($d < \lambda_L$) verglichen mit dem kritischen Feld einer massiven Probe?

6. Thermodynamische Eigenschaften von Aluminium. Mit Hilfe der Thermodynamik lassen sich interessante Vorhersagen über die Eigenschaften von Supraleitern machen.
(a) Berechnen Sie die Differenz zwischen der freien Enthalpie eines Aluminiumwürfels mit der Kantenlänge 1 cm im normal- und supraleitenden Zustand bei 0,8 K.
(b) Wie groß ist die latente Wärme, die beim Übergang zwischen den beiden Phasen bei dieser Temperatur auftritt?
(c) Wie groß ist die spezifische Wärme bei der Temperatur, bei der die spezifischen Wärmen des Normal- und des Supraleiters gleich groß sind? Aluminium ist kubisch flächenzentriert mit der Gitterkonstanten $a = 4{,}04\,\text{Å}$.

7. Zwischenzustand. Zeige, dass der magnetische Fluss in einer kugelförmigen Probe aus einem Supraleiter 1. Art, wie in Bild 11.5 gezeigt, für $B_a > \frac{2}{3}B_c$ linear mit dem äußeren Feld ansteigt bis der Fluss den Wert für ein normalleitendes Material bei B_c erreicht.

8. Flussschläuche. Ein langer Zylinder aus Nb_3Sn mit 4 mm Durchmesser wird bei einer Temperatur von 5 K einem Magnetfeld von 1 T ausgesetzt. Schätzen Sie die Zahl der Flussschläuche im Zylinder ab.

9. Josephson-Kontakte im Magnetfeld. In Bild 11.45 ist neben der in Bild 11.31 gezeigten Messkurve, eine weitere Kurve zu sehen, die mit einem zweiten supraleitenden Doppelkontakt aufgenommen wurde. Wie groß waren die Flächen, die vom Supraleiter jeweils eingeschlossen wurde?

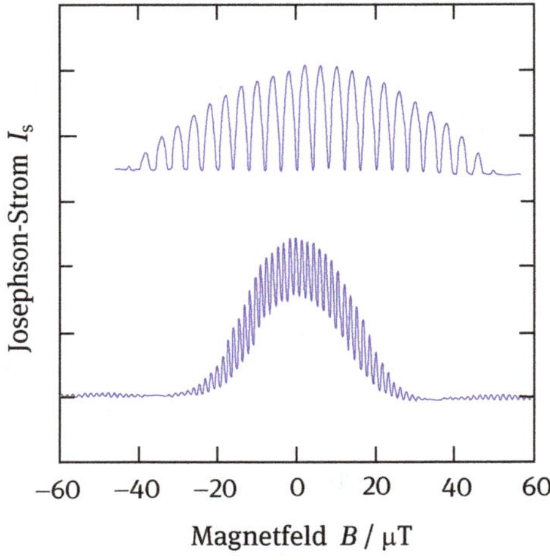

Abb. 11.45: Strom durch zwei parallel geschaltete Josephson-Kontakte als Funktion des Magnetfelds. Es wurden zwei unterschiedliche Doppelkontakte untersucht. (Nach R.C. Jaklevic et al., Phys. Rev. **140**, A1628 (1965).)

12 Magnetismus

Die magnetischen Eigenschaften von Festkörpern hängen eng mit dem Spin und der Bahnbewegung der Elektronen zusammen. Der Beitrag der Kerne ist vergleichsweise klein und spielt in der Festkörperphysik nur in besonderen Fällen eine Rolle. Hierzu zählen Gebiete der Tieftemperaturphysik und die Kernspinspektroskopie, doch werden wir diese Bereiche – abgesehen von einem speziellen Beispiel – hier ausklammern.

Je nachdem, ob das Vorzeichen der magnetischen Suszeptibilität positiv oder negativ ist, bezeichnet man die Probe als *para-* oder *diamagnetisch*. Diamagnetismus ist eine Eigenschaft aller Materialien und steht externen Magnetfeldern entgegen, ist aber sehr schwach. Paramagnetismus, wenn vorhanden, ist in der Regel stärker als Diamagnetismus und erzeugt eine Magnetisierung in Richtung des äußeren Feldes und proportional zum äußeren Feld. Wir werden Paramagnetismus und Diamagnetismus in Abschnitt 12.3 besprechen. Eine Sonderstellung nehmen *ferro-* und *ferrimagnetische* Festkörper ein, die eine *spontane Magnetisierung* besitzen, da deren magnetische Momente auch ohne äußeres Feld bereits ausgerichtet sind. Wir werden auf diese Materialien und auf die eng verwandten *Antiferromagneten* in den Abschnitten 12.3 und 12.4 eingehen. Im letzten Abschnitt wenden wir uns den *Spingläsern* zu, in denen die magnetischen Momente beim Abkühlen statistisch orientiert eingefroren werden.

12.1 Generelle Bemerkungen zu magnetischen Größen

Ehe wir mit der Diskussion der magnetischen Eigenschaften beginnen, wollen wir noch einige wichtige Bezeichnungen in Erinnerung rufen. Wir schreiben für das Magnetfeld, auch magnetische Flussdichte oder magnetische Induktion genannt,

$$\mathbf{B} = \mathbf{B}_{\text{ext}} + \mu_0 \mathbf{M} = \mu_0 (\mathbf{H} + \mathbf{M}) \,, \tag{12.1}$$

wobei $\mathbf{B}_{\text{ext}}$ für das von außen angelegte Magnetfeld und $\mathbf{H} = \mathbf{B}_{\text{ext}}/\mu_0$ für das Magnetisierungsfeld steht, das man auch als magnetische Feldstärke bezeichnet. Die Magnetisierung $\mathbf{M}$ ist als das magnetische Moment $\mathbf{m}$ pro Volumen definiert. Es besteht daher der Zusammenhang

$$\mathbf{M} = \frac{\mathbf{m}}{V} = \frac{N\overline{\boldsymbol{\mu}}}{V} = n\overline{\boldsymbol{\mu}} \,, \tag{12.2}$$

wobei N für die Zahl der magnetischen Dipole, n für ihre Dichte und $\overline{\boldsymbol{\mu}}$ für ihr mittleres Dipolmoment steht. Die magnetischen Eigenschaften einer Probe werden durch die *magnetische Suszeptibilität*

$$[\boldsymbol{\chi}] = \frac{\mathbf{M}}{\mathbf{H}} \tag{12.3}$$

bestimmt. Aus der Definition folgt, dass die Suszeptibilität eine tensorielle Größe ist. Um die Gleichungen zu vereinfachen, werden wir sie als Skalar behandeln und die Richtungsabhängigkeit nur berücksichtigen, wenn dies erforderlich ist.

https://doi.org/10.1515/9783111027227-012

Wir gehen hier nicht auf die Frage ein, wie groß das *lokale Magnetfeld* ist, das tatsächlich am Ort eines magnetischen Dipolmoments im Festkörper herrscht. Es unterscheidet sich aus zwei Gründen vom angelegten Feld. Zum einen muss das *Entmagnetisierungsfeld* berücksichtigt werden, das von der Form der Probe abhängt und das Feld im Innern des Festkörpers verändert. Zum anderen beeinflussen magnetische Momente in der Nachbarschaft das lokale Feld. Beide Effekte treten auch bei der Behandlung der dielektrischen Eigenschaften auf und sind dort wesentlich wichtiger. Deshalb werden wir uns erst in Kapitel 13 mit dieser Thematik auseinandersetzen.

12.2 Dia- und Paramagnetismus

Bei paramagnetischen Materialien sind angelegtes Feld und induziertes magnetisches Moment gleichgerichtet, so dass es zu einer Verstärkung des äußeren Feldes kommt. Bei diamagnetischen Substanzen dagegen ist das induzierte Feld dem angelegten entgegengerichtet und verursacht so eine Schwächung des äußeren Feldes. Im Folgenden werden wir uns mit den beiden Phänomenen etwas eingehender beschäftigen.

12.2.1 Diamagnetismus

Wir betrachten zunächst den Diamagnetismus in Isolatoren, der oft auch als Larmor-Diamagnetismus[1] bezeichnet wird. Eine simple Erklärung für dieses Verhalten lässt sich mit Hilfe der klassischen Elektrodynamik finden, wenn wir die Bahnbewegung der Elektronen als Kreisströme identifizieren. Beim Einschalten des Magnetfeldes wird entsprechend der Lenzschen[2] Regel ein zusätzlicher Strom induziert, welcher der Änderung des Magnetflusses entgegenwirkt. Da dieser Effekt bei allen Atomen oder Ionen auftritt, ist Diamagnetismus keine typische Festkörpereigenschaft.

Klassische und quantenmechanische Behandlung des Diamagnetismus führen zum gleichen Resultat. Für Substanzen, aufgebaut aus isotropen Atomen oder Ionen, findet man nach kurzer Rechnung den Ausdruck

$$\chi_\mathrm{d} = -\mu_0 \frac{ne^2}{6m_\mathrm{e}} Z\overline{r^2}, \tag{12.4}$$

wobei Z für die Elektronenzahl, $\overline{r^2}$ für das mittlere Abstandsquadrat der Elektronen und m_e für die Elektronenmasse steht.[3] In dieser Näherung ist die diamagnetische Suszeptibilität der Festkörper richtungs- und temperaturunabhängig. Bei Ionenkristallen

1 Joseph Larmor, *1857 Magheragall (Nordirland), †1942 Holywood (Nordirland)

2 Heinrich Friedrich Emil Lenz, *1804 Tartu (Dorpat), †1865 Rom

3 Wir versehen hier ausnahmsweise die Elektronenmasse mit einem Index, um eine Verwechslung mit dem magnetischen Moment zu vermeiden.

kann man die Beiträge der unterschiedlichen Ionen einfach addieren und findet dann wie auch bei den Edelgaskristallen gute Übereinstimmung mit den experimentellen Daten. Gleichung (12.4) ist nicht auf kovalente oder gemischt kovalent-ionische Festkörper anwendbar, weil sich in diesen die Bindungselektronen bevorzugt zwischen benachbarten Atomrümpfen aufhalten, die Atome sich also anisotrop verhalten.

Diamagnetische Eigenschaften zeigen auch die *freien Elektronen der Metalle*, mit denen wir uns in Abschnitt 9.3 beschäftigten. Ihre Kreisbewegung im Magnetfeld, die zu den Landau-Niveaus führt, wird bei Zimmertemperatur zwar durch Stöße gestört, verursacht aber dennoch ein magnetisches Moment, das dem äußeren Feld entgegengerichtet ist. Ohne auf die Berechnung des **Landau-Diamagnetismus** einzugehen, halten wir hier das Ergebnis fest:

$$\chi_\mathrm{d} = -\mu_0 \frac{n\mu_\mathrm{B}^2}{2E_\mathrm{F}} \left(\frac{m_\mathrm{e}}{m^*}\right)^2 = -\frac{1}{3}\mu_0\mu_\mathrm{B}^2 D(E_\mathrm{F}) \left(\frac{m_\mathrm{e}}{m^*}\right)^2 . \tag{12.5}$$

Die Größe m^* steht wieder für die effektive Masse der Elektronen. Ist $m^* = m_\mathrm{e}$, so kompensiert der Landau-Diamagnetismus zu einem Drittel den *Pauli-Paramagnetismus* der freien Elektronen, auf den wir in Zusammenhang mit dem Paramagnetismus zu sprechen kommen. Beim Vergleich mit experimentellen Werten muss bei den Metallen neben der Korrektur für die effektive Masse der freien Elektronen noch der Beitrag der Atomrümpfe berücksichtigt werden. Da deren Beitrag ganz erheblich sein kann, sind die Vorhersagen des Modells freier Elektronen nur bedingt brauchbar.

In Tabelle 12.1 sind experimentelle Werte der molaren Suszeptibilität für eine Reihe von Edelgasatomen und Ionen aufgeführt.[4] Bemerkenswert ist der weite Bereich, über den die Werte der Suszeptibilität verteilt sind.

Tab. 12.1: Molare Suszeptibilität χ_d (in 10^{-6} cm^3/mol) von Edelgasatomen und einigen ausgewählten Ionen. (Nach W.R. Myrers, Rev. Mod. Phys. **24**, 15 (1952)).

Element	χ_d (10^{-6} cm^3/mol)	Element	χ_d (10^{-6} cm^3/mol)	Element	χ_d (10^{-6} cm^3/mol)
He	−24	Li^+	−88	F^-	−1181
Ne	−85	Na^+	−767	Cl^-	−3042
Ar	−246	K^+	−1835	Br^-	−4337
Kr	−362	Rb^+	−2765	J^-	−6360
Xe	−552	Cs^+	−4412	Mg^{2+}	−541

4 Beim Vergleich mit Literaturwerten ist zu beachten, dass die Suszeptibilität in SI- und CGS-Einheiten die gleiche Dimension hat, die SI-Werte jedoch um den Faktor 4π größer sind.

12.2.2 Paramagnetismus

Das magnetische Verhalten ändert sich grundlegend, wenn die untersuchten Proben permanente magnetische Dipolmomente tragen. Diese treten bei Atomen und Molekülen mit ungerader Elektronenzahl oder mit teilweise gefüllten inneren Schalen auf. Auch Gitterdefekte tragen oft ein magnetisches Moment und müssen deshalb bei der Untersuchung von magnetischen Eigenschaften berücksichtigt werden. Wie aus der Atomphysik bekannt ist, setzt sich das magnetische Moment $\boldsymbol{\mu}$ aus Spin- und Bahnbeiträgen zusammen:

$$\boldsymbol{\mu} = -g\mu_B \mathbf{J} \qquad \text{mit} \qquad g = 1 + \frac{J(J+1) + S(S+1) - L(L+1)}{2J(J+1)} \,. \tag{12.6}$$

Hierbei ist g der *Landé-Faktor* [5], $\hbar\mathbf{J}$ der Gesamtdrehimpuls, L und S sind die Bahndrehimpuls- und Spinquantenzahlen.

Während der Diamagnetismus weitgehend temperaturunabhängig ist, nimmt mit steigender Temperatur die Suszeptibilität paramagnetischer Materialien meist, dem **Curie-Gesetz**[6] folgend, mit $1/T$ ab. Eine wichtige Voraussetzung für die Gültigkeit dieses Gesetzes ist, dass die Wechselwirkung zwischen den magnetischen Momenten vernachlässigt werden kann. Ein Beispiel für diesen typischen Temperaturverlauf zeigt Bild 12.1, in dem die reziproke Suszeptibilität von Dysprosiumsulfat als Funktion der Temperatur aufgetragen ist.

Wir berechnen zunächst die Magnetisierung in klassischer Näherung, wie sie ursprünglich von *P. Langevin*[7] für ein ideales magnetisches Gas hergeleitet wurde.

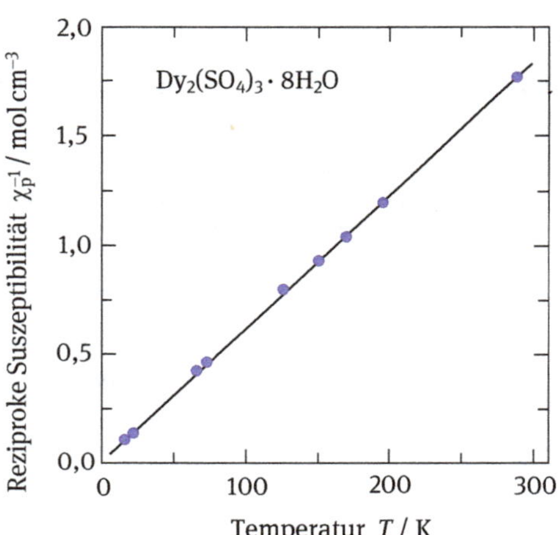

Abb. 12.1: Reziproke molare magnetische Suszeptibilität χ_p^{-1} von Dysprosium-Sulfat-Oktahydrat $Dy_2(SO_4)_3 \cdot 8\,H_2O$ als Funktion der Temperatur. (Nach L.C. Jackson, Proc. Phys. Soc. (London) **48**, 741 (1936).)

5 Alfred Landé, *1888 Wuppertal, †1976 Columbus, Ohio
6 Pierre Curie, *1859 Paris, †1906 Paris, Nobelpreis 1903
7 Paul Langevin, *1872 Paris, †1946 Paris

Legen wir an eine Probe mit permanenten Dipolen ein Feld an, so bewirkt es eine teilweise Ausrichtung der Dipole, da die potenzielle Energie $U = -\boldsymbol{\mu}\cdot\mathbf{B} = -\mu B\cos\theta$ vom Winkel θ zwischen Feld und Dipolmoment abhängt. Sehen wir von tiefen Temperaturen oder sehr hohen Feldstärken ab, so kommt es nur zu einer partiellen Ausrichtung, da unter den üblichen experimentellen Bedingungen $\mu B \ll k_B T$ ist.

Der Mittelwert $\langle\cos\theta\rangle$ lässt sich mit Hilfe der Thermodynamik berechnen, denn es gilt

$$\langle\cos\theta\rangle = \frac{\int \cos\theta\, e^{-U/k_B T} d\Omega}{\int e^{-U/k_B T} d\Omega}\,, \tag{12.7}$$

wobei $d\Omega$ für das Raumwinkelelement steht. Führt man mit der neuen Variablen $x = \mu B/k_B T$ die Integration aus, so erhält man die *Langevin-Funktion* $L(x)$:

$$\langle\cos\theta\rangle = \coth x - \frac{1}{x} \equiv L(x)\,. \tag{12.8}$$

Für $\mu B \ll k_B T$ ist $L(x) \approx x/3$, so dass sich bei einer Dipoldichte n für die Magnetisierung der Ausdruck

$$M = n\mu\,\langle\cos\theta\rangle = n\mu\,\frac{\mu B}{3k_B T} \tag{12.9}$$

ergibt. Daraus folgt für die Suszeptibilität der Zusammenhang

$$\chi_p = \mu_0 \frac{n\mu^2}{3k_B T}\,. \tag{12.10}$$

Bei der quantenmechanischen Rechnung wird berücksichtigt, dass im Magnetfeld die Energieniveaus der Atome in $(2J+1)$ Unterniveaus aufspalten, die jeweils den Abstand $g\mu_B B$ voneinander besitzen. Der Temperaturverlauf der Suszeptibilität wird durch die thermische Besetzung der Energieniveaus bestimmt. Den besonders einfachen Fall $J = 1/2$, d.h. die thermische Besetzung von Zwei-Niveau-Systemen, haben wir bereits in Abschnitt 6.2 diskutiert. Im allgemeinen Fall muss über die Beiträge der $(2J+1)$ äquidistanten Niveaus mit der Energie $E = g\mu_B J_z B$ summiert werden:

$$M = n\frac{\sum\limits_{J_z=-J}^{J} g\mu_B J_z e^{-g\mu_B J_z B/k_B T}}{\sum\limits_{J_z=-J}^{J} e^{-g\mu_B J_z B/k_B T}}\,. \tag{12.11}$$

Das Ergebnis ist

$$M = ng\mu_B J\mathcal{B}(x)\,, \tag{12.12}$$

wobei die Abhängigkeit der Magnetisierung von Temperatur und Magnetfeld im Argument $x = g\mu_B JB/k_B T$ der **Brillouin-Funktion**

$$\mathcal{B}(x) = \frac{2J+1}{2J}\coth\left[\frac{(2J+1)\,x}{2J}\right] - \frac{1}{2J}\coth\left(\frac{x}{2J}\right) \tag{12.13}$$

versteckt ist. Für sehr tiefe Temperaturen geht $x \to \infty$ und $\mathcal{B}(x) \to 1$, da nur noch der Grundzustand besetzt ist und alle Momente in Feldrichtung ausgerichtet sind.

In den meisten Fällen ist die Aufspaltung allerdings klein gegen $k_B T$, d.h. $x \ll 1$. Dann lässt sich die Brillouin-Funktion entwickeln und man erhält

$$\chi_p \approx \frac{n\mu_0 g^2 J(J+1)\mu_B^2}{3k_B T} = \frac{n\mu_0 p^2 \mu_B^2}{3k_B T} = \frac{C}{T} \,. \tag{12.14}$$

Dies ist das bereits erwähnte **Curie-Gesetz**, wobei C für die *Curie-Konstante* und die Größe p für die *effektive Magnetonenzahl* $p = g\sqrt{J(J+1)}$ steht. Offensichtlich stimmen der quantenmechanische und der klassische Ausdruck, d.h. Gleichung (12.14) und (12.10), im Grenzfall hoher Temperaturen überein, wenn wir $\mu = p\mu_B$ setzen. Das magnetische Moment μ wird dabei mit dem maximalen magnetischen Moment in z-Richtung identifiziert. Die Gültigkeit des Curie-Gesetzes wurde für paramagnetische Materialien in vielen Experimenten bestätigt. Trägt man wie in Bild 12.1 die reziproke Suszeptibilität auf, so lässt sich aus der Steigung der Geraden unmittelbar der Wert der Curie-Konstanten C und damit die effektive Magnetonenzahl p ablesen.

Mit Hilfe der *Hundschen Regeln*[8] lässt sich der Grundzustand der beteiligten Atome oder Ionen bei vorgegebenen Werten der Quantenzahlen L, S und J bestimmen. Wir gehen hierauf aber nicht näher ein sondern verweisen auf die entsprechende Literatur der Atomphysik. Wir betrachten hier einige spezielle Aspekte, die in der Festkörperphysik von besonderer Bedeutung sind, etwas genauer.

In Bild 12.2 ist die Temperatur- und Feldabhängigkeit der Magnetisierung von paramagnetischen Salzen mit reinem Spinmagnetismus gezeigt. Die Messungen wurden bei tiefen Temperaturen und hohen Magnetfeldern durchgeführt. Bei den höchsten Feldern wurde die *Sättigungsmagnetisierung* erreicht. Offensichtlich folgen die gemessenen Magnetisierungwerte exakt den eingezeichneten Kurven der Brillouin-Funktion.

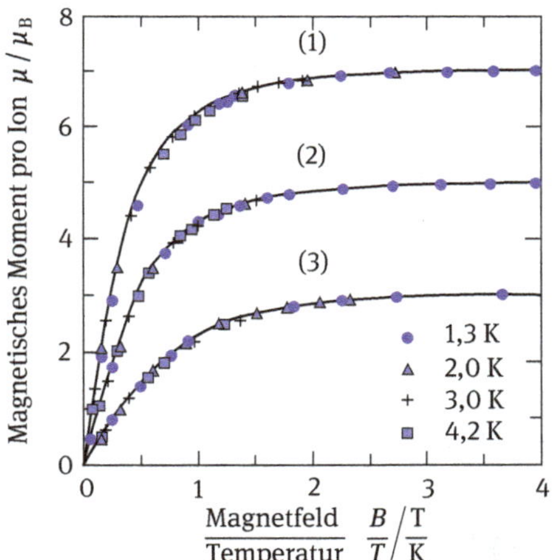

Abb. 12.2: Mittleres magnetisches Moment pro Ion in Abhängigkeit von B/T. Gadolinium-Sulfat-Oktahydrat (1), Eisen-Ammonium-Alaun (2) und Kalium-Chrom-Alaun (3) besitzen der Reihe nach die Spinquantenzahl $S = 7/2$, $5/2$ und $3/2$. Die Kurven geben jeweils die Brillouin-Funktion für diese Werte wieder. (Nach W.E. Henry, Phys. Rev. **88**, 559 (1952).)

8 Friedrich Hund, *1896 Karlsruhe, †1997 Göttingen

Die magnetischen Eigenschaften der Ionen der Seltenen Erden und der Übergangsmetalle der 4. Periode, der Eisenreihe, wurden in der Vergangenheit eingehend untersucht. Bei den Ionen der Seltenen Erden werden die magnetischen Momente von den $4f$-Elektronen verursacht, die von den weiter außen liegenden $5s$- und $5p$-Elektronen abgeschirmt werden. Bei diesen Materialien stimmen die aus der Atomphysik bekannten und die gemessenen Werte der effektiven Magnetonenzahl gut überein, wie in Bild 12.3a zu sehen ist.

Eine derartige Übereinstimmung findet man bei den Ionen der Eisenreihe nicht. Dort werden die Beiträge der Bahnbewegung *ausgelöscht* (englisch: quenched) und nur die Spinbeiträge bleiben erhalten. Dies lässt sich wie folgt verstehen: Im Festkörper herrscht ein räumlich variierendes, starkes, inhomogenes elektrisches Feld, das **Kristallfeld**, das von den benachbarten Ionen hervorgerufen wird. Im Fall der $4f$-Elektronen der Seltenen Erden hat dieses Feld keinen großen Einfluss, da sich die $4f$-Elektronen tief in den Atomrümpfen aufhalten und das Kristallfeld durch die äußeren Elektronen abgeschirmt wird. Die $3d$-Elektronen der Ionen der Eisenreihe dagegen bilden die Oberfläche der Atomrümpfe. Ihre Bewegung wird durch das Kristallfeld so stark verändert, dass sogar die LS-Kopplung aufgehoben wird. Im inhomogenen Kristallfeld bleibt zwar der Betrag des Bahndrehimpulses erhalten, doch ist die z-Komponente keine Konstante der Bewegung. Mit ihrem zeitlichen Mittelwert verschwindet auch der Beitrag der Bahnbewegung zum magnetischen Moment. Daher muss nur der Beitrag der Spins berücksichtigt werden, was mit den in Bild 12.3b gezeigten experimentellen Daten für Salze der Eisengruppe übereinstimmt. Dies erklärt auch, dass die in Bild 12.2 paramagnetischen Messungen an Chrom-Alaun am besten mit den Quantenzahlen $L = 0$, $S = 3/2$ wiedergegeben, obwohl sich die Cr^{3+}-Ionen im ${}^4F_{3/2}$-Zustand befinden.

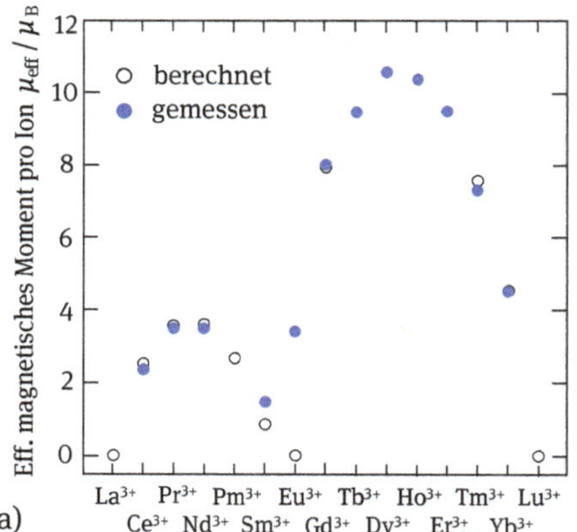

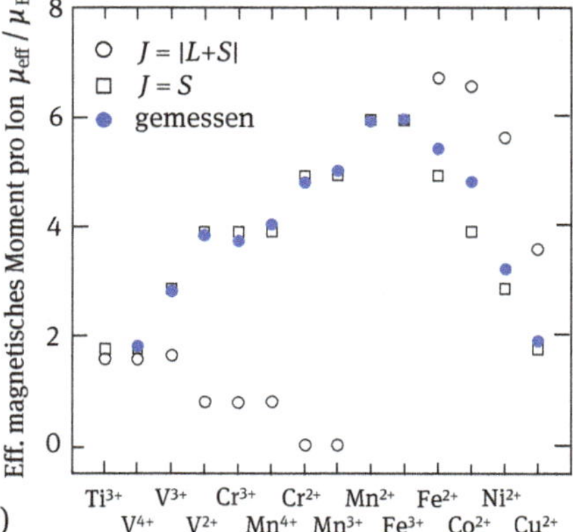

Abb. 12.3: Gemessene (volle Kreise) und berechnete (offene Kreise) effektive magnetische Momente von (a) Seltene-Erden-Ionen und (b) Ionen der Eisengruppe in dielektrischen Kristallen. Die offenen Quadrate sind unter der Annahme $J = S$ berechnet worden. (Nach J.H. Van Vleck, The Theory of Electric and Magnetic Susceptibilities, (Oxford Univ. Press, London 1952), p. 243)

Wesentlich kompliziertere Verhältnisse liegen vor, wenn die magnetischen Ionen mit d- oder f-Elektronen nicht in Isolatoren, sondern in Metallen mit freien Elektronen eingebaut sind. Es tritt eine Reihe interessanter Effekte auf, von denen wir hier einen herausgreifen: Die *verdünnte Legierung* **Cu**Mn, d.h. metallisches Kupfer mit einer geringen Konzentration an Manganionen, besitzt paramagnetische Eigenschaften. Die magnetische Suszeptibilität gehorcht dem Curie-Gesetz, aus dem sich die hohe effektive Magnetonenzahl $p = 4{,}9$ für die Manganionen ableiten lässt. Dies ist nicht unerwartet, da freie Manganatome mit der Elektronenkonfiguration $3d^5 4s^2$ und dem Grundzustand $^6S_{5/2}$ stark magnetisch sind. Überraschenderweise verschwinden die magnetischen Eigenschaften der Manganionen aber vollständig, wenn Aluminium als Wirtsmetall dient. Die Ursache hierfür ist, dass die lokalisierten d-Elektronen stark mit den delokalisierten s-Elektronen des Wirtsmetalls wechselwirken. Dies führt zu einer Hybridisierung der Zustände und so zu einer Verbreiterung der $3d$-Niveaus. Ist die Wechselwirkung wie bei Aluminium aufgrund der hohen Dichte an freien Elektronen sehr stark, so führt die große Verbreiterung zu einer Unterdrückung der lokalen magnetischen Momente. Den Einfluss der Elektronendichte verdeutlicht folgende Beobachtung: Die Ionen der Eisenreihe von Vanadium bis Kobalt zeigen in Gold die bekannten magnetischen Eigenschaften. Werden diese Metalle in geringer Konzentration in Zink mit der höheren Dichte an freien Elektronen eingebracht, so treten nur noch bei Chrom und Mangan magnetische Momente auf. Bei Aluminium als Wirtsmetall wird der Magnetismus in allen Fällen vollständig unterdrückt.

Die Magnetisierung paramagnetischer Salze wird in der Tieftemperaturphysik häufig zur Messung der Temperatur herangezogen, denn mit abnehmender Temperatur nimmt die Empfindlichkeit gegen Temperaturänderungen zu. Eine häufig benutzte Substanz ist Cer-Magnesium-Nitrat (CMN), bei der die $1/T$-Abhängigkeit der Suszeptibilität bis zu wenigen Millikelvin beobachtet wird. In Experimenten tritt jedoch das Problem auf, dass sich trotz bestmöglichem Wärmekontakt das thermische Gleichgewicht im Thermometer und zwischen Probe und Thermometer nur sehr langsam einstellt. Da bei tiefen Temperaturen die thermische Leitfähigkeit (vgl. Abschnitt 9.2) von Metallen viel höher als die von Nichtmetallen ist, sind Metalle als Messfühler besser geeignet. In den letzten Jahren wurden daher zunehmend Metalle als Tieftemperaturthermometer herangezogen, die mit geringen Mengen spintragender Substanzen dotiert sind. Beispiele hierfür sind die Systeme **Pd**Fe und **Au**Er, wobei die Dotierung mit Eisen bzw. Erbium im Konzentrationsbereich von 10 – 100 ppm liegt, um die Wechselwirkung zwischen den magnetischen Momenten und damit Abweichungen vom Curie-Verhalten zu vermeiden.

In Bild 12.4a ist das Ergebnis einer Messung der Suszeptibilität an **Au**Er bis Temperaturen von 250 µK (!) gezeigt. Erst unter 500 µK werden in dieser Probe Abweichungen vom Curie-Verhalten beobachtet, die in der hier gewählten Darstellung nur schwer zu erkennen sind. Sie werden durch die Wechselwirkung zwischen den relativ weit voneinander entfernten Spins der Erbiumatome hervorgerufen, die auf der *RKKY-Wechselwirkung* beruht, auf die wir im nächsten Abschnitt kurz eingehen.

Wie am Kapitelanfang erwähnt, spielen Kerne in der Festkörperphysik meist keine Rolle, da ihr magnetisches Moment etwa 1000-mal kleiner als das der Elektronen ist. Dennoch können auch Kerne zur Magnetisierungsthermometrie herangezogen werden. Speziell bei Temperaturen unter 1 mK ist der Kernmagnetismus zur Temperaturbestimmung geeignet. Allerdings muss man dabei längere thermische Relaxationszeiten in Kauf nehmen, da Elektronen und Kernspins nur schwach gekoppelt sind. Dessen ungeachtet hat sich die Messung der Suszeptibilität von Platin mit Hilfe der Kernspinresonanz zu einer Standardmethode der Tieftemperatur-Thermometrie entwickelt.

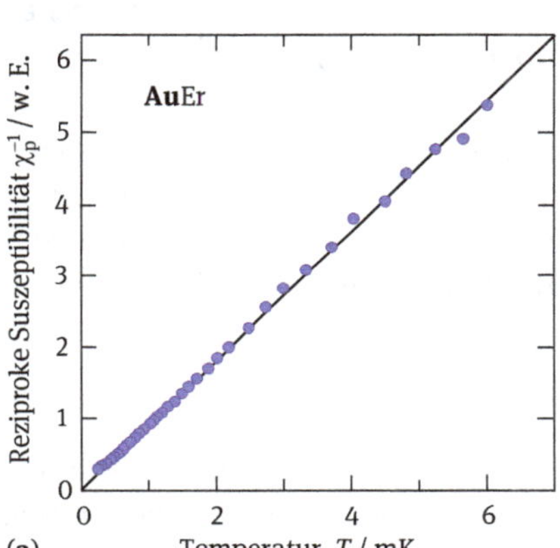

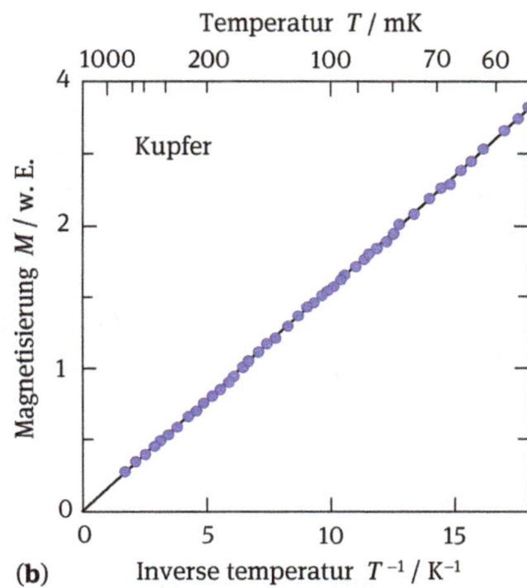

Abb. 12.4: a) Temperaturverlauf der inversen magnetischen Suszeptibilität χ_p^{-1} von 60 ppm Erbium in Gold gemessen bis 250 μK. (Nach T. Herrmannsdörfer et al., Physica B **284 - 288**, 1698 (2000).) **b)** Magnetisierung von reinem Kupfer als Funktion der inversen Temperatur $1/T$. Die Messung wurde in einem Magnetfeld von 0,25 mT durchgeführt. (Nach R.A. Buhrman et al., *Proc. 12th Int. Conf. Low Temp. Phys.* R.O. Kanda, ed., Academic Press, 1971.).

Mit modernen hochauflösenden SQUID-Magnetometern [9] lassen sich Suszeptibilitätsmessungen mit hoher Empfindlichkeit und Genauigkeit durchführen. Das Ergebnis einer derartigen Messung an einer hoch reinen Kupferprobe in einem Magnetfeld von 0,25 mT ist in Bild 12.4b zu sehen. Der Temperaturverlauf folgt perfekt dem erwarteten Curie-Verhalten. Auch der Absolutwert stimmt sehr gut mit den erwarteten Werten überein. Dennoch ist bei derartigen Messungen Vorsicht geboten, da schon geringste Mengen an magnetischen Verunreinigungen einen merklichen temperaturabhängigen Beitrag zur Magnetisierung liefern können. Beispielsweise würde bei kleinen Magnetfeldern 1 ppm Eisen in dem gezeigten Temperaturbereich die gleiche Magnetisierung verursachen wie die Kupferkerne. Die Messungen werden daher häufig bei möglichst

9 Das Prinzip der SQUID-Magnetometer wurde in Abschnitt11.3 angesprochen.

hohen Feldern durchgeführt, denn dann ist der Beitrag der Elektronenspins gesättigt und ihr Anteil an der Magnetisierung temperaturunabhängig.

Natürlich sind die Annahmen, die zum Curie-Gesetz (12.14) führten, nur so lange aufrechtzuerhalten, wie die Wechselwirkung *zwischen* den Momenten vernachlässigt werden kann. Ist die Wechselwirkungsenergie nicht klein im Vergleich zur thermischen Energie, so treten Abweichungen vom Curie-Gesetz auf. Dies führt zum *Curie-Weiss-Gesetz*, auf das wir im nächsten Abschnitt eingehen.

Pauli-Spinsuszeptibilität. Ein unlösbares Problem der klassischen Theorie der Metalle zu Beginn des 20. Jahrhunderts war der Paramagnetismus der einfachen Metalle. Erst die Fermi-Statistik erlaubt zusammen mit der Kenntnis des magnetischen Moments der Elektronen eine Erklärung der temperaturunabhängigen paramagnetischen Suszeptibilität des freien Elektronengases.

Bringt man ein Elektron in ein Magnetfeld B, so spalten die beiden entarteten Spinzustände auf. Es entsteht ein Zwei-Niveau-System mit einer Energieaufspaltung $\delta E = g\mu_B B$, wobei wir hier für den elektronischen g-Faktor den Wert $g \approx 2$ benutzen. Für Elektronen mit dem Spin 1/2 folgt dann aus Gleichung (12.14) für die Suszeptibilität die Beziehung

$$\chi_P \approx \mu_0 \frac{n\mu_B^2}{k_B T} . \tag{12.15}$$

Setzt man die Zahlenwerte für Natrium ein, so erhält man für Zimmertemperatur den Wert $\chi_{Na} = 6{,}9 \cdot 10^{-4}$. Der experimentelle Wert ist aber mit $\chi_{Na} = 8{,}6 \cdot 10^{-6}$ wesentlich kleiner und darüber hinaus auch noch temperaturunabhängig! Ein Vergleich mit Messungen an anderen Metallen zeigt, dass die mit (12.15) errechnete paramagnetische Suszeptibilität immer um Größenordnungen zu groß ist.

Wie bei der spezifischen Wärme von Metallen verhindert die Fermi-Statistik, der das Elektronengas unterliegt, die klassische Besetzung der beiden Zustände. Um die Auswirkung zu verdeutlichen, spalten wir, wie in Bild 12.5 gezeigt, die Zustandsdichte (8.9) in zwei Teile auf. Der eine Teil umfasst die Elektronen, deren magnetisches Moment in Feldrichtung zeigt, während beim zweiten Teil das Moment dem Feld entgegengerichtet ist. Ohne Magnetfeld heben sich die Beiträge der beiden Subsysteme zur Magnetisierung gerade auf. Durch das Feld wird der Energienullpunkt der beiden Teildichten um $\delta E = g_0\mu_B B \approx 2\mu_B B$ gegeneinander verschoben. Im Gleichgewicht besitzt die Fermi-Energie in der Probe in beiden Subsystemen denselben Wert. Es kommt deshalb zu einer Umverteilung, so dass im Magnetfeld unterschiedlich viele Spins in die jeweilige Richtung zeigen.

Wegen $\mu_B B \ll E_F$ ist die auftretende Verschiebung der Zustände nur sehr klein. Die Zustandsdichte kann daher im Bereich $E_F \pm \mu_B B$ als konstant betrachtet werden. Die Elektronenkonzentration δn, deren magnetisches Moment nicht kompensiert wird, ist dann näherungsweise durch

$$\delta n = \frac{1}{2} D(E_F)\, 2\mu_B B \tag{12.16}$$

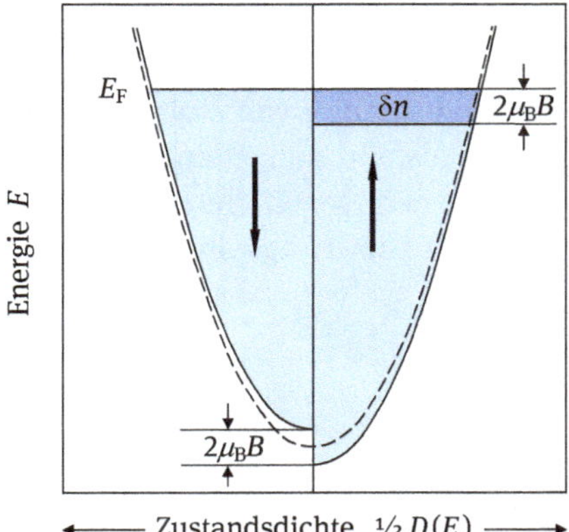

Abb. 12.5: Verschiebung der Zustandsdichten mit unterschiedlicher Spinrichtung im Magnetfeld. Links steht das magnetische Moment der Elektronen, durch einen Pfeil angedeutet, antiparallel, rechts dagegen parallel zum Magnetfeld. Die Elektronen in der dunkelblauen Fläche bewirken die beobachtete Magnetisierung. Die Zustandsdichte ohne Feld ist gestrichelt gezeichnet.

gegeben. Magnetisierung und resultierende Suszeptibilität sind damit temperaturunabhängig und relativ klein:

$$M = \delta n \mu_B = D(E_F)\,\mu_B^2 B = \frac{3n\mu_B^2 B}{2k_B T_F}\,, \tag{12.17}$$

$$\chi_{\text{Pauli}} = \mu_0 D(E_F)\,\mu_B^2\,. \tag{12.18}$$

Vergleichen wir die beiden Ergebnisse (12.15) und (12.18), so finden wir

$$\frac{\chi_{\text{Pauli}}}{\chi_P} = \frac{3T}{2T_F}\,. \tag{12.19}$$

Die Fermi-Statistik bewirkt wie bei der spezifischen Wärme gegenüber der klassischen Rechnung eine Reduktion der Suszeptibilität um den Faktor T/T_F, da nur der Bruchteil der Spins an der Fermi-Kante zur Magnetisierung beiträgt, der nicht durch entgegengesetzt ausgerichtete Spins kompensiert wird.

Das von den Spins der freien Elektronen verursachte magnetische Verhalten wird als **Paulische Spinsuszeptibilität** oder **Pauli-Paramagnetismus** bezeichnet. Bei der Beurteilung der Übereinstimmung mit den experimentellen Daten muss berücksichtigt werden, dass die Leitungselektronen gleichzeitig auch diamagnetische Eigenschaften besitzen, die auf ihrer Bahnbewegung beruhen und durch Gleichung (12.5) beschrieben werden. Für den Fall, dass sich die effektive Masse nicht von der freier Elektronen unterscheidet, findet man

$$\chi = \chi_{\text{Pauli}} + \chi_d = \frac{2}{3}\mu_0 D(E_F)\,\mu_B^2\,. \tag{12.20}$$

Wie bereits erwähnt, muss bei einem Vergleich mit experimentellen Daten auch der Beitrag der Atomrümpfe berücksichtigt werden. Bei den Übergangsmetallen kommt hinzu, dass nicht nur die s-Elektronen zum Pauli-Paramagnetismus beitragen. Die

Übereinstimmung zwischen den experimentellen Werten und der Vorhersage von Gleichung (12.20) ist daher in vielen Fällen nicht überzeugend.

Ergänzend sei noch bemerkt, dass es durch Beimischung von angeregten magnetischen Zuständen zum unmagnetischen Grundzustand von Atomen oder Molekülen zu einem temperaturunabhängigen Beitrag, dem sogenannten *Van-Vleck-Paramagnetismus*[10] kommen kann, der in Konkurrenz zum Langevinschen Diamagnetismus steht.

12.3 Ferromagnetismus

Ferromagnetische Materialien zeichnen sich durch ihre spontane Magnetisierung aus. Dies bedeutet, dass bereits ohne äußeres Feld magnetische Momente anzutreffen sind. Abhängig von ihrer Anordnung unterscheidet man zwischen **ferro-**, **antiferro-** und **ferrimagnetischen Systemen.** Die Bedeutung dieser Begriffe veranschaulicht Bild 12.6, in dem die jeweilige Anordnung der magnetischen Momente skizziert ist. Allerdings ist in vielen Fällen die Anordnung der magnetischen Momente weitaus komplizierter. So können die Momente gegeneinander gekippt oder spiralförmig angeordnet sein. Wir beschränken uns hier jedoch auf die erwähnten einfachen Grundformen.

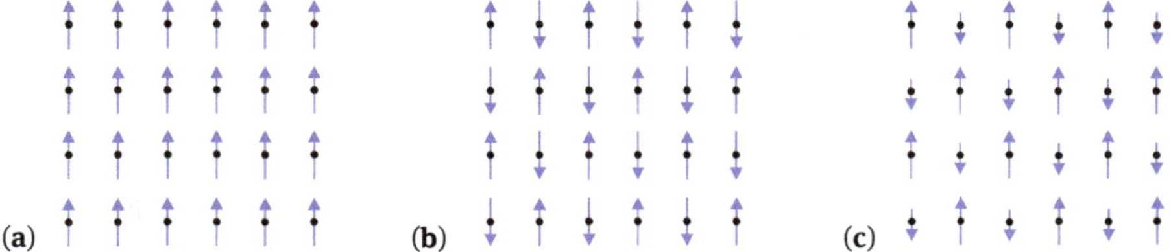

Abb. 12.6: Schematische Darstellung der drei Grundformen magnetischer Ordnung. **a)** Ferromagnetismus: Alle magnetischen Momente sind gleich gerichtet. **b)** Antiferromagnetismus: Die Magnetisierung der Untergitter hebt sich auf. **c)** Ferrimagnetismus: Die magnetischen Momente der beiden Untergitter unterscheiden sich in ihrer Größe.

Der Ferromagnetismus gehört zu den Phänomenen der Festkörperphysik, für die keine einheitliche mikroskopische Theorie existiert. Während beim Dia- und Paramagnetismus die einzelnen magnetischen Momente als unabhängig voneinander betrachtet werden, beruht der Ferromagnetismus auf kollektiven Phänomenen. Die Formulierung einer mikroskopischen Theorie erweist sich als eine sehr schwierige Aufgabe, da Einelektron- und Mehrelektronenaspekte eine wichtige Rolle spielen. Obwohl bei verschiedenen Ferromagneten das gleiche phänomenologische Verhalten

---

10 John Hasbrouck Van Vleck, *1899 Middletown (USA), †1980 Cambridge (USA), Nobelpreis 1977

vorliegt, können die mikroskopischen Ursachen hierfür unterschiedlich sein, wenn auch in allen Fällen die **Austauschwechselwirkung** die treibende Kraft bei der Ausrichtung der magnetischen Momente ist. Wir beschränken uns hier auf grundlegende Aspekte, wobei die Beantwortung der Frage im Vordergrund steht: Warum richten sich magnetische Momente ohne äußeres Feld aus?

12.3.1 Molekularfeldnäherung

Im ersten Schritt beschreiben wir die Magnetisierung ferromagnetischer Materialien mit Hilfe der **Molekularfeldnäherung**, die auf *P.-E. Weiss*[11] (1907) zurückgeht. Da sie nicht auf mikroskopische Phänomene zurückgreift, ist sie allgemein anwendbar. Ausgangspunkt der Molekularfeldnäherung ist die Annahme, dass auf jeden Dipol neben dem äußeren Feld $\mathbf{B}_{\text{ext}}$ zusätzlich noch das starke **Molekularfeld** $\mathbf{B}_{\text{M}}$ wirkt, das proportional zur Magnetisierung $\mathbf{M}$ ist. Das Molekularfeld ist aber *kein* wirkliches Magnetfeld, sondern ersetzt in der Beschreibung die (nicht magnetische) Wechselwirkung des Aufatoms mit allen anderen Atomen. Es geht deshalb auch nicht in die Maxwell-Gleichungen ein. Damit wird das komplexe Vielteilchenproblem auf ein (modifiziertes) Einspinproblem reduziert, nämlich auf das Verhalten eines herausgegriffenen Moments im mittleren „Feld", das von den Nachbarn hervorgerufen wird. Für das effektive Feld $\mathbf{B}_{\text{eff}}$ machen wir den Ansatz

$$\mathbf{B}_{\text{eff}} = \mathbf{B}_{\text{ext}} + \mathbf{B}_{\text{M}} = \mathbf{B}_{\text{ext}} + \lambda\mu_0\mathbf{M}\,. \tag{12.21}$$

Die **Molekularfeldkonstante** λ wird als temperaturunabhängig angenommen. Lokale Fluktuationen der Magnetisierung werden in dieser Beschreibung außer Acht gelassen, obwohl sie in der Nähe des Übergangs von der ferro- zur paramagnetischen Phase überaus wichtig sind.

Ziel unserer theoretischen Betrachtungen ist die Beschreibung der spontanen Magnetisierung $\mathbf{M}_{\text{s}}(T)$, also der Magnetisierung, die bereits ohne Wirken eines äußeren Magnetfelds auftritt. Den experimentellen Daten für Nickel und Eisen in Bild 12.7 ist zu entnehmen, dass die Magnetisierung bei tiefen Temperaturen nahezu temperaturunabhängig ist und dann zur Übergangstemperatur oder **ferromagnetischen Curie-Temperatur** T_{c} hin steil abfällt. Oberhalb von T_{c} verschwindet die spontane Magnetisierung, dann liegt die magnetisch ungeordnete, paramagnetische Phase vor. Weiterhin erwarten wir von der Theorie Aussagen über den Zusammenhang zwischen den experimentellen Parametern, die den Temperaturverlauf der Magnetisierung und die Curie-Temperatur bestimmen. Insbesondere gehen wir auf die Wirkungsweise des Molekularfelds $\mathbf{B}_{\text{M}}$ und die Bedeutung der Molekularfeldkonstanten λ ein.
Wir diskutieren zunächst den Temperaturverlauf der spontanen Magnetisierung. Dabei gehen wir von der Gleichung (12.12) aus, welche die Magnetisierung im paramagneti-

11 Pierre-Ernest Weiss, *1865 Mülhausen, †1940 Lyon

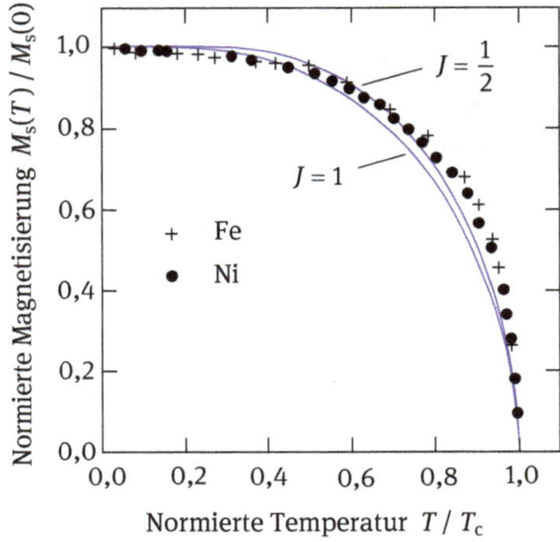

Abb. 12.7: Spontane Magnetisierung von Nickel und Eisen als Funktion der Temperatur, aufgetragen in normierten Einheiten. Die durchgezogenen Kurven erhält man in der Molekularfeldnäherung für die Werte $J = 1/2$ und $J = 1$. (Nach P. Weiss, R. Forrer, Ann. Physique **5**, 153 (1926); H. Potter, Proc. Roy. Soc. (London) **A 146**, 362 (1934).)

schen Zustand beschreibt. In der ferromagnetischen Phase, die wir nun betrachten, ist neben dem anliegenden Magnetfeld $\mathbf{B}_{\text{ext}}$ auch das Molekularfeld $\mathbf{B}_{\text{M}}$ wirksam, das, wie wir sehen werden, das äußere Feld bei weitem übertrifft. Wir vernachlässigen daher $\mathbf{B}_{\text{ext}}$ und ersetzen das äußere Feld im Argument der Brillouin-Funktion (12.13) durch das Molekularfeld $B_{\text{M}} = \lambda\mu_0 M$. Somit ergibt sich für die Magnetisierung der Zusammenhang

$$M_{\text{s}} = ng\mu_{\text{B}}J\mathcal{B}(x) \qquad \text{mit} \qquad x = \frac{g\mu_{\text{B}}J\lambda\mu_0 M_{\text{s}}}{k_{\text{B}}T} \,. \tag{12.22}$$

Durch das Auftreten der Magnetisierung im Argument der Brillouin-Funktion werden die Rückkopplungseffekte berücksichtigt. Die numerische Lösung der Gleichung führt zu Kurvenverläufen wie sie in Bild 12.7 für $J = 1/2$ bzw. $J = 1$ gezeichnet sind. Bedenkt man, wie grob die Näherungen der Molekularfeldtheorie sind, so ist die Übereinstimmung mit den experimentellen Daten für Eisen und Nickel durchaus befriedigend. Bei einem genaueren Vergleich von Theorie und Experiment stellt man jedoch signifikante Abweichungen nicht nur in der Nähe der Curie-Temperatur, sondern auch bei tiefen Temperaturen fest. Dort beobachtet man eine wesentlich stärkere Variation der Magnetisierung mit der Temperatur als die einfache Molekularfeldnäherung vorhersagt. Eine Erklärung hierfür werden wir gegen Ende dieses Abschnitts geben.

Wie man leicht zeigen kann, besitzt die Gleichung (12.22) nur Lösungen für Temperaturen, die unter einem gewissen kritischen Wert liegen. Für diese *ferromagnetische Curie-Temperatur* T_{c} liefert (12.22) den Ausdruck

$$T_{\text{c}} = \frac{ng^2 J(J+1)\mu_{\text{B}}^2\mu_0\lambda}{3k_{\text{B}}} = C\lambda \,, \tag{12.23}$$

wobei die Curie-Konstante C mit Gleichung (12.14) eingeführt wurde.

Es wurde bereits erwähnt, dass bei den Metallen der Eisenreihe der Beitrag des Bahndrehimpulses zum magnetischen Moment unterdrückt ist. Es geht nur der Spinbeitrag in die Berechnung der effektiven Magnetonenzahl ein, d.h. $p^2 = g^2 S(S+1)$. Mit Hilfe der Daten von Tabelle 12.2 und der Teilchenzahldichte $n = 8{,}5 \cdot 10^{28}\ \mathrm{m^{-3}}$ von Eisen errechnet man für die Molekularfeldkonstante der Wert $\lambda \approx 1000$. Mit der spontanen Magnetisierung von $1{,}75 \cdot 10^6$ A/m folgt daraus für das Molekularfeld $B_\mathrm{M} = \lambda\mu_0 M_\mathrm{s} \approx 2000$ T. Diese Feldstärke liegt weit über der, die man heute mit Magneten im kontinuierlichen Betrieb erreichen kann. Berechnet man das Dipolfeld, das am Ort des Bezugatoms von benachbarten Spins hervorgerufen wird, so findet man $\mu_0\mu_\mathrm{B}/a^3 \approx 0{,}1$ T. Das Molekularfeld ist also wesentlich stärker als das Magnetfeld der benachbarten magnetischen Momente. Wie bereits eingangs betont, dient das Molekularfeld der pauschalen Beschreibung der Wechselwirkung zwischen den Atomen. Die magnetischen Momente werden durch Kräfte ausgerichtet, die ihren Ursprung offensichtlich *nicht* in der magnetischen Wechselwirkung zwischen den Spins haben.

Tab. 12.2: Experimentelle Werte der ferromagnetischen Curie-Temperatur T_c, der paramagnetischen Curie-Temperatur Θ, der Sättigungsmagnetisierung M_s bei $T = 0$ und der effektiven Magnetonenzahl p einiger Materialien. (Nach *American Institute of Physics Handbook*, D.W. Gray, ed., McGraw-Hill, 1963).

Material	T_c **(K)**	Θ **(T)**	M_s **(kA/m)**	p
Fe	1043	1100	1750	2,22
Co	1395	1415	1450	1,72
Ni	629	649	510	0,60
Gd	289	302	2060	7,12
Dy	85	157	2920	6,84
EuO	69	78	1930	7.0
EuS	17	19	1240	7,0

Nun werfen wir noch einen Blick auf die paramagnetische Phase der Ferromagneten. Wir nutzen dabei die Tatsache, dass die Wechselwirkung, die in der ferromagnetischen Phase zur Spinausrichtung führt, bei T_c nicht plötzlich verschwindet, das Molekularfeld also auch in der paramagnetischen Phase eine Verstärkung des äußeren Feldes bewirkt. Wir modifizieren das Curie-Gesetz (12.14), um den Rückkopplungseffekt zwischen dem effektiven Feld B_eff und der Magnetisierung M einzubauen. Anstelle von $\mu_0 M = \chi B_\mathrm{ext} = C B_\mathrm{ext}/T$ schreiben wir

$$\mu_0 M = \frac{C}{T}\left(B_\mathrm{ext} + B_\mathrm{M}\right) = \frac{C}{T}\left(B_\mathrm{ext} + \lambda\mu_0 M\right) . \tag{12.24}$$

Daraus folgt unmittelbar das für ferromagnetische Materialien in der paramagnetischen Phase gültige **Curie-Weiss-Gesetz**

$$\chi_\mathrm{p} = \frac{\mu_0 M}{B_\mathrm{ext}} = \frac{C}{T - \lambda C} = \frac{C}{T - \Theta} . \tag{12.25}$$

Ähnlich wie bei den normalen paramagnetischen Substanzen erwarten wir einen steilen Anstieg der Suszeptibilität mit abnehmender Temperatur, der aber schließlich in einer Singularität bei der **paramagnetischen Curie-Temperatur** $\Theta = C\lambda$ endet. Ein Vergleich mit (12.23) zeigt, dass im Rahmen der Molekularfeldtheorie die beiden charakteristischen Temperaturen Θ und T_c identisch sein sollten. In realen Systemen ist Θ jedoch stets etwas größer als T_c.

In Bild 12.8 ist die inverse Suszeptibilität von Nickel in der paramagnetischen Phase wiedergegeben. Bei hohen Temperaturen, also weit entfernt vom Phasenübergang, ist die Übereinstimmung mit (12.25) sehr gut, doch in der Nähe der Curie-Temperatur treten Abweichungen auf. Von hohen Temperaturen kommend steigt die Suszeptibilität weniger rasch an, als vom Curie-Weiss-Gesetz vorausgesagt. Extrapoliert man die Hochtemperaturdaten zu tiefen Temperaturen, so findet man den Wert $\Theta = 649$ K. Der tatsächliche Phasenübergang findet aber erst bei $T_c = 630$ K statt. Diese Abweichungen beruhen vor allem auf Fluktuationseffekten, die für Phasenübergänge 2. Ordnung typisch sind und in der Molekularfeldnäherung nicht berücksichtigt werden. Theorien zum Phasenübergang sagen in Übereinstimmung mit dem Experiment für die Suszeptibilität am ferromagnetischen Phasenübergang die Proportionalität $\chi \propto |T - T_c|^{-\eta}$ voraus. Dabei nimmt η die Werte 4/3 und 1/3 an, je nachdem, ob man sich dem kritischen Punkt von hohen oder tiefen Temperaturen kommend nähert. In der Molekularfeldnäherung besitzt η die Werte 1 bzw. 1/2.

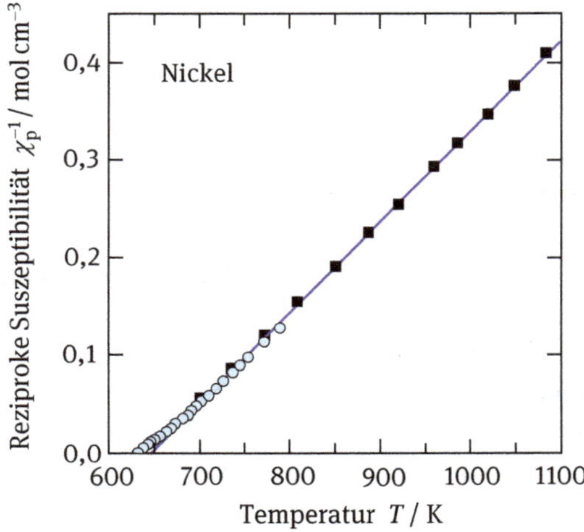

Abb. 12.8: Inverse Suszeptibilität χ_p^{-1} von Nickel in der paramagnetischen Phase. Die extrapolierte paramagnetische Curie-Temperatur von Nickel liegt bei $\Theta = 649$ K. (Nach P-E. Weiss, R. Forrer, Ann. Phys. **5**, 153 (1926) (hellblaue Kreise); W. Sucksmith, R.R. Pearce, Proc. Roy. Soc. (London) **A 167**, 189 (1938) (Quadrate).)

12.3.2 Austauschwechselwirkung

Wir stellen die Behandlung der bekannten Ferromagnete wie Eisen oder Nickel zurück und betrachten zunächst die Austauschwechselwirkung zwischen lokalisierten Elektronen, die man vor allem bei ferro- oder antiferromagnetischen Isolatoren vorfindet.

Austauschwechselwirkung zwischen lokalisierten Elektronen. In diesem Zusammenhang taucht die interessante Frage auf, warum es in gewissen Systemen zu einer Parallelstellung der Spins kommt, in anderen dagegen zur antiparallelen Ausrichtung. Wir wollen diese Frage anhand eines sehr einfachen Systems diskutieren, das aus den beiden Ionen a und b und zwei Elektronen mit den Ortsvektoren $\mathbf{r}_i$ und den Spins $\mathbf{s}_i$ besteht. Die wesentlichen Aspekte, die dabei auftreten, haben wir bereits in Abschnitt 2.4 im Zusammenhang mit der kovalenten Bindung angesprochen. Wie dort erläutert, lässt sich die Wellenfunktion der Elektronen $\Psi(\mathbf{r}_1, \mathbf{s}_1; \mathbf{r}_2, \mathbf{s}_2)$ als ein Produkt aus einer Ortswellenfunktion und einer Spinfunktion darstellen. Abhängig von der Symmetrie der Ortswellenfunktion sind die beiden Spins entweder parallel oder antiparallel orientiert. Zur Beschreibung der Ortswellenfunktion wählen wir hier wieder den Ansatz von *W.H. Heitler* und *F. London*. Die Ortswellenfunktion $\Psi_+ = \mathcal{N}_+[\psi_\text{a}(\mathbf{r}_1)\psi_\text{b}(\mathbf{r}_2) + \psi_\text{b}(\mathbf{r}_1)\psi_\text{a}(\mathbf{r}_2)]$ des Singulett-Zustandes ist symmetrisch, die Spins stehen antiparallel, der Gesamtspin ist null. Die Wellenfunktion $\Psi_- = \mathcal{N}_-[\psi_\text{a}(\mathbf{r}_1)\psi_\text{b}(\mathbf{r}_2) - \psi_\text{b}(\mathbf{r}_1)\psi_\text{b}(\mathbf{r}_2)]$ des Triplett-Zustandes ist antisymmetrisch, die Spins sind parallel ausgerichtet, der Gesamtspin ist eins. $\mathcal{N}_+ \approx \mathcal{N}_- = \mathcal{N}$ dienen der Normierung und sind so gewählt, dass $\int \Psi^*\Psi \,\mathrm{d}V_1\,\mathrm{d}V_2 = 1$ ist.

Nun berechnen wir die potenzielle Energie des Grundzustandes. Dabei setzen wir voraus, dass das Potenzial $\widetilde{V}(\mathbf{r}_1, \mathbf{r}_2)$, das die Wechselwirkung der Elektronen mit den Ionen und zwischen den Elektronen beschreibt, bezüglich eines Austausches der Elektronen symmetrisch ist; es soll also $\widetilde{V}(\mathbf{r}_1, \mathbf{r}_2) = \widetilde{V}(\mathbf{r}_2, \mathbf{r}_1)$ gelten. Unter Ausnutzung der Ansätze für die Wellenfunktionen erhalten wir für die potenzielle Energie U_s bzw. U_a die Ausdrücke

$$\begin{aligned} U_\pm &= 2\mathcal{N}^2 \int \psi_\text{a}^*(\mathbf{r}_1)\psi_\text{b}^*(\mathbf{r}_2)\widetilde{V}(\mathbf{r}_1, \mathbf{r}_2)\psi_\text{a}(\mathbf{r}_1)\psi_\text{b}(\mathbf{r}_2)\,\mathrm{d}V_1\mathrm{d}V_2 \\ &\pm 2\mathcal{N}^2 \int \psi_\text{a}^*(\mathbf{r}_1)\psi_\text{b}^*(\mathbf{r}_2)\widetilde{V}(\mathbf{r}_1, \mathbf{r}_2)\psi_\text{a}(\mathbf{r}_1)\psi_\text{b}(\mathbf{r}_2)\,\mathrm{d}V_1\mathrm{d}V_2\,. \end{aligned} \tag{12.26}$$

Das positive Vorzeichen in der zweiten Zeile gilt für den Singulett-, das negative für den Triplett-Zustand. Da sich der Beitrag der kinetischen Energie in den beiden Zuständen kaum unterscheidet, ist die Differenz $(E_+ - E_-)$ der Energieeigenwerte im Wesentlichen durch $(U_+ - U_-)$ gegeben. In unserer weiteren Diskussion benutzen wir daher für die **Austauschkonstante** $\mathcal{J}$ den Ausdruck

$$\mathcal{J} = E_+ - E_- \approx 4\mathcal{N}^2 \int \psi_\text{a}^*(\mathbf{r}_1)\psi_\text{b}^*(\mathbf{r}_2)\widetilde{V}(\mathbf{r}_1, \mathbf{r}_2)\psi_\text{b}(\mathbf{r}_1)\psi_\text{a}(\mathbf{r}_2)\,\mathrm{d}V_1\mathrm{d}V_2\,. \tag{12.27}$$

Das Vorzeichen von $\mathcal{J}$ hängt von der Form der Wellenfunktionen und des Potenzials ab. Ist $\mathcal{J} > 0$, so kommt es zu einer parallelen, bei $\mathcal{J} < 0$ zu einer antiparallelen Ausrichtung der Spins.

Wir spalten das Potenzial wie folgt auf: $\widetilde{V}(\mathbf{r}_1,\mathbf{r}_2) = \widetilde{V}_\text{i}(\mathbf{r}_1) + \widetilde{V}_\text{i}(\mathbf{r}_2) + \widetilde{V}_\text{ee}(\mathbf{r}_1,\mathbf{r}_2)$. Die beiden ersten Terme beschreiben die Wechselwirkung der Elektronen mit den beiden Ionen, der letzte berücksichtigt die Wechselwirkung zwischen den Elektronen. Betrachten wir zunächst die Abstoßung zwischen den beiden Elektronen, für die wir $\widetilde{V}_\text{ee} = e^2/(4\pi\varepsilon_0\,|\mathbf{r}_1 - \mathbf{r}_2|)$ schreiben können. Sie bewirkt immer einen positiven Beitrag zur Austauschkonstanten, d.h., die Coulomb-Wechselwirkung zwischen den Elektronen versucht, die Spins auszurichten. Die Wechselwirkung zwischen Elektronen und Ionen ist attraktiv und bewirkt einen negativen Beitrag zu $\mathcal{J}$. Sie führt daher zu einer Energieabsenkung bei antiparallel gerichteten Spins. Je dichter die Atome gepackt sind, umso stärker ist der Überlapp der Wellenfunktionen und umso größer ist die Energieabsenkung. Welches Vorzeichen der Austauschkoeffizient $\mathcal{J}$ tatsächlich besitzt, hängt von der relativen Größe der entgegengesetzt wirkenden Beiträge ab.

Berücksichtigt man, dass aufgrund des Pauli-Prinzips mit den Ortswellenfunktionen in eindeutiger Weise Spin-Wellenfunktionen verknüpft sind, so kann man die auftretenden Energien auch mit Hilfe der Spinzustände ausdrücken. Bezeichnen wir mit $\mathbf{s}_1$ und $\mathbf{s}_2$ die Spinoperatoren der beiden Elektronen, so gilt für den Gesamtspin $\mathbf{S}$ die Beziehung $\mathbf{S}^2 = |\mathbf{s}_1 + \mathbf{s}_2|^2 = 3\hbar^2/2 + 2(\mathbf{s}_1 \cdot \mathbf{s}_2)$. Der Operator $(\mathbf{s}_1 \cdot \mathbf{s}_2)$ nimmt die Eigenwerte $-3\hbar^2/4$ beim Singulettzustand $(S = 0)$ und $+\hbar^2/4$ beim Triplettzustand $(S = 1)$ an. Dieses Ergebnis nutzen wir, um einen modifizierten Hamilton-Operator H_Spin zur Beschreibung der beiden Zustände zu formulieren, der nur auf die Spinfunktion der Elektronen wirkt:

$$H_\text{spin} = \frac{1}{4}(E_+ + 3E_-) - \frac{(E_+ - E_-)}{\hbar^2}(\mathbf{s}_1 \cdot \mathbf{s}_2) = \frac{1}{4}(E_+ + 3E_-) - \frac{\mathcal{J}}{\hbar^2}(\mathbf{s}_1 \cdot \mathbf{s}_2)\,. \tag{12.28}$$

Durch Einsetzen der Eigenwerte des Operators $(\mathbf{s}_1 \cdot \mathbf{s}_2)$ kann man sich leicht davon überzeugen, dass dieser Hamilton-Operator die Energieeigenwerte E_- für den Singulett- und E_+ für den Triplettzustand wiedergibt. Formal hängen die Eigenwerte nur noch von der Spinrichtung ab. Der Term $(E_+ + 3E_-)/4$ ist für die weiteren Überlegungen unwichtig, denn er verschwindet bei geeigneter Wahl des Energienullpunkts, während der zweite Term die Energiedifferenz zwischen den unterschiedlichen Spinausrichtungen ausdrückt.[12] Ist $\mathcal{J} > 0$, so werden die Spins parallel ausgerichtet, ist $\mathcal{J} < 0$, dann ist die Ausrichtung antiparallel. Im ersten Fall ist das System ferromagnetisch, im zweiten antiferromagnetisch.

Die Einführung dieses Hamilton-Operators mag hier etwas künstlich erscheinen und ist auch beim vorliegenden Problem aufwändig, doch kann man dieses Vorgehen in nützlicher Weise verallgemeinern.

Die Gleichung (12.28) lässt sich auf beliebige Spinoperatoren $\mathbf{S}_i$ und $\mathbf{S}_j$ und unterschiedliche Austauschkoeffizienten $\mathcal{J}_{ij}$ erweitern. Dies ist der Ausgangspunkt des

12 Viele Autoren schreiben für den letzten Teil des Hamilton-Operators auch $-2\mathcal{J}\mathbf{s}_1 \cdot \mathbf{s}_2$, wobei dann $\mathcal{J}$ die halbe Energiedifferenz wiedergibt.

Heisenberg-Modells[13] des Ferromagnetismus, in dem der spinabhängige Hamilton-Operator folgendes Aussehen hat:

$$H_{\text{Spin}} = -\sum_i \sum_{j \neq i} \mathcal{J}_{ij} \left(\mathbf{S}_i \cdot \mathbf{S}_j \right) \ . \tag{12.29}$$

Die Summation erfolgt über alle vorhandenen Atome i und alle Nachbarn j. Der Heisenberg-Operator ist nichtlinear; die Durchführung von Rechnungen in konkreten Fällen ist daher trotz seines einfachen Aussehens selbst bei groben Näherungen nur begrenzt möglich.[14]

Nicht in allen Fällen wechselwirken die magnetischen Ionen *direkt* miteinander, d.h., es tritt nicht immer ein Überlapp der Elektronenhüllen der spintragenden Ionen auf. Es gibt durchaus Ferromagnete, bei denen die magnetischen Ionen durch ein unmagnetisches Ion voneinander getrennt sind. In diesem Fall wird die Austauschwechselwirkung von den dazwischenliegenden diamagnetischen Ionen vermittelt. Diesen *Superaustausch* findet man in vielen ferromagnetischen Oxiden und Verbindungen der Übergangselemente. Ein bekanntes Beispiel hierfür ist MnO, bei dem die Wechselwirkung über die diamagnetischen O^{2-}-Ionen erfolgt.

Bei den Seltenen Erden wird der *indirekte Austausch* beobachtet. Bei diesen Metallen tragen die $4f$-Elektronen die magnetischen Momente, doch ist der Überlapp ihrer Wellenfunktionen gering. Die Kopplung erfolgt über die Leitungselektronen. Das magnetische Moment des Aufatoms richtet die Spins der Leitungselektronen in der Umgebung aus und diese wiederum orientieren die Momente der benachbarten Ionen. Diese nach *M.A. Ruderman, C. Kittel, T. Kasuya*[15] und *K. Yosida*[16] benannte **RKKY-Wechselwirkung** ist proportional zu $(1/r^3)\cos 2k_\text{F}r$, hat also eine große Reichweite und oszillatorischen Charakter. Abhängig vom Abstand der Ionen bewirkt diese Wechselwirkung eine parallele oder antiparallele Ausrichtung der benachbarten magnetischen Momente.

Wir wollen nun noch den Zusammenhang zwischen der Austauschkonstanten $\mathcal{J}$, der Molekularfeldkonstanten λ und der Curie-Temperatur Θ herstellen. Hierzu berechnen wir die potenzielle Energie, die ein Spin in der Molekularfeldnäherung besitzt und vergleichen sie mit der Austauschenergie. Der Einfachheit halber nehmen wir an, dass die Probe aus gleichartigen Atomen besteht und nur die Wechselwirkung mit den z nächsten Nachbarn berücksichtigt werden muss.

---

13 Werner Heisenberg, *1901 Würzburg, †1976 München, Nobelpreis 1932

14 Eine sehr bekannte und oft benutzte Vereinfachung des Heisenberg-Modells ist das *Ising-Modell*, bei dem nur die z-Komponenten von Teilchen mit Spin 1/2 berücksichtigt werden, die Spins also nur zwei mögliche Einstellungen aufweisen.

15 Tadao Kasuya, *1927 Yokohama

16 Kei Yosida, *1922

In der Molekularfeldnäherung besitzt ein Spin $\mathbf{S}_i$ mit dem magnetischen Moment $\boldsymbol{\mu}$ die potenzielle Energie

$$U = -\boldsymbol{\mu} \cdot \mathbf{B}_{\text{eff}} = g\mu_{\text{B}}\mathbf{S}_i \cdot \mathbf{B}_{\text{eff}} \approx \mu_0 g\mu_{\text{B}}\lambda\, \mathbf{S}_i \cdot \mathbf{M}\,. \tag{12.30}$$

Den letzten Ausdruck erhält man, wenn man $\mathbf{B}_{\text{eff}}$ unter Vernachlässigung des äußeren Feldes durch das Molekularfeld $\mu_0\lambda\mathbf{M}$ ausdrückt. Bei der Berechnung der Austauschenergie ersetzen wir in Gleichung (12.29) den Operator $\mathbf{S}_j$ durch seinen Erwartungswert $\langle\mathbf{S}_j\rangle$. Diese Vorgehensweise ist äquivalent zu der in der Molekularfeldtheorie, in der $\mathbf{B}_{\text{eff}}$ die *mittlere* Stärke der Wechselwirkung widerspiegelt. Beschränken wir uns auf die wechselwirkenden nächsten Nachbarn und berücksichtigen den Zusammenhang zwischen $\langle\mathbf{S}_j\rangle$ und der Magnetisierung $\mathbf{M} = -ng\mu_{\text{B}}\langle\mathbf{S}_j\rangle$, so können wir

$$U = -z\mathcal{J}\mathbf{S}_i \cdot \langle\mathbf{S}_j\rangle = \frac{z\mathcal{J}}{ng\mu_{\text{B}}}\mathbf{S}_i \cdot \mathbf{M} \tag{12.31}$$

schreiben. Durch Vergleich von (12.30) und (12.31) erhalten wir für die Molekularfeldkonstante den Ausdruck

$$\lambda = \frac{z\mathcal{J}}{n\mu_0 g^2 \mu_{\text{B}}^2}\,. \tag{12.32}$$

Nutzen wir nun den Zusammenhang (12.25) zwischen der Molekularkonstanten und der Curie-Temperatur und setzen die Curie-Konstante (12.14) ein, so ergibt sich

$$\mathcal{J} = \frac{3k_{\text{B}}\Theta}{zS(S+1)}\,, \tag{12.33}$$

wobei wir in (12.14) J durch S ersetzt haben, da in Ferromagneten der Bahnbeitrag zum magnetischen Moment unterdrückt ist. Das Ergebnis entspricht der Erwartung: Austauschenergie und thermische Energie am Phasenübergang sind vergleichbar.

Austauschwechselwirkung im freien Elektronengas. Das kurz diskutierte Konzept der Austauschwechselwirkung zwischen lokalisierten magnetischen Momenten eignet sich zur Beschreibung des Ferromagnetismus von vielen Systemen, jedoch nicht von den bekanntesten ferromagnetischen Substanzen wie Eisen, Kobalt oder Nickel. Dort spielen kollektive Eigenschaften der nichtlokalisierten $3d$-Elektronen in den Bändern eine entscheidende Rolle. Zu ihrer Beschreibung ist eine Kombination von Bändermodell und Austauschwechselwirkung erforderlich.

Überraschenderweise existiert bereits im freien Elektronengas eine Tendenz zur Ausrichtung der Spins, wenn *Korrelationseffekte* mit einbezogen werden. Obwohl die folgenden Überlegungen nicht direkt auf reale Ferromagnete übertragen werden können, wollen wir einen kurzen Blick auf diesen Effekt werfen, um die grundlegenden Ideen zu erörtern. Wir greifen *zwei Elektronen mit parallelem Spin* heraus und stellen, um dem Pauli-Prinzip zu genügen, ihre gemeinsame Wellenfunktion durch eine antisymmetrische Überlagerung von ebenen Wellen dar:

$$\Psi(\mathbf{r}_1, \mathbf{r}_2) = \mathcal{N}\left[\mathrm{e}^{\mathrm{i}\mathbf{k}_1\cdot\mathbf{r}_1}\,\mathrm{e}^{\mathrm{i}\mathbf{k}_2\cdot\mathbf{r}_2} - \mathrm{e}^{\mathrm{i}\mathbf{k}_1\cdot\mathbf{r}_2}\,\mathrm{e}^{\mathrm{i}\mathbf{k}_2\cdot\mathbf{r}_1}\right] = \mathcal{N}\,\mathrm{e}^{\mathrm{i}(\mathbf{k}_1\cdot\mathbf{r}_1+\mathbf{k}_2\cdot\mathbf{r}_2)}\left[1 - \mathrm{e}^{-\mathrm{i}(\mathbf{k}_1-\mathbf{k}_2)\cdot(\mathbf{r}_1-\mathbf{r}_2)}\right]\,. \tag{12.34}$$

Der Faktor $\mathcal{N}$ dient hier wieder der Normierung der Wellenfunktion. Die Wahrscheinlichkeit Elektron 1 im Volumenelement dV_1 und Elektron 2 im Volumenelement dV_2 anzutreffen, ist durch folgenden Ausdruck gegeben:

$$|\Psi(\mathbf{r}_1, \mathbf{r}_2)|^2 \, dV_1 \, dV_2 = |\mathcal{N}|^2 \left\{ 1 - \cos\left[(\mathbf{k}_1 - \mathbf{k}_2) \cdot (\mathbf{r}_1 - \mathbf{r}_2) \right] \right\} dV_1 \, dV_2 \qquad (12.35)$$

Dieses Ergebnis ist bemerkenswert: Die Wahrscheinlichkeit, zwei Elektronen mit gleichem Spin am gleichen Ort anzutreffen, verschwindet für *beliebige* Wellenvektoren, ohne dass die abstoßenden Coulomb-Kräfte berücksichtigt werden müssen! Greifen wir ein Elektron mit vorgegebener Spinrichtung heraus, so ist die Aufenthaltswahrscheinlichkeit von Elektronen mit der gleichen Spinrichtung in der Nachbarschaft stark reduziert. Da sich die gesamte Ladungsdichte, der ein freies Elektron ausgesetzt ist, aus den Elektronen mit gleichem und mit entgegengesetztem Spin zusammensetzt, bildet sich, wie in Bild 12.9 gezeigt, ein sogenanntes *Austauschloch*, in dem die Elektronendichte nur halb so groß ist wie in größerer Entfernung. Eine entsprechende Rechnung zeigt, dass der Radius dieses Loches etwa $(2k_F)^{-1}$ beträgt, also 1 – 2 Å groß ist. Dies bedeutet, dass die freien Elektronen das Potenzial der Atomrümpfe nicht so gut abschirmen, wie dies ohne Berücksichtigung der Korrelation der Fall wäre. Diesen Effekt haben wir in Abschnitt 7.3 bei der Diskussion der Abschirmung des Coulomb-Felds nicht berücksichtigt. Die schwächere Abschirmung des Atomrumpfpotenzials wiederum bewirkt eine Reduktion der Energie des Aufelektrons, also eine höhere Bindungsenergie. Die Parallelstellung einer möglichst großen Zahl von Spins führt daher zu einem Energiegewinn. Der Korrelationseffekt wirkt wie eine kollektive Austauschwechselwirkung mit positiver Austauschkonstanten.

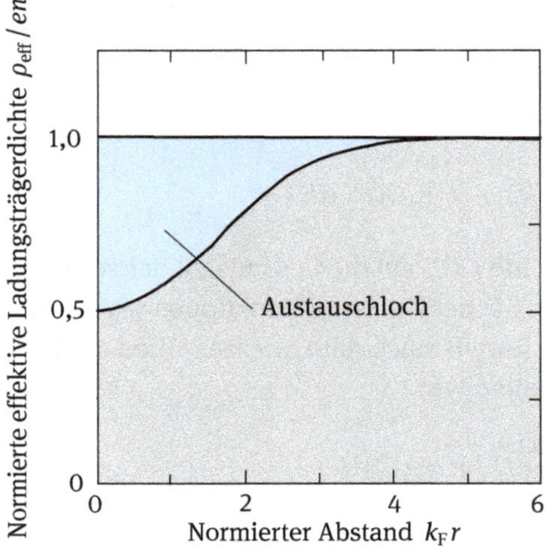

Abb. 12.9: Normierte effektive Ladungsdichte im freien Elektronengas. Die Austauschwechselwirkung reduziert die Dichte der Elektronen mit gleicher Spinorientierung in der Umgebung des Aufelektrons.

12.3.3 Band-Ferromagnetismus

Im Modell von *E.C. Stoner*[17] und der späteren Weiterentwicklung durch *E.P. Wohlfarth*[18] wird der Tendenz zur Spinausrichtung dadurch Rechnung getragen, dass jedem Elektronenpaar mit entgegengesetztem Spin ein positiver Beitrag I zur Austauschenergie zugeschrieben wird. Für die Energie der Elektronen in den Subbändern mit unterschiedlicher Spineinstellung bietet sich der Ansatz

$$E_\uparrow(\mathbf{k}) = E(\mathbf{k}) + I\frac{n_\downarrow}{n} - \mu_B B \qquad \text{und} \qquad E_\downarrow(\mathbf{k}) = E(\mathbf{k}) + I\frac{n_\uparrow}{n} + \mu_B B \,. \tag{12.36}$$

an. Hierbei steht $E(\mathbf{k})$ für den Energieeigenwert in der Einelektron-Näherung und $E_\uparrow(\mathbf{k})$ bzw. $E_\downarrow(\mathbf{k})$ für die Energie nach Berücksichtigung der Austauschwechselwirkung. Zusätzlich wird noch die Verschiebung der Energieniveaus durch die Pauli-Suszeptibilität berücksichtigt. Die Variablen $n_\downarrow$ und $n_\uparrow$ bezeichnen die Dichten der Elektronen mit der angegebenen Spinrichtung. Der obige Ansatz geht von einer besetzungsabhängigen Energie aus, die wiederum Rückwirkung auf die Besetzung selbst hat. Im Grunde genommen sind die Annahmen ähnlich wie bei der bereits diskutierten Molekularfeldnäherung, denn jedes Spinpaar wirkt auf das gesamte Subband.

Wir verschieben den Energienullpunkt um $I/2$ und schreiben $\widetilde{E}(\mathbf{k}) = E(\mathbf{k}) + I/2$. Den relativen Überschuss einer Spinsorte drücken wir durch $r = \left(n_\uparrow - n_\downarrow\right)/n$ aus und erhalten damit anstelle von (12.36)

$$E_\uparrow(\mathbf{k}) = \widetilde{E}(\mathbf{k}) - \frac{Ir}{2} - \mu_B B \qquad \text{und} \qquad E_\downarrow(\mathbf{k}) = \widetilde{E}(\mathbf{k}) + \frac{Ir}{2} + \mu_B B \,. \tag{12.37}$$

In unserer einfachen Betrachtung ist die Energieaufspaltung zwischen den beiden Subbändern unabhängig vom Wellenvektor.

Im thermischen Gleichgewicht darf zwischen den beiden Subbändern keine Differenz des chemischen Potenzials auftreten, d.h., die beiden Teilbänder besitzen die gleiche, durch die Teilchenzahldichte n festgelegte Fermi-Energie. Der Gleichung (8.24) folgend schreiben wir

$$r = \frac{1}{n}\int \frac{D(E)}{2}\Big\{f[E_\uparrow(\mathbf{k})] - f[E_\downarrow(\mathbf{k})]\Big\}\,\mathrm{d}E \,. \tag{12.38}$$

Der Faktor 1/2 tritt auf, weil die Zustandsdichte $D(E)$ auf die Gesamtzahl der vorhandenen Elektronen bezogen ist. Wir entwickeln die beiden Fermi-Funktionen um E_F nach $(Ir/2 + \mu_B B)$ und brechen die Entwicklung jeweils nach dem linearen Glied ab. Nach der Zusammenfassung beider Beiträge erhalten wir

$$r = -\int \frac{D(E)}{2n}\frac{\partial f(\mathbf{k})}{\partial \widetilde{E}(\mathbf{k})}(Ir + 2\mu_B B)\,\mathrm{d}E \,. \tag{12.39}$$

17 Edmund Cliffton Stoner, *1899 Surrey, †1968 Leeds

18 Erich Peter Wohlfarth, *1924 Gleiwitz, †1988 London

Wie in Abschnitt 9.2 nähern wir die Ableitung der Fermi-Funktion durch eine Deltafunktion, d.h., wir setzen $\partial f/\partial \widetilde{E} \approx -\delta(\widetilde{E} - E_\mathrm{F})$ und finden

$$r = \int \frac{D(E)}{2n}(Ir + 2\mu_\mathrm{B}B)\,\delta[\widetilde{E}(\mathbf{k}) - E_\mathrm{F}]\,\mathrm{d}E = \frac{D(E_\mathrm{F})}{2n}\,(Ir + 2\mu_\mathrm{B}B)\,. \tag{12.40}$$

Damit lässt sich die Magnetisierung $M = rn\mu_\mathrm{B}$ und somit auch die Suszeptibilität

$$\chi = \frac{\mu_0 M}{B} = \frac{\mu_0\mu_\mathrm{B}^2 D(E_\mathrm{F})}{1 - [ID(E_\mathrm{F})/2n]} = \frac{\chi_\mathrm{Pauli}}{1 - [ID(E_\mathrm{F})/2n]} \tag{12.41}$$

angeben. χ_Pauli steht für die Pauli-Spinsuszeptibilität, die durch Gleichung (12.18) gegeben ist. Ein Blick auf den Nenner verdeutlicht, dass der Rückkoppelmechanismus das bereits vorhandene paramagnetische Verhalten des Elektronengases verstärkt.

Der *Stoner-Parameter* I lässt sich näherungsweise aus der Elektronenkonfiguration der beteiligten Atome unter Berücksichtigung der Austauschwechselwirkung berechnen. Das Ergebnis dieser Rechnung ist in Bild 12.10 zusammen mit dem Produkt $ID(E_\mathrm{F})/2n$ für die metallischen Elemente bis zur Ordnungszahl 49 dargestellt. Besonders hohe Verstärkungsfaktoren findet man bei den Metallen Kalzium, Scandium und Palladium. Die Werte von χ/χ_Pauli sind 4,5 (Ca), 6,1 (Sc) und 4,5 (Pd).

Mit zunehmendem Wert von $ID(E_\mathrm{F})$ wird der Pauli-Paramagnetismus immer ausgeprägter. Ist das **Stoner-Kriterium** $ID(E_\mathrm{F})/2n > 1$ erfüllt, so ist die formale Lösung offensichtlich instabil. Aufgrund der Rückkopplung bildet sich dann eine spontane Magnetisierung aus. Ein Blick auf Bild 12.10 zeigt, dass die geschilderte Rechnung den Ferromagnetismus von Eisen, Kobalt und Nickel tatsächlich richtig voraussagt. Bild 12.10b macht auch deutlich, dass die oben erwähnten Metalle Ca, Sc und Pd an der Grenze zum Ferromagnetismus stehen. Dies wird eindrucksvoll durch die verdünnte

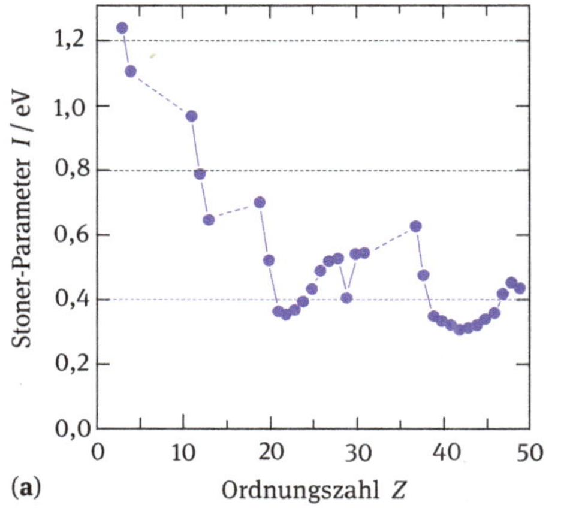

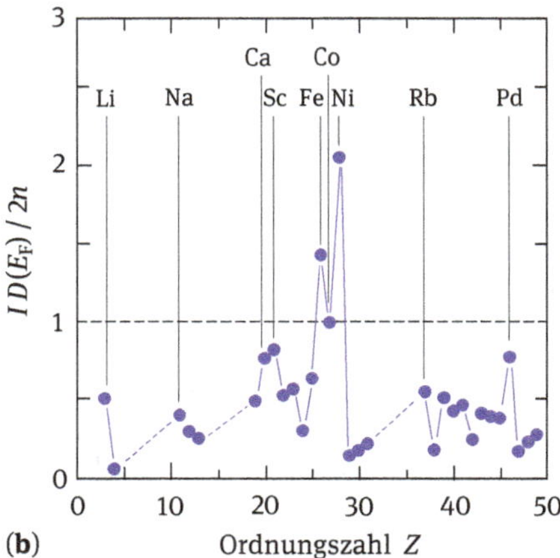

Abb. 12.10: Stoner-Kriterium. **a)** Stoner-Parameter I der metallischen Elemente bis zu der Ordnungszahl $Z = 49$, **b)** Produkt $ID(E_\mathrm{F})/2n$ der verschiedenen Elemente. Das Stoner-Kriterium ist gestrichelt eingezeichnet. (Nach J.F. Janak, Phys. Rev. B **16**, 255 (1977).)

Legierung **Pd**Fe demonstriert: Bereits die Zugabe von 0,15% Fe zu Palladium führt dazu, dass die Legierung ferromagnetisch wird.

Wir wollen uns noch kurz der Frage zuwenden, welche Voraussetzungen die Bandstrukturen erfüllen müssen, um Ferromagnetismus zu ermöglichen. Die Frage lässt sich anhand der Eigenschaften von Nickel und Kupfer besonders gut diskutieren: Die beiden Metalle sind Nachbarn im Periodensystem, aber nur Nickel ist ferromagnetisch. In Bild 12.11 sind die berechneten elektronischen Zustandsdichten dargestellt. Der generelle Verlauf ist sehr ähnlich: $4s$-Band und $3d$-Bänder überlappen. Dies hat keine Konsequenz für die magnetischen Eigenschaften von Kupfer mit der atomaren Elektronenkonfiguration $3d^{10}4s^1$, bei dem das $3d$-Band vollständig mit zehn Elektronen pro Atom und das $4s$-Band durch das verbleibende Elektron zur Hälfte gefüllt ist. Das Fermi-Niveau liegt deshalb im s-Band und die Austauschwechselwirkung verändert diesen Zustand nicht.

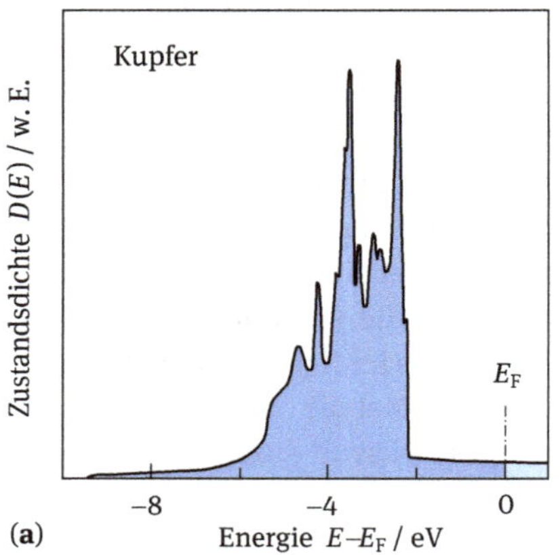

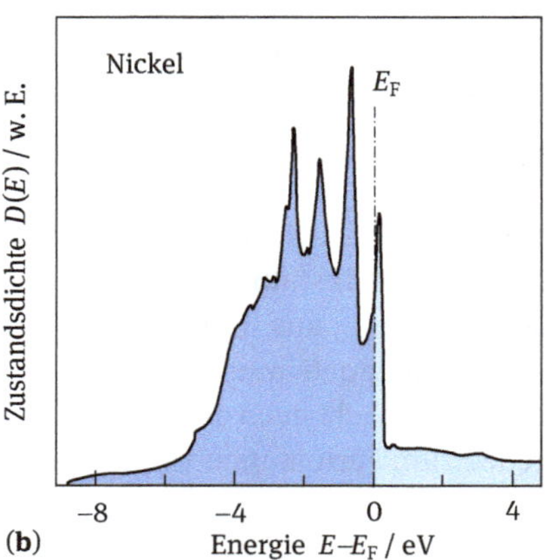

Abb. 12.11: **a)** Zustandsdichte $D(E)$ von Kupfer. Das d-Band ist vollständig, das s-Band bis zur Fermi-Energie gefüllt. (Nach H. Eckhardt et al., J. Phys. F**14**, 97 (1984)). **b)** Zustandsdichte von Nickel bei einer Temperatur oberhalb der Curie-Temperatur. Die Fermi-Energie liegt im d-Band. (Nach J. Callaway, C.S. Wang, Phys. Rev. B **7**, 1096 (1973).)

Wesentlich subtilere Verhältnisse liegen beim Nickel vor, das als freies Atom die Konfiguration $3d^8 4s^2$ besitzt, bei dem aber im Metall nur 0,54 der ursprünglich vorhandenen zwei $4s$-Elektronen im s-Band verbleiben. In der paramagnetischen Phase liegt das Fermi-Niveau in der Nähe der Oberkante des $3d$-Bandes (vgl. Bild 12.11b). Um es voll zu besetzen, müssten alle vorhandenen s-Elektronen in dieses Band überwechseln. Da aber das untere Ende des s-Bandes tiefer als das d-Band liegt, wird es von einem Teil der Elektronen besetzt. Diese fehlen nun zur vollständigen Besetzung des d-Bandes. Wird die Curie-Temperatur unterschritten, so verschieben sich aufgrund der Austauschwechselwirkung die beiden Subbänder mit entgegengesetzter Spinorientierung relativ zueinander und die Verhältnisse ändern sich grundlegend. Um diesen Unterschied herauszuarbeiten, betrachten wir, wie in Bild 12.12 angedeutet, die beiden Subbänder getrennt. Die Austauschwechselwirkung, oder anders ausgedrückt das Molekularfeld, hebt bzw. senkt die beiden Subbänder um mehr als 0,5 eV. Die Zahl der Elektronen im s-Band wird dadurch nicht verändert, doch wird ein Subband des $3d$-Bandes nun vollständig aufgefüllt, während das andere noch schwächer besetzt wird. So bildet sich eine spontane Magnetisierung aus, die den 0,54 Löchern pro Atom im $3d$-Band zugeschrieben werden kann. Wegen der großen Zustandsdichte bei der Fermi-Energie führt die Austauschwechselwirkung zu einer starken Umbesetzung und damit zu einer großen Magnetisierung.

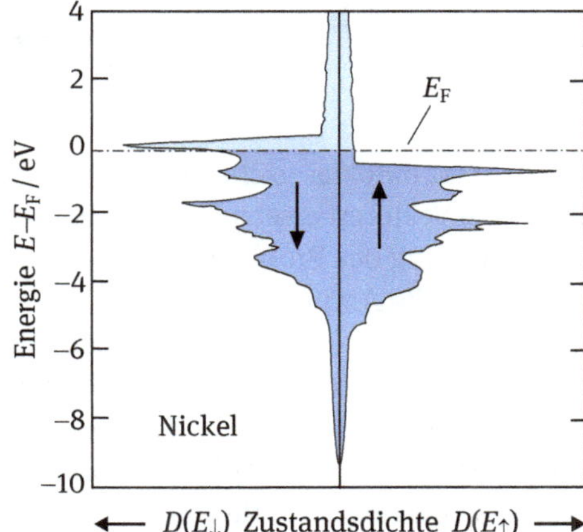

Abb. 12.12: Zustandsdichten $D(E_\uparrow)$ und $D(E_\downarrow)$ der Subbänder von Nickel in der ferromagnetischen Phase. Ein $3d$-Subband ist vollständig, das andere nur teilweise mit Elektronen besetzt. (Nach J. Callaway, C.S. Wang, Phys. Rev. B **7**, 1096 (1973).)

Dieses Beispiel zeigt einerseits, dass für das Auftreten von Ferromagnetismus eine ganz besondere Konstellation bezüglich der Anzahl der vorhandenen Elektronen und der Bandstruktur vorhanden sein muss. Andererseits können wir daraus ersehen, dass beim Auftreten von Bandferromagnetismus die effektive Magnetonenzahl nicht unmittelbar mit der Spinquantenzahl der Einzelatome korreliert werden kann, selbst wenn kein resultierender Bahndrehimpuls berücksichtigt werden muss.

12.3.4 Spinwellen - Magnonen

In ferromagnetischen Materialien gibt es neben den bisher besprochenen elektronischen Anregungen und Gitterschwingungen noch **Spinwellen** oder **Magnonen**. Zunächst würde man erwarten, dass die energetisch niedrigste magnetische Anregung das Umklappen einzelner Spins sein müsste. Eine Abschätzung der erforderlichen Energie erlaubt Gleichung (12.31), nach welcher der Energieaufwand $\delta E = 2z\mathcal{J}S^2$ sein sollte. Bedenkt man, dass $\mathcal{J} \approx k_B T_c$ ist, so wird verständlich, dass weit unterhalb der

Curie-Temperatur nur wenig Einspin-Anregungen thermisch angeregt werden. Energetisch günstiger ist die Anregung einer kollektiven Präzessionsbewegung, wie sie in Bild 12.13 schematisch angedeutet ist.

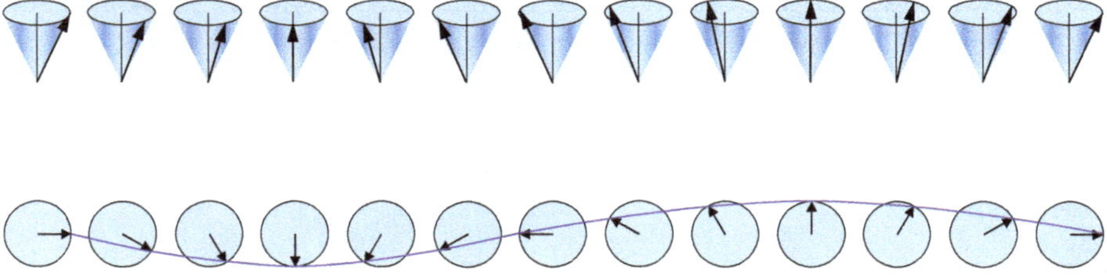

Abb. 12.13: Schematische Darstellung einer Spinwelle (Magnon) längs einer Kette in perspektivischer Darstellung und in Aufsicht.

Wir leiten die Bewegungsgleichung der Spins in einer halbklassischen Betrachtungsweise her, bei der Spinoperatoren durch klassische Vektoren ersetzt werden. Es lässt sich zeigen, dass die quantenmechanische Behandlung des Problems zum gleichen Ergebnis führt. Wie bei den Phononen ist auch hier die Amplitude der Auslenkung quantisiert, so dass jedem **Magnon** die Energie $E = \hbar\omega$ zugeschrieben werden kann. In Bezug auf den Drehimpuls entspricht die Anregung eines Magnons dem Umklappen eines einzelnen Spins 1/2, d. h. einer Änderung des Drehimpulses des Spinensembles um $\hbar$. Der Einfachheit halber betrachten wir bei der Herleitung der Dispersionsrelation anstelle eines dreidimensionalen Festkörpers eine lineare Kette aus identischen Atomen im Abstand a, deren Spin $\mathbf{S}$ in z-Richtung orientiert ist. Weiter nehmen wir an, dass nur das Molekularfeld wirkt, so dass das äußere Feld $\mathbf{B}_{\text{ext}}$ nicht berücksichtigt werden muss. Wird ein Spin mit dem magnetischen Moment $\boldsymbol{\mu}$ aus der z-Richtung ausgelenkt, so wirkt auf ihn aufgrund des Molekularfelds $\mathbf{B}_\text{M}$ ein Drehmoment $(\boldsymbol{\mu} \times \mathbf{B}_\text{M})$, das über die Beziehung $\boldsymbol{\mu} = -g\mu_\text{B}\mathbf{S}$ mit dem Drehimpuls verbunden ist. Da die zeitliche Ableitung des Drehimpulses $\hbar\mathbf{S}$ gleich dem angreifenden Drehmoment ist, folgt daraus die Bewegungsgleichung $\mathrm{d}\mathbf{S}/\mathrm{d}t = -g\mu_\text{B}\mathbf{S} \times \mathbf{B}_\text{M}$.

Nun müssen wir einen geeigneten Ausdruck für das Molekularfeld finden. Berücksichtigen wir nur die Wechselwirkung mit den nächsten Nachbarn, so ergibt sich aus (12.29) für die potenzielle Energie U_m des Spins $\mathbf{S}_m$ aufgrund der Austauschwechselwirkung der Zusammenhang $U_m = -\mathcal{J}\mathbf{S}_m \cdot (\mathbf{S}_{m-1} + \mathbf{S}_{m+1})$. Andererseits lässt sich (12.30) ohne äußeres Feld in der Form $U_m = -\boldsymbol{\mu} \cdot \mathbf{B}_\text{M} = g\mu_\text{B}\mathbf{S}_m \cdot \mathbf{B}_\text{M}$ schreiben. Durch Gleichsetzen der beiden Ausdrücke folgt schließlich für das Molekularfeld $\mathbf{B}_\text{M} = (-\mathcal{J}/g\mu_B)(\mathbf{S}_{m-1} + \mathbf{S}_{m+1})$. Setzen wir dieses Ergebnis in die oben angegebenen Bewegungsgleichung ein, so erhalten wir

$$\frac{\mathrm{d}\mathbf{S}_m}{\mathrm{d}t} = \frac{\mathcal{J}}{\hbar}\mathbf{S}_m \times (\mathbf{S}_{m-1} + \mathbf{S}_{m+1}) . \tag{12.42}$$

Diese Differentialgleichung ist nichtlinear, da Produkte der Spin-Vektoren auftreten. Für kleine Auslenkungen in x- und y-Richtung eignet sich ein Ansatz der Form

$$\begin{aligned} S_{m,x} &= A\cos(mqa - \omega t)\,, \\ S_{m,y} &= A\sin(mqa - \omega t)\,, \\ S_{m,z} &= \sqrt{S^2 - A^2}\,, \end{aligned} \tag{12.43}$$

der von einer laufenden Welle mit der Amplitude A und dem Wellenvektor q ausgeht. Setzt man den Lösungsansatz (12.43) in die Bewegungsgleichung (12.42) ein, so erhält man für die Spinwellen die Dispersionsrelation

$$\omega = \frac{2\mathcal{J}S}{\hbar}\left[1 - \cos(qa)\right] = \frac{4\mathcal{J}S}{\hbar}\sin^2\left(\frac{qa}{2}\right)\,. \tag{12.44}$$

Für kleine Wellenvektoren können wir näherungsweise

$$\omega \approx \frac{\mathcal{J}S}{\hbar}a^2q^2 \tag{12.45}$$

schreiben. Bei großen Wellenlängen steigt die Frequenz proportional zum Quadrat des Wellenvektors an; bei den Phononen war dieser Zusammenhang linear.

Führt man die Rechnung nicht für eine lineare Kette, sondern für einen kubischen Kristall durch, so findet man eine ganz ähnliche Dispersionsrelation:

$$\omega = \frac{\mathcal{J}S}{\hbar}\sum_{i=1}^{z}\left[z - \cos(\mathbf{q}\cdot\mathbf{r}_i)\right]\,. \tag{12.46}$$

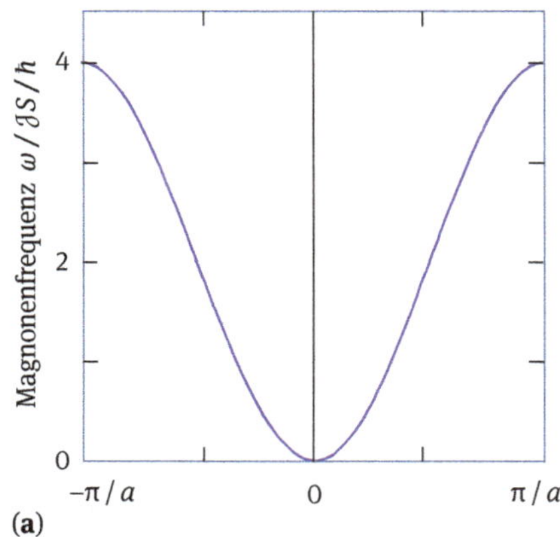

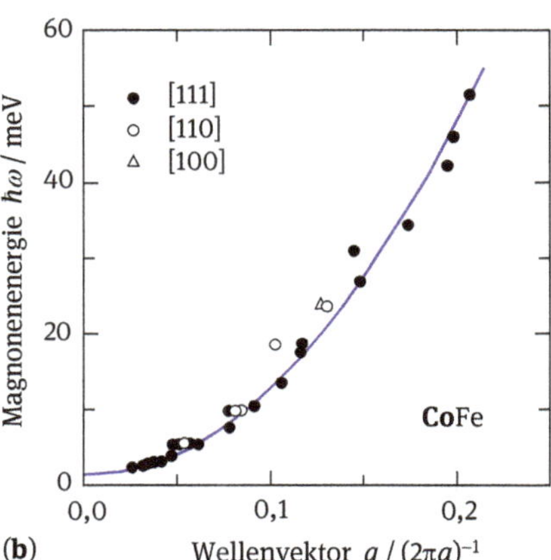

Abb. 12.14: Magnonendispersionskurve. **a)** Schematischer Verlauf der Dispersionskurve von Spinwellen. **b)** Magnonendispersionskurve von Kobalt legiert mit 8% Fe bei kleinen Wellenzahlen. Die Lücke bei kleinen Energien beruht auf der Anisotropie der Austauschwechselwirkung. (Nach R.N. Sinclair, B.N. Brockhouse, Phys. Rev. **120** 1638 (1960).)

Die Summation erfolgt über alle z nächsten Nachbarn, die mit dem Aufatom über die Ortsvektoren $\mathbf{r}_i$ verbunden sind. Im Grenzfall $qa \ll 1$ kommt man zum Ausdruck (12.45) zurück, wobei a nun für die Gitterkonstante des Kristalls steht.

In Bild 12.14a ist der Verlauf der Dispersionskurve von Spinwellen in der 1. Brillouin-Zone dargestellt, wie er sich aus Gleichung (12.44) ergibt. Der experimentelle Verlauf der Dispersionskurve von Kobalt, das mit 8% Eisen legiert war, ist in Bild 12.14b zu sehen. Die Messung erfolgte mit Hilfe der inelastischen Neutronenstreuung. Erwartungsgemäß wurde, da die Messung nur bei relativ kleinen Wellenzahlen durchgeführt wurde, ein parabelförmiger Kurvenverlauf beobachtet, der von der Beobachtungsrichtung unabhängig war. Bei $q = 0$ tritt eine Lücke im Magnonenspektrum auf, die von der Anisotropie der Austauschwechselwirkung verursacht wird. Auf diesen zusätzlichen Effekt wollen wir hier jedoch nicht näher eingehen.

Wir kommen nochmals kurz auf das eingangs erwähnte Umklappen von einzelnen Spins zurück. Diesen Prozess, der bei höheren Energien und höheren Temperaturen auftritt, bezeichnet man als *Stoner-Anregung*. Er verkürzt die Lebensdauer der Magnonen und bewirkt ein Abknicken der Dispersionskurve bei größeren Wellenvektoren. Das Ergebnis einer Messung bei 295 K an Nickel mit Hilfe der inelastischen Neutronenstreuung ist in Bild 12.15 gezeigt. Es ist deutlich zu erkennen, dass bei großen Wellenvektoren der experimentelle Verlauf von den Vorhersagen der Gleichung (12.44) abweicht.

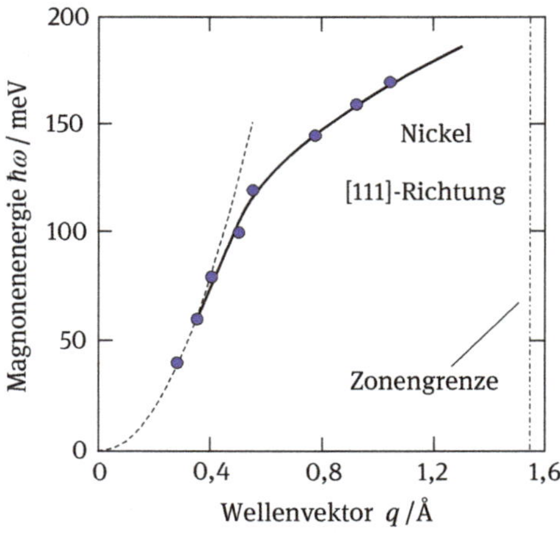

Abb. 12.15: Verlauf der Magnonen-Dispersion in Nickel bei 295 K. Die Abweichung vom erwarteten Kurvenverlauf (12.46) aufgrund der Wechselwirkung mit Stoner-Anregungen ist klar erkennbar. (Nach H.A. Mook, D. McK. Paul, Phys. Rev. Lett. **54**, 227 (1985).)

12.3.5 Temperaturabhängigkeit der Magnetisierung

Bei endlichen Temperaturen verursachen Magnonen aufgrund der Präzessionsbewegung der Spins Abweichungen von der perfekten Ausrichtung der magnetischen

Momente und geben so Anlass zu einer Reduktion der spontanen Magnetisierung. Die Zahl der angeregten Magnonen bestimmt daher den Temperaturlauf der Magnetisierung bei tiefen Temperaturen. Bei $T = 0$ lässt sich die Magnetisierung mit Hilfe von (12.22) ausdrücken. Setzen wir $J = S$, so gilt $M_s(0) = ng\mu_B S$. Wie bereits erwähnt, entspricht der Anregung jedes Magnons dem Umklappen eines Spins 1/2 und somit einer Reduktion des Gesamtspins um den Betrag $\hbar$ und der Magnetisierung um $g\mu_B$ unabhängig von der Magnonenenergie $\hbar\omega$. Wir können deshalb den Temperaturverlauf der spontanen Magnetisierung angeben, wenn wir die Zahl n_{mag} der angeregten Magnonen pro Volumen kennen, denn es gilt: $M_s(T) = M_s(0) - g\mu_B n_{\text{mag}}$.

Bei der Berechnung von n_{mag} gehen wir wie bei der Berechnung der Zahl der Phononen in Abschnitt 6.4 vor, denn die Wellenvektoren von Magnonen und Phononen unterliegen den gleichen Randbedingungen. Analog zu Gleichung (6.99) ist die Magnonendichte durch $n_{\text{mag}} = \int D(\omega)\langle n(\omega, T)\rangle \mathrm{d}\omega$ gegeben. Hierbei gibt der Bose-Einstein-Faktor $\langle n(\omega, T)\rangle$ die mittlere Besetzung der Magnonenzustände an und $D(\omega)$ ihre Zustandsdichte, die wir noch berechnen müssen.

Der Einfachheit halber nehmen wir an, dass die Zustandsdichte isotrop ist. Dann können wir Gleichung (6.80) benutzen, die wir ursprünglich für Phononen in isotropen Festkörpern hergeleitet haben. Bei mäßig hohen Temperaturen sind nur kleine Wellenvektoren von Bedeutung, so dass wir die Dispersionsrelation (12.45) nutzen können. Damit folgt mit (6.80) für die Zustandsdichte der Ausdruck

$$D(\omega) = \frac{V}{2\pi^2}\frac{q^2}{v_g} = \frac{V}{4\pi^2}\left(\frac{\hbar}{\mathcal{J}Sa^2}\right)^{3/2}\sqrt{\omega}\,. \tag{12.47}$$

v_g steht für die Gruppengeschwindigkeit, die man durch Ableiten von (12.45) erhält.

Da bei tiefen Temperaturen nur Spinwellen mit kleiner Energie angeregt sind, können wir bei der Integration die obere Grenze nach Unendlich schieben und finden mit $x = \hbar\omega/k_B T$ für die Magnonenzahl

$$n_{\text{mag}} = \int D(\omega)\langle n(\omega, T)\rangle \mathrm{d}\omega = \frac{1}{4\pi^2}\left(\frac{k_B T}{\mathcal{J}Sa^2}\right)^{3/2}\int_0^\infty \frac{\sqrt{x}}{e^x - 1}\,\mathrm{d}x\,. \tag{12.48}$$

Das Integral hat den numerischen Wert $4\pi^2 \cdot 0{,}0587$. Für die Temperaturabhängigkeit der spontanen Magnetisierung führt dies zu dem Ergebnis

$$\frac{M_s(0) - M_s(T)}{M_s(0)} = \frac{0{,}0587}{nSa^3}\left(\frac{k_B T}{\mathcal{J}S}\right)^{3/2}. \tag{12.49}$$

Dies ist das **Blochsche $\mathbf{T}^{3/2}$**-Gesetz für die Magnetisierung von Ferromagneten, das bei tiefer Temperatur in guter Übereinstimmung mit dem Experiment steht. In Bild 12.16 werden die experimentellen Daten von Nickel mit der theoretischen Vorhersage verglichen. Die Abweichung bei höheren Temperaturen rührt in erster Linie von der Verwendung der Näherung (12.45) für Magnonen mit kleinem Wellenvektor her.

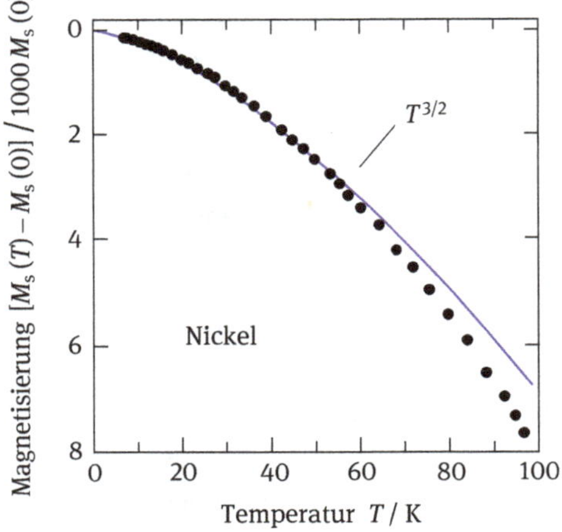

Abb. 12.16: Spontane Magnetisierung von Nickel als Funktion der Temperatur. Bei tiefen Temperaturen folgt die Magnetisierung wie erwartet dem $T^{3/2}$-Verlauf. (Nach B.E. Argyle et al., Phys. Rev. **132**, 2051 (1963).)

12.3.6 Ferromagnetische Domänen

Obwohl ferromagnetische Materialien eine spontane Magnetisierung aufweisen, ist ohne äußeres Feld das Dipolmoment einer makroskopischen Probe in den meisten Fällen zu vernachlässigen. Die Proben enthalten Bereiche, sogenannte **Domänen**, deren Magnetisierung in unterschiedliche Richtungen weist. In Bild 12.17 sind die Domänengrenzen eines 50 µm breiten Eiseneinkristalls mit Hilfe eines feinen magnetischen Pulvers sichtbar gemacht, das sich in den Bereichen hoher Magnetfelder, d.h. an den Domänenwänden, anlagert.

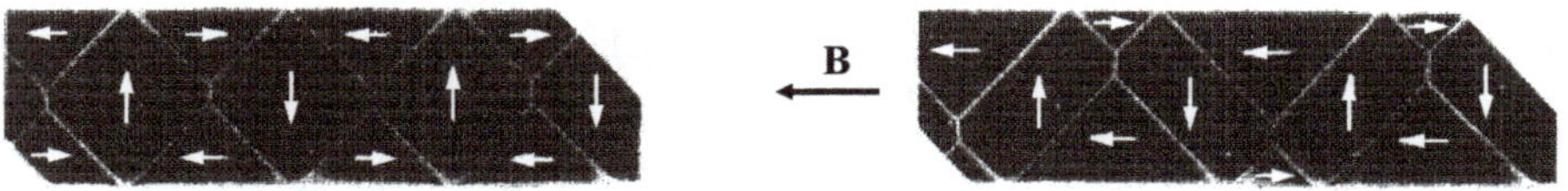

Abb. 12.17: Richtung der spontanen Magnetisierung in den Domänen eines 50 µm breiten Eiseneinkristalls. Die Domänenwände sind mit Hilfe eines feinen magnetischen Pulvers sichtbar gemacht. Das linke Bild wurde ohne, das rechte mit Magnetfeld in angegebener Richtung aufgenommen. (Nach R.W. DeBois, C.D. Graham J. Appl. Phys. **29**, 931 (1958).)

Es treten ganz bestimmte **Richtungen leichter Magnetisierung** auf, da das Überlappintegral der Wellenfunktionen und damit die Austauschenergie in Kristallen nicht isotrop sondern richtungsabhängig ist. Bei kubisch-raumzentrierten Kristallen wie Eisen sind die $\langle 100 \rangle$-Richtungen bevorzugt. Die Domänengrenzen selbst sind nicht scharf, denn der Übergang der Magnetisierung von einer Domäne zur anderen erfolgt stetig innerhalb einer relativ kleinen Distanz. In diesem Bereich, der **Bloch-Wand**, ist die Richtung eines Spins gegenüber dem benachbarten jeweils ein wenig gedreht. So wechselt die Magnetisierung innerhalb einiger hundert Spins ihre Richtung. Beim

Anlegen eines äußeren Feldes entsteht durch Verschieben der Bloch-Wände eine makroskopische Magnetisierung. Dieser Vorgang ist in Bild 12.17 klar zu erkennen: Die ursprünglich vorhandenen Domänen, die in Feldrichtung zeigten, sind auf Kosten der anderen gewachsen.

Magnetische Domänen entstehen, weil sie die Streufelder außerhalb der Probe und damit die magnetische Feldenergie reduzieren. Dies kann man sich anhand von zwei nebeneinander liegenden Stabmagneten klar machen. Die Feldenergie ist viel geringer, wenn die entgegengesetzten und nicht die gleichen Pole benachbart sind. Eine Ausrichtung der Domänen, wie sie in Bild 12.17 zu sehen ist, minimiert daher die Feldenergie. Andererseits kostet die Ausbildung von Bloch-Wänden Energie, selbst wenn der Winkel zwischen benachbarten Spins sehr klein ist, die Bloch-Wände also sehr dick sind. Der Grund hierfür ist, dass die Spins der Wand nicht in Richtung der leichten Magnetisierung zeigen. Die freie Energie der Probe wird nicht nur durch die Bildung von Domänen minimiert, es stellt sich auch ein optimaler Winkel zwischen den Richtungen der benachbarten Spins und somit eine optimale Wandstärke ein.

12.4 Ferri- und Antiferromagnetismus

Bei ferri- und antiferromagnetischen Materialien sind die magnetischen Momente in (mindestens) zwei Untergittern angeordnet, deren Spinausrichtung entgegengesetzt ist. Ein Festkörper ist antiferromagnetisch, wenn sich die magnetischen Momente der Untergitter gerade kompensieren, und ferrimagnetisch, wenn dies nur teilweise der Fall ist. Unterhalb einer kritischen Temperatur treten spontan magnetisierte Domänen auf, oberhalb dieser Temperatur sind die beiden Substanzklassen paramagnetisch.

12.4.1 Ferrimagnetismus

Phänomenologisch verhalten sich ferrimagnetische Substanzen ganz ähnlich wie Ferromagnete. Der Name *Ferrimagnetismus* kommt von der Bezeichnung **Ferrite** für Materialien mit der Zusammensetzung $MO \cdot Fe_2O_3$. Hierbei steht M für ein zweiwertiges Metall, wie z.B. Cd, Co, Cu, Mg, Ni, Zn oder auch Eisen. Im letzten Fall handelt es sich um Magnetit Fe_3O_4, in dem die Eisenatome in zwei- *und* dreiwertiger Form vorkommen. Ferrite besitzen die Struktur des Minerals Spinell ($MgAl_2O_4$) mit einer relativ kompliziert aufgebauten, kubischen Elementarzelle, die abhängig von der chemischen Zusammensetzung eine Ausdehnung von 6 bis 9 Å aufweist. Die Ionen der beiden Metalle sitzen in der Elementarzelle auf nicht äquivalenten Gitterplätzen. Die Spins des einen Untergitters sind bei tiefen Temperaturen parallel zu einer der Würfelkanten ausgerichtet, die Spins des anderen Untergitters sind diesen entgegengerichtet.

Ferrimagnetismus tritt auf, wenn die Austauschkonstante $\mathcal{J}_{AB}$ zwischen zwei nächsten Nachbarn A und B mit magnetischen Momenten negativ ist, denn dann sind die

Spins der einen Ionensorte denen der anderen entgegengerichtet. In vielen Fällen ist auch die Austauschenergie zwischen den Ionen *eines* Untergitters negativ, d.h. auch $\mathcal{J}_{AA}$ und $\mathcal{J}_{BB}$ sind negative Größen. Ist jedoch die AB-Wechselwirkung am stärksten, so werden die Spins der Untergitter parallel ausgerichtet. In Tabelle 12.3 sind die Curie-Temperatur und die Sättigungsmagnetisierung einiger ferrimagnetischer Materialien aufgeführt.

Tab. 12.3: Curie-Temperatur T_c und Sättigungsmagnetisierung M_s ferrimagnetischer Materialien. (Nach F. Keffer, *Handbuch der Physik*, Band 18, Springer, 1966.)

	Fe_3O_4	$CoFe_2O_4$	$NiFe_2O_4$	$CuFe_2O_4$	$MnFe_2O_4$	$Y_3Fe_5O_{12}$
T_c (K)	860	790	860	730	570	560
M_s (kA/m)	510	470	300	160	560	150

Wir werden uns hier nicht weiter mit den magnetischen Eigenschaften der Ferrimagneten beschäftigen sondern uns gleich den Antiferromagneten zuwenden, da dort die Verhältnisse übersichtlicher sind.

12.4.2 Antiferromagnetismus

Bei der Diskussion der Eigenschaften von Antiferromagneten greifen wir auf die Ergebnisse zurück, die wir bei der Behandlung der Ferromagneten erarbeitet haben. Bei den folgenden Betrachtungen gehen wir davon aus, dass die beiden Untergitter A und B aus den gleichen Atomen bestehen, und dass ohne äußeres Magnetfeld die magnetischen Momente der A-Atome antiparallel zu den Momenten der B-Atome stehen. Als Beispiel für eine einfache antiferromagnetische Substanz sei hier das tetragonale Manganfluorid erwähnt, dessen Struktur in Bild 12.18 zu sehen ist. Die Spins der beiden gleichwertigen ferromagnetischen Mangan-Untergitter A und B sind antiparallel orientiert.

Wir gehen zunächst davon aus, dass kein äußeres Feld anliegt. Zur Beschreibung des Austauschfeldes greifen wir auf Gleichung (12.21) zurück und finden unter der Annahme $\mathbf{B}_{\text{ext}} = 0$:

$$\mathbf{B}_{\text{eff}}^{\text{A}} = -\mu_0\lambda_{\text{AA}}\mathbf{M}_{\text{A}} - \mu_0\lambda_{\text{AB}}\mathbf{M}_{\text{B}} \qquad \text{und} \qquad \mathbf{B}_{\text{eff}}^{\text{B}} = -\mu_0\lambda_{\text{BA}}\mathbf{M}_{\text{A}} - \mu_0\lambda_{\text{BB}}\mathbf{M}_{\text{B}}\,. \tag{12.50}$$

Die Molekularfeldkonstanten λ sind positiv. Die Minuszeichen spiegeln die Tatsache wider, dass die auftretenden Kräfte versuchen, die Spins der wechselwirkenden Nachbarn antiparallel auszurichten. In dem einfachen Fall, den wir hier betrachten, gilt aus Symmetriegründen: $\lambda_{\text{AB}} = \lambda_{\text{BA}}$, $\lambda_{\text{AA}} = \lambda_{\text{BB}}$ und somit $\mathbf{B}_{\text{eff}}^{\text{A}} = -\mathbf{B}_{\text{eff}}^{\text{B}}$.

Die Gesamtmagnetisierung $\mathbf{M} = (\mathbf{M}_{\text{A}} + \mathbf{M}_{\text{B}})$ setzt sich aus den Beiträgen der Untergitter A und B zusammen. Da die Magnetisierung bei Antiferromagneten verschwindet,

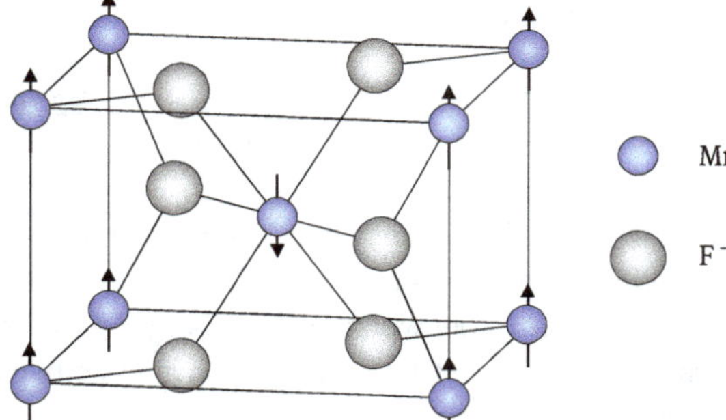

Abb. 12.18: Elementarzelle des antiferromagnetischen MnF_2. Die Spinrichtungen sind durch Pfeile angedeutet.

gilt $\mathbf{M}_A = -\mathbf{M}_B$. Damit vereinfachen sich die beiden Gleichungen für das Molekularfeld wie folgt:

$$\mathbf{B}_{\text{eff}}^{A} = \mu_0(\lambda_{AB} - \lambda_{AA})\mathbf{M}_A = -\mathbf{B}_{\text{eff}}^{B} . \tag{12.51}$$

Ersetzen wir in Gleichung (12.21) die Molekularfeldkonstante λ durch $(\lambda_{AB} - \lambda_{AA})$, so erhalten wir die soeben hergeleiteten Gleichungen. Also gelten für die Magnetisierung der Untergitter die gleichen Gesetzmäßigkeiten wie für die Magnetisierung der Ferromagneten. Insbesondere folgt aus Gleichung (12.25) für die kritische Temperatur, die hier als **Néel-Temperatur**[19] bezeichnet wird, bei welcher der Übergang von der antiferromagnetischen Phase in die paramagnetische erfolgt, die Beziehung

$$T_N = C\,\frac{\lambda_{AB} - \lambda_{AA}}{2} . \tag{12.52}$$

Hierbei ist C die Curie-Konstante, die durch (12.14) gegeben ist. Der Faktor 1/2 tritt auf, weil wir die Konstante auf *alle* Atome mit magnetischen Momenten und nicht nur auf die Atome eines Untergitters beziehen.

Oberhalb der Néel-Temperatur befindet sich das System in der paramagnetischen Phase, in der beide Untergitter gleichermaßen zur Gesamtmagnetisierung beitragen, denn dann gilt: $\mathbf{M}_A = \mathbf{M}_B$ bzw. $\mathbf{M} = 2\mathbf{M}_A$. Setzen wir diesen Zusammenhang in (12.50) und (12.24) ein und berücksichtigen noch das äußere Feld $\mathbf{B}_{\text{ext}}$, so erhalten wir

$$\mathbf{B}_{\text{eff}}^{A} = \mathbf{B}_{\text{ext}} - \mu_0\frac{\lambda_{AB} + \lambda_{AA}}{2}\mathbf{M} \tag{12.53}$$

und

$$\mu_0\mathbf{M} = \frac{C}{T}\left(\mathbf{B}_{\text{ext}} - \mu_0\frac{\lambda_{AB} + \lambda_{AA}}{2}\mathbf{M}\right) . \tag{12.54}$$

Damit ergibt sich für die paramagnetische Suszeptibilität

$$\chi_p = \frac{C}{T + \Theta} , \tag{12.55}$$

19 Louis Eugène Felix Néel, *1904 Lyon, †2000 Brive-la-Gaillarde, Nobelpreis 1970

wobei Θ für die *paramagnetische Néel-Temperatur* steht, die durch

$$\Theta = C\,\frac{\lambda_{AB} + \lambda_{AA}}{2} \tag{12.56}$$

gegeben ist.

Von hohen Temperaturen kommend verläuft die Suszeptibilität von Antiferromagneten in der paramagnetischen Phase wie bei den Ferromagneten. Jedoch divergiert sie nicht bei der Néel-Temperatur, der Temperatur, bei welcher der Übergang in die antiferromagnetische Phase erfolgt. Da im Nenner von Gleichung (12.55) ein positives Vorzeichen vorliegt, divergiert χ_p erst bei $T = -\Theta$, also nicht bei realen Temperaturen.

Wir sprechen hier noch einen weiteren interessanten Aspekt an. Die bisher dargelegten Argumente setzten voraus, dass das anliegende Magnetfeld verschwindend klein ist. In Experimenten ist üblicherweise diese Voraussetzung nicht erfüllt und das Verhalten der Antiferromagneten unterhalb der Néel-Temperatur ist etwas komplizierter.

Die Reaktion auf ein Magnetfeld hängt von der Orientierung der untersuchten Probe ab. Betrachten wir zunächst den Fall, in dem das Magnetfeld senkrecht auf der spontanen Magnetisierung der Untergitter steht. Wie man sich leicht überlegen kann (vgl. Übungsaufgabe 7 am Ende dieses Kapitels), wird die Magnetisierung der Untergitter etwas in Feldrichtung gedreht. Für die Magnetisierung und die dazugehörende antiferromagnetische Suszeptibilität findet man nach kurzer Rechnung den Ausdruck

$$\chi_\perp = \frac{1}{\lambda_{AB}}\,. \tag{12.57}$$

Offensichtlich geht die Temperatur in die Betrachtung nicht ein, so dass wir einen temperaturunabhängigen Verlauf der Suszeptibilität $\chi_\perp$ erwarten. Diese Vorstellung wird durch die Messung an MnF_2 bestätigt, die in Bild 12.19 wiedergegeben ist. Von hohen

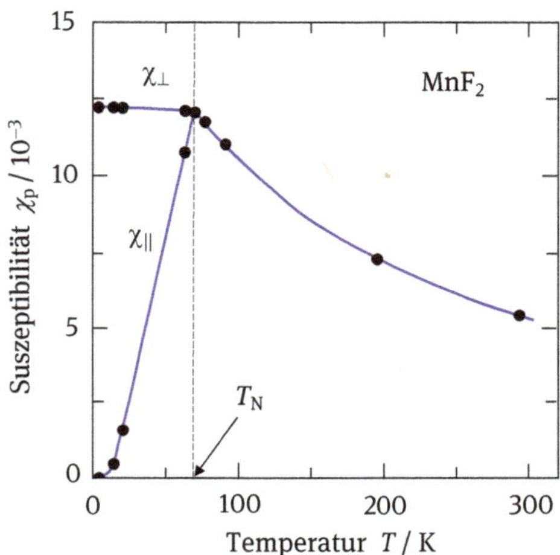

Abb. 12.19: Suszeptibilität von MnF_2. Unterhalb der Néel-Temperatur T_N hängt die Suszeptibilität von der Feldrichtung ab. (Nach H. Bizette, B. Tsai, Comptes rendus **238**, 1575 (1954).)

Temperaturen kommend steigt die Suszeptibilität zunächst dem Curie-Weiß-Gesetz folgen an. Wird die Néel-Temperatur unterschritten, so bleibt die Suszeptibilitätan $\chi_\perp$ bei senkrecht stehendem Feld beim weiterer Abkühlung konstant.

Verläuft das Feld in Richtung der ausgerichteten Spins, so ist am absoluten Nullpunkt $\chi_\| = 0$, da die beiden Untergitter starr miteinander verbunden sind. Mit zunehmender Temperatur steigt die Suszeptibilität $\chi_\|$ exponentiell an, denn die Spins können nun thermisch aktiviert umklappen und dann bevorzugt in Feldrichtung weisen.

Auch in der antiferromagnetischen Phase existieren Magnonen, die sich jedoch von den Magnonen der Ferromagneten deutlich unterscheiden. Eine Ableitung der Bewegungsgleichung der Spins wie bei den Ferromagneten, aber mit der zusätzlichen Komplikation, dass zwei gekoppelte Untergitter existieren, führt zur Dispersionsrelation

$$\omega = \frac{2S|\mathfrak{J}|}{\hbar}\,|\sin qa|\,, \tag{12.58}$$

welche der Dispersionsbeziehung akustischer Phononen sehr ähnlich sieht. Auch hier besteht bei kleinen Wellenvektoren ein linearer Zusammenhang zwischen Frequenz und Wellenvektor, wie Neutronenstreumessungen bestätigen. In Bild 12.20 sind Messergebnisse an kubischen $RbMnF_3$-Kristallen wiedergegeben. In diesem Kristall unterscheiden sich die Dispersionskurven kaum für Magnonen, die sich in [100]-, [110]- oder [111]-Richtung ausbreiten, so dass die Datenpunkte in einem Bild zusammengefasst wurden.

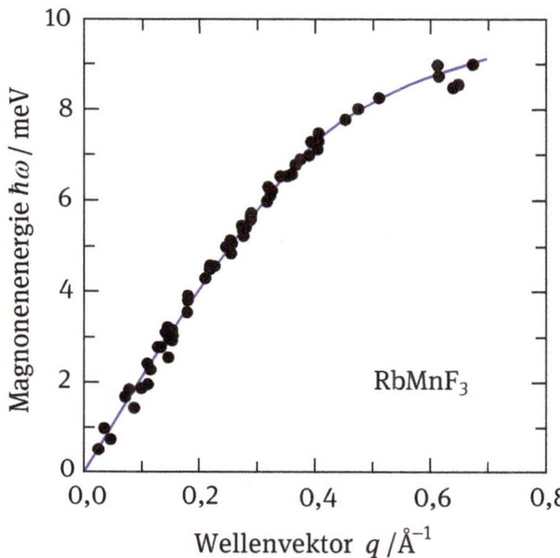

Abb. 12.20: Verlauf der Dispersionskurve der Magnonen im Antiferromagneten $RbMnF_3$, gemessen mit Hilfe der inelastischen Neutronenstreuung. (Nach C.G. Windsor, R.W.H. Stevenson, Proc. Phys. Soc. **87**, 501 (1960).)

In Tabelle 12.4 sind die Néel-Temperatur T_N und paramagnetische Néel-Temperatur Θ von Antiferromagneten aufgelistet.

Tab. 12.4: Néel-Temperatur T_N und paramagnetische Néel-Temperatur Θ einiger Antiferromagnete. (Nach K. Kopitzki, P. Herzog, *Einführung in die Festkörperphysik*, Teubner, 2002; F. Keffer, *Handbuch der Physik*, Band 18, Springer, 1966.)

	MnO	MnF_2	MnS	FeO	$FeCl_2$	CoO	$CoCl_2$	$NiCl_2$
T_N (K)	122	67	160	195	24	291	25	50
Θ (K)	610	82	530	570	48	330	38	68

12.4.3 Riesen-Magnetowiderstand

In der heutigen Zeit spielt Verarbeitung, Übertragung und Speicherung von Information eine herausragende Rolle. Neben Texten und Daten gehören dazu auch Bild- und Toninformation. Zum Speichern wird dabei die Information als Magnetisierungsrichtung in magnetischen Domänen festgehalten. In der Vergangenheit schränkte der üblicherweise benutzte induktive Auslesemechanismus die Speicherdichte von Festplatten ein. Seit Ende der neunziger Jahre wird in der Mehrzahl aller Festplatten-Leseköpfe der *Riesen-Magnetowiderstand* zum Auslesen der gespeicherten Daten genutzt, auf den wir hier kurz eingehen.

Als *Magnetowiderstand* bezeichnet man die Änderung des elektrischen Widerstands, die beim Anlegen eines äußeren Magnetfeldes auftritt. Verursacht wird dieser Effekt in ferromagnetischen Materialien von der Spin-Bahn-Wechselwirkung, die bewirkt, dass der Widerstand von der Stromrichtung abhängt, also davon, ob der Strom parallel oder senkrecht zur Magnetisierung fließt. Wie wir gesehen haben, versuchen sich beim Anlegen eines Magnetfeldes die „falsch" orientierten Domänen auszurichten. Da sich der Widerstand dabei nur um etwa ein Prozent ändert, sind wir auf diesen Effekt nicht näher eingegangen.

Im Folgenden betrachten wir Strukturen, die, wie in Bild 12.21 schematisch dargestellt, im einfachsten Fall aus drei Schichten zusammengesetzt sind, wobei die

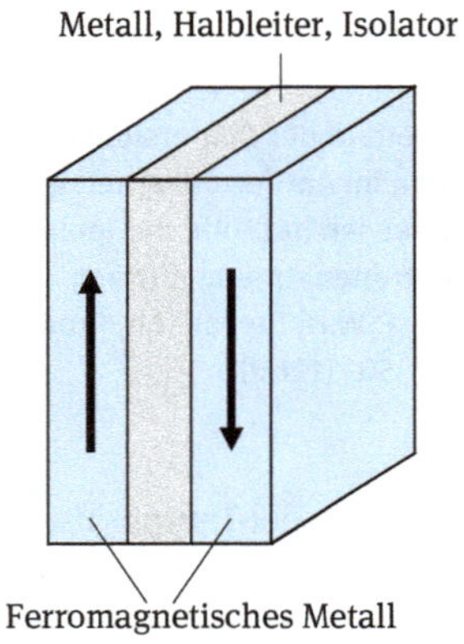

Metall, Halbleiter, Isolator

Ferromagnetisches Metall

Abb. 12.21: Dreilagenschicht. Die beiden äußeren Schichten bestehen aus Fe, Co oder Ni. Die Zwischenschicht ist, abhängig vom Experiment, metallisch, halbleitend oder isolierend.

beiden äußeren mit einer typischen Dicke von etwa 10 nm aus einem ferromagnetischen Material wie Fe, Co oder Ni bestehen. Die mittlere Schicht, etwa 1 nm dick, ist nicht ferromagnetisch und kann metallisch, halbleitend oder isolierend sein. Liegt kein äußeres Feld an, so ist, wie im Bild angedeutet, aufgrund der Kopplung über die Zwischenschicht die Magnetisierung der Schichten antiparallel ausgerichtet.

Der *Tunnel-Magnetowiderstand* ist der „Vorläufer" des Riesen-Magnetowiderstand-Effekts. Er tritt auf, wenn die Zwischenschicht aus einem Halbleiter oder Isolator besteht. Dieser Effekt beruht darauf, dass beim Anliegen einer Spannung zwischen den beiden äußeren Schichten Elektronen von einem Leiter zum anderen tunneln können. Im Zusammenhang mit der Tunnelkontakt-Spektroskopie (siehe Bild 11.22) haben wir dieses Phänomen bereits angesprochen.

Das Interesse an derartigen Schichtsystemen stieg nach der Entdeckung des Riesen-Magnetowiderstand-Effekts durch *A. Fert*[20] und *P. Grünberg*[21] sprunghaft an. Sie konnten zeigen, dass in Mehrfachschichten ein äußeres Magnetfeld Änderungen des elektrischen Widerstands des Schichtsystems bis zu 50 % bewirken kann. Ergänzend sei bemerkt, dass der Riesen-Magnetowiderstand häufig nach der Abkürzung der englischen Bezeichnung *Giant Magnetoresistance* auch GMR-Effekt genannt wird.

Das Ergebnis einer Messung des elektrischen Widerstands an dem drei Lagensystem Fe/Cr/Fe als Funktion des angelegten Magnetfeldes ist in Bild 12.22 zu sehen. In dem Experiment waren die beiden Eisenfilme 12 nm dick, die Zwischenschicht aus Chrom nur 1 nm. Deutlich zu erkennen ist, dass der Widerstand ein ausgeprägtes Maximum bei verschwindendem Magnetfeld aufweist und mit zunehmendem Feld steil abfällt.

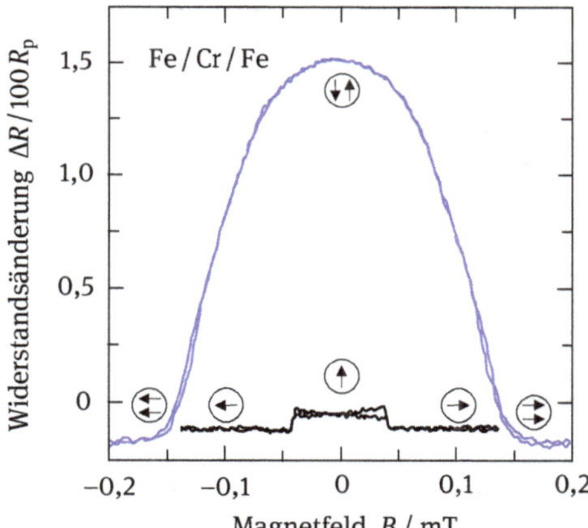

Abb. 12.22: Riesen-Magnetowiderstand des Dreilagensystems Fe/Cr/Fe (blaue Kurve). Die Eisenschichten waren 12 nm, die Chromschicht 1 nm dick. Der Magnetowiderstand einer 25 nm dicken Eisenschicht ist schwarz eingezeichnet. (Nach G. Binasch et al., Phys. Rev. B **39**, 4828 (1989).)

20 Albert Fert, *1938 Carcassonne, Nobelpreis 2007

21 Peter Grünberg, *1939 Pilsen, †2018 Jülich, Nobelpreis 2007

Ebenfalls eingezeichnet ist zum Vergleich eine Messung an einem 25 nm dicken Eisenfilm. Es ist offensichtlich, dass bei gleicher Dicke der Eisenschichten, die Widerstandsänderungen beim Mehrschichtsystem wesentlich größer sind. Dies zeigt, dass der Elektronenspin für die elektrischen Transporteigenschaften, insbesondere für den Stromfluss, von erheblicher Bedeutung sein kann.

Dem Bild können wir entnehmen, dass der Widerstand des Dreilagensystems besonders groß ist, wenn die Magnetisierung der beiden ferromagnetischen Schichten antiparallel ausgerichtet ist. Auf den spinabhängigen Streuprozess, der den Widerstand bewirkt, werden wir gleich noch zu sprechen kommen. Wird nun ein äußeres Magnetfeld in Probenrichtung angelegt, so werden mit zunehmendem Feld die magnetischen Momente, die dem Feld entgegengerichtet sind, so lange umgeklappt bis schließlich alle Spins in die gleiche Richtung zeigen. Während der Felderhöhung und der daraus resultierenden Spinausrichtung nimmt der Widerstand stetig ab.

Der Riesen-Magnetowiderstand ist über die Gleichung

$$\frac{\Delta R}{R_\mathrm{p}} = \frac{R_\mathrm{ap} - R_\mathrm{p}}{R_\mathrm{p}} \qquad (12.59)$$

definiert, wobei R_p für den Widerstand bei paralleler und R_ap bei antiparalleler Ausrichtung der Magnetisierung steht. In Tabelle 12.5 sind die Riesen-Magnetowiderstands-Werte von dreischichtigen Fe/Cr/Fe- und Co/Cu/Co-Systemen und die jeweiligen Schichtdicken angegeben. Noch größere Werte bis $\Delta R/R_\mathrm{p} = 0{,}65$ wurden mit Co/Cu/Co-Multilagen erreicht.

Tab. 12.5: Riesen-Magnetowiderstand von Dreilagenschichten bei Raumtemperatur. Neben dem Magnetowiderstand $\Delta R/R_\mathrm{p}$ ist die Schichtdicke d_mag angegeben. (Aus J. Grünberg, *Kopplung macht den Widerstand*, Physik Journal **6**, Nr. 8/9, 33 (2007).)

Schichtfolge	$\Delta R/R_{\uparrow\uparrow}$	d_mag **(nm)**
Fe/Cr/Fe	0,015	12
Fe/Cr/Fe	0,02	5
Co/Cu/Co	0,02	10
Co/Cu/Co	0,19	3
Co/Cu/Co	0,16	28

Wie bereits in diesem Kapitel diskutiert, wird bei Metallen mit Band-Ferromagnetismus der Strom in erster Linie durch s-Elektronen getragen. Dabei beruht der Widerstand vor allem auf der Streuung der s-Elektronen an den d-Elektronen, da deren Zustandsdichte bei der Fermi-Energie wesentlich größer ist als die der s-Elektronen. Nehmen wir stellvertretend für die Zustandsdichte eines Ferromagneten die in Bild 12.12 gezeigte von Nickel, so sehen wir, dass vor allem die d-Elektronen zur Streuung beitragen, deren magnetisches Moment nach unten gerichtet ist.

Eine Erklärung des Riesen-Magnetowiderstands ist auf der Basis des *Mottschen Zweistrommodells* und der spinabhängigen Elektronenstreuung möglich. Dazu wird der Strom in zwei parallel fließende Teilströme mit Spin $\uparrow$ und Spin $\downarrow$, also parallel bzw. antiparallel bezüglich der Magnetisierung, aufgeteilt. Der jeweilige Beitrag zum Gesamtstrom wird durch die zugehörigen Streuraten bestimmt. Elektronen werden in Schichten, in denen die Magnetisierungsrichtung antiparallel zu ihrem Spin gerichtet ist, wesentlich stärker gestreut als in Schichten, in denen Magnetisierung und Spin parallel orientiert sind. In einer einfachen Beschreibung können daher die Spinumkehrungsprozesse vernachlässigt werden.

In Bild 12.23 ist die spinabhängige Elektronenstreuung schematisch dargestellt. Elektronen mit Spin $\uparrow$ werden im linken Teilbild nicht gestreut und bewirken in dieser einfachen Darstellung einen Kurzschluss. Dagegen unterliegen die Elektronen mit antiparalleler Ausrichtung einer starken Streuung. Sind dagegen die Spins der Schichten entgegengesetzt ausgerichtet, so werden alle Elektronen gestreut, d.h. der Widerstand ist in dieser Konfiguration besonders groß.

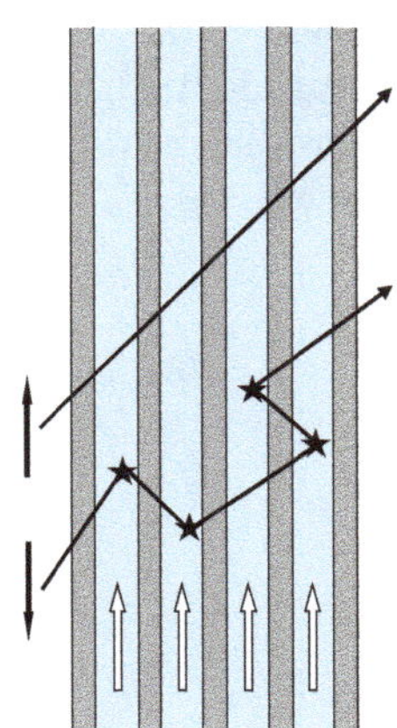

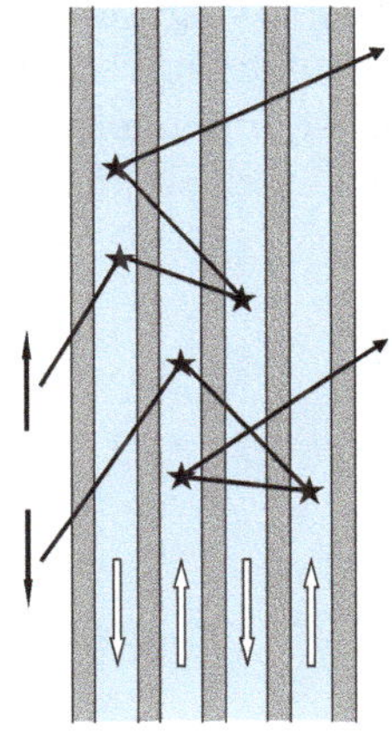

Abb. 12.23: Elektronen werden in Schichten, in denen die Magnetisierung (helle Pfeile) entgegen dem Elektronenspin (schwarzer Pfeil) gerichtet ist, stärker gestreut als in Schichten, in denen Magnetisierung und Spin parallel zu einander verlaufen. (Nach P. Bruno, Physik in unserer Zeit **38**, 272 (2007).)

In einer allgemeineren Beschreibung definiert man den lokalen Streuasymmetrieparameter $\alpha = \varrho_\downarrow/\varrho_\uparrow$, wobei $\varrho_\downarrow$ und $\varrho_\uparrow$ jeweils für den lokalen Widerstand steht. Je nachdem, ob Elektronen mit Spin nach oben oder unten stärker gestreut werden, ist $\alpha < 1$ oder $\alpha > 1$. Ist α in beiden Schichten größer oder kleiner als eins, so spricht man vom „normalen" Riesen-Magnetowiderstands-Effekt. Besteht die Probe aus Schichten mit $\alpha < 1$ und $\alpha > 1$, so ist der Widerstand größer bei paralleler Ausrichtung der Magnetisierungen. Man spricht dann vom „inversen" Riesen-Magnetowiderstands-Effekt.

12.5 Spingläser

In verdünnten Legierungen findet man bei tiefen Temperaturen einen ungewöhnlichen Zustand, den man zwischen dem paramagnetischen und ferromagnetischen Zustand einordnen kann. In diesen Materialen frieren die Spins beim Abkühlen regellos orientiert ein und bilden so ein **Spinglas**. Die prominentesten Vertreter sind **Cu**Mn, **Ag**Mn, **Au**Fe und **EuS**:Sr. Wir wollen das Verhalten der Spingläser anhand von EuS diskutieren, in dem die Austauschwechselwirkung zwischen benachbarten Eu^{2+}-Ionen *positiv*, mit den übernächsten Nachbarn aber *negativ* ist. Je nach Entfernung vom herausgegriffenen Spin besteht daher eine Tendenz zur parallelen bzw. antiparallelen Ausrichtung der benachbarten Spins. Bezeichnen wir mit $\mathcal{J}_1$ bzw. $\mathcal{J}_2$ die damit verbundenen Austauschkonstanten, so gilt bei EuS näherungsweise $\mathcal{J}_1/\mathcal{J}_2 \approx -2$, die Wechselwirkung mit den nächsten Nachbarn ist also etwa doppelt so stark wie die mit den übernächsten. Da die Wechselwirkung mit den nächsten Nachbarn überwiegt, stellt sich in EuS unterhalb von 16,5 K eine ferromagnetische Phase ein. Ersetzt man nun Eu^{2+}-Ionen durch unmagnetische Sr^{2+}-Ionen, so verschiebt sich der Phasenübergang vom paramagnetischen zum ferromagnetischen Zustand zu tieferen Temperaturen. Das Phasendiagramm von $Eu_xSr_{1-x}S$ in Bild 12.24 macht den Verlauf der kritischen Temperatur deutlich. Wie dieser Abbildung weiter zu entnehmen ist, tritt unterhalb von 2 K die oben erwähnte Spinglasphase auf, wenn die Eu^{2+}-Ionen durch Sr^{2+}-Ionen verdünnt werden.

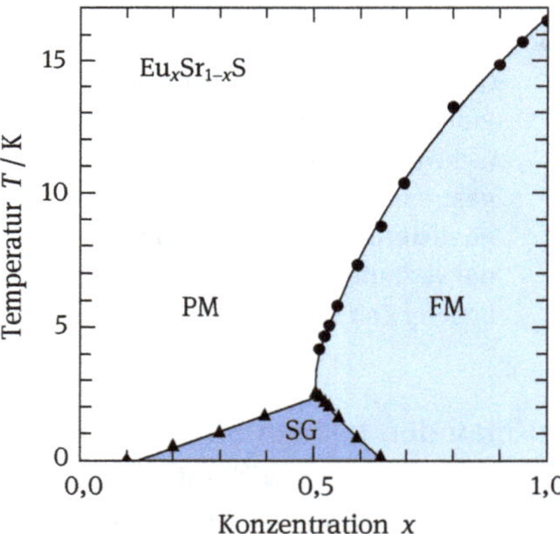

Abb. 12.24: Phasendiagramm von $Eu_xSr_{1-x}S$. Die Abkürzungen PM und FM stehen für die paramagnetische bzw. ferromagnetische Phase und SG für die Spinglasphase. (Nach H. Maletta, J. Appl. Phys. **53**, 2185 (1982).)

Die Ursache für die Ausbildung dieses Zustands unterhalb der **Spinglastemperatur** T_g lässt sich bereits anhand eines zweidimensionalen Modells finden. Zur Vereinfachung der Verhältnisse gehen wir, wie im **Ising-Modell**, davon aus, dass die Spins nur zwei Einstellmöglichkeiten besitzen. Schränken wir weiter die Reichweite der Wechselwirkung auf die nächsten und übernächsten Nachbarn ein, so lässt sich das Vorzeichen der Austauschenergie, die ein einzelner Spin bei vorgegebenen Austauschkonstanten und vorgegebener Konfiguration der Umgebung besitzt, leicht berechnen. Wir setzen hier wieder voraus, dass wie im EuS $\mathcal{J}_1/\mathcal{J}_2 \approx -2$ gilt.

Betrachten wir die Spinkonfiguration in Bild 12.25a. Obwohl die beiden grau hinterlegten Spins der ferromagnetischen Ordnung entgegengerichtet sind, besitzt diese Anordnung bei der vorgegebenen Verteilung der unmagnetischen Ionen die niedrigste Energie. Sind die unmagnetischen Ionen jedoch so wie in den Bildern 12.25b und 12.21c angeordnet, ist die Summe der Austauschenergien der beiden grau hinterlegten Spins unabhängig von ihrer Orientierung. Die beiden Konfigurationen sind energetisch entartet, es gibt keinen eindeutigen Zustand mit der niedrigsten Energie. Aufgrund der konkurrierenden Wechselwirkung wird in beiden Konfigurationen die optimale Einstellung eines der beiden Spins durch die Anwesenheit des zweiten Spins verhindert. Man spricht deshalb von einer **Frustration** der Wechselwirkungen.

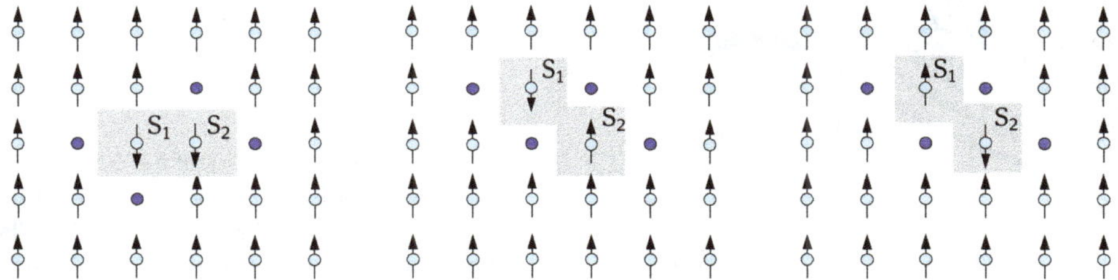

Abb. 12.25: Zweidimensionales Modell zum Frustrationseffekt. Die dunkelblauen Kreise repräsentieren die unmagnetischen Ionen. **a)** Die beiden grau hinterlegten Spins S_1 und S_2 nehmen die energetisch tiefste Lage ein. **b)** Die Anwesenheit von Spin S_2 verhindert die ferromagnetische Ausrichtung von Spin S_1. **c)** Diese Anordnung ist energetisch äquivalent zur Anordnung b) trotz der Drehung der beiden Spins.

Im EuS steigt mit zunehmender Konzentration der unmagnetischen Ionen die Zahl der Konfigurationen, die eine einheitliche ferromagnetische Ordnung stören. Bei tiefen Temperaturen und genügend hoher Konzentration der Sr^{2+}-Ionen wird daher eine regellose Verteilung der Spinorientierung eingefroren. Dieser Zustand ist oberflächlich betrachtet dem paramagnetischen sehr ähnlich, doch besteht ein grundlegender Unterschied: Im paramagnetischen Zustand wird die Energiedifferenz zwischen den beiden Spinrichtungen durch das Magnetfeld bestimmt und besitzt daher einen wohldefinierten Wert. Die thermische Bewegung reduziert den Ausrichtungsgrad der Spins, die Nachbarn spielen dabei im Idealfall keine, in realen Systemen nur eine untergeordnete Rolle. In Spingläsern dagegen hängt die Energie eines Spins und damit seine Orientierung in komplizierter Weise von der Spinkonfiguration seiner Umgebung ab und wird von der thermischen Bewegung kaum beeinflusst. Die Argumentation ändert sich nicht, wenn man zu einem dreidimensionalen Modell übergeht und die Spinorientierung nicht auf zwei Werte einschränkt.

Zum Schluss wollen wir noch kurz das Verhalten der magnetischen Suszeptibilität von Spingläsern schildern. Die Reaktion auf Wechselfelder ist in Bild 12.26 zu sehen. Die Messungen wurden am isolierenden Spinglas $Fe_{0,5}Mn_{0,5}TiO_3$ durchgeführt. Die durchgezogene Linie gibt eine Messung im Gleichfeld des Magnetometers wieder. Dabei wurde die Probe in Schritten von 0,1 K abgekühlt und jeweils 1000 s bei dieser Temperatur gehalten. Die übrigen Messdaten wurden bei Frequenzen zwischen 5 mHz und 51 kHz aufgenommen. Das interessante Ergebnis ist, dass sich das Maximum mit abnehmender Frequenz zu tieferen Temperaturen verschiebt und immer spitzer wird.

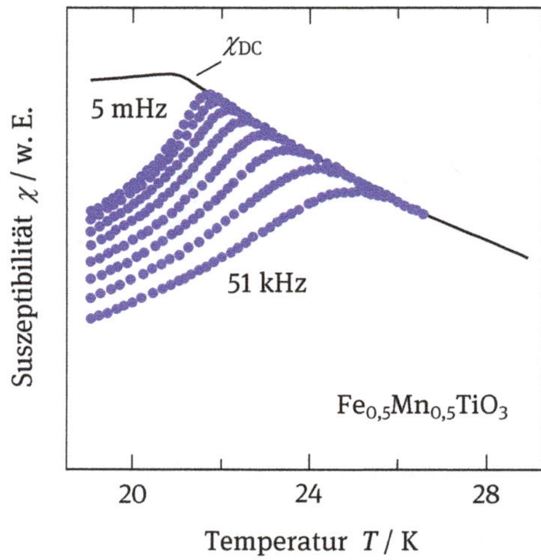

Abb. 12.26: Temperaturverlauf der Suszeptibilität von $Fe_{0,5}Mn_{0,5}TiO_3$. Die Punkte gehören zu Messungen, deren Frequenzen sich jeweils um den Faktor 10 unterscheiden. Die schwarze Kurve gibt die Gleichfeld-Suszeptibilität wieder. (Nach P. Nordblad, P. Svendlindh, *Spin Glasses and Random Fields*, A.P. Young, ed., World Scientific, 1998).

Das geschilderte Verhalten der Suszeptibilität lässt sich qualitativ verstehen, wenn man annimmt, dass sich die freie Energie der Spingläser nur dann im Minimum befindet, wenn die Probe im Gleichfeld abgekühlt wurde. Kühlt man dagegen die Probe ohne Feld ab, so wird eine der vielen metastabilen Konfigurationen eingefroren, die aufgrund des Frustrationseffektes existieren. Erst durch eine Änderung der lokalen Struktur an vielen Stellen kann ein Spinglas im Laufe der Zeit in tiefere Minima der freien Energie gelangen. Da bei den Übergängen von einer Spinkonfiguration zur anderen Potenzialbarrieren zu überwinden sind, können sich neue Konfigurationen, selbst wenn sie energetisch günstiger sind, nur langsam ausbilden.

Wie dargelegt, frieren mit abnehmender Temperatur Spins oder Cluster von Spins in bestimmten Konfigurationen ein und können sich beim weiteren Abkühlen nicht mehr neu orientieren. Grob gesprochen kann man die Spins in zwei Gruppen einteilen. Die erste Gruppe kann der äußeren Störung folgen. Für sie gilt $\omega\tau < 1$, wenn τ ihre Relaxationszeit bezeichnet. Die Spins der zweiten Gruppe mit $\omega\tau > 1$ können ihre Orientierung innerhalb der Zeit, die durch die Periode der Störung vorgegeben ist, nicht mehr ändern. Sie liefern keinen Beitrag zur Suszeptibilität. Damit wird verständlich, warum beim Abkühlen ein Maximum in χ beobachtet wird, das sich mit abnehmender Frequenz zu tieferen Temperaturen verschiebt.

Das Ergebnis einer Gleichfeldmessung bei 0,59 T an **Cu**Mn ist in Bild 12.27 gezeigt. Wie erwartet folgt bei hoher Temperatur, also oberhalb der Spinglastemperatur T_g, die Suszeptibilität dem Curie-Weiß-Gesetz. Das Spinsystem ist während dieses Teils der Messung im thermischen Gleichgewicht. Unterhalb der Spinglastemperatur hängt die Suszeptibilität vom Messprozess ab. In einem Versuchslauf wurde das Feld oberhalb von T_g angelegt und blieb während des Versuchs an. Dabei wurde die Kurve FK („Feldkühlung") registriert. In einem zweiten Versuch wurde ohne Feld ($B < 5\,\mu$T) bis zur tiefsten Temperatur abgekühlt und anschließend das Feld angelegt. Die entsprechende Kurve ist im Bild mit „NFK" für „Nullfeldkühlung" bezeichnet. Die beobachtete Spitze („cusp") bei der Spinglastemperatur ist charakteristisch für die Suszeptibilität der Spingläser. Hält man unterhalb von T_g die Temperatur für längere Zeit konstant, so steigt die Gleichfeldsuszeptibilität langsam an und erreicht schließlich den temperaturunabhängigen Wert FK. Bei derartigen Experimenten beobachtet man unterhalb der Spinglastemperatur eine remanente Magnetisierung, die mit der Zeit verschwindet.

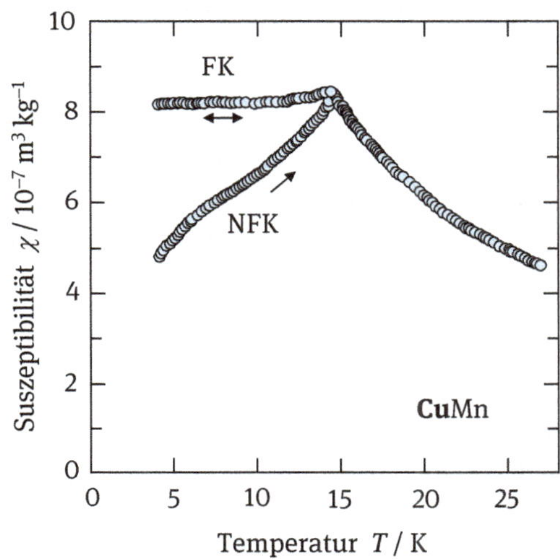

Abb. 12.27: Temperaturverlauf der Suszeptibilität von Kupfer legiert mit 2% Mangan. Die obere Kurve (FK) wurde beim Abkühlen im Feld gemessen, die untere (NFK) nach dem Abkühlen ohne Feld. (Nach S. Nagata et al., Phys. Rev. B **19**, 1633 (1979).)

Es gibt noch eine Reihe weiterer interessanter Effekte in Spingläsern, wie *Alterung*, *Verjüngung* oder *Gedächtniseffekte*, um die Schlagworte zu nennen, auf die wir hier nicht eingehen. Es handelt sich dabei um Nichtgleichgewichtsphänomene, die nur in Ansätzen verstanden sind und eine Spielwiese der Statistischen Physik darstellen.

12.6 Aufgaben

1. Dipolwechselwirkung. Zeigen Sie, dass die magnetische Dipolwechselwirkung zwischen zwei magnetischen Momenten der Größe μ_B, die 3 Å voneinander entfernt sind, erst bei Temperaturen unter 100 mK wichtig wird.

2. Curie-Gesetz. Zeigen Sie, dass das Curie-Gesetz (11.15) aus (11.15) folgt, wenn man die Brillouin-Funktion (11.14) für kleine Felder und hohe Temperaturen entwickelt.

3. Magnetisierung von $NiFe_2O_4$. Zur spontanen Magnetisierung des Ferrits $NiFe_2O_4$ tragen vor allem die Ni^{2+}-Ionen mit ihren acht $3d$-Elektronen bei. Die Spins der beiden Eisenionen kompensieren sich. Wie groß ist die Magnetisierung in der ferrimagnetischen Phase, wenn die Dichten durch $\varrho_{\text{Ferrit}} = 9350\,\text{kg/m}^3$ und $\varrho_{\text{Ni}} = 8908\,\text{kg/m}^3$ gegeben sind.

4. Austauschkoeffizient. Berechnen Sie die Molekularfeldkonstante, das Molekularfeld und den Austauschkoeffizienten der beiden ferromagnetischen Metalle Eisen und Nickel, die kubisch raumzentrierte bzw. kubisch flächenzentrierte Gitter mit den Gitterkonstanten 2,87 Å und 3,52 Å besitzen.

5. Ferromagnetismus. Wie in Abschnitt 12.3 erläutert, beruht Ferromagnetismus nicht auf der Wechselwirkung zwischen den magnetischen Momenten der beteiligten Elektronen. Dies ergibt sich unmittelbar aus der Wechselwirkungsenergie zwischen benachbarten Spins. Vergleichen Sie diese Wechselwirkungsenergie mit der thermischen Energie und der tatsächlich auftretenden Curie-Temperatur. Betrachten Sie dabei Eisen, Cobalt und Nickel, deren Dichten durch $\varrho_{\text{Fe}} = 7874\,\text{kg/m}^3$, $\varrho_{\text{Co}} = 8900\,\text{kg/m}^3$ und $\varrho_{\text{Ni}} = 8908\,\text{kg/m}^3$ gegeben sind.

6. Ferromagnetische Eigenschaften. Nehmen Sie an, dass es zwei Ferromagneten gibt, die zwar den gleiche Austauschkoeffizienten $\mathcal{J}$ aufweisen, sich aber in ihren magnetischen Momenten S_1 und S_2 unterscheiden. Für sie soll $S_1 = 1$ bzw. $S_2 = 2$ gelten. Vergleichen Sie die Molekularfeld- und Curie-Konstanten, die Curie-Temperaturen und die Sättigungsmagnetisierungen.

7. Spinwellen in Nickel. Nickel ist ein kubisch raumzentrierter Ferromagnet mit der Gitterkonstanten $a = 3{,}52$ Å und der Debye-Temperatur $\theta = 450$ K. Die Dispersionsrelation der Magnonen ist bei langen Wellenlängen durch $\hbar\omega = Dq^2$ mit $D = 6{,}4 \cdot 10^{-40}\,\text{Jm}^2$ gegeben. Berechnen Sie die Austauchkonstante $\mathcal{J}$ und den Beitrag der Spinwellen zur spezifischen Wärme bei 5 K unter der Annahme, dass die Spinquantenzahl $S = 1/2$ ist. Bei welcher Temperatur tragen Magnonen und Phononen gleich viel zur spezifischen Wärme bei? (Hinweis: $\int_0^\infty x^{3/2}/(\mathrm{e}^x - 1)\mathrm{d}x = 1{,}783$.)

8. Suszeptibilität von Antiferromagneten. Steht bei Antiferromagneten das Magnetfeld senkrecht auf der spontanen Magnetisierung der Untergitter, so bewirkt das äußere Magnetfeld ein Drehmoment, das durch das Austauschfeld kompensiert wird. Zeigen Sie, dass in diesem Fall die antiferromagnetische Suszeptibilität durch (12.57) gegeben ist.

13 Dielektrische und optische Eigenschaften

Die Wechselwirkung zwischen elektromagnetischen Feldern und Festkörpern lässt sich *mikroskopisch* und *makroskopisch* beschreiben. So haben wir uns bei der Diskussion der optischen Eigenschaften von Halbleitern eines mikroskopischen Bildes bedient. Bei der Absorption wird ein Photon vernichtet und ein Elektron-Loch-Paar erzeugt. Darüber hinaus kann noch ein Phonon ins Spiel kommen. In der makroskopischen Beschreibung benutzt man die Maxwell-Gleichungen und charakterisiert die Probe über Materialparameter. Die Verknüpfung dieser beiden Betrachtungsweisen ist das Hauptziel dieses Kapitels.

Unter dem Einfluss eines elektrischen Feldes werden positive und negative Ladungen in entgegengesetzte Richtung getrieben und erzeugen nun ihrerseits ein elektrisches Feld. Wie ein Festkörper auf elektrische Felder reagiert, hängt einerseits davon ab, ob freie oder gebundene Ladungen vorhanden sind, und andererseits, auf welche Weise die Feldänderungen erfolgen. So schirmen die freien Metallelektronen statische Felder durch Ausbildung von Oberflächenladungen ab, doch verliert dieser Abschirmmechanismus bei hohen Frequenzen seine Wirkung. Ähnliches gilt auch im Ortsraum, denn Felder werden nicht bis zu beliebig kleinen Abständen abgeschirmt, da charakteristische Abschirmlängen existieren. In Isolatoren können Elektronen nur über sehr kleine Distanzen verschoben werden. Es baut sich eine elektrische Polarisation auf, die statische Felder selbst über größere Distanzen nicht vollständig abschirmt. Generell lässt sich sagen, dass die Reaktion von Isolatoren und Metallen auf elektrische Felder in komplizierter Weise von der Frequenz und der Wellenlänge der Störung, also von der Zeit- und Längenskala abhängt. Verantwortlich hierfür ist eine Vielfalt dielektrischer und optischer Prozesse, von denen wir die wichtigsten in diesem Kapitel diskutieren. In den ersten Abschnitten beschäftigen wir uns mit Isolatoren, wobei wir uns vor allem mit den Eigenschaften von Ionenkristallen auseinandersetzen. Im letzten Abschnitt gehen wir auf das Verhalten der freien Elektronen von Metallen ein.

13.1 Dielektrische Suszeptibilität, optische Messgrößen

Wirkt auf einen Isolator ein elektrisches Feld $\boldsymbol{\mathcal{E}}$, so führt dies zu einer Verschiebung von Ladungen und damit zu einer Polarisation $\mathbf{P}$ der Probe. Beide Größen sind über die *dielektrische Suszeptibilität* $[\boldsymbol{\chi}]$ miteinander verbunden:

$$\mathbf{P} = \varepsilon_0 [\boldsymbol{\chi}]\, \boldsymbol{\mathcal{E}} \,. \tag{13.1}$$

Unmittelbar verknüpft ist damit der *Dielektrizitätstensor*

$$[\boldsymbol{\varepsilon}] = [\mathbf{1}] + [\boldsymbol{\chi}] \,. \tag{13.2}$$

Sowohl $[\boldsymbol{\chi}]$ als auch $[\boldsymbol{\varepsilon}]$ sind symmetrische Tensoren zweiter Stufe. Bei kubischen Kristallen und amorphen Festkörpern sind diese Größen skalar. Diese Materialien verhalten

https://doi.org/10.1515/9783111027227-013

sich daher „elektrisch isotrop“. Da in den meisten Fällen die Tensoreigenschaften nicht relevant sind, ersetzen wir die Tensoren im Folgenden auch bei nicht-kubischen Kristallen durch skalare Größen, um die Gleichungen übersichtlich zu halten.

Für die *elektrische Flussdichte* **D**, oft auch *dielektrische Verschiebung* genannt, gilt die Definition

$$\mathbf{D} = \varepsilon_0 \boldsymbol{\mathcal{E}} + \mathbf{P} \equiv \varepsilon_0 \varepsilon \boldsymbol{\mathcal{E}} \,. \tag{13.3}$$

ε steht hier für die **Dielektrizitätskonstante**, die häufig auch als **dielektrische Funktion** bezeichnet wird.

Da die Größen **D** und $\boldsymbol{\mathcal{E}}$ im Allgemeinen zeitabhängig sind, zerlegt man sie mit Hilfe der Fourier-Transformation in ihre spektralen Anteile:

$$\boldsymbol{\mathcal{E}}(t) = \int_{-\infty}^{\infty} \boldsymbol{\mathcal{E}}(\omega) \mathrm{e}^{-\mathrm{i}\omega t} \mathrm{d}\omega \qquad \text{und} \qquad \mathbf{D}(t) = \int_{-\infty}^{\infty} \mathbf{D}(\omega) \mathrm{e}^{-\mathrm{i}\omega t} \mathrm{d}\omega \,. \tag{13.4}$$

Die Fourier-Koeffizienten $\boldsymbol{\mathcal{E}}(\omega)$ und $\mathbf{D}(\omega)$ sind dann über die frequenzabhängige Dielektrizitätskonstante $\varepsilon(\omega)$ miteinander verbunden: $\mathbf{D}(\omega) = \varepsilon_0 \varepsilon(\omega) \boldsymbol{\mathcal{E}}(\omega)$.

In zeitlich veränderlichen Feldern tritt in den Maxwell-Gleichungen neben der Stromdichte **j**, die von den freien Ladungsträgern hervorgerufen wird, noch der Verschiebungsstrom $\partial \mathbf{D}/\partial t$ auf:

$$\mathrm{rot}\mathbf{H} = \mathbf{j} + \frac{\partial \mathbf{D}}{\partial t} \,. \tag{13.5}$$

Nutzen wir das ohmsche Gesetz $\mathbf{j} = \sigma \boldsymbol{\mathcal{E}}$, so lässt sich für die Fourier-Koeffizienten diese Gleichung in der Form

$$\mathrm{rot}\mathbf{H}(\omega) = \sigma \boldsymbol{\mathcal{E}}(\omega) - \mathrm{i}\omega\varepsilon_0\varepsilon(\omega)\boldsymbol{\mathcal{E}}(\omega) = \tilde{\sigma}(\omega)\boldsymbol{\mathcal{E}}(\omega) \tag{13.6}$$

ausdrücken. Im letzten Ausdruck haben wir die frequenzabhängige, verallgemeinerte Leitfähigkeit $\tilde{\sigma} = (\sigma - \mathrm{i}\omega\varepsilon_0\varepsilon)$ eingeführt. Anstelle von (13.6) kann man auch

$$\mathrm{curl}\,\mathbf{H}(\omega) = -\mathrm{i}\varepsilon_0\tilde{\varepsilon}(\omega)\omega\boldsymbol{\mathcal{E}}(\omega) = -\mathrm{i}\omega\mathbf{D}(\omega) \tag{13.7}$$

schreiben und so die verallgemeinerte Dielektrizitätskonstante $\tilde{\varepsilon}(\omega) = \varepsilon(\omega) + \mathrm{i}\sigma/\varepsilon_0\omega$ festlegen.

Der Austauschbarkeit der beiden Beschreibungen liegt der Sachverhalt zu Grunde, dass sich die Unterscheidung zwischen freien und gebundenen Ladungen bei Wechselfeldern verwischt und nur bei Gleichfeldern eindeutig ist. Natürlich können die Größen $\boldsymbol{\mathcal{E}}$ und **D** auch räumlich variieren. Durch eine Zerlegung nach ebenen Wellen, können die räumlichen Änderungen berücksichtigt werden. Die Entwicklungskoeffizienten hängen dann vom Wellenvektor **k** ab. Wir wollen hier jedoch diesen Weg nicht weiter verfolgen, da bei den Effekten, die wir in diesem Kapitel betrachten, bei einer Entwicklung nur Wellenvektoren von Bedeutung sind, die klein gegen den reziproken Gittervektor sind. In diesem Fall dürfen wir $k \approx 0$ setzen.

Ohne Beweis möchten wir noch erwähnen, dass der Real- und Imaginärteil der Suszeptibilität und der dielektrischen Funktion miteinander verknüpft sind, da sie als die *Antwortfunktionen* eines linearen, passiven Systems aufgefasst werden können, für welche die **Kramers[1]-Kronig[2]-Relationen** Gültigkeit besitzen. Für die dielektrische Funktion $\varepsilon = (\varepsilon' + \mathrm{i}\varepsilon'')$ haben sie die Form:

$$\varepsilon'(\omega) - 1 = \frac{2}{\pi}\,\mathcal{P}\int_0^\infty \frac{\omega'\varepsilon''(\omega')}{\omega'^2 - \omega^2}\,\mathrm{d}\omega'\,, \tag{13.8}$$

$$\varepsilon''(\omega) = -\frac{2\omega}{\pi}\,\mathcal{P}\int_0^\infty \frac{\varepsilon'(\omega') - 1}{\omega'^2 - \omega^2}\,\mathrm{d}\omega'\,. \tag{13.9}$$

Hierbei steht $\mathcal{P}$ für den Hauptwert des Integrals. Werden Real- oder Imaginärteil über einen großen Frequenzbereich mit genügender Genauigkeit gemessen, so kann der jeweils andere Teil der dielektrischen Funktion berechnet werden.

Zum Schluss dieses Abschnitts soll noch darauf hingewiesen werden, dass optische Experimente eine wichtige Rolle bei der Untersuchung der dielektrischen Eigenschaften von Festkörpern spielen. Wir wollen deshalb noch kurz den Zusammenhang der dielektrischen Funktion mit den optischen Größen erläutern. Bezeichnen wir mit n' den *Brechungsindex* und mit κ den *Extinktionskoeffizienten*, so gilt

$$\varepsilon' + \mathrm{i}\varepsilon'' = (n' + \mathrm{i}\kappa)^2, \tag{13.10}$$

und damit

$$\varepsilon' = n'^2 - \kappa^2 \qquad \text{und} \qquad \varepsilon'' = 2n'\kappa\,. \tag{13.11}$$

Messungen von n' und κ erweisen sich bei starker Absorption, z.B. im interessanten Bereich der Resonanz, als besonders schwierig. Deshalb wird oft das Reflexionsvermögen R, auch Reflektivität oder Reflexionsgrad genannt, bestimmt, für die bei senkrechtem Einfall die Beziehung

$$R = \left|\frac{\sqrt{\varepsilon} - 1}{\sqrt{\varepsilon} + 1}\right|^2 = \frac{(n' - 1)^2 + \kappa^2}{(n' + 1)^2 + \kappa^2} \tag{13.12}$$

gilt. Die beiden wichtigen Größen n' und κ lassen sich jedoch nicht aus dem Intensitätsverhältnis von reflektiertem zu einfallendem Strahl ermitteln. Eine Messung der Reflexion wäre nur ausreichend, wenn neben dem Verhältnis der Intensitäten auch noch die Phasenverschiebung zwischen einlaufenden und reflektierten Wellen bestimmt werden könnte. Wie oben erwähnt, bieten die *Kramers-Kronig-Relationen* einen Ausweg aus dieser Schwierigkeit, denn sie verbinden ε' mit ε'' bzw. n' mit κ. Um die hierfür erforderliche numerische Integration tatsächlich ausführen zu können, muss die Messgröße R einer dicken Probe bei „allen“ Frequenzen, d.h. über einen großen Frequenzbereich bestimmt werden.

---

1 Hendrik Anthony Kramers, *1894 Rotterdam, †1952 Oegstgeest

2 Ralph Kronig, *1904 Dresden, †1995 Zeist

13.2 Lokales elektrisches Feld

Zunächst wenden wir uns der Frage zu, welches Feld an einem bestimmten Atom eines Isolators herrscht, wenn wir ein äußeres Feld an eine Probe anlegen. Die entsprechende Frage haben wir bei der Behandlung der magnetischen Effekte im vorhergehenden Kapitel ausgeklammert, da diese Frage bei den elektrischen Eigenschaften wesentlich größere Bedeutung hat als bei den magnetischen.

Bringen wir Atome in ein elektrisches Feld, so werden sie polarisiert. Bildlich gesprochen verschiebt sich das Zentrum der Elektronenwolke relativ zum Atomkern. Dadurch wirken die Atome nun ihrerseits als Dipole mit dem Moment

$$\mathbf{p} = \varepsilon_0[\boldsymbol{\alpha}]\boldsymbol{\mathcal{E}} \,. \tag{13.13}$$

$\boldsymbol{\mathcal{E}}$ ist das elektrische Feld am Ort des betrachteten Atoms und $[\boldsymbol{\alpha}]$ die atomare Polarisierbarkeit,[3] die bei nicht-sphärischen Molekülen eine Tensorgröße ist. Aufgrund des anisotropen Aufbaus und der gerichteten Bindungen ist sie in vielen Fällen auch in Festkörpern von der Richtung abhängig. Wir werden die Polarisierbarkeit wie ε und χ als Skalar behandeln, um die Gleichungen übersichtlich zu halten. Eine Berücksichtigung der Richtungsabhängigkeit ist aber ohne großen Aufwand möglich.

Wendet man Gleichung (13.13) auf Gase an, so ist die Feldstärke $\boldsymbol{\mathcal{E}}$ identisch mit dem angelegten Feld $\boldsymbol{\mathcal{E}}_\mathrm{a}$. Im Festkörper wirken jedoch auf ein Atom wegen der kleinen Atomabstände nicht nur das äußere Feld sondern auch Felder der benachbarten Atome. Die Summe aus beiden, also das Feld, dem ein Atom tatsächlich ausgesetzt ist, wird als **lokales Feld $\boldsymbol{\mathcal{E}}_\mathrm{lok}$** bezeichnet. Auf atomarer Skala bewirkt der Beitrag der Atome ein Schwanken der elektrischen Feldstärke. Das makroskopische Feld $\boldsymbol{\mathcal{E}}$ dagegen, das in die Maxwell-Gleichungen eingeht, ist der Mittelwert über die lokal variierenden Felder.

Wir wollen nun die Verknüpfung zwischen dem lokalen und dem äußeren Feld herstellen. Hierzu berechnen wir die Polarisation $\mathbf{P}$, die ein anliegendes Feld jeweils in der mikroskopischen und der makroskopischen Beschreibung hervorruft und vergleichen die beiden Resultate. Sehen wir von Substanzen mit permanenten Dipolen ab, auf die wir getrennt eingehen, so weisen alle induzierten Dipolmomente in Feldrichtung und tragen gleichermaßen zur Polarisation bei, d.h., es gilt $\mathbf{P} = n\mathbf{p} = n\varepsilon_0\alpha\,\boldsymbol{\mathcal{E}}_\mathrm{lok}$. Andererseits wird in der Elektrodynamik die Polarisation mit dem makroskopisch wirksamen Feld über die dielektrische Suszeptibilität $[\boldsymbol{\chi}]$ verknüpft, so dass $\mathbf{P} = \varepsilon_0[\boldsymbol{\chi}]\boldsymbol{\mathcal{E}}$ ist. Ignorieren wir die Tensoreigenschaften der Suszeptibilität, dann sind makroskopisches und lokales Feld über die Beziehung $\chi\boldsymbol{\mathcal{E}} = n\alpha\,\boldsymbol{\mathcal{E}}_\mathrm{lok}$ miteinander verbunden.

Den Zusammenhang zwischen den beiden Feldern leiten wir im Rahmen der **Lorentz-Näherung** her. Hierzu spalten wir das lokale Feld in vier Teile auf, auf deren

---

3 Gelegentlich wird die Größe $\varepsilon_0\alpha$ als Polarisierbarkeit definiert. Dies hat unter anderem zur Folge, dass in Gleichungen wie (13.20) oder (13.21) der Faktor ε_0 auftritt.

Bedeutung wir der Reihe nach eingehen:

$$\boldsymbol{\mathcal{E}}_{\text{lok}} = \boldsymbol{\mathcal{E}}_{\text{a}} + \boldsymbol{\mathcal{E}}_{\text{D}} + \boldsymbol{\mathcal{E}}_{\text{L}} + \boldsymbol{\mathcal{E}}_{\text{K}} \,. \tag{13.14}$$

In der folgenden Diskussion gehen wir von einer homogen polarisierten dielektrischen Probe aus, z.B. von einer Platte in einem Plattenkondensator. Die Platte wird gedanklich in zwei Bereiche zerlegt, einen sehr kleinen, kugelförmigen Bereich um das Aufatom, in dem die lokale Dipol-Dipol-Wechselwirkung berücksichtigt wird, und in einen restlichen Bereich, der mit den Mittelwerten der Felder beschrieben wird. In Bild 13.1 ist dieser Fall schematisch skizziert.

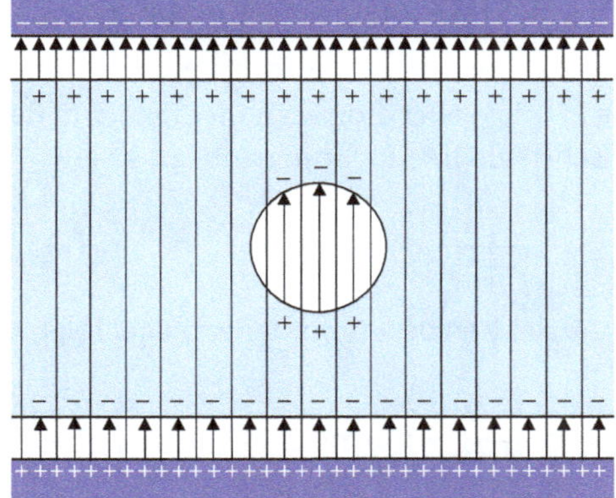

Abb. 13.1: Querschnitt durch eine dünne dielektrische Platte zur Herleitung des lokalen elektrischen Feldes. Die dunkelblau gezeichneten Elektroden tragen Ladungen. Das äußere Feld $\mathcal{E}_{\text{a}}$ im „Luftspalt" wird durch Polarisationsladungen an der Probenoberfläche reduziert. Das Feld im Lochinnern ist größer als das im umgebenden Medium.

Die induzierten Ladungen auf der Probenoberfläche bewirken ein Feld $\boldsymbol{\mathcal{E}}_{\text{D}} = -f\mathbf{P}/\varepsilon_0$, das dem äußeren entgegengerichtet ist und dessen Stärke von der Geometrie der Probe abhängt. Für die dargestellte dünne Platte ist der geometrieabhängige Depolarisationsfaktor $f = 1$, bei einer Kugel $f = 1/3$. Liegt das Feld längs eines dünnen Zylinders oder längs einer dünnen Platte an, so verschwindet das Gegenfeld, d.h. $f = 0$.

Um zu geometrieunabhängigen Aussagen zu kommen, kann man das angelegte äußere Feld $\boldsymbol{\mathcal{E}}_{\text{a}}$ und das **Depolarisations**- oder **Entelektrisierungsfeld** $\boldsymbol{\mathcal{E}}_{\text{D}}$ zum makroskopisch wirksamen Feld $\boldsymbol{\mathcal{E}} = (\boldsymbol{\mathcal{E}}_{\text{a}} + \boldsymbol{\mathcal{E}}_{\text{D}})$ zusammenfassen.

Nun kommen wir auf das in Bild 13.1 skizzierte Loch zurück. Wir stellen uns vor, dass eine kleine Kugel mit dem Radius $\mathcal{R}$ aus der Probe herausgeschnitten wurde. Die Kugel soll eine ausreichend große Anzahl von induzierten Dipolen enthalten, damit die Mittelung über die atomaren Felder zum gewünschten makroskopischen Feld führt. Auf der Oberfläche des kugelförmigen Lochs befinden sich Ladungen aufgrund der Polarisation der Platte. Bezogen auf die Polarisationsrichtung ist deren Flächenladungsdichte ϱ_{p} bei homogener Polarisation der Probe aus geometrischen Gründen $\varrho_{\text{p}} = -P\cos\theta$. Auf der dunkelblauen Ringfläche in Bild 13.2 sitzt daher die Ladung $\mathrm{d}q = -P\cos\theta \cdot 2\pi\mathcal{R}\sin\theta \cdot \mathcal{R}\,\mathrm{d}\theta$. Aus Symmetriegründen ruft die Oberflächenladung nur ein Feld in Polarisationsrichtung hervor. Die Ringfläche trägt daher zum Feld im

Zentrum des Lochs den Teil

$$\mathrm{d}\mathcal{E}_\mathrm{L} = -\frac{1}{4\pi\varepsilon_0}\frac{\mathrm{d}q}{\mathcal{R}^2}\cos\theta \tag{13.15}$$

bei. Das **Lorentz-Feld** $\mathcal{E}_\mathrm{L}$, das durch die Polarisation auf der Lochoberfläche hervorgerufen wird, erhalten wir durch Integration:

$$\mathcal{E}_\mathrm{L} = \frac{P}{2\varepsilon_0}\int_0^\pi \cos^2\theta\,\sin\theta\,\mathrm{d}\theta = \frac{P}{3\varepsilon_0}\,. \tag{13.16}$$

Nun müssen wir noch den Einfluss der Nachbaratome in der herausgeschnittenen Kugel auf das Feld am Aufatom diskutieren. Da sich der Beitrag der benachbarten Atome weitgehend kompensiert, ist dieses Feld $\mathcal{E}_\mathrm{K}$ relativ klein. Es hängt von der Kristallstruktur ab und verschwindet sogar, wenn die benachbarten Atome kubisch angeordnet sind. Um dies zu zeigen, summieren wir die Beiträge aller atomaren Dipolfelder in der Kugel auf. Nehmen wir an, dass das elektrische Feld in z-Richtung anliegt, so gilt:

$$\mathcal{E}_\mathrm{K} = \frac{1}{4\pi\varepsilon_0}\sum_m p_m\frac{3z_m^2 - r_m^2}{r_m^5}\,. \tag{13.17}$$

Aus der Symmetrie des kubischen Gitters und der herausgeschnittenen Kugel folgt:

$$\sum_m \frac{x_m^2}{r_m^5} = \sum_m \frac{y_m^2}{r_m^5} = \sum_m \frac{z_m^2}{r_m^5}\,. \tag{13.18}$$

Setzen wir diesen Ausdruck in (13.17) ein, so erhalten wir das aus geometrischen Gründen plausible, einfache Ergebnis $\mathcal{E}_\mathrm{K} = 0$. Bei einer kubischen Anordnung der benachbarten Atome heben sich die Dipolfelder am Ort des Aufatoms gerade auf. Damit bekommen wir als Endergebnis für das lokale Feld in einer kubischen Umgebung die **Lorentz-Beziehung**

$$\boldsymbol{\mathcal{E}}_\mathrm{lok} = \boldsymbol{\mathcal{E}} + \frac{\mathbf{P}}{3\varepsilon_0}\,. \tag{13.19}$$

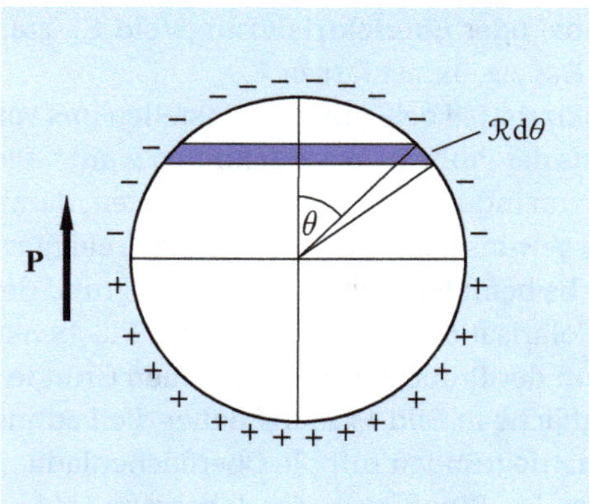

Abb. 13.2: Schnitt durch die Probe mit einem Loch im Zentrum. Die Ladung auf der Lochoberfläche rührt von der homogenen Polarisation der Probe her. Auf dem dunkelblauen Streifen sitzt die Ladung $\mathrm{d}q$.

Obwohl das Feld der herausgeschnittenen Kugel strenggenommen nur für kubische Gitter verschwindet, ist die Lorentz-Beziehung auch in den meisten anderen Fällen eine gute Näherung.

Abhängig von der Form der Probe und dem damit verbundenen Depolarisationsfeld wirkt die Polarisation verstärkend oder schwächend auf das äußere elektrische Feld. Steht das elektrische Feld senkrecht auf einer dünnen Platte wie in Bild 13.1 gezeigt, so finden wir für das lokale Feld $\mathcal{E}_{\text{lok}} = (\mathcal{E}_\text{a} - 2\mathbf{P}/3\varepsilon_0)$. Verläuft es dagegen parallel, so ergibt sich $\mathcal{E}_{\text{lok}} = (\mathcal{E}_\text{a} + \mathbf{P}/3\varepsilon_0)$. Bei kugelförmigen Proben heben sich $\mathcal{E}_\text{D}$ und $\mathcal{E}_\text{L}$ gerade auf.

Wir können nun über die Beziehung $\chi\mathcal{E} = n\alpha\,\mathcal{E}_{\text{lok}}$ in der Lorentz-Näherung auch die hier als isotrop angenommene Suszeptibilität berechnen und finden mit Hilfe von (13.19)

$$\chi = \frac{n\alpha}{1 - n\alpha/3} \,. \tag{13.20}$$

Ohne Berücksichtigung des lokalen Feldes wäre $\chi = n\alpha$. Für die tatsächlich auftretende Dielektrizitätskonstante $\varepsilon = (1 + \chi)$ ergibt sich dagegen

$$\frac{\varepsilon - 1}{\varepsilon + 2} = \frac{n\alpha}{3} \,. \tag{13.21}$$

Diese Verknüpfung zwischen der experimentell ermittelbaren Dielektrizitätskonstanten und der Polarisierbarkeit ist die bekannte **Clausius-Mossotti-Beziehung**[4,5]. Mit ihrer Hilfe und Gleichung (13.19) lässt sich bei Kenntnis des äußeren Felds das lokale Feld berechnen, das am Ort eines herausgegriffenen Atoms tatsächlich herrscht. Bei der Interpretation von Messdaten spielt das lokale Feld eine sehr wichtige Rolle.

13.3 Elektrische Polarisation

In diesem Abschnitt wollen wir das dielektrische Verhalten von Isolatoren näher untersuchen. Zur Veranschaulichung ist in Bild 13.3 eine schematische Übersicht über den Frequenzgang des Realteils der dielektrischen Funktion eines polaren Kristalls, d.h. eines Kristalls mit ionischer Bindung, skizziert. Es lassen sich drei Beiträge unterscheiden, die bei wachsender Frequenz jeweils in einem charakteristischen Frequenzbereich ihre Bedeutung verlieren. Moleküle mit permanentem Dipolmoment rufen bei tiefen Frequenzen die *dipolare Polarisation* hervor. Wie wir sehen werden, verliert sie im Allgemeinen im Mikrowellenbereich ihre Bedeutung. Die *Ionenpolarisation* beruht auf der Verschiebung geladener Ionen im elektrischen Feld und besitzt ihre stärkste Ausprägung bei den typischen Ionenkristallen. Der ionische Beitrag zur Dielektrizitätskonstanten verschwindet im Bereich des Infraroten. Bei noch höheren Frequenzen tritt

4 Rudolf Clausius, *1822 Köslin, †1888 Bonn
5 Ottaviano Fabrizio Mossotti, *1791 Novara, †1863 Pisa

nur noch *elektronische Polarisation* auf, die man als Verschiebung der Elektronenwolke bezüglich der Kerne auffassen kann. Im Röntgengebiet verschwindet schließlich der Beitrag der Atomhüllen und die Dielektrizitätskonstante nähert sich von „unten“ dem Grenzwert $\varepsilon = 1$. Die Gesamtpolarisation ist die Summe der jeweiligen Einzelbeiträge, die wir nun getrennt diskutieren.

13.3.1 Elektronische Polarisierbarkeit

Die optischen Eigenschaften von Festkörpern im sichtbaren und ultravioletten Spektralbereich werden durch *Interband-* und *Intraband-*Übergänge bestimmt. Bei Isolatoren, die hier im Mittelpunkt stehen, sind nur Interband-Übergänge möglich, weil die Bänder entweder vollständig besetzt oder vollständig leer sind. Dagegen finden in Metallen auch Intraband-Übergänge zwischen besetzten und unbesetzten Zuständen statt. Im Modell der *stark gebundenen Elektronen* (vgl. Abschnitt 8.4) entsprechen optische Interband-Übergänge den Übergängen zwischen besetzten und unbesetzten Energieniveaus einzelner Atome, wobei infolge der Wechselwirkung mit den Nachbarn die diskreten Niveaus zu Bändern aufgespalten sind. Die dielektrische Funktion lässt sich berechnen, indem man über alle Einzelanregungen summiert. Wir werden hier die quantenmechanische Rechnung nicht nachvollziehen, sondern geben nur das Ergebnis für die Polarisierbarkeit bzw. für die dielektrische Funktion an.

Bereits 1907 gelang *H.A. Lorentz* eine einfache, sehr gute Beschreibung der elektronischen Polarisierbarkeit mit Hilfe des **Oszillatormodells**. Die Elektronen werden dabei als negative Ladungswolken behandelt, die den Kern umgeben und durch die einfallende elektromagnetische Welle zu harmonischen Schwingungen angeregt werden. Wir wollen die Vorhersagen dieses Modells kurz herleiten und mit dem quantenmecha-

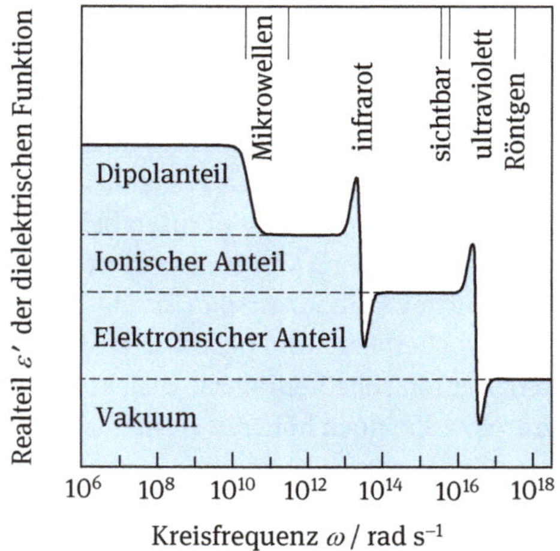

Abb. 13.3: Schematische Darstellung der Frequenzabhängigkeit der Dielektrizitätskonstanten eines polaren Kristalls. Die Größe und die exakte Lage der einzelnen Beiträge hängt von den spezifischen Eigenschaften des betrachteten Festkörpers ab.

nischen Ergebnis vergleichen. Mit leichter Abwandlung erlaubt dieses Modell auch die Beschreibung der Ionenpolarisation, auf die wir weiter unten eingehen.

Wir nehmen an, dass ein Elektron eines Gitteratoms bei einer Auslenkung x eine rücktreibende Kraft erfährt, die der Auslenkung proportional ist. Wirkt das elektrische Wechselfeld $\mathcal{E}_{\text{lok}}(t) = \mathcal{E}^0_{\text{lok}} \exp(-\mathrm{i}\omega t)$ auf ein Elektron mit der Masse m, so wird dieses zu einer Schwingung angeregt, die durch Abstrahlungseffekte gedämpft wird. Wir starten daher mit der Bewegungsgleichung eines getriebenen harmonischen Oszillators:

$$m\frac{\mathrm{d}^2x}{\mathrm{d}t^2} + m\gamma\frac{\mathrm{d}x}{\mathrm{d}t} + m\omega_0^2 x = -e\mathcal{E}_{\text{lok}} \,. \tag{13.22}$$

Hier steht γ für die Dämpfungskonstante und ω_0 für die Resonanzfrequenz des ungedämpften Oszillators. Die stationäre Lösung dieser Differentialgleichung ist durch

$$x(t) = -\frac{e}{m}\,\frac{1}{\omega_0^2 - \omega^2 - \mathrm{i}\gamma\omega}\,\mathcal{E}_{\text{lok}}(t) \tag{13.23}$$

gegeben. Mit der Bewegung ist das Dipolmoment $p = -ex$ verknüpft. Setzen wir dieses Ergebnis in (13.13) ein, so erhalten wir für die Polarisierbarkeit

$$\alpha = \frac{e^2}{\varepsilon_0 m}\,\frac{1}{\omega_0^2 - \omega^2 - \mathrm{i}\gamma\omega} \,. \tag{13.24}$$

Für einige Atome und Ionen sind in der Tabelle 13.1 die Werte von α aufgeführt.

Tab. 13.1: Polarisierbarkeit von Atomen und Ionen. (Nach A. Dalgarno, Adv. Phys. **11**, 281 (1962).)

	He	Ar	Kr	Xe	Na^+	K^+	F^-	Cl^-
Polarisierbarkeit $\alpha/10^{24}\text{cm}^3$	0,2	1,6	2,5	4,0	0,2	0,9	1,2	3,0

Nutzen wir weiterhin die Gleichung (13.19), so ergibt sich für die dielektrische Funktion $\varepsilon(\omega) = 1 + \chi(\omega) = 1 + P(\omega)/\varepsilon_0\mathcal{E}$ der Zusammenhang

$$\varepsilon(\omega) = 1 + \frac{ne^2}{\varepsilon_0 m}\,\frac{1}{\omega_0^2 - [ne^2/3\varepsilon_0 m] - \omega^2 - \mathrm{i}\gamma\omega} = 1 + \frac{ne^2}{\varepsilon_0 m}\,\frac{1}{\omega_1^2 - \omega^2 - \mathrm{i}\gamma\omega} \,. \tag{13.25}$$

Im zweiten Ausdruck haben wir die neue Resonanzfrequenz ω_1 eingeführt, die durch $\omega_1^2 = (\omega_0^2 - ne^2/3\varepsilon_0 m)$ gegeben ist. Das lokale Feld, das von den Nachbarn hervorgerufen wird, führt zu einer Verschiebung der Resonanzfrequenz. Wir werden diesen Effekt hier nicht weiter verfolgen, da wir uns mit der Verschiebung von Energieniveaus bereits in Abschnitt 8.4 im Rahmen des Modells stark gebundener Elektronen ausführlich auseinandergesetzt haben.

Nun zerlegen wir die komplexe dielektrische Funktion $\varepsilon = (\varepsilon' + \mathrm{i}\varepsilon'')$ noch in Real- und Imaginärteil und finden

$$\varepsilon'(\omega) = 1 + \frac{ne^2}{\varepsilon_0 m}\,\frac{\omega_1^2 - \omega^2}{(\omega_1^2 - \omega^2)^2 + \gamma^2\omega^2} \,, \tag{13.26}$$

$$\varepsilon''(\omega) = \frac{ne^2}{\varepsilon_0 m} \frac{\gamma\omega}{(\omega_1^2 - \omega^2)^2 + \gamma^2\omega^2} \,. \tag{13.27}$$

In Bild 13.4 ist der schematische Frequenzverlauf dieser beiden Funktionen wiedergegeben. Charakteristisch für resonante Anregungen ist, dass der Imaginärteil ε'' nur in der Umgebung der Resonanzfrequenz merklich von null verschieden ist. In diesem Frequenzbereich treten auch starke Änderungen im Realteil ε' auf. Er erreicht dort seinen Maximalwert und fällt anschließend rasch ab. Bei $\omega = \omega_1$ nimmt ε' den Wert eins an. Bei noch höheren Frequenzen wird ε' negativ und durchläuft ein Minimum. Nach einem weiteren Nulldurchgang strebt ε' deutlich oberhalb der Resonanzfrequenz dem Vakuumwert eins zu. Weil ε'' außerhalb des Resonanzbereichs verschwindet, ist dort der Brechungsindex nach (13.11) durch $n' \simeq \sqrt{\varepsilon'(\omega)}$ gegeben.

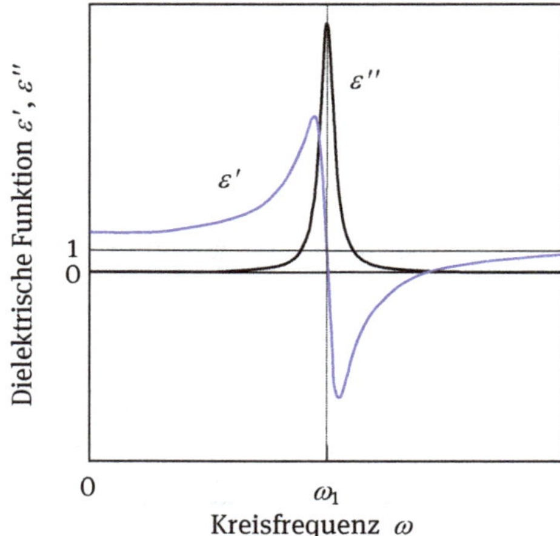

Abb. 13.4: Frequenzgang des Real- (blau) und Imaginärteils (schwarz) der dielektrischen Funktion. Bei schwacher Dämpfung liegt die erste Nullstelle von ε' ungefähr bei der Resonanzfrequenz ω_1, also in der Nähe des Maximums von ε''.

Atome und damit auch Festkörper besitzen mehrere Resonanzfrequenzen, die sich unterschiedlich stark auf die Polarisierbarkeit auswirken. Um dieser Tatsache Rechnung zu tragen, führt man für die einzelnen Übergänge die *Oszillatorstärke* f_k ein, deren Wert den experimentellen Gegebenheiten angepasst wird. Die dielektrische Funktion erhält man dann durch Summation über alle auftretenden Resonanzen. Anstelle von (13.25) tritt

$$\varepsilon(\omega) = 1 + \frac{ne^2}{\varepsilon_0 m} \sum_k \frac{f_k}{\omega_k^2 - \omega^2 - \mathrm{i}\gamma_k\omega} \,. \tag{13.28}$$

Das gleiche Frequenzverhalten findet man in der aufwändigeren quantenmechanischen Rechnung. Ein Vergleich zeigt, dass die hier eingeführte Oszillatorstärke im Wesentlichen durch das Matrixelement des jeweiligen Übergangs bestimmt wird.

Die Berechnung des Absorptionsspektrums von Festkörpern ist ein relativ komplexes Problem. Die Wahrscheinlichkeit für das Auftreten eines bestimmten Übergangs hängt nicht nur vom entsprechenden Matrixelement und damit von der Oszillatorstärke ab sondern auch von der elektronischen Zustandsdichte des Anfangs- und Endzustands. Dies bedeutet, dass die $\varepsilon''(\omega)$-Kurve die ***kombinierte Zustandsdichte*** widerspiegelt. Weiter muss berücksichtigt werden, dass nicht nur direkte Prozesse auftreten, sondern auch, wie in Abschnitt 10.1 diskutiert, Phononen am Absorptionsprozess beteiligt sein können und zusätzliche Übergänge ermöglichen. Von besonderem Interesse ist die Absorption, die auf dem Übergang der Elektronen vom Valenz- ins Leitungsband beruht und somit unter den elektronischen Anregungen im Isolator den kleinsten Energieaufwand erfordert. Sie wird als **Fundamentalabsorption** bezeichnet.

In den entsprechenden Experimenten wird zunächst das Reflexionsvermögen der Probe gemessen und daraus unter Zuhilfenahme der Kramers-Kronig-Beziehung ε' bzw. ε'' berechnet. Aus deren Verlauf lassen sich dann Schlussfolgerungen über kritische Punkte, Zustandsdichten und somit über die Bandstruktur ziehen. In Bild 13.5 ist der Verlauf von Real- und Imaginärteil der dielektrischen Funktion von Germanium in einem weiten Bereich der Photonenenergie zu sehen. Da Germanium weder Ionen- noch Dipolpolarisation aufweist, wird die dielektrische Funktion im gesamten Frequenzbereich nur durch den Beitrag der elektronischen Übergänge bestimmt. Offensichtlich treten in der Absorption mehrere Maxima auf, die kritischen Punkten der kombinierten Zustandsdichte zugeordnet werden können.

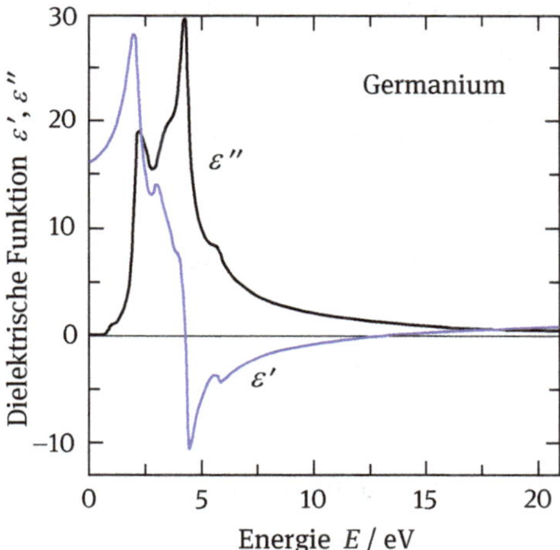

Abb. 13.5: Real- (blau) und Imaginärteil (schwarz) der dielektrischen Funktion von Germanium in einem weiten Energiebereich. (Nach H.R. Philipp, H. Ehrenreich, Phys. Rev. **129**, 1550 (1963).)

Mit zunehmender Photonenenergie nehmen die Oszillatorstärken rasch ab, da die Rumpfelektronen kaum zur Polarisierbarkeit beitragen. Die Absorption im Bereich des tiefen Ultraviolett und der Röntgenstrahlen ist daher schwach und beeinflusst die optischen Eigenschaften bei tieferen Frequenzen kaum. Berechnet man den Brechungsindex n' aus den Daten von Bild 13.5 mit Hilfe von Gleichung (13.11), so findet man, dass n' bei einer Photonenenergie über 7 eV kleiner als eins wird, obwohl noch weitere

Resonanzen im Röntgengebiet auftreten. Oberhalb von 14 eV wird ε' wieder positiv, und der Brechungsindex nähert sich dem Wert eins.

13.3.2 Ionenpolarisation

Die schematische Darstellung in Bild 13.3 legt nahe, dass auch die Ionenpolarisation durch Resonanzvorgänge hervorgerufen wird. Wie bei der elektronischen Polarisation, so können wir auch hier das einfache *Oszillatormodell* zur Beschreibung heranziehen.

Im Rahmen der mikroskopischen Beschreibung kann die Wechselwirkung von Infrarotstrahlung mit den Ionen eines Gitters als Stoß zwischen Photonen und optischen Phononen beschrieben werden. Da beim Stoß der Quasiimpuls erhalten bleibt, können an diesem Prozess nur Phononen mit sehr kleinen Wellenvektoren teilnehmen. Wie wir im Abschnitt 6.2 gesehen haben, verläuft die Dispersionskurve der optischen Phononen in der Nähe des Γ-Punktes fast horizontal. Alle an der Wechselwirkung beteiligten Phononen eines Zweiges haben daher nahezu die gleiche Frequenz. Bei Kristallen mit zweiatomiger Basis, auf die wir uns hier beschränken, bewegen sich bei langen Wellenlängen die Ionen des einen Untergitters starr in Gegenphase zu den Ionen des entgegengesetzt geladenen. Für eine makroskopische Beschreibung reicht es daher, ein Ionenpaar herauszugreifen und dessen Reaktion auf elektromagnetische Wellen zu studieren, da sich alle Ionenpaare gleich verhalten.

Auf die Ionen der beiden Untergitter mit den Ladungen q bzw. $-q$ wirken neben den elastischen auch noch elektrische Kräfte, die vom lokalen elektrischen Feld $\boldsymbol{\mathcal{E}}_{\text{lok}}$ verursacht werden, das sich aus dem anliegenden Feld und dem Feld der Ionen selbst zusammensetzt. Bezeichnen wir mit $\mathbf{u}_1$ und $\mathbf{u}_2$ die Auslenkungen der Ionen mit den beiden Massen M_1 und M_2, so erhalten wir anstelle von Gleichung (6.36) die Ausdrücke

$$\begin{aligned} M_1\ddot{\mathbf{u}}_1 + 2C\mathbf{u}_1 - 2C\mathbf{u}_2 &= q\boldsymbol{\mathcal{E}}_{\text{lok}} , \\ M_2\ddot{\mathbf{u}}_2 + 2C\mathbf{u}_2 - 2C\mathbf{u}_1 &= -q\boldsymbol{\mathcal{E}}_{\text{lok}} . \end{aligned} \tag{13.29}$$

Da wir nur an der Relativbewegung der beiden Untergitter interessiert sind, führen wir die Verschiebung $\mathbf{u} = (\mathbf{u}_1 - \mathbf{u}_2)$ der Untergitter gegeneinander und die reduzierte Masse μ der Ionenpaare ein und erhalten

$$\mu\ddot{\mathbf{u}} + \mu\omega_0^2\mathbf{u} = q\boldsymbol{\mathcal{E}}_{\text{lok}} . \tag{13.30}$$

Hier haben wir die Abkürzung $\omega_0^2 = 2C/\mu$ für die Resonanzfrequenz des Systems benutzt, falls nur elastische Kräfte wirken. Die Bewegungsgleichung ist identisch mit der eines getriebenen linearen harmonischen Oszillators.

In diese Gleichung fügen wir noch einen Dämpfungsterm ein, der pauschal die endliche Lebensdauer der optischen Phononen berücksichtigt. Die physikalische Ursache der Dämpfung ist die Wechselwirkung der Phononen untereinander und die Kopplung an elektromagnetische Wellen. Bezeichnen wir die Dämpfungskonstante mit γ, so tritt anstelle von (13.30) die Gleichung

$$\mu\ddot{\mathbf{u}} + \mu\gamma\dot{\mathbf{u}} + \mu\omega_0^2\mathbf{u} = q\boldsymbol{\mathcal{E}}_{\text{lok}} \,. \tag{13.31}$$

Wirkt das elektrische Wechselfeld $\boldsymbol{\mathcal{E}}_{\text{lok}}(t) = \boldsymbol{\mathcal{E}}_{\text{lok}}^0 \exp(-\text{i}\omega t)$ auf die Ladung q, so lautet die stationäre Lösung dieser Differentialgleichung:

$$\mathbf{u}(t) = \frac{q}{\mu}\,\frac{1}{\omega_0^2 - \omega^2 - \text{i}\gamma\omega}\,\boldsymbol{\mathcal{E}}_{\text{lok}}^0 \text{e}^{-\text{i}\omega t} \,. \tag{13.32}$$

Formal ist die Lösung identisch mit (13.23), doch haben die auftretenden Größen eine andere Bedeutung.

13.3.3 Optische Phononen in Ionenkristallen

Ehe wir auf die Lösung (13.32) näher eingehen, betrachten wir zunächst freie Schwingungen des Gitters, um den Einfluss der lokalen elektrischen Felder auf das Schwingungsspektrum von Ionenkristallen zu studieren. Wie wir anhand der Dispersionskurven von Silizium und Lithiumfluorid in Abschnitt 6.3 gesehen haben, verhalten sich nicht-polare Kristalle und Ionenkristalle bezüglich ihrer optischen Phononen ganz unterschiedlich.[6] Während in Silizium (Bild 6.21) alle optischen Phononen am Γ-Punkt die gleiche Frequenz aufweisen, klafft bei Lithiumfluorid (Bild 6.20) zwischen den transversalen und longitudinalen Schwingungszweigen eine große Lücke.

Die Bewegung der Ionen ruft das oszillierende Dipolmoment $\mathbf{p}(t) = q\mathbf{u}(t)$ und damit die Polarisation $nq\mathbf{u}(t)$ hervor. Hinzu kommt noch der elektronische Beitrag zur Polarisation. Da die Resonanzfrequenz der schwingenden Ionen aufgrund ihrer vergleichsweise großen Masse wesentlich kleiner ist als die der Elektronen, können wir annehmen, dass die elektronische Polarisierbarkeit (13.24) im betrachteten Frequenzbereich konstant ist. In der weiteren Diskussion fassen wir die Beiträge der positiven und negativen Ionen zur elektronischen Polarisierbarkeit $\alpha = (\alpha_+ + \alpha_-)$ zusammen. Damit lässt sich die Gesamtpolarisation der Probe durch

$$\mathbf{P}(t) = nq\mathbf{u}(t) + n\varepsilon_0\alpha\boldsymbol{\mathcal{E}}_{\text{lok}}(t) \tag{13.33}$$

ausdrücken. Aufgrund der unterschiedlichen Bewegung der Ionen in longitudinalen und transversalen Wellen unterscheidet sich das lokale Feld beträchtlich. Wie in der schematischen Darstellung in Bild 13.6 angedeutet, können wir die Probe in fiktive Scheiben unterteilen, die durch Knotenebenen, definiert durch $\mathbf{u} = 0$, begrenzt sind. Bei langwelligen Gitterschwingungen liegen zwischen den Knotenebenen sehr viele Atomlagen.

6 Im Folgenden werden wir die Abkürzungen LO und TO für *longitudinal optisch* bzw. *transversal optisch* benutzen.

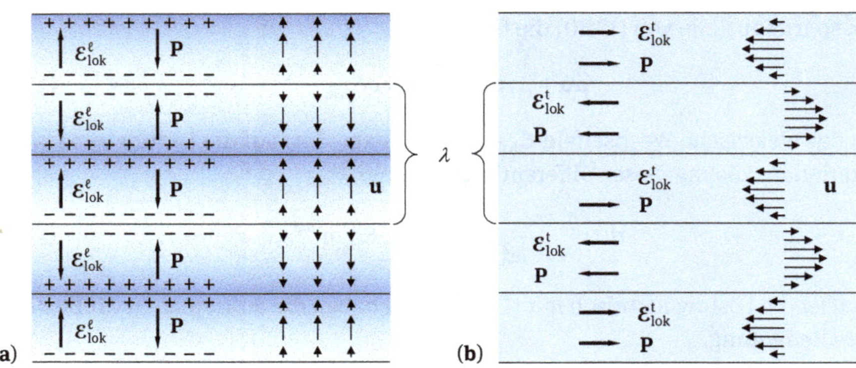

Abb. 13.6: Zur Herleitung des lokalen Feldes bei optischen Gitterschwingungen in Ionenkristallen. Die Knotenebenen (durchgezogene Linien) sind bei langwelligen Phononen viele Atomlagen von einander entfernt. **a)** Bei LO-Phononen verläuft das lokale Feld antiparallel zur Polarisation. **b)** Bei TO-Phononen verlaufen die beiden Felder parallel zu einander.

Bei LO-Phononen erfolgt die atomare Auslenkung parallel zum Wellenvektor. Damit stehen das lokale Feld und die Polarisation senkrecht auf den Knotenebenen. In diesem Fall ist der Depolarisationsfaktor $f = 1$. Liegt kein äußeres Feld an, so gilt für das elektrische Feld:

$$\boldsymbol{\mathcal{E}}_{\text{lok}}^{\ell} = \boldsymbol{\mathcal{E}}_{\text{D}} + \boldsymbol{\mathcal{E}}_{\text{L}} = -\frac{\mathbf{P}_{\ell}}{\varepsilon_0} + \frac{\mathbf{P}_{\ell}}{3\varepsilon_0} = -\frac{2\mathbf{P}_{\ell}}{3\varepsilon_0} . \tag{13.34}$$

Das lokale Feld und die Polarisation ändern sich also gegenphasig. Damit wirkt das lokale Feld der relativen Auslenkung $\mathbf{u} = (\mathbf{u}_1 - \mathbf{u}_2)$ der Untergitter entgegen, versucht die Auslenkung zu reduzieren und bewirkt so eine zusätzliche rücktreibende Kraft.

Bei TO-Phononen tritt kein Entelektrisierungsfeld auf, da $\boldsymbol{\mathcal{E}}_{\text{lok}}$ und $\mathbf{P}$ parallel zu den Scheibenoberflächen verlaufen. Damit ergibt sich

$$\boldsymbol{\mathcal{E}}_{\text{lok}}^{\text{t}} = \boldsymbol{\mathcal{E}}_{\text{D}} + \boldsymbol{\mathcal{E}}_{\text{L}} = +\frac{\mathbf{P}_{\text{t}}}{3\varepsilon_0} . \tag{13.35}$$

Das lokale Feld, das die Auslenkung der Ionen mitbestimmt, hat also bei LO- und TO-Phononen entgegengesetztes Vorzeichen. Während es bei LO-Phononen die rücktreibenden Kräfte erhöht, wirkt es bei TO-Phononen den rücktreibenden elastischen Kräften entgegen und macht das Material weicher. Bei Kenntnis des lokalen Feldes lässt sich mit Hilfe von (13.32) und (13.33) leicht die Frequenz der longitudinalen und transversalen Phononen berechnen. Vernachlässigen wir in (13.32) den Dämpfungsterm, da er hier nur einen unbedeutenden Einfluss ausübt, so erhalten wir für die Frequenz der transversalen und longitudinalen Phononen am Γ-Punkt die beiden Gleichungen:

$$\omega_{\text{t}}^2 = \omega_0^2 - \frac{nq^2}{3\varepsilon_0\mu}\,\frac{1}{1 - n\alpha/3} , \tag{13.36}$$

$$\omega_{\ell}^2 = \omega_0^2 + \frac{2nq^2}{3\mu\varepsilon_0}\,\frac{1}{1 + 2n\alpha/3} . \tag{13.37}$$

Das elektrische Feld in der Probe hebt die Frequenz der longitudinalen Schwingung an und senkt die Frequenz der transversalen ab, d.h. $\omega_\ell > \omega_t$. Gitterverzerrung und Polarisation sind in Ionenkristallen eng miteinander verknüpft.

Es lohnt sich, die Wechselwirkung zwischen elektromagnetischen Wellen und optischen Phononen noch kurz zu beleuchten. Die Kopplung zwischen den beiden Wellentypen ist nur dann wirkungsvoll, wenn beide in die gleiche Richtung laufen. Unter dieser Voraussetzung stehen die elektrischen Felder der LO-Phononen senkrecht auf den Feldern der elektromagnetischen Welle. Zwischen den beiden Wellen tritt daher (im Innern von Kristallen) keine Kopplung auf, so dass LO-Phononen nicht durch Infrarotstrahlung angeregt und nachgewiesen werden können. Möglich ist ihr Nachweis mit Hilfe der Raman- (vgl. Bild 13.9) oder der inelastischen Elektronenstreuung. TO-Phononen können dagegen durch Infrarotstrahlung angeregt werden, da die elektrischen Felder der beiden Wellen in diesem Fall parallel verlaufen. Die Wechselwirkung mit den TO-Phononen ist die Ursache für die starke Absorption der Ionenkristalle im Infraroten.

13.3.4 Dielektrische Funktion der Ionenkristalle

Wir kommen zurück zur Lösung (13.32) der Differentialgleichung (13.31) und berechnen mit ihrer Hilfe die dielektrische Funktion $\varepsilon(\omega) = 1 + \chi = 1 + |\mathbf{P}|/\varepsilon_0|\boldsymbol{\mathcal{E}}|$. Dazu eliminieren wir die Größen $\boldsymbol{\mathcal{E}}_{\text{lok}}(t)$ und $\mathbf{u}(t)$ in (13.33) mit Hilfe von (13.19) und (13.32) und finden den länglichen Ausdruck

$$\varepsilon(\omega) = 1 + \frac{n\alpha}{1 - n\alpha/3} + \frac{nq^2}{\varepsilon_0\mu}\left(\frac{1}{1 - n\alpha/3}\right)^2\left[\omega_0^2 - \frac{nq^2}{3\varepsilon_0\mu(1 - n\alpha/3)} - \omega^2 - \mathrm{i}\gamma\omega\right]^{-1} . \tag{13.38}$$

Eine kurze Inspektion der Gleichung zeigt, dass die Resonanz der erzwungenen Schwingung nicht bei der Frequenz ω_0 der rein elastischen Schwingung, sondern bei der Frequenz ω_t der transversal-optischen Gitterschwingungen auftritt.

Die etwas unübersichtliche Gleichung lässt sich auf die einfache Form

$$\varepsilon(\omega) = \varepsilon_\infty + \frac{\omega_t^2(\varepsilon_{st} - \varepsilon_\infty)}{\omega_t^2 - \omega^2 - \mathrm{i}\gamma\omega} \tag{13.39}$$

bringen, wenn man neben der neuen Resonanzfrequenz (13.36) noch die Abkürzungen ε_∞ und ε_{st} einführt, die für die Grenzwerte des Ionenbeitrags zur dielektrischen Funktion bei hohen und tiefen Frequenzen stehen. Der Index ∞ weist nicht auf unendlich hohe, sondern auf Frequenzen hin, die groß gegen die Frequenz der Ionenresonanz sind, d.h., ε_∞ spiegelt die *elektronische Polarisation* für den Fall wider, dass die Frequenz klein gegen die der elektronischen Resonanz ist. Dagegen steht ε_{st} für den *statischen Wert* der Dielektrizitätskonstanten, also für ihren Wert bei Frequenzen wesentlich unterhalb der Ionenresonanz. Dieser Wert beinhaltet den Beitrag von Ionen *und* Elektronen. Bei Substanzen ohne permanente Dipolmomente, bei denen keine Orientierungspolarisation auftritt, entspricht ε_{st} tatsächlich dem Wert der dielektrischen Funktion bei Gleichfeld.

Nun zerlegen wir die komplexe dielektrische Funktion $\varepsilon = (\varepsilon' + i\varepsilon'')$ noch in Real- und Imaginärteil und finden

$$\varepsilon'(\omega) = \varepsilon_\infty + \frac{(\varepsilon_{st} - \varepsilon_\infty)\,\omega_t^2\,(\omega_t^2 - \omega^2)}{(\omega_t^2 - \omega^2)^2 + \gamma^2\omega^2}\,, \tag{13.40}$$

$$\varepsilon''(\omega) = \frac{(\varepsilon_{st} - \varepsilon_\infty)\,\omega_t^2\,\gamma\,\omega}{(\omega_t^2 - \omega^2)^2 + \gamma^2\omega^2}\,. \tag{13.41}$$

In Bild 13.7 ist der Frequenzverlauf dieser beiden Funktionen schematisch wiedergegeben. Qualitativ ist das Bild identisch mit Bild 13.4, doch haben die Größen nun eine andere Bedeutung. Auch hier ist der Imaginärteil ε'' nur in der Umgebung der Resonanzfrequenz merklich von null verschieden. Gleichzeitig treten starke Änderungen im Realteil ε' auf, der zweimal den Wert null annimmt: bei ω_ℓ und in der Nähe von ω_t.

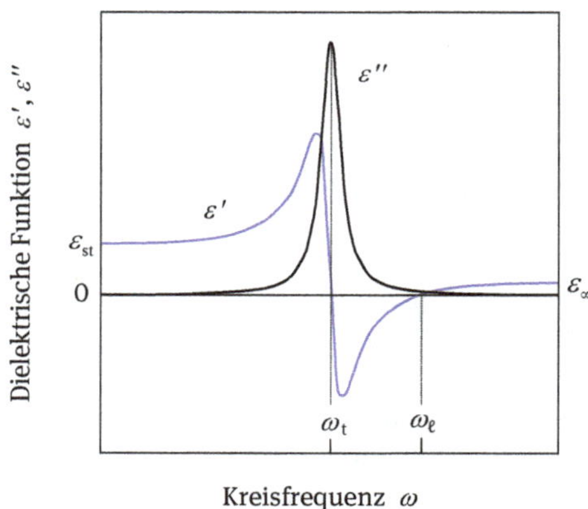

Abb. 13.7: Frequenzgang des Real- (blau) und Imaginärteils (schwarz) der dielektrischen Funktion. Die Nullstellen von ε' liegen bei ω_ℓ und in der Nähe von ω_t.

Um die Bedeutung der zweiten Nullstelle zu verstehen, betrachten wir eine longitudinale optische Gitterwelle, die sich in x-Richtung ausbreitet und die Polarisation $\mathbf{P}_\ell = \hat{\mathbf{x}}P_0 \exp[-i(\omega t - q_\ell x)]$ aufweist. Bilden wir die Divergenz, so sehen wir, dass $\operatorname{div}\mathbf{P}_\ell \neq 0$ ist. Gemäß den Maxwell-Gleichungen verschwindet die Divergenz der dielektrischen Verschiebung einer neutralen, raumladungsfreien Probe und es gilt

$$\operatorname{div}\mathbf{D} = \operatorname{div}[\varepsilon_0\varepsilon(\omega)\,\boldsymbol{\mathcal{E}}] = \varepsilon_0 \operatorname{div}\boldsymbol{\mathcal{E}} + \operatorname{div}\mathbf{P} = 0\,. \tag{13.42}$$

Da bei LO-Phononen die Divergenz von $\mathbf{P}$ einen endlichen Wert aufweist, muss auch $\operatorname{div}\boldsymbol{\mathcal{E}} \neq 0$ sein. Die Gleichung kann nur dann erfüllt sein, wenn die dielektrische Funktion $\varepsilon(\omega)$ bei der Frequenz der Schwingung verschwindet und somit $\varepsilon(\omega_\ell) = 0$ ist.

Dividieren wir (13.36) durch (13.37) und benutzen die Definition von ε_{st} und ε_∞, so ergibt eine kurze Rechnung

$$\frac{\omega_\ell^2}{\omega_t^2} = \frac{\varepsilon_{st}}{\varepsilon_\infty} \,. \tag{13.43}$$

Dies ist die **Lyddane-Sachs-Teller-Beziehung,**[7,8,9] die hervorragend mit experimentellen Ergebnissen übereinstimmt. Sie zeigt, dass dielektrische und elastische Eigenschaften eng miteinander verbunden sind. Ein interessanter Aspekt ist, dass ε_{st} sehr groß wird, wenn sich die Eigenfrequenz der transversalen optischen Phononen stark verringert, wenn sie „weich" werden. Wie wir sehen werden, spielt dieser Vorgang eine wichtige Rolle bei den Ferroelektrika, auf die wir noch zu sprechen kommen.

In der Tabelle 13.2 sind die dielektrischen Konstanten und die Frequenz der longitudinal- und transversal-optischen Phononen einiger Kristalle aufgeführt.

Tab. 13.2: Dielektrische Konstanten ε_{st} und ε_∞ und die Frequenz der optischen Phononen einer Reihe dielektrischer Kristalle. (Die meisten Daten wurden E. Kartheuser, *Polarons in Ionic Crystals and Polar Semiconductors*, J.T. Devreese, ed., North Holland, 1972, entnommen.)

	LiCl	NaCl	NaJ	KCl	KBr	CsCl	GaAs	CdS	ZnSe	PbS
ε_{st}	11,95	5,9	7,28	4,85	4,52	6,68	12,83	8,42	8,33	190
ε_∞	2,79	2,40	3,15	2,22	2,43	2,69	10,90	5,27	5,90	18,50
$\omega_t/10^{13}$ Hz	4,16	3,35	2,34	2,67	2,15	2,02	5,14	4,60	3,90	1,26
$\omega_\ell/10^{13}$ Hz	8,19	5,10	3,43	4,07	3,18	3,16	5,58	5,80	4,63	4,03

13.3.5 Phonon-Polaritonen

Wie oben erwähnt, können transversal-optische Phononen direkt an elektromagnetische Wellen ankoppeln. Diese Wechselwirkung bewirkt eine Mischung der beiden Wellentypen und führt so zu einer drastischen Änderung des Phononenspektrums in der Nähe des Γ-Punktes. Bildlich gesprochen ruft eine elektromagnetische Welle eine Polarisation und damit eine Gitterverzerrung hervor, die mit der Welle mitläuft. Umgekehrt wird eine TO-Gitterwelle von einer elektromagnetischen Welle begleitet.

Damit bei unserer Diskussion möglichst übersichtliche Verhältnisse vorliegen, nehmen wir an, dass die elektromagnetische Welle und die TO-Gitterwelle in x-Richtung laufen und in y-Richtung polarisiert sind. Da wir für beide Wellentypen eine gemein-

7 Russell Hancock Lyddane, *1913 Washington D.C., †2001 Chester County
8 Robert Green Sachs, *1916 Hagerstown, Maryland, †1999 Chicago
9 Edward Teller, *1908 Budapest, †2003 Stanford

same Lösung suchen, muss in den beiden Lösungsansätzen die gleiche Frequenz und die gleiche Wellenzahl auftreten. Für die Polarisation der Gitterwelle schreiben wir: $\mathbf{P}_\mathrm{t} = \hat{\mathbf{y}} P_0 \exp[-\mathrm{i}(\omega t - q_\mathrm{t} x)]$. Die Ausbreitung elektromagnetischer Wellen lässt sich, bei Vernachlässigung von magnetischen Effekten, mit Hilfe der Wellengleichung

$$c^2 \Delta \boldsymbol{\mathcal{E}} = \varepsilon(\omega) \ddot{\boldsymbol{\mathcal{E}}} \,. \tag{13.44}$$

beschreiben, wobei c für die Lichtgeschwindigkeit im Vakuum steht. Setzen wir eine ebene Welle mit der elektrischen Feldstärke $\boldsymbol{\mathcal{E}} = \hat{\mathbf{y}} \mathcal{E}_0 \exp[-\mathrm{i}(\omega t - q_\mathrm{t} x)]$ als Lösung an, so erhalten wir die bekannte Dispersionsrelation

$$\omega^2 = \frac{1}{\varepsilon(\omega)} c^2 q_\mathrm{t}^2 \,, \tag{13.45}$$

deren Frequenzgang im Wesentlichen durch die Frequenzabhängigkeit der dielektrischen Funktion (13.39) bestimmt wird. Wir vernachlässigen die Dämpfung und setzen den Ausdruck für die dielektrische Funktion in (13.45) ein. Das Ergebnis lautet

$$\omega^2 \left[\varepsilon_\infty + \frac{\omega_\mathrm{t}^2 (\varepsilon_\mathrm{st} - \varepsilon_\infty)}{\omega_\mathrm{t}^2 - \omega^2} \right] = c^2 q_\mathrm{t}^2 \,. \tag{13.46}$$

Der Verlauf der Dispersionsrelation ist in Bild 13.8 dargestellt. Folgende Grenzfälle sind von Interesse: Ist $\omega \ll \omega_\mathrm{t}$, so vereinfacht sich die Gleichung zu $\omega = c q_\mathrm{t} / \sqrt{\varepsilon_\mathrm{st}}$. Die elektromagnetische Welle breitet sich bei niedrigen Frequenzen mit einer Geschwindigkeit aus, die durch die statische Dielektrizitätskonstante vorgegeben ist. Ähnliches gilt bei optischen Frequenzen $\omega \gg \omega_\mathrm{t}$, bei denen man $\omega = c q_\mathrm{t} / \sqrt{\varepsilon_\infty}$ findet, denn dort bestimmt die elektrische Polarisierbarkeit die Wellenausbreitung. Besonders interessant sind die Fälle $\omega \to \omega_\mathrm{t}$ und $\omega \to \omega_\ell$. Im ersten Fall findet man, dass $q_\mathrm{t} \to \infty$, im zweiten dagegen, unter Berücksichtigung von Gleichung (13.43), dass $q_\mathrm{t} \to 0$ geht.

Die starke Kopplung zwischen Photonen und TO-Phononen führt zu Mischzuständen, die man als **Polaritonen** bezeichnet. Fährt man die Frequenz von null kommend durch, so erfolgt, wie in Bild 13.8 dargestellt, ein stetiger Übergang von rein elektromagnetischen Wellen zu reinen Gitterschwingungen. Daran schließt sich eine Frequenzlücke von ω_t bis ω_ℓ an. Oberhalb der Lücke findet man bei der Frequenz ω_ℓ wieder optische Phononen mit rein transversaler (!) Auslenkung. Bei sehr hohen Frequenzen gehen die Anregungen dann allmählich in rein elektromagnetische Wellen über. Treffen Wellen mit einer Frequenz im verbotenen Bereich auf eine Probe, so werden sie totalreflektiert, denn Wellen mit dieser Frequenz können sich in Ionenkristallen nicht ausbreiten. Der verbotene Frequenzbereich wird nicht durch die Periodizität des Gitters hervorgerufen, wie bei der Frequenzlücke der reinen Gitterschwingungen, sondern ist eine Folge der resonanten Kopplung, bei der die Entartung von elektromagnetischen und elastischen Wellen aufgehoben wird. In unpolaren Festkörpern ist $\varepsilon(\omega)$ in diesem Frequenzbereich näherungsweise konstant, und die Dispersionskurven von Licht- und Gitterwellen kreuzen sich ohne Besonderheiten.

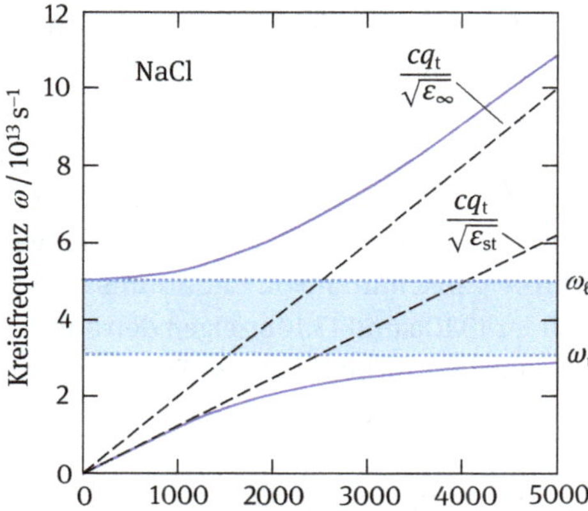

Abb. 13.8: Dispersionrelation der Polaritonen. Gestrichelt gezeichnet sind die Dispersionskurven des Lichts in den im Text erwähnten Grenzfällen. Die Dispersionskurven der optischen Phononen ohne Kopplung verlaufen waagrecht. Die blauen Kurven wurden mit den Zahlenwerten für Kochsalz berechnet: $\omega_t = 3{,}1 \cdot 10^{13}\,s^{-1}$, $\omega_\ell = 5{,}0 \cdot 10^{13}\,s^{-1}$, $\varepsilon_{st} = 5{,}9$ und $\varepsilon_\infty = 2{,}25$. Die verbotene Zone ist hellblau hervorgehoben.

In Bild 13.9 sind Daten der Raman-Streuung an GaP wiedergegeben, mit deren Hilfe sich die Dispersionskurve von Phonon-Polaritonen verfolgen lässt. Die Messwerte, die zu den Polaritonen gehören, sind durch dunkelblaue Punkte dargestellt. Daneben sind noch Messdaten für LO-Phononen in hellblauer Farbe eingezeichnet, die ebenfalls mit Hilfe der Raman-Streuung ermittelt wurden. In dem untersuchten kleinen Wellenzahlbereich hängt die Phononenfrequenz nicht erkennbar von der Wellenzahl ab.

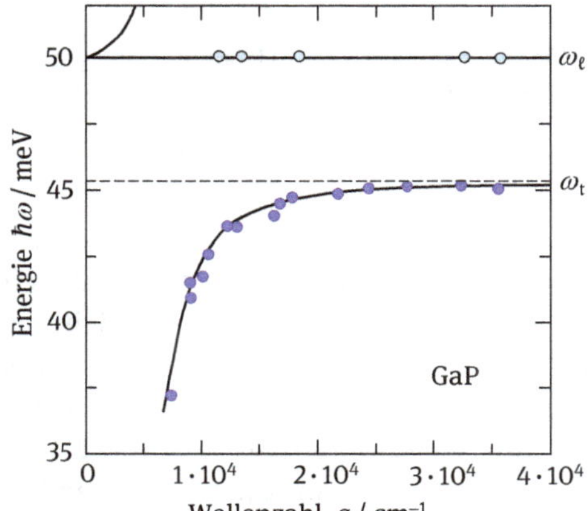

Abb. 13.9: Polaritonen (dunkelblaue Punkte) in GaP gemessen mit Hilfe der Raman-Streuung. Zusätzlich sind noch Messwerte für LO-Phononen hellblau eingezeichnet. Die Dispersionskurve der ungekoppelten TO-Phononen ist gestrichelt angedeutet. (Nach C.H. Henry, J.J. Hopfield, Phys. Rev. Lett. **15**, 964 (1965).)

Ergänzend sei noch bemerkt, dass wir bei unserer Betrachtung von großen Proben ausgegangen sind und Oberflächeneffekte außer Acht gelassen haben. Die Verhältnisse ändern sich erheblich, wenn wir zu dünnen Schichten oder kleinen Körnern gehen, denn dort liegen andere elektrische Randbedingungen vor. Es ist deshalb nicht verwunderlich, dass sich Schwingungsfrequenzen und Kopplungsstärken ändern, wenn die Wellenlänge der anregenden Strahlung vergleichbar mit der Probendimension wird.

Die Existenz von Polaritonen spiegelt sich im Verlauf der dielektrischen Funktion (13.39) und damit in den Infraroteigenschaften von Ionenkristallen wider, die wir anhand der experimentellen Daten von *Cadmiumsulfid* diskutieren wollen. Obwohl in einem realen Experiment der Ausgangspunkt das gemessene Reflexionsvermögen ist, wollen wir in unserem Beispiel die Infraroteigenschaften von Cadmiumsulfid in „umgekehrter" Reihenfolge diskutieren. Die Bilder 13.10a und 13.10b zeigen den aus den Reflexionsdaten mit Hilfe der Kramers-Kronig-Beziehung berechneten Frequenzgang des Imaginär- und Realteils der dielektrischen Funktion von Cadmiumsulfid.

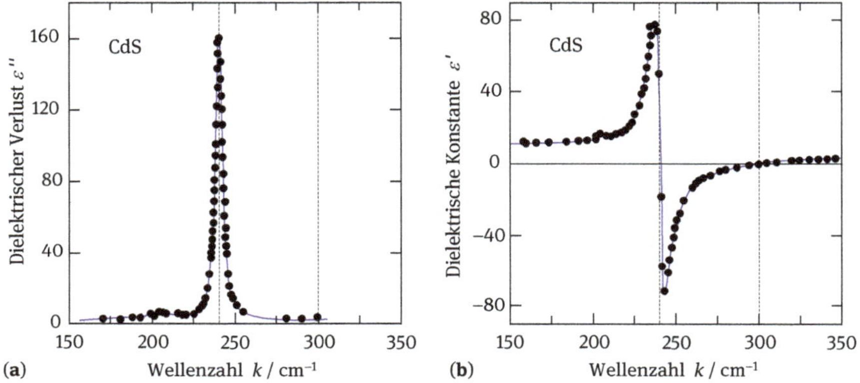

Abb. 13.10: Dielektrische Funktion von Cadmiumsulfid. **a)** Imaginärteil ε'', **b)** Realteil ε'. Die gestrichelten Linien markieren die Werte von ω_t bzw. ω_ℓ. (Nach M. Balkanski, *Optical Properties of Solids*, F. Abelès, ed., North-Holland, 1972).

In Übereinstimmung mit Gleichung (13.41) tritt ein ausgeprägtes Maximum von ε'' bei der Wellenzahl 240 cm^{-1} auf, d.h. bei der Frequenz $\omega_t = 4{,}5 \cdot 10^{13}\,s^{-1}$ der TO-Phononen. Das vorgelagerte kleine Maximum lässt sich mit unserer einfachen Theorie nicht verstehen. Es beruht auf anharmonischen Effekten und ist für unsere Diskussion linearer Zusammenhänge ohne Bedeutung. Vom statischen Wert $\varepsilon_{st} = 8{,}4$ steigt der Realteil ε' der Dielektrizitätskonstanten, wie von Gleichung (13.40) vorausgesagt, zunächst an, durchläuft ein Maximum und schneidet die Frequenzachse nahe ω_t. Anschließend ist ε' negativ und kreuzt die Achse ein zweites Mal bei 301 cm^{-1} bzw. bei $\omega_\ell = 5{,}7 \cdot 10^{13}\,s^{-1}$. Im weiteren Verlauf strebt ε' dem Wert $\varepsilon_\infty = 5{,}3$ zu.

Aus den Kurven lässt sich der Verlauf des Brechungsindex n' und des Extinktionskoeffizienten κ mit Hilfe von (13.11) berechnen. In Bild 13.11a ist das Ergebnis für κ dargestellt, das einen ähnliche Frequenzverlauf wie ε'' aufweist. Wie in Bild 13.11b zu sehen, steigt der Brechungsindex n' von kleinen Frequenzen kommend zunächst mit

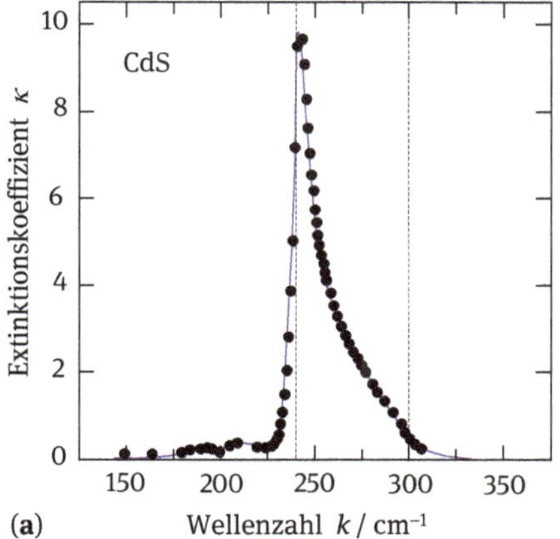

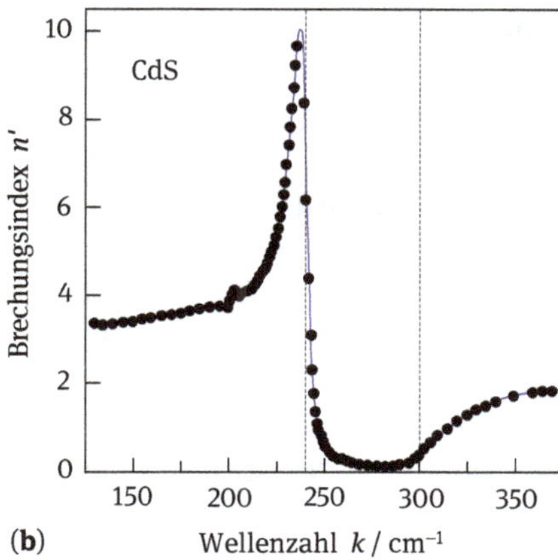

Abb. 13.11: Optische Eigenschaften von Cadmiumsulfid. **a)** Extinktionskoeffizient κ, **b)** Brechungsindex n'. Die gestrichelten Linien markieren die Werte von ω_t bzw. ω_ℓ. (Nach M. Balkanski, *Optical Properties of Solids*, F. Abelès, ed., North-Holland, 1972).

wachsendem ε' an. Zwischen ω_t und ω_ℓ, also im verbotenen Frequenzbereich, ist ε' negativ. Wäre in diesem Gebiet $\varepsilon'' = 0$, so würde n' ebenfalls verschwinden.

Das gemessene Reflexionsvermögen, aus dem die gezeigten Daten hergeleitet wurden, ist in Bild 13.12 gezeigt. Es steigt mit zunehmender Frequenz zunächst an, da der Brechungsindex zunimmt. Im verbotenen Frequenzbereich liegt das Reflexionsvermögen nahe bei eins. Die endliche Dämpfung bewirkt einen endlichen Wert von n' und damit ein Reflexionsvermögen kleiner als eins. Bei der Frequenz $6{,}0 \cdot 10^{13}\,\mathrm{s}^{-1}$, d.h. bei $320\,\mathrm{cm}^{-1}$, durchlaufen ε' und n' den Wert eins, so dass nach (13.12) das Reflexionsvermögen annähernd verschwindet. Oberhalb dieser Frequenz strebt der Brechungsindex dem optischen Grenzwert $\sqrt{\varepsilon_\infty}$ zu und das Reflexionsvermögen steigt entsprechend an.

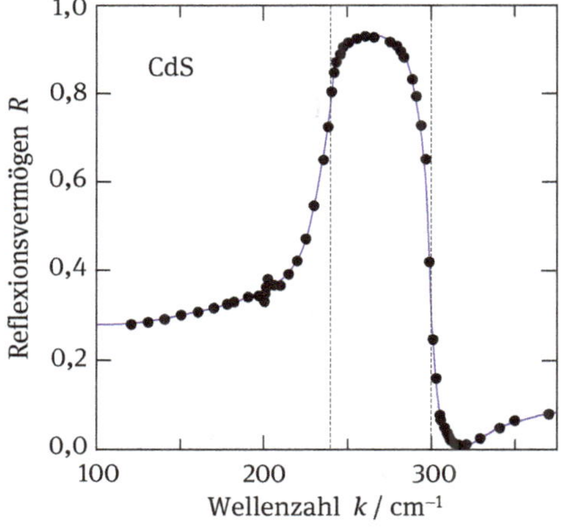

Abb. 13.12: Experimentell bestimmter Verlauf des Reflexionsvermögens von Cadmiumsulfid im Infraroten. Das elektrische Feld der einfallenden Strahlung stand bei dieser Messung senkrecht zur *c*-Achse. Die gestrichelten Linien markieren die Werte von ω_t bzw. ω_ℓ. (Nach M. Balkanski, *Optical Properties of Solids*, F. Abelès, ed., North-Holland, 1972).

Es soll nochmals betont werden, dass man experimentell in umgekehrter Reihenfolge vorgeht. Es wird zunächst das Reflexionsvermögen sehr genau gemessen. Anschließend werden unter Zuhilfenahme der Kramers-Kronig-Relationen (13.8) und (13.9) die übrigen Größen berechnet.

Früher wurden die soeben diskutierten dielektrischen Eigenschaften von Ionenkristallen zur Erzeugung von Infrarotstrahlung mit relativ enger Frequenzverteilung ausgenutzt. Lässt man einen Infrarotstrahl mit einem breiten Frequenzspektrum wiederholt an einem Ionenkristall reflektieren, so bleibt nach einigen Reflexionen nur Strahlung des Frequenzintervalls übrig, in dem ein hohes Reflexionsvermögen auftritt. Man bezeichnete daher dieses Vorgehen bei der Erzeugung eines schmalen Frequenzspektrums im Infraroten als **Reststrahlmethode**.

13.3.6 Orientierungspolarisation

Statische Polarisation. Bisher sind wir davon ausgegangen, dass das elektrische Feld Dipolmomente *induziert*. Besteht jedoch bereits ein **permanentes Moment**, so bewirkt ein statisches Feld eine *Vorzugsorientierung* der Momente, da die potenzielle Energie $U = -\mathbf{p}\cdot\boldsymbol{\mathcal{E}} = -p\,\mathcal{E}\cos\theta$ vom Winkel θ zwischen Feld und Dipolmoment abhängt. Die gleiche Argumentation haben wir bereits in Abschnitt 12.2 bei der Diskussion des Paramagnetismus kennengelernt. Wie dort erreicht man, von sehr tiefen Temperaturen abgesehen, nur eine partielle Ausrichtung, da $p\,\mathcal{E} \ll k_\mathrm{B}T$ ist. Sind die Moleküle frei drehbar, wie es beispielsweise in Flüssigkeiten oder Gasen der Fall ist, so lässt sich der Mittelwert $\langle\cos\theta\rangle = p\,\mathcal{E}/3k_\mathrm{B}T$ wie beim Paramagnetismus berechnen und man findet die zu (12.8) und (12.9) analogen Ausdrücke. Für $p\,\mathcal{E} \ll k_\mathrm{B}T$ folgt daher für die Orientierungspolarisation P_0 im Falle eines Gleichfeldes die **Langevin-Debye-Gleichung**

$$P_0 = np\,\langle\cos\theta\rangle \approx n\frac{p^2\mathcal{E}}{3k_\mathrm{B}T}\,. \tag{13.47}$$

Der Temperaturverlauf der damit verbundenen Suszeptibilität entspricht dem Curie-Gesetz (12.14) bei der Magnetisierung. Wie bei den paramagnetischen Substanzen wurde auch hier vorausgesetzt, dass die Wechselwirkung zwischen den Dipolen vernachlässigt werden kann, so dass die Divergenz der Suszeptibilität erst am absoluten Nullpunkt auftreten sollte. Ein Beispiel für die statische Dielektrizitätskonstante von frei drehbaren Molekülen finden wir in Bild 13.13. Von hoher Temperatur kommend, steigt die Dielektrizitätskonstante der polaren Flüssigkeit Nitromethan CH_3NO_2 bis zum Schmelzpunkt an. Beim Übergang zum Festkörper springt die Dielektrizitätskonstante auf einen kleineren Wert, der nahezu temperaturunabhängig ist. Dies bedeutet, dass die CH_3NO_2-Moleküle im festen Zustand nicht mehr frei drehbar sind, feste Gleichgewichtslagen einnehmen und somit nicht mehr zur Orientierungspolarisation beitragen. Es gibt aber viele Festkörper, in denen sich die Moleküle auch in der festen Phase

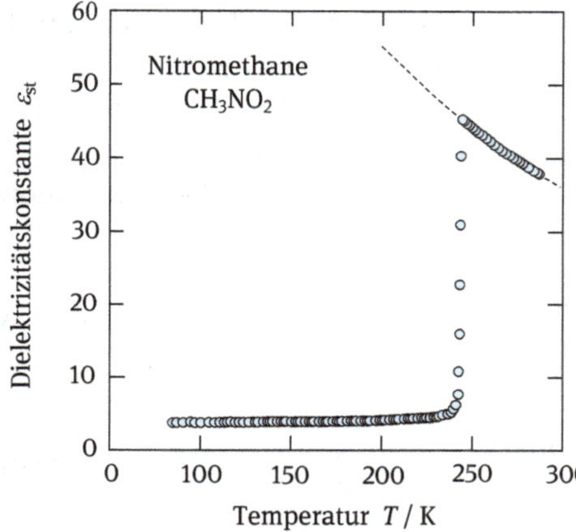

Abb. 13.13: Dielektrizitätskonstante der polaren Flüssigkeit CH_3NO_2 mit dem Schmelzpunkt bei 244 K, gemessen bei 115 kHz. Die $1/T$-Abhängigkeit ist gestrichelt angedeutet. (Nach G. Kasper, A. Reiser, private Mitteilung.)

noch umorientieren. Dies ist meist dann der Fall, wenn keine kovalenten Bindungen vorliegen und die Moleküle näherungsweise kugelförmig sind.

In Festkörpern können die Bausteine aber im Allgemeinen nicht wirklich frei rotieren, sondern nehmen bevorzugte Richtungen ein. In der folgenden Diskussion setzen wir vereinfachend voraus, dass die Dipole aufgrund ihrer Gestalt und der Kristallstruktur nur zwei Gleichgewichtslagen einnehmen können, die einer Drehung um 180° entsprechen. Weiterhin gehen wir davon aus, dass das Feld in Richtung der Verbindungslinie der beiden Gleichgewichtslagen anliegt. Die potenzielle Energie der Dipole als Funktion des Drehwinkels verläuft dann wie in Bild 13.14 skizziert, wobei der feldfreie Verlauf gestrichelt gezeichnet ist. Zwischen den Potenzialmulden besteht die Potenzialbarriere V_a.

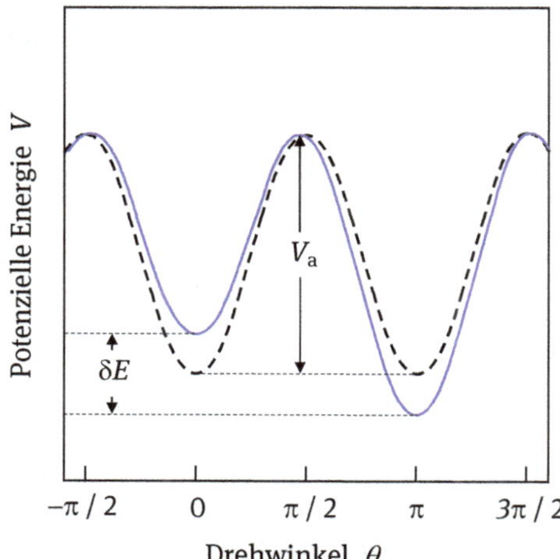

Abb. 13.14: Verlauf der potenziellen Energie eines elektrischen Dipols in Abhängigkeit vom Winkel zwischen Dipol und anliegendem Feld. Es ist der Verlauf mit (blaue Kurve) und ohne (schwarze Kurve) elektrisches Feld dargestellt.

Liegt das elektrische Feld $\boldsymbol{\mathcal{E}}$ in Richtung der beiden Einstellmöglichkeiten an, so tritt, ohne Berücksichtigung der Korrektur für das lokale Feld, zwischen den beiden Gleichgewichtslagen die Energiedifferenz $\delta E = 2\mathbf{p} \cdot \boldsymbol{\mathcal{E}}$ auf. Es handelt sich offensichtlich um ein Zwei-Niveau-System, dessen thermische Besetzung wir bereits in Abschnitt 7.2 hergeleitet haben. Wir benutzen das Ergebnis (7.18) und erhalten für die Polarisation $\mathbf{P}_0 = \mathbf{p}\delta n$ und die statische Dielektrizitätskonstante ε_{st} die Gleichungen

$$P_0 = np \tanh \frac{p\,\mathcal{E}}{k_B T} \approx \frac{np^2 \mathcal{E}}{k_B T} \tag{13.48}$$

und

$$\varepsilon_{st} - 1 \approx \frac{np^2}{\varepsilon_0 k_B T} \,. \tag{13.49}$$

Bis auf den Faktor 1/3 stimmt dieses Ergebnis mit dem Resultat für frei rotierende Moleküle überein. Es treten keine qualitativen Änderungen auf, wenn man die Betrachtungen auf kompliziertere Verhältnisse überträgt. In Bild 13.15 ist die statische Dielektrizitätskonstante von flüssigem und festem HCl dargestellt. Klar zu erkennen ist, dass sich der Anstieg von ε_{st} mit abnehmender Temperatur, wenn auch mit leicht geänderter Steigung, unterhalb der Erstarrungstemperatur fortsetzt. Der Sprung bei der Verfestigung ist im Wesentlichen eine Folge der Dichteänderung am Phasenübergang. Es stellt sich die interessante Frage nach dem Verhalten derartiger Dipole bei sehr tiefen Temperaturen, denn dort treten quantenmechanische Aspekte, die wir bisher außer Acht gelassen haben, immer stärker in den Vordergrund. Wie wir bereits in Abschnitt 6.5 gesehen haben, weisen amorphe Festkörper Tunnelsysteme auf, die weitgehend die Tieftemperatureigenschaften dieser Substanzklasse bestimmen. Auch in Kristallen mit Punktdefekten findet man häufig Tunnelsysteme, deren dielektrisches Verhalten wir

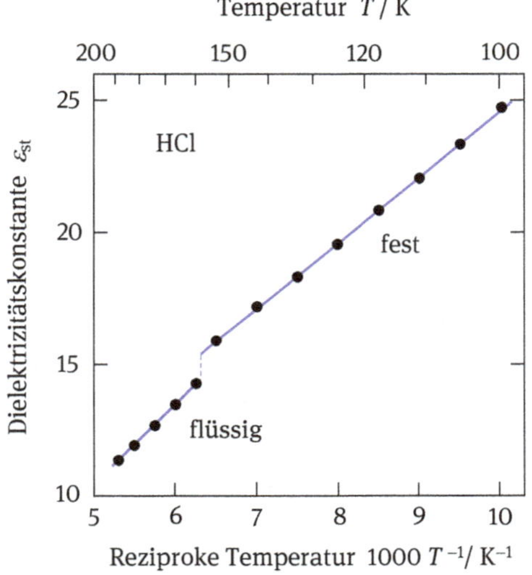

Abb. 13.15: Statische Dielektrizitätskonstante ε_{st} von HCl als Funktion der reziproken Temperatur. Die sprunghafte Änderung tritt bei der Verfestigung auf. (Nach R.W. Swenson, R.H. Cole, J. Chem. Phys. **22**, 284 (1954).)

etwas genauer betrachten wollen. Als Beispiel dienen Lithiumatome, die in Kaliumchloridkristallen als substitutionelle Fremdatome eingebaut werden. Es zeigt sich, dass die energetisch günstigste Lage für die Li^+-Ionen, deren Durchmesser weniger als die Hälfte der Kaliumionen beträgt, nicht in der Mitte des K^+-Gitterplatzes ist, sondern etwas verschoben auf sogenannten „Off-center-Positionen“ in eine der $\langle 111 \rangle$-Richtungen. Zwischen den acht energetisch äquivalenten Positionen können die Lithiumionen bei tiefen Temperaturen tunneln. Dies führt zu einem System mit acht Eigenzuständen, dessen Termschema in Bild 13.16 als Teilbild eingezeichnet ist. Der Abstand zwischen den Niveaus ist durch die *Tunnelaufspaltung* Δ_0 gegeben. Insgesamt treten nur vier unterschiedliche Energiewerte auf, da die beiden mittleren Niveaus jeweils dreifach entartet sind. Mit dem Aufenthalt der Li^+-Ionen auf den Off-center-Positionen ist aufgrund der Ladungsverschiebung ein vergleichsweise großes Dipolmoment von etwa $p = 8{,}7 \cdot 10^{-30}$ Asm verbunden. Die resultierende Polarisation in einem elektrischen Feld lässt sich mit etwas Rechenaufwand mit Hilfe der Thermodynamik aus der (negativen) Ableitung der freien Energie F nach dem elektrischen Feld errechnen. Für $p\mathcal{E} \ll \Delta_0$ findet man ein Ergebnis, das der Orientierungspolarisation (13.48) klassischer Dipole sehr ähnlich sieht, nämlich

$$\chi = \frac{P_0}{\varepsilon_0 \mathcal{E}} = -\frac{1}{\varepsilon_0 \mathcal{E}} \frac{\partial F}{\partial \mathcal{E}} = \frac{2}{3} \frac{np^2}{\varepsilon_0 \Delta_0} \tanh\left(\frac{\Delta_0}{2k_B T}\right) . \tag{13.50}$$

Interessanterweise erhält man dieses Ergebnis auch für die Polarisation bzw. für die Suszeptibilität einfacher Zwei-Niveau-Systeme mit der Tunnelaufspaltung Δ_0. Dies ist ein Ausdruck der hohen Symmetrie des Defektpotenzials im kubischen KCl. Für „hohe“ Temperaturen $T > \Delta_0/k_B$ dürfen wir den Hyperbeltangens entwickeln und Gleichung (13.50) geht in die klassische Langevin-Debye-Formel (13.47) über. Die Suszeptibilität ist in diesem Bereich proportional zu T^{-1} und unabhängig von der Tunnelaufspaltung.

Bild 13.16 zeigt den Temperaturverlauf der dielektrischen Suszeptibilität χ_{Li}, die von nur 6 ppm ^{6}Li bzw. 4 ppm ^{7}Li in KCl-Kristallen hervorgerufen wird. Zunächst ist zu

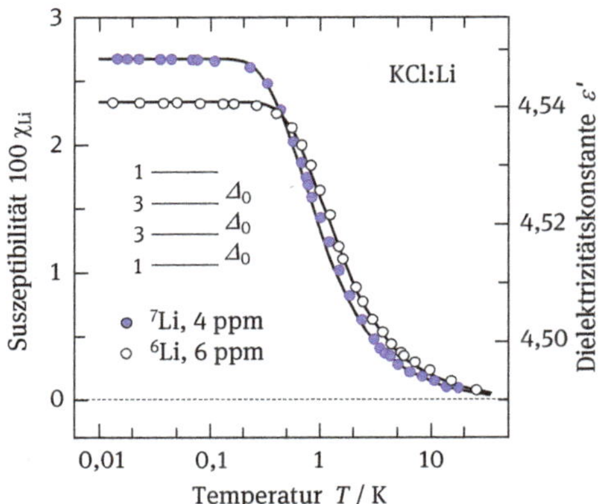

Abb. 13.16: Suszeptibilität χ_{Li} von Li-dotierten KCl-Kristallen als Funktion der Temperatur. Die durchgezogenen Kurven geben die theoretischen Vorhersagen (13.50) wieder. Eingezeichnet ist auch das Termschema der Lithiumdefekte und der Entartungsgrad der Niveaus. Die Skala auf der rechten Seite bezieht sich auf die Dielektrizitätskonstante der *gesamten Probe*. (Nach C. Enss, Physica B **219** & **220**, 239 (1996).)

bemerken, dass der erwartete *Isotopeneffekt* auftritt. Die Tunnelaufspaltung ist bei ^{6}Li größer als bei ^{7}Li, da die Tunnelwahrscheinlichkeit und damit die Tunnelaufspaltung mit abnehmender Masse der tunnelnden Teilchen zunimmt. Die Kurve des leichteren Isotops ist daher etwas zu höheren Temperaturen hin verschoben. Der Gesamteffekt wächst, wie vorhergesagt, proportional zu $1/\Delta_0$ an. Die durchgezogenen Linien geben die theoretische Vorhersage (13.50) unter Berücksichtigung der unterschiedlichen Tunnelaufspaltungen der beiden Isotope wieder. Die Übereinstimmung zwischen Theorie und Experiment ist bei beiden Kristallen perfekt, obwohl die Theorie keinen freien Parameter enthält. Es ist bemerkenswert, dass die sehr kleine Lithiumkonzentration die Dielektrizitätskonstante der Probe bei tiefen Temperaturen um etwa 1% erhöht.

Relaxationseffekte. Nach diesem kurzen Exkurs zu den Quanteneffekten bei sehr tiefen Temperaturen wenden wir uns wieder klassischen Dipolen zu. Interessante Phänomene treten auf, wenn anstelle eines statischen Feldes ein Wechselfeld angelegt wird, da dann die Dynamik der Orientierungsprozesse die Reaktion des Systems bestimmt.Nach Gleichung (13.48) wächst die statische Gleichgewichtspolarisation P_0 proportional zum Feld an. Da die Orientierung der Dipole und damit die Energiedifferenz δE im Wechselfeld periodisch schwankt, erfolgt ständig eine Umbesetzung der beiden Energieniveaus. Den Annäherungsvorgang an den Gleichgewichtszustand, der in ähnlicher Form in vielen Bereichen der Physik eine wichtige Rolle spielt, bezeichnet man als **Relaxation.** Einen speziellen Fall haben wir bereits bei der elektrischen Leitfähigkeit in Abschnitt 9.2 kennengelernt. Wir benutzen die Relaxationsgleichung (9.29) und setzen anstelle der Verteilungsfunktion $f(E,T)$ die Polarisation P als relaxierende Größe ein:

$$\frac{\mathrm{d}P(t)}{\mathrm{d}t} = -\frac{P(t) - P_\mathrm{g}(t)}{\tau} . \tag{13.51}$$

Hierbei bezeichnet τ die **Relaxationszeit** und $P_\mathrm{g} = np^2\mathcal{E}/k_\mathrm{B}T$ den *augenblicklichen Gleichgewichtswert* der Polarisation, der durch die gerade herrschende elektrische Feldstärke bestimmt wird und der sich einstellen würde, wenn dem System beliebig viel Zeit zur Verfügung stünde. Legt man beispielsweise sprungartig ein elektrisches Feld an, so erwartet man ein exponentielles Anwachsen der Polarisation bis der neue Gleichgewichtswert P_g erreicht ist: $P(t) = P_\mathrm{g}[1-\exp(-t/\tau)]$. Die Zeit τ ist die mittlere Zeit die zwischen Reorientierungen der Dipole verstreicht. Im vorliegenden Fall erfolgt der „Platzwechsel", d.h. die Reorientierung der Dipole, thermisch aktiviert. Wie in Bild 13.14 schematisch dargestellt, ist hierzu ein Sprung über die Potenzialbarriere der Höhe V_a erforderlich. Da formal die gleichen Umstände wie bei der Diffusion vorliegen, können wir die in Abschnitt 5.1 eingeführte Sprungrate ν der reziproken Relaxationszeit τ^{-1} gleichsetzen und finden den Zusammenhang

$$\tau = \tau_0\,\mathrm{e}^{V_\mathrm{a}/k_\mathrm{B}T} . \tag{13.52}$$

Für die *Versuchsfrequenz* τ_0^{-1} setzen wir die Debye-Frequenz ν_D ein, da die Moleküle mit der Frequenz ν_D in den jeweiligen Potenzialmulden schwingen.

Legen wir das periodische Wechselfeld $\mathcal{E}(t) = \mathcal{E}_0 \exp(-\mathrm{i}\omega t)$ an, so wird die Polarisation den gleichen periodischen Verlauf zeigen. Dies gilt auch für den Gleichgewichtswert P_g, da das Gleichgewicht ebenfalls periodisch moduliert wird. Für die Polarisation bietet sich daher der Lösungsansatz $P(t) = P(\omega)\exp(-\mathrm{i}\omega t)$ und für den augenblicklichen Gleichgewichtswert die Beziehung $P_\mathrm{g} = P_\mathrm{g}(0)\exp(-\mathrm{i}\omega t)$ an. Setzen wir diese Ansätze in (13.51) ein und berücksichtigen noch den Zusammenhang $P(\omega) = \varepsilon_0 \chi(\omega)\mathcal{E}(t)$ zwischen Polarisation und Suszeptibilität, so erhalten wir für die dipolare Suszeptibilität

$$\chi_\mathrm{d}(\omega) = \frac{\chi_\mathrm{d}(0)}{1 - \mathrm{i}\omega\tau} \,. \tag{13.53}$$

Um die dielektrische Funktion zu erhalten, müssen wir noch die Beiträge der Ionen und Elektronen addieren: $\varepsilon(\omega) = [1 + \chi_\mathrm{i}(\omega) + \chi_\mathrm{e}(\omega) + \chi_\mathrm{d}(\omega)]$. Da der Beitrag der permanenten Dipole nur bis zu Frequenzen im Mikrowellenbereich von Bedeutung ist, können wir χ_e und χ_i als konstant annehmen und erhalten für Mikrowellenfrequenzen

$$\varepsilon(\omega) = 1 + \chi_\mathrm{i} + \chi_\mathrm{e} + \frac{\chi_\mathrm{d}(0)}{1 - \mathrm{i}\omega\tau} = \varepsilon_\infty + \frac{\varepsilon_\mathrm{st} - \varepsilon_\infty}{1 - \mathrm{i}\omega\tau} \,. \tag{13.54}$$

Die Grenzwerte ε_∞ und ε_st sind, wenn auch mit geänderten Grenzfrequenzen, wie im vorhergehenden Abschnitt definiert. Anstelle des Resonanznenners, wie er z.B. in Gleichung (13.39) zu finden ist, tritt der typische Relaxationsnenner auf. Spalten wir die dielektrische Funktion wieder in Real- und Imaginärteil auf, so ergeben sich die beiden Gleichungen:

$$\varepsilon'(\omega) = \varepsilon_\infty + \frac{\varepsilon_\mathrm{st} - \varepsilon_\infty}{1 + \omega^2\tau^2} \,, \tag{13.55}$$

$$\varepsilon''(\omega) = \frac{(\varepsilon_\mathrm{st} - \varepsilon_\infty)\omega\tau}{1 + \omega^2\tau^2} \,. \tag{13.56}$$

Trägt man die beiden Größen ε' und ε'' als Funktion von $\omega\tau$ auf, so findet man den in Bild 13.17 skizzierten Verlauf. Der Realteil nimmt stetig mit $\omega\tau$ ab, weist also nicht das in Bild 13.7 dargestellte Resonanzverhalten auf. Ähnlich wie bei einer Resonanz durchläuft der Imaginärteil ein Maximum, das jedoch vergleichsweise breit ist. Der steilste Abfall von ε' bzw. das Maximum von ε'' tritt bei $\omega\tau = 1$ auf, wenn Schwingungsdauer und Relaxationszeit vergleichbar sind. Wie der Gleichung (13.56) bzw. dem Bild 13.17 zu entnehmen ist, verringert sich ε'' nur um den Faktor 5, wenn sich die Messfrequenz (oder die Relaxationszeit) von der Bedingung $\omega\tau = 1$ um eine Dekade entfernt.

Als Beispiel zeigen wir in Bild 13.18 dielektrische Messungen an Cäsiumcyanid. Wie in Abschnitt 3.2 angesprochen und in Bild 3.10b schematisch angedeutet, sind die CN-Ionen statistisch längs der $\langle 111 \rangle$-Richtungen orientiert. Sie tragen ein elektrisches Dipolmoment von etwa $1{,}1 \cdot 10^{-30}$ Asm, das in eine dieser Richtungen zeigt. Aufgrund dieser Unordnung bezeichnet man derartige Systeme häufig auch als *Orientierungsglas*. Wie in Bild 13.14 dargestellt, muss das Ion bei der Reorientierung eine Energiebarriere überwinden, deren Höhe im vorliegenden Fall etwa 0,14 eV beträgt. Für den aufgetragenen *Verlustwinkel* $\tan\delta = \varepsilon''/\varepsilon'$ findet man gute qualitative Übereinstimmung mit den erarbeiteten theoretischen Vorstellungen.

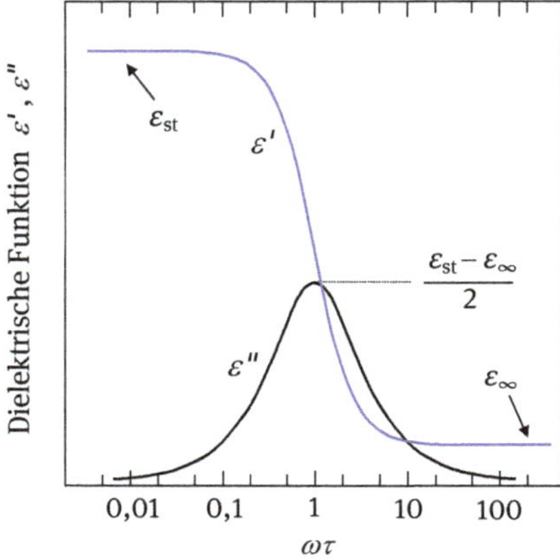

Abb. 13.17: Real- (blau) und Imaginärteil (schwarz) der dielektrischen Funktion bei Relaxation in Abhängigkeit von $\omega\tau$. Der Maßstab der Abszisse ist logarithmisch, der Ordinatenmaßstab dagegen linear. Die wesentlichen Änderungen erfolgen bei $\omega\tau \approx 1$.

Eine eingehende Analyse zeigt, dass die Kurve in Bild 13.18a nicht völlig symmetrisch und etwas breiter ist, als die einfache Theorie erwarten lässt. Solche Abweichungen sind die Regel, da aufgrund von Kristalldefekten und der Wechselwirkung der elektrischen Dipole untereinander eine Verteilung der Relaxationszeiten auftritt. Aus der Lage des Maximums des Imaginärteils lässt sich über die Beziehung $\omega\tau = 1$ direkt die mittlere Relaxationszeit ablesen.

In vielen dielektrischen Experimenten wird die Frequenz festgehalten und die Temperatur verändert. Da nach Gleichung (13.52) die Relaxationszeit eine starke Temperaturabhängigkeit aufweist, kann auf diese Weise das Produkt $\omega\tau$ über weite Bereiche variiert werden. Derartige Messungen sind in Bild 13.18b zu sehen, in dem die Ergebnisse der Messung an CsCN bei 10 Hz und 100 kHz dargestellt sind. Deutlich erkennbar ist

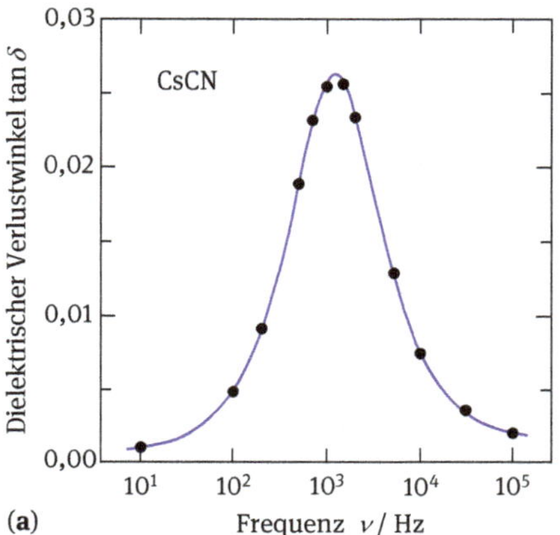

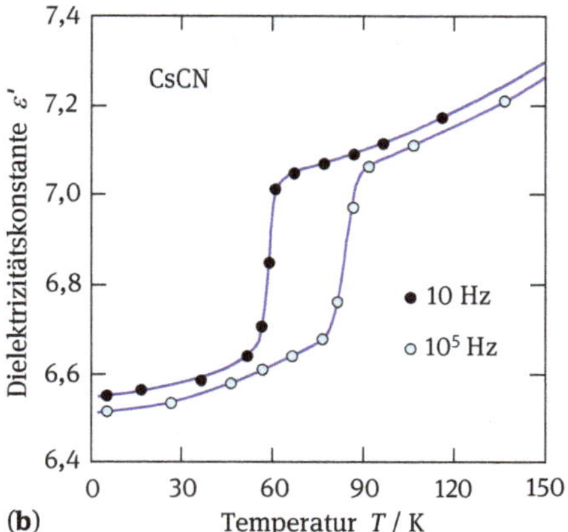

Abb. 13.18: **a)** Frequenzabhängigkeit des dielektrischen Verlustwinkels $\tan\delta = \varepsilon''/\varepsilon'$ von CsCN. **b)** Temperaturverlauf des Realteils ε' von CsCN bei 10 Hz und 10^5 Hz. (Nach J. Ortiz-Lopez et al., phys. stat. sol. (b) **199**, 245 (1997).)

die „Stufe“, die durch die Relaxation der CN-Ionen hervorgerufen wird. Hierbei ist zu beachten, dass $\omega\tau$ mit zunehmenden Temperaturen abnimmt. Den Relaxationsdaten überlagert ist ein Anstieg von ε' mit der Temperatur, den man auch in CsBr beobachtet, das keine Ionen mit Dipolmoment aufweist.

Wir wollen noch ein weiteres Beispiel betrachten, nämlich das dielektrische Verhalten von Glyzerin am Glasübergang. Glyzerin mit einem Schmelzpunkt von 291 K lässt sich leicht unterkühlen und so in den Glaszustand überführen. Die Glastemperatur liegt bei 188 K. Bild 13.19 zeigt die dielektrische Funktion in Abhängigkeit von der Frequenz während des Abkühlens bei 227 K. Es tritt ein ausgeprägtes Absorptionsmaximum auf, das auch hier breiter ist als durch (13.56) vorhergesagt. Führt man diese Messung bei verschiedenen Temperaturen durch, so stellt man fest, dass der Kurvenverlauf immer sehr ähnlich aussieht, doch verschiebt sich das Maximum mit abnehmender Temperatur zu immer kleineren Frequenzen. Dies ist ein Ausdruck der immer langsamer werdenden Relaxation in der unterkühlten Schmelze. Während bei 290 K das Maximum bei 10^8 Hz beobachtet wird, liegt es bei 10^{-4} Hz, wenn die Messung bei 184 K, also unterhalb des Glasübergangs, durchgeführt wird.

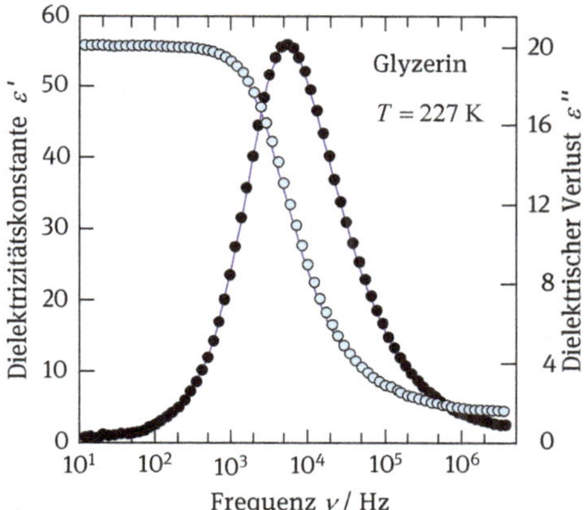

Abb. 13.19: Dielektrische Funktion von Glyzerin bei 227 K als Funktion der Frequenz. Der Realteil ist hellblau, der Imaginärteil schwarz gezeichnet. (Nach G. Kasper, A. Reiser, private Mitteilung.)

Der hier gezeigte dielektrische Verlust ist typisch für den Glasübergang und beruht auf dem sogenannten *α-Prozess*, der auf strukturellen Umlagerungen in der unterkühlten flüssigen Phase beruht. Ergänzend sei noch bemerkt, dass die *dielektrische Spektroskopie*, bei der dielektrische Messungen in einem weiten Frequenzbereich durchgeführt werden, eine zentrale Rolle bei der Untersuchung der noch weitgehend unverstandenen Vorgänge am Glasübergang spielt.

Zum Schluss der Diskussion der Relaxationseffekte soll hier noch eine Bemerkung zum Frequenzbereich angefügt werden, innerhalb dessen diese Effekte eine wichtige Rolle spielen. Die Stufe von ε' und das Maximum von ε'' treten auf, wenn die Bedingung $\omega\tau = 1$ erfüllt ist. Da die Relaxationszeit τ nach (13.52) stark von der Temperatur abhängt, ist die obere Frequenz, bis zu der Relaxationseffekte wichtig sind, vor allem eine Frage der Messtemperatur. Umgekehrt bestimmt der experimentell verfügbare Frequenzbereich die Temperatur, bei der die Untersuchungen erfolgreich durchgeführt werden können.

13.3.7 Ferroelektrizität

In Abschnitt 12.3 haben wir die ferromagnetischen Festkörper kennengelernt, für die das Auftreten einer spontanen Magnetisierung charakteristisch ist. Ein ähnliches Verhalten zeigen auch die **pyroelektrischen Materialien**, bei denen sich bereits ohne äußeres Feld eine *spontane elektrische Polarisation* einstellt. Im Allgemeinen macht sich die Polarisation jedoch nicht bemerkbar, da die resultierende Oberflächenladung durch Ladungen aus dem Außenraum kompensiert wird. Dagegen lässt sie sich bei Temperaturänderungen der Probe leicht nachweisen.

Spontane Polarisation kann nur dann auftreten, wenn der Kristall *eine* polare Achse besitzt. Sind mehrere vorhanden, so ist der Kristall lediglich **piezoelektrisch**, d.h. eine mechanische Deformation ruft eine elektrische Polarisation hervor. Da das Fehlen einer strukturellen Inversionssymmetrie Voraussetzung für die Existenz von polaren Achsen ist, sind amorphe Substanzen nicht piezoelektrisch. Als **ferroelektrisch** bezeichnet man Kristalle, wenn die spontane Polarisation durch ein genügend starkes, der Polarisation entgegengerichtetes Feld umgeklappt werden kann. Es gibt aber pyroelektrische Kristalle wie $LiNbO_3$ oder $LiTaO_3$, die große technische Bedeutung haben, bei denen die Energiebarriere zwischen den beiden entgegengerichteten, spontanen Polarisationen so groß ist, dass das für die Polarisationsumkehr erforderliche Feld größer ist als die Feldstärke, bei der innerer elektrischer Durchbruch auftritt. Diese Materialien zählt man deshalb nicht zu den Ferroelektrika. Ähnlich wie beim Ferromagnetismus gibt es auch Substanzen, die *ferri-* und *antiferroelektrische* Eigenschaften aufweisen.

Erwärmt man ferroelektrische Kristalle, so verschwindet die Polarisation bei der kritischen Temperatur T_c. Oberhalb dieser Temperatur sind die Kristalle *paraelektrisch* und besitzen eine statische Dielektrizitätskonstante, die mit dem *Curie-Weiss-Gesetz* (12.25) beschrieben werden kann:

$$\varepsilon_{st} = \frac{C}{T - \Theta} \,. \tag{13.57}$$

Hierbei ist C eine materialspezifische Konstante und Θ die *paraelektrische Curie-Temperatur*. In Bild 13.20 ist die Temperaturabhängigkeit der statischen Dielektrizitätskonstanten ε_{st} von $BaTiO_3$ aufgetragen, die den erwarteten Verlauf aufweist. Bemerkenswert ist der äußerst hohe Wert dieser Konstanten.

Die Namensgebung weist auf die große phänomenologische Ähnlichkeit mit den Ferromagneten hin, die über die hier diskutierten Effekte hinausgeht. Es scheint daher naheliegend Ferroelektrika wie Ferromagneten zu beschreiben und in dieser Theorie

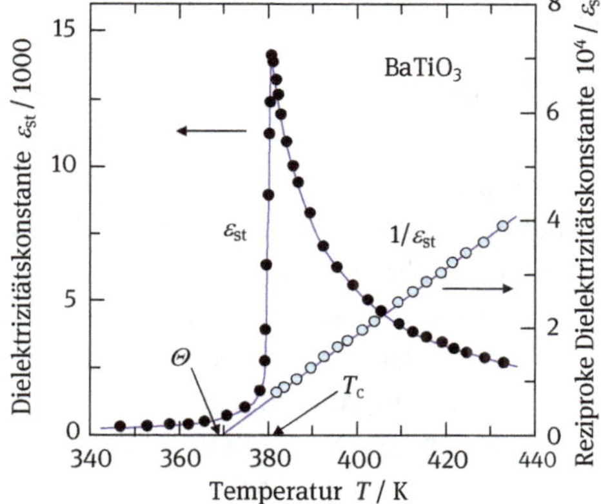

Abb. 13.20: Statische Dielektrizitätskonstante ε_{st} von BaTiO$_3$ gemessen in Richtung der tetragonalen c-Achse. Zusätzlich ist der Verlauf von ε_{st}^{-1} in der paraelektrischen Phase aufgetragen, um die Übereinstimmung mit dem Curie-Weiss-Gesetz zu verdeutlichen. (Nach W.J. Merz, Phys. Rev. **91**, 513 (1953).).

die magnetischen Dipole durch permanente elektrische zu ersetzen. Dieses Vorgehen ist jedoch zum Scheitern verurteilt, weil die beiden Phänomene auf ganz unterschiedlichen mikroskopischen Ursachen beruhen.

Der Übergang von der para- zur ferroelektrischen Phase zeigt, verglichen mit ferromagnetischen Übergängen, ein relativ komplexes Erscheinungsbild. Während ferromagnetische Phasenübergänge immer Übergänge 2. Ordnung sind, können ferroelektrische je nach Substanz von 1. oder 2. Ordnung sein. Abhängig von der Natur des Übergangs weist der charakteristische Ordnungsparameter (vgl. Abschnitt 5.4) daher bei T_c entweder einen Sprung oder einen stetigen Verlauf auf. Als Ordnungsparameter können wir hier die spontane Polarisation heranziehen, die oberhalb von T_c verschwindet und unterhalb von T_c mit abnehmender Temperatur ansteigt.

Als Beispiel für das Verhalten von Ferroelektrika ist in Bild 13.21 die Temperaturabhängigkeit der spontanen Polarisation P_s von BaTiO$_3$ wiedergegeben, dessen Übergang beim Abkühlen von einem strukturellen Phasenübergang begleitet ist. Es handelt

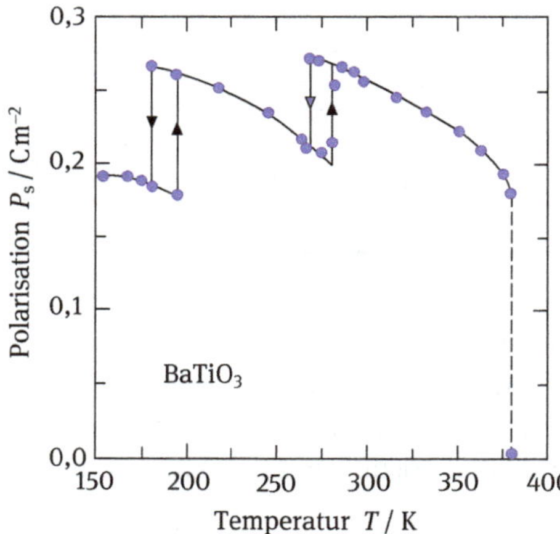

Abb. 13.21: Spontane Polarisation von BaTiO$_3$. Bei T_c = 383 K erfolgt eine diskontinuierliche Änderung der Polarisation. Die Sprünge bei tieferen Temperaturen sind eine Folge weiterer Phasenumwandlungen. (Nach W.J. Merz, Phys. Rev. **91**, 513 (1953)); H.H. Wieder, Phys. Rev. **99**, 1161 (1955).)

sich hierbei um einen Übergang 1. Ordnung von der kubischen in die tetragonale Phase. Beim Abkühlen springt die Polarisation bei der Übergangstemperatur T_c auf einen endlichen Wert und nimmt dann weiter zu. Wie dem Bild zu entnehmen ist, treten im Fall von $BaTiO_3$ bei tieferen Temperaturen noch zwei weitere Sprünge auf, die auf Richtungsänderungen der polaren Achse beruhen, hervorgerufen durch weitere strukturelle Änderungen. Darüber hinaus beobachtet man Hystereseeffekte, die für Phasenübergänge 1. Ordnung typisch sind, auf die wir aber hier nicht weiter eingehen.

Man kennt zwei Mechanismen, die wir hier sehr kurz ansprechen wollen, die zur Ausbildung einer spontanen Polarisation bei Ferroelektrika führen. Zur ersten Kategorie gehören Substanzen, bei denen der ferroelektrische Übergang mit einem Ordnungs-Unordnungs-Übergang (vgl. Abschnitt 5.4) verbunden ist. Dies bedeutet, dass beim Erwärmen am Phasenübergang die reguläre Anordnung der elektrischen Dipolmomente verloren geht, die Dipole selbst aber nicht verschwinden. Zu dieser Substanzklasse zählt das ferroelektrische Kalium-Dihydrogen-Phosphat (KH_2PO_4), bei dem Protonen in Wasserstoffbrücken (vgl. Abschnitt 2.6) zwischen den negativ geladenen PO_4-Ionen die Dipolmomente hervorrufen. Wie beim Eis ist mit der Wasserstoffbrückenbindung ein Dipolmoment verknüpft, dessen Stärke und Richtung durch die Lage des Protons bezüglich der Bindungspartner bestimmt wird. Oberhalb der kritischen Temperatur von 123 K nehmen die Protonen statistisch eine der beiden möglichen Gleichgewichtslagen zwischen benachbarten PO_4-Ionen ein, wodurch der Mittelwert der Polarisation verschwindet. Beim Unterschreiten der Übergangstemperatur tritt eine Bevorzugung einer bestimmten Ausrichtung ein, so dass sich eine makroskopische Polarisation aufbaut.

In der Tabelle 13.3 ist für eine Reihe von ferroelektrischen Kristallen die Curie-Temperatur T_c, die spontane Polarisation P_s und die Temperatur T_m aufgeführt, bei der die Polarisation gemessen wurde.

Tab. 13.3: Ferroelektrische Kristalle. Es sind die Curie-Temperatur T_c, die spontane Polarisation P_s und die Messtemperatur T_m einiger Ferroelektrika aufgelistet. (Verschiedene Quellen.)

	$BaTiO_3$	$PbTiO_3$	$LiTaO_3$	$LiNbO_3$	KH_2PO_4	KD_2PO_4
Curie-Temperatur T_c (K)	383	765	883	1430	123	213
Polarisation P_s (C/m^2)	0,26	0,30	0,50	0,71	0,047	0,048
Messtemperatur T_m (K)	300	300	300	300	100	180

Bei der zweiten Gruppe der Ferroelektrika verschieben sich beim Übergang zur ferroelektrischen Phase zwei Untergitter gegeneinander. Beim Phasenübergang werden also nicht bereits vorhandene Dipolmomente geordnet, sondern durch Verschiebung von Ionen erzeugt. Typische Vertreter hierfür sind Ionenkristalle mit kubischer Perowskit-

Struktur,[10] zu denen auch $BaTiO_3$ gehört. Der Verlauf der Dielektrizitätskonstanten und der spontanen Polarisation in der Nähe des Phasenübergangs wurde bereits anhand der Bilder 13.20 bzw. 13.21 beschrieben. Bei der kritischen Temperatur $T_c = 388\,\mathrm{K}$, die oft durch Verunreinigungen etwas reduziert ist, verschieben sich die negativ geladenen Sauerstoffionen bleibend um 0,1 Å gegen die positiven Metallionen. Dies führt zur Ausbildung eines Dipolmomentes von ungefähr $2 \cdot 10^{-29}$ Asm pro Elementarzelle.

Verschiebungsübergänge lassen sich mit der Clausius-Mossotti- bzw. der Lyddane-Sachs-Teller-Beziehung beschreiben. Betrachten wir zunächst die Clausius-Mossotti-Beziehung (13.21), die wir nach der statischen Dielektrizitätskonstanten ε_{st} auflösen:

$$\varepsilon_{st} = \frac{1 + \frac{2}{3}\sum\limits_i n_i \alpha_i}{1 - \frac{1}{3}\sum\limits_i n_i \alpha_i} \,. \tag{13.58}$$

α_i setzt sich aus dem Beitrag der elektronischen und ionischen Polarisierbarkeit zusammen. Durch die Summation wird berücksichtigt, dass Ferroelektrika aus verschiedenen Ionensorten bestehen, die jeweils zur Dielektrizitätskonstanten beitragen. Der Nenner ist eine Folge des Lorentz-Feldes. In Ferroelektrika kann $\sum n_i \alpha_i$ aufgrund der hohen Ionenpolarisation große Werte annehmen, so dass der Nenner gegen null und $\varepsilon_{st} \to \infty$ geht. Der Anstieg von ε_{st} kann bereits durch die Verkleinerung der Gitterkonstanten beim Abkühlen ausgelöst werden, falls $\sum n_i \alpha_i$ bei höheren Temperaturen bereits genügend nahe am kritischen Wert liegt. Es bildet sich dann eine bleibende Auslenkung und damit eine spontane Polarisation aus, weil die auslenkende Kraft, die auf ein Ion aufgrund des lokalen elektrischen Feldes wirkt, schneller mit der Verschiebung ansteigt als die lineare elastische Rückstellkraft. Man bezeichnet diesen Vorgang als **Polarisationskatastrophe**. Natürlich bleiben Auslenkung und Polarisation endlich, weil bei großen Auslenkungen nichtlineare Gitterkräfte der Verzerrung zusätzlich entgegenwirken.

Da offensichtlich kleine Abweichungen vom kritischen Wert eine entscheidende Rolle spielen, nähern wir $\sum n_i \alpha_i$ durch $\frac{1}{3}\sum n_i \alpha_i = (1 - \delta)$ und machen die einfache Annahme, dass sich die kleine Größe δ proportional zur reduzierten Temperatur ändert, dass also $\delta \propto (T - \Theta)$ ist. Dann ergibt sich aus (13.58) das Curie-Weiss-Gesetz:

$$\varepsilon_{st} \propto \frac{1}{(T - \Theta)} \,. \tag{13.59}$$

Dieser Verlauf war bereits in Bild 13.20 bei $BaTiO_3$ zu sehen und ist bei vielen Substanzen mit Perowskitstruktur anzutreffen.

Das Ansteigen der statischen Dielektrizitätskonstanten und die Ausbildung einer spontanen Polarisation lassen sich bei den Verschiebungsferroelektrika auch auf andere Weise beschreiben. Wir wollen diese Art der Betrachtung, die auch auf nichtferroelektrische Materialien übertragbar ist, am Beispiel von $SrTiO_3$ verdeutlichen, das

10 Das Mineral Perowskit ($CaTiO_3$) hat kubische Struktur und wurde in Abschnitt 2.3 beschrieben.

ebenfalls Perowskitstruktur besitzt und dessen Verlauf der Dielektrizitätskonstanten in Bild 13.22 zu sehen ist. Von hohen Temperaturen kommend nimmt die Dielektrizitätskonstante, wie von den Ferroelektrika bekannt, dem Curie-Weiss-Gesetz folgend zu. Beim Strontiumtitanat tritt aber in der Nähe der Curie-Temperatur von etwa 35 K *kein* ferroelektrischer Übergang ein. Der Anstieg der Dielektrizitätskonstanten verlangsamt sich bzw. die $1/\varepsilon_{st}$-Kurve flacht ab.

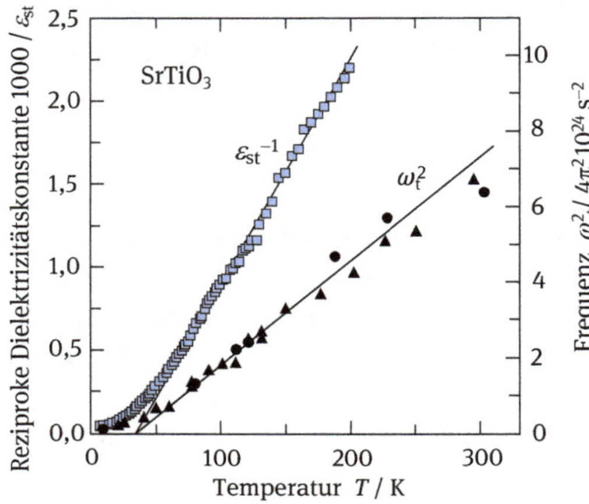

Abb. 13.22: Temperaturverlauf der beiden Größen $1/\varepsilon_{st}$ und ω_t^2 von $SrTiO_3$. Die Phononenfrequenzen wurden mit Hilfe von Neutronen- und Raman-Streuung gemessen. (Nach T. Sakudo, H. Unoki, Phys. Rev. Lett. **26**, 851 (1971); Y. Yamada, G. Shirane, J. Phys. Soc. Japan **26**, 396 (1969).)

Die statische Dielektrizitätskonstante ε_{st} und die Frequenz ω_t der transversal-optischen Phononen, die wiederum nach Gleichung (13.36) von der elektrischen Polarisation abhängt, sind über die Lyddane-Sachs-Teller-Beziehung verknüpft. Setzen wir das Curie-Weiss-Gesetz (13.57) in Gleichung (13.43) ein, so erhalten wir

$$\omega_t^2 = \varepsilon_\infty \varepsilon_{st}^{-1} \omega_\ell^2 \propto (T - \Theta) \, . \tag{13.60}$$

Weil ε_∞ und ω_ℓ kaum von der Temperatur abhängen, sollte ω_t^2 proportional zur reduzierten Temperatur $(T - \Theta)$ variieren. Diese Vorhersage wird durch Bild 13.22 bestätigt. Die Abnahme von ω_t beim Kühlen bezeichnet man als *Weichwerden* der transversalen Kristallschwingung. In dieser Sichtweise könnte man die spontane Polarisation der Ferroelektrika als eine „eingefrorene" Transversalschwingung bezeichnen, bei der die entgegengesetzt geladenen Ionen voneinander getrennt wurden.

13.3.8 Exzitonen

In diesem Kapitel haben wir bislang drei Mechanismen diskutiert, die in Isolatoren Anlass zur Absorption elektromagnetischer Wellen geben. Sieht man von speziellen Substanzklassen wie der ferromagnetischen ab, so verbleiben noch zwei weitere wichtige Absorptionsmechanismen. Hierzu zählt die Absorption durch Störstellen, die wir im Zusammenhang mit den Punktdefekten schon in Abschnitt 10.2 kennen gelernt haben. So bleibt noch die Diskussion der Absorption durch Exzitonen, auf die wir nun eingehen.

Bei der bereits erwähnten Fundamentalabsorption bewirkt jedes absorbierte Photon das Anheben eines Elektrons ins Leitungsband, wobei ein Loch im Valenzband zurückbleibt. Bisher haben wir Elektronen im Leitungsband und Löcher im Valenzband als unabhängige Teilchen behandelt. Dies ändert sich jedoch, wenn die Energie der eingestrahlten Photonen etwas kleiner ist als die der Bandlücke. Dann kommt es zu einer speziellen, elektrisch neutralen Anregung, bei der Elektron und Loch nicht vollständig voneinander getrennt werden, sondern aufgrund der Coulomb-Anziehung eine Einheit, ein **Exziton**, bilden. Voraussetzung für die Erzeugung dieser Anregung ist, dass sich beide Ladungsträger mit der gleichen Gruppengeschwindigkeit bewegen, um eine räumliche Trennung zu vermeiden. Da bei der optischen Absorption der Übergang der Elektronen vom Valenz- ins Leitungsband nahezu senkrecht erfolgt, ist diese Voraussetzung für die Bildung von Exzitonen nur erfüllt, wenn die Gruppengeschwindigkeit der beiden Ladungsträgersorten verschwindet. Dies ist an den kritischen Punkten (vgl. Abschnitt 8.5) der Elektronenbänder der Fall. Durch thermische Energie oder zusätzliche Einstrahlung elektromagnetischer Wellen (Photoionisation) können bestehende Elektron-Loch-Paare aufgebrochen werden. Dann entstehen freie Ladungsträger mit den bereits diskutierten Eigenschaften. Natürlich kann ein Exziton auch durch Rekombination zerfallen. Dabei wird das Loch durch das rekombinierende Elektron aufgefüllt. Bei diesem Prozess wird entweder Lumineszenzstrahlung mit einer Frequenz emittiert, die der Energiedifferenz entspricht, oder aber die Rekombination erfolgt strahlungslos, indem die Anregungsenergie direkt an das Gitter abgegeben wird.

Man unterscheidet stark und schwach gebundene Exzitonen. *Stark gebundene* oder **Frenkel-Exzitonen** treten vorwiegend in Molekül-, Edelgas- oder Ionenkristallen auf. Aufgrund der relativ starken Coulomb-Wechselwirkung zwischen Elektron und Loch ist die Bindungsenergie bei dieser Sorte von Exzitonen vergleichsweise groß, nämlich etwa 1 eV oder sogar noch größer. Damit unterscheiden sich die Energie für Exzitonenanregung und Band-Band-Übergänge deutlich, so dass Frenkel-Exzitonen sehr gut mit optischen Methoden, z.B. durch Messung der optischen Absorption, untersucht werden können. Loch und Elektron sitzen bei den meisten Exzitonen auf ein und demselben Atom oder Molekül und können somit auch als angeregter Zustand eines Moleküls betrachtet werden. Exzitonen haben die Fähigkeit, von Atom zu Atom zu tunneln und somit im Kristall zu diffundieren und ihre Anregungsenergie durch den Festkörper zu transportieren.

In Bild 13.23 ist die optische Absorption von festem Krypton gezeigt, das eine Energielücke von 11,7 eV aufweist. Bereits bei deutlich kleineren Photonenenergien beobachtet man ausgeprägte Absorptionsmaxima, die mit der Erzeugung von Exzitonen verbunden sind. Da das erste Maximum bei 10,2 eV liegt, ergibt sich für die Grundzustandsenergie des Exzitons der relativ große Wert von 1,5 eV.

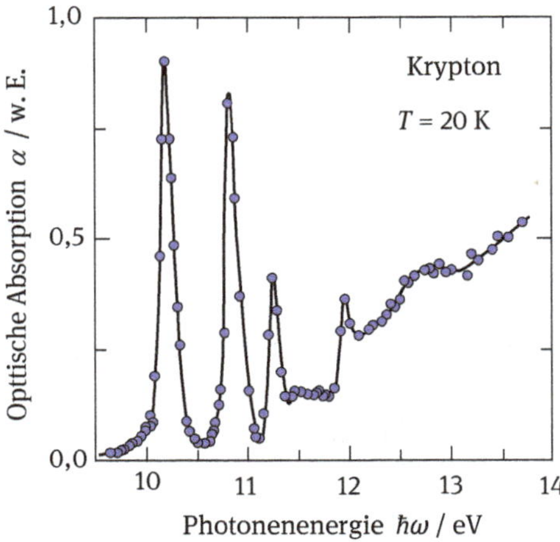

Abb. 13.23: Absorptionsspektrum von festem Krypton. (Nach G. Baldini, Phys. Rev. **128**, 1562 (1962).)

Schwach gebundene oder **Wannier-Mott-Exzitonen** findet man bei Materialien mit kleinem Bandabstand; sie sind deshalb typisch für Halbleiter. Da die Bindungsenergie der Exzitonen kleiner als der Bandabstand sein muss, folgt bereits aus der Unschärferelation, dass der räumliche Abstand zwischen Elektron und Loch relativ groß ist. Zum Beispiel beträgt in Germanium die Bindungsenergie der Exzitonen etwa 4 meV, der Elektron-Loch-Abstand etwa 10 nm. Die Eigenzustände von Exzitonen lassen sich in einfachster Näherung durch ein Wasserstoffatom-Modell mit einer modifizierten Rydberg-Formel darstellen:

$$E_\nu = E_g - \frac{\mu^* e^4}{32\pi^2\hbar^2\varepsilon_r^2\varepsilon_0^2}\,\frac{1}{\nu^2} + \frac{\hbar^2 K^2}{2(m_n^* + m_p^*)} \,. \tag{13.61}$$

Hierbei ist E_g die Energie der Bandlücke, ν die Hauptquantenzahl und μ^* die reduzierte Masse, die durch $\mu^{*-1} = m_n^{*-1} + m_p^{*-1}$ gegeben ist. Der dritte Term ist die Translationsenergie des Exzitons mit dem Wellenvektor **K**.

Der starke Einfluss der Exzitonen auf die optische Absorption von Halbleitern soll anhand von zwei Beispielen, nämlich von GaAs und Cu_2O, gezeigt werden. In Bild 13.24a ist eine Messung der optischen Absorption von GaAs bei tiefen Temperaturen wiedergegeben. Deutlich ist das Maximum zu erkennen, das der Fundamentalabsorption vorgelagert ist und durch die Erzeugung von Exzitonen hervorgerufen wird. Die einzelnen Linien, die man aufgrund von Gleichung (13.61) erwartet, lassen sich in diesem Material jedoch nicht auflösen. Bei Raumtemperatur ist die thermische Energie größer als die Ionisationsenergie der Exzitonen und der optische Übergang erfolgt unter Mitwirkung von Phononen direkt ins Leitungsband, das Maximum verschwindet.

Eine Substanz, an der das Auftreten von einzelnen Exzitonenlinien besonders gut demonstriert werden kann, ist Cu_2O. In der in Bild 13.24b gezeigten Messung des Absoptionskoeffizienten sind die Übergänge in die Exzitonenniveaus mit den Quantenzahlen $\nu = 2$ bis $\nu = 5$ klar zu erkennen. In Experimenten bei Heliumtemperatur konnten

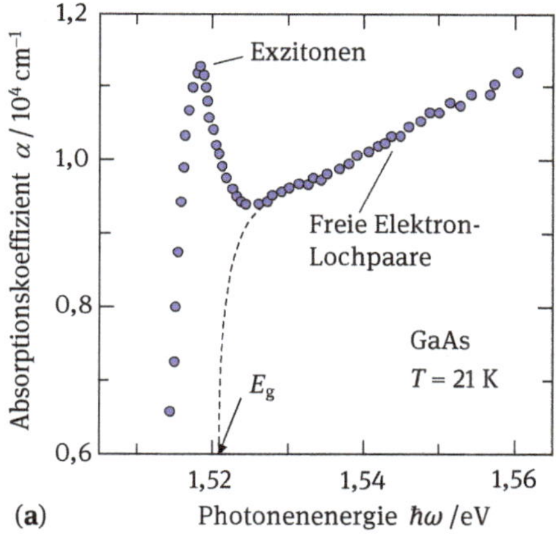

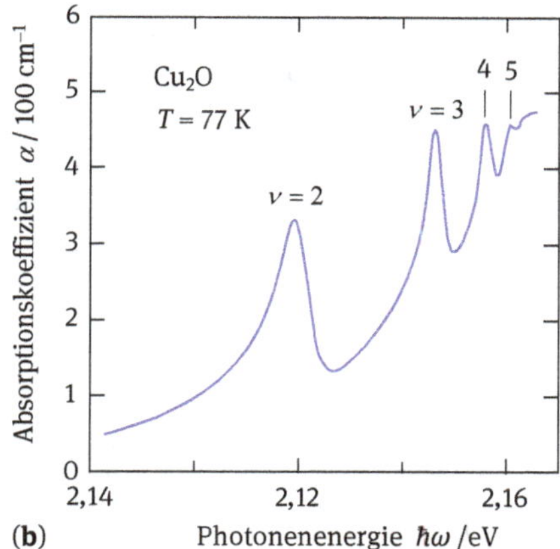

Abb. 13.24: Einfluss von Exzitonen auf die optische Absorption von Halbleitern. **a)** Absorptionskante von GaAs, gemessen bei 21 K. Bereits vor dem Einsetzen der Fundamentalabsorption tritt ein Maximum auf, das den Exzitonen zugeordnet werden kann. (Nach M.D. Sturge, Phys. Rev. **127**, 768 (1962).) **b)** Optische Absorption von Cu_2O bei 77 K als Funktion der eingestrahlten Photonenenergie. Der Fundamentalabsorption ist eine Reihe von Exzitonenlinien vorgelagert. (Nach P.W. Baumeister, Phys. Rev. **121**, 359 (1961).)

sogar Zustände bis $\nu = 11$ beobachtet werden. Der Übergang in den Grundzustand fehlt in dem Bild. Er wäre auch dann nicht zu sehen, wenn die Energieachse zu kleineren Werten hin fortgesetzt wäre. Dieser Übergang ist als elektrischer Dipolübergang verboten. Es tritt ein Quadrupolübergang auf, der jedoch zu einer wesentlich schwächeren Absorption Anlass gibt.

13.4 Optische Eigenschaften freier Ladungsträger

In diesem Abschnitt beschäftigen wir uns mit der Bewegung von Elektronen unter dem Einfluss elektromagnetischer Wellen in den teilweise gefüllten Bändern von Metallen und in stark dotierten Halbleitern. In gewisser Weise handelt es sich hierbei um eine Weiterführung der Diskussion, die wir im Zusammenhang mit der elektrischen Leitfähigkeit von Metallen in Abschnitt 9.2 geführt haben. Wie am Anfang von Abschnitt 13.2 erwähnt, sind in teilweise besetzten Bändern Intraband-Übergänge möglich. Diese können klassisch als Beschleunigung der Leitungselektronen durch das elektrische Feld der einfallenden Strahlung beschrieben werden.

Bei der Herleitung der dielektrischen Funktion gehen wir von der eindimensionalen Bewegung eines quasi-freien Leitungselektrons in einem periodischen Feld aus. Die Bewegungsgleichung lautet

$$m^* \ddot{u} + \frac{m^* \dot{u}}{\tau} = -e\mathcal{E}(t) \,. \tag{13.62}$$

Sie hat die Form der Gleichung (13.31), wenn man berücksichtigt, dass $\omega_0 = 0$ gesetzt werden kann, weil im freien Elektronengas keine rücktreibenden Kräfte auftreten. Anstelle der Dämpfungskonstanten γ, die in (13.31) benutzt wurde, haben wir die mittlere Stoßzeit τ eingeführt, die sich aus der elektrischen Gleichstromleitfähigkeit $\sigma_0 = ne^2\tau/m^*$ ermitteln lässt. Für ein periodisches Feld $\mathcal{E} = \mathcal{E}_0 \exp[-\mathrm{i}(\omega t - kx)]$ hat die Lösung die einfache Form

$$\varepsilon(\omega) = 1 + n\alpha - \frac{ne^2}{\varepsilon_0 m^*} \frac{1}{\omega^2 + \mathrm{i}\omega/\tau} . \tag{13.63}$$

Wir benutzen die Abkürzung $\varepsilon_\infty = (1 + n\alpha)$, die den Beitrag der gebundenen Elektronen enthält und führen die **Plasmafrequenz** ω_p über den Zusammenhang

$$\omega_\mathrm{p}^2 = \frac{ne^2}{\varepsilon_0 \varepsilon_\infty m^*} \tag{13.64}$$

ein, deren Bedeutung wir im Folgenden noch kennen lernen. Nun trennen wir Real- und Imaginärteil und erhalten

$$\varepsilon'(\omega) = \varepsilon_\infty \left(1 - \frac{\omega_\mathrm{p}^2 \tau^2}{1 + \omega^2 \tau^2} \right) , \tag{13.65}$$

$$\varepsilon''(\omega) = \varepsilon_\infty \frac{\omega_\mathrm{p}^2 \tau}{\omega(1 + \omega^2 \tau^2)} . \tag{13.66}$$

Da die mittlere Stoßzeit der Elektronen in Metallen mittlerer Reinheit bei Zimmertemperatur größer als 10^{-14} s ist, ist $\omega\tau \gg 1$, so dass die Dämpfung bei optischen Frequenzen keine wesentliche Rolle spielt. Für diesen Fall können wir daher vereinfachend $\varepsilon''(\omega) \approx 0$ setzen und für (13.65)

$$\varepsilon(\omega) = \varepsilon_\infty \left(1 - \frac{\omega_\mathrm{p}^2}{\omega^2} \right) \tag{13.67}$$

schreiben. Wir werden dieses Ergebnis im nächsten Abschnitt nutzen, um die optischen Eigenschaften von Metallen und stark dotierten Halbleitern zu diskutieren.

Bei niedrigen Frequenzen, also im Infraroten, trifft die oben gemachte Vereinfachung nicht mehr zu. In dem nun betrachteten Frequenzbereich ist $\omega\tau \ll 1$ und $\sigma_0 \gg \varepsilon_0 \varepsilon_\infty \omega$. Nach einer kurzen Rechnung (vgl. Aufgabe 5 am Kapitelende) findet man in diesem Fall die **Hagen-Rubens-Relation**[11,12] für den Brechungsindex n' bzw. den Extinktionskoeffizienten κ

$$n' \approx \kappa \approx \sqrt{\frac{\sigma_0}{2\varepsilon_0 \omega}} \tag{13.68}$$

11 Carl Ernst Bessel Hagen, *1851 Königsberg, †1923 Solln, München

12 Heinrich Rubens, *1865 Wiesbaden, †1922 Berlin

und für das Reflexionsvermögen R den Ausdruck

$$R \approx 1 - \sqrt{\frac{8\varepsilon_0 \omega}{\sigma_0}} \,. \tag{13.69}$$

13.4.1 Elektromagnetischer Wellen in Metallen

Die sehr einfache dielektrische Funktion (13.65) erlaubt bereits ein weitgehendes Verständnis der optischen Eigenschaften von Metallen. Wir gehen von der Wellengleichung (13.44) für elektromagnetische Wellen aus und setzen als Lösung wieder eine ebene Welle an, für deren elektrische Feldstärke wir $\mathcal{E} = \mathcal{E}_0 \exp[-\mathrm{i}(\omega t - kx)]$ schreiben. Die Wahl der x-Richtung schränkt die Gültigkeit der Lösung nicht ein, da das freie Elektronengas isotrop ist. Wir erhalten damit die bekannte Beziehung $\varepsilon(\omega)\,\omega^2 = c^2k^2$ und setzen dort die dielektrische Funktion (13.65) ein. Damit finden wir für elektromagnetische Wellen in Metallen die Dispersionsrelation

$$\varepsilon_\infty \, \omega^2 \left(1 - \frac{\omega_\mathrm{p}^2}{\omega^2}\right) = c^2 k^2 \,. \tag{13.70}$$

Abhängig von der Frequenz treten zwei Bereiche mit völlig unterschiedlichen Eigenschaften des Elektronengases auf. Unterhalb der Plasmafrequenz, d.h. für $\omega < \omega_\mathrm{p}$, ist $k^2 < 0$ und k somit imaginär. Langwellige elektromagnetische Wellen können sich daher in Metallen nicht ausbreiten. Wie wir bereits bei der Diskussion der polaren Festkörper gesehen haben, tritt bei $\varepsilon < 0$ Totalreflexion auf.

Ist $\omega > \omega_\mathrm{p}$, dann ist $\varepsilon(\omega) > 0$ und die Wellengleichung beschreibt die Ausbreitung einer elektromagnetischen Welle, die man als **Plasmon-Polariton** bezeichnet. Die Dispersionsrelation lautet in diesem Fall

$$\omega^2 = \omega_\mathrm{p}^2 + \frac{c^2k^2}{\varepsilon_\infty} \,. \tag{13.71}$$

Bei kleinen Wellenvektoren geht die Gruppengeschwindigkeit gegen null, bei großen nähert sie sich, wie von den Isolatoren her bekannt, dem Wert $v_\mathrm{g} = c/\sqrt{\varepsilon_\infty}$. In Bild 13.25 ist der prinzipielle Verlauf der Dispersionskurve skizziert. Bei tiefen Frequenzen sind Metalle für elektromagnetische Strahlung undurchlässig, aber oberhalb der Plasmafrequenz sind sie transparent.

In Tabelle 13.4 sind für einige Elektronendichten unter der Annahme $\varepsilon_\infty = 1$ die Plasmafrequenz und die dazugehörende Wellenlänge λ_p aufgeführt. Setzt man die Zahlenwerte von Natrium in Gleichung (13.64) ein, so findet man beruhend auf der kleinen Elektronendichte, dass Natrium bereits im Ultravioletten durchsichtig wird (siehe auch Tabelle 13.5). Entsprechendes gilt auch für die übrigen Alkalimetalle. Weniger übersichtliche Verhältnisse liegen bei den Übergangsmetallen vor, da dort Interband-Übergänge

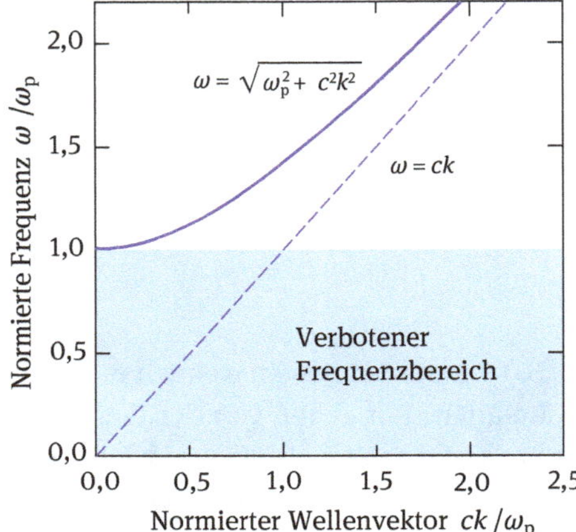

Abb. 13.25: Dispersion von Plasmon-Polaritonen im freien Elektronengas. Unterhalb der Plasmafrequenz ω_p tritt ein verbotener Frequenzbereich auf. Elektromagnetische Wellen können sich dort nicht ausbreiten. In dieser schematischen Darstellung wurde $\varepsilon_\infty = 1$ gesetzt.

Tab. 13.4: Plasmafrequenz ω_p und Plasmawellenlänge λ_p bei verschiedenen Elektronendichten n.

n (m^{-3})	10^{28}	10^{24}	10^{20}	10^{16}	10^{12}
ω_p (s^{-1})	$5{,}7 \times 10^{15}$	$5{,}7 \times 10^{13}$	$5{,}7 \times 10^{11}$	$5{,}7 \times 10^{9}$	$5{,}7 \times 10^{7}$
λ_p (m)	$3{,}3 \times 10^{-7}$	$3{,}3 \times 10^{-5}$	$3{,}3 \times 10^{-3}$	$3{,}3 \times 10^{-1}$	$3{,}3 \times 10^{1}$

eine wichtige Rolle spielen, so dass die erforderlichen theoretischen Betrachtungen etwas aufwändiger sind.

Ein Vergleich zwischen dem erwarteten Reflexionsvermögen im Rahmen des Modells freier Elektronen und dem tatsächlichen Verlauf bei Aluminium ist in Bild 13.26 zu sehen. Die Kurve für Aluminium basiert auf experimentellen Ergebnissen und theoretischen Überlegungen. Ein Blick auf die Reflexionseigenschaften von polaren Kristallen macht die Bedeutung der Plasmafrequenz nochmals deutlich. Bei Ionenkristallen tritt zwischen den beiden Frequenzen ω_t und ω_ℓ ein sehr hohes Reflexionsvermögen auf, das oberhalb von ω_ℓ steil abfällt (vgl. Bild 13.12). Dieser Abfall ist mit dem Nulldurchgang des Realteils ε' der dielektrischen Funktion verbunden. Beim Elektronengas verschwindet das Reflexionsvermögen oberhalb der Plasmafrequenz, bei der in diesem Fall ebenfalls $\varepsilon' = 0$ ist. Dies legt den Schluss nahe, dass mit der Plasmafrequenz longitudinale Schwingungen verbunden sind. Wir werden auf die experimentelle Beobachtung dieser Schwingungen im folgenden Unterabschnitt eingehen. Während bei polaren Kristallen das Reflexionsvermögen zu niedrigen Frequenzen hin jenseits der Frequenz der transversalen optischen Phononen wieder stark abnimmt, bleibt es bei Metallen bis zu Gleichfeldern sehr groß. Das unterschiedliche Verhalten bei kleinen Frequenzen beruht auf der fehlenden Schersteifigkeit des Elektronengases, so dass für Metalle $\omega_t = 0$ gesetzt werden kann. Der „Einbruch" des Reflexionsvermögens von Aluminium bei etwa 1,5 eV und das gegenüber dem idealen Wert $R = 1$ reduzierte

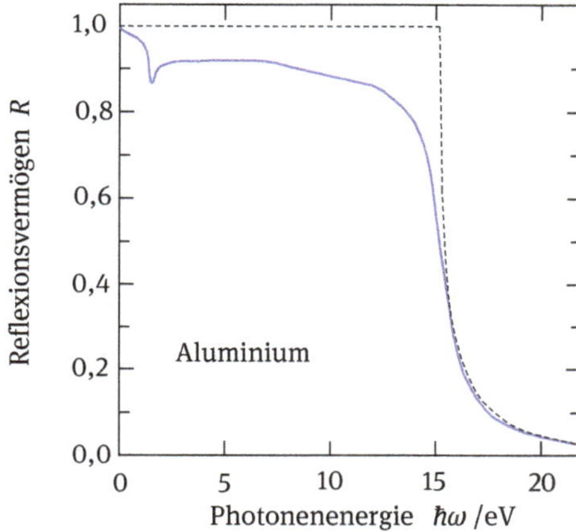

Abb. 13.26: Reflexionsvermögen von Aluminium. Die blaue Kurve gibt den realistischen, die gestrichelte Kurve den mit Gleichung (13.64) und den Konstanten $\varepsilon_\infty = 1$ und $\hbar\omega_p = 15{,}3$ eV errechneten Verlauf wieder. (Nach H. Ehrenreich et al., Phys. Rev. **132**, 1918 (1963).)

Reflexionsvermögen im verbotenen Frequenzbereich rührt vom endlichen Wert von ε'' aufgrund von Interband-Übergängen her.

Die Abhängigkeit der Plasmafrequenz von der Ladungsträgerkonzentration ist in Bild 13.27 am Beispiel des Reflexionsvermögens des Halbleiters InSb zusehen. Die hohe Dotierung der Proben bewirkt eine hohe Konzentration an Elektronen im Leitungsband, die wie ein freies Elektronengas behandelt werden können. Die Plasmafrequenz nimmt mit der Elektronenkonzentration zu und die Reflexionskante wird zu kürzeren Wellenlängen verschoben. Dies gilt auch für das Minimum des Reflexionsvermögens, das bei $\varepsilon = 1$ und somit nach (13.70) bei

$$\omega = \omega_p \sqrt{\frac{\varepsilon_\infty}{(\varepsilon_\infty - 1)}} \tag{13.72}$$

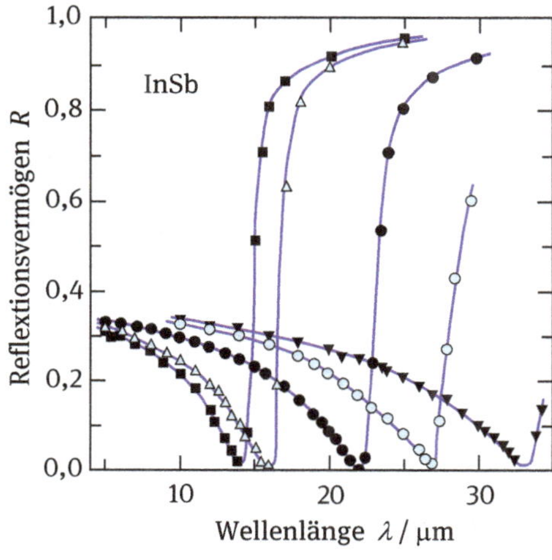

Abb. 13.27: Reflexionsvermögen von Tellur-dotiertem Indiumantimonid an der Plasmakante. Mit zunehmender Dotierung verschiebt sich die Kante zu kleineren Wellenlängen. Die Dichte der Ladungsträger reicht von $3{,}5 \cdot 10^{23}$ m^{-3} bis $4{,}0 \cdot 10^{24}$ m^{-3}. (Nach W.G. Spitzer, H.Y. Fan, Phys. Rev. **106**, 882 (1957).)

auftritt. Das Ansteigen des Reflexionsvermögens zu kleinen Wellenlängen hin beruht auf dem relativ großen Realteil der Dielektrizitätskonstanten von Indiumantimonid bei diesen Frequenzen. Da sich aus dem Minimum die Plasmafrequenz und daraus wiederum mit Hilfe von Gleichung (13.64) die effektive Masse der Elektronen ermitteln lässt, werden Messungen des Reflexionsvermögens bei Halbleitern häufig zur Bestimmung von m^* herangezogen.

Als Beispiel dafür, wie die Variation der Plasmafrequenz durch Dotierung genutzt und die Reflexions- und Absorptionseigenschaften von Materialien verändert werden können, wollen wir noch zinndotierte In_2O_3-Schichten (besser bekannt unter der Abkürzung ITO für **i**ndium **t**in **o**xide) betrachten, deren Verhalten in Bild 13.28 dargestellt ist. Durch unterschiedlich starkes Dotieren mit Zinn lässt sich die Absorptionskante von In_2O_3 fast nach Belieben einstellen. In dem gezeigten Beispiel liegt die Plasmawellenlänge abhängig von der Elektronendichte von $5 \cdot 10^{26}\,\mathrm{m^{-3}}$ bzw. $1{,}3 \cdot 10^{27}\,\mathrm{m^{-3}}$ knapp unter 2 µm oder knapp über 1 µm. Da in Indiumoxid die Interband-Übergänge erst bei 2,8 eV einsetzen, ist die dotierte Schicht optisch transparent, aber im Infraroten reflektierend. Solche Schichten werden zur Verminderung der Wärmestrahlungsverluste von Fenstern oder Natriumdampflampen eingesetzt. Darüber hinaus können derartige elektrisch leitende Schichten als transparente Elektroden, z.B. bei Flüssigkristallanzeigen (LCD) oder Solarzellen, dienen.

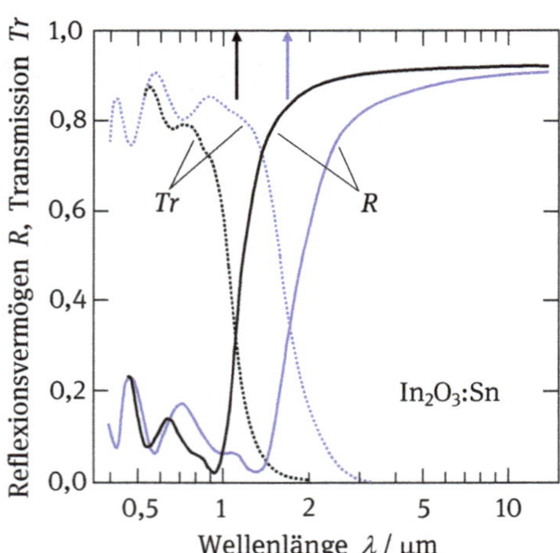

Abb. 13.28: Transmission (*Tr*) und Reflexionsvermögen (*R*) von zwei 0,3 µm dicken In_2O_3-Schichten mit unterschiedlich starker Zinn-Dotierung. Die Pfeile kennzeichnen die Lage der Plasmawellenlängen, die aufgrund der unterschiedlichen Zinndotierungen bei verschiedenen Wellenlängen auftreten. Der wellenförmige Verlauf wird durch Interferenzen in den dünnen Schichten verursacht. (Nach G. Frank et al., Phys. Bl. **34**, 106 (1978).)

13.4.2 Plasmonen

Im Gas freier Elektronen sind longitudinale Schwingungen möglich, die allerdings nicht an elektromagnetische Wellen ankoppeln. Der Grund für die fehlende Kopplung

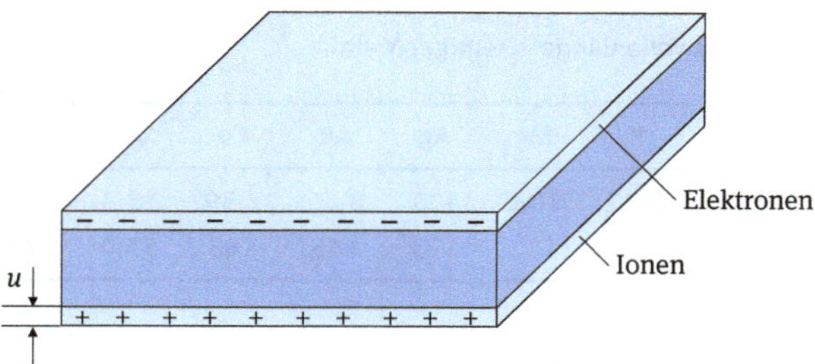

Abb. 13.29: Schematische Darstellung einer Plasmaschwingung im Grenzfall $k \to 0$. Alle Elektronen schwingen in Phase gegen das starre Ionengitter. Die Auslenkung u der Elektronen erzeugt die Flächenladungsdichte $\sigma_e = neu$.

ist der gleiche wie bei den LO-Phononen: Die elektrischen Felder der beiden Schwingungen stehen aufeinander senkrecht. Während es bei transversaler Auslenkung der freien Elektronen keine rücktreibenden Kräfte gibt, sind mit longitudinalen Schwingungen durchaus Kräfte verknüpft. Im Grenzfall $k \to 0$ kann man sich deren Stärke leicht klar machen, denn in diesem Fall schwingen alle Elektronen einheitlich gegen alle Ionen. Dadurch baut sich bei einer Auslenkung u, wie in Bild 13.29 angedeutet, an der Begrenzung der Probe eine Flächenladung der Dichte $\sigma_e = neu$ auf, die das elektrische Feld $\mathcal{E} = neu/\varepsilon_0\varepsilon_\infty$ zur Folge hat. Der Faktor ε_∞ berücksichtigt auch hier die Polarisierbarkeit der Rumpfelektronen. Somit lautet die Bewegungsgleichung der freien Elektronen ohne Berücksichtigung der Dämpfung

$$nm\ddot{u}(t) = -ne\mathcal{E}(t) = -\frac{n^2e^2u(t)}{\varepsilon_0\varepsilon_\infty} \tag{13.73}$$

und mit der Plasmafrequenz ω_p, die wieder durch Gleichung (13.64) gegeben ist, finden wir:

$$\ddot{u} + \omega_p^2 u = 0\ . \tag{13.74}$$

Dies ist die Bewegungsgleichung eines harmonischen Oszillators mit der Eigenfrequenz ω_p. Die gleiche Schwingungsfrequenz erhält man auch aus der Bedingung, dass die dielektrische Funktion (13.65) bei der Frequenz der longitudinalen Eigenschwingung verschwindet, d.h., dass $\varepsilon(\omega_\ell = \omega_p) = 0$ ist. Wie bei den Phonon-Polaritonen, so stellt auch hier die Frequenz der longitudinalen Schwingungen eine untere Grenze für die Ausbreitung von elektromagnetischen Wellen dar.

Ähnlich wie die Phononen eine kohärente Bewegung aller Atome des Gitters darstellen, so handelt es sich bei den Plasmaschwingungen um kohärente, kollektive Anregungen aller Elektronen des Fermi-Gases. Die Amplitude des harmonischen Oszillators, der diese Plasmaschwingung beschreibt, ist quantisiert. Die zugeordneten Anregungen besitzen die Energie $\hbar\omega_p$ und werden **Plasmonen** genannt. Daneben gibt es natürlich noch die Einelektron-Anregungen, die auf der Bewegung einzelner, unabhängiger Elektronen beruhen. In Tabelle 13.5 sind Energie und Wellenlänge von Plasmonen in einigen Metallen aufgelistet.

Geht man zu endlichen Wellenlängen, d.h. zu $k > 0$, über, so wird die Elektronendichte durch die Plasmonen räumlich moduliert. Aufgrund des Gradienten in der

Tab. 13.5: Plasmonenenergie $\hbar\omega_p$ und Plasmawellenlänge λ_p einiger Metalle.

	Li	Na	K	Mg	Ag	Au	Cu	Al	Pt
Plasmonenenergie $\hbar\omega_p$ (eV)	7,12	5,71	3,72	10,6	9,6	8,55	7,39	15,3	5,15
Plasmawellenlänge λ_p (nm)	174	217	333	117	129	145	168	81,0	241

Ladungsdichte erhöhen sich in diesem Fall die Rückstellkräfte, die auf die Elektronen wirken und die Frequenz der Plasmonen steigt mit dem Wellenvektor an. Für kleine Werte des Wellenvektors lautet die Dispersionsrelation

$$\omega \approx \omega_p \left(1 + \frac{3v_F^2}{10\omega_p^2} k^2 + \dots \right) . \qquad (13.75)$$

Experimentell lassen sich Plasmonen mittels Reflexion von Photonen hoher Energie oder durch Elektronenstreuung untersuchen. Beispielsweise können Metallfilme mit Elektronen durchstrahlt werden, die dabei das Elektronengas zu Plasmaschwingungen anregen. In Bild 13.30a ist das Verlustspektrum gezeigt, das beim Durchtritt von 20 keV Elektronen durch einen 258 nm dicken Aluminiumfilm gemessen wurde. Es ist klar zu erkennen, dass die wechselwirkenden Elektronen einen Energieverlust erleiden, dem ein ganzzahliges Vielfaches der Plasmonenenergie $\hbar\omega_p \approx 15{,}3$ eV entspricht. Dieser Wert stimmt mit der Photonenenergie überein, bei der die Kante des Reflexionsvermögens von Aluminium in Bild 13.26 auftritt.

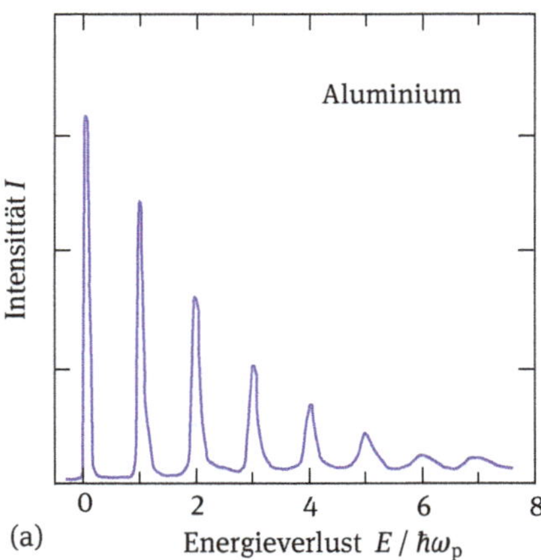

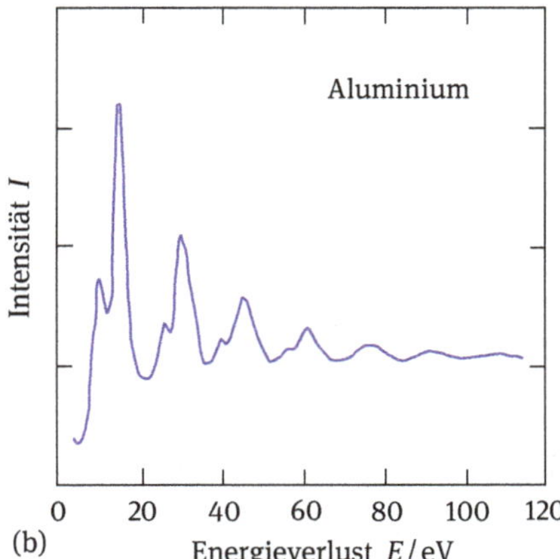

Abb. 13.30: Energieverlust energiereicher Elektronen beim Durchgang durch dünne Aluminiumfolien. **a)** Der Energieverlust von 20 keV-Elektronen ist auf die Plasmonenenergie $\hbar\omega_p = 15{,}3$ eV normiert. (Nach L. Marton et al., Phys. Rev. **126**, 182 (1962).) **b)** Energieverlust von 2 keV-Elektronen. In diesem Experiment wurden neben den Volumenplasmonen auch Oberflächenplasmonen beobachtet. (Nach C.J. Powell und J.B. Swan, Phys. Rev. **115**, 869 (1959).)

In vielen Streuexperimenten erhält man jedoch kein so eindeutiges Signal, wofür es zwei Gründe gibt. Einerseits treten bei der gleichen Energie oft Intraband-Übergänge auf, die zu einer starken Reduktion der Plasmonenlebensdauer und somit zu einer starken Verbreiterung des Signals führen. Andererseits existieren neben den hier diskutierten **Volumenplasmonen** auch **Oberflächenplasmonen**, bei denen die kollektive Elektronenbewegung an die Oberfläche der Probe gebunden ist. Diese Anregungen sind ebenfalls stabil, besitzen aber eine kleinere Energie, weil die begleitenden elektrischen Felder teilweise im Vakuum verlaufen und dort keine Polarisation hervorrufen können. In den meisten Experimenten beobachtet man in den Verlustspektren tatsächlich beide Anregungen. Dies wird in Bild 13.30b deutlich, in dem Daten gezeigt sind, die ebenfalls an Aluminium aufgenommen wurden, jedoch war in diesem Fall die Energie der einfallenden Elektronen ungefähr eine Größenordnung kleiner als im linken Bild.

Zum Schluss wollen wir noch kurz auf die Nutzung von Oberflächenplasmonen in der Sensorik eingehen. In dieser Anwendung nutzt man aus, dass sich mit Hilfe von Oberflächenplasmonen Änderungen auf geeignet präparierten Probenoberflächen mit extrem hoher Empfindlichkeit nachweisen lassen.

Die Dispersionsrelation von Oberflächenplasmonen lässt sich wie folgt berechnen: Aus den Maxwell-Gleichungen ergibt sich für ebene Wellen an der Grenzfläche zwischen zwei ungeladenen Materialien die Beziehung

$$\frac{\omega^2}{c^2} = \frac{1}{\varepsilon(\omega)} k^2 . \tag{13.76}$$

Hierbei steht $\varepsilon(\omega)$ für die dielektrische Funktion, die im Fall einer Metall/Luft-Grenzfläche die Form $\varepsilon^{-1} = \varepsilon_{\text{Metall}}^{-1} + \varepsilon_{\text{Luft}}^{-1}$ besitzt. Setzen wir diesen Ausdruck in die obige Gleichung ein, so ergibt sich mit $\varepsilon_{\text{Luft}} = 1$ für den Wellenvektor k_{op} der Oberflächenplasmonen der Zusammenhang

$$k_{\text{op}} = \frac{\omega}{c}\sqrt{\frac{\varepsilon_{\text{Metall}}}{\varepsilon_{\text{Metall}} + 1}} , \tag{13.77}$$

wobei nach Gleichung (13.65) für die dielektrische Funktion von Metallen der Zusammenhang $\varepsilon_{\text{Metall}} = \varepsilon_\infty \left(1 - \omega_{\text{p}}^2/\omega^2\right)$ besteht.

In Bild 13.31a ist die Abhängigkeit der Frequenz von der Wellenzahl $k_{\text{op}}(\omega)$ skizziert. Da $k_{\text{op}}(\omega)$ die Kurve für die Ausbreitung des Lichts im Vakuum, die Gerade $k_{\text{Vak}}(\omega)$, nicht schneidet, kann eine elektromagnetische Welle, die auf einen Metallfilm trifft, Energie- und Impulserhaltung nicht gleichzeitig erfüllen und somit keine Oberflächenplasmonen anregen. Dies ermöglicht aber ein dünner Gold- oder Silberfilm mit einer Dicke von etwa 50 nm. Wie in Bild 13.31b gezeigt, wird dieser Film auf ein Glasprisma aufgebracht und durch das Prisma mit einem kollimierten Lichtstrahl beleuchtet. Aufgrund des Brechungsindex von Glas von etwa 1,5 ist die Ausbreitungsgeschwindigkeit des Lichts im Glas kleiner als im Vakuum, der Wellenvektor also größer. Wählt man einen geeigneten Einfallswinkel, so stimmt die Horizontalkomponente $k_x(\alpha, \omega) = n(\omega/c)\sin\alpha$ des Lichtwellenvektors mit dem Wellenvektor k_{op} der Oberflächenplasmonen überein, d.h. $k_x(\alpha, \omega_0) = k_{op}(\omega_0)$. Diese Bedingung ist im Schnittpunkt der beiden Kurven in Bild 13.31a erfüllt, so dass unter einem ausgezeichneten Winkel die Erzeugung von Oberflächenplasmonen erfolgen kann.

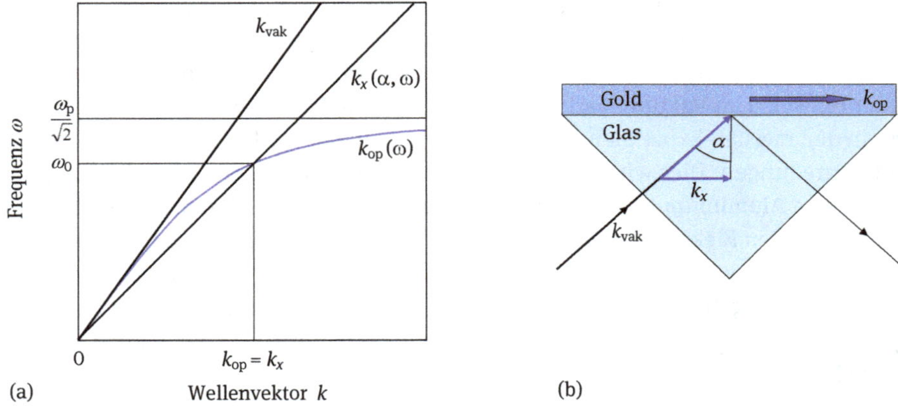

Abb. 13.31: Oberflächenplasmonen. a) Die Dispersionskurve der Oberflächenplasmonen ist blau eingezeichnet. **b)** Kretschmann-Geometrie zum Nachweis von Oberflächenplasmonen. Durch die Anregung von Oberflächenplasmonen (dicker Pfeil) wird dem einfallenden Licht sehr effektiv Energie entzogen. (Nach V. Temnov und U. Woggon, Physik Journal **9**, 45 (2010).)

Im Experiment wird häufig die *Kretschmann-Geometrie* benutzt, die in Bild 13.31b skizziert ist. Da die Dicke des Metallfilms kleiner als die Lichtwellenlänge ist, verläuft das elektrische Feld auch innerhalb des Films. Ist unter einem bestimmten Winkel die Bedingung $k_x = k_{op}$ erfüllt, so erfolgt eine sehr effektive Anregung von Oberflächenplasmonen. Dies bedeutet, dass die Leitungselektronen des Metallfilms dem Licht sehr effektiv Energie entziehen, so dass die Intensität des reflektierten Lichts stark abnimmt. Für die technische Anwendung dieses Effekts ist entscheidend, dass die Plasmonen-Erzeugung nur in einem sehr engen Winkelbereich $\Delta\alpha$ erfolgt. Kleine, durch äußere Einflüsse hervorgerufene Plasmonen-Frequenzänderungen verursachen daher starke Änderungen der Intensität des reflektierten Lichts. Daraus folgt, dass Moleküle, die von der Metallschicht adsorbiert wurden, einen starken Einfluss auf die reflektierte Lichtintensität ausüben und somit mit hoher Empfindlichkeit nachgewiesen werden können. Anwendung finden Oberflächenplasmonen daher unter anderem in der Biosensorik. Da bei biologischen Reaktionen sehr häufig nur kleine Mengen des nachzuweisenden Materials zur Verfügung stehen, ist eine hohe Nachweisempfindlichkeit Voraussetzung für einen erfolgreichen Einsatz dieser Technik.

13.5 Aufgaben

1. Polarisierbarkeit. An einen KCl-Kristall (Dichte $\varrho = 1980\,\mathrm{kg/m^3}$) wird einerseits ein statisches elektrisches Feld der Stärke $\mathcal{E} = 1\,\mathrm{kV/m}$ anderseits ein elektromagnetisches Feld im optischen Frequenzbereich mit $\mathcal{E} = 1\,\mathrm{MV/m}$ angelegt. Berechnen Sie die Polarisierbarkeit und das Moment der erzeugten Dipole.

2. Dipolmoment. Zwischen zwei Kondensator-Platten befindet sich eine 1 cm dicke Germaniumscheibe mit der Dichte $\varrho = 5320\,\mathrm{kg/m^3}$ und der Dielektrizitätskonstanten $\varepsilon = 16{,}6$.

(a) Bestimmen Sie die Polarisierbarkeit der Germaniumatome.

(b) Wie groß ist das lokale Feld, wenn zwischen den Platten eine Spannung von 50 V anliegt.

(c) Berechnen Sie das Dipolmoment der Germaniumatome.

3. Optische Phononen. Die statische Dielektrizitätskonstante von NaCl ist $\varepsilon_{\mathrm{st}} = 5{,}9$, der Brechungsindex $n' = 1{,}55$. Das Reflexionsvermögen R weist bei $\lambda = 30{,}6\,\mu\mathrm{m}$ ein Minimum auf. Berechnen Sie die Frequenz der optischen Phononen. Nehmen Sie an, dass die Absorption vernachlässigt werden kann und im Minimum $\varepsilon' \approx 1$ ist.

4. Dipolmoment von Chlorwasserstoff. In Bild 13.15 ist der Temperaturverlauf der statischen Dielektrizitätskonstanten von flüssigem und festem Chlorwasserstoff zu sehen. Nutzen Sie diese Abbildung und den Wert der Dichte $\varrho(T = 98\,\mathrm{K}) = 1{,}48\,\mathrm{g/cm^3}$ um das Dipolmoment von HCl zu bestimmen.

5. Hagen-Rubens-Gesetz. Im langwelligen Infrarot erfüllen die meisten Metalle die einschränkenden Bedingungen $\omega\tau \ll 1$ und $\sigma_0 \gg \varepsilon_0\omega$, wobei σ_0 für die Gleichstromleitfähigkeit steht.

(a) Berechnen Sie den Brechungsindex n' und den Extinktionskoeffizienten κ für diesen Grenzfall.

(b) Zeigen Sie, dass sich das Reflexionsvermögen in diesem Grenzfall durch das Hagen-Rubens-Gesetz (13.69) beschreiben lässt.

(c) Ermitteln Sie das Reflexionsvermögen von Silber (Dichte $\varrho_{\mathrm{Ag}} = 10{,}49\,\mathrm{kg/cm^3}$) und Aluminium (Dichte $\varrho_{\mathrm{Ag}} = 2{,}70\,\mathrm{kg/cm^3}$) bei einer Wellenlänge von 200 μm.

(d) Überprüfen Sie, ob die Voraussetzungen für das Hagen-Rubens-Gesetz erfüllt sind.

6. Plasmakante. Indium-dotiertes Zinnoxid (ITO) ist wegen seiner Transparenz im Bereich sichtbarer Wellenlängen und seiner hohen elektrischen Leitfähigkeit ein technologisch wichtiges Material.

(a) Bis zu welcher Wellenlänge ist eine ITO-Schicht mit $4 \cdot 10^{27}$ freien Ladungsträgern pro $\mathrm{m^3}$ transparent? ($m^* = m, \varepsilon_\infty = 3{,}84$)

(b) Bei welcher Wellenlänge ist das Reflexionsvermögen minimal?

7. Brechungsindex und komplexe Dielektrizitätskonstante. Ein Probe habe einen Reflexionskoeffizienten $R = 0{,}25$ für senkrecht einfallendes Licht mit der Frequenz $\nu = 3{,}2 \cdot 10^{14}$ Hz. In der Probe fällt die Intensität des Lichts nach 5 mm auf die Hälfte ab. Berechnen Sie den Extinktionskoeffizienten, den Brechungsindex und die komplexe Dielektrizitätskonstante.

Stichwortverzeichnis

https://doi.org/10.1515/9783111027227-014

www.ingramcontent.com/pod-product-compliance
Lightning Source LLC
Chambersburg PA
CBHW080348220326
41598CB00030B/4643